国家出版基金项目
NATIONAL PUBLICATION FOUNDATION

中国植物保护百科全书

百科全书

农药卷

一 二 三

中国林业出版社

图书在版编目（CIP）数据

中国植物保护百科全书. 农药卷 / 中国植物保护百科全书总编纂委员会农药卷编纂委员会编. — 北京：中国林业出版社, 2022.6

ISBN 978-7-5219-0968-5

Ⅰ.①中… Ⅱ.①中… Ⅲ.①植物保护—中国—百科全书②农药—中国 Ⅳ.①S4-61②TQ45

中国版本图书馆CIP数据核字(2020)第263230号

zhōngguó zhíwùbǎohù bǎikēquánshū

中国植物保护百科全书

农药卷

nóngyàojuàn

责任编辑： 贾麦娥　何增明　杜娟　邹爱

出版发行： 中国林业出版社

电　　话： 010-83143629

地　　址： 北京市西城区刘海胡同7号　　**邮　编：** 100009

印　　刷： 北京雅昌艺术印刷有限公司

版　　次： 2022年6月第1版

印　　次： 2022年6月第1次

开　　本： 889mm×1194mm　1/16

印　　张： 106.5

字　　数： 4585千字

定　　价： 1520.00元（全三册）

《中国植物保护百科全书》
总编纂委员会

总主编

李家洋　　张守攻

副总主编

吴孔明　　方精云　　方荣祥　　朱有勇

康　乐　　钱旭红　　陈剑平　　张知彬

委　员

（按姓氏拼音排序）

彩万志	陈洪俊	陈万权	陈晓鸣	陈学新	迟德富
高希武	顾宝根	郭永旺	黄勇平	嵇保中	姜道宏
康振生	李宝聚	李成云	李明远	李香菊	李　毅
刘树生	刘晓辉	骆有庆	马　祁	马忠华	南志标
庞　虹	彭友良	彭于发	强　胜	乔格侠	宋宝安
宋小玲	宋玉双	孙江华	谭新球	田呈明	万方浩
王慧敏	王　琦	王　勇	王振营	魏美才	吴益东
吴元华	肖文发	杨光富	杨忠岐	叶恭银	叶建仁
尤民生	喻大昭	张　杰	张星耀	张雅林	张永安
张友军	郑永权	周常勇	周雪平		

《中国植物保护百科全书·农药卷》
编纂委员会

主　编
钱旭红　　高希武

副主编
宋宝安　　杨光富　　张友军　　郑永权

编　委
（按姓氏拼音排序）

曹　松	范志金	傅正伟	顾忠言	韩召军	何　林
何雄奎	贺红武	花日茂	黄啟良	黄青春	李建洪
李　明	李香菊	李学锋	李玉清	李　忠	梁　沛
凌　云	刘长令	刘尚钟	刘西莉	刘贤金	刘泽文
吕　龙	倪汉文	邱星辉	任天瑞	芮昌辉	邵旭升
宋荣华	陶黎明	万　坚	汪清民	王　登	王建国
王进军	王开运	吴益东	伍一军	席　真	向文胜
徐汉虹	徐文平	徐晓勇	徐玉芳	杨　青	杨　松
杨新玲	余向阳	袁会珠	张朝贤	张　兴	赵卫光
钟国华	周小毛	朱国念	邹小毛		

秘　书
解晓平

目　录

前　言

　　农药指用于防治危害农林牧业生产的有害生物（害虫、害螨、线虫、病原菌、杂草及鼠和其他有害生物）、调节植物生长的化学药剂和生物药剂的统称。农药是基础性的重要农业生产资料，也是农业植物保护的重要基础。

　　农药发展的历史就是人类与害虫、病害、杂草斗争的历史，距今已有3000年历史。古希腊人们用硫黄熏蒸害虫。我国在公元前7—前5世纪用莽草、蜃炭灰杀虫。巴黎绿成为了农药史上第一个商品化的著名杀虫剂。20世纪40年代合成农药有机氯、有机磷、有机硫杀虫剂及一些除草剂的问世取代了无机农药。传统的化学农药对生态环境考虑较少，1962年《寂静的春天》的出版提出了农药对环境的影响。70～80年代末，昆虫生长调节剂使得农药由"杀灭"进入了"调控"。超高效、无公害农药研究方兴未艾，磺酰脲类除草剂在全球应用。90年代末新烟碱杀虫剂和鱼尼丁受体调节剂等高效、低毒、作用机制独特的新化学农药问世。化学农药对环境保护得到重视，新的化学农药在保护作物健康的同时，也更加重视对生态环境的物种多样性保护。令人欣喜的是，生物农药的比例也逐渐提升，RNA农药的出现更是备受瞩目。化学农药问世被看作是第一次现代农业革命，转基因作物是第二次农业病虫害防治的革命，RNA农药则被誉为农药史上的第三次革命。此外，能诱导激活植物抗病、抗病毒、抗虫性能的植物免疫激活剂正在兴起并引起人们的关注。

　　我国通过启动"863计划"、"973计划"、科技攻关（科技支撑）计划、公益性行业（农业）科研专项、重点研发计划和自然科学基金等重大项目，加强了对农药的基础研究、应用基础研究、关键核心技术和关键防治应用技术的研究，推动了我国农药的基础理论和应用技术的快速发展，也显著提升了我国新农药创制的科学技术水平，取得了一大批成果，包括自主知识产权的新品种50多个、新的分子设计策略、新靶标、新剂型、新的应用技术、高通量、微量筛选模型等，使得我国成为第5个具有农药创制能力的国家。我国的农药工业也取得了长足的进步，特别是农药原药的生产，品质和产量都居世界前列。但食品安全的需求、环境与生态的压力、转基因作物的快速发展、互联网＋物流网的全新模式、人工智能和植保无人机的应用以及舆情的负面导向都给传统的农药工业带来一定的外部压力，也成为我国农药工业实现突破的重要契机。

农为邦本，本固邦宁。回顾历史，我国是农耕文明源远流长的农业大国。当今世纪疫情形势严峻，国际形势复杂多变，保障粮食安全是国家的战略需要，要牢牢守住保障国家粮食安全底线，"中国人的饭碗任何时候都要牢牢端在自己手中，饭碗主要装中国粮"。我国是粮食大国，也是农药大国，但不是强国。新农药的创制和农药工业的技术创新与发展转型，特别是品种和技术的绿色化，对粮食安全、生态环境安全和食品安全具有紧迫而举足轻重的影响。我国的新农药创制、高毒农药禁用、农药剂型开发、农药产业的集约化发展，互联网＋物流网和大数据整合的作物综合解决方案都将引导我国未来农药发展的模式、中国农药工业的可持续发展和技术更新转变。对于作物保护和粮食及食品安全具有重要的推动作用，国民经济效益提升显著，对于我国农药创制国家的建设和生态文明的建设也具有非常深远的社会效益。

目前国内外农药的发展趋势包括：①新靶标的发现和作用机制研究。利用化学生物学、生物化学、生物物理及结构生物学，寻找农药新靶标，获得靶标的结构，开展农药靶标的化学分子生物学研究，验证具有农学意义的靶标酶和受体，研究靶标与农药分子的相互作用机理，基于靶标的物种选择性和生态安全性等。②绿色农药的分子设计及合成。发展、完善绿色农药生物合理设计的理论，尤其是基于靶标开展靶标结构已知和靶标的结构未知的新药设计，基于天然动植物农药活性物质的研究，分离、分析天然源农药活性成分，进行生物农药和生物化学农药的研发；农药的绿色有机合成方法和清洁工艺的研究，包括新绿色合成方法的设计、仿生合成、立体有择合成、生物合成及组合化学合成等。③生物测定技术的研究与开发，特别是快速、灵敏、微量的新农药筛选模型的建立，充分利用现代仪器分析方法及生物技术，建立多种自动化操作、微量的、以靶标酶为对象的高通量筛选体系。④农药新剂型、植保机械与施药技术的研发，研究农药新剂型、新助剂的宏观与微观理论，高效施药技术与药械机具的基础理论、应用研究，使用机具和使用技术，特别是飞防助剂、无人机施药技术，新型智能纳米农药剂型的研究，以满足精准施药、高效安全的要求。⑤农药分析与环境毒理学研究，建立的农药常量及农药残留分析方法，深入探讨农药在环境中的残留、降解、代谢及归趋行为，系统研究手性农药的分离分析及环境行为，农药监测及污染治理基础理论研究，实现农药的安全、合理使用。

　　《中国植物保护百科全书·农药卷》旨在集成新中国成立以来我国农药学科领域的发展成果，反映当今新农药创制以及植物病虫草害防治的整体概貌，同时在一定程度上反映国际农药发展的主要成就和趋势；重点突出在现代生物技术和信息技术飞速发展背景下，农药研究领域在靶标基础理论研究、新品种创制、新剂型和新药械的研发、生物测定技术的研发、关键防治技术开发与应用方面取得的重大突破和重要成果，尤其是新农药创制的策略、新的作用靶标、农药与环境、农药与食品安全、农药与生态安全的相互关系等方面的基础研究成果，以展示农药的未来发展方向与创制策略。

　　本卷编纂工作从 2015 年 3 月启动以来，作者队伍汇集了来自全国科研、教学、管理和出版单位的 300 余位专家、教授。为了保证编纂工作的顺利进行和出版质量，我们邀请了农药学领域的宋宝安院士、杨光富教授、张友军研究员、郑永权研究员等 64 位行业知名专家组成专门的编委会，以保证编写内容的科学性、准确性、严谨性和权威性，也追求国内顶尖、世界一流的精品出版目标。我们组织召开了编委会全体会议，共同制订撰写计划和要求，分配撰稿和审稿任务，以及研究解决编纂过程中出现的问题；设立编委会秘书，负责有关编纂的日常工作。

　　本卷围绕农药这一主线以及农药相关的基础理论知识展开，涉及农药的发展历史、农药杀虫剂、杀菌剂、除草剂、植物生长调节剂、杀鼠剂的各个品种、农药管理、农药工业、农药图文信息、农药团体、农药剂型、农药使用技术、农药质量控制与分析、农药残留与食品安全、农药生物活性测定、农药毒性、农药作用机理、农药与环境的内容，共收录了 2198 个词条，其中涉及农药品种 1555 条，包括品种的化学名称、CAS 登记号、分子式、相对分子质量、结构式、开发（生产）单位、理化性质、毒性、剂型、作用方式及机理、防治对象、使用方法、注意事项、允许残留量和参考文献等信息。书中还附有药械机具插图的彩图。为了保证百科全书历史资料的完整性，虽然有少数品种目前已经禁用，但历史上曾经发挥了巨大作用，我们也将其收录和编写，以期为读者提供有关历史信息。

　　农药发展史由陈万义负责撰写，生物源农药由高希武负责撰写，矿物源农药由邵旭升负责撰写，化学合成农药由徐晓勇负责撰写，新农药研究开发由李忠负责组织撰写，农药名称由刘长令、杨吉春负责组织撰写，农药管理由李富根负责撰写，农药图文信息由杨新玲负责组织撰写，农药团体由李钟华负责组织撰写，农药原药由杨光富、李忠负责撰写，农药剂型由张宗俭、黄啟良负责撰写，农药使用技术由何雄奎、袁会珠负责撰写，农药质量控制与分析由潘灿平、陈铁春负责撰写，农药残留与食品安全由郑永权负责撰写，农药生物活性测定由陈杰、梁沛负责撰写，农药毒性由陶传江负责组织撰写，农药作用方式、作用机制、抗药性部分由杨青、刘西莉、丁伟、王开运等负责组织撰写，农药与环境由朱国念、姜辉负责组织撰写，农药品种中杀虫剂由宋宝安院士、吴剑教授负责组织撰写，昆虫生长调节剂由杨吉春负责组织撰写，昆虫行为控制剂由杨新玲负责组织撰写，无机杀虫剂由王开运和王建国负责组织撰写，沙蚕毒类杀虫剂由李建洪负责组织撰写，植物源杀虫剂由李明负责组织撰写，微生物杀虫剂由向文胜负责组织撰写，微生物代谢物杀虫剂和熏蒸杀虫剂由陶黎明负责组织撰写，杀虫增效剂由邵旭升负责组织撰写，杀螨剂由刘长令、丁伟负责组织撰写，杀菌剂由刘西莉负责组织撰写，除草剂由贺红武、席真、李香菊负责组织撰写，植物生长调节剂由谭伟明负责组织撰写，杀线虫剂由彭德良负责组织撰写，杀软体动物剂由刘晓辉负责组织撰写，杀鼠剂由王登负责撰写。南开大学范志金教授团队统一绘制了全书的化学结构式并审阅全文。

以李正名院士、沈寅初院士为代表的老一辈农药科技工作者为中国农药事业的发展作出了巨大贡献，也以此书表达对他们深深的敬意。

成稿后经过了撰稿人、审稿人多轮次的修改及出版社十多次的审改校对，但农药学是综合性的交叉学科，涉及面广，内容极为丰富，而且近年来发展迅速，资料浩瀚，限于篇幅，不可能对各领域全部涉及，同时受作者水平所限，疏漏和不足之处请读者们见谅，并不吝指教。

钱旭红　高希武

2022 年 3 月 25 日

凡　例

一、　本卷以农药学学科知识体系分类分册出版。卷由条目组成。

二、　条目是全书的主体，一般由条目标题、释文和相应的插图、表格、参考文献等组成。

三、　条目按条目标题的汉语拼音字母顺序并辅以汉字笔画、起笔笔形顺序排列。第一字同音时按声调顺序排列；同音同调时按汉字笔画由少到多的顺序排列；笔画数相同时按起笔笔形横（一）、竖（丨）、撇（丿）、点（丶）、折（乛，包括乛、乚、〈等）的顺序排列。第一字相同时，按第二字，余类推。以阿拉伯数字、英文字母、希腊字母开头的条目标题，依次排在全部汉字条目标题之后。

四、　正文前设本卷条目的分类目录，以便读者了解本学科的全貌。分类目录还反映出条目的层次关系。

五、　一个条目的内容涉及其他条目，需由其他条目释文补充的，采用"参见"的方式。所参见的条目标题在本释文中出现的，用楷体字表示。所参见的条目标题未在释文中出现的，另用"见"字标出。

六、　条目标题一般由汉语标题和与汉语标题相对应的外文两部分组成。外文主要为英文，少数为拉丁文或农药的化学名称；尚无外文的，暂空缺。

七、　释文力求使用规范化的现代汉语。条目释文开始一般不重复条目标题。

八、　条目释文中的插图、表格都配有图题、表题等说明文字，只有1张图或1个表的，不写图号和表号，写见图、见表。图片凡是未注明来源的，均为撰稿人提供。条目只配一幅图且图题与条目标题一致时，不附图题。

九、　考虑到农药使用者的实际需要，计量单位"亩"保留（1亩=1/15公顷）。

十、　正文书眉标明双码页第一个条目及单码页最后一个条目第一个字汉语拼音和汉字。

十一、本卷附有国外主要农药公司、常用缩略语、常见农药机构，以及条目标题汉字笔画索引、条目标题外文索引、内容索引和CAS登记号索引。

十二、公司英文名称查不到相应中文的，在书中直接用英文表示。

十三、书中未列残留限量的，是GB 2763-2021《食品中农药最大残留限量标准》暂未给出相应的数据。

条目分类目录

说 明

1. 本目录供分类查检条目之用。有的条目具有多种属性，分别列在不同类别内。

   例如，砜拌磷既是杀虫剂，又是杀螨剂，则在杀虫剂和杀螨剂中都列出。

2. 目录中凡加【××】（××）的名称，仅为分类集合的提示词，并非条目名称。

   例如，【农药图文信息】（农药学教材）。

【农药质量控制与分析】

【农药毒理学】

【农药作用方式、作用机制、抗药性】

杀线虫剂 —————— 1085

阿福拉纳　afoxolaner

一种异噁唑啉类具有趋避作用的杀虫剂、杀螨剂。

化学名称　4-[5-[3-chloro-5-(trifluoromethyl)phenyl]-4,5-dihydro-5-(trifluoromethyl)-3-isoxazolyl]-N-[2-oxo-2-[(2,2,2-trifluoroethyl)amino]ethyl]-1-naphthalenecarboxamide；4-[5-[3-氯-5-(三氟甲基)苯基]-4,5-二氢-5-(三氟甲基)-3-异噁唑基]-N-[2-氧代-2-[(2,2,2-三氟甲基)氨基]乙基]-1-萘羟肟酸。

IUPAC名称　4-[(5RS)-5-(5-chloro-α,α,α-trifluoro-m-tolyl)-4,5-dihydro-5-(trifluoromethyl)-1,2-oxazol-3-yl]-N-[2-oxo-2-(2,2,2-trifluoroethylamino)ethyl]naphthalene-1-carboxamide。

CAS登记号　1093861-60-9。

分子式　$C_{26}H_{17}ClF_9N_3O_3$。

相对分子质量　625.87。

结构式

4-[5-[3-chloro-5-(trifluoromethyl)phenyl]...结构图

开发单位　杜邦公司。

作用方式及机理　触杀型杀虫剂，通过口服可快速并广泛分布在血液循环系统中，在皮肤表面扩散。通过抑制γ-氨基丁酸（GABA）封闭氯离子通道来控制昆虫活性。

防治对象　用于防治跳蚤、扁虱、蜱虫和螨类。

参考文献

朱永和,王振荣,李布青,2006.农药大典[M].北京:中国三峡出版社.

（撰稿：张永强；审稿：丁伟）

阿维菌素　abamectin

由阿弗链霉菌（*Streptomyces avermitilis*）发酵产生的具有杀寄生虫、线虫、螨以及多种鳞翅目害虫活性的16元大环内酯类的微生物次级代谢同系物。1975年日本北里大学大村智等和美国墨克公司首先开发成功。

其他名称　爱福丁、7051杀虫素、虫螨光、绿菜宝、杀虫丁、螨虫素、齐螨素、害极灭。

化学名称　(10E,14E,16E)-(1R,4S,5′S,6S,6′R,8R,12S,13S,20R,21R,24S)-6′-[(S)-仲丁基]-21,24-二羟基-5′,11,13,22,-四甲基-2-氧-3,7,19-三氧四环[15.6.1.1^{4,8}.0^{20,24}]二十五烷-10,14,16,22,-四烯-6-螺-2′-(5′,6′-二氢-2′H-吡喃)-12-基-2,6-二脱氧-4-O-(2,6-二脱氧-3-O-甲基-α-L-阿拉伯-己吡喃糖基)-3-O-甲基-α-L-阿拉伯-己吡喃糖(i)与(10E,14E,16E)-(1R,4S,5′S,6S,6′R,8R,12S,13S,20R,21R,24S)-21,24-二羟基-6′-异丙基-5′,11,13,22-四甲基-2-氧-3,7,19,-三氧四环[15.6.1.1^{4,8}.0^{20,24}]二十五烷-10,14,16,22,-四烯-6-螺-2′-(5′,6′-二氢-2′H-吡喃)-12-基-2,6-二脱氧-4-O-(2,6-二脱氧-3-O-甲基-α-L-阿拉伯-己吡喃糖基)-3-O-甲基-α-L-阿拉伯-己吡喃糖(ii)的混合物（比例4:1）；(10E,14E,16E)-(1R,4S,5′S,6S,6′R,8R,12S,13S,20R,21R,24S)-6′-[(S)-sec-butyl]-21,24-dihydroxy-5′,11,13,22,-Tetramethylpyrazine-2-oxygen-3,7,19-three oxygen four rings[15.6.1.1^{4,8}.0^{20,24}]pentacosane-10,14,16,22,-tetraene-6-snail-2′-(5′,6′-dihydro-2′H-pyran)-12-base-2,6-B-deoxy-4-O-(2,6-B-deoxy-3-O-methyl-α-L-pyranose-Arab base)-3-O-methyl-α-L-Arab-pyranose(i)与(10E,14E,16E)-(1R,4S,5′S,6S,6′R,8R,12S,13S,20R,21R,24S)-21,24-dihydroxy-6′-isopropyl-5′,11,13,22-tetramethylpyrazine-2-oxygen-3,7,19,-three oxygen four rings[15.6.1.1^{4,8}.0^{20,24}]pentacosane-10,14,16,22,-tetraene-6-snail-2′-(5′,6′-dihydro-2′H-pyran)-12-base2,6-B-deoxy-4-O-(2,6-B-deoxy-3-O-methyl-α-L-pyranose-Arab base)-3-O-methyl-α-L-Arab-pyranose(ii)。

IUPAC名称　(10E,14E,16E)-(1R,4S,5′S,6S,6′R,8R,12S,13S,20R,21R,24S)-6′-[(S)-sec-butyl]-21,24-dihydroxy-5′,11,13,22,tetramethyl-2-oxo-3,7,19-trioxotetracyclo[15.6.1.1^{4,8}.0^{20,24}]pentadecane-10,14,16,22-tetraene-6-spiro-2′-(5′,6′-dihydro-2′H-pyran)-12-yl-2,6-dideoxy-4-O-(2,6-dideoxy-3-O-methyl-α-L-*arabino*-hexopyranosyl)-3-O-methyl-α-L-*arabino*-hexopyranose(i) mixture with(10E,14E,16E)-(1R,4S,5′S,6S,6′R,8R,12S,13S,20R,21R,24S)-6′-[(S)-sec-butyl]-21,24-dihydroxy-5′,11,13,22,tetramethyl-2-oxo-3,7,19-trioxotetracyclo[15.6.1.1^{4,8}.0^{20,24}]pentadecane-10,14,16,22-tetraene-6-spiro-2′-(5′,6′-dihydro-2′H-pyran)-12-yl-2,6-dideoxy-4-O-(2,6-dideoxy-3-O-methyl-α-L-*arabino*-hexopyranosyl)-3-O-methyl-α-L-*arabino*-hexopyranose (ii)(4:1)。

CAS登记号　71751-41-2（阿维菌素）；65195-55-3（i）；65195-56-4（ii）。

EC 号　265-610-3（阿维菌素 B_{1a}）；265-611-9（阿维菌素 B_{1b}）。

分子式　$C_{48}H_{72}O_{14}$（阿维菌素 B_{1a}）；$C_{47}H_{70}O_{14}$（阿维菌素 B_{1b}）。

相对分子质量　873.09（阿维菌素 B_{1a}）；859.06（阿维菌素 B_{1b}）。

结构式

阿维菌素 B_{1a}

阿维菌素 B_{1b}

开发单位　1985 年默克公司和阿万特公司（现先正达公司）开发了阿维菌素 B_{1a}（i）和阿维菌素 B_{1b}（ii）的混合物作为杀虫剂和杀螨剂。I. Putter 等首先报道了阿维菌素一族化合物的驱虫和杀螨活性。

理化性质　组成为≥80% 阿维菌素 B_{1a}（i）和≤5% 阿维菌素 B_{1b}（ii）。无色或淡黄色晶体。熔点 161.8～169.4℃。蒸气压＜3.7×10^{-3} mPa（25℃），K_{ow}lg$P$ 4.4±0.3（pH7.2，室温）。Henry 常数 2.7×10^{-3} Pa·m^3/mol（25℃）。相对密度 1.18（22℃）。溶解度：水 1.21mg/L（25℃）；甲苯 23、丙酮 72、甲醇 13、辛醇 83、乙酸乙酯 160、二氯甲烷 470、己烷 0.11（以上均为 g/L，25℃）。在 pH5、7、9（25℃）时，水相中不水解。对强酸和强碱敏感。比旋光度 $[\alpha]_D^{22}$ +55.7°（c = 0.87，$CHCl_3$）。

毒性　急性经口 LD_{50}：大鼠（芝麻油中）10mg/kg，小鼠 13.6mg/kg；大鼠（水中）221mg/kg。兔急性经皮 LD_{50}＞2000mg/kg。对兔眼睛有轻微刺激性；不刺激皮肤。大鼠 NOEL（2 代繁殖研究）0.12mg/（kg·d）。Ames 试验未发现致突变性。毒性等级：Ⅳ（制剂，EPA）。急性经口 LD_{50}（mg/kg）：绿头野鸭 84.6，山齿鹑＞2000。鱼类 LC_{50}（96 小时，μg/L）：虹鳟

3.2，翻车鱼 9.6。水蚤 EC_{50}（48 小时）0.34μg/L。近头状伪蹄形藻 EC_{50}（72 小时）＞100mg/L。桃红对虾 LC_{50}（96 小时）1.6μg/L，青蟹 153μg/L。对蜜蜂有毒。蚯蚓 LC_{50}（28 天）28mg/kg 土壤。

剂型　0.5%、1%、1.8%、3.2%、5% 乳油，1.8%、3%、5% 微乳剂，0.5%、1%、1.8% 可湿性粉剂。

作用方式及机理　与一般杀虫剂不同的是阿维菌素干扰神经生理活动。阿维菌素通过作用于昆虫神经元突触或神经肌肉突触的 GABA 受体，干扰昆虫体内神经末梢的信息传递，即激发神经末梢放出神经递质抑制剂 γ- 氨基丁酸（GABA），促使 GABA 门控的氯离子通道延长开放，大量氯离子涌入造成神经膜电位超极化，致使神经膜处于抑制状态，从而阻断神经末梢与肌肉的联系。成虫（成螨）、幼虫（幼螨）与药剂接触后即出现麻痹症状，不活动不取食，2～4 天后死亡。因不引起昆虫迅速脱水，所以该药剂的致死作用较慢。阿维菌素对捕食性和寄生性天敌虽有直接杀伤作用，但因植物表面残留少，因此对益虫的损伤小；但对根结线虫作用明显。阿维菌素对昆虫和螨类具有触杀、胃毒和微弱的熏蒸作用，无内吸活性；对叶片有很强的渗透性，可杀死表皮下的害虫，且残效期长，不杀卵。因其作用机制独特，所以与常用的药剂无交互抗性。

防治对象　用于防治蔬菜、果树等作物上小菜蛾、菜青虫、黏虫、跳甲等多种害虫，尤其对其他农药产生抗性的害虫更为有效。防治蔬菜害虫用量 10～20g/hm^2，防效达 90% 以上；防治柑橘锈螨用量 13.5～54g/hm^2，残效期达 4 周（若与矿物油混配，药量降低到 13.5～27g/hm^2，残效期延长到 16 周）；对棉花朱砂叶螨、烟草夜蛾、棉铃虫及棉蚜均有很好的防效。此外还可用于防治牛的寄生虫病，例如牛毛虱、微小牛蜱、牛足螨等，用于防治寄生虫病，用药量为 0.2mg/kg。

使用方法　①防治十字花科蔬菜小菜蛾和菜青虫。在低龄幼虫期，每亩用 1.8% 阿维菌素乳油 30～40ml（有效成分 0.54～0.72g）兑水喷雾。在甘蓝、萝卜、小油菜上安全间隔期分别为 3 天、7 天、5 天，每季最多使用均为 2 次。②防治苹果红蜘蛛蚜虫、梨树梨木虱、柑橘锈壁虱。在卵孵化盛期和低龄幼虫发生期施药，用 1.8% 阿维菌素乳油 3000～4000 倍液（有效成分 2.5～6mg/kg）喷雾，在苹果、梨和柑橘上使用的安全间隔期为 14 天，每季最多使用 2 次。③防治菜豆、美洲斑潜蝇。在低龄幼虫期，每亩用阿维菌素乳油 60～80ml（有效成分 0.72～1.44g）兑水喷雾，安全间隔期为 3 天，每季最多使用 2 次。④防治棉铃虫、棉蚜。在低龄幼虫期，每亩用阿维菌素乳油 80～120ml（有效成分 1.44～2.16g）兑水喷雾，安全间隔期为 21 天，每季最多使用 2 次。

注意事项　该药剂对蜜蜂、鱼类等水生生物、家蚕有毒，施药期间应避免对周围蜂群的影响，蜜源作物花期、蚕室和桑园附近禁止使用。该药剂不可与碱性物质混用。

允许残留量　GB 2763—2021《食品中农药最大残留限量标准》规定阿维菌素最大残留限量见表。ADI 为 0.001mg/kg。

谷物按照 GB 23200.20 规定方法测定；油料参照 GB 23200.20 规定的方法测定；蔬菜、水果按照 GB 23200.19、GB 23200.13、NY/T 1379 规定的方法测定。

部分食品中阿维菌素最大残留限量（GB 2763—2021）

食品类别	名称	最大残留限量（mg/kg）
谷物	糙米	0.02
油料	棉籽	0.01
蔬菜	结球甘蓝	0.05
	普通白菜	0.05
	大白菜	0.05
	菠菜	0.05
	芹菜	0.05
	韭菜	0.05
	黄瓜	0.02
	豇豆	0.05
	菜豆	0.10
	萝卜	0.01
水果	柑、橘	0.02
	苹果	0.02
	梨	0.02

参考文献

马克比恩 C, 2015. 农药手册[M]. 胡笑形, 等译. 北京: 化学工业出版社.

中国农业百科全书总编辑委员会农药卷编辑委员会, 中国农业百科全书编辑部, 1993. 中国农业百科全书: 农药卷[M]. 北京: 农业出版社.

（撰稿：陶黎明；审稿：徐文平）

阿维菌素B₂　abamectin B₂

一类十六元大环内酯类抗生素杀线虫剂。

其他名称　兴柏克线、佳无线、阿佛曼菌素。

化学名称　阿维菌素 B_{2a}:(13R、23S)-22,23-二氢-5-O-二甲基-23-羟基阿维菌素 A_{1a}；阿维菌素 B_{2b}:5-O-二甲基-25-de(1-甲基丙基)-22,23-二氢-23-羟基-25-(1-甲基乙基)-(23S)-阿维菌素 A_{1a}。

CAS 登记号　65195-57-5（阿维菌素 B_{2a}）；65195-58-6（阿维菌素 B_{2b}）。

分子式　$C_{48}H_{74}O_{15}$（阿维菌素 B_{2a}）；$C_{47}H_{72}O_{15}$（阿维菌素 B_{2b}）。

相对分子质量　891.09（阿维菌素 B_{2a}）；877.07（阿维菌素 B_{2b}）。

结构式

阿维菌素B₂ₐ

阿维菌素B₂ᵦ

开发单位　河北兴柏生物工程有限公司。1975 年日本 Kitasato 研究所 Merck 研究室最先分离得到。

理化性质　阿维菌素 B_2 为白色或浅黄色粉末或结晶，微溶于水。熔点 155～160 ℃。沸点 717.52 ℃。相对密度 1.16。蒸气压 < 2×10^{-7}Pa。折射率 1.6130（预测值）。闪点 150 ℃。储存条件 2～8 ℃。15 ℃以上，在甲苯、甲醇、乙醇、丙酮等多数有机溶剂中溶解度极高。在 pH5.5～7 的水溶液（25 ℃）中稳定性好；对强酸强碱敏感；在强烈光照下首先会转变结构，产品发黄，然后降解为未知产物。

毒性　大鼠急性经口 LD_{50} > 50mg/kg，兔急性经皮 LD_{50} > 2000mg/kg，大鼠急性吸入 LC_{50} > 2mg/L。对眼睛有轻度刺激性，对皮肤无刺激性，对皮肤无致敏性。按中国农药毒性分级标准，阿维菌素 B_2 属中等毒类农药。

剂型　5%乳油（兴柏克线），颗粒剂，水分散粒剂。

作用方式及机理　可作用于昆虫神经元突触或神经肌肉突触的 γ-氨基丁酸（GABA）系统，激发神经末梢放出神经传递抑制剂的 GABA，促使 GABA 门控的氯离子通道延长开放，大量氯离子涌入造成神经膜电位超极化，致使神经膜处于抑制状态，从而阻断神经冲动传导而使昆虫麻痹、拒食、死亡。

防治对象　对根结线虫、根腐线虫、胞囊线虫、茎线虫和松材线虫等植物线虫有很好的防效。适用于黄瓜、番茄、西瓜、香蕉、大姜、柑橘、甘薯、三七、西洋参、大豆、水稻、小麦等作物的根结线虫、根腐线虫、胞囊线虫、茎线虫等侵染性线虫。

使用方法

种植前土壤处理　用颗粒剂、水分散粒剂 30～45kg/hm² 沟施或穴施。

浸种或蘸根处理　浸种稀释 800～1000 倍，蘸根稀释 1000～1500 倍。

灌根处理　移栽时稀释浓度为 1000～1500 倍，用药量 200ml/株；非苗期稀释为 800～1000 倍，每株 300ml。

冲施处理　为操作方便，省工省时，可随水冲施，建议用药量 15～30kg/hm²。具体用药量视线虫发生严重程度而定。

注意事项　使用时应注意避光保存。

参考文献

吴禹慧, 2020. 都说长江后浪推前浪 阿维菌素B₂究竟强在哪里? [J]. 农药市场信息(1): 28-29.

（撰稿：黄文坤；审稿：陈书龙）

埃卡瑞丁　icaridin

于 1980 年由拜耳公司基于分子模型合成的，于 2001 年在美国和 2012 年在加拿大正式获得使用许可。各个国家已普遍将其用作局部应用的驱虫剂，刺激性较小，哺乳动物毒性相对较低，并且含有高达 20% 的埃卡瑞丁的产品被认为可以安全地在成人中长期使用。

其他名称　伊卡里奇、Bayrepel、Picaridin、Icaridina、羟哌酯、艾卡啶、派卡瑞丁、羟乙基异丁基哌啶羧酸酯。

化学名称　羟乙基哌啶羧酸异丁酯；2-(2-羟乙基)哌啶-1-羧酸仲丁酯；羟乙基哌啶；sec-butyl 2-(2-hydroxyethyl)piperidine-1-carboxylate。

IUPAC名称　(RS)-sec-butyl(RS)-2-(2-hydroxyethyl)piperidine-1-carboxylate。

CAS 登记号　119515-38-7。

分子式　$C_{12}H_{23}NO_3$。

相对分子质量　229.32。

结构式

理化性质　外观澄清，无色无味。沸点 ≥ 260℃（约 296℃）。熔点 –170℃。密度 1.041g/cm³。

毒性　其与避蚊胺的效力相似，但使用体验更愉快，并且不引起皮肤刺激。人口服后可能会导致一定的自杀倾向。大鼠急性经皮 LD_{50} > 5000mg/kg。

剂型　喷雾剂，驱蚊水，驱虫湿巾和驱虫棒。

质量标准　外观澄清，无色无味，最高剂量不得超过 30%。

作用方式及机理　药物直接作用于昆虫的触觉器官及化学感受器，从而驱赶蚊虫。

防治对象　驱除蚊、苍蝇、蚤、虱、水蛭等害虫。

参考文献

孟凤霞, 郭玉红, 卢慧明, 2012. 我国驱蚊花露水及其有效成分 [J]. 中国媒介生物学及控制杂志, (23)4: 277-279.

郑剑, 张海阳, 陈超, 2015. 羟哌酯凝胶驱蚊剂的制备及其药效观察[J]. 中华卫生杀虫药械, (21)5: 464-465.

HENG S, SLUYDTS V, DURNEZ L, et al, 2017. Safety of a topical insect repellent (picaridin) during community mass use for malaria control in rural Cambodia[J]. PLoS ONE, 12(3): e0172566.

（撰稿：段红霞；审稿：杨新玲）

矮健素　chloropropenyl trimethyl ammonium chloride

一种季铵盐植物生长调节剂，可增加棉麦作物茎秆强度，促进根系发育，增加抗逆能力，提高作物产量。

其他名称　水仙花矮健素。

化学名称　2-氯丙烯基三甲基氯化铵。

分子式　$C_6H_{13}Cl_2N$。

相对分子质量　170.08。

结构式

开发单位　1971 年由南开大学元素有机化学研究所开发。

理化性质　是一种季铵盐型化合物。纯品为白色粉末状结晶。商品为米黄色粉末，略带腥臭味，易溶于水，不溶于苯、乙醚等有机溶剂。结晶吸湿性强，性质较稳定，遇碱易分解，熔点 168～170℃。

毒性　对人畜有低毒。

剂型　水剂。

作用方式及机理　增加棉麦作物茎秆强度，促进根系发育，增加抗逆能力。抑制植物细胞伸长，控制作物地上部徒长，防止倒伏，使用后能阻碍内源赤霉素的合成，延缓细胞伸长，使植物植株矮化，茎秆粗壮，增加叶绿素含量，叶色浓绿，叶片挺立，叶片加厚，根系发达；抑制细胞伸长，但不影响细胞分裂，抑制茎叶生长而不影响性器官的发育。使植株提早分蘖，增加有效分蘖，增强作物抗旱、抗盐碱的能力，适用于肥力条件良好、生长旺盛的作物。

使用对象　使用于棉花、小麦、玉米、花生、番茄、葡萄、马铃薯、水稻、高粱、大豆、甘蔗、黄瓜等作物上。

使用方法　拌种或叶面喷施。

棉花　矮健素对棉花矮壮效果明显。抑制棉株旺长，使植株变矮，主茎节间和果枝节间缩短，株型紧凑，起到化学整枝作用。叶面增大，叶片增厚，蕾铃增加，防止落蕾，百铃重增加。浓度为 20～80mg/L，株高抑制 10%～20%，增产幅度 10%～50%。其中以 20～40mg/L，每亩液量 60～75kg，在棉花盛蕾期或初花期喷施较好。

小麦　每 5kg 小麦种子用 20～40g 的矮健素拌种或每亩用量 300～400g 在拔节期喷雾，一般可增产 10% 以上，最高可以达 40%。在低肥或中等以上肥力、密度较低而不发生倒伏的情况下，经矮健素处理后穗粒数变化不大，千粒重有一定增加，有一定增产效果。

注意事项　按照推荐浓度进行施用，不可超浓度施用。

与其他药剂的混用　无相关报道。

允许残留量　中国尚未制定最大残留限量值。矮健素在土壤中有较长时间残留。

参考文献

李玲, 肖浪涛, 谭伟明, 2018. 现代植物生长调节剂技术手册[M]. 北京: 化学工业出版社:62.

孙家隆, 2015. 新编农药品种手册[M]. 北京: 化学工业出版社:900 .

曾宗德, 陈虎保, 1983. 调节膦、矮健素不同浓度对棉花的效应[J]. 河北农学报(3): 76-77.

（撰稿：黄官民；审稿：谭伟明）

矮生玉米叶鞘试法　gibberellins bioassay by sheath growth stimulating on dwarf maize seedlings

植物赤霉素的生物测定技术方法之一。是基于赤霉素可以促进矮生玉米叶鞘的伸长而建立起来的生物测定方法，具体以矮生玉米叶鞘为试验材料。通过该方法可测定外源赤霉素对矮生玉米叶鞘伸长的影响，在一定的浓度范围内，叶鞘的伸长与赤霉素的浓度成正比。

适用范围　适用于赤霉素类植物生长调节剂的生物测定。

主要内容　将精选的矮生型玉米种子吸水 6～12 小时后直立栽在蛭石上。播种后将容器放在 3000lx 光照、28～30℃ 下使其发芽。1 周后，将玉米幼苗全部取出，根据第一片叶展开的程度，分为几个不同的组，移植到适当的容器中进行水培。当第一叶长成杯状时，用赤霉素或待测液处理。把不同浓度赤霉素配成 20%～50% 丙酮溶液，用吸管向每一杯形叶中各滴入 50μl 或 100μl。经过处理的幼苗，仍按发芽时的培养条件进行培育，一周后测定其第一叶鞘的长度。在一定的浓度范围内，叶鞘的伸长与赤霉素的浓度成正比。该方法十分灵敏，对赤霉素最低检测浓度可达到 10^{-11} mol/L。

参考文献

陈年春, 1991. 农药生物测定技术[M]. 北京: 北京农业大学出版社.

（撰稿：谭伟明；审稿：陈杰）

矮壮素　chlormequat chloride

一种季铵盐类植物生长调节剂，可有效控制植物株高，促进植物根系生长，增强作物光合作用能力，提高作物抗倒伏、抗旱、抗寒及病虫害的能力，在农林业中广泛应用。

其他名称　Cycocel、CCC、氯化氯代胆碱（chlorocholine）、Chloride、Cycogan、Cycocel-Extra、Increcel、Lihocin、稻麦立、三西（CeCeCe、Hico CCC）。

化学名称　α-氯乙基三甲基氯化铵。

CAS 登记号　999-81-5。

EC 号　213-666-4。

分子式　$C_5H_{13}Cl_2N$。

相对分子质量　158.07。

结构式

$$Cl\diagdown\diagup N^+ \diagup Cl^-$$

开发单位　1957 年由美国氰胺公司开发。

理化性质　矮壮素纯品为白色结晶固体，有鱼腥味。熔点 240～245℃，可溶于水，微溶于二氯乙烷和异丙醇，不溶于苯、二甲苯。在中性或酸性介质中稳定，但遇碱则分解。

毒性　低毒。原粉雄性大鼠急性经口 LD_{50} 833mg/kg，大鼠急性经皮 LD_{50} 4000mg/kg，大鼠 1000mg/L 饲喂 2 年无不良影响。

剂型　50% 水剂，80% 可溶性粉剂。

作用方式及机理　是一种季铵盐类植物生长调节剂，由植株的叶、嫩枝、芽和根系吸收，然后转移到起作用的部位，主要作用是抑制赤霉素前体贝壳杉烯的形成，致使体内赤霉素的生物合成受到阻抑。它的生理作用是控制植株徒长，使节间缩短，植株长得矮、壮、粗，根系发达，抗倒伏，同时叶色加深，叶片增厚，叶绿素含量增多，光合作用增强，促进生殖生长，从而提高某些作物的坐果率，也能改善某些作物果实、种子的品质，提高产量，还可提高某些作物的抗旱、抗寒及病虫害的能力。

使用对象　一种广谱多用途的植物生长调节剂，在农林业中得到广泛应用。

使用方法

棉花　在初花期、盛花期以 20～40mg/L 药液喷洒 1～2 次，可矮化植株，代替人工打尖，增加产量。

小麦　以 1500～3000mg/L 药液浸种，5kg 药液浸 2.5kg 种子 6～12 小时，或以 1500～3000mg/L 药液 50mg 拌 5kg 种子，可壮苗，防止倒伏，增加分蘖和产量；拔节前以 1000～2000mg/L 药液喷洒 1～2 次，矮化植株增加产量。

玉米　以 5000～6000mg/L 药液浸种，5kg 药液浸 2.5kg 种子 6 小时，或者 250mg/L 药液在孕穗前顶部喷洒，使植株矮化，减少秃顶，穗大粒满。

高粱、水稻　在拔节期或分蘖末期以 1000mg/L 药液喷洒全株 1 次，有矮化增产效果。

花生　在播种后 50 天以 50～100mg/L 药液喷洒全株，矮化植株，增加荚果数和产量。

马铃薯　在开花前以 1600～2500mg/L 药液喷洒 1 次，可提高抗旱、抗寒、抗盐能力，增加产量。

大豆　在开花期以 1000～2500mg/L 药液喷洒 1 次，可减少秕荚，增加百粒重。

葡萄　开花前 15 天，以 500～1000mg/L 药液全株喷洒 1 次，控制新梢旺长，使得果穗齐，果穗和粒重增加。

A

番茄　苗期以 10～100mg/L 全面淋洒土壤、苗矮、紧凑、抗寒，提早开花结果；开花前以 500～1000mg/L 药液全株喷洒一次，促进坐果、增加产量。

黄瓜　生长到 14～15 叶时，以 50～100mg/L 药液全株喷洒 1 次，促进后期坐果，增加产量。

甘蔗　在收前 6 周以 1000～2500mg/L 药液全株喷洒 1 次，矮化植株，增加含糖量。

郁金香、杜鹃等观赏植物　用 2000～5000mg/L 全株喷洒都有矮化效应。

注意事项　①作矮化剂使用时，被处理的作物水肥条件要好，群体有旺长之势时应用效果才好；地力差、长势弱的请勿使用。②在棉花上使用，用量大于 50mg/L 易使叶柄变脆，容易损伤。在果树上使用虽提高坐果率，但果实的甜度降低，与硼（20mg/L）混用可较好地克服其副作用。③使用时勿将药液沾到眼、手、皮肤，沾到后尽快用清水冲洗，一旦中毒如头晕等，可酌情用阿托品治疗。④勿与碱性农药混用。

与其他药剂的混用　①矮壮素与对氯苯氧乙酸混合使用能促进番茄坐果并提高产量。在气温较高的 4 月或 10 月栽种番茄，在营养生长与生殖生长交替阶段（开花前几天），用矮壮素与对氯苯氧乙酸喷洒番茄整株，与单用对氯苯氧乙酸喷花序比较，显著增加番茄的坐果量与产量。②矮壮素与萘乙酸混用增加棉花产量。在棉花初花期，以矮壮素、萘乙酸以及二者的混合液喷洒棉花植株，结果是单用矮壮素可以矮化棉花植株，控制新枝生长，促进棉花坐桃，但不增加最终棉花产量；单用萘乙酸则无明显作用；二者混合使用则不仅矮化植株且增加最终棉花的产量。③矮壮素及助壮素 250～500mg/L 药液喷施甜瓜幼苗叶面，使节间短，叶片增厚色绿，抗旱抗寒。用过之后肥水一定要跟上才能显现其效果。④矮壮素与助壮素或甲哌鎓混合，在棉花初花期喷施，可以控制棉花顶端或分枝生长，使株型紧凑，促进光合作用，防止落花落蕾增加棉花成桃树，提高产量。⑤矮壮素与丁酰肼浸渍莴苣叶和茎，具有延缓衰老的效果。在温度高的条件下储藏，浸渍的用药浓度低，反之则高。

允许残留量　GB/T 5009.219—2008 粮谷中矮壮素残留量的测定标准规定了粮谷中矮壮素残留量的测定方法。标准适用于玉米、荞麦中矮壮素残留量的测定。标准对玉米、荞麦中矮壮素残留的检出限量为 0.01mg/kg，线性范围为 0.005～1mg/L。

参考文献

马克比恩 C, 2015. 农药手册[M]. 胡笑形, 等译. 北京: 化学工业出版社: 166 .

李玲, 肖浪涛, 谭伟明, 等, 2018. 现代植物生长调节剂技术手册[M]. 北京: 化学工业出版社: 18.

孙家隆, 2015. 新编农药品种手册[M]. 北京: 化学工业出版社: 900.

中国农业百科全书总编辑委员会农药卷编辑委员会, 中国农业百科全书编辑部,1993. 中国农业百科全书: 农药卷[M]. 北京: 农业出版社: 1.

（撰稿：黄官民；审稿：谭伟明）

艾氏剂　aldrin

一种有机氯杀虫剂，属于土壤残留性农药。拌种用于防治蝗蝻、蚁类、根蛆、蝼蛄、蛴螬、象鼻虫和金针虫等地下害虫，用油剂喷雾直接防治白蚁。因其毒性高、残留毒性强，在大部分国家限制使用。

其他名称　Octalene、Compound 118(Hyman)。

化学名称　(1R,4S,4aS,5S,8R,8aR)-1,2,3,4,10,10-六氯-1,4,4a,5,8,8a-六氢-1,4:5,8-二甲桥萘；(1R,4S,4aS,5S,8R,8aR)-1,2,3,4,10,10-hexachloro-1,4,4a,5,8,8a-hexahydro-1,4:5,8-dimethanonaphthalene。

IUPAC 名称　(1α,4α,4aβ,5α,8α,8aβ)-1,2,3,4,10,10-hexachloro-1,4,4a,5,8,8a-hexahydro-1,4:5,8-dimethanonaphthalene。

CAS 登记号　309-00-2。

EC 号　206-215-8。

分子式　$C_{12}H_8Cl_6$。

相对分子质量　364.91。

结构式

开发单位　由 C. W. Kearns 等报道，由 J. Hyman & Co. 和壳牌国际化学公司开发。

理化性质　纯品为白色无气味晶体。熔点 104～104.5℃。在 20℃时，蒸气压为 0.01Pa；在 25℃时，蒸气压为 0.019Pa。在 25～29℃，在水中的溶解度为 0.027mg/L，易溶于丙酮、苯和二甲苯。工业品为褐色至暗棕色固体，熔点 49～60℃。对热、碱和弱酸稳定，但遇到氧化剂、强酸则破坏其未氯化部分的环，它能与大多数农药化肥混用。但由于储藏时会缓慢放出氯化氢，故有一定的腐蚀性。

毒性　大鼠急性经口 LD_{50} 67mg/kg，可通过皮肤吸收，以 5mg/L 剂量喂大鼠 2 年，无致病影响，以 25mg/L 剂量喂养时，则引起肝的变化。工作场所最高容许浓度为 0.25mg/m³。

剂型　240～280g/L 乳剂，加入 3-氯-1,2-环氧丙烷，抑制脱氯化氢，减少腐蚀。40%～70% 可湿性粉剂，在载体中加进尿素，可阻止脱氯化氢。2.5%～5% 粉剂，种子包衣剂，颗粒剂。

质量标准　2.5%～5% 粉剂为浅褐色粉状物，悬浮率≥80%，储存稳定性良好。

作用方式及机理　作用于昆虫神经系统的轴突部位，影响钠离子通道或使突触前释放过多的乙酰胆碱，从而干扰或破坏昆虫正常的神经传导系统。

防治对象　以 1.9%、2.5%、3.8% 粉剂防治稻和小麦的根蚜、稻大蚊、麦苗棘跳虫、小麦和马铃薯金针虫、蝼蛄、大豆根潜蝇、蔬菜种蝇、洋葱蝇、萝卜蝇、黄曲条跳甲、蚁、甘薯象虫。

A

使用方法　在用药量为 0.5～5kg/hm² 剂量范围内，对土壤害虫均有效，无药害。22.8% 乳剂 500～600 倍液灌浇防治杂粮金针虫、稻大蚊，200 倍液可防治蔬菜种蝇、黄守瓜，300～500 倍液防治蝼蛄。

注意事项　①在储藏时会缓慢地放出氯化氢，有腐蚀性，因此，防止与易腐蚀的容器接触。收获前 21～42 天禁止使用。在土壤中使用易被氧化为狄氏剂。因其毒性高，残留毒性强，中国不生产、不进口。②储存于阴凉、通风的库房中。防潮、防高温暴晒、防雨淋。寒冷季节要注意保持库温在结晶点以上，以防冻裂容器及变质，乳油剂型要严禁火种。应与粮食、食品、种子、饲料、各种日用品隔离储运。作业时轻装轻卸，防止容器破损。做好个人安全防护。泄漏处理用沙土吸收，倒至指定的空旷地方深埋。受污染地方撒上石灰，用大量水冲洗，污水排入废水系统。火灾时，消防人员必须穿戴防毒面具与防护服，用干粉、泡沫和沙土灭火。

与其他药剂的混用　15% 艾氏剂和 35% 福美双混剂可防治菜豆立枯病、炭疽病和种蝇、金针虫、玉米大斑病、立枯病。

允许残留量　GB 2763—2021《食品中农药最大残留限量标准》规定艾氏剂最大残留限量见表。ADI 为 0.0001mg/kg。植物源性食品（蔬菜、水果除外）按照 GB 23200.113、GB/T 5009.19 规定的方法测定；蔬菜、水果按照 GB 23200.113、GB/T 5009.19、NY/T 761 规定的方法测定；动物源性食品按照 GB/T 5009.19、GB/T 5009.162 规定的方法测定。

部分食品中艾氏剂最大残留限量（GB 2763—2021）

食品类别	名称	最大残留限量（mg/kg）
谷物	稻谷、麦类、旱粮类、杂粮类、成品粮	0.02
油料和油脂	大豆	0.05
蔬菜	豆类蔬菜、茎类蔬菜、其他类蔬菜	0.05
水果	柑橘类水果、瓜果类水果、核果类水果	0.05
动物源性食品	哺乳动物肉类（海洋哺乳动物除外）	0.20（以脂肪计）
	禽肉类	0.20（以脂肪计）
	蛋类	0.10
	生乳	0.006

参考文献

王振荣，李布青，1996. 农药商品大全[M]. 北京：中国商业出版社.

中国农业百科全书总编辑委员会农药卷编辑委员会，中国农业百科全书编辑部，1993.中国农业百科全书：农药卷[M]. 北京：农业出版社.

（撰稿：张建军；审稿：吴剑）

安硫磷　formothion

一种触杀性、内吸性杀虫剂。

其他名称　Anthio、Antio、福尔莫硫磷、安果、玫瑰头香、J-38、SAN 6913、S-6900。

化学名称　S-[2-(甲酰甲胺基)-2-氧代乙基]-O,O-二甲基二硫代磷酸酯；O,O-dimethyl S-(N-formyl-N-methylcarbamoylmethyl)phosphorodithioate。

IUPAC名称　S-[2-[formyl(methyl)amino]-2-oxoethyl] O,O-dimethyl phosphorodithioate。

CAS 登记号　2540-82-1。

EC 号　219-818-6。

分子式　$C_6H_{12}NO_4PS_2$。

相对分子质量　257.27。

结构式

开发单位　活性最早由 C. Clotzsche 报道，随后由山德士公司于 1959 年开发。

理化性质　黄色黏稠油状物或结晶，无臭味，纯品为结晶。熔点 25～26℃。相对密度 1.361（20℃）。折射率 1.5541。20℃蒸气压 0.113mPa。在非极性溶剂中稳定，碱性条件下水解。在 24℃水中溶解度 2600mg/L，微溶于水，可混溶于醇、氯仿、乙醚、酮、苯。

毒性　急性经口 LD_{50}：大鼠 365～500mg/kg，小鼠 190～195mg/kg，猫 213mg/kg，鸽子 630mg/kg。雄大鼠急性经皮 $LD_{50} > 1g/kg$，对兔子皮肤有轻微刺激。大鼠急性吸入 LC_{50}（4 小时）3.2mg/L 空气。以 80mg/kg 饲料喂大鼠和狗 2 年，未见有害影响，对人的 ADI 为 0.02mg/kg。鱼类 LC_{50}：鲤鱼（72 小时）10mg/L，虹鳟（96 小时）38mg/L。对蜜蜂有毒，LD_{50}（经口）1.537μg/g 体重。蚯蚓 LC_{50}（14 天）157.7mg/kg 土壤。水蚤 LC_{50}（24 小时）16.1mg/L。

剂型　25%、33% 乳油。

作用方式及机理　该品为中等毒性有机磷杀虫剂，能抑制胆碱酯酶活性。具有内吸性，还具有触杀和胃毒作用。

防治对象　对双翅目、半翅目、鞘翅目及许多其他害虫均有效果，也能杀死红蜘蛛。

使用方法　用量为 420～560ml/hm²（有效成分）可有效防治食叶性害虫、果蝇以及螨类。

注意事项　①工作现场禁止吸烟、进食和饮水。工作后，要淋浴更衣。工作服不要带到非作业场所，单独存放被毒物污染的衣服，洗后再用。注意个人清洁卫生。②生产操作或农业使用时，必须佩戴防毒口罩。紧急事态抢救或逃生时，应该佩戴自给式呼吸器。戴化学安全防护眼镜，穿相应的防护服，戴化学品手套。③储存于阴凉、通风仓库内。远离火种、热源。管理应按"五双"管理制度执行。包装密封。防止受潮和雨淋。防止阳光暴晒。应与氧化剂、食用化工原料分开存放。不能与粮食、食物、种子、饲料、各种日用品混装、混运。搬运时轻装轻卸，保持包装完整，防止洒漏。分装和搬运作业要注意个人防护。④皮肤接触时，用肥皂水及清水彻底冲洗。眼睛接触时，拉开眼睑，用流动清水冲洗15分钟，就医。吸入时脱离现场至空气新鲜处。呼吸困难时给输氧。呼吸停止时，立即进行人工呼吸，就医。误服者，饮适量温水，催吐，洗胃，合并使用阿托品及复能剂（氯磷定、解磷定）。

与其他药剂的混用　可与杀螟硫磷等有机磷农药混用。不能和碱性农药混用。

参考文献

《环境科学大辞典》编辑委员会，1991. 环境科学大辞典[M]. 北京: 中国环境科学出版社: 3-4.

马世昌，1999. 化学物质辞典[M]. 西安: 陕西科学技术出版社: 342.

朱永和、王振荣、李布青，2006. 农药大典[M]. 北京: 中国三峡出版社: 92.

（撰稿：吴剑；审稿：薛伟）

安全剂　safener

用来保护农作物免受除草剂药害，增加作物安全性和改进杂草防除效果的化合物。又名解毒剂（antidote）、保护剂（protectant）。除草剂安全化现象最早发现于1947年，当时Hoffman偶然发现2,4-滴具有拮抗机制，能保护小麦免受燕麦灵（barban）的药害，后来通过大量研究建立了检测化合物是否具有安全剂活性的筛选程序，于1962年首次提出了安全剂概念。20世纪70年代安全剂得到快速发展，现已在全球普及应用，应用作物集中在麦类、玉米、高粱、水稻、禾谷类。随着中国化学除草剂应用的不断增加，近20年来也开始应用安全剂，主要集中在小麦、玉米两大作物。

作用机理　除草剂安全剂的作用机理到目前仍未有明确定论，大量研究表明安全剂的作用并非一种机制运行，可能是一系列过程的综合。科学家提出5种假说：①安全剂可能干扰除草剂的吸收和传导。②安全剂可能与除草剂受体和靶标位点竞争。③安全剂加强除草剂在作物中的代谢。④安全剂通过增进还原型谷胱甘肽含量及提高谷胱甘肽-S-转移酶（GST）的活性而抵抗和分解有毒物质对玉米的药害。⑤以上几种模式的结合。

分类与主要品种　第一个研究成功的安全剂是NA（1,8-萘二甲酸酐）。随着安全剂的发展，种类越来越多。根据化学结构分类，安全剂主要有以下几种：①二氯乙酰胺类。最典型的是二氯丙烯胺R25788（N,N-二烯丙基-2,2-二氯乙酰胺），用于玉米的安全剂R-29788、R-28725、AD-67，以及商品化产品解草酮和Furilazole、孟山都公司开发的MON13900、巴斯夫公司开发的BAS145138。②噁唑、噻唑和其他杂环化合物。如解草啶（fenclorim）、解草安（flurazole）、解草唑（fenchlorazole）。③酮类及其衍生物。

④肟醚类。如解草胺腈（cyometrinil）、解草腈（oxabetrinil）和肟草安（fluxofenim）。⑤其他类型安全剂。如解草喹（cloquintocet-mexyl，也称解毒喹）、双苯唑酸、环丙磺酰胺、吡唑解草酯、呋喃解草唑、1,8-辛二氨等。另外，用活性炭对水稻、玉米等作物进行种子处理，可以避免或降低均三氮苯类、取代脲类等除草剂的药害，但用量较大。吡啶羧酸衍生物、均三氮苯类衍生物、叠氮化合物的碱金属盐、N-酰基哌啶衍生物等，都是开发较早的安全剂品种。

使用要求　不是所有的除草剂都需要加入安全剂，只有在以下几种情况需要加入除草剂安全剂：①使用高效但选择性差的除草剂时需要加入安全剂。②为防除耐药性杂草需要提高除草剂的用量时，加入安全剂可避免或降低作物产生药害。③消除除草剂在土壤中的残留毒性，需要加入安全剂。

应用技术　一是加入除草剂中混合应用，二是进行农作拌种处理。后者受限因素较多，应用较少。下面具体介绍几种安全剂的使用技术。

解草酮　氯代酰胺类安全剂。与异丙甲草胺按1:30加入后，在玉米苗前和苗后早期应用，能增加玉米对异丙甲草胺的耐药性，而不影响对敏感杂草的活性。

解草喹　是炔草酯的安全剂。与炔草酯按1:4加入后，能提高小麦对炔草酯的耐药性，减轻或免除炔草酯对小麦形成药害。

解草唑　是噁唑禾草灵的安全剂。解草唑能加速小麦体内对噁唑禾草灵的解毒作用，改善小麦对噁唑禾草灵的耐药性，用于小麦田防除一年生或多年生禾本科杂草，并对野燕麦、看麦娘表现出很好的防效。

解草啶　是丙草胺与醚磺隆的安全剂。丙草胺中加入解草啶能提高水稻早期用药安全性。

解草胺　是噻唑羧酸类安全剂，用于高粱种子处理可保护高粱免受甲草胺、异丙甲草胺药害。

肟草胺　是肟醚类安全剂。能加速异丙甲草胺的代谢。

呋喃解草唑　是氯乙酰胺类、硫代氨基甲酸酯类的安全剂。用于玉米等磺酰脲类、咪唑啉酮类除草剂作安全剂时能使除草剂被作物快速代谢。

吡唑解草酯　是用于麦田中精噁唑禾草灵、碘甲磺隆钠盐、酰嘧磺隆、甲基二磺隆的安全剂。能保护麦类作物的安全性。

双苯唑酸　是异唑类安全剂。增加玉米对磺酰脲的解毒与代谢速度，增大玉米的选择性。与烟嘧磺隆按（1~2）:4加入后，能明显改善，并可在玉米2~8叶期进行全田喷雾。

环丙磺酰胺　与烟嘧磺隆复配能减轻或免除玉米药害。

参考文献

曲耀训，2015. 化学除草安全剂发展与产品特性及应用[J]. 今日农药，16(6): 23-26.

叶非、徐伟钧，2008. 除草剂安全剂的生理生化作用机制研究进展[J]. 植物保护学报，35(4): 367-372.

（撰稿：张春华；审稿：张宗俭）

安全间隔期　pre-harvest interval

经残留试验确认后农药登记管理部门批准的农药产品实际使用时最后一次施药距采收的间隔天数。也就是收获前禁止使用农药的日期。在等于或大于规定的安全间隔期施药，收获农产品中的农药残留量不会超过国家规定的最大残留限量，可以保证食用者的安全。

安全间隔期的制定途径：①从消解动态曲线上推算。通常按照实际使用方法施药后，在不同的时间间隔采样测定，画出农药在作物上的消解动态曲线，以作物上的残留量降至最大残留限量的天数，作为安全间隔期的参考。但前提条件是，此消解动态试验中施药剂量和次数应与推荐施药剂量一致。②进行采收间隔期试验，从中推算出安全间隔期。采收间隔期（interval to harvest）是指农作物采收距最后一次施药的间隔天数。采收间隔期是与残留量相关性最显著的因素，也是制定安全间隔期的重要依据。间隔期的确定必须科学、合理，由于农作物品种繁多，病、虫、草害的发生和防治时期差异甚大，应根据农作物病、虫、草害防治的实际情况和农产品采收时期确定间隔期。有的农产品需要在鲜嫩时采摘，如黄瓜、番茄、茶叶等，则间隔期应相应的短些，可在 1 天、2 天、3 天、5 天、7 天内。有的农作物如水稻、棉花、柑橘等，施药距收获时间较长，间隔期可适当长些，一般设 7 天、14 天、21 天、30 天，通常在进行农药残留实验时至少应设 2 个以上的采收间隔期。根据不同采收间隔期样品中农药残留水平，确定安全间隔期。

在制定农药安全间隔期时，必须参考农药的实际使用情况，如拌种剂、除草剂中的土壤处理剂或苗后、芽前处理剂等，使用农药的日期是固定的，不再根据消解动态算出安全间隔期，而是测定收获后作物中的最终残留，其最终残留不超过最大残留即可。

安全间隔期因农药性质、作物种类和环境条件而异。

不同农药的安全间隔期不同，性质稳定的农药不易分解，其安全间隔期长；相同的农药在不同的作物上的安全间隔期亦不同，果菜类作物上残留量比叶菜类作物低得多，安全间隔期也短；在不同地区由于日光、气温和降雨等因素，同一农药在相同作物上安全间隔期是不同的。因此必须制定各种农药在各类作物上适合于当地的安全间隔期。

参考文献

钱传范, 2011. 农药残留分析原理与方法[M]. 北京: 化学工业出版社.

NY/T 788—2018 农作物中农药残留试验准则.

（撰稿：徐军；审稿：郑永权）

安妥　antu

一种经口硫脲类损害毛细血管的杀鼠剂。

其他名称　萘硫脲。

化学名称　1-萘基硫脲。

CAS 登记号　86-88-4。

分子式　$C_{11}H_{10}N_2S$。

相对分子质量　202.28。

结构式

开发单位　秦皇岛化学厂和长春炭黑厂。

理化性质　纯品为白色结晶，工业品为灰白色结晶粉或蓝色粉末。有效成分含量在 95% 以上。熔点 187℃。沸点 377.6℃。密度 $1.33g/cm^3$。无臭，味苦，不溶于水，微溶于乙醚和极性溶剂。室温下，在水中的溶解度为 0.6g/L，在三甘醇中为 8.6g/L，在丙酮中为 24.3g/L。化学性质稳定，不易变质，受潮结块后研碎仍不失效。

毒性　对大鼠、小鼠的急性经口 LD_{50} 分别为 6mg/kg 和 5mg/kg。

作用方式及机理　损坏毛细血管，产生肺水肿、肺出血，并可引起肝肾变性、坏死。

使用情况　在 1945 年作为杀鼠剂被发现，是一种硫脲类急性杀鼠剂，选择毒性较强，对人、畜毒性较低，主要用于防治褐家鼠及黄毛鼠，该药有强胃毒作用，也可损害鼠类呼吸系统。但由于存在致癌风险，一些国家已经停止使用。

使用方法　堆投，毒饵站投放。

注意事项　误食后，肌肉注射半胱氨酸可降低安妥毒性，谷胱甘肽也有类似作用。已禁用。

参考文献

李军德, 2018. 高效液相色谱法测定鼠药中安妥的含量[J]. 青岛农业大学学报(自然科学版), 35(1): 66-68.

MCCLOSKY W T, SMITH M I, 1945. Studies on the pharmacologic action and the pathology of alphanaphthylthiourea (Antu). 1. pharmacology[J]. Public health report, 60(38): 1101-1108.

WORTHING C R, WALKER S B, 1983. The pesticide manual: a world compendium [M]. 7th ed. Lavenham, UK: BCPC.

（撰稿：王登；审稿：施大钊）

桉油精　cineole

从桃金娘科植物蓝桉、樟科植物樟、姜科植物姜花或上述同属其他植物中提取的单萜类植物源杀虫剂，具有触杀、胃毒及熏蒸作用。

其他名称　桉叶油素、桉叶油醇、桉树脑、1,8- 环氧对孟烷。

化学名称　1,3,3-三甲基-2-氧杂双环[2.2.2]辛烷；1,3,3-trimethyl-2-oxabicyclo[2.2.2]octane。

IUPAC 名称　2-oxabicyclo[2.2.2] octane,1,3,3-trimethyl-。

CAS 登记号　470-82-6。

EC 号　207-431-5。

分子式　$C_{10}H_{18}O$。

相对分子质量　154.24。

结构式

开发单位　2010 年，由北京亚戈农生物药业有限公司开发 5% 桉油精可溶液剂并登记；2018 年，由成都彩虹电器（集团）股份有限公司开发 5.6% 桉油精挥散芯并登记。

理化性质　无色至淡黄色油状透明液体，味辛冷，有与樟脑及桉叶油和薰衣草油类似的气味。熔点 1.5℃。沸点 176～178℃。密度 0.921～0.93g/cm³（25℃）。折射率 1.454～1.461。溶于乙醇、乙醚、氯仿、冰乙酸、丙二醇、甘油和大多数非挥发性油，微溶于水。

毒性　低毒。5% 桉油精可溶液剂对鼠急性经口 LD_{50} > 3160mg/kg、经皮 LD_{50} > 2000mg/kg，对皮肤无刺激性，为弱致敏物，蜜蜂 LD_{50} 200μg/只，鹌鹑 LD_{50}（7天）> 2000mg/kg，斑马鱼 LC_{50}（96小时）34.63mg/L，家蚕 LC_{50}（2天）> 10 000mg/L。

剂型　5% 可溶液剂，70% 母药，5.6% 挥散芯。

作用方式及机理　对害虫具有触杀、胃毒及熏蒸作用。作用机理主要是通过破坏虫体的体壁细胞、体腔细胞和线粒体等，进而影响虫体的吞噬系统、能量代谢系统和神经系统，从而达到杀虫效果；其次可通过影响虫体内与神经信号传导有关的一氧化氮合酶（NOS）和 Ca^{2+}-ATP 酶，导致虫体的神经系统过度兴奋，急剧运动，引起死亡。

防治对象　适用于防治十字花科蔬菜上的蚜虫，桃树上的红蜘蛛，卫生害虫蚊子。

使用方法　防治十字花科蔬菜的蚜虫，用药量为有效成分 52.5～75g/hm²（折成 5% 桉油精可溶性液剂 1050～1500ml/hm²）。

注意事项　①不能与波尔多液等碱性物质混用。②为避免产生抗性，可与其他作用机制不同的杀虫剂轮换使用。③在十字花科蔬菜上使用的安全间隔期为 7 天，每季最多使用 2 次。

参考文献

冯胜男，2016. 11种生物源农药对6种农林害虫的生物活性测定[D]. 泰安：山东农业大学.

胡志强，2016. 1,8-桉油素体外杀螨活性及其作用机理的研究[D]. 雅安：四川农业大学.

阳刚，殷中琼，魏琴，等，2018. 桉油溶液剂的急性毒性和安全药理学研究[J]. 中国兽药杂志 (1): 27-34.

（撰稿：李荣玉；审稿：李明）

氨氟乐灵　prodiamine

一种二硝基苯胺类除草剂。

其他名称　氨基丙氟灵、氨基丙福林、氨基丙乐灵、氨基氟乐灵、二甲菌核利、杀霉利、Marathon、Barricade、Blockade。

化学名称　2,6-二硝基-N^1,N^1-二丙基-4-(三氟甲基)苯-1,3-二胺；2,6-dinitro-N^1,N^1-dipropyl-4-(trifluoromethyl)benzene-1,3-diamine。

IUPAC 名称　2,6-dinitro-N^1,N^1-dipropyl-4-trifluoromethyl-m-phenylenediamine。

CAS 登记号　29091-21-2。

EC 号　249-421-3。

分子式　$C_{13}H_{17}F_3N_4O_4$。

相对分子质量　350.29。

结构式

开发单位　先正达公司。

理化性质　黄色结晶体。熔点 124℃。蒸气压 0.029mPa（25℃）。相对密度 1.41（25℃）。溶解度：水 0.183mg/L（pH 7, 25℃）；有机溶剂中溶解度（g/L, 20℃）：丙酮 226、二甲基甲酰胺 321、二甲苯 35.4、异丙醇 8.52、己庚烷 1、正辛醇 9.62。K_{ow} lgP 4.1 ± 0.07（25℃），pK_a 13.2。对光稳定性中等。194℃分解。土壤吸收 K_{oc} 9310～19 540mg/kg。无腐蚀性。

毒性　对人、畜、鱼类低毒。对大鼠急性（雄/雌）经口 LD_{50} > 5000mg/kg，经皮（雄/雌）LD_{50} 均 > 2000mg/kg，急性吸入大鼠（雄/雌）LC_{50} > 2000mg/m³。对兔眼睛有轻微刺激作用、对皮肤无刺激性。对水生生物斑马鱼 LC_{50}（96小时）19.2mg/L。意大利蜜蜂 LC_{50}（48小时）1035mg/L。家蚕 LC_{50}（96小时）> 2080mg/L。日本鹌鹑 LD_{50}（7天）> 1000mg/kg。

剂型　48% 乳油，65% 水分散粒剂，97% 原药。

质量标准　纯度 > 98%。

作用方式及机理　主要通过抑制纺锤体的形成，从而抑制细胞分裂、根系和芽的生长。主要通过杂草的胚芽和胚轴吸收，抑制已萌芽杂草种子的生长发育来控制敏感杂草，对已出土杂草和以根茎繁殖的杂草无效。

防治对象　适用于棉花、大豆、油菜、花生、马铃薯、冬小麦、大麦、向日葵、胡萝卜、甘蔗、番茄、茄子、辣椒、卷心菜、花菜、芹菜及果园、桑园、瓜类等作物田；防除稗草、马唐、牛筋草、假高粱、千金子、大画眉草、早熟禾、雀麦、棒头草、苋、藜、马齿苋、繁缕、蓼、萹蓄、蒺藜等一年生禾本科杂草和部分阔叶杂草。

使用方法

防治棉田杂草　播前整好地，每亩用 48% 乳油 125～150ml，加水 50kg，均匀喷布土表，随即混土 2～3cm，混土后即可播种。

防治大豆田杂草　地整好后，每亩用 48% 乳油 100～150ml，加水 35kg，均匀喷布土表，随即混土 1～3cm。在北方春大豆播种区，施药后 5～7 天播，在南方夏大豆种植区，施药后隔天即可播种。

防治油菜、花生、芝麻和蔬菜田杂草　播前 3～7 天施药，每亩用 48% 乳油 100～150ml，加水均匀喷布土表，立即混土。向日葵、红麻、胡萝卜、芹菜、茴香、架豆、豌豆等可在施药后立即播种。

注意事项　①蒸气压高，在棉花地膜覆盖时使用，每亩 48% 乳油，不宜超过 100ml；在叶菜类蔬菜地使用，易挥发、光解，施药后必须立即混土，每亩药量不宜超过 150ml，以免产生药害。②在草的次生根接触到土壤深层前，氨氟乐灵可能造成药害。为降低风险，要在播种 60 天后或 2 次割草后（取两者间隔较长的），再施用氨氟乐灵。③草坪施药后，如过早盖播草种，氨氟乐灵将影响草坪的生长发育。④请勿用于高尔夫球场球洞区。

（撰稿：杨光富；审稿：吴琼友）

氨基寡糖素　oligosaccharins

由中国科学院大连化学物理研究所开发的一种植物诱导剂。

其他名称　施特灵、好普、净土灵、好产、农业专用壳寡糖。

化学名称　低聚 -D 氨基葡萄糖。

CAS 登记号　9012-76-4。

分子式　$(C_6H_{11}NO_4)_n$（$n \geq 2$）

毒性　低毒。原药大鼠急性经口 $LD_{50} > 5000mg/kg$。

剂型　0.5%、2% 水剂。

作用方式及机理　对某些病菌的生长有抑制作用，如影响真菌孢子萌发，诱发菌丝形态发生变异，菌丝的胞内生化反应发生变化。诱导植物产生抗病性的机理主要是激发植物基因表达，产生具抗菌作用的几丁酶、葡聚糖酶、保卫素及 PR 蛋白等；同时具有抑制病菌的基因表达，使菌丝的生理生化变异，生长受到抑制，同时具有细胞活化作用，有助于受害植物的恢复。由于植株产生系统抗性，茎基维管束无病变或病变明显减轻，根系发达，植株粗壮，单株鲜重增加，抗病力提高。

防治对象　对真菌、细菌、病毒具有极强的防治和铲除作用，还具有营养、调节、解毒、抗菌的功效。可广泛用于防治果树、蔬菜、地下根茎、烟草、中药材及粮棉作物的病毒、细菌、真菌引起的花叶病、小叶病、斑点病、炭疽病、霜霉病、疫病、蔓枯病、黄矮病、稻瘟病、青枯病、软腐病等病害。可用于多种蔬菜、瓜果及经济类（烟草、人参、三七）作物防治由真菌、细菌及病毒引起的多种病害，对于保护性杀菌剂作用效果不好的病害防效尤为显著，同时有增产作用，防病效果达 55% 以上，增产效果达 8%～30%。

使用方法　可泛应用于各种植物，一般每亩用量为有效成分 0.5～2g。浸种：播种前，用 0.5% 水剂稀释 400～500 倍，浸种 6 小时。灌根：发病初期，用 0.5% 水剂稀释 300～400 倍，根部浇 1～2 次。叶面喷施：在作物发病初期稀释 600～800 倍（75～100ml/ 亩，加水 60kg）喷施。每隔 7～10 天 1 次，连用 2～3 次。作物发病前期，或幼苗期早用药，可达到事半功倍的效果。防治番茄晚疫病用有效成分 14.06～18.75g/hm²，制剂 300～400 倍液叶面喷雾。

注意事项　不得与碱性农药和肥料混用。该药剂主要为免疫调节作用，防治病害的作用一般在 60% 左右。为防止和延缓抗药性，应与其他有关防病药剂交替使用。每一生长季中最多使用 3 次。该药与有关杀菌剂、保护剂混用，可显著增加药效。不能在太阳下暴晒，于 10：00 前、16：00 后叶面喷施。宜从苗期开始使用，防病效果更好。一般作物安全间隔期为 3～7 天，每季作物最多使用 3 次。

与其他药剂的混用　避免与碱性农药混用，可与其他杀菌剂、叶面肥、杀虫剂等混合使用。为防止和延缓抗药性，应与其他有关防病药剂交替使用。

允许残留量　根据中国食品安全国家标准，豁免制定氨基寡糖素食品中最大残留限量标准。

参考文献

洪华珠，喻子牛，李增智，2010. 生物农药[M]. 武汉：华中师范大学出版社：94-97.

王运兵，崔朴周，2010. 生物农药及其使用技术[M]. 北京：化学工业出版社：291-292.

（撰稿：范志金、赵斌；审稿：刘西莉）

氨基磺酸　sulfamic acid

一种化学杀雄剂，其毒性较低，用于水稻、向日葵杀雄，有利于制种。

其他名称　磺酰胺酸、氨磺酸、磺酸胺。

化学名称　氨基磺酸；sulfamic acid。

IUPAC 名称　sulfamic acid。

CAS 登记号　5329-14-6。

EC 号　226-218-8。

分子式　H_3NO_3S。

相对分子质量　97.09。

结构式

$$H_2N-\overset{\overset{\displaystyle O}{\|}}{\underset{\underset{\displaystyle O}{\|}}{S}}-OH$$

理化性质　原药为白色斜方晶体。无味无臭，不挥发，不吸湿。熔点 205℃，水溶性 146.8g/L（20℃），密度 2.126g/cm³。易溶于水和液氨，在水溶液中呈中等酸性，微溶于甲醇，不溶于乙醇和乙醚等有机溶剂及二硫化碳、液体亚硫酸。水溶液是高电离物。强酸。对有机物的反应性弱，其盐类易溶于水（除碱性汞盐外）。其水溶液煮沸时水解为硫酸铵。

毒性　大鼠腹腔注射最低致死剂量为 100mg/kg，豚鼠急性经口 LD_{50} 1050mg/kg，小鼠急性经口 LD_{50} 1312mg/kg，大鼠急性经口 LD_{50} 3160mg/kg。

A

防治对象　水稻、向日葵杀雄。

使用方法

水稻　开花期叶枕处 5cm 高时，以 0.05%～0.5% 浓度喷施可以达到较高杀雄率。

向日葵　在花蕾直径为 1cm 时，以 0.2～1g/L 浓度施药具有较高杀雄率。

允许残留量　中国未规定最大允许残留量，WHO 无残留规定。

参考文献

陈璧, 1985. 氨基磺酸杀雄剂的杀雄效果研究[J]. 广州: 华南农业大学学报, 6(2): 62-68.

范瑞, 2014. 化学药剂诱导向日葵雄性不育效应的研究[D]. 呼和浩特: 内蒙古农业大学.

广东省农作物杂种优势利用研究协作组, 中国科学院广东省化学研究所, 1979. 氨基磺酸(NH2SO3H)是一种有希望的高效低毒水稻杀雄剂[J]. 农药工业(1): 21.

黄荣初, 王兴凤, 侯国裕, 1982. 氨基磺酸类药物作为化学杀雄剂的研究[J]. 化学通讯(2): 6-10.

（撰稿：谭伟明；审稿：杜明伟）

氨基磺酸铵　ammonium sulfamate

一种非选择性内吸性除草剂，大豆除草剂咪唑乙烟酸的重要中间体。

其他名称　AMS、ammate、磺酸铵。

化学名称　氨基磺酸铵；ammonium sulfamate。

IUPAC 名称　ammonium sulfamidate。

CAS 登记号　7773-06-0。

EC 号　226-218-8 acid。

分子式　$H_6N_2O_3S$。

相对分子质量　114.12。

结构式

$$H_2N-\overset{\displaystyle O}{\underset{\displaystyle O}{\overset{\|}{\underset{\|}{S}}}}-O^-\ NH_4^+$$

开发单位　杜邦公司在 1942 年最先开发成功，后期由阿瑞温森公司开发。

理化性质　纯品为白色吸湿性晶体，原药含量 98%。熔点 132～133℃。相对密度 1.77。蒸气压室温可忽略。在水中溶解度（g/L，25℃）：1030。易溶于液氨，可溶于甲酰胺、甘油、乙二醇，微溶于乙醇。pK_a 5.2。稳定性：在室温、中性条件下稳定，高温和酸性条件下水解，160℃分解。

毒性　微毒。大鼠急性经口 LD_{50} > 3900mg/kg。对兔皮肤无刺激。大鼠急性吸入 LC_{50}（4 小时）5mg/L 空气。对皮肤无致敏性。NOEL［mg/（kg·d）］：大鼠（90 天）214（EPA IRIS），105 天饲喂试验 10g/kg 剂量下未发现不良影响，20g/kg 未发现生长抑制。cRfD 2mg/kg b.w.（EPA）。鹌鹑急性经口 LD_{50} > 3000mg/kg。小鲤鱼 LC_{50}（48 小时，mg/L）：1000～2000。土壤中 6～8 周微生物降解为硫酸铵。

剂型　可溶性粉剂，现国内外均无登记。

质量标准　含量 > 99%。

作用方式及机理　非选择性的系统性除草剂，被叶、茎和新切割的木材表面吸收。

防治对象　在美国被大量用作树木枯死剂，使一些不需要的树木和灌木枯萎，防治非耕地多年生草本植物和大多数一年生阔叶杂草和禾本科植物。氨基磺酸铵也可用作堆肥促进剂，它能有效防止堆肥堆上杂草的产生。

使用方法　用于非作物地、待种植地和林地。通过在切割表面的使用，控制不想要的树木，防止新切割树桩的重新生长。

注意事项　欧盟的农药审查导致含有氨基磺酸铵的除草剂成为非法的，从 2008 年起被禁止使用。作为堆肥促进剂的使用不受欧盟农药法规的影响。

参考文献

TURNER J A, 2015. The pesticide manual: a world compendium[M].17th ed. UK: BCPC: 47-48.

（撰稿：赵卫光；审稿：耿贺利）

氨基甲酸酯类杀虫剂　carbamate insecticides

氨基甲酸酯类农药，是在有机磷酸酯之后发展起来的合成农药。该类杀虫剂由于其作用迅速、选择性高等优点，成为一类被广泛应用的杀虫剂，在防治害虫上起着不可忽视的作用。氨基甲酸酯类杀虫剂通常有以下通式：

$$R^1-O-\overset{\displaystyle }{\underset{\displaystyle O}{\overset{}{\underset{\|}{C}}}}-N\overset{\displaystyle R^2}{\underset{\displaystyle R^3}{}}$$

其中，与酯基对应的羟基化合物 R^1OH 往往是弱酸性的，R^2 是甲基，R^3 一般为氢或易离去基团。

氨基甲酸酯类杀虫剂的研究可以追溯到 1864 年分离得到毒扁豆碱开始。此后在 1931 年杜邦（Du Pond）公司研究了具有杀虫活性的二硫代氨基甲酸衍生物，发现双（四乙基硫代氨基甲酰）二硫物对蚜虫和螨类具有触杀活性，福美双具有拒食活性，代森钠具有杀螨活性。到 20 世纪 40 年代中后期，第一个真正的氨基甲酸酯类杀虫剂地麦威在瑞士的嘉基（Geigy）公司合成成功并于 1951 年进行商业登记。

1953 年，联碳（Union Carbide）公司合成了甲萘威，1954 年，Metcalf 和 Fukuto 等的试验确定了 N- 甲基氨基酸芳基酯在杀虫剂中的地位，也为后来大量的新的氨基甲酸酯杀虫剂的出现奠定了基础。再后来，联碳公司的化学家们又将肟基引入，从而导致具有触杀和内吸活性的高效杀虫剂、杀螨剂和杀线虫剂的出现，如涕灭威和杀线威等，20 世纪 70 年代，氨基甲酸酯类杀虫剂已发展成为杀虫剂中的一个重要方面。

关于氨基甲酸酯类杀虫剂的作用机制，通常认为与有机磷类杀虫剂相同，抑制乙酰胆碱酯酶（AchE）。因此，对于这类杀虫剂来说，氨基甲酸酯会与 AchE 反应生成氨基甲酰化的 AchE，达到阻止神经信号传递的效果。反应如下：

$$EH+XCR \underset{K_{-1}}{\overset{K_{+1}}{\rightleftharpoons}} EH \cdot XCR \overset{K_2}{\underset{-HX}{\longrightarrow}} E \cdot CR \overset{K_3}{\underset{H_2O}{\longrightarrow}} EH+HOCR$$

胆碱酯酶 EH 和氨基甲酸酯 XCR 由于亲和力关系，先生成酶—抑制剂的络合物 EH·XCR，该络合物可能再次解离，也可能发生氨基甲酰化作用生成氨基甲酰化酶 E·CR，这步反应与正常乙酰化一样，发生在 AchE 活性部位的丝氨酸羟基上，最后，氨基甲酰化酶水解使得胆碱酯酶复活，并生成氨基甲酸。

首先，酶附近的底物分子，由于电荷之间的引力以及分子的疏水作用使之与 AchE 分子接近，并通过分子间的相互作用接触，形成稳定的络合物，这是最关键的一步。随后，AchE 的氨基甲酰化首先是 AchE 中的丝氨酸羟基在碱基的催化作用下，对底物的羰基亲核进攻，进而形成共价键使得底物与 AchE 相连接。最后，在水的作用下氨基甲酰化酶复活，重新生成了 AchE，并释放氨基甲酸。

当氨基甲酸酯分子的亲电性越强，氨基甲酰化酶的水解效果越慢。正常的乙酰化酶的复活半衰期只有 0.1 毫秒左右，而氨基甲酰化酶的则有几分钟到几小时，被有机磷类杀虫剂进攻生成的磷酰化酶的复活半衰期则更久，甚至不能复活，这也是氨基甲酸酯类杀虫剂和有机磷类杀虫剂的重要区别之一。

多数氨基甲酸酯类杀虫剂是一类广谱性的杀虫剂，具有强选择性，作用迅速，残效期短。对于棉铃虫、玉米螟等咀嚼式口器害虫防效好，适于防治蛀食性害虫和土壤害虫，且对天敌安全；多数品种对高等植物安全，在生物和环境中易降解；可使用增效剂来提高药效。

参考文献

胡笑形, 1996. 我国氨基甲酸酯类杀虫剂的发展动向[J]. 精细与专用化学品 (6): 15-16.

梁皇英, 何祖钿, 1990. 氨基甲酸酯类杀虫剂[J]. 山西农业科学, (8): 34-37.

唐除痴, 李煜昶, 陈彬, 等, 1998. 农药化学[M]. 天津：南开大学出版社.

吴文君, 1982. 氨基甲酸酯类杀虫剂的作用机制及其毒理特点[J]. 昆虫知识 (2): 43-45.

吴文君, 2000. 农药学原理[M]. 北京：中国农业出版社.

徐汉虹, 2010. 植物化学保护学[M]. 北京：中国农业出版社.

（撰稿：徐晖、马靖淳；审稿：杨青）

氨氯吡啶酸　picloram

一种吡啶羧酸类除草剂。

其他名称　毒莠定、毒草丹。

化学名称　4-氨基-3,5,6-三氯吡啶羧酸。

IUPAC 名称　4-amino-3,5,6-trichloropyridine-2-carboxylic acid。

CAS 登记号　1918-02-1。

EC 号　217-636-1。

分子式　$C_6H_3Cl_3N_2O_2$。

相对分子质量　241.46。

结构式

开发单位　陶氏益农公司。

理化性质　无色粉末，带有氯的气味。相对密度 0.895（25℃）。熔化前约190℃分解。蒸气压 8×10^{-11} mPa（25℃）。溶解度（g/L，25℃）：水 0.43、丙酮 19.8、二氯甲烷 0.6、异丙醇 5.5、己烷 < 0.04、甲苯 < 0.13。可形成水溶性碱金属盐和胺盐，如钾盐在 25℃ 水中溶解度为 400g/L。其水溶液在紫外光下半衰期 2.6 天（25℃）。土壤中半衰期 30～330 天。

毒性　低毒。急性经口 LD_{50}（mg/kg）：大鼠 > 5000，小鼠 2000～4000、兔约 2000、豚鼠约 3000、羊 > 100，牛 > 750。兔急性经皮 LD_{50} > 4000mg/kg。接触后对眼睛和皮肤无严重危害。大鼠 2 年饲喂试验 NOEL：150mg/（kg·d）。对鱼、蜜蜂、鸟低毒。鱼类 LC_{50}（mg/L）：虹鳟 19.3（96 小时），大翻车鱼 14.5（96 小时），金鱼 27～36（24 小时）。水蚤 34.4mg/L（96 小时）。蜜蜂 LD_{50} > 1000μg/只。鸡急性经口 LD_{50} 约 6000mg/kg，野鸭和山齿鹑 LC_{50} > 5000mg/kg 饲料。

剂型　24% 水剂，24%、240g/L 可溶液剂。

质量标准　氨氯吡啶酸原药（Q_91510700620960125 J·68）。

作用方式及机理　内吸性芽后除草剂，属吡啶羧酸类化合物，为激素型除草剂，主要由叶片吸收，传导全株，使生长停滞，叶片下卷、扭曲畸形，致死亡。

防治对象　能防除多种多年生深根性阔叶杂草及木本植物。

使用方法　常用在非耕地除草。也可与 2,4-滴混用于小麦田除草。非耕地用 24% 氨氯吡啶酸水剂 300～600g（有效成分 72～144g），兑水 40～50L 做茎叶喷雾处理。

注意事项　应喷透杂草及灌木。对禾本科杂草无效。

与其他药剂的混用　可与二氯吡啶酸、氯草定、2,4-滴等混用。

允许残留量　GB 2763—2021《食品中农药最大残留限量标准》规定氨氯吡啶酸最大残留限量见表。ADI 为 0.3mg/kg。

部分食品中氨氯吡啶酸最大残留限量（GB 2763—2021）

食品类别	名称	最大残留限量（mg/kg）
谷物	小麦	0.20*
油料和油脂	油菜籽	0.10*

* 临时残留限量。

参考文献

刘长令, 2002. 世界农药大全: 除草剂卷[M]. 北京: 化学工业出版社.

马克比恩 C, 2015. 农药手册[M]. 胡笑形, 等译. 北京: 化学工业出版社.

中国农业百科全书总编辑委员会农药卷编辑委员会, 中国农业百科全书编辑部, 1993. 中国农业百科全书: 农药卷[M]. 北京: 农业出版社.

SHANER D L, 2014. Herbicide handbook[M]. 10th ed. Lawrence, KS: Weed Science Society of America.

（撰稿: 李香菊; 审稿: 耿贺利）

氨酰丙酸　5-aminolevulinic acid

生物合成四吡咯的前体, 而四吡咯是构成生物体必不可少的物质。可促进植物生长, 提高作物抗逆性, 增加产量, 改善品质, 一般用于苹果。

化学名称　5-氨基乙酰丙酸盐酸盐; 5-氨基-4-氧戊酸盐酸盐; 5-氨基酮戊酸盐盐酸盐。

英文名称　pentanoic acid、5-aminolevulinic acid hydrochloride。

CAS 登记号　5451-09-2。

分子式　$C_5H_{10}ClNO_3$。

相对分子质量　167.59。

结构式

开发单位　Sigma Aldrich 公司生产。

理化性质　外观白色至类白色固体。相对密度或堆积密度 0.565～0.689, 制剂相对密度或堆积密度 0.75～0.8。闪点 156～158℃。溶于水与乙醇; 微溶于乙酸乙酯。与碱性农药混合时易分解失效。

毒性　低毒。大鼠急性经口 LD_{50} > 5g/kg, 急性经皮 LD_{50} > 5g/kg。

剂型　可溶性粉剂。

作用方式及机理　是生物合成四吡咯的前体, 而四吡咯是构成生物体必不可少的物质。可促进植物生长, 提高作物抗逆性, 增加产量, 改善品质。

使用方法　用 75～150mg/L 的氨酰丙酸盐可湿性粉剂喷到苹果上, 可促进着色。

参考文献

李玲, 肖浪涛, 谭伟明, 2018. 现代植物生长调节剂技术手册[M]. 北京: 化学工业出版社:10.

权美平, 赵珍, 2012. 5-氨基乙酰丙酸的生物合成及其应用[J]. 氨基酸和生物资源, 34(2): 21-23.

（撰稿: 王琪; 审稿: 谭伟明）

氨唑草酮　amicarbazone

一种三唑啉酮类选择性除草剂。

其他名称　玉米星、Cornstar。

化学名称　4-氨基-N-叔丁基-4,5-二氢-3-异丙基-5-氧-1H-1,2,4-三唑酮-1-酰胺; 4-amino-N-(1,1-dimethylethyl)-4,5-dihydro-3-(1-methylethyl)-5-oxo-1H-1,2,4-triazole-1-carboxamide。

IUPAC名称　4-amino-N-tert-4,5-dihydro-3-isopropyl-5-oxo-1H-1,2,4-triazole-1-carboxamide。

CAS 登记号　129909-90-6。

EC 号　603-373-3。

分子式　$C_{10}H_{19}N_5O_2$。

相对分子质量　241.29。

结构式

开发单位　拜耳公司。

理化性质　无色晶体。相对密度 1.12（25℃）。熔点 137.5℃。蒸气压 1.3×10^{-6}Pa（20℃）, 3×10^{-6}Pa（25℃）。水中溶解度（g/L, 25℃）: 4.6（pH4～9）。

毒性　低毒。雄大鼠急性经口 LD_{50} 1015mg/kg, 大鼠急性经皮 LD_{50} 2000mg/kg。对兔眼睛和皮肤无刺激性。虹鳟 LC_{50}（96 小时）120mg/L, 翻车鱼 LC_{50}（96 小时）129mg/L。对鸟类低毒。山齿鹑饲喂 LC_{50} 2000mg/kg 饲料。蜜蜂 LD_{50} > 24.8μg/只（经口）、蜜蜂 LD_{50} > 200μg/只（接触）。

剂型　70% 水分散粒剂。

质量标准　氨唑草酮原药企业标准（Q/ZH 117—2016）。

作用方式及机理　光合作用抑制剂。主要通过根系和叶面吸收, 敏感植物典型症状为褪绿、停止生长、组织枯黄直至最终死亡。

防治对象　部分一年生阔叶及禾本科杂草, 如反枝苋、凹头苋、藜、苘麻、苍耳、马唐、狗尾草、牛筋草等。

使用方法　玉米田、甘蔗田和草坪。玉米田杂草 3～5 叶期, 每亩使用70% 氨唑草酮水分散粒剂28.55～42.75g（有效成分 20～30g）, 加水 30～50L 茎叶喷雾。

注意事项　见烟嘧磺隆。

与其他药剂的混用　可与硝磺草酮、异噁唑草酮等混用。

允许残留量　GB 2763—2021《食品中农药最大残留限量标准》规定氨唑草酮在玉米中的最大残留限量为 0.05mg/kg（临时限量）。ADI 为 0.023mg/kg。

参考文献

刘长令, 2002. 世界农药大全: 除草剂卷[M]. 北京: 化学工业出版社.

马克比恩 C, 2015. 农药手册[M]. 胡笑形, 等译. 北京: 化学工业出版社.

中国农业百科全书总编辑委员会农药卷编辑委员会, 中国农业百科全书编辑部, 1993. 中国农业百科全书: 农药卷[M]. 北京: 农业出版社.

SHANER D L, 2014. Herbicide handbook[M].10th ed. Lawrence, KS: Weed Science Society of America.

（撰稿：李香菊；审稿：耿贺利）

胺苯磺隆　ethametsulfuron-methyl

一种磺酰脲类选择性内吸性除草剂。

其他名称　金星、菜王星、油磺隆、DPX-A7881、Muster。

化学名称　2-[(4-乙氧基-6-甲氨基-1,3,5-三嗪-2-基)氨基甲酰基氨基磺酰基]苯甲酸甲酯；N-(4-甲氨基-6-乙氧基-1,3,5-三嗪-2-基)-N'-(2-甲酯基苯磺酰基)脲。

IUPAC 名称　methyl 2-[(4-ethoxy-6-methylamino-1,3,5-triazin-2-yl)carbamoylsulfamoyl] benzoate。

CA 名称　methyl 2-[[[[[4-ethoxy-6-(methylamino)-1,3,5-triazin-2-yl]amino]carbonyl]amino]sulfonyl]benzoate。

CAS 登记号　97780-06-8。

分子式　$C_{15}H_{18}N_6O_6S$。

相对分子质量　410.41。

结构式

开发单位　由 J. R. Stone 等报道其除草活性，1989 年由杜邦公司推广。生产企业为杜邦公司、安徽华星化工有限公司、江苏瑞邦农药厂有限公司。

理化性质　原药含量＞96%，无色晶体。熔点 194℃。25℃时溶解度：水 50mg/L、二氯甲烷 3900mg/L、丙酮 1600mg/L、甲醇 350mg/L、乙酸乙酯 680mg/L、乙腈 800mg/L。25℃时蒸气压 $6.41×10^{-10}$mPa。$K_{ow}lgP$ 2.01（pH4）、-0.28（pH7）、-1.83（pH9）。Henry 常数：＜$1×10^{-8}$Pa·m³/mol（pH5，20℃）、＜$1×10^{-9}$Pa·m³/mol（pH6，20℃）。相对密度 1.6。在 pH7 和 pH9 条件下稳定，pH5 时水解更快，DT_{50} 为 28 天。可发生酸性反应，不发生放热反应，pK_a4.2。

毒性　大鼠急性经口 LD_{50}＞5000mg/kg。大鼠急性经皮 LD_{50}＞2000mg/kg，兔急性经皮 LD_{50}＞2000mg/kg。对皮肤无刺激，对兔眼睛有轻微刺激。对豚鼠皮肤无致敏性。大鼠吸入 LC_{50}（4 小时）＞5.7mg/L。NOEL：大鼠和小鼠（90 天）＞5000mg/kg，大鼠（2 年）500mg/kg，狗（1年）3000mg/kg，小鼠（18 个月）＞5000mg/kg。对大鼠无致癌性和致畸性。ADI/RfD 为 0.21mg/kg。鹌鹑和野鸭急性经口 LD_{50}＞2250mg/kg，蜜蜂急性接触 LD_{50}＞12μg/只。蓝鳃太阳鱼、虹鳟 LC_{50}（96 小时）600mg/L。蚯蚓 LC_{50}＞1000mg/kg 土壤。

剂型　主要有 14.5%、20% 可湿性粉剂，14%、21.2%、26% 悬浮剂，95%、96% 原药。

作用方式及机理　是支链氨基酸生物合成抑制剂，具体靶标为乙酰乳酸合成酶（AHAS 或 ALS），通过抑制必需的缬氨酸、亮氨酸和异亮氨酸的生物合成来阻止细胞分裂和植物生长。属于苗后选择性除草剂，主要通过叶面吸收。土壤活性很低或没有。

防治对象　主要用于油菜田多种杂草防除，对看麦娘、碎米荠、猪殃殃、遏兰菜、繁缕等有优异的防除效果，对稻茬菜效果差。主要用于甘蓝型油菜田，不得用于芥菜型、白菜型油菜。使用剂量为 15～20g/hm²。

环境行为　在雄大鼠和雌大鼠体内快速代谢，从尿液和粪便排出。排泄 DT_{50} 雄大鼠 12 小时，雌大鼠 21～26 小时，胺苯磺隆及其代谢物无积累。在温室中按照 30g/hm² 剂量处理油菜，31 天后残留物从 1mg/kg 降至 0.02mg/kg。通过连续脱烷基形成两个主要代谢产物。油菜种子上没有检测到胺苯磺隆残留物。土壤代谢有氧实验 DT_{50} 为 0.5～2 个月，无氧实验 DT_{50} 为 6.5 个月。基于土壤 TLC、土壤柱渗淋和土壤吸附/脱附的土壤迁移性研究表明，迁移性高度依赖于土壤特性和主要有机质含量。

分析　产品和残留用 HPLC-MS-MS 测定，土壤和水中的残留也可采用免疫法测定。

参考文献

马克比恩 C, 2015. 农药手册[M]. 胡笑形, 等译. 北京: 化学工业出版社: 822-823.

孙家隆, 2015. 新编农药品种手册[M]. 北京: 化学工业出版社: 386-387.

（撰稿：王建国；审稿：耿贺利）

胺丙畏　propetamphos

一种有机磷酸酯类杀虫、杀螨剂。

其他名称　巴胺磷、烯虫磷、赛福丁、afrotin、RoPet-amphos、Safrotin、Blotic。

化学名称　1-甲基-乙基(E)-3[[(乙胺基)甲氧基磷硫基]氧基]-2-丁烯酯；S 1-methylethyl(2E)-3-[[(ethylamino)(methoxy)hosphorothioyl]oxy]but-2-enoate；1-methylethyl(2Z)-3-[[(ethylamino)(methoxy)phosphorothioyl]oxy]but-2-enoate。

IUPAC 名称　isopropyl (2E)-3-[[(RS)-(ethylamino)methoxyphosphinothioyl]oxy]but-2-enoate。

CAS 登记号　31218-83-4。

EC 号　250-517-2。

分子式　$C_{10}H_{20}NO_4PS$。

相对分子质量　281.31。

A

结构式

开发单位 其杀虫活性由 J. P. Leber 报道，1969 年山德士公司开发的杀虫剂。主要用于防治蟑螂、苍蝇和蚊子等害虫。

理化性质 淡黄色油状液体（原药）。沸点 87～89℃（0.67Pa）。蒸气压 1.9mPa（20℃）。相对密度 1.1294（20℃）。K_{ow}lg$P$ 3.82。水中溶解度（24℃）110mg/L，与丙酮、乙醇、甲醇、正己烷、乙醚、二甲基亚砜、氯仿和二甲苯互溶。在正常储存条件下稳定 2 年以上（20℃），其水溶液（5mg/L）光照 70 小时不分解。水解 DT_{50}（25℃）：11 天（pH3）、1 年（pH6）、41 天（pH9）。pK_a 13.67（23℃）。

毒性 大鼠急性经口 LD_{50}：雄 119mg/kg，雌 59.5mg/kg。大鼠急性经皮 LD_{50}：雄 2825mg/kg，雌＞2260mg/kg。大鼠吸入 LC_{50}（4 小时）：雄＞1.5mg/L 空气，雌 0.69mg/L 空气。大鼠 NOEL 值（2 年）6mg/kg 饲料。野鸭急性经口 LD_{50} 197mg/kg。鱼类 LC_{50}（96 小时）：鲤鱼 7mg/L，虹鳟 4.6mg/L。水蚤 LC_{50}（48 小时）14.5μg/L。绿藻 LC_{50}（96 小时）2.9mg/L。大鼠 2 年饲喂最大无作用剂量为 6mg/kg。

剂型 微囊悬浮剂，粉剂，乳油，水乳剂，可湿性粉剂。主要产品或制剂有 20%、40%、50% 乳油、1%、2% 粉剂。

作用方式及机理 胆碱酯酶的直接抑制剂，具有触杀和胃毒作用的杀虫剂，还有使雄蟑不育的作用。具有长残留活性。

防治对象 蟑螂、苍蝇、跳蚤、蚂蚁、蚊子等家庭、家畜害虫、公共卫生害虫，也能防治虱、蜱等家畜体外寄生螨虫类，还可以用于防治棉花蚜虫等。

使用方法 防治棉花苗蚜、伏蚜可用 40% 乳油 1000 倍液喷雾。对动物进行药浴或喷淋均可。

注意事项 ①工作现场禁止吸烟、进食和饮水。工作后，淋浴更衣。工作服不要带到非作业场所，单独存放被毒物污染的衣服，洗后再用。注意个人清洁卫生。②呼吸系统防护：生产操作或农业使用时，必须佩戴防毒口罩。紧急事态抢救或逃生时，应该佩戴自给式呼吸器。眼睛防护：戴化学安全防护眼镜。身体防护：穿相应的防护服。手防护：戴防化学品手套。③储存于阴凉、通风仓库内。远离火种、热源。管理应按"五双"管理制度执行。包装密封。防止受潮和雨淋。防止阳光暴晒。应与氧化剂、食用化工原料分开存放。不能与粮食、食物、种子、饲料、各种日用品混装、混运。操作现场不得吸烟、饮水、进食。搬运时轻装轻卸，保持包装完整，防止洒漏。分装和搬运作业要注意个人防护。④皮肤接触：用肥皂水及清水彻底冲洗。眼睛接触：拉开眼睑，用流动清水冲洗 15 分钟，就医。吸入：脱离现场至空气新鲜处，呼吸困难时给输氧，呼吸停止时，立即进行人工呼吸，就医。食入：误服者，饮适量温水，催吐，洗胃，合并使用阿托品及复能剂（氯磷定、解磷定）。

与其他药剂的混用 可以与敌敌畏混用。

允许残留量 ①日本规定胺丙畏最大残留限量见表 1。②澳大利亚规定胺丙畏最大残留限量见表 2。

表 1 日本规定胺丙畏在部分食品中的最大残留限量（mg/kg）

食品名称	最大残留限量	食品名称	最大残留限量
牛食用内脏	0.02	其他陆生哺乳动物食用内脏	0.01
牛肥肉	0.02	其他陆生哺乳动物肥肉	0.01
牛肾	0.02	其他陆生哺乳动物肾	0.01
牛肝	0.02	其他陆生哺乳动物肝	0.01
牛瘦肉	0.02	其他陆生哺乳动物瘦肉	0.01
乳	0.02		

表 2 澳大利亚规定胺丙畏在部分食品中的最大残留限量（mg/kg）

食品名称	最大残留限量
绵羊肉及食用内脏	0.01

参考文献

刘珍才, 2009. 实用中毒急救数字手册[M]. 天津: 天津科学技术出版社: 444.

朱永和, 王振荣, 李布青, 2006. 农药大典[M]. 北京: 中国三峡出版社: 89-90.

（撰稿：吴剑；审稿：薛伟）

胺草磷 amiprophos

一种磷酰胺酯类除草剂。

其他名称 Tokunol、NTN-5006。

化学名称 O-乙基-O-(2-硝基-4-甲基苯基)-N-异丙基硫逐磷酰胺酯；N-(1-methylethyl)-,O-ethyl O-(4-methyl-2-nitrophenyl)ester。

IUPAC 名称 O-ethyl-O-(2-nitro-4-methylphenyl)-N-iso-propyl-thionophoroamidate。

CAS 登记号 33857-23-7。

分子式 $C_{12}H_{19}N_2O_4PS$。

相对分子质量 318.33。

结构式

开发单位　日本特殊农药公司。

理化性质　淡黄色或白色固体，有微臭气味。一般条件下稳定，熔点 51～53℃。可溶于大多数有机溶剂，稍溶于乙烷、石油醚、难溶于水（20mg/L）。

毒性　大鼠急性经口 LD_{50} 720mg/kg，小鼠急性经口 LD_{50} 530mg/kg，小鼠急性经皮 LD_{50} ＞4000mg/kg；鲤鱼 LC_{50}（48 小时）1.8mg/L；鸡迟发性神经毒＜300mg/kg 时安全，致突变测定结果呈阴性。

剂型　25% 乳油。

作用方式及机理　选择性芽前土壤处理剂，对人畜低毒。药剂由幼根、幼芽及分蘖节吸收进入杂草后，抑制淀粉酶的活性和蛋白质的合成，致使杂草不能生长，最终死亡。

防治对象　可用于玉米、大豆、水稻、花生、棉花、瓜类以及蔬菜田，防除马齿苋、牛筋草、狗尾草、铁苋菜、稗草、马唐、藜等一年生杂草。对多年生杂草无效，对出苗后的杂草防效低或无效，对禾本科杂草的防除效果高于阔叶杂草。

使用方法　杂草萌发出土前为适宜施药时期，杂草芽长 1～3mm 对该药最敏感。旱田作物适宜施药时期为播后苗前或苗后中耕松土后，用药量 1.5～3kg/hm²，加水 650～900kg，喷施或毒土施用。水稻田用药量 1.1～2.25kg/hm²，插秧稻田施药时期为插秧后 3～5 天，施药时和施药后应保持浅水层；半旱秧田施药时期为水稻播种后覆土 1cm 左右时，施药时床面不要有水层；旱直播田施药时期为水稻播种苗前。

注意事项　①苗后施药时，避免作物叶片上被喷洒到药液。②土表层的湿度对该药的除草效果有较大影响，施药后灌溉可提高防除效果。③播种深度小于 1cm 的作物，在播后苗前施药易发生药害，播深大于 1cm 可避免苗前施药药害。

参考文献

陈三斌, 刘淑珍, 晓军, 等, 2008. 农用化工产品手册[M]. 北京: 金盾出版社: 426.

农业部种植业管理司, 农业部农药检定所, 海关总署政法司, 等, 2006. 中国农药进出口商品编码实用手册[M]. 北京: 中国农业出版社: 18.

张殿京, 程慕如, 1987. 化学除草应用指南[M]. 北京: 农村读物出版社: 395-397.

（撰稿：贺红武；审稿：耿贺利）

胺菊酯　tetramethrin

一种拟除虫菊酯类杀虫剂。该药为世界卫生组织推荐用于公共卫生的主要杀虫剂之一。

其他名称　Butamin、Doom、Duracide、Ecothrin、Multicide、诺毕那命、Neo-Pynamin、Phthalthrin、Residrin、Sprigone、Spritex、Te-tralate、FMC-9260、OMS-1011、SP-1103、胺菊酯原油、四甲菊酯、阿斯、福马克拉。

化学名称　(1,3,4,5,6,7-六氢-1,3-二氧代-2H-异吲哚-2-基)甲基-2,2-二甲基-3-(2-甲基丙烯基)环丙烷羧酸酯；(+-)-cis/trans-phthalthrin；(1,3,4,5,6,7-hexahydro-1,3-dioxo-2h-isoindol-2-yl)methyl2,2-dimethyl-3-(2-me；(1-cyclohexane-1,2-dicarboximido)methylchrysanthemumate；(1-cyclohexene-1,2-dicarboximido)methylchrysanthemumate；1-cyclohexene-1,2-dicarboximidomethyl-2,2-dimethyl-3-(2-dimethyl-1-propenyl)cy；1-cyclohexene-1,2-dicarboximidomethyl-2,2-dimethyl-3-(2-methylpropenyl)cyclopr；2,2-dimethyl-3-(2-methylpropenyl)cyclopropanecarboxylicacidesterwithn-(hydr；2,3,4,5-tetrahydrophthalimidomethylchrysanthemate。

CAS 登记号　7696-12-0。

EC 号　231-711-6。

分子式　$C_{19}H_{25}NO_4$。

相对分子质量　331.41。

结构式

开发单位　1964 年日本加藤武明（T. Kato）等首先研制成功。由日本住友化学公司、美国富美实公司等先后开发。

理化性质　纯品为白色结晶固体，具有除虫菊一样的气味。原药（有效成分胺菊酯含量70%）为黄色膏状物或凝固体。相对密度 1.108（20℃）。沸点 185～190℃（13.3Pa）。熔点 60～80℃〔(±)-顺式体熔点为 130℃，(±)-反式体为 78℃〕。蒸气压 4.67mPa（20℃）。30℃时在水中的溶解度为 4.6mg/L。25℃时在下列几种溶剂中的溶解度：苯和二甲苯 50%，甲苯和丙酮 40%，甲醇 5%，乙醇 4.5%。在弱酸性条件下稳定。50℃下储藏 6 个月后不丧失生物活性。正常条件下，储存稳定至少 2 年。

毒性　低毒。兔急性经皮 LD_{50} ＞2g/kg。对皮肤和眼、鼻、呼吸道无刺激作用。在试验条件下，未见致突变、致癌作用和对繁殖的影响。该品对鱼有毒，鲤鱼 TLm（48 小时）0.18mg/L，蓝鳃鱼 LC_{50}（96 小时）16μg/L。鹌鹑急性经口 LD_{50} ＞1g/kg。对蜜蜂和家蚕亦有毒。该品以剂量为 1250mg/kg、2500mg/kg 和 5000mg/kg 体重的饲料饲狗 13 周，未出现病变，以 2000mg/kg 该品喂大鼠 3 个月无影响。大鼠 6 个月饲喂试验的 NOEL 为 1500mg/kg 饲料。详见表 1。

表 1　胺菊酯对鼠的急性毒性

试验动物	急性经口 LD_{50}（mg/kg）	急性经皮 LD_{50}（mg/kg）	皮下注射 LD_{50}（mg/kg）	吸入 LC_{50}（mg/L 空气）
大鼠	5840（雄）；2000（雌）	＞5000	—	＞2.74（4 小时）
小鼠	1920（雄）；2000（雌）	＞15 000	2100	

剂型　25%乳剂，喷射剂，气雾剂，粉剂以及和有机磷的复配剂。

质量标准　原粉为黄色凝固体（HG 2461—1993）（表2）。

表2　胺菊酯原粉质量标准

	优等品	一等品	合格品
外观	白色到浅黄棕色	黄棕色	黄棕色
性状	粉状固体	粉状膏状物	膏状固体
有效成分含量（%）	≥ 92.0	86.0	80.00
酸度（以 H_2SO_4 计）（%）	≤ 0.2	0.2	0.30
（$A_顺/A_反$）	≤ 20/80	30/70	40/60

作用方式及机理　对蚊、蝇等卫生害虫具有快速击倒效果，但致死性能差，有复苏现象，因此要与其他杀虫效果好的药剂混配使用。该药对蜚蠊具有一定的驱赶作用，可使栖居在黑暗处的蜚蠊在胺菊酯的作用下跑出来，又受到其他杀虫剂的毒杀而致死。

防治对象　胺菊酯常与增效醚或苄呋菊酯复配，加工成气雾剂或喷射剂，以防治家庭和畜舍的蚊、蝇和蜚蠊等。还可防治庭园害虫和食品仓库害虫。

使用方法　胺菊酯的煤油喷射剂用量，一般是每平方米喷有效成分0.5～2mg，乳油通常用水稀释40～80倍喷洒。

注意事项　避免阳光直射，应储存在阴凉通风处。储存期为2年。

与其他药剂的混用　与其他对人畜安全的卫生杀虫剂混配，制成气雾剂使用。

参考文献

朱永和, 王振荣, 李布青, 2006. 农药大典[M]. 北京: 中国三峡出版社.

（撰稿：吴剑；审稿：王鸣华）

结构式

开发单位　R. Ghosh 和 J. F. Newman 及 G. L. Baldit 首先报道了其活性，1957 年由英国 ICI 公司进行了评价。

理化性质　无色至黄色低黏度液体，略有气味。沸点80℃。折射率1.4732。较易挥发，极易溶于水，溶于大多数有机溶剂，遇碱易分解。

毒性　小鼠急性经皮 LD_{50} 0.5mg/kg。大鼠急性经口 LD_{50} 3～7mg/kg。对温血动物毒性高，特别容易被皮肤吸收。

作用方式及机理　为胆碱酯酶抑制剂。

防治对象　红蜘蛛、黑色豆卫矛蚜虫等。

使用方法　在 1mg/L 的浓度下防治棉红蜘蛛，用 8mg/L 防治埃及伊蚊幼虫，用 3mg/L 防治黑色豆卫矛蚜虫。

注意事项　①吸入、摄入或经皮肤吸收后对身体有害。皮肤接触：用肥皂水及清水彻底冲洗，就医。眼睛接触：拉开眼睑，用流动清水冲洗15分钟，就医。吸入：脱离现场至空气新鲜处，就医。食入：误服者，饮适量温水，催吐，洗胃，就医。合并使用阿托品及复能剂（氯磷定、解磷定）。②疏散泄漏污染区人员至安全区，禁止无关人员进入污染区。建议应急处理人员戴自给式呼吸器，穿化学防护服。喷水雾可减少蒸发。不要直接接触泄漏物，用砂土或其他不燃性吸附剂混合吸收，收集运至废物处理场所。也可以用大量水冲洗，经稀释的污水排入废水系统。如大量泄漏，利用围堤收容，然后收集、转移、回收或无害化处理后废弃。③储存于阴凉、通风仓库内。远离火种、热源。专人保管。保持容器密封。防潮、防晒。应与氧化剂、碱类、食用化工原料分开存放。不能与粮食、食物、种子、饲料、各种日用品混装、混运。操作现场不得吸烟、饮水、进食。搬运时要轻装轻卸，防止包装及容器损坏。分装和搬运作业要注意个人防护。

（撰稿：汪清民；审稿：吴剑）

胺吸磷　amiton

一种含二甲氨基结构的赶磷酸酯类有机磷杀虫剂、杀螨剂。

其他名称　Tetram、R5158、R6199、DSDP、Inferno、Metramac、VG(chemical warfareagent)。

化学名称　S-[2-(二乙氨基)乙基]O,O-二乙基硫赶磷酸酯；O,O-diethyl S-2-diethylaminoethyl phosphorothioate。

IUPAC名称　S-[2-(diethylamino)ethyl] O,O-diethyl phosphorothioate。

CAS登记号　78-53-5。

分子式　$C_{10}H_{24}NO_3PS$。

相对分子质量　269.34。

胺鲜酯　diethyl aminoethyl hexanoate

一种广谱高效的植物生长调节剂，能提高植物过氧化物酶和硝酸还原酶的活性，提高叶绿素的含量，加快光合速度，促进植物细胞的分裂和伸长，促进根系的发育，调节体内养分的平衡。可用于蔬菜、水果、大田作物。

其他名称　增效灵、增效胺、DA-6。

化学名称　己酸二乙氨基乙醇酯；2-diethylaminoethyl hexanoate。

CAS登记号　10369-83-2。

EC号　600-474-4。

分子式　$C_{12}H_{25}NO_2$。

相对分子质量　215.33。

结构式

开发单位　目前国内有不少厂家都可以生产和销售，中国目前已登记的最高含量为98%原药，普通浓度产品市场很常见，可以按说明书指示进行喷施。但原药必须勾兑稀释才能使用。

理化性质　原药纯品为白色片状晶体，粉碎后为白色粉状物，无可见机械杂质，具有清淡的脂香味和油腻感。易溶于水，可溶于乙醇、甲醇、丙酮、氯仿等有机溶剂。常温下非常稳定，在中性和酸性条件下稳定，碱性条件下易分解。能与多种元素复配，还可以和杀菌剂复配使用，增强植物的抗病能力，提高杀菌效果。胺鲜酯以它独特的多功能作用，在农业上得到广泛应用。

毒性　胺鲜酯原粉对人畜的毒性很低，大鼠急性经口 LD_{50} 8633～16570mg/kg，无毒。对鼠、兔的眼睛及皮肤无刺激作用。胺鲜酯原粉无致癌、致突变和致畸性。

剂型　水剂，粉剂，油剂。

作用方式及机理　广谱高效的植物生长调节剂：能提高植株体内叶绿素、蛋白质和核酸的含量，提高光合速率，提高过氧化物酶及硝酸还原酶的活性，促进植株的碳、氮代谢，增强植株对水肥的吸收和干物质的积累，调节体内水分平衡，增强作物、果树的抗病、抗旱、抗寒能力；延缓植株衰老，促进作物早熟、增产，提高作物的品质。

使用方法

白菜　调节生长、增产，用8%可溶性粉剂1000～1500倍液，在白菜移栽定植成活后至结球期均匀喷雾。

大豆　调节生长、增产，用8%可溶性粉剂1000～1500倍液，浸种8小时或在大豆苗期、始花期、结荚期各喷施1次。

萝卜、胡萝卜、榨菜、牛蒡等根茎类蔬菜　调节生长、增产，用8%可溶性粉剂800～1000倍液，浸种6小时或在根菜类蔬菜幼苗期、肉质根形成期和膨大期各喷施1次。

甜菜　调节生长、增产，用8%可溶性粉剂1000～1500倍液，浸种8小时或在甜菜幼苗期、直根形成期和膨大期各喷施1次。

番茄、茄子、辣椒、甜椒等茄果类蔬菜　调节生长、增产，用8%可溶性粉剂800～1000倍液，在茄果类蔬菜幼苗期、初花期、坐果后各喷施1次。

西瓜、冬瓜、香瓜、哈密瓜等瓜类　调节生长、增产，用8%可溶性粉剂800～1000倍液，在瓜类始花期、坐果后、果实膨大期各喷施1次。

菜豆、扁豆、豌豆、蚕豆等豆类　调节生长、增产，用8%可溶性粉粉剂800～1000倍液，在豆类幼苗、盛花期、结荚期各喷施1次。

韭菜、大葱、洋葱、大蒜等葱蒜类　调节生长、增产，用8%可溶性粉剂800～1000倍液，在葱蒜类营养生长期间隔10天以上喷施1次，共2～3次。

蘑菇、香菇、木耳、草菇、金针菇等食用菌类　调节生长、增产，用8%可溶性粉剂800～1000倍液，在食用菌类子实体形成初期喷1次，在幼菇期、成长期各喷1次。

玉米　调节生长、增产，用8%可溶性粉剂1000～1500倍液，浸种6～16小时，或在玉米幼苗期、幼穗分化期、抽穗期各喷施1次。

马铃薯、甘薯、芋等块茎类蔬菜　调节生长、增产，用8%可溶性粉剂800～1000倍液，在块茎类蔬菜苗期，块根形成期和膨大期各喷施1次。

油菜　调节生长，增产，用8%可溶性粉剂800～1000倍液，浸种8小时或在油菜苗期、始花期的、结荚期各喷施1次。

黄瓜、冬瓜、南瓜、丝瓜、苦瓜、节瓜、西葫芦等瓜类蔬菜　调节生长、增产，用8%可溶性粉剂800～1000倍液，在瓜类蔬菜幼苗期、初花期、坐果后各喷施1次。

菠菜、芹菜、生菜、芥菜、蕹菜、甘蓝、花椰菜、香菜等叶菜类蔬菜　调节生长、增产，用8%可溶性粉剂800～1000倍液，在叶菜类蔬菜定植后生长期间隔7～10天以上喷施1次，共2～3次。

注意事项　①不能与强酸、强碱性农药及碱性化肥混用。②喷药不能在强日光下进行。③胺鲜酯在生产中不宜过于频繁使用，应注意使用次数，使用间隔期至少在1周以上。④用量大时表现为抑制植物生长，故配制应准确，不可随意加大浓度。胺鲜酯药害表现为叶片有斑点，然后逐渐扩大，由浅黄色逐渐变为深褐色，后透明，胺鲜酯药害仅在桃树上出现过，其他作物上到目前为止还没有药害发生。⑤对蜜蜂高毒，养蜂场附近、蜜蜂作物花期禁用。⑥禁止在河塘等水体中清洗施药器具或将施药器具的废水倒入河流、池塘等水源。⑦该品放置于阴凉、干燥、通风、防雨、远离火源处，勿与食品、饲料、种子、日用品等同储同运。⑧安全间隔期为7天，每季最多使用3次。

参考文献

李玲，肖浪涛，谭伟明，2018. 现代植物生长调节剂技术手册[M]. 北京：化学工业出版社:25.

孙家隆，2015. 新编农药品种手册[M]. 北京：化学工业出版社:901.

（撰稿：黄官民；审稿：谭伟明）

B

八甲磷　schradan

一种磷酰胺类有机磷杀虫剂。

其他名称　Supersytam、Sytam、殺丹、希拉登、八甲磷胺、双磷酰胺。

化学名称　八甲基焦磷四酰胺；octamethyl pyrophosphoramine；OMPA。

IUPAC名称　octamethylpyrophosphoric tetraamide。

CAS登记号　152-16-9。

EC号　205-801-0。

分子式　$C_8H_{24}N_4O_3P_2$。

相对分子质量　286.25。

结构式

开发单位　1941年由拜耳公司开发。

理化性质　无色或浅黄色黏稠液体，有胡椒气味。蒸气压0.13Pa。熔点14～21℃。沸点137℃（0.27kPa）。相对密度1.1343。折射率1.4621。溶解性：与水混溶，溶于醇、酮等多数有机溶剂，微溶于石油醚，对碱稳定，酸性条件下易水解。

毒性　急性经口LD_{50}：雄大鼠9.1mg/kg，雌大鼠42mg/kg。急性经皮LD_{50}：雄大鼠15mg/kg，雌大鼠44mg/kg。以30mg/kg饲料喂养大鼠，开始阶段有中毒症状，结束时症状消失。

剂型　300g/L水溶液，750～800g/L或600g/L的无水液剂。

作用方式及机理　内吸性杀虫剂，抑制胆碱酯酶活性，引起神经功能紊乱，发生与胆碱能神经过度兴奋相似的症状。

防治对象　防治柑橘、啤酒花、花卉等植物上的蚜、螨类。

使用方法　防治柑橘、啤酒花、花卉等植物上的蚜、螨类时，应在收获前1个月停止用药。以800倍液喷洒柑橘，1个月后残留限量在1mg/kg以下。是水溶性的药剂，内吸性很好，几乎没有触杀作用，这一特点有利于对蜜蜂的保护。也是一种毒性很高的药剂，在中国没有应用。

注意事项

①操作尽可能机械化、自动化。密闭操作，提供充分的局部排风。建议操作人员佩戴自吸过滤式防毒面具（全面罩），穿胶布防毒衣，戴橡胶手套。操作人员必须经过专门培训，严格遵守操作规程。使用防爆型的通风系统和设备。远离火种、热源，工作场所严禁吸烟。防止蒸气泄漏到工作场所空气中。避免与氧化剂、酸类物质接触。配备相应品种和数量的消防器材及泄漏应急处理设备。搬运时要轻装轻卸，防止包装及容器损坏。倒空的容器可能残留有害物。

②储存注意事项。远离火种、热源。储存于阴凉、通风的库房。配备相应品种和数量的消防器材。储区应备有泄漏应急处理设备和合适的收容材料。应与氧化剂、酸类物质、食用化学品分开存放，切忌混储。应严格执行极毒物品"五双"管理制度。

③运输注意事项。铁路运输时应严格按照铁道部《危险货物运输规则》中的危险货物配装表进行配装。严禁与酸类物质、氧化剂、食品及食品添加剂混运。运输前应先检查包装容器是否完整、密封，运输过程中要确保容器不泄漏、不倒塌、不坠落、不损坏。运输途中应防暴晒、雨淋，防高温。运输时运输车辆应配备相应品种和数量的消防器材及泄漏应急处理设备。公路运输要按规定路线行驶，勿在居民区和人口稠密区停留。

④急救措施。皮肤接触：用肥皂水及流动清水彻底冲洗被污染的头发、皮肤、指甲等，并且要立即脱去被污染的衣着。吸入：保持呼吸道通畅。迅速离开现场至空气新鲜处。如呼吸困难，给输氧。如呼吸停止，立即进行人工呼吸。眼睛接触：用流动清水或生理盐水冲洗眼睛。食入：用清水或2%～5%碳酸氢钠溶液洗胃。也可饮足量温水，催吐。

参考文献

农业大词典编辑委员会, 1998. 农业大词典[M]. 北京: 中国农业出版社: 15.

王振荣, 李布青, 1996. 农药商品大全[M]. 北京: 中国商业出版社: 104-105.

吴世敏, 印德麟, 1999. 简明精细化工大辞典[M]. 沈阳: 辽宁科学技术出版社: 107.

朱永和, 王振荣, 李布青, 2006. 农药大典[M]. 北京: 中国三峡出版社: 102.

（撰稿：吴剑；审稿：薛伟）

八角茴香油 anise oil

从木兰科八角属八角茴香中提取的植物源杀虫剂，其主要成分为茴香脑（含量达90%左右），对仓储害虫具有熏蒸、驱避、杀卵和抑制生长发育作用。1995年，徐汉虹首次研究报道八角茴香精油对仓储害虫的熏蒸活性。2008年，广西钦州谷虫净总厂开发0.042%溴氰·八角油微粒剂并登记。

其他名称　谷虫净、茴油、大茴香油。

化学名称　茴香脑:(*E*)-1-甲氧基-4-(1-丙烯基)苯；(*E*)-1-methoxy-1-propen-1-yl)benzene。

IUPAC名称　1-methoxy-4-[(1*E*)-1-propen-1-yl]benzene。

CAS登记号　104-46-1（茴香脑）；68952-43-2（八角茴香油）。

EC号　203-205-5（茴香脑）；620-516-5（八角茴香油）。

分子式　$C_{10}H_{12}O$（茴香脑）。

相对分子质量　148.20（茴香脑）。

结构式

茴香脑

开发单位　广西钦州谷虫净总厂。

理化性质　挥发性油状液体，呈无色或淡黄色，有茴香气味，香气比茴香油略差，味甜。低温时常发生浑浊或析出结晶，加温后又澄清。密度 $0.979\sim0.987g/cm^3$。折射率 $1.552\sim1.556$。凝点不低于15℃。旋光度为 $-2°\sim+1°$。溶于乙醇和乙醚。

毒性　低毒。茴香脑小鼠急性经口 LD_{50} 4000mg/kg，腹腔注射 LD_{50} 1.5g/kg。以259g/kg剂量灌胃健康小鼠，7天未见死亡。

剂型　0.042%溴氰·八角油微粒剂。

作用方式及机理　对害虫具有熏蒸、驱避、杀卵和抑制生长发育作用。可抑制乙酰胆碱酯酶（AchE）活性，导致昆虫体内乙酰胆碱（Ach）积累而使昆虫过度兴奋死亡；也可抑制谷胱甘肽-S-转移酶（GSTs）活性，降低昆虫解毒能力，中毒死亡。

防治对象　玉米象、谷蠹、赤拟谷盗、锯谷盗、长角谷盗、书虱及蛾类等主要仓储害虫。

使用方法　0.042%溴氰·八角油微粒剂按1:（667～1000）（药粮比）比例均匀拌和法施用；还可采用分层施用法：先施药于粮食底层，每隔30cm施一层，然后在面层适当增加药量，最后用洁净的薄膜或麻袋覆盖；对新收的粮食如能及时晒干净净，迅速施药覆盖，效果更好。

注意事项　①不能与铜制剂、强酸或强碱性药剂混用。②为避免产生抗性，可与其他作用机制不同的杀虫剂轮换使用。

允许残留量　WHO/FDA规定最大使用量182.1mg/kg。

参考文献

郭向阳, 2013. 八角茴香油化学成分、香气性能及活性研究[D]. 杭州: 浙江工业大学.

何玉杰, 2013. 八角茴香提取物对两种储粮害虫的生物活性及代谢酶的影响[D]. 合肥: 安徽农业大学.

徐汉虹, 赵善欢, 1995. 五种精油对储粮害虫的忌避作用和杀卵作用研究[J]. 中国粮油学报, 10(1): 1-5.

徐汉虹, 赵善欢, 周俊, 等, 1996. 八角茴香精油的杀虫活性与化学成分研究[J]. 植物保护学报, 23 (4): 338-342.

（撰稿：李荣玉；审稿：李明）

八氯二丙醚 octachlorodipropyl ether

广谱性增效剂，对拟除虫菊酯类（氨基甲酸酯类和有机磷类农药）均具有增效作用。

其他名称　S2、S421(Sankyo；BASF，试验代号)。

化学名称　2,3,3,3,2′,3′,3′,3′-八氯二丙醚；1,1′-氧代双(2,3,3,3-四氯)丙烷。

IUPAC名称　bis[(2*RS*)](2,3,3,3-tetrachloropropyl)]ether。

CA名称　1,1′-oxybis [2,3,3,3-tetrachloropropane]。

CAS登记号　127-90-2。

EC号　204-870-4。

分子式　$C_6H_6Cl_8O$。

相对分子质量　377.74。

结构式

开发单位　最早由巴斯夫公司作为一种特殊溶剂开发，后来作为增效剂使用。自1972年，由日本三共化学公司经许可后生产、销售。

理化性质　淡黄色液体，有香味。熔点−50℃时仍黏稠。沸点144～155℃（0.133kPa）。闪点177℃（宾斯基–马丁闭口杯法）。蒸气压高。相对密度1.64～1.66（20℃）。折射率1.5282。不溶于水，与普通有机溶剂如乙醚、苯、氯仿、三氯乙烯、二氯甲烷、二噁烷、甲基乙基酮、石油溶剂、柴油等混溶。不能与碱性物质混合。为防止储存过程中氯化氢的损失，可加入1%的稳定剂（表氯醇，epichorohydrin）溶液。DT_{50}：7天（pH4），8小时（pH10）。

毒性　急性经口 LD_{50}（mg/kg）：雄大鼠5.49，雌大鼠4.75，雄小鼠4.45，雌小鼠4.25。急性经皮 LD_{50}（mg/kg）：雄大鼠23.3，雌大鼠21。对皮肤有轻微刺激性，对眼睛无刺激性。大鼠吸入 LC_{50} > $5500mg/m^3$。NOEL：雄大鼠0.4mg/（kg·d），雌大鼠0.494mg/（kg·d）。试验条件下无致突变、致畸或致癌性。鲤鱼 LC_{50}（48小时）4.2mg/L。蜉蝣 TLm（48小时）3.2mg/ml。

质量标准　浅黄色透明液体，含量≥90%，相对密度

B

为 1.61。

作用方式及机理 主要是通过抑制或者弱化害虫体内的解毒酶，从而延缓杀虫剂在害虫体内的代谢，增加生物防效。羧酸酯酶（CarEs）是杀虫剂代谢中唯一不需要额外能量就能催化酯键水解的一类酶，它是昆虫体内杀虫剂（拟除虫菊酯和有机磷杀虫剂）代谢最重要的解毒酶之一。能对羧酸酯酶起到明显的抑制作用，延缓其对杀虫剂的分解，从而使更多的杀虫剂分子能到达靶标部位，更好地发挥杀虫效力。

防治对象 作为增效剂，可增效除虫菊酯、烯丙菊酯、环戊烯丙菊酯、甲萘威、有机磷的杀虫制剂。广泛应用于蚊香、喷雾剂、熏蒸剂、驱避剂等产品，可使除虫菊酯的用量减少 2/3，如用于卫生杀虫剂且效果明显。用在 Es- 生物菊酯（简称 EBT）以及含拟除虫菊酯的蚊香中，可减少有效成分用量，提高对蚊虫、家蝇、蟑螂等的击倒速度及杀死率。与 EBT 复配制成蚊香片滴加液，对蚊虫具有良好的驱杀效果并可反复使用。在农林害虫防治中占有一席之地，在提高杀虫率和降低成本等方面发挥了很大的作用。与巴沙混配对稻飞虱有良好的杀灭效果；与氯菊酯、氯丹等混配用以防治白蚁；与氰戊菊酯混配后，可较大程度地提高对棉铃虫的防治效果；与常规药剂氧化乐果、甲氰菊酯混配后可用于治理苹果和豇豆上的二点叶螨。

使用方法 中国从 20 世纪 80 年代起将其与拟除虫菊酯类农药一起用于蚊香，其目的是提高药效，减少有效成分的用量。目前，中国的八氯二丙醚仍主要用于蚊香产品，也有用于气雾剂、烟剂、烟片、粉剂、电热蚊香片、电热蚊香液、喷射剂、热雾剂、水乳剂和乳油等产品中，其含量为 0.1%～20%（一般为有效成分的 20 倍）。有 100 多个已登记的农药产品中含有八氯二丙醚，其中大部分产品为卫生杀虫剂产品，也有少数大田农药产品。

注意事项 使用时避免吸入喷射雾液，并防止药液与眼睛和皮肤接触。尚无专用解毒药剂，若误服，送医院对症治疗。

参考文献

马克比恩 C, 2015. 农药手册[M]. 胡笑形, 等译. 北京: 化学工业出版社: 915-916.

中国农业百科全书总编辑委员会农药卷编辑委员会, 中国农业百科全书编辑部, 1993. 中国农业百科全书: 农药卷[M]. 北京: 农业出版社: 24.

（撰稿：徐琪、侯晴晴；审稿：邵旭升）

巴毒磷　crotoxyphos

一种具有神经毒剂作用的长效农用杀虫剂、杀螨剂。

其他名称 Ciodrin、Ectocide、丁烯磷、克罗氧磷、赛吸磷、Flymort 24、SD 4294、Ciovap、ENT 24717。

化学名称 (2E)-3-[(二甲氧基氧膦基)氧基]-2-丁烯酸 1-苯乙酯；1-phenylethyl(2E)-3-[(dimethoxyphosphinyl)oxy]-2-butenoate。

IUPAC 名称 (RS)-1-phenylethyl 3-(dimethoxyphosphi-noyloxy)isocrotonate。

CAS 登记号 7700-17-6。

EC 号 231-720-5。

分子式 $C_{14}H_{19}O_6P$。

相对分子质量 314.27。

结构式

开发单位 1963 年由壳牌石油公司开发。获有专利 USP3268；3116201。

理化性质 淡黄色液体，有轻微的酯味。工业品纯度为 80%。沸点 135℃（4Pa）。蒸气压 1.87mPa（20℃）。相对密度 1.19（25℃）。折射率 n_D^{25}1.5505。室温下水中的溶解度约为 1g/L，微溶于煤油和饱和烃，可溶于丙酮、氯仿、丙醇、乙醇和氯化烃，可与二甲苯混溶。

毒性 属于中等毒性有机磷杀虫剂。大鼠急性经口 LD_{50} > 52.3mg/kg，小鼠急性经口 LD_{50} > 90mg/kg。兔急性经皮 LD_{50} > 385mg/kg。

剂型 240g/L 乳剂，3% 粉剂。

作用方式及机理 抑制胆碱酯酶活性。

防治对象 防治牛和猪身体上的蝇、螨和蜱。

使用方法 稀释到 0.1%～0.3% 喷雾。

注意事项 储存于阴凉、通风仓库内，严禁有火种，由专人保管，保持容器密封，防止受潮和雨淋，防止阳光暴晒。应与氧化剂、潮湿物品、食用化工原料等分开存放。操作现场不得吸烟、饮水、进食。搬运时要轻装轻卸，防止包装及容器损坏。分装和搬运作业要注意个人防护。该品遇明火、高热可燃。在潮湿条件下能腐蚀某些金属。受高热分解，放出有毒的烟气。生产操作或农业使用时，佩戴防毒口罩，穿相应的防护服，戴防化学品手套。紧急事态抢救或逃生时，应该佩戴自给式呼吸器。工作现场禁止吸烟、进食和饮水。工作后，淋浴更衣。注意个人清洁卫生。不要直接接触泄露物，用沙土吸收，铲入提桶，运至废物处理场所。也可以用大量水冲洗，经稀释的污水放入废水系统。

与其他药剂的混用 除合成硅石白炭黑外，不能与大多数无机物载体混合，可与敌敌畏混用。

参考文献

丁伟, 2010. 螨类控制剂[M]. 北京：化学工业出版社：75-76.

朱永和、王振荣、李布青, 2006. 农药大典[M]. 北京：中国三峡出版社：16.

（撰稿：罗金香；审稿：丁伟）

靶向分子设计　targeted molecular design

以靶标与化合物的结合为基础，结合靶标的生物结构及其涉及的生理生化过程，阐明化合物作用于靶标后产生活性、生物选择性及抗性的机制机理，通过靶标指导化合物的合理设计。这种分子设计方法可以提高先导化合物发现的效率，使得候选农药分子具有更好的化学多样性、生物合理性以及靶标作用特异性。

要针对某一靶标开展先导化合物发现研究主要包含以下过程：首先是发现并识别生物活性靶标，并对该靶标进行确证工作；确认为有效靶标后，建立合理有效的药效模型对化合物库进行筛选，可以是普通的生物活性筛查，或者建立模型进行虚拟筛选，获得苗头化合物；对获得的苗头化合物进行进一步的筛选与优化，获得先导化合物。靶向分子设计的策略主要有"从比较生物化学经化学生物学到分子设计学"及"从分子设计学经化学生物学到比较生物化学"。前者通过对不同生物的代谢系统、靶标结构与功能的比较，阐明不同物种之间靶标作用差异，指导设计合成选择性高、活性好的化合物；后者则从分子设计理念入手，充分考虑化合物代谢特性与靶标差异，发展针对靶标特性的研究及反抗性分子的设计。这两种策略互为补充，微观与宏观相互印证，充分考虑药物设计生物合理性与化学多样性。

目前基于靶标三维结构进行先导化合物设计研究也已经成为分子设计策略的标志。基于靶标结构的设计策略，最重要的是得到靶标蛋白结合位点的空间和电子特性等信息。随着后基因组时代的到来，蛋白表达、纯化和蛋白晶体学的快速发展为靶向分子设计提供了众多靶标蛋白的详细信息，推进了基于靶标结构农药设计的进步，并为该策略应用于农药研发提供了保障。

参考文献

仇缀百, 2008. 药物设计学[M]. 2版. 北京: 高等教育出版社.

GHOSH A K, GEMMA S, 2014. Structure-based design of drug and other bioactive molecules: tools and strategies[M]. Weinheim: Wiley-VCH.

（撰稿：邵旭升、周聪；审稿：李忠）

白僵菌　*Beauveria*

一种真菌微生物杀虫剂，是由昆虫病原真菌半知菌类丛梗孢目丛梗孢科白僵菌属发酵、加工成的制剂。1835年美国Bassi首次发现白僵菌是引起家蚕白僵病的病原菌。

理化性质　菌落为白色粉状物，产品为白色或灰白色粉状物。常用的有两个种：球孢白僵菌，球形孢子占50%；卵孢白僵菌，卵形孢子占98%以上。均属好氧性菌。在培养基上能存活1～2年，低温干燥下存活5年，在虫体上存活6个月，在阳光直射下很快失活。菌体遇到较高的温度自然死亡而失效。其杀虫有效物质是白僵菌的活孢子。

毒性　用每克含50亿个活孢子制剂对大鼠腹腔注射和灌胃，其LD_{50}为600mg/kg±100mg/kg。对人、畜无致病作用，属弱的变态反应原。无致癌、致畸、致突变问题。对家蚕、柞蚕毒性高。

剂型　可湿性粉剂，粉剂，油悬浮剂。

作用方式及机理　白僵菌感染昆虫的主要途径是穿透体壁侵染。在温度适宜、湿度较大时，白僵菌的分生孢子极易黏附于昆虫体上，并很快发芽。孢子发芽时，能分泌出几丁质酶和蛋白质毒素（接触毒素），几丁质酶能破坏几丁质结构，溶解昆虫表皮，使芽管侵入昆虫体内。而接触毒素则可直接毒杀昆虫，当芽管进入虫体后，便吸取昆虫体液作营养，迅速生长繁殖。菌丝侵入肌肉，损坏昆虫的运动机能；筒形孢子和菌丝充满昆虫血液里，妨碍其循环作用；病菌的代谢产物草酸盐类在血液中积累很多，使血液酸度下降，最终导致昆虫新陈代谢紊乱而死亡。虫体上全部筒形孢子都发芽成菌丝，强烈吸收昆虫体内水分，使虫体僵化。昆虫感染白僵菌后，初期表现为行动迟缓、食欲减退或停止取食，静止时全身侧倾，皮肤上出现大小不一的黑褐色病斑。随病势的加重，患病昆虫身体转侧，有时吐出黄水或排泄软粪，不久即死。刚死的昆虫皮肉松弛，身体柔软，过2～3小时后开始变硬，常变成粉红色。死亡1～2天后，便在死虫的气门、口器及各环节间长出棉状白毛。至第3～4天，白毛长满全身，并在白毛上逐渐长出粉末状分生孢子。几周后，孢子变黄并生出许多针状结晶。孢子成熟后即散开，借风力传播，又可继续感染其他昆虫。

防治对象　寄主广泛，包括鳞翅目、鞘翅目、半翅目、双翅目、直翅目、膜翅目等及多种螨类，达200种以上。

使用方法

喷菌法防治菜青虫等　用每克含50亿～70亿个活孢子粉剂加水50～70kg（每毫升菌液含孢子1亿个以上）用水溶液稀释配成菌液，喷雾。

喷粉法防治菜青虫等　用每克含50亿～70亿个活孢子粉剂，菌粉与2.5%敌百虫粉均匀混合（加中性填充剂），每克混合粉含活孢子1亿个以上，在蔬菜上喷撒。

防治菜青虫、小菜蛾等　将病死的僵尸虫收集研磨，配成每毫升含活孢子1亿个以上（每100个虫尸加工后，兑水80～100kg）即可在蔬菜上喷雾。

防治玉米螟　以每克含50亿活孢子颗粒剂1：10掺和煤渣，撒于玉米喇叭口内；或以每克含50亿～70亿个活孢子粉1：100的比例做成菌液剂灌心。

防治松毛虫　用每克含50亿～70亿个活孢子粉剂加水50～70kg（稀释液每毫升含活孢子1亿个），喷雾。或与2.5%敌百虫粉混合用。

注意事项　在阴天、雨后或早晚湿度大时效果最好。菌液要随配随用，存放时间不宜超过2小时，以免孢子过早萌发而失去致病的能力。与化学杀虫剂混用，也应随配随用，以免孢子受药害而失效。不能与真菌等杀菌剂混用。家蚕养殖区不能使用。白僵菌会使部分人皮肤过敏，如出现低烧、皮肤刺痒等，使用时应注意保护皮肤。

与其他药剂的混用

白僵菌与细菌、病毒混合使用　目前中国常用的细菌农药有苏云金杆菌、青虫菌、杀螟杆菌、7216杆菌、松毛虫杆菌等，它们多系胃毒性的杀虫剂，不能像白僵菌的孢子一样，可以直接侵染虫体，只有在害虫取食时，大量吞食了这些细菌，才能发生作用，但一旦吞食了足够的细菌就会迅速引起中毒死亡或食欲减退、体质衰弱。由于一定要通过取食叶片发生感染，那么叶片上沾附菌粉数量的多少就很关

B

键，所以一般喷雾比喷粉效果好。混合的比例一般为 0.5kg 白僵菌粉加细菌或病毒农药 0.05kg。目前还没有发现这些微生物之间的拮抗作用和吞噬作用。

　　白僵菌与化学农药混合使用　白僵菌粉和化学农药混用喷雾，可发挥化学农药杀虫快和生物农药药效保持时间长而优势互补的效果。如白僵菌与对硫磷微胶囊和氯吡硫磷等低剂量的农药混用有明显的增效作用。化学农药的剂型和种类很多，目前混用比较成功的有 6% 的可湿性六六六、六六六与 E 605 混合粉、25% 滴滴涕乳剂、晶体敌百虫、马拉硫磷、残杀威、敌敌畏等。使用化学农药混合的目的主要是削弱害虫的抗性，因此掺入的比例不宜过大，太大反而难以发挥白僵菌的优越性，并杀伤天敌，起不到生物防治应有的作用。一般喷雾时在菌液中加入 0.01%～0.1% 的化学农药；喷粉则在菌粉中加入 1%～2% 的化学农药，用量不超过 10%。

参考文献

高红, 张冉, 万永继, 2011. 白僵菌的分类研究进展[J]. 蚕业科学, 37(4): 730-736.

高立起, 孙阁, 2009. 生物农药集锦[M]. 北京: 中国农业出版社.

耿继光, 2004. 生物农药应用指南[M]. 合肥: 安徽科学技术出版社.

林海萍, 韩正敏, 张昕, 等, 2006. 球孢白僵菌研究现状及提高其杀虫效果展望[J]. 浙江林学院学报, 23 (5): 575-580.

王运兵, 姚献华, 崔朴周, 2005. 生物农药[M]. 北京: 中国农业科学技术出版社.

（撰稿：宋佳；审稿：向文胜）

百部碱　stemonine

　　从百部中提取分离的生物碱植物源杀虫剂，对害虫具有触杀和胃毒作用。1929—1934 年，日本学者 K. Suzuki 首次从蔓生百部的根中分离得到。2008 年，海南侨华农药厂开发出 1.1% 烟·楝·百部碱乳油并曾登记（但目前未检索出百部碱作为农药产品的登记信息）。

　　其他名称　绿浪 2 号。

　　化学名称　2H-furo[3,2-c]pyrrolo[1,2-a]azepin-2-one,decahydro-1-methyl-8-[(2S,4S)-tetrahydro-4-methyl-5-oxo-2-furanyl]-,(1S,3aR,8S,10aS,10bR)-。

　　IUPAC 名称　2H-furo[3,2-c]pyrrolo[1,2-a]azepin-2-one,-decahydro-1-methyl-8-[(2S,4S)-tetrahydro-4-methyl-5-oxo-2-furanyl]-,(1S,3aR,8S,10aS,10bR)-。

　　CAS 登记号　27498-90-4。

　　分子式　$C_{17}H_{25}NO_4$。

　　相对分子质量　307.38。

　　结构式

　　开发单位　海南侨华农药厂。

　　理化性质　棕黄色粉末或黄色粉末，味甘、苦，微温，有特殊气味。

　　毒性　低毒。小鼠急性经口 $LD_{50} > 1000mg/kg$，兔急性经皮 $LD_{50} > 5000mg/kg$。

　　剂型　1.1% 烟·楝·百部碱乳油。

　　作用方式及机理　对害虫具有触杀、胃毒的作用。可抑制害虫体内的羧酸酯酶和碱性磷酸酯酶活性，引起害虫中毒死亡。

　　防治对象　蚜虫、斑潜蝇、白粉虱、蓟马、小菜蛾、螟虫等多种低龄幼虫。

　　使用方法　防治十字花科蔬菜蚜虫，1.1% 烟·楝·百部碱乳油用药量为有效成分 $12.4～24.8g/hm^2$（折成 1.1% 烟·楝·百部碱乳油 75～150ml/ 亩）。

　　注意事项　①不能与波尔多液等碱性农药混用。②制剂使用时应现用现配。

参考文献

高亮, 2002. 百部·楝·烟乳油防治桃蚜及其在莴苣上的残留试验[J]. 中国蔬菜 (4): 12-14.

吴旖, 2015. 百部总生物碱的化学成分研究及其缓释片的研制[D]. 广州: 暨南大学.

杨银书, 刘增加, 1998. 百部碱对德国小蠊酯酶活性的影响[J]. 中国媒介生物学及控制杂志, 9 (5): 341-343.

（撰稿：李荣玉；审稿：李明）

百草枯　paraquat

　　一种联吡啶类除草剂。

　　其他名称　克无踪、gramoxone。

　　化学名称　1-1-二甲基-4-4-联吡啶阳离子盐。

　　IUPAC 名称　1,1'-dimethyl-4,4'-bipyridinium。

　　CAS 登记号　4685-14-7。

　　EC 号　225-141-7。

　　分子式　$C_{12}H_{14}N_2$。

　　相对分子质量　186.25。

　　结构式

　　开发单位　英国捷利康公司。

　　理化性质　白色结晶。相对密度 1.24～1.26（20℃）。熔点 340℃(分解)。蒸气压 $< 1 \times 10^{-5}Pa$（25℃）。水中溶解度 620g/L（20℃），不溶于大多数有机溶剂。在中性和酸性介质中稳定，在碱性介质中迅速分解。

　　毒性　低毒。大鼠急性经口 LD_{50} 129～157mg/kg，兔急性经皮 LD_{50} 240mg/kg。对兔眼睛有刺激性，对皮肤无刺激性和致敏性。人接触后可引起指甲暂时性损害。饲喂试验 NOEL［mg/（kg·d）]：大鼠（2 年）1.7，狗（1 年）0.65。对鱼、蜜蜂、鸟低毒。虹鳟 LC_{50}（96 小时）26mg/L。蜜蜂 LD_{50}

（72 小时，μg/ 只）：150（接触），36（经口）。急性经口 LD_{50}（mg/kg）：山齿鹑 175，野鸭 199；饲喂 LC_{50}（5 天，mg/kg 饲料）：山齿鹑 981，日本鹌鹑 970，野鸭 4048。蚯蚓 $LC_{50} > 1380mg/kg$ 土壤。

剂型　20%、200g/L、250g/L 水剂，20% 可溶胶剂。

质量标准　百草枯母药（GB 19307—2003）。

作用方式及机理　触杀型、灭生性除草剂。联吡啶阳离子迅速被植物叶片吸收后，在绿色组织中通过光合和呼吸作用被还原成联吡啶游离基，又经自氧化作用使叶组织中的水和氧形成过氧化氢和过氧游离基。这类物质对叶绿体层膜破坏力极强，使光合作用和叶绿素合成很快中止，叶片着药后 2~3 小时即开始受害变色。百草枯对杂草的绿色组织有很强的破坏作用，但无传导作用，只能使着药部位受害。该药一经与土壤接触，即被吸附钝化，由于药剂不能损坏植物根部和土壤内潜藏的种子，因而施药后杂草有再生现象。

防治对象　一年生禾本科杂草及一年生阔叶杂草，对多年生杂草地上部有杀除作用。

使用方法　茎叶喷雾。用于非耕地除草和行间除草。

非耕地除草　每亩使用 20% 百草枯水剂 150~250g（有效成分 30~50g），兑水 30L 喷施。

免耕作物田除草　在玉米播后苗前，每亩使用 20% 百草枯水剂 100~200g（有效成分 20~40g），兑水 30L 喷施；也可在玉米 7~8 片叶以后每亩使用 20% 百草枯水剂 150~250g（有效成分 30~50g），兑水 30~50L 喷施，做行间定向喷雾。其他作物田除草参考玉米田上述剂量进行定向喷雾。

注意事项　①施药时飘移易对周边作物造成接触性药害。②光照可加速药效发挥，阴天延缓显效速度，但不降低除草效果。施药后 30 分钟遇雨时能基本保证药效。③该药是非选择性除草剂，喷施到玉米或其他作物的茎叶上，会引起作物的药害。因此，要选择无风的天气、喷头加保护罩施药。④该药为中等毒性及有刺激性的液体，运输时须以金属容器盛载，并存放于安全地点。⑤喷药后 24 小时内勿让家畜进入喷药区。若误服药液，立即催吐并送医院，该药无特效解毒剂。⑥中国自 2014 年 7 月 1 日起，撤销百草枯水剂登记和生产许可、停止生产，保留母药生产企业水剂出口境外使用登记，允许专供出口生产，2016 年 7 月 1 日停止水剂在国内销售和使用。自 2020 年 9 月 26 日起，禁止百草枯在中国销售、使用，严防农药中毒事故发生。

允许残留量　GB 2763—2021《食品中农药最大残留限量标准》规定规定百草枯最大残留限量见表。ADI 为 0.005mg/kg。

部分食品中百草枯最大残留限量（GB 2763—2021）

食品类别	名称	最大残留限量（mg/kg）
谷物	玉米	0.10
	高粱	0.03
	杂粮类	0.50
	小麦粉	0.50

注：目前该药在中国禁止销售、使用。

参考文献

刘长令，2002. 世界农药大全：除草剂卷[M]. 北京：化学工业出版社.

马克比恩 C，2015. 农药手册[M]. 胡笑形，等译. 北京：化学工业出版社.

中国农业百科全书总编辑委员会农药卷编辑委员会，中国农业百科全书编辑部，1993. 中国农业百科全书：农药卷[M]. 北京：农业出版社.

SHANER D L, 2014. Herbicide handbook[M].10th ed. Lawrence, KS: Weed Science Society of America.

（撰稿：李香菊；审稿：耿贺利）

百草枯二氯盐　paraquat dichloride

一种联吡啶杂环类除草剂。

其他名称　对草快、克芜踪（Gramoxone）、二氯百草枯、甲基紫精水合物（水合二氯化物）、PP148。

化学名称　1,1′-二甲基 -4,4′-联吡啶鎓盐二氯化物。

IUPAC 名称　1,1′-dimethyl-4,4′-bipyridinium dichloride。

CAS 登记号　1910-42-5。

EC 号　225-141-7。

分子式　$C_{12}H_{14}Cl_2N_2$。

相对分子质量　257.16。

结构式

开发单位　ICI Plant Protection（现为捷利康农化公司）。

理化性质　纯品为白色结晶体，工业品为黄色固体。熔点 300℃（分解）。蒸气压 < 0.1mPa。相对密度 1.24~1.26（20℃）。易溶于水，不溶于烃类，少量溶于低级醇。在中性和酸性介质中稳定，在碱性介质中迅速水解。

毒性　中等毒性。但是对人毒性极大，且无特效解毒药，口服中毒死亡率可达 90% 以上，目前已被 20 多个国家禁止或者严格限制使用。大鼠急性经口 LD_{50} 150mg/kg，兔急性经皮 LD_{50} 204mg/kg，对家禽、鱼、蜜蜂低毒。对眼睛有刺激作用，可引起指甲、皮肤溃烂等；口服 3g 即可导致系统性中毒，并导致肝、肾等多器官衰竭，肺部纤维化（不可逆）和呼吸衰竭。致毒机制目前尚未阐明，多数学者认为百草枯是一电子受体，可被肺 I 型和 II 型细胞主动转运而摄取到细胞内，作用于细胞的氧化还原反应，在细胞内活化为氧自由基是毒作用的基础，所形成的过量超氧阴离子自由基（-O_2）及过氧化氢（H_2O_2）等可引起肺、肝及其他许多组织器官细胞膜脂质过氧化，从而造成多系统组织器官的损害。

剂型　200g/L、250g/L 水剂，5% 水溶性颗粒剂。

质量标准　20% 水剂外观为澄清褐色液体，无不溶物。百草枯二氯盐质量分数 ≥ 276g/L。pH6.5~7.5，相对密度

1.09～1.11（20℃），25℃时储存稳定性2年以上。

作用方式及机理　百草枯为灭生性除草剂，有效成分对叶绿体层膜破坏力极强，使光合作用和叶绿素合成很快中止，叶片着药后2～3小时即开始受害变色，对单子叶和双子叶植物绿色组织均有很强的破坏作用，有一定的传导作用，但不能穿透木栓质化的树皮，接触土壤后很容易被钝化。不能破坏植株的根部和土壤内潜藏的种子，因而施药后杂草有再生现象。

防治对象　可防除各种一年生杂草；对多年生杂草有强烈的杀伤作用，但其地下茎和根能萌出新枝；对已木质化的棕色茎和树干无影响。适用于防除果园、桑园、橡胶园及林带的杂草，也可用于防除非耕地、田埂、路边的杂草，对于玉米、甘蔗、大豆以及苗圃等宽行作物，可采取定向喷雾防除杂草。

使用方法　果园、桑园、茶园、橡胶园、林带使用，在杂草出齐处于生长旺盛期，每亩用20%水剂100～200ml，兑水25kg，均匀喷雾杂草茎叶，当杂草长到30cm以上时，用药量要加倍。应用百草枯化学防除，加水须用清水，药液要尽量均匀喷洒在杂草的绿色茎、叶上，不要喷在地上。

玉米、甘蔗、大豆等宽行作物田使用，可播前处理或播后苗前处理，也可在作物生长中后期，采用保护性定向喷雾防除行间杂草。播前或播后苗前处理，每亩用20%水剂75～200ml，兑水25kg喷雾防除已出土杂草。作物生长期，每亩用20%水剂100～200ml，兑水25kg，作行间保护性定向喷雾。百草枯除草适期为杂草基本出齐、株高小于15cm时。

百草枯对地黄无明显效果。光照可加速百草枯发挥药效，晴天施药见效快，药后1小时下雨对药效无影响。

注意事项　百草枯为灭生性除草剂，在作物生长期使用，切忌污染作物，以免产生药害。配药、喷药时要有防护措施，戴橡胶手套、口罩，穿工作服。如药液溅入眼睛或皮肤上，要马上进行冲洗。使用时不要将药液飘移到果树或其他作物上。菜田一定要在没有蔬菜时使用。喷洒要均匀周到，可在药液中加入0.1%洗衣粉以提高药液的附着力。施药后30分钟遇雨时基本能保证药效。

与其他药剂的混用　可混配2甲4氯、2,4-滴、2,4-滴二胺。

允许残留量　GB 26130—2010规定棉籽、香蕉和苹果中的最大允许残留量分别为0.2mg/kg、0.02mg/kg和0.05mg/kg。GB 16333—1996规定菜籽油、成品粮、柑橘、苹果和梨中最大允许残留量分别为0.05mg/kg、0.5mg/kg、0.2mg/kg、0.05mg/kg和0.05mg/kg。FAO/WHO规定水果、蔬菜、玉米、高粱、大豆最大允许残留量均为0.05mg/kg。

参考文献

郑和辉，卞战强，田向红，等. 2014. 液相色谱串联质谱法直接进样测定饮用水中的百草枯[J]. 中国卫生检验杂志，24（18）：2602-2603.

朱永和，王振荣，李布青. 2006. 农药大典[M]. 北京：中国三峡出版社：843.

（撰稿：刘玉秀；审稿：宋红健）

百菌清　chlorothalonil

一种具有多重作用位点的取代苯类非内吸性叶面杀菌剂。

其他名称　Amconil（Sundat）；Banko（Arysta LifeScience EAME）；Bravo（Syngenta）；Chloronil（Vapco）；Clortosip（Sipcam S. p.A）；Clortram（Sipcam USA）；Corrib（Barclay）；Daconil（SDS Biotech K. K., Syngenta）；Echo（Advan, Sipcam USA）；Fungiless（Hubei Sanonda）；Fusonilturf（Rigby Taylor）；Joules（Nufarm UK）；Mold-Ram（Sipcam USA）；Taloini（Ingeniería Industrial）. [混剂]Credo（谷物）（+啶氧菌酯）（DuPont）；Docious（+腈霜唑）（Ishihara Sangyo）；Revus Opti（+双炔酰菌胺）（Syngenta）；Daconil Action（草坪）（+苯并噻二唑）（Syngenta）、达科宁、Daconil-2787。

化学名称　2,4,5,6-四氯-1,3-苯二甲腈；2,4,5,6-tetrachloro-1,3-benzenedicarbonitrile。

IUPAC名称　tetrachloroisophthalonitrile。

CAS登记号　1897-45-6。

EC号　217-588-1。

分子式　$C_8Cl_4N_2$。

相对分子质量　265.91。

结构式

开发单位　N. J. Turner等报道其杀菌剂活性。由大洋制碱公司（之后的ISK Biosciences Corp.）上市，1997年该品种业务售予捷利康农化公司（现先正达公司）。Sipcam Agro USA，Inc. 和Oxon Italia均独立登记。

理化性质　原药含量约97%。无色、无味晶体（原药有轻微臭味）。熔点252.1℃。沸点350℃（101.32kPa）。蒸气压0.076mPa（25℃）。$K_{ow}lgP$ 2.92（25℃）。Henry常数$2.5×10^{-2}Pa·m^3/mol$（25℃）。相对密度1.732（20℃）。溶解度：水0.81mg/L（25℃）；丙酮20.9、二氯乙烷22.4、乙酸乙酯13.8、正庚烷0.2、甲醇1.7、二甲苯74.4g/L。常温下稳定。水介质中和晶体状态对紫外光稳定。酸性和中度碱性水溶液中稳定；pH＞9时缓慢水解。

毒性　IARC分级2B。大鼠急性经口$LD_{50}＞5000mg/kg$。白化兔、大鼠急性经皮$LD_{50}＞5000mg/kg$。严重刺激兔眼睛，轻度刺激兔皮肤。大鼠吸入LC_{50}（1小时）0.52mg/L空气。NOEL：大鼠和雄小鼠高剂量长期摄入后伴随肾脏增生和肾脏上皮肿瘤的发生。啮齿类肿瘤发生的机制在大鼠和狗上显示为表观遗传，导致百菌清和谷胱甘肽在肠道和肝脏中的配合，之后分解代谢为硫醇和巯基尿酸酯/盐的配合物而排除，毒害肾脏上皮组织。全生命周期暴露的长期细胞更新导致肾上皮组织的新生性病变和肿瘤发生。肾脏细胞毒性和致肿瘤性剂量反应效果是清晰非线性的，研究者以1.5mg/

（kg·d）为基准点出发建立了风险评估暴露底线。慢性作用 NOEL：大鼠 2mg/（kg·d）；狗，不同的毒理模式；狗的肾脏慢性毒性作用要轻很多，因为狗代谢百菌清 - 谷胱甘肽配合物为有毒硫醇和巯基尿酸酯 / 盐的倾向较低，以至于 NOEL ≥ 3mg/（kg·d）。ADI/RfD（EC）0.015mg/kg［2005］；（JMPR）0.03mg/kg［1994］；（EPA）0.02mg/kg［RED 1998］。Water GV：不包含在 GV 衍生关系（U）之内。毒性等级：U（a.i.，WHO）；Ⅱ（Bravo SC，百菌清原药）（制剂，EPA）。EC 分级：R40 | T+；R26 | Xi；R37，R41 | R43 | N；R50，R53 | 取决于浓度。山齿鹑急性经口 $LD_{50} > 2000mg/kg$。绿头野鸭、山齿鹑饲喂 $LC_{50} > 10\,000mg/kg$ 饲料。虹鳟急性 LC_{50}（96 小时，静态）39μg/L，带头鲹鱼 23μg/L，蓝鳃翻车鱼 59μg/L。水蚤 EC_{50}（48 小时，静态）70μg/L。羊角月牙藻 EC_{50}（120 小时）210μg/L；舟形藻 EC_{50}（72 小时）5.1μg/L。浮萍 EC_{50}（14 天）510μg/L。EC_{50}（48 小时，μg/L）：钩虾 64，摇蚊 110，蚱蜢 600；萼花臂尾轮虫 EC_{50}（24 小时）24μg/L。蜜蜂 LD_{50}：经口 > 63μg/ 只；接触 > 101μg/ 只。蚯蚓 LC_{50}（14 天） > 404mg/kg 干土。梨盲走螨 LR_{50}（7 天） > 18.75kg/hm²；烟芽茧蜂 LR_{50}（48 小时） > 18.75kg/hm²。

剂型　40%、72% 悬浮剂，75%、83% 水分散粒剂，50%、60%、75% 可湿性粉剂，10%、20%、40% 烟剂。

质量标准　75% 百菌清可湿性粉剂，外观为白色至灰色疏松粉末，悬浮率 > 50%。常温储存稳定至少 2 年。40% 百菌清悬浮剂，外观为白色黏稠悬浮液体，无刺激性气味，pH5 ～ 8，密度 1.348g/cm³（20℃），闪点 33.5℃。75% 百菌清水分散粒剂，外观为白色条状固体，无刺激性气味，蒸气压 1.3×10^{-3}Pa（25℃），pH5 ～ 8，松密度 0.62g/ml（20℃），堆密度 0.718g/ml（20℃）。

作用方式及机理　与来自萌发的真菌细胞的硫醇类（特别是谷胱甘肽）轭合并将其消耗掉，干扰糖酵解和能量产生，从而达到抑菌和杀菌效果。非内吸性叶面杀菌剂，有保护作用，不会从喷药部位及被植物的根系吸收，但在植物表面有良好的黏着性，不易受雨水冲刷，持效期长，一般持效期为 7 ～ 10 天。

防治对象　用于梨果、核果、杏仁树、柑橘、蔓越莓、草莓、木瓜、香蕉、杧果、椰树、油棕、橡胶树、胡椒、啤酒花、蔬菜、瓜类、烟草、咖啡、茶树、水稻、大豆、花生、马铃薯、甜菜、棉花、玉米、观赏植物、蘑菇和草坪，防治多种真菌病害。粮食作物上剂量 1 ～ 2.5kg/hm²。也可用于干漆膜和其他防霉涂层，防止木材霉变、蓝变和腐烂。

使用方法

防治玉米大斑病害　在玉米大斑病发生初期，气候条件有利于病害发生时，每次每亩用 75% 可湿性粉剂 110 ～ 140g（有效成分 82.5 ～ 105g），兑水 60 ～ 75kg 喷雾，以后每隔 5 ～ 7 天喷药 1 次。

防治花生病害　防治花生的锈病、褐斑病、黑斑病，在发病初期开始喷药，每亩用 75% 可湿性粉剂 100 ～ 126.7g（有效成分 75 ～ 95g），加水 60 ～ 75kg 喷雾，或用 75% 可湿性粉剂 800 倍液喷雾，每次每亩用 75% 可湿性粉剂 120 ～ 150g（有效成分 90 ～ 112.5g），第一次喷药后隔 10 天喷第二次，以后再隔 10 ～ 14 天喷 1 次。

防治蔬菜病害　①甘蓝黑斑病、霜霉病。在病害发生初期，产生气味时开始喷药，每次每亩用 75% 可湿性粉剂 113.3g（有效成分 85g），加水 50 ～ 75kg 喷雾，以后每隔 7 ～ 10 天喷 1 次。②菜豆锈病、灰霉病及炭疽病等。在病害开始发生时每次每亩用 75% 可湿性粉剂 113.3 ～ 206.7g（有效成分 85 ～ 155g），兑水 50 ～ 60kg 喷雾，以后每隔 7 天喷 1 次。③芹菜叶斑病。在芹菜移栽后病害开始发生时，每次每亩用 75% 可湿性粉剂 113.3 ～ 206.7g（有效成分 85 ～ 155g），加水 50 ～ 60kg 喷雾，以后每隔 7 天喷 1 次。④马铃薯晚疫病、早疫病及灰霉病等。在马铃薯封行前病害开始发生时，每次每亩用 75% 可湿性粉剂 135 ～ 150g（有效成分 101.3 ～ 112.5g），加水 60 ～ 75kg 喷雾，以后每隔 7 ～ 10 天喷 1 次。⑤茄子、甜椒炭疽病、早疫病等。在病害初发生时开始喷药，用 75% 可湿性粉剂 110 ～ 135g（有效成分 82.5 ～ 100.3g），加水 50 ～ 60kg 喷雾，以后每隔 7 ～ 10 天喷 1 次。

防治瓜类病害　各种瓜类上的炭疽病、霜霉病，在病害初发时开始喷药，每次每亩用 75% 可湿性粉剂 110 ～ 150g（有效成分 82.5 ～ 112.5g），加水 50 ～ 75kg 喷雾，每隔 7 天左右喷药 1 次。各种瓜类白粉病、蔓枯病、叶枯病及疮痂病等，在病害发生初期开始喷药，每次每亩用 75% 可湿性粉剂 150 ～ 225g（有效成分 112.5 ～ 168.8g），加水 50 ～ 75kg 喷雾，以后视病情而定，一般每隔 7 天喷药 1 次，直到病害停止发展时为止。

防治果树病害　①葡萄炭疽病、白粉病、果腐病。在叶片发病初期或开花后两周开始喷药，用 75% 可湿性粉剂 600 ～ 750 倍液喷雾（有效成分 1000 ～ 1250mg/kg），以后视病情而定，一般每隔 7 ～ 10 天喷 1 次。②桃褐腐病、疮痂病等。在孕蕾阶段和落花时用 75% 可湿性粉剂 800 ～ 1200 倍液（有效成分 625 ～ 937.5mg/kg）各喷雾 1 次，以后视病情而定，一般每隔 14 天喷药 1 次。③防治桃穿孔病。在落花时用 75% 可湿性粉剂 650 倍液（有效成分 1153.9mg/kg）喷第一次，以后每隔 14 天喷 1 次。④草莓的灰霉病、叶枯病、叶焦病及白粉病。在开花初期、中期和末期各喷药 1 次，每次每亩用 75% 可湿性粉剂 100g（有效成分 75g）加水 50 ～ 60kg 喷雾。⑤柑橘疮痂病、沙皮病。在花瓣脱落时，开始用 75% 可湿性粉剂 900 ～ 1200 倍液（有效成分 625 ～ 833.3mg/kg）喷雾，以后每隔 14 天喷药 1 次，一般最多喷药 3 次；10% 乳油加水稀释成 400 ～ 600 倍液喷洒。对发病期较长的病害，应每隔 10 ～ 15 天施药 1 次；或加水稀释成 20 倍液后，取适量稀释液将种子拌湿。

烟剂　在大棚、温室使用每亩每次用 30% 烟剂 300 ～ 400g（6 ～ 8 盒），从发病初期每隔 7 ～ 10 天施药 1 次，整个生长期使用 4 ～ 5 次。烟剂主要用于塑料温室大棚内防治有关病害。

注意事项　用于观赏花卉、苹果、葡萄可能导致褐变。一些观赏花卉品种可能产生药害。海桐叶对其敏感。油类或含油物质可能加重药害。与油类不相容。百菌清对鱼类有毒，施药时应远离池塘、湖泊和溪流。清洗药具的药液不要污染水源。烟剂对家蚕、柞蚕、蜜蜂有毒害作用，放烟前应与周围农户和单位联系，做好预防工作。其余参照可湿性粉剂。对人的皮肤和眼睛有刺激作用，少数人有过敏反应。一般可引起轻度接触性皮炎，如同被太阳轻度灼烧一样，无需治疗，大约 2 周之内，皮肤经脱皮而恢复。接触眼睛会立即感到疼痛和发红。过敏反应表现为支气管刺激，皮疹，眼结膜和眼睑水肿、发炎，停止接触百菌清症状就会消失。对发生过敏的患者，可给予组织胺或类固醇药物治疗，无特效解毒剂，可采用对症治疗。

允许残留量 GB 2763—2021《食品中农药最大残留限量标准》规定百菌清最大残留量见表。ADI 为 0.02mg/kg。谷物按照 SN/T 2320 规定的方法测定；油料和油脂参照 SN/T 2320 规定的方法测定；蔬菜、水果、食用菌按照 GB 23200.113、GB/T 5009.105、NY/T 761 规定的方法测定。

部分食品中百菌清最大残留限量（GB 2763—2021）

食品类别	名称	最大残留限量（mg/kg）
谷物	稻谷	0.20
	小麦	0.10
	鲜食玉米	5.00
	绿豆	0.20
	赤豆	0.20
油料和油脂	大豆	0.20
	花生仁	0.05
蔬菜	菠菜	5.00
	普通白菜	5.00
	莴苣	5.00
	芹菜	5.00
	大白菜	5.00
	番茄	5.00
	茄子	5.00
	辣椒	5.00
	黄瓜	5.00
	西葫芦	5.00
	丝瓜	5.00
	冬瓜	5.00
	南瓜	5.00
水果	柑橘	1.00
	苹果	1.00
	梨	1.00
	葡萄	0.50
	西瓜	5.00
	甜瓜	5.00
	荔枝	0.20
	香蕉	0.20
食用菌	蘑菇类（鲜）	5.00

参考文献

马克比恩 C, 2015. 农药手册[M]. 胡笑形, 等译. 北京: 化学工业出版社: 173-175.

（撰稿：张传清；审稿：刘西莉）

百治磷 dicrotophos

一种有机磷类杀虫剂、杀螨剂。

其他名称 必特灵、双特松、Bidrin（壳牌）、C 709（汽巴-嘉基）、Carbicron、Diapadrin、百特磷。

化学名称 O,O-二甲基-O-(2-二甲胺基甲酰基-甲基乙烯基)磷酸酯。

IUPAC 名称 (E)-2-dimethylcarbamoyl-1-methylvinyl dimethyl phosphate。

CAS 登记号 141-66-2。

EC 号 205-494-3。

分子式 $C_8H_{16}NO_5P$。

相对分子质量 237.19。

结构式

开发单位 R. A. Corey 介绍其杀虫活性。1963 年由汽巴公司（现属先正达公司）开发此品种，随后 1965 年由壳牌公司也开发了此品种。

理化性质 琥珀色液体，有轻微的酯味。工业品约含 85%（E）-异构体。沸点 400℃（1.01×10^5Pa）；130℃（13.34Pa）。相对密度 1.216（15℃）。折射率 1.4680。蒸气压 9.3mPa（20℃）。可与水及很多有机溶剂（如丙酮、双丙酮醇、2-丙醇、乙醇）混溶，但在柴油和煤油中的溶解度低于 10g/kg。储藏在玻璃和聚乙烯容器中，直到 40℃也是稳定的，但在 75℃存放 31 天后或在 90℃存放 7 天后则分解。百治磷水溶液在 38℃、pH9.1 时，其开始的半衰期为 50 天，pH1.1 时，则为 100 天。能与大多数农药混用。对蒙乃尔合金、铜、镍和铝无腐蚀性，但对铸铁、软钢、黄铜和 304 不锈钢微腐蚀，对玻璃、聚乙烯和 316 不锈钢无腐蚀。用普通的固体载体做成的各种制剂是不稳定的。

毒性 急性经口 LD_{50}：大鼠 17～22mg/kg，小鼠 15mg/kg。急性经皮 LD_{50}：大鼠 111～136mg/kg 至 148～181mg/kg（随载体和试验条件而异），兔 224mg/kg。对兔眼睛和皮肤有轻微刺激作用。大鼠急性吸入 LC_{50}（4 小时）约 0.09mg/L 空气。两年喂养试验表明，以含 1mg/kg 百治磷饲料喂大鼠，以含 1.6mg/kg 百治磷饲料喂狗均无中毒作用。大鼠 3 代繁殖仔鼠的最大无作用剂量是 2mg/（kg·d）。对鸟有毒，急性经口 LD_{50} 1.2～12.5mg/kg。对母鸡无神经毒性。对食蚊鱼的 LC_{50}（24 小时）200mg/L，杂色鱼的 LC_{50}（24 小时）> 1000mg/L。对蜜蜂有毒。

剂型 50%、40% 乳剂，24% 可湿性粉剂，85%、1.03kg/L 水溶性浓剂。

作用方式及机理 （E）-异构体较（Z）-异构体活性大，胆碱酯酶抑制剂，内吸性杀虫剂、杀螨剂，具有触杀和胃毒作用，持效性中等。

防治对象 刺吸式、咀嚼式及钻蛀式口器害虫和蛾类，同时也可作为动物的体外杀寄生虫药使用。用于防治棉花、咖啡、水稻、山核桃、甘蔗、柑橘、烟草、谷物、马铃薯、棕榈等上的害虫。

使用方法　以 300～600g/hm² （有效成分）剂量防治刺吸式口器害虫是有效的；以 600g/hm² （有效成分）剂量防治咖啡果小蠹蛾、螟蛾科和潜叶蛾科害虫有效。除某些种类的果树外，一般无药害。

注意事项　皮肤接触：脱去被污染的衣着，用肥皂水及清水彻底冲洗。眼睛接触：立即翻开上下眼睑，用流动清水冲洗 15 分钟，就医。吸入：离开现场至空气新鲜处。呼吸困难时给输氧。呼吸停止时，立即进行人工呼吸。食入：误服者给饮足量温水，催吐，洗胃。就医。应远离食品、饲料，储存在儿童接触不到的地方，剩余药剂和使用过的容器要妥善处理，避免污染水源。

允许残留量　美国（1982）车间空气中有害物质的最大容许浓度 0.25mg/m³ （皮）。德国（1978）食物中最大残留限值 5.0mg/kg（特定农作物）。

参考文献

《环境科学大辞典》编辑委员会, 1991. 环境科学大辞典[M]. 北京: 中国环境科学出版社: 9.

马世昌, 1999. 化学物质辞典[M]. 西安: 陕西科学技术出版社: 313.

朱永和, 王振荣, 李布青, 2006. 农药大典[M]. 北京: 中国三峡出版社: 15-16.

（撰稿：吴剑；审稿：薛伟）

稗草丹　pyributicarb

一种硫代氨基甲酸酯类除草剂。

其他名称　Eigen、Seezet、Oryzagurad、稗草畏、TSH-888。

化学名称　O-3-叔丁基苯基-6-甲氧基-2-吡啶(甲基)硫代氨基甲酸酯。

IUPAC名称　O-3-*tert*-butylphenyl 6-methoxy-2-pyridyl (methyl)thiocarbamate。

CAS 登记号　88678-67-5。

分子式　$C_{18}H_{22}N_2O_2S$。

相对分子质量　330.44。

结构式

开发单位　由日本东洋曹达工业公司开发，另一文献说由日本东商 Tosoh 公司与宇都宫大学共同研究发现并由东商公司开发成功，获有专利 BE897021（1983），特开昭60-67463，67464（1985）。

理化性质　纯品为白色结晶固体，熔点 85.7～86.2℃。

蒸气压 0.269mPa（40℃）。溶解度（20℃）：水 0.15mg/L、甲醇 28g/L、乙醇 33g/L、氯仿 390g/L、二甲苯 580g/L、乙酸乙酯 560g/L。稻田中 DT_{50} 13～18 天。

毒性　雄、雌大鼠急性经口、经皮 LD_{50} > 5g/kg。雄、雌小鼠急性经口、经皮 LD_{50} > 5g/kg。雄、雌大鼠急性吸入 LC_{50}（4 小时）> 6.52g/m³。

剂型　可湿性粉剂（470g/kg 有效成分）；混剂：Seezet 悬浮剂 [（57g 该品 + 100g 溴丁酰草胺 + 120g 吡草酮）/kg]，Oryzaguard 颗粒剂（33g 该品 +50g 溴丁酰草胺）。

作用方式及机理　该品由杂草的根、叶和茎吸收，转移至活性部位，抑制根和地上部分伸长。

防治对象　在旱田对异型莎草和鸭舌草有较高活性；对稗草、马唐和狗尾草等禾本科杂草有较高活性。

使用方法　在芽前至芽后早期施药，对一年生禾本科杂草有很高的除草活性。

允许残留量　在未加工稻谷中的残留量低于检测值 5μg/kg，在旱田土壤中的半衰期为 13～18 天。

参考文献

TSUZUKI K、陈文, 1992. 新稻田除草剂稗草畏[J]. 农药, 31 (1)：39.

朱永和, 王振荣, 李布青, 2006. 农药大典[M]北京: 中国三峡出版社: 767.

（撰稿：汪清民；审稿：刘玉秀、王兹稳）

稗草胚轴法　barnyard grass mesocotyl growth test

利用药液浓度与稗草中胚轴生长抑制程度成正比的原理，测定除草剂活性的生物测定方法。

适用范围　适于测定酰胺类除草剂、除草醚、五氯酚钠等除草剂的活性。

主要内容　试验操作方法：在 50ml 小烧杯中，加入 5ml 不同浓度的除草剂溶液，放入 10 粒发芽一致的稗草种子，在种子周围撒一些干净的石英砂，以防止幼苗浮起，然后置于 28～30℃恒温箱内培养 4 天，测定稗草的胚轴长度。

计算出稗草胚轴长度的抑制率（%），来表示除草剂的活性和效果。计算方法如下：

$$胚轴长抑制率 = \frac{对照处理胚轴长 - 待测药液胚轴长}{对照处理胚轴长} \times 100\%$$

参考文献

陈年春, 1991. 农药生物测定技术[M]. 北京: 北京农业大学出版社.

（撰稿：唐伟；审稿：陈杰）

稗草烯　tavron

一种选择性内吸传导型除草剂。

其他名称　M3251、TCE-styrene、Dowco-221、百草烯。

化学名称　1-(2,2,2-三氯乙基)苯乙烯。

IUPAC 名称　4,4,4-trichlorobut-1-en-2-ylbenzene。

CAS 登记号　20057-31-2。

分子式　$C_{10}H_9Cl_3$。

相对分子质量　235.54。

结构式

开发单位　1959 年由温得令（Atochem Agri BV）推广（作为'Tri-P.E'的活性组分），现已停产。

理化性质　纯品为无色透明黏稠状液体。熔点 2.2℃。沸点 83℃（133.3Pa）。原油为棕褐色黏稠状液体，相对密度约为 1.21（20℃）。折射率 n_D^{25} 1.5608。25℃蒸气压 1.73Pa。难溶于水（约 12mg/L），易溶于丙酮、氯仿、苯等有机溶剂。常温下储存较稳定。遇碱在较高温度下能被水解。

毒性　低毒。纯品雌性大鼠急性经口 LD_{50} 8.5g/kg，原油大鼠急性经口 LD_{50} 5g/kg。大鼠急性吸入 LC_{50} > 5g/L。对眼睛和黏膜有刺激作用。小鼠慢性毒性经口最大无作用剂量为 164g/（kg·d）。

剂型　50% 乳油，5% 颗粒剂。中国现无登记品种。

质量标准　50% 稗草烯乳油由有效成分、助剂和溶剂等组成。外观为亮棕色油状液体，相对密度约为 1.1（20℃），酸度（以 HCl 计）≤1%，乳液稳定性（稀释 500～1000 倍，25℃，1 小时）在标准硬水（342mg/kg）中无浮油和沉油，在常温下储存两年稳定。

作用方式及机理　稗草上一种选择性内吸传导型除草剂，能被植物的根、茎、叶吸收，其吸收传导在单子叶植物与双子叶植物之间有很大的差异。单子叶植物主要吸收部位是叶鞘，其次是叶片，根部最差。单子叶植物吸入稗草稀释大量向生长点和根尖运输积累，敏感植物细胞生长受抑制，使已经萌芽而尚未出土的稗草停止生长，很快枯萎不能出土；已长出 1～2 片叶的稗草生长点受抑制后，生长缓慢和停止生长，不能长出新叶，叶片下垂呈暗绿色，基部膨大，1～2 周后叶片逐渐腐烂死亡。而双子叶植物却很少输入生长点和根尖，这就是对双子叶杂草效果差的原因。稗草烯被土壤吸附，淋溶性小，在土壤中持效期 4～6 周。

防治对象　主要用于水稻田防除 3 叶期以前的稗草，也可用于谷子、大豆、马铃薯、油菜等旱田作物防除稗草、马唐、狗尾草、早熟禾、看麦娘等一年生禾本科杂草，对阔叶杂草和莎草几乎无效。

使用方法　适用于水稻、甜菜、马铃薯、苜蓿、谷子、大豆、油菜、棉花、蔬菜等作物田。水稻插秧后 7～15 天稻秧长出新根，稗草 3 叶期前，用 50% 乳油 1125～1500ml/hm²（有效成分 562.5～750g/hm²），加少量水稀释，喷洒于过筛细沙或湿润细土上，用土 300～375kg 混拌均匀，然后均匀撒施于稻田。要求施药时田间水层 3cm，药后保水 5～7 天。

谷子田用稗草烯具良好选择性，于谷子播后出苗前进行土壤处理，也可在谷子生育期，稗草 2～3 叶期进行茎叶喷雾处理，用 50% 乳油 9～12L/hm²（有效成分 4.5～6kg/hm²），加水 600～750kg，用喷雾器均匀喷洒。大豆田用稗草烯可在大豆叶和第一对复叶出现以后施药，真叶期施药易受害。用 50% 乳油 12～15L/hm²（有效成分 6～7.5kg/hm²），加水 600～750kg，均匀喷雾茎叶处理。

注意事项　稻田应用稗草烯不宜过早，于新根长出后使用，否则易产生药害。稗草烯易被土壤吸附，有效成分大部分集中在土壤表层 3cm 左右，因此水稻根扎入土层 3～5cm 以下躲过稗草烯比较集中的区域时，施药才能确保安全。稻田药土法施药要求浅水层，水层勿过深，以防超过心叶产生药害。使用稗草烯防除稻田稗草时要做到一平（整平地），二匀（拌药匀、撒匀），三准（药量准、面积准、时期准），四不施（苗小、苗弱不施，不彻底返青不施，深水无水不施，风雨天温度低不施）。药量、施药时期根据当地气温、土质、栽培方式、秧苗壮弱及草龄大小灵活掌握。稗草烯对温度比较敏感，温度在 20～30℃ 药效易发挥，适当少施也可取得高效，温度低药效差，也容易产生药害。盐碱地和在分蘖期使用容易产生药害，不宜使用。50% 稗草烯乳油属低毒除草剂，一般不会引起中毒。如有中毒事故发生，可采用对症处理。还应注意防止药液溅入眼睛和黏膜而引起刺激反应，如有药液溅到眼睛里和皮肤上，应立即清洗。施药后各种工具要认真清洗，污水和剩余药液要妥善处理，不得任意倾倒，以免污染水源、土壤和造成药害。空瓶要及时回收并妥善处理，不得作为他用。50% 稗草烯乳油应储存在干燥、避光和通风良好的仓库中。运输和储存应有专用车和仓库。不得与食物及日用品一起运输和储存。该药属易燃危险品，储存和运输时应注意远离火源。

与其他药剂的混用　稗草烯杀草范围窄，可与其他除草剂混用扩大杀草谱。如用 50% 稗草烯乳油 750～975ml/hm²+25% 除草醚可湿性粉剂 5.25～7.5kg/hm²，或 56% 2 甲 4 氯盐 375g 混细土 300～375kg，施药方法及水管理同稗草烯单用。

参考文献

王振荣，李布青，1996. 农药商品大全[M]. 北京: 中国商业出版社.

朱永和，王振荣，李布青，2006. 农药大典[M]. 北京: 中国三峡出版社.

（撰稿: 赵卫光；审稿: 耿贺利）

半叶枯斑法　halfleaf lesion method

利用药剂浓度与烟草叶片发病抑制程度呈正相关的原理，测定供试样品抗病毒活性的生物测定方法。

适用范围　适用于初筛、复筛及深入研究阶段的活性验证；可以用于测定新化合物的抗病毒活性，测定不同剂型、不同组合物及增效剂对抗病毒活性的影响，比较几种抗病毒剂的生物活性。

主要内容　半叶枯斑法依据两半叶对病毒敏感性相近原理，以叶片主脉为界线，其中一半涂抹或者浸渍接受药剂处理，另一半为空白对照，根据处理组和对照组病斑数量的多少来评价供试药剂的抗病毒活性。烟草品种选用枯斑寄主珊西烟，温室条件下正常种植管理。接种时用毛笔蘸取病毒液，在全叶面沿支脉方向轻擦 2 次，叶片下方用手掌（或者木板、玻璃板）支撑，病毒浓度为 10mg/L，接种后以流水冲洗。叶片风干后剪下，沿叶中脉对剖，左右半叶分别浸于 0.1% 吐温 80 水（空白对照）及药剂中浸渍 30 分钟后于适宜光照及温度下保湿培养，每 3 片叶为 1 次重复，重复 3～5 次。3 天后调查病斑数，计算防效。

防效 =（对照枯斑数 – 药剂处理半叶枯斑数）/ 对照枯斑数 ×100%

一般设置 5～7 个浓度测定供试样品的活性，每个浓度 3～5 个重复。采用 DPS 统计软件中专业统计分析生物测定功能中的数量反应生测几率值分析方法获得药剂浓度与生长抑制率之间的剂量效应回归模型，计算得到抑制剂量浓度（IC_{50}、IC_{90}）和 95% 置信区间。

参考文献

陈年春，1991. 农药生物测定技术[M]. 北京：北京农业大学出版社.

王力钟，李永红，于淑晶，等，2013. 2 种抗 TMV 活性筛选方法在农药创制领域的应用[J]. 农药，52(11): 829-831.

（撰稿：李永红、王力钟；审稿：陈杰）

半叶素　folcisteine

一种植物生长调节剂，可促进种子发芽和植物细胞分裂生长，有效提高果树坐果率和其他作物产量。

其他名称　N- 乙酰硫代脯氨酸、ATAC、Ergostim。

化学名称　3- 乙酰基噻唑烷 -4- 羧酸。

IUPAC 名称　3-acetyl-1,3-thiazolidine-4-carboxylic acid。

CAS 登记号　5025-82-1。

EC 号　225-713-6。

分子式　$C_6H_9NO_3S$。

相对分子质量　167.50。

结构式

开发单位　2003 年由意大利意赛格公司开发。

理化性质　该品为白色粉末，有轻微酸味。溶于有机溶剂，如乙醇。熔点 / 凝固点 55～59℃。沸点、初沸点和沸程 355℃。闪点 219.3℃。相对密度（水以 1 计）1.427。

毒性　大鼠急性经口 LD_{50} 4.5g/kg。

作用方式及机理　是一种实验性刺激生长调节剂，能迅速被植物吸收，用以强化作物在生物生化和生理学上的

储备能力。其作用模式是通过缓慢释放巯基（—SH）和这些基团对酶分子的作用激活合成代谢酶。调节植物细胞渗透压，保持水分和养分运输平衡，促进种子发芽和植物细胞分裂生长，保持叶绿素不流失，提高坐果率和果实产量。

使用对象　可用于促进种子发芽和作物的生长，提高果树坐果率，增加小麦、玉米、水稻、苹果、茄子和一些其他作物的产量。

使用方法　可用于种子处理和叶面喷雾。洋葱 10mg/L 处理，茄子 3.5～7mg/L 处理。

注意事项　①参照一般农药使用和储存要求。②该品尚在试验阶段，食物和饲料作物上谨慎使用。无专用解毒药，采取对症治疗。

与其他药剂的混用　结合叶酸，作为一种生物肥进行叶面喷施。

允许残留量　无残留限量规定。

参考文献

毛景英，闫振领，2005. 植物生长调节剂调控原理与实用技术[M]. 北京：中国农业出版社.

（撰稿：谭伟明；审稿：杜明伟）

拌种灵　amicarthiazol

一种内吸性拌种用杀菌剂，能有效防治禾谷类作物黑穗病及其他作物炭疽病等。

其他名称　seedvax、F849。

化学名称　2- 氨基 -4- 甲基 -5- 苯甲酰胺噻唑；2- 氨基 -4- 甲基 - 噻唑 -5- 甲酰苯胺；5-thiazolecarboxamide,2-amino-4-methyl-N-phenyl-；2-amino-4-methyl-N-phenyl-1,3-thiazole-5-carboxamide。

IUPAC 名称　2-amino-4-methyl-N-phenyl-1,3-thiazole-5-carboxamide。

CAS 登记号　21452-14-2。

EC 号　226-031-1。

分子式　$C_{11}H_{11}N_3OS$。

相对分子质量　233.29。

结构式

理化性质　纯品为白色晶体，原药含量 90%。熔点 91.5～92.5℃。相对密度 1.375（20～25℃）。沸点 354.5℃（101.32kPa）。折射率 1.711。闪点 168.2℃。

毒性　中等毒性。大鼠急性经口 LD_{50} 1410mg/kg。

剂型　悬浮种衣剂，可湿性粉剂。

作用方式及机理　选择性内吸 SDHI 类杀菌剂。

防治对象　用于防治禾谷类作物黑穗病，棉花角斑病，

棉花、豆类苗期病害，红麻炭疽病。

使用方法　主要用于拌种，一般用量为种子重的 0.3%～0.5% 拌种，或 40% 可湿性剂 160～350 倍液浸种或 500 倍液喷洒。

注意事项　制剂主要用于拌种，经药剂处理过的种子应妥善保存，以免人畜误食。用药时应注意安全防护。

与其他药剂的混用　勿与碱性或酸性药品接触。

（撰稿：刘西莉；审稿：刘鹏飞）

拌种咯　fenpiclonil

主要用作种子处理、防治种传病害的保护性杀菌剂。

其他名称　Beret、Electer P、Gambit。

化学名称　4-(2,3-二氯苯基)-1*H*-吡咯-3-腈；4-(2,3-di-chlorophenyl)-1*H*-pyrrole-3-carbonitrile。

IUPAC 名称　4-(2,3-dichlorophenyl)-1*H*-pyrrole-3-carbonitrile。

CAS 登记号　74738-17-3。

分子式　$C_{11}H_6Cl_2N_2$。

相对分子质量　237.08。

结构式

开发单位　1988 年由汽巴 - 嘉基公司（现先正达公司）开发的吡咯类杀菌剂。

理化性质　纯品为无色晶体。熔点 144.9～151.1℃。蒸气压 1.1×10^{-2}Pa（25℃）。K_{ow}lg$P$ 3.86（25℃）。Henry 常数 5.4×10^{-4}Pa·m³/mol（计算值）。相对密度 1.53（20℃）。溶解度（25℃）：水 4.8mg/L，乙醇 73g/L，丙酮 360g/L，甲苯 7.2g/L，正己烷 0.026g/L，正辛醇 41g/L。稳定性：250℃以下稳定，100℃，pH3～9，6 小时不水解。在土壤中移动性小，DT_{50} 150～250 天。

毒性　大鼠、小鼠和兔急性经口 LD_{50} > 5000mg/kg。大鼠急性经皮 LD_{50} > 2000mg/kg。对兔眼睛和皮肤均无刺激作用。大鼠急性吸入 LC_{50}（4 小时）1.5mg/L。NOEL [mg/（kg·d）]：大鼠 1.25，小鼠 20，狗 100。无致畸、无致突变、无胚胎毒性。山齿鹑急性经口 LD_{50} > 2510mg/kg，野鸭急性经皮 LC_{50} > 5620mg/L，山齿鹑急性经皮 LC_{50} > 3976mg/L。鱼类 LC_{50}（96 小时，mg/L）：虹鳟 0.8，鲤鱼 1.2，翻车鱼 0.76，鲶鱼 1.3。水蚤 LC_{50} 1.3mg/L（48 小时）。对蜜蜂无毒，LD_{50}（经口、接触）> 5μg/ 只。蚯蚓 LC_{50}（14 天）67mg/kg 干土。

剂型　5%、40% 悬浮种衣剂，20%、40% 湿拌种剂。

作用方式及机理　保护性杀菌剂，主要抑制葡萄糖磷酰化的转移，并抑制真菌菌丝体的生长，最终导致病菌死亡。因作用机理独特，故与现有杀菌剂无交互抗性。有效成分在土壤中不移动，因而在种子周围形成一个稳定而持久的保护圈。持效期可长达 4 个月以上。

防治对象　用于防治小麦、大麦、玉米、棉花、大豆、花生、水稻、油菜、马铃薯等蔬菜作物的病害。种子处理对禾谷类作物种传病原菌有特效，尤其是雪腐镰孢菌和小麦网腥黑粉菌。对非禾谷类作物的种传和土传病菌（链格孢属、壳二孢属、曲霉属、链孢霉属、长蠕孢属、丝核菌属和青霉属菌）亦有良好的防治效果。

使用方法　主要用作种子处理，禾谷类作物和豌豆种子处理剂量为有效成分 20g/100kg 种子，马铃薯用有效成分 10～50g/100kg。

与其他药剂的混用　混剂主要为悬浮种衣剂（50g 该品 + 10g/L 抑霉唑），湿拌种剂（40g 该品 +200g/L 抑霉唑）。

参考文献

刘长令, 2012. 世界农药大全[M]. 北京: 化学工业出版社.

（撰稿：陈雨；审稿：张灿）

包衣　coating

以种子为载体，以包衣设备为手段，将含有农药、肥料、生长调节剂等有效成分的种衣剂，按照一定比例均匀有效地包覆到种子表面的加工处理技术。目前，种子包衣技术主要有种子包膜技术和种子丸化技术。包膜后种子质量略有增加，形状无明显变化；丸化后种子形状和大小均有较明显的改变，质量一般可增加 3～50 倍，有利于机械化精细播种。

原理　根据种子包衣技术的种类，其中种子包膜技术原理是将种子与特制的种衣药剂（即种衣剂）按照一定比例混合均匀，在种子表面涂上一层均匀的药膜，形成包衣种子。而种子丸化原理是用特质的丸化材料通过机械加工，制成表面光滑、大小均匀，颗粒增大的丸粒化种子，它是在种子包衣技术基础上发展起来的一项适应精细播种需要的农业高新技术。

特点　种子包衣是用成膜剂或黏合剂将农药、微量元素、化肥等活性成分均匀地黏合于种子表面，为种子发芽和幼苗生长提供保障的一种技术。它具有应用方便、成本低廉、防止病虫害、提高种子田间成苗率、促进幼苗生长等特点。

设备　种子包衣机械作为种子包衣工业化的必要因子，是推动种子包衣技术前进的重要驱动力。种子包衣机械的优劣必然影响包衣种子的生长发育，进而影响植物生态价值和经济价值。目前，包衣机械在定量供药、自动控制、漏包种子检测、包衣均匀度和防止包衣过程中的环境污染等方面，已经有良好的控制。一般的多功能种子包衣机，采用种、药单独精量控制，做到药、种精量配比，可实现不同类型种子的包衣；高速旋转的双圆盘雾化装置和空心无级变速的混合装置，增强了药剂雾化能力和药、种混合能力，提高了包衣的合格率，可达 95% 以上。

B

应用　种子包衣是需要化学、种子、农药、机械等多学科共同配合才能完善的一项先进技术。包衣的应用根据有效成分释放方式的不同，分为自然释放型应用，缓释释放型应用以及智能控制释放型应用。其中自然释放型的特点是将有效成分直接添加在其中，进行种子包衣，播种后有效成分在物理渗透机制下自然而然缓慢流失，该技术具有方法简单、操作方便等优点，缺点是药、肥等有效成分流失过快，严重污染生态环境；而缓释释放型是利用特殊的处理方法，或高分子功能材料与包衣剂有效成分（如农药、肥料等）互作，使有效活性成分按照预先设定的浓度和时间持续而缓慢地释放到环境中，并能长时间维持一个特定的浓度，达到提高药、肥利用效率，延长药、肥作用时间的目的。智能控制释放型应用，一般使用智能响应性高分子材料（如温敏性材料、光敏性材料、pH 响应性材料等），将包衣剂有效活性成分包埋其中，当环境（温度、光线、pH 等）出现相应变化时，响应型材料能识别环境变化，材料本身出现形变，改变内部包埋成分的释放方式，达到控制包埋药物释放速率的目的。

（撰稿：遇璐；审稿：丑靖宇）

包衣脱落率　expulsion rate of the coating (treated seed)

通过对已完成包衣的种子进行振荡、磨损或碰撞后，计算脱落的部分占试样总体之比，即为包衣脱落率。是衡量农药种衣剂产品对种子的附着性的重要质量指标，是有效成分在种子上附着能力的量化。

种衣剂的包衣脱落率通常以试样中特定组分（染色剂）的脱落百分率来表征，一般要求对种子的包衣脱落率在 10% 以下。

方法提要　称取一定量的包衣种子，置于振荡仪上振荡一定时间，用乙醇萃取，测定吸光度，计算其脱率。

通用测定方法　将试样对种子包衣并已成膜后，称取一定量的包衣种子两份。一份用溶剂将附着在种子上的试样中的染色剂萃取出来，经稀释定容后测定吸光度（溶液 A）；另一份经振荡一定时间后，再用溶剂将未脱落的、仍然附着在种子上的试样中的染色剂萃取出来，经稀释定容后测定吸光度（溶液 B）。两者所用的溶剂种类及溶解体积、最终稀释定容体积均应完全相同。

上述振荡操作中，应使用具塞三角瓶（用来放置称取的包衣种子）、振荡仪和紫外分光光度计进行；一般情况下，振荡频率 500r/min 或 250r/min，振荡时间 10 分钟。

如被检测的种衣剂产品使用罗丹明 B 为染色剂，一般称取包衣种子 10g 左右、选用 250ml 三角瓶，以 100ml 乙醇进行萃取，然后吸取 10ml 萃取液稀释定容至 50ml，吸光度的测定波长选择 550nm。

如果种衣剂产品选用其他染色剂，则应根据该染色剂的溶解度、吸收波长、吸光度线性范围等选择合适的称量范围、萃取溶剂、稀释定容体积、测定波长等各项参数。

包衣脱落率 X（%）按照下式计算：

$$X = \frac{A_0/m_0 - A_1/m_1}{A_0/m_0} \times 100\%$$

式中，m_0 为配制溶液 A 所称取包衣后种子的质量（g）；m_1 为配制溶液 B 所称取包衣后种子的质量（g）；A_0 为溶液 A 的吸光度；A_1 为溶液 B 的吸光度。

实验步骤　称取 10g（精确至 0.02g）测定成膜性合格的包衣种子两份，分别置于三角瓶中。一份准确加入 100ml 乙醇，加塞置于超声波清洗器中振荡 10 分钟，使种子外表的种衣剂充分溶解，取出静置 10 分钟，取上层清液 10ml 于 50ml 容量瓶中，用乙醇稀释至刻度，摇匀，为溶液 A。

将另一份置于振荡器上，振荡 10 分钟后，小心将种子移至另一个三角瓶中，按溶液 A 的处理方法，得溶液 B。

以乙醇溶液作参比，在 550nm 波长下，测定其吸光度（550nm 是以罗丹明 B 为染色剂时的检测波长，如以其他成分为染料，可根据其成分作选择）。

参考文献

GB/T 17768－1999 悬浮种衣剂产品标准编写规范.

（撰稿：孙剑英、许来威；审稿：吴学民）

孢子萌发试验法　spore germination method

测定杀菌剂对病原菌孢子萌发的直接杀死（或抑制）作用的方法。该方法是应用历史最悠久、最广泛的杀菌剂毒力测定方法。自 1807 年 Prevost 开始应用以来，Carleton（1893）、Maccallan（1930）、Horsfall（1937）、Schrmidt（1925）等人为该方法修改、补充和完善做出了巨大贡献。1942 年美国植物病理学会提出了杀菌剂孢子萌发测定的标准方法。

适用范围　用于测定杀菌剂对病原菌孢子萌发的直接杀死（或抑制）作用，或评判药物效力大小和混合物的联合毒力测定，尤其适合于在人工培养基上容易产生大量孢子且孢子容易萌发、形体较大又容易着色、便于显微镜检查的病原菌。

主要内容

药剂配制　供试药剂是水溶性的或加工成制剂的可直接稀释配制，原药用相应的溶剂溶解后加水稀释至试验浓度。

孢子悬浮液制备　根据不同试验所用病原菌，预先在人工培养基上培养好孢子或直接收集病组织体新产生的孢子，尽量采用形体大、成熟度一致、易萌发的病原菌孢子。用无菌蒸馏水做溶剂配制浓度约为 1×10^5 个孢子/ml 的孢子悬浮液。

孢子萌发测定　在加有供试药剂的试管中，加入孢子悬浮液，控制孢子浓度在显微镜 100 倍视野下每个视野约 50 个孢子。吸取药剂孢子混合液，滴加在凹玻片上，保湿、恒温培养，一般经 5～24 小时培养即可取出镜检。判定孢子萌发的标准是孢子萌发后的芽管大于孢子短径（即宽度）时即为萌发。每处理随机观察 3～5 个视野，调查孢子 200～300 个。

计算方法

$$抑制孢子萌发率 = \frac{空白对照萌发率 - 处理萌发率}{空白对照萌发率} \times 100\%$$

根据各药剂浓度及对应的抑制孢子萌发率作相应的回归分析，求出各药剂的 EC_{50} 或 EC_{90} 等值。特殊情况用相应的生物统计学方法，并对试验结果加以分析、评价。

参考文献

沈晋良, 2013. 农药生物测定[M]. 北京: 中国农业出版社.

NY/T 1156.1—2006 农药室内生物测定试验准则 杀菌剂 第1部分: 抑制病原真菌孢子萌发试验 凹玻片法.

（撰稿: 刘西莉; 审稿: 陈杰）

薄层色谱法 thin layer chromatography, TLC

一种基于混合物组分在固定相和流动相之间的不均匀分配或保留而将其分离的方法。又名薄层层析法。它是 20 世纪 50 年代以后，在经典柱色谱法和纸色谱法的基础上发展起来的一种色谱分析方法。1938 年俄国人 Izmailov 和 Schraiber 首先实现了在氧化铝薄层上分离一种天然药物。1951 年 Kirchner 又对其进行了比较系统的研究，1958 年 Stahl 等克服了技术上的困难，将薄层层析用的吸附剂和涂层工具进行了改进和标准化，使薄层色谱技术获得广泛应用。1965 年德国化学家出版了《薄层色谱法》一书，推动了这一技术的发展。70 年代中后期发展了高效薄层色谱，80 年代以后发展了薄层色谱光密度扫描仪，使各步操作仪器化，并实现了计算机化。随着薄层色谱技术尤其是高效薄层层析（high perform thin layer chromatography，HPTLC）技术的发展，TLC 在规范化、仪器化方面均取得了长足的进步，在大批量样品及某些特殊样品的快速分析中，显示出分析容量大、可采用特征专属的显色剂以及极低的溶剂消耗等优势，由此该方法日趋成熟。继而，还发展了棒状薄层色谱（thin layer stick chromatography）、超薄层色谱（ultra thin layer chromatography）等特殊薄层技术。

原理 薄层色谱系将供试品溶液点于薄层板上，在展开容器内用展开剂展开，使供试品所含成分分离，所得色谱图与标准物质按同法所得色谱图对比，亦可用薄层色谱仪进行扫描，用于鉴别、检查或含量测定。它利用同一吸附剂对不同成分吸附能力不同，当流动相流过固定相时，连续产生吸附、解吸附、再吸附、再解吸，从而达到各成分互相分离的目的。

具体分离原理: 薄层色谱法是将吸附剂均匀地涂在玻璃板或其他硬板上形成一薄层，将此吸附薄层作为固定相，把待分离的样品溶液点在薄层板的下端，然后用一定的溶剂（展开剂）作为流动相。将薄层板的下端浸入到展开剂中，流动相通过毛细管作用由下而上逐渐浸润薄层板，此时流动相将带动试样在板上向上移动，由于吸附剂对不同物质的吸附力大小不同，试样中的组分在吸附剂和溶液之间发生连续不断的吸附、解吸、再吸附、再解吸的过程。易被吸附的物质相对移动得慢一些，而较难吸附的物质则相对移动得快一些，从而使各组分因为有不同的移动速度而彼此分开，形成互相分离的斑点，从而达到混合物的分离和分析。各个斑点在薄层中的位置一般用比移值（R_f）来表示，即 R_f = 原点至组分点中心的距离 / 原点至流动相前沿的距离，可用范围是 0.2～0.8，最佳范围是 0.3～0.5。影响 R_f 值的因素包括层析液极性、溶液 pH、温度、吸附剂含水量等。薄层色谱一般操作程序分为制板、点样、展开和显色 4 个步骤。

按照其分离原理可分为吸附薄层色谱、分配薄层色谱、离子交换及排阻薄层色谱等，但应用较多的是吸附薄层色谱。

分析技术 主要为定性分析和定量分析。

定性分析 ①利用保留值定性。在特定的色谱系统中，化合物的 R_f 值一定，比较未知物和标准物的 R_f 值，作为鉴定未知物的依据。R_f 值的准确测定受多方面因素影响，为了增加 R_f 值定性的可靠性，必须通过改变色谱系统的选择性，重复测定同一化合物的 R_f 值。如果在分离机理不同的色谱体系中，比较 R_f 值仍能得到肯定的结果，那么其可靠性将更大。②板上化学反应定性。主要有以下两种方式: 一是反应后生成特征颜色的化合物，借以鉴定反应物；二是反应后生成复杂的、无法鉴定组分的混合物，但可根据生成物的"指纹"特征加以鉴定；除以上两种定性方法外，还有板上光谱定性、TLC 与其他联用技术间接联用定性、薄层色谱 - 傅里叶变换红外光谱联用定性以及薄层色谱 - 质谱联用定性。

定量分析 ①间接定量法。将 TLC 已分离的物质斑点洗脱下来，再采用其他方法对该洗脱液进行定量分析。TLC 间接定量的关键是斑点组分的定量洗脱。选用怎样的洗脱方法，取决于组分和薄层吸附剂的性质。用来洗脱组分斑点的溶剂，对下一步定量方法应无影响。主要分析方法包括分光光度法、气相色谱法、液相色谱法和质谱法等。②直接定量法。一是斑点面积测量法，即以半透明纸描下 TLC 图上的斑点界限，然后测量其面积。将斑点面积同平行操作的标准样面积相比较进行定量；二是目测法，将被测样品和系列溶液点在同一薄层板上，展开后用适当方法显色，可以得到系列斑点，将被测样品的斑点面积大小和颜色与标准系列的斑点相比较，可推测出样品的含量范围。此法适用于常规大批量样品的重复分析；三是斑点洗脱法，样品经薄层分离定位后，将待测组分的斑点部分的吸附剂定量取下，用合适的溶剂将待测组分定量洗脱，然后按照比色法或分光光度法测定其含量；四是薄层扫描法，用一定波长的光照射在薄层板上，对紫外光或可见光有吸收的斑点，或经激发后能发射出荧光的斑点进行扫描，将扫描得到的谱图及积分数据用于进行定量分析。

特点 是一种微量、快速而简单的色谱法，兼备了柱色谱和纸色谱的优点，具有以下的特点: ①设备简单，操作方便。②展开和分析速度较快，一次只需几到几十分钟。③高分辨能力和灵敏度较高，可检测 10^{-9}～10^{-6} g 物质。④分离能力较强，斑点集中。⑤试样用量较少，只需几微克。⑥结果直观，成本低，不需昂贵仪器设备等。

应用 是用于定性、定量分析的方法之一，适用于绝大多数物质的分离分析，如农药、黄曲霉毒素、生物碱、氨基酸、核苷酸、有机酸、肽、蛋白质、糖类、酯类、激素等，特别适合用于挥发性较小或较高温易发生变化的物质分离，目前还用于药品和食品检验、化工化学、临床医学、农业科学、环境保护、钢铁、煤炭等领域。

参考文献

国家药典委员会, 2015. 中华人民共和国药典: 四部[M]. 北京: 中国医药科技出版社.

赵艳霞, 段怡萍, 2011. 仪器分析应用技术[M]. 北京: 中国轻工业出版社.

（撰稿：刘一平；审稿：慕卫）

保护活性测定法　protective activity method

利用药剂浓度与烟草叶片发病抑制程度呈正相关的原理，测定供试样品抗病毒活性的生物测定方法。

适用范围　适用于初筛、复筛及深入研究阶段的活性验证；可以用于测定新化合物的抗病毒活性，测定不同剂型、不同组合物及增效剂对抗病毒活性的影响，比较几种抗病毒剂的生物活性。

主要方法　保护活性采用全株法，药剂喷雾处理1天后接种病毒，继续观察3天后调查病情指数，计算防效。试验中选取长势均匀一致的3~5叶期珊西烟。全株喷雾施药，每处理3次重复，并以0.1%吐温80水溶液对照。24小时后，叶面撒布金刚砂（500目），用毛笔蘸取病毒液，在全叶面沿支脉方向轻擦2次，叶片下方用手掌（或者木板、玻璃板）支撑，病毒浓度为10mg/L，接种后以流水冲洗。3天后调查病斑数，计算防效。

防效＝（对照组病情指数－处理组病情指数）/ 对照组病情指数 ×100%

一般设置5~7个浓度测定供试样品的活性，每个浓度3~5个重复。采用DPS统计软件专业统计分析生物测定功能中的数量反应生测几率值分析方法，获得药剂浓度与生长抑制率之间的剂量效应回归模型，计算得到抑制剂量浓度（IC_{50}、IC_{90}）和95%置信区间。

参考文献

陈年春, 1991. 农药生物测定技术[M]. 北京: 北京农业大学出版社.

王力钟, 李永红, 于淑晶, 等, 2013. 2种抗TMV活性筛选方法在农药创制领域的应用[J]. 农药, 52(11): 829-831.

（撰稿：李永红、王力钟；审稿：陈杰）

保护作用　protective action

利用杀菌剂抑制孢子萌发、芽管形成或干扰病原菌侵入的生物学性质，在植物（或农产品）未感病之前施用药剂，消灭病原菌或在病原菌与植物体（或农产品）之间建立起一道化学药物的屏障，在病原菌侵入寄主之前抑制病原菌的孢子萌发或干扰病原菌与寄主互作，以达到阻止病原菌侵入，使植物（或农产品）得到保护的目的。保护性杀菌剂对病原菌的抑制或杀死作用仅局限于植物体表面，即只能在病原菌侵染之前发挥作用，对已经侵入寄主的病原菌无效。另一方面，可在病原菌越冬的场所、中间寄主、种子和土壤等处以及田间发病中心施药，以减少主要初侵染源数量，降低病原菌对健康植物造成侵染的可能性，这也是保护植物免遭危害的重要策略之一。

（撰稿：刘西莉；审稿：苗建强）

保留指数或释放指数　wash resistance index of active ingredient

有效成分的保留指数或释放指数是农药缓释制剂（长效防蚊帐、长效储存包等）的质量指标之一，以测量长效防蚊帐耐洗指数来表示。在实际应用中，不仅需要测定农药有效成分中的该指标，而且如果制剂中含有增效剂，也需测定增效剂的该指标。保留指数或释放指数与每次洗涤保持最少的百分比的有效成分相关，保持的有效成分质量分数越高，保留指数或释放指数越接近100%，对蚊子的防效越好，反之亦然。因此，在确定保留指数或释放指数时，应根据原药的特性、有效成分在蚊帐表面的浓度、长效防蚊帐帐布的定型工艺和耐洗涤性，确定合适的保留指数或释放指数。

目的　保证有效成分从缓释或控释产品中或表面以设定的方式缓慢地释放。

适用范围　农药缓释制剂，如长效防蚊帐（LN）、长效储存包（LB）、长效杀虫网制剂（MR）。

方法　国际农药分析协作委员会（CIPAC）方法中给出了MT195试验方法（长效防蚊帐耐洗指数测定方法）。在FAO和WHO农药标准制定和使用手册中给出了LN有效成分保留指数或释放指数的方法，即测量耐洗涤性。该法是参照世界卫生组织发布的标准洗涤方法，该标准发布在《WHO长效防蚊帐实验室和场地试验作业指导书》中，文件编号为WHO/CDS/WHOPES/GCDPP/2005.11，World Health Organization，Geneva，2005。

测定方法：通过分析一式三份的样品经0~4次洗涤后的总有效成分质量分数，使用自由迁移阶段行为方程计算平均每次洗涤后的平均保留指数或释放指数。每次洗涤后保留指数或释放指数0.95，表示样品在1~3次过程中，样品中有效成分经一次洗涤后至少95%仍然存在。保留指数或释放指数与3次检验得到的平均值有关，检验样品从同一网或同批次网纵向并排抽取。FAO和CIPAC标准中对保留指数或释放指数的指标规定：当测定时，农药有效成分（有效成分ISO通用名称）从网上的保留指数或释放指数，应在80%~98%；当测定时，增效剂（有效成分ISO通用名称）从网上的保留指数或释放指数，应在80%~98%，根据特定的产品而定。

在FAO和WHO农药标准制定和使用手册中没有给出对保留指数或释放指数的通用要求。需要说明的是，有效成分从缓释或控释制剂中释放出来的速度与外界环境作用在蚊帐上的力的大小有关。由于长效防蚊帐、长效储存包等应用在公共卫生领域，会被不定期地清洗，所以试验应测定清洗后还有足够的有效成分或清洗后有足够的有效成分转移到表面。因为有效成分的保留指数或释放指数与检测的方法有关，因此试验需要严格按照已设定的检测方法进行。检测的目的是要把保留指数或释放指数可接受的样品与释放过快或过慢的样品相区分。任何试验都不可能模拟所有日常使用时的释放条件，但可以大概预测，在按照产品标签的推荐方法操作时，有效成分保留指数或释放指数是否可接受。

（撰稿：徐妍；审稿：刘峰）

保米磷　bomyl

一种有机磷类农用和卫生杀虫剂。

其他名称　Bomyl、GC3707、ENT24833、EHT24833、Fly Baitgrits。

化学名称　O,O-二甲基-O-l,3-(二甲氧甲酰基)丙烯-2-基磷酸酯；O,O-dimethyl-1,3-bis(carbomethoxyl)-1-propen-2-yl-phosphate。

IUPAC名称　dimethyl-1,3-di(carbomethoxy)-1-propen-2-yl phosphate。

CAS登记号　122-10-1。

分子式　$C_9H_{15}O_8P$。

相对分子质量　282.18。

结构式

开发单位　1959年由联合化学公司推广，获有专利 USP2891887。

理化性质　无色或黄色油状物。沸点155～164℃（2.27kPa）。相对密度1.2。不溶于水和煤油，溶于丙酮、乙醇、丙二酸和二甲苯。可被碱水解。半衰期：pH5时＞10天，pH6时＞4天，pH9时＜1天。

毒性　大鼠急性经口LD_{50} 31～33mg/kg，兔急性经皮 LD_{50} 20～31mg/kg。

剂型　25%可湿性粉剂，乳油（479.4g/L），1%毒饵。

作用方式及机理　广效性触杀剂，持效期较长，施于土壤中尚可维持有效期长达3个月之久。在结构上它和马拉硫磷和速灭磷都有相似之处；从性能看，它具有内吸性，杀虫范围略同马拉硫磷，但它的持久性却为这两种药剂所不能及。作用机理是抗胆碱酯酶活性。

防治对象　棉花害虫，如棉铃虫、棉象鼻虫、棉蚜和蝗虫；也可在农场建筑物、垃圾堆和旅行区域作为拌饵

（0.5%有效成分）诱杀害虫。

使用方法　用0.8～1.1kg/hm²（有效成分）剂量防治棉花上的棉铃虫、棉铃象甲和棉蚜；用140g/hm²（有效成分）剂量撒施防治蝗虫；用0.5%有效成分糖饵诱杀害虫。

注意事项　皮肤接触：脱去被污染的衣着，用肥皂水及清水彻底冲洗。眼睛接触：立即翻开上下眼睑，用流动清水冲洗15分钟，就医。吸入：离开现场至空气新鲜处。呼吸困难时给输氧。呼吸停止时，立即进行人工呼吸。食入：误服者给饮足量温水，催吐，洗胃，就医。应远离食品、饲料，储存在儿童接触不到的地方。剩余药剂和使用过的容器要妥善处理，避免污染水源。

参考文献

张维杰, 1996. 剧毒物品实用技术手册[M]. 北京: 人民交通出版社: 399-400.

朱永和, 王振荣, 李布青, 2006. 农药大典[M]. 北京: 中国三峡出版社: 15.

（撰稿：吴剑；审稿：薛伟）

保棉磷　azinphos-methyl

一种含苯并杂环的二硫代磷酸酯类有机磷杀虫剂。

其他名称　谷硫磷、甲基谷硫磷、谷硫磷M、谷赛昂、谷速松、Azimil、Azinphos、Azinphos M、Azinugec、BAY 17147、Bayer 17147、Carfene、Cotneon、Cotnion、Cotnion-methyl、ENT 23,233、Gusathion、Gusathion 20、Gusathion 25、Guthion、Gusathion M、Gusathion-methyl、Metazintox、Methylguthion、Methyl-azinphos、Methylgusathion、Pancide、Sepizin M、Toxation。

化学名称　3-(dimethoxyphosphinothioylsulfanylmethyl)-1,2,3-benzotriazin-4-one。

IUPAC名称　O,O-dimethyl S-4-oxo-1,2,3-benzotriazinyl-methyl ester。

CAS登记号　86-50-0。

EC号　201-676-1。

分子式　$C_{10}H_{12}N_3O_3PS_2$。

相对分子质量　317.33。

结构式

开发单位　1953年由W. Lorenz和拜耳公司开发。

理化性质　纯品为黄色晶体。熔点73～74℃。相对密度1.44（20℃）。饱和蒸气压$5×10^{-4}$mPa（20℃）。20℃水中溶解度33mg/L，易溶于多数有机溶剂。折射率n_D^{76}1.6155。200℃以上不稳定，酸和碱性迅速水解。

毒性　急性经口LD_{50}：雌大鼠16.4mg/kg，雄豚鼠80mg/kg。大鼠急性经皮LD_{50}（2小时）250mg/kg。每天以

2.5mg/kg 饲料喂大鼠 2 年，未见中毒症状。鱼类 LC_{50}（96 小时）：金鱼＞1mg/L，虹鳟 0.1mg/L。

剂型　商品有 2.5% 粉剂，25% 可湿性粉剂及 20%～40% 乳剂。

作用方式及机理　非内吸性杀虫剂。

防治对象　主要用于防治棉花后期害虫，也是杀螨剂，残效期 1～3 周，杀虫谱广。主要用于棉田、果园、菜地杀虫杀螨，防治鞘翅目、双翅目、半翅目、鳞翅目和螨类等刺吸式口器和咀嚼式口器害虫，如棉铃虫、棉红铃虫、介壳虫等。

注意事项　①皮肤接触立即脱去被污染的衣着，用肥皂水及流动清水彻底冲洗被污染的皮肤、头发、指甲等，并立即就医。②眼睛接触提起眼睑，用流动清水或生理盐水冲洗，立即就医。③吸入，迅速脱离现场至空气新鲜处，保持呼吸道畅通。如呼吸困难，给输氧。如呼吸停止，立即进行人工呼吸。④食入，饮足量温水，催吐。用清水或 2%～5% 碳酸氢钠溶液洗胃。⑤收获前禁用期为 14～21 天。

与其他药剂的混用　可以与砜吸磷混用。

允许残留量　①GB 2763—2021《食品中农药最大残留限量标准》规定保棉磷最大残留限量见表 1。ADI 为 0.03mg/kg。②美国规定保棉磷最大残留限量见表 2。③日本规定保棉磷最大残留限量见表 3。④新西兰规定保棉磷最大残留限量见表 4。

表 1　中国规定部分食品中保棉磷最大残留限量（GB 2763—2021）

食品类别	名称	最大残留限量 (mg/kg)
坚果	山核桃	0.30
	杏仁	0.05
调味料	干辣椒	10.00
干制水果	李子干	2.00
水果	李子、桃、樱桃、油桃、梨、苹果	2.00
	西瓜、甜瓜类水果	0.20
	蓝莓	5.00
	越橘	0.10
蔬菜	花椰菜、番茄、甜椒、青花菜	1.00
	黄瓜	0.20
	马铃薯	0.05
油料和油脂	棉籽	0.20
	大豆	0.05
糖料	甘蔗	0.20

表 2　美国规定部分食品中保棉磷最大残留限量（mg/kg）

食品名称	最大残留限量	食品名称	最大残留限量
杏仁	0.20	苹果	1.50
杏壳	5.00	樱桃	2.00
黑莓	2.00	酸果蔓果	0.50
蓝莓	5.00	胡桃	0.30

（续表）

食品名称	最大残留限量	食品名称	最大残留限量
杂交草莓	2.00	西芹、芜菁根	2.00
野苹果、沙果	1.50	桃	2.00
罗甘莓植物	2.00	梨	1.50
西芹叶	5.00	阿月浑子	0.30
覆盆子	2.00	李子、西梅	2.00
榅桲	1.50		

表 3　日本规定部分食品中保棉磷最大残留限量（mg/kg）

食品名称	最大残留限量	食品名称	最大残留限量
柠檬	2.00	樱桃	2.00
梅李	2.00	油桃	2.00
橙子（包括脐橙）	2.00	酸橙	2.00
其他柑橘水果	2.00	蓝莓	1.00
其他坚果	0.05	杏	2.00
葡萄柚	2.00	柑橘	2.00
日本李	2.00	葡萄	2.00

表 4　新西兰规定部分食品中保棉磷最大残留限量（mg/kg）

食品名称	最大残留限量
胡萝卜	2.00
腰果	2.00
木薯	3.00

参考文献

马世昌，1990. 化工产品辞典[M]. 西安：陕西科学技术出版社：194-195.

（撰稿：汪清民；审稿：吴剑）

保幼醚　epofenonane

一种具有环氧乙烷结构的昆虫生长调节剂。

其他名称　Ro10-3108。

化学名称　6,7-环氧-3-乙基-7-甲基壬基 4-乙基苯基醚；6,7-epoxy-3-ethyl-7-methylnonyl 4-ethylphenyl ether。

CAS 登记号　57342-02-6。

分子式　$C_{20}H_{32}O_2$。

相对分子质量　304.47。

结构式

开发单位　由霍夫曼 - 罗氏公司报道。

B

毒性 大鼠急性经口 $LD_{50}>32\,000mg/kg$。

作用方式及机理 昆虫生长调节剂。

防治对象 可用来防治果树害虫、储藏谷物害虫和土壤螨类，对西方云杉卷叶蛾、橘粉蚧、卷叶虫、茶小卷叶蛾都有较好的抑制效果。

参考文献

康卓, 2017. 农药商品信息手册[M]. 北京: 化学工业出版社: 12.

（撰稿：杨吉春；审稿：李淼）

保幼炔 JH-286

一种具有二苯醚结构的且具有保幼激素活性的昆虫生长调节剂。

其他名称 farmoplant。

化学名称 1-[(5-氯-4-戊炔基)氧]-4-苯氧基苯；1-[(5-chloro-4-pentynyl)oxy]-4-phenoxybenzene。

CAS 登记号 74706-17-5。

分子式 $C_{17}H_{15}ClO_2$。

相对分子质量 286.75。

结构式

作用方式及机理 具有保幼激素活性的昆虫生长调节剂。

防治对象 可用于家蝇、蚊子等半翅目及双翅目害虫的防治。尤其是对大黄粉虫、杂拟谷盗、普通红螨、火蚁等特别有效。对温血动物无任何毒性或诱变作用。

参考文献

康卓, 2017. 农药商品信息手册[M].北京: 化学工业出版社: 12.

（撰稿：杨吉春；审稿：李淼）

保幼烯酯 juvenile hormone O

一种具有半萜半烯类结构的且具有杀虫活性的保幼激素类化合物。

化学名称 (2E,6E)-7-乙基-9-((2R,3S)-3-乙基-3-甲基-2-环氧基)-3-甲基-2,6-壬二烯酸甲酯；methyl (2E,6E)-7-ethyl-9-((2R,3S)-3-ethyl-3-methyloxiran-2-yl)-3-methylnona-2,6-dienoate。

CAS 登记号 13804-51-8。

分子式 $C_{18}H_{30}O_3$。

相对分子质量 294.44。

结构式

作用方式及机理 具有保幼激素作用。

（撰稿：杨吉春；审稿：李淼）

背负式机动喷粉机 knapsack duster

一种高效益、多用途的植保机械，可进行喷粉、撒颗粒、喷烟、喷火、超低容量喷雾等作业。适用于农林作物的病虫害防治、除草、卫生防疫、消灭仓储害虫、喷撒颗粒肥料及小粒种子喷撒播种等。

发展历程 由单人背负行进作业的喷粉机以日本应用最多，于20世纪60年代大量生产使用。中国于60年代末开始生产使用，目前已发展出配套动力 0.7～2.2kW 的系列机型。其特点是机动灵活、工效较高，配备有直喷粉管与15～35m 长多孔薄膜喷粉管（图1），可以向上高射喷粉或水平宽幅喷粉，对林木、高秆作物及水稻等大田作物都具有较强的适应性。为达到一机多用，有的机型还配备有低容量喷雾装置、超低容量喷雾装置、颗粒剂喷撒装置、喷烟装置和喷火焰装置等，进一步提高了机具的技术性能及经济性。喷粉作业时，应在喷粉管上安装一根接地线，以避免人体受到高速粉流引起的静电电击。20世纪50年代开始在有些国家应用。中国于50年代末开始引进并研制，60年代末投入批量生产。一般功率为 1～3kW，转速为 5000～7000r/min。80年代年产量已达7万～8万台。

基本内容 背负式机动喷粉机由风机、粉箱、喷粉管、粉筒、输粉器、粉量调节器等部分组成（图1）。

此机与不同的附件相组合（图2），可进行多种防治作业：①与低量喷射部件等组合，可进行风送低量喷雾作业，具有一档或多档喷量，其喷雾原理见气力喷雾机（图2②）。②与输粉管、气流输粉装置和长薄膜多孔喷管（长 20～60m）组合可喷施粉剂、微粒剂或颗粒剂，其喷粉原理见喷粉法（图2⑤）。③主机连接高速离心喷头装置（8000～12 000r/min），可进行微量喷雾作业（图2③）。④与喷烟装置或喷火装置组

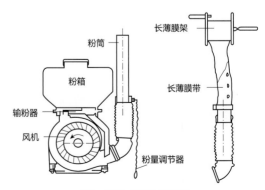

图1 背负式机动喷粉机

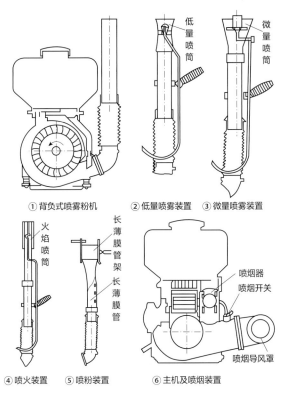

① 背负式喷雾粉机　② 低量喷雾装置　③ 微量喷雾装置

④ 喷火装置　⑤ 喷粉装置　⑥ 主机及喷烟装置

图2 各种组合附件

合，可进行喷烟雾作业（图2④⑥）。⑤可装微型泵以提高喷雾量和垂直喷射高度，或连接多种喷射部件进行双面喷雾，配用"丁"字形多头喷杆喷雾和宽幅喷雾等。

影响因素及操作要点　背负式机动喷粉机是一种高效益、多用途的植保机械，可进行弥雾、喷粉、撒颗粒、喷烟、喷火、超低容量喷雾等作业。适应农林作物的病虫害防治、除草、卫生防疫、消灭仓储害虫、喷撒颗粒肥料及小粒种子喷撒播种等。具有结构紧凑、体积小、重量轻、一机多用、射程高、喷撒均匀、操作方便等特点。其操作要点如下：①工作前，检查各连接部分、密封部分和开关控制等是否妥当，以防出现松脱、泄漏等现象。②充分备好易损件，以保证机具正常作业，提高可靠性。③严格按照规定要求的混合比和润滑油种类，注意混合的均匀性，以免润滑不良，造成机件早期磨损发生故障。④使用的药物、粉剂要干燥过筛，液剂要过滤，防止结块杂物堵塞开关、管道或喷嘴。⑤加药前，应将控制药物的开关闭合；加药后，应旋紧药箱盖。⑥作业时，先将汽油机油门操纵把手徐徐提到所需转速的位置，待稳定运转片刻，才能打开控制药物开关进行喷撒；停止喷撒时，先关闭药物开关，再关闭汽油机油门。⑦一般情况下，允许不停机加药，但汽油机应处于低速状态，并注意不让药物溢出，以免浸湿发动机、磁电机和风机壳，腐蚀机体。⑧弥雾作业使用的药液浓度较大，喷出的雾点细而密，当打开手把开关后，应随即左右摆动喷管进行均匀喷洒，切不可停在一处，以防引起药害。超低容量喷雾作业，则应按特定的技术要求进行。⑨使用长薄膜喷粉时，先将薄膜管从绞车上放出所需长度，然后逐渐加大油门，并调整粉门进行喷撒，同时上下轻微摆动绞车，使

撒粉均匀。放置薄膜管时不要硬拉，收起时不应把杂草、泥沙等卷进去。⑩喷烟时，汽油机先低速运转预热喷烟器，然后徐徐打开喷烟开关，调节烟雾剂供量至适当烟化浓度。喷烟时汽油机控制在中速运转，停止时先关闭喷烟开关，后停机。⑪喷火时，药箱内盛柴油，绝不可用汽油。先将柴枝或蘸柴油的废布团点燃，加热喷火箱的头部，然后启动汽油机，控制在中速运转，并徐徐打开手把开关，使柴油流至筒口雾化点燃喷出火焰，注意调节开关，控制适当的供油量和风量，使火焰喷射有力且白亮。停止时，先关闭手把开关，待火焰完全熄灭才可停机。⑫喷撒较高的作物时，转速可偏高些，但要尽量避免发动机长时间连续高速运转。⑬注意观察风向进行安全作业。喷撒有毒农药时，必须配备防护用品。每人工作时间不宜太长，适当轮换背机，以保证人身安全。⑭每天工作完毕，应及时清洗药箱、管道和开关组件，并清理机具表面的油污尘土，检查各部分螺钉是否松动、丢失。同时按汽油机保养规定保养汽油机。

在进行喷粉的过程中，药箱内加入药粉，作业时，从风机来的少量高速气流进入吹粉管内，然后沿吹粉管壁上的各小孔吹出，起松散和输送粉剂的作用。粉门组件的作用是控制输粉量的大小。它由粉门操纵杆、粉门拉杆、粉门摇臂轴、粉门、粉门体、压紧螺母、粉门密封垫等零件组成。粉门摇臂轴装在粉门体上，挡风板用螺钉固定在摆臂轴上，粉门体通过压紧螺母固定在药箱左侧的下粉口上。扳动粉门操纵杆，通过粉门拉杆带动粉门摇臂轴转动，粉门同时转动，以改变下粉口的通道面积，从而改变输粉量。

背负式机动喷粉机可防治多种作物的病虫草害。操作灵活，效率较高，一机多用，适应性广，成本较低。目前许多国家正在积极发展新机型，改进设计，并采用高强度轻质材料（如增强塑料、新型铝合金等）以及选用更先进可靠的配套动力和专用风机等，以提高机具的性能。

参考文献

何雄奎, 2012. 高效施药技术与机具[M]. 北京: 中国农业大学出版社.

何雄奎, 2013. 药械与施药技术[M]. 北京: 中国农业大学出版社.

全国农业技术推广服务中心, 2015. 植保机械与施药技术应用指南[M]. 北京: 中国农业出版社.

中国农业百科全书总编辑委员会农药卷编辑委员会, 中国农业百科全书编辑部, 1993. 中国农业百科全书: 农药卷[M]. 北京: 农业出版社.

（撰稿：何雄奎；审稿：李红军）

背负式机动喷雾机　power knapsack sprayer

一种多功能的机动植保机械，既能够喷雾，也能够喷粉。该类喷雾机由于具有操作轻便、灵活、生产效率高等特点，被广泛应用于较大面积的农林作物病虫害的防治以及叶面施肥、喷洒植物生长调节剂、卫生防疫、消灭仓储害虫及家畜体外寄生虫等工作。它不受地理条件限制，在丘陵地区及零散地块上都很适用。

基本内容　主要由机架总成、离心风机、药箱、汽油机和喷洒装置、配套动力、油箱等部件组成（见图）。

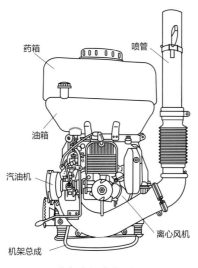

药箱　喷管　油箱　汽油机　机架总成　离心风机

背负式机动喷雾机

机架总成　是安装汽油机、风机、药箱等部件的基础部件。它主要包括机架、操纵机构、减震装置、背带和背垫等部件。

离心风机　是背负式喷雾机的重要部件之一。它的功用是产生高速气流，使药液雾化或将药粉吹散，并将其送向远方。背负式机动喷雾机所使用的风机均是小型高速离心风机。气流从叶轮轴向进入风机，获得能量后的高速气流沿叶轮圆周切向流出。

药箱　功用是盛放药液或药粉，根据作业不同，药箱内的结构有所变化，只要更换部分零件就可以变为药液箱或药粉箱，完成喷雾或喷粉作业，主要部件包括箱体、药箱盖、过滤阀、粉门、进气管等。

喷洒装置　功用是输风和输药液，主要包括弯头、软管、直管、喷头、输液管等，其中，喷头是主要的工作部件。

配套动力　是结构紧凑、体积小、转速高的二冲程汽油机。目前中国背负式机动喷雾机的配套汽油机的转速为5000～7500r/min，功率1.18～2.94kW。汽油机质量的好坏直接影响喷雾机使用的可靠性。

油箱　功用是存放汽油机所用的燃油，容量一般为1L。在油箱的进油口和出油口配置滤网，进行二级过滤，确保流入化油器主量孔的燃油清洁、无杂质。

使用方法和注意事项　正确选择喷洒部件，以适合喷洒农药和作物的需要。机具作业前应先按汽油机有关操作方法，检查其油路系统和电路系统后进行启动，确保汽油机工作正常。作业前，先用清水试喷一次，保证各连接处无渗漏。加药不要过满，以免从过滤网出气口溢进风机壳里。药液必须干净，以免堵塞喷嘴。启动发动机，使之处于怠速运转。背起机具后，调整油门开关使汽油机稳定在额定转速左右，开启药液手把开关即可开始作业。不得在一处长时间停留喷洒，防止对作物产生药害。根据风向选择正确的行走路线，最好采用侧向喷洒方式，以免人身受药液侵害。大田作物喷洒可变换弯管方向，喷洒灌木丛时可将弯管口朝下，防止雾滴向上飞扬。

在安全防护方面应当注意以下问题：作业时间不要过长，应以3～4人组成一组，轮流作业，避免长期处于药雾中吸不到新鲜空气。操作人员必须佩戴口罩，并经常换洗。作业时携带毛巾、肥皂，随时洗脸、洗手、漱口，擦洗着药处。避免顶风作业，禁止喷管在作业前方以八字形交叉方式喷洒。发现有中毒症状时，应立即停止背机，求医诊治。背负式机动喷雾机是用汽油作燃料，应注意防火。

常见故障及原因

不能启动或启动困难　原因：①油箱无油，加燃油即可。②各油路不畅通，应清理油道。③燃油过脏，油中有水等，需更换燃油。④气缸内进油过多，拆下火花塞空转数圈并将火花塞擦干即可。⑤火花塞不跳火，积炭过多或绝缘体被击穿，应清除积炭或更新绝缘体。⑥火花塞、白金间隙调整不当，应重新调整。⑦电容器击穿，高压导线破损或脱解，高压线圈击穿等，须修复更新。⑧白金上有油污或烧坏，清除油污或打磨烧坏部位即可。⑨火花塞未拧紧，曲轴箱体漏气，缸垫烧坏等，应紧固有关部件或更新缸垫。⑩曲轴箱两端自紧油封磨损严重，应更换。主风阀未打开，打开即可。

能启动但功率不足　原因：①供油不足，主量孔堵塞，空滤器堵塞等，应清洗疏通。②白金间隙过小或点火时间过早，应进行调整。③燃烧室积炭过多，使混合气出现预燃现象（特征是机体温度过高），应清除积炭。④气缸套、活塞、活塞环磨损严重，应更换新件。⑤混合油过稀，应提高对比度。

发动机运转不平稳　原因：①主要部件磨损严重，运动中产生敲击抖动现象，应更换部件。②点火时间过早，有回火现象，须检查调整。③白金磨损或松动，应更新或紧固。④浮子室有水或沉积了机油，造成运转不平稳，清洗即可。

运转中突然熄火　原因：①燃油烧完，应加油。②高压线脱落，接好即可。③油门操纵机构脱解，应修复。④火花塞被击穿，须更换。

农药喷射不雾化　原因：①转速低，应加速。②风机叶片角度变形，装有限风门的未打开，视情处理。③超低量喷头内的喷嘴轴弯曲，高压喷射式的喷头中有杂物或严重磨损等，采取相应措施处理。

参考文献

何雄奎, 2012. 高效施药技术与机具[M]. 北京: 中国农业大学出版社.

何雄奎, 2013. 药械与施药技术[M]. 北京: 中国农业大学出版社.

全国农业技术推广服务中心, 2015. 植保机械与施药技术应用指南[M]. 北京: 中国农业出版社.

中国农业百科全书总编辑委员会农药卷编委员会, 中国农业百科全书编辑部, 1993. 中国农业百科全书: 农药卷[M]. 北京: 农业出版社.

（撰稿：何雄奎；审稿：李红军）

背负式气力喷雾机　knapsack power-pneu-matic sprayer

由人力背负作业的小型机动气力式喷雾机。又名弥雾机。适用于棉花、小麦、玉米、水稻、茶园、果树等农林植物的病虫害防治，城镇卫生防疫及粮库、禽舍、畜舍的杀虫灭菌。

简史　德国和日本于20世纪40年代末至50年代初最早研制成功。中国于20世纪60年代初开始研制，70年代初批量生产。

工作原理　工作原理如图，离心风机与汽油机输出轴直接连接，汽油机带动风机叶轮旋转，产生高速气流，其中大部分高速气流经风机出口流往喷管，而少量气流经进风阀门、进气塞、进气软管、滤网流进药液箱内，使药液箱中形成一定的气压。药液在压力的作用下，经接头、药液管、开关流到喷头，从喷嘴周围的小孔以一定的流量流出，先与喷嘴叶片相撞，初步雾化，在喷口中再受到高速气流冲击，进一步雾化，弥散成细小雾粒，并随气流吹向靶标。

特点　采用高速气流雾化药液，并将雾滴吹送至靶标；雾滴细而均匀，雾滴直径范围为50～105μm；采用气压输液，机器结构简单，工作可靠，故障少；可使用较高浓度的药液，省水、省药，作业工效高，防治效果好；更换机器的少数零部件，还可实行喷粉或撒颗粒作业，实现一机多用。

影响因素　影响背负式气力喷雾机雾化性能的主要因素是喷管内的气流速度、喷口处的气液比及药液的物理性质。喷管内的气流速度越高，气流对药液的雾化能力越强，雾滴越细。而喷管内的气流速度取决于高速离心风机的风量。当喷管直径一定时，风机的风量越大，喷管内的气流速度越高，机具的雾化性能越好。气液比（流经喷管的气体量与供液量的体积比）愈大，雾滴直径愈小。但当气液比大到一定值，再继续增大供气量时，雾滴直径不再继续变小。药液的物理性能中，主要是表面张力和黏度对雾滴直径有影响。表面张力大的药液，形成的雾滴直径较大；黏度大的药液，形成的雾滴直径也较大。反之，形成的雾滴直径较小。

使用方法　①启动前，检查各零部件的安装是否正确、牢固。并根据防治对象，选择适宜的喷头。进行大田喷雾作业时，宜采用扩散型喷头；喷洒果树及较高树木时，宜采用缩口型喷头。对于新开箱的机具或封存较久的机具，应先排除汽油机缸体内存积的机油。②加注燃油时，汽油与机油应按规定比例混合，搅拌均匀，并经过滤后注入燃油箱内。③在向药液箱内加注药液前，应先用清水试喷一下，检查输液管路各密封处有无渗漏现象，并检查药液箱盖是否漏气，漏气影响输液。④启动发动机，使之处于怠速运转。背起机具后，调整油门开关使汽油机稳定在额定转速左右，开启药液手把开关即可开始作业。⑤喷药前首先要校正背机人的行走速度，并按行走速度和喷量大小，核算施液量。喷药时严格按预定的喷量和行走速度进行。前进速度应基本一致，以保证喷洒均匀，并要避免重喷或漏喷。⑥根据风向选择正确的行走路线，最好采用侧向喷洒方式，严防人身中毒，确保人身安全。⑦停机前，应先关闭药液开关，并使汽油机低速运转3～5分钟后，方可关闭油门停机。⑧应按机具使用说明书的规定，对机具进行班次保养和定期保养，以延长机具的使用寿命。作业季节结束后，应对机具进行一次全面保养，然后将机具存放在阴凉、干燥、通风的场所。

注意事项　①作业时间不要过长，应以3～4人组成一组，轮流作业，避免长期处于药雾中吸不到新鲜空气。②操作人员必须佩戴口罩。作业时携带毛巾、肥皂，随时洗脸、洗手、漱口，擦洗着药处。③避免顶风作业，禁止喷管在作业者前方以"八"字形交叉方式喷洒。④发现有中毒症状时，应立即停止背机，求医诊治。⑤背负式气力喷雾机是用汽油作燃料，应注意防火。

参考文献

何雄奎, 2012. 高效施药技术与机具[M]. 北京: 中国农业大学出版社.

何雄奎, 2013. 药械与施药技术[M]. 北京: 中国农业大学出版社.

全国农业技术推广服务中心, 2015. 植保机械与施药技术应用指南[M]. 北京: 中国农业出版社.

中国农业百科全书总编辑委员会农药卷编辑委员会, 中国农业百科全书编辑部, 1993. 中国农业百科全书: 农药卷[M]. 北京: 农业出版社.

（撰稿：何雄奎；审稿：李红军）

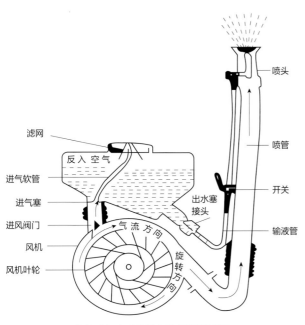

背负式气力喷雾机工作原理示意图

喷头
喷管
开关
出水管接头
输液管
滤网
反入空气
进气软管
进气塞
进风阀门
风机
风机叶轮
气流方向
旋转方向

倍硫磷　fenthion

一种有机磷酸酯类兼有触杀和内吸性的广谱、速效、持效期长的杀虫剂。

其他名称　百治屠、倍硫磷乳油(50%)、番硫磷、FENCHEM、FASTER、ENTEX(R)、ENT 25540、BEILIULIN、Baycid、Baytex、EXtex、Lebaycid、Mercaptophos。

化学名称　O,O-二甲基-O-(3-甲基-4-甲硫基苯基)硫代磷酸酯；O,O-dimethyl O-(3-methyl-4-methylthiophenyl)thiophosphate。

IUPAC名称　O,O-dimethyl O-3-methyl-4-methylthiophenyl phosphorothioate。

B

CAS 登记号 55-38-9。

EC 号 200-231-9。

分子式 $C_{10}H_{15}O_3PS_2$

相对分子质量 278.33。

结构式

开发单位 G. Schrader & E. Schegk 开发，由拜耳公司生产。

理化性质 纯品为无色油状液体。沸点 87℃（1.333Pa）。熔点 < −25℃。相对密度 1.25（20℃）。折射率 $n_D^{20}1.5698$。蒸气压 7.4mPa（20℃）。挥发度 0.46mg/m³（20℃）。易溶于甲醇、乙醇、甲苯、二甲苯、丙酮、氯化烃、脂肪油等有机溶剂，难溶于石油醚，在水中溶解度为 4.2mg/L。工业品呈棕黄色，溶于甲醇、乙醇、丙酮、甲苯、二甲苯、氯仿及其他许多有机溶剂和甘油。在室温水中的溶解度为 54～56mg/L。纯品无臭，工业品有大蒜气味。对光和碱稳定，热稳定性可达 210℃。在 100℃时，pH1.8～5 介质中，水解半衰期为 36 小时，pH11 介质中，水解半衰期为 95 分钟。用过氧化氢或高锰酸钾可使硫醚链氧化，生成相应的亚砜和砜类化合物。

毒性 大鼠急性经口 LD_{50} 190～315mg/kg（雄）、245～615mg/kg（雌）。雌、雄大鼠吸入 LC_{50}（4 小时）约 0.5mg/L 空气（气溶剂）。饲喂试验 NOEL：大鼠（2 年）< 5mg/kg 饲料，狗（1 年）2mg/kg 饲料。鹌鹑急性经口 LD_{50} 7.2mg/kg，野鸡 1259mg/kg。鱼类 LC_{50}（96 小时）：蓝鳃鱼 1.7mg/L，虹鳟 0.8～1mg/L，金色圆腹雅罗非鱼 2.7mg/L。对蜜蜂有毒。水蚤 LC_{50}（48 小时）0.0057mg/L。对兔皮肤和眼睛没有刺激作用。

剂型 常用的为 50% 乳油。

质量标准 50% 乳油，淡黄色或黄棕色油状液体，有效成分含量 > 50%，pH5～7。水分含量 < 0.3%。

作用方式及机理 兼有触杀和内吸性。乙酰胆碱酯酶抑制剂。可在植物体内氧化成毒性更大的亚砜和砜，具有胃毒和触杀活性，也有一定的内渗作用，但无内吸传导作用。

防治对象 水稻螟虫、大豆食心虫、果树及蔬菜等作物上的多种害虫，主要起触杀和胃毒作用，持效期长，对螨类效果不如甲基对硫磷。主要用于防治大豆食心虫，棉花害虫，果树害虫，蔬菜和水稻害虫，用于防治蚊、蝇、臭虫、虱子、蟑螂也有良好效果。

使用方法

防治水稻害虫 防治二化螟、三化螟，用 50% 乳油 1125～2250ml/hm²（有效成分 562.5～1125g/hm²）兑水喷雾，为防止造成枯鞘和枯心苗，一般在蚁螟孵化高峰期前 2～3 天，加细土 150～225kg 配制成毒土撒施；防止虫伤株、枯孕穗，一般在蚁螟孵化始盛期到高峰期，兑水 750～1500kg 喷雾。稻叶蝉的防治，用 50% 乳油 1050～2250ml/hm²，兑水 750～1500kg 喷雾。防治稻飞虱，用 50% 乳油 1050～2250ml/hm²，兑水 1125～1500kg 喷雾。

防治棉花害虫 防治棉铃虫、红铃虫，每亩用 50% 乳油 50～100ml，加水 75～100kg 喷雾。此剂量可兼治棉蚜、棉红蜘蛛。

防治蔬菜害虫 防治菜青虫、菜蚜，每亩用 50% 乳油 50ml，加水 30～50kg 喷雾。

防治果树害虫 防治桃小食心虫，用 50% 乳油 1000～2000 倍液喷雾。

防治大豆害虫 防治大豆食心虫、大豆卷叶螟，每亩用 50% 乳油 50～150ml，加水 30～50kg 喷雾。

防治柑橘花蕾蛆 用 5% 的倍硫磷粉剂 45kg/hm² 拌细土撒施或放于沙袋内敲撒。

防治甜菜叶蝇 用 50% 乳油 375～525ml/hm²，加水 450～750kg 喷雾。

防治小麦吸浆虫 用 50% 乳油 450～750ml/hm²，加水 450～750kg 喷雾。

注意事项 ①在蔬菜收获前 10～15 天停用。在十字花科蔬菜上及桃树上慎用该药，以避免药害。果树收获前 14 天禁用。②对蜜蜂毒性高，作物开花期间不宜使用。③使用时做好个人防护，参照药剂的使用说明及推荐背书。④药剂喷雾一定要均匀，四面喷透，在害虫低龄期使用效果会更好。⑤皮肤接触中毒可用清水或碱性溶液冲洗，误服可用解磷定和阿托品解毒。

与其他药剂的混用 ①可与多种农药混用，但不可与碱性农药混用。②与氰戊菊酯复配为 25% 的倍·氰乳油，亩用量为 30～60ml，兑水喷雾，可防治蔬菜蚜虫。③与溴氰菊酯复配为 1% 的乳油，亩用量为 25～30ml 时兑水喷雾，可防治蔬菜蚜虫，在东北地区用倍硫磷与绿僵菌混用可防治东北大黑金龟子。

允许残留量 ① GB 2763—2021《食品中农药最大残留限量标准》规定倍硫磷最大残留限量见表 1。倍硫磷及其氧类似物（亚砜、砜化合物）之和，以倍硫磷表示。ADI 为 0.007mg/kg。谷物按照 GB 23200.113 规定的方法测定；油料和油脂按照 GB 23200.113 规定的方法测定；蔬菜、水果按照 GB 23200.8、GB 23200.113、GB/T 20769 规定的方法

表 1 中国规定部分食品中倍硫磷最大残留限量（GB 2763—2021）

食品类别	名称	最大残留限量（mg/kg）
谷物	稻谷、小麦	0.05
油脂和油料	植物油（初榨橄榄油除外）	0.01
	初榨橄榄油	1.00
蔬菜	鳞茎类蔬菜、芸薹属类蔬菜（结球甘蓝除外）、叶菜类蔬菜、茄果类蔬菜、瓜类蔬菜、豆类蔬菜、茎类蔬菜、根茎类和薯芋类蔬菜、水生类蔬菜、芽菜类蔬菜、其他类蔬菜	0.05
水果	柑橘类水果、仁果类水果、核果类水果（樱桃除外）、浆果和其他小型水果、热带和亚热带水果（橄榄除外）、瓜果类水果	0.05
	樱桃	2.00
	橄榄	1.00

测定。②《国际食品法典》规定倍硫磷最大残留限量见表2。③美国规定倍硫磷最大残留限量见表3。④日本规定倍硫磷最大残留限量见表4。⑤澳大利亚规定倍硫磷最大残留限量见表5。⑥韩国规定倍硫磷最大残留限量见表6。

表2《国际食品法典》规定部分食品中倍硫磷最大残留限量（mg/kg）

食品名称	最大残留限量	食品名称	最大残留限量
樱桃	2.00	柑橘类水果	2.00
橄榄	1.00	糙米	0.05
粗加工橄榄油	1.00		

表3 美国规定倍硫磷最大残留限量（mg/kg）

食品名称	最大残留限量	食品名称	最大残留限量
牛肥肉	0.10	猪肉	0.10
牛肉	0.10	猪肉副产品	0.10
牛肉副产品	0.10	乳	0.01
猪肥肉	0.10		

表4 日本规定部分食品中倍硫磷最大残留限量（mg/kg）

食品名称	最大残留限量	食品名称	最大残留限量
樱桃	2.00	桃	5.00
牛肥肉	0.10	梨	2.00
乳	0.20	猪可食用内脏	0.50
苹果	2.00	猪肥肉	0.10
杏	5.00	猪肾	0.50
鳄梨	5.00	猪肝	0.50
香蕉	3.00	猪瘦肉	0.50
干豆类	0.02	西班牙甘椒	5.00
未成熟蘑菇	5.00	菠萝	5.00
牛食用内脏	0.60	马铃薯	0.05
榅桲	2.00	南瓜（含南瓜小果）	3.00
牛肾	0.60	稻（糙米）	0.05
牛肝	0.60	香菇	5.00
牛瘦肉	0.60	干豌豆	0.02
鸡可食用内脏	0.05	甘蔗	0.02
鸡蛋	0.05	甘薯	0.02
鸡油脂（肥肉）	0.05	番茄	5.00
鸡肾	0.05	温州橘果肉	2.00
鸡肝	0.05	西瓜	3.00
鸡瘦肉	0.05	山药	0.02
夏橙全果	2.00	梅李	5.00
玉米	5.00	油桃	5.00
黄瓜（含嫩黄瓜）	3.00	黄秋葵	5.00
可食用橄榄油	1.00	橙子（含脐橙）	2.00
茄子	5.00	越瓜（蔬菜）	3.00

（续表）

食品名称	最大残留限量	食品名称	最大残留限量
葡萄	2.00	柑橘属其他水果	2.00
葡萄柚	2.00	葫芦属其他蔬菜	3.00
番石榴	2.00	其他水果	1.00
猕猴桃	5.00	其他蘑菇	5.00
柠檬	2.00	其他可食用家禽内脏	0.05
酸橙	2.00	其他家禽蛋	0.05
枇杷	2.00	其他家禽油脂（肥肉）	0.05
马加瓜	3.00	其他家禽肾	0.05
杧果	5.00	其他家禽肝	0.05
瓜	3.00	其他家禽肌肉（瘦肉）	0.05
其他陆生哺乳动物肝脏	0.20	其他茄类蔬菜	5.00
其他陆生哺乳动物瘦肉	0.20	其他陆生哺乳动物肥肉	0.20
动物瘦肉	0.20	其他陆生哺乳动物肾	0.20
木瓜	5.00	西番莲果	5.00

表5 澳大利亚规定部分食品中倍硫磷最大残留限量（mg/kg）

食品名称	最大残留限量	食品名称	最大残留限量
柑橘类水果	2.00	结果的蔬菜（黄瓜除外）	5.00
瓜类蔬菜	3.00	奶	0.20（T）
核果类水果	5.00	粗橄榄油	3.00（T）
橄榄	1.00	日本柿子	2.00
葡萄	2.00	猪肉	0.50
番石榴	2.00	仁果类水果	2.00
可食用家禽内脏	0.05*	家禽肉	0.05*
绵羊肉	0.20	羊下水	0.20

* 临时残留限量。

表6 韩国亚规定倍硫磷最大残留限量（mg/kg）

食品名称	最大残留限量	食品名称	最大残留限量
稻谷	0.10	牛肉	0.10
小麦	0.10	猪肉	0.10
樱桃	0.50	卷心菜	0.50
乳	0.01	生菜头	0.50
苹果	0.20	洋葱	0.10
葡萄	0.20	豌豆	0.10
猕猴桃	0.20	李	0.50
梨	0.20	芝麻	0.10
马铃薯	0.05	大豆	0.10
甘薯	0.05	草莓	0.20
番茄	0.10		

参考文献

徐元贞, 2005. 新全实用药物手册[M]. 3版. 郑州: 河南科学技术出版社: 1314.

张堂恒, 1995. 中国茶学辞典[M]. 上海: 上海科学技术出版社: 156.

朱永和, 王振荣, 李布青, 2006. 农药大典[M]. 北京: 中国三峡出版社: 60-61.

（撰稿: 吴剑; 审稿: 薛伟）

苯胺灵 propham

一种氨基甲酸酯类除草剂、植物生长调节剂。

其他名称 N-苯基氨基甲酸异丙酯。

化学名称 4-苯胺基甲酸异丙酯; isopropyl(4-aminophe-nyl)carbamate。

IUPAC 名称 isopropyl phenylcarbamate。

CAS 登记号 122-42-9。

EC 号 204-542-0。

分子式 $C_{10}H_{13}NO_2$。

相对分子质量 179.22。

结构式

开发单位 由 W. G. Templeman 和 W. A. Sextox 作为植物生长调节物质被筛选。

理化性质 纯品为白色结晶粉末。熔点 87～88℃。相对密度 1.09（20℃）。蒸气压 14.364Pa（25℃）。20℃时在水中的溶解度 250mg/L, 可溶于大多数有机溶剂。在室温下储存稳定, 无腐蚀性。

毒性 中等毒性。大鼠急性经口 LD_{50} 1000mg/kg。小鼠急性经口 LD_{50} 2160mg/kg。吸入、摄入或经皮肤吸收后对身体有害。对眼睛和皮肤有刺激作用。

剂型 50%、75% 可湿性粉剂, 20% 乳油, 48% 胶悬剂。

作用方式及机理 既是植物生长调节剂, 又是除草剂。能够抑制植物 RNA、蛋白质的合成, 干扰氧化磷酸化和光合作用, 破坏植物细胞有丝分裂, 从而达到除草效果。

防治对象 用于大豆、甜菜、棉花、蔬菜、烟草地中防除一年生禾本科杂草。

使用方法 是经根部吸收的除草剂, 抑制植物细胞有丝分裂, 用量一般为有效成分 2.2～5kg/hm²。喷雾或毒土处理。

播前混土处理 适用于耐性强的作物, 如甜菜、饲用豆科作物等, 一般混土深 7～10cm。

苗前处理 可防治大多数一年生禾本科杂草, 如燕麦草、稗草、狗尾草、黑麦草、菟丝子。可与甲草胺混用, 于玉米、马铃薯、甜菜、菜豆、大豆等田中防除杂草。

苗后处理 用于苜蓿、甜菜及豌豆等作物田除草。

注意事项 ①该药 130℃以下时挥发性小, 当 24℃时用药应加倍。②高温下挥发性强, 用药效果最好。③遇明火、高热可燃。其粉体与空气可形成爆炸性混合物, 当达到一定浓度时, 遇火星会发生爆炸。受高热分解放出有毒的气体。

与其他药剂的混用 可与甲草胺混用防除玉米、马铃薯、甜菜、菜豆、大豆等田中杂草。也可与非草隆、敌草隆、丁乐灵混用。

参考文献

马丁 H, 1984. 农药品种手册[M]. 北京市农药二厂, 译. 北京: 化学工业出版社:31-32.

（撰稿: 徐效华; 审稿: 闫艺飞）

苯草多克死 benzadox

一种触杀型选择性茎叶处理除草剂。

其他名称 胺酸杀、毒苯胺、草扑争、NSC 75601、S 6173。

化学名称 2-[(苯甲酰胺)氧代]乙酸; 2-[(benzoylamino)oxy]acetic acid。

IUPAC 名称 benzamidooxyacetic acid。

CAS 登记号 5251-93-4。

EC 登记号 226-053-1。

分子式 $C_9H_9NO_4$。

相对分子质量 195.17。

结构式

理化性质 无色结晶。熔点 140℃。在水中溶解度 1.6%（20℃）, 易溶于丙酮、甲醇、乙酸乙酯和其他极性溶剂, 但仅微溶于烃类。在干燥状态下稳定, 可被水慢慢水解, 在热酸或碱液中迅速水解为苯甲酸和氨基氧代乙酸。该药可被日光分解, 对铸铁有腐蚀性。

毒性 大鼠急性经口 LD_{50} 5600g/kg, 其铵盐为 2600g/kg; 其铵盐对兔的急性经皮 LD_{50} ＞ 450mg/kg。90 天 NOEL: 大鼠 10mg/kg, 狗 5mg/kg。

防治对象 甜菜田中各种杂草。

使用方法 触杀型选择性茎叶处理除草剂, 在甜菜和杂草 2 叶期时喷施 1.5～2.5kg/hm²（有效成分）。

参考文献

NAKAMOTO H, KU M, EDWARDS G E, 1982.Inhibition of C4 photosynthesis by (benzamidooxy)acetic acid[J]. Photosynthesis research, 3: 293-305.

（撰稿: 王大伟; 审稿: 席真）

苯草醚　aclonifen

一种二苯醚类除草剂。

其他名称　Bandren、Bandur、Challenge、Cme 127。

化学名称　2-氯-6-硝基-3-苯氧基苯胺；2-chloro-6-nitro-3-phenoxyaniline。

IUPAC 名称　2-chloro-6-nitro-3-phenoxyaniline。

CAS 登记号　74070-46-5。

EC 号　277-704-1。

分子式　$C_{12}H_9ClN_2O_3$。

相对分子质量　264.67。

结构式

开发单位　由西拉墨克公司研制、罗纳-普朗克公司开发。

理化性质　原药纯度＞95%。纯品为黄色晶体。熔点81～82℃。蒸气压 1.6×10^{-2} mPa（20℃）。相对密度1.46，$K_{ow}lgP$ 4.37。Henry 常数 3.2×10^{-3} Pa·m³/mol（20℃）。溶解度（20℃）：水1.4mg/L、己烷4.5g/kg、甲醇50g/kg、甲苯390g/kg。稳定性：在植物体内 DT_{50} 约2周，在土壤中的 DT_{50} 为7～12周。

毒性　大、小鼠急性经口 LD_{50} ＞5000mg/kg，大鼠急性经皮 LD_{50} ＞5000mg/kg。对兔皮肤有轻微刺激性，但对兔眼睛无刺激性。大鼠急性吸入 LC_{50}（4小时）＞5.06mg/L 空气。饲喂试验NOEL：大鼠（90天）为28mg/（kg·d），狗（180天）为12.5mg/（kg·d）。ADI 为0.02mg/kg。在 Ames 试验中无诱变性。日本鹌鹑急性经口 LD_{50} ＞15 000mg/kg。鱼类 LC_{50}（96小时）：虹鳟0.67mg/L，鲤鱼1.7mg/L。蜜蜂 LD_{50}（经口）＞100μg/只。蚯蚓 LC_{50}（14天）300mg/kg 土壤。

剂型　60%悬浮剂。

作用方式及机理　原卟啉原氧化酶抑制剂。施用后，苯草醚在土壤表面沉积一层药膜，当禾本科杂草和阔叶杂草穿透土壤表面时，除草剂分别被幼苗的嫩芽、（下）胚轴或胚芽鞘吸收，吸入几天后，幼苗就变黄，生长受阻，最后死亡。

防治对象　适用于冬小麦、马铃薯、向日葵、豆类、胡萝卜、玉米等作物田中杂草的防治。主要用于防除马铃薯、向日葵和冬小麦田中禾本科杂草和阔叶杂草，如鼠尾看麦娘、知风草、猪殃殃、野芝麻、田野勿忘我、繁缕、常春藤叶婆婆纳和波斯水苦荬以及田堇菜等。

使用方法　主要用于苗前除草。使用剂量为2400g/hm²（有效成分）。与对照药剂赛克津相比，苯草醚对如猪殃殃一类的重要杂草的防效相当（或略高）。在豌豆、胡萝卜和蚕豆田的试验表明，以2400g/hm²（有效成分）施用时，对鼠尾看麦娘的防效为90%，对知风草的防效为97%，与对照

药剂绿麦隆相当。

注意事项　制作良好的具有易碎土壤结构的种子床可增强除草的功效。施药后必须避免耕作，因为土壤表面的除草剂膜必须保持完整，才有最佳的除草活性，将除草剂混入土壤中则大幅度地降低除草功效。苯草醚对土壤湿度的依赖性，比其他大多数的除草剂都小。对马铃薯、向日葵、豆类安全，高剂量下可能对禾谷类作物、玉米产生药害。

允许残留量　根据欧盟法规396/2005号第12条的规定，苯草醚在动植物产品中最大残留限量见表。

欧盟法规 396/2005 号规定苯草醚在动植物产品中的最大残留限量

名称	最大残留限量（mg/kg）	意见
马铃薯、块芹根、大蒜、洋葱、青葱、甜玉米、香菜、新鲜不带荚豆类等	0.02	推荐
胡萝卜	0.08	推荐
辣根	0.07	推荐
菊芋、防风草	0.10	推荐
番茄、新鲜不带荚豌豆、玉米粒、高粱	0.01	推荐
芹菜叶	0.04	推荐
新鲜带荚豆类	0.08	推荐
新鲜带荚豌豆	0.08	推荐
芹菜、茴香	0.01	推荐
朝鲜蓟	0.02	推荐
干豆类	0.08	推荐
干羽扇豆	0.01	推荐
葵花籽	0.02	推荐
香草（干花、干叶）	0.08	推荐
香料（籽、水果和浆果）	0.01	需进一步考虑
奶制品、肉制品及动物内脏等	0.01	推荐
其他动植物产品	—	需进一步考虑

参考文献

刘长令, 2002. 世界农药大全: 除草剂卷[M]. 北京: 化学工业出版社: 187-189.

（撰稿：王大伟；审稿：席真）

苯草灭　benzazin

一种选择性芽后除草剂。

其他名称　草噁嗪、Bentranil、Linarotox、Linurotox。

化学名称　2-甲基-3,1-苯并噁嗪-4-酮；2-phenyl-3,1-benzoxazin-4-one。

IUPAC 名称　2-phenyl-4H-3,1-benzoxazin-4-one。

CAS 登记号　1022-46-4。

分子式　$C_{14}H_9NO_2$。

相对分子质量　223.23。

结构式

开发单位　CATO。

理化性质　白色固体。无臭。熔点 123～124℃。20℃水中溶解度 5～6mg/L。化学性质比较稳定，无腐蚀性，可与其他除草剂混配。

毒性　大鼠急性经口 LD_{50} 1600mg/kg。

质量标准　常温常压下稳定。

作用方式及机理　选择性芽后除草剂，它只能由叶部吸收，通常同其他除草剂混用，其植物毒性受温度和光的影响，温度高，阳光足，对植物的毒性就增加。因此，在土壤中的残留物不会造成有害影响。

防治对象　阔叶杂草。

使用方法　芽后茎叶喷雾，谷子、玉米、稻田中用量为 1～2kg/hm²。

注意事项　常温常压下稳定，常温、避光、通风干燥处，密封保存。对眼睛、呼吸道和皮肤有刺激作用，万一接触眼睛，立即使用大量清水冲洗并送医诊治。

（撰稿：杨光富；审稿：吴琼友）

苯哒嗪丙酯　fenridazon-propyl

一种低毒植物生长调节剂，可用作小麦化学杀雄剂，诱导自交作物雄性不育，培育杂交种子。

其他名称　达优麦、BAU-9403。

化学名称　1-(4-氯苯基)-1,4-二氢-4-氧-6-甲基哒嗪-3-羧酸丙酯。

CAS 登记号　78778-15-1。

分子式　$C_{15}H_{15}ClN_2O_3$。

相对分子质量　306.75。

结构式

开发单位　中国农业大学应用化学学院。

理化性质　其原药（含量≥95%）为浅黄色粉末。熔点 101～102℃；溶解度（g/L，20℃）：水＜1，苯 280，甲醇 362，乙醇 121，丙酮 427。在一般储存条件下和中性

介质中稳定。

毒性　原药对雄性和雌性大鼠急性经口 LD_{50} 分别为 3160mg/kg 和 3690mg/kg，急性经皮 LD_{50} ＞ 2000mg/kg。对皮肤和眼睛无刺激性，为弱致敏性。10% 乳油对斑马鱼 LC_{50}（48 小时）为 1～10mg/L，该药对鸟、蜜蜂、家蚕均属低毒，对鱼属中等毒性。

剂型　中国未登记。

作用方式及机理　抑制小麦初期生殖生长发育。

使用对象　小麦化学杀雄剂。

使用方法　特定时间对小麦进行喷施。10% 乳油为新型植物生长调节剂，诱导自交作物雄性不育，培育杂交种子，主要用于小麦育种，具有优良的小麦去雄效果。施药时期为小麦幼穗发育的雌雄蕊原基分化期至药隔后期，1 次施药，用药量为每亩用有效成分 50～66.6g，喷施于小麦母本植株，诱导小麦雄性不育。在施药剂量范围内，随着施药剂量的升高，小麦去雄效果越好，不育率可达 95% 以上，效果比较理想。可大大降低小麦育种过程中人工去雄的工作量，节省劳力。

注意事项　对水体生物有中等毒性，施药避免进入水体。

参考文献

刘刚, 2006. 两种新型小麦化学杀雄剂投放市场[J]. 山东农药信息(4): 23.

孙家隆, 2015. 新编农药品种手册[M]. 北京: 化学工业出版社: 902.

（撰稿：杨志昆；审稿：谭伟明）

苯哒嗪钾　clofencet-potassium

一种小麦化学杀雄剂，能有效抑制小麦花粉粒发育，诱导自交作物雄性不育，用于培育小麦杂交种子。

其他名称　金麦斯、杀雄嗪酸。

化学名称　2-(4-氯苯基)-3-乙基-2,5-二氢-5-氧哒嗪-4-羧酸钾盐。

IUPAC 名称　potassium 2-(4-chlorophenyl)-3-ethyl-2,5-dihydro-5-oxopyridazine-4-carboxylate。

CAS 登记号　82697-71-0。

分子式　$C_{13}H_{10}ClKN_2O_3$。

相对分子质量　316.78。

结构式

开发单位　美国孟山都公司。

理化性质　原药（含量≥91%）外观为浅灰褐色固体粉末。熔点即为分解温度，为 269℃；蒸气压＜ 1.33×10^{-5}Pa（25℃）；溶解度：水＞69.6%（23℃，pH7），甲醇 1.6%

（24℃）、丙酮＜0.05%（24℃）、正己烷＜0.06%（25℃）、甲苯＜0.045%（24℃）。

毒性　低毒。原药对大鼠急性经口 LD_{50} 3306mg/kg，急性经皮 LD_{50} ＞5000mg/kg，急性吸入 LC_{50}（4 小时）＞3.8mg/L；对皮肤无刺激性，对眼睛轻度至中度刺激性。无致敏性。

剂型　22.4% 水剂。

作用方式及机理　为小麦化学杀雄剂，具有优良的小麦杀雄效果，能有效抑制小麦花粉粒发育，诱导自交作物雄性不育，用于培育小麦杂交种子。22.4% 苯哒嗪钾水剂可使冬、春小麦获得良好的雄性不育诱导效果；不同品种的小麦对苯哒嗪钾的敏感性有差异。施药剂量为有效成分 $3\sim5kg/hm^2$（折成 22.4% 苯哒嗪钾水剂商品量每亩用 893～1488g）；施药适期为小麦旗叶露尖至展开期；施药方法为茎叶喷雾。该药适宜作喷施的母本品种较多，施药剂量范围较宽，施药适期长，对小麦植株影响较小，是较优的小麦杀雄剂。

使用对象　小麦。

使用方法　每亩 30～40kg 药液于小麦母本植株旗叶露尖至展开期茎叶喷雾。

注意事项　该化合物易溶于水，在土壤中较易分解，在自然水体中不易降解。

参考文献

毛景英，闫振领，2005. 植物生长调节剂调控原理与实用技术 [M]. 北京：中国农业出版社.

孙家隆，2015. 新编农药品种手册 [M]. 北京：化学工业出版社：903.

（撰稿：杨志昆；审稿：谭伟明）

苯丁锡　fenbutatin oxide

一种非内吸性杀螨剂。

其他名称　伏螨郎、托尔克、克螨锡、杀螨锡、螨完锡、SD 14114。

化学名称　双[三(2-甲基-2-苯基丙基)锡]氧化物；hexakis(2-methyl-2-phenylpropyl)distannoxane。

IUPAC名称　bis[tris(2-methyl-2-phenylpropyl)tin]oxide。

CAS登记号　13356-08-6。

EC号　236-407-7。

分子式　$C_{60}H_{78}OSn_2$。

相对分子质量　1052.7。

结构式

开发单位　在美国由壳牌化学公司（现为杜邦公司），在别处由壳牌国际化学公司（现为巴斯夫）开发。

理化性质　原药为无色晶体，有效成分含量为 97%。熔点 140～145℃。沸点 230～310℃。蒸气压 $3.9\times10^{-8}mPa$（20℃）。$K_{ow}lgP$ 5.2。相对密度 1290～1330（20℃）。水中

溶解度（pH4.7～5，20℃）0.0152mg/L；有机溶剂中溶解度（g/L，20℃）：己烷 3.49，甲苯 70.1，二氯甲烷 310，甲醇 182，异丙醇 25.3，丙酮 4.92，乙酸乙酯 11.4。对光、热、氧气都很稳定。光稳定性 DT_{50} 55 天（pH7，25℃）。水可使苯丁锡转化为三(2-甲基-2-苯基丙基)锡氢氧化物，该产物在室温下慢慢地、在 98℃ 迅速地再转化为母体化合物。不能自燃，但在尘雾中点燃可爆炸。

毒性　低毒杀螨剂。急性经口 LD_{50}（mg/kg）：大鼠 3000～4400，小鼠 1450，狗 ＞1500。兔急性经皮 LD_{50} ＞1000mg/kg。对兔皮肤有刺激作用，对兔眼睛有严重刺激作用。大鼠吸入 LC_{50} 0.46～0.072mg/L。在试验剂量范围内对动物未见蓄积毒性及致畸、致突变、致癌作用。在 3 代繁殖试验和神经试验中未见异常。大鼠（2 年）NOAEL 5mg/kg；狗 NOEL 15mg/（kg·d）。ADI：（JMPR）0.03mg/kg [1992]，（EPA）cRfD 0.017mg/kg [2002]。山齿鹑饲喂 LC_{50}（8 天）5065mg/kg 饲料。虹鳟 LC_{50}（48 小时）有效成分 0.27mg/L（可湿性粉剂）。水蚤 LC_{50}（24 小时）0.05～0.08mg/L。羊角月牙藻 LC_{50}（72 小时）＞0.005mg/L。蜜蜂急性 LD_{50}（接触和经口）＞200μg/ 只，蚯蚓 LC_{50} ≥1000mg/kg 土壤。对食肉和寄生的节肢动物无副作用。

剂型　25%、50% 可湿性粉剂，10% 乳油，20%、50% 悬浮剂。

作用方式及机理　氧化磷酸化抑制剂，阻止 ATP 的形成。对害螨以触杀和胃毒作用为主，非内吸性，对幼螨和成螨、若螨的杀伤力比较强，但对卵的杀伤力不大。苯丁锡是一种长效专性杀螨剂，对有机磷和有机氯有抗性的害螨不产生交互抗性。喷药后起毒力缓慢，3 天以后活性开始增强，到 14 天达到高峰。持效期可达 2～5 个月。

防治对象　螨类、锈壁虱。如柑橘红蜘蛛、柑橘叶螨、柑橘锈螨、苹果叶螨、茶橙瘿螨、茶短须螨、菊花叶螨、玫瑰叶螨等。

使用方法　苯丁锡以有效成分 $20\sim50g/hm^2$ 喷雾，可有效和持效地防治游动期的植食性螨类，主要是柑橘、葡萄、观赏植物、梨果、核果上的瘿螨科和叶螨科等害虫。

防治柑橘红蜘蛛　在 4 月下旬到 5 月用 50% 可湿性粉剂 2000 倍液（有效成分 250mg/L），均匀喷雾，夏秋季节降雨少可用 2500 倍液（有效成分 200mg/L）喷雾，持效期一般在 2 个月左右。

防治柑橘锈螨　在柑橘上果期和果实上虫口增长期，用 50% 可湿性粉剂 2000 倍液（有效成分 250mg/L）喷雾，可收到很好的防治效果。

防治苹果叶螨（包括山楂红蜘蛛和苹果红蜘蛛）　用 50% 可湿性粉剂 1000～1500 倍液（有效成分 333～500mg/L）喷雾。

防治茶橙、茶短须螨　用 50% 可湿性粉剂 1500 倍液（有效成分 333mg/L）喷雾，茶叶螨类大多集中在叶背和茶丛中下部，喷雾一定要均匀周到。

防治菊花叶螨、玫瑰叶螨　用 50% 可湿性粉剂 1000 倍液（有效成分 500mg/L），在叶面叶背均匀喷雾。

防治蔬菜（辣椒、茄子、黄瓜、豆类）叶螨　用 50% 可湿性粉剂 1000～1500 倍液（有效成分 333～500mg/L）喷雾。

注意事项 苯丁锡开始时作用较慢，一般在施药 3 天后才能较好发挥药效，故应在害螨盛发期前，虫口密度较低时施用。苯丁锡为感温型杀螨剂。当气温在 22℃以上时药效提高，22℃以下活性降低，低于 15℃药效较差，在冬季不宜使用。在柑橘上使用的安全间隔期为 21 天，每个作物周期的最多使用次数为 2 次。对水生动物、蜜蜂、蚕有毒，鱼塘、蚕室、桑园附近，开花植物花期禁用。苯丁锡对眼睛、皮肤和呼吸道刺激性较大，施药时要做好安全防护工作。

与其他药剂的混用 可与阿维菌素、四螨嗪混配。产品主要有 21% 阿维·苯丁锡悬浮剂、10% 阿维菌素·苯丁锡乳油、45% 四螨·苯丁锡悬浮剂。

允许残留量 GB 2763—2021《食品中农药最大残留限量标准》规定苯丁锡最大残留限量见表。ADI 为 0.03mg/kg。蔬菜、水果、干制水果、坚果中苯丁锡残留量参照 SN 0592 规定的方法测定。WHO 推荐苯丁锡 ADI 为 0.03mg/kg。作物中最高残留限量（国际标准）：柑橘 5mg/kg、番茄 1mg/kg。

部分食品中苯丁锡最大残留限量（GB 2763—2021）

食品类别	名称	最大残留限量（mg/kg）
蔬菜	番茄	1.0
	黄瓜	0.5
水果	柑、橘	1.0
	柠檬	5.0
	柚	5.0
	橙	5.0
	仁果类水果（苹果、梨除外）	5.0
	苹果	5.0
	梨	5.0
	樱桃	10.0
	桃	7.0
	李	3.0
	葡萄	5.0
	草莓	10.0
	香蕉	10.0
干制水果	柑橘脯	25.0
	李子干	10.0
	葡萄干	20.0
坚果	杏仁	0.5
	核桃	0.5
	山核桃	0.5

参考文献

刘长令, 2012. 世界农药大全: 杀虫剂卷[M]. 北京: 化学工业出版社: 738-741.

马克比恩 C, 2015. 农药手册[M]. 胡笑形, 等译. 北京: 化学工业出版社: 414-415.

（撰稿：杨吉春；审稿：李森）

苯噁磷 benoxafos

一种有机磷类杀螨剂。

化学名称 S-[(5,7-dichloro-1,3-benzoxazol-2-yl)methyl] O,O-diethyl phosphorodithioate。

IUPAC 名称 S-[(5,7-dichloro-2-benzoxazolyl)methyl]O,O-diethyl phosphorodithioate。

CAS 登记号 16759-59-4。

分子式 $C_{12}H_{14}Cl_2NO_3PS_2$。

相对分子质量 386.25。

结构式

理化性质 密度 1.46g/cm³。沸点 443.7℃（101.32kPa）。蒸气压 2.8×10^{-9}mPa（25℃）。蒸发焓 67.4J/mol。闪点 222.1℃。折射率 1.624。

防治对象 对柑橘、苹果的红叶螨类具有较好触杀效果。

参考文献

朱永和, 王振荣, 李布青, 2006. 农药大典[M]. 北京: 中国三峡出版社.

（撰稿：周红；审稿：丁伟）

苯氟磺胺 dichlofluanid

一种保护性磺酰胺类杀菌剂，亦作为杀螨剂使用。

其他名称 Euparen、抑菌灵、苯磺菌胺、Delicia Deltox-Combi、Euparen Ramato。

化学名称 N,N-二甲基-N-苯基-(N-氟二氯甲硫基)-磺酰胺；1,1-dichloro-N-[(dimethylamino)sulfonyl]-1-fluoro-N-phenyl-methanesulfenamide。

IUPAC 名称 N-dichlorofluoromethylthio-N′,N′-dimethyl-N-phenylsulfamide。

CAS 登记号 1085-98-9。

EC 号 214-118-7。

分子式 $C_9H_{11}Cl_2FN_2O_2S_2$。

相对分子质量 333.23。

结构式

开发单位　1964 年 H. W. K. Müller 等报道苯氟磺胺的杀菌活性。1964—1965 年拜耳公司开发并成功上市。

理化性质　纯品无色无味结晶状固体。熔点 106 ℃。蒸气压 0.014mPa（20 ℃）。K_{ow}lg$P$ 3.7（21 ℃）。Henry 常数 3.6×10^{-3}Pa·m³/mol（计算）。水中溶解度 1.3mg/L（20 ℃）；有机溶剂中溶解度（g/L，20 ℃）：二氯甲烷 > 200、甲苯 145、异丙醇 10.8、己烷 2.6。对碱不稳定。DT_{50}（22 ℃）：> 15 天（pH4），> 18 小时（pH7），< 10 分钟（pH9），具有光敏性。受热分解有毒卤化物、氧化氮、氧化硫气体。

毒性　属微毒杀菌剂。大鼠急性经口 LD_{50} > 5000mg/kg。大鼠急性经皮 LD_{50} > 5000mg/kg。对兔眼睛有中度刺激，对兔皮肤有轻微刺激。对皮肤有致敏性。大鼠吸入 LC_{50}（4 小时，mg/L 空气）：1.2（灰尘），> 0.3（悬浮微粒）。NOEL（mg/kg 饲料）：大鼠（2 年）< 180，小鼠（2 年）< 200，狗（1 年）1.25。日本鹌鹑急性经口 LD_{50} > 5000mg/kg。鱼类 LC_{50}（96 小时，mg/L）：虹鳟 0.01，大翻车鱼 0.03，金鱼 0.12。水蚤 LC_{50}（48 小时）> 1.8mg/L。淡水藻 E_rC_{50} 16ml/L，对蜜蜂无毒。蚯蚓 LC_{50}（14 天）890mg/kg 干土。

剂型　50% 可湿性粉剂，7.5% 粉剂。

作用方式及机理　非特定的硫醇反应物，抑制呼吸作用。保护性杀菌剂。控制结痂、棕色腐烂和苹果、梨的储藏病害，如葡萄孢属、链格孢属、桑污叶病菌属。会对一些储藏水果和观赏植物有轻微的伤害。

防治对象　防治水果、柑橘、葡萄、蔬菜、草莓等上的真菌性病害，多种蔬菜作物灰霉病、白粉病、白菜、黄瓜、莴苣、葡萄和啤酒花霜霉病。在喷雾时有杀灭红蜘蛛的作用。

使用方法　常规喷雾，也可涂抹水果防止杂菌侵入。在高容量使用时，浓度为 0.075%～0.2%（有效成分）。

注意事项　该药剂有一定毒性，在收获前 7～14 天应停止用药。不要与石硫合剂、波尔多液等碱性农药混用。刚用过碱性农药的植物上也不宜施用苯氟磺胺。使用浓度过高对核果类果树有药害，施用时请注意。

与其他药剂的混用　可与戊唑醇、噁霜灵等混用。

残留限量　GB 2763—2021《食品中农药最大残留限量标准》规定苯氟磺胺最大残留限量（mg/kg）：马铃薯、洋葱 0.1，番茄、辣椒 2，桃、梨、苹果 5。ADI 为 0.3mg/kg。

参考文献

刘长令, 2012. 世界农药大全: 杀虫剂卷[M]. 北京: 化学工业出版社: 754.

马克比恩 C, 2015. 农药手册[M]. 胡笑形, 等译. 北京: 化学工业出版社: 291-293.

（撰稿：杨吉春；审稿：李淼）

苯磺隆　tribenuron-methyl

一种磺酰脲类选择性除草剂。

其他名称　巨星、阔叶净、麦磺隆。

化学名称　3-(4- 甲氧基 -6- 甲基 -1,3,5- 三嗪 -2- 基)-1-(2- 甲氧基甲酰基苯基) 磺酰脲；methyl 2-[[[[(4-methoxy-6-methyl-1,3,5-triazin-2-yl)methylamino]carbonyl]amino]sulfonyl]benzoate。

IUPAC 名称　methyl 2-[4-methoxy-6-methyl-1,3,5-triazin-2-yl(methyl)carbamoylsulfamoyl]benzoate。

CAS 登记号　101200-48-0。

EC 号　401-190-1。

分子式　$C_{15}H_{17}N_5O_6S$。

相对分子质量　395.39。

结构式

开发单位　杜邦公司。

理化性质　固体粉末。相对密度 1.54。熔点 141 ℃。蒸气压 5.2×10^{-8}Pa。溶解度（25 ℃，mg/L）：水 28（pH4）、50（pH5）、280（pH6），丙酮 43.8，乙腈 54.2，四氯化碳 3.12，己烷 0.028，乙酸乙酯 17.5，甲醇 3.39。

毒性　低毒。原药大鼠急性经口 LD_{50} > 5000mg/kg。兔急性经皮 LD_{50} > 2000mg/kg。大鼠急性吸入 LC_{50}（4 小时）> 5mg/L。对兔皮肤无刺激作用，对眼睛有轻度刺激。喂养试验 NOEL［90 天，mg/（kg·d）］：大鼠 100、小鼠 500、狗 500。对鸟、鱼、蜜蜂、蚯蚓等低毒。蓝鳃翻车鱼 LC_{50}（96 小时）> 1000mg/L。蜜蜂 LD_{50} > 100μg/ 只。鹌鹑和野鸭 LD_{50} 5620mg/kg。蚯蚓 LC_{50}（14 天）1299mg/kg 土壤。

剂型　10%、20%、75% 可湿性粉剂，75% 干悬浮剂，75% 可分散粒剂，20%、25% 可溶粉剂。

质量标准　苯磺隆原药（GB 20683—2006）。

作用方式及机理　选择性内吸传导型芽后茎叶处理剂。可被杂草茎、叶、根吸收，并在体内传导，通过阻碍乙酰乳酸合成酶，使缬氨酸、亮氨酸、异亮氨酸等生物合成受抑制，阻止细胞分裂，导致杂草死亡。施药后杂草停止生长，10～14 天可见严重生长抑制，心叶逐渐坏死，叶片褪绿，一般在冬小麦用药后 30 天杂草逐渐整株枯死。苯磺隆在小麦体内迅速降解为无活性物质。在土壤中持效期 30～45 天。

防治对象　小麦田阔叶杂草。播娘蒿、荠菜、麦瓶草、繁缕、离子草、碎米荠、雀舌菜等对苯磺隆敏感，藜、猪殃殃、卷茎蓼、泽漆、婆婆纳等中度敏感，田旋花、鸭跖草、萹蓄、刺儿菜等敏感性差。

使用方法　小麦 2 叶期至拔节期，一年生阔叶杂草 2～6 叶期，每亩用 75% 苯磺隆干悬浮剂 0.9～1.7g（有效成分 0.7～1.3g），加水 30L 茎叶喷雾施药。

注意事项　①该药作用速度较慢，不可在未见药效时急于人工除草。②该品活性高，用药量少，称量要准确。③避免在干燥、低温（10 ℃以下）条件施药，以免影响药效。④该药与后茬阔叶作物安全间隔期为 90 天，轮作花生、大豆的麦田宜春前施药。砂质、有机质含量低、pH 高的土壤也应采用冬前施药。⑤施药时防止药液飘移到近邻敏感的阔叶作物上，也勿在间作敏感作物的麦田使用。

与其他药剂的混用　与异丙隆、2 甲 4 氯、氟草定、乙羧氟草醚、唑草酮等混用，延缓抗药性。

允许残留量　GB 2763—2021《食品中农药最大残留限量标准》规定苯磺隆在小麦中的最大残留限量为 0.05mg/kg。ADI 为 0.01mg/kg。谷物按照 SN/T 2325 规定的方法测定。

参考文献

刘长令, 2002. 世界农药大全: 除草剂卷[M]. 北京: 化学工业出版社.

马克比恩 C, 2015. 农药手册[M]. 胡笑形, 等译. 北京: 化学工业出版社.

中国农业百科全书总编辑委员会农药卷编辑委员会, 中国农业百科全书编辑部, 1993. 中国农业百科全书: 农药卷[M]. 北京: 农业出版社.

SHANER D L, 2014. Herbicide handbook[M].10th ed. Lawrence, KS: Weed Science Society of America.

（撰稿：李香菊；审稿：耿贺利）

苯甲酸苄酯　benzyl benzoate

一种昆虫驱避剂，并且对卫生害螨、吸血虫有较好的触杀效果。

其他名称　安息香酸苄酯、苯甲酸苯甲酯、苯酸苄酯、3- 哌啶苯丙酮盐酸盐、苯酸苯酯。

化学名称　苯甲酸苄酯; benzoic acid benzyl ester。

IUPAC 名称　benzyl benzoate。

CAS 登记号　120-51-4。

EC 号　204-402-9。

分子式　$C_{14}H_{12}O_2$。

相对分子质量　212.25。

结构式

开发单位　杜邦公司。

理化性质　无色油状液体，稍呈黏稠性，纯品为片状结晶，有微弱的洋李、杏仁香气。熔点 21℃。沸点 324℃。密度 1.118g/ml（20℃）。蒸气压 133.32Pa（125℃）。闪点 146℃。不溶于水，溶于油、乙醇、乙醚。

毒性　大鼠急性经口 $LD_{50} > 1.7g/kg$。大鼠经皮 $LD_{50} > 4g/kg$。小鼠经口 $LD_{50} > 1.4g/kg$。小鼠腹腔 $LD_{50} > 0.5g/kg$。狗经口 $LD_{50} > 33.4g/kg$。猫经口 $LD_{50} > 2.2g/kg$。兔经口 $LD_{50} > 1.7g/kg$。兔经皮 $LD_{50} > 4g/kg$。豚鼠经口 $LD_{50} > 1g/kg$。一般使用危险性不大，对皮肤、黏膜有刺激性。

剂型　25% 乳油。

防治对象　昆虫驱避剂，对卫生害螨、吸血虫有触杀作用。

注意事项　与氧化剂反应激烈，因此应与氧化剂分开储存。较易燃液体，燃烧产生刺激烟雾，因此要避开火源储存。

参考文献

朱永和, 王振荣, 李布青, 2006. 农药大典[M]. 北京: 中国三峡出版社.

（撰稿：周红；审稿：丁伟）

苯甲酰脲类　benzoylphenylureas, BUPs

一类主要抑制靶标害虫的几丁质合成而导致其死亡或不育的昆虫生长调节剂，被誉为第三代杀虫剂或新型昆虫控制剂。由于其独特的作用机制、较高的环境安全性、广谱高效的杀虫活性等特性，已成为创制新农药的一个活跃领域，并受到人们的广泛关注。

最早的苯甲酰脲类昆虫几丁质合成抑制剂是 20 世纪 70 年代初由荷兰菲利浦·杜法尔公司（Philips-Duphar B.V.，现科聚亚公司）发现的。杜法尔公司在研究除草剂敌草腈（dichlobenil）时，将其与另一除草剂敌草隆（diuron）结合，得到新的苯甲酰脲类化合物毒虫脲（Dul 9111），期望具有良好的除草活性，而生物测定结果出人意料：化合物 Dul 9111 没有除草活性，却有一定的杀虫活性，且同常规的杀虫剂作用不同，即幼虫在受药后不立即死亡，而是在蜕皮时死亡。后经研究表明化合物 Dul 9111 的作用机制是抑制昆虫表皮几丁质的生物合成。

敌草腈 dichlobenil

敌草隆 diuron

毒虫脲 Dul 9111

专利报道的苯甲酰脲类化合物有几千个商品化合物，在开发的化合物已有 30 多个。该类杀虫剂已在 40 余个国家和地区获准登记使用，目前在农业生产中得到广泛应用，对农林、果树、蔬菜、储粮、畜牧、卫生等约 8 目 34 科 90 多种害虫的防治，均取得很好的效果，其中以鳞翅目、双翅目、鞘翅目的害虫较多。

苯甲酰脲类几丁质合成抑制剂的结构通式如下所示：

通式中苯甲酰芳环 Ar^1 部分：经一系列类似化合物的合成与活性测试，一般认为苯甲酰芳环部分 2,6- 位有 1 个或 2 个卤素是必要的。由于酰胺合成的难度及取代基对活性的影响，一般芳环的取代基为 1~3 个，位置多为 2,4,6- 位，全取代的也出现过，包括卤素、$C_1 \sim C_6$ 烷基、氰基、烷氧基、烷硫基等。苯环上不同取代基的电子效应、空间效应与其生物活性紧密相关，取代基的变化规律为 F＞Cl＞＞CH_3＞CH_2CH_3＞OCH_3、OH、H。除电子效应外，苯环与相连的酰胺平面之间的夹角也影响着苯甲酰脲类化合物与受体之间的匹配状况。发展至今，2,6-二氟苯甲酰脲占主导地位。按生物电子等排原理，有人将苯环改造成了含氮的杂环，但迄今为止，还没有这类商品问世。

X 和 Y 基团：一般苯甲酰脲类化合物中的 X、Y 均为氧原子，利用 O 或 S 的生物电子等排性，发展了许多苯酰硫脲衍生物，其中 1 个或 2 个氧原子被硫原子取代后，活性下降，目前没有该类商品上市。

脲结构中氮原子上的取代基（R^1 和 R^2）：在芳基甲酰脲类的氮原子上引入易离去的基团，如 $C_1 \sim C_6$ 烷基、羟基、烷氧基、烷硫基、磷酰基等，其杀虫活性与未取代的芳基甲酰脲相近，未有突出表现，尚无商品化品种出现。

芳胺部分 Ar^2 的结构修饰：可能由于芳胺的获取比芳酰胺容易，对芳胺环上的合成及杀虫活性影响研究得最多，也最详尽。目前芳胺部分的修饰已成为苯甲酰脲类研究的主导方向。

参考文献

杨华铮, 邹小毛, 朱有全, 等, 2013.现代农药化学[M].北京: 化学工业出版社: 24-26.

（撰稿：杨吉春；审稿：李淼）

度溶于酮类和芳香族溶剂。工业品含量为 92%。

毒性　急性经口 LD_{50}：大鼠 28.5mg/kg，小鼠 43.7mg/kg；急性经皮 LD_{50}：大鼠＞2mg/kg，小鼠＞600mg/kg，小鼠腹腔注射 LD_{50} 45mg/kg；小鼠皮下注射 LD_{50} 122mg/kg；猪急性经口 LD_{50} 50mg/kg；猪皮下注射 LD_{50} 100mg/kg；鸡急性经口 LD_{50} 20.3mg/kg。

剂型　1.5% 粉剂，25%、30% 乳油。

防治对象　在热带，对稻螟虫、稻瘿蚊和棉铃虫有效；在温带，对鳞翅目幼虫和蔬菜上其他害虫有效。

注意事项　皮肤接触：立即脱去被污染的衣着，用肥皂水和清水彻底冲洗皮肤，就医。眼睛接触：提起眼睑，用流动清水或生理盐水冲洗，就医。吸入：离开现场至空气新鲜处，如呼吸困难，给输氧，就医。食入：饮足量温水，催吐，用清水或 2%～5% 碳酸氢钠溶液洗胃，就医。密闭操作，提供充分的局部排风。操作人员必须经过专门培训，严格遵守操作规程。建议操作人员佩戴防尘面具（全面罩），穿连衣式胶布防毒衣，戴橡胶手套。远离火种、热源，工作场所严禁吸烟。使用防爆型的通风系统和设备。避免产生粉尘。避免与氧化剂接触。搬运时要轻装轻卸，防止包装及容器损坏。

参考文献

朱永和, 王振荣, 李布青, 2006. 农药大典[M]. 北京: 中国三峡出版社: 87.

（撰稿：吴剑；审稿：薛伟）

苯腈膦　cyanofenphos

吡啶胺衍生物，二硝基苯胺类杀虫剂。

其他名称　施力松、Cyanophenphos、Surazon、Surecide、S-4087。

化学名称　O-乙基-O-(4-腈苯基)-苯基硫代膦酸酯；O-ethyl-O-(4-cyanophenyl)phenyl-phosphonothioate。

IUPAC 名称　(RS)-(O-4-cyanophenyl O-ethyl phenylphos-phonothioate)。

CAS 登记号　13067-93-1。

EC 号　200-835-2。

分子式　$C_{15}H_{14}NO_2PS$。

相对分子质量　303.32。

结构式

开发单位　1962 年由日本住友化学公司开发。

理化性质　其外观呈白色结晶固体状。熔点 83℃。蒸气压 1.76mPa（25℃）。水中的溶解度 0.6mg/L（30℃），中

苯菌灵　benomyl

一种苯并咪唑类广谱内吸性杀菌剂，还具有杀螨、杀线虫活性。

其他名称　苯莱特、Benlate、Benor、Fundozol、Gilomyl、Pilarben、Romyl。

化学名称　1-(正丁基氨基甲酰基)苯并咪唑-2-基氨基甲酸甲酯。

IUPAC 名称　methyl 1-(butylcarbamoyl)benzimidazol-2-yl-carbamate。

CAS 登记号　17804-35-2。

EC 号　241-775-7。

分子式　$C_{14}H_{18}N_4O_3$。

相对分子质量　290.32。

结构式

开发单位　美国杜邦公司。

理化性质　纯品为白色结晶固体。熔点 140℃（分解）。

蒸气压＜5×10^{-3}mPa（25℃）。K_{ow}lg$P$ 1.37。Henry 常数［Pa·m³/mol（计算值）］：＜4×10^{4}（pH5），＜5×10^{4}（pH7），＜7.7×10^{4}（pH9）。相对密度 0.38。水中溶解度（室温）：3.6mg/L（pH5），2.9mg/L（pH7）、1.9mg/L（pH8）；有机溶剂中溶解度（g/kg，25℃）：二甲基甲酰胺 53、丙酮 18、乙醇 4、氯仿 94、庚烷 0.4。稳定性：DT$_{50}$ 3.5 小时（pH5），1.5 小时（pH7）；在某些溶剂中离解形成多菌灵和异氰酸酯。在水中溶解，并在各种 pH 值下稳定，对光稳定，遇水及在潮湿土壤中分解。

毒性　大鼠急性经口 LD$_{50}$＞5000mg/kg。兔急性经皮 LD$_{50}$＞5000mg/kg。对兔皮肤轻微刺激，对兔眼睛暂时刺激。大鼠急性吸入 LC$_{50}$（4 小时）＞2mg/L。NOEL（2 年）：大鼠＞2500mg/kg 饲料（最大试验剂量），狗 500mg/kg 饲料。野鸭和山齿鹑饲喂 LC$_{50}$（8 天）＞10 000mg/kg 饲料（50% 制剂）。鱼类 LC$_{50}$（96 小时，mg/L）：虹鳟 0.27，鲤鱼 0.61，金鱼 4.2。水蚤 LC$_{50}$（48 小时）648μg/L。海藻 EC$_{50}$（mg/L）：2（72 小时）、3.1（120 小时）。对蜜蜂无毒，LD$_{50}$（接触）＞50μg/ 只。蚯蚓 LC$_{50}$（14 天）10.5mg/kg 土壤。

剂型　50% 可湿性粉剂，50% 干悬剂。

质量标准　50% 可湿性粉剂为灰白色疏松细粉，pH6～8，水分 3%，悬浮率 65%。

作用方式及机理　高效、广谱、内吸性杀菌剂，具有保护、治疗和铲除等作用，对子囊菌纲、半知菌类及某些担子菌纲的真菌引起的病害有防效。

防治对象　用于防治苹果、梨，葡萄白粉病，苹果、梨黑星病，小麦赤霉病，水稻稻瘟病，瓜类疮痂病、炭疽病，茄子灰霉病，番茄叶霉病，葱类灰色腐败病，芹菜灰斑病，柑橘疮痂病、灰霉病，大豆菌核病，花生褐斑病，甘薯黑斑病和腐烂病等。除了具有杀菌活性外，还具有杀螨、杀线虫活性。

使用方法　可用于喷洒、拌种和土壤处理。防治大田作物和蔬菜病害，使用剂量为 40～150g/hm²（有效成分）；防治果树病害，使用剂量为 550～1100g/hm²（有效成分）；防治收获后作物病害，使用剂量为 25～200g/hm²（有效成分）。

防治柑橘疮痂病、灰霉病　用 50% 可湿性粉剂 33～50g，配成 2000～3000 倍药液，喷雾，小树每亩喷 150～400kg，大树每亩喷 500kg。

防治苹果黑星病、黑点病，梨黑星病，葡萄褐斑病、白粉病等　用 50% 可湿性粉剂 33～50g，配成 2000～3000 倍液，喷雾，小树每亩喷 150～400kg，大树每亩喷 500kg。

防治瓜类灰霉病、炭疽病，茄子灰霉病，番茄叶霉病，葱类灰色腐败病，芹菜灰斑病等　用 50% 可湿性粉剂 66～100g，配成 2000～3000 倍药液，每亩喷 65～75kg 药液。

防治大豆菌核病　在病害初发时或发病前，用 50% 可湿性粉剂 66～100g，配成 1000～1500 倍药液，每亩每次喷 50～75kg 药液。

防治花生褐斑病等　在病害初发时或发病前，用 50% 可湿性粉剂 33～100g，配成 2000～3000 倍药液，每亩每次喷 50～60kg 药液。

注意事项　可与多种农药混用，但不能与波尔多液、石硫合剂等碱性农药及含铜制剂混用。为避免产生抗性，应与其他杀菌剂交替使用。但不宜与多菌灵、甲基硫菌灵与与苯菌灵存在交互抗性的杀菌剂交替使用。

与其他药剂的混用　15% 福美双、20% 代森锰锌和 15% 苯菌灵混用，有效成分用药量为 400～600 倍液进行喷雾防治苹果轮纹病。

允许残留量　GB 2763—2021《食品中农药最大残留限量标准》规定苯菌灵最大残留限量见表。ADI 为 0.1mg/kg。蔬菜、水果按照 SN/T 0162 规定的方法测定。

部分食品中苯菌灵最大残留限量（GB 2763—2021）

食品类别	名称	最大残留限量（mg/kg）
蔬菜	芦笋	0.5
水果	苹果	5.0
	梨	3.0
	柑、橘	5.0
	香蕉	2.0

参考文献

刘长令, 2006. 世界农药大全: 杀菌剂卷[M]. 北京: 化学工业出版社: 280-281.

农业部种植业管理司, 农业部农药鉴定所, 2013. 新编农药手册[M]. 2版. 北京: 中国农业出版社: 239-240.

MACBEAN C, 2012. The pesticide manual: a world compendium [M]. 16th ed. UK: BCPC.

（撰稿：侯毅平；审稿：张灿、刘西莉）

苯菌酮　metrafenone

一种二苯酮类杀菌剂。兼具保护、治疗和抗产孢活性的取代苯类杀菌剂。

其他名称　Flexity、Vivando（BASF）。

化学名称　(3- 溴 -6′- 甲氧基 -2′- 甲基苯基)-(2,3,4- 三甲氧基 -6- 甲基苯基) 甲酮；(3-bromo-6-methoxy-2-methylphenyl)(2,3,4-trimethoxy-6-methylphenyl)methanone。

IUPAC 名称　3′-bromo-2,3,4,6′-tetramethoxy-2′,6-dimethylbenzophenone。

CAS 登记号　220899-03-6。

分子式　C$_{19}$H$_{21}$BrO$_5$。

相对分子质量　409.27。

结构式

开发单位　德国巴斯夫公司。H. Köhle 等报道其杀菌剂活性。

理化性质　原药含量98%。白色晶体固体。熔点99.2～100.8℃。蒸气压$1.53×10^{-1}$mPa（20℃）；$2.56×10^{-1}$mPa（25℃）（纯度均为99.7%）。$K_{ow}\lg P$ 4.3（pH4.0，25℃）。Herry常数0.132 $Pa·m^3/mol$（20℃，计算值）。相对密度1.45（20℃，纯度为99.4%）。水中溶解度：0.552（pH5）、0.492（pH7）、0.457（pH9）（mg/L，20℃）；有机溶剂中溶解度（g/L，20℃）：丙酮403、乙腈165、二氯甲烷1950、乙酸乙酯261、正己烷4.8、甲醇26.1、甲苯363。稳定性：黑暗中在pH4，pH7和pH9的缓冲液（50℃）中5天后不水解；在pH7（22℃），模拟太阳光照射15天后的缓冲液中大量分解；DT_{50} 3.1天。

毒性　大鼠急性经口$LD_{50}>5000$mg/kg。大鼠急性经皮$LD_{50}>5000$mg/kg。对皮肤或眼睛无刺激。非皮肤致敏物。大鼠吸入$LC_{50}>5$mg/L。NOEL：大鼠NOAEL（13周）43mg/（kg·d）；NOAEL（2年）25mg/（kg·d）。ADI/RfD（EC）值：0.25mg/kg［2006］；（EPA）cRfD 0.25mg/kg［2006］。毒性等级：EPA（制剂）；初步证据证明具有致癌性。慢性参考剂量可免于发生致癌作用。鹌鹑急性经口$LD_{50}>2025$mg/kg。山齿鹑饲喂NOEC 5314mg/kg［>948.4mg/（kg·d）］。虹鳟LC_{50}（96小时）>0.82mg/L。水蚤EC_{50}（48小时）>0.92mg/L。羊角月牙藻E_bC_{50}（72小时）0.71mg/L。蜜蜂LD_{50}：经口>114μg/只；接触>100μg/只。蚯蚓$LC_{50}>1000$mg/kg土壤。对寄生蜂、瓢虫、捕食螨和土鳖虫无害（IOBC）。

剂型　42%悬浮剂。

质量标准　42%苯菌酮悬浮剂外观为乳白色液态，苯菌酮有效含量≥42%。

作用方式及机理　具有预防、治疗作用和抗孢子活性。对芽管和菌丝生长均有作用。可干扰极性肌动蛋白组织的建立和维护，使病原菌的菌丝体顶端细胞的形成受到干扰和抑制，从而阻碍菌丝体的正常发育和生长。

防治对象　冬春季小麦和大麦的小麦基腐病菌和白粉菌、葡萄白粉菌、瓜类白粉病。

使用方法　防治瓜类和豌豆白粉病，在发病前或初期均匀喷雾，推荐有效成分用量90～180g/hm²，每亩42%苯菌酮悬浮剂用量18～24ml，加水27～36kg后均匀喷雾。间隔7～10天，施药2～3次。安全间隔期为5天。

注意事项　须按照标签说明使用，必要时同其他作用机理不同的杀菌剂交替轮换使用，药剂在病害发生前预防处理时效果更佳。蚕室和桑园附近禁用。该药剂无特效解毒剂。药液不慎接触皮肤，用肥皂和清水彻底清洗皮肤表面。不慎接触眼睛，用清水彻底冲洗眼睛。

参考文献

马克比恩 C, 2015. 农药手册[M]. 胡笑形, 等译. 北京: 化学工业出版社: 699-700.

（撰稿：张传清；审稿：刘西莉）

苯喹磷　quintiofos

一种有机磷杀虫剂、杀螨剂。

其他名称　Bacdip、BAY 9037。

化学名称　*O*-乙基*O*-8-喹磷基苯基硫代磷酸酯；*O*-ethyl *O*-8-quinolinyl phenylphosphonothioate。

IUPAC名称　*O*-ethyl *O*-8-quinolyl phenylphosphonothioate。

CAS登记号　1776-83-6。

分子式　$C_{17}H_{16}NO_2PS$。

相对分子质量　329.35。

结构式

开发单位　拜耳公司。

毒性　急性经口LD_{50}（mg/kg）：大鼠150，小鼠100，猫75，豚鼠50，兔75。大鼠急性经皮LD_{50} 50mg/kg。

作用方式及机理　胆碱酯酶抑制剂。

防治对象　具触杀和胃毒作用，杀虫谱广，有一定的杀卵作用。

参考文献

马克比恩 C, 2015. 农药手册[M]. 胡笑形, 等译. 北京: 化学工业出版社: 1100.

（撰稿：吴娇；审稿：杨吉春）

苯硫膦　EPN

一种有机磷杀虫剂、杀螨剂，对多种害虫有效。

其他名称　伊皮恩、EPN-300、ENT17798、EPH、Veto。

化学名称　*O*-乙基-*O*-(4-硝基苯基)苯基硫代膦酸酯；*O*-ethyl *O*-(4-nitrophenyl)phenylphosphonothioate。

IUPAC名称　*O*-ethyl *O*-4-nitrophenyl phenylphosphonothioate。

CAS登记号　2104-64-5。

EC号　200-835-2。

分子式　$C_{14}H_{14}NO_4PS$。

相对分子质量　323.30。

结构式

开发单位　1949年相继由杜邦公司和日本日产化学工业公司及韦尔西化学公司开发。

理化性质 淡黄色结晶粉末。熔点 36℃。在 100℃时蒸气压 0.04Pa。不溶于水，但溶于大多数有机溶剂。相对密度 1.27。折射率 1.5978。在中性和酸性条件下稳定，遇碱水解。

毒性 急性经口 LD_{50}：雄大鼠 33～42mg/kg，雌大鼠 14mg/kg，小鼠 50～100mg/kg。狗的致死剂量 20～45mg/kg。大鼠急性经皮 LD_{50} 110～230mg/kg。急性经口 LD_{50}：鹌鹑 220mg/kg，野鸡＞165mg/kg，在 20mg/kg 的剂量下，所有试验狗存活，45mg/kg 的剂量下全部死亡。2 年饲喂 NOEL：雄性大鼠 150mg/kg 饲料，雌性大鼠 75mg/kg 饲料。雄、雌狗饲喂 1 年 NOEL 为 2mg/kg。鱼类 LC_{50}：虹鳟 0.21mg/L，蓝鳃鱼 0.37mg/L。

剂型 乳油，颗粒剂，粉剂。

作用方式及机理 乙酰胆碱酯酶抑制剂。

防治对象 对水稻二化螟、三化螟、稻螟蛉、叶蝉、飞虱、稻苞虫等均有很高的杀虫效力。

使用方法 用 1.5% 粉剂 30～40kg/hm² 喷粉，可防治稻叶蝉、二化螟、三化螟、稻螟蛉、叶蝉、飞虱、稻苞虫等。用 45% 乳油 1000 倍液喷雾，可防治三化螟、二化螟、稻叶蝉和柑橘锈壁虱。用 45% 乳油 2000 倍液喷雾，可防治棉铃虫、叶跳甲、棉小造桥虫、大豆茎荚瘿蝇、根潜蝇、果树食心虫、卷夜蛾、粉蚧等。用 45% 乳油 2500～3000 倍液喷雾，可防治各种蚜虫和叶蝉，用 45% 乳油 2.5～4kg/hm² 拌细土 200kg，配成毒土撒施，可防治水稻三化螟、二化螟，并可防治叶蝉。

注意事项 皮肤接触：脱去被污染的衣着，用肥皂水及清水彻底冲洗。眼睛接触，立即翻开上下眼睑，用流动清水冲洗 15 分钟，就医。吸入：离开现场至空气新鲜处。呼吸困难时给输氧。呼吸停止时，立即进行人工呼吸，就医。食入：误服者给饮足量温水，催吐，洗胃，就医。该品除引起一般有机磷农药中毒表现外，还可诱发迟发性神经病变。对环境有危害，对水体可造成污染。该品可燃，高毒。

与其他药剂的混用 可与春雷霉素、甲萘威、甲硫威以及甲基对硫磷等农药复配使用。

允许残留量 日本农药残留标准规定大米、樱桃、柿、夏橘（果实）、梨、葡萄、柑橘、桃、苹果、草莓、甘蓝、黄瓜、番茄、白菜、马铃薯等均为 0.1mg/kg。

参考文献

《环境科学大辞典》编辑委员会, 1991.环境科学大辞典[M]. 北京: 中国环境科学出版社: 17.

刘珍才, 2009. 实用中毒急救数字手册[M]. 天津: 天津科学技术出版社: 441.

朱永和, 王振荣, 李布青, 2006. 农药大典[M]. 北京: 中国三峡出版社: 85-86.

（撰稿：吴剑；审稿：薛伟）

苯硫威 fenothiocarb

一种氨基甲酸酯类非内吸性杀螨剂。

其他名称 KCO-3001、B1-5452、Panocon。

化学名称 S-(4-苯氧基丁基)-N,N-二甲基硫代氨基甲酸酯；S-(4-phenoxybutyl)N,N-dimethylcarbamo-thioate。

IUPAC 名称 S-4-phenoxybutyl dimethyl(thiocarbamate)。

CAS 登记号 62850-32-2。

EC 号 233-188-8。

分子式 $C_{13}H_{19}NO_2S$。

相对分子质量 253.36。

结构式

开发单位 日本组合化学工业公司开发并于 1987 年上市。

理化性质 原药含量＞96%。纯品为无色晶体。熔点 39.5℃。沸点：155℃（2.67Pa），248.4℃（3990Pa）。蒸气压 $2.68×10^{-1}$mPa（25℃）。$K_{ow}lgP$ 3.51（pH7.1，20℃）。相对密度 1.227（20℃）。水中溶解度（20℃）0.0328mg/L；其他溶剂中溶解度（g/L，20℃）：环己酮 3800，乙腈 3120，丙酮 2530，二甲苯 2464，甲醇 1426，煤油 80，正己烷 47.1，甲苯、二氯甲烷、乙酸乙酯＞500。150℃时对热稳定，水解 $DT_{50}＞1$ 年（pH4、7 和 9，25℃）。天然水中光解 DT_{50} 6.3 天、蒸馏水 6.8 天（25℃，50W/m²，300～400nm）。

毒性 属低毒杀螨剂。急性经口 LD_{50}（mg/kg）：雄大鼠 1150，雌大鼠 1200，雄小鼠 7000，雌小鼠 4875。急性经皮 LD_{50}（mg/kg）：雄大鼠 2425，雌大鼠 2075，小鼠＞8000。大鼠吸入 LC_{50}（4 小时）＞1.79mg/L。NOEL［mg/(kg·d)］：雄大鼠（2 年）1.86，雌大鼠（1 年）1.94；公狗（1 年）1.5，母狗（1 年）3.0。鸟类急性经口 LD_{50}（mg/kg）：野鸭＞2000，雌鹌鹑 878，雄鹌鹑 1013。鲤鱼 LC_{50}（96 小时）0.0903mg/L。水蚤 LC_{50}（48 小时）2.4mg/L。羊角月牙藻 E_bC_{50}（72 小时）0.197mg/L。蜜蜂 LD_{50}（接触）0.2～0.4mg/ 只。其他有益物种 NOEL（µg/ 幼虫）：家蚕（7 天）1，七星瓢虫（48 小时）10。对智利小植绥螨有毒，$LC_{50}＜30g/1000m^3$，绿草蛉成虫 $LC_{50}＜10g/1000m^3$。

剂型 35% 乳油。

作用方式及机理 非内吸性杀螨剂，具有触杀作用，有很强的杀卵活性，对雌成螨活性不高，但在低浓度时能明显降低雌螨的繁殖能力，并进一步降低卵的孵化率。

防治对象 对螨的各生长期有效，亦能杀卵。可防治全爪螨、柑橘红蜘蛛、苹果全爪螨和其他柑橘树上的螨的卵和幼虫。

使用方法

防治柑橘全爪螨 35% 乳油加水喷雾，每亩每次制剂稀释倍数（有效成分浓度）为 800～1000 倍液（350～438mg/L）；日本官方试验的结果表明，在秋季将喷雾量为 5000L/hm² 的苯硫威稀溶液（加水稀释 1000 倍，有效成分 1.8～1.2kg/hm²）施用于果树上防治柑橘全爪螨能收到预期的良好效果，且没有药害。在夏季，其防治效果不及秋季。

防治苹果全爪螨 采用上述防治柑橘全爪螨的同样剂

量的苯硫威来防治苹果全爪螨亦能收到极好的效果，但是在某些品种苹果树的叶片上出现了药害，因而必须在苹果园里进行细致的药害试验。为了避免药害问题，建议将苯硫威与其他杀螨剂混用，从而使苯硫威保持较低浓度。

防治红叶螨　苯硫威对红叶螨属显示了很大的杀卵活性，然而其杀成螨活性很小，所以，将苯硫威与其他杀成螨杀螨剂混用预期可以满意地防治红叶螨。再则，苯硫威在某些蔬菜、豆类等作物上出现了药害，因而必须进行药害试验。

其他使用剂量为 1.2～1.8kg/hm²，施用于柑橘果实上，可防治全爪螨的卵和幼螨。

注意事项　每季作物最多使用 2 次，最后一次施药距收获的天数（安全间隔期）为 7 天。宜与其他杀螨剂轮换使用。不宜与石硫合剂混用，混用可能会导致药害；也不能与其他强碱性药剂混配。

允许残留量　GB 2763—2021《食品中农药最大残留限量标准》规定苯硫威在柑橘上的最大残留限量为 0.5mg/kg（临时限量）。ADI 为 0.0075mg/kg。水果参照 GB 23200.8 规定的方法测定。

参考文献

刘长令, 2012. 世界农药大全: 杀虫剂卷[M]. 北京: 化学工业出版社: 716-719.

马克比恩 C, 2015. 农药手册[M]. 胡笑形, 等译. 北京: 化学工业出版社: 421-422.

（撰稿：杨吉春；审稿：李淼）

苯螨醚　phenproxide

一种非内吸性杀螨剂。

其他名称　Kayacide、NK-493、氯灭螨醚。

化学名称　1-氯-4-(4-硝基苯氧基)-2-(丙基亚磺酰基)苯；1-chloro-4(4-nitrophenoxy)-2-(propylsulfinyl)benzene。

IUPAC 名称　2-chloro-5-(4-nitrophenoxy)phenyl propyl sulfoxide。

CAS 登记号　49828-75-3。

分子式　$C_{15}H_{14}ClNO_4S$。

相对分子质量　339.79。

结构式

开发单位　日本化药工业公司。

理化性质　黄色结晶。熔点 86～86.5℃。不溶于水，溶于有机溶剂。

毒性　属低毒杀螨剂，急性经口 LD_{50}（mg/kg）：大鼠 1180，小鼠 6900。大鼠急性经皮 LD_{50}＞4000mg/kg。鱼类 LC_{50}（48 小时）：鲤鱼 6mg/L，金鱼 3.8mg/L。水蚤属 LC_{50}

14mg/L。

防治对象　防治橘类、苹果和其他果树的螨类。

使用方法　与三环锡、丙螨氰、4,4'-二氨二苯乙醇酸（CAS 登记号 65525-16-8）（3mg/kg）的混剂可防治柑橘叶上的柑橘全爪螨。或者 4-甲基 3-丙硫基-4'-硝基二苯基醚（CAS 登记号 49828-23-1）与二溴磷的混剂可防治抗性螨卵。

参考文献

康卓, 2017. 农药商品信息手册[M]. 北京: 化学工业出版社: 18.

（撰稿：杨吉春；审稿：李淼）

苯螨噻　triarathene

一种非内吸性杀螨剂。

其他名称　苯赛螨、三苯噻螨吩、Micromite、UBI-T930。

化学名称　5-(4-氯苯基)-2,3-二苯基噻吩；5-(4-chlorophenyl)-2,3-diphenylthiophene。

IUPAC 名称　5-(4-chlorophenyl)-2,3-diphenylthiophene。

CAS 登记号　65961-00-1。

分子式　$C_{22}H_{15}ClS$。

相对分子质量　346.87。

结构式

开发单位　由 D. I. Relyea 等报道，由优乐化学公司开发。

理化性质　纯品为无色结晶固体。熔点 127℃。沸点 462℃。蒸气压在 25℃时为 $1.33×10^{-6}$mPa。辛醇-水中的 $K_{ow}lgP$ 8。该药剂在 127℃以下对热稳定。阳光照射几个月后表面变黄。

毒性　属低毒杀螨剂。工业品对大鼠的急性经口 LD_{50}＞10 000mg/kg，急性吸入 LC_{50}＞5.1mg/L。对兔急性经皮 LD_{50}＞2000mg/kg。50% 可湿性粉剂对兔眼睛有中等刺激作用，对皮肤无刺激作用。水生生物 LC_{50}（mg/L）：硬头鳟＞100（96 小时），水蚤为 64（48 小时），野鸭和北美鹌鹑＞5620（192 小时）。

剂型　可湿性粉剂。

作用方式及机理　触杀性叶用杀螨剂。

防治对象　可防治橘锈螨、普通红叶螨、柑橘全爪螨和斑氏真叶螨。

使用方法　可与其他喷施药剂混用。

参考文献

康卓, 2017. 农药商品信息手册[M]. 北京: 化学工业出版社: 22.

（撰稿：杨吉春；审稿：李淼）

B

苯螨特　benzoximate

一种非内吸性杀螨剂。

其他名称　Mitrazon、西塔宗、西斗星、西脱螨、杀螨特、NA-53M。

化学名称　O-苯甲酰基-3-氯-2,6-二甲氧基苯甲酰乙基羟肟酸酯；benzoic acid anhydride with 3-chloro-N-ethoxy-2,6-dimethoxybenzenecarboximidic acid。

IUPAC 名称　3-chloro-α-(EZ)-ethoxyimino-2,6-dimethoxybenzyl benzoate；ethyl O-benzoyl-3-chloro-2,6-dimethoxybenzohydroximate。

CAS 登记号　29104-30-1。

EC 号　249-439-1。

分子式　$C_{18}H_{18}ClNO_5$。

相对分子质量　363.79。

结构式

开发单位　日本曹达公司 1972 年开始推广。

理化性质　纯品为无色结晶固体。熔点 73℃。蒸气压 0.45mPa（25℃）。$K_{ow}lgP$ 2.4。相对密度 1.3（20℃）。Henry 常数 $5.46×10^{-3}Pa·m^3/mol$（计算值）。水中溶解度（25℃）、30mg/L；其他溶剂中溶解度（g/L，20℃）：苯 650、二甲基甲酰胺 1460、己烷 80、二甲苯 710。对水和光比较稳定，在酸性介质中稳定，在强碱性介质中分解。

毒性　属微毒杀螨剂。急性经口 LD_{50}（mg/kg）：大鼠＞15 000，wistar 大鼠＞5000，雄小鼠 12 000，雌小鼠 14 500。大、小鼠急性经皮 LD_{50}＞15 000mg/kg。大鼠 NOEL（2 年）400mg/kg 饲料。急性腹腔注射 LD_{50}（mg/kg）：大鼠 4.2，雄小鼠 4.6，雌小鼠 4.3。鲤鱼 LC_{50}（48 小时）1.75mg/L。对鸟类毒性低，日本鹌鹑急性经口 LD_{50}＞15 000mg/kg。在正常条件下，对蜜蜂无毒害作用。对天敌安全。

剂型　5%、10% 乳油。

作用方式及机理　作用机理尚不明确。具有触杀和胃毒作用，无内吸和渗透传导作用。能用于防治各个发育阶段的螨，对卵和成螨都有作用。具有较强的速效性和较长的持续性，药后 5～30 天内能及时有效地控制虫口增长；同时该药能防治对其他杀螨剂产生抗性的螨，对天敌和作物安全。

防治对象　各个阶段的螨，特别是全爪螨和叶螨。

使用方法　主要用于防治仁果类、核果类、葡萄、柑橘和观赏植物上的全爪螨、叶螨、红蜘蛛等。对其他药剂产生抗性的红蜘蛛，也具有良好的防治效果，但对锈螨无效。在春季螨害始盛期，平均每叶有螨 2～3 头时，进行喷雾防治。红蜘蛛类繁殖迅速，喷药要均匀。防治苹果树上的全爪螨和叶螨剂量为有效成分 $400～600g/hm^2$，用于柑橘和葡萄上的剂量为 $300～400g/hm^2$。防治柑橘红蜘蛛用 5% 乳油或 10% 乳油 1000～2000 倍液（有效成分 50～66.7mg/kg）。

注意事项　不宜与其他药剂混用，如苯硫磷、波尔多液等。喷药要均匀周到。红蜘蛛易产生抗药性，该药应一年只喷 1 次，并与其他杀螨剂轮换使用。如误服，应喝大量水并引吐，请医生治疗。

允许残留量　GB 2763—2021《食品中农药最大残留限量标准》规定苯螨特在柑橘上的最大残留限量为 0.3mg/kg（临时限量）。ADI 为 0.15mg/kg。水果参照 GB/T 20769 规定的方法测定。

参考文献

刘长令，2012. 世界农药大全：杀虫剂卷[M]. 北京：化学工业出版社：706-707.

马克比恩 C，2015. 农药手册[M]. 胡笑形，等译. 北京：化学工业出版社：86-87.

（撰稿：杨吉春；审稿：李淼）

苯醚甲环唑　difenoconazole

具有广谱活性的 14α 脱甲基酶抑制剂。对多种作物的真菌病害有效。

其他名称　世高、思科、噁醚唑、苯丙甲环唑。

化学名称　1-(2-[4-(4-氯苯氧)-2-氯苯基]-4-甲基-1,3-二戊烷-2-基甲基)-H-1,2,4-三唑；1-[2-[4-(4-chlorophenoxy)-2-chlorophenyl]-4-methyl-1,3-dioxolan-2-ylmethyl]-1H-1,2,4-triazole。

IUPAC 名称　cis,trans-3-chloro-4-[4-methyl-2-(1H-1,2,4-triazol-1-ylmethyl)-1,3-dioxolan-2-y1]phenyl 4-chlorophenyl ether。

CAS 登记号　119446-68-3。

EC 号　601-613-1。

分子式　$C_{19}H_{17}Cl_2N_3O_3$。

相对分子质量　406.26。

结构式

开发单位　W. Ruess 报道。1989 年在法国由汽巴-嘉基公司（现先正达公司）开发上市。

理化性质　白色至浅米黄色晶体。熔点 82～83℃。沸点 100.8℃（3.7mPa）。燃点 286℃。蒸气压 $3.3×10^{-5}mPa$（25℃）。$K_{ow}lgP$ 4.4（25℃）。Henry 常数 $8.94×10^{-7}Pa·m^3/mol$（25℃）。相对密度 1.4（20℃）。水中溶解度 15mg/L（25℃）；有机溶剂中溶解度（g/L，25℃）：丙酮、二氯甲

烷、甲苯、甲醇、乙酸乙酯＞500，己烷3，辛醇110。稳定性：150℃下仍稳定，不水解。

毒性　急性经口 LD_{50}：大鼠约1.45g/kg，雌小鼠＞1g/kg。兔急性经皮 LD_{50}＞2.01g/kg。不刺激兔皮肤，轻度刺激兔眼。对豚鼠皮肤不致敏。大鼠吸入 LC_{50}（4小时）＞3.28g/m³（空气）。NOEL［mg/（kg·d）］：大鼠（2年）1；小鼠（1.5年）4.7；狗（1年）3.4。无致畸性和致突变性。鸟急性经口 LD_{50}（g/kg）：绿头野鸭（9～11天）＞2.15，日本鹌鹑＞2。野鸭饲喂 LC_{50}（5天）＞5g/kg饲料；山齿鹑饲喂 LC_{50}（5天）＞4.76g/kg饲料。鱼类 LC_{50}（96小时，mg/L）：虹鳟1.1，蓝鳃翻车鱼1.2。水蚤 EC_{50}（48小时）0.77。近具刺链带藻 EC_{50}（72小时）0.03mg/L。对蜜蜂无毒。

剂型　3%悬浮种衣剂，10%、15%、20%、25%、30%、37%水分散粒剂，250g/L、20%、25%、30%乳油，10%、12%、30%可湿性粉剂，5%、10%、20%、25%水乳剂。

质量标准　3%苯醚甲环唑悬浮种衣剂，外观为胶悬液，pH5～7，相对密度1.047（20℃），黏度300～400mPa·s（20℃）。

作用方式及机理　具有保护、治疗和铲除作用的内吸性杀菌剂，经植物根和叶吸收，可在新生组织中迅速传导。通过杂环上的氮原子与病原菌细胞内羊毛甾醇14α脱甲基酶的血红素-铁活性中心结合，抑制14α脱甲基酶的活性，从而阻碍麦角甾醇的合成，最终起到杀菌的作用。

防治对象　具有广谱活性的内吸性杀菌剂，对大部分子囊菌、担子菌和无性态菌物引起的病害有效。如各种作物的锈病和白粉病、甜菜褐斑病、小麦颖枯病、叶枯病、苹果黑星病、马铃薯早疫病、花生叶斑病等均具有较好的治疗效果。可用于葡萄、梨果、核果、马铃薯、甜菜、油菜、香蕉、谷物、水稻、大豆、观赏植物和多种蔬菜作物，防治综合病害。

使用方法　叶面喷雾和种子处理。喷雾剂量30～125g/hm²；种子处理剂量3～24g/100kg（种子）。在小麦生长阶段早期叶面施用可能导致叶部黄变，但对产量无影响。

注意事项　不宜与铜制剂或碱性药物混用。对鱼类及水生生物有毒，远离水产养殖区用药，禁止在河塘等水体中清洗施药器具，避免药液污染水源地。使用时应穿戴防护服和手套，避免吸入药液。施药期间不可吃东西和饮水。施药后应及时冲洗手、脸及裸露部位。用过的容器妥善处理，不可做他用或随意丢弃，可用控制焚烧法或安全掩埋法处置包装物或废弃物。避免孕妇及哺乳期妇女接触该品。晴天空气相对湿度低于65%、气温高于28℃、大风或预计1小时内降雨时应停止施药。为尽量减轻病害造成的损失，应在发病初期进行喷药施用。

与其他药剂的混用　可与多种杀菌剂和个别杀虫剂混用。如与吡虫啉混用防治小麦全蚀病和蚜虫；与丙环唑混用防治水稻纹枯病；与嘧菌酯或肟菌酯混用防治西瓜炭疽病；与唑菌胺酯或克菌丹或代森联或中生菌素混用防治苹果斑点落叶病；与噻虫嗪和咯菌腈混用防治小麦金针虫和散黑穗病；与多菌灵混用防治苹果轮纹病；与氟唑菌酰胺混用防治菜豆锈病、番茄叶部病害、黄瓜白粉病、梨黑星病等多种病害；与井冈霉素混用防治水稻稻曲病和纹枯病；与代森锰锌

混用防治梨黑星病。

允许残留量　GB 2763—2021《食品中农药最大残留限量标准》规定苯醚甲环唑最大残留限量见表。ADI为0.01mg/kg。谷物按照 GB 23200.9、GB 23200.49、GB 23200.113 规定的方法测定；油料和油脂按照 GB 23200.49、GB 23200.113 规定的方法测定；蔬菜、水果、干制水果、茶叶、坚果、糖料、药用植物按照 GB 23200.8、GB 23200.49、GB 23200.113、GB/T 5009.218、GB/T 20769 规定的方法测定。

部分食品中苯醚甲环唑最大残留限量（GB 2763—2021）

食品类别	名称	最大残留限量（mg/kg）
谷物	糙米	0.50
	小麦	0.10
	玉米	0.10
	高粱	0.50
	杂粮类	0.02
油料和油脂	油菜籽	0.05
	大豆	0.05
	花生仁	0.20
	葵花籽	0.02
	棉籽	0.10
	芝麻	2.00
蔬菜	大蒜	0.20
	韭葱	0.30
	结球甘蓝	0.20
	抱子甘蓝	0.20
	花椰菜	0.20
	青花菜	0.50
	叶用莴苣	2.00
	结球莴苣	2.00
	大白菜	1.00
	番茄	0.50
	黄瓜	1.00
	食荚豌豆	0.70
	芦笋	0.03
	胡萝卜	0.20
	根芹菜	0.50
	马铃薯	0.02
	韭葱	0.30
	菠菜	10.00
	油麦菜	10.00
	芹菜	3.00
	茄果类蔬菜（番茄、辣椒除外）	0.60
	辣椒	1.00
	腌制用小黄瓜	0.20
	西葫芦	0.30
	苦瓜	1.00
	丝瓜	0.50
	冬瓜	0.10
	南瓜	1.00

续表

食品类别	名称	最大残留限量（mg/kg）
蔬菜	菜豆	0.50
	姜	0.30
	甘薯	0.10
	豆瓣菜	15.00
	茭白	0.03
水果	柑橘类水果（柑、橘、橙除外）	0.60
	柑	0.20
	橘	0.20
	橙	0.20
	山楂	0.50
	枇杷	0.50
	榅桲	0.50
	李子	0.20
	猕猴桃	5.00
	草莓	3.00
	杨梅	5.00
	莲雾	0.50
	石榴	0.10
	鳄梨	0.60
	菠萝	0.20
	火龙果	2.00
	瓜果类水果（西瓜、甜瓜除外）	0.70
	甜瓜	0.50
	柑橘	0.20
	仁果类水果（苹果、梨除外）	0.50
	苹果	0.50
	梨	0.50
	李	0.20
	桃	0.50
	油桃	0.50
	樱桃	0.20
	葡萄	0.50
	西番莲	0.05
	橄榄	2.00
	荔枝	0.50
	杧果	0.07
	香蕉	1.00
	番木瓜	0.20
	西瓜	0.10
干制水果	李子干	0.20
	葡萄干	6.00
坚果	榛子	0.10
糖料	甜菜	0.20
饮料类	茶叶	10.0
	茉莉花	2.00
调味料	干辣椒	5.00
药用植物	石斛（鲜）	1.00
	石斛（干）	2.00

续表

食品类别	名称	最大残留限量（mg/kg）
药用植物	人参（干）	0.50
	三七块根（干）	5.00
	三七须根（干）	5.00
	三七花（干）	10.00
动物源性食品	哺乳动物肉类（海洋哺乳动物除外），以脂肪内的残留量计	0.20
	哺乳动物内脏（海洋哺乳动物除外）	1.50
	禽肉类	0.01
	禽类内脏	0.01
	蛋类	0.03
	生乳	0.02

WHO推荐苯醚甲环唑ADI为0～0.01mg/kg。最大残留量（mg/kg）：香蕉0.1，胡萝卜0.2，鸡蛋0.03，桃0.5，马铃薯4，大豆0.1，小麦0.02。

参考文献

刘长令, 2006. 世界农药大全: 杀菌剂卷[M]. 北京: 化学工业出版社.

农业部种植业管理司, 农业部农药检定所, 2015. 新编农药手册[M]. 2版. 北京: 中国农业出版社.

TURNER J A, 2015. The pesticide manual: a world compendium [M]. 17th ed. UK: BCPC.

（撰稿：陈凤平；审稿：刘鹏飞）

苯醚菊酯 phenothrin

一种拟除虫菊酯类非内吸性杀虫剂。

其他名称 Wellcide、酚丁灭虱、S-2539、swmithrin。

化学名称 (1*R*,*S*)-顺,反-2,2-二甲基-3-(2-甲基-1-丙烯基)-环丙烷羧酸-3-苯氧基苄基酯; cyclopropanecarboxylic acid,2,2-dimethyl-3-(2-methyl-1-propenyl)-,(3-phenoxyphenyl) methyl ester。

IUPAC名称 1-3-phenoxybenzyl(1*RS*,3*RS*;1*RS*,3*SR*)-2,2-dimethyl-3-(2-methylprop-1-enyl)cyclopropanecarboxylate。

CAS登记号 26002-80-2。

EC号 247-404-5。

分子式 $C_{23}H_{26}O_3$。

相对分子质量 350.45。

结构式

开发单位 1968年日本住友化学工业公司合成，1973年推广，获有专利Japanese P 618627；631916；USP 3666789。

理化性质　无色油状液体。相对密度 $d_{25}^{25}1.061$。20℃时的蒸气压 0.16Pa。$K_{ow}\lg P$ 7.678+0.438（25℃）。极易溶于甲醇、异丙醇、乙基溶纤剂、二乙醚、二甲苯、正己烷、α-甲基萘、环己烷、氯仿、乙腈、二甲基甲酰胺、煤油等，但难溶于水，在 30℃水中溶解度 1.4mg/L。在光照下，在大多数有机溶剂和无机缓释剂中是稳定的，但遇强碱分解。在室温下该品放置黑暗中 1 年后不分解，在中性及弱酸性条件下亦稳定。不易受紫外线的影响，在经过氙灯照射 24 小时后，苯醚菊酯损失 12.3%。

毒性　该品对大鼠和小鼠的急性毒性见表。

苯醚菊酯对大鼠和小鼠的急性毒性

给药途径	配制混合物	LD$_{50}$（mg/kg）	
		大鼠	小鼠
经口	玉米油	> 5000	> 5000
经皮	玉米油	> 5000	> 5000
皮下注射	玉米油	> 5000	> 5000
腹膜注射	玉米油	> 5000	> 5000
静脉注射	10%Tween80	492（雄） 354（雌）	354（雄） 405（雌）

对大鼠、小鼠长期饲药试验，无有害影响。致癌、致畸和 3 代繁殖研究，亦未出现异常。大鼠急性吸入 LC$_{50}$（4 小时）> 2100mg/m^3。鳞鱼 TLm（48 小时）11mg/L。鹌鹑急性经口 LD$_{50}$ > 2.5g/kg。对蜜蜂有毒。

剂型　10% 水基乳油，乳剂，乳粉，水基和油基气溶胶。

作用方式及机理　非内吸性杀虫剂，对昆虫具有触杀和胃毒作用，杀虫作用比除虫菊素高，对光比烯丙菊酯、苄呋菊酯等稳定，但对害虫的击倒作用比其他除虫菊酯差。其作用机制同有机磷类杀虫剂，是抑制害虫体内胆碱酯酶，使乙酰胆碱积累，影响神经兴奋传导，从而使害虫发生痉挛、麻痹死亡。

防治对象　适用于防治卫生害虫和体虱，也可用于保护储存的谷物。

使用方法　防治家蝇、蚊子，每立方米用 10% 水基乳油 4～8ml（有效成分 2～4mg/m^3）；防治蜚蠊，每平方米用 10% 水基乳油 40ml（有效成分 20mg/m^2）喷雾。室内测定，该品对家蝇、黏虫和豌豆蚜的 LD$_{50}$ 分别为 220mg/kg、132mg/kg 和 250mg/kg；而除虫菊素为 1200mg/kg、250mg/kg 和 193mg/kg；烯丙菊酯为 1440mg/kg、> 1000mg/kg 和 980mg/kg。在防治储藏害虫方面，500mg/kg 浓度对腐食酪螨和法嗜皮螨均有较好的效果；500mg/kg 浓度对腐食酪螨的毒力和 1000mg/kg 浓度对法嗜皮螨的毒力，可与常用药剂杀螟松、二嗪磷等相当。

注意事项　产品要包装在密闭容器中，存放在低温和干燥场所。该品低毒，采用一般防护。

与其他药剂的混用　以 4mg/kg 该品 + 12mg/kg 杀螟松，或 2mg/kg 该品 + 10mg/kg 增效磷 + 12mg/kg 杀螟松的复配

制剂，持效期可达 9 个月以上。在防治稻田害虫方面，该品对黑尾叶蝉击倒快、杀伤力强，但对稻褐飞虱的防效不高，如以该品 0.8% 和 2.0% 速灭威或 0.8% 该品和 2.0% 仲丁威的复配粉剂为 300g/hm^2，即可同时得到防治。

参考文献

朱永和，王振荣，李布青，2006. 农药大典[M]. 北京：中国三峡出版社.

（撰稿：吴剑；审稿：王鸣华）

苯醚菌酯　bemystrobin

一种广谱、高效、新型的甲氧基丙烯酸酯类杀菌剂。

其他名称　禾田保攻、ZJ0712。

化学名称　(E)-2-[2-(2,5-二甲苯氧基甲基)-苯基]-3-甲氧基丙烯酸甲酯。

IUPAC 名称　(E)-2-[2-[2-(2,5-dimethyl-phenoxy)-phenylmethyl]-3-methoxyacrylic acid methylester。

CAS 登记号　852369-40-5。

分子式　C$_{20}$H$_{22}$O$_4$。

相对分子质量　326.39。

结构式

开发单位　1998 年由浙江省化工研究院有限公司开发。

理化性质　纯品为白色粉末，原药含量 97%。熔点 108～110℃。蒸气压 1.5×10^{-6}Pa（25℃）。$K_{ow}\lg P$ 3.382×10^4（25℃）。水中溶解度（g/L，25℃）：3.6×10^{-3}；有机溶剂中溶解度（g/L，20℃）：甲醇 15.56、丙酮 143.61、乙醇 11.04、二甲苯 24.57。稳定性：在酸性条件下易分解；对光稳定。

毒性　低毒。大鼠急性经口 LD$_{50}$ > 5000mg/kg。兔急性经皮 LD$_{50}$ > 2000mg/kg。对兔皮肤无刺激性，对眼睛有轻度刺激性。豚鼠皮肤致敏性试验结果属弱致敏物。NOEL［mg/（kg·d）］：原药大鼠喂养（90 天）10。无生殖毒性和致畸变性。鹌鹑急性经口 LD$_{50}$ > 2000mg/kg。斑马鱼 LC$_{50}$（96 小时）0.026mg/L。蜜蜂 LD$_{50}$（μg/只）：接触 > 100。家蚕 LC$_{50}$（食下毒叶法，48 小时）> 573.9mg/kg 桑叶。对鱼高毒，蜜蜂、鸟、家蚕均为低毒。

剂型　10% 悬浮剂。

质量标准　10% 苯醚菌酯悬浮剂外观为可流动、稳定的悬浮状液。悬浮率≥85%，pH6～8，常温储存 2 年稳定。

作用方式及机理　线粒体呼吸抑制剂，通过抑制菌体内线粒体的呼吸作用，影响病菌的能量代谢，导致病菌死亡。

防治对象　对各种作物的白粉病、锈病、霜霉病、炭

痕病都表现出优异的防治效果，实现了一种杀菌剂可同时控制作物上混合发生的多种病害。

使用方法　多以茎叶喷雾处理。发病初期开始施药，每次用 10% 苯醚菌酯悬浮剂 5000～10 000 倍液（有效成分 10～20mg/L）喷雾，间隔 7 天左右喷雾 1 次，一般喷施 2～3 次。安全间隔期 3 天，一季最多使用 3 次。

注意事项　工作时禁止吸烟和进食，作业后要用水洗脸、手等裸露部位。对鱼等水生生物有毒，施药应远离水产养殖区，禁止在河塘等水体中清洗施药器具。

与其他药剂的混用　氟啶胺 35% 与苯醚菌酯 5% 复配，用于防治黄瓜霜霉病，施用剂量为有效成分 120～180g/hm²。

允许残留量　GB 2763—2021《食品中农药最大残留限量标准》规定苯醚菌酯在黄瓜上的最大残留限量为 0.5gmg/kg（临时限量）。ADI 为 0.005mg/kg。

参考文献

农业部种植业管理司, 农业部农药检定所, 2015. 新编农药手册[M]. 2版. 北京: 中国农业出版社: 320-321.

（撰稿：王岩；审稿：刘西莉）

苯醚氰菊酯　cyphenothrin

一种拟除虫菊酯类杀虫剂。

其他名称　Gokilaht、赛灭灵、右旋苯氰菊酯、S-2703 Fort、OMS3032。

化学名称　右旋-顺,反-2,2-二甲基-3-(2-甲基-1-丙烯基)环丙烷羧酸-(+)α-氰基-3-苯氧基苄基酯；(R,S)-α-cyano-3-phenoxybenyl-(1R)-cis,trans-2,dimethyl-3-(2-methyl-1-propenyl)cyclopropanecarboxylate。

IUPAC 名称　[cyano-(3-phenoxyphenyl)methyl]2,2-dimethyl-3-(2-methylprop-1-enyl)cyclopropane-1-carboxylate。

CAS 登记号　39515-40-7。

EC 号　254-484-5。

分子式　$C_{24}H_{25}NO_3$。

相对分子质量　375.47。

结构式

开发单位　该杀虫剂由 T. Matsuo 等报道，1973 年日本住友化学工业公司开发。

理化性质　原药为黄色黏稠液体，工业品含量 ≥ 92%。相对密度 1.08。蒸气压 0.4mPa（30℃）。$K_{ow}\lg P$ 6.452 ± 0.503（25℃）。溶解度：水 < 0.01mg/L（25℃）；己烷 4.84g/100g，甲醇 9.27g/100g（20℃）。在正常储存条件下至少稳定 2 年，对热相对稳定。

毒性　雄大鼠急性经口 LD_{50} 318mg/kg，雌大鼠急性

经口 LD_{50} 419mg/kg。对皮肤和眼睛无刺激。大鼠急性吸入 LC_{50}（3 小时）> 1850mg/m³。

剂型　乳油、防蛀剂、超低容量剂均可用于工业和公共卫生。气雾剂和熏蒸剂用于室内。混剂：Pesguard FG（cyphenothrin（1R）- 异构体 + 胺菊酯（1R）- 异构体）；（cyphenothrin（1R）- 异构体 + 烯丙菊酯（1R）- 异构体）。

作用方式及机理　具有较强的触杀和持效性，击倒活性中等，适用于防治卫生害虫，对蟑螂特别高效，尤其是对一些体型大的蟑螂，如烟色大蠊（活性为氯菊酯的 15 倍）和美洲大蠊（活性为氯菊酯的 4 倍），并有显著的驱赶作用，所以是一种较理想的杀蟑螂药剂。其作用机理是抑制害虫体内胆碱酯酶，使乙酰胆碱积累，影响神经兴奋传导，从而使害虫发生痉挛、麻痹死亡。

防治对象　属拟除虫菊酯类杀虫剂，对危害木材和织物的卫生害虫有效，被用来防治家庭、公共卫生和工业害虫。用于住宅、工业区和非食品加工地带，做空间接触喷射防治蚊蝇；制成熏烟剂对蟑螂有特效。

使用方法　在室内以不同浓度的右旋苯氰菊酯（0.005%～0.05%）、烯丙菊酯（0.0005%～0.005%）和氰戊菊酯（0.0001%～0.001%）分别喷洒，对家蝇均有明显的拒避作用（对雄家蝇的拒避作用大于雌家蝇）；而当苯氰菊酯的浓度降低为 0.00025%～0.001% 时，则又有引诱作用。经测定，该品对家蝇的 LD_{50} 为 0.03μg/ 蝇。对家蝇的毒力比较结果为，苯氰菊酯 > 氰戊菊酯 > 烯丙菊酯。以该品处理羊毛，可极有效地防治袋谷蛾、幕谷蛾，药效优于氯菊酯、甲氰菊酯、氰戊菊酯、苯炔菊酯。该品防治嗜皮螨亦有较好的效果，在 100mg/kg 浓度时，与常用农药二嗪磷的药效相当。

注意事项　产品储放在低温、干燥和通风良好的房间，勿与食品和饲料混置，勿让孩童靠近。该品无专用解毒药，出现中毒症状时可对症医治。

参考文献

朱永和, 王振荣, 李布青, 2006. 农药大典[M]. 北京: 中国三峡出版社.

（撰稿：吴剑；审稿：王鸣华）

苯嘧磺草胺　saflufenacil

一种脲嘧啶类选择性除草剂。

其他名称　BAS-800H、八佰金。

化学名称　N″-[2-氯-4-氟-5-(3-甲基-2,6-二氧-4-(三氟甲基)-3,6-二氢-1(2H)嘧啶基)苯甲酰基]-N-异丙基-N-甲磺酰胺；2-chloro-5-[3,6-dihydro-3-methyl-2,6-dioxo-4-(trifluoromethyl)-1-(2H)pyrimidinyl]-4-fluoro-N-[methyl(1-methylethyl)amino]sulfunyl]benzamide。

IUPAC 名称　N-[2-chloro-4-fluoro-5-[1,2,3,6-tetrahydro-3-methyl-2,6-dioxo-4-(trifluoromethyl)pyrimidin-1-yl]benzoyl]-N-isopropyl-N-methylsulfamide。

CAS 登记号　372137-35-4。

分子式　$C_{17}H_{17}ClF_4N_4O_5S$。

相对分子质量　500.85。

结构式

开发单位　巴斯夫公司。

理化性质　外观为白色粉末。熔点189.9～193.4℃。蒸气压4.5×10^{-12}mPa（20℃）。相对密度1.595（20℃）。水中溶解度（g/L，20℃）：0.014（pH4）、0.025（pH5）、2.1（pH7）；有机溶剂中溶解度（g/L，20℃）：乙腈194、二氯甲烷244、丙酮275、乙酸乙酯65.5、四氢呋喃362、丁内酯350、甲醇29.8、异丙醇2.5、甲苯2.3、正辛醇＜0.1、正己烷＜0.05。

毒性　低毒。大鼠急性经口LD_{50} 2000mg/kg，大鼠急性经皮LD_{50}＞2000mg/kg，大鼠吸入LC_{50}（4小时）＞5.3mg/L。对兔眼睛和皮肤无刺激性，对豚鼠皮肤无致敏性。鹌鹑急性经口LD_{50}（14天）＞2000mg/kg，鹌鹑饲喂LC_{50}（8天）＞5000mg/kg饲料，鱼类LC_{50}（96小时）＞98mg/L，水蚤LC_{50}（48小时）＞100mg/L，羊角月牙藻EC_{50} 0.041mg/L，蜜蜂急性接触LD_{50} 100μg/只，蚯蚓LC_{50}（14天）＞1000mg/kg土壤。

剂型　70%水分散粒剂。

质量标准　苯嘧磺草胺水分散粒剂（SN/T 4681—2016）。

作用方式及机理　原卟啉原氧化酶抑制剂。被植物根与幼苗组织迅速吸收，在木质部传导，抑制四吡咯生物合成途径中的原卟啉原Ⅸ氧化酶（PPO）活性，造成原卟啉Ⅸ（Proto）及过氧化氢在叶片组织中积累，在光下，细胞液中Proto分子与氧反应形成单态氧与氧基，从而使细胞膜的不饱和脂肪酸过氧化，造成膜的透性与功能迅速丧失，叶绿体色素白化，组织坏死，最终生长受抑制而死亡。药后杂草数小时内出现受害症状，1～3天死亡。

防治对象　部分一年生阔叶及禾本科杂草，如马齿苋、反枝苋、藜、蓼、苍耳、龙葵、苘麻、黄花蒿、苣荬菜、泥胡菜、牵牛花、苦苣菜、铁苋菜、鳢肠、饭包草、旱莲草、小飞蓬、一年蓬、蒲公英、委陵菜、还阳参、皱叶酸模、大籽蒿、酢浆草、乌蔹莓、加拿大一枝黄花、薇甘菊、鸭跖草、牛膝菊、耳草、粗叶耳草、胜红蓟、天名精、革命草等。

使用方法　主要用于果园和非耕地。

防治柑橘园杂草　阔叶杂草3～10叶时喷雾处理。每亩使用70%苯嘧磺草胺水分散粒剂5～7.5g（有效成分3.5～5.25g），加水30～50L茎叶喷雾。

防治非耕地杂草　阔叶杂草的株高或茎长达10～15cm时喷雾处理。每亩使用70%苯嘧磺草胺水分散粒剂5～7.5g（有效成分3.5～5.25g），加水30～50L茎叶喷雾。

注意事项　①干旱时加入增效剂可提高药剂对杂草的防效，或降低使用剂量。②避免药剂飘移到邻近敏感作物。

与其他药剂的混用　可与草甘膦、草铵膦等混用。

允许残留量　GB 2763—2021《食品中农药最大残留限量标准》规定苯嘧磺草胺最大残留限量见表。ADI为0.05mg/kg。

部分食品中苯嘧磺草胺最大残留限量（GB 2763—2021）

食品类别	名称	最大残留限量（mg/kg）
谷物	小麦	0.01*
	稻谷	0.01*
	玉米	0.01*
	高粱	0.01*
	杂粮类	0.30*

* 临时残留限量。

参考文献

刘长令, 2002. 世界农药大全: 除草剂卷[M]. 北京: 化学工业出版社.

马克比恩C, 2015. 农药手册[M]. 胡笑形, 等译. 北京: 化学工业出版社.

中国农业百科全书总编辑委员会农药卷编辑委员会, 中国农业百科全书编辑部, 1993. 中国农业百科全书: 农药卷[M]. 北京: 农业出版社.

SHANER D L, 2014. Herbicide handbook[M].10th ed. Lawrence, KS: Weed Science Society of America.

（撰稿：李香菊；审稿：耿贺利）

苯嗪草酮　metamitron

一种三嗪酮类选择性芽前除草剂。

其他名称　苯嗪草、苯甲嗪、灭它通、苯桥蒽、Goltix、BAY 6676、BAY-DRW 1139、DRW1139、Galahad、Goldbeet、Goltix 90、Goltix super、Goltix wg、Methiamitron、Herbrak、Marquise、Skater、Torero。

化学名称　3-甲基-4-氨基-6-苯基-4,5-二氢-1,2,4-三嗪-5-酮；3-methyl-4-amino-6-phenyl-1,2,4-triazin(4H)-one。

IUPAC名称　4-amino-3-methyl-6-phenyl-1,2,4-triazin-5(4H)-one。

CAS登记号　41394-05-2。

EC号　255-349-3。

分子式　$C_{10}H_{10}N_4O$。

相对分子质量　202.21。

结构式

开发单位　拜耳公司。

理化性质　原药（质量分数≥98%）外观为淡黄色至白色晶状固体。熔点167～169℃。蒸气压＜860mPa（20℃）。密度1.49g/cm³。溶解度（25℃）：水1.7g/L，环己酮10～50g/kg，二氯甲烷20～50g/L，己烷＜100mg/L，异丙醇 5～10g/L，甲苯 2～5g/L。稳定性：在酸性介质中稳定，pH＞10 时不稳定。

毒性　原药雄大鼠急性经口 LD_{50} ＞3.83g/kg，雌大鼠急性经口 LD_{50} ＞2610mg/kg。大鼠急性经皮 LD_{50} ＞2g/kg。对大耳白兔皮肤无刺激作用，眼睛轻度至中度刺激性；豚鼠皮态反应（致敏）试验结果为弱致敏物（致敏率为 0）。大鼠 90 天亚慢性喂养试验 NOEL：雄性 11.06mg/（kg·d），雌性 16.98mg/（kg·d）。3 项致突变试验：Ames 试验、小鼠骨髓细胞微核试验、小鼠骨髓细胞染色体畸变试验结果均为阴性，未见致突变作用。

剂型　58% 悬浮剂，70% 水分散粒剂，70% 可湿性粉剂。

质量标准　70% 水分散粒剂外观为能自由流动的颗粒，无可见外来杂质和硬团块。pH6.5～8.5。湿润时间≤60 秒；悬浮率≥80%。粒度（1410～250μm）≥95%。常温下储存产品质量保证期为 2 年。

作用方式及机理　苯嗪草酮属三嗪酮类选择性芽前除草剂，主要通过植物根部吸收，再输送到叶子内。通过抑制光合作用的希尔反应而起到杀草作用。

防治对象　主要用于防治单子叶和双子叶杂草如龙葵、繁缕、早熟禾、看麦娘、猪殃殃等，适用于糖用甜菜和饲用甜菜。

使用方法

甜菜地除草　用 70% 可湿性粉剂 5kg/hm²（有效成分 3.5kg/hm²）兑水 375～750kg 喷雾可防治藜、龙葵、繁缕、荨麻、小野芝麻、早熟禾等杂草。当每亩用药量提高到 6.4kg/hm²（有效成分 4.5kg/hm²）时，兑水 375～750kg 喷雾处理可防治看麦娘、猪殃殃等杂草。播种前进行喷雾混土处理。如果因天气和土壤条件不好时，可在播种后甜菜出苗之前进行土壤处理。或者在甜菜萌发后，杂草 1～2 叶期进行处理；倘若甜菜处于 4 叶期，杂草徒长时，仍可按上述推荐剂量进行处理。

注意事项　作播前及播后芽前处理时，若春季干旱、低温、多风，土壤风蚀严重，整地质量不佳而又无灌溉条件时，都会影响这种除草剂的除草效果。在土壤中的半衰期，根据土壤类型不同而有所差异，范围为 1 周到 3 个月。

与其他药剂的混用　除草效果不够稳定，尚须与其他除草剂，如甜菜安、乙氧呋草黄、甜菜宁、氯苯胺灵等灵活复配，制成的复配剂不仅扩大除草谱，而且延缓抗性的产生和发展，保证防治效果。

允许残留量　GB 2763—2021《食品中农药最大残留限量标准》规定苯嗪草酮在甜菜中的最大残留限量为 0.1mg/kg。ADI 为 0.03mg/kg。糖类参照 GB 23200.34、GB/T 20769 规定的方法进行检测。

参考文献

CHASE A R, OSBOME L S, FERGUSON V M, 1986. Selective isolation of the entomopathogenic fungi: beauveria bassiana and metarhiziur anisopliae from an artiticial potting medium[J]. Florida entomologist, 69: 285-292.

TOMLIN C D S, 2009. The e-pesticide manual: a world compendium [DB/CD]. 15th ed. UK: BCPC: 566.

（撰稿：杨光富；审稿：吴琼友）

苯噻菌胺　benthiavalicarb-isopropyl

一种高选择性的防治卵菌病害的氨基甲酸酯类杀菌剂。

化学名称　[(S)-1-[(R)-1-(6-氟苯并噻唑-2-基)乙基氨甲酰基]-2-甲基丙基] 氨基甲酸异丙酯。

IUPAC 名称　isopropyl[(S)-1-[[(1R)-1-(6-fluoro-1,3-ben-zothiazol-2-yl)ethyl]carbamoyl]-2-methylpropyl]carbamate。

CAS 登记号　177406-68-7。

分子式　$C_{18}H_{24}FN_3O_3S$。

相对分子质量　381.46。

结构式

开发单位　日本组合化学公司研制、与拜耳公司共同开发。

理化性质　纯品为白色粉状固体。熔点 152℃。蒸气压＜3×10^{-1}mPa（25℃）。相对密度 1.25（20.5℃）。$K_{ow}\lg P$ 2.52。Henry 常数 8.72×10^{-3}Pa·m³/mol（计算值）。水中溶解度（20℃）13.14mg/L。

毒性　大鼠急性经口 LD_{50} ＞5000mg/kg，小鼠急性经口 LD_{50} ＞5000mg/kg。大鼠急性经皮 LD_{50} ＞2000mg/kg。大鼠急性吸入 LC_{50}（4 小时）＞4.6mg/L。对兔皮肤及眼睛无刺激作用，对豚鼠皮肤无过敏现象。诱发性 Ames 试验为阴性，对大鼠和兔无致畸性、无致癌性。NOEL［2 年，mg/（kg·d）]：雄大鼠 9.9，雌大鼠 12.5。山齿鹑和野鸭急性经口 LD_{50} ＞2000mg/kg。鱼类 LC_{50}（96 小时，mg/L）：虹鳟＞10，蓝鳃太阳鱼＞10，鲤鱼＞10。水蚤 LC_{50}（96 小时）＞10mg/L。蜜蜂 LD_{50}（48 小时）100μg/只（经口和接触）。蚯蚓 LC_{50}（96 小时）＞1000mg/kg 土壤。

剂型　水分散粒剂，悬浮剂。

作用机理　细胞壁合成抑制剂。对疫霉菌具有很好的杀菌活性，对其孢子囊的形成、孢子的萌发，在低浓度下有很好的抑制作用，但对游动孢子的释放和移动没有作用。不影响核酸和蛋白质的氧化、合成，对疫霉菌的细胞壁组成成分纤维素的合成有影响。对苯酰胺杀菌剂有抗性的马铃薯晚疫病菌以及对甲氧基丙烯酸酯类有抗性的瓜类霜霉菌都有杀菌活性，推测苯噻菌胺与这些杀菌剂的作用机理不同。

防治对象　苯噻菌胺具有很强的预防、治疗、渗透活性，而且有很好的持效性和耐雨水冲刷性。对各种疫病、霜霉病有特效。

使用方法　田间试验中，以有效成分 25～75g/hm² 能够有效地控制马铃薯和番茄的晚疫病、葡萄和其他作物的霜霉病；以有效成分 25～35g/hm² 的剂量与其他杀菌剂配成混剂，也能对这些病害有非常好的防效。

参考文献

刘长令，2006. 世界农药大全: 杀菌剂卷[M]. 北京: 化学工业出版社: 255-258.

刘允萍, 杨吉春, 柴宝山, 等, 2011. 新型杀菌剂苯噻菌胺[J]. 农药, 50 (10) : 756-758.

TURNER J A, 2015. The pesticide manual: a world compendium [M]. 17th ed. UK: BCPC: 89-90.

（撰稿：刘西莉；审稿：刘鹏飞）

苯噻硫氰　benthiazole

一种用于预防及治疗由土壤及种子传播的真菌或者细菌性病害的噻唑类杀菌剂。

其他名称　Busan、TCMTB、倍生、苯噻氰、苯噻清。

化学名称　2-(硫氰基甲基硫基)苯并噻唑；2-thiocyanatomethylsulfanyl-benzothiazole。

IUPAC 名称　2-[(thiocyanatomethyl)thio]benzothiazole。

CAS 登记号　21564-17-0。

分子式　$C_9H_6N_2S_3$。

相对分子质量　238.35。

结构式

开发单位　生产厂家为美国贝克曼公司。

理化性质　原药为棕红色液体，纯度80%。相对密度1.38。130℃以上分解。闪点不低于120.7℃。蒸气压＜1.33Pa。在碱性条件下分解，储存有效期1年以上。

毒性　原药大鼠急性经口 LD_{50} 2664mg/kg。兔急性经皮 LD_{50} 2000mg/kg。对兔眼睛、皮肤具有刺激性。在试验剂量下，未见对动物有致畸、致突变、致癌作用。虹鳟 LC_{50}（96小时）0.029mg/L，野鸭经口 LD_{50} 10 000mg/kg 土壤。

剂型　30% 乳油。

作用方式及机理　广谱性种子保护剂，可以预防及治疗经由土壤及种子传播的真菌或者细菌性病害。

防治对象　瓜类猝倒病、蔓割病、立枯病等，水稻稻瘟病、苗期叶瘟病、胡麻叶斑病、白叶枯病、纹枯病等，甘蔗凤梨病、蔬菜炭疽病、立枯病、柑橘溃疡病等。

使用方法　可用于茎叶喷雾、种子处理，还可土壤处理，如根部灌根等。

拌种　每100kg谷种，用30%乳油50ml（有效成分15g）拌种。浸种：用30%乳油配成1000倍药液（有效成分300mg/L）浸种6小时。浸种时常加搅拌。

叶面喷雾　发病初期开始喷雾，每次每亩用30%乳油50ml（有效成分15g），每隔7～14天喷施1次，可以防治水稻稻瘟病、胡麻叶斑病、白叶枯病、纹枯病、甘蔗凤梨病、蔬菜炭疽病、立枯病、柑橘溃疡病等。

根部浇灌　用30%乳油200～375mg/L 药液灌根，可以

防治瓜类猝倒病、蔓割病、立枯病等。

参考文献

农业部种植业管理公司, 农业部农药检定所, 2015. 新编农药手册[M]. 2版. 北京: 中国农业出版社.

（撰稿：庞智黎；审稿：刘西莉、薛昭霖）

苯噻酰草胺　mefenacet

一种芳氧乙酰胺类选择性除草剂。

其他名称　环草胺、FOE1976。

化学名称　2-苯并噻唑-2-基氧基-N-甲基乙酰苯胺；2-(2-benzothiazolyloxy)-N-methyl-N-phenylacetamide。

IUPAC 名称　2-(1,3-benzothiazol-2-yloxy)-N-methylacetanilide; 2-benzothiazol-2-yloxy-N-methyla。

CAS 登记号　73250-68-7。

EC 号　277-328-8。

分子式　$C_{16}H_{14}N_2O_2S$。

相对分子质量　298.36。

结构式

开发单位　拜耳公司。

理化性质　白色固体。熔点134.8℃。蒸气压 6.4×10^{-7} Pa（20℃）。水中溶解度4mg/L（20℃），有机溶剂中溶解度（20℃，g/L）：丙酮60～100、甲苯20～50、二氯甲烷＞200、二甲基亚砜110～220、乙腈30～60、乙酸乙酯20～50、异丙醇5～10、己烷0.1～1。对光、热、酸、碱（pH4～9）稳定。

毒性　低毒。大鼠和小鼠急性经口 LD_{50} ＞5000mg/kg。大鼠和小鼠急性经皮 LD_{50} ＞5000mg/kg。大鼠急性吸入 LC_{50}（4小时）0.02mg/L。对眼睛和皮肤无刺激性。大鼠饲喂试验 NOEL 100mg/（kg·d）（2年）。对鱼中等毒性，鱼类 LC_{50}（96小时，mg/L）：鲤鱼6、虹鳟6.8。对鸟低毒。山齿鹑 LC_{50}（5天）＞5000mg/kg。蚯蚓 LC_{50}（28天）＞1000mg/kg 土壤。淡水藻 EC_{50}（96小时）0.18mg/L。

剂型　50%、88% 可湿性粉剂。

质量标准　苯噻酰草胺原药（HG 3719—2003）。

作用方式及机理　选择性内吸、传导型除草剂。主要通过芽鞘和根吸收，经木质部和韧皮部传导至杂草的幼芽和嫩叶，阻止杂草生长点细胞分裂伸长，最终导致植株死亡。土壤对该品吸附力强，药剂多吸附在土壤表层，杂草生长点处在该土层易被杀死，而水稻生长点处于该层以下，避免了与该药剂的接触。该药在水中溶解度低，保水条件下施药除草效果好。

防治对象　稗、鸭舌草、泽泻、节节菜、沟繁缕、母草、牛毛毡、异型莎草、碎米莎草、萤蔺等杂草。

使用方法　水稻抛秧田、移栽田除草：水稻抛秧或移栽后（北方5～7天，南方4～6天），每亩使用50%苯噻酰草胺可湿性粉剂50～60g（有效成分25～30g，南方）或60～80g（有效成分30～40g，北方），混土20kg撒施。施药时有3～5cm浅水层，药后保水5～7天。如缺水可缓慢补水（不能排水），水层不应淹过水稻心叶。

注意事项　①适用于移栽稻田和抛秧田，未经试验不能用于直播田和其他栽培方式稻田。②漏水田、砂质土该药除草效果差。③对蜜蜂、鱼类等水生生物、家蚕有毒，施药期间应避免对周围蜂群的影响，禁止在开花植物花期、蚕室和桑园附近使用。远离水产养殖区、河塘等水域施药。赤眼蜂等天敌放飞区域禁用。鱼、虾、蟹套养稻田禁用，施药后的药水禁止排入水体。对藻类高毒，喷药操作及废弃物处理应避免污染水体。

与其他药剂的混用　可与吡嘧磺隆、苄嘧磺隆等混用，扩大杀草谱。

允许残留量　GB 2763—2021《食品中农药最大残留限量标准》规定苯噻酰草胺在糙米中的最大残留量为0.05mg/kg（临时限量）。ADI为0.007mg/kg。谷物按照GB 23200.9、GB 23200.24、GB 23200.113、GB/T 20770规定的方法测定。

参考文献

刘长令, 2002. 世界农药大全: 除草剂卷[M]. 北京: 化学工业出版社.

马克比恩 C, 2015. 农药手册[M]. 胡笑形, 等译. 北京: 化学工业出版社.

中国农业百科全书总编辑委员会农药卷编辑委员会, 中国农业百科全书编辑部, 1993. 中国农业百科全书: 农药卷[M]. 北京: 农业出版社.

SHANER D L, 2014. Herbicide handbook[M]. 10th ed. Lawrence, KS: Weed Science Society of America.

（撰稿：李香菊；审稿：耿贺利）

苯霜灵 benalaxyl

一种高效、低毒、持效期长的酰胺类内吸性杀菌剂。几乎对所有卵菌病害都有效。

其他名称　灭菌安、本达乐、Galben、Fobeci、Tairel、Trecatol。

化学名称　N-苯乙酰基-N-2,6-二甲苯基-DL-丙氨酸甲酯；methyl N-(2,6-dimethylphenyl)-N-(phenylacetyl)-DL-alaninate。

IUPAC名称　methyl N-(phenylacetyl)-N-(2,6-xylyl)-DL-alaninate。

CAS登记号　71626-11-4。

EC号　275-728-7。

分子式　$C_{20}H_{23}NO_3$。

相对分子质量　325.40。

结构式

开发单位　意大利意赛格公司。

理化性质　纯品为无色粉状固体。熔点78～80℃。相对密度1.187（20℃）。蒸气压0.66mPa（25℃）。$K_{ow}\lg P$ 3.54（20℃）。Henry常数6.5×10^{-3} Pa·m³/mol（计算值）。水中溶解度28.6mg/L（20℃）；二氯乙烷、丙酮、甲脂、乙酸乙酯、二甲苯溶解度（22℃）>250g/L。室温下，在pH4～9的水溶液中稳定；DT_{50} 86天（pH9，25℃）。

毒性　急性经口LD_{50}（mg/kg）：大鼠4200，小鼠680。大鼠急性经皮LD_{50}>5000mg/kg。大鼠急性吸入LC_{50}（4小时）>10mg/L。对兔皮肤和眼睛无刺激作用，对豚鼠皮肤无致敏作用。NOEL［mg/（kg·d）］：大鼠100（2年），小鼠250（1.5年），狗200（2年）。无致畸、致突变、致癌作用。急性经口LD_{50}（mg/kg）：日本鹌鹑>5000mg，野鸭>4500mg。日本鹌鹑、山齿鹑和野鸭饲喂LC_{50}（5天）>5000mg/kg饲料。鱼类LC_{50}（96小时，mg/L）：虹鳟3.75，鲤鱼6。水蚤LC_{50}（48小时）>0.59mg/L。对蜜蜂无毒，LD_{50}（48小时）>100μg/只（接触和经口）。

剂型　乳油，颗粒剂，可湿性粉剂。

作用方式及机理　通过干扰核糖体RNA的合成，抑制真菌蛋白质的合成。内吸性杀菌剂，具有保护、治疗和铲除作用。可被植物根、茎、叶迅速吸收，并在植物体内运转到各个部位，耐雨水冲刷。

防治对象　几乎对所有卵菌病害都有效，对霜霉病和疫霉病有特效。如马铃薯晚疫病、葡萄霜霉病、啤酒花霜霉病、甜菜疫病、油菜白锈病、烟草黑胫病、柑橘脚腐病、黄瓜霜霉病、番茄疫霉病、谷子白发病、芋疫病、辣椒疫病，以及由疫霉菌引起的各种猝倒病和种腐病等。

使用方法　茎叶处理、种子处理、土壤处理均可。使用剂量为100～240g/hm²有效成分。防治葡萄霜霉病在100L液药中用含该品12～15g、代森锰锌100～130g的混配药剂喷雾。防治马铃薯和番茄晚疫病，在100L液药中，用含该品20～25g、代森锰锌160～195g的混配药剂喷雾。

注意事项　苯霜灵对黄瓜霜霉病高峰期具有很好的延迟作用，可推迟盛发期17～33天，在发病初期连续喷药5次，即可保证黄瓜免受霜霉病危害。

与其他药剂的混用　Galben C, Tairel C, 可湿性粉剂（该品＋氯化亚铜）；Galben F, Tairel F可湿性粉剂（该品＋灭菌丹）；Galben M, Tairel M（CAS登记号94786-86-4）可湿性粉剂（该品＋代森锰锌）；Galben RF, 可湿性粉剂（该品＋硫酸铜＋灭菌丹）；Galben Z, Tairel Z. 可湿性粉剂（该品＋代森锌）。

允许残留量　①GB 2763—2021《食品中农药最大残留限

量标准》规定苯霜灵最大残留限量见表 1。ADI 为 0.07mg/kg。蔬菜、水果按照 GB 23200.8、GB 23200.113、GB/T 20769 规定的方法测定。②英国残留限量规定见表 2。

表 1 中国规定部分食品中苯霜灵最大残留限量（GB 2763—2021）

食品类别	名称	最大残留限量（mg/kg）
蔬菜	洋葱	0.02
	结球莴苣	1.00
	番茄	0.20
	马铃薯	0.02
水果	葡萄	0.30
	西瓜	0.10
	甜瓜类水果	0.30

表 2 英国规定部分食品中苯霜灵最大残留限量

食品类别	名称	最大残留限量（mg/kg）
谷物	小麦	0.05
	稻米	0.05
	玉米	0.05
	燕麦	0.05
动物源性食品	奶和乳制品	0.05
	肉和脂肪	0.05

参考文献

李湘生, 1994. 新内吸杀菌剂苯霜灵研究[J]. 湖南化工 (3)：31-35.

刘长令, 2005. 世界农药大全[M]. 北京：化学工业出版社：275-276.

张俭, 1997. 杀菌剂苯霜灵的合成研究[J]. 企业技术开发 (10)：13-14.

TURNER J A, 2015. The pesticide manual: a world compendium [M]. 17th ed. UK: BCPC : 69-70.

（撰稿：刘西莉；审稿：刘鹏飞）

苯肽胺酸 phthalanilic acid

一种植物生长调节剂，可以促进花器发育，从而达到提高授粉率的效果。其具有明显的保花、保果作用，对坐果率低的作物可提高其产量。

化学名称 N-苯基邻苯二甲酸单酰胺；邻 -(N-苯氨基羰基)苯甲酸。

英文名称 benzoic acid,2-[(phenylamino)carbonyl]。

CAS 登记号 4727-29-1。

分子式 $C_{14}H_{11}NO_3$。

相对分子质量 241.25。

结构式

开发单位 匈牙利重化工公司开发。西北化工研究院研究开发，陕西上格之路生物科学有限公司生产。

理化性质 原药外观为白色或淡黄色固体粉末。熔点 169℃（分解）。溶解度（20℃，mg/L）：水 1.97，丙酮 7.57，甲醇 16.8。在中性介质中稳定，在强酸中水解。高于 100℃或在紫外线下缓慢分解，产生 N-苯基苯邻二甲酰亚胺。pK_a 2～3。

毒性 低毒。雌雄大鼠、雌雄小鼠急性经口 LD_{50} > 5000mg/kg。对大鼠和兔急性经皮 LD_{50} > 2000mg/kg。对兔眼睛有轻微刺激性，对皮肤无刺激性，对豚鼠皮肤无致敏性。大鼠吸入 LC_{50}（4 小时）5300mg/m³。急性腹腔注射 LD_{50}：雄大鼠 1821mg/kg，雌大鼠 1993.7mg/kg。日本雄鹌和野鸡 LD_{50} > 10 700mg/kg。LC_{50}（96 小时，mg/L）：鲤鱼 650，金鱼 1000，梭子鱼 360。水蚤 EC_{50}（96 小时）42mg/L。藻类 EC_{50}（96 小时）74mg/L。蜜蜂 LD_{50}（经口）> 100μg/ 只。

剂型 98% 原药，20% 可溶液剂。

作用方式及机理 ①苯肽胺酸是植物内源激素，叶面喷施替代人工授粉。喷施到作物上之后，通过叶面吸收，可以向茎、根各个部位传送，促进营养生长与生殖生长协调发展。加快器官形成发育，生成优质花蕊，促进花粉管伸长和花粉萌发，平衡雌雄比例，保持受精过程的持久，控制营养物质生长，并促进生殖生长。能够有效提高光合作用效率，显著提高坐荚率、坐果率，促进果实膨大，提高作物果实品质。②小麦与果树类作物有所不同，小麦为自花授粉类作物，苯肽胺酸在小麦上的主要作用原理：促进小麦花器发育，从而达到提高授粉率的效果。小麦每个麦穗平均可以结 45 粒种子，空壳率很高。而使用苯肽胺酸之后每个麦穗可以多结 3～5 粒种子，每个麦穗平均可结 50 多粒种子。同时，空壳率大大减少。小麦使用苯肽胺酸之后，不仅可以促进小麦根部分蘖，提高小麦抗冻、抗旱能力，还能抵抗冷空气的侵袭。③促花孕花。促进叶绿素和花青素形成，缓解植物花期内源激素不足的矛盾，满足花芽分化对生长激素的需求，并促使营养物质向花芽移动，诱导成花。④保花保果。增强植物细胞活力，可使子房、密盘细胞正常分裂，柱头相对伸长，利于授粉受精，增强抵御大风、连阴雨、低温、干旱、沙尘暴等不良气候条件的能力。阻止叶柄、果柄基部形成离层，防止生理和采前落果，自然成熟期可提前 5～7 天。⑤改善品质。促进果实膨大，提高产量。提高叶片光合效率，利于积累更多的干物质，提高坐果率，使果实膨大，优化果实品质。

注意事项 ①温度在 15～25℃时，施用苯肽胺酸 1000 倍液，施药安全间隔期 7～10 天，可在安全间隔期内循环使用；温度低于 15℃或高于 30℃时，停止施用。②该品不属于叶面肥，不能替代植物所需的营养物质，在用药期间，需要加强水肥管理。③不得与 2,4-滴、防落素、氯吡脲等激素或调节剂同时或交叉使用。使用过苯肽胺酸后，不得使用 2,4-滴；使用 2,4-滴后，下层花可以使用苯肽胺酸。④严格按照温度、稀释倍数和安全间隔期用药，不得随意改变用药量和稀释倍数，不得重复喷洒。

参考文献

马克比恩 C, 2015. 农药手册[M]. 胡笑形, 等译. 北京: 化学工业出版社: 790-791.

孙家隆, 2015. 新编农药品种手册[M]. 北京: 化学工业出版社: 905.

（撰稿：王琪；审稿：谭伟明）

苯酰胺类杀菌剂 phenylamides fungicides, PAFs

19 世纪 70 年代末、80 年代初发展起来的一种 N- 取代的 N- 苯基酰胺类杀菌剂。通过作用于植物病原菌的 RNA 聚合酶复合体 I，抑制病菌 RNA 的聚合作用，进而影响核糖体 RNA 的生物合成。通常是内吸性杀菌剂，具有保护和治疗作用，持效期长，在植物体内传导活性好，对作物安全性高。对植物病原卵菌的多个生长发育阶段都有较好的抑制作用，主要对病原菌菌丝生长、吸器形成以及孢子囊产生显著抑制作用，但对游动孢子的释放、游动以及休止孢子的萌发几乎没有抑制作用。主要用于防治疫霉、霜霉和腐霉病菌引起的植物卵菌病害，而对真菌性病害效果不显著。主要防治对象如马铃薯晚疫病、番茄晚疫病、辣椒疫病、瓜类霜霉病、葡萄霜霉病和烟草黑胫病等。

苯酰胺类杀菌剂（PAFs）包括酰基丙氨酸类杀菌剂（acylalanines），如甲霜灵（metalaxyl）、精甲霜灵（metal-axyl-M）、苯霜灵（benalaxyl）、精苯霜灵（benalaxyl-M）、呋霜灵（furalaxyl）；丁酸内酯类杀菌剂（butyrolactones），如甲呋酰胺（fenfuram）；唑烷酮类杀菌剂（oxazolidinones），如噁霜灵（oxadixyl）。其中，最具代表性的是甲霜灵。

随着苯酰胺类杀菌剂的使用，抗药性问题，尤其是甲霜灵抗药性，在药剂使用过程中逐步显现。有效的抗性管理策略和田间用药措施，可以延缓苯酰胺类杀菌剂抗药性在田间的发生发展，延长此类药剂的使用年限。对于苯酰胺类杀菌剂具体抗性管理策略如下：通过有效的农事操作，降低病害压；苯酰胺类杀菌剂与其他作用机制的杀菌剂混用或轮换使用；控制苯酰胺类杀菌剂在作物每个生长季使用次数，一般 2~4 次，同时用药间隔期控制在 14 天以上；尽量在病害发生前用药，避免治疗性或铲除性用药；对于叶部病害，避免土壤用药。

参考文献

戚仁德, 2011. 辣椒疫霉对甲霜灵抗性的监测、遗传及治理研究[D]. 合肥: 安徽农业大学.

汪汉成, 李文红, 冯勇刚, 等, 2011. 烟草黑胫病化学防治的历史与现状[J]. 中国烟草学报, 17 (5): 96-102.

FULLER M S, GISI U, 1985. Comparative studies of the in vitro activity of the fungicides oxadixyl and metalaxyl[J]. Mycologia: 424-432.

GISI U, SIEROTZKI H, 2015. Oomycete fungicides: phenylamides, quinone outside inhibitors, and carboxylic acid amides[M]//Fungicide resistance in plant pathogens. Springer Japan: 145-174.

ROBERTS T R, HUTSON D H, 1999. Phenylamides[J]. Metabolic pathways of agrochemicals: 1269-1282.

（撰稿：刘西莉；审稿：刘鹏飞）

苯酰菌胺 zoxamide

一种酰胺类杀菌剂，作用于细胞骨架 β- 微管蛋白。

其他名称 Zoxium、Gavel（混剂）、Electis（混剂）、Harpon（混剂）、RH-7281（试验代号）、RH117281（试验代号）。

化学名称 N-(1-甲基 -1- 乙基 -2- 氧代 -3- 氯丙基)-3,5-二氯 -4- 甲基苯甲酰胺 (国标委)；3,5-dichloro-N-(3-chloro-1-ethyl-1-methyl-2-oxopropyl)-4-methylbenzamide。

IUPAC 名称 (RS)-3,5-dichloro-N-(3-chloro-1-ethyl-1-methyl-2-oxopropyl)-p-toluamide。

CAS 登记号 156052-68-5。

分子式 $C_{14}H_{16}Cl_3NO_2$。

相对分子质量 336.64。

结构式

开发单位 罗姆 - 哈斯公司（现陶氏化学公司）。

理化性质 纯品熔点 159.5~160.5℃。蒸气压 $< 1 \times 10^{-2}$ mPa（45℃）。K_{ow}lgP 3.76（20℃）。在水中的溶解度 0.681mg/L（20℃）。水中的水解半衰期为 15 天（pH4 和 7）、8 天（pH9）。水中光解半衰期为 7.8 天。土壤中半衰期为 2~10 天。

毒性 大鼠急性经口 LD_{50} 5000mg/kg，大鼠急性经皮 LD_{50} 2000mg/kg，对兔皮肤无刺激性，对豚鼠皮肤有致敏性，对兔眼睛中等刺激。大鼠吸入 LC_{50}（4 小时）5.3mg/L。NOEL：狗（1 年）50mg/kg。4 个突变试验为阴性，无致畸性，无生殖影响，无致癌性。美洲鹑急性经口 LD_{50} 2000mg/kg，野鸭和美洲鹑饲喂 LC_{50} 5250mg/kg 饲料，野鸭和美洲鹑繁殖 NOEL 1000mg/kg。虹鳟 LC_{50}（96 小时）160μg/L，蓝鳃太阳鱼 LC_{50}（96 小时）790μg/L，羊鲷 LC_{50}（96 小时）855μg/L，斑马鱼 LC_{50}（96 小时）730μg/L（均高于溶解极限）。水蚤 EC_{50}（48 小时）780μg/L（溶解极限）。

剂型 80% 可湿性粉剂，24% 悬浮剂，75% 苯酰菌胺·代森锰锌水分散粒剂。

作用方式及机理 在卵菌纲杀菌剂中时通过微管蛋白

β- 亚基的结合和微管细胞骨架的破裂来抑制菌核分裂。具有较长的持效期和耐雨水冲刷性能，是一种高效的保护性杀菌剂。与现有的防治卵菌的杀菌剂无交互抗性，如苯酰胺类化合物、QoI 杀菌剂或霜脲氰。

防治对象　主要用于防治卵菌纲病害如马铃薯和番茄晚疫病、黄瓜霜霉病和葡萄霜霉病等，对葡萄霜霉病有特效。

使用方法　主要用于茎叶处理，施用剂量为有效成分 100～250g/hm²，防治卵菌病害，其中包括马铃薯（薯块、茎、叶）和番茄的晚疫病、葡萄霜霉病、黄瓜霜霉病。市售混剂主要是与代森锰锌和霜脲氰进行混配，75% 苯酰菌胺·代森锰锌水分散粒剂对黄瓜霜霉病的使用剂量为有效成分 1125～1687.5g/hm²。

注意事项　施药期间远离水产养殖区、蚕室和桑园；禁止在河塘等水体内清洗施药器具。清洗喷药器械及弃置废料时，避免污染鱼池、水道、水渠和饮用水源。用过的容器应妥善处理，不可做他用或随意丢弃。使用该品时应穿戴防护服、防护手套和鞋袜以及防护面具等。避免吸入药液、避免药液触及皮肤和溅入眼睛，施药期间禁止进食和饮水。施药后应及时洗手和洗脸等暴露部位皮肤、并更换衣服。

与其他药剂的混用　常和代森锰锌混用，防治黄瓜霜霉病；也可与其他杀菌剂混用，不仅可以扩大杀菌谱，还可以提高药效。

允许残留量　GB 2763—2021《食品中农药最大残留限量标准》规定苯酰菌胺最大残留限量见表。ADI 为 0.5mg/kg。蔬菜、水果、干制水果按照 GB 23200.8、GB/T 20769 规定的方法测定。

部分食品中苯酰菌胺最大残留限量（GB 2763—2021）

食品类别	名称	最大残留限量（mg/kg）
蔬菜	番茄、瓜类蔬菜、马铃薯	2
水果	葡萄	5
	瓜果类水果	2
干制水果	葡萄干	15

参考文献

刘长令, 2006. 世界农药大全: 杀菌剂卷[M]. 北京: 化学工业出版社: 108-109.

TURNER J A, 2015. The pesticide manual: a world compendium [M]. 17th ed. UK: BCPC: 1179-1180.

（撰稿：梁爽；审稿：司乃国）

苯线磷　fenamiphos

一种具有触杀和内吸作用的有机磷杀线虫剂，也有杀虫作用。

其他名称　苯胺磷、克线磷、虫胺磷、芬灭松、力螨库、线威磷。

化学名称　O-乙基-O-[3-甲基-4-(甲硫基)苯基](1-甲基乙基)氨基磷酸酯；O-ethyl-O-[3-methyl-4-(methylthio)phe-nyl](1-methylethyl)phosphoramidate。

IUPAC名称　ethyl 3-methyl-4-(methylthio)phenyl (RS)-iso-propylphosphoramidate。

CAS 登记号　22224-92-6。

EC 号　244-848-1。

分子式　$C_{13}H_{22}NO_3PS$。

相对分子质量　303.36。

结构式

开发单位　1969 年由联邦德国拜耳公司开发。

理化性质　纯品为白色结晶体。熔点 49.2℃。相对密度 1.14（20℃）。蒸气压约 $1×10^{-3}Pa$（30℃）。20℃时溶解度：二氯甲烷＞1.2g/L，甲苯 1.2g/L，正己烷 40g/L，水 0.4g/L。碱性条件易水解，中性条件稳定，酸性条件能水解。

毒性　原药急性经口 LD_{50}：大鼠 15.3～19.4mg/kg，雄小鼠 22.7mg/kg；豚鼠 75～100mg/kg。狗急性经皮 LD_{50} 约 500mg/kg，急性吸入 LC_{50}（1 小时）110～175mg/L。在试验剂量下，对兔皮肤和眼睛无刺激作用，无致癌、致畸、致突变作用。对鱼类毒性中等。按推荐剂量使用，对蜜蜂和蚕无害，对鸟类有毒，对家禽剧毒。以含 10mg/kg 剂量饲养大鼠 2 年，无影响。虹鳟 LC_{50}（96 小时）0.07mg/L；鹌鹑急性经口 LD_{50} 0.7～0.9mg/kg；野鸭急性经口 LD_{50} 0.7～1.7mg/kg。

剂型　10% 颗粒剂，90% 原药，40% 乳油。

作用方式及机理　具有触杀和内吸作用，高毒性、触杀性、内吸性有机磷杀线虫剂。持效期长，药剂进入植物体内可上下传导。

防治对象　是较理想的柑橘、花生、香蕉、咖啡、棉花、烟草杀线虫剂。

使用方法　防治花生、甜菜等作物线虫，用 10% 颗粒剂 30～60kg/hm² 撒施，柑橘线虫用 45～75kg/hm² 撒施，也可沟施或穴施，但药剂应施于作物根部附近土壤中。防治马铃薯金线虫、根结线虫、自由习居线虫，用有效成分 7.5kg/hm² 撒施；防治大豆根线虫、根结线虫等，用 1～4kg/hm²（有效成分）条施或 40～60g（有效成分）撒施。

注意事项　①高毒杀线虫剂。对胆碱酯酶有抑制作用，轻度中毒出现头痛、头晕、多汗、流涎、视力模糊、乏力、恶心、呕吐等；中度中毒出现肌束震颤、瞳孔缩小、呼吸困难、腹痛、腹泻、神志模糊等；重度中毒出现昏迷、惊厥、肺水肿、呼吸抑制和脑水肿等。②施药时要穿防护服，避免药剂接触皮肤。喷药时不可饮水、吃东西、吸烟，喷完药立即用肥皂水清洗接触药剂部位。③施药 6 周内不能让家畜、家禽进入处理区。④在远离粮食、饲料的阴凉干燥处保存。⑤不慎发生中毒可先吞服 2 片硫酸阿托品，并立即送医院救治。

允许残留量　GB 2763—2021《食品中农药最大残留限量标准》规定苯线磷最大残留限量见表。ADI 为 0.0008mg/kg。谷物按照 GB/T 20770 规定的方法测定；油料和油脂按照 GB/T 20770 规定的方法测定；蔬菜、水果按照 GB 23200.8 规定的方法测定。残留物：苯线磷及其氧类似物（亚砜、砜化合物）之和，以苯线磷表示。

部分食品中苯线磷最大残留限量（GB 2763—2021）

食品类别	名称	最大残留限量（mg/kg）
谷物	稻谷、糙米、麦类、旱粮类、杂粮类	0.02
油料和油脂	棉籽、大豆、花生仁、花生毛油、花生油	0.02
蔬菜	鳞茎类蔬菜、芸薹属类蔬菜、叶菜类蔬菜、茄果类蔬菜、瓜类蔬菜、豆类蔬菜、茎类蔬菜、根茎类和薯芋类蔬菜、水生类蔬菜、芽菜类蔬菜、其他类蔬菜	0.02
水果	柑橘类水果、仁果类水果、核果类水果、浆果和其他小型水果、热带和亚热带水果、瓜果类水果	0.02

参考文献

农业大词典编辑委员会, 1998. 农业大词典[M]. 北京: 中国农业出版社: 63.

中国农业百科全书总编辑委员会农药卷编辑委员会, 中国农业百科全书编辑部, 1993. 中国农业百科全书: 农药卷[M]. 北京: 农业出版社: 17-18.

（撰稿：吴剑；审稿：薛伟）

苯锈啶　fenpropidin

一种哌啶类内吸性杀菌剂，为甾醇分解抑制剂，对白粉菌有特效。

其他名称　Patrol（Maag）、Sorilan、Ro 12-3049（对有效成分, Roche）、ACR-3240（对乳油）。

化学名称　(RS)-1-[3-(4-叔丁基苯基)-2-甲基丙基]哌啶；1-[3-(4-(1,1-dimethylethyl)phenyl)-2-methylpropyl]piperidine。

IUPAC 名称　1-[(RS)-3-(4-*tert*-butylphenyl)-2-methylpropyl]piperidine。

CAS 登记号　67306-00-7。

分子式　$C_{19}H_{31}N$。

相对分子质量　273.46。

结构式

开发单位　由马戈公司开发，由汽巴 - 嘉基公司（现先正达公司）全球推广，1986 年上市。

理化性质　该品为淡黄色液体，室温下稳定无气味。相对密度 0.91。沸点 100℃（533.28mPa）。溶解性（25℃）：水 350mg/kg（pH7），丙酮、氯仿、二烷、乙醇、乙酸乙酯、庚烷、二甲苯＞ 250g/L。$K_{ow}\lg P$ 2.9（22℃，pH7），碱性，pK_a 约 10.5。稳定性：在室温下密闭容器中稳定≥ 3 年；其水溶液对紫外光稳定；在 80℃时，pH4、7 和 10 条件下水解；强烈地被土壤吸附。

毒性　大鼠急性经口 LD_{50} 1800mg/kg。小鼠急性经口 LD_{50} ＞ 3200mg/kg。大鼠急性经皮 LD_{50} ＞ 1800mg/kg。大鼠腹腔注射 LD_{50} 350mg/kg。大鼠急性吸入 LC_{50} 1.22mg/L 空气。对豚鼠皮肤无过敏性，对兔眼睛和豚鼠皮肤有刺激作用，无致畸、致突变作用，对繁殖无影响。雌野鸡急性经口 LD_{50} 1900mg/kg，雄野鸡急性经口 LD_{50} 370mg/kg。鱼类 LC_{50}（96 小时）：虹鳟 2.6mg/L，鲤鱼 3.6mg/L，蓝鳃鱼 1.9mg/L。

剂型　75g/L 乳油。

作用方式及机理　甾醇分解抑制剂。

防治对象　对白粉菌科特别有效，尤其是禾白粉菌、黑麦孢和柄锈菌。

使用方法　禾谷类作物喷施用量 750g/hm²。如以有效成分 500～700g/hm² 可防治大麦白粉病、锈病，具有治疗作用，持效期约 28 天。

与其他药剂的混用　该品的混剂有苯锈啶＋丁苯吗啉＋多菌灵、苯锈啶＋丁苯吗啉＋咪鲜胺等。

允许残留量　GB 2763—2021《食品中农药最大残留限量标准》规定苯锈啶在小麦中的最大残留限量为 1mg/kg。ADI 为 0.02mg/kg。谷物按照 GB/T 20770 规定的方法测定。

参考文献

化工部农药信息总站, 1996. 国外农药品种手册 (新版合订本)[M]. 北京: 化学工业出版社: 675.

TURNER J A, 2015. The pesticide manual: a world compendium [M].17th ed. UK: BCPC: 464-465.

（撰稿：刘西莉；审稿：刘鹏飞）

苯氧菌胺　metominostrobin

一种甲氧基丙烯酸酯类内吸性杀菌剂。

其他名称　Oribright。

化学名称　(E)-2-[甲氧亚氨基-N-甲基-2-(2-苯氧苯基)乙酰胺；(E)-α-(methoxyimino)-N-methyl-2-(2-phenoxyphenyl)acetamide。

IUPAC 名称　(E)-2-methoxyimino-N-methyl-2-phenoxy-benzeneacetamide。

CAS 登记号　133408-50-1。

EC 号　603-742-9。

分子式　$C_{16}H_{16}N_2O_3$。

相对分子质量　284.32。

结构式

开发单位　日本盐野义公司。

理化性质　纯品为白色结晶状固体。熔点 87～89℃。相对密度 1.27～1.3（20℃）。蒸气压 1.8×10^{-5}Pa（25℃）。$K_{ow}\lg P$ 2.32（25℃）。水中溶解度（25℃）0.128g/L；有机溶剂中溶解度（g/L，20℃）：二氯甲烷 1380、氯仿 1280、二甲基亚砜 940。对热、酸、碱稳定，遇光稍有分解。

毒性　低毒。雌、雄大鼠急性经口 LD_{50} 分别为 708mg/kg、776mg/kg。雌、雄小鼠急性经口 LD_{50} 分别为 1413mg/kg、1778mg/kg。雌、雄大鼠急性经皮 LD_{50} ＞2000mg/kg。鱼 TLm（96 小时）158mg/L。水蚤 TLm（3 小时）＞3910mg/L。

剂型　粒剂，可湿性粉剂。

作用方式及机理　线粒体呼吸抑制剂，通过抑制细胞色素 b 和 c1 间电子转移，抑制线粒体的呼吸。具有保护、治疗、铲除、渗透和内吸活性。

防治对象　对水稻稻瘟病有特效，对水稻纹枯病、水稻胡麻叶斑病有较高的防效。

使用方法　主要是对茎叶喷雾处理。在稻瘟病未发生或发病初期使用，使用剂量为 0.25～1.5kg/hm² 有效成分。

允许残留量　中国目前没有苯氧菌胺的残留标准。日本规定苯氧菌胺最大残留限量大米、糙米为 0.5mg/kg。

参考文献

刘长令，2006. 世界农药大全：杀菌剂卷[M]. 北京：化学工业出版社：134-135.

张一宾，2002. 水稻田杀菌剂苯氧菌胺（metominostrobin）的开发[J]. 世界农药，24(2)：6-12.

（撰稿：王岩；审稿：刘鹏飞）

苯氧喹啉　quinoxyfen

一种喹啉类内吸性、保护性杀菌剂。

其他名称　快诺芬、Fortress、Legend、DE-795、XDE-795、LY211795。

化学名称　5,7- 二氯-4- 喹啉 基-4- 氟 苯 基 醚；5,7-dichloro-4-(4-fluorophenoxy)quinoline。

IUPAC名称　5,7-dichloro-4-quinolyl 4-fluorophenyl ether。

CAS 登记号　124495-18-7。

分子式　$C_{15}H_8Cl_2FNO$。

相对分子质量　308.13。

结构式

开发单位　1989 年陶氏益农发现了苯氧喹啉，1996 年该公司在英国布莱顿植保会议上报道了该品种。

理化性质　原药纯度≥97%。纯品为灰白色固体。熔点 106～107.5℃。蒸气压：1.2×10^{-2}mPa（20℃），2×10^{-2}mPa（25℃）。$K_{ow}\lg P$ 4.66（pH 约 6.6，20℃）。Henry 常数 3.19×10^{-2}Pa·m³/mol。相对密度 1.56。水中溶解度（mg/L，20℃）：0.128（pH5），0.116（pH6.45），0.047（pH7），0.036（pH9）；有机溶剂中溶解度（g/L，20℃）：二氯甲烷 589，甲苯 272，二甲苯 200，丙酮 116，正辛醇 37.9，己烷 9.64，乙酸乙酯 179，甲醇 21.5。在黑暗条件下 25℃时 pH7 和 9 的水溶液中稳定，水解 DT_{50} 75 天（pH4）。遇光分解。pK_a3.56，呈弱碱性。闪点＞100℃。

毒性　微毒。大鼠急性经口 LD_{50} ＞5000mg/kg，兔急性经皮 LD_{50} ＞2000mg/kg，大鼠急性吸入 LC_{50}（4 小时）3.38mg/L。对兔眼睛有中度刺激，对兔皮肤无刺激。对豚鼠皮肤是否致敏取决于试验情况。狗饲喂 52 周，大鼠致癌饲喂 2 年，大鼠繁殖 NOEL 均为 20mg/（kg·d）。ADI（mg/kg）：（JMPR）0.2［2006］，（EC）0.2［2004］。无致突变、致畸或致癌作用。山齿鹑急性经口 LD_{50} ＞2250mg/kg。山齿醇和野鸭饲喂 LC_{50}（8 天）＞5620mg/kg 饲料。鱼类 LC_{50}（96 小时，mg/L）：虹鳟 0.27，大翻车鱼＞0.28，鲤鱼 0.41。水蚤 EC_{50}（48 小时）0.08mg/L。羊角月牙藻 E_bC_{50}（72 小时）0.058mg/L。摇蚊 NOEC（28 天）0.128mg/L（水溶液）。蜜蜂 LD_{50}（48 小时）＞100μg/ 只（经口和接触）。蚯蚓 LC_{50}（14 天）＞923mg/kg 土壤。其他有益生物：在试验条件和农田研究条件下，对大部分非目标物和有益节肢动物低毒。

剂型　25%、50% 悬浮剂。

作用方式及机理　生长信息干扰剂。非甾醇生物合成抑制剂和线粒体呼吸抑制剂。作用机理独特，但具体作用机理未知。内吸性杀菌剂，并具有蒸气相活性，作用于白粉病侵害前的生长阶段（孢子萌发和附着胞的形成），可以有效防治谷物白粉病、甜菜白粉病、瓜类白粉病、辣椒和番茄白粉病、葡萄白粉病、草莓白粉病、桃树白粉病。不具备铲除作用。它通过内吸作用向植株顶部、基部传导；通过蒸气相移动，实现药剂在植株中的再分配。

防治对象　白粉病。

使用方法　防治麦类白粉病使用剂量为有效成分 100～250g/hm²；防治葡萄白粉病使用剂量为有效成分 50～75g/hm²。

与其他药剂的混用　可与环菌唑、螺环菌胺、丁苯吗啉、氯苯嘧啶醇、多菌灵等复配。

允许残留量　GB 2763—2021《食品中农药最大残留限量标准》规定苯氧喹啉最大残留量见表。ADI 为 0.2mg/kg。

苯氧喹啉在部分食品中的最大残留限量（GB 2763—2021）

食品类别	名称	最大残留限量（mg/kg）
谷物	小麦	0.01*
	大麦	0.01*
蔬菜	结球莴苣	8.00*
	叶用莴苣	20.00*
	辣椒	1.00*
水果	樱桃	0.40*
	加仑子（黑）	1.00*
	葡萄	2.00*
	草莓	1.00*
	甜瓜类水果	0.10*
糖料	甜菜	0.03*
调味料	干辣椒	10.00*
饮料类	啤酒花	1.00*

* 临时残留限量。

参考文献

刘长令, 2006. 世界农药大全: 杀虫剂卷[M]. 北京: 化学工业出版社: 272-273.

马克比恩 C, 2015. 农药手册[M]. 胡笑形, 等译. 北京: 化学工业出版社: 902-903.

（撰稿：刘长令、杨吉春；审稿：刘西莉、张灿）

苯氧炔螨　dofenapyn

一种含苯环的杀螨剂。

化学名称　1-(4-戊炔氧基)-4-苯氧基苯；1-(4-pentynyloxy)-4-phenoxybenzene。

IUPAC 名称　1-pent-4-ynoxy-4-(phenoxy)benzene。

CAS 登记号　42873-80-3。

分子式　$C_{17}H_{16}O_2$。

相对分子质量　252.31。

结构式

理化性质　密度 1.079g/cm³。沸点 376.3℃（101.32kPa）。闪点 146.6℃。折射率 1.516。

防治对象　对柑橘螨、棉叶螨、紫红短须螨等害螨有很好的防除效果。

参考文献

康卓, 2017. 农药商品信息手册[M]. 北京: 化学工业出版社.

（撰稿：郭涛；审稿：丁伟）

苯氧威　fenoxycarb

一种具有保幼激素活性的非萜烯类昆虫生长调节剂类杀虫剂。

其他名称　Insegar（Maag Agrochem.Co）、芬诺克、Logic、Torus、Pictyl、双氧威、苯醚威、Ro13-5223、NR8501、OMS3010、Efenoxecarb。

化学名称　2-(4-苯氧基苯氧基)乙基氨基甲酸乙酯；ethyl 2-(4-phenoxyphenoxy)ethylcarbamate。

IUPAC 名称　ethyl 2-(4-phenoxyphenoxy)ethylcarbamate。

CAS 登记号　72490-01-8；曾用 79127-80-3。

EC 号　276-696-7。

分子式　$C_{17}H_{19}NO_4$。

相对分子质量　301.34。

结构式

开发单位　最早由瑞士先正达公司在 20 世纪 90 年代投放市场，并被先正达列为 21 世纪的十几个保留品种之一。

理化性质　纯品为无色结晶体。熔点 53~54℃。闪点 224℃。蒸气压 8.67×10^{-4} mPa（25℃，OECD104）。溶解性（25℃）：水 5.7mg/kg，丙酮、氯仿、乙醚、乙酸乙酯、甲醇、异丙醇、甲苯等＞250g/kg。在室温下、于密闭容器中稳定 2 年以上。在 pH3、7、9，50℃下水解稳定，对光稳定。

毒性　对人和家畜低毒。大鼠急性经口 LD_{50}＞10 000mg/kg（国外报道：＞16 800mg/kg）。大鼠急性经皮 LD_{50}＞2000mg/kg（国外报道：＞5000mg/kg）。大鼠急性吸入 LC_{50}＞4400mg/m³（空气）。对豚鼠皮肤无过敏性，仅对皮肤和眼有轻微的刺激。

剂型　12.5% 乳油，5% 颗粒剂，10% 微乳剂，1% 饵剂，可湿性粉剂 250g/kg（有效成分）。

作用方式及机理　由于苯氧威兼具二苯醚和氨基甲酸酯分子结构，使它有多种杀虫功能：具胃毒和触杀作用并对昆虫内分泌激素有多种调节功能。使昆虫无法蜕皮变态而逐渐死亡。抑制成虫期变态，从而造成后期或蛹期死亡。有较强的杀卵作用，从而可减少虫口数。对昆虫的胚胎发育、繁殖、性外激素的产生，迁徙行为，群居性昆虫的等级分化（如蚁类，分成工、雄、蚁王的分化），都有产生异常变化的作用。

防治对象　主要杀虫范围包括：对双翅目（包括蚊、虻、蝇类，以及在农业上常见的韭蛆、潜叶蝇）、鞘翅目（如各种危害粮食的甲虫）、半翅目（如叶蝉、稻褐飞虱、蚜虫、粉蚧）、鳞翅目（如小菜蛾、苹果金纹细蛾、旋纹潜叶蛾及各种小食心虫、亚洲玉米螟）、异亚翅目、缨翅目（如蓟马）、脉翅目（如大草蛉）、啮虫目的 50 多种害虫及一些蜱螨、线虫有效。苯氧威对苹果金纹细蛾、梨木虱、枣树龟蜡蚧、苹果黄蚜、小菜蛾、菜青虫、菜蚜以及粮食仓储害虫等防治效果很好。还可制成饵料防治火蚁、白蚁等多种蚁群；撒施于水中抑制蚊虫育虫；并可用于防治各种卫生害虫，如蝇、蟑螂、跳蚤、鼠蚤以及宠物寄生虱等。在农业上（棉田、玉米田、果园、林园、菜圃、花圃）可防治螨虫、棉铃虫、螨、蚜虫、蓟马、木虱、蚧类、卷叶虫、食心虫、潜叶蛾等。同时能够对害虫的虫卵、幼虫、成虫全过程杀灭。

使用方法　使用浓度一般为 0.0125%～0.025%，有时0.006%，如 5mg/kg 即可有效防治谷象，10mg/kg 可有效防治米象、杂拟谷盗和印度谷螟。以苯醚威 10～100g/L 防治德国幼蠊，死亡率达 76%～100%，持效期为 1～9 周。防治火蚁，每集群用 6.2～22.6mg，在 12～13 周内可降低虫口率 67%～99%。以 5～10mg/kg 剂量拌在糙米中，可防治麦蛾、谷蠹、米象、赤拟谷盗、锯谷盗等多种重要粮食害虫，持效期达 18 个月之久；并能防治对马拉硫磷有了抗性的粮仓害虫，而不影响稻种发芽。在果园，以 0.006% 浓度喷射，能抑制乌盔蚧的未成熟幼虫和龟蜡蚧的一、二龄期若虫的发育成长。

注意事项　该品在植物、储藏物上和水中，有较好的持效期，在土壤中能迅速消散，但对昆虫的杀死作用较慢。该品尚在试用阶段，虽对人、畜无害，但在使用中须注意安全。

参考文献

农业大词典编辑委员会, 1998. 农业大词典[M]. 北京: 中国农业出版社.

徐元贞, 2005. 新全实用药物手册[M]. 郑州: 河南科学技术出版社.

朱永和, 王振荣, 李布青, 2006. 农药大典[M]. 北京: 中国三峡出版社.

（撰稿：张建军；审稿：吴剑）

苯唑草酮　topramezone

一种苯甲酰吡唑酮类除草剂。

其他名称　苞卫、苯吡唑草酮。

化学名称　4-[3-(4,5-二氢异噁唑-3-基)-2-甲基-4-甲基磺酰基]-1-甲基-5-羟基-1H-吡唑。

IUPAC 名称　[3-(4,5-dihydro-3-isoxazolyl)-2-methyl-4-(methylsulfonyl)phenyl](5-hydroxy-1-methyl-1H-pyrazol-4-yl)methanone。

CAS 登记号　210631-68-8。

EC 号　606-699-4。

分子式　$C_{16}H_{17}N_3O_5S$。

相对分子质量　363.39。

结构式

开发单位　巴斯夫公司。

理化性质　白色粉末固体，熔点 221～222℃，蒸气压＜$1×10^{-7}$mPa（20℃）。溶解度（20℃，g/L）：水 0.51（pH3.1），二氯甲烷 25～29，丙酮、乙腈、乙酸乙酯、甲苯、甲醇、2-丙醇、n-庚烷、1-辛醇＜10。

毒性　低毒。原药大鼠急性经口 LD_{50}＞2000mg/kg，大鼠急性吸入 LC_{50}＞5400mg/L。对眼睛、皮肤轻度刺激，对豚鼠皮肤无致敏性。大鼠饲喂试验 NOEL［24 个月，mg/（kg·d）］：雄 0.4，雌 0.6。对鱼、蜜蜂、鸟低毒。虹鳟（96 小时）LC_{50}＞100mg/L，水蚤（48 小时）LC_{50}＞100mg/L。蜜蜂经口 LD_{50}（48 小时）72μg/只。马来鸭饲喂 LC_{50}（8 天）＞2000mg/kg 饲料。蚯蚓 LC_{50}（14 天）＞1000mg/kg 土壤。

剂型　30% 悬浮剂。

质量标准　苯唑草酮原药（T/CCPIA 033—2020）。

作用方式及机理　内吸性传导型除草剂。苗后茎叶处理通过根和茎叶吸收，在植物体内向顶、向基传导至分生组织，抑制 4-羟基苯基丙酮酸酯双氧化酶，从而抑制质体醌和间接影响类胡萝卜素的生物合成，干扰叶绿素合成和功能，由于叶绿素的氧化降解，导致敏感杂草叶片白化，组织失绿坏死。

防治对象　玉米田马唐、稗草、牛筋草、狗尾草、大狗尾草、野黍、反枝苋、马齿苋、藜、酸模叶蓼、苘麻、苍耳、龙葵等。

使用方法　茎叶喷雾。主要用于玉米田除草。玉米 2～4 叶期、杂草 2～5 叶期，每亩使用 30% 苯唑草酮悬浮剂 5.6～6.7g（有效成分 1.68～2g），加水 30L 茎叶均匀喷雾处理。

注意事项　①在杂草叶龄较大时施药效果差，应在杂草苗后早期（禾本科杂草 3 叶期前）使用。②施药时加入助剂能提高除草效果。③个别玉米品种药后 1 周叶片有白化现象，随着作物生长即可恢复正常。

与其他药剂的混用　可与莠去津、氟草定、烟嘧磺隆等混用，扩大杀草谱。

允许残留量　GB 2763—2021《食品中农药最大残留限量标准》规定苯唑草酮在玉米中的最大残留限量为 0.05mg/kg（临时限量）。ADI 为 0.004mg/kg。

参考文献

刘长令, 2002. 世界农药大全: 除草剂卷[M]. 北京: 化学工业出版社.

马克比恩 C, 2015. 农药手册[M]. 胡笑形, 等译. 北京: 化学工业出版社.

中国农业百科全书总编辑委员会农药卷编辑委员会, 中国农业百科全书编辑部, 1993. 中国农业百科全书: 农药卷[M]. 北京: 农业出版社.

SHANER D L, 2014. Herbicide handbook[M]. 10th ed. Lawrence, KS: Weed Science Society of America.

（撰稿：李香菊；审稿：耿贺利）

崩解剂　disintegrant

能够使片剂（或粒剂）在稀释使用时快速崩解，形成稳定的药物悬浮液的助剂。农药崩解剂主要用于水分散粒剂、水分散片剂、泡腾片剂等剂型中，作用是加快颗粒状制剂的崩解，使制剂更快更好地分散成均匀的悬浮液。

作用机理 尚未完全阐明，能够有效解释崩解过程的机制，包括毛细管作用、膨胀作用、变形回复、排斥作用、润湿热及化学气体产生等，不同类型的崩解剂崩解原理不同，农药制剂所表现出的崩解性能可能是两种或多种方式共同作用的结果。

分类与主要品种 常见分类方法有按结构分类及按溶解性分类。按结构不同可分为表面活性剂类、高分子聚合物类、纤维素类、淀粉及其衍生物类、酸碱混合物类、可溶性盐或有机物类、海藻酸盐类、胶类、酶类等。按溶解性能可以分为水溶性崩解剂和水不溶性崩解剂。以下是崩解剂的常见品种。

交联聚乙烯吡咯烷酮 外观为白色至微黄色粉末，易流动。无臭或微臭。不溶于水、酸、碱及常用有机溶剂。具有很强的溶胀能力，溶胀后体积可增大150%~200%。具有很高的毛细管活性和络合能力。交联聚乙烯吡咯烷酮的崩解效果较好，而且其吸水后不会呈黏稠胶状，不影响水分继续进入颗粒内部。缺点是成本相对较高。

羧甲基淀粉钠 外观为白色粉末，吸湿性强，吸水后膨胀显著，但又不全溶于水，因而不会形成胶体阻止水分继续进入颗粒内部，用于加工颗粒剂或片剂有较好的促进崩解的效果。储存稳定性好，长期储存不会影响其膨胀性。羧甲基淀粉钠不宜在酸性条件下使用或与多价金属盐共同使用，否则会产生沉淀。

羟丙基淀粉 外观为白色粉末，易于糊化，可做黏结剂，也用作颗粒剂或片剂的崩解剂，用其所加工的片剂不易裂片，还具有较好的崩解效果。

交联羧甲基纤维素钠 外观为类白色粉末，在水、稀醇和稀酸中具有膨胀效果，但由于交联键的存在，不溶于水，崩解效果好。

低取代羟丙基纤维素 外观为白色或类白色粉末，具有较大的表面积和孔隙率，吸水能够快速膨胀，从而使片剂快速崩解。

微晶纤维素 外观为白色结晶粉末，具有海绵状多孔结构，吸水膨胀性弱但具有较强的毛细管作用，常与膨胀性好但毛细管作用弱的崩解剂搭配使用，可获得较好的崩解效果。

酸-碱体系 通过酸碱反应释放二氧化碳气体使颗粒迅速崩解，一般作为泡腾片剂的崩解剂。常见的是枸橼酸和酒石酸搭配碳酸盐或碳酸氢盐，能用于搭配的酸或碱还有磷酸二氢钠、焦磷酸二氢二钠、亚硫酸氢钠、碳酸氢钾等。

可溶性盐 在水分散粒剂中常加入一些可溶性盐来提高颗粒的崩解效果，常见的有硫酸铵、硫酸钠、氯化钾、氯化铵和尿素等。

表面活性剂 能够改善药物与水的亲和力，使颗粒或片剂较快润湿，从而改善其崩解问题，如十二烷基硫酸钠、吐温80等。

使用要求 作为农药加工中用的崩解剂，要求除有良好的崩解效果之外，成本不能太高。在水中溶解度低，不形成胶体，不会影响水分继续进入颗粒内部。吸湿性尽量小，不会因长期放置吸潮导致产品性能变化。

应用技术 崩解剂主要用于颗粒剂、水分散粒剂、片剂、泡腾片剂等剂型中。崩解剂的选择要考虑其对有效成分的影响，因此在使用酸-碱体系的崩解剂要考虑农药有效成分对酸或碱的适用性，可根据不同的pH需求调节酸碱的比例。崩解剂的用量要通过试验确定，一般增大崩解剂的用量能够提高崩解效果，但对于水溶液具有一定黏度的崩解剂，增大其用量反而可能降低其崩解性能。崩解剂在配方中的加入方法有内加法、外加法和内外加法等。

参考文献

刘广文, 2013. 现代农药剂型加工技术[M]. 北京: 化学工业出版社.

邵维忠, 2003. 农药助剂[M]. 3版. 北京: 化学工业出版社.

中国农业百科全书总编辑委员会农药卷编辑委员会, 中国农业百科全书编辑部, 1993. 中国农业百科全书: 农药卷[M]. 北京: 农业出版社.

（撰稿: 张鹏; 审稿: 张宗俭）

崩解时间 disintegration time

农药在水中崩解和分散所需的时间。

原理 该参数测试是为了确保可溶片剂或可分散片剂在加入水后能够快速崩解，进而轻易地分散或溶解。水溶性片剂、水溶性片或者水溶性片的颗粒，按照最大使用速率溶解于标准硬水D中，同时搅拌一定时间。然后，溶液静置2小时后，全部倒入75μm筛，收集所有残余物，干燥、称重并记录。该方法是重量分析法，为片剂的崩解以及有效成分的溶解提供足够的时间。

适用范围 适用于可溶片剂及可分散片剂的崩解时间检查。该方法用于测试片剂崩解完全程度。

主要内容 根据称得的药片或者药片碎片的质量，计算以达到最大使用浓度时需要的标准硬水D的量。确保用于测试的标准硬水D的量在400~900ml之间。称量置于1L的烧杯中，事先平衡到25℃±5℃的标准硬水D（精确到1g）。确保搅拌桨置于烧杯底部中央，并且能确保搅拌桨旋转时能够将水往上推。开启搅拌器并控制转速在300r/min。加入药片或者药片碎片，根据制造商的说明持续搅拌一定时间，如果制造商没有给出搅拌时间，则设定搅拌时间为10分钟。

记录搅拌时间。关闭并移除搅拌装置。用标准硬水D润洗搅拌桨（约10ml），将润洗液收集到烧杯中。用表面皿盖住烧杯口并于25℃±5℃下静置2小时后，将烧杯内容物倾倒于75μm的筛中。用去离子水润洗烧杯及筛，收集滤液。用盛有去离子水的洗瓶冲洗，将残余物转移到一个已知重量的表面皿中（精确到0.1mg），在60~70℃干燥至恒重。如有必要，调整干燥以防止制剂组分的分解或者挥发。称重表面皿并计算残留物。

$$\text{干燥2小时后的残余物}（R）= \frac{b-a}{w}\times100\%$$

式中，a 为表面皿的质量（g）；b 为表面皿及残余物的质量（g）；w 为加入的药片 / 碎片的质量（g）。

备注：当片剂存在不溶的组分导致不能完全崩解或分散时，重量分析法有可能产生误导。

参考文献

HG/T 2467.14-2467.17—2003 农药产品标准编写规范.

（撰稿：邵向东；审稿：路军）

比色法　colorimetry

通过比较溶液颜色来确定待测组分含量的分析方法。定量基础为朗伯比尔定律（Beer-Lambert Law），数学表达式为 $A = \varepsilon \times b \times c$，$A$ 为吸光度，b 为吸收层厚度（cm），c 为吸光物质浓度（mol/L），ε 为摩尔吸收系数，与吸光物质的性质及入射光波长有关，单位为 L/（mol·cm）。该公式表明当一束平行单色光垂直通过某一均匀非散射吸光物质时，吸光度与吸光物质的浓度及吸收层厚度成正比。

19 世纪中期的比色法主要依赖奈斯勒比色管、目视分光光度计等进行目视比色和定量，但该种方法存在观测主观误差以及色彩分辨能力降低导致的实验误差。19 世纪末，基于光电测量原理的光电比色法开始形成。20 世纪 30 年代，人们利用棱镜和汞灯、氢灯制造了紫外可见光分光光度计；60 年代，适用于可见光、紫外及红外光区的分光光度法已基本取代了光电比色法。

经典比色分析法主要包括目视比色法和光电比色法。目视比色法即首先在比色管中配制一系列已知浓度的待测物标准溶液，显色并制成颜色递变的标准色阶，再将待测溶液在相同条件下显色，与上述标准色阶比较找出色泽最为相近的标准溶液，依据其浓度确定样品实际浓度。与其相比，光电比色法消除了主观误差，提高了准确度且通过滤光片消除了干扰；但其采用的钨灯光源和滤光片只能得到一定波长范围的复合光并只适用于可见光谱区的吸收，依然存在应用范围不足的缺点。

目前农药比色法测定领域最为成熟的技术是酶抑制法农药残留快速检测技术，已被列入国家标准 GB/T 5009.199—2003《蔬菜中有机磷和氨基甲酸酯类农药残留量的快速检测》。在特定条件下，有机磷及氨基甲酸酯类农药能够抑制胆碱酯酶的催化水解反应，抑制率与农药浓度成正比。因此在酶反应过程中加入底物和显色剂，观察颜色变化或通过分光光度计测定吸光度变化即可判断农药残留量，该法具有快速、简便、灵敏及成本低等优点，属于农药残留比色法，在监督部门、生产基地及市场的农残快速筛查检测中具有潜在的应用价值。

传统比色法要求显色反应具有较高的灵敏度和选择性，生成组成恒定且稳定、与显色剂有较大色差的化合物。近年来，随着纳米技术的发展，基于表面功能化纳米金粒子的可视化比色法因其简单快速、结果可视等优点引起了广泛关注，已成功应用于农兽药、重金属、生物分子以及化学污染物的检测领域。纳米金具有高摩尔消光系数及优越的距离依

赖光学性质，在高于 nmol/L 水平浓度时即可实现无须借助复杂仪器设备的目视比色检测。随着研究的不断深入，纳米金可视化比色法将会为农药残留现场快速检测提供更多有益参考。

参考文献

GB/T 5009.199—2003 蔬菜中有机磷和氨基甲酸酯类农药残留量的快速检测.

LIU D B, CHEN W W, WEI J H, et al, 2012. A highly sensitive, dual-readout assay based on gold nanoparticles for organophosphorus and carbamate pesticides [J]. Analytical chemistry, 84(9): 4185-4191.

LEE H S, KIM Y A, CHO Y A, et al, 2002. Oxidation of organophosphorus pesticides for the sensitive detection by a cholinesterase-based biosensor [J]. Chemosphere, 46(4): 571-576.

VALÉRIE F, CAROLINE L, STÉPHANE LE C, et al, 2005. Near-UV molar absorptivities of acetone, alachlor, metolachlor, diazinon and dichlorvos in aqueous solution[J]. Journal of photochemistry and photobiology A: chemistry, 174(1): 76-81.

（撰稿：袁龙飞；审稿：刘东晖）

吡丙醚　pyriproxyfen

一种保幼激素类型的新型杀虫剂。

其他名称　Admiral、Distance、Epingle、Esteem、Juvinal、Knack、Lano、Nemesis、Nyguard、Nylar、Proximo、Proxy、Seize、Sumilarv、Tiger、S-9318、S-31183、V-71639、百利普芬、比普噻吩、灭幼宝、蚊蝇醚。

化学名称　4-苯氧基苯基 (RS)-2-(2-吡啶基氧) 丙基醚；4-phenoxyphenyl(RS)-2-(2-pyridyloxy)propyl ether。

CAS 登记号　95737-68-1。

EC 号　429-800-1。

分子式　$C_{20}H_{29}NO_3$。

相对分子质量　321.37。

结构式

开发单位　日本住友化学公司。1989 年在日本首次获得登记用于公共卫生害虫，1995 年首次登记用于农业。

理化性质　无色晶体。熔点 47℃。蒸气压 < 0.013mPa（23℃）。$K_{ow}\lg P$ 4.86（pH7）。闪点 119℃。相对密度 1.14（20℃）。溶解度（20～25℃，g/kg）：己烷 400，甲醇 200，二甲苯 500。

毒性　大鼠急性经口 LD_{50} > 5000mg/kg。大鼠急性经皮 LD_{50} > 2000mg/kg。对兔眼睛和皮肤无刺激作用，对豚鼠皮肤无致敏性。大鼠吸入 LC_{50}（4 小时）> 1300mg/m³。大鼠（2 年）NOEL 600mg/L（35.1mg/kg）。野鸭和山齿鹑

急性经口 LD$_{50}$＞2000mg/kg，饲喂 LC$_{50}$＞5200mg/kg 饲料。虹鳟 LC$_{50}$（96 小时）＞0.325mg/L，水蚤 EC$_{50}$（48 小时）0.4mg/L，羊角月牙藻 EC$_{50}$（72 小时）0.064mg/L。

剂型 0.5% 颗粒剂，1% 粉剂，10% 悬浮剂，5% 水乳剂，5% 微乳剂，10%、100g/L 乳油。

作用方式及机理 作用机理类似于保幼激素，能有效抑制胚胎的发育变态以及成虫的形成。抑制昆虫咽侧体活性和干扰蜕皮激素的生物合成。该产品对昆虫的抑制作用表现在影响昆虫的蜕变和繁殖：抑制卵孵化即杀卵作用；阻碍幼虫变态；阻碍蛹的羽化；对生殖的影响，使雌成虫产卵数量减少，且使所产的卵孵化率降低。但是当害虫体内原本就存在保幼激素时，吡丙醚就难以发挥作用，而在昆虫由卵发育至成虫过程的不断蜕皮、变态中，有一段极短的体内保幼激素消失时期。以鳞翅目昆虫为例，在早期的卵、末龄幼虫的中后期及蛹期，体内均测不出保幼激素，而在这些时期施以保幼激素便对昆虫的发育变态造成影响。所以应根据防治对象不同而选择施药适期才能达到良好的防治效果。

防治对象 半翅目、缨翅目、双翅目、鳞翅目害虫以及公共卫生害虫；农业害虫柑橘矢尖蚧、柑橘吹绵蚧、红蜡蚧、粉虱、甘薯粉虱、蓟马、小菜蛾等。

使用方法 主要用于防治蜚蠊、蚊、蝇及蚤等公共卫生害虫，0.5% 的颗粒剂可直接投入污水塘或均匀散布于蚊蝇滋生地表面。

防治家蝇 按 100mg/m^2 有效成分的用量将吡丙醚水溶液喷洒在家蝇滋生物上，阻止化蛹率为 99.13%，阻止羽化率为 100%，对家蝇幼虫的杀灭率 3 天为 83.73%，7 天为 85.97%，10 天为 94.32%。同时将吡丙醚药液应用于垃圾场、家禽、家畜饲养场能有效控制蝇类滋生。当吡丙醚的药量在 5mg/m^2 以上时，即可减少德国小蠊的产卵数，而当用药量增至 10mg/m^2 时，产卵数则近乎 0。

防治蚧类 在室内条件下吡丙醚对柑橘矢尖蚧有较高的活性，其 LC$_{50}$ 为 26.89mg/L，LC$_{95}$ 为 343.44mg/L，药后 14 天，10% 吡丙醚乳油 2000 倍液、3000 倍液、4000 倍液对柑橘矢尖蚧的防效分别为 93.0%、93.1%、83.1%。在 8 月底对柑橘吹绵蚧的第二代若蚧使用 100g/L 吡丙醚乳油 1000 倍液和 1500 倍液喷雾，药后 15 天防效可达 85.7%、78.91%。用 10% 的吡丙醚乳油喷洒 1 次，药后 20 天防治效果可达 70%；不同浓度间药效有所不同，但药后 20 天药效差异不显著。吡丙醚与吡虫啉或甲氨基阿维菌素苯甲酸盐的复配剂对红蜡蚧防治效果明显，且效果均优于单剂。其中以 10% 吡丙醚·吡虫啉悬浮剂 1000 倍的效果较好。药后 10 天防效接近 90%，药后 20 天效果在 90% 以上。10% 吡丙醚·吡虫啉悬浮剂 1000 倍的效果明显优于单剂 10% 吡丙醚乳油和另一复配剂。

防治嗜卷书虱 吡丙醚浓度为 20mg/kg、10mg/kg 和 5mg/kg 时，致死中时间分别为 15.2 天、16.2 天和 19.3 天。同时吡丙醚还能阻止嗜卷书虱的幼虫长成成虫，用吡丙醚浓度为 20mg/kg、10mg/kg 和 5mg/kg 对嗜卷书虱处理 70 天后，嗜卷书虱的成活率分别为 6.67%、26.67% 和 53.33%。如果采用 40mg/kg 吡丙醚和 20mg/kg 的烯虫酯对嗜卷书虱有更明显的控制作用。

防治粉虱 将浓度为 1mg/L 的吡丙醚喷洒到棉花上可有效控制粉虱，将含有 0～1 天卵的叶片浸渍在 2.5mg/L 的吡丙醚药液中，卵的孵化率为 0，用 5mg/L 的药液处理二、三龄幼虫能有效抑制幼虫的羽化。用 0.4mg/L 的吡丙醚处理粉虱的蛹，羽化的抑制率可达 93.2%。当 100mg/L 的吡丙醚喷洒含有卵的叶片上，可以有效防治温室白粉虱。黄色吡丙醚带剂对粉虱具有良好的引诱作用，且对粉虱卵的孵化均有抑制作用。

防治小菜蛾 用 50mg/L 的吡丙醚药液浸渍含有小菜蛾卵的叶片，24 小时卵化抑制率可达 90.3%，用 10mg/L 和 50mg/L 处理小菜蛾一龄幼虫，羽化抑制率分别为 96.7% 和 100%，三龄幼虫羽化抑制率为 11.4% 和 40%。用 10mg/L 的药液处理小菜夜蛾的雌成虫，可抑制雌虫产卵，其抑制率可达 58.8%。

防治棕榈蓟马 用 100mg/L 的吡丙醚药液在温室里喷洒含有棕榈蓟马卵的叶片，卵的孵化率降低，10 天后观察没有幼虫和蛹。

与其他药剂的混用 ①5% 吡丙醚和 5% 高效氯氰菊酯混配，稀释 1500～2500 倍液喷雾用于防治柑橘木虱。②7.5% 吡丙醚与 22.5% 噻虫嗪混配以 120～150ml/hm^2 喷雾用于防治番茄白粉虱。③7.5% 吡丙醚和 7.5% 氟啶虫酰胺混配，稀释 2000～3000 倍液喷雾用于防治枣树蚜虫。④10% 吡丙醚与 20% 呋虫胺混配以 300～375ml/hm^2 喷雾用于防治番茄白粉虱。⑤15% 吡丙醚和 15% 螺螨乙酯混配，稀释 3000～5000 倍液喷雾用于防治柑橘介壳虫和木虱。⑥15% 吡丙醚与 5% 吡蚜酮混配以 345～450ml/hm^2 喷雾用于防治番茄粉虱。⑦2% 吡丙醚和 23% 噻嗪酮混配，稀释 1500～2500 倍液喷雾用于防治柑橘木虱和蔷薇科观赏花卉介壳虫。⑧18% 吡丙醚与 2% 甲氨基阿维菌素苯甲酸盐混配以 300～450ml/hm^2 喷雾用于防治黄瓜蓟马。⑨10% 吡丙醚与 20% 溴虫腈混配以 300～375ml/hm^2 喷雾用于防治甘蓝小菜蛾。⑩7.5% 吡丙醚与 2.5% 吡虫啉混配以 450～750g/hm^2 喷雾用于防治番茄粉虱。

允许残留量 GB 2763—2021《食品中农药最大残留限量标准》规定吡丙醚最大残留量见表。ADI 为 0.1mg/kg。油料和油脂按照 GB 23200.113 规定的方法测定；蔬菜、水果按照 GB 23200.8、GB 23200.64、GB 23200.113 规定的方法测定。

部分食品中吡丙醚最大残留限量（GB 2763—2021）

食品类别	名称	最大残留限量（mg/kg）
	棉籽	0.05
油料和油脂	棉籽毛油	0.01
	棉籽油	0.01
蔬菜	番茄	1.00
水果	柑橘类水果	0.50

参考文献

刘长令, 2017. 现代农药手册[M].北京: 化学工业出版社: 79-81.

（撰稿：杨吉春；审稿：李森）

吡草醚　pyraflufen-ethyl

一种苯基吡唑类触杀性的新型除草剂。

其他名称　霸草灵、速草灵、丹妙药、吡氟苯草酯、Ecopart、ET751。

化学名称　2-氯-5-(4-氯-5-二氟甲氧基-1-甲基吡唑-3-基)-4-氟苯氧基乙酸乙酯。

IUPAC名称　ethyl 2-chloro-5-[4-chloro-5-(difluoromethoxy)-1-methyl-1*H*-pyrazol-3-yl]-4-fluorophenoxyacetate。

CAS登记号　129630-19-9。

分子式　$C_{15}H_{13}Cl_2F_3N_2O_4$。

相对分子质量　413.18。

结构式

开发单位　日本农药公司。

理化性质　棕色固体。熔点126～127℃。蒸气压4.79×10^{-3}Pa（25℃）。水中溶解度＜1mg/L（25℃）；其他溶剂中溶解度（25℃，%质量）：二甲苯2.9、丙酮25、乙醇1、乙酸乙酯14.5。

毒性　大鼠急性经口LD_{50}＞5000mg/kg。急性经皮LD_{50}＞2000mg/L。对兔皮肤无刺激性，对兔眼睛有轻微刺激作用。大鼠急性吸入LC_{50}（4小时）5.03mg/L空气。鱼类LC_{50}（48小时）：鲤鱼和虹鳟＞10mg/L。Ames试验呈阳性。无致突变性。

剂型　2%悬浮剂，2.5%乳油。

作用方式及机理　该药为触杀性的苗后除草剂，为原卟啉原氧化酶抑制剂。其作用机制是抑制植物体内的原卟啉IX氧化酶，并利用小麦及杂草对药吸收和沉积的差异所产生不同活性的代谢物，达到选择性地防治小麦地中杂草的效果。

防治对象　主要用于麦田防除各种阔叶杂草，如猪殃殃、小野芝麻、繁缕、阿拉伯婆婆纳和淡甘菊等。

使用方法　使用剂量为6～12g/hm²。苗前、苗后茎叶处理，早期苗后处理活性最佳。

参考文献

杨国璋, 2011. 麦田用除草剂吡草醚 (pyraflufen-ethyl)[J]. 世界农药, 33 (6)：55-56.

朱永和, 王振荣, 李布青, 2006. 农药大典[M]. 北京: 中国三峡出版社: 909.

（撰稿：刘玉秀；审稿：宋红健）

其他名称　MY 71、MY 98、Yukawide。

化学名称　2-[4-(2,4-二氯-间-甲苯酰基)-1,3-二甲基吡唑-5-基氧]-4'-甲基苯乙酮；2-[4-(2,4-dichloro-*m*-toluoyl)-1,3-dimethylpyrazol-5-yloxy]-4'-methylacetophenone。

IUPAC名称　2-[4-(2,4-dichloro-*m*-toluoyl)-1,3-dimethylpyrazol-5-yloxy]-4'-methylacetophenone。

CAS登记号　82692-44-2。

EC号　200-835-2。

分子式　$C_{22}H_{20}Cl_2N_2O_3$。

相对分子质量　431.31。

结构式

开发单位　三菱油化公司（现为三菱化学公司）。

理化性质　无色固体。熔点133.1～133.5℃，相对密度1.3。蒸气压13.33μPa（30℃）。25℃溶解度：水0.13mg/L（25℃），丙酮73g/L、氯仿920g/L、正己烷0.46g/L、乙醇5.6g/L、二甲苯69g/L。K_{ow}lg$P$ 4.69。对光、热稳定，遇酸稳定，在碱性介质中水解。

毒性　大鼠、小鼠急性经口LD_{50}＞15g/kg，大鼠、小鼠皮下注射LD_{50}＞5g/kg，雄大鼠腹腔内注射LD_{50} 1775mg/kg，雌大鼠腹腔内注射LD_{50} 1094mg/kg，小鼠腹腔内注射LD_{50}＞5g/kg，大鼠急性吸入LC_{50}（4小时）＞1930mg/m³。对皮肤和眼睛有极其轻微的刺激作用，无致畸、致癌作用。大鼠2年饲喂试验NOEL为0.15mg/kg。对人的ADI为0.0015mg/kg。鲤鱼、虹鳟LC_{50}（48小时）＞10mg/L。水蚤LC_{50}（3小时）＞10mg/L。

剂型　BAS51800H，500g/hm²（有效成分）可湿性粉剂；BAS51806H，悬浮剂。

作用方式及机理　该品是非激素型内吸性除草剂，由杂草的根和基部吸收后，引起白化现象，使其逐渐枯死。其主要作用机制是抑制叶绿素生成，持效期45～50天。

防治对象　主要用于水稻田除草，对水稻安全性高，杀草谱广，尤其对一年生及多年生阔叶杂草有卓效，如稗草、萤蔺、牛毛毡、水莎草、瓜皮草、窄叶泽泻等。

使用方法　使用剂量根据施药地区、防除杂草种类、施药时间而有所变动，一般为1.2～2.4kg/hm²（有效成分）。

与其他药剂的混用　可与丁草胺和丙草胺复配。

允许残留量　米类中允许残留量0.1mg/kg。

（撰稿：杨光富；审稿：吴琼友）

吡草酮　benzofenap

一种吡唑类对羟苯基丙酮酸双加氧酶抑制类除草剂。

吡虫啉　imidacloprid

一种烟碱类超高效杀虫剂，具有广谱、高效、低毒、低残留，害虫不易产生抗性，对人、畜、植物和天敌安全等特点。

其他名称 海利尔佳巧、拌无忧、万里红、金点子、刺打、刺蓟、卓耀、咪蚜胺、吡蚜灵、蚜虫净、扑虱蚜、大功臣、灭虫精、一遍净、益达胺、比丹、高巧、康福多、一扫净、Admire、Confidor、Gaucho、NTN 33893。

化学名称 1-(6-氯-3-吡啶基甲基)-N-硝基亚咪唑烷-2-基胺；1-(6-chloro-3-pyridylmethyl)-N-nitroimidazolidin-2-ylideneamine。

CAS 登记号 105827-78-9。

EC 号 200-835-2。

分子式 $C_9H_{10}ClN_5O_2$。

相对分子质量 255.66。

结构式

开发单位 日本特殊农药制造公司和德国拜耳公司。

理化性质 无色晶体，有微弱气味。熔点 143.8℃（晶体形式 1），136.4℃（形式 2）。蒸气压 0.2μPa（20℃）。相对密度 1.543（20℃）。K_{ow}lg$P$ 0.57（22℃）。溶解度（g/L，20℃）：水 0.51、二氯甲烷 50～100、异丙醇 1～2、甲苯 0.5～1、正己烷 < 0.1。pH5～11 对水解稳定。在土壤中稳定性较高，半衰期 150 天。

毒性 原药对雄大鼠急性经口 LD_{50} 424mg/kg，雌大鼠 450～475mg/kg。雄、雌大鼠急性经皮 LD_{50} > 5000mg/kg。大鼠急性吸入 LC_{50} > 0.5mg/L。对兔眼睛和皮肤无刺激作用。对大鼠蓄积系数 K > 5。未见引起长期或繁殖影响，动物试验无致癌和诱变作用。鹌鹑急性经口 LD_{50} 31mg/kg，水蚤 LC_{50} > 32mg/L。对鱼类低毒。蚯蚓 LC_{50} 为 10.7mg/kg 干土壤。

剂型 10%、25% 可湿性粉剂，5% 乳油。

作用方式及机理 氯化烟酰杀虫剂，具有内吸、胃毒、拒食、驱避作用。其分子靶标为烟碱乙酰胆碱受体（nAChR），呈典型昆虫神经干扰特征。

防治对象 主要用来防治刺吸式口器害虫，如蚜虫、叶蝉、飞虱、蓟马等，此外也可用于防治鞘翅目、双翅目和鳞翅目害虫。由于其既不作用于乙酰胆碱酯酶、钠离子通道，也不作用于氨基丁酸 - 氯离子通道，因此对防治抗性害虫十分有效。用于禾谷类作物、玉米、马铃薯、棉花、蔬菜、柑橘等。最近，也被开发为新的杀白蚁剂。

使用方法 由于它的优良内吸性，特别适于用种子处理和撒颗粒剂方式施药。一般亩用有效成分 3～10g，兑水喷雾或拌种。安全间隔期 20 天。施药时注意防护，防止接触皮肤和吸入药粉、药液，用药后要及时用清水洗净暴露部位。不要与碱性农药混用。不宜在强阳光下喷雾，以免降低药效。防治绣线菊蚜、苹果瘤蚜、桃蚜、梨木虱、卷叶蛾、粉虱、斑潜蝇等害虫，可用 10% 吡虫啉 4000～6000 倍液喷雾，或用 5% 吡虫啉乳油 2000～3000 倍液喷雾。防治蟑螂，可以选择 2.1% 灭蟑螂胶饵。最近几年的连续使用，造成了很高的抗性，在水稻上国家已经禁止使用。

种子处理使用方法（以 600g/L 48% 悬浮剂、悬浮种衣剂为例）：

大粒作物 ①花生。40ml 兑水 100～150ml 包衣 15～20kg 种子（1 亩地种子）。②玉米。40ml 兑水 100～150ml 包衣 5～8kg 种子（2～3 亩地种子）。③小麦。40ml 兑水 300～400ml 包衣 15～20kg 种子（1 亩地种子）。④大豆。40ml 兑水 20～30ml 包衣 4～6kg 种子（1 亩地种子）。⑤棉花。10ml 兑水 50ml 包衣 1.5kg 种子（1 亩地种子）。⑥其他豆类。豌豆、豇豆、菜豆、四季豆等 40ml 兑水 20～50ml 包衣 1 亩地种子。⑦水稻。浸种 10ml 每亩种量，露白后播种，尽量控制水量。

小粒作物 油菜、芝麻、菜籽等用 40ml 兑水 10～20ml 包衣 1～1.5kg 种子。

地下结果、块茎类作物 马铃薯、姜、大蒜、山药等一般用 40ml 兑水 1.5～2kg 分别包衣 1 亩地种子。

移栽类作物 甘薯、烟草及芹菜、葱、黄瓜、番茄、辣椒等蔬菜类作物的使用方法：①带营养土移栽的，40ml 拌碎土 15kg，充分和营养土搅拌均匀。②不带营养土移栽的，40ml 水以漫过作物根部为标准。移栽前浸泡 2～4 小时后用剩余的水兑碎土搅拌成稀泥，再蘸根移栽。

注意事项 不可与碱性农药或物质混用。使用过程中不可污染养蜂、养蚕场所及相关水源。适期用药，收获前两周禁止用药。如不慎食用，立即催吐并及时送医院治疗。

与其他药剂的混用 可以与多种农药混合使用，包括杀虫剂以及杀菌剂。在中国登记的产品中，含吡虫啉的复配制剂共有 400 多个。如：吡虫啉（34%）与苯醚甲环唑（2%）复配的悬浮种衣剂 270～324g/100kg 种子进行种子包衣，可有效防治小麦全蚀病和小麦蚜虫；吡虫啉（8%）与高效氯氟氰菊酯（4%）的 12% "氯氟·吡虫啉" 悬浮剂在 23.4～32.4g/hm² 用量下喷雾，可以有效防治小麦蚜虫。18% 的吡虫啉·噻嗪酮可湿性粉剂（吡虫啉 2%；噻嗪酮 16%）在 54～81g/hm² 时喷雾，用于防治稻飞虱。

允许残留量 ①GB 2763—2021《食品中农药最大残留限量标准》规定吡虫啉最大残留限量见表 1。ADI 为 0.06mg/kg。

表 1 中国规定分部食品中吡虫啉的最大残留限量（GB 2763—2021）

食品类别	名称	最大残留限量（mg/kg）
谷物	糙米、小麦、玉米、鲜食玉米	0.05
油料和油脂	棉籽、花生仁	0.50
蔬菜	韭菜、结球甘蓝、番茄、茄子	1.00
	芹菜	5.00
	大白菜	0.20
	节瓜、萝卜	0.50
水果	柑、橘、枸杞	1.00
	苹果、梨	0.50
糖料	甘蔗	0.20
饮料类	茶叶	0.50

谷物按照 GB/T 20770 规定的方法测定；油料和油脂按照 GB/T 20769、GB/T 20770 规定的方法测定；蔬菜、水果按照 GB/T 20769、GB/T 23379 规定的方法测定；糖料、茶叶参照 GB/T 20769、GB/T 23379、NY/T 1379 规定的方法测定。②《国际食品法典》规定吡虫啉在 61 项食品的最大残留限量，部分见表 2。③欧盟规定吡虫啉在 293 项食品的最大残留限量，部分见表 3。④美国规定吡虫啉在食品的最大残留限量见表 4。⑤日本规定吡虫啉在 157 项食品的最大残留限量，部分见表 5。

表 2《国际食品法典》规定吡虫啉在部分食品中的最大残留限量（mg/kg）

食品名称	最大残留限量	食品名称	最大残留限量
杏壳	5.00	洋李（包括洋李干）	0.20
苹果	0.50	石榴	1.00
干苹果渣	5.00	家禽肉	0.02
杏	0.50	可食用家禽内脏	0.05
香蕉	0.05	小萝卜	5.00
干大麦秸秆	1.00	油菜籽	0.05
豆类（除蚕豆、黄豆以外）	2.00	根茎类蔬菜	0.50
浆果和其他小型水果	5.00	干果、秸秆饲料	1.00
青花菜	0.50	西葫芦	1.00
球茎甘蓝	0.50	草莓	0.50
结球甘蓝	0.50	向日葵籽	0.05
花椰菜	0.50	甜玉米（玉米笋）	0.02
粮谷	0.05	番茄	0.50
甜樱桃	0.50	树坚果	0.01
干辣椒	10.00	西瓜	0.20
柑橘类水果	1.00	未加工小麦糠	0.30
干柑橘脯	10.00	小麦粉	0.03
咖啡豆	1.00	莴苣头	2.00
酸果蔓果	0.05	玉米饲料干	0.20
黄瓜	1.00	杧果	0.20
哺乳动物内脏	0.30	哺乳动物肉（海洋哺乳动物肉除外）	0.10
蛋	0.02	瓜（西瓜除外）	0.20
茄子	0.20	奶	0.10
葡萄	1.00	油桃	0.50
干啤酒花	10.00	干燥的燕麦	
秸秆和饲料	1.00	洋葱鳞茎	0.10
韭菜	0.05	桃	0.50
豌豆（未成熟的种子）	5.00	花生仁	1.00
豌豆带壳（肉质种子）	2.00	花生饲料	30.00
辣椒	1.00	梨	1.00

表 3 欧盟规定吡虫啉在部分食品中的最大残留限量（mg/kg）

食品名称	最大残留限量	食品名称	最大残留限量
杏	0.50	朝鲜蓟	0.50
球芽甘蓝	0.50	大头菜	0.30
花椰菜	0.50	小扁豆	0.05*
咖啡豆	1.00	亚麻籽	0.05*
黄瓜	1.00	枇杷	0.50
韭菜	0.05*	玉米	0.10
杧果	0.20	木瓜	0.05*
根茎类蔬菜	0.50	西番莲果	0.05*
草莓	0.50	花生	1.00
向日葵籽	0.10	柿子	0.05*
西瓜	0.20	松子	0.05*
杏	0.05*	菠萝	0.05*
芦笋	0.05*	开心果	0.05*
鳄梨	1.00	罂粟籽	0.05*
竹笋	0.05*	马铃薯	0.50
大麦	0.10	大黄	0.05*
黑莓	5.00	黑麦	0.10
胡萝卜	0.50	红花	0.05*
蓖麻	0.05*	小葱	0.05*
根芹菜	0.50	高粱	0.05*
芹菜	2.00	大豆	0.05*
香葱	2.00	星苹果	0.05*
丁香	0.05*	甘蔗	0.05*
棉籽	1.00	罗望子	0.05*
莳萝种	0.05*	姜	0.05*
榴莲果	0.05*	人参	0.05*
大蒜	0.05*		

* 临时残留限量。

表 4 美国规定吡虫啉在部分食品中的最大残留限量（mg/kg）

食品名称	最大残留限量	食品名称	最大残留限量
苹果	0.50	牛肉	0.30
香蕉	0.50	牛肉副产品	0.30
蔓越莓	0.05	蛋	0.02
橘脯	5.00	葡萄	1.00
绿咖啡豆	0.80	莴苣头	3.50
轧棉副产品	4.00	杧果	1.00
棉粗粉	8.00	花生仁	0.45
未去纤维棉籽	6.00	石榴	0.90
海甘蓝种	0.05	草莓	0.50
醋栗	3.50	鳄梨	1.00
南美番荔枝	0.30	木瓜	1.00
接骨木果	3.50	柿子	3.00

（续表）

食品名称	最大残留限量	食品名称	最大残留限量
费约果	1.00	星苹果	1.00
亚麻籽	0.05	西印度樱桃	1.00
柑橘果	0.70	杏壳	4.00
梨果	0.60	湿苹果渣	3.00
核果	3.00	朝鲜蓟	2.50
山羊肥肉	0.30	杂交番荔枝	0.30
山羊肉	0.30	葡萄干	1.50
山羊肉副产品	0.30	葡萄汁	1.50
甜菜糖蜜	0.30	番石榴	1.00
甜菜根	0.05	猪肥肉	0.30
甜菜头	0.50	猪肉	0.30
薜荔果	0.30	猪肉副产品	0.30
蓝莓	3.50	蛇麻草干球果	6.00
琉璃苣籽	0.05	马肥肉	0.30
蔓越莓 13-A	2.50	马肉副产品	0.30
蛋黄果	1.00	马肉	0.30
卡诺拉种	0.05	黑果木	3.50
牛肥肉	0.30	异叶番荔枝	0.30
绵羊肥肉	0.30	树葡萄	1.00
绵羊肉	0.30	加拿大唐棣	3.50
绵羊肉副产品	0.30	卡瓦胡椒叶	4.00
刺果番荔枝	0.30	卡瓦胡椒根	0.40
大豆草料	8.00	绿叶蔬菜子群	3.50
大豆干草	35.00	莴苣叶	3.50
豆粕	4.00	野生红豆	3.50
大豆种子	3.50	龙眼	3.00
西班牙酸橙	3.00	荔枝	3.00
杨桃	1.00	乳	0.10
番荔枝	0.30	黑色芥末种子	0.05
向日葵籽	0.05	芥菜大田种子	0.05
番茄酱	6.00	印度芥末种子	0.05
番茄布丁	3.00	芥末菜子种子	0.05
叶类蔬菜，不包括芸薹	3.50	芥末籽	0.05
葫芦类植物	0.50	坚果树	0.05
豆叶类植物	2.50	黄秋葵	1.00
蔬菜水果	1.00	洋葱干球茎亚 3-07a	0.15
根茎和块茎植物叶	4.00	绿洋葱亚 3-07b	2.50
豆叶类植物	0.30	西番莲果	1.00
豆类植物，不包括大豆	4.00	花生干草	35.00
根茎及块茎植物，不包括甜菜	0.40	花生粉状	0.75
豆瓣菜	3.50	胡桃	0.05
莲雾	1.00	开心果	0.05
马铃薯处理废料	0.90	马铃薯片	0.40

（续表）

食品名称	最大残留限量	食品名称	最大残留限量
家禽脂肪	0.05	黑柿	1.00
家禽肉	0.05	曼密果	1.00
肉副产品	0.05	稻谷	0.05
山荔枝	3.00	红花籽	0.05
红毛丹果	3.00	沙龙白珠树	3.50
油菜籽	0.05	人心果	1.00
野生覆盆子	2.50		

表 5　日本规定吡虫啉在部分食品中的最大残留限量（mg/kg）

食品名称	最大残留量	食品名称	最大残留量
苹果	0.50	牛肾	0.30
杏	2.00	牛肝	0.30
香蕉	0.04	牛瘦肉	0.30
青花菜	5.00	樱桃	2.00
球芽甘蓝	0.50	玉米	0.05
花椰菜	0.40	棉花籽	4.00
咖啡豆	0.70	蛇麻草	7.00
蔓越莓	0.04	猕猴桃	0.20
茄子	2.00	柠檬	0.70
葡萄	3.00	莴苣	3.00
杧果	1.00	瓜	0.40
油桃	2.00	洋葱	0.07
桃	0.50	马铃薯	0.50
梨	0.70	覆盆子	4.00
草莓	0.50	甘蔗	0.04
向日葵籽	0.04	甘薯	0.40
芦笋	0.70	芋	0.40
鳄梨	0.70	茶叶	10.00
大麦	0.05	小麦	0.05
胡萝卜	0.40	山药	0.40
芹菜	4.00	蓝莓	4.00
板栗	0.05	牛肥肉	0.30
姜	0.30	番石榴	0.70
辣根	0.40	黑果木	4.00
青柠	0.70	乳	0.10
枇杷	0.50	黄秋葵	0.70
木瓜	0.70	胡桃	0.04
香菜	3.00	豆瓣菜	3.00
西番莲果	0.70	杏仁	0.04
榅桲	0.50	黑莓	4.00
黑麦	0.05	卷心菜	0.50
牛食用内脏	0.30	可可豆	0.05

* 临时残留限量。

参考文献

马克比恩 C, 2015. 农药手册[M]. 胡笑形, 等译. 北京: 化学工业出版社: 574-576.

（撰稿：吴剑；审稿：薛伟）

吡啶、哌啶和哌嗪类杀菌剂 pyridine, piperidine and piperazine fungicides

甾醇是生物细胞膜的重要组分。真菌甾醇主要是麦角甾醇，不仅参与细胞膜的结构，而且对菌体生命活动过程具有调节作用和激素作用。甾醇生物合成抑制剂（sterol biosynthesis inhibitors，SBIs）是 20 世纪 70 年代初研发的一类杀菌剂，具有高效、低毒、广谱和安全的特点。目前已知的 SBIs 中，部分品种是基于吡啶、哌啶和哌嗪化学结构的衍生物，如吡啶类杀菌剂氟啶胺（fluazinam）、丁赛特（buthiobate）、啶菌胺（PEIP）、环啶菌胺（ICI-A0858）、啶菌噁唑（pyrisoxazole）和啶斑肟（pyrifenox），哌嗪类杀菌剂嗪氨灵（triforine）。

（撰稿：陈长军；审稿：张灿、刘西莉）

吡氟禾草灵 fluazifop-butyl

一种芳氧苯氧基丙酸酯类选择性内吸传导型除草剂。吡氟禾草灵分子结构中丙酸的 α- 碳原子为不对称碳原子，所以有 R- 构型和 S- 构型两种不同的光学异构体，具有除草活性的是 R- 构型异构体。精吡氟禾草灵是除去了非活性部分（即 S- 体）的精制品（即 R- 体）。

其他名称 稳杀得、氟草除。

化学名称 (R,S)-2-[4-[(5-三氟甲基吡啶-2-基)氧基]苯氧基]丙酸丁酯；butyl(±)-2-[4-[[5-(trifluoromethyl)-2-pyridinyl] oxy]phenoxy]propanoate。

IUPAC 名称 butyl(R,S)-2-[4-(5-trifluoromethyl-2-pyridyloxy)phenoxy]propionic acid。

CAS 登记号 69806-50-4。

EC 号 274-125-6。

分子式 $C_{19}H_{20}F_3NO_4$。

相对分子质量 327.26。

结构式

开发单位 日本石原产业公司。

理化性质 无色或淡黄色液体。相对密度 1.21（20℃）。沸点 165℃（2.666Pa）。蒸气压 0.354mPa（20℃）。在水中溶解度 1mg/L（pH6.5），易溶于丙酮、二氯甲烷、乙酸乙酯、己烷、甲醇、甲苯、二甲苯。在 25℃下可保存 3 年，37℃下保存 6 个月。

毒性 低毒。原药雌、雄大鼠急性经口 LD_{50} 分别为 3030mg/kg 和 3600mg/kg，雌、雄小鼠急性经口 LD_{50} 分别为 1770mg/kg 和 1490mg/kg。大鼠、兔急性经皮 LD_{50} 分别大于 6050mg/kg 和 2000mg/kg；大鼠吸入 $LC_{50} > 524mg/L$。对兔眼睛的刺激轻微，对皮肤无刺激作用。在试验剂量内对动物无致突变、致畸、致癌作用，繁殖试验也未见异常。鱼类 LC_{50}（96 小时）：虹鳟 1.37mg/L，鲤鱼 3.50mg/L，翻车鱼 0.53mg/L；对蚯蚓、土壤微生物未见任何影响。蜜蜂经口 $LD_{50} > 120\mu g/$ 只，接触 $LD_{50} > 240\mu g/$ 只。野鸭急性经口 $LD_{50} > 17\,000mg/kg$。

剂型 35% 乳油。

质量标准 GB/T 5009.142—2003。

作用方式及机理 选择性内吸传导型芽后茎叶处理剂。施药后可被杂草茎叶迅速吸收，传导到生长点及节间分生组织，抑制乙酰辅酶 A 羧化酶（ACCase），使脂肪酸合成停止，细胞生长分裂不能正常进行，膜系统等含脂结构破坏，杂草逐渐死亡。由于药剂能传导到地下茎，故对多年生禾本科杂草也有较好的防治效果。一般在施药后 2～3 天杂草停止生长，15～20 天死亡。

防治对象 大豆、花生、油菜等阔叶作物田防除禾本科杂草。如稗、马唐、牛筋草、狗尾草、画眉草、千金子、野高粱等。

使用方法 常为苗后茎叶喷雾。

防治大豆、花生等阔叶作物田杂草 防除一年生禾本科杂草，在杂草 3～5 叶期，每亩用 35% 吡氟禾草灵乳油 30～50ml（有效成分 10.5～17.5ml），防除多年生禾本科杂草，在杂草大量出土形成有 3～4 片叶的新个体时，每亩用 35% 乳油 100～120ml（有效成分 35～42g）加水喷雾，可在间隔 40 天左右再施药 1 次。

防治阔叶菌圃等杂草 杂草 4～6 叶期，每亩用吡氟禾草灵乳油 35% 乳油 67～100ml（有效成分 23.5～35ml）；对多年生杂草用 130～160ml（有效成分 45.5～56g），加水后茎叶喷雾。

注意事项 ①吡氟禾草灵药效表现较迟，不要在施药后 1～2 周内效果不明显时重喷第二次药。②在土地湿度较高时，除草效果好，在高温干旱条件下施药，杂草茎叶未能充分吸收药剂，此时要用剂量的高限或添加助剂。

与其他药剂的混用 可与灭草松、氟磺胺草醚、草甘膦等桶混使用。

允许残留量 GB 2763—2021《食品中农药最大残留限量标准》规定吡氟禾草灵最大残留限量见表。ADI 为 0.004mg/kg。

部分食品中吡氟禾草灵最大残留限量（GB 2763—2021）

食品类别	名称	最大残留限量（mg/kg）
油料和油脂	大豆	0.5
	花生仁	0.1
	棉籽	0.1
糖料	甜菜	0.5

参考文献

刘长令, 2002. 世界农药大全: 除草剂卷[M]. 北京: 化学工业出版社.

马克比恩 C, 2015. 农药手册[M]. 胡笑形, 等译. 北京: 化学工业出版社.

中国农业百科全书总编辑委员会农药卷编辑委员会, 中国农业百科全书编辑部, 1993. 中国农业百科全书: 农药卷[M]. 北京: 农业出版社.

SHANER D L, 2014. Herbicide handbook[M]. 10th ed. Lawrence, KS: Weed Science Society of America.

（撰稿: 李香菊; 审稿: 耿贺利）

吡氟硫磷　flupyrazofos

一种含氟吡唑的二硫代磷酸酯类无内吸和熏蒸作用杀虫剂。

其他名称　KH-502。

化学名称　O,O-diethyl O-[1-phenyl-3-trifluoromethyl-1H-pyrazol-5-yl]phosphorothioate; O,O-二乙基 O-[1-苯基-3-三氟甲基-1 H-吡唑-5-基]硫代磷酸酯。

IUPAC名称　O,O-diethyl O-[1-phenyl-3-trifluoromethyl-1H-pyrazol-5-yl] phosphorothioate。

CAS登记号　122431-24-7。

分子式　$C_{14}H_{16}F_3N_2O_3PS$。

相对分子质量　380.32。

结构式

开发单位　由韩国化学研究院（KRICT）发现, 并由 Sungbo Chemicals Co.Ltd. 主导开发的新型吡唑有机磷类杀虫剂, 1996 年在韩国登记上市。但目前该化合物还没有在中国获得登记。

作用方式及机理　乙酰胆碱酯酶抑制剂。

防治对象　杀虫剂。据报道该品对小菜蛾有特效。主要用于大白菜等作物防治桃蚜、褐飞虱、小菜蛾等鳞翅目害虫。

（撰稿: 谢丹丹; 审稿: 薛伟）

吡氟螨胺　pyflubumide

一种具有独特性质的吡唑酰胺类杀螨剂。

其他名称　Dani-Kong、Noblesse、Double-Face、NNI-0711。

化学名称　1,3,5-三甲基-N-(2-甲基-1-氧代丙基)-N-[3-(2-甲基丙基)-4-[2,2,2-三氟-1-甲氧基-1-(三氟甲基)乙基]苯基]-1H-吡唑-4-甲酰胺; 1,3,5-trimethyl-N-(2-methyl-1-oxopropyl)-N-[3-(2-methylpropyl)-4-[2,2,2-trifluoro-1-methoxy-1-(trifluoromethyl)ethyl]phenyl]-1H-pyrazole-4-carboxamide。

IUPAC名称　3′-isobutyl-N-isobutyryl-1,3,5-trimethyl-4′-[2,2,2-trifluoro-1-methoxy-1-(trifluoromethyl)ethyl]pyrazole-4-carboxanilide。

CAS登记号　926914-55-8。

分子式　$C_{25}H_{31}F_6N_3O_3$。

相对分子质量　535.52。

结构式

开发单位　日本农药公司。2012 年 7 月, 公司曾经提出了对产品 Double-Face 的申请, 该产品是由 Danikong 和现行杀螨剂 Danitron（唑螨酯）制成的混剂。

理化性质　白色粉末, 熔点 86℃。水中溶解度 0.27mg/L（20℃）。K_{ow}lgP 5.34（25℃）。

毒性　对哺乳动物急性经口毒性极低, 有效成分及 20% 悬浮剂对眼睛和皮肤无刺激, 对皮肤无致敏性。因此, 在全球化学品统一分类和标签制度（GHS）中被评为"非此类（not classified）"（有充分可靠的数据证明物质"没有危害性"或"低危害性", 即危害性低于急性、慢性水生危害最低类别标准的阈值）。经致癌性、致突变性、致畸性、繁殖等的各种研究证实, 该化合物不会引起人类健康问题。对水生生物毒性低, 在环境中生物降解性好, 鱼类体中生物富集度低, 这表明该化合物在 GAP 框架下对环境影响小。家蚕 LC_{50} > 100mg/L。蜜蜂 LC_{50} > 200mg/L。捕食性螨 LC_{50}（mg/L）: 智利小植绥螨卵 > 200, 加州钝绥螨成虫 > 100, 瑞氏钝绥螨卵 > 200。角额壁蜂 LC_{50} > 100mg/L。瓢虫 LC_{50} > 100mg/L。捕食蚊 LC_{50} > 100mg/L。寄生蜂 LC_{50} > 200mg/L。捕食性蝽 LC_{50} > 100mg/L。狼蛛 LC_{50} > 200mg/L。

作用方式及机理　在 IRAC（杀虫剂抗性行动委员会）作用机制分类中被归为新亚组 25B（甲酰苯胺）, 为呼吸链线粒体复合物 Ⅱ 的一种新颖抑制剂。该剂对包括对常规杀螨剂具有抗性的叶螨种群在内的植食性螨具有很高的防治效果。此外, 对非靶标节肢动物（包括有益昆虫和天敌）无害。

防治对象　水果、蔬菜、葡萄、茶树及观赏植物上的二斑叶螨、神泽氏叶螨、柑橘全爪螨。但对跗线螨和瘿螨等其他害虫的活性相对较低。

与其他药剂的混用　Double-Face（与唑螨酯复配）。

参考文献

邓建玲, 2015. 新颖杀螨剂pyflubumide的合成和作用机制[J]. 世界农药, 37 (6): 14-18.

（撰稿: 吴峤; 审稿: 杨吉春）

吡氟酰草胺 diflufenican

一种酰胺类广谱选择性除草剂。

其他名称 吡氟草胺、Pelican（Cheminova）。

化学名称 2,4-二氯-2-(α,α,α-三氯氟间苯氧基)-3-吡啶酰苯胺；2,4-difluoro-2-(α,α,α-trifluorometolyloxy)nicotinanilide；N-(2,4-difluorophenyl)-2-(3-trifluoromethyl)phenoxy)-3-pyridinecarboxamide。

IUPAC名称 N-(2,4-difluorophenyl)-2-[3-(trifluoromethyl)phenoxy]pyridine-3-carboxamide。

CAS登记号 83164-33-4。

分子式 $C_{19}H_{11}F_5N_2O_2$。

相对分子质量 394.29。

结构式

开发单位 1982年由拜耳公司开发并申请专利。

理化性质 纯品为白色晶体，无气味。熔点162.5℃。蒸气压7.07×10^{-5}Pa（30℃）。25℃时溶解度：丙酮100g/L、二甲基甲酰胺100g/L、二甲苯20g/L、环己烷10g/L、水0.05mg/L。在空气中，熔点以下稳定，弱酸、弱碱中稳定。

毒性 急性经口LD_{50}：大鼠＞2000mg/kg，小鼠＞1000mg/kg，兔＞5000mg/kg，狗＞5000mg/kg；大鼠急性经皮LD_{50}＞2000mg/kg；大鼠急性吸入LC_{50}（4小时）＞2.34mg/L。对兔皮肤和眼睛无刺激作用。大鼠2周饲喂试验NOEL为1600mg/kg。动物试验未见致畸、致突变作用。

在土壤中的降解：在土壤中可被各种类型土壤吸附，移动性差。冬季降水不会降低其活性。在常温（20～22℃）及供氧条件下，其半衰期为15～50周，时间长短取决于土壤类型及土壤有机质含量：在黏壤土（有机质为2.9%时）和砂壤土（有机质为3.6%时）半期取分别为24周和42周。降解速率随温度和土壤湿度的提高而增加，但当田间含水量在60%以上时，湿度不影响降解速率。在持水及厌氧条件下，其半衰期将长于1年。

剂型 乳油，悬浮剂，水分散粒剂。

作用方式及机理 在杂草发芽前后施用可在土表形成抗淋溶的药土层，在作物整个生长期保持活性。当杂草萌发通过药土层幼芽或根系均能吸收药剂。该药具有抑制类胡萝卜素生物合成作用，吸收药剂的杂草植株中类胡萝卜素含量下降，导致叶绿素被破坏，细胞膜破裂，杂草则表现为幼芽脱色或白色，最后整株萎蔫死亡。死亡速度与光的强度有关，光强则快，光弱则慢。

适用作物 在冬小麦芽前和芽后早期施用对小麦生长安全。若在芽前施用，大麦与黑麦轻度敏感。冬麦比春麦安全，春播谷物上，芽后前期施用比芽前施用安全。水稻移栽稻田施用有时会暂时失绿。在直播稻田施用，用药前应严密盖种，避免药剂与种子接触。在胡萝卜田应用安全。100g/hm²（有效剂量）对向日葵安全。未登记用于燕麦田。

使用方法 冬麦田除草吡氟酰草胺杀草谱宽，可防除大部分阔叶杂草。施药适期较长，可在播种期至初冬施用。在土壤中的药效期较长，可兼顾后来萌发的猪殃殃、婆婆纳、堇菜等，以及春季延期萌发的杂草如蓼。药效稳定，基本不受气候条件影响。在芽前或芽后及早使用，对冬麦安全，但芽前施药遇持续大雨，尤其是芽期降雨，可造成作物叶片暂时脱色，但可很快恢复，小麦的耐药性强于大麦和黑麦。春麦比冬麦耐药性差，在芽后早期施药安全性有所提高。此药芽前单用，需精细平整土地，播后严密盖种，然后施药，药后不能翻动表土层。

与其他药剂的混用 可与防除禾本科杂草的除草剂混用。适合与之混用的除草剂：异丙隆，根据防除对象需要确定混配比率，已开发了几种混剂配方；草不隆，在禾本科杂草发生量中等时与之混用；绿麦隆，效果好，安全性高。一般以125～150g/hm²（有效成分）为宜，若防除猪殃殃，用量为180～250g/hm²（有效成分）。

允许残留量 经气相色谱检测（检测限值为0.05mg/kg）在收获的大麦和小麦中无吡氟酰草胺残留。

参考文献

马克比恩C，2015. 农药手册[M]. 胡笑形，等译. 北京：化学工业出版社：320-321.

（撰稿：祝冠彬；审稿：徐凤波）

吡菌磷 pyrazophos

一种有机磷酸酯类内吸性杀菌剂。

其他名称 Afugan、吡嘧磷、克菌磷、完菌磷、定菌磷。

化学名称 2-[(二乙氧基硫化磷酰基)氧基]-5-甲基吡唑并[1,5-a]嘧啶-6-羧酸乙酯；ethyl 2-[(diethoxyphosphinothioyl)oxy]-5-methylpyrazolo[1,5-a]pyrimidine-6-carboxylate。

IUPAC名称 ethyl 2-diethoxyphosphinothioyloxy-5-methylpyrazolo[1,5-a]pyrimidine-6-carboxylate；O,O-diethyl O-6-ethoxycarbonyl-5-methylpyrazolo[1,5-a]pyrimidin-2-yl phosphorothioate。

CAS登记号 13457-18-6。

EC号 236-656-1。

分子式 $C_{14}H_{20}N_3O_5PS$。

相对分子质量 373.36。

结构式

开发单位　F. M. Smit 报道其活性，由德国赫斯特公司（现属拜耳作物科学）开发。

理化性质　工业品纯度为 94%。纯品为无色结晶状固体。熔点 51～52℃。闪点 34℃±2℃。沸点 160℃（分解）。蒸气压 0.22mPa（50℃）。相对密度 1.348（25℃），$K_{ow}lgP$ 3.8。Henry 常数 $2.578×10^{-4}Pa·m^3/mol$（计算）。水中溶解度（25℃）4.2mg/L，易溶于大多数有机溶剂，如二甲苯、苯、四氯化碳、二氯甲烷、三氯乙烯（20℃），在丙酮、甲苯、乙酸乙酯中溶解度＞400g/L（20℃），正己烷 16.6g/L（20℃）。在酸碱性介质中易水解，在稀释状态下不稳定。

毒性　大鼠急性经口 LD_{50} 151～778mg/kg（取决于性别和载体）。大鼠急性经皮 LD_{50}＞2000mg/kg。对兔皮肤无刺激作用，对兔眼睛有轻微刺激作用。大鼠吸入 LC_{50}（4 小时）1220mg/m³ 空气。大鼠（2 年）NOEL 值 5mg/kg 饲料。以 50mg/kg 饲料的浓度喂养大鼠所进行的 3 代试验，没有发现异常。ADI 为 0.004mg/kg（JMPR）。鹌鹑急性经口 LD_{50} 118～480mg/kg（工业品）（取决于性别和载体）。饲喂 LC_{50}（14 天，mg/kg 饲料）：野鸭约 340，山齿鹑约 300。鱼类 LC_{50}（96 小时，mg/L）：鲤鱼 2.8～6.1，虹鳟 0.48～1.14，大翻车鱼 0.28。水蚤 LC_{50}（48 小时，µg/L）：0.36（软水），0.63（硬水）；NOEL 0.18µg/L（在硬水与软水中均如此）。羊角月牙藻 LC_{50}（72 小时）65.5mg/L。蜜蜂 LD_{50}（24 小时，接触）0.25µg/ 只。蚯蚓 LC_{50}（14 天）＞1000mg/kg 土壤。

剂型　30% 乳油，30% 可湿性粉剂。

作用方式及机理　抑制黑色素生物合成。具有治疗和保护作用的内吸性杀菌剂。通过叶、茎吸收并在植物体内传导。

防治对象　主要用于防治谷类、蔬菜、果树等各种作物的白粉病，兼具杀蚜、螨、潜叶蝇、线虫的作用。

使用方法　防治苹果、桃白粉病，用 0.05% 含量隔 7 天喷 1 次；防治瓜类白粉病，用 0.03%～0.05% 含量，7～10 天喷 1 次；防治小麦、大麦白粉病，在发病初期，用 30% 乳油 1500～2000ml/hm² 加水喷雾；防治黄椰菜、包心菜白粉病，用 30% 乳油 400～1000ml/hm²。

（撰稿：刘长令、杨吉春；审稿：刘西莉、张灿）

吡氯氰菊酯　fenpirithrin

一种低剂量高效广谱杀虫剂，对家蝇、伊蚊属、斯氏按蚊具快速击倒作用。主要用于食草动物体外寄生虫的防治。

其他名称　Dowco 417、DC-417、Vivithrin。

化学名称　氰基 (6-苯氧基 -2- 吡啶基) 甲基 -3-(2,2- 二氯乙烯基)-2,2- 二甲基环丙烷羧酸酯；cyano(6-phenoxy-2-pyridinyl)methyl-3-(2,2-dichloroethenyl)-2,2-dimethylcy-clopropanecarboxylate。

IUPAC 名称　cyano-6-phenoxy-2-pyridinylmethyl-3-2,2-dichloroethenyl-2,2-dimethylcy-clopropanecarboxylate。

CAS 登记号　68523-18-2。

分子式　$C_{21}H_{18}Cl_2N_2O_3$。

相对分子质量　417.29。

结构式

开发单位　1979 年由美国道化学公司开发。

理化性质　工业品为淡黄色油状液体，含有 8 种不同光学异构体，其中顺式和反式异构体之比为 40：60。折射率 n_D^{25}1.563。26℃时蒸气压为 0.205mPa（另有文献上 20℃时的蒸气压为 1.33µPa）。能溶于多种有机溶剂，26℃在水中溶解度为 0.2mg/L。其平均土壤吸附系数（K_{oc}）为 46 000。该品 pH7 时，在 50℃的半衰期为 64 小时；暴露于日光下的半衰期为 73 小时。对光稳定。温度＞220℃时缓慢损失重量。在弱酸、中性条件下稳定，遇碱分解。水解半衰期为 1 天。溶解度：难溶于水，醇、氯代烃类、酮类、环己烷、苯、二甲苯＞450g/L。

毒性　中等毒性。急性经口 LD_{50}：大鼠 460mg/kg，小鼠 100～200mg/kg。对兔急性经皮 LD_{50}＞625mg/kg。对兔的皮肤和眼睛均无刺激性，但对皮肤过敏者可能有皮肤反应。大鼠每日以 50mg/kg 剂量饲料喂养 90 天，在组织病理学上未发生有害影响，以 1600mg/kg 的饲料喂大鼠 3 个月，在前 5 周有步态异常等中毒症状出现，自第 6 周起逐渐恢复。病理学检查发现少数染毒动物坐骨神经轴突变形。慢性经口 NOEL 为 5mg/（kg·d）。Ames 试验为阴性。对鱼高毒，金鱼 TLm（48 小时）4.8µg/L。无致畸作用。大鼠以 70mg/（kg·d）饲喂、兔以 30mg/（kg·d）饲喂，后代无出生缺陷。另有报道大鼠（未报告途径）（TDLo）：400mg/kg（孕 6～15 天）胚胎毒性；小鼠腹腔（TDLo）：30mg/kg（雄 1～4 天）影响精子形成。该品不是诱导剂，但是用大剂量的该品小鼠腹腔 60mg/（kg·d）（连续），小鼠经口 56mg/（kg·7d）（连续），小鼠经皮 2520mg/（kg·7d）（连续）可引起小鼠骨髓微核细胞短暂性增加。在人类、细菌和仓鼠细胞培养以及小鼠肝脏的诱导试验呈阴性。禽鸟经口 LD_{50}＞2000mg/kg。对蜂蚕有剧毒。动物急性中毒表现为共济失调，步态不稳，偶有震颤，存活者 3 天后恢复正常。该品对皮肤黏膜有刺激作用。

剂型　19% 乳油。

作用方式及机理　具胃毒和触杀作用，是广谱性杀虫剂，杀虫高效，对刺吸式口器昆虫尤为突出。一般而言，它的杀虫活性与氯氰菊酯相近，高于氰戊菊酯；而对某些刺吸式口器昆虫还优于氯氰菊酯。对鳞翅目昆虫的活性低于溴氰菊酯，但对家蝇的活性，几乎和溴氰菊酯相当；且对桃蚜、紫菀叶蝉等刺吸式口器昆虫的活性优于溴氰菊酯。

防治对象　防治棉红铃虫、棉铃虫、小卷叶蛾、海灰翅夜蛾、棉粉虱、木薯粉虱等，剂量为 80g/hm²（有效成分）。还能防治马铃薯麦蛾、黑尾果蝇、黄猩猩果蝇等。

参考文献

朱永和, 王振荣, 李布青, 2006. 农药大典[M]. 北京: 中国三峡出版社: 205-206.

（撰稿：吴剑；审稿：王鸣华）

吡咯类杀菌剂　pyrrole fungicide

非内吸性广谱杀菌剂，与其他杀菌剂无交互抗性，对灰霉病有特效；用作叶面杀菌剂和种子处理剂效果显著，每公顷只需几十克。该类药剂作用机理独特，通过抑制葡萄糖磷酰化的转移，抑制真菌菌丝体的生长，达到杀菌效果。目前主要品种有两个：拌种咯（fenpiclonil）和咯菌腈（fludioxonil），均由瑞士诺华公司开发。

参考文献

刘少春, 2011. 吡咯类杀菌剂咯菌腈的合成工艺研究[D]. 上海: 华东理工大学.

（撰稿：陈雨；审稿：张灿）

吡螨胺　tebufenpyrad

一种非内吸性杀螨剂。

其他名称　必螨立克（Comanché）、Masaï Oscar、Pyranica、AC 801757、MK-239、SAN 831A、BAS 318 I。

化学名称　N-(4-叔丁基苄基)-4-氯-3-乙基-1-甲基吡唑-5-甲酰胺；4-chloro-N-[[4-(1,1-dimethylethyl)phenyl]methyl]-3-ethyl-1-methyl-1H-pyrazole-5-carboxamide。

IUPAC 名称　N-(4-$tert$-butylbenzyl)-4-chloro-3-ethyl-1-methylpyrazole-5-carboxamide。

CAS 登记号　119168-77-3。

分子式　$C_{18}H_{24}ClN_3O$

相对分子质量　333.86。

结构式

开发单位　Mitsubishi Kasei（现属三菱化学公司）发现，与美国氰胺公司（现属巴斯夫公司）共同开发的新型吡唑类杀螨剂。

理化性质　原药为无色晶体，有效成分含量 ≥ 98%。熔点 64～66℃（工业品 61～63℃）。蒸气压 $1 × 10^{-5}$ Pa（25℃）。相对密度 1.0214。K_{ow} lg$P$ 4.93（25℃）。Henry 常数 < $1.25 × 10^{-3}$ Pa·m³/mol（计算值）。水中溶解度（25℃）为 2.61mg/L；其他溶剂中溶解度（25℃，g/L）：正己烷 255，甲苯 772，二氯甲烷 1044，丙酮 819，甲醇 818，乙腈 785。在 pH4、7、

9 时稳定不易水解，DT_{50} 187 天（pH7, 25℃）。

毒性　急性经口 LD_{50}（mg/kg）：雄大鼠 595，雌大鼠 997，雄小鼠 224，雌小鼠 210。大鼠急性经皮 LD_{50} > 2000mg/kg。对兔皮肤和眼睛无刺激，对豚鼠皮肤过敏。大鼠吸入 LC_{50}：雄大鼠 2660mg/m³，雌大鼠 > 3090mg/m³。NOEL：狗 1mg/（kg·d），大鼠 20mg/L［雄、雌分别为 0.82、1.01mg/（kg·d）］，小鼠 30mg/L［雄、雌分别为 3.6、4.2mg/（kg·d）］。ADI/RfD 值（EC）0.01mg/kg［2008］；（BfR）0.02mg/kg［2006］。无致突变作用。山齿鹑急性经口 LD_{50} > 2000mg/kg。野鸭和山齿鹑 LC_{50}（8 天）> 5000mg/kg 饲料。鲤鱼 LC_{50}（96 小时）0.018mg/L，虹鳟 LC_{50}（96 小时，流过）0.03mg/L。水蚤 LC_{50}（48 小时）0.046mg/L。藻类 E_bC_{50}（72 小时）0.54mg/L。对蜜蜂低毒。蚯蚓 LC_{50}（14 天）68mg/kg 土壤。梨盲走螨 LR_{50}（7 天）5g/hm²。

剂型　10%、20% 可湿性粉剂，20% 乳油，10% 水包油乳剂，60% 水分散颗粒剂。

作用方式及机理　作用机制为线粒体呼吸抑制剂。非系统性杀螨剂，具有触杀和内吸作用。通过阻碍 γ-氨基丁酸（GABA）调控的氯化物传递而破坏中枢神经系统内的中枢传导。对各种螨类和螨的发育全过程均有速效、高效、持效期长、毒性低、内吸性（有渗透性）特征，对目标物有极佳选择性，推荐剂量下对作物无药害。与三氯杀螨醇、苯丁锡、噻螨酮等无交互抗性。

防治对象　对各种螨类和半翅目害虫具有卓效，如叶螨科（苹果全爪螨、柑橘全爪螨、棉叶螨、二斑叶螨、山楂叶螨、朱砂叶螨等）、跗线螨科（侧多跗线螨等）、瘿螨科（苹果刺锈螨、葡萄锈螨等）、细须螨科（葡萄短须螨）、蚜科（桃蚜、棉蚜、苹果蚜）、粉虱科（木薯粉虱）。

使用方法　用于防治苹果、柑橘、梨、桃和扁桃上的害螨（包括叶螨和全爪螨），茶树的神泽叶螨，蔬菜上的各种螨类（如棉叶螨、红叶螨和神泽叶螨），棉花上的叶螨和小爪螨。

防治果树螨类　以有效成分 50～200mg/L 剂量防治苹果、梨、桃和扁桃上的害螨（包括叶螨和全爪螨）。

防治茶树叶螨　以有效成分 33～200mg/L 剂量防治茶树的神泽叶螨。

防治蔬菜螨类　以有效成分 25～200mg/L 剂量防治蔬菜上的各种螨类，如棉叶螨、红叶螨和神泽叶螨。

防治棉花螨类　以有效成分 250～750mg/L 剂量防治棉花上的叶螨和小爪螨。

防治柑橘红蜘蛛　当柑橘红蜘蛛虫口上升，达到防治密度时施药，用 10% 吡螨胺可湿性粉剂 2000～3000 倍液（有效成分 33～50mg/L）均匀喷雾，对柑橘红蜘蛛螨、卵效果均较好，可将害螨量控制在防治指标以下。

防治苹果红蜘蛛　在苹果害螨幼若螨期施药为最佳期，用 10% 吡螨胺可湿性粉剂 2000～3000 倍液（有效成分 33～50mg/L）均匀喷雾，对苹果害螨各螨态皆具有良好防治效果，对活动态螨种群数量控制作用明显，且对苹果叶螨越冬卵有较强的杀伤作用。

注意事项　应遵守农药的安全使用操作规程，施药时工作人员要做好个人安全防护措施。皮肤接触吡螨胺药液要

用大量肥皂水洗净；眼睛溅入药液后要先用水清洗 15 分钟以上，并迅速就医。如出现中毒，应立即送医院治疗。储存要远离火源和热源，存放于儿童和家畜接触不到的地方，避免阳光直射。对鱼类有毒，不能在鱼塘及其附近使用；清洗设备和处置废液时不要污染水域。

允许残留量　欧盟规定 ADI 为 0.01mg/kg。

参考文献

刘长令, 2012. 世界农药大全: 杀虫剂卷[M]. 北京: 化学工业出版社: 296-300.

马克比恩 C, 2015. 农药手册[M]. 胡笑形, 等译. 北京: 化学工业出版社: 959-960.

（撰稿：杨吉春；审稿：李淼）

吡嘧磺隆　pyrazosulfuron-ethyl

一种磺酰脲类选择性内吸传导型除草剂。

其他名称　草克星、水星、韩乐星、NC-311、Agreen、Sirius。

化学名称　5-(4,6-二甲氧基嘧啶-2-基氨基甲酰氨基磺酰基)-1-甲基吡唑-4-甲酸乙酯；ethyl 5-[[[[(4,6-dimethoxy-2-pyrimidinyl)amino]carbonyl]amino]sulfonyl]-1-methyl-1H-pyrazole-4-carboxylate。

IUPAC 名称　ethyl 5-(4,6-dimethoxypyrimidin-2-ylcarbamoylsulfamoyl)-1-methylpyrazole-4-carboxylate。

CAS 登记号　93697-74-6；98389-04-9（酸）。

分子式　$C_{14}H_{18}N_6O_7S$；$C_{12}H_{14}N_6O_7S$(酸)。

相对分子质量　414.39；386.3（酸）。

结构式

开发单位　吡嘧磺隆作为除草剂由 S. Kobayashi（Jpn. Pestic. Inf., 1989, 55:17）报道，1990 年由日产化学公司开发。

理化性质　纯品为无色晶体。熔点 177.8～179.5℃。蒸气压 4.2×10^{-5}mPa（25℃）。K_{ow}lg$P$ 3.16（HPLC 方法）。相对密度 1.46（20℃）。水中溶解度 9.76mg/L（20℃）；有机溶剂中溶解度（g/L，20℃）：甲醇 4.32、己烷 0.0185、苯 15.6、三氯甲烷 200、丙酮 33.7。稳定性：50℃可保存 6 个月，pH7 时相对稳定，在酸性和碱性条件下不稳定。pK_a3.7。

毒性　低毒。原药大鼠和小鼠急性经口 $LD_{50} > 5000$mg/kg，大鼠急性经皮 $LD_{50} > 2000$mg/kg，对兔皮肤和眼睛无刺激作用，对豚鼠皮肤无致敏性。大鼠吸入 $LC_{50} > 3.9$mg/L 空气。小鼠（78 周）NOEL 4.3mg/（kg·d）。ADI/RfD（日本）0.043mg/（kg·d）。Ames 试验显示无致突变性，对大鼠和兔无致畸作用。山齿鹑急性经口 $LD_{50} > 2250$mg/kg。蓝鳃翻车鱼和虹鳟 LC_{50}（96 小时）> 180mg/L，鲤鱼 LC_{50}（48 小时）> 30mg/L。水蚤 EC_{50}（48 小时）> 700mg/L。蜜蜂 LD_{50}（接触）> 100μg/只。

剂型　7.5%、10%、20% 可湿性粉剂，15%、20% 可分散油悬浮剂。

质量标准　原药外观为白色或灰白色结晶体，有效成分 > 98%。10% 可湿性粉剂外观为灰白色无味粉末，pH8～10，粒度 < 10 μm，悬浮率 > 70%（30 分钟），湿润时间 2 分钟内，水分含量最多为 3%，储存稳定性 3 年。

作用方式及机理　为磺酰脲类高活性内吸选择性除草剂。药剂能迅速地被杂草的幼芽、根及茎叶吸收，并在植物体内迅速进行传导。主要通过抑制植物细胞中的乙酰乳酸合成酶（ALS）的活性，阻碍支链氨基酸的合成，使杂草的芽和根很快停止生长发育，随后整株枯死。

防治对象　杀草谱广，药效稳定，安全性高，主要用于水稻秧田、直播田及移栽田防除异型莎草、水莎草、牛毛毡、萤蔺、扁秆藨草、泽泻、鳢肠、鸭舌草、水芹、眼子菜等一年生和多年生杂草，对稗草有较强的抑制作用。

使用方法

防治直播田、秧田杂草　水稻播种后 5～20 天，每亩用 10% 吡嘧磺隆可湿性粉剂 10～20g（有效成分 1～2g），混土 20kg 均匀撒施或兑水 30L 茎叶喷雾施药。药土法施药时田间须有浅水层，保水 3～5 天。

防治移栽田杂草　水稻移栽后 5～7 天，每亩用 10% 吡嘧磺隆可湿性粉剂 15～20g（有效成分 1.5～2g），混土 20kg 均匀撒施或兑水 30L 茎叶喷雾施药。施药后保持 3～5cm 浅水层 7～10 天。

防治抛秧田杂草　水稻抛秧后 5～7 天，稗草 1 叶 1 心期，每亩用 10% 吡嘧磺隆可湿性粉剂 10～20g（有效成分 1～2g），混土 20kg 均匀撒施或兑水 30L 茎叶喷雾施药。施药时保持浅水层，使杂草露出水面，施药后保持 3～5cm 水层 5～7 天。

注意事项　①适用于阔叶杂草及莎草占优势、稗草少的地块。防除稗草，必须掌握在稗草 1 叶 1 心期前施药。②施药时稻田内必须有 3～5cm 水层，使药剂均匀分布，水层不可淹没稻苗心叶，施药后 7 天内不排水，以免降低药效。③不能与碱性物质混用，以免分解失效。④不同水稻品种的耐药性有差异，早籼品种安全性好，晚稻品种相对敏感，应尽量避免在晚稻芽期施用，否则易产生药害。⑤吡嘧磺隆药雾和田中排水对周围阔叶作物有伤害作用，应予注意。⑥万一误服，饮大量水催吐，药液如进入眼睛，要用清水冲洗干净。

与其他药剂的混用　稗草密度特高的田块，应另加 50% 二氯喹啉酸 300g/hm² 毒土撒施。或者与 60% 丁草胺乳油 1～1.3L/hm² 等混用。该品（0.07%）还可与苯噻酰草胺（3.5%）、丙草胺（1.5%～2%）混用。

允许残留量　GB 2763—2021《食品中农药最大残留限量标准》规定吡嘧磺隆在糙米中的最大残留量为 0.1mg/kg。ADI 为 0.043mg/kg。谷物按照 SN/T 2325 规定的方法测定。

参考文献

李香菊, 梁帝允, 袁会珠, 2014. 除草剂科学使用指南[M]. 北京:

中国农业科学技术出版社.

马克比恩 C, 2015. 农药手册[M]. 胡笑形, 等译. 北京: 化学工业出版社.

孙家隆, 周凤艳, 周振荣, 2014. 现代农药应用技术丛书: 除草剂卷[M]. 北京: 化学工业出版社.

朱永和, 王振荣, 李布青, 2006. 农药大典[M]. 北京: 中国三峡出版社.

（撰稿：马洪菊；审稿：李建洪）

吡喃草酮　tepraloxydim

一种环己二酮肟类除草剂。

其他名称　快捕净、得杀草、Caloxydim、Aroma、BAS 620H、Equinox。

化学名称　(EZ)-(RS)-2-[1-[(2E)-3-氯烯丙氧基亚胺基]丙基]-3-羟基-5-四氢吡喃-4-基环己-2-烯-1-酮。

IUPAC 名称　(5RS)-2-[(EZ)-1-[(2E)-3-chloroallyloxyimino]propyl]-3-hydroxy-5-perhydropyran-4-ylcyclohex-2-en-1-one。

CAS 登记号　149979-41-9。

EC 号　604-715-4。

分子式　$C_{17}H_{24}ClNO_4$。

相对分子质量　341.83。

结构式

开发单位　由 Nisso 巴斯夫公司研制，德国巴斯夫、日本曹达、三菱公司联合开发。

理化性质　纯品为白色无味粉末。熔点 74℃。相对密度 0.64（20℃）。蒸气压为 1.1×10^{-5}Pa（20℃）、2.7×10^{-5}Pa（25℃）。$K_{ow}\lg P$（20℃）：-1.15（pH9）、0.2（pH7）、1.5（非缓冲液）、2.44（pH4）。Henry 常数 8.74×10^{-6}Pa·m³/mol。pK_a4.58（20℃）。水中溶解度（mg/L，20~25℃）：426（pH4）、430（蒸馏水）、7250（pH10）；有机溶剂中溶解度（g/L，20~25℃）：丙酮 460、乙腈 480、二氯甲烷 570、乙酸乙酯 450、正庚烷 10、异丙醇 140、甲醇 270、正辛醇 130、橄榄油 73、甲苯 500。水中稳定性：DT_{50}：6.6 天（pH4）、22.1 天（pH5）、> 33 天（pH7 和 9，22℃）。土壤表面光解 DT_{50} 大约 1 天。

毒性　低毒。大鼠急性经口 LD_{50} 5000mg/kg。大鼠急性经皮 LD_{50} > 2000mg/kg。对兔眼睛和兔皮肤无刺激。大鼠急性吸入 LC_{50}（4 小时）> 5.1mg/L 空气。NOEL：大鼠（2 年）

5mg/（kg·d）。鹌鹑急性经口 LD_{50} > 2000mg/kg，饲喂 LC_{50} > 6000mg/kg 饲料。水蚤 LC_{50}（48 小时）> 100mg/L。虹鳟 LC_{50}（96 小时）> 100mg/L。蜜蜂 LD_{50} > 200μg/只（经口）。蚯蚓 LC_{50}（14 天）> 1000mg/kg 土壤。恶臭假单胞菌 EC_{10}（17 小时）> 1000mg/L。水蚤 EC_{50}（48 小时）> 100mg/L。羊角月牙藻 EC_{50}（72 小时）76mg/L。浮萍 EC_{50} 6.5mg/L。动物 48 小时内完全吸收，广泛分布，48 小时内主要通过尿液排泄。代谢方式主要通过吡喃环氧化成内酯，或肟醚降解形成亚胺和噁唑。

剂型　10% 乳油，30% 母液。

质量标准　原药有效成分含量≥ 95%。

作用方式及机理　脂肪酸合成抑制剂，抑制乙酰辅酶 A 羧化酶（ACCase）。叶面施药后迅速被植株吸收和转移，从韧皮部转移到生长点，在此抑制新芽的生长，杂草先失绿，后变色枯死，一般 2~4 周内完全枯死。该化合物在土壤中极易降解，实验室条件下，半衰期为 1~9 天，对地下水和环境安全。

防治对象　主要防除一年生和多年生禾本科杂草，如早熟禾、阿拉伯高粱、狗牙根、马兰草、看麦娘、稗草、马唐等。对于一些自生的小粒谷物的防治也有良好效果。

使用方法　用于众多的阔叶作物，如大豆、棉花、油菜、甜菜、马铃薯等苗后除草，对于大多数阔叶作物安全，残留期短，对后茬作物的种植基本没有影响。使用剂量为 50~100g/hm²（有效成分）。在作物苗后、禾草 2~4 叶期，春大豆用 10% 乳油 450ml/hm²，冬油菜用 300~375ml/hm²，加水常规喷雾。用于防除棉花、亚麻田杂草，用 10% 乳油 510~750ml/hm²，兑水常规喷雾。以有效成分 53~79.5g/hm² 喷雾施药，用于甘蓝田，在甘蓝移栽后、杂草 3~6 叶龄期防除牛筋草、马唐、芒稷等禾本科杂草具有较为良好的效果，对甘蓝无药害，并且其生育及产量也相对不受影响。

注意事项　吡喃草酮受温度的影响较大，低温条件下，防效差、药效慢。不同大豆品种对吡喃草酮的敏感性存在差异。

与其他药剂的混用　吡喃草酮可以和喔草酯、精喹禾灵等除草剂混用，可以和灭草松、联苯菊酯、氧化乐果、溴氰菊酯和氯吡硫磷等桶混。

允许残留量　中国未规定吡喃草酮最大残留量。ADI: 0.05mg/（kg·d）（日本），0.025mg/（kg·d）（EU）。

参考文献

刘长令, 2002. 世界农药大全除草剂卷[M]. 北京: 化学工业出版社: 180-181.

TURNER J A, 2015. The pesticide manual: a world compendium [M]. 17th ed. UK: BCPC: 1071-1072.

（撰稿：赵卫光；审稿：耿贺利）

吡喃隆　metobenzuron

一种脲类除草剂。

其他名称　UMP-488。

化学名称　(+/-)-1-甲氧基-3-[4-(2-甲氧基-2,4,4-三甲基色满-7基氧)苯基]-1-甲基脲。

IUPAC 名称　(+/-)-1-methoxy-3-[4-(2-methoxy-2,4,4-trimethyl chroman-7-yloxy)phenyl]-1-methylurea。

CAS 登记号　111578-32-6。

分子式　$C_{22}H_{28}N_2O_5$。

相对分子质量　400.47。

结构式

开发单位　三井石油化学工业公司。

理化性质　纯品为白色粉末。熔点101～102.5℃。蒸气压2.5mPa（22.3℃）。在水中溶解度0.4mg/L（25℃）。

毒性　大鼠急性经口LD_{50}＞10g/kg，小鼠急性经口LD_{50}＞10g/kg。兔急性经皮LD_{50}＞2g/kg。对兔眼睛有轻微刺激性，对兔皮肤无刺激性。Ames试验阴性。

作用方式及机理　抑制光合作用，通过抑制光系统Ⅱ中的电子传递来实现。用类囊体进行的试验表明，其抑制活性为相同作用机制的阳性对照除草剂，如莠去津、利谷隆等的20～100倍。

防治对象　苋属、藜、曼陀罗、萹蓄、澳洲茄等阔叶杂草。

使用方法　以125～250g/hm²有效成分的剂量于芽后早期应用，对皱果苋、藜、曼陀罗、萹蓄、澳洲茄等阔叶杂草有83%～100%的防效。如果将该品与2,4-滴酸或2,4-滴异辛酯混合后（125g/hm²+125g/hm²）在苗后早期应用，对大多数玉米田重要的阔叶杂草均有优异防效。

与其他药剂的混用　可与2,4-滴酸或2,4-滴异辛酯混用。

参考文献

朱永和，王振荣，李布青，2006. 农药大典[M]. 北京：中国三峡出版社：911.

（撰稿：刘玉秀；审稿：宋红健）

吡氰草胺　EL-177

一种酰胺类除草剂。

其他名称　LY 181977。

化学名称　1-叔丁基-5-氰基-N-甲基-1H-吡唑-4-甲酰胺；1-(tert-butyl)-5-cyano-N-methyl-1H-pyrazole-4-carboxamide。

IUPAC 名称　2-tert-butyl-5-cyano-N-methylpyrazole-4-carboxamide。

CAS 登记号　98477-07-7。

分子式　$C_{10}H_{14}N_4O$。

相对分子质量　206.25。

结构式

开发单位　由美国礼来公司的Lilly研究实验室开发，并申请专利的新除草剂。

理化性质　纯品为无色结晶固体，熔点164～166℃。$K_{ow}lgP$ 1.29。易溶于丙酮和二甲基亚砜等有机溶剂。在pH3～7时稳定，但在pH11时则缓慢水解。对光稳定。在粗、中等、细结构的土壤中的土壤/水分配系数（K_d）分别为0.31、0.4、0.45。

毒性　急性经口LD_{50}（mg/kg）：小鼠＞500，雄性大鼠＞500，雌性大鼠50～500。以2g/kg局部施于新西兰白兔皮肤，对全身或皮肤无刺激。当结晶原药在7天之内以每只眼睛剂量逐渐灌输到兔子眼中33mg（相当于0.1ml），有明显的轻微刺激。无诱变性和生理毒性。原药对胎鼠的生存性、胎鼠体重没有影响。对猎犬连续14天用小皿喂食原药5mg/kg体重，未观察到影响。在给药量＞5mg/（kg·d）时，对中枢神经有影响。在6周给定食物试验研究时，对雌性大鼠50mg/（kg·d）原药（试验最低值），没有观察到影响，而对雄性大鼠，则引起肝酶活性轻微增加。初步的空气静态毒性试验中，对蓝鳃鱼和虹鳟96小时LC_{50}分别＞100mg/L和62.4mg/L。对水蚤48小时EC_{50}＞100mg/L。对成年鹌鹑个体的急性经口LD_{50} 500～2000mg/kg。

剂型　乳油，颗粒剂。

防治对象　按推荐施药量使用，能防除一年生阔叶杂草，其中包括全世界谷物生产区域的主要杂草以及对莠去津有抗性的阔叶杂草。另外，对某些一年生禾本科杂草也有效。当与乙酰苯胺类除草剂（甲草枯或甲草胺）或莠去津混用，可提高防除禾本科杂草以及其他种类杂草的防除效果。可防除的一年生阔叶杂草包括繁缕、欧洲千里光、马齿苋、美洲豚草、麦家公、黏草、田野独行菜、扭曲山蚂蝗、大果田菁、宝盖草、曼陀罗、地肤、藜、朝颜花、羽叶播娘蒿、田蒜荠、田芥菜、龙葵、反枝苋、刺茎莴苣、刺黄花稔、细叶窄猪毛菜、大马蓼、决明、苘麻、野西瓜苗、卷茎蓼。可有效防除的一年生禾本科杂草包括早熟禾、雀麦、早雀麦、秋稷、蟋蟀草、马唐、野生小麦属、野燕麦、野黍、萹蓄。

使用方法　芽前土壤表面施用量为0.28～0.45kg/hm²。在推荐的低剂量下使用，有助于减少环境的农药负荷。建议与乙酰苯胺类除草剂或莠去津混用，以扩大杀草谱，特别是一年生禾本科杂草，混用剂量为0.28～0.45kg/hm²，芽前施用于含5%以下有机质的粗质结构或中等颗粒结构的土壤表面，可有效防除各种杂草。对含5%以下有机质细粒结构的矿物质土壤，建议用量为0.33～0.45kg/hm²。混用时，乙酰苯胺类除草剂或莠去津的用量约为推荐用量的一半。

与其他药剂的混用　可与乙酰苯胺类除草剂（甲草枯或甲草胺）、莠去津、异丙隆等混用。

参考文献

朱永和，王振荣，李布青，2006. 农药大典[M]. 北京：中国三峡出版社：700-701.

（撰稿：李华斌；审稿：耿贺利）

吡噻菌胺　penthiopyrad

一种酰胺类杀菌剂，作用于病原菌线粒体呼吸电子传递链上的蛋白复合体Ⅱ，阻碍能量代谢。

其他名称　Fontelis、Vertisan、MTF-753（试验代号）。

化学名称　(RS)-N-[2-(1,3-二甲基丁基)-3-噻吩基]-1-甲基-3-(三氟甲基)-1H-吡唑-4-羧酰胺；N-[2-(1,3-dimethylbutyl)-3-thienyl]-1-methyl-3-(trifluoromethyl)-1H-pyrazole-4-carboxamide。

IUPAC名称　(RS)-N-[2-(1,3-dimethylbutyl)-3-thienyl]-1-methyl-3-(trifluoromethyl)-1H-pyrazole-4-carboxamide。

CAS登记号　183675-82-3。

分子式　$C_{16}H_{20}F_3N_3OS$。

相对分子质量　359.42。

结构式

开发单位　日本三井化学公司。

理化性质　纯品为白色粉末。熔点103～105℃，蒸气压 6.43×10^{-3} mPa（25℃）。在水中溶解度7.53mg/L（20℃）。

毒性　低毒。大鼠（雌/雄）急性经口 LD_{50} >2000mg/kg。大鼠（雌/雄）急性经皮 LD_{50} >2000mg/kg。大鼠（雌/雄）急性吸入 LC_{50}（4小时）>5.67mg/L。对兔眼睛有轻微刺激性，对兔皮肤无刺激，对皮肤无致敏。Ames试验阴性，致癌变试验阴性。鲤鱼 LC_{50}（96小时）1.17mg/L，水蚤 LC_{50}（24小时）40mg/L，水藻 EC_{50}（72小时）2.72mg/L。

剂型　20%、15%悬浮剂。

作用方式及机理　通过干扰呼吸电子传递链上复合体Ⅱ来抑制线粒体的功能，阻止其产生能量，抑制病原菌生长，最终导致其死亡。复合体Ⅱ即为琥珀酸脱氢酶或琥珀酸泛醌还原酶。

防治对象　适用于果树、蔬菜、观赏植物和大田等作物，对锈病、菌核病、灰霉病、白粉病、黑星病、霜霉病等有优异的防治效果。对抗甲基硫菌灵、腐霉利、乙霉威的灰葡萄孢菌，以及抗氯苯嘧啶醇或啶菌酯的苹果黑星病菌也有优良活性。

使用方法　在100～200g/hm² 有效成分剂量下，茎叶处理可有效地防治苹果黑星病、白粉病等；在100mg/L 有效成分浓度下，可有效地防治葡萄灰霉病，在25mg/L 有效成分浓度下，可有效地防治黄瓜霜霉病。

与其他药剂的混用　与环丙唑醇混用，用于防治小麦锈病；与百菌清混用，用于防治小麦白粉病、瓜类霜霉病等；与啶氧菌酯混用，用于防治谷类作物白粉病、锈病。与啶虫脒混用，用于防治小麦蚜虫。可以用作种子处理剂，用于防治玉米和大豆在土壤和种子中的真菌病害。

允许残留量　GB 2763—2021《食品中农药最大残留限量标准》规定最大残留限量见表。ADI为0.1mg/kg。WHO推荐吡噻菌胺ADI为0～0.1mg/kg。

部分食品中吡噻菌胺最大残留限量（GB 2763—2021）

食品类别	名称	最大残留限量（mg/kg）
谷物	小麦	0.10*
	大麦	0.20*
	燕麦	0.20*
	黑麦	0.10*
	小黑麦	0.10*
	玉米	0.01*
	高粱	0.80*
	粟	0.80*
	杂粮类	3.00*
	玉米粉	0.05*
	麦胚	0.20*
油料和油脂	油菜籽	0.50*
	棉籽	0.50*
	大豆	0.30*
	花生仁	0.05*
	葵花籽	1.50*
	菜籽毛油	1.00*
	玉米毛油	0.15*
	菜籽油	1.00*
	花生油	0.50*
蔬菜	洋葱	0.70*
	葱	4.00*
	结球甘蓝	4.00*
	头状花序芸薹属类蔬菜	5.00*
	茄果类蔬菜	2.00*
	豆类蔬菜	0.30*
	萝卜	3.00*
	胡萝卜	0.60*
	马铃薯	0.05*
	玉米笋	0.02*
水果	仁果类水果	0.40*
	核果类水果	4.00*
	草莓	3.00*
坚果		0.05*
糖料	甜菜	0.50*
调味料	干辣椒	14.00*

（续表）

食品类别	名称	最大残留限量（mg/kg）
动物源性食品	哺乳动物肉类（海洋哺乳动物除外）	0.04*
	哺乳动物内脏（海洋哺乳动物除外）	0.08*
	哺乳动物脂肪（乳脂肪除外）	0.05*
	禽肉类	0.03*
	禽类内脏	0.03*
	禽类脂肪	0.03*
	蛋类	0.03*
	生乳	0.04*

* 临时残留限量。

参考文献

刘长令, 2006. 世界农药大全: 杀菌剂卷[M]. 北京: 化学工业出版社: 106-107.

TURNER J A, 2015. The pesticide manual: a world compendium [M]. 17th ed. UK: BCPC: 855

（撰稿: 孙芹; 审稿: 司乃国）

吡唑草胺　metazachlor

一种乙酰苯胺类除草剂。

其他名称　吡草胺、Butisan S、Colzanet、Butisan Star（吡草胺 + 氯甲喹啉酸）。

化学名称　2-氯-N-(吡唑-1-甲基)乙酰-2′,6′-二甲苯胺; 2-chloro-N-(2,6-dimethylphenyl)-N-(1H-pyrazol-1-ylmethyl)acetamide。

IUPAC名称　2-chloro-N-(pyrazol-l-ylmethyl)acet-2′,6′-xylidide。

CAS登记号　67129-08-2。

EC号　266-583-0。

相对分子质量　277.75。

分子式　$C_{14}H_{16}ClN_3O$。

结构式

开发单位　巴斯夫; EastSun; 江苏中旗; 河北凯迪; 蓝丰生化。

理化性质　原药纯度 ≥ 94%。无色晶体（原药, 米色固体）。熔点取决于溶剂, 约85℃（环己烷）、约80℃（氯仿和己烷）、约76℃（二异丙醚）（FAO Specifications）。蒸气压0.093mPa（20℃）。相对密度约1.31（20℃）。水中溶解度450mg/L（20℃）; 有机溶剂中溶解度（g/kg, 20℃）: 丙酮、三氯甲烷 > 1000, 乙酸乙酯590, 乙醇200。稳定性: 40℃至少可保存2年, 22℃在pH5、7、9时, 对水解稳定（FAO Specifications）。

毒性　大鼠急性经口 LD_{50} 2150mg/kg, 大鼠急性经皮 LD_{50} > 6810mg/kg。大鼠急性吸入 LC_{50}（4小时）> 34.5mg/L。对兔皮肤和眼睛无刺激性。2年饲喂试验NOEL: 大鼠3.6mg/kg, 狗8mg/kg。山齿鹑急性经口 LD_{50} > 2000mg/kg, 山齿鹑和野鸭饲喂 LC_{50}（5天）> 5620mg/kg饲料。鱼类 LC_{50}（96小时, mg/L）: 虹鳟4, 鲤鱼15。对蜜蜂和蚯蚓安全。蚯蚓 LC_{50}（14天）> 440mg/kg土壤。

剂型　50% 悬浮剂。

作用方式及机理　氯乙酰苯胺类除草剂。主要是通过抑制极长链脂肪酸的生物合成, 从而阻碍蛋白质的合成而抑制细胞的生长, 即通过杂草幼芽和根部吸收抑制体内蛋白质合成, 阻止进一步生长。

防治对象　主要用于防除一年生禾本科杂草和部分阔叶杂草。禾本科杂草如看麦娘、剪股颖、野燕麦、马唐、稗草、早熟禾、狗尾草等, 阔叶杂草如苋属杂草、春黄菊、母菊、刺甘菊、香甘菊、蓼属杂草、龙葵、繁缕、荨麻、婆婆纳等。

使用方法　用于防除油菜、大豆、马铃薯、烟草和移植甘蓝田中禾本科杂草和双子叶杂草, 以 1.0～1.5kg/hm² 芽前施用。油菜田在芽后早期至4叶期, 以 1.5kg/hm² 施用。

允许残留量　GB 2763—2021《食品中农药最大残留限量标准》规定吡草胺在油菜籽中的最大残留限量为0.5mg/kg。ADI 为 0.08mg/kg。油料和油脂参照GB/T 20770规定的方法测定。

参考文献

刘长令, 2014. 世界农药大全: 除草剂卷 [M]. 北京: 化学工业出版社: 245-246.

马克比恩 C, 2015. 农药手册[M]. 胡笑形, 等译. 北京: 化学工业出版社: 665-666.

（撰稿: 陈来; 审稿: 范志金）

吡唑硫磷　pyraclofos

一种含有吡唑杂环的有机磷类杀虫剂、杀螨剂。

其他名称　氯吡唑磷、Boltage、Voltage、Starlex、TIA-230、OMS 3040、SC-1069。

化学名称　O-[1-(4-氯苯基)吡唑-4-基]-O-乙基-S-丙基硫代磷酸酯; (RS)-O-乙基-S-丙基-O-[1-(4-氯苯基)吡唑-4-基]硫代磷酸酯。

IUPAC名称　(RS)-[O-1-(4-chlorophenyl)pyrazol-4-yl-O-ethyl S-propyl phosphorothioate]。

CAS登记号　77458-01-6。

分子式　$C_{14}H_{18}ClN_2O_3PS$。

相对分子质量　360.80。

结构式

开发单位　Y. Kono 等报道该杀虫剂，日本武田药品工业公司 1989 年在日本投产。

理化性质　淡黄色油状液体。相对密度 1.271（28℃）。沸点 164℃（1.33Pa）。蒸气压 1.6mPa（20℃）。水中溶解度 33mg/L（20℃），易溶于丙酮、乙醇、甲苯、乙腈、二甲苯、甲醇、二氯甲烷、乙酸乙酯等有机溶剂。在 100℃有部分分解，纯度降至 99%，对热比较稳定。对酸稳定，对碱稍不稳定。在普通的散射光下稳定。水解 DT_{50}（25℃，pH7）为 25 天。

毒性　急性经口 LD_{50}（mg/kg）：大鼠（雄、雌）237；小鼠（雄）575，（雌）420。经皮 LD_{50}（mg/kg）：大鼠（雄、雌）＞2000。吸入 LC_{50}（mg/L）：雄大鼠 1.69，雌大鼠 1.46。对兔眼睛和皮肤无刺激。皮肤过敏：用豚鼠试验结果表明无变态作用。亚急性和慢性毒性：在大鼠、小鼠和狗身上 3～21 个月的研究观察表明，除了胆碱酯酶活性受抑制外，无明显异常。对大鼠和小鼠试验表明无致癌作用。对大鼠 2 代繁殖研究和对大鼠、小鼠的致畸性试验无不正常现象。经试验表明无延迟神经毒性。土壤中，TD_{50} 500 天（室温下、好气和厌氧条件下）。大鼠饲喂试验的最大无作用剂量为 3mg/kg 饲料。2 年饲喂试验 NOEL：雄大鼠 0.1mg/（kg·d），雌大鼠 0.12mg/（kg·d），雄小鼠 1.03mg/（kg·d），雌小鼠 1.28mg/（kg·d）。该品对鸟和蜜蜂均属中等毒性。对鸟类急性经口 LD_{50}：母鸡 182mg/kg，鹌鹑 164mg/kg，野鸭 348mg/kg。室内试验表明对鱼的毒性相当高。虹鳟 TLm（48 小时）0.08mg/L；鲤鱼 TLm（48 小时）0.044mg/L。鱼类 LC_{50}（72 小时）：鲤鱼 0.028mg/L。2kg/hm² （有效成分）剂量土表处理对蚯蚓无影响。对蜜蜂 LD_{50}：点滴法为 0.95μg/ 只，经口为 1.35μg/ 只。

剂型　35% 可湿性粉剂，50% 乳油，6% 颗粒剂。

作用方式及机理　触杀和胃毒，无内吸性及熏蒸作用。几乎没有根系内吸活性。作用机理：氧化激活。尽管吡唑硫磷体外抗乙酰胆碱酯酶的活性弱，但它对斜纹夜蛾显示出强的杀虫活性。随着药剂毒性作用，夜蛾幼虫头部的乙酰胆碱酯酶（ChE）被抑制。认为吡唑硫磷在昆虫中枢神经内被氧化激活。脂族酯酶（AliE）抑制作用和选择性。吡唑硫磷本身对昆虫 AliE 的抑制活性比对神经系统的 AChE 的抑制活性要高，但对脂族酯酶的抑制活性是与杀虫活性呈负相关的关系。昆虫烟草夜蛾对吡唑硫磷是敏感的，但它具有的脂族酯酶却是不敏感的。相反稻大白叶蝉对药剂显示出耐药性，但其脂族酯酶却是高敏感的。脂族酯酶在昆虫体内似乎对杀虫剂产生降解的作用。

防治对象　鳞翅目、鞘翅目、蚜虫、双翅目和蜱螨等多种害虫，对叶螨科螨、根螨属螨、蜱和线虫也有效。对已产生抗性的甜菜夜蛾、棕黄蓟马、根螨属的螨、家蝇和微小牛蜱也有效。可有效防治蔬菜上的鳞翅目夜蛾科害虫和棉花的埃及棉夜蛾、棉铃虫、棉斑实蛾、红铃虫、粉虱、蓟马，马铃薯的马铃薯甲虫、块茎蛾，甘薯的甘薯烦夜蛾、麦蛾，茶的茶叶细蛾、黄蓟马等。

使用方法　防治茶树（覆盖栽培除外）茶角纹小卷叶蛾，稀释 750 倍，采摘前 14 天施药 2 次；甜菜甘蓝夜蛾，1500 倍液，收获前 21 天施药 2 次；烟草甘蓝夜蛾、烟夜蛾 1500～2000 倍液，蚜虫类 1500 倍液。甘薯烦夜蛾、甘薯小蛾 1000～1500 倍液，收获前 7 天施药 3 次；马铃薯块茎蛾，750 倍液，收获前 7 天施药 3 次。以 0.25～1.5kg/hm² 施用，可有效防治蔬菜上的鳞翅目害虫（实夜蛾属和灰翅蛾属）。

注意事项　对蚕有长期毒性，在桑树附近的场所不要使用；防治甜菜的甘蓝夜蛾时，在生育前期（6～7 月）施药，叶可产生轻微药斑。对鱼类影响较强，在河、湖、海域及养鱼池附近不要使用。对果树如苹果、日本梨、桃和柑橘依品种而定，略有轻微药害。

与其他药剂的混用　可与多种杀虫剂复配使用。

允许残留量　吡唑硫磷停留在被处理的部位，几乎不向植物其他部分移动。例如：3 次喷洒浓度 230mg/L 药液（1500L/hm²），离最后施药 14 天后，在甘蓝上的吡唑硫磷残留限量约为 0.017mg/kg。

参考文献

马克比恩 C, 2015. 农药手册[M]. 胡笑形, 等译. 北京: 化学工业出版社: 863-864.

王大全, 1998. 精细化工辞典[M]. 北京: 化学工业出版社: 39.

朱永和, 王振荣, 李布青, 2006. 农药大典[M]. 北京: 中国三峡出版社: 75-76.

（撰稿：吴剑；审稿：薛伟）

吡唑萘菌胺　isopyrazam

一种吡唑羧酰胺类杀菌剂，含有独特的苯并桥环。

其他名称　IZM、Seguris、Reflect、Seguris Flexi、Bontima、绿妃、SYN534968（反式异构体，试验代号）；SYN534969（顺式异构体，试验代号）；SYN520453（试验代号）。

化学名称　3-二氟甲基-1-甲基-*N*-[(1*RS*,4*SR*,9*RS*)-1,2,3,4-四氢-9-异丙基-1,4-亚甲基萘-5-基]吡唑-4-酰胺（顺式异构体）和 3-二氟甲基-1-甲基-*N*-[(1*RS*,4*SR*,9*RS*)-1,2,3,4-四氢-9-异丙基-1,4-亚甲基萘-5-基]吡唑-4-酰胺（反式异构体）（顺、反异构体的比例范围为 70∶30～100∶0）。

IUPAC 名称　3-(difluoromethyl)-1-methyl-*N*-[(1*RS*,4*SR*,9*SR*)-1,2,3,4-tetrahydro-9-isopropyl--1,4-methanonaphthalen-5-yl]pyrazole-4-carboxamide；3-(difluoromethyl)-1-methyl-*N*-[(1*RS*,4*SR*,9*RS*)-1,2,3,4-tetrahydro-9-isopropyl-1,4-methanonaphthalen-5-yl]pyrazole-4-carboxamide。

CAS 登记号　881685-58-1；反式异构体 683777-14-2；顺式异构体 683777-13-1。

分子式　$C_{20}H_{23}F_2N_3O$。

相对分子质量　359.41。

B

结构式

anti-isomers

syn-isomers

开发单位　先正达公司。

理化性质　产品为米白色粉末，由 2 个 syn- 异构体和 2 个 anti- 异构体组成。相对密度 1.332（20～25℃）。在有机溶剂中溶解度（g/L，20～25℃）：丙酮 314、二氯甲烷 330、正己烷 17、甲醇 119、甲苯 77.1。稳定性：50℃水中，在 pH 为 4、5、7、8、9 时，可以稳定存在 5 天。

毒性　大鼠急性经口 LD_{50} > 2000mg/kg。大鼠急性经皮 LD_{50} > 5000mg/kg。大鼠急性吸入 LC_{50}（4 小时）> 5.28mg/L。NOEL［mg/（kg·d）按体重给药］：大鼠（2 年）5.5、狗（1 年）25。无遗传毒性。鸟类 LD_{50}（mg/kg）：北美鹑 > 2000。鸟类饲喂 LC_{50}（mg/kg 饲料）：北美鹑 > 5620。鱼类 LC_{50}（96 小时，mg/L）：虹鳟 0.066，鲤鱼 0.026。水蚤 EC_{50}（48 小时）0.044mg/L。羊角月牙藻 E_bC_{50}（72 小时）2.2mg/L。蜜蜂 LD_{50}（μg/只）：经口（48 小时）> 192、接触（48 小时）> 200。蚯蚓 LC_{50} 1000mg/kg 土壤。

剂型　乳油，悬浮剂等。

作用方式及机理　通过干扰呼吸电子传递链上复合体Ⅱ来抑制线粒体的功能，阻止其产生能量，抑制病原菌生长。持效期长，田间施药 7 周后仍表现出明显效果，具有保护和治疗作用。活性谱广，应用对象包括果树、蔬菜和谷类作物等，对抗三唑类和甲氧基丙烯酸酯类药剂的病菌有效，尤其对壳针孢属真菌十分高效。

防治对象　防治小麦叶斑病、叶锈病、条锈病，大麦网斑病、云纹病，梨黑星病、白粉病，蔬菜白粉病、叶斑病、锈病，油菜菌核病、黑胫病，香蕉叶斑病等。

使用方法　茎叶喷雾，防治小麦叶斑病、叶锈病、条锈病，大麦网斑病、云纹病，使用剂量 75～125g/hm³（有效成分）。29% 吡萘·嘧菌酯悬浮剂茎叶喷雾防治黄瓜白粉病使用剂量 146.25～243.75g/hm²。

注意事项　按照农药安全使用准则使用该品。该品对水生生物高毒，使用时防止对水生生物的影响，水产养殖区、河塘等水体附近禁用。

与其他药剂的混用　与嘧菌酯混用防治瓜类白粉病。

允许残留量　GB 2763—2021《食品中农药最大残留限量标准》推荐吡唑萘菌胺最大残留限量见表。ADI 为 0.06mg/kg。

部分食品中吡唑萘菌胺最大残留限量（GB 2763—2021）

食品类别	名称	最大残留限量（mg/kg）
谷物	小麦	0.03*
	大麦	0.07*
	黑麦	0.03*
	小黑麦	0.03*
油料和油脂	油菜籽	0.20*
	花生仁	0.01*
蔬菜	番茄	0.40*
	樱桃番茄	0.40*
	茄子	0.40*
	甜椒	0.09*
	黄瓜	0.50*
	胡萝卜	0.15*
干制蔬菜	番茄干	5.00*
水果	核果类水果	0.40*
	香蕉	0.06*
	西瓜	0.10*
	甜瓜类水果	0.15*
干制水果	苹果干	3.00*
动物源性食品	哺乳动物肉类（海洋哺乳动物除外）	0.01*
	哺乳动物内脏（海洋哺乳动物除外）	0.02*
	哺乳动物脂肪（乳脂肪除外）	0.01*
	禽肉类	0.01*
	禽类内脏	0.01*
	禽类脂肪	0.01*
	蛋类	0.01*
	生乳	0.01*

* 临时残留限量。

参考文献

TURNER J A, 2015. The pesticide manual: a world compendium [M]. 17th ed. UK: BCPC: 660-661.

（撰稿：英君伍；审稿：司乃国）

吡唑特　pyrazolate

一种吡唑类对羟基苯基丙酮酸双加氧酶类除草剂。

其他名称　A 544、H468T、Pyrazolate、Pyrazolynate、SW 751、Sanbird。

化学名称　4-(2,4-二氯代苯甲酰基)-1,3-二甲基-5-吡唑基-对甲苯磺酸酯；4-(2,4-dichlorobenzoyl)-1,3-dimethyl-1*H*-pyrazol-5-yl toluene-4-sulfonate。

IUPAC 名称　4-(2,4-dichlorobenzoyl)-1,3-dimethyl-1*H*-pyrazol-5-yl toluene-4-sulfonate。

CAS 登记号　58011-68-0。

分子式　$C_{19}H_{16}Cl_2N_2O_4S$。

相对分子质量　439.31。

结构式

开发单位　日本三共公司。

理化性质　熔点 117～118℃，20℃时的蒸气压 1.2μPa，25℃时在水中的溶解度 0.056mg/L。

毒性　大鼠急性经口 LD_{50}：雄性 9550mg/kg，雌性 10 233mg/kg，小鼠急性经口 LD_{50} 10 070～11 092mg/kg。大鼠急性经皮 LD_{50}＞5000mg/kg。对兔皮肤和眼睛无刺激作用。大鼠 13 周喂养 NOEL 150mg/（kg·d）。无致突变作用。鲤鱼 LC_{50} 92mg/L。

剂型　颗粒剂。

作用方式及机理　通过抑制植物体内对羟基苯基丙酮酸双加氧酶的活性，使植物体内叶绿素生物合成受阻而导致杂草产生白化症状致死。

防治对象　防除稻田中一年生和多年生杂草。对稻、稗具有选择性，能在野稗、鸭舌草、节节菜及牛毛毡、萤蔺、窄叶泽泻等幼苗期通过其根部的吸收而抑制它们的生长，起到防除杂草的作用。

使用方法　一般在播前或移栽时用于稻田，每公顷有效成分 3kg，施药时需在保水条件下，用手或机械均匀撒施 10% 颗粒剂。

注意事项　能与多种除草剂配合使用，并具有增效作用，能提高单独使用时所起不到的效果。

与其他药剂的混用　能与多种除草剂混用（如与杀草隆、抑草磷及丁草胺等混用）。

参考文献

田官荣, 房立真, 吴明根, 等, 2005. 稻田除草剂吡唑特的合成和除草效果[J]. 农药, 44 (5): 204-207.

Ministry of Agriculture, Forestry and Fisheries, 2005. Statistical Yearbook. Available at: http://www. maff. go. jp/e/tokei/kikaku/nenji_e/nenji_index. html. Japan.

（撰稿：杨光富；审稿：吴琼友）

吡唑威　pyrolan

一种氨基甲酸酯类内吸性杀虫剂。

其他名称　G22008。

化学名称　3-甲基-1-苯基吡唑-5-基二甲基氨基甲酸酯；3-methyl-1-phenylpyrazol-5-yldimethylca-rbamate(I)。

IUPAC 名称　(5-methyl-2-phenyl-pyrazol-3-yl)*N*,*N*-dimethylcarbamate。

CAS 登记号　87-47-8。

分子式　$C_{13}H_{15}N_3O_2$。

相对分子质量　245.28。

结构式

开发单位　汽巴公司（现已被合并到巴斯夫公司）。

理化性质　原药为无色晶体。熔点 50℃。沸点 145℃（13.3Pa）。密度 1.15g/cm³。微溶于水（在 120℃时溶解 0.1%），溶于乙醇、丙酮、苯，难溶于煤油。在蒸气中挥发。遇强酸、强碱水解。

毒性　急性经口 LD_{50}：大鼠 62～90mg/kg，鼹鼠 46～90mg/kg。

剂型　可湿性粉剂，乳剂，喷雾剂。

防治对象　防治蚊、蝇和蚜虫。

注意事项　急性经口毒性较大，在使用和储存中应注意防护。中毒时使用硫酸阿托品。燃烧产生有毒氮氧化物气体。库房通风、低温、干燥；与食品原料分开储运。

参考文献

朱永和, 王振荣, 李布青, 2006. 农药大典[M]. 北京: 中国三峡出版社.

（撰稿：张建军；审稿：吴剑）

蓖麻毒素　ricin

一种经口细胞毒蛋白类有害物质，可作杀鼠剂。

其他名称　蓖麻毒蛋白。

化学名称　异源二聚体糖蛋白。

分子式　蛋白质类。

理化性质　从蓖麻籽中提取的植物糖蛋白，相对分子质量 64 000。

毒性　对小鼠注射的 LD_{50} 为 2.7μg/kg，腹腔注射 LD_{50} 为 7～10μg/kg。

作用方式及机理　具有强烈的细胞毒性，属于蛋白合成抑制剂或核糖体失活剂，诱导细胞因子损伤及细胞凋亡。症状表现为肝、肾等器官出血、变性、坏死，并能凝集和溶解红细胞，抑制、麻痹心血管和中枢神经。

使用情况　是从大戟科蓖麻属植物蓖麻籽中提取分离的一种强效细胞毒蛋白，通过口服、肌注以及吸入均能造成中毒死亡，属剧毒类。至今尚无蓖麻毒素特效抗毒剂。

使用方法　堆投，毒饵站投放。

注意事项　中毒后立即用高锰酸钾或炭粉混悬液洗胃，然后口服盐类泻药及高位灌肠；口服鸡蛋清及阿拉伯胶，以保护胃黏膜。

参考文献

董靖，张勇，邓旭明，2017. 黄芩苷通过诱导蓖麻毒素形成多聚体抑制对小鼠致死作用的研究[C]//中国毒理学会兽医毒理学委员会、中国畜牧兽医学会兽医食品卫生学分会: 中国畜牧兽医学会(9): 80-88.

赵旭，钟武，李行舟，等，2017. 蓖麻毒素及其解毒剂研究进展[J]. 国际药学研究杂志, 44(1): 35-39.

（撰稿：王登；审稿：施大钊）

避蚊胺　diethyltoluamide

是许多驱虫产品中常见的活性成分。它被广泛用于驱除蚊子和蜱虫等叮咬害虫。

其他名称　避蚊胺驱蚊乳、避蚊胺驱蚊液、避蚊胺驱蚊气雾剂、避蚊胺驱蚊花露水、待乙妥、DEET。

化学名称　*N*,*N*- 二乙基 -3- 甲基苯甲酰胺；*N*,*N*-diethyl-3-methylbenzamide。

IUPAC 名称　*N*,*N* -diethyl-*m*-toluamide。

CAS 登记号　134-62-3。

EC 号　205-149-7。

分子式　$C_{12}H_{17}NO$。

相对分子质量　191.27。

结构式

开发单位　由美国军队在第二次世界大战期间发明。1946 年军队开始使用，1957 年开始投入民用。

理化性质　常温下，避蚊胺是淡黄色液体，可燃，具刺激性。熔点 -45℃。沸点：160℃(2.5kPa)，111℃(133.32Pa)。密度 0.998g/ml (20℃)，蒸气密度 6.7（相对于空气）。蒸气压 0.27Pa（25℃）。折射率 n_D^{20} 1.523。闪点＞ 110℃。水溶性 912mg/L。储存条件：冰箱。它能由二乙胺和甲基苯甲酸制成。它还能由酰基氯和乙胺制成。

毒性　成人急性经口 LD_{50} 1950mg/kg，成人急性经皮 LD_{50} 5000mg/kg。大鼠急性经口 LD_{50} ＞ 1170mg/kg，大鼠急性经皮 LD_{50} ＞ 3170mg/kg。野兔急性经口 LD_{50} ＞ 1584mg/kg，野兔急性经皮 LD_{50} ＞ 3180mg/kg。对皮肤有刺激作用。蒸气或雾对眼睛、黏膜和上呼吸道有刺激作用。体表用药后，

敏感人群可产生接触性皮炎，其症状是瘙痒和血管性水肿。其吞食可能造成中枢神经系统混乱。对水生生物有害，刺激皮肤，可能对水体环境产生长期不良影响。

剂型　乳剂，气雾剂，水剂。

质量标准　淡黄色液体，储存特性较难。

作用方式及机理　避蚊胺易挥发，并且包含人类的汗液和气息，通过阻断昆虫嗅觉受体的 1 辛烯 -3- 醇起效。比较流行的理论是避蚊胺有效地使昆虫失去对人类或动物发出特殊气味的感受。

防治对象　驱赶刺蝇、黑蝇、鹿蝇、马蝇、蚊子、沙蝇、小飞虫、厩蝇和扁虱等昆虫。

使用方法　可喷洒在皮肤、衣服、帐篷上，避免虫蚊叮咬。4 种避蚊胺 DEET 不同剂型的驱蚊有效时间有差异，具体见表。

避蚊胺 DEET 不同剂型的驱蚊效果

药剂名称	保护时间（分钟）		
	最长	最短	平均
7.5% 避蚊胺驱蚊乳	58.00	40.00	45.00
15% 避蚊胺驱蚊气雾剂	91.00	42.00	63.00
15% 避蚊胺驱蚊液	102.00	65.00	91.00
5% 避蚊胺驱蚊花露水	54.00	8.00	34.00

注意事项　从安全的角度来看，使用者不要将避蚊胺用于衣服内面和皮肤上，因为避蚊胺对皮肤具有刺激性，有些使用者的皮肤会对避蚊胺有反应，因此使用过后一定要清洗掉。

参考文献

刘士军，谭伟龙，2009. 4种避蚊胺驱蚊剂型实验室和现场驱蚊效果观察[J]. 中华卫生杀虫药械, 15(2): 104-105.

孟凤霞，郭玉红，张晓越，等，2012.我国驱蚊花露水及其有效成分[J]. 中国媒介生物学及控制杂志, 23(4): 277-279.

（撰稿：段红霞；审稿：杨新玲）

避蚊酯　dimethyl phthalate

一种无色油状液体，不溶于水。它是由水稻上的一种真菌自然产生的。

其他名称　避蚊油、酞酸二甲酯、邻酞酸二甲酯、避蚊剂、邻苯二甲酸二甲酯、DMP。

化学名称　1,2- 苯二甲酸二甲酯；1,2-benzenedicarboxylic acid dimethyl ester。

IUPAC 名称　dimethyl benzene-1,2-dicarboxylate。

CAS 登记号　131-11-3。

分子式　$C_{10}H_{10}O_4$。

相对分子质量　194.19。

结构式

理化性质 无色透明油状液体。熔点 5.5℃。沸点 283.7℃（大气压），210℃（13.3kPa），182.8℃（5.3kPa），147.6℃（1.33kPa）。相对密度 1.192（20℃/4℃）。折射率 1.5155。闪点 151℃。着火点 154℃。黏度 22mPa·s（20℃）。蒸气压 1.33Pa（25℃）。$K_{ow}lgP$ 1.6。水溶性 4000mg/L，与乙醇、乙醚混溶，溶于苯、丙酮等多种有机溶剂，不溶于水和矿物油。微带芳香气味。驱蚊油对光稳定，遇碱分解。

毒性 低毒。对皮肤和黏膜无毒副作用、无过敏性、无皮肤渗透性。急性经口 LD_{50}：鸡 > 8500mg/kg，狗 > 1400mg/kg，大鼠 > 6800mg/kg，兔 > 4400mg/kg。野兔急性经皮 LD_{50} > 20ml/kg。

剂型 原油，霜剂，液剂。

作用方式及机理 药物直接作用于蚊子的触觉器官及化学感受器，从而驱赶蚊虫。

防治对象 蚊子、螤、蚋。

使用方法 涂抹在皮肤或衣物上以防止吸血昆虫叮咬和骚扰。

注意事项 对眼睛和黏膜具有刺激作用，若皮肤有伤口，切勿使用驱蚊花露水，因为它会直接通过伤口刺激皮肤，不但不能减轻炎症，有时反而会加重皮肤损伤。避免与塑料制品接触。对水生生物有持续性的危害。

参考文献

孙建析，朱勇，肖芸，等，2005. 避蚊酯的毒性试验[J]. 农药，44(12): 553-554.

张彧，2008. 急性中毒[M]. 西安：第四军医大学出版社।

（撰稿：段红霞；审稿：杨新玲）

苄氨基嘌呤 6-benzylaminopurine

一种细胞分裂素类植物生长调节剂，具有多种生理作用，包括诱导休眠芽生长，促进种子发芽，促进坐果和果实生长，延缓衰老等。生产上可应用于果树、蔬菜、水稻等。

其他名称 6-AB、6-苄氨基嘌呤。

化学名称 6-(N-苄基)氨基嘌呤；6-(N-benzyl)aminopurine；6-benzyladenine。

IUPAC 名称 N-benzyladenine；N-benzyl-7H-purin-6-amine。

CAS 登记号 1214-39-7。

EC 号 214-927-5。

分子式 $C_{12}H_{11}N_5$。

相对分子质量 225.25。

结构式

开发单位 1952 年由美国威尔康姆实验室合成，1971 年由上海东风试剂厂和沈阳化工研究院首先开发。现由美商华仑生物科学公司、江苏丰源生物化工、四川国光农化股份有限公司等企业生产。

理化性质 原药为白色或淡黄色粉末，纯度为 99%。纯品为白色针状结晶体，熔点 235℃，蒸气压 $2.373×10^{-6}$mPa（20℃），$K_{ow}lgP$ 2.13，Henry 常数 $8.91×10^{-9}$Pa·m³/mol（计算值）。水中溶解度（20℃）为 60mg/L，不溶于大多数有机溶剂，溶于二甲基甲酰胺、二甲基亚砜。在酸、碱和中性介质中稳定，对光、热（8 小时，120℃）稳定。

毒性 是对人、畜安全的植物生长调节剂，大鼠急性经口 LD_{50}：2125mg/kg（雄）、2130mg/kg（雌）。小鼠急性经口 LD_{50}：1300mg/kg（雄）、1300mg/kg（雌）。鲤鱼 TLm（48 小时）12～24mg/L。

剂型 0.5% 膏剂，乳油，1% 或 3% 水剂。

作用方式及机理 可经由发芽的种子、根、嫩枝、叶片吸收，进入体内移动性小。有多种生理作用：促进细胞分裂，促进非分化组织分化，促进细胞增大增长，诱导休眠芽生长，促进种子发芽，抑制或促进茎、叶的伸长生长，抑制或促进根的生长，抑制叶的老化，打破顶端优势，促进侧芽生长，促进花芽形成和开花，诱发雌性性状，促进坐果，促进实生长，诱导块茎形成，促进物质调运、积累，抑制或促进呼吸，促进蒸发和气孔开放，提高抗伤害能力，抑制叶绿素的分解以及促进或抑制酶的活性等。

使用对象 广谱的细胞分裂素类植物生长调节剂，可应用于多种作物、蔬菜和果树等。

使用方法 在愈伤组织诱导分化芽，浓度在 1～2mg/L；作为葡萄、瓜类坐果剂，在开花前或开花后以 50～100mg/L 浸或喷花；在水稻抽穗后 7～15 天以 20mg/L 喷洒上部，防止水稻在高温气候下出现的早衰；为苹果、蔷薇、洋兰及茶树分枝促进剂，于顶端生长旺盛阶段，以 100mg/L 全面喷洒；叶菜类短期保鲜剂，菠菜、芹菜、莴苣在采收前后用 10～20mg/L 喷洒 1 次，延长绿叶存放期；在 10～20mg/L 浓度处理块根、块茎可刺激膨大，增加产量。

注意事项 避免药液沾染眼睛和皮肤。无专用解毒药，按出现症状对症治疗。储存于阴凉通风处。

与其他药剂的混用 ①苄氨基嘌呤用作绿叶保鲜剂，单独使用有一定效果，与赤霉素混用效果更好。②苄氨基嘌呤移动性小，单作叶面处理效果欠佳，它与某些生长抑制剂混用时效果才较为理想。③苄氨基嘌呤可与赤霉素混用作坐果剂效果好，但储存时间短，若选择一个好的保护剂、稳定剂，使两种药剂能存放 2 年以上，则会给它们的应用带来更大的生机。用苄氨基嘌呤 50mg/L 与 50mg/L 赤霉素药液浸泡蒜薹基部 5～10 分钟，抑制有机物质向薹苞运转，从而延长存放时间।

B

参考文献

李玲, 肖浪涛, 谭伟明, 2018. 现代植物生长调节剂技术手册[M]. 北京: 化学工业出版社: 12.

马克比恩 C, 2015. 农药手册[M]. 胡笑形, 等译. 北京: 化学工业出版社: 87.

孙家隆, 2015. 新编农药品种手册[M]. 北京: 化学工业出版社: 905.

朱永和, 王振荣, 李布青, 2006. 农药大典[M]. 北京: 中国三峡出版社.

（撰稿: 黄官民; 审稿: 谭伟明）

苄草胺 benzipram

一种酰胺类除草剂。

其他名称 Benzam、Benziram、S18510。

化学名称 *N*-苄基-*N*-异丙基-3,5-二甲基苯甲酰胺; *N*-benzyl-*N*-isopropol-3,5-dimethyl benzamide。

IUPAC名称 *N*-benzyl-*N*-isopropyl-3,5-dimethylbenzamide。

CAS登记号 35256-86-1。

分子式 $C_{19}H_{23}NO$。

相对分子质量 281.39。

结构式

开发单位 1974 年由海湾石油公司开发推广, 获有专利 USP 690865; 3707366; Ger. Offen.2104857; S. African 100652。

作用方式及机理 一种选择性芽前土壤处理除草剂, 药剂被植物根系吸收、传导, 最后杀死植物。

防治对象 大豆、棉花、谷物田, 能有效防除旱田中的一年生阔叶杂草及禾本科杂草。

使用方法 一般在播种前进行混土处理或播后芽前土壤封闭处理。用药量 2~4kg/hm², 对大豆、棉花十分安全。

参考文献

朱永和, 王振荣, 李布青, 2006. 农药大典[M]. 北京: 中国三峡出版社: 710-711.

（撰稿: 李华斌; 审稿: 耿贺利）

苄草丹 prosulfocarb

一种硫代氨基甲酸酯类除草剂。

其他名称 Boxer、Defi、ICI A 0574、SC-0574。

化学名称 *S*-苄基二丙基硫代氨基甲酸酯。

IUPAC名称 *S*-benzyldipropylthiocarbamate。

CAS登记号 52888-80-9。

EC号 401-730-6。

分子式 $C_{14}H_{21}NOS$。

相对分子质量 251.39。

结构式

开发单位 由 J. L. Glasgow et al. 报道, 由斯道夫化学公司（现为捷利康农化公司）发现, 1988 年由 ICI Agrochemicals（现也为捷利康农化公司）在比利时投产。获有专利 US3836524（1974）; DE2350475（1974）; FR2202083（1974）。

理化性质 纯品为无色透明液体, 原药为黄色透明液体。凝固点低于 -10℃。沸点 129℃（33Pa）。蒸气压 0.069mPa（25℃）。相对密度 1.042。20℃水中溶解度 13.2mg/L, 可溶于丙酮、氯苯、乙醇、煤油、二甲苯。

毒性 急性经口 LD_{50}: 雄大鼠 1820mg/kg, 雌大鼠 1958mg/kg。兔急性经皮 $LD_{50} > 2g/kg$。对皮肤和眼睛有轻微刺激作用, 但不会引起皮肤过敏。Ames 试验结果为阴性, 对大鼠和兔无致畸作用, 对大鼠繁殖无影响, 对小鼠无致癌作用。

剂型 乳油（有效成分 720~800g/L）。

作用方式及机理 敏感性禾本科杂草幼苗, 受硫代甲酸酯类化合物危害的典型症状是幼苗呈深绿色、植株扭曲, 抑制幼苗和根的生长, 并阻止叶从芽鞘中出来, 对具有 4~5 片以上真叶的植物, 在分生组织及其周围出现严重坏死。

防治对象 用于冬小麦、冬大麦和黑麦田防除禾本科杂草和阔叶杂草, 尤其是猪殃殃、鼠尾看麦娘、早熟禾、白芥、繁缕、婆婆纳属植物等。

使用方法 用于芽前或芽后麦田除草, 用量 3~4kg/hm²。

参考文献

朱永和, 王振荣, 李布青, 2006. 农药大典[M]. 北京: 中国三峡出版社: 765.

（撰稿: 汪清民; 审稿: 刘玉秀、王兹稳）

苄草唑 pyrazoxyfen

一种吡唑类除草剂。

其他名称 匹唑芬溶液。

化学名称 2-[4-(2,4-二氯苯甲酰基)-1,3-二甲基吡唑-5-基氧]乙酰苯; 2-[[4-(2,4-dichlorobenzoyl)-1,3-dimethyl-1*H*-pyrazol-5-yl]oxy]-1-phenylethan-1-one。

IUPAC名称 2-[4-(2,4-dichlorobenzoyl)-1,3-dimethylpyrazol-

5-yloxy]acetophenone。

CAS 登记号 71561-11-0。

分子式 $C_{20}H_{16}Cl_2N_2O_3$。

相对分子质量 403.26。

结构式

开发单位 日本石原产业公司。

理化性质 原药为白色晶体。熔点 111~112℃。相对密度 1.37g/cm³（20℃）。25℃蒸气压 48μPa。溶解度（20℃）：水 0.9mg/L、甲苯 200g/L、丙酮 223g/L、二甲苯 116g/L、乙醇 14g/L、正己烷 900g/L、苯 325g/L、氯仿 1068g/L。对酸、碱、光、热稳定。

毒性 低毒。大鼠急性经口 LD_{50}：雄鼠 1690mg/kg，雌鼠 1644mg/kg，小鼠急性经口 LD_{50} 8450mg/kg。大鼠急性经皮 LD_{50} > 5g/kg。大鼠急性吸入 LC_{50} > 0.28mg/L。对鲤鱼的 TLm（48 小时）2.5mg/L，虹鳟 0.79mg/L。水蚤 LC_{50}（3 小时）127mg/L。

剂型 Knock-Wan，颗粒剂（70g 苄草唑 + 50g 溴丁酰草胺）；浓可溶剂 -496（One-All），6% 苄草唑 + 1.5% 丙草胺；浓可溶剂 -494（Pacom），8% 苄草唑 + 4% 哌草磷。

作用方式及机理 选择性内吸传导型除草剂，主要通过杂草的叶片吸收，有时根也可吸收，在体内向顶端和基部传导，抑制叶绿素的合成与光合作用使杂草死亡。

防治对象 稻田的稗草、慈姑、萤蔺等一年生和多年生杂草。

使用方法 可用于水稻移栽田与直播田，水稻移栽后 1~7 天杂草萌芽前后每公顷施用有效成分 3kg。直播田温度高于 35℃会发生暂时性药害。苄草唑的药效与处理时间、处理时的温度、土壤湿度等有密切关系。必须在浸灌条件下施药才能保证其防除效果。例如，稗草 4~5 叶期后处理，其效果较差，而在漫灌条件下，处理后 3~5 周，对稗草和慈姑有持久性抑制作用，药效期取决于处理时的温度，温度低于 15℃，药效下降，尤其对萤蔺，低温下防效更差。另外，苄草唑不能有效地用于旱田，因为土壤湿度差而不易被杂草吸收。

注意事项 灌水是充分发挥药效的重要因素之一，土壤处理和叶面处理除草活性下降。处理时的气温不得超过 35℃以免发生药害，而不得低于 15℃以保证药效。因为温度高于 35℃时，对水稻幼苗新叶有轻微和暂时褪绿现象，而温度低于 15℃时除草活性降低。

与其他药剂的混用 常与丙草胺、哌草磷、溴丁酰草胺等混用。

允许残留量 日本规定苄草唑在大米上最大残留量为 0.1mg/kg；芝麻、油菜籽、杧果、香蕉、草莓、樱桃、梨、橙、蘑菇、豆类、瓜类等最大残留量为 0.02mg/kg。

参考文献

贾富琴, 1986. 一种新的稻田除草剂——苄草唑[J]. 江苏杂草科学, 2: 36-37.

（撰稿：杨光富；审稿：吴琼友）

苄呋菊酯 resmethrin

一种拟除虫菊酯类杀虫剂。

其他名称 Benzofurolin、Benzyfurolin、Chrysron、Crossfire、Derringer、Forsyn、Premgard、Pynosect、Pyretherm、Scourge、Synthrin、Tetrate、Thrysan、灭虫菊、FMC-17370、NIA-17370、NRDC-104、SBP-1382、OMS 1206。

化学名称 (1*R*,*S*)-顺，反 - 菊酸 -5- 苄基 -3- 呋喃甲基 - 酯；5-benzyl-3-furylmethy-(1*R*,*S*)-*cis*,*trans*-chrsanthemate。

IUPAC 名称 (5-benzylfuran-3-yl)methyl 2,2-dimethyl-3-(2-methylprop-1-enyl)cyclopropane-1-carboxylate。

CAS 登记号 10453-86-8。

EC 号 233-940-7。

分子式 $C_{22}H_{26}O_3$。

相对分子质量 338.45。

结构式

开发单位 1967 年英国 M. Elliott 首先合成，1968 年由英国蓝德公司（NRDC）申请专利（Elliott M，et al. Nature-Lond.1967，213，493；合成专利 BP 1168797~799），1971 年在美国 S. B. Penick 公司正式生产。

理化性质 纯品为无色结晶，工业品为白色至浅黄色蜡状固体，有显著的除虫菊气味。相对密度 0.985~0.968（20℃）。熔点 43~48℃。含顺式结构 20%~30%，反式结构 70%~80%，沸点 43~48℃（330Pa）。蒸气压 200℃时为 0.347kPa，250℃时为 3.05kPa。$K_{ow}lgP$ 6.347+0.4（25℃）。不溶于水（计算值 0.2mg/L），不同温度下在多种有机溶剂的溶解度见表。能为日光、空气、酸、碱等分解，但比除虫菊酯和烯丙菊酯稳定，储藏在干燥条件下，能保持 3~5 个月不变。纯品存放在铁制容器内，温度为 25~30℃，30 天内无变化。

毒性 大鼠急性经口 LD_{50} > 2500mg/kg，大鼠急性经皮 LD_{50} > 3g/kg。对皮肤和眼睛无刺激。对豚鼠皮肤无致敏作用。大鼠急性吸入 LC_{50}（4 小时）> 9.49g/m³ 空气。大鼠 90 天饲喂试验 NOEL > 3g/kg，每天以 100mg/kg 饲喂兔、以 50mg/kg 饲喂小鼠和 80mg/kg 饲喂大鼠均未产生致畸作用。对人的 ADI 为 0.125mg/kg。加利福尼亚鹌鹑急性经口 LD_{50} > 2g/kg。鱼类 LC_{50}（96 小时）：蓝鳃鱼 17μg/L，金

苄呋菊酯在不同温度下的溶解度

有机溶剂	30℃	10℃	-5℃
丙酮	> 50.0	30.0	15.0
氯仿	> 50.0	46.0	37.0
甲基氯仿	> 50.0	31.0	20.0
苯	> 50.0	45.0	-
二甲苯	> 50.0	34.0	18.0
甲基异丁基甲酮	> 50.0	30.0	15.0
环己酮	> 50.0	41.0	26.0
醋酸乙酯	> 50.0	36.0	16.0
正己烷	18.0	4.5	3.0
异丙醇	10.0	1.0	0.6
甲醇	7.5	3.0	0.7

鲈 2.36μg/L。对蜜蜂有毒。水蚤 LC_{50}（48 小时）3.7μg/L。

剂型　加压喷射剂，乳油，透明乳剂，可湿性粉剂（10%），超低容量喷雾剂。

作用方式及机理　有强烈的触杀作用，杀虫谱广，杀虫活性高，例如，对家蝇的毒力比除虫菊素约高 2.5 倍；对淡色库蚊的毒力，比烯丙菊酯约高 3 倍；对德国小蠊的毒力比胺菊酯约高 6 倍。对哺乳动物的毒性比除虫菊酯低。但对天然除虫菊素有效的增效剂对这些化合物则无效。其作用机理是抑制害虫体内胆碱酯酶，使乙酰胆碱积累，影响神经兴奋传导，从而使害虫发生痉挛、麻痹死亡。

防治对象　适用于家庭、畜舍、园林、温室、蘑菇房、工厂、仓库等场所，能有效防治蝇类、蚊虫、蟑螂、蚤虱、蛀蛾、谷蛾、甲虫、蚜虫、蟋蟀、黄蜂等害虫。

使用方法　用作空间喷射防治飞翔昆虫，使用浓度为 200 ~ 1500mg/kg。滞留喷射防治爬行动物和园艺害虫，使用浓度为 0.2% ~ 0.5%；防治羊毛织品的谷蛾科等害虫，使用浓度为 50 ~ 500mg/kg。

注意事项　储存于低温干燥场所，勿和食品、饲料共储，勿让儿童接近。使用时避免接触皮肤，如眼部和皮肤出现有刺激感，需用大量水冲洗。该品对鱼有毒，使用时勿靠近水域，勿将药械在水域中清洗，也勿将药液倒入水中。如发现误服，按出现症状进行治疗，适当服用抗组织胺药物是有效的。并可采用戊巴比妥治疗神经兴奋和阿托品治疗腹泻，出现症状持续，需到医院就诊。

与其他药剂的混用　胺菊酯与苄呋菊酯按 3∶2、2∶3 或 1∶4 混配时，对家蝇有明显的增效作用，共毒系数分别为 136.5、193.1 和 482.6。一种防治霜霉病的高效农药，由以下质量份数的原料制成：三乙膦酸 6 ~ 14 份，银杏种皮 3 ~ 8 份，除虫菊酯类农药 2 ~ 6 份，油酸钠 1 ~ 5 份，异辛基聚氧乙烯醚 4 ~ 9 份，伊维菌素 3 ~ 7 份，硫酸锌 2 ~ 4 份，双脂磺基丁二酸盐 4 ~ 8 份，苄呋菊酯 5 ~ 9 份，雷公藤 1 ~ 3 份，柏木醇 2 ~ 8 份。

参考文献

刘宏法. 一种防治霜霉病的高效农药[P]. CN 104365684 A.

朱永和，王振荣，李布青，2006. 农药大典[M]. 北京: 中国三峡出版社.

（撰稿：吴剑；审稿：王鸣华）

苄呋烯菊酯　bioethanomethrin

一种拟除虫菊酯类杀虫剂。

其他名称　K-Othrin、NIA-24110、RU-11679。

化学名称　5-苄基 3-呋喃甲基-(1RS)-顺，反-3-亚环戊二烯基甲基-2,2-二甲基环丙烷羧酸酯；5-benzyl-3-furylmethyl(1RS)cis,trans-3-cyc-lopentadienylidenemethyl-2,2-dimethyl-cyclopropan-ecarboxylate。

IUPAC 名称　(5-benzyl-3-furyl)methyl (1R,3R)-3-(cyclopen tylidenemethyl)-2,2-dimethylcyclopropanecarboxylate。

CAS 登记号　22431-62-5。

分子式　$C_{24}H_{28}O_3$。

相对分子质量　364.50。

结构式

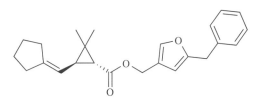

开发单位　1967 年法国罗素 - 尤克福公司合成，并进行开发研究。

理化性质　淡黄色黏稠液体。折射率 n_D^{24}1.5420。不溶于水，能溶于多种有机溶剂。性质较稳定。

毒性　大鼠急性经口 LD_{50} 63mg/kg。静脉注射 LD_{50} 5 ~ 10mg/kg。对鱼毒性高，水温 12 ℃时 LC_{50}（96 小时）24.6 ~ 114μg/L，比除虫菊素高约 10 倍。

剂型　乳油，颗粒毒饵。

作用方式及机理　对光较稳定。对家蝇、德国小蠊、杂拟谷盗、锯谷盗、谷象等昆虫高效。对家蝇、德国小蠊和谷象的杀虫活性，大于右旋丙烯菊酯和生物苄呋菊酯。

防治对象　对美国大蠊和德国小蠊有效。

注意事项　喷洒时，注意避免药雾吸入口鼻和沾染皮肤。药剂宜储存在低温、干燥和通风良好场所。远离食品和饲料。勿让儿童接近。

参考文献

朱永和、王振荣、李布青，2006. 农药大典[M]. 北京: 中国三峡出版社: 164-165.

（撰稿：刘登日；审稿：薛伟）

苄菊酯　dimethrin

一种具有触杀活性的拟除虫菊酯类杀虫剂。

其他名称　ENT-21170、Erit-21170。

化学名称　(1R,S)-顺，反式-2,2-二甲基-3-(2-甲基-丙-1 炳基)-环丙烷羧酸-2,4-二甲基苄基酯；2,4-dimethl-benzyl(1R,S)-cis,trans-2,2-dimethyl-3(2-methyl-1-propenyl)cyclo-propanecarboxylate。

IUPAC名称 (2,4-dimethylphenyl)methyl 2,2-dimethyl-3-(2-methylprop-1-enyl)cyclopropane-1-carboxylate。

CAS登记号 70-38-2。

分子式 $C_{19}H_{26}O_2$。

相对分子质量 286.17。

结构式

开发单位 1958年美国 W. F. Barthel 等人首先合成。马克朗林公司开发，已停产。

理化性质 工业品为琥珀色油状液体。沸点167～170℃（267Pa）和175℃（507Pa）。相对密度 d^{20}0.986。$K_{ow}lgP$ 6.388+0.375（25℃）。不溶于水，可溶于石油醚、醇类和二氯甲烷。遇强碱能分解。

毒性 大鼠急性经口 LD_{50} 4g/kg。虹鳟 LC_{50}（48小时）0.7mg/L。

剂型 颗粒剂（用于防治蚊虫幼虫）。

作用方式及机理 触杀，杀虫毒力一般不如天然除虫菊酯，但稳定性好。作用机理见苄呋菊酯。

防治对象 对蚊子幼虫、虱子和蝇类有良好的杀伤力，但对家蝇的毒力比天然除虫菊素差。

注意事项 储存在密闭容器中，放置于低温凉爽的库房内，勿让日光照射。

与其他药剂的混用 当与除虫菊素合用后有增效作用。

参考文献

朱永和，王振荣，李布青，2006. 农药大典[M]. 北京: 中国三峡出版社: 119.

（撰稿：吴剑；审稿：王鸣华）

苄螨醚 halfenprox

一种非内吸性杀虫剂、杀螨剂。

其他名称 合芬宁、扫螨宝、溴氧螨醚、溴氟醚菊酯、MTI-732、fubfenprox、brofenprox。

化学名称 2-(4-溴二氟甲氧苯基)-2-甲基丙基-3-苯氧基苄基醚；1-[[2-[4-(bromodifluoromethoxy)phenyl]-2-methylpropoxy]methyl]-3-phenoxybenzene。

IUPAC名称 2-(4-bromodifluoromethoxyphenyl)-2-methylpropyl 3-phenoxybenzyl ether。

CAS登记号 111872-58-3。

分子式 $C_{24}H_{23}BrF_2O_3$。

相对分子质量 477.34。

结构式

开发单位 1994年由日本三井大津化学公司（现三井化学公司）推广。

理化性质 原药为无色透明液体。291.2℃分解，蒸气压 $7.79×10^{-4}$mPa（25℃），$K_{ow}lgP$ 7.7，相对密度1.318（20℃）。水中溶解度0.007mg/L（pH5，20℃）；其他溶剂中溶解度（g/L，20℃）：正己烷＞600、庚烷＞585、二甲苯＞560、甲苯＞622、二氯甲烷＞587、丙酮＞513、甲醇＞288、乙醇＞555、乙酸乙酯＞544。55℃降解＜10%，稳定性高达150℃(DSC)。水解 DT_{50}（25℃）＞1年（pH5，7），230天（pH9）。光降解 DT_{50}（25℃）：4天（无菌水），3天（天然水）。闪点272℃。

毒性 属中等毒性杀螨剂。急性经口 LD_{50}（mg/kg）：雄大鼠132，雌大鼠159，雄小鼠146，雌小鼠121。大鼠急性经皮 LD_{50}＞2000mg/kg。NOEL：狗（1年）3mg/（kg·d）；雄、雌大鼠（2年）1.414、1.708mg/（kg·d）。无致突变、致癌、致畸性。禽类急性经口 LD_{50}（mg/kg）：山齿鹑1884，绿头鸭＞2000。鲤鱼 TLm（96小时）为0.0035mg/L。水蚤 LC_{50}（48小时）为0.031μg/L。对蜜蜂有剧毒。蠕虫 LC_{50}（7天）218mg/kg。

剂型 5%乳油。

作用方式及机理 作用于昆虫神经系统，通过作用于钠离子通道影响神经元功能。广谱杀螨剂，具有触杀作用，持效期中等。可抑制卵的孵化。

防治对象 对各种叶螨具有显著的活性，包括对常规杀螨剂具抗性的品系，如果树上的红蜘蛛、二斑叶螨、柑橘、葡萄、果树、蔬菜、茶和观赏植物锈螨等。对幼螨、若螨和成螨击倒迅速，可以抑制卵的孵化。另外还对蓟马、叶蝉等其他危害农作物的害虫有效。

使用方法 田间使用剂量一般为75～350g/hm²。5%乳油一般是用1000～2000倍液防治螨类。已被中国以及欧盟等国家限用。

允许残留量 WHO 推荐苄螨醚 ADI 为0.003mg/kg。

参考文献

康卓，2017. 农药商品信息手册[M]. 北京: 化学工业出版社: 37-38.

马克比恩 C, 2015. 农药手册[M]. 胡笑形，等译. 北京: 化学工业出版社: 534-535.

（撰稿：杨吉春；审稿：李淼）

苄嘧磺隆 bensulfuron-methyl

一种磺酰脲类选择性内吸传导型除草剂。

其他名称 农得时（Londax）、超农、威农、稻无草、苄黄隆、DPX-5384、DPX-84、bensulfuron（苄嘧磺隆酸）、Agrilon、Bomber、Lirius、Reto、Testa。

化学名称　2-[[[[[(4,6-二甲氧基-2-嘧啶基)氨基]羰基]氨基]磺酰基]甲基]苯甲酸甲酯；methyl-[[[[[(4,6-dime-thoxy-2-pyrimidinyl)amino]carbonyl]amino]sulfonyl]methyl]benzoate。

IUPAC名称　methyl-[(4,6-dimethoxypyrimidin-2-ylcarbamoyl)sulfamoyl]-o-toluate。

CAS登记号　83055-99-6；99283-01-9（酸）。

EC号　401-340-6（酸）。

分子式　$C_{16}H_{18}N_4O_7S$；$C_{15}H_{16}N_4O_7S$（酸）。

相对分子质量　410.40；396.38（酸）。

结构式

开发单位　1984年由美国杜邦公司最先开发成功。T. Yayama等报道其除草活性。

理化性质　纯品为白色无味固体，原药含量97.5%。熔点185～188℃（原药，179.4℃）。相对密度1.49（20℃）。蒸气压2.8×10^{-9}mPa（25℃）。$K_{ow}lgP$（25℃）：-0.99（pH9）、0.79（pH7）、2.18（pH5）。Henry常数2×10^{-11}Pa·m³/mol。水中溶解度（mg/L，25℃）：3100（pH9）、67（pH7）、2.1（pH5）；有机溶剂中溶解度（g/L，20℃）：二氯甲烷18.4、丙酮5.10、乙腈3.75、乙酸乙酯1.75、二甲苯0.229、正己烷3.62×10^{-4}。pK_a5.2。稳定性：在微碱性条件水溶液中很稳定，酸性条件下缓慢降解；DT_{50}（25℃）：141天（pH9）、稳定（pH7）、6天（pH4）。在乙酸乙酯、二氯甲烷、乙腈和丙酮中稳定，在甲醇中可能分解，在土壤中半衰期依土壤类型不同而异，为4～21周，在水中半衰期依pH不同而不同，为15～40天。

毒性　微毒。大鼠急性经口$LD_{50} > 5000$mg/kg。兔急性经皮$LD_{50} > 2000$mg/kg。对兔眼睛和皮肤无刺激。大鼠急性吸入LC_{50}（4小时）5mg/L空气。对皮肤无致敏。NOEL[mg/（kg·d）]：雄性狗（1年）21.4，雄性大鼠繁殖（2代）20。无生殖毒性和致畸变性。野鸭急性经口$LD_{50} > 2510$mg/kg，野鸭和山齿鹑饲喂LC_{50}（8天）> 5620mg/kg饲料。鱼类LC_{50}（96小时，mg/L）：大翻车鱼> 120，虹鳟> 66。水蚤LC_{50}（48小时）> 130mg/L。羊角月牙藻EC_{50}（72小时）0.020mg/L。浮萍EC_{50}（14天）0.0008mg/L。蜜蜂LD_{50}（μg/只）：接触> 100、经口> 51.41。蚯蚓$LC_{50} > 1000$mg/kg土壤。

剂型　10%、30%可湿性粉剂。

质量标准　10%可湿性粉剂为浅棕色粉状物，相对密度1.41，悬浮率≥80%，储存稳定性良好。

作用方式及机理　选择性内吸传导型除草剂。有效成分可在水中迅速扩散，被杂草根部和叶片吸收转移到杂草各部，阻碍缬氨酸、亮氨酸、异亮氨酸的生物合成，阻止细胞的分裂和生长，敏感的杂草生长机能受阻，幼嫩组织过早发黄抑制叶部生长，阻碍根部生长而坏死。

防治对象　水稻插秧田和直播田防除阔叶杂草及莎草科杂草。如鸭舌草、眼子菜、节节菜、陌上菜、矮慈姑、牛毛草、异型莎草、水莎草、碎米莎草、萤蔺等。对禾本科杂草防效差，但高剂量下对稗草有一定抑制作用。有效成分进入水稻体内迅速代谢为无害的惰性化合物，对水稻安全。

使用方法　使用方法灵活，可用药肥、药土、药砂、喷雾、浇灌等方法，在土壤中移动性小，温度、土质对其除草效果影响小。

移栽田水稻　移栽至移栽后1周内均可以使用，但以插秧后5～7天施药为最佳，用10%可湿性粉剂200～300g/hm²（有效成分20～30g），拌细土300kg，均匀撒施，施药时稻田内必须有水层3～5cm，施药后保持5～7天，如水不足时应缓慢补水，但不能排水、串水。

直播田水稻　直播到播后3周内均可用药，以播后早期（秧苗出叶，杂草萌芽期）用药为好，用10%可湿性粉剂200～300g/hm²（有效成分20～30g），其施药方法和水层管理同插秧田。

麦田　能有效防除猪殃殃、繁缕、碎米荠、播娘蒿、荠菜、大巢菜、藜、稻槎菜等阔叶杂草，通常在杂草2～3叶期、土壤潮湿时用10%苄嘧磺隆可湿性粉剂450～600g/hm²加水喷雾。该药有效成分在水中扩散迅速，温度、土质对除草效果影响小，在土壤中移动性小。它在水田使用效果良好，在麦田使用时土壤一定要潮湿，如果土壤干旱，防效较低。

注意事项　①施药时稻田内必须有水层3～5cm，使药剂均匀分布，施药后7天内不排水、串水，以免降低药效。②苄嘧磺隆活性高，用药量少，必须称量准确。③苄嘧磺隆适用于阔叶杂草及莎草优势地块和稗草少的地块。④苄嘧磺隆对2叶期以内杂草效果好，超过3叶的防效差。⑤避免药液接触皮肤、眼睛和衣服，如不慎溅到皮肤上或眼睛内，应立即用大量清水冲洗，严重的请医生治疗。⑥不能与肥料、杀虫剂、杀菌剂、种子混放，应远离食品、饲料，储存在儿童接触不到的地方，剩余药剂和使用过的容器要妥善处理，避免污染水源。⑦苄嘧磺隆用于小麦上，每季作物最多使用一次，安全间隔期不小于80天；用于水稻上每季作物最多使用一次，安全间隔期不小于80天。

与其他药剂的混用　苄嘧磺隆防稗草和多年生阔叶杂草要适当提高剂量，但不经济，可与多种除草剂混合用或先后使用，既可防除稗草又可防除阔叶杂草及莎草，可视田间草种群变化选用。10%苄嘧磺隆可湿性粉剂200～300g/hm²可与60%丁草胺乳油600～750ml/hm²，50%杀草丹乳油1875～2250ml/hm²，50%哌草丹乳油1125～1500ml/hm²或96%禾草敌乳油1125～1500ml/hm²等剂混用，移栽后5～7天药土法施药，水管理同单用，既可防除阔叶杂草，也可防除稗草。10%苄嘧磺隆可湿性粉剂75g/hm²加10%甲磺隆15g/hm²即为灭草王（新得力），用于稻田除草，降低成本，提高防效。苄嘧磺隆（2%）与乙草胺（12%）混合即为苄乙合剂，用于稻田除草，扩大了杀草谱，可防除稗草等。该药还可与杀草丹、苯噻草胺混用。

允许残留量　①GB 2763—2021《食品中农药最大残留限量标准》规定苄嘧磺隆最大残留限量见表。ADI为0.2mg/kg。

谷物按照 SN/T 2212、SN/T 2325 规定的方法测定。② WHO 推荐苄嘧磺隆 ADI 为 0.21mg/kg。在美国和泰国残留试验表明，水稻中的最终残留量低于最高允许量 0.02mg/kg。

部分食品中苄嘧磺隆最大残留限量（GB 2763—2021）

食品类别	名称	最大残留限量（mg/kg）
谷物	大米、糙米	0.05
	小麦	0.02

参考文献

马克比恩 C, 2015. 农药手册[M]. 胡笑形, 等译. 北京: 化学工业出版社: 77-79.

中国农业百科全书总编辑委员会农药卷编辑委员会, 中国农业百科全书编辑部, 1993. 中国农业百科全书: 农药卷[M]. 北京: 农业出版社: 24.

（撰稿: 李正名; 审稿: 耿贺利）

苄酰醚　MK-129

一种环酰亚胺类除草剂。

其他名称　全草胺、MCI15、醚酰亚胺、酰苄醚。

化学名称　N-[4-(4-氯苄氧基)苯基]-3,4,5,6-四氢酞酰亚胺。

IUPAC 名称　2-[4-[(4-chlorophenyl)methoxy]phenyl]-4,5,6,7-tetrahydroisoindole-1,3-dione。

CAS 登记号　39986-11-3。

分子式　$C_{21}H_{18}ClNO_3$。

相对分子质量　367.83。

结构式

开发单位　1970 年由日本三菱化学工业公司开发。

理化性质　纯品为淡黄色晶体。熔点 162～164℃。易溶于氯仿、甲基甲酰胺、丙酮，可溶于乙酸、甲醇、难溶于环己烷，水中溶解度 3mg/L。

毒性　小鼠急性经口 LD_{50} 6500mg/kg。对鲤鱼的 LC_{50} 为 40mg/L。

剂型　5% 粉剂。

作用方式及机理　选择性传导型土壤处理除草剂，苄酰醚对原卟啉原氧化酶底物有竞争作用。

防治对象　稗草、节节草、益母草、繁缕、窄叶泽泻、萤蔺（初期）、鸭舌草、虹眼等杂草。对瓜皮草、水莎草、牛毛毡、荸荠、眼子菜等杂草防效差。

使用方法　适用于水稻。在水田初期除草的效果显著。

水稻移栽后 5～8 天用药，有效成分 1.5～2kg/hm²，药土法撒施。

参考文献

孙家隆, 2015. 新编农药品种手册[M]. 北京: 化学工业出版社.

王振荣, 李布青, 马骁勇, 等, 1996. 农药商品大全[M]. 北京: 中国商业出版社.

（撰稿: 赵卫光; 审稿: 耿贺利）

苄烯菊酯　butethrin

一种对卫生害虫具有较强击倒和杀伤作用的拟除虫菊酯类杀虫剂。

化学名称　3-苄基-3-氯-2-丙烯基(IRS)顺反菊酸酯；3-benzyl-3-chloro-2-propenyl(IRS)-cis, trans-chrysanthemate。

IUPAC 名称　[(Z)-3-chloro-4-phenylbut-2-enyl]2,2-dimethyl-3-(2-methylprop-1-enyl)cyclopropane-1-carboxylate。

CAS 登记号　28288-05-3。

分子式　$C_{20}H_{25}ClO_2$。

相对分子质量　332.86。

结构式

开发单位　1973 年由日本大正制药公司与名古屋大学农学部合作开发。

理化性质　淡黄色油状液体。沸点 142～145℃（16Pa）。折射率 n_D^{20}1.5300。工业纯度 85.9%。不溶于水，能溶于丙酮等多种有机溶剂。

毒性　大鼠急性经口 LD_{50} ＞20g/kg。

剂型　该品与天然除虫菊素按 4:1 或 3:2 复配使用，效果很好。

作用方式及机理　该品对卫生害虫具有较强的击倒和杀伤作用。对蚊幼虫高效，24 小时 50% 的死亡率比烯丙菊酯高 5 倍，比胺菊酯高 3.8 倍，比甲呋菊酯高 3 倍，比呋喃菊酯高 1.6 倍。它的 0.62mg/kg 浓度对蚊幼虫的平均击倒时间为 23 分钟，而 3.11mg/kg 的烯丙菊酯为 51 分钟。对尖音库蚊、埃及伊蚊、德国小蠊的 LD_{50} 介于烯丙菊酯和除虫菊酯之间。对家蝇、麻蝇、铜绿蝇的 LD_{50} 比烯丙菊酯低，对家蝇的击倒能力比烯丙菊酯低。

防治对象　对多种卫生害虫，如蚊、蝇、臭虫和蟑螂等有毒杀作用。

注意事项　苄烯菊酯见光易分解，喷洒时间最好选在傍晚进行。苄烯菊酯不能与石硫合剂、波尔多液、松脂合剂等碱性农药混用。商品制剂须在密闭容器中保存，避免高温、潮湿和阳光直射。苄烯菊酯是强力触杀性药剂，施药时药剂一定要接触虫体才有效，否则效果不好。

B

参考文献

彭志源, 2006.中国农药大典[M]. 北京: 中国科技文化出版社.

朱永和, 王振荣, 李布青, 2006.农药大典[M]. 北京: 中国三峡出版社: 157.

（撰稿：吴剑；审稿：王鸣华）

苄乙丁硫磷　BEBP

一种有机磷杀菌剂。现已停产。

其他名称　Conen、稻可宁、克硫净。

化学名称　O-丁基-S-苄基-S-乙基二硫代磷酸酯。

IUPAC 名称　O-butyl-S-benzyl-S-ethyl phosphorodithioate。

CAS 登记号　27949-52-6。

分子式　$C_{13}H_{21}O_2PS_2$。

相对分子质量　304.41。

结构式

开发单位　日本住友化学公司。

理化性质　微黄色油状液体，溶于丙酮和芳烃；不溶于水。

毒性　雄鼠急性经口 LD_{50} 870mg/kg。

参考文献

王振荣, 李布青, 1996.农药商品大全[M]. 北京: 中国商业出版社.

（撰稿：刘长令、杨吉春；审稿：刘西莉、张灿）

变量喷雾　variable spraying

实现精准施药的一种重要技术方式，它通过获取作物的形貌、密度和病虫草害等喷雾对象信息，以及喷雾机位置、速度和喷雾压力等机器状态信息，对喷雾对象按需施药。目前，国际上对变量喷雾在提高农药利用率、减少农药残留和降低环境风险等方面的前景和潜力已形成共识。

发展过程　美国、西欧等国家已经在变量喷雾技术及其系统集成上取得了重要进展，中国也开展了相应的探索性研究。Lorens 等采用超声波传感器测量葡萄树树冠体积。Pfeifer 等和 Rosell 等分别利用激光和 LIDAR 进行了树冠探测，不仅获得了传感器与测量目标之间的距离信息，同时还获得了测量目标的 3D 云点图信息，并通过快速算法可以进一步得到测量目标的几何细节。Kise 等进行了单个激光传感器扫描法的误差评估研究。脉冲宽度调节 PWM 是一种新型通用技术，Gopalapillai 等采用了此技术使流量调节范围达到了 9.9∶1。总之，随着对作物形貌、密度和病虫草害等喷雾对象的探测识别技术发展，以及压力调流、变量喷头调流和 PWM 控制调流等变量喷雾伺服技术的进步，变量喷雾技术正在迅速发展。

工作原理

作物形貌的探测技术　在果树喷雾领域较早地提出了对靶喷雾的概念，即当喷头对着树时才开启，对着树间空隙区时就关闭。变量喷雾技术由对靶喷雾技术发展而来，探测方面，由单纯地检测树冠的有无提升到多、少、无，喷雾控制方面由喷或不喷提升到满喷、半喷和不喷，即三态对靶喷雾系统。

可用来探测作物形貌的有超声波传感器（图 1）和光探测激光搜索技术（light detection and ranging，LIDAR）（图 2）。超声波传感器测量树冠体积的方式本质上是通过测距来推算体积，而利用激光传感器测量树冠体积时，技术发展道路不同于超声的技术发展道路，体现在技术方案上就是没有采用图 1 所示布置多个传感器的方案，而是发展利用单个激光传感器扫描的方法。这方面新近发展的技术就是 LIDAR。

作物密度的探测技术　随着研究的深入，发现仅考虑作物的形貌无法全面反映喷雾的对象。例如，树冠体积相同条件时，树叶密度对喷雾效果也有影响。因此很多学者对作物的密度开展了研究，各种表征作物密度的指标也随之被提出。LIDAR、超声波传感器和激光传感器也可以用来探测植株表征。LIDAR、超声、激光 3 种方法本质上均是波谱方法。与波谱方法不同，德国 CLAAS 公司发展了一种利用机械摆原理的叶面积指数探测仪，并命名为 CROP-Meter。应用 CROP-Meter 实时探测了谷类作物叶面积指数，并与手持式叶面积指数测量仪 LAI 2000 的测量结果进行对比，结论是田间变量喷雾时，CROP-Meter 可作为叶面积指数实时探测装备。

作物病虫害的探测技术　星载和机载遥感可以获得的病虫害的大尺度信息，主要用于大范围的管理决策。用于小范围田间病虫害现场探测技术和信号解析的方法主要有基于 CCD 相机和光谱仪组合的自组织映射 SOM（self-organizing maps）、人工神经网络 ANN（artificial neural networks）以及二次判别分析 QDA（quadratic discriminant analysis）等方法。探测结果如图 3 所示。

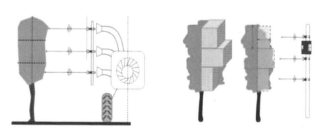

图 1 超声波测量树冠体积示意图

图 2 一种 LIDAR 传感器

作物草害的探测与识别技术　目前杂草的探测识别通常采用两种方法：机器视觉方法，即利用杂草的颜色、形态、纹理等特征来探测和识别杂草；光谱方法，即利用杂草与作物在光谱信号上的差别来探测和识别杂草。根据作物实际种植情况，杂草又可分为行间杂草和行内杂草两类。对于行间杂草的探测和识别主要是利用杂草的颜色特征，可以用机器视觉实现对甜菜行间杂草的探测和变量施药；对于行内杂草的识别，不仅要将杂草从土壤背景中分离出来，还要将杂草与作物区分。为此常结合形态特征、光谱特征、纹理特征实施多特征融合探测和识别。如图 4，通过叶片的伸长度和紧密度实现番茄苗中的杂草识别，进而确定施药区域，实现变量喷雾。

压力调流技术　改变压力来调节流量是最早应用于变量喷雾的调流技术之一，简称压力调流。压力调流的调节特性可用公式表达为：

$$Q = \frac{1}{\rho R}\left(p_1 - p_2\right)^{1/\alpha}$$

式中，Q 为流体流量；ρ 为流体密度；p_1、p_2 分别为调节阀入口、出口的流体压力；α 为节流类型；R 为流阻。

理论上 α 的取值范围为 $[1,2]$，工程上一般取 $\alpha = 2$，此时系统的压力差与流量的平方呈正比，属于典型的非线性关系。因此，采用线性控制方法时压力调流的压力变化范围不能很大。由于系统上升时间、峰值时间和超调量都有幅值相关性，此类调流变量喷雾系统必须考虑非线性问题。

变量喷头调流技术　该喷头如图 5 所示。其结构特点：喷孔由内部铰接的两块金属薄板构成，这两块金属薄板随压力而动，从而实现喷孔尺寸随压力变化而变化。在喷孔面积随动的基础上，针对两级喷孔喷头，引入了随动定流芯，设计出一种双随动器件的变量喷头。

PWM 控制调流技术　脉冲宽度调节（PWM）是一种通用技术，如图 6 所示，主要通过快速开和关（脉冲方式）转换设备来控制电子执行元件，转换设备被脉冲驱动的速度就是频率。转换设备"开"状态占每个周期的时间比例称为占空比，是 PWM 技术中的重要参数。利用 PWM 技术实现调流最初应用于汽车领域，随后发展到化学农药喷施等领域。虽然工业界已有高速高精度电磁阀出现，但农业喷雾有自身特殊性，尚难以直接采用高速高精度工业用电磁阀。这既有

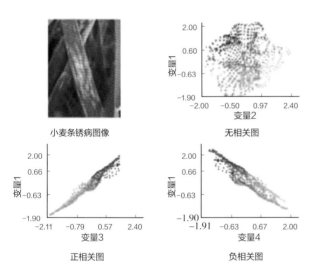

图 3　小麦条锈病图像和样本光谱变量的散点图

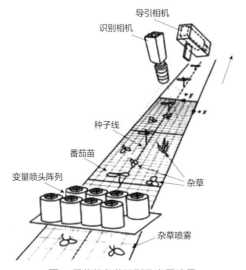

图 4　番茄苗杂草识别及变量喷雾

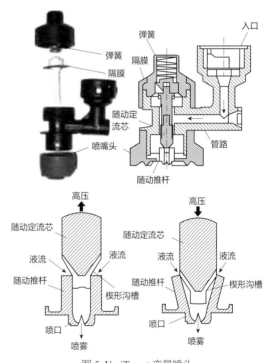

图 5　VariTarget 变量喷头

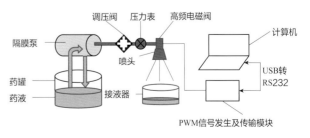

图 6　PWM 变量控制喷雾系统

B

农业喷雾介质清洁度不够和腐蚀性的问题，更有成本等经济性问题。但由于其具备控制方法简单、反应迅速等优点，被广泛用于样机研制。

变量喷雾的目的 采用变量喷雾，可以根据靶标的距离、密度等因素实时、准确地控制喷量的大小，从而提高农药的利用率，同时能最大限度地减少农药的浪费以及对周围环境的污染。

参考文献

何雄奎, 2013. 药械与施药技术[M]. 北京: 中国农业大学出版社.

李龙龙, 何雄奎, 宋坚利, 等, 2016. 基于高频电磁阀的脉宽调制变量喷头喷雾特性[J]. 农业工程学报, 32(1): 97-103.

李龙龙, 何雄奎, 宋坚利, 等, 2017. 基于变量喷雾的果园自动仿形喷雾机的设计与试验[J]. 农业工程学报, 33(1): 70-76.

刘志壮, 徐汉虹, 洪添胜, 等, 2009. 在线混药式变量喷雾系统设计与试验[J]. 农业机械学报 (12): 93-96, 129.

邱白晶, 闫润, 马靖, 等, 2015. 变量喷雾技术研究进展分析[J]. 农业机械学报, 46(3): 59-72.

史岩, 祁力钧, 傅泽田, 等, 2004. 压力式变量喷雾系统建模与仿真[J]. 农业工程学报 (5): 118-121.

袁会珠, 2011. 农药使用技术指南[M]. 北京: 化学工业出版社.

（撰稿：何雄奎；审稿：李红军）

变量喷雾机 variable sprayer

通过获取作物的病虫草害形貌和密度等喷雾对象信息以及喷雾机位置、速度和喷雾压力等机器状态信息，对喷雾对象按需施药的精准施药机具。

工作原理 介绍一种基于 LIDAR 探测技术的自动变流量变风量果园喷雾机，其工作流程如图1所示：激光传感器（LIDAR）获取冠层信息并传递给计算机，由计算机根据冠层分割理论计算出各小区施药量，然后把施药方案以 PWM 信号的方式传送给电磁阀和无刷风机，从而实现根据冠层信息变风量、变喷量的目的。

适用范围 适用于果树高度在 5m 以下的果园。

主要工作部件组成

信息采集处理系统 LIDAR 传感器可以同时发射一束或多束 940nm 红外激光，当激光遇到障碍物发生反射并被传感器捕捉时，根据激光飞行时间（TOF）可以探测到该障碍物距传感器的距离。同时光束围绕传感器做一定角度转动，因此 LIDAR 传感器可以探测到周围环境的二维点云。当传感器以一定速度运动时就可以探测到该角度内的三维点云图像。目前，LIDAR 传感器可以做到角分辨小于 0.25°，扫描频率大于 50Hz，每秒获得超过 27 万个点。

计算控制系统 计算控制系统由高性能处理器及外围电路组成，功能是根据获取的靶标特征等信息，按照冠层分割理论计算出相应的变量控制量，传送到控制器上，输出为 PWM 信号，分别传递给无刷风机和电磁阀。

风量药量调节系统 如图2所示，整机单侧配有4个雾化单元，每个风机为5个冠层单元提供风量，根据置换原则，单个雾化单元产生风量应该置换对应冠层空间。将冠层与雾化单元之间截面近似等效为梯形，则5个冠层单元所需风量计算公式为：

$$Q_W = \frac{(h_1 + h_2) \cdot W_{ia} \cdot v \cdot \rho_{ia} \cdot k_a \cdot k_s}{2}$$

式中，Q_W 为5个冠层单元所需风量（m^3/s）；h_1 为5个冠层单元高度（m）；h_2 为雾化单元出风口高度（m）；W_{ia} 为5个冠层单元外侧到树干中心的平均距离（m）；v 为前进速度（m/s）；ρ_{ia} 为5个冠层单元密度平均值；k_a 为气流衰减系数；k_s 为置换空间系数。

单位冠层单元所需喷雾量为：

$$Q_i = Vol_i \cdot u = h \cdot W_{max} \cdot v \cdot t \cdot \rho_i \cdot u$$

式中，Q_i 为单位冠层单元所需喷雾量（L）；u 为单位体积所需药量（L/m^3）；$u = 0.1 L/m^3$；Vol_i 为单位冠层单元体积（m^3）；W_{max} 为树冠表面有效激光点到树干中心的最大距离（m）；v 为激光传感器行进速度（m/s）；t 为5个扫描周期的时间（s）；ρ_i 为单位冠层单元密度。

系统工作时，速度采集模块将速度传感器发回的电频信号转换为速度值传输给计算机；同时，计算机对激光传感器采集得到的树冠信息进行处理，通过冠层分割模型计算得到冠层单元体积，依据风量和喷雾量计算公式得到冠层所需的喷雾量和风量和 PWM 占空比。信号发生模块以

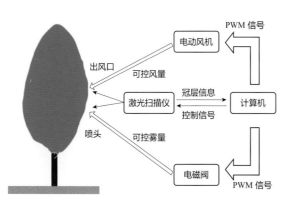

图1 自动变流量变风量果园喷雾机工作原理

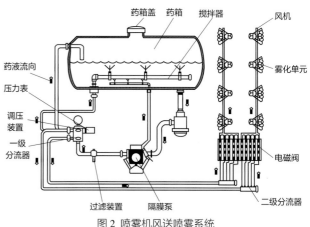

图2 喷雾机风送喷雾系统

LPC 2294 HBD144 单片机为核心，根据占空比信息指令输出 PWM 信号，随后，电磁阀驱动（40 路）和风机驱动（8 路）根据 PWM 信号调节各自对应的执行元件，实现喷雾量和风量的独立调节。

施药质量影响因素　常规因素，如温度、风速等。操作者因素，如喷头堵塞、机械故障、行驶速度过快等。

注意事项　变量喷雾机的结构组成一般比较复杂，需要及时检修以及耐心维护。防止传感器受损以及电路短路等故障产生。操作者应熟知植保机械作业的气象条件，变量喷雾机也应遵循这些原则。

参考文献

何雄奎, 2013. 药械与施药技术[M]. 北京: 中国农业大学出版社.

李龙龙, 何雄奎, 宋坚利, 等, 2016. 基于高频电磁阀的脉宽调制变量喷头喷雾特性[J]. 农业工程学报, 32(1): 97-103.

李龙龙, 何雄奎, 宋坚利, 等, 2017. 基于变量喷雾的果园自动仿形喷雾机的设计与试验[J]. 农业工程学报, 33(1): 70-76.

刘志壮, 徐汉虹, 洪添胜, 等, 2009. 在线混药式变量喷雾系统设计与试验[J]. 农业机械学报(12): 93-96.

邱白晶, 闫润, 马靖, 等, 2015. 变量喷雾技术研究进展分析[J]. 农业机械学报 (3): 59-72.

袁会珠, 2011. 农药使用技术指南[M]. 北京: 化学工业出版社.

（撰稿: 何雄奎; 审稿: 李红军）

遍地克　dienochlor

一种有机氯类内吸性杀螨剂，也可作杀虫剂。

其他名称　Pentac、除螨灵、片托克、得氯螨。

化学名称　1,1′,2,2′,3,3′,4,4′,5,5′- 十氯双 (2,4- 环戊二烯 -1- 基); 1,1′,2,2′,3,3′,4,4′,5,5′-decachlorobi-2,4-cyclopentadien-1-yl。

IUPAC 名称　perchloro-1,1′-bicyclopenta-2,4-diene。

CAS 登记号　2227-17-0。

EC 号　218-763-5。

分子式　$C_{10}Cl_{10}$。

相对分子质量　474.64。

结构式

开发单位　先由虎克化学公司开发，后来由左伊康公司开发。

理化性质　黄褐色结晶固体。熔点 122～123℃。蒸气压 1.33×10^{-3} Pa。不溶于水，微溶于丙酮、乙醇、脂肪族烃，中度溶于芳烃。在 > 130℃温度时和直接日光下易分解。弱酸条件下稳定。

毒性　雄大鼠急性经口 LD_{50} > 3160mg/kg; 急性经皮 LD_{50}: 大鼠 > 5000mg/kg, 白兔 > 3160mg/kg。

剂型　可湿性粉剂（500g/kg 有效成分），气雾剂。

作用方式及机理　GABA 氯离子通道抑制剂。

防治对象　为特效杀螨剂，用于防治温室观赏植物上的螨类。

注意事项　①操作注意事项。密闭操作，加强通风。操作人员必须经过专门培训，严格遵守操作规程。建议操作人员佩戴自吸过滤式防尘口罩，戴安全防护眼镜，穿连体式胶布防毒衣，戴氯丁橡胶手套。远离火种、热源，工作场所严禁吸烟。使用防爆型的通风系统和设备。避免与氧化剂、酸类、碱类接触。搬运时要轻装轻卸，防止包装及容器损坏。配备相应品种和数量的消防器材及泄漏应急处理设备。倒空的容器可能残留有害物。②储存注意事项。储存于阴凉、通风的库房。远离火种、热源。避免光照。包装要求密封，不可与空气接触。应与氧化剂、酸类、碱类等分开存放，切忌混储。配备相应品种和数量的消防器材。储区应备有合适的材料收容泄漏物。③由于在环境中不易代谢已被禁用。

与其他药剂的混用　室内植物昆虫和螨类上的喷雾剂（该品 + 烯虫酯 + 苄呋菊酯）。

参考文献

朱永和, 王振荣, 李布青, 2006. 农药大典[M]. 北京: 中国三峡出版社.

（撰稿: 张建军; 审稿: 吴剑）

标准操作规程　standard operating procedure, SOP

描述与规范试验操作全过程的文件化规程。按照良好实验室规范（GLP）和良好试验规范（GEP）准则要求，应当建立一定数量、技术可行的标准操作规程（SOP），并遵照实施。

适用范围　作为良好实验室规范和良好试验规范的体系文件。

主要内容　田间药效试验标准操作规程应包括以下几方面: 标准操作规程的制定、修订和管理; 人员的任命、选用、变更和培训; 试验计划的编制和修订; 试验及试验计划的偏离; 质量保证人员应当开展的检查项目，检查计划的制定及实施，检查记录和报告; 试验药剂及对照药剂的接收、识别、标记、领取、储存和处置; 仪器: 购置、验收、使用、维护、检定 / 校准; 记录、报告的生成、检索和储存; 试验数据采集与分析（包括计算机系统的使用）、报告编写规则和存档办法、试验项目代码与索引系统的组成和使用; 档案接收、借阅、保存; 试验体系靶标生物的保存、培养或饲养; 田间药效试验操作，包括田间药效试验地选择、田间药效试验设计、田间施药、施药器械的清洗和维护、施药健康和安全注意事项、田间药效试验调查方法等。

参考文献

NY/T 2885—2016 农药登记田间药效试验质量管理规范.

（撰稿: 杨峻; 审稿: 陈杰）

B

标准供试病原菌培养　incubation of pathogenous organisms

通过人工手段，将用于试验测定的靶标菌活化培养的过程。

适用范围　用于杀菌剂生物活性测定相关靶标生物（如真菌、卵菌、细菌或其他病原微生物）的活化培养。

主要内容

病原菌的选择　一般是在培养基上能够培养，遗传特性或对药剂反应上相对一致的标准菌种。要了解某种新药剂对哪些类别的病原菌有活性，应该选用不同分类地位和生物学特性的病原菌作为供试菌种。许多研究证实，已广泛应用的多类或多种杀菌剂对病原菌具有明显的选择性。例如：苯并咪唑类杀菌剂对子囊菌有特效，而对细菌、鞭毛菌和链格孢菌则无抑制活性；萎锈灵、灭锈胺对担子菌有特效；甲霜胺对卵菌有特效。因此，要确定这些具有选择性杀菌剂的活性时，应选用相应的供试病原菌。此外，有些供试菌生长、繁殖速度慢，难以培养，在这种情况下可采用另外一种对药剂同样敏感的病原菌进行模拟试验。

培养基　培养基是人工培养病原菌的基本营养来源，其营养成分主要包括碳素（如葡萄糖或蔗糖等）、氮素（通常为有机氮如氨基酸或蛋白胨等）、矿物质［如 K、P、S、Mg 及微量元素等，一般加硫酸镁（含 S、Mg）和磷酸钾（含 K、P）］、其他生长物质（如维生素 B_1、维生素 B_2、生物素、烟酸、泛酸、吡哆醇、对氨基苯甲酸等，碳素或氮素中通常含有这些生长物质，因此一般不另加）及水。但对于部分专性寄生菌，人工培养基并不能满足其生长的需要，则需要选择合适的活体组织进行培养，如黄瓜霜霉病菌［*Pseudoperonospora cubensis*（Berk. et Curt.）Rostov.］的培养需要用新鲜的黄瓜叶片，小麦白粉病菌［*Blumeria graminis*（DC.）Speer］需要小麦叶片等。

病原菌培养　病原菌的培养需要根据试验目的及供试药剂的作用方式综合考虑，如药剂主要抑制靶标菌孢子萌发则需要将病原菌培养到大量产生孢子阶段，收集病原菌孢子后进行试验。如药剂主要抑制菌体生长、发育的后续阶段，则调整病原菌培养时间，以保证药剂效果能够得到充分发挥。

参考文献

方中达, 2004. 植病研究方法[M]. 北京: 中国农业出版社.

沈晋良, 2013. 农药生物测定[M]. 北京: 中国农业出版社.

（撰稿：刘西莉；审稿：陈杰）

标准供试昆虫培养　rearing of standard test insect

在养虫室或培养箱中批量培养用于昆虫生理、毒理、病理等室内试验所需的虫种、虫态、龄期、性别和发育状态一致，营养和生理状态良好的供试昆虫。

从田间直接采集的试虫生理状态差别往往较大，有的被天敌昆虫寄生，有的感染病菌，个体间对杀虫剂的敏感性差异较大等，导致试验结果误差较大，一般不符合试验要求。

适用范围　适用于所有可在室内长期饲养的昆虫。

主要内容　根据试验目的选择昆虫种类，根据所选昆虫物种生物学特性，在室内条件下尽量提供适合该试虫生长发育和繁殖的最适温度、湿度和光照等环境条件及适合的饲料，包括天然饲料（活体寄主植物或其离体组织，如叶片等）和人工饲料，并在饲养期间保证其一致性，包括寄主植物品种的一致性和饲料配方的稳定性，不应随意变更，以保证试虫生理生化状态的一致。

常用的室内饲养的昆虫种类很多，应根据不同试虫的生物学特点分别建立标准化的饲养方法。

参考文献

中国农业百科全书总编辑委员会农药卷编辑委员会, 中国农业百科全书编辑部, 1993. 中国农业百科全书: 农药卷[M]. 北京: 农业出版社.

（撰稿：梁沛；审稿：陈杰）

冰片基氯　terpene polychlorinates

一种有机氯类触杀性杀虫剂。

其他名称　Strobane、Strobane Ac-14、compounds 3916、3960-x4。

化学名称　氯化萜类混合物；poluchlorinates of amphene, pinene and related terpenes。

CAS 登记号　8001-50-1。

分子式　$C_{10}H_{10}Cl_9$。

相对分子质量　410.00。

开发单位　1951 年由美国 B. F. Gkkdrich 化学公司推广。Tenneco 化学公司 1982 年停产。

理化性质　琥珀色黏稠液体，含氯量约 66%，有芳香烃气味。25℃相对密度 1.6267。折射率 1.579。20℃的蒸气压 0.04mPa。不溶于水，易溶于石油芳香烃和其他有机溶剂。1100℃时脱氯化氢很慢，在有机磷存在下不稳定，在碱性条件下不稳定。对高碳钢、马口铁不腐蚀。

毒性　大鼠急性经口 LD_{50} 220mg/kg，用含 50mg/kg 冰片基氯的饲料喂大鼠 2 年，未出现有害影响。

剂型　20% 粉剂、可湿性粉剂、乳油、80% 浓液剂。

作用方式及机理　触杀。

防治对象　棉花、草地和牲畜害虫，如棉铃象虫、蓟马、棉铃虫、红蜘蛛、黏虫、家蝇、蝗虫等。

使用方法　对大田作物的剂量为原药 $0.56 \sim 5.6 kg/hm^2$。

允许残留量　GB 2763—2021《食品中农药最大残留限量标准》未规定冰片基氯的最大残留限量。

参考文献

朱永和, 王振荣, 李布青, 2006. 农药大典[M]. 北京: 中国三峡出版社.

（撰稿：汪清民；审稿：吴剑）

B

丙胺氟磷　mipafox

一种含氟磷酰胺类杀虫剂。

其他名称　Lsopestoz、Isopestox。

化学名称　双异丙氨基磷酰氟；bis(isopropylamino)phos-phorylfluoride。

IUPAC 名称　*N,N'*-diisopropylphosphorodiamidic fluoride。

CAS 登记号　371-86-8。

EC 号　206-742-3。

分子式　$C_6H_{16}FN_2OP$。

相对分子质量　182.18。

结构式

开发单位　1950 年英国菲森斯害虫防治公司发展品种。

理化性质　白色结晶固体。熔点 61～62℃。沸点 125℃（0.267Pa）。相对密度 d_4^{25} 1.2。室温在水中溶解度 8%；除石油醚外，可溶于大多数有机溶剂。

毒性　兔急性经口 LD_{50} 100mg/kg。大鼠腹腔注射 LD_{50} 25～50mg/kg。

剂型　丙胺氟磷无水溶液（含 50% 活性成分）加湿润剂，通常是以 0.5%～1%（活性成分）溶液作喷雾用。

防治对象　防治巢菜蚜、豆卫矛蚜。

使用方法　以 0.1% 和 0.08% 浓度分别防治巢菜蚜、豆卫矛蚜，其防效分别为 67% 和 95.5%。

参考文献

王振荣, 李布青, 1996. 农药商品大全[M]. 北京: 中国商业出版社: 104.

朱永和, 王振荣, 李布青, 2006. 农药大典[M]. 北京: 中国三峡出版社: 102.

（撰稿：吴剑；审稿：薛伟）

丙苯磺隆　propoxycarbazone-sodium

一种磺酰脲类除草剂。

其他名称　Attribut、Attribute、Olympus、procarbazone-sodium、Canter R&P。

化学名称　(4,5-二氢 -4-甲基 -5-氧 -3-丙氧基 -1*H*-1,2,4-三唑 -1-基羰基)(2-甲氧基羰基苯基磺酰基)胺钠盐；2-[[[(4,5-二氢 -4-甲基 -5-氧 -3-丙氧基 -1*H*-1,2,4-三唑 -1-基)羰基]氨基]磺酰基]苯甲酸甲酯钠盐(CA)；2-(4,5-二氢 -4-甲基 -5-氧 -3-丙氧基 -1*H*-1,2,4-三唑 -1-基)甲酰氨基磺酰基苯甲酸甲酯(*N*-酸)；2-(4,5-二氢 -4-甲基 -5-氧代 -3-丙氧基 -1*H*-1,2,4-三唑 -1-基羰基)-(2-甲氧羰基苯基磺酰基)氮烷钠盐。

IUPAC 名称　sodium [[2-(methoxycarbonyl)phenyl]sulfonyl][(4,5-dihydro-4-methyl-5-oxo-3-propoxy-1*H*-1,2,4-triazol-1-yl)carbonyl]azanide。

CA 名称　[[(1-methyl-1,2-ethanediyl)bis(carbamodithioato)](-)]zinchomopolymer。

CAS 登记号　181274-15-7（钠盐）；145026-81-9（*N*-酸）。

分子式　$C_{15}H_{17}N_4NaO_7S$。

相对分子质量　420.37。

结构式

开发单位　2002 年由德国拜耳作物科学公司开发成功。

理化性质　纯品为无色、无臭、晶状粉末。熔点 230～240℃（分解）。20℃蒸气压 $< 1 \times 10^{-5}$mPa（计算值）。20℃时溶解度：水 2.9g/L，二氯甲烷 1.5g/L，正庚烷、二甲苯和异丙醇 < 0.1g/L。相对密度 1.42。稳定性：在 25℃、pH4～9 的水溶液中稳定。土壤中的半衰期 DT_{50} 36 天，水中的光解半衰期 DT_{50} 30 天。pK_a 2.1（*N*-酸）。

毒性　大鼠急性经口 $LD_{50} > 5000$mg/kg。大鼠急性经皮 $LD_{50} > 5000$mg/kg。对兔眼睛和皮肤无刺激作用，对豚鼠皮肤无致敏性。吸入 LC_{50}（4 小时）：大鼠 > 5030mg/L。NOEL：大鼠 49mg/（kg·d）（雌性），43mg/（kg·d）（雄性）。ADI 0.43mg/kg。在全部遗传毒性试验中均呈现阴性，如沙门氏菌微粒、HGPRT、不定期的 DNA、对哺乳动物细胞和小鼠微核细胞遗传学试验等。无致癌性和神经毒性，无发育和繁殖毒性。山齿鹑急性经口 $LD_{50} > 2000$mg/kg，饲喂 $LC_{50} > 10\ 566$mg/kg 饲料。

剂型　常用制剂主要有 70% 水分散剂。

作用方式及机理　支链氨基酸生物合成抑制剂，具体靶标为乙酰乳酸合成酶（AHAS 或 ALS），通过抑制必需的缬氨酸、亮氨酸和异亮氨酸的生物合成来阻止细胞分裂和植物生长。苯丙磺隆具有内吸性，通过茎叶和根部吸收，在木质部和韧皮部向顶、向基传导，敏感杂草受药后症状包括发育迟缓和坏死。

防治对象　苯丙磺隆钠盐为芽后除草剂，可防除小麦、黑麦和黑小麦田中的一年生和多年生禾本科杂草，如雀麦、大穗看麦娘、阿披拉草和燕麦草，同时也可防除部分阔叶杂草，使用剂量为 30～70g/hm²。

环境行为　在哺乳动物体内不完全吸收（48 小时约吸收 30%），在 48 小时快速且几乎完全通过粪便排出体外（> 88%）。75%～89% 未变化的母体化合物主要在尿液和粪便中，代谢是通过磺酰胺键的断裂进行的。小麦上的代谢研究表明，母体化合物及其 2-羟基苯氧基代谢物是在植物体内的残留物。20℃土壤环境中 DT_{50}（实验室，有氧）为 60 天，25℃时光解 DT_{50} 约为 30 天。

分析　产品用 HPLC 内标法进行（CIPAC No. 655）。土壤中残留用 LC/MS/MS 分析，水中残留用 HPLC/UV 测定。

B

参考文献

马克比恩 C, 2015. 农药手册[M]. 胡笑形, 等译. 北京: 化学工业出版社: 851-852.

孙家隆, 2015. 新编农药品种手册[M]. 北京: 化学工业出版社: 645-646.

（撰稿：王建国；审稿：耿贺利）

丙草胺　pretilachlor

一种酰胺类选择性除草剂。

其他名称　扫弗特、Sofit、Rifit、Solnet。

化学名称　2-氯-2,6-二乙基-N-(2-丙氧乙基)乙酰苯胺；2-chloro-N-(2,6-diethylphenyl)-N-(2-propoxyethyl) acet-amide。

IUPAC名称　2-chloro-2′,6′-diethyl-N-(2-propoxyethyl) acetanilide。

CAS登记号　51218-49-6。

EC号　610-630-3。

分子式　$C_{17}H_{26}ClNO_2$。

相对分子质量　311.85。

结构式

开发单位　1988年由汽巴-嘉基公司（现先正达）引入市场。

理化性质　纯品外观为无色液体，原药纯度＞94%。相对密度1.079（20℃）。蒸气压0.133mPa（20℃）。闪点221.1℃。Henry常数2.7×10^{-3} Pa·m³/mol。水中溶解度（20℃）：50mg/L；有机溶剂中溶解度（25℃）：与丙酮、二氯甲烷、乙酸乙酯、正己烷、甲醇、辛醇、甲苯完全混溶。稳定性：在微碱性条件水溶液中很稳定，酸性条件下缓慢降解。常温储存2年稳定。20℃时水解半衰期200天（pH1～9），14天（pH13），土壤中半衰期20～50天。

毒性　原药对大鼠急性经口LD_{50} 6099mg/kg，急性经皮LD_{50}＞3100mg/kg，急性吸入LC_{50}＞2.8mg/L（4小时）；对兔眼睛无刺激，对兔皮肤有中度刺激，狗半年饲喂试验的NOEL为每天7.5mg/kg。动物试验未见致癌、致畸、致突变作用。鱼类LC_{50}（96小时）：鲫鱼2.3mg/L，虹鳟0.9mg/L；对蜜蜂、鸟类低毒，蜜蜂接触LD_{50}＞93μg/只。

剂型　500g/L、300g/L、30%乳油、50%水乳剂等。

质量标准　有效成分含量为300g/L。外观为棕黄色液体。相对密度1.03～1.04，闪点39～50℃（闭式），常温下储存稳定期为2年。

作用方式及机理　细胞分裂抑制剂，可抑制超长链脂肪酸延长酶。杂草种子在发芽过程中吸收药剂，根部吸收较差，只能作芽前土壤处理。水稻发芽期对丙草胺也比较敏感，为保证早期用药安全，丙草胺常加入安全剂使用。

防治对象　为酰胺类选择性芽前早期广谱性稻田除草剂，能有效防除稻田中稗草、光头稗、千金子、牛筋草、异型莎草、水苋菜、丁香蓼、鸭舌草等大部分一年生禾本科杂草、莎草科杂草、部分阔叶杂草，但对多年生的三棱草等效果较差。

使用方法　在水稻直播田和秧田使用，先整好地，然后催芽播种，播种后2～4天，灌浅水层，每亩用30%乳油100～115ml，兑水30kg或细潮土20kg均匀喷雾或撒施全田，保持水层3～4天。通常在插秧前3～5天使用，该品单施时对湿插水稻选择性差，当和解草啶一起使用时对直播水稻有极好的选择性。如该品与解草啶的混剂以600g/hm²+200g/hm²使用，对鸭舌草、异型莎草、尖瓣花、飘拂草等防效均在90%以上，而对于千金子防效达100%。

注意事项　①地整好后要及时播种、用药，否则杂草出土，影响药效。②播种的稻谷要根芽正常，切忌有芽无根。③直播田及秧田需选用含安全剂的产品，并在水稻扎根后、能吸收安全剂时施药。抛秧田和移栽田可以不选用含安全剂的产品。④少数米质优良、抗逆性差的品种对该药敏感，因此特种米施药前需先进行试验，再大面积推广，以免产生药害。⑤该品对鱼和藻类高毒，施药时应远离鱼塘和沟渠，施药后的田水及残药不得排入水体，也不能在养鱼、虾、蟹的水稻田使用该药剂。

与其他药剂的混用　丙草胺和丁草胺均为优秀的水稻田除草剂，但二者对水稻并不十分安全，特别是丁草胺使用不当就会对水稻有轻微药害，二者混用可以有效降低对水稻的药害，提高对水稻各生育期的安全性，同时还可以提高对一些杂草的防治效果。同时丙草胺也可以和苄嘧磺隆和嘧啶肟草醚等药剂混用。

允许残留量　GB 2763—2021《食品中农药最大残留限量标准》规定丙草胺最大残留限量见表。ADI为0.018mg/kg。谷物按照GB 23200.24、GB 23200.113规定的方法测定。

部分食品中丙草胺最大残留限量（GB 2763—2021）

食品类别	名称	最大残留限量（mg/kg）
谷物	大米	0.10
	小麦	0.05

参考文献

李香菊, 梁帝允, 袁会珠, 2014. 除草剂科学使用指南[M]. 北京: 中国农业科学技术出版社.

马克比恩 C, 2015. 农药手册[M]. 胡笑形, 等译. 北京: 化学工业出版社.

孙家隆, 周凤艳, 周振来, 2014. 现代农药应用技术丛书: 除草剂卷[M]. 北京: 化学工业出版社.

朱永和, 王振荣, 李布青, 2006. 农药大典[M]. 北京: 中国三峡出版社.

（撰稿：李建洪；审稿：马洪菊）

丙虫磷　propaphos

一种有机磷类内吸性杀虫剂。

其他名称　NK-1158、DPMP、丙苯磷、Phosphoric acid、*p*-(methylthio)phenyl dipropyl ester(7CI,8CI)、Kayaphos、Kayphosnac。

化学名称　4-(甲硫基)苯基二丙基磷酸酯；dipropyl 4-methylthiophenyl phosphate。

IUPAC名称　4-(methylthio)phenyl dipropyl phosphate。

CAS 登记号　7292-16-2。

分子式　$C_{13}H_{21}O_4PS$。

相对分子质量　304.34。

结构式

开发单位　由日本化药公司开发推广。

理化性质　纯化合物为无色液体，在中性和酸性介质中稳定，在碱性介质中缓慢分解。蒸气压 0.12mPa（25℃）。230℃以下稳定。在 25℃水中溶解度为 125mg/L，溶于大多数有机溶剂。相对密度 1.15（25℃）。113.3Pa 下沸点 176℃±1℃。

毒性　纯品对小鼠急性经口 LD_{50} 90mg/kg，对小鼠急性经皮 LD_{50} 156mg/kg。大鼠急性经口 LD_{50} 70mg/kg，大鼠急性经皮 LD_{50} 88.5mg/kg。大鼠急性吸入 LC_{50} 39.2mg/m³。兔急性经口 LD_{50} 82.5mg/kg。3 个月饲喂试验的 NOEL：大鼠 100mg/kg，小鼠 5mg/kg。2 年 NOEL：大鼠 0.08mg/kg，小鼠 0.05mg/kg。小鸡 LD_{50} 2.5～5mg/kg。对蜜蜂和水蚤有毒。该物质对环境可能有危害，对水体应给予特别注意。

剂型　20g/kg（有效成分）粉剂，500g/L（有效成分）乳油，50g/kg（有效成分）颗粒剂。

作用方式及机理　对害虫主要是内吸作用。

防治对象　可有效防治对其他有机磷及氨基甲酸酯类杀虫剂有抗性的害虫种系，主要用于防治水稻黑尾叶蝉、灰飞虱、稻象甲幼虫、稻负泥虫、二化螟。

使用方法　用量 600～800g/hm² 有效成分。

注意事项　可引起头痛、头晕、无力、烦躁、恶心、呕吐、流涎、瞳孔缩小、肌肉震颤、呼吸困难、紫绀、肺水肿、脑水肿，可死于呼吸衰竭。

允许残留量　残留采用气相色谱进行分析。日本规定，丙虫磷在糙米上的最大残留限量为 0.05mg/kg。

参考文献

《环境科学大辞典》编辑委员会，1991. 环境科学大辞典[M]. 北京: 中国环境科学出版社: 27.

中国农业百科全书总编辑委员会农药卷编辑委员会，中国农业百科全书编辑部，1993. 中国农业百科全书: 农药卷[M]. 北京: 农业出版社: 26.

朱永和，王振荣，李布青，2006. 农药大典[M]. 北京: 中国三峡出版社: 107.

（撰稿：吴剑；审稿：薛伟）

丙氟磷　diisopropyl fluorophosphate

一种含氟的有机磷类触杀性杀虫剂。

其他名称　氟磷酸二异丙酯、异丙氟、二异丙基氟磷酸酯、Dfp。

化学名称　3-氟-4-甲氧基苯乙酮；diisopropoxyphosphoryl fluoride。

IUPAC名称　3-[fluoro(propan-2-yloxy)phosphoryl]oxypropane。

CAS 登记号　55-91-4。

EC 号　200-247-6。

分子式　$C_6H_{14}FO_3P$。

相对分子质量　184.15。

结构式

理化性质　无色油状液体，具有愉快气味。熔点 -82℃。沸点 183℃。相对密度 1.0622。折射率 1.3794。20℃的蒸气压 39.9Pa。在 20℃的水中溶解度 15g/L。遇碱易水解。

毒性　大鼠急性经口 LD_{50} 5～13mg/kg。小鼠皮下注射 LD_{50} 5mg/kg。对温血动物高毒，在空气中有 1mg/L 的浓度下 5 分钟就可以引起瞳孔缩小。

作用方式及机理　具有触杀性，乙酰胆碱酯酶抑制剂。

防治对象　对许多咀嚼式口器及刺吸式口器害虫均有效果。

使用方法　由于对温血动物高毒，尽管其对许多咀嚼式口器及刺吸式口器害虫均有效果，但其毒性阻碍了其在农业上的应用。

（撰稿：汪清民；审稿：吴剑）

丙环唑　propiconazole

属于 14α 脱甲基酶抑制剂，对多种作物的真菌病害有效。是中国应用最广泛的三唑类药剂之一。

其他名称　必扑尔、敌力脱、氧环三宝、梯尔特。

化学名称　1-[2-(2,4-二氯苯基)-4-丙基-1,3-二氧戊环-α-甲基]-1-氢-1,2,4-三唑；1-[[2-(2,4-dichlorophenyl)-4-propyl-1,3-dioxolan-2-yl]methyl]-1*H*-1,2,4-triazole。

IUPAC名称　(±)-1-[2-(2,4-dichlorophenyl)-4-propyl-1,3-dioxolan-2-ylmethyl]-1*H*-1,2,4-triazole。

CAS 登记号　60207-90-1。

EC 号　262-104-4。

B

分子式　$C_{15}H_{17}Cl_2N_3O_2$。

相对分子质量　342.22。

结构式

开发单位　由 P. A. Urech 等报道，汽巴 - 嘉基公司（现先正达公司）开发，1980 年首次上市。

理化性质　原药为淡黄色无味黏稠液体。熔点 –23℃（玻璃化转变温度）。相对密度 1.29（20℃）。蒸气压 5.6×10^{-2} mPa（25℃）。K_{ow}lg$P$ 3.72（pH6.6，25℃）。Henry 常数 9.2×10^{-5} Pa·m³/mol（20℃）。水中溶解度 100mg/L（20℃）；有机溶剂中溶解度（20℃）：正己烷 47g/L，与乙醇、丙酮、甲苯和正辛醇完全混溶（25℃）。稳定性：高达 320℃稳定，无明显水解，对光较稳定。

毒性　大鼠急性经口 LD_{50} 1.52g/kg。大鼠急性经皮 LD_{50} > 4g/kg。对兔眼睛和皮肤无刺激作用。大鼠急性吸入 LC_{50}（4 小时）> 5.8g/m³。NOEL［mg/（kg·d）］：狗 8.4，雄性大鼠（2 年）18.1，小鼠 10。山齿鹑急性经口 LD_{50} > 2.82g/kg。野鸭饲喂 LC_{50}（5 天）> 2.51g/kg 饲料；山齿鹑饲喂 LC_{50}（5 天）> 10g/kg 饲料。鱼类 LC_{50}（96 小时，mg/L）：鲤鱼 6.8，虹鳟 4.3。水蚤 LC_{50}（48 小时）10.2mg/L。近头状伪蹄形藻 EC_{50} 2.05mg/L。

剂型　25%、50%、62%、70% 和 250g/L 乳油，20%、40%、50% 和 55% 微乳剂。

质量标准　25% 乳油外观为浅黄色液体，相对密度 0.98～1，闪点 55～63℃，乳化性能良好，能与多数常用农药相混，储存稳定期为 3 年。

作用方式及机理　具有保护、治疗和铲除作用的内吸性杀菌剂，经植物根和叶吸收，可在新生组织中迅速传导。通过杂环上的氮原子与病原菌细胞内羊毛甾醇 14α 脱甲基酶的血红素 - 铁活性中心结合，抑制 14α 脱甲基酶的活性，从而阻碍麦角甾醇的合成，最终起到杀菌的作用。

防治对象　对子囊菌、担子菌和无性态病原菌引起的病害有效，特别是对小麦全蚀病、白粉病、锈病、根腐病、水稻恶苗病、香蕉叶斑病具有较好的防治效果；对草坪菌核病、水稻纹枯病、稻胡麻斑病、坚果褐腐病、花生叶斑病等也具有防治效果。

使用方法　叶面喷雾为主，使用剂量 100～150g/hm²；也可种子处理，按种重 0.1%～0.2% 拌种比较经济有效。

注意事项　不可与碱性以及铜制剂等药剂混用。对家蚕、鱼类等水生生物有毒，禁止在蚕室和桑园附近使用；施药后的水不得直接排入水体，禁止在江河、湖泊中清洗施药器械。储存温度不得超过 35℃。喷药时应穿防护服，施药后剩余的药液和空容器要妥善处理，可烧毁或深埋，不得留做他用。药剂要放存在儿童和家畜接触不到的地方。避免药剂接触皮肤和眼睛，喷雾时不可吃东西、喝水和吸烟。

与其他药剂的混用　可与稻瘟灵或稻瘟酰胺混用防治水稻稻瘟病；与嘧菌酯或唑菌胺酯混用防治香蕉叶斑病；与嘧菌酯混用防治玉米大小斑病；与苯醚甲环唑混用防治水稻纹枯病；与井冈霉素混用防治水稻稻曲病和纹枯病；与多菌灵混用防治苹果树轮纹病。

允许残留量　①GB 2763—2021《食品中农药最大残留限量标准》规定丙环唑最大残留限量见表。ADI 为 0.07mg/kg。谷物按照 GB 23200.9、GB 23200.113、GB/T 20770 规定的方法测定；油料和油脂、糖料、饮料类、坚果参照 GB 23200.113、GB/T 20769 规定的方法测定；蔬菜、水果按照 GB 23200.8、GB 23200.113、GB/T 20769 规定的方法测定。②WHO 推荐丙环唑 ADI 为 0.07mg/kg。最大残留量（mg/kg）：香蕉 0.1，大麦 2，鸡蛋 0.01，玉米 0.05，桃 0.02，小麦 0.09。

部分食品中丙环唑最大残留限量（GB 2763—2021）

食品类别	名称	最大残留限量（mg/kg）
谷物	糙米	0.10
	小麦	0.05
	大麦	0.20
	黑麦	0.02
	小黑麦	0.02
	燕麦	0.05
	玉米	0.05
油料和油脂	油菜籽	0.02
	大豆	0.20
	花生仁	0.10
蔬菜	玉米笋	0.05
	大蒜	0.20
	洋葱	0.10
	葱	0.50
	青蒜	2.00
	蒜薹	0.50
	百合（鲜）	0.05
	芹菜	20.00
	番茄	3.00
	马铃薯	0.05
	茭白	1.00
	蒲菜	0.05
	菱角	0.05
	芡实	0.05
	莲子	0.05
	莲藕（鲜）	0.05
	荸荠	0.05
	慈姑	0.05
水果	苹果	0.10
	越橘	0.30

（续表）

食品类别	名称	最大残留限量（mg/kg）
水果	香蕉	1.00
	菠萝	0.02
	橙	9.00
	枇杷	0.10
	桃	5.00
	枣（鲜）	5.00
	李子	0.60
干制水果	李子干	0.60
坚果	榛子	0.05
	山核桃	0.02
药用植物	人参（鲜）	0.10
	人参（干）	0.10
	百合（干）	0.05
糖料	甘蔗	0.02
饮料类	咖啡豆	0.02
动物源性食品	哺乳动物肉类（海洋哺乳动物除外），以脂肪内的残留量计	0.01
	哺乳动物内脏（海洋哺乳动物除外）	0.50
	哺乳动物脂肪（海洋哺乳动物除外）	0.01
	禽肉类	0.01
	禽类内脏	0.01
	蛋类	0.01
	生乳	0.01

参考文献

刘长令, 2006. 世界农药大全: 杀菌剂卷[M]. 北京: 化学工业出版社.

农业部种植业管理司和农业部农药检定所, 2015. 新编农药手册[M]. 2版. 北京: 中国农业出版社.

TURNER J A, 2015. The pesticide manual: a world compendium [M]. 17th ed. UK: BCPC.

（撰稿: 陈凤平; 审稿: 刘西莉）

丙基硫特普　aspon

一种有机磷杀虫剂。

其他名称　A-42、E-8573、ASP-51。

化学名称　O,O,O,O-四丙基二硫代焦磷酸酯; $O,O,O,$ O-terrapropyldithiopyrophosphate。

IUPAC 名称　O,O,O,O-terrapropyldithiopyrophosphate。

CAS 登记号　3244-90-4。

EC 号　221-817-0。

分子式　$C_{12}H_{28}O_5P_2S_2$。

相对分子质量　378.43。

结构式

开发单位　1951 年由斯道夫化学公司推广。

理化性质　淡黄色至暗琥珀色液体, 稍有芳香味。沸点 104℃（1.333Pa）。相对密度 1.119～1.123。折射率 1.471。室温时, 在水中溶解度为 0.16, 可溶于乙醇、丙酮、苯等有机溶剂, 难溶于石油醚。

毒性　大鼠急性经口 LD_{50} 1400mg/kg。雄小鼠腹腔注射 LD_{50} ＞ 8500mg/kg。0.48kg/L 乳油对大鼠经皮 LD_{50} 3830mg/kg。以小于致死剂量的剂量喂养大鼠 90 天, 出现血红细胞胆碱酯酶下降。

剂型　0.48kg/L 乳油, 25% 可湿性粉剂, 5% 颗粒剂等。

防治对象　草地螨、红蜘蛛、介壳虫等。

使用方法　0.1% 浓度致红蜘蛛的死亡率为 100%。0.25% 浓度对红蜘蛛卵的死亡率为 97%, 对橘介壳虫为 73%。温室中 0.01% 浓度对蓟马死亡率为 100%。接触喷洒后 24 小时内, 家蝇达到 50% 的死亡率需要 0.69mg/L 的剂量。

注意事项　在室温的水中无明显的水解, 加热至 149℃ 则分解, 无爆炸危险。与金属长时间接触可引起脱色和物理变化, 对钢有腐蚀性。

参考文献

王振荣, 李布青, 1996. 农药商品大全[M]. 北京: 中国商业出版社: 27-28.

朱永和, 王振荣, 李布青, 2006. 农药大典[M]. 北京: 中国三峡出版社: 23.

（撰稿: 吴剑; 审稿: 薛伟）

丙硫菌唑　prothioconazole

一种新型广谱三唑硫酮类杀菌剂。几乎对麦类所有病害都有很好的防效。

其他名称　Proline、Input、Prosaro、Fandango、Fox、Xpro、丙硫唑、AMS 21619、BAY JAU 6476、JAU6476。

化学名称　(RS)-2-[2-(1-氯环丙基)-3-(2-氯苯基)-2-羟基丙基]-2,4-二氢-1,2,4-三唑-3-硫酮; 2-[2-(l-chlorocyclopropyl)-3-(2-chlorophenyl)-2-hydroxypropyl]-2,4-dihydro-3H-1,2,4-triazole-3-thione。

IUPAC 名称　(RS)-2-[2-(l-chlorocyclopropyl)-3-(2-chlorophenyl)-2-hydroxypropyl]-2,4-dihydro-1,2,4-triazole-3-thione。

CAS 登记号　178928-70-6。

EC 号　605-841-2。

分子式　$C_{14}H_{15}Cl_2N_3OS$。

相对分子质量　344.26。

结构式

开发单位　拜耳公司于 2004 年上市。

理化性质　纯品为白色或浅灰棕色粉末状结晶，原药含量≥97%。熔点 139.1～144.5℃。相对密度 1.36（20～25℃）。蒸气压 2.8×10^{-9}mPa（25℃），4×10^{-4}mPa（20℃），$K_{ow} \lg P$（20℃）：2（pH9）、3.82（pH7）、4.16（pH4）。Henry 常数 2×10^{-11} Pa·m³/mol。水中溶解度（mg/L，20～25℃）：5（pH4）、300（pH8）、2000（pH9）；有机溶剂中溶解度（g/L，20～25℃）：丙酮＞250、乙腈 69、二氯甲烷 88、二甲基亚砜 126、乙酸乙酯＞250、正庚烷＜0.1、异丙醇 87、正辛醇 58、聚乙二醇＞250、二甲苯 8。pK_a（20～25℃）6.9。稳定性：在 pH4～9 条件水溶液中很稳定，在水中快速光解；土壤中 DT_{50}（20℃）：0.07～1.3 天。

毒性　大鼠急性经口 $LD_{50} > 6200$mg/kg。大鼠急性经皮 $LD_{50} > 2000$mg/kg。对兔皮肤和眼睛无刺激，对豚鼠皮肤无过敏现象。大鼠急性吸入 $LC_{50} > 4990$mg/L。无致畸、致突变性，对胚胎无毒性。鹌鹑急性经口 $LD_{50} > 2000$mg/kg。虹鳟 LC_{50}（96 小时）1.83mg/L。藻类慢性 EC_{50}（72 小时）2.18mg/L。蚯蚓 LC_{50}（14 天）＞1000mg/kg 干土，对蜜蜂无毒，对非靶标生物、土壤有机体无影响。丙硫菌唑及其代谢物在土壤中表现出相当低的淋溶和积累作用。具有良好的生物安全性和生态安全性，对使用者和环境安全。

剂型　乳油，悬浮剂，种子处理悬浮剂等。

质量标准　性质稳定，不易被水和光分解，对热稳定。

作用方式及机理　是抑制真菌中甾醇的前体——羊毛甾醇或 2,4-亚甲基二氢羊毛甾醇 14 位上的脱甲基化作用，即脱甲基化抑制剂（DMIs）。不仅具有很好的内吸活性，优异的保护、治疗和铲除活性，且持效期长。

防治对象　主要用于防治禾谷类作物，如小麦、大麦、油菜、花生、水稻和豆类等的众多病害。几乎对所有麦类病害都有很好的防治效果，如小麦和大麦的白粉病、纹枯病、枯萎病、叶斑病、锈病、菌核病、网斑病、云纹病等。还能防治油菜和花生的土传病害，如菌核病，以及主要叶面病害，如灰霉病、黑斑病、褐斑病、黑胫病、菌核病和锈病等。防病治病效果好，而且增产明显。

使用方法　使用剂量通常为有效成分 200g/hm²。

注意事项　应在推荐剂量下使用。用药时尽量喷到病株病斑处。防治水稻病害时注意施药时保持浅水层，等水自然干后重新进水。

与其他药剂的混用　除与叶面内吸性 Strobin 类杀菌剂氟嘧菌酯混配外，还可与戊唑醇、肟菌酯、螺环菌胺等进行复配。bixafen 与丙硫菌唑的复配产品 Xpro 可以提供长持效期和广谱杀菌作用；它对植物生理学也具有积极影响，可以增加作物耐逆性，并提高作物产量。丙硫菌唑与肟菌酯的复配产品 Cripton，用于花生防治叶面病害，对叶斑病效果尤佳；丙

硫菌唑与氟唑菌苯胺的复配产品 Emesto Silver，将两种新作用机理引入马铃薯的病害防治中，它不仅可以防治丝核菌引起的病害，而且可以阻止镰刀菌的抗性发展；Titan Emesto 是丙硫菌唑、噻虫胺和氟唑菌苯胺的三元复配产品，它不仅可以防治马铃薯上由丝核菌和镰刀菌引起的病害，而且具有卓越的害虫控制能力；丙硫菌唑、戊唑醇和咪唑嗪的三元复配产品 Raxil Pro 在小麦和大麦上使用效果极好。药剂处理后的植株更能抵御病害的侵扰，更具生机和活力，植株更加健壮。

允许残留量　①GB 2763—2021《食品中农药最大残留限量标准》规定丙硫菌唑最大残留限量见表 1。ADI 为 0.01mg/kg。②英国对丙硫菌唑在食品中的残留限量规定见表 2。

表 1　中国规定部分食品中丙硫菌唑最大残留限量

（GB 2763—2021）

食品类别	名称	最大残留限量（mg/kg）
谷物	小麦	0.10*
	大麦	0.20*
	燕麦	0.05*
	黑麦	0.05*
	小黑麦	0.05*
	杂粮类	1.00*
油料和油脂	油菜籽	0.10*
	大豆	1.00*
	花生仁	0.02*
糖料	甜菜	0.30*

* 临时残留限量。

表 2　英国规定部分食品中丙硫菌唑最大残留限量

食品类别	名称	最大残留限量（mg/kg）
谷物	大麦	0.05
	裸麦	0.01
	黑麦	0.01
	小麦	0.01
油料和油脂	油菜籽	0.05

参考文献

刘长令，2006. 世界农药大全: 杀菌剂卷[M]. 北京: 化学工业出版社: 181-183.

TURNER J A, 2015. The pesticide manual: a world compendium [M]. 17th ed. UK: BCPC: 944-945.

（撰稿：刘鹏飞；审稿：刘西莉）

丙硫克百威　benfuracarb

一种高效、广谱氨基甲酸酯类杀虫剂，具有触杀、胃

毒和内吸作用，以胃毒作用为主。

其他名称　Oncol、安克力、呋喃碱、安克威、OK-174、aminofuracarb。

化学名称　N-[2,3-二氢-2,2-二甲基苯并呋喃-7-基氧羰基(甲基)氨硫基]-N-异丙基-β-丙氨酸乙酯；苯并呋喃硫酰氯；N-[2,3-二氢-2,2-二甲基苯并呋喃-7-基氧羰基(甲基)氨硫基]-N-异丙基-β-丙氨酸乙酯；2,3-dihydro-2,2-dimethyl-7-benzofuranyl 2-methyl-4-(1-methylethyl)-7-oxo-8-oxa-3-thia-2,4-diazadecanoate。

IUPAC 名称　ethyl-N-[2,3-dihydro-2,2-dimethylbenzofuran-7-yloxycarbonyl(methyl)aminothio]-N-isopropyl-β-alaninate。

CAS 登记号　82560-54-1。

分子式　$C_{20}H_{30}N_2O_5S$。

相对分子质量　410.53。

结构式

开发单位　最先由 T. Goto 等报道，由日本大塚化学药品公司开发，1984 年英国、法国、西班牙引进。

理化性质　外观性状为红棕色黏稠液体。闪点 100℃。相对密度 1.142（20℃）。蒸气压 26.7Pa（20℃）。能溶于苯、二甲苯、二氯甲烷、丙酮等多种有机溶剂，在水中溶解度为 8.1mg/L。$K_{ow}\lg P$ 4.22（25℃）。在中性或弱碱性介质中稳定，在强酸或碱性介质中不稳定，常温下储存 2 年稳定，在 54℃ 条件下 30 天分解 0.5%～2%，日光下，在玻璃板上降解，DT_{50} 为 3 小时。

毒性　急性经口 LD_{50}：雄大鼠 138mg/kg，雄小鼠 175mg/kg，狗 300mg/kg。雄大鼠急性经皮 $LD_{50} > 2000$mg/kg。对兔皮肤无刺激，对眼有轻微刺激，对豚鼠皮肤无致敏性，对母鸡无迟发神经毒性。大鼠 2 年饲喂试验 NOEL 为每天 1.5mg/kg。无诱变性，Ames 试验呈阴性，微核试验呈阴性，试验未见致畸、致癌作用。鲤鱼 LC_{50} 0.65mg/L（48 小时），水蚤 $LC_{50} > 10$mg/L（3 小时），蜜蜂 LD_{50} 0.28μg/只。

剂型　5% 颗粒剂，国外有 3% 和 10% 颗粒剂，20% 和 30% 乳油，60% 液剂。

作用方式及机理　高效、广谱氨基甲酸酯类杀虫剂，具有触杀、胃毒和内吸作用，以胃毒作用为主。是克百威的亚磺酰基衍生物，可以被作物的根系吸收，向地上部分的茎叶传导，当害虫咀嚼和刺吸有毒植物的汁液或者咬食有毒组织时，体内乙酰胆碱酯酶受到抑制使害虫致死。

防治对象　可作土壤和叶用杀虫剂使用。防治长角叶甲、跳甲、玉米黑独角仙、苹果蠹蛾、马铃薯甲虫、金针虫、小菜蛾、稻象甲和蚜虫等活性高，持效期长。主要防治水稻、棉花、玉米、大豆、蔬菜及果树的多种刺吸式口器和咀嚼式口器害虫。

使用方法

防治二化螟、三化螟造成的枯心及白穗　可在卵孵盛期至高峰期用药，用 5% 颗粒剂 30kg/hm² 撒施；防治二化螟及大化螟造成的白穗、虫伤株，在卵孵化盛期，使用 5% 颗粒剂 30～45kg/hm²，撒施。防治褐飞虱在稻孕穗期，三龄若虫盛发期，用 5% 颗粒剂 30kg/hm² 处理，药后防治效果 90%。

防治棉蚜虫　在棉苗移栽时，用 5% 颗粒剂 18～30kg/hm²，施于棉株穴内。

防治甘蔗螟虫　在甘蔗苗期，第一代蔗螟发生初期，施用 5% 颗粒剂 45kg/hm²，撒施于蔗苗基部，并覆土盖药，还可兼治蔗苗黑色蔗龟。

防治柑橘蚜虫、桃蚜、桃小食心虫等　使用 20% 乳油 300～400 倍液喷雾。

防治果树上的各种蚧　在一、二龄若虫期，使用 20% 乳油 300～400 倍液喷雾。

注意事项　①颗粒剂在作物上要经溶解吸收过程，施药适期应较液剂提前 3 天左右，尤其对钻蛀性害虫，应在蛀入作物前施药，在土壤干旱或湿度低时，抗旱灌水有利于药效发挥。②稻田施用不能与敌稗混用，施用敌稗应在该品施用前 3～4 天，或施用后 1 个月进行。③中毒时可能出现头痛、出虚汗、无力、胸部压抑、视力减退、肚子痛、腹泻、恶心、呕吐、全身痉挛等症状。在使用过程中，如有药剂触及身体，应立即脱去衣服用肥皂水冲洗沾染的皮肤；如有药剂溅入眼中，应立即用大量清水冲洗，如误服中毒，应立即饮 1～2 杯清水，用阿托品解毒。

允许残留量　① GB 2763—2021《食品中农药最大残留限量标准》规定丙硫克百威最大残留限量见表。ADI 为 0.01mg/kg。②国外规定 ADI 为 0.01mg/kg。在糙米中最高残留限量为 0.2mg/kg，棉籽中为 0.1mg/kg。5% 颗粒剂在水稻中为 0.5mg/kg，稻米中为 0.2mg/kg，蔬菜中为 1mg/kg，水果中为 0.5mg/kg。

部分食品中丙硫克百威最大残留限量（GB 2763—2021）

食品类别	名称	最大残留限量（mg/kg）
谷物	大米、糙米	0.20
	玉米、鲜食玉米	0.05
油料和油脂	棉籽	0.50*
	棉籽油	0.05*

* 临时残留限量。

参考文献

朱永和, 王振荣, 李布青. 2006. 农药大典[M]. 北京: 中国三峡出版社.

（撰稿：张建军；审稿：吴剑）

丙硫磷　prothiofos

一种对鳞翅目害虫有特效的有机磷类杀虫剂。

其他名称　Tokuthion、丙虫硫磷、BAY NTN 8629、Bayer 123231、低毒硫磷、OMS2006。

化学名称　*O*-(2,4-二氯苯基)-*O*-乙基-*S*-丙基二硫代磷酸酯；*O*-(2,4-dichlorophenyl)*O,O*-dipropyl phosphorothioate。

IUPAC名称　(*RS*)-[*O*-(2,4-dichlorophenyl) *O*-ethyl *S*-propyl phosphorodithioate]。

CAS登记号　34643-46-4。

EC号　252-125-7。

分子式　$C_{11}H_{15}O_2PS_2Cl_2$。

相对分子质量　345.24。

结构式

开发单位　拜耳公司。

理化性质　无色液体。13.3Pa时沸点125～128℃。20℃蒸气压0.3mPa。20℃相对密度1.31。20℃在水中的溶解度为0.07mg/kg，在二氯甲烷、异丙醇、甲苯中的溶解度＞200g/L。在缓冲溶液中DT_{50}（22℃）120天（pH4），280天（pH7），12天（pH9）。光解DT_{50}13小时。闪点＞110℃。

毒性　急性经口LD_{50}：雄大鼠1569mg/kg，雌大鼠1390mg/kg，小鼠2200mg/kg。急性经皮LD_{50}（24小时）＞5g/kg。对兔皮肤和眼睛无刺激。对皮肤有致敏性。大鼠吸入LC_{50}（4小时）＞2.7mg/L空气。2年饲喂试验NOEL：大鼠5mg/kg饲料，小鼠1mg/kg饲料，狗0.4mg/kg饲料。人ADI 0.0001mg/kg。日本鹌鹑急性经口LD_{50}100～200mg/kg。鱼类LC_{50}（96小时）：金色圆腹雅罗鱼4～8mg/L，虹鳟0.5～1mg/L（500g/L乳油制剂）。水蚤LC_{50}（48小时）0.014mg/L。

剂型　500g/L乳油，40%可湿性粉剂。

质量标准　原油为红棕色透明液体。有效成分≥60%；游离2,4-二氯苯酚≤0.5%；水分≤0.5%；苯不溶物≤0.3%；酸度（以H_2SO_4计）≤0.2%。

作用方式及机理　触杀和胃毒性杀虫剂，对鳞翅目幼虫有特效。

防治对象　用于甘蓝、柑橘、烟草、菊花、樱花和草坪等，防治菜青虫、小菜蛾、甘蓝夜蛾、黑点银纹夜蛾、蚜虫、卷叶蛾、粉蚧、斜纹夜蛾、烟青虫和美国白蛾等害虫。还可用于防治苍蝇、蚊子等卫生害虫。

使用方法　菜地推荐使用浓度为50～75μg/ml。50%乳油和40%可湿性粉剂通常稀释成1000～1500倍液喷雾，2%粉剂每亩3kg喷粉。其对蔬菜安全间隔期为21天，柑橘为45天。主要以药液叶面施用，用于果树、蔬菜、玉米、马铃薯、甘蔗、甜菜、茶树、烟草、花卉等作物，防治鳞翅目幼虫以及蚜虫、蓟马等害虫。

注意事项　对钻蛀性和潜叶性害虫防效差。必须参照说明书使用，或先试验后使用，避免发生药害。

允许残留量　①日本规定丙硫磷最大残留限量见表1。②澳大利亚规定丙硫磷最大残留限量见表2。③韩国规定丙硫磷最大残留限量见表3。④新西兰规定丙硫磷最大残留限量见表4。

表1　日本规定部分食品中丙硫磷最大残留限量（mg/kg）

食品名称	最大残留限量	食品名称	最大残留限量
其他百合科蔬菜	0.10	香蕉	0.01
其他香料	0.10	干豌豆	0.05
干花生	0.05	青花菜	0.20
梨	0.10	球芽甘蓝	0.20
马铃薯	0.05	牛蒡属	0.10
青梗菜	0.20	卷心菜	0.20
椴梓	0.05	花椰菜	0.20
豌豆干	0.05	栗子	0.10
草莓	0.30	大白菜	0.10
糖用甜菜	0.50	柑橘全株	0.10
甘蔗	0.50	大蒜	0.10
甘薯	0.05	姜	1.00
茶叶	5.00	葡萄	2.00
夏橙果肉	0.05	葡萄柚	0.10
橙（包括脐橙）	0.10	日本豌豆	0.10
其他柑橘水果	0.10	日本柿子	0.20
韭菜	0.10	柠檬	0.10
洋葱	0.10	酸橙	0.10
苹果	0.30	枇杷	0.05

表2　澳大利亚规定部分食品中丙硫磷最大残留限量（mg/kg）

食品名称	最大残留限量	食品名称	最大残留限量
香蕉	0.01	葡萄	2.00
结球甘蓝花梗	0.20		

表3　韩国规定部分食品中丙硫磷最大残留限量（mg/kg）

食品名称	最大残留限量	食品名称	最大残留限量
苹果	0.05	梨	0.05
韩国卷心菜（头）	0.05	木薯蟹橙	0.05
韩国卷心菜（头，干）	0.70	柑橘	0.20
柿子	0.20		

表4　新西兰规定部分食品中丙硫磷最大残留限量（mg/kg）

食品名称	最大残留限量	食品名称	最大残留限量
葡萄	0.02*	仁果类水果	0.02*

* 临时残留限量。

参考文献

王运兵, 吕印谱, 2004. 无公害农药实用手册[M]. 郑州: 河南科学技术出版社: 136-137.

朱永和, 王振荣, 李布青, 2006. 农药大典[M]. 北京: 中国三峡出版社: 88.

中国农业百科全书总编辑委员会农药卷编辑委员会, 中国农业百科全书编辑部, 1993. 中国农业百科全书: 农药卷[M]. 北京: 农业出版社: 26.

（撰稿: 吴剑; 审稿: 薛伟）

丙硫酰氨乙酯 prothiocarb hydrochloride

一种用于土壤处理的内吸性杀菌剂。

其他名称 丙威硫、胺丙威。

化学名称 S-乙基-N-(3-二甲氨基-丙基)硫代氨基甲酸酯。

IUPAC名称 S-ethyl N-[3-(dimethylamino)propyl]carbamothioate;hydrochloride。

CAS登记号 19622-19-6。

EC号 243-193-9。

分子式 $C_8H_{19}ClN_2OS$。

相对分子质量 226.77。

结构式

理化性质 其外观呈白色结晶固体, 无味, 但工业品有强烈气味。熔点120～121℃。其盐酸盐具有吸湿性。在23℃时: 水中溶解度为890g/L, 甲醇680g/L, 氯仿100g/L, 苯和乙烷＜150g/L。

毒性 70%制剂急性经皮 LD_{50}: 大鼠＞2100mg/kg, 兔＞1400mg/kg。盐酸盐急性经口 LD_{50}: 大鼠1300mg/kg, 小鼠600～1200mg/kg。

作用方式及机理 主要用于土壤处理的内吸性杀菌剂, 对藻菌特别有效: 它可经过根部吸收输导到茎叶。一般情况下, 作为保护性杀菌剂, 在一定条件下, 具有治疗作用。用于防治藻菌有特效。

防治对象 作为种子处理剂时, 对作物安全。对土壤处理后不需安全等待期, 以50～200mg/L浓度药剂抑制终极腐霉比代森锰、福美双有效。亦可喷雾。

（撰稿: 侯毅平; 审稿: 张灿、刘西莉）

丙氯诺 proclonol

一种与碱性杀虫剂相容性较好的杀螨剂。

其他名称 丙氯醇、环丙氯苯醇、灭螨醇。

化学名称 4-氯-α-(氯苯基)-α-环丙基苯甲醇; 4-chloro-α-(4-chlorophenyl)-α-cyclopropylbenzenemethanol。

IUPAC名称 bis(4-chlorophenyl)(cyclopropyl)methanol。

CAS登记号 14088-71-2。

EC号 237-934-5。

分子式 $C_{16}H_{14}Cl_2O$。

相对分子质量 293.19。

结构式

理化性质 密度1.351g/cm³。沸点424.6℃（101.32kPa）。不溶于水。折射率1.641。闪点154.9℃。蒸气压7.65×10^{-3} mPa（25℃）。

毒性 小鼠急性经口 LD_{50}＞3420mg/kg, 对哺乳动物毒性相对较低。

剂型 15%可湿性粉剂。

质量标准 细度一般≥95%, 润湿时间≤120秒, 悬浮率≥70%, 水分含量＜3%, 热稳定性54℃±2℃储存14天。

防治对象 柑橘类的害螨。

与其他药剂的混用 与碱性杀虫剂相容性好。

参考文献

朱永和, 王振荣, 李布青, 2006. 农药大典[M]. 北京: 中国三峡出版社.

（撰稿: 张永强; 审稿: 丁伟）

丙炔草胺 prynachlor

一种酰胺类选择性土壤处理除草剂。

其他名称 Basamaize、Butisan、Chlorelin、丙炔毒草胺、BA52900、BAS-2903、广草胺、BAS2903-H。

化学名称 2-氯-N-(1-甲基-2-丙炔基)-N-苯基乙酰胺; 2-chloro-N-(1-methyl-2-propynyl)-N-phenyl-acetamide。

IUPAC名称 N-(but-3-yn-2-yl)-2-chloro-N-phenylacetamide。

CAS登记号 21267-72-1。

EC号 244-304-3。

分子式 $C_{12}H_{12}ClNO$。

相对分子质量 221.68。

结构式

开发单位　巴斯夫公司。

理化性质　在水中溶解度 500mg/L（25℃）。

毒性　大鼠急性经口 LD_{50} 116mg/kg。

作用方式及机理　选择性芽前土壤处理除草剂。幼芽吸收，在杂草体内抑制蛋白质合成，抑制赤霉酸所诱导的 α-淀粉酶的形成，使幼芽、幼根生长受到严重抑制、膨胀、畸形而死亡。

防治对象　适用于大豆、高粱、玉米、马铃薯、白菜、十字花科植物，对稗草、马唐、狗尾草、鼬瓣花属、野芝麻属、苋属、大戟属、母菊、马齿苋、繁缕和婆婆纳属等杂草具有很好的防效。

使用方法　作物播后苗前、杂草出土前，用药量 2～3kg/hm²，加水 450L 土表喷雾处理。在土壤中的持效期为 6～8 周。

参考文献

朱永和，王振荣，李布青，2006. 农药大典[M]. 北京：中国三峡出版社：684.

（撰稿：李华斌；审稿：耿贺利）

丙炔噁草酮　oxadiargyl

一种噁二唑酮类除草剂。

其他名称　Raft、Topstar、稻思达、快噁草酮、RP-020630。

化学名称　5-叔丁基-3-(2,4-二氯-5-炔丙氧基)苯基-1,3,4-噁二唑-2-(3H)-酮。

IUPAC 名称　5-tert-butyl-3-[2,4-dichloro-5-(prop-2-ynyloxy)phenyl]-1,3,4-oxadiazol-2(3H)-one。

CAS 登记号　39807-15-3。

EC 号　254-637-6。

分子式　$C_{15}H_{14}Cl_2N_2O_3$。

相对分子质量　341.19。

结构式

开发单位　罗纳-普朗克公司。

理化性质　纯品为白色或米白色粉末固体。熔点 131℃。相对密度 1.484（20℃）。蒸气压 2.5×10^{-6} Pa（25℃）。$K_{ow}\lg P$ 3.95（20℃）。Henry 常数 9.1×10^{-4} Pa·m³/mol（计算值）。在水中溶解度 0.37mg/L（20℃）。热稳定性 15 天（54℃），对光、水稳定，pH4，5 和 7 水溶液稳定。DT_{50} 7.3 天（pH9）。

毒性　低毒。大鼠急性经口 LD_{50} ＞ 5000mg/kg，兔性经皮 LD_{50} ＞ 2000mg/kg。对兔眼睛有轻微刺激，对兔皮肤无刺激。大鼠急性吸入 LC_{50}（4 小时）＞ 5.16mg/L 空气。鹌鹑急性经口 LD_{50} ＞ 2000mg/kg，野鸭和鹌鹑饲喂 LC_{50}（8

天）＞ 5000mg/kg 饲料。对鱼和水蚤无毒。蜜蜂 LD_{50} ＞ 200μg/ 只（经口和接触）。在 1000mg/kg 土壤下对蚯蚓无毒。羊角月牙藻 EC_{50} 1.2μg/L（取决于物种）。药剂在山羊和鸡体内排泄迅速，没有证据表明在牛奶、鸡蛋或食用组织中累积。土壤 DT_{50}：18～72 天（实验室，好氧，20～30℃），形成两个主要代谢物（其中一个有除草活性），CO_2 结合矿化和土壤结合残留。

剂型　10% 乳油，8% 水乳剂，80% 水分散粒剂，25% 可分散油悬浮剂，8% 水乳剂，10% 可分散油悬浮剂，35% 丙噁·丁草胺水乳剂，24% 吡嘧·丙噁可分散油悬浮剂，43% 吡嘧·丙噁可湿性粉剂，20% 丙噁·乙氧氟可分散油悬浮剂，35% 丙噁·丙草胺可分散油悬浮剂，31% 丙噁·丙草胺水乳剂。

质量标准　10% 丙炔噁草酮乳油为浅褐色或褐色稳定的均相液体，无可见的悬浮物和沉淀，pH4～7，乳液稳定性（稀释 200 倍）合格，储存稳定性良好。8% 丙炔噁草酮水乳剂为定乳状液，久置后允许有少量分层，轻微摇动或搅动应是均匀的，pH3～6，乳液稳定性（稀释 200 倍）合格，储存稳定性良好。80% 丙炔噁草酮水分散粒剂为能自由流动的浅灰色颗粒，基本无粉尘，无可见外来杂质和硬团块。pH6～9，悬浮率 ≥ 70%，储存稳定性良好。5% 丙炔噁草酮展膜油剂为单相、透明液体，经存放无沉淀、结晶和分层现象，pH5～8，表面张力 ≤ 40mN/m，储存稳定性良好。38% 丙炔噁草酮可分散油悬浮剂为可流动的、易测量体积的灰白色悬浮液体，pH4～7，悬浮率 ≥ 90%，储存稳定性良好。

作用方式及机理　原卟啉原氧化酶抑制剂。主要用于水稻插秧田作土壤处理的选择性触杀型苗期除草剂，在杂草出苗后通过稗草等敏感杂草的幼芽或幼苗接触吸收而起作用。丙炔噁草酮与噁草酮相似，施用于稻田水中经过沉淀，逐渐被表层土壤胶粒吸附形成一个稳定的药膜封闭层，当其后萌发的杂草幼芽经过此层药膜层时，以接触吸收和有限传导，在有光的条件下，使接触部位的细胞膜破裂和叶绿素分解，并使生长旺盛部位的分生组织遭到破坏，最终导致受害的杂草幼芽枯萎死亡。而在施药之前已经萌发出土但尚未露出水面的杂草幼苗，则在药剂沉降之前即从水中接触吸收到足够的药剂，致使很快坏死腐烂。丙炔噁草酮在土壤中的移动性较小，因此不易触及杂草根部。对作物的选择性是基于药剂在作物植株中的代谢机理与杂草不同。

防治对象　主要用于防除阔叶杂草，如苘麻、鬼针草、藜属杂草、苍耳、原野锦葵、鸭舌草、蓼属杂草、梅花藻、龙葵、苦苣菜、节节草等。禾本科杂草，如稗草、千金子、马唐、牛筋草、稷属杂草等。莎草科杂草，如异型莎草、碎米莎草、牛毛毡等。对恶性杂草具有良好的防效。丙炔噁草酮的除草效果可以持续 30 天左右。

使用方法　适用于水稻、马铃薯、向日葵、蔬菜、甜菜、果树等作物田防除杂草。主要用于苗前除草。稻田使用剂量为有效成分 50～150g/hm²。马铃薯、向日葵、蔬菜、甜菜等使用剂量为有效成分 300～500g/hm²。果园使用剂量为有效成分 500～1500g/hm²。丙炔噁草酮在萤蔺、三棱草、鸭舌草、雨久花、泽泻、矮慈姑、慈姑、狼杷草、眼子菜等杂草发生轻微的地区或地块，单用即可。在这几种草发生较重的地区或地块，则要与磺酰脲类除草剂等有效药剂混用或错期搭配施用。丙炔噁草酮与磺酰脲类、磺酰胺类除草剂混用，可增强对雨久花、泽泻、萤蔺、眼子菜、狼杷草、慈姑、扁秆藨草、日本藨草等杂草的防除效果。单用：一次性施药每亩用 80% 丙炔噁草酮水分散粒剂 6g。两次施药第一次每亩用量 6g，第二次每亩用药 4g。

注意事项 丙炔噁草酮对水稻的安全幅度较窄，不宜用在弱苗田、制种田、抛秧田及糯稻田，否则易产生药害。整地时田面要整平，施药时不要超过推荐用量，把药拌匀施用，并要严格控制好水层。以免因施药过量、稻田高低不平、缺水、水淹没稻苗心叶或施药不均匀等造成药害。丙炔噁草酮对眼子菜及莎草科某些杂草防效较差，在这些杂草发生较重的田块应与苄嘧磺隆或吡嘧磺隆进行混用，以扩大杀草谱，并且可提高丙炔噁草酮对水稻的安全性。丙炔噁草酮可与苄嘧磺隆等磺酰脲类水稻田除草剂进行混用或复配，一是可以扩大杀草谱；二是苄嘧磺隆可作为丙炔噁草酮的解毒剂以减轻后者对水稻的药害。丙炔噁草酮对水层要求较为严格，施药时及施药后要保持 3～5cm 水层 5～7 天，此期间缺水补水，但切勿进行大水漫灌淹没稻苗心叶，以防产生药害。不推荐在抛秧田和直播水稻田及盐碱地水稻田中使用。

与其他药剂的混用 一次性混用每亩用 80% 丙炔噁草酮水分散粒剂 6g 加 30% 苄嘧磺隆可湿性粉剂 10g，或 10% 苄嘧磺隆可湿性粉剂 20～30g，或 10% 吡嘧磺隆可湿性粉剂 10～15g，或 15% 乙氧嘧磺隆水分散粒剂 10～15g，或 10% 环丙嘧磺隆可湿性粉剂 13～17g。两次施用：第一次每亩用 80% 丙炔噁草酮水分散粒剂 6g。第二次每亩用 80% 丙炔噁草酮水分散粒剂 4g 加 30% 苄嘧磺隆可湿性粉剂 10g 或 10% 苄嘧磺隆可湿性粉剂 20～30g，或 10% 吡嘧磺隆可湿性粉剂 10～15g，或 15% 乙氧嘧磺隆水分散粒剂 10～15g，或 10% 环丙嘧磺隆可湿性粉剂 13～17g。

允许残留量 ① GB 2763—2021《食品中农药最大残留限量标准》规定丙炔噁草酮最大残留限量见表。ADI 为 0.008mg/kg。②日本和美国规定 ADI 为 0.03mg/kg。

部分食品中丙炔噁草酮最大残留限量（GB 2763—2021）

食品类别	名称	最大残留限量（mg/kg）
谷物	糙米	0.02*
蔬菜	马铃薯	0.02*

* 临时残留限量。

参考文献

刘长令, 2002. 世界农药大全: 除草剂卷[M]. 北京: 化学工业出版社: 126-128.

TURNER J A, 2015. The pesticide manual: a world compendium[M]. 17th ed. UK: BCPC: 819-820.

（撰稿：赵卫光；审稿：耿贺利）

丙炔氟草胺　flumioxazin

一种 *N*- 苯基邻苯二甲酰亚胺类除草剂。

其他名称 Sumisoya、速收、司米梢芽、S-53482。

化学名称 *N*-(7-氟 -3,4- 二氢 -3- 氧 -4- 丙炔 -2- 基)-2*H*-1,4-苯并嗪 -6- 基)环己 -1- 烯 -1,2- 二酰亚胺。

IUPAC 名称 *N*-(7-fluoro-3,4-dihydro-3-oxo-4-prop-2-ynyl-2*H*-1,4-benzoxazin-6-yl)cyclohex-1-ene-1,2-dicarboxamide。

CAS 登记号 103361-09-7。

EC 号 600-425-7。

分子式 $C_{19}H_{15}FN_2O_4$。

相对分子质量 354.33。

结构式

开发单位 日本住友化学工业公司。

理化性质 纯品为浅棕色粉末固体。熔点 210.0～203.8℃。相对密度 1.5136（20℃）。蒸气压 3.2×10^{-4}Pa（25℃）。25℃下水中溶解度 1.79g/L，溶于有机溶剂，在正常情况下储存稳定。有氧土壤中 DT_{50} 11.9～17.5 天，光解 DT_{50} 3.2～8.4 天。水中光解和水解 DT_{50} 1 天（pH5）。

毒性 低毒。大鼠急性经口 LD_{50} > 5000mg/kg，经皮 LD_{50} > 2000mg/kg，兔急性经皮 LD_{50} > 2000mg/kg。大鼠急性吸入 LC_{50}（4 小时）> 3930mg/L 空气。对兔眼睛有轻微刺激，对兔皮肤无刺激。急性经口：野鸭 LD_{50} > 2250mg/kg，鹌鹑 LD_{50} > 2250mg/kg。90 天饲喂 NOEL：大鼠 30mg/kg，狗 10mg/kg。大鼠 2 年饲喂 NOEL 50mg/kg，诱变试验为阴性。鱼类 LC_{50}（96 小时，mg/L）：虹鳟 2.3，蓝鳃翻车鱼 21，羊头鲷 4.7。蜜蜂 LD_{50} > 105μg/ 只。在 1000mg/kg 土壤下对蚯蚓无毒。水蚤 EC_{50}（48 小时）5.5mg/L。其他水生生物 EC_{50}（96 小时，mg/L）：牡蛎 2.4、糠虾 1.16。

剂型 50% 可湿性粉剂，51% 水分散粒剂，66% 氟草・铵磷可湿性粉剂。

质量标准 51% 丙炔氟草胺水分散粒剂外观应是干的，能自由流动，基本无粉尘，无可见的外来杂质和硬团块，悬浮率 ≥ 75%，pH5～9，在一般情况下储存稳定性良好。480g/L 丙炔氟草胺悬浮剂为能自由流动，基本无粉尘，无可见的外来杂质和硬团块，灰色至棕色柱状或者圆形颗粒，pH5～8，悬浮率 ≥ 90%，储存稳定性良好。

作用方式及机理 原卟啉原氧化酶抑制剂，是触杀型选择性除草剂。用丙炔氟草胺处理土壤表层后，药剂被土壤粒子吸收，在土壤表层形成处理层，等到杂草发芽时，幼苗接触药剂处理层就枯死。在茎叶处理时，可被植物的幼芽和叶片吸收，在植物体内进行传导，在敏感杂草叶面作用迅速，引起原卟啉积累，使细胞膜脂质过氧化作用增强，从而导致敏感杂草的细胞膜结构和细胞功能不可逆损害，出现叶面枯斑症状。阳光和氧是除草剂活性必不可少的。杂草常常在24～48小时内由凋萎、白化到坏死及枯死。

防治对象　主要用于防除一年生阔叶杂草和部分禾本科杂草，如鸭跖草、黄花稔、苍耳、苘麻、马齿苋、鼬瓣花、萹蓄、马唐、香糯、牛筋草、蓼属杂草、藜属杂草，对稗草、狗尾草、金狗尾草、野燕麦及苣荬菜等也有一定的抑制作用。丙炔氟草胺对杂草的防效取决于土壤湿度，若干旱施药，除草效果差。

使用方法　适用于水稻、马铃薯、向日葵、蔬菜、甜菜、果树等作物田的杂草防治。丙炔氟草胺是对大豆和花生播后苗前具有选择性的广谱除草剂。使用剂量为有效成分50～100g/hm²。在中国大豆播种后出苗前，亩使用量为有效成分4～6g，可有效防除大多数杂草。

丙炔氟草胺秋施原理　丙炔氟草胺作为土壤处理剂，其持效期受挥发、光解、化学和微生物降解、淋溶以及土壤吸附等因素影响，主要降解因素是微生物活动。秋施丙炔氟草胺等于丙炔氟草胺室外储存，其降解是微小的。秋施丙炔氟草胺优点如下：春季杂草萌发就能接触到除草剂，因此防除鸭跖草等难治杂草药效好。春季施药时期，大风时数长，占全年总量45%左右，空气相对湿度低，药剂飘移损失大，对土壤保墒不利，秋施可避免这些问题。利用好麦熟后到秋收前，及秋收到封冻前的时间施药，缓冲了春季机械力量紧张局面，争取农时。增加对大豆安全性，秋施丙炔氟草胺等除草剂对大豆安全性明显提高，保苗和产量高于春施。

秋施除草剂时间　气温降至10℃以下到封冻之前。秋施用药量：每亩用50%丙炔氟草胺可湿性粉剂8～12g＋72%异丙甲草胺167～200ml，或72%异丙草胺167～200ml，或88%灭草猛167～233ml，或90%乙草胺140～165ml。50%丙炔氟草胺可湿性粉剂每亩8～12g＋48%异噁草酮50～60ml＋72%异丙甲草胺100～133ml，或90%乙草胺80～110ml，或72%异丙草胺100～133ml。每亩用50%丙炔氟草胺可湿性粉剂8～12g＋75%噻吩磺隆1～1.3g＋72%异丙甲草胺133～167ml，或72%异丙草胺167～233ml。每亩用50%丙炔氟草胺可湿性粉剂8～12g＋90%乙草酸115～145ml＋75%噻吩磺隆1～1.3g。

注意事项　绝对不允许用于苗后茎叶处理。大豆播前或播后苗前施药。播后施药，最好在播种后随即施药，施药过晚会影响药效，在低温条件下，大豆拱土后施药对大豆幼苗有抑制作用。播后苗前施药如遇干旱，可灌水后再施药或施药后再灌水，也可用旋转锄浅混土，并及时镇压，起垄播种大豆施药后也可培土2cm左右，既能防止风蚀，又可防止降大雨造成药剂随雨滴溅到大豆叶上造成药害，获得稳定的药效。土壤质地疏松、有机质含量低、低洼地水分多，用低剂量；土壤黏重、有机质含量高、岗地水分少时，用高剂量。禾本科杂草和阔叶杂草混生的地区，应与防除禾本科杂草的除草剂混合使用，效果会更好。

与其他药剂的混用　可与氯嘧磺隆、噻吩磺隆、苯磺隆、赛克津、砜吡草唑、氯酯磺草胺、草铵膦等混用。若与其他除草剂（碱性除草剂除外），如乙草胺、异丙甲草胺、氟乐灵、灭草猛等混用，不仅可扩大杀草谱，而且具有显著的增效作用。推荐混用如下：土壤有机质含量3%以下，每亩用50%丙炔氟草胺8～10g＋72%异丙甲草胺或异丙草胺95～186ml。土壤有机质含量3%以上，每亩用50%内炔氟草胺10～12g＋72%异丙甲草胺，或异丙草胺140～200ml。土壤有机质含量6%以下，每亩用50%丙炔氟草胺8～10g＋90%乙草胺70～100ml。土壤有机质含量6%以上，每亩用50%丙炔氟草胺10～12g＋90%乙草胺105～145ml。每亩用50%丙炔氟草胺8～12g＋48%氟乐灵100～133ml，或88%灭草猛166～233ml，或5%咪唑乙烟酸60～80ml。每亩用50%丙炔氟草胺4～6g＋72%异丙甲草胺100～133ml＋75%噻吩磺隆1g，或48%异噁草酮50ml，或90%乙草胺。每亩用50%丙炔氟草胺4～6g＋90%乙草胺105～145ml＋75%噻吩磺隆1g，或48%异噁草酮50ml。

允许残留量　①GB 2763—2021《食品中农药最大残留限量标准》规定丙炔氟草胺最大残留限量见表。ADI为0.02mg/kg。油料和油脂按照GB 23200.31规定的方法测定；水果按照GB 23200.8、GB 23200.31规定的方法测定。②日本和美国ADI分别为0.018mg/kg和0.02mg/kg。

部分食品中丙炔氟草胺最大残留限量（GB 2763—2021）

食品类别	名称	最大残留限量（mg/kg）
油料和油脂	大豆	0.02
水果	柑、橘	0.05

参考文献

刘长令, 2002. 世界农药大全: 除草剂卷[M]. 北京: 化学工业出版社: 157-159.

TURNER J A, 2015. The pesticide manual: a world compendium [M]. UK: BCPC: 514-515.

（撰稿：赵卫光；审稿：耿贺利）

丙森锌　propineb

以甲基化乙撑双二硫代氨基甲酸盐为基本结构特征的代森类广谱保护性有机硫杀菌剂。

其他名称　安泰生（Antracol）、Airone、Propinebe、丙森辛、甲基锌乃浦、甲基代森锌。

化学名称　[[2-[(二硫代羧基)氨基]-1-甲基乙基]氨基二硫代(2-)-κS,κS'] 锌；[[2-[(dithiocarboxy)amino]-1-methylethyl]carbamodithioato(2-)-κS,κS'] zinc。

IUPAC名称　polymeric zinc propylenebis(dithiocarbamate)。

CAS登记号　12071-83-9。

分子式　(C$_5$H$_8$N$_2$S$_4$Zn)$_x$。

相对分子质量　289.77（单体）。

结构式

开发单位　1962 年由德国拜耳公司推广。杀菌活性曾由 H. Goeldner 报道。

理化性质　白色或微黄色粉末，在 150℃以上分解。蒸气压＜1mPa（20℃）。相对密度 1.813（23℃）。溶解度（20℃）：水中 0.01g/L，甲苯、己烷、二氯甲烷＜0.1g/L。不溶于一般溶剂。在冷的干燥条件下储存时稳定，但在强碱或强酸的介质中分解。水解 DT_{50}（22℃）（估算值）1 天（pH4），约 1 天（pH7），＞2 天（pH9）。

毒性　大鼠急性经口 LD_{50}＞5g/kg，急性经皮 LD_{50}＞5g/kg。对兔皮肤和眼睛无刺激。大鼠急性吸入 LC_{50}（4 小时）＞0.7mg/L 空气（气溶胶）。2 年饲喂试验 NOEL：大鼠 50mg/kg 饲料，小鼠 800mg/kg 饲料，狗 1000mg/kg 饲料。日本鹌鹑 LD_{50}＞5000mg/kg。鱼类 LC_{50}（96 小时）：虹鳟 1.9mg/L，金色圆腹雅罗鱼 133mg/L。对蜜蜂无毒；LD_{50}（经口：70% 可湿性粉剂，70% 水分散粒剂）＞100μg/ 只。水蚤 LC_{50}（48 小时）4.7mg/L。海藻 E_rC_{50}（96 小时）2.7mg/L。

剂型　70% 可湿性粉剂，70% 水分散粒剂。

作用方式及机理　作用于真菌细胞壁和蛋白质的合成，能抑制孢子的侵染和萌发，同时能抑制菌丝体的生长，导致其变形、死亡。且该药含有易于被作物吸收的锌元素，有利于促进作物生长和提高果实的品质。

防治对象　主要用于防治番茄晚疫病、早疫病、蔬菜霜霉病、白粉病、锈病、灰霉病等，可抑制螨类危害。

使用方法

防治黄瓜霜霉病　在黄瓜定植后，平均气温升到 15℃，相对湿度达 80% 以上，早晚大量结雾时准备用药，特别是在雨后要喷药 1 次，用 70% 可湿性粉剂 500～700 倍液，发现病叶后摘除病叶并喷药，以后间隔 5～7 天再喷药，连续 2～3 次。高峰期和黄瓜采收期建议使用 68.75% 氟菌·霜霉威悬浮剂 750～1125ml/hm² 均匀喷雾。对辣椒、番茄、洋葱等霜霉病，发病初期用 70% 丙森锌可湿性粉剂 500～700 倍液效果更佳。

防治番茄早疫病　结果初期用 70% 可湿性粉剂 400～600 倍液喷雾，间隔 5～7 天喷药 1 次，连续 2～3 次。防治番茄晚疫病，发现中心病株时立即用药，在施药前先摘除病株，再用 70% 可湿性粉剂 500～700 倍液喷雾，间隔 5～7 天施药 1 次，连续 2～3 次。

防治大白菜等十字花科蔬菜霜霉病、黑斑病　发病初期或发现中心病株时喷药保护，特别在北方大白菜霜霉病流行阶段的两个高峰前，即 9 月中旬和 10 月上旬必须喷药防治，每亩用 70% 丙森锌可湿性粉剂 150～215g 加水喷雾，间隔 5～7 天喷药 1 次，连续 3 次。

防治西瓜蔓枯病　保护叶片和蔓部的喷药在西瓜分叉后开始，用 70% 可湿性粉剂 600 倍液喷雾；对已发病的瓜棚，可加入 43% 戊唑醇悬浮剂 7500 倍液或 10% 苯醚甲环唑水分散粒剂 3000 倍液或 40% 氟硅唑乳油 16 000 倍液。

防治马铃薯环腐病　种薯收藏时用硫酸链霉素 800 倍液 + 70% 丙森锌可湿性粉剂 500 倍液喷湿表皮晒干后放入消毒窖中储藏。防治马铃薯早疫病、晚疫病，从初见病斑时开始喷药，可用 70% 丙森锌可湿性粉剂 600～800 倍液喷雾，施用 68.75% 氟菌·霜霉威 + 70% 丙森锌可湿性粉剂，防效达 60% 以上。

防治大葱紫斑病　用 70% 可湿性粉剂 600 倍液喷雾或灌根，隔 7 天 1 次，连续 3～4 次。

防治菜豆炭疽病　用 70% 可湿性粉剂 500 倍液喷雾。防治辣椒、芋疫病，发病初期用 70% 可湿性粉剂 400～600 倍液喷雾预防。

注意事项　丙森锌主要起预防保护作用，必须在病害发生前或始发期喷施，且应喷药均匀周到，使叶片正面、背面、果实表面都要着药。不能和含铜制剂或碱性农药混用。若先喷了这两类农药，须过 7 天后才能喷施丙森锌。如与其他杀菌剂混用，必须先进行少量混用试验，以避免药害和混合后药物发生分解作用。注意与其他杀菌剂交替使用。在施药过程中，注意个人安全防护，若使用不当引起不适，要立即离开施药现场，脱去被污染的衣服，用药皂和清水洗手、脸和暴露的皮肤，并根据症状就医治疗。应在通风干燥、安全处储存。在番茄上安全间隔期为 3 天，每季最多使用 3 次。在黄瓜上安全间隔期为 3 天，每季最多使用 3 次；在大白菜上安全间隔期为 21 天，每季最多使用 3 次。

与其他药剂的混用　65% 丙森锌·戊唑醇可湿性粉剂具有两者的双重杀菌作用，且增效作用明显，优越的内吸性，使防治更彻底。烯肟菌胺与丙森锌混配后，可以有效延缓药剂的抗性产生，也可以扩大药剂的杀菌谱。该混配对引起番茄、马铃薯早疫病的茄链格孢菌具有良好的抑制作用，对引起番茄晚疫病、叶霉病和白粉病的致病疫霉、褐孢霉等也有良好的抑制作用。60% 霜脲氰·丙森锌可湿性粉剂防治黄瓜霜霉病，在 900～1200g/hm² 剂量下施药 3～4 次间隔 7～10 天，可有效控制黄瓜霜霉病的危害，防治效果相当于或略高于 72% 锰锌·霜脲可湿性粉剂 2505g/hm²，并有提高产量和品质的作用。

允许残留量　GB 2763—2021《食品中农药最大残留限量标准》规定丙森锌最大残留限量见表。ADI 为 0.007mg/kg。谷物按照 SN 0139 规定的方法测定；蔬菜参照 SN 0139、SN 0157、SN/T 1541 规定的方法测定；水果参照 SN 0139、SN 0157、SN/T 1541 规定的方法检测。

部分食品中丙森锌最大残留限量（GB 2763—2021）

食品类别	名称	最大残留限量（mg/kg）
谷物	稻谷	2.0
	玉米	0.1
	鲜食玉米	1.0
	糙米	1.0
蔬菜	大蒜	0.5
	洋葱	0.5
	葱	0.5
	韭	0.5

（续表）

食品类别	名称	最大残留限量（mg/kg）
蔬菜	大白菜	50.0
	番茄	5.0
	甜椒	2.0
	黄瓜	5.0
	西葫芦	3.0
	苦瓜	2.0
	南瓜	0.2
	笋瓜	0.1
	茎用莴苣、胡萝卜	5.0
	马铃薯	0.5
	玉米笋	0.1
水果	柑	5.0
	橘	5.0
	橙	5.0
	苹果	5.0
	梨	5.0
	山楂	5.0
	枇杷	5.0
	榅桲	5.0
	核果类水果（樱桃除外）	7.0
	樱桃	0.2
	越橘	5.0
	葡萄	5.0
	草莓	5.0
	荔枝	5.0
	杧果	5.0
	香蕉	1.0
	番木瓜	5.0
	西瓜	1.0
	甜瓜	3.0
坚果	杏仁	0.1
	山核桃	0.1
糖料	甜菜	0.5
调味料	叶类调味料	5.0
	干辣椒	10.0
	胡椒	0.1
	豆蔻	0.1
	孜然	10.0
	小茴香籽	0.1
	芫荽籽	0.1
药用植物	三七块根（干）	3.0
	三七须根（干）	3.0
	人参（鲜）	0.3

参考文献

刘新，邹华娇，2014. 农药安全使用技术[M]. 福州：福建科学技术出版社.

孙家隆，2015. 新编农药品种手册[M]. 北京：化学工业出版社.

王铁威，姜成义，易强海，2015. 70%丙森锌水分散粒剂的初步研究[J]. 中国农药 (2)：52-55.

（撰稿：徐文平；审稿：陶黎明）

丙烯腈　acrylonitrile

一种无色、有刺激性气味的液体，易燃，其蒸气与空气可形成爆炸性混合物。遇明火、高热易引起燃烧，并放出有毒气体。可作熏蒸杀虫剂。

其他名称　乙烯基氰、氰基乙烯。

化学名称　丙烯腈。

IUPAC 名称　acrylonitrile。

CAS 登记号　107-13-1。

EC 号　203-466-5。

分子式　C_3H_3N。

相对分子质量　53.06。

结构式

开发单位　1939 年合成，1941—1942 年由德国 Degeschgesellsch 公司推荐用作粮食熏蒸剂。

理化性质　杏仁气味，沸点77.3℃，冰点-82℃。相对密度：气体（空气＝1）1.83；液体（在4℃时，水＝1）0.797（20℃）。空气中燃烧极限：3%～17%（按体积计）。由于易燃，故应与四氯化碳（66%）混合，其量不得超过34%。不同温度下的自然蒸气压：0℃ 43.99kPa，10℃ 7.305kPa，20℃ 11.66kPa，30℃ 18.66kPa，1kg 体积为 125.7ml，1L 重 0.797kg。

毒性　丙烯腈对人剧毒，毒性与氢氰酸相当。丙烯腈对昆虫的毒性很强，在防治多种储粮害虫的主要熏蒸剂中，其毒性最强。

剂型　无色透明液体。

使用方法　丙烯腈和四氯化碳都是高沸点，常压熏蒸时，为了迅速蒸发，有人制备了一种简单的方法，用棉绳蕊穿过浅铁盘底。熏蒸开始时将液体熏蒸剂注入盘中，然后用风扇向棉蕊子吹风，直到蒸发完毕。

注意事项

健康危害　在体内析出氰根，抑制呼吸酶；对呼吸中枢有直接麻醉作用。急性中毒表现与氢氰酸相似。急性中毒：以中枢神经系统症状为主，伴有上呼吸道和眼部刺激症状。轻度中毒有头晕、头痛、乏力、上腹部不适、恶心、呕吐、胸闷、手足麻木、意识朦胧及口唇紫绀等。眼结膜及鼻、咽部充血。重者除上述症状加重外，出现四肢阵发性强直抽搐、昏迷。液体污染皮肤，可致皮炎，局部出现红斑、丘疹或水疱。慢性中毒：尚无定论。长期接触，部分工人出现神衰综合征、低血压等。对肝脏影响未肯定。

应急处理 迅速撤离泄漏污染区人员至安全区，并进行隔离，严格限制出入。切断火源。建议应急处理人员戴自给正压式呼吸器，穿防毒服。尽可能切断泄漏源。防止流入下水道、排洪沟等限制性空间。小量泄漏：用活性炭或其他惰性材料吸收。也可以用大量水冲洗，洗水稀释后放入废水系统。大量泄漏：构筑围堤或挖坑收容。用泡沫覆盖，降低蒸气灾害。喷雾状水或泡沫冷却和稀释蒸气、保护现场人员。用防爆泵转移至槽车或专用收集器内，回收或运至废物处理场所处置。

操作事项 严加密闭，提供充分的局部排风和全面通风。操作尽可能机械化、自动化。操作人员必须经过专门培训，严格遵守操作规程。建议操作人员佩戴自吸过滤式防毒面具（全面罩），穿连体式胶布防毒衣，戴橡胶耐油手套。远离火种、热源，工作场所严禁吸烟。使用防爆型的通风系统和设备。防止蒸气泄漏到工作场所空气中。避免与氧化剂、酸类、碱类接触。搬运时要轻装轻卸，防止包装及容器损坏。配备相应品种和数量的消防器材及泄漏应急处理设备。倒空的容器可能残留有害物。

储存事项 储存于阴凉、通风的库房。远离火种、热源。库温不宜超过 26℃。包装要求密封，不可与空气接触。应与氧化剂、酸类、碱类、食用化学品分开存放，切忌混储。不宜大量储存或久存。采用防爆型照明、通风设施。禁止使用易产生火花的机械设备和工具。储区应备有泄漏应急处理设备和合适的收容材料。应严格执行极毒物品"五双"管理制度。

与其他药剂的混用 丙烯腈单独使用或者同四氯化碳混合使用，对多种蔬菜、谷物和花卉种子的发芽没什么影响，但对玉米种子有一定的伤害。丙烯腈和四氯化碳合剂可用于防治储藏谷物中的绝大部分害虫。试验证明，丙烯腈和四氯化碳按体积 1∶1 的比例配成混剂，可以用于防治储藏马铃薯的马铃薯块茎蛾而不会损伤块茎。

参考文献

BALOVA I A, REMIZOVA L A, MAKARYCHEVA, V F et. al, 1991. Synthesis of long-chain diacetylenic compounds[J]. Journal of organic chemistry of the USSR (English Translation): 27,55.

MANDAL S K, NAG K J, 1986. Synthesis of some macrocyclic compounds containing 2,6-bis(N-alkylamino)phenol units[J]. Journal of organic chemistry, 51(20):3900.

PATEL U, SINGH H B, WOLMERSH G, 2005. Synthesis of a Metallophilic Metallamacrocycle: A HgII···CuI···HgII···HgII···CuI···HgII Interaction[J]. Angewandte chemie-international edition, 44(2): 1715.

（撰稿：陶黎明；审稿：徐文平）

丙烯醛 acrolein

一种触杀性除草剂。

其他名称 MAGNACIDE H（Baker Petrolite）。
化学名称 丙烯醛；2-propenal。
IUPAC 名称 prop-2-enal；acrylaldehyde。

CAS 登记号 107-02-8。
EC 号 203-453-4。
分子式 C_3H_4O。
相对分子质量 56.06。
结构式

开发单位 由壳牌化学公司开发。1962 年 Baker Petrolite 公司开始推广。

理化性质 原药纯度 92%～97%。无色可流动液体，有难闻气味。熔点 –87℃。沸点 52.5℃。蒸气压 29kPa（20℃）、59kPa（38℃）。$K_{ow}lgP$ 1.08。Henry 常数 7.8（计算值）、19.5（测量值）$Pa·m^3/mol$。相对密度 0.841（4～20℃）。溶解度：水 208g/kg（20℃）；与低碳醇、酮、苯、乙醚和其他常见有机溶剂混溶。≤80℃时稳定；高反应活性。光照下易聚合（稳定剂如氢醌）。储存中慢慢聚合；在浓酸和浓胺存在下剧烈聚合。须在避光、氮气保护下储存。水解 DT_{50} 3.5 天（pH5）、1.5 天（pH7）、4 小时（pH10）。运输时需无氧条件并加入稳定剂。闪点＜–17.8℃（闭杯法）。

毒性 IACR 分类 3。急性经口 LD_{50}：大鼠 29mg/kg，雄小鼠 13.9mg/kg，雌小鼠 17.7mg/kg。兔急性经皮 LD_{50} 231mg/kg。刺激皮肤。大鼠急性吸入 LC_{50}（4 小时）8.3mg/L（空气）。＜1mg/kg 时有催泪作用，刺激呼吸器官。大鼠 NOEL（90 天）5mg/（kg·d）。大鼠摄入每升水含 200mg 的丙烯醛 90 天，未有负面影响。2 代大鼠饲喂 7.2mg/（kg·d）未对繁殖有影响。在引起母体（或胚胎）毒性［最大剂量 2mg/（kg·d）］的水平下对兔无致畸性。山齿鹑急性经口 LD_{50} 19mg/kg，绿头野鸭 30.2mg/kg（原药剂量：最大剂量为 15mg/L 水，故潜在暴露程度被大大减小）。对鱼高毒，1～5mg/L 剂量为致命性的。鱼类 LC_{50}（24 小时，mg/L）：虹鳟 0.15，蓝鳃翻车鱼 0.079，鲦鱼 0.04，食蚊鱼 0.39。水蚤 LC_{50}（48 小时）22μg/L。羊角月牙藻 EC_{50}（5 天，mg/L）0.050，水华鱼腥藻 0.042，舟形藻 0.07，中肋骨条藻 0.03。其他水生生物：虾 LC_{50}（48 小时，mg/L）0.1，牡蛎 0.46。浮萍 EC_{50}（14 天）0.07mg/L。

剂型 液体。
作用方式及机理 触杀性除草剂，破坏细胞壁。
防治对象及使用方法 水生除草剂，施用于水面以下（1～15mg/L），可防除灌溉水渠和排水沟中的水下杂草和藻类。在推荐剂量下对水面杂草也有一定的效果。浮草如大藻属、凤眼莲属、丁香蓼属可通过延长维持浓度时间的方式防除。作物灌溉用水中的浓度应在 1～15mg/L，否则可能有药害。不能与其他制剂混用。

参考文献

马克比恩 C, 2015. 农药手册[M]. 胡笑形，等译. 北京：化学工业出版社: 16-17.

中国农业百科全书总编辑委员会农药卷编辑委员会，中国农业百科全书编辑部, 1993. 中国农业百科全书: 农药卷[M]. 北京：农业出版社.

（撰稿：寇俊杰；审稿：耿贺利）

丙酰芸薹素内酯　epocholeone

一种广谱、高效、安全、抗逆的植物生长调节剂，是促进植物生长活性的甾体类植物激素，由云大科技股份有限公司仿生物人工化学合成，能促进细胞生长和分裂，促进花芽分化，提高光合效率，增加作物产量，改善作物品质。

其他名称　爱增美、金福来、云大 220、长效芸薹素、propionyl brassinolide。

化学名称　(24S)-2α,3α-二丙酰氧基-22R,23R-环氧-7-氧-5α-豆甾-6-酮；(1R,3aS,3bS,6aS,8S,9R,10aR,10bS,12aS)-1-[(1S)-1-[(2R,3R)-3-[(1S)-1-ethyl-2-methylpropyl]oxiranyl]ethyl]hexadecahydro-10a,12a-dimethyl-8,9-bis(1-oxopropoxy)-6H-。

IUPAC 名称　22,23-epoxy-6-oxo-7-oxa-6(7a)-homo-5α-stigmastane-2α,3α-diyl dipropionate。

CAS 登记号　162922-31-8。

分子式　$C_{35}H_{56}O_7$。

相对分子质量　588.82。

结构式

开发单位　2001 年由云南省云大科技股份有限公司开发。

理化性质　原药（≥80%）外观为白色结晶粉末状固体。熔点 155～158℃，溶于甲醇、乙醚、氯仿、乙酸乙酯，难溶于水。正常储存条件下，有良好的稳定性，在弱酸、中性介质中稳定，在强碱介质中分解。密度 1.115g/cm³。沸点 642.9℃（101.32kPa）。闪点 262.8℃。蒸气压 6.27×10^{-20}Pa（25℃）。

毒性　低毒。该原药和水剂对大鼠急性经口 LD_{50} > 4640mg/kg，大鼠急性经皮 LD_{50} ≥2150mg/kg。对皮肤、眼睛无刺激性，无致敏作用。Ames 试验、小鼠微核试验、小鼠精子畸形试验均为阴性，无致突变性。大鼠（90 天经口饲喂）亚慢性试验 NOEL：雄性为 77.2mg/（kg·d），雌性为 mg/（kg·d）。环境生物安全性评价：0.0016% 丙酰芸薹素内酯水剂对斑马鱼（48 小时）LC_{50} > 273.4μg/L（其 LC_{50} 高于田间施药浓度 10.67μg/L 的 25.6 倍）；日本鹌鹑（7 天）经口 LD_{50} 0.077mg/kg（其 LD_{50} 值的一次性口注浓度，高于田间施药浓度 10.67μg/L 的 1000 多倍）；对蜜蜂 LC_{50} > 10.67mg/L（其 LC_{50} 值高于田间施药浓度 10.67μg/L 的 1000 倍）；对家蚕胃毒 LC_{50} > 16mg/kg 桑叶（其 LC_{50} 值高于田间施药浓度 10.67μg/L 的 1500 倍）。对鱼、蜂、家蚕为低毒。对鸟虽为高毒，但田间施药浓度仅为 10.67μg/L（稀释 1500 倍），其 LD_{50} 的一次性口注浓度高于田间施药浓度 1000 多倍。该药剂对鱼、鸟、蜂、蚕是比较安全的。

剂型　0.003% 水剂。

作用方式及机理　能促进细胞生长和分裂，促进花芽分化，提高光合效率，增加作物产量，改善作物品质；提高作物对低温、干旱、药害、病害及盐碱的抵抗力等。

防治对象　可用于柑橘、花生、黄瓜、辣椒、杧果、棉花、葡萄、水稻、小麦、烟草调节生长，增加产量，改善作物品质。

使用方法

黄瓜　移栽后生长期，用 0.003% 水剂 3000～5000 倍液。每 10 天左右喷 1 次，共喷 2～3 次，可使花期提前，提高坐瓜率，增加产量。

葡萄　在花蕾期、幼果期和果实膨大期，用 0.003% 水剂 3000～5000 倍液各喷 1 次，可促进生长，提高坐果率。

烟草　在移栽后 20～35 天和团棵期，用 0.003% 水剂 2000～4000 倍液各喷 1 次，可使叶片增大、增厚，增加烤烟产量。

水稻　在拔节期和孕穗期，用 0.0016% 水剂 800～1600 倍液各喷 1 次，可增加有效穗数和实粒数，但对千粒重影响不大。

注意事项　用于保花保果的，在开花前 7 天喷 1 次。用于促进花芽分化、防寒耐旱的，提前 5～7 天喷药。按照规定用量施药，严禁随意加大用量。

允许残留量　中国无最大允许残留规定，WHO 无残留规定。

参考文献

李玲，肖浪涛，谭伟明，2018. 现代植物生长调节剂技术手册[M]. 北京: 化学工业出版社: 13 .

孙家隆，2015. 新编农药品种手册[M]. 北京: 化学工业出版社: 907 .

中国农业百科全书总编辑委员会农药卷编辑委员会，中国农业百科全书编辑部，1993.农业百科全书:农药卷[M]. 北京: 农业出版社: 451.

（撰稿：谭伟明；审稿：杜明伟）

丙溴磷　profenofos

一种有机磷类广谱性杀虫剂。

其他名称　喜龙、凯捷、布飞松、溴氯磷、迅凯、银铃丹、溴丙磷、诺达、多虫磷、Curacron、Polycron、Selecron、Profenophos、CGA-15324、OMS2004。

化学名称　O-(4- 溴 -2- 氯苯基)-O- 乙基 -S- 丙基 - 硫代磷酸酯；O-(2,4-dichlorophenyl)O-ethyl S-propyl phosphorothioate。

IUPAC 名称　(RS)-[O-(4-bromo-2-chlorophenyl) O-ethyl S-propyl phosphorothioate]。

CAS 登记号　41198-08-7。

EC 号　255-255-2。

分子式　$C_{11}H_{15}BrClO_3PS$。

相对分子质量　373.63。

结构式

开发单位　由 F. Vuholzer 报道其活性，1975 年由汽巴 - 嘉基公司开发。

理化性质　浅黄色液体，具蒜味。沸点 100℃（1.8Pa）。蒸气压 1.24×10⁻⁴Pa（25℃）。相对密度 1.455（20℃）。$K_{ow}\lg P$ 4.44。水溶解度 28mg/L（25℃），与大多数有机溶剂混溶，中性和微酸条件下比较稳定，碱性环境中不稳定。水解 DT_{50}（20℃）：93 天（pH5），14.6 天（pH7），5.7 小时（pH9）。

毒性　中等毒性。无慢性毒性，无致癌、致畸、致突变作用，对皮肤无刺激作用，对鱼、鸟、蜜蜂有毒。大鼠急性经口 LD_{50} 358mg/kg，大鼠急性经皮 LD_{50} 33g/kg。兔急性经口 LD_{50} 700mg/kg。对兔眼睛有中等刺激，对兔皮肤有轻度刺激。大鼠急性吸入 LC_{50}（4 小时）约 3mg/L 空气。饲喂试验 NOEL（乳油制剂，380g/L 有效成分）：大鼠（2 年）0.3mg/kg 饲料，小鼠 0.8mg/kg 饲料。鹌鹑 LC_{50}（8 天）70～200mg/kg 饲料，日本鹌鹑 LC_{50}（8 天）＞1000mg/kg 饲料，野鸭 LC_{50}（8 天）150～612mg/kg 饲料。鱼类 LC_{50}（96 小时，mg/L）：虹鳟 0.08，十字鲤鱼 0.09，蓝鳃太阳鱼 0.3。对蜜蜂有毒。

剂型　20%、40%、50% 乳油，25% 超低容量喷雾剂，3%、5% 颗粒剂。

质量标准　有效成分含量 ≥ 90%；水分 ≤ 0.5%；酸度（以 H_2SO_4 计）≤ 0.3%；丙酮不溶物 ≤ 0.3%。

作用方式及机理　具有触杀和胃毒作用，作用迅速，对其他有机磷、拟除虫菊酯产生抗性的棉花害虫仍有效，是防治抗性棉铃虫的有效药剂。产生抗性的地区，可与其他菊酯类或有机磷类杀虫剂混合使用，会更大地发挥丙溴磷的药效。有一定熏蒸作用。

防治对象　棉铃虫、红蜘蛛、水稻二化螟、钻心虫、稻纵卷叶螟、水稻稻飞虱、麦蚜、菜青虫等。

使用方法

防治棉花害虫　①棉蚜。防治苗蚜在棉花 4～6 片真叶时进行，防治指标为有蚜率达到 30%，平均单株蚜数近 10 头，卷叶率达到 5%。用丙溴磷乳油 300～450ml/hm²（有效成分 150～225g/hm²），兑水 750～1125kg 叶背喷雾。防治伏蚜每次用 50% 丙溴磷乳油 750～900ml/hm²（有效成分 375～450g/hm²），兑水 1500kg 喷雾。②棉花红蜘蛛。在棉花苗期根据红蜘蛛发生情况及时防治，用 50% 丙溴磷乳油 600～900ml/hm²（有效成分 300～450g/hm²），兑水 1125kg 喷雾。③棉铃虫。用 50% 丙溴磷乳油 2ml/hm²（有效成分 1000g/hm²），兑水 1500kg 喷雾。

防治水稻害虫　①稻飞虱。在水稻分蘖期末或圆秆期，若平均每丛水稻有 1 头以上时，应及时防治。用丙溴磷乳油 1125～1400ml/hm²（有效成分 560～750g/hm²），兑水 1125kg 喷雾。②稻纵卷叶螟。在 1～2 龄高峰期施药，一般发生年份用药 1 次，大发生年份用药 1～2 次，并提早第一次用药时间。用 50% 丙溴磷乳油 1125ml/hm²（有效成分 560g/hm²），兑水 1500kg 喷雾。③蓟马。用 50% 丙溴磷乳油 750ml/hm²（有效成分 37.5g/hm²），兑水 1125kg 喷雾。

防治小麦蚜虫　麦田齐苗后，有蚜株率 5%，百株蚜虫量 5 头以上进行防治。用 50% 丙溴磷乳油 375～560ml/hm²（有效成分 187.5～282g/hm²），兑水 75kg 喷雾。

防治园艺作物害虫　①小菜蛾及菜青虫。用 40% 的乳油 750～1500ml/hm²，兑水 1000 倍喷雾。②苹果绣线菊蚜。用 40% 的乳油兑水 1000 倍喷雾。

防治韭蛆　每亩用 50% 乳油 300～500ml，加水 450～800kg 喷雾。

注意事项　严禁与碱性农药混合使用。丙溴磷与氯氰菊酯混用增效明显，商品多虫清是防治抗性棉铃虫的有效药剂。中毒者送医院治疗，治疗药剂为阿托品或解磷定。安全间隔期 14 天。丙溴磷在棉花上的安全间隔期为 5～12 天，每季节最多使用 3 次。果园中不宜用丙溴磷，高温对桃树有药害。该药对苜蓿和高粱有药害。

与其他药剂的混用　丙溴磷与阿维菌素混用，用于对甜菜夜蛾、斜纹夜蛾的防治。丙溴磷与辛硫磷、氯氰菊酯、高效氯氰菊酯、溴氰菊酯混用，用于防治菜青虫、小菜蛾及甜菜夜蛾以及小麦、甘蓝蚜虫。

允许残留量　①GB 2763—2021《食品中农药最大残留限量标准》规定丙溴磷最大残留限量见表 1。ADI 为 0.03mg/kg。谷物按照 GB 23200.113、GB/T 20770、SN/T 2234 规定的方法测定；油料和油脂参照 GB 23200.113 规定的方法测定；蔬菜、水果按照 GB 23200.8、GB 23200.113、GB 23200.116、NY/T 761、SN/T 2234 规定的方法测定；调味料参照 GB 23200.113 规定的方法测定。②《国际食品法典》规定丙溴磷最大残留限量见表 2。③欧盟规定丙溴磷最大残留限量见表 3。④美国规定丙溴磷最大残留限量见表 4。⑤日本规定丙溴磷最大残留限量见表 5。

表 1　部分食品中丙溴磷最大残留限量（GB 2763—2021）

食品类别	名称	最大残留限量（mg/kg）
谷物	糙米	0.02
油料和油脂	棉籽油	0.05
蔬菜	结球甘蓝	0.50
	普通白菜	5.00
	萝卜叶	5.00
	番茄	10.00
	辣椒	3.00
	萝卜	1.00
	马铃薯	0.05
	甘薯	0.05
水果	柑、橘	0.20
	苹果	0.05
	杧果	0.20
	山竹	10.00
调味料	干辣椒	20.00

表 2　《国际食品法典》规定部分食品中丙溴磷最大残留限量（mg/kg）

食品名称	最大残留限量	食品名称	最大残留限量
干辣椒	50.00	哺乳动物肉（海洋哺乳动物肉除外）	0.05
棉籽	3.00	奶	0.01

B

（续表）

食品名称	最大残留限量	食品名称	最大残留限量
哺乳动物可食用内脏	0.05	红辣椒	5.00
蛋	0.02	家禽肉	0.05
杧果	0.20	可食用家禽内脏	0.05
莽吉柿	10.00	番茄	10.00

表 3 欧盟规定部分食品中丙溴磷最大残留限量（mg/kg）

食品名称	最大残留限量	食品名称	最大残留限量
棉籽	3.0	杧果	0.2
番茄（小番茄、树番茄）	10.0		

表 4 美国规定部分食品中丙溴磷最大残留限量（mg/kg）

食品名称	最大残留限量	食品名称	最大残留限量
牛肥肉	0.05	山羊肉副产品	0.05
牛肉	0.05	马肉	0.05
牛肉副产品	0.05	绵羊肥肉	0.05
轧棉副产品	55.00	绵羊肉	0.05
未去纤维棉籽	2.00	绵羊肉副产品	0.05
山羊肥肉	0.05	马肥肉	0.05
山羊肉	0.05	马肉副产品	0.05

表 5 日本规定部分食品中丙溴磷最大残留限量（mg/kg）

食品名称	最大残留限量	食品名称	最大残留限量
未成熟豌豆（带荚）	0.05	杧果	0.05
美洲山核桃	0.05	番茄	2.00
猪食用内脏	0.05	牛肥肉	0.05
猪肥肉	0.05	乳	0.01
猪肾	0.05	杏仁	0.05
猪肝	0.05	苹果	0.05
猪瘦肉	0.05	杏	0.05
西班牙白椒	0.50	洋百合	0.05
凤梨	0.05	芦笋	0.05
马铃薯	0.05	鳄梨	0.05
南瓜（包括南瓜小果）	0.05	竹笋	0.05
青梗菜	0.05	香蕉	0.05
榅桲	0.05	大麦	0.05
油菜籽	0.05	干豌豆	0.05
覆盆子	0.05	黑莓	0.05
稻（糙米）	0.05	蓝莓	0.05

（续表）

食品名称	最大残留限量	食品名称	最大残留限量
黑麦	0.05	蚕豆	0.05
红花籽	0.05	青花菜	0.05
婆罗门参	0.05	球芽甘蓝	0.05
芝麻	0.05	荞麦	0.05
香菇	0.05	牛蒡属	0.05
茼蒿	0.05	未成熟的小蘑菇	0.05
干大豆	0.05	卷心菜	1.00
菠菜	0.05	胡萝卜	0.05
草莓	0.05	牛食用内脏	0.05
糖用甜菜	0.10	牛肾	0.05
向日葵籽	0.05	牛肝	0.05
甘薯	0.02	牛瘦肉	0.05
芋	0.02	花椰菜	0.05
茶叶	1.00	芹菜	0.05
萝卜叶（包括芜菁甘蓝）	0.05	樱桃	0.05
萝卜根（包括芜菁甘蓝）	0.05	栗子	0.05
夏橙，果肉	0.05	鸡食用内脏	0.05
核桃	0.05	鸡蛋	0.02
西瓜	0.05	鸡肥肉	0.05
豆瓣菜	0.05	鸡肾	0.05
葱（包括韭葱）	0.05	其他陆生哺乳动物肾	0.05
小麦	0.05	其他陆生哺乳动物肝	0.05
山药	0.02	其他陆生哺乳动物瘦肉	0.05
棉花籽	2.00	其他伞形花科蔬菜	0.05
棉籽油	0.05	其他蔬菜	0.05
酸果蔓果	0.05	木瓜	0.05
黄瓜（包括嫩黄瓜）	0.05	西芹	0.05
酸枣	0.05	欧洲防风草	0.05
茄子	0.05	西番莲果	0.05
菊苣	0.05	桃	0.05
大蒜	0.05	花生干	0.05
姜	0.05	梨	0.05
银杏果	0.05	豌豆	0.05
葡萄	0.05	其他茄属蔬菜	5.00
葡萄柚	0.05	其他陆生哺乳动物食用内脏	0.05
绿豆	0.05	其他家禽瘦肉	0.05
番石榴	0.05	其他浆果	0.05
黑果木	0.05	蛇麻草	0.10
日本梨	0.05	其他谷类颗粒	0.05

食品名称	最大残留限量	食品名称	最大残留限量
			（续表）
日本柿	0.05	越瓜（蔬菜）	0.05
日本李（包括西梅）	0.05	其他柑橘类水果	0.05
日本小萝卜叶（包括小萝卜）	0.05	其他菊科蔬菜	0.05
日本小萝卜根（包括小萝卜）	0.05	鸡肝	0.05
羽衣甘蓝	0.05	鸡瘦肉	0.05
未成熟四季豆（有荚）	0.05	菊苣	0.05
猕猴桃	0.05	大白菜	0.05
小松菜（日本芥菜菠菜）	0.05	柑橘全株	0.05
魔芋	0.02	玉米	0.05
水菜	0.05	其他葫芦属蔬菜	0.05
柠檬	0.05	其他水果	0.05
莴苣	0.05	其他草本	0.05
酸橙	0.05	其他豆类	0.05
枇杷	0.05	其他百合科的蔬菜	0.05
马加瓜	0.05	其他蘑菇	0.05
瓜	0.05	其他坚果	0.05
倍增洋葱	0.05	其他油籽	0.05
梅李	0.05	其他家禽食用内脏	0.05
油桃	0.05	其他家禽蛋	0.02
韭菜	0.05	其他家禽肥肉	0.05
黄秋葵	0.05	其他家禽肾	0.05
洋葱	0.05	其他家禽肝	0.05
橙（包括脐橙）	0.05	其他陆生哺乳动物肥肉	0.05

参考文献

孔令强, 2009. 农药经营使用知识手册[M]. 济南: 山东科学技术出版社: 22-23.

朱永和, 王振荣, 李布青, 2006. 农药大典[M]. 北京: 中国三峡出版社: 28-29.

（撰稿: 吴剑; 审稿: 薛伟）

丙氧喹啉 proquinazid

一种主要用于防治谷物和葡萄白粉病的保护性杀菌剂, 兼具一定的治疗作用。

化学名称 6-碘-2-丙氧基-3-丙基-4(3H)-喹唑啉酮; 6-iodo-2-propoxy-3-propyl-4(3H)-quinazolinone。

IUPAC名称 6-iodo-2-propoxy-3-propylquinazolin-4(3H)-one。

CAS登记号 189278-12-4。

分子式 $C_{14}H_{17}IN_2O_2$。

相对分子质量 372.20。

结构式

开发单位 杜邦公司。

作用方式及机理 影响侵染过程中附着胞诱发阶段的信号传递途径。

防治对象 主要用于防治白粉病等病害。

使用方法 对白粉病有特效, 叶面施药。

允许残留量 中国、美国和日本尚未规定最大残留限量, 欧盟269个品类中规定的最大残留限量为0.02~0.5mg/kg。

参考文献

刘长令, 2012. 世界农药大全: 杀菌剂卷[M]. 北京: 化学工业出版社.

（撰稿: 陈雨; 审稿: 张灿）

丙酯杀螨醇 chloropropylate

一种非内吸性杀螨剂。

其他名称 Acaralate、Chlormite、Rospin、G 24163。

化学名称 4,4′-二氯二苯基乙醇酸异丙酯; 1-methylethyl 4-chloro-α-(4-chlorophenyl)-α-hydroxybenzeneacetate。

IUPAC名称 isopropyl 4,4′-dichlorobenzilate。

CAS登记号 5836-10-2。

分子式 $C_{17}H_{16}Cl_2O_3$。

相对分子质量 339.21。

结构式

开发单位 由F. Chabousson于1956年报道, 由嘉基公司（现先正达公司）推广。

理化性质 无色晶体。熔点73℃。蒸气压0.044mPa（20℃）。Henry常数9.95×10^{-3}Pa·m³/mol（计算值）。相对密度1.35（20℃）。水中溶解度1.5mg/L（20℃）; 其他溶剂中溶解度（g/L, 20℃）: 丙酮、二氯甲烷700, 己烷50, 甲醇300, 正辛醇130, 甲苯500。

毒性 属低毒杀螨剂。大鼠急性经口$LD_{50} > 5000$mg/kg。

对兔皮肤和眼睛无刺激。NOEL（2 年）：大鼠 40mg/kg 饲料，狗 500mg/kg 饲料。鱼类 LC_{50}（96 小时，mg/L）：大翻车鱼 0.66，金鱼 0.6，虹鳟 0.45。对鸟类几乎无毒，对蜜蜂微毒。

剂型　25%、50% 可湿性粉剂，10% 乳油，20%、50% 悬浮剂。

作用方式及机理　氧化磷酸化作用抑制剂，干扰 ATP 形成。具有触杀作用，无内吸性。

防治对象　适用于防治棉花、水果、坚果、观赏植物、甜菜、茶和蔬菜上的螨。

使用方法　一般有效成分 30～60g，加水 100L，用于喷施。适用于植物叶丛全盛期。

参考文献

康卓，2017. 农药商品信息手册[M]. 北京：化学工业出版社：43-44.

（撰稿：杨吉春；审稿：李森）

病毒农药生物测定　bioassay of viral pesticide

以病毒农药的致病机理为基础，通过被检样品与对照品在一定条件下对目标生物作用的比较，并经过统计分析，进而确定被检生物农药的生物活性和防治效果的一种测定技术。利用病毒对寄主的专一性感染而开发的病毒农药目前只应用于杀虫剂领域，主要是利用不同类群的昆虫病毒开发的病毒农药，其中以杆状病毒为多数。

适用范围　适用于作为农药开发的病毒对靶标的活性测定。

主要内容　因为病毒粒子随机包埋在包含体中，所以病毒在外界环境中能够保持稳定和持久。包含体的数量常用血细胞计数器在光学显微镜下计数，而病毒的毒力则需要用昆虫生物测定来检测。在生物测定中常以单位体积或单位质量中包含体数量来表示度量单位，即包含体（OB）/ml（溶液体积）或包含体（OB）/g（干粉）。测定过程与常规化学农药的测定基本类似。

以甜菜夜蛾核型多角体病毒对甜菜夜蛾幼虫的毒力测定为例。将甜菜夜蛾核型多角体病毒悬浮液配制成不同浓度单位（PIB/ml）的测定液，分别取 0.2ml 涂于小块的人工饲料上，以无菌水作对照。饲料晾干后放于培养皿内，每浓度接 30 头二龄期甜菜夜蛾幼虫，4 个重复。饲养温度 25～27℃，48 小时后加入不涂病毒的新鲜人工饲料。每天检查幼虫死亡情况。以时间（天）的对数值为横坐标，死亡率几率值为纵坐标，计算毒力回归方程和致死中时（LT_{50}）；以浓度（PIB/ml）的对数值为横坐标，5 天内的死亡率几率值为纵坐标，计算毒力回归方程和致死中浓度（LC_{50}）。

参考文献

沈晋良，2013. 农药生物测定[M]. 北京：中国农业出版社.

（撰稿：徐文平；审稿：陈杰）

病原菌抗药性　pathogens resistance

本来对农药敏感的野生型病原物个体或群体，由于生理生化特性及遗传变异等，对药剂出现敏感性下降的现象。群体中抗药性菌株的频率和抗药性程度达到某一水平导致药剂常规使用剂量下的防治效果下降或失败，说明此时田间病原菌可能已出现抗药性。

20 世纪 50 年代中期，美国 J. G. Horsfal 首次提出病原菌对杀菌剂敏感性下降的问题。随着植物病原菌抗药性问题在多种杀菌剂上呈现出来，许多国家和地区相继开展了杀菌剂的抗性研究。

病原菌抗药性的遗传机制　植物病原菌的抗药性可以由染色体基因或胞质遗传基因的突变产生。因此，可以将植物病原菌的抗药性分为核基因（gene，mendelian factor）控制和胞质基因（plasmagene）控制两个层面。对于核基因控制的抗药性，又可以分为主效基因（major-gene）抗药性和微效多基因（poly-gene）抗药性。

主效基因控制的抗药性　由主效基因控制的抗药性特征：田间病原群体或敏感性不同的菌株杂交后代对药剂的敏感性都呈明显的不连续性分布，表现为质量性状，很容易识别出抗药性群体。

微效多基因控制的抗药性　由多个微效基因控制，区别于主效基因所控制的抗药性的基本特征：田间病原群体或敏感性不同的菌株的杂交后代对药剂的敏感性呈连续性分布，表现为数量性状。即这些基因间具有累加效应，单个或少数基因的突变引起的抗性水平是微不足道的。此类抗性病菌对药剂高水平抗性的敏感性下降，但很少表现完全失效，增加用药量或缩短用药周期可提高防效。

植物病原菌抗药性的生理生化机制

改变细胞壁细胞膜的通透性，减少摄入量或增加排泄量　病原物细胞常通过某些代谢变化使细胞膜通透性变化而阻碍足够量的药剂通过细胞膜或细胞壁而到达作用靶点，使其无法发挥其杀菌作用来产生自我保护。

影响杀菌化合物毒性　抗药菌株可通过某些变异影响生化代谢过程，在药剂到达作用位点之前就与细胞内其他生化成分结合而降低杀菌剂传导能力、钝化乃至去除毒性，将有毒的农药转化成无毒化合物。

降低亲和性或形成保护性代谢途径　病原菌可通过改变杀菌剂作用位点的结构，使杀菌剂与其作用位点的亲和能力降低，或改变其代谢途径，使杀菌剂无法在作用位点发挥作用，从而降低杀菌剂的杀菌能力。

参考文献

杨谦，2012. 植物病原菌抗药性分子生物学[M]. 北京：科学出版社.

袁善奎，周明国，2004. 植物病原菌抗药性遗传研究[J]. 植物病理学报，34(4)：289-295.

（撰稿：张永强；审稿：丁伟）

病原真菌抗药性　pathogenic fungi resistance to fungicide

自 1882 年波尔多液被用于防治葡萄霜霉病以来，铜制剂防治植物病害已有一个多世纪的历史，二硫代氨基甲酸盐类杀菌剂也应用半个多世纪，迄今病原真菌对这些杀菌剂均未产生严重的抗药性。在选择性内吸性杀菌剂广泛应用以后，抗药性问题逐渐凸显出来。在使用苯菌灵防治黄瓜白粉病时，一年之内病原真菌就对此药产生了抗药性。苯菌灵防治由灰葡萄孢（*Botrytis cinerea*）引起的仙客来心腐病十分有效，但短期应用后效果显著下降，1000mg/L 的苯菌灵亦不能完全抑制被分离出来的抗药性菌的生长。而野生型病原真菌在含 0.5mg/L 苯菌灵的培养基上就全部被抑制。其抗药性产生之快和抗药性水平之高，均是传统杀菌剂所没有的。2006 年夏晓明等报道，禾谷丝核菌对井冈霉素的抗性发展规律表明，每代以药剂抑制菌丝生长 50% 以上的浓度，在含药的 PDA 培养基上对 S 菌系进行诱导选择培养，至 36 代抗性达 49.24 倍，形成了高水平的抗井冈霉素菌系。该抗井冈霉素菌系对噁醚唑、福美双、三唑酮和丙环唑的交互抗性分别达 48.58、21.78、17.62 和 10.95 倍。

抗药性机制　病原真菌的抗药性是病原真菌力图躲避、抵制和消除杀菌剂对其作用而获得的适应性代谢变化。这种变化归纳起来有：①病原真菌细胞产生某种变化。如降低原生质膜的透性，使杀菌剂不能到达作用点，例如灭瘟素和多抗霉素的作用机制是通过抑制几丁质合成酶而干扰几丁质的合成。在抗性菌株提取液中的这两种药剂，仍能抑制几丁质的合成，因此其抗药性可能是原生质膜透性降低，药剂达不到作用点所致。②病原真菌增强了对杀菌剂的解毒能力，使杀菌剂活性降低或丧失。对五氯硝基苯产生抗药性的镰刀菌，能把五氯硝基苯转化成低活性的五氯苯胺和五氯甲硫基甲烷即是一例。③病原菌通过代谢变化，阻止了杀菌剂在体内的活化作用。定菌磷的杀菌作用是通过病原菌将其转化成杀死病原真菌的 2- 羟基 -5- 甲基 - 乙氧羰 - 吡唑并（1,5-a）嘧啶，而抗性菌则通过代谢的改变，降低了这种转换作用的能力。④杀菌剂虽然能到达作用点，但降低了作用点对杀菌剂的亲和力。苯菌灵、多菌灵、甲基硫菌灵和放线菌酮的抗药机制均属这一类。其作用点上的微小变化，均能降低对杀菌剂的亲和力，而产生抗药性。⑤迂绕作用。病原真菌通过改变代谢，从旁路绕过杀菌剂阻碍的代谢反应，使其不能发挥杀菌作用。⑥补偿作用。某些杀菌剂以特异性酶作为主要作用点时，病原真菌通过增加酶的数量，以弥补因药剂作用的损失，使整体代谢正常。

抗药性治理　①不断地创造结构新颖、作用机制不同的杀菌剂，通过杀菌剂的不断更新解决已产生抗药性病菌的防治。②避免长期连续使用单一品种的杀菌剂，更不能频繁使用高剂量的同一药剂。采用作用机制不同的杀菌剂交替使用，是控制抗药性的有效方法之一。③作用机制不同的杀菌剂或作用点单一与多作用点的杀菌剂混用，能延缓抗药性的产生。

（撰稿：王红艳；审稿：王开运）

波尔多液　bordeaux mixture

一种无机铜素杀菌剂。

其他名称　Bordocop、Poltiglia、Z+Bordeaux、Bordeaux mixture velles。

化学名称　硫酸铜 - 石灰混合液；mixture of calcium hydroxide and copper(II) sulfate。

IUPAC 名称　mixture of calcium hydroxide and copper(II) sulfate。

CAS 登记号　8011-63-0（波尔多液）。

分子式　$Ca_3Cu_4H_6O_{19}S_4$。

相对分子质量　860.7（$+18n$，n 1～6）。

开发单位　由 A. Millardet 报道其混合物 [J. Agri. Prat（Paris），1885，49：513]；可用于桶混和其他制剂配方。

生产企业　Cerexagri；IQV；Isagro；Manica；Nufarm SAS；Sulcosa；Tomono。

理化性质　纯品为浅绿色非常精细的粉末，不能自由流动。熔点 110～190℃分解。相对密度 3.12（20℃）。水中溶解度 2.2×10^{-3}g/L（pH6.8，20℃）；甲苯 < 9.6、二氯甲烷 < 8.8、正己烷 < 9.8、乙酸乙酯 < 8.4、甲醇 < 9、丙酮 < 8.8mg/L。稳定性：Cu^{2+} 为单原子，在常规的以碳为基础的农药溶液中，不可能转化成相关的降解产物。

毒性　低毒。大鼠急性经口 LD_{50} > 2302mg/kg。大鼠急性经皮 LD_{50} > 2000mg/kg，没有刺激。吸入 LC_{50}（4 小时，mg/L）：雄大鼠 3.98，雌大鼠 > 4.88。NOEL：16～17mgCu/（kg·d）。ADI：（JECFA evaluation）0.5mg/kg [1982]；（WHO）0.5mg/kg [1998]；（EC）0.15mg Cu/（kg·d）[2007]。山齿鹑急性经口 LD_{50} 616mg Cu/kg。山齿鹑饲喂 LC_{50}（8 小时）> 1369mg Cu/kg 饲料。虹鳟 LC_{50}（96 小时）> 21.39mg Cu/L。水蚤 EC_{50}（48 小时）1.87mg Cu/（kg·d）。水藻 E_bC_{50} 0.011mg Cu/（kg·d）；E_rC_{50} 0.041mg Cu/（kg·d）。蜜蜂经口 LD_{50} 23.3μg Cu/ 只；接触 > 25.2μg Cu/ 只。蚯蚓 LC_{50}（14 天）> 195.5mg Cu/kg 土壤。毒性等级：Ⅲ（a.i.，WHO）（Task force allocation）。

剂型　7% 硫酸铜钙可湿性粉剂。

作用方式及机理　触杀型保护性杀菌剂和杀细菌剂。植物代谢以及病菌入侵植物分泌酸性物质，使附着在植物表面的波尔多液中的碱式硫酸铜转化为可溶的铜离子接触或进入菌体细胞，使细胞的蛋白变性，破坏正常酶的功能。

防治对象　防治多种作物真菌和细菌病害，如柑橘溃疡病、黄瓜霜霉病、苹果褐斑病等。

使用方法　兑水喷雾。

防治柑橘溃疡病　病害发生前柑橘嫩梢展叶期和发病初期开始防治，使用浓度为 1283～1925mg/L（600～400 倍），隔 7～10 天喷药 1 次，每季最多使用 4 次。

防治黄瓜霜霉病　病害发生初期开始喷药，每次每公顷有效成分 90～135g，兑水喷雾，间隔 7～10 天喷药 1 次，连续喷药 3 次，安全间隔期为 10 天，每季度最多使用 3 次。

防治苹果褐斑病 病害发生初期开始喷药，使用浓度为 962.5～1283mg/L，整株喷雾，安全间隔期为 28 天，每季度最多使用 4 次。

注意事项 应在发病前或发病初期施药。与碱敏感的药剂不能混用，与强碱药剂不能混用，如石硫合剂。用药时要穿防护服，避免药液接触身体，切勿吸烟或进食。如药液沾染皮肤或眼睛应立即用大量水清洗；如误服，应立即服用大量牛奶或清水，不要服用含酒精的饮料；如吸入药液，应立即到空气新鲜处，如呼吸困难，可进行人工呼吸。储存于干燥、远离食品、饲料和儿童接触不到的地方。李树、桃树等敏感作物慎用。苹果和梨的花期、幼果对铜离子敏感，慎用。低温高湿气候条件慎用。

与其他药剂的混用 波尔多液一般为保护性施用，可与代森锰锌混用，施用 500 倍液可以有效防治苹果炭疽病、荔枝霜霉病等多种病害。

允许残留量 中国尚未规定波尔多液的最大残留限量。

参考文献

刘长令, 2006. 世界农药大全: 杀菌剂卷[M]. 北京: 化学工业出版社: 304, 367.

（撰稿：刘峰；审稿：刘鹏飞）

博来霉素 bleomycin

一种氨基糖肽类天然产物。1966 年由梅泽滨夫从轮枝链霉菌（*Streptomyces verticillus*）的培养液中分离得到。

其他名称 Blenoxane、Bleomicina、Bleomycins、Bleomicin、Bleomycine、Bleomycinum、争光霉素、博莱霉素、硫酸博来霉素、硫酸博莱霉素、bleocin。

IUPAC 名称 3-[[2-[2-[2-[[(2S,3R)-2-[[(2S,3S,4R)-4-[[(2S,3R)-2-[[6-amino-2-[(1S)-3-amino-1-[[(2S)-2,3-diamino-3-oxopropyl]amino]-3-oxopropyl]-5-methylpyrimidine-4-carbonyl]amino]-3-[3-[4-carbamoyloxy-3,5-dihydroxy-6-(hydroxymethyl)oxan-2-yl]oxy-4,5-dihydroxy-6-(hydroxymethyl)oxan-2-yl]oxy-3-(1H-imidazol-5-yl)propanoyl]amino]-3-hydroxy-2-methylpentanoyl]amino]-3-hydroxybutanoyl]amino]ethyl]-1,3-thiazol-4-yl]-1,3-thiazole-4-carbonyl]amino]propyl-dimethylsulfanium。

CAS 登记号 11056-06-7。

分子式 $C_{55}H_{84}N_{17}O_{21}S_3$。

相对分子质量 1415.55。

结构式 见下图。

理化性质 其天然产物由于螯合铜而呈蓝色，脱铜之后变为白色，重新螯合铜后又恢复为蓝色。螯合铜复合物熔点不定，其水溶液在常温条件、pH2～9 下，24 小时内活性无明显变化。博来霉素易溶于水和甲醇，微溶于乙醇，不溶于乙醚、丙酮和乙酸乙酯。

毒性 对人过量使用会造成恶心、呕吐、口腔炎、皮肤反应、药物热、食欲减退、脱发、色素沉着、指甲变色、手指足趾红斑、硬结、肿胀及脱皮等症状。对动物急性腹腔注射，新生鼠可引起白内障，长期暴露引起成年老鼠结节性增生、纤维肉瘤、肾肿瘤、胎儿畸形等。

剂型 硫酸博来霉素干粉。

质量标准 临床产品为 60%～70% bleomycin A2 和 20%～30% bleomycin B2。

作用方式及机理 能够选择性地诱导单链或双链 DNA 的断裂，从而抑制肿瘤细胞 DNA 的合成和复制，促使肿瘤细胞变性、坏死。

防治对象 是一类具有独特结构和作用的广谱抗菌抗肿瘤抗生素。能有效抑制革兰氏阳性细菌和革兰氏阴性细菌，对金黄色葡萄球菌、痢疾杆菌、大肠杆菌、变形杆菌、伤寒杆菌、蜡样芽孢杆菌、绿脓杆菌、枯草杆菌、草分枝杆菌等均具有较强的抗菌作用。对头颈部鳞癌（唇癌、舌癌、口腔癌、咽癌、喉癌、鼻窦癌等）、恶性淋巴瘤（霍奇金病、淋巴肉瘤、网织细胞肉瘤）等有疗效。博莱霉素进入人体后很快聚集于皮下、肺部、睾丸等处，对淋巴瘤、鳞状细胞癌、小细胞肺癌和睾丸癌等具有很好的疗效，其中最主要的是对鳞状上皮癌有效。

使用方法 成人肌肉、静脉及动脉注射 1 次 15mg，每日 1 次或每周 2～3 次。总量不超过 400mg。小儿每次按体表面积 10mg/m²。

注意事项 因所有抗癌药均可影响细胞动力学，并引

B

起诱变和畸形形成，孕妇与哺乳期妇女应谨慎给药，特别是妊娠初期的 3 个月。下列情况应慎用：70 岁以上老年患者、肺功能损害、肝肾功能损害、发热患者及白细胞低于 2500/mm³ 不宜用。肾功能不全患者应用此药时应酌减剂量。

与其他药剂的混用　利用博莱霉素破坏 DNA 或 RNA 的特性，与其他抗病毒药物联用可提高对艾滋病的疗效。

参考文献

李军，陈汝贤，2003. 博莱霉素族抗生素研究概况[J]. 中国新药杂志，12(8)：612-615.

谢新宇，王晶珂，邓佩佩，等，2016. 抗肿瘤抗生素博来霉素的研究进展[J]. 煤炭与化工，39 (3)：76-78.

（撰稿：周俞辛；审稿：胡健）

薄荷精油　D-8-acetoxycarvotanacetone

由薄荷提取精油而制成的，不仅有着极强的保养皮肤的功效，香味十分清凉，还能驱除蚊虫。

其他名称　D-8- 乙酰氧香芹艾菊酮、D-8- 乙酰氧基别二氢葛缕酮。

IUPAC 名称　(S)-2-(4-methyl-5-oxocyclohex-3-en-1-yl) propan-2-yl acetate。

CAS 登记号　86421-35-4。

分子式　$C_{12}H_{18}O_3$。

相对分子质量　210.27。

结构式

理化性质　无色柱状结晶，熔点 45.3～46.2℃，沸点 150～155℃，相对密度 1.505，$[\alpha]_D^{20}$ +34.6。

毒性　小鼠急性经口 LD_{50} 1440mg/kg，小鼠急性经皮 LD_{50} 3750mg/kg，对皮肤刺激性小。

剂型　酊剂和乳剂。

防治对象　对中华按蚊、致倦库蚊、白纹伊蚊、骚扰阿蚊、刺扰伊蚊及蠓、蚋、虻等均有较好的驱避效果。

使用方法　皮肤涂抹，对皮肤无刺激作用及过敏反应；对中华按蚊、致倦库蚊驱避有效时间为 6～7 小时；对骚扰阿蚊和白纹伊蚊驱避有效时间为 4～5 小时；对刺扰伊蚊驱避有效时间为 1～1.5 小时；对蠓、蚋、虻驱避有效时间为 2～3 小时。

参考文献

姜志宽，韩招久，王宗德，等，2009. 昆虫驱避剂的发展概况[J]. 中华卫生杀虫药械，15 (2)：85-90.

云南省植物研究所，昆明军区后勤军事医学科学研究所，云南省热带植物研究所，等，1975. 新型驱避药物右旋-8-乙酰氧基二氢葛缕酮的研究[J]. 云南植物研究，1:5-18.

（撰稿：段红霞；审稿：杨新玲）

不对称催化　asymmetric catalysis

利用合理设计的手性催化剂作为手性模板控制反应物的对映面，将大量前手性底物选择性地转化成特定构型的产物，实现手性放大和手性增殖。简单地说，就是通过使用催化量级的手性原始物质来立体选择性地生产大量手性特征的产物。一般来说，前手性底物来源广泛，可以通过改变催化剂的构型，方便地得到 (R)- 异构体或 (S)- 异构体手性产物，对于生产大量手性化合物来讲是非常经济实用的技术。不对称催化的关键是设计和合成具有高催化活性和选择性的手性催化剂。手性催化剂主要有有机金属配合物、有机小分子和酶等。就有机金属配合物催化而言，与金属配位的手性配体是手性催化剂产生不对称诱导和控制立体化学的根源。通过改变配体或配位金属可以改良催化剂，提高其催化活性和立体选择性。高选择性高效率手性催化剂的合成、回收和循环利用以及不对称诱导机理是目前不对称催化研究的关键内容。

（撰稿：王益锋；审稿：吴琼友）

不对称合成　asymmetric synthesis

把反应物分子整体中的对称结构单元在手性因素作用下转化为不对称的结构单元，而产生不等量的立体异构体产物的过程。也就是说，它将潜手性单元转化为手性单元，使得产生不等量的立体异构产物。也称手性合成、对映选择性合成。手性因素可以是化学试剂、生物试剂、催化剂、酶或物理因素（如偏振光）等。在反应过程中因受分子内或分子外的手性因素的影响，试剂向反应物某对称结构的两侧进攻，进而在形成化学键时表现出不均等，结果得到不等量的立体异构体的混合物，具有旋光活性。不对称合成在具有手性的医药、农药和天然产物的合成中具有十分重要的地位。

（撰稿：王益锋；审稿：吴琼友）

不溶物　insoluble material

农药原药中不溶于水或有机溶剂的机械杂质。农药质量指标之一。限制农药原药中不溶物含量的目的：不溶物可能对产品质量产生影响，包括对后续制剂加工和使用的影响（如不溶颗粒物可能堵塞喷头）。

FAO 及 WHO 对原药的质量标准中均有不溶物的指标，被列入农药的"相关杂质"项目中。

不溶物的含量以固体不溶物占样品的质量分数来表示，具体测定方法如下：

热水不溶物质量分数的测定　将玻璃砂芯漏斗烘干（105℃约 1 小时）至恒重（精确至 0.0002g），放入干燥器中冷却待用。称取规定质量的试样（精确至 0.01g）于烧杯中，加入水 100ml，加热至沸腾，不断搅拌至所有可溶物溶解。趁热用玻璃砂芯漏斗过滤，用 75ml 热水分 3 次洗涤残渣，然后将漏斗于 105℃下干燥至恒重（精确至 0.0002g）。计算公式：

$$w = \frac{m_1 - m_0}{m_2} \times 100\%$$

式中，w 为热水不溶物的质量分数（%）；m_0 为玻璃砂芯漏斗的质量（g）；m_1 为热水不溶物与玻璃砂芯漏斗的质量（g）；m_2 为试样的质量（g）。

冷水中不溶物质量分数的测定　将玻璃砂芯漏斗烘干（105℃约 1 小时）至恒重（精确至 0.0002g），放入玻璃干燥器中冷却待用。称取规定质量的试样或称取试样 20g（精确至 0.01g）于烧杯中，用 200ml 水转到量筒中，盖上塞子猛烈振摇至可溶物溶解，通过玻璃砂芯漏斗过滤。用 75ml 水分 3 次洗涤残渣，然后将漏斗于 105℃下干燥至恒重（精确至 0.0002g）。计算公式：

$$w = \frac{m_1 - m_0}{m_2} \times 100\%$$

式中，w 为冷水不溶物的质量分数（%）；m_0 为玻璃砂芯漏斗的质量（g）；m_1 为冷水水不溶物与玻璃砂芯漏斗的质量（g）；m_2 为试样的质量（g）。

丙酮不溶物质量分数的测定　将玻璃砂芯漏斗烘干（110℃约 1 小时）至恒重（精确至 0.0002g），放入玻璃干燥器中冷却待用。称取 10g 样品（精确至 0.0002g），置于锥形瓶中，加入 150ml 丙酮并振摇，尽量使样品溶解。然后装上回流冷凝器，在热水浴中加热至沸腾，自沸腾开始回流 5 分钟后停止加热。装配砂芯漏斗装置，在减压条件下尽快使热溶液快速通过漏斗，并通过不断搅拌使所有可溶物溶解，趁热用玻璃砂芯漏斗过滤，然后用 60ml 热丙酮分 3 次洗涤残渣。抽干后取下玻璃砂芯漏斗，将其放入 110℃烘箱中干燥 30 分钟（使达到恒重），取出放入干燥器中，冷却后称重（精确至 0.0002g）。计算公式：

$$w = \frac{m_1 - m_0}{m_2} \times 100\%$$

式中，w 为丙酮不溶物的质量分数（%）；m_0 为玻璃砂芯漏斗的质量（g）；m_1 为丙酮不溶物与玻璃砂芯漏斗的质量（g）；m_2 为试样的质量（g）。

其他有机溶剂的不溶物方法参照丙酮不溶物测定方法。

参考文献

CIPAC Handbook F, MT 10, 1995, 27-30.

CIPAC Handbook F, MT 27, 1995, 88-89.

（撰稿：李红霞；审稿：韩丽君）

不育剂生物测定　bioassay of sterilants

通过药剂对雌虫、雄虫或雌雄成虫繁殖力的影响，以不育率大小来判断不育剂效力的杀虫剂生物测定。昆虫不育剂，指通过直接干扰或破坏害虫生殖细胞，致其在遗传上不育，从而控制害虫繁殖的化学药剂。一般认为，产生不育的主要因素：①破坏核酸代谢和染色体的分裂，致使性细胞不能形成。②破坏受精过程，使两种性细胞不能正常结合。③影响受精卵的正常胚胎发育。④引起遗传变异。

适用范围　使昆虫不育是控制害虫的根本方法。化学不育具有简单、经济的特点，能够达到减少或消灭害虫的目的，适用于害虫的种群控制。

主要内容　化学不育剂已发现的种类很多，主要属于 3 个类型：①抗代谢剂。如喋呤类。②烃化剂。即辐射模拟剂，主要是氮芥及乙撑亚胺类等。③其他具有生物活性的物质。如三氯杀螨砜、尿嘧啶、鬼臼素、有丝分裂毒剂秋水仙碱等。化学不育剂要求其剂量对温血动物无危害性，又不能使目标昆虫的配偶完全不育，因而在不孕剂量与毒性剂量之间有一个很大的距离。

不育剂的生物测定包括：①测定一种化学物质不引起昆虫死亡的最大剂量（$LD_{0.01}$）。②测定该种化学物质造成昆虫完全不育的最小剂量（$ED_{99.99}$）。用生物测定来表示该种化学物质的不育安全性，即该化学物质造成昆虫不育的浓度远不会使昆虫致死。

安全系数（safety factor，SF）是化学不育剂生物测定中的一项重要指标。用如下公式表示：

$$\text{安全系数（SF）} = \frac{LD_{0.01} - ED_{99.99}}{ED_{99.99}}$$

分别以不育百分率或死亡率的几率值与剂量（每头雄虫注射进的微克数）的对数值为纵横坐标进行作图，则每种化合物所得到的两条曲线之间呈如下 3 种情况：①致死剂量下，对存活虫口有不育作用，安全系数为负值。②不育作用和致死剂量线正好重合，安全系数为 0，称之为"临界剂量"（Exact dose）。③造成不育的有效剂量比致死剂量小得多，即在没有死亡的情况下可达到全部不育，安全系数为正值。

不育剂生物测定的施药方式主要有 4 种：①口服。将不育剂的水溶液或丙酮溶液加到饲料中饲养供试虫。②注射。将药剂的丙酮溶液用微量注射器注射进供试昆虫腹部。③点滴。将药剂的丙酮溶液用微量点滴器点滴到供试昆虫的胸部或背板。④接触。将药剂的丙酮溶液均匀涂布于供试昆虫活动的器皿内使之接触药剂。另外，喷雾和熏蒸，也常用作不育剂生物测定的施药方法。

（撰稿：黄青春；审稿：陈杰）

不育特　apholate

20 世纪 60 年代出现的有机磷昆虫不育剂。

其他名称　唑磷嗪、ENT 26316、NSC-26812、OM-2174、SQ-8388。

化学名称　2,2,4,4,6,6-六(1-氮杂环丙烯)-2,4,6-三磷-1,3,5-三氮苯。

IUPAC 名称　2,2,4,4,6,6-hexakis(aziridin-1-yl)-1, 3, 5, 2 λ 5, 4 λ 5, 6 λ 5-triazatriphosphinine。

CAS 登记号　52-46-0。

分子式　$C_{12}H_{24}N_9P_3$。

相对分子质量　387.30。

结构式

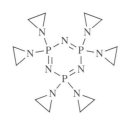

开发单位　1963 年由美国欧林化学公司开发。

理化性质　密度 2.32g/cm³。熔点 147.5℃。折射率 2.201。

毒性　高毒。大鼠急性经皮 LD_{50} 400～800mg/kg。大鼠急性经口 LD_{50} 98mg/kg；小鼠急性经口 LD_{50} 110mg/kg，单剂量肌肉注射（2.5mg/kg）在 5～7 天内杀死小牛。雄性大鼠腹腔注射单剂量 0.5mg/100g 的不育特 96 小时后死亡。单次口服剂量为 50mg/kg，对 1～6 天绵羊致死。绵羊在每日口服剂量超过 1mg/kg 时累积毒性明显。

剂型　2%、5% 糊剂。

注意事项　该品为高毒有机磷杀虫剂。能抑制胆碱酯酶活性。中毒症状有头痛、头晕、恶心、呕吐、流涎、多汗、瞳孔缩小、肌束震颤等。

参考文献

王振荣, 李布青, 2006. 农药商品大全[M]. 北京: 中国商业出版社: 331-332.

朱永和, 王振荣, 李布青, 2006. 农药大典[M]. 北京: 中国三峡出版社: 352.

（撰稿：杨吉春；审稿：李淼）

擦抹施药法　wipe application method

用擦抹器将药液擦抹在植株某一部位的施药方法。擦抹用的药剂为内吸剂或触杀剂。按擦抹部位划分，分为擦茎法、擦干法和擦花器法 3 种。为使药剂牢固地黏附在植株表面，通常需要加入黏着剂。擦抹法施药农药有效利用率高，没有雾滴飘移，费用低。擦抹法适用于果树、树木以及大田除草剂的使用。

作用原理　在杂草防除的擦抹技术应用过程中，防治敏感作物的行间杂草，可以利用内吸传导性强的除草剂和除草剂的位差选择原理，通过一种特制的擦抹装置，将高浓度的除草剂药液擦抹在杂草植株上，通过杂草茎叶吸收和传导，使药剂进入杂草体内，甚至到达根部，达到除草的目的。

在棉花害虫防治中使用擦茎技术时，利用杀虫剂（如氧乐果、久效磷等）的内吸作用，在药液中加入黏着剂、缓释剂（如聚乙烯醇、淀粉等），把配制好的药液用毛笔或端部绑有棉絮、海绵的竹筷，蘸取药液，涂抹在棉花幼苗的茎部红绿交界处，对棉花蚜虫的防治效果在 95% 以上，并且能防治棉花红蜘蛛和一代棉铃虫。

在树干擦抹技术应用时，一般使用具有内吸作用的药剂，使内吸药剂被植株吸收而发生作用。一般多用这种方法施用杀虫剂防治害虫，也可施用具有一定渗透力的杀菌剂来防治病害。

适用范围　应用擦抹施药法防治杂草时，只要杂草的局部器官接触药剂，就能起到杀草作用。这种技术具有用水少、节省人工、对作物安全、应用范围广，农田、果园、橡胶园、苗圃等均可使用的优点，并开发了一些老除草剂的新用途。

果树枝干的擦抹施药

应用擦抹技术防治棉花害虫，能有效防治棉花蚜虫、棉花红蜘蛛和一代棉铃虫。这种擦茎施药方法与喷雾法相比，农药用量可降低 1/2，另外对天敌的杀伤力也小。

树干擦抹技术，药液没有飘移，几乎全部黏附在植物上，药剂利用率高，不污染环境，对有益生物伤害小，使用方便。

主要内容　擦抹施药法防治杂草的施药器械简单，不需要液泵和喷头等设备，只利用特制的绳索和海绵塑料携带药液即可。操作时不会飘移，且对施药人员十分安全。当前除草剂的擦抹器械已有很多种。如供小面积草坪、果园、橡胶园使用的手持式擦抹器，供池塘、湖泊、河渠、沟旁使用的机械吊挂式擦抹器，供牧场或大面积农田使用的拖拉机带动的悬挂式擦抹器。擦抹施用 10% 草甘膦药液，防除一年生幼龄杂草用量为 7.5L/hm²（每亩 0.5L），防除多年生杂草用量为 22.5L/hm²（每亩 1.5L）。对于生长高于作物 30cm 以上杂草或其他场合的杂草，均匀擦抹一次，就可以获得好的防治效果。如在药液中加入适当助剂，或与其他除草剂混用，便有增效作用或扩大杀草谱。擦抹法施药液量较低，低于 110L/hm²（每亩 7.5L），因此，操作要求快，否则擦抹不均匀。擦抹施药前，要经过简短培训，做到均匀涂抹。当气温高、湿度大的晴天擦抹施药时，有利于杂草对除草剂的吸收传导。

擦抹法多用以防治害螨、蚜虫、蚧虫、粉虱等刺吸式口器的害虫和缺锌花叶病，对调控植物的营养生长和生殖生长等也有良好的效果。树干擦抹法防治病害，多为擦抹刮治后的病疤，防止复发或蔓延。例如，使用 0.15% 丁香菌酯悬浮剂在春季 3~4 月防治苹果腐烂病。腐烂病病斑刮治方法：用锋利的刀彻底刮除病斑，深达木质部，并刮除病斑边缘 0.5~1cm 的健康树皮，病斑呈菱形最佳，对于扩展快的病斑则应刮掉病斑外 2cm 以内的所有皮层，伤口平整，然后用刷子直接均匀涂抹药剂在病疤处。剪锯口涂抹预防腐烂病方法：剪锯口尽量修剪小，切面平整，然后用刷子（或者戴指套用手）直接均匀涂抹药剂在剪锯口处。正常树皮延伸 0.5~1cm。酸橙树腐烂病刮治后擦抹腐必清、腐烂敌等杀菌剂。果树的流胶病，在刮去流胶后，擦抹石硫合剂。果树的膏药病、脚腐病等，刮削病斑后，擦抹石硫合剂等药剂，都有很好的防治效果。将配制好的药液，用毛笔、排刷、棉球等将药液擦抹在幼树表皮或刮去粗皮的大树枝干上，或发病初期的 2~3 年生枝上，然后用有色塑料薄膜包裹树干、主枝的擦抹部位（避免阳光直射，防止影响药效）；或用脱脂棉、草纸蘸药液，贴敷在刮去粗皮的枝干上，再用塑料薄膜包扎。擦抹的浓度、面积、用量，视树冠的体积大小和擦抹的时间，以及施用的目的和防治对象而异。

影响因素　影响擦抹法药效的主要有施药当天的温度和湿度、药液的浓度、擦抹部位以及药剂的选择等方面。

注意事项　在使用擦抹法防治杂草时，必须具备 3 个条件：一是所用的除草剂必须具有高效、内吸传导性，杂草局部着药即起作用；二是杂草与作物在空间上有一定的位置差，或杂草高出作物，或杂草低于作物；三是除草剂的浓度要大，使杂草能接触足够的药量。擦抹法施药的除草剂浓度因除草剂与擦抹工具不同而异。例如，在棉花、大豆和果园施用草甘膦防除白茅等杂草，用绳索擦抹，药与水的比例是 1∶2，用滚动器擦抹则为 1∶（10～20）。

使用擦抹法防治棉花害虫时，要防止把药液滴落在叶片和幼嫩的生长点上，以防灼伤叶片或烧死棉苗。

树干擦抹技术应注意擦抹药液的浓度不宜太大。刮去粗皮的深度以见白皮层为准，过深会灼伤树皮，引起腐烂而导致树势衰弱甚至死树。以春季和秋初擦抹效果为好。高温时应降低使用浓度，雨季擦抹容易引起树皮腐烂。休眠期树液停止流动，擦抹无效。对果树，擦抹时间至少要距采果70 天以上，否则果实体内农药残留量大。剧毒农药只准在幼年未结果果树擦抹。非全株性病虫，主干不用施药，只抹树梢。衰老果园不宜用擦抹法防治病虫。

参考文献

屠豫钦, 李秉礼, 2006. 农药应用工艺学导论[M]. 北京: 化学工业出版社.

（撰稿：何玲；审稿：袁会珠）

菜丰宁B1　*Bacillus subtilis* B1

一种枯草芽孢杆菌生物农药。

开发单位　南京农业大学植物保护系开发。

理化性质　活菌总数 $\geqslant 5 \times 10^9$ 个 /g。细度 $\geqslant 98\%$（325目）。pH6.5～7.2。

毒性　低毒。大鼠（雄 / 雌）急性经口 LD_{50} 和急性经皮 LD_{50} 均 > 5000ml/kg。

剂型　浓缩菌粉。

质量标准　每 1ml 成品粉剂含活菌数在 20 亿个以上。

作用方式及机理　其主要成分为枯草芽孢杆菌活菌（*Bacillus subtilis* B1），该菌对软腐病菌有很强的拮抗作用，生长快，对根系有连续定殖作用，能形成一个生长抑制圈，保护根系不受软腐病菌的侵染，并能加强根系对养分的吸收。

防治对象　主要用于防治大白菜软腐病。大白菜播种前用菜丰宁 B1 菌粉拌种处理的前提下，在大白菜生长中、后期病害始发时继续用菜丰宁 B1 菌粉喷雾防治，可以在一定程度上提高防病效果和增产作用。同时在储藏期，经菜丰宁 B1 处理的大白菜能明显减轻因储藏期腐烂而引起的损失。此外还可在其他十字花科作物，如芥菜、矮脚黄、甘蓝、花菜、萝卜等及马铃薯、黄瓜上使用。

使用方法

拌种　每亩用药 100g，大白菜种子 150kg，拌种时先将种子浸湿，再加入药剂，充分拌匀，使种子表面均匀沾上药剂，在阴凉处摊开晾干后播种。播种时将剩余药剂一并播下。忌阳光直射，播种后种子需用土盖没。

灌根　每亩 200～300g，加水 50kg，沿菜根侧挖穴灌入。忌灌后浇水。

喷淋　每亩 300～500g，用喷雾机进行叶面喷洒。喷洒最好在傍晚或阴天进行，忌在强日照下进行喷洒。

参考文献

丁中, 刘跃, 徐志荣, 等, 2000. 菜丰宁B1浓缩菌粉的防病机理、生产工艺及应用技术研究[J]. 农药, 39(8)：25-27.

（撰稿：周俞辛；审稿：胡健）

残留分析样本　sample of residue analysis

为进行农药残留分析而采集的样本。在进行农药残留分析之前，首先应根据分析的目的和要求，采集一定数量所需的样本，然后按照拟定的方法进行样本预处理、提取、净化、测定，而获得农药残留分析数据。采集样本时必须遵从代表性、典型性和适量性原则，使得所采样本具有充分的代表性和足够的数量，这是获得准确的数据分析和进行正确残留评价的基础。

分类　根据样本的来源，可将农药残留分析样本分为主观样本和客观样本。主观样本是为农药在某种作物上登记时需取得的残留评价数据、制定农产品中最高残留限量和农药合理使用准则以及研究农药在动植物体内代谢和在环境中降解规律等设计的一系列监控试验区中采集的样本，为农药的登记、注册及合理使用提供依据。客观样本多指监测样本，即样本来源于非人为设置的试验区域，待测样本中的农药种类未知或施药背景不清楚。例如为市场监测和管理、污染治理、污染事故调查等提供残留数据而采集的各种动植物样本和环境样本。环境样本包括水样、土样、气样。动物样本包括家畜、家禽及肉蛋奶和制品、水生动物样本（鱼、虾、贝等）等。植物样本包括谷物、蔬菜、水果、油料、茶叶、烟草、甜菜、中草药、饲料等陆生生物以及海带、紫菜、藕、茭白、慈姑、水藻类、水草等水生生物。水样包括农田水、江河水、湖泊水、渠水、池塘水、雨水和地下水等。气样包括大气、小环境气体（车间、仓库、施药现场）等。土样包括农田土、草原土、森林土、荒原土、淤泥土等。

样本采集　科学的采样方法是获得代表性样本的前提。采样方法一般根据试验目的和样品种类实际情况而定。常用的方法有随机法、对角线法、五点法、"Z"形法、"S"形法、棋盘式法、交叉法、平行线法等（具体见图）。通常初级采样采 1～5kg，经四分法缩分后取 1～2kg，再预处理后留 500g 左右待测（具体见表）。采集的样品一定要用干净的惰性材料包装好，用铅笔或者记号笔写好标签，尽快送到实验室进行分析，暂不能分析的样品，应在 -20℃冷冻条件下储存。避免在包装、运输、储存中被污染、受损、变质等。

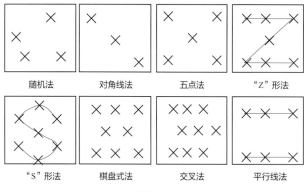

采样法示意图

各类样本采样量

样本名称	采样量	说明
稻、麦、玉米等谷物	从5～10kg大样中取1～2kg	大粒谷物可适当增加
蔬菜（叶类、果类、根菜类）	从5～10kg大样中取2～5kg	单株轻的可适当减少
苹果、梨、桃、柑橘等大果实	2～5kg	葡萄、草莓、枣以及核果、坚果等可适当减少
棉籽、大豆、花生、芝麻、油菜籽、葵花籽等	1～2kg	
茶叶、烟草	1～2kg	
作物茎秆及牧草	1～2kg	高秆作物可适当增加
中草药	0.5～1kg	视种类可增减
肉、蛋、鱼、虾等	1～2kg	
奶及其制品	0.5～1kg	
罐装、瓶装、盒装食品（容器件数）	1～25	1件
	26～100	5件
	101～250	10件
	＞250	15件

参考文献

钱传范, 2010. 农药残留分析原理与方法[M]. 北京: 化学工业出版社.

岳永德, 2004. 农药残留分析[M]. 2版. 北京: 中国农业出版社.

（撰稿: 刘新刚; 审稿: 郑永权）

残留量生物测定　bioassay of pesticide residue

在环境条件几乎完全能控制不变的情况下，通过生物活体（昆虫、螨类、病原菌、高等动植物等）、种子、组织、细胞、孢子等指示物对农药的反应程度（如死亡、中毒、抑制发病或生长发育、生长畸形、阻止取食或交配、失去发芽能力等），测定农药残留量的一种方法。此方法必须具备如下条件：①测试环境条件能够控制不变。②指示物对农药的反应程度与剂量（浓度）呈正相关。③反应结果易于观察和测量，且具有良好的重复性。此方法具有经济简便、不需昂贵设备、可直接反映出农药残留量、测定结果更接近实际情况等优点；但是，测定结果受指示物、反应程度、测试环境条件及操作因子等因素影响较大。

简史　1928年F. W. Went利用燕麦胚芽弯曲法测定植物生长调节剂，1935年Crafts发展了利用高粱作指示植物测定除草剂亚砷酸钠及氯酸钠的残留和淋溶性，开创了用指示植物测定除草剂和植物生长调节剂残留量的历史。随着除草剂的大量使用，利用指示物测定除草剂的残留量，已成为重要的方法。利用生物测定法测定土壤中磺酰脲类除草剂具有不用萃取、直接测定，方法灵敏（＜1μg/kg）等优点。农用抗菌素等杀菌剂的残留量可采用生物测定法进行测定。杀虫剂残留量生物测定是随着DDT、六六六等有机氯农药的发展而发展起来的，如可通过发光细菌发光强度减弱的程度来测定有机氯农药的残留量。但目前杀虫剂残留量测定已大多采用仪器分析代替。

测定方法　残留量生物测定所用指示物因农药种类而不同。除草剂及植物生长调节剂大多采用高等植物或植物器官，杀菌剂大多采用微生物，杀虫剂大多采用昆虫、螨等作为指示物。

除草剂或植物生长调节剂残留量生物测定　常用指示物为敏感植物、种子、幼苗或组织器官（如胚芽鞘、花、茎、根、子叶等）。测定方法包括植株测定法和植物器官测定法。利用希尔反应经薄层色谱（TLC）分离可测定能抑制光合作用的除草剂残留。

杀菌剂残留量测定　常用指示物为细菌、真菌或其他病原微生物等。常用方法包括附着法、稀释法、扩散法等。

杀虫剂残留量测定　常用指示物为蚜虫、红蜘蛛、介壳虫、黏虫、家蚕、玉米螟、飞虱、螨等。常用方法包括浸渍法、点滴法、药膜法、饲喂法和叶碟法等。用上述几种方法都需要在测定的同时，用农药标准品做浓度-反应标准曲线，将待测样品的测定值在标准曲线上查出相应的农药浓度，换算成残留量。

参考文献

陈年春, 1991. 农药生物测定技术[M]. 北京: 北京农业大学出版社.

刘丹, 钱传范, 孔祥雨, 2004. 薄层色谱法半定量分析抑制光合作用的除草剂的残留[J]. 色谱, 22(5): 567.

沈晋良, 2013. 农药生物测定[M]. 北京: 中国农业出版社.

张蓉, 岳永德, 花日茂, 等, 2005. 磺酰脲类除草剂残留分析技术研究进展[J]. 农药, 44(9): 388-390.

中国农业百科全书总编辑委员会农药卷编辑委员会, 中国农业百科全书编辑部, 1993. 中国农业百科全书: 农药卷[M]. 北京: 农业出版社.

（撰稿: 张昌朋; 审稿: 潘灿平）

残杀威　propoxur

一种氨基甲酸酯类非内吸性杀虫剂。

其他名称　拜高（Baygon）、Blattanex、Prentax、Propogon、

Propyon、Suncide、Tendex、Tugen、Unden、Bripoxur、Pillargon、Prentox、Mitoxur、残杀畏、Hercon Insectape、IMPC、IPMC、Isocarb、Rhoden、Sendran、Unden 5812315、Bayer 9010、ENT-25671、OMS-33、Bayer 39007、BOQ5812315。

化学名称 2-异丙氧基苯基甲基氨基甲酸酯；2-(1-methylethoxy)phenyl methylcarbamate。

IUPAC名称 2-isopropoxyphenyl methylcarbamate。

CAS 登记号 114-26-1。

EC 号 204-043-8。

分子式 $C_{11}H_{15}NO_3$。

相对分子质量 209.24。

结构式

开发单位 拜耳公司开发，由 G. Unterstenhofer 报道。

理化性质 原药为白色至奶油色晶体，稍带特殊气味。熔点 90℃（晶状结构 1）、87.5℃（晶状结构 2，不稳定）。蒸馏时分解。饱和蒸气压 1.3mPa（20℃）。溶解性（20℃）：水 1.9g/L，二氯甲烷、异丙醇＞200g/L，甲苯 100g/L。水解 DT_{50} 40 分钟（20℃，pH10）。闪点 −18℃。相对密度 1.024。

毒性 急性经口 LD_{50}：雄大鼠 90～128mg/kg，雌大鼠 4mg/kg，雄小鼠 100～109mg/kg。大鼠急性经皮 LD_{50} 800～1000mg/kg。大鼠 2 年饲喂试验 NOEL 为 800～1000mg/kg 饲料。鱼类 LC_{50}（59 小时）：蓝鳃鱼 6.6mg/L、虹鳟 4～14mg/L、鲤鱼＞10mg/L。燕八哥急性经口 LC_{50} 15～30mg/kg。对人的 ADI 为 0.02mg/kg。对蜜蜂高毒。

剂型 各种不同有效成分含量的可湿性粉剂、乳油、颗粒剂等。

作用方式及机理 是速效、长残效氨基甲酸酯类杀虫剂，具有触杀、胃毒和熏蒸作用，无内吸作用。主要是通过抑制害虫体内乙酰胆碱酯酶活性，使害虫中毒死亡。

防治对象 对可可树、果树、水稻和蔬菜上的半翅目、鳞翅目害虫和家庭害虫有效。

使用方法 一般使用浓度为 0.03%～0.075%，或用有效成分 300～750g/hm²。①水稻叶蝉、稻飞虱，花前后防治是关键。用 20% 残杀威乳油 300 倍药液（含有效成分 666mg/kg），喷雾。②棉蚜。防治棉蚜的指标为大面积有蚜株率达到 30%，平均单株蚜数近 10 头，以及卷叶株率不超过 50%，用 20% 残杀威乳油 3.75L/hm²（含有效成分 750g/hm²），加水 1500kg，喷雾。③棉铃虫（俗称青虫、钻桃虫）。在黄河流域棉区，当二、三代棉铃虫发生时，如百株卵量骤然上升，超过 15 粒，或者百株幼虫达到 5 头即开始防治。用药量和使用方法同棉蚜。

注意事项 使用时采用一般防护，避免药物接触皮肤，勿吸入液雾或者粉尘。不可与碱性药物混用。对玉米有轻微药害，一般一周后可恢复。储存处离开食物和饲料，勿让儿童接近。最后一次喷药要在收获前 4～21 天进行。如中毒可

在医生指导下用硫酸阿托品治疗。

与其他药剂的混用 是一种卫生杀虫剂，用于室内滞留喷洒，能有效防治蚊、蝇和蜚蠊。苯氰·残杀威：总有效成分含量 15%；右旋苯醚氰菊酯含量 3%；残杀威含量 12%；剂型：乳油。

允许残留量 国外：水果蔬菜（除马铃薯和柑橘外）3mg/kg、莴笋 5mg/kg、结球甘蓝 4mg/kg，其他植物性食品 0.5mg/kg。

参考文献

农业大词典编辑委员会, 1998. 农业大词典[M]. 北京: 中国农业出版社.

朱永和, 王振荣, 李布青, 2006. 农药大典[M]. 北京: 中国三峡出版社.

（撰稿：张建军；审稿：吴剑）

草铵膦（铵盐） glufosinate(glufosinate-ammonium)

一种膦酸类非选择性触杀型除草剂。

其他名称 Basta、Liberty、Phantom、草丁膦、保试达（basta）、百速顿、草铵膦铵盐。

化学名称 4-[羟基（甲基）膦酰基]-DL-高丙氨酸,2-氨基-4-[羟基（甲基）膦酰基] 丁酸铵；(RS)-2-氨基-4-(羟基甲氧膦基) 丁酸铵；4-[hydroxyl(methyl)phosphinoyl]-DL-homoalanine；ammonium 2-amino-4-[hydroxyl(methyl)phosphinoyl] butyric acid。

IUPAC名称 (RS)-2-amino-4-[hydroxyl(methyl)phosphinoyl]butyric acid。

CAS 登记号 51276-47-2 （草铵膦铵盐：77182-82-2）。

EC 号 257-102-5 （草铵膦铵盐：278-636-5）。

分子式 $C_5H_{12}NO_4P$ （草铵膦铵盐：$C_5H_{15}N_2O_4P$）。

相对分子质量 181.13 （草铵膦铵盐：198.16）。

结构式

草铵膦

草铵膦铵盐（草铵膦）

开发单位 20 世纪 80 年代由赫斯特公司开发成功（后归属于拜耳公司）。

理化性质 草铵膦铵盐（即草铵膦）：白色结晶，有轻微气味，熔点 215℃；沸点 519.1℃；闪点 267.7℃。$K_{ow}\lg P ＜ 0.1$（pH7）。水中溶解度（mg/L，20～25℃）5×10^5（pH5～9）；有机溶剂中溶解度（g/L，20～25℃）：丙酮 0.16，乙醇 0.65，

C

环己烷 0.2，苯 0.14，乙酸乙酯 0.14。稳定性：对光稳定，在 pH 为 5.7 和 9 时不分解。

毒性　草铵膦铵盐：急性经口 LD_{50}：雄大鼠 2000mg/kg，雌大鼠 1620mg/kg，狗 200～400mg/kg；小鼠急性经口 LD_{50}：雄 431mg/kg，雌 416mg/kg。大鼠急性经皮 LD_{50}：雄＞4000mg/kg，雌 4000mg/kg，对眼睛和皮肤无刺激和过敏作用。

剂型　6%、12%、20% 水剂，其中 20% 水剂为常用剂型。

作用方式及机理　具有一定内吸作用的非选择性除草剂，在植物体内的传导转移较差。主要有两种传导方式，一是通过木质部随蒸腾流向上传导；二是通过韧皮部向根部传导。使用时主要作触杀剂。施药后有效成分通过叶片起作用，尚未出土的幼苗不会受到伤害。以谷氨酰胺合成酶为靶标酶，通过抑制谷氨酰胺合成酶的活性，造成植物体内氮代谢紊乱，氨过量累积，导致叶绿体解体，破坏光合作用，最终导致杂草死亡，达到除草效果。

防治对象　用于防治果园、葡萄园、橡胶和油棕榈种植园，观赏树木和灌木、非农田和蔬菜等作物中一年生杂草和多年生阔叶杂草，也可在马铃薯和向日葵中用作干燥剂。在中国主要是在柑橘、香蕉、木瓜及非耕地上使用。渗透能力强，能防除一些抗草甘膦的恶性杂草，如牛筋草、小飞蓬、泽兰等，对老茅草、芦苇的防效不佳。

使用方法　20% 草铵膦水剂为常用产品，施用方法为茎叶定向喷雾。防治蔬菜地杂草时使用剂量为 450～750g/hm²；防治一年生杂草或用于转基因作物时，使用剂量为 345～450g/hm²；防治非耕地一年生杂草时，使用剂量为 840～1440g/hm²；防治难治杂草、多年生杂草时，使用剂量为 1119～1680g/hm²。

注意事项　①在高温高湿的环境中，更有利于被植物吸收、传导、积累，见效更快，但在温度低于 10℃时，药效会降低。因此在低温下可能由于草铵膦代谢能力的不足而造成药害。②因为草铵膦主要为触杀作用，充足的用水量可加强药液对叶片的浸润，提高植物体内草铵膦的浓度。同等剂量下，水量的差异，会影响防效的差异。因此，草铵膦使用时，需水量充足。③可用于作物的行间喷雾，因其为触杀作用，只要不直接喷到作物上，可避免产生药害，少量的飘散药液在接触点可形成药斑，但不会灭杀。

与其他药剂的混用　可与敌草隆、西玛津、2 甲 4 氯以及其他除草剂混用。

允许残留量　① GB 2763—2021《食品中农药最大残留限量标准》规定草铵膦最大残留限量见表。ADI 为 0.01mg/kg。② WHO 推荐草铵膦 ADI 为 0.01mg/kg；JMPR 推荐草铵膦

部分食品中草铵膦最大残留限量（GB 2763—2021）

食品类别	名称	最大残留限量（mg/kg）
蔬菜	番茄	0.5*
水果	柑、橘	0.5
	香蕉	0.2
	番木瓜	0.2
饮料类	茶叶	0.5*

*临时残留限量。

ADI 为 0.02mg/kg（1999）；大鼠每只 ADI 为 2mg/kg（EU）。

参考文献

刘永泉，2012. 农药新品种实用手册[M]. 北京：中国农业出版社.

王险峰，辛明远，2013. 除草剂安全应用手册[M]. 北京：中国农业出版社.

TURNER J A, 2015. The pesticide manual: a world compendium [M]. 17th ed. U K : BCPC.

（撰稿：贺红武；审稿：耿贺利）

草不隆　neburon

一种取代脲类除草剂。

其他名称　Neburea（南非共和国）。

化学名称　1-丁基-3-(3,4-二氯苯基)-1-甲基脲。

IUPAC 名称　l-butyl-3-(3,4-dichlorophenyl)-1-methylurea。

CAS 登记号　555-37-3。

EC 号　209-096-0。

分子式　$C_{12}H_{16}Cl_2N_2O$。

相对分子质量　275.17。

结构式

开发单位　该除草剂由 H. C. Bucha 和 C. W. Todd 报道（Science，1951，144：493）。由杜邦公司（已经不再生产和销售）引入市场。

理化性质　无色晶体。熔点 102～103℃，$K_{ow}lgP$ 3.8。水中溶解度 5mg/L（25℃）；微溶于烃类溶剂。稳定性：在中性介质中对潮气和空气氧化稳定。在酸性和碱性介质中水解。

毒性　大鼠急性经口 LD_{50}＞11 000/mg/kg。15% 的悬浮液中邻苯二甲酸二甲酯对豚鼠皮肤有轻微刺激作用。对 4 种鱼用 0.6～0.9mg/L 处理 96 小时，致死率为 90%。对蜜蜂低毒。

剂型　60% 可湿性粉剂。

作用方式及机理　作用于光系统 II 受体部位的光合电子传递抑制剂。选择性除草剂，通过根部吸收。

防治对象　用于豆类、苜蓿、大蒜、谷物、甜菜、草莓、观赏植物和林业，苗前处理，防除一年生阔叶杂草和禾本科杂草，使用剂量 2～3kg/hm²。

参考文献

马克比恩 C, 2015. 农药手册[M]. 胡笑形，等译. 北京：化学工业出版社.

（撰稿：李正名；审稿：高希武）

草除灵　benazolin

一种杂环类选择性除草剂。

其他名称　阔草克。

化学名称　4-氯-2氧代-苯并噻唑-3-乙酸；2-[4-chloro-benzo[*d*]thiazol-3(2*H*)-yl]acetic acid。

IUPAC 名称　(4-chloro-2,3-dihydro-2-oxo-1,3-benzothiazol-3-yl)acetic acid。

CAS 登记号　3813-05-6。

EC 号　223-297-0。

分子式　$C_9H_6ClNO_3S$。

相对分子质量　243.67。

结构式

开发单位　布兹公司（现拜耳公司）。

理化性质　纯品为白色结晶固体。熔点 193℃。20℃时在水中溶解度为 0.06%，不易挥发。工业品纯度约 90%，熔点 189℃。除强碱外，性质稳定。其碱金属盐易溶于水。其乙酯的熔点 79℃，蒸气压 $3.7 \times 10^{-4}Pa$（25℃）。溶解度：丙酮 229g/L、甲苯 198g/L、甲醇 28.5g/L、水 47mg/L。

毒性　大鼠急性经口 $LD_{50} > 3g/kg$，大鼠 3 个月饲喂试验 NOEL 为每天 300～1000mg/kg，高剂量饲喂时，30 天后肝部略有肿大。其钾盐溶液对兔皮肤和眼睛有轻微的刺激作用。其乙酯对大鼠急性经口 $LD_{50} > 5g/kg$，小鼠急性经口 $LD_{50} > 4g/kg$，急性经皮 $LD_{50} > 2100mg/kg$，对蜜蜂无毒。

剂型　乳粒剂。

质量标准　草除灵质量分数 15%±0.9%；水分 0.5%；pH5～8；乳液稳定性（稀释 200 倍）合格；低温稳定性合格；热储稳定性合格。

作用方式及机理　是一种专效性芽后传导型除草剂，具有内吸传导作用，施药后植物通过叶片吸收输导到整个植株。敏感植物受药后生长停滞，叶片僵绿，增厚反卷，新生叶扭曲，节间缩短，最后死亡。

防治对象　繁缕、猪殃殃、雀舌草、田芥菜、母菊属、苋属、豚草、苍耳和臭甘菊等一年生阔叶杂草。杀草范围比 2,4-滴广。

使用方法　谷物田杂草芽后茎叶喷雾，用量 0.14～0.42kg/hm²。与麦草畏混用有增效作用，特别是用于防除母菊属杂草。在油菜田以 450g/hm² 选择性防除猪殃殃、繁缕。

防治直播油菜田杂草　6～8 叶期施药，杂草以猪殃殃为主时用 50% 悬浮剂 450～600ml/hm² 或 10% 乳油 2.25～3L/hm²，加水 600～750kg 喷雾。以繁缕、牛繁缕、雀舌草为主要杂草时，用 50% 悬浮剂 375～450ml/hm² 或 10% 乳油 2～2.25L/hm²，兑水 600～750kg 喷雾。

防治移栽油菜田杂草　返青后，杂草 2～3 叶期施药，用法同上。

注意事项　该品对荠菜型油菜高度敏感，不能应用。对白菜型油菜有轻微药害，应适当推迟施药期，一般情况下抑制现象可很快恢复，不影响产量。对后茬作物很安全。该品为芽后阔叶杂草除草剂，在阔叶杂草基本出齐后使用效果最好。可与常见的禾本科杂草芽后除草剂混用作一次性防除。

与其他药剂的混用　可与麦草畏、2 甲 4 氯、2 甲 4 氯丁酸等混用。

允许残留量　GB 2763—2021《食品中农药最大残留限量标准》规定草除灵在油菜籽中的最大残留限量为 0.2mg/kg（临时限量）。ADI 为 0.006mg/kg。

参考文献

孙惠青, 李义强, 徐广军, 等, 2012. 草除灵在油菜植株、油菜籽及土壤中残留分析方法研究[J]. 农药科学与管理, 33 (8):22-24.

（撰稿：杨光富；审稿：吴琼友）

草达津　trietazine

一种三嗪类广谱除草剂。

其他名称　Aventox、Bronox、G27901、NC 1667、Ramtal、Gesafloc、NSC 13908。

化学名称　6-氯-*N,N,N'*-三乙基-1,3,5-三吖嗪-2,4-二胺；6-chloro-N^2,N^2,N^4-triethyl-1,3,5-triazine-2,4-diamine。

IUPAC 名称　6-chloro-N^2,N^2,N^4-triethyl-1,3,5-triazine-2,4-diamine。

CAS 登记号　1912-26-1。

EC 号　217-618-3。

分子式　$C_9H_{16}ClN_5$。

相对分子质量　229.71。

结构式

开发单位　瑞士嘉基公司（现先正达公司）。

理化性质　黄色结晶固体。熔点 102～103℃。蒸气压 < 1.14mPa（20℃）。密度 1.22g/cm³。20℃溶解度（mg/L）：水 20、丙酮 170 000、苯 200 000、乙醇 30 000、三氯甲烷 500 000。$K_{ow}lgP$ 3.34（20℃，pH7）。Henry 常数（25℃）$9.29 \times 10^{-3}Pa \cdot m^3/mol$。对空气和水稳定。无腐蚀性。

毒性　大鼠急性经口 LD_{50} 494～841mg/kg。大鼠急性经皮 $LD_{50} > 600mg/kg$。对皮肤刺激中等，对眼睛刺激强烈。对兔皮肤无刺激。用含 16mg/kg 的饲料喂养大鼠 3 个月，无中毒现象。对鹌鹑的急性经口 LD_{50} 800mg/kg。对虹鳟 LC_{50}（96 小时）5.5mg/L。对蜜蜂无毒。

剂型　可湿性粉剂。

质量标准 原药含量不低于标示量，水分含量要求≤1.5%，稀释液的悬浮率要求在50%~70%，湿润时间≤5分钟。

作用方式及机理 通过植物的根和叶部被吸收，抑制希尔反应。

防治对象 用于豌豆、大豆、洋葱、花生、烟草、胡萝卜、菜豆田中，防除田间杂草如马唐、蟋蟀草、马齿苋、繁缕、狗尾草、看麦娘等。

使用方法 用量通常为1.6~4.5kg/hm²（有效成分），于播后苗前喷雾。

注意事项 减轻草达津残留危害的措施是进行带状处理与深耕。

与其他药剂的混用 与利谷隆的混剂（Bronox）用于马铃薯田中，与西玛津的混剂（Remtal）用于豌豆田中。

允许残留量 欧盟农药数据库（EU pesticides database）规定草达津在所有食品中的最大残留量水平限制为0.01mg/kg（Regulation No.396/2005）。

参考文献

苏少泉, 1979. 均三氮苯类除草剂的新进展[J]. 农药工业译丛, 2: 8-19.

BALL A P, HARRIS C, PFEIFFER R K, 1972. The use of trietazine and a trietazine/simazine mixture for weed control in peas[J]. Proceedings of British weed control conference, 11: 528-533.

（撰稿：杨光富；审稿：吴琼友）

草多索 endothal

一种双环羧酸类除草剂、除藻剂、植物生长调节剂、棉花脱叶剂。

其他名称 Acclerate、Herbicide273、草藻灭、茵多杀、茵多酸。

化学名称 7-氧杂双环[2.2.1]庚烷-2,3-二羧酸；7-oxabicyclo[2.2.1]heptane-2,3-dicarboxylic acid。

IUPAC名称 7-oxabicyclo[2.2.1]heptane-2,3-dicarboxylic acid。

CAS登记号 145-73-3（草多索，未标明立体化学）；28874-46-6[草多索rel-（1R, 2S, 3R, 4S）-异构体]；17439-94-0（草多索二铵，未标明立体化学）。

EC号 205-660-5。

分子式 $C_8H_{10}O_5$。

相对分子质量 186.16。

草多索二钾 endothal-dipotossium

CAS登记号 2164-07-0。

分子式 $C_8H_8K_2O_5$。

相对分子质量 262.4。

分子式 $C_8H_{10}O_5$。

相对分子质量 186.16。

草多索二钠 endothal-disodium

CAS登记号 129-67-9。

EC号 204-959-8。

分子式 $C_8H_8Na_2O_5$。

相对分子质量 230.2。

结构式

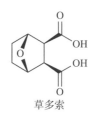

草多索

开发单位 由 Elf Atochem 公司开发。

理化性质

草多索 在草多索的4种理论异构体中，rel-（1R, 2S, 3R, 4S）-异构体是最有效的除草剂。无色晶体（一水合物）。熔点144℃（一水合物）。蒸气压 2.09×10^{-5}mPa（24.3℃）。$K_{ow}\lg P$ −2.09。Henry常数 3.8×10^{-13}Pa·m³/mol。相对密度1.431（20℃）。水中溶解度100g/kg（20℃）；有机溶剂中溶解度：甲醇280、二氧六环76、丙酮70、异丙醇17、乙醚1、苯0.1（g/kg, 20℃）。对光稳定。约90℃以下稳定，90℃以上会缓慢转化为酐。草多索是二元酸，可形成水溶性铵盐和碱金属盐。二元酸 pK_{a1}3.4，pK_{a2} 6.7。不可燃。

草多索二钾 水中溶解度 > 65g/100ml。

草多索-单（N, N-二甲烷基铵）烷基是C_8~C_{18}，来自椰子油。蒸气压1.3mPa。在水中溶解度 > 50g/100ml。

毒性

草多索 大鼠急性经口LD_{50} 38~54mg/kg（酸），206mg/kg（66.7%铵盐制剂）。兔急性经皮LD_{50} > 2000mg/L。吸入LC_{50}（14天）0.68mg/L。NOEL：大鼠按照1000mg/kg（饲料）饲喂2年没有副作用。ADI/RfD（EPA）aRfD 0.007mg/kg[2005]。毒性等级：II（制剂，EPA）。EC分级：T，R25丨Xn；R21丨Xi；R36/37/38（也适用于钠盐）。

草多索二钾 大鼠急性经口LD_{50} 98mg/kg。兔急性经皮LD_{50} > 2000mg/L。对兔眼睛有严重刺激，对兔皮肤有轻微刺激。对豚鼠皮肤无致敏性。

草多索二钠 急性经口LD_{50} 182~197mg/kg（19.2%水溶液）。对皮肤和眼睛有刺激。毒性等级：II（a.i., WHO）。

剂型 颗粒剂，可溶液剂。

作用方式及机理 选择性触杀除草剂，通过叶和根吸收，从木质部向顶部的传导很有限。也有灭藻功能。可以用作脱叶剂和干燥剂。

防治对象 草多索的铵盐和碱金属盐用于苗前和苗后防除一年生禾本科杂草和阔叶杂草，适用作物为糖用甜菜、饲料甜菜、甜菜根、菠菜和草皮，施用剂量2~6kg/hm²；防除藻类和水生杂草（包括在水稻田应用）；也用作苜蓿、三叶草和啤酒花的催枯剂；用于棉花脱叶（收获时辅助用途）；用于破坏马铃薯茎秆。

与其他药剂的混用 乙烯利＋草多索＋放线菌酮作为干燥脱叶剂。主要用于芝麻、棉花等，在机械采收前干燥、脱叶。其作用不仅是干燥脱叶的效果，还有增加产量的效果。

参考文献

刘长令, 2002. 世界农药大全: 除草剂卷[M]. 北京: 化学工业出版社: 327-328.

马克比恩 C, 2015. 农药手册[M]. 胡笑形, 等译. 北京: 化学工业出版社: 374-375.

（撰稿: 赵毓; 审稿: 耿贺利）

草甘膦　glyphosate

一种膦酸类灭生性内吸传导型除草剂。

其他名称　镇草宁、农达、草干膦、膦甘酸、草克灵、奔达、春多多、甘氨磷、嘉磷塞、可灵达、农民乐、时拨克。

化学名称　N-(膦酸甲基)甘氨酸; N-(phosphonomethyl) glycine。

IUPAC 名称　N-(phosphonomethyl)glycine。

CAS 登记号　1071-83-6。

EC 号　213-997-4。

分子式　$C_3H_8NO_5P$。

相对分子质量　169.07。

结构式

HO-P(=O)(OH)-CH2-NH-CH2-C(=O)-OH

开发单位　1971 年由美国孟山都公司开发草甘膦作为除草剂活性成分，最先开发成功。

理化性质　纯品为白色无味晶体，原药含量 ≥ 95%，熔点 189.5 ℃，相对密度 1.704（20 ℃），蒸气压 1.31×10^{-2} mPa（25℃）。$K_{ow}\lg P < -3.2$（pH5～9）。Henry 常数 $< 2.1 \times 10^{-7} Pa \cdot m^3/mol$。水中溶解度（20 ℃）10.5g/L（pH1.9）; 有机溶剂中溶解度（g/L, 20～25℃）: 二氯甲烷 0.233，丙酮 0.078，异丙醇 0.02，甲苯 0.036，乙酸乙酯 0.012，甲醇 0.231。稳定性: 不易挥发，在空气和缓冲液中不会发生化学降解。pH 为 3、6 和 9 时，不易水解。在土壤中的 DT_{50} 值依土壤和气候条件而定，为 1～130 天。在水中的 DT_{50} 值为几天至 91 天。在水中可发生光降解，DT_{50} 为 33～37 天。在实验室有氧条件下 DT_{50} 为 27～147 天，厌氧条件下 DT_{50} 为 14～22 天。

毒性　大鼠急性经口 $LD_{50} > 5000mg/kg$，小鼠急性经口 $LD_{50} > 10\,000mg/kg$，山羊急性经口 LD_{50} 3530mg/kg，兔急性经皮 $LD_{50} > 5000mg/kg$，对兔眼睛和皮肤无刺激作用，对豚鼠皮肤无过敏作用。在试验条件下对动物未见致畸、致突变、致癌作用。对鱼和水生生物毒性较低; 对蜜蜂和鸟类无毒害; 对天敌及有益生物较安全。对鱼低毒。

剂型　草甘膦原药通常有 98% 和 95% 两种。草甘膦常用 10%、30%、46% 水剂，以及 30%、50%、65% 和 70% 可溶粉剂。草甘膦异丙胺盐常用 41%、62% 水剂，以及 74.7% 和 88.8% 可溶粒剂。

作用方式及机理　属于非选择性有机磷类内吸传导型灭生性除草剂，主要通过杂草的茎、叶吸收，而传导至全株和根部。在土壤中能迅速分解失效，故无残效作用。作用时间较长，一般喷药后杂草逐渐变黄，到 10～15 天后，杂草才能彻底变黄死亡。主要抑制植物体内的一种芳香酸生物合成酶 5- 烯醇丙酮基莽草酸 -3- 磷酸酯合成酶，从而抑制莽草酸向苯丙氨酸、酪氨酸及色氨酸的转化，干扰和抑制氨基酸合成，从而使杂草枯死。

防治对象　可防除禾本科杂草和阔叶杂草等，包括一年生和多年生、草本和灌木等 40 多科的植物。草甘膦是一种灭生性除草剂，对多年生杂草非常有效，广泛用于茶园、甘蔗、橡胶园、桑园、果园、防火隔离带、森林防火道、非耕地、公路、铁路防除杂草。

使用方法　可在许多作物的留茬、种植后或芽前使用。防除一年生和多年生的禾本科杂草和阔叶杂草时，使用剂量为 1.5～2kg/hm²; 用于果园、牧场、林业和工业方面防除杂草时，剂量为 4.3kg/hm²; 用作水生动物养殖场除草时，剂量为 2kg/hm²。

注意事项　①为灭生性除草剂，施药时切忌污染作物，以免造成药害。②对多年生恶性杂草在第一次用药后 1 个月后再施药 1 次，才能达到理想防治效果。③具有酸性，储存与使用时尽量使用塑料容器。不能与碱性农药混合使用。④喷药器具要反复清洗干净。⑤易与钙、镁、铝等离子络合失去活性，稀释农药时应使用清洁的软水，混入泥水或脏水时会降低药效。⑥施药后 3 天内请勿割草、放牧和翻地。

与其他药剂的混用　与其他除草剂共用可能会降低草甘膦的活性，如草甘膦不宜与百草枯混合施用。而采用草甘膦与 2 甲 4 氯钠混合施用，可达到很好的防治效果。

允许残留量　① GB 2763—2021《食品中农药最大残留限量标准》规定草甘膦最大残留限量见表。ADI 为 1mg/kg。谷物、油料和油脂、糖料按照 GB/T 23750 规定的方法测定; 水果按照 GB/T 23750、NY/T 1096、SN/T 1923 规定的方法测定; 茶叶按照 SN/T 1923 规定的方法测定。② WHO 推荐草甘膦 ADI 为 1mg/kg; JMPR 推荐草甘膦 ADI 为 1mg/kg（2004）; 大鼠每只 ADI 为 31mg/kg（EU）。

部分食品中草甘膦最大残留限量（GB 2763—2021）

食品类别	名称	最大残留限量（mg/kg）
谷物	稻谷	0.1
	小麦	5.0
	玉米	1.0
	鲜食玉米	1.0
	小麦粉	0.5
	全麦粉	5.0
油料和油脂	油菜籽	0.1
	棉籽油	0.5
水果	柑橘类水果（柑橘除外）	0.1
	柑、橘	0.5

食品类别	名称	最大残留限量（mg/kg）
		（续表）
水果	仁果类水果（苹果除外）	0.1
	苹果	0.5
	核果类水果	0.1
	浆果和其他小型水果	0.1
	热带和亚热带水果	0.1
	瓜果类水果	0.1
糖料	甘蔗	2.0
饮料类	茶叶	1.0

参考文献

周垂帆, 李莹, 张晓勇, 等, 2013. 草甘膦毒性研究进展[J]. 生态环境学报, 22 (10) : 1737-1743.

TURNER J A, 2015. The pesticide manual: a world compendium [M]. 17th ed. U K : BCPC.

（撰稿：贺红武；审稿：耿贺利）

草甘膦钠　glyphosate-sesquisodium

一种有机磷类植物生长调节剂，被植物吸收后可诱导乙烯生成，促进作物成熟和衰老。常可用于甘蔗增糖剂，也可用于小麦、玉米催熟早收。

其他名称　Polado、甘甜灵。

CAS 登记号　70393-85-0。

分子式　$C_6H_{13}N_2Na_3O_{10}P_2$。

相对分子质量　404.09。

结构式

$$\left[\begin{array}{c} O \\ \parallel \\ ^-O-C-CH_2-CH_2-N^+-CH_2-P-O^- \\ \\ O \\ \parallel \\ ^-O-C-CH_2-CH_2-N^+-CH_2-P-O^- \\ OH \end{array} \right] \cdot Na_3^+$$

开发单位　1980 年由美国孟山都化学公司开发。

理化性质　纯品为非挥发性白色固体。熔点 230℃，熔点时分解。25℃在水中溶解度为 1.2%。药剂落入土壤易被分解，无环境污染。

毒性　低毒。大鼠急性经口 LD_{50} 3925mg/kg。无皮肤刺激，无致癌、致畸、致突变作用。鳟鱼 TLm ＞ 1000mg/L。

剂型　75% 可溶性粉剂。

作用方式及机理　可经由植株的茎、叶吸收，然后传导到分生组织的细胞内，抑制生长活跃部位细胞的生长，诱导乙烯的生成，促进成熟和衰老，提高甘蔗、甜菜的含糖量。

使用对象　较为专一的甘蔗增糖剂，甘蔗在收获前 4～5 周以 200～250mg/L 作叶面喷洒使甘蔗催熟增糖；甜菜在块根膨大的初期以 50～90mg/L 叶面喷洒，可提高蔗糖含量。小麦、玉米、水稻、高粱在乳熟期以 50～150mg/L 作叶面喷洒，可催熟早收。马铃薯、番薯、大豆在收获前以 150～250mg/L 作叶面处理，可使绿色枝、叶干燥催枯。

使用方法　叶面喷洒。

注意事项　对作物嫩绿部位有抑制作用，应用时防止药液飘移，使敏感作物免受药害。使用后 6～12 小时勿有雨。作催熟剂切勿过早处理，否则会影响产量。

参考文献

李玲, 肖浪涛, 谭伟明, 等, 2018. 现代植物生长调节剂技术手册 [M]. 北京: 化学工业出版社: 60-61.

毛景英, 闫振领, 2005. 植物生长调节剂调控原理与实用技术 [M]. 北京: 中国农业出版社.

（撰稿：白雨蒙；审稿：谭伟明）

草克乐　chlorthiamide

一种选择性内吸性除草剂。

其他名称　赛草青、Prefix。

化学名称　2,6-二氯硫代苯甲酰胺；2,6-dichlorothiobenzamide。

IUPAC 名称　2,6-dichlorothiobenzamide。

CAS 登记号　1918-13-4。

EC 号　217-637-7。

分子式　$C_7H_5Cl_2NS$。

相对分子质量　206.09。

结构式

开发单位　1964 年由 H. Stanfor 首次报道，由壳牌化学有限公司开发。

理化性质　灰白色固体。熔点 151～152℃。蒸气压 1.33 μPa（20℃）。21℃时在水中的溶解度 950mg/L，溶于芳烃、氯代烃，在 ＜ 90℃和酸性溶液中稳定。

毒性　急性毒性：大鼠经口 LD_{50} 757mg/kg；大鼠经皮 LD_{50} ＞ 1mg/kg；大鼠经腹腔 LD_{50} 242mg/kg；小鼠经口 LD_{50} 500mg/kg；狗经口 LD_{50} ＞ 1mg/kg；兔经口 LD_{50} 300mg/kg；鸡经口 LD_{50} ＞ 1mg/kg；哺乳动物经口 LD_{50} 125mg/kg；其他多剂量毒性：大鼠经口 TDLo: 16 800mg/kg/4 W-C；大鼠经口 TDLo: 173mg/kg/13W-C；致突变性：小鼠细胞遗传学分析试验：经口，500mg/kg；对水稍微有危害，不要让未稀释或大量的产品接触地下水、水道或者污水系统，若无政府许可，勿将材料排入周围环境。

剂型　颗粒剂。

作用方式　二氯苯腈的前体，抑制纤维素的生物合成。内吸性除草剂，由根部吸收，在一定程度上由叶片吸收，内吸性传导。抑制种子的萌发。

防治对象　可防除狗牙根、莎草、稗草、鸭舌草、蓼等杂草。

使用方法　对于非作物区域的杂草控制总量，建议为17~28kg/hm²（有效成分）。7.5%颗粒剂用于选择性杂草的控制是优选的，在苹果上推荐9.2kg/hm²（有效成分）使用；在黑醋栗和鹅莓推荐使用6.75~9.2kg/hm²，藤本植物9~13.2kg/hm²，森林种植园2.5~4.6kg/hm²。应该在早春、植物生长之前应用。

（撰稿：陈来；审稿：范志全）

草克死　sulfallate

一种硫代氨基甲酸酯类选择性除草剂。

其他名称　Vegadex、CP4742、Thio-allate、V27、Verkemsecdex、硫烯草丹、菜草畏、CDEC。

化学名称　2-氯丙烯基N,N-二乙基二硫代氨基甲酸酯。

IUPAC名称　2-chloroallyl diethyl(dithiocarbamate)。

CAS登记号　95-06-7。

分子式　$C_8H_{14}ClNS_2$。

相对分子质量　223.79。

结构式

开发单位　1945年由孟山都化学公司推广，获有专利US2854467, 2919182。

理化性质　琥珀色油状液体。沸点128℃（133.3Pa），蒸气压0.293Pa（20℃），相对密度1.088（25℃），折光率1.5822（25℃）。25℃时在水中溶解度92mg/L，可溶于大多数有机溶剂，遇碱分解，半衰期：pH5时47天，pH8时30天。

毒性　急性经口LD_{50}：大鼠0.85g/kg，以85µg/（kg·d）剂量饲喂大鼠1个月以上无死亡发生。对皮肤和眼睛有一定刺激性。

剂型　48%乳油，20%颗粒剂。

作用方式及机理　不能被叶面吸收，易由根部吸收，在体内传导，影响细胞膜的完整和抑制蛋白质合成，对正萌芽的杂草最有效，对已出苗的杂草和多年生杂草无效。

防治对象　适用于多种蔬菜作物，如芹菜、莴苣、番茄、萝卜、黄瓜、西瓜、甘蓝、菠菜及玉米、大豆等。对刚萌发的一年生杂草如看麦娘、繁缕、早熟禾、蟋蟀草等有特效，对野燕麦、猪殃殃、苦苣菜防效差，对已定植或无性繁殖的杂草无效。

使用方法　以有效成分3~6kg/hm²作苗前处理，喷雾或撒毒土，施后应混土。该药主要通过根部吸收，有效期3~6周。

参考文献

朱永和,王振荣,李布青, 2006. 农药大典[M]. 北京: 中国三峡出版社: 778.

（撰稿：汪清民；审稿：刘玉秀、王兹稳）

草枯醚　chlornitrofen

一种二苯醚类除草剂。

其他名称　CNP、MO、MO338。

化学名称　2,4,6-三氯苯基-4′-硝基苯基醚；2,4,6-trichlorophenyl-4′-nitrophenyl ether。

IUPAC名称　4-nitrophenyl 2,4,6-trichlorophenyl ether。

CAS登记号　1836-77-3。

分子式　$C_{12}H_6Cl_3NO_3$。

相对分子质量　318.54。

结构式

开发单位　日本三井东亚公司于1969年推广。

理化性质　原药含量为90%。纯品是淡黄色、褐色结晶性粉末。熔点107℃。沸点210℃（800~900Pa）。蒸气压46.7Pa（109℃）、213Pa（170℃），130℃开始失重，160℃升华。不溶于水，可溶于苯和二甲苯。

毒性　毒性极低。急性经口LD_{50}：大鼠10.8mg/kg，小鼠11.8mg/kg。鲤鱼TLm（48小时）290mg/L。以10mg/（kg·d）的剂量饲喂大鼠3个月无症状。

剂型　20%乳油，9%颗粒剂，25%可湿性粉剂。

防治对象　用于防治水稻田中初期一年生杂草，如稗草、鸭舌草、瓜皮草、马唐、水马齿、牛毛毡、看麦娘、狗尾草等。也可用于油菜、白菜地防除禾本科杂草。地区条件影响小，无药害。

使用方法　用量0.2~1kg/hm²（有效成分）。水稻本田在插秧后3~6天，杂草发芽前或发芽初期处理，直播田灌水后即处理。在油菜、白菜地中施有效成分250~1000g/hm²可防除禾本科杂草。

允许残留量　GB 2763—2021《食品中农药最大残留限量标准》规定草枯醚在食品中的最大残留量为0.01mg/kg（临时限量）。ADI暂无。

参考文献

朱永和,王振荣,李布青, 2006. 农药大典[M]. 北京: 中国三峡出版社: 803-804.

（撰稿：王大伟；审稿：席真）

草硫膦　glyphosate-trimesium

一种有机磷类非选择性茎叶处理传导型除草剂。

其他名称 Coloso、Ouragan、草甘膦三甲基锍盐、touch-down、Sulfosate、sulphosate。

化学名称 三甲基锍-*N*-膦羧基甲基-甘氨酸；*N*-(膦酰甲基)甘氨酸三甲基硫盐；trimethylsulfonium(((carboxymethyl)amino)methyl)phosphonate。

IUPAC 名称 trimethylsulfonium *N*-[(hydroxyphosphinato)methyl]glycine。

CAS 登记号 81591-81-3。

EC 号 617-243-9；617-959-1。

分子式 $C_6H_{16}NO_5PS$。

相对分子质量 245.24。

结构式

开发单位 由英国 ICI 公司所属研究所（当时属斯道夫公司）首先合成和开发，于 1982 年在全球进行田间试验。1984 年在日本开始推广试验，1989 年在日本登记注册。

理化性质 淡黄色清澈液体，25℃蒸气压 0.04mPa，密度 1.23g/cm³。溶解性：非常易溶于水，其溶解度：水，4300g/L；有机溶剂，如丙酮、氯苯、乙醇、煤油、二甲苯＜5g/L（工业品）。稳定性：草硫膦阳离子 DT_{50} 6.7 天（100℃），草硫膦阳离子 DT_{50} ＞30 天（pH9，25℃）。草硫膦物化性质稳定，有效期可长达 4 年。

毒性 急性经口 LD_{50}：雄大鼠 748mg/kg，雌大鼠 755mg/kg，鹌鹑＞2050mg/kg（工业品），野鸭 950mg/kg（工业品）。兔急性经皮 LD_{50}＞2g/kg。大鼠急性吸入 LC_{50}（4 小时）＞0.81mg/L 空气。饲喂试验 NOEL 为 100mg/（kg·d），无致畸作用。鱼类 LC_{50}（96 小时）：虹鳟 1.8g/L，蓝鳃鱼＞3.5g/L。蜜蜂 LD_{50}：接触 0.39mg/只，经口＞0.4mg/只。

38% 液剂：大鼠急性经口 LD_{50}：雄 1760mg/kg，雌 1298mg/kg。兔子急性经皮 LD_{50}：雄、雌＞2000mg/kg。

剂型 38% 草甘膦三甲基锍盐水剂（AS）。

质量标准 黄红色水剂，有效成分为 38% 的草甘膦三甲基锍盐。

作用方式及机理 可从茎叶被吸收进体内并传导至整个植物体，药剂的效果首先从茎的顶端和新生叶表现出来，直至最后全株枯死。但草硫膦一接触土壤就立刻被吸附并失效，由土壤生物分解放出二氧化碳，因此药剂不可能在土壤中被作物根部吸收。其主要作用机理是通过阻碍芳香基氨基酸的合成，从而显示出除草的效果。

防治对象 非选择性除草剂，对多种一年生和多年生杂草防效显著。虽然从杂草的茎叶被吸收进入体内，但是其地上和地下部分都会枯死，因此即使是多年生杂草也能够长期有效。广泛用于果园、非耕地、水田、林场、牧场等防除多种一年生和多年生杂草。

使用方法 ①根据杂草种类、大小及杂草密度，适当调整用药剂量进行茎叶处理。防除一年生杂草，一般施药量为 1995～6000ml/hm²，防除多年生杂草，一般施药量为 3990～7980ml/hm²。施药后，对一年生杂草要 2～4 天，多年生杂草要 1～2 周后才能见到除草效果。②在使用污浊水配制喷洒液时，会使除草效果下降，因此需采用清水进行配制，苗后除草，茎叶喷雾。③草硫膦与土壤接触后会立即失效，因此必须在杂草发生后施药。在杂草生长盛期至生育终期或开花期施用更有利于防除多年生杂草的地上和地下部分。

注意事项 ①不可溅入眼睛，如有发生立即冲洗眼睛并接受眼科治疗。施药时注意防护措施，不可吸入和淋湿身体，施药结束后，立即用肥皂仔细洗涤手足和脸，同时漱口换衣。如发生误饮，则需催吐并立即送医院治疗。②喷洒时需注意风向等因素。如药剂飘移会对作物及其他有用植物产生药害。③储存在儿童接触不到的地方，剩余药剂和使用过后的容器要妥善处理，避免污染水源。④预计在施药后几小时有暴雨的场合不要施药。

参考文献

中村茂博，近藤裕明，1992. 新茎叶处理除草剂草硫膦(Touchdown)[J]. 农药译丛，14 (2): 59-62.

（撰稿：贺红武；审稿：耿贺利）

草灭畏 chloramben

一种苯甲酸类除草剂。

其他名称 氨二氯苯酸、草灭平、草灭喂、Ambiben、Amiben、Amoben、Vegiben。

化学名称 3-氨基-2,5-二氯苯甲酸；3-amino-2,5-dichlorobenzoic acid。

IUPAC 名称 2,5-dichloro-3-aminobenzoic acid。

CAS 登记号 133-90-4。

EC 号 205-123-5。

分子式 $C_7H_5Cl_2NO_2$。

相对分子质量 206.03。

结构式

开发单位 由阿姆化学产品公司（现拜耳公司）推出。

理化性质 无色晶体，密度 1.607g/ml。熔点 200～201℃。蒸气压 930mPa（100℃）。溶解度：水 700 mg/L；二甲基甲酰胺 1206mg/kg、丙酮 223mg/kg、甲醇 223mg/kg、乙醇 173mg/kg、异丙醇 113mg/kg、乙醚 70mg/kg、三氯甲烷 0.9mg/kg、苯 0.2mg/kg（以上溶解度均为在 25℃下的结果）。不溶于四氯化碳。稳定性：沸点以下对热稳定，对氧化剂、酸、碱稳定，遇次氯酸钠溶液分解，对光敏感。

毒性

急性毒性数据 大鼠急性经口 LD_{50}＞5000mg/kg。大鼠急性经皮 LD_{50}＞3160mg/kg。小鼠急性经口 LD_{50}＞3725mg/kg，兔急性经皮 LD_{50}＞3136mg/kg。对眼睛和皮肤有轻微刺激（兔）。对鱼类和蜜蜂无毒。

致肿瘤数据　小鼠急性经口 TDLo：672mg/kg/80W-C。小鼠急性经口 TD：1344mg/kg/80W-C。

致突变数据　细菌 - 鼠伤寒沙门氏菌：10mg/plate。小鼠腹腔：58500μg/kg。小鼠经口：234mg/kg。

剂型　干拌种剂，可溶液剂，颗粒剂，可溶性粉剂。

作用方式及机理　该品通过降低杂草茎组织的吲哚乙酸含量，从而使得植物生长素极性运输调控受阻，引起杂草死亡。

防治对象　用于防治向日葵、海军豆、花生、玉米、甘薯、南瓜、番茄、大豆及蔬菜田的阔叶杂草，以及稗草、马唐、看麦娘、狗尾草等一年生杂草。药害少，不受天气的影响。

参考文献

KEITT G W Jr., BAKER R A, 1966. Auxin activity of substituted benzoic acids and their effect on polar auxin transport[J]. Plant physiol, 41: 1561-1569.

（撰稿：胡方中；审稿：耿贺利）

草特磷　zytron

一种磷酰胺酯类触杀性芽前土壤处理除草剂。

其他名称　K-22023、Dowco-118、DMPA、特草磷、Dow-1329、ENT-25647、OMS-115。

化学名称　*O*-甲基 *O*-(2,4- 二氯苯基)*N*- 异丙基硫逐磷酰胺酯；phosphoramidothioic acid,*N*-(1-methylethyl)-,*O*-(2,4-dichlorophenyl)*O*-methyl ester。

IUPAC 名称　*O*-(2,4-dichlorophenyl)*O*-methyl isopropyl-phosphoramidothioate。

CAS 登记号　299-85-4。

分子式　$C_{10}H_{14}Cl_2NO_2PS$。

相对分子质量　314.16。

结构式

开发单位　由美国陶氏化学公司于 1958 年开发，开始进行药效试验。

理化性质　纯品为浅黄色结晶，熔点 51.4℃。相对密度 1.34（20℃）。蒸气压＜ 266.64Pa（150℃）（分解）。折光率 1.53968。微溶于水（5mg/L），易溶于乙醇、苯、丙酮、氯仿、醚等有机溶剂。pK_a-1.12（25℃）。稳定性：对光稳定，在酸、碱和 70℃以上的温度下比较稳定。

毒性　急性经口 LD_{50}：大鼠 270mg/kg，豚鼠 210mg/kg，小鸡 000mg/kg，鸟 100mg/kg，狗和猪＞ 1000mg/kg。兔急性经皮 LD_{50} 1680mg/kg。

剂型　22.5% 乳油（M-1329），25% 粉剂（M-1487），8% 颗粒剂，40% 乳油。

防治对象　草坪、玉米、棉花、水稻、菜豆等地防除马唐、看麦娘、龙爪茅属、狗尾草、繁缕、大画眉草、荞麦、蓼、蟋蟀草、大戟、马齿苋等。对狗尾草和一些一年生杂草在 8～32mg/L 时有 98%～100% 药效。

使用方法　作物播后苗前，杂草出土前施药，用药量 9～20kg/hm²，施于地表。

参考文献

黄伯俊, 1993. 农药毒理-毒性手册[M]. 北京: 人民卫生出版社.

林郁, 1989. 农药应用大全[M]. 北京: 农业出版社.

王涨富, 1986. 毒物快速系列分析手册[M]. 合肥: 安徽科学技术出版社.

张殿京, 程慕如, 1987. 化学除草应用指南[M]. 北京: 农村读物出版社.

（撰稿：贺红武；审稿：耿贺利）

草完隆　norea

一种脲类芽前除草剂。

其他名称　noruron、Hercules 7531、Herban。

化学名称　1-(3a,4,5,6,7,7a-六氢 -4,7-亚甲基 -5- 茚满基)-3,3- 二甲基脲；1-(3a,4,5,6,7,7a-hexahydro-4,7-methano-5-indanyl)-3,3-dimethylurea。

IUPAC 名称　1,1-dimethyl-3-((3a*R*,5*S*,7a*R*)-octahydro-1*H*-4,7-methanoinden-5-yl)urea。

CAS 登记号　18530-56-8。

EC 号　242-406-2。

分子式　$C_{13}H_{22}N_2O$。

相对分子质量　222.33。

结构式

开发单位　美国赫古来公司。

理化性质　外观呈白色结晶固体，熔点 171～172℃。25℃时在水中溶解度为 150mg/L；易溶于丙酮、乙醇、环己烷，微溶于苯。

毒性　大鼠和狗以 50g/kg、500g/kg 和 5000g/kg 的饲料喂养 2 年无中毒症状。急性经口 LD_{50}：大鼠 1500～2000mg/kg，狗 3700mg/kg。兔急性经皮 LD_{50} ＞ 2300mg/kg。鱼毒 TLm（48 小时）18mg/L。

剂型　50% 可湿性粉剂。

防治对象　适用于棉花、高粱、甘蔗、大豆、菠菜和马铃薯等田中。可防治一年生禾本科和阔叶杂草如繁缕、看麦娘、马唐等。

使用方法　砂壤土用有效成分 1～2kg/hm²，中质土 2～3kg/hm²，高质土 3～4kg/hm²。

参考文献

孙家隆, 2015. 新编农药品种手册[M]. 北京: 化学工业出版社: 657.

（撰稿：王大伟；审稿：席真）

草芽畏　2,3,6-TBA

一种苯甲酸类激素型芽后除草剂，可与其他激素型除草剂混配。

其他名称　草芽平、三氯苯酸、三氯苯甲酸、Benzak、Benzac、Fen-all、2,3,6-TCBA、HC1281、TCB、TCBA、Tribac、Trisben、Trysben。

化学名称　2,3,6-trichlorobenzoic acid。

IUPAC名称　2,3,6-trichlorobenzoic acid。

CAS登记号　50-31-7。

分子式　$C_7H_3Cl_3O_2$。

分子量　225.46。

结构式

开发单位　Heyden Chemical 公司和美国杜邦公司。

理化性质　无色或浅黄色结晶粉末，熔点124～125℃。密度 $1.635g/cm^3 \pm 0.06g/cm^3$（20℃，101.32kPa），$pK_a$1.25±0.25（25℃）。蒸气压3.2Pa（100℃）。水中溶解度7.7g/L（22℃）；其他溶剂中溶解度：丙酮60.7g/100ml、苯 23.8g/100ml、氯仿23.7g/100ml、乙醇63.7g/100ml、甲醇71.7g/100ml、二甲苯21.0g/100ml。常温下对光稳定。

毒性　急性经口LD_{50}：大鼠＞1500mg/kg，小鼠＞1000mg/kg，豚鼠＞1500mg/kg，兔子＞600mg/kg。大鼠急性经皮和眼刺激毒性LD_{50}＞1000mg/kg。母鸡急性吸入LC_{50}＞1500mg/L。鱼类LC_{50}：鲈鱼100～150mg/L，拟鲤300mg/L。对蜜蜂、水蚤、海藻和蠕虫等没有毒性。用含10 000mg/kg的饲料喂大鼠，64天后大鼠的水代谢受到轻微影响，但用1000mg/kg饲料喂养69天后未发现上述情况，药物未经变化基本排出体外。

剂型　可湿性粉剂。

作用方式及机理　抑制氧化磷酸化过程。作用方式是被杂草的叶和根吸收，具有类激素作用的系统生长调节剂。

防治对象　芽后施用，可与其他具有生长调节作用的除草剂混配，防除禾谷田中阔叶杂草及一年生和多年生杂草，如蔓首乌、八仙草、蓄蓄、桃叶蓼和母菊属等。

可燃性危险特性　燃烧产生有毒氯化物气体。

（撰稿：胡方中；审稿：耿贺利）

茶长卷叶蛾性信息素　sex pheromone of *Homona magnanima*

适用于仁果类果树的昆虫性信息素。最初从未交配的茶长卷叶蛾（*Homona magnanima*）雌虫腹部末端提取分离，主要成分为（Z）-11-十四碳烯-1-醇乙酸酯。

其他名称　Checkmate OLR-F（可喷洒剂型）[混剂，+（E）-异构体]（Suterra）、Isomate-C Special（美国、意大利）（混剂，+十二碳二烯醇）（Shin-Etsu）、Z11-14Ac。

化学名称　（Z）-11-十四碳烯-1-醇乙酸酯；(Z)-11-tetradecen-1-ol acetate。

IUPAC名称　[(Z)-tetradec-11-enyl] acetate。

CAS登记号　20711-10-8。

EC号　243-982-8。

分子式　$C_{16}H_{30}O_2$。

相对分子质量　254.41。

结构式

生产单位　1985 年开始应用，由 Suterra、Shin-Etsu 等公司生产。

理化性质　无色液体，有特殊气味。沸点90～92℃（9.33Pa）。相对密度0.88（20℃）。$K_{ow}lgP > 4$。难溶于水，溶于丙酮、氯仿、乙酸乙酯等有机溶剂。

毒性　急性经口LD_{50}：大鼠＞5000mg/kg，小鼠＞5000mg/kg。大鼠急性吸入LC_{50}＞5mg/L 空气。大鼠急性经皮LD_{50}＞2000mg/kg。虹鳟（96 小时）LC_{50}＞10mg/L。水蚤（48 小时）EC_{50}＞10mg/L。

剂型　缓释管。

作用方式　主要用于干扰茶长卷叶蛾、茶小卷蛾、棉褐带卷蛾等的交配。

防治对象　适用于果园，用于防治苹果与梨树上的茶长卷叶蛾、茶小卷蛾、棉褐带卷蛾与荷兰石竹小卷蛾。

使用方法　将含有茶长卷叶蛾性信息素的缓释管置于果园的合适高度，按每公顷500个均匀分布于果园。使茶长卷叶蛾性信息素扩散到空气中，并分布于整个果园。

参考文献

纪明山, 2012. 生物农药手册[M]. 北京: 化学工业出版社.

马克比恩C,2015.农药手册[M].胡笑形,等译.北京:化学工业出版社.

吴文君, 高希武, 张帅, 2017. 生物农药科学使用指南[M]. 北京: 化学工业出版社.

（撰稿：钟江春；审稿：张钟宁）

茶皂素　tea saponin

从山茶科植物种子中提取的一种五环三萜类化合物，

C

是一种性能良好的天然表面活性剂，具有良好的乳化、分散、发泡、湿润等功能，可广泛应用于轻工、化工、纺织等领域。在农药加工中可用作湿润剂、悬浮剂、增效剂和展着剂，也可直接作为生物农药，对昆虫具有拒食、胃毒和忌避作用。2014年，湖北信风作物保护有限公司开发30%水剂并登记。

其他名称　皂素、茶皂角甙、皂苷、肥皂草素、薯芋皂苷元。

茶皂素通式：

组分名称	R¹	R²	R³	R⁴	R⁵	分子式	相对分子质量	CAS号
活性成分-1	OH	(结构)	Ac	H	CH₂OH	C₅₉H₉₂O₂₈	1249.36	无
活性成分-2	H	(结构)	H	Ac	CHO	C₆₃H₉₀O₂₇	1279.39	无
活性成分-3	H	(结构)	H	Ac	CH₃	C₆₃H₉₂O₂₆	1265.40	906451-37-4
活性成分-4	H	(结构)	Ac	Ac	CH₂OH	C₆₁H₉₄O₂₈	1275.40	无

开发单位　湖北绿天地生物科技有限公司等。

理化性质　纯品为白色微细柱状晶体，味苦而辛辣。pH5～6.5。不溶于氯仿、石油醚、乙醚、丙酮、苯等有机溶剂，难溶于冷水、无水甲醇和无水乙醇，微溶于温水、乙酸乙酯和二硫化碳，易溶于含水甲醇、含水乙醇、正丁醇以及冰乙酸、吡啶、醋酐等。能发泡，并有溶血作用，吸湿性强，对甲基红呈酸性。

毒性　微毒。大鼠急性经口LD₅₀ 4466.8mg/kg，急性经皮LD₅₀ 10 000mg/kg。30%茶皂素水剂对动物体重有一定影响，维斯塔尔大鼠亚慢性经口最大无作用剂量20mg/kg。对鱼类毒性较大，LC₅₀ 3.8mg/L。40mg/ml和1.6mg/ml的茶皂

素分别对皮肤和眼睛有轻微的刺激。

剂型　30%水剂。

作用方式及机理　具有拒食、胃毒和忌避作用，黏附性强，堵塞气门，使昆虫窒息死亡。主要作用机制是可作用于昆虫口腔壁细胞上的化学感受器，传递信息到中枢神经系统，从而引起一系列生理反应，抑制进食而亡；也可能是因为昆虫取食茶皂素后，消化道发生生理病变，其消化系统功能受到影响，产生厌食反应。

防治对象　茶树小绿叶蝉。

使用方法　在茶小绿叶蝉卵孵化盛期或三龄前，用30%茶皂素水剂有效成分用药量337.5～525g/hm²（折成30%茶皂素水剂75～116.7ml/亩）进行喷雾。

注意事项　①不得与碱性物质混用，不得与含铜杀菌剂混用。②对鱼和家蚕有一定毒性，使用时应避开水产养殖区和桑园等场所。③孕妇及哺乳期妇女禁止接触。

与其他药剂的混用　据文献报道，茶皂素可提高杀虫单、氯氟氰菊酯、噻螨酮、哒螨灵、鱼藤酮、Bt制剂、苯霜灵、腐霉利等农药的防治效果，可与上述农药合理混用。

参考文献

郝卫宁，曾勇，胡美英，等，2010. 茶皂素在农药领域的应用研究进展[J]. 农药，49(2): 90-93, 96.

王小艺，黄炳球，1999. 茶皂素对菜青虫的拒食作用方式及机制[J]. 应用昆虫学报，36(5): 277-281.

张静静，时钢印，关爱莹，2015. 茶皂素专利技术综述[J]. 农药，54(3): 157-161.

张文婷，2019. 油茶壳中茶皂素的制备及其抑菌活性研究[D]. 海口：海南大学.

（撰稿：龙友华；审稿：李明）

差向异构化　epimerization

含有两个或两个以上手性中心的化合物分子中某手性中心的构型通过化学反应转换成其相反构型的过程。发生差向异构化时，旋光度必将发生改变，甚至旋光方向亦可能发生变化。只含有一个手性碳原子的两种旋光异构体之间的转变不叫差向异构化，一般称为消旋化作用。差向异构化一般是差向异构体之间的一种直接的可逆的互变，形成两种差向异构体的平衡混合物。这种动态平衡通常是在溶剂、酸、碱等协助下，经过一个不稳中间体或活化过渡态完成的。差向异构化的过程中尽管有手性中心的消失和再生，但差向异构体之间并没有手性中心的数变和手性中心的位迁，仅仅是其中一个手性中心构型的翻转。

（撰稿：王益锋；审稿：吴琼友）

掺合剂　compatibility agent

一类有助于农药化学品，包括化学农药及农药-化肥、

农药 - 微量元素、农药 - 化肥 - 微量元素之间的相容性的物质，用于制剂加工和农药喷施。又名配伍剂。现代化农药应用新技术从省时、高效和经济观点看，需要农药与其他农业化学品包括微量元素、化肥等一道施用，这就需要有适当的掺合剂和应用技术。

作用机理　掺和剂主要用于农药和化肥复合制剂中，解决配方或者喷雾过程中的有效成分相容性和稳定性问题，防止喷雾液浑浊、絮凝沉降、分层结晶等，还可以使已分层的喷雾液加入掺合剂后立即再混合均匀，保持适当的稳定期。

分类与主要品种　农药掺合剂分为制剂配方用和喷施联用两大类，其中制剂配方用掺合剂主要指阴 / 非离子表面活性剂复配物或特种乳化剂，主要用于液体剂型；喷施联用掺合剂主要是同类表面活性剂的复配物，以阴离子常用，往往是集展着、中和、掺和等作用于一体的多功能喷雾助剂。

喷雾用掺合剂中阴离子组分主要有烷基酚聚氧乙烯醚磷酸酯、脂肪醇聚氧乙烯醚磷酸酯、脂肪硫醇聚氧乙烯醚磷酸酯、双烷基酚聚氧乙烯醚磷酸酯、烷基酰胺丁二酸半酯磺酸异丙胺盐、烷基酚聚氧乙烯醚丁二酸酯磺酸异丙胺盐、烷基苯磺酸盐及烷基胺盐、α- 烯基磺酸异丙胺盐、烷基酚聚氧乙烯醚甲醛缩合物硫酸盐、脂肪醇硫酸盐；非离子掺合剂组分有烷基聚氧乙烯（丙烯、丁烯）醚、烷基酚聚氧乙烯醚（丙烯、丁烯）醚、聚烷氧烯缩合物、烷基芳基聚氧烷基醚、脂肪酸及脂肪酸多元醇酯的烷氧基衍生物、环氧乙烷与环氧丙烷嵌段共聚物。

使用要求　农药掺合剂使用的对象含农药、化肥、微量元素，因此针对不同的使用对象，要选择不同的掺合剂。有农药 - 液体化肥复合制剂掺合剂，农药 - 固体化肥复合制剂掺合剂，农药 - 液体化肥喷施联用掺合剂等。

应用技术　喷施联用掺合剂的应用技术：①不同类型农药制剂混合使用。先在水中加入掺合剂，然后再加入不同的农药混匀喷雾。农药按以下加料顺序能把可能遇到的不相容性降到最低限度：先加水分散粒剂或干悬浮剂→可湿性粉剂→各种水基性胶悬剂→溶液剂→乳油。②农药 - 化肥桶混应用。先将水和肥料混合，加入掺合剂，再加入农药，可减少产生不相容性的概率。

参考文献

邵维忠, 2003. 农药助剂[M]. 3版. 北京: 化学工业出版社.

（撰稿：张春华；审稿：张宗俭）

长杀草　carbetamide

一种酰胺类广谱选择性除草剂。

其他名称　雷克拉、草威胺、草威安、草长灭。

化学名称　*N*- 乙基 -2-[(苯胺羰基) 氧基] 丙酰胺；(*R*)-*N*-ethyl-2-[(phenylamino-car-bonyl)oxy]propanamide。

IUPAC名称　[(2*R*)-1-(ethylamino)-1-oxopropan-2-yl] *N*-phenyl-carbamate。

CAS 登记号　16118-49-3。

EC 号　240-286-6。

分子式　$C_{12}H_{16}N_2O_3$。

相对分子质量　236.27。

结构式

开发单位　法国罗纳 - 普朗克公司。

理化性质　纯品为白色结晶固体。熔点 119℃（原药＞110℃），相对密度 0.5，蒸气压 0.133×10^{-3}Pa。溶解度（g/L）：水中约 3.5（20℃）；丙酮 900、二甲基甲酰胺 1500、乙醇 850、甲醇 1400、环己烷 0.3。普通储存条件下稳定。

毒性　急性经口 LD_{50}：大鼠 11 000mg/kg，小鼠 1250mg/kg，狗 1000mg/kg。兔以 500mg/kg 皮肤涂敷无影响。不刺激兔眼睛。大鼠吸入 LC_{50}（4 小时）＞ 0.13mg/L（空气）。90 天饲喂 NOEL：大鼠 3200mg/kg（饲料），狗 12 800mg/kg（饲料）。动物试验无致癌、致畸、致突变作用。ADI/RfD（BfR）0.03mg/kg［1991］。毒性等级：U（a.i.，WHO）；IV（制剂，EPA）。山齿鹑急性经口 LD_{50}＞ 2000mg/kg。蓝鳃鱼 LC_{50} 20mg/L；虹鳟 LC_{50} 6.5mg/L；鸽子 LD_{50} 20mg/kg。水蚤 EC_{50}（48 小时）36.5mg/L，蚯蚓 LC_{50} 600mg/kg 土壤。对蜂无毒。对眼睛和皮肤无刺激。

剂型　30% 乳油，70% 可湿性粉剂。

作用方式及机理　选择性除草剂，被根部和叶部吸收。有丝分裂抑制剂（微管组织）。

防治对象　用于油菜、苜蓿、十字花科作物田，在三叶草、苜蓿、红豆草、大田豆类、干豆类、小扁豆、甜菜、油菜、菊苣、向日葵、香菜、草莓、藤蔓、果园中防除一年生禾本科杂草（包括自生谷物）和一些阔叶杂草。

使用方法　油菜田使用可在移栽前和移栽活棵后处理，分别用 70% 可湿性粉剂兑水喷雾。剂量 2kg/hm²。该品不受土壤、气候影响，正常情况在土壤中残效期可达 2 个月。

制法　α- 羟基丙酸甲酯与乙胺作用生成 *N*- 乙基 -α- 羟基丙酰胺，再与异氰酸苯酯加成生成卡草胺。

允许残留量　EU status（1107/2009）已批准。被认为在现有指令范畴之外，不被视作一种植保产品。

参考文献

马克比恩 C, 2015. 农药手册[M]. 胡笑形, 等译. 北京: 化学工业出版社: 140-141.

（撰稿：祝冠彬；审稿：徐凤波）

常量喷雾　conventional sparying

见大容量喷雾。

（撰稿：何雄奎；审稿：李红军）

常温烟雾法　cold aerosol

与热烟雾法相对应，常温烟雾法是利用压缩空气的压力能使药液在常温下形成烟雾状微粒的农药使用方法。常温烟雾法所采用的专用机具称为常温烟雾机。常温烟雾技术是20世纪80年代开始在国际上发展起来的。其工作原理是药液在常温下在超音速气流的剪切作用下形成微小雾滴。常温烟雾法对农药剂型没有特殊要求，油剂、水剂、乳剂及可湿性粉剂均可使用，其雾滴直径一般为5~25μm，穿透能力强，适合用于温室大棚和茶园等郁闭作物的病虫害防治以及禽舍消毒等。

作用原理　常温烟雾法是通过高速高压气体或超声波原理在常温下将药液破碎成超微粒子（5~25μm），药液能在设施内充分扩散，长时间悬浮，对病虫害进行触杀、熏蒸，同时对棚室内设施进行全面消毒灭菌，农药利用率50%~60%。常温烟雾机是常温烟雾法的关键部件，常温烟雾机的核心作业部件是气液二相流喷头。空气压缩机产生的压缩空气，通过空气胶管从二相流喷头体下方进入喷头涡流室，涡流室内腔设计成螺旋而进行导向，使压缩空气形成高速旋转气流从喷嘴喷出，在喷嘴外缘处形成局部真空，将药箱内药液高速混合，高速旋转气流的切向离心力和轴向拉力将药液撕裂成细丝，再进一步击碎成平均直径约为20μm的烟雾滴，从喷头体和盖帽组成的喷口沿轴向喷出并向四周扩散。喷头后方的低压大流量轴流风机的排风再进一步撞击破碎雾滴，并将细小的雾滴吹送至远方。

适用范围　主要用于保护地（温室、大棚等）进行封闭性喷药防治作物病虫害，也可用于室内灭杀卫生害虫、畜禽舍杀虫灭菌以及仓库灭虫和消毒。

主要内容

常温烟雾机　常温烟雾机利用其内燃机将空气进行压缩形成高压高速气流，在此条件下使药液在常温条件下被超音速气流剪切形成微小的雾滴，并经气流吹出后弥散在空气中成为药雾。该机器具有以下特点：①省药、节水。较常规施药节省农药30%左右，每亩施药液2~4L，是常规用水量的1/40，不增加空气湿度，施药不受天气限制。②施药均匀、扩散性好，药剂附着沉积率高，尤其适合棚室内作物病虫害防治。③对药剂适应性广。将药液变成烟雾时无须加

热，只是借助常温烟雾机在常温下将药液雾化成烟状药雾，不受农药剂型限制。④不损失农药有效成分。在常温下将药液物理破碎呈烟雾状，药剂有效成分无任何损失。⑤施药无需进棚作业，效率高，省工、省力、对施药者无污染。⑥应用范围广。不但可用于设施园艺，还可用于工业水雾降温、增湿、卫生杀虫、灭菌、防疫和食用菌生产等。

适用药剂　常温烟雾法是在常温下喷雾，任何可供加水稀释喷雾用的农药剂型和制剂都可以使用，例如，乳油、水乳剂、微乳剂、水剂、可溶性粉剂（片剂、粒剂、溶液）、可湿性粉剂、水分散粒剂（片剂）、悬浮剂等。

使用方法　常温烟雾机一般采用自动定时喷雾、定点喷洒、无人跟机操作的方式进行作业。

影响因素

常温烟雾机　常温烟雾机是常温烟雾法的关键性部件，其性能好坏直接影响常温烟雾法的效果。影响常温烟雾机雾化性能的主要因素是压缩空气的压力、气液比及药液的物理性状。压缩空气的压力高，有利于提高喷头出口处的气流速度和气流旋转强度，增强对药液流的冲击力，使雾滴变细。气流比（流经喷头处的压缩空气量与药液流量的体积比）愈大，雾滴直径愈小。但气液比大到一定值以后，雾滴直径变化趋于很小。药液的物理性状中，主要是表面张力和黏度对雾滴直径有影响。表面张力大的药液，形成的雾滴直径较大；黏度大的药液，形成的雾滴直径也较大。反之，形成的雾滴直径较小。

温度　在光照强烈的中午及当大棚内的温度超过35℃时不宜进行作业，因为此时由于"热致迁移现象"，细雾粒在植物上的沉积效率较差。通常可选择在8：00~9：00或16：00~17：00或傍晚时间开始进行喷雾作业。其中以傍晚为最佳开始作业时间，因为傍晚塑料大棚内外温差较大，棚内的气流作用最强，有利于烟雾扩散；同时傍晚封棚到次日早晨开棚，常温烟雾雾滴有充分的飘浮、扩散和沉降时间，防治效果最佳。另外，温度过高也增加药害的概率。

注意事项　①机器的维护。喷雾作业结束后，倒出药液箱中的剩余药液，应将机具擦洗干净，存放在干燥通风的场所。②药剂。常温烟雾法所用药剂应符合国家要求，不得使用违规、违禁药品，且不影响机器的正常喷洒。不得使用该机器喷施除草剂，以免飘移对附近作物造成药害。

参考文献

徐映明，2009.农药施用技术问答[M].北京：化学工业出版社.

袁会珠，2011.农药使用技术指南[M].2版.北京：化学工业出版社.

中国农业百科全书总编辑委员会农药卷编辑委员会，中国农业百科全书编辑部，1993.中国农业百科全书：农药卷[M].北京：农业出版社.

（撰稿：周洋洋；审稿：袁会珠）

常温烟雾法施药防治番茄白粉虱（周洋洋摄）

常温烟雾机　cold fog machine

利用压缩空气的压力能使药液在常温下形成烟雾状微粒分散的烟雾机。常温烟雾机实际上是一种风送式气力喷雾

机。20世纪70年代中后期日本首先研制成功。常温烟雾机利用高速高压气流或超声波原理在常温下将药液破碎成超细雾滴，直径一般在5~25μm，在设施内充分扩散，长时间悬浮，对病虫进行触杀、熏蒸，同时对棚室内设施进行全面消毒灭菌。温室大棚中使用常温烟雾机施药要比其他常规施药机械更加高效、安全、经济、快捷、方便。

适用范围　适用于农业保护地作物病虫害防治，进行封闭性喷洒，还可用于室内卫生杀虫、仓储灭虫、畜舍消毒以及高温季节室内增湿降温、喷洒清新剂等。

主要内容

性能规格　3YC-50型常温烟雾机的技术性能参数参见表。

结构组成（以3YC-50为例）　主要结构由空气压缩机、气液雾化喷射部件、药液箱、轴流风机、电气柜和升降架等组成，如图1所示。喷雾作业时喷射部件安装在升降架上，放置在棚室内，装有空压机、电气柜的动力机组设置在棚室外，操作者在室外通过控制系统进行操作，无须进入棚室。控制喷雾的方式有人工控制式和自动控制式，后者有电机驱动式和汽油机—发电机组式两种。

工作原理　常温烟雾机的工作原理是，当空气压缩机

3YC-50型常温烟雾机的技术性能参数表

名称	参数值	备注
整体尺寸（mm）	915/514	整机行走状态尺寸
整机净重（kg）	65	含升降支架
雾滴直径（μm）	15~25	
喷雾容量（ml/min）	50~70	
施药液量（L/亩）	2~4	
作业生产率（亩/h）	1	
适用棚室面积（亩）	0.5~1	30~60m×6~10m×2.5m
防治服务面积（亩/台机）	5~10	
压缩空气压力（MPa）	0.15~0.2	1.5~2kgf/cm²
药箱容量（L）	6	
功率（kW）	1.6	电压220V

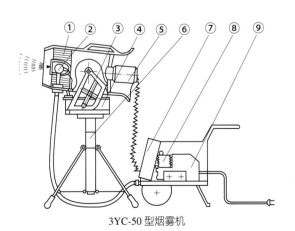

3YC-50型烟雾机

①喷筒及导流栅；②气液雾化喷头；③支架；④药液箱；⑤轴流风机；⑥升降架；⑦电气柜；⑧电动机；⑨空气压缩机

产生的压缩空气进入空气室，空气室内的压缩空气进气管输送到喷头，在喷头中的压缩空气首先进入涡流室，由于切向进入，而产生高速涡流，高速涡流一边旋转一边前进到达喷口，在排液孔的前端产生负压，药液经吸液管吸入喷头体内并与高速旋转的气流混合，初步雾化。这种初步雾化的气液混合物，以接近声速的速度喷出，这时由电机带动轴流风机产生轴向风力，将从喷头喷出的雾滴送向靶标。

工作特点　温室、大棚中使用常温烟雾机施药与使用其他常规植保机械相比，具有高效、安全、经济、快捷和方便的特点，优点如下。

农药利用率高，防治效果好　常温烟雾法是室内条件下利用压缩空气将药液雾化，进而沿风机送风方向吹送，沿直线方向扰动扩散，直至充满整个棚室空间。药液细小雾滴将长时间处于均匀分布、悬浮状态，经害虫消化系统、呼吸系统、表皮毒杀害虫及病菌，防治效果好。具备臭氧发生器的烟雾机产生臭氧，对棚室、空气和土壤等进行消毒、杀虫、灭菌处理，控制病虫源头。

省水、省药，不增加空气湿度，施药不受天气限制　常温烟雾机的施药液量为2~5L/亩，比常规喷药法省水90%以上，这在北方干旱地区尤为重要。其农药使用量也比常规喷药法节省10%~20%。由于减少了药液量，不增加温室内湿度，避免了因过湿而诱发病虫害发生的不利因素。阴雨天也可以实施烟雾施药，便于及时控制病虫害。

药剂适应性强　常温烟雾法在室温状态下使药液雾化，农药的使用形态为液态，不损失农药有效成分，不限制农药制剂的种类。常温烟雾法对农药的剂型没有特殊的要求，水剂、油剂、乳剂及可湿性粉剂等均可使用。

省工、省时，对施药者无污染　施药时操作人员不需要进入温室内作业，既显著降低劳动强度，又避免作业中的中毒事故。有的烟雾机还具备电动行走功能，操控及搬运方便。

作业质量影响因素　影响常温烟雾机雾化性能的主要因素是压缩空气的压力、气液比及药液的物理性状。压缩空气的压力高，有利于提高喷头出口处的气流速度和气流旋转强度，增强对药液流的冲击力，使雾滴变细。气液比（流经喷头处的压缩空气量与药液流量的体积比）愈大，雾滴直径愈小。但气液比大到一定值以后，雾滴直径变化趋于很小。药液的物理性状中，主要是表面张力和黏度对雾滴直径有影响。表面张力大的药液，形成的雾滴直径较大；黏度大的药液，形成的雾滴直径也较大。反之，形成的雾滴直径较小。

使用技术

施药前的准备　防治作业以傍晚、日落前为宜，气温超过30℃或者大风时应避免作业。检查棚室有无破损和漏气缝隙，防止烟雾飘移逸出。使用清水试喷，同时检查各链接、密封处有无松脱、渗漏现象。按说明书要求检查调整工作压力和喷量，喷量一般为50~70ml/min，计算每个棚室的喷洒时间。

施药中的技术规范　空气压缩机组放置在棚室外平稳、干燥处，喷雾系统及支架置于棚室内中线处，根据作物高

度，调节喷口离地 1m 左右，仰角 2°～3°。喷出的雾不可直接喷到作物或棚顶或棚壁上，在喷雾方向 1～5m 距离作物上应盖上塑料布，以防止粗大雾滴落下时造成污染和药害。

启动空气压缩机，压缩气流搅拌药箱内药液 2～3 分钟再开始喷雾。喷雾时操作者无须进入棚室，应在室外监视机具的运转情况，发现故障应立即停机排除。

严格控制喷洒时间，到时关机。先关空压机，5 分钟后再关风机，最后停机。穿戴防护衣、口罩进棚内取出喷洒部件，关闭棚室门，密闭 3～6 小时才可开棚。

施药后的技术处理   作业完将机具从棚内取出后，先将吸液管拔离药箱，置于清水瓶内，用清水喷雾 5 分钟，以冲洗喷头喷道。然后用拇指压住喷头孔，使高压气流反冲芯孔和吸液管，吹净水液。用专用容器收集残液，然后清洗机具。

按说明书要求，定期检查空压机油位是否足够，清洗滤清器海绵等。应将机具存放在干燥通风机库内，避免露天存放或与农药、酸碱等腐蚀性物质放一起。

参考文献

何雄奎, 2012. 高效施药技术与机具[M]. 北京: 中国农业大学出版社.

何雄奎, 2013. 药械与施药技术[M]. 北京: 中国农业大学出版社.

（撰稿: 何雄奎; 审稿: 李红军）

超低容量喷雾 ultra low volume spraying

农药超低容量喷雾技术简称 ULV，每公顷处理面积上所用喷雾液体积为 0.5～5L。ULV 是近 20 年迅速发展起来的农药应用技术，适应现代化农业生产，不仅作业效率高，一次装药处理面积大，而且还基本不用水稀释，适合于缺水和取水不便的地区。ULV 在防治农业病虫杂草、果树森林病虫杂草，以及卫生防疫等方面都取得良好效果。技术成熟，安全可靠，已在全世界范围内广泛应用。ULV 技术通常包括 ULV 喷雾系统（空中和地面 ULV 喷雾系统）、ULV 制剂和应用技术。现已确认 ULV 必须有专用 ULV 制剂才能获得满意效果。

超低容量喷雾技术原理   超低容量喷雾技术的关键在于药液雾化的质量（雾滴大小和雾滴大小的均匀度），这种超低容量喷雾方法不是简单通过控制药液喷嘴或改变喷雾压力所能做到的，必须从雾化原理上采用新的雾化技术。药液雾化的质量主要取决于喷头的雾化性能和农药制剂的物理性能。目前，超低容量喷雾用的雾化喷头主要采用的是雾化质量好的旋转式雾化喷头。利用微型电机驱动带有锯齿边缘的圆盘，把药液在一定的转速下加到以 8000～10 000r/min 旋转的圆盘上，药液均匀分布到转盘边缘的齿尖上，并在离心力的作用下飞离齿尖，然后断裂为均匀的细小雾滴。离心雾化所产生的雾滴尺寸取决于转盘的转速和药液的加速度，转速越快雾滴越细。

超低容量喷雾法的施药液量极少，不可能实现常规喷雾条件下直接沉积使得整株湿润，必须采取飘移沉积。利用辅助气流的吹送作用把雾滴分布在防治作物上，以一定的合适的间隔距离由上风向至下风向间隔喷施的喷雾，称之为"雾滴飘移沉积"，其施药质量可根据单位面积上沉积的雾滴数量来决定。常把每平方厘米雾面所能获得的雾滴数称为覆盖密度。雾滴直径在 50～100μm 范围内的雾滴沉积覆盖密度已相当好。一般来说，喷雾过程中田间作物上的沉积雾滴数目能达到每平方厘米 10～20 个雾滴即有非常好的防效。

基本特点   供超低容量喷雾施用的喷雾剂多为特制的超低容量油剂，飞机超低容量喷雾还有少量浓悬浮剂和农药原油。

超低容量油剂与常规喷雾施用的农药制剂相比，具有如下的特点：①超低容量油剂是以高沸点的油质溶剂作为农药载体，挥发性低，利于小雾滴的沉积。②超低容量油剂多为高含量的农药制剂（少数高效农药，如拟除虫菊酯类农药除外），浓度一般为 25%～50%；选择与农药相溶性好的溶剂来配制，在常温下为一均匀流动的油状液体。③超低容量油剂黏度一般不高，这有利于药液雾化，提高雾滴在单位面积上的覆盖度，使药效能充分发挥。④超低容量油剂对作物是安全的。虽然植物茎叶表层是由亲油性物质组成的，但由于超低容量喷洒的药液量少和雾滴小，更由于超低容量油剂的溶剂的选择是以对植物安全为前提，因此在额定施用量下，对植物安全，无药害。⑤超低容量油剂在应用时对人畜应当是安全的。通常不采用剧毒农药配制。

飞机超低容量喷雾用浓悬浮剂配制关键技术同油剂，主要选择合适的溶剂，对溶剂性能要求同油剂，与一般浓悬浮剂相比，它至少应具备两个特点：①黏度稍大，使药液在雾化后，小雾滴数减少，雾滴大小较均匀。②制剂的挥发率小于 30%。

应用效果   超低容量喷雾剂的农药品种大多为杀虫剂，而杀菌剂和除草剂则寥寥无几。杀菌剂品种不多的原因是保护性杀菌剂施药要求在靶体表面上全面覆盖，而超低容量喷雾在靶体表面上是雾滴覆盖，雾滴与雾滴之间是有间隔的。内吸杀菌剂如异稻瘟净、稻瘟灵、富士一号等可作为超低容量喷雾剂。

除草剂品种少的原因：①现有除草剂中土壤处理剂占比例大，这类除草剂不宜采用超低容量喷洒。②多数除草剂品种的选择性差，细雾滴飘移容易引起非施药区敏感作物受药害。③除草剂中有较多品种的脂溶性弱，不宜配制油剂。

超低容量喷雾剂   超低容量制剂的质量主要取决于溶剂的质量、农药原药的纯度以及必要的助剂，并严格控制按制剂中的各组分的额定数量投料。溶剂的质量控制指标：①沸点和沸程。每种溶剂均有其沸点和沸程，投料前必须加以测定和控制，如多烷基萘的沸程以 230～290℃为宜。②挥发率（滤纸法）不大于 30%。农药原药的质量控制，主要是指有效成分的含量，一般控制指标在 90% 以上。杂质含量必须控制在 10% 以下，以减少制剂可能出现的种种问题，如沉淀物、药害、毒性增高和黏度增高以及农药稳定性差等。只有制剂中各组分的含量达到了控制指标，制剂质量才有保证。通常，超低容量油剂一般控制指标见表。

超低容量油剂指标

指标	描述
外观	透明的均一油状液体
低温相溶性	在 –5℃ 条件下，冷储 48 小时不析出沉淀物或悬浮物
挥发性	滤纸悬挂法测定结果，挥发率不得大于 30%
植物安全性	在额定用量下，对作物安全
闪点	开口法测定，地面使用闪点 > 40℃，飞机使用闪点 > 70℃
黏度	运动黏度（20℃）在 2.5 ~ 8.0mm²/s 范围内

注意事项　由于飘移喷洒法的雾滴运动受气流的影响，因此施药地块的布置、喷洒作业的路线、喷头的喷洒高度和喷幅的重叠都必须加以严格的设计。操作过程中还必须注意气流方向，风向变动的夹角小于 45° 的情况下才允许进行作业。

参考文献

郭武棣, 2004. 液体制剂[M]. 北京: 化学工业出版社.

何雄奎, 2013. 药械与施药技术[M]. 北京: 中国农业大学出版社.

（撰稿：何雄奎；审稿：李红军）

超低容量液剂　ultra low volume concentrate, UL

直接在超低容量喷雾器械上使用的均相油溶液剂型。中国 2016 年颁布的农药剂型代码标准中，因考虑超低容量属于一种施药方式，将其合并到油剂或其他剂型之中。由农药原药、溶剂油及助溶剂等组成。在溶剂油中具有一定溶解度的、毒性较低的农药原药均可配制超低容量液剂，而采用高沸点的溶剂油挥发性低、黏度低、闪点高、相对密度接近 1、对人畜和作物安全。超低容量液剂加工工艺简单，在反应釜中经过简单搅拌溶解即可获得均匀、透明、流动性好的制剂。超低容量液剂的挥发性 < 30%，开口闪点地面超低容量喷雾 > 40℃、航空超低容量喷雾 > 70℃，黏度 < 10mPa·s，低温相溶性在 –5℃ 下 48 小时不析出结晶，有效成分热储分解率低于 5%，对靶标植物安全，无药害。

超低容量液剂是超低容量喷雾技术的专用剂型，采用超低容量弥雾机及航空超低容量进行飘移性喷雾，雾滴粒径 50 ~ 100μm，每公顷喷液量 1 ~ 5L。适合大面积防治暴发性、突发性的农田、森林病虫害。

超低容量液剂是为了适应超低容量喷雾技术开发出来的，迄今已被数十个国家所采用。中国在 1973 年和 1974 年先后引进了地面和航空超低容量喷雾技术，于 1978 年前后开发出多种超低容量喷雾器械和超低容量喷雾油剂。超低容量液剂具有如下特点：①黏着力强，耐雨水冲刷，对生物表面渗透性强，防治及时，持效期长。②药液无须稀释，直接喷雾，省去取水配药等环节，特别适合于干旱少雨地区及缺水的山区、林地。③高沸点溶剂不显著改变雾滴的粒径和质量，使之有较好的沉降能力和沉积效率，农药利用率 70% 以上，药效高于乳油。④风力 > 3m/s 不适合超低容量喷雾。

（撰稿：陈福良；审稿：黄啟良）

超临界流体色谱法　supercritical fluid chromatography, SFC

以超临界流体做流动相，依靠流动相的溶剂化能力，在色谱柱上进行待测化合物分离、分析的色谱过程。所谓超临界流体，是指物质处在临界温度和临界压力以上的一种物质状态（图 1），既不是气体也不是液体，兼具气体和液体的某些物理状态，物理性质介于气体和液体之间，如类似于液体，具有较大的密度和溶解力，又类似于气体，具有黏度小、扩散系数高、渗透性好、传质能力强等优点。最普遍广泛使用的 SFC 流动相是超临界流体 CO_2，其临界温度 31℃，可在近室温条件下工作，其密度大，与液体接近，有较高的溶解能力，黏度低，扩散系数高，传质速度快，可以较快地渗透进入固体样品的空隙，且无毒、不易燃、相对便宜易得，且在紫外区无吸收。但是由于多数化合物有极性，所以必须在流动相中加入极性改性剂，最常用的改性剂为甲醇。其他可作为超临界流体的物质还有 NH_3、甲烷、乙烷、二氯甲烷、三氯甲烷、甲醇、乙醇、异丙醇等。

SFC 是 20 世纪 80 年代发展起来的一种崭新的色谱技术。1985 年出现第一台商品型的超临界流体色谱仪，2014 年 Waters 公司进一步发展了分析型的超临界流体色谱仪，命名为超高效合相色谱仪（Ultra-Performance Convergence Chromatography™，UPC²©）。

SFC 原理　SFC 是利用超临界流体为流动相在临界点附近体系温度和压力的微小变化，使物质溶解度发生几个数量级的突变性质，以超临界流体作流动相，以固体吸附剂（如硅胶）或键合在载体（或毛细管壁）上的有机高分子聚合物作为固定相来实现化合物分离的色谱方法。SFC 分离机理同样是吸附与脱附，利用不同组分在两相间的分配系数

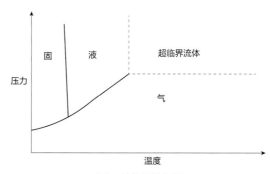

图 1　纯物质的相图

不同而被分离。超临界流体的密度受压力和温度影响显著，随着压力的增大，超临界流体的密度增大，其溶解能力就越大，色谱峰的出峰时间缩短，反之亦然。压力变化显著影响分离（图 2），SFC 柱压降越大，导致柱前端与柱尾端分配系数相差很大，从而产生压力效应。在临界压力处具有最大的压力，超过该点后影响小，超过临界压力 20% 时，柱压降对密度的影响较小。

SFC 特点　① SFC 流体对样品有分离作用，这与 LC 流动相一样，不同于 GC。② SFC 适合于分析蒸气压低、热稳定性差的样品。③超临界流体的黏度比液体低，可以使用比液相色谱更大的线速度来提高分析速度，或采用更长的色谱柱来增加柱效。④溶质在超临界流体中的扩散系数介于气体和液体之间。⑤ SFC 程序升压的作用相当于 GC 程序升温和 LC 梯度洗脱。⑥ SFC 既可以采用 LC 检测器，也可以采用 GC 检测器。

SFC 分类　根据所用色谱柱不同分为两种：采用填充柱的称为填充柱超临界流体色谱（packed column supercritical fluid chromatography，pcSFC）；采用毛细管柱的称为毛细管超临界流体色谱（capillary supercritical fluid chromatography，cSFC）。目前，填充柱 SFC 应用更广泛些。根据色谱过程的用途不同，分为分析型 SFC 和制备型 SFC 两种。分析型 SFC 主要用于常规的分析，尤其是在 Waters 公司的超高效合相色谱发展起来之后，用得越来越广。制备型 SFC 采用超临界二氧化碳流体作为流动相，二氧化碳便宜、环保、安全的特点，且在常温下易除去，样品的后处理过程较制备型 LC 简单，因此制备型 SFC 在农药或环境污染物残留分析前处理中用于提取净化样本，如 EPA3560、3561 和 3562 方法，或者在极性化合物、手性对映体制备领域应用。

SFC 仪器结构　分析型超临界流体色谱仪和制备型超临界流体色谱仪，均包含流动相、高压泵、进样器、色谱柱及柱温箱和检测器等。其中，制备型 SFC 还有样品收集系统，以便将分离出的产品收集起来。

SFC 高压泵　一般采用注射泵，以获得无脉冲、小流量的超临界流体以及改性溶剂的输送。

色谱柱　在填充柱 SFC 中，适用于 LC 的色谱柱都可用，根据色谱柱填料不同分离性能有所不同，适用于不同的化合物分析。SFC 泵和色谱柱的密封性较 LC 的更高。

检测器　理论上来讲，SFC 除通用的 LC 检测器，如 UV、DAD 和 MS 等之外，还可以用 FiD（火焰离子化检测器）、NPD（氮磷检测器）等 GC 检测器。目前常用的 SFC 检测器主要还是 UV 或 MS 等。也有与 NMR 联用的，与 LC-NMR 联用相比，SFC 中作为流动相的 CO_2 没有氢信号，因而不需要考虑水峰抑制问题。

① SFC-UV-MS 联用技术。SFC-UV-MS 联用流程如图 3 所示，左边是超临界流体色谱仪接 UV 检测器，右边是质谱仪，通过直接液体分流引入接口联接起来，即成为 SFC-UV-MS 联用仪。

② SFC/FTIR 联用技术。SFC 是分析热不稳定、高分子量样品的分离技术，FTIR 光谱则可提供物质的结构数据，SFC/FTIR 联用是结果分析中强有力的近代分析手段之一。当前 SFC/FTIR 联用的关键，是采用能提高检测灵敏度的接口。第一类接口为色谱流出物通过高压流动池，测量在流动相存在下的分离组分的透射光谱，这种接口的缺点是受流动相吸收光谱的干扰较大；第二类接口是在测量红外光谱前消除流动相的干扰。

③ SFC/NMR 联用技术。SFC 中常用 CO_2 作为流动相，CO_2 分子中无质子，这大大方便了溶质 NMR 谱图的测定，也促进了 SFC/NMR 联用技术及应用的发展，通过 SFC/NMR 联用可以一次性完成从样品的分离纯化到峰的检测、结构测定和定量分析，并提供混合物的组成和结构信息，从而提高了研究效率和灵活性。SFC/NMR 联用装置框图如图 4 所示。

④超临界萃取与超临界流体色谱联用技术（SFE-SFC）。

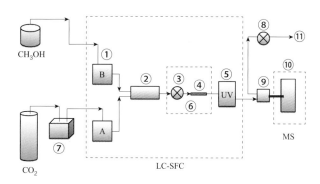

图 3　SFC-MS 联用方框示意图

①泵；②混合器；③进样器；④色谱柱；⑤ UV 检测器；⑥柱温箱；⑦冷却槽；⑧反压调节器；⑨柱后分流阀；⑩ MS 检测器化学离子源；⑪大气

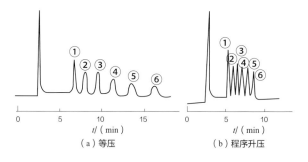

图 2　SFC 压力变化对其分离影响的压力效应

①胆甾辛酸酯；②胆甾癸酸酯；③胆甾月桂酸酯；④胆甾十四碳烷酸酯；⑤胆甾十六碳烷酸酯；⑥胆甾十八碳烷酸酯

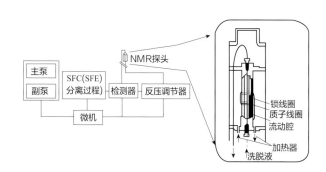

图 4　SFC/NMR 联用装置示意图及其 NMR 探头

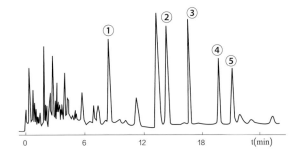

图 5　SFE 提取净化 GC-ECD 测定韭菜中 5 种有机氯农药的色谱图
①百菌清；②艾氏剂；③环氧七氯；④狄氏剂；⑤异狄氏剂

SFE-SFC 联用技术是一种新型的二级分离分析方法，兼有利用 SFE 提取、浓缩，SFC 分离和检测功能，适用于天然产物和环境样品的分析。

SFC 应用　一段时间，制备型 SFC 主要用于前处理样品净化，或者化合物制备中；近年来，随着以基于超临界流体色谱原理发展起来的合相色谱技术（Convergence chromatography）技术的发展，分析型 SFC 应用越来越多，发表的研究论文日渐增多，商品化仪器也增长较快。SFC 介于气相色谱和液相色谱技术之间，分析条件温和、不受样品挥发性的限制，其固定相可采用现有的正相、反相固定相材料，既可分析不适宜气相色谱分析的高沸点、低挥发性样品，又能对普通液相色谱难分离的结构类似物、手性化合物等进行分离分析。SFC 以其独特的优点应用于药物分析，对映体拆分，食物和天然药物、生物分子、炸药、农药和化工产品等的分析。

王建华等 1998 年利用超临界流体萃取、气相色谱测定建立了韭菜中百菌清、艾氏剂、狄氏剂和异狄氏剂残留量测定的方法（图 5）。韭菜样品与无水硫酸镁混合后，放入萃取池，在 30.4MPa、40℃条件下，CO_2 15ml 静态萃取 1 分钟，收集于 3ml 乙酸乙酯中，氮气吹干后加入内标液，GC-ECD 测定，4 种农药的回收率在 81.2%～108.2%，精密度在 2.7%～5.6%，均达到要求。

张新忠等采用 ChromegaChrial CCA 色谱柱，在流动相 CO_2 - 异丙醇（95∶5），流速 2ml/min，动态背压 13.79MPa，柱温 30℃，2mmol/L 甲酸铵的甲醇 - 水（1∶1）溶液作为柱后离子化辅助溶剂的条件下，采用超高效合相色谱四极杆飞行时间质谱（UPCC-QTOF/MS）分析水果和红茶中腈菌唑对映体残留。结果表明：在 0.01～1mg/L 浓度范围内满足线性关系，在 0.005，0.025，0.25mg/kg 三个添加浓度水平下，苹果和葡萄中腈菌唑对映体的平均回收率（$n = 6$）为 62.5%～103%，方法定量限为 0.005mg/kg，在 0.01，0.05，0.5mg/kg 三个添加浓度水平下，红茶中腈菌唑对映体的平均回收率（$n = 6$）为 84.1%～86.4%，方法定量限为 0.01mg/kg，相对标准偏差均小于 10%。

参考文献

李淑芬，2014. 超临界流体技术及应用[M]. 北京: 化学工业出版社.

钱传范，2011. 农药残留分析原理与方法[M]. 北京: 化学工业出版社.

王建华，徐强，焦奎，等，1998. 蔬菜中有机氯农药残留的超临界流体提取和气相色谱法测定[J]. 色谱，16(6): 506-507.

张新忠，赵悦臣，罗逢健，等，2016. 水果和红茶中腈菌唑对映体残留的超高效合相色谱四极杆飞行时间质谱分析[J]. 分析测试学报，35(11): 1376-1383.

（撰稿：张新忠、绳慧珊、钟青；审稿：马晓东）

超敏蛋白　harpin protein

一种具有促进作物生长、提高作物抗病能力、增加作物产量的纯天然蛋白制剂，可用于烟草、番茄、辣椒等。

其他名称　Messager、康壮素、信号施康乐。

开发单位　美国伊甸生物技术公司。

理化性质　一种具有促进作物生长、提高作物抗病能力、增加作物产量的纯天然蛋白制剂。制剂外观为淡褐色固体细粒。密度为 0.452g/ml。pH7.86（22℃）。细度或黏度：微细颗粒（约 400 目）。

毒性　低毒。急性经口 LD_{50} 5000mg/kg，急性经皮 LD_{50} 6000mg/kg。

剂型　粉剂。

作用方式及机理　主要成分是从梨火疫病细菌蛋白中提取的一种致病病原蛋白激发子 Harpin Ea，喷洒在植物表面以后便与植物表面的信号接受器（又名受体）接触，给植物一个假的信号（发出病原物攻击警报），随即一触即发，通过信息传递，引起多种基因发生表达，3～5 分钟便可激活植物体内多种防卫系统获得抗性，喷洒 30 分钟后，植株就表现出抵御病原物（真菌、细菌、病毒等）和一些有害生物侵染、危害等生理效应。同时，通过打通植物生长发育相关因子（茉莉酸、乙烯），增强植物生理生化活动（光合作用增强），进而保证作物健壮生长，增加作物产量，提高作物品质，延长农产品货架保鲜期。

使用对象　烟草、辣椒、番茄等作物每亩每次用该品 10g，在作物的关键物候期（如苗期或移栽期、初花期、幼果期、成熟期等）兑上所需的水（采用二次稀释法）均匀喷施在作物叶片上，制剂使用浓度为 30～60mg/kg。超敏蛋白还可用于解除药害，快速恢复正常生长。

使用方法　喷雾。

注意事项　超敏蛋白对氯气敏感，请勿用新鲜自来水配用，能与 pH < 5 的强酸、pH > 10 的强碱以及强氧化剂、离子状态肥等物质混用。样品启封后在 24 小时内使用，兑水后应在 4 小时内使用，喷施 30 分钟后遇雨不必重喷。使用期间结合正常使用杀虫剂、杀菌剂，则效果更佳。点喷施作物的顶端、新叶和新梢，叶片正反面均可。避免在强紫外线时段喷施。

参考文献

李玲，肖浪涛，谭伟明，等，2018. 现代植物生长调节剂技术手册[M]. 北京: 化学工业出版社: 41.

毛景英，闫振领，2005. 植物生长调节剂调控原理与实用技术[M]. 北京: 中国农业出版社.

孙家隆，2015. 新编农药品种手册[M]. 北京: 化学工业出版社: 907.

（撰稿：杨志昆；审稿：谭伟明）

超微粉碎　superfine pulverization

利用机械将物料颗粒进行粉碎的过程。它是一种用冲击和高速旋转气流进行粉碎的方法。

原理　通过加料机把物料推入粉碎机的粉碎室，在粉碎室内利用围绕水平或垂直轴高速旋转的回转体（棒、锤和叶片等）对物料产生激烈的冲击和剪切等作用，使其与器壁或固定体以及颗粒之间产生强烈的冲击碰撞从而使颗粒粉碎。粉碎后粉料可随气流越过分流环进入分级室。因分级轮是旋转的，流入叶道内的粉体同时受到空气动力和离心力的作用。粉体中大于临界直径（分级粒径）的颗粒因质量大，被甩回粉碎室继续粉碎，小于临界直径的颗粒经出料管进入收集系统从而得到合格成品。

特点　超微粉碎主要是将待粉碎的物料通过冲击、碰撞、剪切等作用来实现粉碎、细化，从而得到不同粒径范围的粉体。其特点是生产成本较低，产量大，且操作工艺相对简单。但其不足之处在于制备粉体的粒度和形态等会受到粉碎设备以及粉碎工艺的限制，并且粉碎设备噪声污染较大，会产生大量粉尘，造成粉尘污染。

设备　目前超微粉碎设备主要有冲击式磨机和振动磨机等。冲击式磨机是利用高速旋转的棒、锤或叶片等对物料的强烈冲击来粉碎物料，可用于中等强度物料粉碎。具有结构简单、安装紧凑、操作容易、占地面积小等特点。振动磨机是以球或棒为介质来加工产品的一种超细粉碎设备。工作原理是利用研磨介质在作高频振动的简体内对物料进行冲击、研磨和剪切等作用，使物料在短时间内被粉碎。入料粒径一般在 6mm 以内，产品粒度在 $1 \sim 74 \mu m$ 之间。振动磨机具有体积小、能耗低、产量高、结构紧凑、操作简单、维修方便等特点。

应用　超微粉碎主要应用于化工、医药、染料、涂料、冶金、食品、烟草、饲料、塑料、植物纤维、再生橡胶等行业的低到中等硬度物料粉碎。在农药上的应用主要用于常规可湿性粉剂制备、粉体填料的制备及含油相可湿性粉剂的制备。

参考文献

李凤生，等，2000. 超细粉体技术[M]. 北京：国防工业出版社：12-14.

李营营，李凤久，王迪，等，2020. 超细粉碎研究现状及其在磷矿加工领域中的应用[J]. 矿产保护与利用，40(6): 47-51.

日本农药学会农药制剂施用法研究会，1988. 农药的制剂与基础[M]. 东京：日本植物防疫协会：108-109.

吴祖璇，张邦胜，王芳，等，2020. 超细粉体制备技术研究[J]. 中国资源综合利用，38(12): 108-112.

（撰稿：姜斌；审稿：遇璐、丑靖宇）

车载远射程喷雾机　vehicle-mounted long-range sprayer

采用汽车作为喷雾机车载工具，而作为喷雾总成重要部件之一的风机通常采用轴流风机。这种喷雾机主要应用于森林、行道树、公园等地的病虫害防治，具有操作简单、雾

滴穿透性强、喷雾输送距离远的优点，被广泛应用（图1）。

基本内容

特点　设计新颖、配套完善、遥控/电控兼容、启动快捷、使用安全、灵活方便。喷雾设备拆卸后，车辆是工作人员的理想用车。喷洒时，作业人员可坐在驾驶室内或离开设备遥控控制，有效避免药物对作业人员的污染。功力强、风量大、射程远、喷幅宽、覆盖范围广，雾粒超细，可实现精量喷雾，可变换、装配宽幅喷头和远射程喷头。工作效率高、适用范围广、喷雾速度快，可边行走边喷雾，可遥控调节喷雾俯仰角度和水平旋转角度。对物体有较强的穿透力和药液附着力，能有效地节约用药量和减少污染。

主要技术参数　喷雾量 $16 \sim 24L/min$；水平射程 $\geqslant 40m$；垂直射程 $\geqslant 30m$；雾粒度 $100 \sim 150 \mu m$；使用宽幅喷头时喷幅宽度可达 8m 以上；俯仰角度 $-10° \sim 90°$；水平旋转角 180°。

适用范围　城市街道、车站码头、学校、机场、公共场所、垃圾场地、卫生防疫等喷药杀菌消毒，除尘降温。城市园林绿化、防风防沙林带、农田林网、公路绿化带、花带路树、草原牧场等喷药防治病虫害。

种类　根据搭载喷雾机的车型，可分为小型车载式喷雾机、中型车载式喷雾机、大型车载式喷雾机；根据作业特点可分为手动车载式喷雾机、自动车载式喷雾机和自行式高射程喷雾机。

小型车载式喷雾机　小型车载式喷雾机大都采用皮卡汽车作为喷雾机车载工具，而作为喷雾总成重要部件之一的风机通常采用轴流风机。这种喷雾机动力来源于装载在皮卡车车厢内的柴油发电机组或汽油发电机组。小型车载式喷雾机的优点是机动灵活性好、喷雾机雾化充分且射程高、安全性好等；缺点是设备投资较大，防治成本较高，而且不适于在林地内作业（图2）。

中型车载式喷雾机　中型车载式喷雾机与小型车载式喷雾机的结构及性能基本相同，不同的是喷雾机的装载车型为小型货车。由于装载车型的变化，药箱容积也有了大幅提升（图3）。

大型车载式喷雾机　大型车载式喷雾机是在大型水罐车后部加装高压喷雾装置，该机主要适用于街道两侧绿化带或道路两旁防护林（图4）。

手动车载式喷雾机　手动车载式喷雾机需操作人员调整喷雾角度及高度，作业时操作人员可根据病虫害发生部位有针对性地喷药，缺点是自动化程度低，耗费人力（图5）。

自动车载式喷雾机　自动车载式喷雾机的喷雾角度及高度通过机电一体化技术实现自动调节，喷药前根据作业对象的长势（树高、密度）等特点提前输入喷雾参数，不需要人工喷雾操作，大大提高作业效率及自动化水平（图6）。

自行式高射程喷雾机　自行式高射程喷雾机是利用中型拖拉机后部动力输出轴输出的动力，通过一组机械传动同时带动后悬架上的离心风机和药液泵工作，药液泵将药箱内的农药泵至风机出风口，经高压雾化后再由喷嘴喷出，雾化的药液借助高压风机二次雾化将森林病虫害防治所需的药液透过树叶底部喷射到树冠上，达到防治森林病虫害的目的。由于该机采用中型轮式拖拉机为主机，所以在纵坡 < 12°、横坡 < 5° 的所有人工林林地内均能通行自如地工作（图7、图8）。

图 1　车载远射程喷雾机

图 2　小型车载式喷雾机

图 3　中型车载式喷雾机

图 4　大型车载式喷雾机

图 5　手动车载式喷雾机

图 6　自动车载式喷雾机

图 7　自行式高射程喷雾机（外形）

图 8　自行式高射程喷雾机（工作中）

C

影响　车载远射程喷雾机对林业、行道树、公园植物病虫害防治起到至关重要的作用，通过机电一体化技术实现自动调节，喷药前根据作业对象的长势（树高、密度）等特点提前输入喷雾参数，不需要人工喷雾操作，大大提高作业效率及自动化水平。对控制病虫的大面积暴发及预防作用巨大，具有广泛的应用前景。

参考文献

何雄奎, 2012. 高效施药技术与机具[M]. 北京: 中国农业大学出版社.

何雄奎, 2013. 药械与施药技术[M]. 北京: 中国农业大学出版社.

雒鹰, 陈玲, 黄国樑, 等, 2017. 森林病虫害防治喷雾机的种类、特点及应用条件[J]. 林业机械与木工设备, 45(3): 9-12.

全国农业技术推广服务中心, 2015. 植保机械与施药技术应用指南[M]. 北京: 中国农业出版社.

中国农业百科全书总编辑委员会农药卷编辑委员会, 中国农业百科全书编辑部, 1993. 中国农业百科全书: 农药卷[M]. 北京: 农业出版社.

（撰稿：何雄奎；审稿：李红军）

沉积率　deposition rate

喷药后靶标（作物）上沉积的药量占总施药量的百分比。农药的沉积率与药剂的防治效果直接相关，在一定的施药量下，防治效果随着沉积率的增高而更加明显，药剂的持效时间也会随之延长。农药的沉积量是指农药在单位靶标面积上沉积的有效成分量，以 $\mu g/cm^2$ 表达。

影响因素

喷洒剂量　在一定范围内，农药的沉积率与单位面积喷洒剂量呈正相关；但喷洒的药液沉积量达到饱和时，沉积率则不会随着喷洒剂量的增加而增加。

喷洒方法　不同的喷洒方法对药液的沉积率影响不同，例如低容量和超低容量喷雾法沉积率会显著高于高容量喷雾法，因为低容量喷雾的喷雾量较小且药剂浓度较高，药液不易发生流失现象。相比于其他喷洒方式，喷粉的方式可以得到较高的沉积率，但要注意防止叶面堆积过多的药粉造成的不良影响。

气象因素　无论是刮风或是降雨都会对农药的沉积率造成影响。对于细雾滴和粉剂，在早晨或傍晚出现逆温时可达到较高的沉积率。

作物结构　茂密的作物群体或封垄后的作物上由于农药雾滴难以穿透冠层，因此在作物植株冠层内的沉积率降低，而株冠表层沉积率较高。

农药的理化性质　药液的润湿能力是沉积率的重要影响因素。不能湿润植物表面的药液会容易发生滚落，使得沉积率降低；然而湿润性过强的药液会使得药液发生流失，从而降低沉积率。

测定方法

比色法　选择丽春红-G（ponceau-G）、藏花猩红（croceine scarlet）等水溶性强、对光稳定性良好、易从植物表面洗脱的有色物质，将有色添加物按一定比例加入喷雾液中或混配在粉剂中进行喷雾，从田间采样后洗出有色物质，用比色法定量后绘制标准曲线，最后计算其沉积率。

荧光测定法　将荧光添加物按一定比例加入喷雾液中或混配在粉剂中进行喷雾，喷雾后采样洗脱叶面上的荧光物质，定容后在荧光光度计上定量分析，最后计算其沉积率。荧光测定法的灵敏度较高，但荧光物质对光比较敏感，需要在喷雾后较短的时间内采样。推荐荧光试剂有 UVITEX-OB，是一种较好的荧光试剂，可用于田间雾滴沉积量测定，但喷后半小时内必须把样本采收避光保存。若丹明（Rhodamine）系列的荧光物质、荧光黄素 GFE（Neonflavin GFE）、土黄 TIF（Saturn yellow TIF）等荧光物质也可供选用。

气相色谱法或液相色谱法　直接测定作物上沉积的农药沉积量，计算占总施药量的百分比。此方法灵敏度高，但对于易挥发、易内吸、易内渗或性质不稳定的农药，不能测出实际沉积率，且溶剂的消耗较多。

中子活化测定法　利用中子活化技术来测定农药的沉积率。其原理是根据元素镝 164（Dy164）能被放射激活，将氯化镝添加在喷雾液中，采样后经过放射激活后检出极限最低可达 $1.62 \times 10^{-3} \mu g$ 的镝。此方法检测速度快，不需要溶剂，但需要专门的操作设备。

参考文献

何雄奎, 2012. 高效施药技术与机具[M]. 北京: 中国农业大学出版社.

何雄奎, 2013. 药械与施药技术[M]. 北京: 中国农业大学出版社.

全国农业技术推广服务中心, 2015. 植保机械与施药技术应用指南[M]. 北京: 中国农业出版社.

中国农业百科全书总编辑委员会农药卷编辑委员会, 中国农业百科全书编辑部, 1993. 中国农业百科全书: 农药卷[M]. 北京: 农业出版社.

（撰稿：何雄奎；审稿：李红军）

成膜剂　filmforming agent

添加在种衣剂中，包衣时在种子表面形成一层薄膜，将药物或其他功能组分包裹在种子表面，在种子发芽以及生长的过程中，随着包衣薄膜的缓慢降解，药物或者功能组分缓慢释放，达到防治作物病虫害或者其他目的的一种助剂。成膜剂要求对作物安全，具有透气吸水性能，包裹的药物等功能组分达到缓慢释放效果，进而保护种子和幼苗免受病虫的侵害和非生物逆境。

作用机理　成膜剂都具有一定的黏着性，能够将药物及其他助剂牢固地包在种子表面；另外还要有一定的缓释性，保证有效成分的缓慢释放，延长对作物的保护期，提高农药等功能组分的利用率；具有良好的透水透气性，保证种子正常萌发和生长。

分类与主要品种　按照来源分为两类：①天然产物及其改性物，包括多糖类高分子化合物，如羧甲基淀粉钠、壳聚糖、黄原胶、海藻酸等；纤维素衍生物，如羧甲基纤维素钠、羟丙基纤维素、乙基纤维素等；蛋白质类，如氨基酸等；有机天然产品，如松香、蜂蜡、明胶、阿拉伯胶；无机天然产物，如硅酸镁铝、水玻璃等。②人工合成高分子，如聚乙二醇、聚乙烯醇、聚乙酸乙烯酯、聚丙烯酸、脲醛树脂等。

使用要求　成膜剂的质量要通过使用该成膜剂的种衣剂的一些指标得以体现，而种衣剂的相应指标要在包衣的种子上进行测定。种子使用种衣剂包衣后要达到以下 4 个要求，才能判定所用的成膜剂合格：包衣后脱落率 ≤ 8%；包衣后均匀度 ≥ 90%；包衣后的种子具有良好的发芽势和发芽率；包衣后的种子出苗率不受影响。

应用技术　成膜剂的种类和用量对种衣剂产品的脱落率、包衣均匀度、发芽率等指标影响较大，使用时要根据种衣剂产品剂型特点选择合适的成膜剂，一般液体型的悬浮种衣剂可以选择乳液类的聚乙酸乙烯酯等，也可将纤维素类、聚乙烯醇等预先用水溶解后再使用；固体型的干粉种衣剂要选择固体型的成膜剂。当一种成膜剂不能满足产品性能要求时，可以使用两种不同类型的成膜剂进行复配，但一般总量不超过 10%。

参考文献

刘广文, 2013. 现代农药剂型加工技术[M]. 北京: 化学工业出版社.

（撰稿：张春华；审稿：张宗俭）

成烟率　smoking rate

烟剂燃烧时有效成分在烟雾中的数量与燃烧前烟剂中有效成分的数量的百分比。是农药烟剂产品（烟片剂、烟粉粒剂、蚊香等）的质量指标之一。烟剂在燃烧发烟过程中，其有效成分受热力作用，只有挥发或升华成烟的部分才有防治效果，其余受热分解或残留在渣中。

一般情况下，烟片剂、烟粉粒剂的成烟率指标要求在 80% 以上，蚊香的成烟率要求在 60% 以上。不同农药在同一温度下，或同一农药在不同温度下，其成烟率是不同的，而温度则取决于农药配方。

成烟率的测定可采用农药成烟及有效成分吸收装置（见图）。其原理是用吸收液充分吸收燃烧后烟中的有效成分，测定并计算吸收液中有效成分与燃烧前试样中的有效成分的比例，即为成烟率。

吸收液应选择对烟剂中有效成分溶解度大而又不影响

下一步测定的溶剂。吸收液中有效成分的测定方法应根据有效成分的品种而定，并且必要时在测定前还需将吸收液进行浓缩，因此吸收液的挥发性既不能太大（影响有效成分吸收），也不能太小（影响后续的浓缩）。

参考文献

凌世海, 2003. 农药制剂加工丛书: 固体制剂[M]. 3版. 北京: 化学工业出版社.

GB/T 18172.1—2000 百菌清烟粉粒剂.

GB/T 18172.2—2000 10%百菌清烟片剂.

HG/T 2467.18—2003 农药烟粉粒剂产品标准编写规范.

HG/T 2467.19—2003 农药烟片剂产品标准编写规范.

（撰稿：谢佩瑾；审稿：许来威）

持久起泡性　persistent foaming

农药制剂质量指标之一，不同农药制剂有不同的指标。持久起泡性实质上是测定持久泡沫量，FAO 规定为制剂配成后 1 分钟观察其泡沫的毫升数，以 1 分钟后，泡沫量最大毫升数表示。

测定方法　向 250ml 具塞量筒内加标准硬水（15～25℃）至 180ml 刻度线处，置量筒于天平上，加入一定量的制剂样品，添加标准硬水至距量筒塞底部 9cm ± 0.1cm 处，盖上塞子，双手隔着布拿住具塞量筒的两端，以量筒中部为中心，旋转量筒上端使其以下端为轴心翻转 180° 后回到原位置。此旋转动作控制在 2 秒内完成 1 次且不应发生上下晃动。颠倒 30 次。将量筒直立放在实验台上，立刻开始计时。记录 1 分钟 ± 10 秒时的泡沫体积（精确至 2ml）。反复操作 3 次，取算术平均值，作为该样品的持久起泡性测定结果。

农药制剂中表面活性剂类助剂在剂型加工中起到乳化、润湿、分散、渗透、起泡、消泡和增溶等作用。表面活性剂的泡沫作用对农药制剂的加工也有一定的影响，形成过多的泡沫及泡沫不迅速消除对产品的包装和环保处理均不利，因此在选择表面活性剂时要考虑低泡类以及易消泡的品种。因此，FAO 标准中对水乳剂、微乳剂、可湿性粉剂和悬浮剂等农业制剂提出了持久起泡性（持久泡沫量）的技术指标。

参考文献

黄树华, 陈铭录, 2010. 浅谈规范农药助剂的使用[J]. 现代农药, 9(1): 5-9.

王以燕, 钱传范, 2003. FAO和WHO规格指南——《发展和使用FAO和WHO农药规格指南手册》[J]. 农药, 42(7): 42-46.

GB/T 28137—2011 农药持久起泡性测定方法.

（撰稿：李红霞；审稿：吴学民）

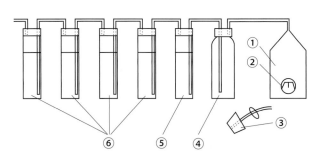

农药成烟及收集装置示意图

①燃烧瓶；②燃烧台；③燃烧瓶塞（带有通气阀或负压通气阀）；④缓冲瓶；⑤第一级吸收管（200ml）；⑥二、三、四、五级吸收管（均为100ml）

赤霉酸　gibberellic acid

一种植物内源激素，是一种广谱、高效的植物生长促进剂。其外源施用能起到与内源激素相同的生理作用，参与植物生长发育多个过程，可促进水果、蔬菜坐果或无籽果的形成，促进农作物营养体的生长，打破种子休眠，改变雌雄花比例等。

其他名称　九二〇、赤霉素。

化学名称　(3S, 3aR, 4S, 4aS, 7S, 9aR, 9bR, 12S)-7, 12-二羟基-3-甲基-6-亚甲基-2-氧全氢化-4a, 7-桥亚甲基-9b, 3-桥亚丙烯基薁并[1, 2-b]呋喃-4-羧酸；(3S, 3aR, 4S, 4aS, 6S, 8aR, 8bR, 11S)-6, 11-二羟基3-甲基-12-亚甲基2-氧-4a, 6桥亚乙基-3, 8b-丙基-1-烯基全氢茚并[1, 2-b]呋喃-4-羧酸。

IUPAC名称　(3S, 3aR, 4S, 4aS, 7S, 9aR, 9bR, 12S)-7, 12-dihydroxy-3-methyl-6-methylene-2-oxoperhydro-4a, 7-methano-9b, 3-propenoazuleno[l, 2-b]furan-4-carboxylic acid; (3S, 3aR, 4S, 4aS, 6S, 8aR, 8bR, 11S)-6, 11-dihydroxy-3-metyl-12-methylene-2-oxo-4a, 6-ethano-3, 8b-prop-1-enoperhydroindeno[l, 2-b]furan-4-carboxylic acid。

CA名称　(1α, 2β, 4aα, 4bβ, 10β)-2, 4a, 7-tritydroxy-1- methyl-8-methylenegibb-3-ene-1, 10 dicarboxylic acid 1, 4a-lactone。

CAS登记号　77-06-5；125-67-7（钾盐）。

分子式　$C_{19}H_{22}O_6$

相对分子质量　346.37。

结构式

开发单位　由 *Gibberella fujikuroi* 赤霉菌发酵生产。1935年日本东京大学籔田贞次郎分离提纯赤霉素结晶。生产企业有 Abbott、江西新瑞丰、江苏丰源等。

理化性质　纯品为白色结晶，含量在85%以上原药为白色结晶粉末。熔点233～235℃。溶于乙醇、丙酮、甲醇、乙酸乙酯及pH6的磷酸缓冲液，难溶于煤油、氯仿、醚、苯、水，其钾、钠盐易溶于水，遇碱易分解，加热至50℃以上则加速分解。

毒性　大鼠和小鼠急性经口 LD_{50} > 15 000mg/kg。大鼠急性经皮 LD_{50} > 2000mg/kg。对皮肤和眼睛无刺激。大鼠每天吸入400mg/L 2小时，21天无致病影响，小鼠NOEL 1298mg/L。鹌鹑急性经口 LD_{50} > 2250mg/kg，水蚤 EC_{50}（48小时）488mg/L。未见致突变及致肿瘤作用。

剂型　85%结晶粉，4%乳油，40%水溶性片剂或粉剂等。

作用方式及机理　人工生产的赤霉素主要经由叶、嫩枝、花、种子或果实吸收，然后移动到起作用的部位。它有多种生理作用：改变某些作物雌、雄花的比例，诱导单性结实，加速某些植物果实生长，促进坐果；打破种子休眠，提早种子发芽，加快茎的伸长生长及有些植物的抽薹；扩大叶面积，加快幼枝生长，有利于代谢物在韧皮部内积累，活化形成层；抑制成熟和衰老、侧芽休眠及块茎的形成。它的作用机理：可促进DNA和RNA的合成，提高DNA模板活性，增加DNA、RNA聚合酶的活性和染色体酸性蛋白质，诱导

α-淀粉酶、脂肪合成酶、朊酶等酶的合成，增加或活化β-淀粉酶、转化酶、异柠檬酸分解酶、苯丙氨酸脱氨酶的活性，抑制过氧化物酶、吲哚乙酸氧化酶，增加自由生长素含量，延缓叶绿体分解，提高细胞膜透性，促进细胞生长和伸长，加快同化物和储藏物的流动。多效唑、矮壮素等生长抑制剂可抑制植株体内赤霉素的生物合成，它也是这些调节剂有效的拮抗剂。

使用方法　赤霉素在农林业上应用广泛。

①促进坐果或无籽果的形成。

黄瓜　开花时50～100mg/L喷花处理1次，能促进坐果，增产。

茄子　开花时10～50mg/L喷叶处理1次，能促进坐果，增产。

有籽葡萄　花后7～10天，20～50mg/L喷幼果处理，能促进果实膨大，防止落粒，增产。

棉花　20mg/L喷幼铃3～5次（隔3～4天），能促进坐果，减少落铃。

番茄　开花期10～50mg/L喷花处理1次，能促进坐果，防空洞果。

梨　开花至幼果期10～20mg/L喷花或幼果处理1次，能促进坐果，增产。

②促进营养体生长。

芹菜　收获前2周50～100mg/L喷叶处理1次，能使茎叶变大，增产。

菠菜　收获前3周10～20mg/L喷叶处理1～2次（间隔3～5天），能使叶片肥大，增产。

苋菜　5～6叶期20mg/L喷叶处理1～2次（间隔3～5天），能使叶片肥大，增产。

花叶生菜　14～15叶期20mg/L喷叶处理1～2次（间隔3～5天），能使叶片肥大，增产。

葡萄苗　苗期50～100mg/L喷叶处理1～2次（间隔10天），能加快植株高生长。

落叶松　苗期10～50mg/L喷苗处理2～5次（间隔10天），能促进地上部生长。

白杨　10 000mg/L涂抹新梢或伤口1次，能促进生长。

元胡（中药）　苗期40mg/L喷植株处理2次（间隔1周），能促进生长，预防霜霉病，增加块茎产量。

③打破休眠促进发芽。

马铃薯　播前0.5～1mg/L浸块茎30分钟处理，能促进休眠芽萌发。

大麦　播前1mg/L浸种处理，能促进发芽。

豌豆　播前50mg/L浸种处理24小时，能促进发芽。

扁豆　播前10mg/L拌种处理，均匀湿润，能促进发芽。

凤仙花和鸡冠花　50～200mg/L浸种6小时，能促进发芽。

④延缓衰老及保鲜作用。

蒜薹　50mg/L浸蒜薹基部处理10～30分钟，能抑制有机物质向上运输、保鲜。

脐橙　果着色前2周，5～20mg/L喷果处理1次，能防果皮软化、保鲜。

甜樱桃　收获前3周，5～10mg/L喷果处理1次，能推

迟成熟，延长收获期，减少裂果。

柠檬　果实失绿前 100～500mg/L 喷果处理 1 次，能延迟果实成熟。

柑橘　绿果期 5～15mg/L 喷果处理 1 次，能保绿，延长储藏期。

香蕉　采收后 10mg/L 浸果处理 1 次，能延长储藏期。

黄瓜和西瓜　采收前 10～50mg/L 喷瓜处理 1 次，能延长储藏期。

⑤调节开花。

菊花　春化阶段 1000mg/L 喷叶处理 1～2 次，能代替春化阶段，促进开花。

草莓　花芽分化前 2 周，25～50mg/L 喷叶处理 1 次；开花前 2 周，10～20mg/L 喷叶处理 2 次（间隔 5 天），能促进花芽分化，花梗伸长，提早开花。

仙客来　开花前 1～5mg/L 喷花蕾处理 1 次，能促进开花。

莴苣　幼苗期 100～1000mg/L 喷叶处理 1 次，能诱导开花。

菠菜　幼苗期 100～1000mg/L 喷叶处理 1～2 次，能诱导开花。

黄瓜　1 叶期 50～100mg/L 喷叶处理 1～2 次，能诱导雌花。

西瓜　2 叶 1 心期 5mg/L 喷叶处理 2 次，能诱导雌花。

⑥提高三系杂交水稻制种的结实率。在水稻三系杂交制种中，赤霉素可以调节花期，促进制种田父本抽穗，减少包颈，提高柱头外露率，增加有效穗数、粒数，从而明显地提高结实率。一般从抽穗 15% 开始喷母本，一直喷到 25% 抽穗为止，处理浓度为 25～55mg/L，喷 1～3 次，先低浓度，后用较高的浓度。

注意事项　①做坐果剂应在水肥充足的条件下使用。②严禁赤霉素在巨峰等葡萄品种上做无核处理，以免造成僵果。③做生长促进剂，应与叶面肥配用，才会有利于形成壮苗。单用或用量过大会产生植株细长、瘦弱及抑制生根等副作用。

与其他药剂的混用　赤霉素用作绿色部分保鲜，如蒜薹等，与细胞激动素混用其效果更佳，赤霉素勿与碱性药液混用。

参考文献

李玲，肖浪涛，谭伟明，2018. 现代植物生长调节剂技术手册[M]. 北京：化学工业出版社：37.

马克比恩 C，2015. 农药手册[M]. 胡笑形，等译. 北京：化学工业出版社：521.

孙家隆，2015. 新编农药品种手册[M]. 北京：化学工业出版社：908.

（撰稿：白雨蒙；审稿：谭伟明）

赤霉素A₄　gibberellin A₄

植物激素赤霉素的一种，常与 GA₇ 一起外源施用，能促进植物生长、发芽、开花结果，刺激果实生长，提高结实率。可用于马铃薯、番茄、水稻、小麦、棉花、大豆、烟草、果树等作物，有显著的增产效果。

化学名称　$(1\alpha,2\beta,4a\alpha,4b\beta,10\beta)$-2,4a,7-trihydroxy-1-methyl-8-methylenegibb-3-ene-1,10- dicarboxylic acid 1,4a-lactone。

IUPAC 名称　$(1R,2R,5R,8R,9S,10R,11S,12S)$-12-hydroxy-11-methyl-6-methylidene-16-oxo-15-oxapentacyclo$[9.3.2.1^{5,8}.0^{1,10}.0^{2,8}]$heptadecane-9-carboxylic acid。

CAS 登记号　468-44-0。

EC 号　201-001-0。

分子式　$C_{19}H_{24}O_5$。

相对分子质量　332.40。

结构式

开发单位　1926 年日本黑泽英一发现。

理化性质　白色结晶粉末。熔点 233～235℃。溶解性：易溶于醇类、丙酮、乙酸乙酯、碳酸氢钠溶液及 pH6.2 的磷酸缓冲液，难溶于水和乙醚。不稳定，遇碱易分解，遇硫酸呈深红色。

毒性　正常使用时对人畜无毒。小鼠急性经口 $LD_{50}>$ 25 000mg/kg。大鼠吸入 NOEL 为 250～400mg/L。无致畸、致突变作用。

剂型　粉剂，水剂。

质量标准　纯度 > 95%，储存稳定性良好。

作用方式及机理　①主要作用是促进茎、叶的伸长生长，诱导 α- 淀粉酶的形成；加速细胞分裂、成熟细胞纵向伸长、节间细胞伸长；抑制块茎形成；抑制侧芽休眠、衰老；提高生长素水平，形成顶端优势。②促进麦芽糖的转化（诱导 α- 淀粉酶形成）；促进营养生长（显著促进茎叶的生长），防止器官脱落和打破休眠等。③赤霉素最突出的作用是加速细胞的伸长（赤霉素可以提高植物体内生长素的含量，而生长素直接调节细胞的伸长），对细胞的分裂也有促进作用，它可以促进细胞的扩大（但不引起细胞壁的酸化）。

使用方法　在果树花期喷施连续 3 次（每次间隔 7 天）。枣树上通常使用的浓度为 10～15mg/L 的水溶液。

注意事项　①喷施赤霉素在日平均气温 23℃ 以上的天气进行，因为气温低时花、果不发育，赤霉素不起作用。②喷施时要求细雾快喷，将药液均匀地喷到花上。如果浓度过大，就会导致植株徒长、白化，甚至枯死或畸形。③建议在使用时严格按照使用说明书进行喷施。④要现用现配。不能与碱性农药混用，以免失效。

参考文献

潘瑞炽，2008. 植物生理学[M]. 北京：高等教育出版社：176-179.

马克比恩 C, 2015. 农药手册[M]. 胡笑形, 等译. 北京: 化学工业出版社:523.

孙家隆, 2015. 新编农药品种手册[M]. 北京: 化学工业出版社:908.

中国农业百科全书总编辑委员会农药卷编辑委员会, 中国农业百科全书编辑部,1993. 中国农业百科全书: 农药卷[M]. 北京: 农业出版社:40.

（撰稿：尹佳茗；审稿：谭伟明）

赤霉素A$_7$　gibberellin A$_7$

植物激素赤霉素的一种，参与许多植物生长发育等多个生物学过程。用于水果可防止幼果脱落，增加坐果。此外还可以打破种子休眠，促进雄花发育。

化学名称　2,4a,7-三羟基-1-甲基-8-亚甲基赤霉-3-烯-1,10-二羧酸-1,4a-内酯；(3S,3aR,4S,4aR,7R,9aR, 9bR,12S)-12-hydroxy-3-methyl-6-methylene-2-oxoperhydro-4a,7-methano-9b,3-propenoazuleno[l,2-b]furan-4-carboxylic acid。

IUPAC名称　(1R,2R,5R,8R,9S,10R,11S,12S)-12-hydroxy-11-methyl-6-methylidene-16-oxo-15-oxapentacyclo[9.3.2.1^{5,8}.0^{1,10}.0^{2,8}]heptadec-13-ene-9-carboxylic acid。

CAS登记号　510-75-8。

分子式　C$_{19}$H$_{22}$O$_5$。

相对分子质量　330.38。

结构式

开发单位　由ICI作物保护分部，现在由先正达公司开发，由Abbott、Sharda、华通（常州）、江苏丰源生产。

理化性质　白色结晶。熔点201～205℃。溶于甲醇、乙醇、丙酮、乙酸乙酯，难溶于煤油、氯仿、醚、苯、水。酸性条件下稳定，遇碱易分解。

毒性　赤霉素A$_4$和赤霉素A$_7$混合物：大鼠急性经口LD$_{50}$＞5000mg/kg。急性经皮LD$_{50}$＞2000mg/kg。对眼睛有轻度刺激，对皮肤无刺激。对皮肤有轻微过敏。兔NOEL 300mg/（kg·d）。大鼠吸入LC$_{50}$＞2.98mg/L。大鼠每天在400ml/L空气中吸2小时，连续吸21天，没有不良反应。大鼠和狗饲喂90天（每周6天）的NOEL＞1000mg/kg饲料；鱼类LC$_{50}$：鲤鱼（48小时）＞100mg/L。水蚤850mg/L。

剂型　90%原药。

作用机理　促进细胞分裂和细胞扩大。并使细胞周期缩短30%左右。GA$_7$可促进细胞扩大，细胞壁的伸展性加大，生长加快。能抑制细胞壁过氧化物酶的活性，细胞壁不硬化，有延展性，细胞延长。

使用方法

苹果、梨　开花后2周用16mg/L药液喷洒幼果，防止幼果脱落，增加坐果。果实表面着药必须均匀，否则会引起果实不对称生长，造成果实变形。

杜鹃花　用1000mg/L药液每周喷全株1次，共约喷5次，直到花芽发育健全为止，可延长花期达35天。对需要低温打破休眠的杜鹃花，GA$_4$＋GA$_7$可以代替低温打破杜鹃花休眠，且能保持花的质量，使花的直径增大，并保持原有的花瓣色泽。

黄瓜　为培育全雌性黄瓜杂交种，需有足够的雄花提供具有活力的花粉，当全雌性黄瓜幼苗第一片真叶完全展开时，用1000mg/L药液喷幼苗，1周内喷3次，诱导雄花发育，为未处理的雌花植株提供花粉，使单性结实的黄瓜杂交。

参考文献

马克比恩 C, 2015. 农药手册[M]. 胡笑形, 等译. 北京: 化学工业出版社:523

孙家隆, 2015. 新编农药品种手册[M]. 北京: 化学工业出版社:908.

中国农业百科全书总编辑委员会农药卷编辑委员会, 中国农业百科全书编辑部,1993.中国农业百科全书: 农药卷[M]. 北京: 农业出版社:40.

（撰稿：谭伟明；审稿：杜明伟）

虫螨磷　chlorthiophos

一种有机磷类杀虫剂、杀螨剂。可防治多种螨类；对书虱、尘虱效果明显；可防治多种储粮害虫。

其他名称　Celathion、西拉硫磷、虫螨磷I、氯甲硫磷、氯硫磷、克硫松。

化学名称　O-[2,5-二氯-4-(甲硫基)苯基]-O,O-二乙基硫代磷酸酯；O-[2,5-dichloro-4-(methylsulfanyl)phenyl]-O,O-diethyl thiophosphate celathion chlorthiophos I。

IUPAC名称　三个异构体的化合物: (i)O-[2,4-dichloro-5-(methylthio)phenyl] O,O-diethyl phosphorothioate; (ii)O-[2,5-dichloro-4-(methylthio)phenyl] O,O-diethyl phosphorothioate (major component)；and (iii)O-[4,5-dichloro-2-(methylthio)phenyl] O,O-diethyl phosphorothioate。

CAS登记号　60238-56-4（混合物）；77503-28-7（i）；21923-23-9（ii）；77503-29-8（iii）。

分子式　C$_{11}$H$_{15}$Cl$_2$O$_3$PS$_2$。

相对分子质量　361.25。

结构式

(i)

(ii)

(iii)

开发单位　1971 年由西拉墨克公司开发。

理化性质　暗褐色液体。沸点 155℃（13.33Pa）。不溶于水，溶于有机溶剂。

毒性　大、小鼠急性经口 LD_{50} 分别为 8～11mg/kg 和 91.4mg/kg。兔急性经皮 LD_{50} 50～58mg/kg。大鼠以 32mg/kg 剂量饲喂，狗以 7.33mg/L 的剂量饲喂，除发现对乙酰胆碱酯酶有抑制外，无其他中毒症状。

剂型　乳油，可湿性粉剂，颗粒剂。

作用方式及机理　乙酰胆碱酯酶抑制剂。

防治对象　可防治多种储粮螨类，如腐食酪螨、纳氏皱皮螨、粗足粉螨、椭圆食粉螨、甜果螨等主要螨类。另外，对书虱、尘虱也有较好的防治效果。可防治多种储粮害虫，如玉米象、拟谷盗、谷蠹、扁谷盗、锯谷盗、麦蛾等。

使用方法　用于防护原粮，用药量为 15～20mg/L，乳油加水稀释 20～40 倍喷雾拌匀。用于包装粮袋表面、空仓、墙壁、粮膜表面、器材杀虫可按 100～150 倍稀释液均匀喷雾。结合熏蒸表面施药，按粮面 30cm 粮食计算用药量，喷雾或用谷糠载体法均匀施药，再结合磷化铝熏蒸。

注意事项　喷雾时请戴防护罩，施药时不得抽烟、饮食，施药后用清水洗手。药品不能和食物混放，远离火源，储存于阴凉干燥处。药液配好后当天用完。

与其他药剂的混用　可与氯菊酯、氯氰菊酯、溴氰菊酯等拟除虫菊酯类杀虫剂混用。

允许残留量　允许在番茄上的残留量为 0.5mg/kg。

参考文献

王振荣, 李布青, 1996. 农药商品大全[M]. 北京: 中国商业出版社: 83-84.

朱永和, 王振荣, 李布青, 2006. 农药大典[M]. 北京: 中国三峡出版社: 79-80.

（撰稿：张阿伟；审稿：薛伟）

虫螨畏　methacrifos

一种烯基磷酸酯类杀虫剂、杀螨剂。

其他名称　Damfin、丁烯硫磷、GGA20168。

化学名称　methyl(2E)-3-[(dimethoxyphosphinothionyl)oxy]-2-methyl-2-propenoate；2-propenoicacid,3-((dimethoxyphosphinothiol)oxy)-2-methyl-,methylester,(E)；3-((dimethoxyphosphinothioyl)oxy)-2-methyl-2-propenoicacidmethylester,(E)。

IUPAC名称　methyl(E)-3-dimethoxyphosphinothioyloxy-2-methylprop-2-enoate。

CAS 登记号　62610-77-9。

EC 号　250-366-2。

分子式　$C_7H_{13}O_5PS$。

相对分子质量　240.21。

结构式

开发单位　由 R. Wyniger 等介绍其杀虫活性，并由汽巴 - 嘉基公司开发。

理化性质　纯品为无色液体。沸点 90℃（1.3Pa）。微溶于水（400mg/L），可与苯、乙醇等混溶。蒸气压 160mPa（20℃）。密度 1.225g/cm³（20℃）。水中溶解度（20℃）400mg/L。在 20℃水解 50% 所需天数：66 天（pH1）、29 天（pH7）、9.5 天（pH9）。200℃分解。闪点 69～73℃。

毒性　大鼠急性经皮 LD_{50} > 3.1g/kg。对兔眼睛无刺激，对皮肤有轻微刺激。对大鼠急性经口 LD_{50} 678mg/kg，大鼠急性吸入 LC_{50}（6 小时）2200mg/m³ 空气。大鼠 2 年饲喂试验 NOEL 为 0.6mg/（kg·d）。对人的 ADI 为 0.006mg/kg。日本鹌鹑 LD_{50} 116mg/kg。鱼类 LC_{50}（96 小时）：鲤鱼 30mg/L，虹鳟 0.4mg/L。

剂型　乳油，粉剂。

作用方式及机理　触杀、胃毒及熏蒸作用。乙酰胆碱酯酶抑制剂。

防治对象　主要用于防治仓储谷物的节肢动物害虫。混合或表面处理。

注意事项　存放在密封容器内，并放在阴凉干燥处。避光，2～8℃保存。远离阳光、热源、明火、高温、火花、静电以及其他来源的点火。

最大残留量　①欧盟规定了 325 项虫螨畏的最大残留量，部分见表 1。②日本规定了 160 项虫螨畏的最大残留量，部分见表 2。

表 1 欧盟规定部分食品中虫螨畏最大残留限量（mg/kg）

食品名称	最大残留限量	食品名称	最大残留限量
黄瓜	0.05*	多香果	0.10*
莳萝种	0.10*	杏仁	0.05*

（续表）

食品名称	最大残留限量	食品名称	最大残留限量
榴莲果	0.05*	杏	0.05*
可食果皮	0.05*	芦笋	0.05*
开花类芸薹植物	0.05*	鳄梨	0.05*
果类植物	0.05*	竹笋	0.05*
大蒜	0.05*	大麦	0.05*
姜	0.10*	黑莓	0.05*
人参	0.10*	芸薹属类蔬菜	0.05*
朝鲜蓟	0.05*	球芽甘蓝	0.05*
大头菜	0.05*	鳞茎类蔬菜	0.05*
韭菜	0.05*	胡萝卜	0.05*
小扁豆	0.05*	花椰菜	0.05*
亚麻籽	0.05*	根芹菜	0.05*
枇杷	0.05*	芹菜	0.05*
玉米	0.05*	粮谷	0.05*
杧果	0.05*	香葱	0.05*
燕麦	0.05*	丁香	0.10*
木瓜	0.05*	棉籽	0.05*
西番莲果	0.05*	开心果	0.05*
花生	0.05*	石榴	0.05*
柿子	0.05*	罂粟籽	0.05*
松子	0.05*	菠萝	0.05*

* 临时残留限量。

表 2　日本规定部分食品中虫螨畏最大残留限量（mg/kg）

食品名称	最大残留限量	食品名称	最大残留限量
杏	0.05	瓜	0.05
芦笋	0.05	乳	0.01
鳄梨	0.05	油桃	0.05
竹笋	0.05	韭菜	0.05
大麦	0.05	黄秋葵	0.05
球芽甘蓝	0.05	洋葱	0.05
胡萝卜	0.05	桃	0.05
花椰菜	0.05	梨	0.05
芹菜	0.05	马铃薯	0.05
大蒜	0.05	青梗菜	0.05
姜	0.05	覆盆子	0.05
枇杷	0.05	菠菜	0.05
杧果	0.05	甘薯	0.05
黑麦	0.05	芋	0.05
草莓	0.05	茶叶	0.10
向日葵籽	0.05	番茄	0.05
杏仁	0.05	豆瓣菜	0.05
苹果	0.05	小麦	0.05

（续表）

食品名称	最大残留限量	食品名称	最大残留限量
香蕉	0.05	山药	0.05
黑莓	0.05	番石榴	0.05
青花菜	0.05	蛇麻草	0.10
卷心菜	0.05	黑果木	0.05
牛食用内脏	0.01	猕猴桃	0.05
牛肥肉	0.01	柠檬	0.05
牛肾	0.01	莴苣	0.05
牛肝	0.01	玉米	0.05
牛瘦肉	0.01	棉花籽	0.05
樱桃	0.05	酸果蔓果	0.05
茄子	0.05	酸枣	0.05
葡萄	0.05		

参考文献

朱永和, 王振荣, 李布青, 2006. 农药大典[M]. 北京: 中国三峡出版社: 112-113.

（撰稿：吴剑；审稿：薛伟）

虫鼠肼　fanyline

一种经口损害毛细血管类有害物质，可作杀鼠剂。

其他名称　法尼林。

化学名称　氟乙酸-2-苯酰肼。

IUPAC 名称　2-fluoro-N'-phenylacetohydrazide。

CAS 登记号　2343-36-4。

分子式　$C_8H_9FN_2O$。

相对分子质量　168.17。

结构式

理化性质　金黄色结晶或粉末，气味微臭，味极苦。化学性质不稳定，分解之后着色变深。难溶于水，微溶于乙醇，易溶于丙二醇。

毒性　大鼠急性经口 LD_{50} 0.5～1mg/kg。

作用方式及机理　主要损害毛细血管，产生肺水肿、肺出血，同时也可引起肝、肾的变性和坏死，还会破坏胰腺的 B 细胞，进而影响到糖代谢，引发糖尿病。

使用情况　在中国无正式登记或已禁止使用。

使用方法　堆投，毒饵站投放。

参考文献

KAREL L, 1948. A protential rodenticide, fanyline[J]. Federation proceedings, 7(1): 232.

（撰稿：王登；审稿：施大钊）

C

虫酰肼　tebufenozide

一种双酰肼类杀虫剂。

其他名称　A Confirm、Fimic、Mimic、Romdan、Terfeno、米满、RH-5992、RH-75922。

化学名称　N-叔丁基-N'-(4-乙基苯甲酰基)-3,5-二甲基苯甲酰肼。

IUPAC名称　N-$tert$-butyl-N'-(4-ethylbenzoyl)-3,5-dimethyl-benzohydrazide。

CAS 登记号　112410-23-8。

EC 号　412-850-3。

分子式　$C_{22}H_{28}N_2O_2$。

相对分子质量　352.47。

结构式

开发单位　1994年由 J. J. Heller 报道并由罗姆-哈斯公司（现陶氏益农公司）开发上市。

理化性质　无色粉末。熔点191℃。蒸气压＜$1.56×10^{-4}$ mPa（25℃，气体饱和度法）。相对密度1.03（20℃）。K_{ow}lg$P$ 4.25（pH7）。Henry 常数＜$6.59×10^{-5}$Pa·m^3/mol（计算值）。水中溶解度0.83mg/L（25℃）；有机溶剂中微溶。94℃下稳定期7天；pH7、25℃的水溶液光稳定；在无光无菌的水中稳定期30天（25℃）；池塘水中DT$_{50}$67天，光存在下30天（25℃）。

毒性　大、小鼠急性经口 LD$_{50}$＞5000mg/kg。大鼠急性经皮 LD$_{50}$＞5000mg/kg。对兔眼睛和皮肤无刺激。对豚鼠皮肤无致敏性。大鼠吸入 LC$_{50}$（4小时，mg/L）：雄鼠＞4.3，雌鼠＞4.5。NOEL［mg/（kg·d）］：大鼠（1年）5，小鼠（1.5年）8.1，狗（1年）1.8。Ames 试验、回复突变试验、哺乳动物点突变、活体和离体细胞遗传学检测和离体 DNA 合成试验均呈阴性。鹌鹑急性经口 LD$_{50}$＞2150mg/kg，鹌鹑和野鸭饲喂 LC$_{50}$（8天）＞5000mg/L 饲料。鱼类 LC$_{50}$（96小时，mg/L）：虹鳟5.7，大翻车鱼＞3。水蚤 LC$_{50}$（48小时）3.8mg/L。藻类 EC$_{50}$（96小时，mg/L）：月牙藻＞0.664，栅藻0.21。水生生物EC$_{50}$（96小时，mg/L）：糠虾1.4，东方牡蛎0.64。蜜蜂 LD$_{50}$（96小时，接触）＞234μg/只。蚯蚓 LC$_{50}$＞1000mg/kg 土壤。对食肉螨、黄蜂和其他有益种类安全。

剂型　20%、24%、200g/L 悬浮剂，20% 可湿性粉剂，10% 乳油。

作用方式及机理　促进鳞翅目幼虫蜕皮的新型仿生杀虫剂，对昆虫蜕皮激素受体（EcR）具有刺激活性。能引起昆虫、特别是鳞翅目幼虫的早熟，使其提早蜕皮致死。同时可控制昆虫繁殖过程中的基本功能，并具有较强的化学绝育作用。对高龄和低龄的幼虫均有效。幼虫取食虫酰肼后仅6～8小时就停止取食（胃毒作用），比蜕皮抑制剂的作用更迅速，3～4小时后开始死亡，对作物保护效果更好。无药害，对作物安全，无残留药斑。

防治对象　对鳞翅目害虫有特效，如苹果卷叶蛾、松毛虫、甜菜夜蛾、美国白蛾、天幕毛虫、云杉毛虫、舞毒蛾、尺蠖、玉米螟、菜青虫、甘蓝夜蛾、黏虫。但对半翅目、鞘翅目等害虫效果较差。

使用方法　以10～100g/hm^2 有效成分可有效防治梨小食心虫、葡萄小卷蛾、甜菜夜蛾等。持效期长达2～3周。防治水稻、水果、中耕作物、坚果类、蔬菜、葡萄及森林中的鳞翅目害虫，一般用量45～300g/hm^2 有效成分。

防治甘蓝甜菜夜蛾　在害虫发生时，每亩用24% 虫酰肼悬浮剂40ml（有效成分9.6g），加水10～15L喷雾。

防治苹果卷叶蛾　在害虫发生时，用24% 虫酰肼1200～2400倍液或每100L 水加24% 虫酰肼41.6～83ml（有效成分100～200mg/L）喷雾。

防治松树松毛虫　在松毛虫发生时，用24% 虫酰肼1200～2400倍液或每100L 水加24% 虫酰肼41.6～83ml（有效成分100～200mg/L）。

以144g/hm^2（有效成分）剂量施用，对苹果蠹蛾防效极佳。在法国，在苹果小卷蛾发生严重的地区，第一次于卵孵期施药，直到害虫迁徙为止，施药6次，防效较好。在意大利，以14.4g/100L（有效成分），从孵卵期开始到收获前1周，每隔14天施药1次，可有效防治梨小食心虫。以96g/hm^2（有效成分）于卵孵期施药，可防治葡萄小卷蛾，防效优于标准药剂氰戊菊酯。喷施1周后，推迟用药会导致药害发生。以96g/hm^2 施用，对甜菜夜蛾防效为100%，持效期2～3周。

注意事项　①施药时应戴手套，避免药物溅及眼睛和皮肤。②施药时严禁吸烟和饮食。喷药后要用肥皂和清水彻底清洗。③对鸟无毒，对鱼和水生脊椎动物有毒，对蚕高毒，不要直接喷洒在水面，废液不要污染水源，在蚕、桑地区禁用此药。④储藏于干燥、阴冷、通风良好的地方，远离食品、饲料，避免儿童接触。⑤在落叶性果园及葡萄园中，最佳施药时间为害虫卵孵期。

与其他药剂的混用　①8% 虫酰肼和0.2% 甲氨基阿维菌素苯甲酸盐混配，以750～1125ml/hm^2 喷雾用于防治甘蓝甜菜夜蛾；8% 虫酰肼和2% 甲氨基阿维菌素苯甲酸盐混配，以90～120ml/hm^2 喷雾用于防治甘蓝甜菜夜蛾；24% 虫酰肼和1% 甲氨基阿维菌素苯甲酸盐混配，以600～900ml/hm^2 喷雾用于防治甘蓝斜纹夜蛾。②18% 虫酰肼与2% 茚虫威混配以750～975ml/hm^2 喷雾用于防治甘蓝甜菜夜蛾。③20% 虫酰肼和8% 溴虫腈混配，以750～1050ml/hm^2 喷雾用于防治甘蓝小菜蛾。④5% 虫酰肼与15% 辛硫磷混配以1200～1500g/hm^2 喷雾用于防治大白菜甜菜夜蛾。⑤19% 氯吡硫磷和1% 除虫脲混配以1200～1500ml/hm^2 喷雾用于防治棉花棉铃虫。⑥15% 虫酰肼和3% 高效氯氰菊酯混配，以1125～1500g/hm^2 喷雾用于防治甘蓝甜菜夜蛾。⑦1.6% 虫酰肼和2% 苏云金杆菌混配，以1200～1500g/hm^2 喷雾用于防治甘蓝甜菜夜蛾。

允许残留量 GB 2763—2021《食品中农药最大残留限量标准》规定虫酰肼最大残留限量见表。ADI 为 0.02mg/kg。谷物、蔬菜、水果、干制水果中虫酰肼残留量按照 GB/T 20769 规定的方法测定；油料和油脂、坚果、糖料、调味料参照 GB 23200.34、GB/T 20770 规定的方法测定。

部分食品中虫酰肼最大残留限量（GB 2763—2021）

食品类别	名称	最大残留限量（mg/kg）
谷物	稻谷	5.00
	糙米	2.00
油料和油脂	油菜籽	2.00
蔬菜	结球甘蓝	1.00
	青花菜	0.50
	叶菜类蔬菜（大白菜除外）	10.00
	大白菜	0.50
	番茄	1.00
	辣椒	1.00
水果	柑橘类水果	2.00
	仁果类水果	1.00
	桃	0.50
	油桃	0.50
	蓝莓	3.00
	醋栗（红、黑）	2.00
	越橘	0.50
	葡萄	2.00
	猕猴桃	0.50
	鳄梨	1.00
干制水果	葡萄干	2.00
坚果	杏仁	0.05
	核桃	0.05
	山核桃	0.01
糖料	甘蔗	1.00
调味料	干辣椒	10.00

参考文献

刘长令, 2017. 现代农药手册[M]. 北京: 化学工业出版社: 152-153.

（撰稿：杨吉春；审稿：李淼）

除草丹 orbencarb

一种硫代氨基甲酸酯类除草剂。

其他名称 Lanray、甲基杀草丹、旱草丹、坪草丹、拦草静、931、B-3356、orthobencarb。

化学名称 S-(2-氯苄基)-N,N-二乙基硫代氨基甲酸酯。

IUPAC 名称 *S*-(2-chlorobenzyl)*N,N*-diethyl thiocarbamate。

CAS 登记号 34622-58-7。

分子式 $C_{12}H_{16}ClNOS$。

相对分子质量 257.78。

结构式

开发单位 1975 年由 S. Iori 等报道除草活性，由日本组合化学工业公司开发。获专利号 US3816500；JP1065662；JP1202209。

理化性质 无色液体。熔点 9℃，沸点 350.5℃（101.32 kPa）。20℃蒸气压 12.4mPa。相对密度 1.176（20℃）。20～27℃在水中溶解度 24mg/L，能溶于有机溶剂，室温条件下在丙酮、二甲苯、己烷、乙醇和苯中的溶解度＞1kg/L。

毒性 急性经口 LD_{50}：雄大鼠 800mg/kg，雌大鼠 820mg/kg，雄小鼠 935mg/kg，雌小鼠 1010mg/kg。大鼠急性经皮 LD_{50}＞10g/kg。对兔皮肤和眼睛无刺激。

剂型 50% 乳油，60% 除草丹 -L 乳油（有效成分为 50% 除草丹和 10% 利谷隆），60% 除草丹 -P 乳剂（50% 除草丹和 10% 扑草净）。

作用方式及机理 通过杂草幼芽、幼茎和根等部位被吸收后，运输到生长点，通过抑制蛋白质合成，使幼芽和幼茎畸形致死。

防治对象 玉米、麦类、大豆、棉花和蔬菜地对稗草、马唐等一年生杂草有效，对莎草科、石竹科、十字花科和马齿苋等杂草有较高活性。对水稻安全。

使用方法 芽前除草，可在播种前直到作物发芽前施药，用药量 3.5～4.5kg/hm²。芽后除草，按上述剂量，进行垄间定向喷雾，切勿将除草剂直接喷洒在作物上。蔬菜地除草，适于移栽前进行土壤喷雾处理，用量、加水量与芽前除草相同。

注意事项 除草丹对阔叶杂草的效果较差，加入利谷隆、扑草净后有增效作用。土壤处理后，土壤干旱会降低药效，湿润能保证效果。

与其他药剂的混用 可与利谷隆、敌草隆、扑草净、苯嗪草酮等农药混用。

参考文献

朱永和, 王振荣, 李布青, 2006. 农药大典[M]. 北京: 中国三峡出版社: 768.

（撰稿：汪清民；审稿：刘玉秀、王兹稳）

除草定 bromacil

一种脲嘧啶类非选择性除草剂。

其他名称　本草酮、必螨力克。

化学名称　6-甲基-5-溴-3-仲丁基脲嘧啶；5-bromo-6-methy-3-(1-methylpropyl)-2,4(1*H*,3*H*)-pyrimidinedione。

IUPAC名称　(RS)-5-bromo-3-*sec*-butyl-6-methyluracil。

CAS登记号　314-40-9。

EC号　206-245-1。

分子式　$C_9H_{13}BrN_2O_2$。

相对分子质量　261.12。

结构式

开发单位　杜邦公司。

理化性质　纯品为无色结晶固体。熔点158～159℃。沸点130℃。蒸气压0.033mPa（25℃）。溶解度：（25℃）水815mg/L，溶于碱96g/kg（0.9M氢氧化钠）、丙酮201g/kg、乙醇155g/kg、甲苯33g/kg。低于熔点温度下稳定，可被强酸慢慢分解。

毒性　大鼠急性经口LD_{50} 5200mg/kg。兔急性经皮LD_{50}＞5000mg/kg。虹鳟TLm（48小时）70～75mg/L。

剂型　80%可湿性粉剂。

质量标准　有效成分不低于500g/kg，分散度不低于70%。

作用方式及机理　作用于光合作用Ⅱ受体位置的电子传递抑制剂，主要被根部吸收，还可被茎叶少量吸收。

防治对象　用于防除一年生和多年生禾本科杂草。

使用方法　为非选择性除草剂，以5～15kg/hm²（有效成分）剂量施用，可防除非耕作区一般杂草；防除一年生杂草，用量2～4kg/hm²。在定植的柑橘园中防除一年生杂草，用量3.2～8kg/hm²；菠萝田中用量1.8～5.5kg/hm²。在较高剂量下，其作用可维持一个季节以上。

注意事项　①在运输和储存时严防雨淋和潮湿。不能与碱性农药、肥料混用。不得与食物、饲料等混放，并远离水源。②对皮肤和眼睛有刺激作用，使用时应穿戴保护性衣物。③水溶性制剂不能与氨基磺酸铵2号柴油、甲苯和杀草强液体制剂混配。钙盐可引起沉淀。

与其他药剂的混用　除草定可与特丁噻草隆按1∶1，与特丁津按1∶1.5的比例混用，防效明显高于单品使用的效果。

允许残留量　GB 2763—2021《食品中农药最大残留限量标准》规定除草定在柑、橘、橙中的最大残留限量为0.1mg/kg。ADI为0.1mg/kg。

参考文献

孙国庆, 侯永生, 刘杰, 等. 一种含特丁噻草隆与除草定的除草组合物及其应用制造技术. 中国: 201510187833[P]. 2015-07-15.

孙国庆, 侯永生, 吴勇, 等. 一种含特丁津与除草定的除草组合物及其应用. 中国: 201510187835[P]. 2015-07-22.

（撰稿：杨光富；审稿：吴琼友）

除草剂毒理　toxicity of herbicides

除草剂分子靶标（molecular target of herbicides）　杂草体内一类在被除草剂结合抑制后，导致植株死亡的分子靶标。在除草剂创制与研发过程中，寻找小分子结合靶标，成为指导设计更高活性或选择性除草剂的重要途径，因而基于高通量筛选建立的分子靶标筛选与作用机制研究也不断发展。对除草剂分子靶标的发现与研究，有助于从分子水平发掘新型除草剂作用机制，加深理解现有商品化除草剂的抗性机制，为抗性杂草的防控提供解决方案。

除草剂分子靶标种类　已知的商品化除草剂的分子靶标种类有限，许多除草剂的靶标尚未被全面确定。已经确定为具体分子靶标的类型有：乙酰乳酸合成酶（AHAS）、谷氨酰胺合成酶（GS）、5-烯醇丙酮酰莽草酸-3-磷酸合成酶（EPSPS）、乙酰辅酶A羧化酶（ACCase）、原卟啉原氧化酶（PPO）、八氢番茄红素脱氢酶（PDS）、番茄红素环化酶（LCYB）、对羟基苯丙酮酸双加氧酶（HPPD）、光系统Ⅱ（PSII）、光系统Ⅰ（PSI）、酮醇酸还原异构酶（KARI）、吡唑甘油磷酸酯脱水酶（IGPD）、天冬酰胺合成酶（AS）等。通过对分子靶标与除草剂分子间的结构与功能关系分析，可以进一步为优化除草剂活性、选择性及抗性规避提供科学合理的模型支持。此外，除草剂分子靶标也为设计耐除草剂转基因作物提供了选择对象，比如抗草甘膦的EPSPS和抗草铵膦的GS转基因作物的培育。

除草剂作用分子靶标原理　根据不同分子靶标的功能，除草剂通过抑制相应靶标，造成植物死亡的代谢路径也不尽相同。按照除草剂对靶标酶的作用机理又可进一步分为：

①抑制氨基酸合成。氨基酸是植物体内蛋白质及各类含氮化合物的合成物质，氨基酸合成途径的受阻将直接影响植株总蛋白的生成，从而进一步影响植株正常生长、发育，并最终造成植株死亡。目前常用的支链氨基酸（亮氨酸、异亮氨酸、缬氨酸）合成抑制性除草剂为磺酰脲类、咪唑啉酮类、三唑并嘧啶磺酰胺类、嘧啶水杨酸类和硫代磷酰胺酯类等，这些除草剂的靶标为支链氨基酸合成第一个关键酶AHAS，而噻二唑类则抑制支链氨基酸合成路径中第二个关键酶KARI。除支链氨基酸合成抑制外，EPSPS参与芳香族氨基酸的合成，IGPD参与组氨酸合成，AS参与天冬酰胺的合成，因而也有相应的除草剂以这些酶为靶标，比如草甘膦抑制EPSPS，三唑磷酸酯类抑制IGPD，环庚草醚抑制AS等。

②抑制色素合成。叶绿素是植物进行光合作用的重要色素，通过影响色素形成，能够使植物光合作用受阻而造成植株死亡，这些靶标包括PDS、HPPD和PPO。PDS参与类胡萝卜素的合成，该酶活性的抑制将导致植物叶绿体无法被类胡萝卜素保护，从而造成植物白化死亡。哒嗪酮类化合物能有效通过抑制PDS而造成植株白化死亡。HPPD是酪氨酸和苯丙氨酸分解代谢中的关键酶，并参与质体醌与生育酚的合成，三酮类、吡唑酮类和异噁唑酮类以HPPD为靶标，抑制对羟基苯丙酮酸转化为尿黑酸的过程，从而导致质体醌与生育酚合成抑制，生育酚的合成抑制会导致植物细胞膜容易受损，而作为光合作用传递载体的质体醌的减少则

会影响八氢番茄红素去饱和酶的催化活性，最终影响类胡萝卜素的合成，促进植株白化死亡。PPO 是叶绿素合成途径的关键酶，能够催化原卟啉原 IX 氧化为原卟啉 IX，原卟啉 IX 最终能被转化成叶绿素。二苯醚类、苯基酰亚胺类和尿嘧啶类等化合物对该酶活性的抑制，将极大提高植物体内单线态氧浓度，造成其他生物大分子的功能受损，从而造成细胞死亡。

③干扰氮同化作用。GS 参与无机氮转化为有机氮的第一步，该酶活性受抑制后会导致植物体内氮代谢紊乱，氨过度累积、叶绿体解体，最终影响光合作用。目前已知有草铵膦和双丙氨膦以 GS 为靶标。

④抑制脂肪酸合成。ACCase 参与脂肪酸合成，该酶活性受到抑制会导致细胞膜结构破坏及膜通透增强介导的细胞凋亡，目前有芳氧基苯氧丙酸类和环己酮类除草剂主要针对 ACCase 靶标。

⑤破坏植物光合作用。PSI 和 PSII 参与光合作用，对这两类系统的破坏，将直接造成电子传递受阻、二氧化碳固定受阻及 ATP 的合成受阻，最终影响植株能量合成受阻而死亡，比如百草枯、敌草快等，但这些除草剂作用的具体靶标还不明确。

乙酰乳酸合成酶 乙酰乳酸合成酶（acetohydroxyacid synthase，AHAS），也称为乙酰羟酸合成酶（acetohydroxy acid synthase，AHAS），是在植物和微生物中发现的一种蛋白质，是 3 种支链氨基酸（缬氨酸、亮氨酸和异亮氨酸）生物合成通路中的第一个关键性酶。

乙酰乳酸合成酶存在于人类、动物、植物和细菌中，参与各种氨基酸生物合成催化，是转移醛或酮残基的转移酶，具有分解代谢和合成代谢形式，作用于酮（丙酮酸），可以在代谢链中来回传递。在植物中，乙酰乳酸合成酶位于叶绿体中，以帮助代谢过程。在酵母中，其位于线粒体中。

乙酰乳酸合成酶：其能催化两分子丙酮酸反应生成乙酰乳酸或催化一分子丙酮酸与一分子 2- 酮丁酸反应生成 2- 乙酰 -2 羟基丁酸。

$$2 \ CH_3COCO_2^- \rightarrow {}^-O_2CC(O)CH_2CO_2^- + CO_2$$

该反应使用硫胺素焦磷酸盐以连接两个丙酮酸分子，产物乙酰乳酸最终变成缬氨酸、亮氨酸和异亮氨酸。该酶是亮氨酸和缬氨酸生物合成循环中几种酶中的第一种。

4 种特定残基负责该酶的催化活性，缬氨酸 485，蛋氨酸 513，组氨酸 643，甘氨酸 511。在细菌（大肠杆菌）中，乙酰乳酸合成酶由 3 对同种型组成。每对包括一个负责催化的大亚基和一个用于反馈抑制的小亚基。

乙酰乳酸合成酶活性的丧失，使支链氨基酸生物合成受阻，进而影响蛋白的合成，导致植物根、茎、叶生长受到抑制，最终导致植物死亡。因此乙酰乳酸合成酶是五大类超高效商品化除草剂的作用靶标，包括磺酰脲类、咪唑啉酮类、三唑并嘧啶磺酰胺类、嘧啶苯甲酸类和磺酰氨基羰基三唑啉酮类。目前应用最为广泛的有常用于玉米田的烟嘧磺隆和小麦田的甲磺胺磺隆。由于该类除草剂具有超高效和低毒的特点，因此推广初期大受欢迎，但除草剂在田间大量使用

后，伴随产生了严重的杂草抗性问题，抗性的主要原因是乙酰乳酸合成酶除草剂结合位点周围的一个氨基酸突变。另外，该类除草剂中的一些种类由于残效期长，也产生了对后茬作物的残留药害问题。针对残留药害和杂草抗性问题开发新型乙酰乳酸合成酶抑制剂是当前该领域的研究重点。

AHAS 抑制剂是除草剂通过抑制 AHAS 而破坏植物体内缬氨酸、亮氨酸和异亮氨酸的合成。而亮氨酸、异亮氨酸、缬氨酸是植物体内 3 种必需的支链氨基酸。AHAS 是催化缬氨酸和异亮氨酸生物合成过程中第一步反应的一个关键酶，亮氨酸的合成过程则较复杂，其中从丙酮酸到 α- 酮异戊酸的合成过程与缬氨酸完全一致，然后才形成亮氨酸，所以，这 3 种氨基酸的生物合成开始阶段均需 AHAS 催化。AHAS 也是植物支链氨基酸生物合成过程中 3 个调节酶之一，其活性受产物缬氨酸和异亮氨酸的反馈调节。由豌豆叶片原生质体分级分离证明，植物 AHAS 酶局限于叶绿体内，对细菌、酵母及植物的 AHAS 蛋白序列对比分析表明，它们同源性极高。AHAS 抑制剂会使植物体内 AHAS 活力降低，导致这 3 种支链氨基酸合成受阻，影响蛋白质的合成，进一步抑制细胞分裂，导致植物组织失绿、黄化，植株生长受抑，最后逐渐死亡。

5- 烯醇丙酮酸莽草酸 -3- 磷酸合成酶 5- 烯醇丙酮酸莽草酸 -3- 磷酸合成酶（5-enolpyruvyl shikimate-3-phosphate synthase，EPSPS，EPSP 合成酶），存在于植物和微生物中，而不存在于动物体内。

EPSPS 催化化学反应：

磷酸烯醇丙酮酸（PEP）+ 3- 磷酸莽草酸（S3P）→磷酸 + 5- 烯醇丙酮莽草酸 -3- 磷酸（EPSP）

由于该酶不存在于动物体内，因此为除草剂（如草甘膦）提供了一种有吸引力的生物靶标，目前该基因的草甘膦抗性形式已用于转基因作物。

该酶属于转移酶家族，特别是转移除甲基以外的芳基或烷基。EPSP 合成酶是一种单体酶，分子量约为 46000Da，由两个结构域组成，蛋白质链连接，该链充当铰链，可使两个蛋白质结构域更紧密地结合在一起。当底物与酶结合时，配体结合导致酶的两部分在活性位点中围绕底物夹紧。

根据草甘膦敏感性，EPSP 合酶可分为两组，包含在植物和某些细菌中的 I 类酶在低微摩尔草甘膦浓度下受到抑制，而在其他细菌中发现的 II 类酶对草甘膦的抑制具有抗性。

EPSP 合成酶通过细菌、真菌和植物中的莽草酸途径参与芳香族氨基酸苯丙氨酸、酪氨酸和色氨酸的生物合成。

EPSP 合成酶催化通过缩醛样四面体中间体将莽草酸 -3- 磷酸加磷酸烯醇丙酮酸转化为 5- 烯醇丙酮莽草酸 -3- 磷酸（EPSP）的反应。活性位点中的碱基和氨基酸分别参与 PEP 的羟基的去质子化和与四面体中间体本身相关的质子交换步骤。

EPSP 合成酶是除草剂草甘膦的生物学靶标。草甘膦是 PEP 的竞争性抑制剂，作为过渡态类似物，与 PEP 相比更紧密地结合 EPSPS-S3P 复合物并抑制莽草酸途径。这种结合导致酶的催化作用的抑制并关闭该途径。最终，由于缺乏生物体所需的芳香族氨基酸，导致生物体死亡。EPSPS 被广

泛研究的主要原因在于 EPSPS 能够被草甘膦特异性抑制，而草甘膦是一类内吸性传导的非选择性除草剂，在防治一年生、多年生的禾本科及阔叶杂草方面具有较好的除草活性。研究也表明，草甘膦特异性抑制 EPSPS 酶活性，直接抑制苯丙氨酸和酪氨酸的合成，导致细胞染色体异常。由于草甘膦对作物与杂草 EPSPS 都有抑制活性，因而发展转耐草甘膦 EPSPS 基因的作物很好实现了草甘膦在作物与杂草间的选择性。

对羟基苯基丙酮酸双氧化酶　对羟基苯基丙酮酸双氧化酶（HPPD）是一种存在于各种生物体中的依赖二价铁的非血红素氧化酶，目前得到的动植物的 HPPD 都以二聚体的形式存在，在假单胞菌亚种 PS874 菌种等细菌中以四聚体的形式存在。HPPD 是大部分生物体中酪氨酸分解代谢的关键酶，它能够在一个单一的催化循环中将对羟基丙酮酸（HPPA）经脱羧、取代基迁移和芳香环的氧化催化转化为尿黑酸（HGA），哺乳动物体内，尿黑酸在尿黑酸氧化酶的作用下，生成马来酰乙酰乙酸；马来酰乙酰乙酸可在异构酶的催化下生成延胡索酰乙酰乙酸，之后进一步在酶的作用下分解为延胡索酸和乙酰乙酸。HPPD 催化的反应是需氧生物体内酪氨酸代谢的第二阶段的反应，在人体中，如果酪氨酸分解代谢中出现特定酶的缺失可导致一系列严重代谢疾病，如酪氨酸血症。而在植物体内，HPPD 催化形成的尿黑酸是植物体合成光合作用中电子传递所需要的重要物质质体醌和生育酚的起始原料，其中质体醌还是影响八氢番茄红素去饱和酶催化的关键辅助因素，由此 HPPD 兼有农业和临床意义，是继 AHAS、ACC 以及 PPO 之后新的除草剂靶标酶和临床治疗酪氨酸的靶标酶，目前 HPPD 抑制剂因其杀草谱广、高效、残留低、环境相容性好、使用安全等特点，是为数不多的尚无抗性报道的靶标抑制剂，受到广泛关注。

虽然在动植物体内，HPPD 抑制剂都作用于相同的活性部位，但是其作用机制截然不同，这使得 HPPD 抑制剂作用于植物体时对人体及其他动物体安全。在人体中，HPPD 除了催化酪氨酸的代谢外，也能够催化分解琥珀酰基乙酸乙酯等物质形成的对肝肾有毒的代谢产物，HPPD 抑制剂可以减少尿黑酸的产生，同时避免形成对肝肾有毒的物质，从而可以缓解和治疗酪氨酸血症；在植物体中，由于 HPPD 抑制剂阻碍了尿黑酸的生成，造成了质体醌和生育酚的减少，进而阻碍了光合作用，导致光合器官不稳定，过剩的能量会导致叶绿体被破坏，造成植物白化及死亡，从而达到除草的目的。

目前严格来说所有的 HPPD 抑制剂均是螯合剂，它们在离体和活体情况下均表现出良好的活性，并能满足在杂体内吸收、传导和代谢稳定的要求。主要品种包括磺草酮、甲基磺草酮、双环磺草酮、环磺酮、吡唑特、苄草唑、吡草酮、苯唑草酮、pyrasulfotole 以及异噁唑草酮等。磺草酮很容易通过叶和根部吸收，对谷类植物的生长没有影响；甲基磺草酮对玉米田杂草具有很高的除草活性，但在美国和欧洲的大量田间试验表明，苗前使用时其未发生对玉米的药害，苗后使用时药害大约为 3%；环磺酮的毒性较低，大鼠急性经口 $LD_{50} > 2000mg/kg$、大鼠急性经皮 $LD_{50} > 2000mg/kg$、大鼠急性吸入 $LC_{50} > 5.03mg/L$，对兔眼睛有轻度刺激作用，对兔皮肤无刺激，对豚鼠皮肤有轻微过敏现象。经口、经皮肤和

接触性吸入均对人体造成伤害（毒性三级或四级），对皮肤敏感，对眼睛或皮肤刺激性较强；在正常使用 pyrasulfotole 的情况下，其对皮肤无刺激，对眼为中度刺激，不具有遗传毒性、致癌毒性和神经毒性。

咪唑甘油磷酸酯脱水酶　氨基酸是生物体内必不可缺的物质，与动物不同，植物完全依靠自身进行氨基酸合成来维持生命，若其中任何一种氨基酸合成受阻，植物将会受到致命打击。咪唑甘油磷酸酯脱水酶（imidazoleglycerol phosphate dehydratase，IGPD）是植物和微生物体内组氨酸生物合成的关键酶之一，是日益受到关注的除草剂潜在靶标。咪唑甘油磷酸酯脱水酶分子量为 600～670kDa，由相同的亚单元组成，亚单元的分子量为 25kDa，其 K_m 值为 0.4mmol/L。咪唑甘油磷酸酯脱水酶参与了由 ATP 和 5-核苷酸-1-焦磷酸酯（PRPP）起始的组氨酸生物合成途径中的第七步，即由咪唑甘油磷酸酯（IGP）经脱水反应生成咪唑丙酮醇磷酸酯（IAP）。在植物和微生物体内，组氨酸的生物合成广泛存在且至关重要，通过抑制咪唑甘油磷酸酯脱水酶的活性可以阻断植物体内组氨酸的合成，导致植物死亡，达到除草的目的。而组氨酸的生物合成在哺乳动物体内并不存在，因此靶向咪唑甘油磷酸酯脱水酶的除草剂可以在达到除草目的的同时保证对人畜无害，有很好的安全性。

目前报道的 IGPD 抑制剂以三唑磷酸酯类化合物为主。三唑磷酸酯类除草剂通过竞争抑制 IGPD 的底物（IGP）与 IGPD 结合，进而干扰 IGPD 的正常生理功能，从而产生抑制杂草效果。

乙酰 CoA 羧化酶　乙酰辅酶 A 羧化酶（acetyl-coenzyme A carboxylase，ACCase），广泛存在于生物界，是脂肪酸生物合成的限速酶，是禾本科除草剂和某些降血脂药物的作用靶标。ACCase 是一种依赖生物素的变构羧化酶，它在生物体内参与催化乙酰 CoA 羧化形成丙二酰 CoA，为脂肪酸和许多次生代谢产物的合成提供底物，生物体内缺少某些必需脂肪酸会导致其免疫能力和抗病能力下降，生长受阻，严重时会导致死亡。在植物体内，ACCase 定位在细胞胞质和叶绿体中，有两种形式的同工酶，分别是细胞溶质多功能 ACCase（MF-ACCase）和叶绿体多亚基 ACCase（MS-ACCase）。细胞溶质多功能 ACCase 与动物、酵母中的 ACCase 相似，又名真核型 ACCase 或 ACCase I，此种形式的酶是含有两个亚基的同型二聚体，分子量约 500kDa。叶绿体多亚基 ACCase 与大肠杆菌中的 ACCase 相似，又名原核型 ACCase 或 ACCase II，是含有 4 个亚基的四聚体，分子量约为 700kDa。在所有的细胞溶质以及禾本科、双子叶的牻牛儿苗科植物的叶绿体中存在 MF-ACCase，双子叶植物的叶绿体中一般存在 MS-ACCase。MF-ACCase 对除草剂敏感而 MS-ACCase 对除草剂不敏感，由于植物的脂肪酸的生物合成在叶绿体质体中进行，因此单子叶禾本科植物体内的脂肪酸生物合成可以通过使用 ACCase 抑制剂加以抑制，而双子叶植物的脂肪酸合成不会受到 ACCase 抑制剂的影响。

目前报道的 ACCase 抑制剂主要包括 4 类，分别是芳氧苯氧丙酸酯类（aryloxyphenoxyp ropanoates，AOPP）、肟醚类环己二酮（cyclohexanedione oximes，CHD）、芳氧苯基环己二酮类（aryloxyphenylcyclohexanedione，APCHD）以及三

酮类环己二酮（cyclict riketones, CTR）。其中，APP 和 CHD 类除草剂具有高效、低毒、杀草谱广、施用期长、对后茬作物安全等特点。ACCase 抑制剂主要是通过抑制乙酰辅酶 A 的羧化，进而阻断脂肪酸的合成，影响细胞膜渗透性，造成代谢产物泄漏，致使植物死亡，从而达到防除禾本科杂草的目的。由于 ACCase 抑制剂类除草剂是超高效的除草剂，对禾本科杂草有优异的防除效果，而对双子叶植物高度安全，因此成为了阔叶作物田间使用最为普遍的除草剂，但长期单一大面积使用该类除草剂，会导致敏感性杂草大量减少，而非敏感性的耐药性杂草逐渐上升演替成为群落优势种，并易诱导新的抗药性杂草产生，导致该类型除草剂用量逐年增加而药效降低。

ACCase 抑制剂的抗性原因主要分为两类：靶酶突变和代谢加速，其中靶酶突变是其主要的抗性原因。氨基酸残基位点的突变会导致活性空腔的一些关键氨基酸残基的构象发生变化，使得抑制剂与氨基酸残基之间的 π 作用和氢键作用减弱，从而导致二者之间的结合力下降，最终导致抗性。但在大多数情况下，靶酶突变和代谢加速造成的抗性是共存的，杂草种群的个体多样性、易变性及多型性是对除草剂产生抗性的内在因素。除草剂在对杂草种群产生强大的筛选压力的同时，也促使杂草体内做出一系列代谢反应，通过阻止除草剂活性分子达到靶标位点、削弱除草剂的毒害作用或者两个方面的综合作用，使得杂草对 ACCase 抑制剂类除草剂敏感性降低。

谷氨酰胺合成酶　绝大多数的植物的酶都以氨作为底物，谷氨酰胺合成酶（GS；E.C.6.3.1.2）是其中对氮源亲和力最高的酶（$K_m = 3 \sim 5mmol/L$）。在光合作用组织光呼吸 C2 循环中，氨在植物体内通过亚硝酸还原和氨基酸分解而释放，最高量达到 90%，在光合组织中，在大气条件下，Rubisco 氧化酶的活性导致在叶绿体内生成 2- 磷酸乙醇酸，进一步断裂成无机磷酸和乙醇酸，这是中间体在过氧化酶体系中，由乙醇酸氧化酶氧化成乙醛酸和过氧化氢。乙醛酸被谷氨酸 - 乙醛酸 - 转氨酶和丝氨酸乙醛酸 - 转氨酶快速代谢，两者的最终产物都是甘氨酸。在线粒体中，两分子的甘氨酸转变成一分子丝氨酸并释放出二氧化碳和氨，氨在叶绿体中再被同化。

谷氨酰胺合成酶（GS）利用谷氨酸和氨作为底物，所生成的谷氨酰胺是谷氨酸合成酶（谷酰胺 - 酮戊二酸 - 转氨酶，GOGAT）的底物，它转变谷酰胺的酰胺基成 2- 酮戊二酸，合成两分子的谷氨酸盐，GS -GOGAT 循环能使植物高效率地同化和再循环氨，这两个酶的最终产物分别是彼此的底物并是合成氨基酸、嘌呤和嘧啶的氨基的给体。

目前已发现高等植物 GS 至少有 2 种形式，即细胞质 GS（GS1）和质体 GS（GS2），GS2 主要存在于叶绿体基质中，为绿色组织的主要 GS 形式，而 GS1 主要存在于非光合组织内，为非光合组织 GS 的主要形式。GS1 和 GS2 作用不同，GS2 主要是参与同化光呼吸及硝酸盐还原产生的 NH_4^+，而 GS1 在叶片维管组织韧皮部伴胞中分布较多，特别是叶片衰老时 GS1 活性增高，说明 GS1 主要参与 N 素的再转移，如转移到正在生长的器官、组织中；GS1 还可参与脯氨酸的合成，而脯氨酸可作为植物体内 NH_4^+ 突然增多时的临时储藏物质。

1968 年 Ronzio 和 Meister 建立了一种蛋氨酸亚砜亚胺抑制谷氨酰胺合成酶的抑制剂模型。分两步：第一步是抑制剂与谷氨酸竞争结合位点，该过程可逆；第二步是抑制剂磷酸化，然后与酶不可逆的结合。

从 20 世纪 60~70 年代，从链霉素中发现一种三肽化合物，该分子由两分子丙氨酸和一分子含磷的特殊氨基酸组成，后者即为草丁膦，三肽则为双丙氨磷。草丁膦作为谷氨酸的类似物，具有很强的抑制细菌谷酰胺合成酶的作用。在 20 世纪 70 年代中期，其外消旋体命名为草铵膦，与天然三肽双丙氨磷，均作为苗后非选择性除草剂使用。

在动物体内草铵膦给大鼠服用后很少被吸收（8%~13%）并有 90% 以上快速代谢体外；微生物通过肠道吸收也很有限。草铵膦对哺乳动物具有低毒性，对大鼠急性经口、经皮及吸入毒性均属低毒。

八氢番茄红素脱氢酶　在高等绿色植物中，类胡萝卜素有着重要的作用。它是合成光合细胞器的组成部分，用来组成光合反应的中心；在光呼吸中，类胡萝卜素作为辅助色素承担了光合系统中电子传递的作用；类胡萝卜素还是光合作用中保护性物质，它能够保护光合系统，特别是强光压力下，免于被激发的三线态叶绿素氧化。因此，具有直接或者间接抑制类胡萝卜素的合成，使其浓度降低，导致其不能发挥有效的保护作用，最终导致其在强烈光线照射下，叶绿素降解，植株表现典型的白化现象，从而导致植株死亡的除草剂，该类除草剂统称为白化除草剂。八氢番茄红素脱氢酶抑制剂属于白化除草剂中的一类，其通过抑制类胡萝卜素的合成，导致植物光合作用降低，进而表现出白化直至死亡。

八氢番茄红素脱氢酶是类胡萝卜素合成途径中的首要限速酶。两个 GGPP 在八氢番茄红素合酶的催化下合成八氢番茄红素。八氢番茄红素通过八氢番茄红素脱氢酶（PDS, phytoene desaturase）进行两步脱氢反应形成 ξ- 胡萝卜素，最后经过两步脱氢反应（由 ξ- 胡萝卜素脱氢酶 ZDS 催化），最终形成番茄红素（lycopene）。

目前研究最为透彻的作用位点是八氢番茄红素脱氢酶和 ξ- 胡萝卜素脱氢酶，尤其是八氢番茄红素脱氢酶。PDS 位于叶绿体类囊体中与膜相连的酶。在蓝藻、藻类和高等植物中，八氢番茄红素和 ξ- 胡萝卜素通过在对称的分子中每侧消去氢原子形成两个双键，完成脱氢过程，烟酰胺腺嘌呤二核苷酸（NAD）和烟酰胺腺嘌呤二核苷酸磷酸盐（NADP）是离体反应中氢的受体。

多种结构类型的八氢番茄红素脱氢酶抑制剂均能造成植物体内八氢番茄红素的积累。既包括一些直接作用于八氢番茄红素脱氢酶的除草剂，也包括抑制生物催化合成质体醌的对羟基苯基丙酮酸氧化酶（HPPD）的苯甲酰环己二酮等除草剂。目前已经报道的八氢番茄红素脱氢酶抑制剂大致分为以下 5 类：四氢嘧啶酮（环状脲）类、苯基吡啶酮类衍生物、2,6- 二苯基吡啶类、二苯基吡咯烷酮类以及 3- 三氟甲基 -1,1'- 联苯衍生物。

该类化合物属于低毒或者无毒，动物试验表明无诱变性，无致畸、致突变作用。

原卟啉原氧化酶（PPO）的毒理学　原卟啉原氧化酶

（PPO）在植物、动物、真菌和细菌体内都广泛存在的，是血红素和叶绿素生物合成最后一步的共同酶，在它的作用下将原卟啉原IX氧化成原卟啉IX。当人体内由于突变导致PPO活性降低时，人的皮肤对光就会更加敏感。过多的原卟啉IX，可导致显性遗传性新陈代谢疾病杂斑卟啉症。植物体内PPO受到抑制将导致植物在短时间内死亡。

动物和真菌的PPO一般位于细胞的线粒体中，而植物体内的PPO存在两种同工酶，质体PPO1和线粒体PPO2。一种位于细胞线粒体内膜的表面，一种位于质体中。在植物体内叶绿素与亚铁原卟啉合成中，卟啉生物合成十分重要，而原卟啉氧化酶则是催化叶绿素与亚铁原卟啉生物合成最后阶段的酶。它催化原卟啉原IX在亚铁原卟啉与叶绿素生物合成转化为原卟啉IX。此酶被抑制，造成对光敏感的原卟啉IX迅速积累，从叶绿体渗出到细胞质中。在细胞质中原卟啉原IX自动氧化为原卟啉IX，后者与氧反应，在光存在下形成单线态氧，从而引起细胞膜的不饱和脂肪酸的过氧化，导致膜渗漏，色素破坏，最终叶片死亡。

叶绿体是利用光合作用将光能转化为化学能的主要场所。PPO酶是四吡咯生物合成的最后一个酶。它夺取无色、对光不敏感的底物原卟啉原IX的6个氢原子，将其催化成高度共轭、红色的、对光敏感的原卟啉IX。PPO抑制剂就是与原卟啉原IX竞争性与PPO活性中心结合，因此阻断原卟啉IX的形成。

根据结构，PPO抑制剂进一步又可以分为八大主要类别：二苯醚类、N-苯基酞酰亚胺类、苯基吡唑类、噁唑啉二酮类、噁二唑类、噻二唑类、三唑啉酮类和嘧啶二酮类。

原卟啉原氧化酶抑制剂几乎没有急性毒性，因此在正常使用中不可能造成任何急性危害。动物口服这些化合物可以增加体内的卟啉水平，但是几天内卟啉水平恢复正常属于可逆的。大鼠和小鼠大剂量摄入原卟啉原氧化酶抑制剂，会产生斑状卟啉症样症状。据报道，大鼠产前暴露甲磺草胺导致神经发育效应。除了乙氧氟草醚和治草醚，其他大部分原卟啉原氧化酶抑制剂对水生野生动物无毒或中等毒性，对鸟和蜜蜂低毒。大多数的原卟啉原氧化酶抑制剂不具有致突变和致癌性，而且其发育毒性与体内抑制剂的积累量有关。

除草剂选择性原理

除草剂的选择性　除草剂可以杀死某些植物，同时不会对其他植物造成伤害的潜能称为选择性。除草剂的选择性，只是在一定条件下才具有的。这些条件包括除草剂的性质、植物本身的特性以及一定的环境条件。

对某一特定的除草剂，只是在一定的剂量范围内和在有机质含量高的土壤中施用，对某种作物才是安全的。如果施用剂量过高，或在有机质含量低的土壤中施用，作物也会产生药害，就不具有这种选择性。选择性也可由植物本身的形态、生理、生化特性所致，也可在人为条件下造成差异而形成。有的除草剂本身具有一定的选择性，有的除草剂选择性不强，但可利用除草剂的某些特点，或利用农作物和杂草之间的差别，如形态、生理、生化、生长时期，遗传特性等不同特点，达到除草剂的选择性。

除草剂分类　除草剂又进一步可分为：选择性除草剂和非选择性除草剂，接触性除草剂和内吸性除草剂。

根据除草剂的作用机理，大致可分为以下几个方面：阻碍光合作用，破坏吸收和能量代谢，抑制蛋白质、核酸等物质合成，干扰植物激素，阻碍营养物质的输送。根据除草剂的作用机理，可以合理设计其选择性。

①形态选择。由于各种植物的形态不同造成除草剂的沉积附着不同而形成的选择性。植物叶片的着生角度，直立或平展，使除草剂的沉积附着程度发生差异。直立的叶片液滴易于滚落就沉积得少，而平展的叶片液滴易于滞留，沉积就多；叶面的大小和宽狭对吸收除草剂的多少也有差异；生长点的裸露或内裹也会引起直接接触除草剂的量的不同。

②生理选择。植物的茎叶和根系对除草剂的吸收和运转不同所引起的选择性。植物的茎、叶和根系是吸收和运转除草剂的主要器官。叶面蜡质和角质的厚薄，气孔的大小和多少以及除草剂在细胞壁的吸附，都会影响除草剂进入细胞的量。被植物根吸收的除草剂沿木质部导管的蒸腾流向上运转，叶面吸收的向基性除草剂则沿韧皮部的筛管运转到植物的其他部位，在运转过程中有可能被植物代谢而转化。除草剂在植物体内吸收和运转效率因除草剂和植物的不同而异，从而导致最终运送到植物作用部位的除草剂分子浓度不同。如果除草剂在作用部位积累到足够浓度时，植物即被杀死。

③生化选择性。生化反应包括解毒作用和活化作用。

解毒作用：某些农作物能将除草剂分解成无毒物质而不受害，而杂草缺乏这种解毒能力则中毒死亡。有些植物体内的成分能与除草剂发生轭合反应，形成无活性的轭合物而解毒。

活化作用：某些除草剂本身对植物并无毒害，但在有的植物体内它会发生活化反应，将无毒物转化为有毒物而中毒，没有这种能力的植物就不会中毒。

④人为选择。除草剂本身无选择性或无明显选择性，在人为条件下造成时间和空间的差异，使杂草尽量多地吸收除草剂而被杀死，而作物尽量避开吸收除草剂而得到保护。在农作物成行生长和农作物比杂草高的地里（如果树、茶园、苗圃），或大田农作物生长到一定高度后，定向喷雾和保护性喷雾，对农作物安全，防除杂草效果良好。

⑤时差选择。利用作物和杂草的不同生育期，施用除草剂达到选择性防除目的。有的广谱性除草剂，药效迅速，残效期短，在生产中常利用这些特性，在农作物播种前，将地面所有的杂草杀死，等药效过去后再进行播种。

⑥位差选择。利用除草剂药层分布于土壤不同部位、杂草和作物种子分布于不同层次，达到防除杂草而不伤作物的目的。如有些在土壤中难以移动的除草剂用来作土壤处理时，作物种子萌发的根在土壤深层生长，地上部冲出土壤药层后也能安全生长，而杂草种子在土壤较浅的药层中萌发，接触较多的除草剂而被杀死。有些深根杂草，可用在土壤中易于移动的除草剂，使除草剂到达深层，杀死杂草，而作物在上层可避开除草剂而安全生长。

⑦生育期选择。农作物在不同生育期，对农药的抗性不一，对除草剂的敏感程度也有差别。在一般情况下，植物在发芽或幼苗期对除草剂最敏感，开花后就不敏感。

⑧剂型选择。由于除草剂剂型的多样化，除草剂的应

C

用范围在不断扩大。剂型可以调控除草剂的多种功能，例如合适的剂型会增加除草剂的活性或者选择性。在实际的应用过程中可以根据具体的要求进行针对性的剂型选择和设计。

⑨条件选择。环境条件如土壤类型、湿度、温度等条件，是除草剂选择性的因素之一。在一般情况下，黏性土壤比砂性土壤用药量多，温度高、湿度大除草效果好，有机质含量大则用药量大，有机质含量少用药量则少。

（撰稿：王大伟；审稿：席真）

除草剂耐雨水冲刷试验 rain simulation test of herbicide persistence

通过测定施药后不同时间、不同降雨量处理下的除草活性差异，来明确降雨对除草活性的影响，评价药剂的耐雨淋能力。

适用范围 适用于测定茎叶处理除草剂耐雨水冲刷能力，评价除草剂作用特性，为药剂合理使用提供科学的理论依据。

主要内容 根据测试药剂的活性特点，选择敏感、易萌发培养的植物为试材。供试靶标采用温室盆栽法培养，药剂处理后试材每隔0、0.5、1、2、4、8、12、24小时，在降雨模拟器中进行不同强度降雨处理，降雨时间一般持续10分钟以上，以喷药后不降雨为对照。降雨处理后放入温室统一培养。于药效完全发挥时进行结果调查，可以按试验要求测定试材出苗数、根长、株高、鲜重等具体的定量指标，计算生长抑制率；也可以对植物受害症状及程度进行综合目测法评价。绘制鲜重抑制率与降雨间隔时间变化和降雨强度趋势图，分析所测药剂各剂量的防效与降雨间隔时间、降雨强度变化的相关性，判断降雨对该药效的活性影响，并评价供试药剂的耐雨淋能力。

参考文献

徐小燕, 陈杰, 台文俊, 等, 2009. 新型水稻田除草剂SIOC0172的作用特性[J]. 植物保护学报, 36(3): 268-272.

（撰稿：徐小燕；审稿：陈杰）

除草剂生物活性测定 bioassay of herbicide

利用杂草在生长、形态等方面对除草剂的反应，评价化合物活性的基本方法。

除草剂活性测定包含杂草靶标、试验环境条件、施药方式、活性调查与评价4个要素。即以杂草萌发的种子或幼苗等为靶标，在一定的试验环境条件下，采用合理的施药方式对靶标施加药物，观察靶标的活性反应及评价药物的生物学活性。

适用范围 适用于测定苗前土壤封闭处理和茎叶处理除草剂活性筛选、除草剂复配，为药剂合理使用提供科学的理论依据。

主要内容

杂草试材准备 从禾本科杂草、阔叶杂草和莎草科杂草三大类型中，选择易于培养、生育期一致的代表性敏感杂草为供试靶标，其种子发芽率在80%以上。杂草材料必须符合：①在一定试验浓度范围内，对除草剂的反应随着浓度的增加而有规律地增加。②在环境条件相似时，试验要有可重复性。试验用土为未用药地块收集的试验专用土，取口径10cm左右花盆，将土装至3/4高度。加水待土壤完全湿润后，将各供试杂草靶标种子播入花盆内，每种杂草保证15~20粒种子。播种后，覆0.5~1cm厚混沙细土，底部加水方式使土壤吸水饱和后置于温室内培养生长，保持适宜土壤含水量，温室中温度在20~30℃，空气湿度50%以上。苗前土壤处理除草剂于杂草种植好当天或隔天进行药剂处理，苗后茎叶处理除草剂待杂草材料长至3叶期左右进行喷雾处理。

除草剂溶液配制 水溶性原药用含0.1%吐温80表面活性剂的蒸馏水溶解；其他不溶于水的原药选用合适的有机溶剂溶解，用含0.1%吐温80表面活性剂的蒸馏水稀释；制剂直接加蒸馏水稀释。

药剂处理 选择合适的喷雾塔（喷药面积、喷液量、工作压力和着液量等工作参数定期标定）进行药剂喷雾处理。每处理设4次重复，另设空白对照。处理后置温室中生长，每天以底部灌溉方式补水，保持适宜的土壤含水量。定时观察植株反应症状，于药效完全发挥时目测综合除草活性，并测定供试杂草地上部分鲜重。

结果评价 用目测法评价药剂对植株茎或根抑制、畸形、白化、腐烂等综合影响程度，0为无除草活性，100%为受害植株完全死亡，目测法评价标准见表。

除草剂生物活性测定目测法评价标准

除草活性（%）	除草活性综合评语（对植株茎或根抑制、畸形、白化、腐烂等影响程度）
0	同对照，无活性
10~30	活性低，稍有影响
40~50	活性低，对生长有明显影响
60~70	有活性，能抑制生长
80~90	活性好，严重抑制生长
100	植株死亡

并进行杂草鲜重抑制率调查，计算公式如下：

$$鲜重抑制率 = \frac{空白对照鲜重 - 处理杂草鲜重}{空白对照鲜重} \times 100\%$$

数据统计 应用标准统计软件（如SPSS或DPS）对鲜重抑制率和药剂浓度的对数建立回归方程，计算ED_{50}或ED_{90}。

参考文献

NY/T 1155.3—2006 农药室内生物测定试验准则 除草剂 第3部分: 活性测定试验土壤喷雾法.

NY/T 1155.4—2006 农药室内生物测定试验准则 除草剂 第4

部分: 活性测定试验茎叶喷雾法.

（撰稿: 唐伟; 审稿: 陈杰）

C

除草剂施药方法　herbicide application method

通过测定药剂不同施药方法对生物活性的影响, 明确药剂使用效果最佳的施药方式, 为除草剂正确合理使用提供依据.

正确的施药方法及使用技术是发挥药效的基本保证. 根据药剂特性、杀草原理、杂草类型及生育期以及环境条件, 在考虑防治效果及作物安全性基础上, 选择经济、方便易行的施药方法是除草剂使用的关键技术.

适用范围　适用于评价新除草活性化合物或提取物、新型除草剂及其混配使用效果最佳的施药方式, 为药剂合理使用提供科学的理论依据.

主要内容　根据测试药剂的活性特点, 选择药剂敏感、易培养的杂草为试验靶标. 采用温室盆栽法, 于供试杂草长至适宜叶龄期时, 相同剂量药剂以不同施药方法（可选方法参见表）对供试靶标进行药剂处理.

除草剂的常规施药方法及其适用条件表

序号	施药方法	适用条件
1	土壤喷雾处理	土壤处理除草剂或通过根芽吸收的除草剂
2	茎叶喷雾处理	茎叶处理除草剂
3	行间定向喷雾	非选择性除草剂（灭生性除草剂）
4	直接撒施法	颗粒剂等方便撒施的除草剂
5	混土撒施	易挥发与光解的除草剂
6	穴施	土壤处理剂在点播或移栽作物中使用
7	沟施	适用于土壤处理剂在作物行间处理
8	浇灌	通过根或幼芽吸收的除草剂
9	甩施法	乳化性好、扩散性强的药剂在水田使用
10	种子处理法	可拌种和浸种处理的除草剂
11	其他施药方法	如泡沫法、涂抹法、注射法、杀草膜、覆膜法等生产中有应用的除草剂

处理后放入温室统一培养, 于药效完全发挥时进行结果调查, 可以按试验要求测定试材出苗数、根长、株高、鲜重等具体的定量指标, 计算生长抑制率; 也可以对植物受害症状及程度进行综合目测法评价. 根据不同施药方法的除草活性结果, 评价出药剂使用效果最佳的施药方式.

参考文献

黄春艳, 王宇, 陈铁保, 等, 2003. 酰胺类除草剂不同施药方法对大豆苗期安全性研究[J]. 黑龙江农业科学 (6): 5-8.

伦志安, 穆娟微, 赵宏伟, 等, 2012. 施药方法对寒地水稻田土壤处理除草剂效果的影响[J]. 现代化农业 (2): 6-7.

徐汉虹, 2007. 植物化学保护学[M]. 北京: 中国农业出版社.

（撰稿: 徐小燕; 审稿: 陈杰）

除草剂选择性试验　test of herbicide selectivity

评价除草剂选择性大小的试验. 除草剂在一定用量与使用条件下, 只毒杀某种或某类杂草, 而不损害作物的特性称为选择性. 凡具有这种选择性作用的除草剂称为选择性除草剂. 除草剂的不同作用原理形成了多种不同类型的选择性. 形态选择性, 指一些除草剂利用植物的形态结构差异来杀死杂草而不伤害作物. 生理选择性, 指不同植物对除草剂吸收、传导差异而形成的选择性. 生物化学选择性, 是除草剂在不同植物体内通过一系列生物化学变化形成的选择性, 如酶促反应. 利用作物与杂草不同生长时间差来防除杂草, 称为时差选择性. 利用杂草与作物在土壤内或空间中位置的差异而获得的选择性, 称为位差选择性. 还有一些选择性较差的药剂可以通过添加保护物质或安全剂而获得选择性.

根据测试药剂的应用目标作物和防治对象杂草, 选择对该药剂安全的作物及其敏感的目标杂草为测试靶标, 用有效的测定方法, 定量测定对敏感杂草的最低有效剂量 ED_{90} 值和对安全作物的最高安全剂量 ED_{10} 值, ED_{10} 值与 ED_{90} 值的比值即为该药剂的选择性系数, 系数越大选择性越高.

适用范围　除草剂选择性评价是除草剂实现防除杂草、保护作物应用目标的关键技术, 适用于新的除草活性化合物或提取物、新型除草剂、商品化除草剂, 及其混配、助剂在作物与杂草之间的选择性评价, 为除草剂正确合理使用提供科学的理论依据.

主要内容

除草效果最低有效剂量 ED_{90} 值的测定　以对测试药剂敏感杂草为测试靶标, 通过除草活性测定方法, 设置 5~8 个梯度剂量处理, 通过鲜重、株高或目测等综合评价结果获得该药剂对测试杂草的活性抑制率. 通过统计软件对活性抑制率和剂量进行回归分析, 获得回归方程, 计算除草效果最低有效剂量 ED_{90} 值, 该 ED_{90} 值为获得该药剂选择性系数的分母.

作物安全性最高安全剂量 ED_{10} 值的测定　以除草剂应用的目标作物或最具耐药性的作物为测试靶标, 通过安全性评价试验, 设置 5~8 个梯度剂量处理, 通过鲜重、株高或药害症状目测等综合评价结果获得该药剂对测试作物的生长抑制率. 通过统计软件对生长抑制率和剂量进行回归分析, 获得回归方程, 计算药害程度不超过 10% 的最高安全剂量 ED_{10} 值, 该 ED_{10} 值为获得该药剂选择性系数的分子.

选择性系数　选择性系数 = 最高安全剂量 ED_{10} / 最低有效剂量 ED_{90}. 当选择性系数 ≥ 2 时, 认为测试的药剂具有一定选择性; 选性择系数 ≥ 4 时, 认为选择性较好; 系数越大, 该药剂对测试作物选择性越高, 应用前景越好.

注意事项及影响因素　每种除草剂都有特定的应用作物和特定的防除对象, 除草剂的除草效果和对作物的安全性是相对的, 所以除草剂的选择性不是恒定的数值, 随不同应用作物、防治靶标和使用条件而变化. 只有在特定时间、特定条件、特定剂量下科学施用除草剂, 才能实现保护作物和防除杂草的目标。

参考文献

程慕如, 1987. 除草剂的选择性试验[J]. 江苏杂草科学 (3): 1-2.

徐小燕, 董德臻, 台文俊, 等, 2011. N-苯基-2-(4,6-二甲氧基-2-嘧啶氧基)-6-氯-苄胺 (ZJ1835)的除草活性研究[J]. 农药学学报, 13(4): 427-430.

NY/T 1155. 4—2006 农药室内生物测定试验准则 除草剂 第4部分: 活性测定试验 茎叶喷雾法.

NY/T 1155. 8—2007 农药室内生物测定试验准则 除草剂 第8部分: 作物的安全性试验 茎叶喷雾法.

（撰稿：徐小燕；审稿：陈杰）

除草剂选择性原理　selectivity principle of herbicide

选择性除草剂是一类在一定环境条件下与用量范围内，能够杀死杂草或有效地抑制杂草生长，而不伤害作物以及只对某一种或某一类杂草有效的除草剂。除草剂的选择性是相对的，仅在一定的范围内对某些作物具有选择性，且选择范围取决于多种因素。施用量过度、施用方法不当或使用时期不当，除草剂都会丧失选择性而伤害作物。除草剂选择性原理包含以下几个方面。

位差与时差选择性　位差选择性指人为地利用作物和杂草在土壤和空间分布不同，使作物不接触或少接触除草剂，而使杂草大量接触除草剂而实现的选择性。

时差选择性指人为地利用作物和杂草在时间分布不同，尤其是一些对作物有较强毒性的除草剂，利用作物与杂草发芽及出苗期早晚的差异而形成的选择性。

形态选择性　利用作物与杂草植株形态差异而获得的选择性称为形态选择性。植物叶的形态、叶表的结构以及生长点的位置等，使得药液的附着量与吸收量不同，因此这些差异往往影响到植物的耐药性。如单子叶植物与双子叶植物在形态上彼此有很大差异，用除草剂喷雾，双子叶植物较单子叶植物对药剂更敏感。

生理选择性　由于植物茎叶或根系对除草剂吸收与输导的差异而产生的选择性称为生理选择性。除草剂必须从吸收部位传导到作用部位，才能发挥生物活性。植物传导能力极大程度地影响除草剂的选择性。易吸收与输导除草剂的植物对除草剂常表现敏感。

生化选择性　由于除草剂在植物体内生物化学反应的差异产生的选择性称为生化选择性。这种选择性在作物田中应用，安全幅度大，属于除草剂真正意义上的选择性。

利用保护物质或安全剂获得选择性　一些除草剂选择性较差，可利用保护物质（如活性炭）或安全剂获得选择性。

参考文献

吴文君, 2000. 农药学原理[M]. 北京: 中国农业出版社.

徐汉虹, 2007. 植物化学保护学 [M]. 4版. 北京: 中国农业出版社.

（撰稿：陈娟妮；审稿：丁伟）

除草剂作用机制　mechanism of herbicides

除草剂被植物根、芽及茎叶等吸收后，作用于特定位点，干扰植物的生理、生化代谢反应，导致植物生长受抑制或死亡。除草剂的作用机制比较复杂，多数除草剂涉及植物的多种生理生化过程。现将除草剂的作用机制归纳如下：

抑制光合作用　绿色植物是靠光合作用来获得养分。光合作用的本质是植物将光能转变为化学储存能的过程，包括光反应和暗反应，在光反应中，通过电子传递链将光能转化成化学能储藏在 ATP 中，在暗反应中，利用光反应获得的能量，将二氧化碳还原为碳水化合物。除草剂主要通过阻断光合电子由 QA 到 PQ 之间传递，分流或者截获光合电子传递链的电子，抑制光合磷酸化、抑制色素的合成和抑制光水解。

阻断电子由 QA 到 PQ 的传递作用　位点在光合系统 II 和光合系统 I 之间，即 QA 和 PQ 之间的电子传递体 D1/D2 蛋白，除草剂与该蛋白结合后，改变它的结构，阻断电子从 QA 传递到 PQ，导致光合系统受损，从而产生毒害。如取代脲类、尿嘧啶类、酰胺类等。

分流或者截获光合电子传递链的电子　除草剂如百草枯和敌草快作用于光合系统 I，截获电子传递链中的电子而被还原，阻止了铁氧化还原蛋白（Fd）的还原及其后续反应。与此同时，还原态的百草枯和敌草快自动氧化产生过氧根阴离子可导致生物膜中未饱和脂肪酸产生过氧化作用，破坏生物膜的半透性，最后造成细胞死亡，植物枯死。

抑制光合磷酸化反应　除草剂如苯氟磺胺、敌稗等影响光合磷酸化作用，抑制 ATP 的生成。光合磷酸化抑制剂，也叫解偶联剂。

抑制色素生物合成　在类囊体膜上，有大量的叶绿素和类胡萝卜素。这两类色素紧密相连，前者收集光能，后者则保护前者免受氧化作用的破坏，抑制这两类色素中任何一种的合成，将导致植物出现白化现象。有多种除草剂，如吡氟酰草胺、氟啶草酮、苯草酮等可抑制类胡萝卜素生物合成。

抑制氨基酸的合成

抑制芳香氨基酸合成　植物体内 3 种芳香氨基酸——苯丙氨酸、酪氨酸和色氨酸是通过莽草酸途径合成的，很多次生芳香物也是通过该途径合成的。除草剂草甘膦影响莽草酸途径，其作用靶标酶是 5- 烯醇式丙酮酸莽草酸 -3- 磷酸合成酶（EPSPS）。该酶是缩合莽草酸 -3- 磷酸和磷酸烯醇式丙酮酸产生 3- 烯醇式丙酮酸莽草酸 -3- 磷酸和无机磷酸。

抑制支链氨基酸合成　植物体内合成的支链氨基酸为亮氨酸、异亮氨酸和缬氨酸，其合成开始阶段的重要酶为乙酰乳酸合成酶（ALS）或乙酰羟基丁酸合成酶（AHAS）。除草剂磺酰脲类、咪唑啉酮类和磺酰胺类等抑制这 3 种氨基酸的合成，其作用靶标酶为 ALS 或 AHAS。

抑制谷氨酰胺合成　谷氨酰胺合成酶是氮代谢中重要的酶，它是催化无机氨同化到有机物上，同时，也催化有机物间的氨基转移和脱氨基作用。除草剂草丁膦的作用靶标是谷氨酰胺合成酶，双丙氨膦被植物吸收后，分解成草丁膦和丙氨酸而起杀草作用。

抑制脂类的合成　脂类是植物细胞膜的重要组成部分，

现已发现有多种除草剂抑制脂肪酸的合成和链的伸长。如芳氧苯氧基丙酸脂类、环己烯酮类和硫代氨基甲酸酯类除草剂是抑制脂肪酸合成的重要除草剂。芳氧苯氧基丙酸脂类和环己烯酮类除草剂的靶标酶为乙酰辅酶 A 羧化酶（ACCase），它是催化脂肪酸合成中起始物质乙酰辅酶 A 生成丙二酸单酰辅酶 A 的酶。硫代氨基甲酸酯类除草剂是抑制长链脂肪酸合成的除草剂，它是通过抑制脂肪酸链延长酶系，而阻碍长链脂肪酸的合成。

干扰植物激素的平衡　植物通过调节体内激素合成和降解、输入和输出速度以及共轭作用，来维持不同组织中激素正常的水平，对协调植物生长、发育、开花与结果等具有重要的作用。激素型除草剂是人工合成的具有天然植物激素作用的物质，用它们处理植物后，由于缺乏调控其在细胞间的浓度，植物组织中的激素浓度变高，干扰了植物体内激素的平衡，因而严重影响植物的正常生长发育。除草剂如苯氧羧酸类、苯甲酸类、氟草定和二氯喹啉酸等属激素型除草剂，作用特点是低浓度对植物有刺激作用，高浓度时则产生抑制作用。

抑制微管与组织发育　植物细胞的骨架主要是由微管和微丝组成。它们保持细胞形态，在细胞分裂、生长和形态发育中起着重要的作用。纺锤体微管则是决定细胞分裂程度的功能性组织，微管的组成与解体受细胞末端部位的微管机能中心控制。由于除草剂类型与品种不同，它们对微管系统的抑制具体部位不同，使微管的机能发生障碍。二硝基苯胺类除草剂是抑制微管的典型代表，它们与微管蛋白结合，并抑制微管蛋白的聚合作用，导致纺锤体微管不能形成，使细胞有丝分裂停留在前、中期，产生异常的多形核，导致形成根尖肿胀。

参考文献

强胜, 2009. 杂草学[M]. 2版. 北京: 中国农业出版社.

徐汉虹, 2010. 植物化学保护学[M]. 4版. 北京: 中国农业出版社.

（撰稿：罗金香；审稿：丁伟）

除草佳　mcpca

一种酰胺类选择性除草剂。

其他名称　Mapica、MY-15。

化学名称　N-(2-氯苯基)(2-甲基-4-氯苯氧基)乙酰胺；N-(2-chlorophenyl)(2-methyl-4-chlorophen-oxy)acetoamide。

IUPAC 名称　2-(4-chloro-2-methylphenoxy)-N-(2-chloro-phenyl)-acetamide。

CAS 登记号　2453-96-5。

分子式　$C_{15}H_{13}Cl_2NO_2$。

相对分子质量　310.18。

结构式

开发单位　1966 年由日本石原公司开发。

理化性质　白色晶体。熔点 111～113℃。水中溶解度 0.032mg/L（25℃）；有机溶剂中溶解度 3mg/L。

毒性　小鼠急性经口 LD_{50} 2590mg/kg。鲤鱼 TLm（48 小时）0.42mg/L。

剂型　颗粒剂。

作用方式及机理　激素型除草剂，芽前和芽后早期施用。

防治对象　适用于水稻田等，对一年生阔叶杂草和禾本科杂草有很好的防效。对鸭舌草、节节草、水马齿和牛毛毡效果显著。

使用方法　用 0.5～0.8kg/hm² 有效成分制成毒土于本田插秧后 3～5 天均匀撒施，并保持 8～10cm 水层 5 天。该药对水稻初期发育有影响，但能很快恢复。

注意事项　①高温条件下应减少用药量。②杂草萌发时施药效果最佳。

参考文献

朱永和, 王振荣, 李布青, 2006. 农药大典[M]. 北京: 中国三峡出版社: 698-699.

（撰稿：李华斌；审稿：耿贺利）

除草醚　nitrofen

一种二苯醚类触杀性除草剂。

化学名称　2,4-二氯-1-(4-硝基苯氧基)苯；2,4-di-chloro-1-(4-nitrophenoxy)benzene。

IUPAC 名称　2,4-dichlorophenyl 4-nitrophenyl ether。

CAS 登记号　1836-75-5。

EC 号　217-406-0。

分子式　$C_{12}H_7Cl_2NO_3$。

相对分子质量　284.09。

结构式

开发单位　1963 年由美国罗姆 - 哈斯公司首先开发。

理化性质　纯品为淡黄色针状结晶，工业品为黄棕色或棕褐色粉末。熔点 70～71℃。40℃时蒸气压 1.07mPa。22℃时在水中溶解度 0.7～1.2mg/L，易溶于甲醇、乙醇、丙酮和苯等有机溶剂。化学性质比较稳定，在常温下储存两年有效成分基本稳定。

毒性　纯品大鼠急性经口 LD_{50} 1894mg/kg。对兔皮肤无刺激作用。大鼠亚慢性经口 NOEL 为 100mg/kg。对鱼类毒性低，鲤鱼 LC_{50}（48 小时）300mg/L。

剂型　25% 可湿性粉剂，25%、40% 乳粉，25% 乳油。

作用方式及机理　主要作用部位是杂草幼芽。幼芽出土时接触并迅速吸收药剂，但不易传导，药剂干扰呼吸作用，抑制 ATP 的生成。幼芽因能量缺乏致死。其选择性是由位差选择和不同植物耐药力的差异所决定，除草醚水溶性低，易被土壤吸附在土表 0～1cm 处形成药层，不易移动，对浅层发芽的杂草药效好，对播于较深层的作物安全。在植物体内醚键断裂与植物组成成分进行轭合作用而降解。在土壤中微生物的作用下生成无除草活性的氨衍生物及醚键断裂进行消解，残效 20～30 天。

防治对象　适用于水稻、棉花、大豆、花生、豇豆、芹菜、胡萝卜、洋葱、茴香、甘蓝、菜花、油菜、果、茶、桑、松树苗圃等多种水旱田中，用于防除稗草、鸭舌草、异型莎草、藜、节节菜、蓼、狗尾草、早熟禾等一年生杂草。耐药性较强的杂草包括石竹科、十字花科、菊科、大戟科及野胡萝卜、豚草属等。敏感作物包括莴苣、菠菜、番茄、茄子、辣椒、谷子等。

使用方法　水稻秧田在播种覆土后出苗前土表封闭处理，土表无积水，湿润管理，每公顷用有效成分 1.88kg，加水 300L 均匀喷雾或混成药土 150kg 均匀撒施。水直播稻田于播种前施药每公顷有效成分 1.5～2.6kg，待田水自然落干，播催芽稻谷。结合苗期除草剂，两次施药控制整个生育期杂草危害。旱直播稻田于播后苗前，每公顷用有效成分 1.88～2.8kg 作土表封闭结合苗期除草剂两次施药控制杂草。插秧本田于插秧后 4～6 天，每公顷用有效成分 1.88～2.8kg，田间水层 3～5cm，药土法撒施，药后保水 5～7 天。旱田作物一般在播后苗前封闭处理，每公顷用有效成分 1.88～2.25kg。

注意事项　只有在阳光下才能产生除草作用，在黑暗中则无活性，活性随光照强度增加而增强，晴天施药效果好，阴天不利药效充分发挥。破坏药层影响药效，只能作土表处理，不作混土处理。一般在 20℃ 以上，气温越高除草效果越好，反之则差。足够的土壤湿度有利药效发挥，过分干旱除草效果差。杂草根不吸收除草醚。

参考文献

朱永和，王振荣，李布青，2006. 农药大典[M]. 北京：中国三峡出版社：797.

（撰稿：王大伟；审稿：席真）

除虫菊素　pyrethrins

从菊科植物除虫菊中提取的植物源杀虫剂。主要杀虫活性成分为除虫菊素 Ⅰ（pyrethrins Ⅰ）和除虫菊素 Ⅱ（pyrethrins Ⅱ），具有触杀、胃毒和驱避作用，击倒力强，杀虫谱广，对人、畜低毒，对植物及环境安全，是国际公认最安全的无公害天然杀虫剂。主要用于防治卫生害虫及农业害虫。1924 年由 Staudinger 和 Ruzioka 首次从除虫菊花中分离。

其他名称　扑力菊、天然除虫菊素、天然除虫菊酯。

化学名称　除虫菊素 Ⅰ（1S)-2-methyl-4-oxo-3-(2Z)-2,4-pentadienylcyclopenten-1-yl(1R,3R)-2,2-dimethyl-3-(2-methyl-1-propenyl)cyclopropanecarboxylate；除虫菊素 Ⅱ (1S)-2-methyl-4-oxo-3-(2Z)-2,4-pentadienyl-2-cyclopenten-1-yl (1R,3R)-3-[(1E)-3-methoxy-2-methyl-3-oxo-1-propenyl]-2,2-dimethylcyclopropanecarboxylate。

IUPAC 名称　pyrethrins Ⅰ (Z)-(S)-2-methyl-4-oxo-3-(penta-2,4-dienyl)cyclopent-2-enyl(1R,3R)-2,2-dimethyl-3-(2-methylprop-1-enyl)cyclopropanecarboxylate-or(Z)-(S)-2-methyl-4-oxo-3-(penta-2,4-dienyl)cyclopent-2-enyl(1R)-trans-2,2-dimethyl-3-(2-methylprop-1-enyl)cyclopropanecarbo；pyrethrins Ⅱ (Z)-(S)-2-methyl-4-oxo-3-(penta-2,4-dienyl)cyclopent-2-enyl (E)-(1R,3R)-3- (2-methoxy-carbonylprop-1-enyl)-2,2-dimethylcyclopropanecarboxylate-or(Z)-(S)-2-methyl-4-oxo-3-(penta-2,4-dienyl)cyclopent-2-enyl (E)-(1R)-trans-3-(2-methoxycarbonylprop-1-enyl)-2,2。

CAS 登记号　8003-34-7(除虫菊素)；121-21-1(除虫菊素 Ⅰ)；121-29-9(除虫菊素 Ⅱ)。

EC 号　232-319-8(除虫菊素)；204-455-8(除虫菊素 Ⅰ)；204-462-6(除虫菊素 Ⅱ)。

分子式　$C_{21}H_{28}O_3$(除虫菊素 Ⅰ)；$C_{22}H_{28}O_5$(除虫菊素 Ⅱ)。

相对分子质量　328.43(除虫菊素 Ⅰ)；372.44(除虫菊素 Ⅱ)。

结构式

除虫菊素 Ⅰ

除虫菊素 Ⅱ

开发单位　巴斯夫欧洲公司；云南中植生物科技开发有限责任公司；云南南宝生物科技有限责任公司。

理化性质　除虫菊素 Ⅰ：黏稠液体，不溶于水，能溶于乙醇、石油醚、四氯化碳、二氯甲烷、硝基甲烷等溶剂。沸点 146～150℃（0.067Pa）。旋光度 $[\alpha]_D^{20}$-14°（异辛烷）。其缩氨脲衍生物的熔点 114～146℃。暴露于空气中易氧化而失去杀虫活性。除虫菊素 Ⅱ：沸点 192～193℃（0.933 Pa）。旋光度 $[\alpha]$+14.7°（异辛烷 - 乙醚）。其物态、溶解度、化学性质与除虫菊素 Ⅰ 相似。

毒性　低毒。对人、畜安全，无残留，不污染环境，但对鱼、蜜蜂高毒。

除虫菊素 Ⅰ：大鼠急性经口 LD$_{50}$ 584～900mg/kg，经皮 LD$_{50}$ > 1500mg/kg。

除虫菊素 Ⅱ：大鼠急性经口 LD$_{50}$ 2370mg/kg，急性经皮 LD$_{50}$ > 5000mg/kg。鱼类 LC$_{50}$（96 小时，静态试验）：银大马哈鱼 39mg/L，水渠鲶鱼 114mg/L，蓝鳃太阳鱼 0.01mg/L，虹鳟 0.005mg/L。蜜蜂经口 LD$_{50}$ 22ng/ 只；接触 LD$_{50}$ 130～290ng/ 只。

剂型　0.2%、0.3%、0.4%、0.5%、0.6%、0.8%、0.9% 气雾

剂，1.5% 水乳剂，50%、60%、70% 原药，3% 可溶液剂，0.1% 喷射剂，5% 乳油，15mg/ 片电热蚊香片，0.25% 蚊香，1.8% 热雾剂。

作用方式及机理　具有驱避、击倒和触杀作用，属于神经毒剂。对害虫周围神经系统、中枢神经系统及其他器官组织（主要是肌肉）同时起作用，中毒症状表现为兴奋、麻痹和死亡。除虫菊素通过穿透表皮到达害虫的神经轴突，影响轴突膜上钠闸门的延迟关闭而造成负压电位的延长和加强（振幅增加），当负压电位超过钠限阀时，引起重复后放，害虫进入兴奋期，重复后放变为不规则时，逐渐进入麻痹期，同时还会造成肌肉兴奋或痉挛。此外，除虫菊素也影响突触体上 ATP 酶活性。

防治对象　蚊、蝇、蜚蠊、臭虫、蚂蚁、跳蚤等卫生害虫，蚜虫、菜青虫、烟青虫等农业害虫。

使用方法　用除虫菊素气雾剂室内喷雾，可防治蚊、蝇、蜚蠊、臭虫、蚂蚁、跳蚤等卫生害虫。用 1.5% 除虫菊素水乳剂有效成分 18～36g/hm^2（折成 1.5% 除虫菊素水乳剂 80～160ml/ 亩）喷雾可防治十字花科蔬菜蚜虫。

注意事项　①对鱼、蜜蜂高毒。②见光易分解，喷洒时间最好选在傍晚。③不能与石硫合剂、波尔多液、松脂合剂等碱性农药混用。④商品制剂需在密闭容器中保存，避免高温、潮湿和阳光直射。

与其他药剂的混用　与鱼藤酮、胡椒碱、芝麻素混合具有增效作用，还可与除碱性农药以外的多种有机杀虫剂混合使用。与苦参碱按 2:1、2:3、7:2 混合分别制成 1% 除虫菊·苦参碱微胶囊悬浮剂、0.5% 除虫菊·苦参碱可溶液剂、1.8% 除虫菊·苦参碱水乳剂可防治十字花科蔬菜蚜虫。与烟碱按 2:8 混合制成 10% 除虫菊·烟碱乳油可防治菜青虫。

允许残留量　FAO/WHO 推荐 ADI 为 0.04mg/kg，水果和蔬菜最大残留量为 1mg/kg。GB 2763—2021《食品中农药最大残留限量标准》规定除虫菊素Ⅰ与除虫菊素Ⅱ之和在柑橘类水果、杂粮类、谷物、花生仁、干辣椒等中的最大残留限量分别为 0.05mg/kg、0.1mg/kg、0.3mg/kg、0.5mg/kg、0.5mg/kg 等。ADI 为 0.04mg/kg。

参考文献

刘亚军, 张利萍, 2011. 天然除虫菊素在家卫产品中应用可行性探讨[J]. 中华卫生杀虫药械, 17 (4): 307-309.

尹江平, 2000. 除虫菊酯类化学的发展与未来[J]. 世界农药, 22 (1): 23-29.

（撰稿：尹显慧；审稿：李明）

除虫脲　diflubenzuron

一种苯甲酰脲类非内吸性昆虫几丁质合成抑制剂。

其他名称　Adept、Bi-Larv、Device、Diflorate、Difuse、Dimax、Dimilin、Dimisun、Du-Dim、Forester、Indipendent、Kitinaz、Kitinex、Micromite、Patron、Vigilante、敌灭灵、DU 112307、PH60-40、PDD60-40-I、TH 6040。

化学名称　1-(4- 氯苯基)-3-(2,6- 二氟苯甲酰基) 脲；1-(4-chlorophenyl)-3-(2,6-difluorobenzoyl)urea。

IUPAC 名称　*N*-[(4-chlorophenyl)carbamoyl]-2,6-difluorobenzamide。

CAS 登记号　35367-38-5。

EC 号　252-529-3。

分子式　$C_{14}H_9ClF_2N_2O_2$。

相对分子质量　310.68。

结构式

开发单位　菲利浦 – 杜法尔公司（现科聚亚公司）。

理化性质　原药纯度≥95%，纯品为无色晶体（工业品为无色或黄色晶体）。熔点 223.5～224.5℃。沸点 257℃（40kPa，工业品）。蒸气压 1.2×10^{-4} mPa（25℃，气体饱和法）。相对密度 1.57（20℃）。$K_{ow}\lg P$：3.8（pH4），4（pH8），3.4（pH10）。Henry 常数≤4.7×10^{-4} Pa·m^3/mol（计算值）。水中溶解度 0.08mg/L（25℃，pH7）；有机溶剂中溶解度（20℃，g/L）：正己烷 0.063，甲苯 0.29，二氯甲烷 1.8，丙酮 6.98，乙酸乙酯 4.26，甲醇 1.1。水溶液对光敏感，但是固体在光下稳定。100℃下储存 1 天分解量＜0.5%，50℃下 7 天分解量＜0.5%。水溶液（20℃）在 pH5 和 7 时稳定，DT$_{50}$＞180 天，pH9 时 DT$_{50}$ 32.5 天。

毒性　大、小鼠急性经口 LD$_{50}$＞4640mg/kg。急性经皮 LD$_{50}$（mg/kg）：兔＞2000，大鼠＞10 000。对皮肤、眼睛无刺激。大鼠吸入 LC$_{50}$＞2.88mg/L。大鼠、小鼠和狗（1 年）NOEL 2mg/（kg·d）。无致畸、致癌、致突变性。ADI/RFD（JMPR）值：0.02mg/kg，（JECFA 评估）0.02mg/kg；（EC）0.012mg/kg；（EPA）cRfD 0.02mg/kg。山齿鹑和野鸭急性经口 LD$_{50}$（14 天）＞5000mg/kg，山齿鹑和野鸭饲喂 LC$_{50}$（8 天）＞1206mg/kg 饲料。鱼类 LC$_{50}$（96 小时，mg/L）：斑马鱼＞64.8，虹鳟＞106.4。水蚤 LC$_{50}$（48 小时）0.0026mg/L。羊角月牙藻 NOEC 100mg/L。对蜜蜂和食肉动物无害，LD$_{50}$（经口和接触）＞100μg/ 只。蚯蚓 NOEC≥780mg/kg 土壤。

剂型　10%、20%、40% 悬浮剂，5%、25%、75% 可湿性粉剂，5% 乳油。

作用方式及机理　几丁质合成抑制剂。阻碍昆虫表皮的形成，这一抑制行为非常专一，对一些生化过程，比如，真菌几丁质的合成，鸡、小鼠和大鼠体内透明质酸和其他黏多糖的形成均无影响。除虫脲是具有非内吸性的触杀和胃毒作用的昆虫生长调节剂，在昆虫蜕皮或卵孵化时起作用，对有害昆虫天敌影响较小。

防治对象　防治大田、蔬菜、果树和林区的黏虫、棉铃虫、棉红铃虫、菜青虫、苹果小卷蛾、墨西哥棉铃象、松异舟蛾、舞毒蛾、梨豆夜蛾、木虱、橘芸锈螨。水面施药可防治蚊幼虫。也可用于防治家蝇、厩螫蝇以及羊身上的虱子。

使用方法　除虫脲通常使用剂量为 25～75g/hm^2。以 0.01%～0.015% 剂量使用，对苹果蠹蛾、潜叶虫和其他食叶害虫防效最佳；在 0.0075%～0.0125% 剂量下，可有效防治柑橘锈螨；50～150g/hm² 可有效防治棉花、黄豆和玉米害虫。防治动物房中蝇蛆使用量为 0.5～1g/m²；防治蝗虫和蚱蜢使用剂量为 60～67.5g/hm²。防治菜青虫、小菜蛾，在幼虫发生初期，每亩用 20% 悬浮剂 15～20g，加水喷雾。也可与拟除虫菊酯类农药混用，以扩大防治效果。防治斜纹夜蛾，在产卵高峰期或孵化期，用 20% 悬浮剂 400～500mg/L 的药液喷雾，可杀死幼虫，并有杀卵作用。防治甜菜夜蛾，在幼虫初期用 20% 悬浮剂 100mg/L 喷雾。

注意事项　①施用该药时应在幼虫低龄期或卵期。②施药要均匀，有的害虫要对叶背喷雾。③用时要摇匀，不能与碱性物质混合。④储存时要避光，放于阴凉、干燥处。⑤施用时注意安全，避免眼睛和皮肤接触药液，如发生中毒时可对症治疗，无特殊解毒剂。

与其他药剂的混用　① 9.7% 除虫脲和 0.3% 阿维菌素混配，以 450～750ml/hm² 喷雾用于防治甘蓝菜青虫，稀释 800～1000 倍液喷雾用于防治松树上的松毛虫。② 4% 联苯菊酯与 16% 除虫脲混配以 450～750ml/hm² 喷雾用于防治棉花棉铃虫。③ 19% 除虫脲和 1% 甲氨基阿维菌素甲酸盐混配，稀释 2000～3000 倍液喷雾用于防治苹果树上的金纹细蛾和卷叶蛾。④ 40% 除虫脲与 10% 高效氯氟氰菊酯混配以 120～150ml/hm² 喷雾用于防治玉米螟。⑤ 19% 氯吡硫磷和 1% 除虫脲混配以 1200～1500ml/hm² 喷雾用于防治棉花棉铃虫。⑥ 19% 辛硫磷和 1% 除虫脲混配以 450～600ml/hm² 喷雾用于防治十字花科蔬菜菜青虫。

允许残留量　GB 2763—2021《食品中农药最大残留限量标准》规定除虫脲最大残留限量见表。ADI 为 0.02mg/kg。谷物按照 GB/T 5009.147 规定的方法测定；水果按照 GB 23200.45、

部分食品中除虫脲最大残留限量（GB 2763—2021）

食品类别	名称	最大残留限量（mg/kg）
谷物	稻谷	0.01
	小麦	0.20
	玉米	0.20
蔬菜	结球甘蓝	2.00
	花椰菜	1.00
	菠菜	1.00
	普通白菜	1.00
	莴苣	1.00
	大白菜	1.00
水果	柑、橘	1.00
	橙	1.00
	柠檬	1.00
	柚	1.00
	仁果类水果（梨除外）	5.00
	梨	1.00
食用菌	蘑菇类（鲜）	0.30
饮料类	茶叶	20.00

GB/T 5009.147、NY/T 1720 规定的方法测定；茶叶、食用菌参照 GB/T 5009.147、NY/T 1720 规定的方法测定。

参考文献

刘长令, 2017. 现代农药手册[M]. 北京: 化学工业出版社: 157-159.

（撰稿：杨吉春；审稿：李淼）

除害磷　lythidathion

是国外应用多年的大吨位中等毒性的有机磷杀虫剂，也是中国目前推荐的有机磷杀虫剂之一，以取代将要退市的高毒有机磷杀虫剂。

其他名称　GS 12968、NC2962、G12968。

化学名称　*S*-5-ethoxy-2,3-dihydro-2-oxo-1,3,4-thiadiazol-3-ylmethyl *O,O*-dimethyl phosphorodithioateor3-dimethoxyphosphinothioylthiomethyl-5-ethoxy-1,3,4-thiadiazol-2(3*H*)-one。

IUPAC 名称　*S*-[(5-ethoxy-2-oxo-1,3,4-thiadiazol-3(2*H*)-yl)methyl] *O,O*-dimethyl phosphorodithioate。

CAS 登记号　2669-32-1。

分子式　$C_7H_{13}N_2O_4PS_3$。

相对分子质量　316.36。

结构式

开发单位　1963 年由汽巴 - 嘉基公司研发的品种。

理化性质　在水中的溶解度低于 1%，极易溶于甲醇、丙酮、苯和其他有机溶剂。熔点 49～50℃。蒸气压极小。

毒性　大鼠急性经口 LD_{50} 268～443mg/kg。非内吸性，无药害。

剂型　40% 乳剂，5% 颗粒剂。

作用方式及机理　乙酰胆碱酯酶抑制剂。

防治对象　杀虫谱广，特别对鳞翅目、双翅目和直翅目害虫有效。适用于家庭、畜舍、园林、温室、蘑菇房、工厂、仓库等场所，能有效防治蝇类、蚊虫、蟑螂、蚤虱、螨类、蛀蛾、谷蛾、甲虫、蚜虫、蟋蟀、黄蜂等害虫。

使用方法　用作空间喷射防治飞翔昆虫，使用浓度 200～1500mg/kg；滞留喷射防治爬行昆虫和园艺害虫，使用浓度 0.2%～0.5%；防治羊毛织品的黑毛皮蠹虫、谷蛾科等害虫，使用浓度 50～500mg/kg。

参考文献

王振荣, 李布青, 1996. 农药商品大全[M]. 北京: 中国商业出版社: 97.

朱永和, 王振荣, 李布青, 2006. 农药大典[M]. 北京: 中国三峡出版社: 93-94.

（撰稿：张阿伟；审稿：薛伟）

除害威　allyxycarb

一种氨基甲酸酯类非内吸性杀虫剂。

其他名称　丙烯威、除虫威、Hydrol、A546、Bay 50282、OMS 773。

化学名称　甲基氨基甲酸 4-(二-2-丙烯胺荃)-3,5-二甲苯酯。

IUPAC 名称　4-diallylamino-3,5-xylyl methylcarbamate。

CAS 登记号　6392-46-7。

分子式　$C_{16}H_{22}N_2O_2$。

相对分子质量　274.36。

结构式

开发单位　1967 年德国拜耳公司推广，现已停止生产。

理化性质　无色到淡黄色结晶固体。熔点 68~69℃。溶解度：20℃下溶于水 70mg/L；18℃下溶于丙酮 48.1g/100ml；可溶于乙醇和苯。蒸气压 5.73mPa（50℃）。对光、热稳定，遇碱性分解。

毒性　急性经口 LD_{50}：大鼠 90~99mg/kg，小鼠 18~71.2mg/kg，鸟 13mg/kg。大鼠经皮 LD_{50} 500mg/kg。鲤鱼 TLm（48 小时）1.7mg/L。

剂型　50% 可湿性粉剂，3% 粉剂以及乳油等。

作用方式及机理　抑制动物体内的胆碱酯酶。杀虫谱较广，对害虫具有触杀和胃毒作用，对植物有渗透作用。

防治对象　可防治落叶果树、柑橘、蔬菜、水稻、茶、桑等咀嚼式、刺吸式口器害虫和钻蛀性害虫，例如蚜虫、飞虱、叶蝉、柑橘潜叶蛾、康氏粉蚧、桑螟、小菜蛾、菜蚜、菜青虫、苹果卷叶蛾、舞毒蛾、桃蛀螟、茶细蛾、茶叶蝉、桑绿汰菱纹叶蝉和水稻黑尾叶蝉。

使用方法　使用浓度为 30% 粉剂 600~800 倍液；50% 可湿性粉剂 1000~1500 倍液。

注意事项　使用时要穿戴防护服装和用具，勿吸入药雾，避免药液接触眼睛和皮肤。药品储存于低温和通风场所，远离食品和饲料，勿让儿童接近。中毒时注射硫酸阿托品。

参考文献

王振荣, 李布青, 1996. 农药商品大全[M]. 北京: 中国商业出版社.

朱永和, 王振荣, 李布青, 2006. 农药大典[M]. 北京: 中国三峡出版社.

（撰稿：李圣坤；审稿：吴剑）

除线磷　dichlofenthion

一种触杀性杀线虫剂，并对地下害虫具有兼治作用。

其他名称　VC（Hokko）、Pair-kasumin（Hokko）、Mobilawn、酚线磷、氯线磷、二氢叶黄素。

化学名称　O-2,4-二氯苯基-O,O-二乙基硫代磷酸酯；O,O-二乙基-O-(2,4-二氯苯基)硫代磷酸酯。

IUPAC 名称　O-2,4-dichlorophenyl O,O-diethyl phosphorothioate。

CAS 登记号　97-17-6。

EC 号　202-564-5。

分子式　$C_{10}H_{13}Cl_2O_3PS$。

相对分子质量　315.15。

结构式

开发单位　由 M. A. Manzelli 首先报道，后被维卡化学公司开发。

理化性质　无色液体。沸点 120~123℃（26.66Pa）。蒸气压 12.7mPa（25℃）。$K_{ow}lgP$ 5.27（23℃）。相对密度 1.321（20℃）。难溶于水，水中溶解度 0.85mg/L（22℃），易溶于煤油和大多数有机溶剂中。对热稳定，在 175℃加热 7 小时后，有 42% 转化为 S-乙基异构体，除强碱外，化学性质稳定。

毒性　急性经口 LD_{50}（mg/kg）：雄大鼠 247，雌大鼠 136，雄小鼠 272，雌小鼠 259。急性经皮 LD_{50}（mg/kg）：雄鼠 259，雌鼠 333。对兔眼睛和皮肤轻微刺激；对豚鼠皮肤有轻微过敏。大鼠吸入 LC_{50}（mg/L）：雄鼠 3.36，雌鼠 1.75。NOEL：以每天 0.75mg/kg（饲料）饲喂狗 90 天，对乙酰胆碱酯酶的活性无影响，也不产生其他病变或烦躁。对其他生物的急性经口 LD_{50}（mg/kg）：雄日本鹌鹑 4060，雌日本鹌鹑 ＞5000。鱼类：鲋鱼 LC_{50}（96 小时）＞25mg/L，大翻车鱼 EC_{50}（48 小时）0.00012mg/L。藻类 E_bC_{50}（72 小时）0.42mg/L。

剂型　25%、50%、75% 乳油，10% 颗粒剂。

作用方式及机理　一种作用于神经系统的神经毒剂，抑制乙酰胆碱酯酶活性。无内吸性，具有触杀作用。

防治对象　适宜用于防治玉米、胡瓜、胡椒、草莓、南瓜、番茄、柑橘等作物上的线虫病害，还可用于防治大豆、芸豆、豌豆、小豆、黄瓜等作物上的瓜种蝇，萝卜的黄条跳甲，葱、圆葱的洋葱蝇等。

使用方法　土壤处理，用 50% 乳油 240~255kg/hm²，加水 750kg，均匀喷洒在土壤上，翻耕 25cm 土层。

注意事项　储存于阴凉、通风的库房。远离火种、热源。防止阳光直射。保持容器密封。应与氧化剂、食用化学品分开存放，切忌混储。配备相应品种和数量的消防器材。储区应备有泄漏应急处理设备和合适的收容材料。施药后将耕层土壤翻耕均匀，以达到最佳防治效果。

参考文献

刘长令, 2012. 世界农药大全: 杀虫剂卷[M]. 北京: 化学工业出版社: 820-821.

（撰稿：李焦生、陈书龙；审稿：彭德良）

除线特 diamidafos

一种有机磷类内吸性杀线虫剂。

其他名称 Nellite、Dowco 169、Diamidaphos、Diamidfos。

化学名称 O-苯基-N,N'-二甲基氨基磷酸酯。

IUPAC 名称 phenyl N,N'-dimethylphosphorodiamidate。

CAS 登记号 1754-58-1。

EC 号 217-144-7。

分子式 $C_8H_{13}N_2O_2P$。

相对分子质量 200.18。

结构式

开发单位 美国陶氏益农公司开发。

理化性质 白色结晶固体，无味，无挥发性。熔点 105.5～106℃。沸点 162℃。25℃下水中溶解度 116g/L；易溶于极性溶剂，不溶于非极性溶剂。

毒性 急性经口 LD_{50}（mg/kg）：大鼠 250，兔 63，鸟 13。兔急性经皮 LD_{50} ＜ 200mg/kg。对皮肤有刺激作用，通过皮肤吸收。

剂型 90% 可湿性粉剂。

作用方式及机理 乙酰胆碱酯酶抑制剂，内吸性有机磷杀线虫剂。

防治对象 主要用于球茎类作物茎线虫病以及棉花、烟草、花生、蔬菜等多种作物根结线虫病。

使用方法 将 90% 可湿性粉剂稀释至 1mg/L 的水溶液进行灌溉，使用有效成分 2～3kg/hm²。

注意事项 可残留在土壤中，会使果树幼苗落叶和嫩叶变黄。

参考文献

刘长令, 2012. 世界农药大全: 杀虫剂卷[M]. 北京: 化学工业出版社: 821.

（撰稿：李焦生、陈书龙；审稿：彭德良）

除线威 cloethocarb

一种内吸触杀性的杀虫剂、杀螨剂和杀线虫剂。

其他名称 Lance、BAS 263I、草安威、草肟威、甲氨叉威、DPX1410。

化学名称 N,N-二甲基-α(甲基氨基甲酰基氧代亚氨)-α-(甲硫基)乙酰胺；phenol,2-(2-chloro-1-methoxyethoxy)-1-(N-methylcarbamate)。

IUPAC 名称 2-[(RS)-2-chloro-1-methoxyethoxy]phenyl methyl carbamate。

CAS 登记号 51487-69-5。

EC 号 257-236-4。

分子式 $C_{11}H_{14}ClNO_4$。

相对分子质量 259.69。

结构式

开发单位 1978 年德国巴斯夫公司开发，作为试验性商品上市。1989 年停止生产。

理化性质 纯品为白色结晶固体，略带硫的臭味。具两种异构体，熔点分别为 109～110℃和 108～110℃。蒸气压 0.03Pa（25℃）。25℃时溶解度：水 28%、丙酮 37%、乙醇 33%、异丙醇 11%、甲醇 144%、甲苯 1%。光、热和碱性介质中会增加其分解速度。

毒性 对人、畜剧毒。雄大鼠急性经口 LD_{50} 5.4mg/kg。雄兔急性经皮 LD_{50} 2960mg/kg。无皮肤过敏现象。鹌鹑急性经口 LD_{50} 4.64mg/kg。金鱼 LC_{50}（96 小时）5.6mg/L。

剂型 5%、10% 和 15% 颗粒剂，50% 可湿性粉剂。

作用方式及机理 属氨基甲酸酯类，具有触杀和胃毒作用，为内吸、触杀性杀虫、杀螨、杀线虫剂，可通过根部或叶部吸收，也可由叶面传导到根部。可用于棉花、马铃薯、柑橘、花生、烟草、苹果等作物及某些观赏植物，防治各种线虫及蓟马、蚜虫、跳甲、马铃薯瓢虫、斜纹夜蛾及害螨。对环境残余活性 3～7 周。

防治对象 对多种土壤害虫和线虫有显著活性，主要防治对象有玉米根叶甲和长角叶甲、马陆、马铃薯叶甲、金针虫、蚜虫、介壳虫、梨木虱、毛虫、甜菜隐食甲、根结线虫、刺线虫等。主要用于玉米地，并在马铃薯、油菜、水稻、烟草、高粱、大豆、花生、甘蔗、小麦、咖啡、蔬菜等作物上试用。

使用方法 用作麦种处理，用量为 2.5～10g/kg 种子时，可使春小麦增产 12%～18%。叶面喷射，剂量为有效成分 0.25～0.75kg/hm²。该品通过根系输导到植物叶部，残留活性为 3～7 周。可以在玉米或其他作物移植时，或苗期用颗粒剂撒施，或对各类作物作种子处理，亦可以在作物上作叶面喷射。以颗粒剂防治玉米、豆类和黄瓜地刺线虫，剂量为有效成分 0.3～2kg/hm²。

注意事项 药剂应存放在低温干燥和通风房间内，远离食物和饲料，勿让儿童接近。发生中毒时可用硫酸阿托品。该品尚处于试验阶段，使用时注意防止粉尘吸入口、鼻中，防护措施可参考其他氨基甲酸酯杀虫剂，操作过程中勿取食、勿饮水、勿抽烟，操作后必用肥皂和大量清水冲洗身体的露出部分。

与其他药剂的混用　可与苯菌灵、克菌丹等混用。

参考文献

朱永和, 王振荣, 李布青, 2006. 农药大典[M]. 北京: 中国三峡出版社.

（撰稿：张建军；审稿：吴剑）

除幼脲　dichlorbenzuron

一种广谱性几丁质合成抑制剂杀虫剂。

其他名称　灭幼脲Ⅱ号、二氯苯隆、三氯脲、氯脲杀、DU 19892、PH60-38、TH 6038、OMS 1803。

化学名称　2,6-二氯-N-[(4-氯苯基)氨基甲酰基]苯甲酰胺。

IUPAC名称　2,6-dichloro-N-[(4-chlorophenyl)carbamoyl]benzamide。

CAS 登记号　35409-97-3。

分子式　$C_{14}H_9Cl_3N_2O_2$。

相对分子质量　343.59。

结构式

开发单位　荷兰菲利浦公司。

作用方式及机理　主要以胃毒为主，兼具触杀作用。可抑制卵、幼虫及蛹表皮几丁质合成。

防治对象　对许多农、林、果树、蔬菜、储粮、家畜及卫生害虫均有较好的毒杀效果，尤其以防治鳞翅目昆虫应用最广。对双翅目、直翅目、等翅目、某些鞘翅目及螨类等许多害虫应用亦均有效。

参考文献

康卓, 2017.农药商品信息手册[M].北京: 化学工业出版社: 53.

（撰稿：杨吉春；审稿：李森）

畜安磷　dow-ET15

一种有机磷类非内吸性杀虫剂。

其他名称　Dow-ET15、ET-15 酰胺磷、OMW-3。

化学名称　O-甲基 O-(2,4,5-三氯苯基)酰胺硫代磷酸酯；O-methyl-O-(2,4,5-trichlorophenyl)amidothionophosphate。

IUPAC 名称　1-[amino(methoxy)phosphinothioyl]oxy-2,4,5-trichlorobenzene。

CAS 登记号　2591-66-4。

分子式　$C_7H_7Cl_3NO_2PS$。

相对分子质量　306.53。

结构式

开发单位　由美国道化学公司合成。

理化性质　纯品为固体。熔点 65℃。不溶于水，溶于丙酮、二甲苯等有机溶剂。

毒性　大鼠急性经口 $LD_{50} > 10mg/kg$。人口服致死最低量 500mg/kg。

防治对象　防治粮食害虫（如米象）、卫生害虫（如蜚蠊）和牲畜害虫（如牛皮蝇）等。

参考文献

王振荣, 李布青, 1996. 农药商品大全[M]. 北京: 中国商业出版社.

（撰稿：王鸣华；审稿：薛伟）

畜蜱磷　cythioate

一种有机磷类内吸性杀虫剂。

其他名称　Proban、赛灭磷、畜吡磷。

化学名称　O,O-二甲基-O-对-磺酰氨基苯基硫代磷酸酯；O,O-dimethyl-O-4-sulfamoyphenyl phosphorothioate。

IUPAC 名称　O,O-dimethyl O-(4-sulfamoylphenyl) phosphorothioate。

CAS 登记号　115-93-5。

分子式　$C_8H_{12}NO_5PS_2$。

相对分子质量　297.29。

结构式

开发单位　美国 Potash on Chemical 公司开发，1970 年停产。

理化性质　白色结晶固体。熔点 73.5～74.8℃。不溶于水，可溶于丙酮、苯、乙醚和乙醇。

毒性　急性经口 LD_{50}：大鼠 160mg/kg，小鼠 38～60mg/kg。兔急性经皮 $LD_{50} > 2500mg/kg$。

剂型　喷雾剂，乳剂和粉剂。

作用方式及机理　内吸性杀虫剂。

防治对象　用于家畜体外寄生虫的防治。如防治长角血蜱、微小牛蜱、具环牛蜱，绵羊身上的疥螨、血红扇头蜱、扁虱，狗、猫身上的跳蚤等。狗和猫口服，可治跳蚤、虱和其他体外寄生虫。

参考文献

孙家隆, 2015. 农药品种手册[M]. 北京: 化学工业出版社.

王振荣, 李布青, 1996. 农药商品大全[M]. 北京: 中国商业出版社.

（撰稿：王鸣华；审稿：薛伟）

触变剂　thixotropic agent

具有触变性的物质。触变性是凝胶体在振荡、压迫等机械力的作用下发生的可逆的溶胶现象。最早由弗伦德利希（H. M. F. Freundlich, 1928）发现。触变性在自然界的浓分散体系中广泛存在，如沼泽地、开采石油的钻井泥浆等，后来人们逐渐研究出触变剂，并应用到各个领域，如涂料、水泥、油漆、油墨等行业。随着农药剂型开发技术的进步，尤其是悬浮剂和可分散油悬浮剂的迅速发展，促进了触变剂在农药剂型加工中的应用。

作用机理　触变剂在分散介质中形成具有较高黏度的三维空间链式结构及特殊的针、棒状晶体结构，该结构在外力作用下很容易被破坏导致体系黏度降低，在静置一段时间后，结构和黏度能恢复。如硅酸镁铝微细颗粒的晶面和晶棱相结合，可形成包含大量水分子的触变性凝胶，在较低的固含量下，能形成较高黏度的稳定的胶体，该胶体的稳定性不随温度变化而改变，但有外力振荡时立即显示出较低黏度。

触变结构的主要特点：①从有结构到无结构，或从结构的拆散作用到结构的恢复作用是一个等温可逆转换过程。②体系结构的这种反复转换与时间有关，即结构的破坏和结构的恢复过程是时间的函数。同时结构的机械强度变化也与时间有关。实际上，触变性是体系在恒温下"凝胶 - 溶胶"之间的相互转换过程的表现。

分类与主要品种　农药中常用的触变剂主要有硅酸镁铝、有机膨润土、气相二氧化硅（俗称气相白炭黑），另外高岭土、凹凸棒土、石棉也是具有触变性的物质。

使用要求　农药中常用的触变剂种类不多，但多数产品是来源于矿物非金属成分，同类产品间质量差异较大。硅酸镁铝有不同黏度的产品，其中镁铝比例和白度也都有差别，使用时注意选择。有机膨润土是钠基膨润土经过化学改性后的产品，其粒度大小、本身的黏结性和吸附性是评价产品质量的关键，溶于水的比例高、沉淀物少、质量也越好。气相二氧化硅产品的质量要符合国家标准 GB/T 20020—2013。

实际应用中可以通过测定悬浮性能来初步对触变剂进行选择。方法如下：用分散介质（水或其他油性溶剂）将触变剂配制成固含量为 5%～10% 的悬浮液，静置相同时间后根据悬浮液的外观、黏度、析水率、有无沉淀等指标，对触变剂进行选择。

应用技术　在农药水悬浮剂、悬浮种衣剂、可分散油悬浮剂、悬乳剂等具有液态悬浮体系的制剂中都可应用触变剂，保持体系稳定，防止析水或产生沉淀。

农药水悬浮剂、悬浮种衣剂等水性悬浮体系加工中常用的触变剂是硅酸镁铝，用量为 0.2%～2%；可分散油悬浮剂加工中常用气相二氧化硅、有机膨润土，用量为 0.2%～5%。

参考文献

姜显华, 王坤, 王兆安, 2016. 浅谈流变剂在高固体分环氧防腐涂料中的应用[J]. 中国涂料, 31(1): 56-59.

邵维忠, 2003. 农药助剂[M]. 3版. 北京: 化学工业出版社.

徐炽焕, 2009. 水性涂料用助剂[J]. 上海涂料, 47(11): 45-47.

（撰稿：张春华；审稿：张宗俭）

触杀毒力测定　evaluation of contact toxicity

使杀虫剂经体壁进入虫体，到达作用部位而产生中毒致死反应，由此来衡量杀虫剂触杀毒力的生物测定方法。触杀作用主要强调药液直接作用于昆虫的体壁而产生毒杀作用，要注意尽量避免药剂从口器或气孔进入虫体。

适用范围　适用于直接作用于昆虫的体壁而产生毒杀作用杀虫剂的毒力测定。

主要内容　触杀毒力测定方法可分为整体处理法和局部处理法。

整体处理法　整体处理法是采用喷雾、喷粉、浸渍及玻片浸渍等方法，使供试昆虫整个虫体近乎都接触药剂的毒力测定方法。该类方法比较接近田间的施药方法，但无法避免药剂自气孔、口器等部位进入虫体内。

①喷雾和喷粉法。喷雾和喷粉法是指利用喷雾和喷粉设备对供试靶标生物进行定量喷雾和喷粉处理，然后置于正常条件下饲养，观察其触杀活性的生物测定方法。其基本原理是将杀虫剂溶液、乳剂、悬浮液或药粉均匀地喷布到虫体表面，通过表皮进入昆虫体内而使其中毒，以测定其毒力。具体操作时，可将盛有目标昆虫的喷射盒、喷射笼或皿底垫有湿滤纸的培养皿置于液体喷雾器底部或喷粉罩底盘上，将定量的药液或药粉均匀地直接喷撒到目标昆虫体上，待药液稍干或虫体沾粉较稳定后，将喷过药的目标昆虫移入干净的容器内或培养皿内，用通气盖盖好，置于适合于目标昆虫生长的温度、湿度及通气良好的环境中恢复 1～2 小时后，放入无药的新鲜饲料，于规定时间内观察目标昆虫中毒及死亡情况。试验对喷雾装置的要求较高，要求雾滴大小基本一致，喷雾均匀，单位面积上药剂沉积量一致。

②浸渍法。浸渍法是将供试靶标生物分别在等比系列浓度的药液中浸渍一定时间后，在正常条件下饲养，观察其室内触杀活性的生物测定方法。此法是药剂触杀作用测定中常用的方法之一，优点是快速、简便，可以同时对大批试虫做不同浓度的处理，适用于多种昆虫。缺点是不能精确求得每个昆虫或每克虫体重所获药量，浸渍时不能避免少量药液进入试虫消化道和气管，所以测得结果不是单纯的触杀毒力。

有效的基本操作是将虫体直接浸入药液，主要测定杀虫剂穿透表皮引起昆虫中毒致死的触杀毒力。具体测试方法因试虫种类而定，主要有下述 3 种：一是试虫（如黏虫、家蚕）

直接浸入药液中，或将试虫放在纱笼中再浸液；二是将试虫（如蚜虫）放入纱网中进行浸液或浸液后用纱网捞出；三是蚜虫、红蜘蛛以及介壳虫等，可以连同寄主植物一起浸入药液。

浸液一定时间后取出晾干，或用吸水纸吸去多余药液，再移入干净器皿中（黏虫、家蚕等大型昆虫需放入新鲜饲料），置于合适的温度、湿度及通气良好的环境中，隔一定时间观察记载死亡情况，计算死亡率及校正死亡率，求出致死中浓度。

③玻片浸渍法。其基本原理是固定成螨，直接浸入药液，测定杀虫剂穿透表皮引起昆虫中毒致死的触杀毒力。此法适用于各种雌成螨的测定。玻片浸渍法是将成螨粘于载玻片一端的双面胶上，分别在等比系列浓度的药液中浸渍一定时间后，在正常条件下饲养，一定时间后观察记载死亡情况，计算死亡率及校正死亡率，求出致死中浓度。此法要求螨的龄期一致。

局部处理法

①点滴法。此法是将一定浓度的药液点滴于虫体上的某一部位，如幼虫的前胸背板上，溶剂迅速挥发，药剂在体壁形成药膜而侵入体内。采用此法，每头虫体点滴量一定，可以准确地计算出每头试虫或每克虫体重的用药量；方法比较精确，试验误差小；且可以避免胃毒作用的干扰。因此点滴法是杀虫剂触杀毒力测定中最准确、最常用的方法。除了螨类及小型昆虫外，可应用于大多数靶标昆虫的触杀毒力测定，如二化螟、玉米螟、菜青虫、黏虫等。

点滴量和点滴部位视昆虫种类而异，一般家蝇的点滴量是 1μl/头，点滴部位在前胸背板；黏虫、菜青虫、玉米螟等三龄幼虫的点滴量是 0.08~0.1μl/头，五龄幼虫的点滴量是 0.5~1μl/头，点滴部位在胸部背面；蚜虫的点滴量是 0.03~0.5μl/头，点滴部位是无翅成蚜的腹部背面。对活动性强的目标昆虫，如家蝇、叶蝉等，应先麻醉后再点滴药液，才能准确地将药液点滴在虫体的合适部位。

点滴需专门的设备，如千分尺微量点滴器、电动微量点滴器、手动微量点滴器、毛细管微量点滴器和微量进样器等。试验时，选择适宜的溶剂配制药液，因虫而异确定点滴的药量及部位，将药剂定量点滴到试验部位，控制环境条件及时饲喂，适时检查结果。

②药膜法。药膜法的基本原理是将一定量的杀虫药剂施于物体表面，形成一个均匀的药膜，然后放入一定数量的供试靶标昆虫，让其爬行接触一定时间后，再移至正常的环境条件下，于规定时间内观察试虫的中毒死亡反应，计算击倒率或死亡率。几乎一切爬行的昆虫都适用。测定技术主要包括：

滤纸药膜法。液体药剂采用此法较好。方法是将直径9cm的滤纸悬空平放，用移液管吸取0.8ml的丙酮药液，从滤纸边缘逐渐向内滴加，使丙酮药液均匀分布在滤纸上。也可用喷雾法向滤纸喷雾。用2张经过药剂同样处理过的滤纸，放入培养皿底和皿盖各1张，使药膜相对。最好在培养皿内侧壁涂上拒避剂，避免昆虫进入无药的侧壁。随即放入靶标昆虫，任其爬行接触一定时间（30~60分钟）后，再将靶标昆虫移出放入干净的器皿内，置于正常环境条件下，定时观察试虫的击倒率。

玻璃药膜法。采用干燥的三角瓶或其他容器，放入一定量的丙酮药液，然后均匀地转动容器，使药液在容器中形成一层药膜，待药液干燥后（或丙酮挥发后），放入定量的靶标昆虫，任其爬行接触一定时间（40~60分钟）后，再将试虫移至正常环境条件下，在规定时间内观察试虫击倒中毒反应。

蜡纸药膜法。将蜡纸裁成一定面积的纸片，把药粉撒在蜡纸的正面中央，两手执纸边使药粉在中间来回移动数次，均匀地分布在一定范围内，倒去多余的药粉，再轻轻弹动背面1~2次，即成蜡纸粉膜，然后称重，计算单位面积药量。放入一定数量的靶标昆虫于粉膜上，用直径9cm的培养皿盖扣在药膜上，待试虫爬行接触一定时间后，取出移至正常环境中，定时观察试虫击倒中毒反应。

喷雾成膜法。此法需将药剂配成能用水稀释的制剂，试验时可直接把稀释的药液喷洒在物体表面，待物体表面晾干后可直接接虫，也可在一定条件下间隔一定时间再接虫。

参考文献

陈年春, 1991. 农药生物测定技术[M]. 北京: 北京农业大学出版社.

沈晋良, 2013. 农药生物测定[M]. 北京: 中国农业出版社.

（撰稿：黄晓慧；审稿：袁静）

触杀法 direct contact test

将供试线虫放入已配制好的药液中，经24小时或48小时处理后，在显微镜下检查线虫死活和被击倒的情况，计算毒力的方法。

适用范围 适用于能够在离体条件下培养的线虫活性测定，适用药剂为具有触杀作用的药剂。

主要内容 用连续加样器在96孔板中加入线虫悬浮液，每孔 90μl，然后按照试验设计剂量从低到高的顺序将配好的药液加入线虫悬浮液中，每孔 10μl，轻轻摇动，使二者均匀混合，加盖后置于 25℃±1℃、相对湿度 60%~80% 的观察室中。设清水对照和溶剂对照，24小时或48小时检查死活虫数。

参考文献

万树青, 1994. 杀线虫剂生物活性测定[J]. 农药, 33(5): 10-11.

DAWESV K G, LAIRD I, KERRY B, 1991. The motility development and infection of *Meloidogyne incognita* encumbered with spores of the obligate hyperparasite *Pasteuria penetrans*[J]. Revue Nématol, 14(4): 611-618.

（撰稿：袁静；审稿：陈杰）

触杀作用 contact poisoning action

药剂经昆虫体壁进入体内毒杀昆虫的作用方式。

昆虫表皮接触药剂有两条途径：一是在喷粉、喷雾或放烟过程中，粉粒、雾滴或烟粒直接沉积到昆虫体表；二是昆虫爬行时，与沉积在植株或土壤表面上的粉粒、雾滴或烟粒摩擦接触。药剂与昆虫接触后，昆虫表皮中孔道有助于杀虫剂向体内渗透。孔道是皮细胞的细胞质向外伸出的细丝在分泌活动结束时缩回皮细胞留下的细管道。这些孔道贯穿整个表皮层直到上表皮层的下面。因此，被蜡质吸收的药剂可以通过孔道渗入虫体，药剂从昆虫的表皮、足、触角、节间膜或者气门等部位而进入昆虫体内，使昆虫中毒死亡。药剂入侵的部位离脑和体神经愈近，中毒愈快。昆虫的皮细胞腺、孔道和节间膜等部位容易穿透。此外，幼虫不同的龄期药剂进入速度不同，药剂较易穿透幼龄幼虫体壁及刚蜕过皮的幼虫。这是现代杀虫剂中最常见的作用方式。药剂具有一定程度的脂溶性，同时也必须有一定的水溶性，这样才能穿透昆虫体壁，而起到杀虫作用。大多数拟除虫菊酯类及很多有机磷类、氨基甲酸酯类杀虫剂品种都有很好的触杀作用。

具有触杀作用的杀虫剂称触杀剂。

触杀剂举例：氯吡硫磷（chlorpyrifos）、溴氰菊酯（deltamethrin）、辛硫磷（phoxim）、螺螨酯（spirodiclofen）。

参考文献

刘长令, 2012. 世界农药大全: 杀虫剂卷[M]. 北京: 化学工业出版社.

徐汉虹, 2007. 植物化学保护学[M]. 4版. 北京: 中国农业出版社.

ISHAAYA I, DEGHELLE D, 1998. Insecticides with novel modes of action, mechanism and application[M]. New York: Springer Verlag.

（撰稿：李玉新；审稿：杨青）

川楝素　toosendanin

从川楝和苦楝中提取分离的四环三萜类植物源杀虫剂，对多种重要的农业害虫具有内吸、触杀、拒食、胃毒、生长发育抑制等作用。

其他名称　蔬果净、绿浪、苦楝素、楝素。

化学名称　1S,3R,4aR,6R,6aS,6bS,7aR,9R,9aR,10R,11aR, 11bS,14R)-9-(呋喃-3-基)-1,6,14-三羟基甲基-4,6a,-9α-三甲基11-氧代十四氢-1H-4,11b-(甲氧基亚甲基)萘并[1′,2′:6,7]茚并[1,7a-b]氧杂环戊烯-3,10-二基二乙酸酯；1S,3R,4aR,6R,6aS,6bS,7aR,9R,9aR,10R,11aR,11bS,14R)-9-(furan-3-yl)-1,6,14-trihydroxy-4,6a,9a-trimethyl-11-oxotetradecahydro-1H-4,11b-(methanooxymethano)naphtho[1′,2′:6,7] indeno[1,7a-b] oxirene-3,10-diyl diacetate。

IUPAC名称　24-norchola-20,22-diene-4-carboxaldehyde, 12-bis(acetyloxy)-14,15:21,23-diepoxy-1,7,19-trihydroxy-4,8dimethyl-11-oxo-,cyclic 4,19-hemiacetal,[C(R),1α,3α,4β,5α,7α,12α,13α,14β,15β,17α]-。

CAS登记号　58812-37-6。

分子式　$C_{30}H_{38}O_{11}$。

相对分子质量　574.62。

结构式

开发单位　1992年，西北农业大学无公害农药厂开发0.5%川楝素乳油并曾登记。2006年，青岛正道药业有限公司开发出0.5%楝素乳油并曾登记。2008年，海南侨华农药厂开发出1.1%烟·楝·百部碱乳油并曾登记（目前尚未检索出川楝素作为农药登记的信息）。

理化性质　纯品为白色针状晶体，无色、无臭、味苦。易溶于乙醇、甲醇、乙酸乙酯、丙酮、二氧六环、吡啶等，微溶于热水、氯仿、苯、乙醚，难溶于石油醚。沸点714℃。密度12.15g/cm³。熔点：一水合产物为178～180℃，乙醇中结晶产物为238～240℃，薄层板分离产物为243～245℃。旋光度 $[\alpha]_D$ 12.1°（15%丙酮溶液），皂化值192～198。其醇溶液遇石蕊试纸呈中性。

毒性　中等毒性。小鼠急性经口LD$_{50}$ 244～477.7mg/kg。对鹌鹑、家蚕、蜜蜂、蚯蚓、瓢虫、蝌蚪、土壤微生物等非靶标生物均为低毒。土壤中容易降解，属于低残留农药品种。在水体中的降解半衰期短，尤其在酸性、碱性水体中降解较快，不会给水体带来污染。

剂型　0.5%乳油，1.1%烟·楝·百部碱乳油。

质量标准　0.5%乳油外观为棕红色透明液体，楝素物质含量≥5g/L，pH3～5，水分含量≤8%，乳液稳定性合格。

作用方式及机理　对昆虫具有拒食、胃毒、触杀及抑制生长发育作用。主要是抑制昆虫颚瘤状体栓椎感受器，幼虫失去味觉功能而表现出拒食作用。同时，川楝素能扰乱昆虫内分泌系统，影响促前胸腺激素（PTTH）的合成与释放，减低前胸腺对PTTH的感应而造成20-羟基脱皮酮合成、分泌的不足，致使昆虫变态、发育受阻。另外还能影响神经肌肉接头的乙酰胆碱释放，对幼虫中肠组织中微粒体多功能氧化酶和蛋白酶活性也具有抑制作用。

防治对象　菜青虫、蚜虫、舞毒蛾、日本金龟甲、烟芽夜蛾、谷实夜蛾、斜纹夜蛾、小菜蛾、潜叶蝇、草地夜蛾、沙漠蝗、非洲飞蝗、玉米螟、稻褐飞虱等害虫（登记作物：棉花、水稻、玉米、小麦、蚕豆、花卉），也可用于防治储粮害虫。

使用方法　防治菜青虫、甘蓝夜蛾、甜菜夜蛾、斜纹夜蛾、小菜蛾、菜螟等鳞翅目害虫，施药适期为成虫产卵高峰后7天左右或幼虫2～3龄期，0.5%川楝素乳油用药量为有效成分4.5～6g/hm²（折成0.5%川楝素乳油60～80ml/亩），或1.1%烟·楝·百部碱乳油用药量为有效成分8.25～12.375g/hm²（折成1.1%烟·楝·百部碱乳油50～75ml/亩），均匀喷雾1次。在蚜虫初发期，用0.5%川楝素乳油用药量为有效成分3～4.5g/hm²（折成0.5%川楝素乳油40～60ml/亩），或

1.1% 烟·楝·百部碱乳油有效成分 12.375～24.75g/hm² （折成 1.1% 烟·楝·百部碱乳油 75～150ml/ 亩），注意喷洒叶片背面和心叶。防治叶螨，在叶螨发生初期，用 0.5% 川楝素乳油用药量为有效成分 3～4.5g/hm²（折成 0.5% 川楝素乳油 40～60ml/ 亩）。

注意事项 ①川楝素不宜与碱性物质混用。②该药作用较慢，但 3 天后可达到害虫死亡高峰期，使用时不要随意加大剂量。③对移动性弱的害虫，施药时要求对叶片正反两面均匀喷雾。

与其他药剂的混用 川楝素分别与苏云金杆菌、青虫菌 6 号、雷公藤根粉乙醇抽提物混用，有明显的增效作用，而且对幼虫的化蛹及蛹重都有明显的抑制作用。

参考文献

张亚妮, 马志卿, 王海鹏, 等, 2007. 植物源杀虫剂川楝素对环境生物安全性评价[J]. 环境科学学报, 27 (3): 2038-2045.

赵善欢, 曹毅, 彭中健, 等, 1985. 应用天然植物产品川楝素防治菜青虫试验[J]. 植物保护学报, 12 (2): 125-131.

赵善欢, 张兴, 1987. 植物性物质川楝素的研究概况[J]. 华南农业大学学报, 8 (2): 57-67.

（撰稿：胡安龙；审稿：李明）

春雷霉素　kasugamycin

一种氨基配糖体抗生素类强内吸选择性杀菌剂。

其他名称 加收米、春日霉素、开斯明、KSM。

化学名称 5-氨基-2-甲基-6-(2,3,4,5,6-羰基环己基氧代)吡喃-3-基氨基-α-亚氨醋酸; [5-amino-2-methyl-6-(2,3,4,5,6-pentahydroxy cyclohexyloxyl tetrahydropyran-3-yl] amino-α-imino-acetic acid。

IUPAC 名称 [5-amino-2-methyl-6-(2,3,4,5,6-pentahydroxy-cyclohexyloxy)tetrahydropyran-3-yl] amino-α-iminoacetic acid.

CAS 登记号 6980-18-3。

分子式 $C_{14}H_{25}N_3O_9$。

相对分子质量 379.37。

结构式

开发单位 1965 年由梅泽等从日本奈良市境内土壤中分离出放线菌 M-338（Streptomyces kasugaengis）所产生的一种水溶性碱性抗菌物质。1963 年由北兴化学工业公司推广生产。中国生产的菌种是中国科学院微生物研究所于 1964 年从江西泰和县土壤中分离出来的，编号为 730 菌株。

理化性质 有肌醇和二基己糖的二糖类物质，是由链霉菌产生的弱碱性抗菌素，因它的产生菌在培养基中分泌金黄色素，故命名为小金色链霉素。

春雷霉素盐酸盐纯品呈白色针状或片状结晶。易溶于水，水溶液呈浅黄色；不溶于醇类、酯类（乙酯）、乙酸、三氯甲烷、氯仿、苯及石油醚等有机溶剂。在 pH4～5 酸性溶液中稳定，碱性条件下不稳定，易破坏失活（失效）。熔点 226～210℃，分解温度为 210℃，有甜味。比旋光度 +114° ±1.5°（c = 0.416，水），茚三酮反应呈紫色。一般的农用春雷霉素为棕褐色粉末状物质，具有良好的内吸性能，能耐雨水冲刷。

毒性 低毒。对人、畜、禽、鱼、虾的急性毒性极低。小鼠急性经口 LD_{50} 2g/kg 体重，对鱼虾类的毒性只有滴滴涕的 1/8000，在水中含 1g/L 抗菌素时，鱼类无中毒反应。原粉小鼠急性吸入 $LC_{50} > 8g/L$，大鼠急性经皮 $LD_{50} > 4g/kg$，大鼠急性吸入 $LC_{50} > 2.4mg/L$。对兔眼睛和皮肤无刺激作用。在试验动物体内无明显蓄积作用，可较快排出体外，在试验条件下对动物未见致突变、致畸、致癌作用。繁殖试验和迟发性神经毒性试验未见异常。大鼠 2 年慢性饲喂试验 NOEL 为 1g/kg。对鱼及水生生物毒性较低，鲤鱼 TLm（48 小时）> 40mg/L。对蜜蜂最大无作用剂量 > 40μg/ 只。对鹌鹑 $LD_{50} > 4g/kg$。对家蚕最大无作用剂量 > 20mg/kg。原粉大鼠急性经口 LD_{50} 22 000mg/kg，小鼠为 21 000mg/kg，急性经皮 LD_{50} 大鼠 > 4000mg/kg，小鼠 > 10 000mg/kg，没有刺激性，每日以 100mg/kg 喂养大鼠 3 个月没有引起异常。对大鼠无致畸、致癌作用，不影响繁殖。2% 液剂对小鼠急性经口 LD_{50} 和大鼠急性经皮 LD_{50} 都大于 10 000mg/kg，按规定剂量使用，对人、畜、鱼类和环境都非常安全。按中国农药毒性分级标准属低毒农药。

剂型 工业品为 1% 或 2% 水剂，即 1ml 含春雷霉素 1 万或 2 万单位。0.4% 粉剂，2%、4%、6% 可湿性粉剂，2% 液剂。

质量标准 加收米 2% 液剂由有效成分、表面活性剂的水组成。外观为深绿色液体，密度 1.04～1.06g/cm³（20℃），酸度（以 HCl 计）为 0.2%，沸点 100℃。不可燃、无爆炸性。常温储存稳定性 2 年以上。6%、4%、2% 可湿性粉剂每克分别含有效成分 6%、4%、2%（相当于 6 万、4 万、2 万单位），以及矿物细粉等成分。外观为浅棕黄色粉末，水分含量均 < 5%，粉粒细度为 90% 通过 200 目筛。常温储存稳定性 3 年以上。0.4% 粉剂每克含有效成分 4 万单位，以及矿物粉等成分，外观为浅棕黄色粉末，水分含量 < 1%，粉粒细度为 95% 通过 200 目筛，常温储存稳定 3 年以上。

作用方式及机理 春雷霉素属于氨基配糖体物质，与 70S 核糖核蛋白体的 30S 部分结合，抑制氨基酰 t-RNA 和 mRNA- 核糖核蛋白复合体的结合，可作用于大肠菌，抑制蛋白质合成。喷洒在水稻植株上，在体外的杀菌力弱，保护作用较差；但对植物（水稻）的渗透力强，能被植物很快内吸并传导至全株，对体内某些革兰氏阳性和阴性细菌有抑制作用，其作用机理主要是干扰菌体酶系统的氨基酸的代谢，明显影响蛋白质的合成，使稻株内菌丝接触药后变得膨大异形，停止生长，横边分枝，细胞质颗粒化，从而起到控制病斑扩展和新病灶出现的效果。对水稻稻瘟病菌的治疗作用很强，最低抑菌浓度为 0.1μg/ml，但对稻瘟病菌孢子无杀死力。对其他多种细菌、酵母、丝状真菌的生长抑制作用都不强，最低抑制浓度一般在 50μg/ml，有的高达 200μg/ml。渗透性强并能在植物体内移行，喷药后见效快，耐雨水冲刷，持效期长。各地试验表明，瓜类喷施后叶色浓绿并能延长收获期。

防治对象　在医学临床上可防治绿脓杆菌（皮癣）。农业主要防治水稻稻瘟病，包括苗瘟、叶瘟、穗颈瘟、谷瘟。对烟草野火病也相当敏感。主要用于防治番茄叶霉病，黄瓜枯萎病、细菌性角斑病，水稻稻瘟病，高粱炭疽病等。对棉苗炭疽病、立枯病及铃病等也有一定的防效。

使用方法

用药时期　①种子处理。水稻、棉花种子处理于播种前进行。②田间喷雾施药。防治苗瘟、叶瘟，应在发病前至病斑刚出现的发病初期施药，防止病害蔓延到稻茎上；防治穗颈瘟应在水稻破肚至初穗期施药，喷第 1 次药后一般隔 7～10 天（或在水稻齐穗前）再喷 1 次，可取得良好效果。如果病害严重，可通过采取缩短施药间隔期或加大药剂量提高防治效果，减轻损失。

用药剂量　①种子处理。水稻用种子重量 0.5%～1% 春雷霉素（2 万单位）可湿性粉剂；棉花用种子干重 1%～1.5% 春雷霉素（6 万单位）可湿性粉剂拌种，防治棉苗炭疽病、立枯病效果略低于种衣剂 1 号、三唑酮，但与未处理的对照比，控制病苗效果一般在 47%～55%，控制死苗（缺株）效果一般在 33.3%～72.4%。②田间喷施药液量。根据工业产品含量（是固体培养物的则加水搅拌均匀，用工业草酸或工业盐酸调 pH3 左右，浸泡 1 小时，过滤去渣），用水稀释成 40mg/L 的浓度进行喷雾。水稻田用药液量：防治苗瘟喷 750～900kg/hm²；叶瘟 900～1125kg/hm²；穗颈瘟、谷瘟病 1125～1500kg/hm²。也可趁早、晚稻株上有露水时，喷春雷霉素（0.4 万单位）粉剂 22.5～30kg/hm²。防治苗瘟、叶瘟、穗颈瘟的效果达 80%～90%，甚至 95%，略优于或相当于稻瘟净 600 倍液的效果。用 2% 可湿性粉剂处理稻种，水稻比对照增产 20% 以上。防治高粱炭疽病，于发病初期用 2% 水剂 1125～1500ml/hm² 兑水喷雾。防治辣椒细菌性疮痂病、芹菜早疫病、菜豆晕枯病，用 2% 水剂 1500～1800ml/hm²，兑水 900～1200kg，于发病初期喷药。防治番茄叶霉病，黄瓜枯萎病、细菌性角斑病。用春雷霉素 2% 液剂 2100～2550ml/hm² 兑水 900～1200kg，在发病初期喷第 1 次药，以后每隔 7 天喷药 1 次，连续喷 3 次。③春雷霉素与其他药剂混用。使用春雷霉素时，可在其药液中加入量为 0.2% 中性皂粉或茶枯粉（以及十几滴洗净剂）作为增效剂、黏着剂；也可采用春雷霉素与富民隆、稻瘟净、敌瘟磷、灭锈铵等混用，达到增效目的。

注意事项　①应用春雷霉素喷雾防治稻瘟病，应掌握在发病初期进行，用的药液量要足，喷洒均匀。②无论是用土法生产的浓缩液，还是用固体生产产品，都应随用随配，以防霉菌污染变质失效。③不能与碱性农药混用。④对水稻很安全，但对大豆、菜豆、豌豆、葡萄、柑橘、苹果有轻微药害，在使用时应注意。⑤使用时一般不会出现中毒现象。如直接接触皮肤时，用肥皂、清水洗净。如误服此药，需饮大量食盐水催吐。⑥配制液体时，应加 0.2% 中性皂做黏着剂，提高防治效果。喷药后 8 小时内遇雨应补喷。⑦土法制

春雷霉素不宜用铁锅铁器。⑧可与稻瘟净、敌瘟磷农药混用。⑨应存放阴凉干燥处，以防受潮发霉、变质失效。有效期一般为 3 年。⑩安全间隔期。番茄、黄瓜于收获前 7 天，水稻于收获前 21 天停止使用。⑪喷施粉剂最好在早晚有露水时进行，有利于药剂在水稻上附着。⑫施药后 8 小时遇雨应补施。⑬应随用随配，以防霉菌污染变质失效。

与其他药剂的混用　春雷霉素在作物体外杀菌力较差，如与体外杀菌力强的药剂混合使用，能提高防治效果。除强碱性农药以外，可与其他所有农药混用（特别适合与异稻瘟净、敌瘟磷、多菌灵、代森锰锌、百菌清等常用药剂混用），使用前建议先做小范围试验。

允许残留量　GB 2763—2021《食品中农药最大残留限量标准》规定春雷霉素最大残留限量见表。ADI 为 0.113mg/kg。日本规定在水稻上最大残留限量参考值为 0.04mg/kg，以 2% 春雷霉素水剂为例，常用量为 75ml 制剂，最高用量为 100ml 制剂，最多使用 5 次，最后一次施药距收获天数（安全间隔期）为 21 天。

部分食品中春雷霉素最大残留限量（GB 2763—2021）

食品类别	名称	最大残留限量（mg/kg）
谷物	糙米	0.10*
蔬菜	番茄	0.05*
	辣椒	0.10*
	黄瓜	0.20*
水果	柑	0.10*
	橘	0.10*
	橙	0.10*
	桃	1.00*
	猕猴桃	2.00*
	荔枝	0.05*
	西瓜	0.10*

* 临时残留限量。

参考文献

纪明山, 2011. 生物农药手册[M]. 北京: 化学工业出版社.

孙家隆, 2015. 新编农药品种手册[M]. 北京: 化学工业出版社.

王运兵, 吕印谱, 2004. 无公害农药实用手册[M]. 郑州: 河南科学技术出版社.

中国农业百科全书总编辑委员会农药卷编辑委员会, 中国农业百科全书编辑部, 1993. 中国农业百科全书: 农药卷[M]. 北京: 农业出版社.

（撰稿：徐文平；审稿：陶黎明）

纯度确定　purity determination

纯度一般指的是物质含杂质的程度，杂质越少，纯度

越高。农药作为关乎国家命脉的一类商品，其质量直接影响用药的效果和安全，关系到国民的生命安全和健康水平，各国政府对农药的研究开发、生产、储存都有严格的法律法规和管理制度，所以对于农药的纯度鉴定是至关重要的。常用的确定纯度的方法有薄层色谱（TLC）鉴定，熔程的确定，核磁辅助纯度确定，气质联用（LC-MS）或液质联用（GC-MS）等仪器辅助来确定纯度，对手性化合物，还可通过旋光度测定确定其纯度。

TLC 鉴定通过选择至少 3 种不同极性展开系统，通常是首先要选择 3 种分子间作用力不同的溶剂系统，分别展开来确定组分是否为单一点，不足之处在于若是化合物和杂质极性相近可能难以区分。

熔程的确定，纯度高的化合物，熔程较短，混合物相比于纯物质使熔点下降。

核磁辅助纯度确定，对于核磁谱图中无法积分的峰，可能是样品中的杂质。通过核磁来判断化合物纯度高低是相对简单明了的。

LC-MS 或 GC-MS 等仪器辅助来确定纯度时，使用仪器对待测物质进行分离并定性，同时可以确定待测化合物及杂质的分子量。

对于一些特殊如含有手性的化合物，可以通过测定其旋光度，计算待测化合物的对映体过量值，来判断手性化合物的光学纯度。若是手性化合物的手性中心有氢，在对映异构体中所处的环境是不同的，在核磁中可能会表现出不同的化学位移，可以通过积分该位置氢的方法确定待测的手性化合物的光学纯度。

参考文献

GÖRÖG S, 2015. Identification in drug quality control and drug research[J]. Trac-trends in analytical chemistry, 69: 114-122.

NEMES A, CSÓKA T, BÉNI S, et al, 2015. Chiral recognition studies of alpha- (nonafluoro-*tert*-butoxy) carboxylic acids by NMR spectroscopy[J]. Journal of organic chemistry, 80(12): 6267-74.

（撰稿：徐晓勇；审稿：李忠）

纯化方法　method of purification

将混合物中的杂质分离出来以提高其纯度的方法。纯化过程的优劣对产物的质量有很大的影响，在医药、农药的化学研究方面有着重要的作用。纯化的方法一般不局限于化学或是物理变化，可以使样品中的杂质或不同组分分离出来达到目的即可。常用的纯化方法有过滤、重结晶、蒸馏、萃取、层析等。

过滤的原理是目标化合物和杂质的溶解性有差异，因此可将液体和不溶于液体的固体分离开来。

重结晶是利用混合物中各组分在某种溶剂中溶解度不同或在同一溶剂中不同温度时的溶解度不同而使它们相互分离，它适用于产品与杂质性质差别较大、产品中杂质含量较小的体系。

蒸馏是一种热力学的分离工艺，它利用混合液体或液—固体系中各组分沸点不同，使低沸点组分蒸发，再冷凝以分离整个组分的单元操作过程，是蒸发和冷凝两种单元操作的联合。与其他的分离手段，如萃取、过滤、结晶等相比，它的优点在于不需使用系统组分以外的其他溶剂，从而保证不会引入新的杂质。

萃取的原理是利用物质在两种互不相溶（或微溶）的溶剂中溶解度或分配系数的不同，使物质从一种溶剂内转移到另外一种溶剂中。

层析的原理是基于色谱塔板理论，利用物质在固定相与流动相之间不同的保留时间达到分离纯化的目的，层析种类多样，如薄层层析、柱层析、离子交换层析、凝胶过滤层析、高效液相层析等，层析的发展越来越趋于高效、低量分离和自动化，同时能够分离的物质从简单的有机物发展至蛋白质、核酸等。

参考文献

曾百肇, 赵发琼, 2016. 分析化学[M]. 北京: 高等教育出版社.

BINDER S, 1995. Plant gene transfer and expression protocols[M]. New York: Springer.

LABROU N E, 2014. Protein Downstream Process[M]. New York: Springer.

XIN J J, GAO X D, GU J F, 2009. Influence of separation and purification method upon the quality control of microbial medicines[J]. Chinese journal of antibiotics, 34(12): 705-708.

（撰稿：徐晓勇；审稿：李忠）

促生酯　grows ester

由 3- 叔丁基苯氧乙酸与丙醇反应生成，是一种可暂时抑制顶端分生组织生长的植物生长调节剂。可暂时抑制顶端分生组织生长，促进未结果树和幼树侧生枝分枝。

其他名称　特丁滴。

化学名称　3- 叔丁基苯氧基乙酸丙酯。

IUPAC 名称　propyl[3-(1,1-dimethylethyl)phenoxy]acetate。

CAS 登记号　66227-09-6。

分子式　$C_{15}H_{22}O_3$。

相对分子质量　250.33。

结构式

理化性质　沸点 162℃（266.7Pa）。微溶于水。

毒性　大鼠急性经口 LD_{50} 800mg/kg，急性经皮 LD_{50} > 2000mg/kg。对兔皮肤和眼睛刺激中等。

剂型　75% 乳油。

作用方式及机理　由 3- 叔丁基苯氧乙酸与丙醇反应生成。可暂时抑制顶端分生组织生长，促进未结果树和幼树侧生枝分枝。

使用方法　①对症下药。根据农作物病虫害发生种类和危害程度决定是否要防治，选择合适的农药品种对症下药。选择农药产品时主要依据产品标签注明的使用范围和防治对象，不可超范围使用或随意用药。②要掌握用药时期。应根据病虫害发生发育和作物的生长阶段特点选择最合适的用药时间，如害虫应选择在害虫对药物最敏感的低龄幼虫期或发生危害初期施药。病害应选择在发病前或发病初期施药。晴热高温的中午，大风和下雨天气一般不适宜施药。在作物"安全间隔期"内禁止施药。③掌握好施药次数和用药量，不能随意加大用药量或增加施药次数，更不可滥混滥用。④要选好施药器械。好的施药器械是保证防治效果和农药利用率的关键，如果所使用的施药器械发生跑、冒、滴、漏的现象，将严重影响防治效率或导致污染环境，应及时维修或更换。⑤剧毒、高毒农药禁止在蔬菜、果树、茶叶、中草药材上使用。⑥要有适当的防护措施。为防止因施用农药而导致的急性或慢性中毒事故，使用农药过程中做好个人防护非常重要。

注意事项　①施药时应穿长袖上衣和长裤，戴好口罩及手套，尽量避免农药与皮肤及口鼻接触。②施药时不能吸烟、喝水和吃食物。③一次施药时间不宜过长，最好在4小时内。④接触农药后要用肥皂清洗，包括衣物。⑤药具用后清洗要避开人畜饮用水源。⑥农药包装废弃物要妥善收集处理，不能随便乱扔。⑦农药应封闭储藏于背光、阴凉和干燥处，远离食品、饮料、饲料及日用品等。⑧孕妇、哺乳期妇女及体弱有病者不宜施药。如发生农药中毒，应立即送医院抢救治疗。

参考文献

孙家隆, 2015. 新编农药品种手册[M]. 北京: 化学工业出版社:909.

（撰稿：王琪；审稿：谭伟明）

醋栗透翅蛾性信息素　sex pheromone of *Synanthedon tipuliformis*

适用于黑穗醋栗的昆虫性信息素。最初从醋栗透翅蛾（*Synanthedon tipuliformis*）虫体中提取分离，主要成分为（2*E*,13*Z*）-2,13-十八碳二烯-1-醇乙酸酯。

其他名称　Isonet Z（欧洲、澳大利亚与新西兰）（Shin-Etsu）、FERSEX ZP〔混剂，（2*E*,13*Z*）-2,13-十八碳二烯-1-醇乙酸酯:（3*E*,13*Z*）-3,13-十八碳二烯（96：4）〕（SEDQ）。

化学名称　(2*E*,13*Z*)-2,13-十八碳二烯-1-醇乙酸酯；(2*E*,13*Z*)-2,13-octadecadien-1-ol acetate。

IUPAC名称　(2*E*,13*Z*)- octadeca-2,13-dien-1-yl acetate。

CAS登记号　86252-74-6。

分子式　$C_{20}H_{36}O_2$。

相对分子质量　308.50。

结构式

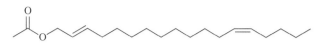

生产单位　由 SEDQ、Shin-Etsu 等公司生产。

理化性质　无色或浅黄色液体，有特殊气味。沸点387℃（101.32kPa，预测值）。相对密度0.88（20℃，预测值）。折射率 n_D^{20} 1.4593。难溶于水，溶于正庚烷、乙醇、苯等有机溶剂。

作用方式　主要用于干扰醋栗透翅蛾的交配，诱捕醋栗透翅蛾。

防治对象　适用于黑穗醋栗，防治醋栗透翅蛾。

参考文献

马克比恩 C, 2015. 农药手册[M]. 胡笑形, 等译. 北京: 化学工业出版社.

（撰稿：钟江春；审稿：张钟宁）

催吐剂　vomitory

能够引起呕吐的物质或药剂。在一些剧毒农药中加入，可迅速引起误食农药者激烈的呕吐反应，将误食的农药吐出，以减轻剧毒农药对人的危害。

作用原理　通过刺激呕吐神经感应区或胃黏膜，使人产生呕吐的感觉而引起呕吐。

分类与主要品种　常见的催吐剂有三氮唑嘧啶酮、苯甲地钠铵（苦精）、硫酸铜等。三氮唑嘧啶酮是一种重要的化工中间体，在医药、兽药、农药中均有应用，其外观为白色晶状粉末，可溶于二甲基甲酰胺、二氯甲烷、甲醇等溶剂，在强碱性条件下不稳定。苯甲地钠铵为白色结晶粉末，无嗅，有剧烈苦味，溶液中的浓度达0.003%时便使人难以忍受，可用作苦味剂或催吐剂，在化工、医药、农药等领域均有应用。硫酸铜也是常见的口服催吐剂，医疗上一般采用0.5%～1%的硫酸铜溶液进行催吐。

使用要求　农药中使用的催吐剂应具有以下特点：①在低添加量下有较好的催吐效果。②性质要稳定，不易与农药制剂中其他组分发生反应，不会因长期存放而降解。③价格相对较低，能够被农药生产企业所接受。

应用技术　催吐剂主要在一些剧毒高毒农药制剂中使用，如百草枯水剂，国家规定制剂中必须加入催吐剂。还可用于甲基1605、对硫磷、敌敌畏和乐果等有机磷农药及灭多威等高毒农药。在百草枯水剂中，三氮唑嘧啶酮的添加量与百草枯的含量有关，一般三氮唑嘧啶酮与百草枯的质量比为1:（400±50）为宜，能够起到催吐效果。

参考文献

王一军, 陈宗化, 2011. 百草枯催吐剂三氮唑嘧啶酮 (PP796) 的合成[J]. 精细化工原料及中间体 (1): 31, 34-37.

（撰稿：张鹏；审稿：张宗俭）

D

哒草特　pyridate

一种苯基哒嗪类选择性苗后除草剂。

其他名称　阔叶枯、连达克兰、伐草快、必汰草、达草止。

化学名称　*O*-(6-氯-3-苯基哒嗪-4-基)-*S*-辛基硫代碳酸酯；*O*-(6-chloro-3-phenylpyridazin-4-yl)*S*-octylcarbonothi-oate。

IUPAC 名称　6-chloro-3-phenylpyridazin-4-yl *S*-octyl thio-carbonate。

CAS 登记号　55512-33-9。

EC 号　259-686-7。

分子式　$C_{19}H_{23}ClN_2O_2S$。

相对分子质量　378.92。

结构式

开发单位　林兹化学公司（现 Nufarm GmbH & Co. KG）。

理化性质　纯品为白色结晶，熔点 27℃。原药为棕褐色油状物。沸点 > 220℃（1.34×10^{-4}Pa），相对密度 1.15（20℃），熔点 20～25℃，蒸气压 1.338×10^{-7}Pa，折射率 n_D^{20} 1.568。易溶于多种有机溶剂，不溶于水。

毒性　大鼠急性经口 LD_{50} 1960～12 400mg/kg，兔急性经皮 LD_{50} > 3400mg/kg。对兔皮肤有中等刺激，对眼睛无刺激作用，对豚鼠较敏感。动物试验条件下，未见致畸、致癌、致突变作用。鱼类 LC_{50}（96 小时）：虹鳟 81mg/L，鲤鱼 100mg/L，野鸭经口 LD_{50} > 1000mg/kg。对蜜蜂低毒。

剂型　乳油，可湿性粉剂。

质量标准　45% 连达克兰可湿性粉剂，外观为白色粉末，30 分钟悬浮率 > 75%。45% 阔叶枯乳油，外观为褐色油状液体，20℃密度 1.008，闪点 36℃。上述两种剂型在酸性和碱性条件下不稳定，20～25℃室温下储存稳定两年以上，无爆炸性。

作用方式及机理　选择性苗后除草剂。茎叶处理后迅速被叶吸收，阻碍光合作用的希尔反应，使杂草叶片变黄并停止生长，枯萎致死。

防治对象　适用于小麦、水稻、玉米等禾谷类作物田防除阔叶杂草，特别对猪殃殃、反枝苋及某些禾本科杂草有良好的防除效果。

使用方法　用于小麦、玉米、水稻等禾谷类作物和花生地防除阔叶杂草。

防治麦田杂草　春小麦分蘖盛期施用 45% 连达克兰可湿性粉剂 2～3kg/hm²，加水 450～750kg 进行茎叶处理。冬小麦在小麦分蘖初期（11 月下旬），杂草 2～4 叶期进行茎叶处理，也可在小麦拔节前（3 月中旬前）施药。对中度敏感性杂草可适当提高用药量，可用 45% 连达克兰可湿性粉剂 2.5～4kg/hm²。

防治玉米田杂草　玉米在 3～5 叶期，杂草 2～4 叶期，施用 45% 连达克兰可湿性粉剂 2.5～4kg/hm²，兑水 450～750kg 进行茎叶处理。杂草种群比较复杂的玉米田，用 45% 连达克兰可湿性粉剂 2～3kg/hm² 和 50% 莠去津可湿性粉剂 1.5～2.25kg/hm² 混用，兑水 450～750kg，在玉米 4～5 叶期处理，扩大杀草谱，提高防除效果。

防治花生田杂草　阔叶杂草 2～4 叶期，施用 45% 阔叶枯乳油 2～3L/hm²，兑水 600～750kg 进行茎叶处理。在单、双子叶杂草混生的花生田，则需用阔叶枯与防除禾本科杂草的除草剂混用，用 45% 阔叶枯乳油 2～2.5kg/hm²，分别与 35% 稳杀得乳油 750ml、12.5% 盖草能乳油 750ml、10% 禾草克乳油 750ml 混用。

注意事项　施药不宜过早或过晚，施药适期应掌握在杂草发生早期，阔叶杂草出齐时施药为最理想；喷药后 1 天内应无雨，以保证药效；配药时应采用逐步稀释的方法，即先用少量水稀释药剂，然后再倒入足量水并充分搅拌均匀，喷雾也要均匀；哒草特不宜与酸性农药混用，以免分解失效；万一误食该药，应立即用食盐水催吐，并尽快医治；本剂应放在阴凉干燥、远离食品、饲料、儿童处。

与其他药剂的混用　与 HPPD 抑制类除草剂复配产生协同作用，在薄荷和鹰嘴豆中作为必须实施的苗后解决方案使用。

允许残留量　英国规定在粮谷、肉产品、高粱属植物、马铃薯、大豆、花生、油菜籽、芝麻、芹菜、菠菜、瓜类等最大残留量为 0.05mg/kg。

参考文献

TURNER J A, 2015. The pesticide manual : a world compendium [M]. 17th ed. UK: BCPC: 974-975.

（撰稿：杨光富；审稿：吴琼友）

哒菌酮　diclomezine

一种兼具保护作用和治疗作用的杀菌剂。

其他名称　Monguard。

化学名称　6-(3,5-二氯对甲基苯基)哒嗪-3(2*H*)-酮。

IUPAC名称　6-(3,5-dichloro-4-methylphenyl)pyridazin-3(2*H*)-one。

CAS登记号　62865-36-5。

分子式　$C_{11}H_8Cl_2N_2O$。

相对分子质量　255.10。

结构式

开发单位　日本三共公司。

理化性质　纯品为无色结晶状固体。熔点250.5～253.5℃。蒸气压<$1.3×10^{-2}$mPa（60℃）。溶解度：水0.74mg/L（25℃），甲醇2g/L（23℃）、丙酮3.4g/L（23℃）。在光照下缓慢分解。在酸、碱和中性环境下稳定。可被土壤颗粒稳定吸附。

毒性　大鼠急性经口LD_{50}＞12 000mg/kg。大鼠急性经皮LD_{50}＞5000mg/kg。对兔皮肤无刺激作用。大鼠急性吸入LC_{50}（4小时）0.82mg/L。2年喂养试验NOEL：雄大鼠为98.9mg/（kg·d），雌大鼠为99.5mg/（kg·d）。无致突变和致畸作用。山齿鹑和野鸭饲喂LC_{50}（8天）＞7000mg/kg饲料。山齿鹑急性经口LD_{50}＞3000mg/kg。鲤鱼LC_{50}（48天）＞300mg/L。水蚤LC_{50}（5天）＞300mg/L。蜜蜂LD_{50}（经口和接触）＞100μg/只。

剂型　悬浮剂，粉剂，可湿性粉剂。

作用方式及机理　具有治疗和保护性，通过抑制隔膜形成和菌丝生长达到杀菌目的。主要作用方式尚不清楚。在含有1mg/L哒菌酮的马铃薯葡萄糖琼脂培养基上，立枯丝核菌、稻小核菌和灰色小核菌分枝菌丝的隔膜形成会受到抑制，并引起细胞内容物泄漏。此现象甚至在培养开始后2～3小时便可发现。如此迅速的作用是哒菌酮特有的，其他水稻纹枯病防治药剂如戊菌隆和氟酰胺等均没有这么快。

防治对象　水稻纹枯病和各种菌核病，花生的白霉病和菌核病，草坪纹枯病等。

使用方法　茎叶喷雾，使用剂量为有效成分360～480g/hm²。

参考文献

刘长令，2006. 世界农药大全：杀菌剂卷[M]. 北京：化学工业出版社：317-318.

（撰稿：闫晓静；审稿：刘鹏飞、刘西莉）

哒螨灵　pyridaben

一种非内吸性杀螨剂。

其他名称　牵牛星、损螨、螨净、Agrimit、Dinomite、Pyromite、Sanmite、Tarantula、哒螨酮、灭特灵、速螨酮、哒螨净、螨必死、扫螨净、NC-129、NCI-129、BAS-300I。

化学名称　2-叔丁基-5-(4-叔丁基苄硫基)-4-氯哒嗪-3(2*H*)-酮；4-chloro-2-(1,1-dimethylethyl)-5-[[[4-(1,1-dimethylethyl)phenyl]methyl]thio]-3(2*H*)-pyridazinone。

IUPAC名称　2-*tert*-butyl-5-(4-*tert*-butylbenzylthio)-4-chloropyridazin-3(2*H*)-one。

CAS登记号　96489-71-3。

EC号　405-70-3。

分子式　$C_{19}H_{25}ClN_2OS$。

相对分子质量　364.93。

结构式

开发单位　由K. Hirata等报道。由日产化学公司发现并引进，1990年在比利时首次上市。

理化性质　该品为无色晶体。熔点111～112℃。蒸气压<0.01mPa（25℃），K_{ow}lg$P$ 6.37（23℃±1℃，蒸馏水）。Henry常数<$3×10^{-1}$Pa·m³/mol（计算值）。相对密度1.2（20℃）。水中溶解度（24℃）0.012mg/L；其他溶剂中溶解度（g/L，20℃）：丙酮460、苯110、环己烷320、乙醇57、正辛醇63、己烷10、二甲苯390。在50℃稳定90天，对光不稳定。在pH5、7和9，25℃时，黑暗中30天不水解。

毒性　属低毒杀螨剂。急性经口LD_{50}（mg/kg）：雄大鼠1350，雌大鼠820，雄小鼠424，雌小鼠383。大鼠和兔急性经皮LD_{50}＞2000mg/kg，对兔皮肤和眼睛无刺激作用，对豚鼠皮肤无过敏性。大鼠吸入LC_{50}（mg/L空气）：雄大鼠0.66，雌大鼠0.62。NOEL［mg/（kg·d）］：小鼠（78周）0.81，大鼠（104周）1.1。ADI：（BfR）0.008mg/kg，（EPA）0.05mg/kg。其他在染色体畸变试验（中国仓鼠）和微核试验（小鼠）中无诱变性。在Ames或DNA修复试验中无诱变性。鸟急性经口LD_{50}（mg/kg）：山齿鹑＞2250，野鸭＞2500。鱼类LC_{50}（μg/L）：虹鳟（96小时）1.1～3.1，大翻车鱼1.8～3.3，鲤鱼（48小时）8.3。水蚤EC_{50}（48小时）0.59μg/L。不会明显影响羊角月牙藻生长速度。蜜蜂经口LD_{50} 0.55μg/只。蚯蚓LC_{50}（14天）38mg/kg土壤。

剂型　20%可湿性粉剂，15%乳油。

作用方式及机理　非系统性杀虫杀螨剂。作用迅速且残留活性长。对各阶段害虫都有活性，尤其适用于幼虫和蛹时期。

防治对象　果树、蔬菜、茶树、烟草及观赏植物上的

D

各种螨，如粉螨、爪螨、叶螨、小爪螨、始叶螨、跗线螨和瘿螨等。另外，对粉虱、蚜虫、叶蝉科和缨翅目害虫也有较好的防治效果。

使用方法　以 5～20g/100L 或 100～300g/hm² 剂量可控制大田作物、果树、观赏植物、蔬菜上的螨、粉虱、蚜虫、叶蝉和缨翅目害虫。

防治柑橘红蜘蛛和四斑黄蜘蛛　开花前每叶有螨 2 头、开花后和秋季每叶有螨 6 头时，用 20% 可湿性粉剂 2000～4000 倍液或 15% 乳油 2000～3000 倍液喷雾，防治效果很好，药效可维持 30～40 天以上，但虫口密度高或气温高时，其持效期要短些。

防治柑橘锈壁虱　5～9 月每视野有螨 2 头以上或果园内有极个别黑（受害）果出现时，用上述防治柑橘红蜘蛛的浓度喷雾，有很好防治效果，持效期可达 30 天以上。

防治苹果红蜘蛛、山楂红蜘蛛　在越冬卵孵化盛期或若螨始盛发期用 20% 可湿性粉剂 2000～4000 倍液或 15% 乳油 2000～3000 倍液喷雾，防治效果很好，持效期可达 30 天以上。

防治苹果、梨、黄瓜和茄子上的棉红蜘蛛　用 20% 可湿性粉剂 1500～2000 倍液喷雾，防治效果良好。

防治侧多食跗线螨　用 20% 可湿性粉剂 2000～3000 倍液喷雾（尤其是喷叶背面），防治效果较好，持效期较长。

防治葡萄上的鹅耳枥始叶螨　用 20% 可湿性粉剂 1500～2000 倍液喷雾，防治效果较好，持效期可达 30 天左右。

防治茶橙瘿螨和神泽叶螨　用 20% 可湿性粉剂 1500～2000 倍液喷雾，防治效果较好。

防治茶绿叶蝉和茶黄蓟马　用 20% 可湿性粉剂 1000～1500 倍液喷雾，防治效果很好。

防治矢光蚧和黑刺粉虱的一至二龄若虫　用 20% 可湿性粉剂 1000～2000 倍液喷雾，防治效果较好。

防治棉蚜　用 20% 可湿性粉剂 2000～2500 倍液喷雾，防治效果较好。

防治葡萄叶蝉　用 20% 可湿性粉剂 1000～1500 倍液喷雾，防治效果较好，持效期可达 15 天以上。

防治番茄上的温室粉虱　用 15% 乳油 1000 倍液喷雾，防治效果较好，持效期可达 20 天左右。

防治玫瑰上的叶螨和跗线螨　用 15% 乳油 1000～1500 倍液喷雾，防治效果较好。在春季或秋季害螨发生高峰前使用，浓度以 4000 倍液为宜。

注意事项　对人畜有毒，不可吞食、吸入或渗入皮肤，不可入眼或污染衣物等。施药时应做好防护，施药后要用肥皂和清水彻底清洗手、脸等。如有误食应用净水彻底清洗口部或灌水两杯后诱发呕吐。药剂应储存在阴凉、干燥和通风处，不与食物混放。不可污染水井、池塘和水源。施药区禁止人、畜进入。花期使用对蜜蜂有不良影响。可与大多数杀虫、杀菌剂混用，但不能与石硫合剂和波尔多液等强碱性药剂混用。一年最多使用 2 次，安全间隔期为收获前 3 天。

与其他药剂的混用　可与阿维菌素、四螨嗪、丁醚脲、联苯肼酯、乙螨唑、溴虫腈、螺螨酯、单甲脒、甲氰菊酯、噻螨酮、辛硫磷、炔螨特、呋虫胺、吡虫啉、三唑锡、灭幼脲、啶虫脒、异丙威以及苯丁锡混配。产品主要有 21% 阿维·哒螨灵悬浮剂、50% 丁醚·哒螨灵悬浮剂、45% 联肼·哒螨灵悬浮剂、40% 哒螨·乙螨唑悬浮剂、40% 虫腈·哒螨灵悬浮剂、35% 哒螨·螺螨酯悬浮剂、20% 哒螨·单甲脒悬浮剂、10% 四螨·哒螨灵悬浮剂、6% 阿维·哒螨灵乳油、12.5% 噻螨·哒螨灵乳油、15% 甲氰·哒螨灵乳油、29% 哒螨·辛硫磷乳油、33% 哒灵·炔螨特乳油、60% 呋虫·哒螨灵水分散粒剂、10% 哒螨·吡虫啉可湿性粉剂、10% 哒螨·三唑锡可湿性粉剂、16% 哒螨·三唑锡可湿性粉剂、25% 苯丁·哒螨灵可湿性粉剂、30% 哒螨·灭幼脲可湿性粉剂、45% 啶虫·哒螨灵可湿性粉剂、12% 哒螨·异丙威烟剂。

允许残留量　GB 2763—2021《食品中农药最大残留限量标准》规定哒螨灵最大残留限量见表。ADI 为 0.01mg/kg。油料和油脂参照 GB 23200.113 规定的方法测定；蔬菜、水果按照 GB 23200.8、GB 23200.113、GB/T 20769 规定的方法测定；茶叶按照 GB 23200.113、GB/T 23204、SN/T 2432 规定的方法测定。

部分食品中哒螨灵最大残留限量（GB 2763—2021）

食品类别	名称	最大残留限量（mg/kg）
油料和油脂	棉籽	0.1
	大豆	0.1
蔬菜	结球甘蓝	2.0
	辣椒	2.0
	黄瓜	0.1
水果	柑、橘	2.0
	苹果	2.0
饮料类	茶叶	5.0

参考文献

刘长令，2012. 世界农药大全: 杀虫剂卷[M]. 北京: 化学工业出版社: 689-693.

马克比恩 C, 2015. 农药手册[M]. 胡笑形, 等译. 北京: 化学工业出版社: 881-882.

（撰稿：杨吉春；审稿：李森）

哒嗪硫磷　pyridaphenthion

一种高效、低毒、低残留、广谱性的有机磷杀虫剂。

其他名称　哒净松、打杀磷、苯哒磷、哒净硫磷、苯哒嗪硫磷、杀虫净、American Cyanamid 12503、CL 12503。

化学名称　*O,O*-二乙基-*O*-(2,3-二氢-3-氧代-2-苯基-6-哒嗪基) 硫代磷酸酯；*O*-(1,6-dihydro-6-oxo-1-phenyl-3-pyridazinyl)*O,O*-diethyl phosphorothioate。

IUPAC 名称　*O*-(1,6-dihydro-6-oxo-1-phenylpyridazin-3-yl) *O,O*-diethyl phosphorothioate。

CAS 登记号　119-12-0。

EC 号　204-298-5。

分子式　$C_{14}H_{17}N_2O_4PS$。

相对分子质量　340.33。

结构式

开发单位　日本三井东亚化学公司。

理化性质　纯品为白色结晶，工业品为淡黄色固体。熔点 54.5～56.5℃。蒸气压 25.3Pa（48℃），51.99Pa（65℃），110.7Pa（90℃），186.65Pa（110℃）。溶解度：乙醇 1.25%，异丙醇 58%，三氯甲烷 67.4%，乙醚 101%，甲醇 226%，丙酮 377%，难溶于水。对酸、热较稳定，在 75℃时加热 35 小时，分解率为 0.9%。对强碱不稳定。对光较稳定。在水田土壤中的半衰期为 21 天。

毒性　大鼠急性经口 LD_{50}：雄性 769.4mg/kg，雌性 850mg/kg。小鼠急性经口 LD_{50}：雄性 458.7mg/kg，雌性 554.6mg/kg。兔急性经口 LD_{50} 4800mg/kg，狗急性经口 LD_{50} 71 200mg/kg。大鼠急性经皮 LD_{50}：雄 2300mg/kg，雌性 2100mg/kg；小鼠急性经皮 LD_{50}：雄 660mg/kg，雌性 1100mg/kg。大鼠腹腔注射 LD_{50} 105mg/kg。以每天 30mg/kg 剂量喂养小鼠 6 个月，无特殊情况。大鼠 3 代繁殖未发现致癌、致突变作用。鲤鱼 LC_{50}（48 小时）10mg/L。日本鹌鹑经口 LD_{50} 68.4mg/kg，野鸡经口 LD_{50} 1.162mg/kg。

剂型　20%、40% 乳油，2% 粉剂。

质量标准　原药为深棕色固体，无可见外来杂质（HG 2209—1991），有效成分含量 ≥75%，酸度（以 H_2SO_4 计）≤ 0.5%。水分含量 ≤ 0.4%。丙酮不溶物 ≤ 0.5%。20% 的乳油棕红色至褐色透明油状液体（HG 2209-91），有效成分含量 ≥20%，酸度（以 H_2SO_4 计）≤0.2%，水分含量 ≤0.4%。乳液稳定性合格。2% 粉剂为灰白色疏松粉末，有效成分含量 ≥ 2%，细度（通过 200 目筛）59%，水分含量 ≤1.5%，pH5～8。

作用方式及机理　具有触杀和胃毒作用，无内吸作用。

防治对象　对多种咀嚼式口器和刺吸式口器害虫均有较好效果。此药剂对水稻害虫药效突出，对水稻害虫的天敌捕食螨较安全，对鱼类低毒，在稻谷中残留限量低，特别适合用于水稻，可防治螟虫、纵卷叶螟、稻苞虫、飞虱、叶蝉、蓟马、稻瘿蚊等。对棉叶螨特效，对成螨、若螨、螨卵都有显著抑制作用，还可防治棉蚜、棉铃虫、红铃虫。用于小麦、杂粮、油料、蔬菜、果树等作物及林木，可防治多种咀嚼式口器、刺吸式口器害虫及叶螨。

使用方法　乳油加水喷雾或粉剂喷粉。20% 的乳油产品应于害虫卵孵盛期至低龄幼虫期间打药，注意喷雾均匀，视虫害发生情况，每 10 天左右施药 1 次，可连续用药 2～3 次。具体用量见表 1。

与其他药剂的混用　一般使用下无药害，但注意不可与 2,4-滴类除草剂同时或近时使用，以免造成药害。30% 敌百虫 + 10% 哒嗪硫磷乳油，在有效成分用药量 480～720g/hm² 时喷雾，防治二化螟；600～720g/hm² 喷雾，防治三化螟。15.8% 哒嗪硫磷 + 0.2% 阿维菌素乳油剂型，有效成分用药量在 132～168g/hm² 时喷雾，可有效防治水稻二化螟。20% 哒嗪硫磷 + 10% 丁硫克百威乳油剂型，在有效成分用药量 675～900g/hm² 时喷雾，可有效防治水稻二化螟。

允许残留量　GB 2763—2021《食品中农药最大残留限量标准》规定哒嗪硫磷在结球甘蓝中的最大残留限量为 0.3mg/kg。ADI 为 0.00085mg/kg。韩国规定了哒嗪硫磷在部分食品中的最大残留限量（表 2）。

表 1　20% 哒嗪硫磷乳油用法用量

作物名称（或类别）	防治对象	制剂用药量	使用方法
茶树	害虫	800～1000 倍液	喷雾
大豆	蚜虫	800 倍液	喷雾
果树	食心虫	500～800 倍液	喷雾
	蚜虫	500～800 倍液	喷雾
林木	松毛虫	500 倍液	喷雾
	竹青虫	500 倍液	喷雾
棉花	棉铃虫	800～1000 倍液	
	蚜虫	800～1000 倍液	喷雾
	螨	800～1000 倍液	
蔬菜	菜青虫	500～1000 倍液	喷雾
	蚜虫	500～1000 倍液	
水稻	螟虫	800～1000 倍液	喷雾
	叶蝉	800～1000 倍液	
小麦	玉米螟	800～1000 倍液	喷雾
	黏虫	800～1000 倍液	
玉米	玉米螟	800～1000 倍液	喷雾
	黏虫	800～1000 倍液	

表 2　韩国规定哒嗪硫磷在部分食品中的最大残留限量（mg/kg）

食品名称	最大残留限量	食品名称	最大残留限量
苹果	0.1	桃	0.3
枸杞	0.2	梨	0.3
枸杞干	0.5	柿子	0.2
黄瓜	0.2	稻谷	0.2

参考文献

农业大词典编辑委员会, 1998. 农业大词典[M]. 北京: 中国农业出版社: 246.

吴世敏, 印德麟, 1999. 简明精细化工大辞典[M]. 沈阳: 辽宁科学技术出版社: 510.

中国农业百科全书总编辑委员会农药卷编辑委员会, 中国农业百科全书编辑部, 1993. 中国农业百科全书: 农药卷[M]. 北京: 农业出版社: 55.

朱永和, 王振荣, 李布青, 2006. 农药大典[M]. 北京: 中国三峡出版社: 113.

（撰稿：张阿伟；审稿：薛伟）

哒幼酮   NC-170

一种哒嗪酮类杀虫剂。

化学名称 4-氯-5-(6-氯-3-吡啶甲氧基)-2-(3,4-二氯苯基)-哒嗪-3-(2H)-酮。

IUPAC名称 4-chloro-5-(6-chloro-3-pyridinylmethoxy)-2-(3,4-dichlorophenyl)-pyridazin-3-(2H)-one。

CAS登记号 107360-34-9。

分子式 $C_{16}H_9Cl_4N_3O_2$。

相对分子质量 417.07。

结构式

开发单位 日产化学公司。

理化性质 熔点180～181℃。

毒性 急性经口 LD_{50}：大鼠＞10 000mg/kg，小鼠＞10 000mg/kg。兔急性经皮 LD_{50} ＞2000mg/kg。对兔眼睛和皮肤无刺激作用。鱼类 LC_{50}（48小时）：鲤鱼＞40mg/L，虹鳟＞40mg/L。Ames试验和微核试验均为阴性。

作用方式及机理 具有类保幼激素活性，选择性抑制叶蝉和飞虱的变态，能抑制昆虫发育，使昆虫不能完成由若虫到成虫的变态和影响中间的蜕皮，导致昆虫逐渐死亡。

防治对象 防治水稻的主要害虫，如黑尾叶蝉和褐飞虱。

使用方法 以50mg/L水溶液喷雾盆栽水稻，防治黑尾叶蝉和褐飞虱，其活性可维持40天。

参考文献

康卓, 2017. 农药商品信息手册[M]. 北京: 化学工业出版社: 56.

（撰稿：杨吉春；审稿：李淼）

达草灭   norflurazon

一种哒嗪酮类除草剂。

其他名称 氟草敏、哒草伏、Solicam、Pyridazinane、PREDICT、SAN9789、SAN978938、SANDOZ9789、ZORIAL。

化学名称 4-氯-5-(甲基氨基)-2-[3-(三氟甲基)-苯基]-3(2H)-哒嗪酮；4-chloro-5-(methylamino)-2-[3-(trifluoromethyl)phenyl]-3(2H)-pyridazinone。

IUPAC名称 4-chloro-5-methylamino-2-(α,α,α-trifluoro-m-tolyl)pyridazin-3(2H)-one。

CAS登记号 27314-13-2。

EC号 248-397-1。

分子式 $C_{12}H_9ClF_3N_3O$。

相对分子质量 303.67。

结构式

开发单位 先正达公司。

理化性质 白到灰褐色的结晶粉末。熔点174～180℃。相对密度0.63（20℃）。蒸气压3.84×10^{-6}Pa（25℃）。K_{ow}lg$P$ 2.3。Henry常数3.5×10^{-5}Pa·m^3/mol。溶解度：水33.7mg/L（25℃）；乙醇142、丙酮50、二甲苯2.5（g/L，25℃）；难溶于烃类。pK_a5.2。稳定性：正常环境温度下储存和使用稳定；在水溶液中稳定（50℃，24天后损失＜8%）。碱性和酸性条件下稳定。在20℃保质期为4年，在阳光下迅速降解。

毒性 低毒。大鼠急性经口 LD_{50} ＞9000mg/kg。急性经皮 LD_{50}：大鼠＞5000，兔＞20 000mg/kg。对皮肤无刺激性。大鼠吸入 LC_{50}（1小时）＞200mg/m^3。野鸭急性经口 LD_{50} ＞2510mg/kg。鱼类 LC_{50}（96小时）：虹鳟8.1mg/L，蓝鳃太阳鱼16.3mg/L。蜂类：非毒性剂量为0.235mg/L。藻类：月牙藻 EC_{50}（5天）0.0176mg/L。蠕虫类 LC_{50}（14天）＞1000mg/kg土壤。其他水生生物：浮萍 EC_{50}（14天）0.0875mg/L。

剂型 80%可湿性粉剂。

质量标准 78.6%的组成成分。

作用方式及机理 除草剂"SAN9789"作用是由于它专有地抑制了类胡萝卜素的合成。在"SAN9789"存在下，白光或高流通率的红光引起叶绿素和核酮糖双磷酸羧化酶的光致破坏以及类囊体和核蛋白的光致分解。这些效应只能用叶绿素的自我光致氧化作用及光敏作用来解释。因为，叶绿素一旦失去了类胡萝卜素的保护作用，也就丧失了抗自我光致氧化作用和光敏作用的能力。

防治对象 防治柑橘、苜蓿、花生、果树、芦笋和其他作物田中的禾本科和阔叶杂草。

注意事项 对水生生物毒性极大并具有长期持续影响。收容泄漏物，避免污染环境。防止泄漏物进入下水道、地表水和地下水。如果吸入，请将患者移到新鲜空气处。皮肤接触：脱去被污染的衣着，用肥皂水和清水彻底冲洗皮肤。如有不适感，就医。眼睛接触：分开眼睑，用流动清水或生理盐水冲洗，立即就医。食入：漱口，禁止催吐，立即就医。

与其他药剂的混用 对于苜蓿，可以与环嗪酮、赛克津等混用；对于棉花，可以与氟草胺、灭草松等除草剂混用。

允许残留量 日本规定达草灭最大残留限量见表。

日本规定部分食品中达草灭最大残留限量

食品名称	最大残留限量（mg/kg）
陆生哺乳动物脂肪及其肾脏	0.1
啤酒花	3.0
香料、坚果	0.2
核桃	0.2

参考文献

马克比恩 C, 2015. 农药手册[M]. 胡笑形, 等译. 北京: 化学工业出版社: 733-734.

（撰稿：杨光富；审稿：吴琼友）

达草止　pyridafol

除草剂达草止代谢产物的标准品，主要用于农药残留分析。

其他名称　哒草特、CL11344、Pyridate、carbonothioic acid。

化学名称　6-氯-3-苯基-4-羟基哒嗪。

IUPAC 名称　6-chloro-3-phenylpyridazin-4-ol。

CAS 登记号　40020-01-7。

EC 号　254-752-1。

分子式　$C_{10}H_7ClN_2O$。

相对分子质量　206.63。

结构式

理化性质**　纯品为固体，熔点 214~216℃。相对密度 1.35。

毒性　鱼类 LC_{50}（96 小时，mg/L）：虹鳟 20。水蚤 EC_{50}（48 小时）26.1mg/L。藻类 EC_{50}（72 小时）4.93mg/L。GHS 危险性类别：急性水生毒性（类别 2），H401。

质量标准　HPLC 含量 > 99%。

作用方式及机理　达草止的代谢途径为哒嗪环上的硫酸酯转化为羟基，在酸性条件下达草止的代谢产物在蜡层的吸附程度较高，而达草止的吸附程度不受酸碱条件的影响，达草止在蜡层的吸附程度比其代谢产物大。

参考文献

TURNER J A, 2015. The pesticide manual: a world compendium [M]. 17th ed. UK: BCPC: 1212.

（撰稿：赵卫光；审稿：耿贺利）

大黄素甲醚　physcion

蒽醌类化合物。广泛存在于蓼科、豆科、唇形科、菊科、兰科和蔷薇科的许多种植物中，具有一定的药理作用。

其他名称　卫保、朱砂莲乙素、非斯酮。

化学名称　1,8-二羟基-3-甲氧基-6-甲基蒽醌。

IUPAC 名称　1,8-dihydroxy-3-methoxy-6-methyl-9,10-anthraquinone。

CAS 登记号　521-61-9。

分子式　$C_{16}H_{12}O_5$。

相对分子质量　284.26。

结构式

开发单位**　湖北省农业科学院植保土肥研究所麦病组，从植物材料大黄根的乙醇提取物中获得高活性抗菌化合物，于 2006 年获得国家发明专利，专利号 ZL 03125346.6，且和内蒙古清源保生物科技有限公司开发出了具有中国自主知识产权的防治黄瓜白粉病的新型植物源杀菌剂。

理化性质　纯品为砖红色或橙黄色单斜针状结晶。pH6。密度 954.6mg/ml。属蒽醌类物质。熔点 203~207℃。溶于乙酸、乙酸乙酯、甲醇、苯、氯仿、吡啶及甲苯等，不溶于水。

毒性　0.5% 大黄素甲醚水剂对蜜蜂的摄入毒性 LC_{50}（48 小时）41.9mg/L，对蜜蜂为中毒。对鸟类第 7 天的 LD_{50} 45.6mg/kg，对鸟类属高毒。对斑马鱼的 LC_{50}（96 小时）0.45mg/L，对斑马鱼属于高毒。对家蚕的 LC_{50}（96 小时）10mg/L，对家蚕毒性为高毒。

剂型　0.5% 水剂。

质量标准　0.5% 大黄素甲醚水剂具有良好的遇热、遇冷及光照稳定性。在 0~60℃ 处理 1~2 小时或光照 24~72 小时后，其对黄瓜白粉病的防治效果均在 91% 以上，因此在黄瓜生长期间的光、温条件下有良好的稳定性。

作用方式及机理　影响真菌菌丝发育和吸器的形成，对瓜菜类有诱导抗病作用。

防治对象　用于防治粮食作物、经济作物、蔬菜上的真菌病害，如稻瘟病、纹枯病、菌核病、枯萎病、黄萎病、立枯病、炭疽病、赤星病、灰霉病等。对黄瓜白粉病等也有较好的防效。

使用方法　0.5% 水剂田间防治黄瓜白粉病，发病前或发病初期开始用药，稀释 500~800 倍，采用喷雾法，5~7 天施 1 次药，连续施药 3~4 次。

注意事项　不得与碱性农药等物质混用，以免降低药效。对蜜蜂、家蚕有毒，花期蜜源作物周围禁用，施药期间应密切注意对附近蜂群的影响。蚕室及桑园附近禁用。对鱼类等水生生物有毒，远离水产养殖区施药，禁止在河塘等水域内清洗施药器具。应储存在干燥、阴凉、通风、防雨处，远离火源或热源。用过的包装物应妥善处理，不可做他用，也不可随意丢弃。

参考文献

何永梅, 2011. 植物源白粉病特效杀菌剂——大黄素甲醚[J]. 农药市场信息 (20) : 37.

王德辉, 张富龙, 王立新, 等, 2009. 0.5%大黄素甲醚AS防治黄瓜白粉病试验[J]. 中国园艺文摘 (11) : 179-180.

徐向荣, 杨宇红, 陈志刚, 等, 2009. 植物源农药大黄素甲醚关键使用技术的研究[J]. 中国园艺文摘 (12) : 174-177.

杨立军, 龚双军, 杨小军, 等, 2010. 大黄素甲醚对几种植物病原真菌的活性[J]. 农药, 49 (2) : 133-141.

张顺瑜, 2006. 大黄素甲醚的残留及其环境安全性研究[D]. 杭州: 浙江大学.

（撰稿：刘西莉；审稿：刘鹏飞）

大隆　brodifacoum

一种经口羟基香豆素类抗凝血杀鼠剂。

其他名称　溴鼠灵。

化学名称　3-[3-(4'-溴联苯-4-基)-1,2,3,4-四氢-1-萘基]-4-羟基香豆素。

IUPAC 名 称　3-[(1RS,3RS;1RS,3SR)-3-(4'-bromobiphenyl-4-yl)-1,2,3,4-tetrahydro-1-naphthyl]-4-hydroxy-2H-chromen-2-one。

CAS 登记号　56073-10-0。

分子式　$C_{31}H_{23}BrO_3$。

相对分子质量　532.42。

结构式

开发单位　英国索耐克公司。

理化性质　纯品为白色至灰色结晶粉末，20℃时溶解度：丙酮 6～20g/L，氯仿 3g/L，苯＜6mg/L，水 10mg/L。

毒性　对各种鼠类的急性经口 LD_{50} 均＜1mg/kg。潜伏期 1～20 天，对非靶标动物较危险，二次中毒的危险比第一代抗凝血剂大。毒理与其他抗凝血剂相同，但作用速度快得多。

作用方式及机理　经口毒物。竞争性抑制维生素 K 环氧化物还原酶，导致活性维生素 K 缺乏，进而破坏凝血机制，产生抗凝血效果。

剂型　0.5% 母液，95% 母粉。

使用情况　目前是第二代抗凝血剂中最有效的。20 世纪 70 年代早期，大隆作为杀鼠剂的性质第一次被描述，英国实验室内和野外试验证明了该化合物在控制抗性大鼠和小鼠的有效性。于 1979 年进入市场。在新西兰成功地用于防治负鼠和啮齿动物以保护濒危灭绝的鸟类。第二代抗凝血杀鼠剂在防治对第一代抗凝血剂具有抗性的鼠类时起着重要的作用，但在新西兰关于大隆的野外使用存在着很多争议，因它会对当地包括土著鸟类在内的野生动物产生毒性，为此美国环境保护局对大隆的使用做出了规定，必须由专业的人员来使用（US EPA 2008）。在世界范围内，大隆仍然是鼠害防治中最重要的杀鼠剂产品。

注意事项　毒饵应远离儿童可接触到的地方，避免误食。误食中毒后，可肌肉注射维生素 K 解毒，同时输入新鲜血液或肾上腺皮质激素降低毛细血管通透性。

使用方法　堆投，毒饵站投放 0.005% 毒饵。

参考文献

COURCHAMP F, CHAPUIS J L, PASCAL M, 2003. Mammal invaders on islands: impact, control and control impact[J]. Biological review, 78(3): 347-383.

EASON C T, TURCK P, 2002. A 90-day toxicological evaluation of compound 1080 (sodium monofluoroacetate) in Sprague-Dawley rats[J]. Toxicological sciences, 69(2): 439-447.

REDFERN R, GILL J E, HADLER M H, 1976. Laboratory evaluation of WBA 8119 as a rodenticide for use against warfarin-resistant and non-resistant rats and mice[J]. Journal of hygiene, 77(3): 419-426.

ROWE F P, PLANT C J, BRADFIELD A, 1981. Trials of the anticoagulant rodenticides bromadiolone and difenacoum against the house mouse (*Mus musculus* L.)[J]. Journal of hygiene, 87(2): 171-177.

STONE W B, OKONIEWSKI J C, STEDLIN J R, 1999. Poisoning of wildlife with anticoagulant rodenticides in New York[J]. Journal of wildlife diseases, 35(2): 87-193.

（撰稿：王登；审稿：施大钊）

大麦胚乳试法　gibberellins bioassay by germination on noembryo barley seeds

赤霉素类的生物测定技术方法之一。当大麦种子吸水萌动后，胚中产生的赤霉素激发胚乳最外的糊粉层中 α-淀粉酶活性，无胚的大麦种子无法产生赤霉素，所以没有 α-淀粉酶活性。因此利用去胚的大麦胚乳种子，鉴定赤霉素的存在。

适用范围　适用于赤霉素类植物生长调节剂的生物测定。

主要内容　预先配制 1% 次氯酸钠溶液、0.1% 淀粉溶液、2×10^{-5}mol/L 赤霉素溶液、1×10^{-3}mol/L 乙酸缓冲液和 I_2-KI 溶液。选取籽粒饱满、大小一致的大麦种子，用刀片将每个籽粒横切成两半，扔掉有胚的一半，无胚种子消毒后放到盛有已消毒湿沙的大培养皿中培养 48 小时。将赤霉素溶液依次稀释 10~1000 倍，将乙酸缓冲液稀释 1 倍，取 5 个小试管分别加入 1ml 乙酸缓冲液和 4 种不同浓度的赤霉素溶液，分别加入 10 粒无胚种子后放入恒温箱中 25℃振荡，继续培养 24 小时。

从每个试管中吸取 0.2ml 上清液加到含 1.8ml 0.1% 淀粉溶液的另一组试管中，混匀后 30℃水浴保温 10 分钟，以光密度达 0.4~0.6 的反应时间最佳，再加入 I_2-KI 溶液 2ml，蒸馏水稀释到 5ml，充分摇匀，呈现蓝色溶液，在 580nm 波长下读取光密度值。以赤霉素浓度负对数为横坐标，光密度为纵坐标绘制密度曲线。

此法特异性高，受其他干扰因素少，可测定赤霉素浓度的范围为 $5 \times 10^{-5} \sim 5 \times 10^{-2}$mg/L，操作简单。

参考文献

陈年春, 1991. 农药生物测定技术[M]. 北京: 北京农业大学出版社.

（撰稿：谭伟明；审稿：陈杰）

大面积药效示范试验　large scale demonstration test of pesticide

农药产品取得登记后，采用登记的剂量和使用技术进行的生产性验证试验，为进一步大面积推广提供依据。示范试验的面积为 1hm² 以上。

适用范围　用于登记后农药产品的大面积试验示范。

主要内容　按照标签推荐剂量，通过田间大规模使用药剂，向使用者等相关人员展示药剂的使用效果，同时进一步观察药剂对作物的安全性和益处，对环境和环境生物的安全性以及药剂在使用中存在的特点和问题，进一步完善使用技术，为在生产中更好地应用提供依据。

参考文献

黄国洋, 2000. 农药试验技术与评价方法[M]. 北京: 中国农业出版社.

GB/T 17980.44—2000 农药田间药效试验准则 (一).

（撰稿：杨峻；审稿：陈杰）

大容量喷雾　high volume spraying

每公顷面积上喷施药液量（制剂与农药有效成分总和）在 200~600L 以上的喷雾方法。在中国，这种方法是长期以来使用最普遍的喷雾法，因此也称为"常规喷雾法"或"传统喷雾法"。

基本原理　大容量喷雾法是采取液力式雾化原理，使用液力式雾化喷头。喷头是药液成雾的核心部件，为了获得不同的雾化效果以及雾头形状，以适应不同作物和病虫草害防治的特殊需要，国际标准委员会 ISO/TC/SC 工作组将现有喷头分为标准的系列及其零配件，并规定以颜色代表型号，供广大用户选用。

大多数液力式喷头的设计是使药液在液力的推动下，通过一个小开口或孔口，使其具有足够的速率能量而扩散。通常先形成薄膜状，然后再扩散成不稳定的、大小不等的雾滴。影响薄膜形成的因素有药液的压力、药液的性质，如药液的表面张力、浓度、黏度和周围的空气条件等。很小的压力（几十至几百千帕）就可使液体产生足够的速率以克服表面张力的收缩，并充分地扩大，形成雾体。液力雾化的质量受多种技术因素的影响，喷头设计成型后，喷雾压力是最主要的影响因素。

喷雾压力对雾滴直径的影响　4 种标准 ST110 系列喷头 1~6 号喷头的测试结果显示，喷雾压力对雾化细度有明显影响。4 种喷头的喷孔从 ST11001 号至 ST11006 号依次增大，喷孔大的，压力对雾化细度的影响尤为明显。

在机动喷雾机上，压力可以用机械或电子系统控制的调压阀而得到保证；但手动喷雾器则只能用人工手动来控制，如果不能按照操作技术标准进行作业，就无法保证正确的喷雾压力，从而影响雾化质量和防治效果。

喷雾压力对喷头流量的影响　喷头所喷出的流量（L/min）随喷雾压力的增大而增加，也与喷孔大小密切相关，对大喷孔喷头影响更大。手动喷雾器使用过程中经常发生用户任意加大喷孔的现象，其结果不仅损坏了喷头的雾化性能，而且改变了喷头流量。

喷雾压力对喷头雾锥角的影响　喷孔所喷出的雾头，其纵截面都呈有一定夹角的锥形，称为雾锥角或简称喷雾角。雾锥角大则雾头的覆盖面宽。用扇形雾喷头喷出的雾体呈扁扇形，其标准雾锥角为 110°。当喷雾压力增高到 0.4MPa 以上时，喷雾角有所增大，但不会增加太大，总体变化比较平缓。

应用范围　大容量喷雾技术是中国各地长期使用的一种传统喷雾技术。这种喷雾技术的雾化质量、射程等功能与其工作压力有着直接关系。由于操作过程中手动摇杆的频率节奏时常发生变化，所以工作压力也随之相应产生变动。即当工作压力增大时（指规定压力范围），雾化程度就好，反之则雾化不良。加之其工作效率低，防治费用高，又不便于在大面积生产中应用，且难以满足防治突发性病虫害的需求，所以在植保机械快速发展的今天，已退居被淘汰的地位。

参考文献

何雄奎, 2013. 药械与施药技术[M]. 北京: 中国农业大学出版社.

王凤琴, 马保根, 1996. 植物化学保护的喷雾技术[J]. 河北农业 (1): 29.

（撰稿：何雄奎；审稿：李红军）

大蒜素　allicin

一种从大蒜的球形鳞茎中提取的挥发性油性物，具有强烈刺激味和蒜所特有的辛辣味，其主要含有大蒜辣素、大蒜新素等生物活性成分，具有一定的抗菌活性。

其他名称　蒜素、蒜辣素、大蒜精油、大蒜油、大蒜新素、二烯丙基二硫、三硫二丙烯、二烯丙基三硫化物。

化学名称　二烯丙基硫代亚磺酸酯；diallyl thiosulfinate。

IUPAC 名称　*S*-allyl prop-2-ene-1-sulfinothioate。

CAS 登记号　539-86-6。

EC 号　208-727-7。

分子式　$C_6H_{10}OS_2$。

相对分子质量　162.27。

结构式

$$\text{CH}_2=\text{CH}-\text{CH}_2-\overset{\overset{\displaystyle O}{\|}}{S}-S-\text{CH}_2-\text{CH}=\text{CH}_2$$

理化性质　纯品大蒜素为无色油状物，具有大蒜异味。相对密度 1.112（20℃）。折射率 1.561。无旋光性。稍溶于水，溶于乙醇、苯、乙醚等有机溶剂，对热和碱不稳定，对酸较稳定。对皮肤有刺激性，对许多革兰氏阳性和阴性细菌及真菌具有很强的抑制作用。

毒性　急性毒性：小鼠静脉注射 LD_{50} 60mg/kg，皮下注射 LD_{50} 120mg/kg。

作用方式及机理　大蒜素中的二硫醚、三硫醚能穿过病原菌的细胞膜而进入细胞质中，使病原菌缺乏半胱氨酸不能进行生物氧化作用，从而破坏病原菌的正常新陈代谢，使病原菌巯基失活而抑制病原菌的生长繁殖。

防治对象　大蒜素对引起植物真菌性病害，如瓜类白粉病、猝倒病、枯萎病、番茄早疫病、灰霉病、芹菜斑枯病，棉花炭疽病、立枯病，小麦锈病等的病原菌，有抑制其孢子萌发和菌丝生长的作用，并且对大多数革兰氏阴性菌和革兰氏阳性菌均有较好的抑菌效果。

使用方法　在番茄 3 叶期，采用大蒜素稀释至有效成分为 111～500μg/ml 进行叶面喷雾，可以防治番茄早疫病、灰霉病。

注意事项　不能与碱性农药混用。浸过药液的种子不得与草木灰一起播种，以免影响药效。对皮肤和黏膜有强烈的刺激作用，配药和施药人员需注意防护。

参考文献

梅四卫, 朱涵珍, 2009. 大蒜素的研究进展[J]. 中国农学通报, 25(9)：97-101.

宋兴舜, 宋凤杰, 于广建, 2004. 大蒜素对番茄三种真菌病害的影响[J]. 东北农业大学学报, 35(4)：395-398.

吴文君, 高希武, 2004. 生物农药及其应用[M]. 北京: 化学工业出版社: 42-43.

（撰稿：刘西莉；审稿：刘鹏飞）

大型人驾喷雾飞机　manned aircraft sprayer

一种将农药液剂从空中均匀地喷施在目标区域的大型人工驾驶飞机。

发展简史　利用飞机喷施农药的设想产生于 20 世纪初。美国于 1918 年首先制造出利用飞机喷撒粉剂农药的装置，用于牧草病害防治获得成功。1922 年苏联制造了利用飞机喷洒液剂农药的喷雾系统，又在 1930 年研制出用于飞机灭蝗的毒饵撒布装置。1937 年美国研制出直升机喷药系统。这时的施药飞机都是由军用飞机改装而成，施药系统比较简单。40 年代以后，随着农药工业的迅速发展，加速了航空施药技术的发展。50 年代，航空施药已在许多工业发达国家普及。70 年代，美国、英国、澳大利亚、加拿大等国家制造出性能优良的施药专用飞机，施药系统更加完善。80 年代初，全世界拥有农用飞机 3.2 万架，病虫害防治面积达到 3.75 亿 hm^2。中国 1951 年开始使用飞机喷施农药，1957 年开始生产农用飞机，至 1985 年已能生产运五、运十一等适用于航空施药的飞机，能够进行喷雾、喷粉、超低容量喷雾等作业项目。

分类　大型喷雾飞机的主要机型有两种：固定翼和旋翼式（直升机）飞机。

固定翼式飞机　分为固定翼式施药专用飞机和多用途飞机。前者一般装备单台发动机，功率 110～440kW，作业飞行速度 100～180km/h，载药量 300～800kg。这类飞机结构轻巧，飞行机动灵活，驾驶安全，施药设备配置合理，施药质量好，作业效率很高，适合于作物单一、种植面积大、施药次数多、作业季节较长的农场和林场使用。后者一般发动机功率为 440～730kW，农用载重量 1000～5000kg，飞行仪表齐全，速度快、航程远、低空性能好，除能喷施农药外还可用于客货运输、防火护林等，也是目前使用最多的一类飞机（图 1）。

旋翼式直升机　旋翼式直升机飞行机动灵活，适合于地形复杂、地块小、作物交叉种植的地区使用。但旋翼式直升机造价昂贵，运行成本高，因此，只有少数国家用于农药喷施。旋翼式直升机飞行时螺旋桨产生向下的气流，可协助雾滴向植物冠层内穿透。并且由于直升机可距地面很低飞行，强大气流打到地面后又返回上空，迫使雾滴打在作物叶子背面，所以可作小粒径雾滴的低量喷雾（图 2）。

大型人驾喷雾飞机的优越性和局限性

优越性　大型喷雾飞机在现代化大农业生产中具有特殊的和不可替代的重要地位和作用，其优越性主要表现在以下几个方面：①作业效率高，作业效果好，应急能力强。飞机施药的工作效率一般为 50～200hm^2/h，适于大面积单一作

图 1　固定翼式飞机

物、果园、草原、森林的施药作业以及荒滩和沙滩地等的施药。大型人驾喷雾飞机施药能以很快的速率控制住暴发性、突发性病虫害的发生。②不受作物长势限制，有利于后期作业，争取农时。利用大型人驾喷雾飞机进行施药作业可以充分发挥其特殊功能，起到地面机械难以发挥的作用，而且不压实和破坏土壤物理结构。

局限性　采用大型人驾喷雾飞机施药会产生农药飘移，对环境污染的风险高，尤其当作物面积太小时，使用飞机喷雾就会将大量的农药喷在相邻地块的作物上，造成浪费、污染或药害。另外，如果喷洒面积不够大，还会因为飞机喷雾成本太高而限制了它的使用。在有些国家已禁止飞机喷洒农药，认为它会对环境造成严重污染。大型喷雾飞机是由接受过专门培训的专业人员和专业部门操作与管理，与一般的农药使用有很大区别。

影响大型人驾喷雾飞机施药质量的因素

飞机翼尖的涡流　固定翼飞机翼尖涡流，是飞机喷洒作业过程中飞机机翼下表面的压力比上表面大，空气从机翼下表面绕过翼尖部向上表面流动而形成的。平飞时两股涡流不是水平的，而是缓缓地向下倾斜，在两股翼尖涡流中心的范围以内，气流向下流动，在两股翼尖涡流中心的范围以外，气流向上流动（图3）。因此，飞机翼尖和螺旋桨引起的涡流使雾滴变成不规则分布，尤其是涡流使得小雾滴不能达到喷洒目标。

图 2　旋翼式直升机

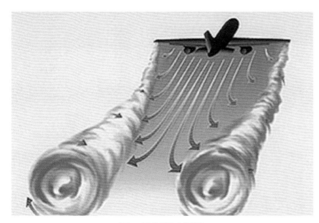

图 3　飞机翼尖涡流

气象因素　①风速和风向。风速影响雾滴飘移距离，雾滴飘移距离与风速成正比，风向决定雾滴飘移方向。②温湿度与降雨。空气相对湿度较低、温度较高时，雾滴蒸发较快，易发生蒸发飘移；而降雨可将药液从杂草叶面冲刷掉。

参考文献

顾蕴松, 程克明, 郑新军, 2008. 翼尖涡流场特性及其控制[J]. 空气动力学学报, 26(4): 446-451.

全国农业技术推广服务中心, 2015. 植保机械与施药技术应用指南[M]. 北京: 中国农业出版社.

朱传银, 王秉玺, 2014. 航空喷雾植保技术的发展与探讨[J]. 植物保护, 40(5): 1-7.

（撰稿：何雄奎；审稿：李红军）

代森铵　amobam

以乙撑双二硫代氨基甲酸铵盐为基本结构特征的代森系具有内吸特性的有机硫杀菌剂。

其他名称　阿巴姆。

化学名称　乙撑双二硫代氨基甲酸铵；diammonium N,N'-1,2-ethanediylbis(carbamodithioate)。

IUPAC 名称　diammonium ethylenebis(dithiocarbamate)。

CAS 登记号　3566-10-7。

分子式　$C_4H_{14}N_2S_4$。

相对分子质量　246.44。

结构式

$$NH_4^+ \quad {}^-S-\overset{S}{\underset{\parallel}{C}}-\overset{H}{\underset{}{N}}-CH_2-CH_2-\overset{}{\underset{H}{N}}-\overset{S}{\underset{\parallel}{C}}-S^- \quad NH_4^+$$

开发单位　1960 年美国罗伯茨公司开发。

理化性质　纯品为无色结晶，可溶于水。工业品为淡黄色液体，呈中性或弱碱性，有臭鸡蛋味。化学性质较稳定，超过 40℃以后易分解。熔点 72.5～72.8℃。呈弱碱性，有氨和硫化氢臭味。易溶于水，微溶于乙醇、丙酮，不溶于苯等。在空气中不稳定，水溶液的化学性质较稳定，遇酸性物质易分解。

毒性　对高等动物低毒，大鼠急性经口 LD$_{50}$ 395mg/kg。

剂型　45%、50% 水剂。

作用方式及机理　内吸传导型杀菌剂。

防治对象　适用于蔬菜、果树、观赏植物，除具有保护作用之外，还具有一定的内吸治疗作用，适于防治黄瓜霜霉病、白粉病，芹菜晚疫病，菊花白锈病、黑锈病，荷兰石竹锈病。

使用方法　土壤消毒时，用 20～40 倍稀释液，灌施于土壤中，每平方米施用 2～4L，相当于每平方米用原液 10ml。防治棉花土壤病害时，每亩用原液 350ml，加适量水稀释后，在播种时，灌注畦间。挥发性较弱，处理土壤后可以不进行灌水封田，作物生长期间亦可用来处理土壤，在酸性土壤或碱性土壤中均可使用。用50%代森铵溶液,加水1000倍(含有效成分0.05%),及加少量展着剂喷雾施用,一般药效持久性较差,浓度高时易产生药害。土壤消毒时,对茎长35～55cm的甘薯苗、番茄、梨、玉米、花生等作物无药害。大豆的茎有裂伤现象。洒布于植物茎叶时,除梨、番茄外,其他作物可以看出有药害现象。

注意事项 代森铵对气温比较敏感,一般喷药应在午前或午后进行,中午气温较高应停止用药。生长前期气温较低,一般在25℃以下,使用浓度宜用1200～1300倍液。生长中后期气温较高,大多在30℃以上,可用1400～1500倍液。如能选在多云天气应用此药会更安全。代森铵的渗透力强,具有渗入组织内杀死病菌的特点。因此,在多雾天气或下雨后使用代森铵,能有效杀灭已初侵染的黑星病菌,表现明显的治疗及控制作用。45%代森铵与40%多菌灵胶悬剂600倍液混合使用比单一使用防病效果突出。代森铵不宜与高浓度的其他粉制剂农药混合使用。因粉制剂使用浓度过高。其药液喷在叶面及果面上往往会出现药液斑点,如混有代森铵则容易积药成害,常使叶片穿孔,果面产生药害斑点,影响果品外观。要把握住喷药适期,喷药1次,切勿忽轻忽重,更不能重复喷药,否则有出现药害的可能。

与其他药剂的混用 不宜与碱性的药剂,如石硫合剂、砷酸钙、波尔多液、松脂合剂等混合使用。还可加适量的锰盐、铜盐、锌盐、镍盐及漂白粉、碘等,制成代森锰、代森铜、代森锌、代森镍及代森联等多种制剂。因防治病害对象不同,加用的盐类种类和用量也不相同,先将代森铵加水稀释后,再将所欲加用的盐类用水溶解后加入,搅拌均匀,即可施用。

允许残留量 GB 2763—2021《食品中农药最大残留限量标准》规定代森铵最大残留限量见表。ADI为0.03mg/kg 水果参照SN 0157规定的方法测定。

部分食品中代森铵最大残留限量(GB 2763—2021)

食品类别	名称	最大残留限量(mg/kg)
谷物	稻谷	2.0
	玉米	0.1
	鲜食玉米	1.0
	糙米	1.0
蔬菜	大白菜	50.0
	黄瓜	5.0
	甘薯	0.5
水果	橙	5.0
	苹果	5.0
	梨	5.0
	山楂	5.0
	枇杷	5.0
	榅桲	5.0
	樱桃	0.2
	越橘	5.0
	葡萄	5.0

(续表)

食品类别	名称	最大残留限量(mg/kg)
水果	草莓	5.0
	杧果	5.0
	香蕉	1.0
	番木瓜	5.0
	西瓜	1.0
调味料	叶类调味料	5.0
	干辣椒	10.0
	胡椒	0.1
	豆蔻	0.1
	孜然	10.0
	小茴香籽	0.1
	芫荽籽	0.1
药用植物	人参(鲜)	0.3

参考文献

农业部种植业管理司,农业部农药检定所,2015.新编农药手册[M].2版.北京:中国农业出版社.

孙家隆,2015.新编农药品种手册[M].北京:化学工业出版社.

中国农业百科全书总编辑委员会农药卷编辑委员会,中国农业百科全书编辑部,1993.中国农业百科全书:农药卷[M].北京:农业出版社.

(撰稿:徐文平;审稿:陶黎明)

代森环 milneb

以乙撑双二硫代氨基甲酸盐为基本结构特征的代森系有机硫广谱杀菌剂。

其他名称 Banlate、Saniper、Thiadizin、Sanipa、Du Pont 328、Fungicide 328。

化学名称 3,3′-乙撑双(四氢-4,6-二甲基-1,3,5,2H-硫二氮苯-2-硫酮);3,3′-ethylene-bis(tetrahydro-4,6-dimethyl-1,3,5,2H-thiadiazine-2-thione)。

IUPAC名称 4,4′,6,6′-tetramethyl-3,3′-ethylenedi-1,3,5-thiadiazinane-2-thione。

CAS登记号 3773-49-7。

分子式 $C_{12}H_{22}N_4S_4$。

相对分子质量 350.59。

结构式

理化性质 白色结晶。熔点 140～141℃。溶于通用有机溶剂，不溶于水和乙醇，可溶于硝基苯和硝基甲烷等。对光、热较稳定，可燃烧，遇碱性物质易分解失效。

毒性 对人畜低毒。大鼠急性经口 LD_{50} 5000mg/kg。小鼠（雄）急性经口 LD_{50} 14 200mg/kg。对人、畜及鱼低毒。对植物安全，但使用期要避开花期，以免影响花粉萌发。

剂型 75% 可湿性粉剂，4% 粉剂。

防治对象 蔬菜病害。如瓜类霜霉病、炭疽病、番茄叶霉病、疫病、轮纹病、灰霉病、洋葱霜霉病、灰霉病；马铃薯疫病、梨、苹果黑星病、豆锈病等。

使用方法 一般用 75% 可湿性粉剂的 600～800 倍液喷雾。与其他有机硫剂比较具有使用浓度低、对作物影响小、无污染等优点。

注意事项 在夏季高温时，避免在瓜类上连续施用，以免发生药害。在滨海地区使用较代森锌安全，不易发生药害。不能与铜制剂或碱性药物混用，以免降低药效。按农药安全使用操作规程使用，工作完毕用肥皂洗净手和脸，皮肤着药部分随时洗净，万一误食应催吐、洗胃、导泻，并送医院对症治疗。置通风干燥冷凉处储存，切勿受潮或雨淋，以免分解失效。

与其他药剂的混用 不宜与碱性的药剂，如石硫合剂、砷酸钙、波尔多液、松脂合剂等混合使用。不宜与高浓度的其他粉制剂农药混合使用。因粉制剂使用浓度过高，其药液喷在叶面及果面上往往会出现药液斑点，如混有代森环则容易积药成害，常使叶片穿孔，果面产生药害斑点，影响果品外观。

允许残留量 日本农药注册保留标准规定果品中最高容许含量为 0.6mg/kg。

参考文献

石得中, 2007. 中国农药大辞典[M]. 北京: 化学工业出版社.

孙家隆, 2015. 新编农药品种手册[M]. 北京: 化学工业出版社.

（撰稿：徐文平；审稿：陶黎明）

代森联 polyram

一种保护性有机硫杀菌剂，为混合物。以乙撑双二硫代氨基甲酸盐为基本结构特征的亚乙基双（二硫代氨基甲酸锌氨复合物）- 聚［亚乙基双（氨基硫代羰基二硫化物）］复合物。是具有广谱的非内吸性杀菌活性的代森类有机硫杀菌剂。

其他名称 Metiram、Zinc Metiram、PETD、Polyram-Comb、NIA9102、Boots Polyram、BAS222F。

化学名称 亚乙基双(二硫代氨基甲酸锌氨复合物)-聚[亚乙基双（氨基硫代羰基二硫化物）]复合物；metiram。

IUPAC名称 zinc ammoniate ethylenebis(dithiocarbamate)-poly(ethylenethiuram disulfide)。

CAS 登记号 9006-42-2。

分子式 $(C_{16}H_{33}N_{11}S_{16}Zn_3)_x$。

相对分子质量 $(1088.6)_x$。

结构式

开发单位 1958 年由德国巴斯夫公司推广。

理化性质 原药为稍带黄色的粉末，加热时从 140℃开始分解。20℃时蒸气压 < 0.01mPa。相对密度 1.86。不溶于水、乙醇、丙酮、苯等常用的有机溶剂中，溶于吡啶，但有分解。在 30℃下稳定，在光照下缓慢分解，不吸湿。在强酸强碱存在下不稳定。如果与一些杀虫剂，如马拉硫磷、二嗪磷等混配后应立刻使用。

毒性 大鼠急性经口 LD_{50} 2850mg/kg；小鼠急性经口 LD_{50} 2630mg/kg。

剂型 可湿性粉剂。

作用方式及机理 非内吸性杀菌剂，用于叶面处理起保护杀菌防病作用。

防治对象 苹果和梨的花腐病、黑腐病、褐斑病、黑星病、霉点病、锈病、炭疽病、葡萄黑腐病、软腐病、霜霉病、黑痘病、褐斑病、炭疽病、桃缩叶病、穿孔病、锈病、杏和李炭孔病、茶炭疽病、茶饼病、花卉黑斑病、炭疽病、叶斑病、锈病。

使用方法 80% 代森联可湿性粉剂可兑水 500～700 倍，65% 代森联可湿性粉剂可兑水 400～500 倍，均匀喷雾，间隔 7～10 天。4% 粉剂只限于拌种和土壤施用。

防治麦类锈病 用 80% 可湿性粉剂 500 倍药液，在发病初期开始喷施药液，每亩 40～60kg（有效成分 64～96g），每隔 7～10 天喷药 1 次，一般 2～3 次。

防治瓜类病害 瓜类苗期喷 80% 可湿性粉剂 500 倍药液，每亩每次 30～50kg（有效成分 48～80g），每隔 7～10 天喷药 1 次，共喷 1～2 次。定植后发病初期开始喷药，每隔 7～10 天喷药 1 次，每次每亩喷药液量为 40～60kg（有效成分 64～96g），可防治瓜类霜霉病、炭疽病、蔓枯病、疫病等。

防治蔬菜病害 发病初期开始喷 80% 可湿性粉剂 500 倍药液，每隔 7～10 天 1 次，一般喷 3 次，每次每亩喷药液 40～50kg（有效成分 64～80g），可防治白菜、萝卜、甘蓝、油菜的霜霉病、软腐病、黑腐病、黑斑病、白斑病、黑胫病、白锈病、褐斑病、炭疽病，马铃薯早疫病、晚疫病、疮痂病、黑痣病、葱紫斑病、菜豆炭疽病、霜霉病、锈病，番茄炭疽病、早疫病、晚疫病、叶霉病、斑枯病、茄绵疫病、褐纹病、芹菜早疫病、晚疫病、菠菜霜霉病、白锈病，辣椒炭疽病、莴苣霜霉病等。

防治烟草病害 用 80% 可湿性粉剂 400 倍液喷雾，苗期每隔 3～5 天 1 次，定植后 10 天 1 次，一般 3～4 次，每次每亩喷药液 40～50kg（有效成分 64～80g），可防治烟草炭疽病、黑胫病、立枯病。

防治花生叶斑病　发病初期开始喷药，每隔 10 天 1 次，共喷 3～4 次，每次每亩用 80% 可湿性粉剂 600～700 倍药液 50kg（有效成分 66.7～57g），喷雾。

注意事项　该品为保护性杀菌剂，故应在病害发生初期使用方能起到应有的防病效果。对植物安全。不能与铜制剂或碱性药物混用，以免降低药效。按农药安全使用操作规程使用，工作完毕用肥皂洗净手和脸，皮肤着药部分随时洗净，万一误食应催吐、洗胃、导泻，并送医院对症治疗。置通风干燥冷凉处储存，切勿受潮或雨淋，以免分解失效。

与其他药剂的混用　与某些杀虫剂，如马拉松（malathion）或二嗪农（diazinon）混用时必须现配现用。它也可与对硫磷（parathion）混用，但不能与其油剂混用。

允许残留量　GB 2763—2021《食品中农药最大残留限量标准》规定代森联最大残留限量见表。ADI 为 0.03mg/kg。谷物、蔬菜、水果、饮料类参照 SN 0157、SN 0139、SN/T 1541 规定的方法测定。

部分食品中代森联最大残留限量（GB 2763—2021）

食品类别	名称	最大残留限量（mg/kg）
谷物	小麦、大麦	1.0
蔬菜	大蒜、洋葱、葱、青蒜	0.5
	蒜薹	2.0
	韭葱	0.5
	结球莴苣	0.5
	大白菜	50.0
	番茄	5.0
	辣椒	10.0
	甜椒	2.0
	黄瓜	5.0
	西葫芦	3.0
	南瓜	0.2
	笋瓜	0.1
	胡萝卜	5.0
	姜	1.0
	马铃薯	0.5
	玉米笋	0.1
水果	柑、橘、橙、苹果、梨	5.0
	山楂、枇杷、榅桲	5.0
	核果类水果(桃、樱桃除外)	7.0
	桃	5.0
	樱桃	0.2
	越橘	5.0
	加仑子、醋栗	10.0
	葡萄、草莓、荔枝、杧果	5.0
	香蕉	1.0
	番木瓜	5.0
	西瓜	1.0
	甜瓜类水果	0.5

（续表）

食品类别	名称	最大残留限量（mg/kg）
坚果	杏仁、山核桃	0.1
糖料	甜菜	0.5
饮料类	啤酒花	30.0
调味料	叶类调味料	5.0
	干辣椒、孜然	10.0
	胡椒、豆蔻	0.1

参考文献

马克比恩 C, 2015. 农药手册[M]. 胡笑形, 等译. 北京: 化学工业出版社.

石得中, 2007. 中国农药大辞典[M]. 北京: 化学工业出版社.

孙家隆, 2015. 新编农药品种手册[M]. 北京: 化学工业出版社.

（撰稿：徐文平；审稿：陶黎明）

代森硫　etem

一种以乙撑秋兰姆为基本骨架的具有广谱杀菌活性的有机硫杀菌剂。

其他名称　抑菌梯、Vegeta、ETM、UCP、Hortocrift。

化学名称　乙撑秋兰姆单硫化物；5,6-dihydro-3*H*-imidazo[2,1-*c*]-1,2,4-dithiazole-3-thione。

IUPAC 名称　5,6-dihydro-(1*H*,3*H*)-imidazo[2,1-*c*]-1,2,4-dithiazole-3-thione。

CAS 登记号　33813-20-6。

EC 号　251-684-4。

分子式　$C_4H_4N_2S_3$。

相对分子质量　176.28。

结构式

开发单位　日本东亚农药公司。

理化性质　黄色结晶，熔点 121～124℃。在室温下水中溶解度为 0.015%～0.05%，稍溶于丙酮、甲苯、乙醇、乙醚，可溶于三氯甲烷、吡啶。在熔点时分解，在强碱作用下缓慢分解。

毒性　急性经口 LD_{50}：大鼠 380mg/kg，小鼠 330mg/kg。急性经皮 LD_{50}：小鼠＞1500mg/kg，大鼠 1500mg/kg。鲤鱼 TLm（48 小时）0.48mg/L。对皮肤和黏膜有刺激作用。

剂型　50% 可湿性粉剂，2.5% 粉剂。

防治对象　黄瓜霜霉病、白粉病、黑星病，番茄叶霉病、疫病。

使用方法　以 50% 可湿性粉剂兑水 500～1000 倍使用，速效性好，对白菜白粉病有特效。也能防治多种蔬菜病害，如黄瓜霜霉病、瓜类白粉病、炭疽病、黑斑病、黑星病、叶霉病、霜霉病、疫病、细菌性斑点病和轮纹病等。

注意事项　对水生生物极毒，可能导致对水生环境的长期不良影响。受热分解有毒氧化氮、氧化硫气体。在高温多湿条件下，容易产生药害。须避免中午施药。在黄瓜和番茄幼苗期不宜使用。

参考文献

林郁, 1989. 农药应用大全[M]. 北京: 农业出版社.

朱永和, 王振荣, 李布青, 2006. 农药大典[M]. 北京: 中国三峡出版社.

（撰稿：徐文平；审稿：陶黎明）

代森锰　maneb

一种以乙撑双二硫代氨基甲酸锰盐为基本结构特征的代森系有机硫保护性杀菌剂。

其他名称　Manex、Manox、Mansol、Benatec、Kypman、Maneba、Sopranebe、Trimangol、Dithane M-22、百乐。

化学名称　乙撑双二硫代氨基甲酸锰；[[2-[(dithiocarboxy)amino] ethyl] carbamodithioato(2-)-$\kappa S,\kappa S'$]manganese。

IUPAC名称　manganese ethylenebis(dithiocarbamate)(polymeric)。

CAS登记号　12427-38-2。

EC号　235-654-8。

分子式　$C_4H_6MnN_2S_4$。

相对分子质量　265.30。

结构式

单体　　　　　　　聚合物

开发单位　1950年由美国杜邦公司和罗姆-哈斯公司推广。中国没有作为农药去生产和应用。

理化性质　黄色结晶，加热时未融化即开始分解。相对密度1.92。微溶于水，不溶于多数有机溶剂。遇酸或潮湿时会分解。正常储藏条件下稳定。工业品为淡色固体。熔点（136℃）前分解。闪点137.8℃（开式）。不溶于水和大多数有机溶剂，高温时遇潮湿分解，在35℃储存时，每月失重0.18%，对酸、碱不稳定。

毒性　低毒。大鼠急性经口LD_{50}10 000mg/kg。兔急性经口$LD_{50} > 10\ 000$mg/kg。大鼠90天经口NOEL为16mg/kg。鲤鱼LC_{50}（48小时）14.0mg/L。对兔皮肤和黏膜有刺激作用。动物试验未见致畸、致癌、致突变现象。大鼠急性经皮$LD_{50} > 6700$mg/kg。大鼠吸入LC_{50}3000mg/L。大鼠口服致死最低量2500mg/kg，豚鼠6400mg/kg。250mg/kg喂大鼠2年，80mg/kg喂狗1年无影响。

剂型　70%、80%可湿性粉剂，3.5%、5.6%、6.7%、8%粉剂。

防治对象　保护性杀菌剂，防治病害的种类与代森锌相似。主要用于防治蔬菜病害，特别是防治番茄病害。并可治疗植物缺锰症。

使用方法　70%可湿性粉剂600～800倍液喷雾，防治一般蔬菜病害。防治烟草霜霉病，苗床用300倍液喷雾，大田用350～400倍液喷雾，每隔7天喷1次。防治落叶松早期落叶病可用400～600倍液喷雾。

注意事项　在夏季高温时，避免在瓜类上连续施用，以免发生药害。在滨海地区使用较代森锌安全，不易发生药害。不能与铜制剂或碱性药物混用，以免降低药效。按农药安全使用操作规程使用，工作完毕用肥皂洗净手和脸，皮肤着药部分随时洗净，万一误食应催吐、洗胃、导泻，并送医院对症治疗。置通风干燥冷凉处储存，切勿受潮或雨淋，以免分解失效。

与其他药剂的混用　不宜与碱性的药剂，如石硫合剂、砷酸钙、波尔多液、松脂合剂等混合使用。代森锰不宜与高浓度的其他粉制剂农药混合使用。因粉制剂使用浓度过高，其药液喷在叶面及果面上往往会出现药液斑点，如混有代森锰则容易积药成害，常使叶片穿孔，果面产生药害斑点，影响果品外观。

允许残留量　在蔬菜、果树上最大允许残留量为7～10mg/kg，杏和马铃薯为0.1mg/kg。

参考文献

中国农业百科全书总编辑委员会农药卷编辑委员会, 中国农业百科全书编辑部, 1993. 中国农业百科全书: 农药卷[M]. 北京: 农业出版社.

（撰稿：徐文平；审稿：陶黎明）

代森锰铜　mancopper

亚乙基双（二硫代氨基甲酸酯）分别与金属锰和铜配合物的混合物，是一种广谱、保护性的代森类有机硫杀菌剂。

其他名称　Dithane C-90。

化学名称　亚乙基双(二硫代氨基甲酸酯)与金属配合物的混合物,含约13.7%锰和约4%铜；[[2-[(dithiocarboxy)amino] ethyl] carbamodithioato(2-)-$\kappa S,\kappa S'$] manganese mixture with [[2-[(dithiocarboxy)amino] ethyl] carbamodithioato(2-)-$\kappa S,\kappa S'$] copper。

IUPAC名称　ethylenebis(dithiocarbamate)mixed metal complex containing c. about 13.7% manganese and c. about 4% copper。

CAS登记号　53988-93-5。

分子式　$C_8H_{12}CuMnN_4S_8$。

相对分子质量　539.21。

结构式

开发单位　美国罗姆 - 哈斯公司开发。

理化性质　在 101.32 kPa 的沸点为 308.2℃。闪点（泰格开杯）为 140.2℃。

毒性　大鼠急性经口 LD_{50} 9600mg/kg。

剂型　70% 可湿性粉剂。

作用方式及机理　保护性杀菌剂。代森类农药能分解出毒性更高的异硫代氰酸酯，它与蛋白质中的疏基或氨基发生反应产生毒性，使组织细胞的氧化还原系统和正常的新陈代谢受到干扰。

防治对象　可防治葡萄上由葡萄钩丝壳所引起的，葡萄白粉病菌，镰孢属和壳针孢属致病菌；也可用作禾谷类种子作物处理剂。

使用方法　喷雾或种子处理，喷雾剂量为 2.8g/L。

参考文献

王振荣，李布青，1996. 农药商品大全[M]. 北京: 中国商业出版社.

（撰稿：徐文平；审稿：陶黎明）

代森锰锌　mancozeb

为植物提供锌元素，解决缺锌的症状，使植物增强抵抗病害能力的杀菌剂。

其他名称　Aimcozeb（Aimco）、Caiman（ArystaLifeScic-nce）、Defend M 45（Crop Health）、Devidayal M-45（Dow AgroSciences）、Fl-80Fuerte（Lainco）、Fore（Dow Agro-Sciences）、Hermozeb（Hermboo）、Hilthane（Hindustan）、Indofil M-45（Indofil）、Ivory（ArystaLifeScicnce）、Kifung（Inquiport）、Kilazeb（Baocheng）、Manco（Mobedco）、Mancosol（Ingenieria Industrial）、Mancothane（Vapco）、Mandy（Heranba）、Manex II（DuPont）、Manzate（Dupont）、Micene（SipcamS.p.A）、Suncozeb（Sundat）、Uthane（United Phosphorus）、Vimancoz（Vipesco）、Zeb（NagarjunaAgrichem）。混剂：Cuprosate45（＋氧氯化铜＋霜脲氰）（Agria）、Cuprosate Gold（＋霜脲氰）（Cequisa）、Electis（＋苯酰菌胺）（Gowan）、Equation Contact（＋噁唑菌酮）（DuPont）、Fantic M（＋精苯霜灵）（Isagro）、Gavel（＋苯酰菌胺）（Gowan）、Melo-dyMed（＋丙森锌）（Bayer CropScience）、Micexanil（＋霜脲氰）（SipcamS.p.A.）、Mike（＋氟吗啉）（Shenyang Research）、

Milor（＋甲霜灵）（Rotarn）、Pergado MZ（＋双炔酰菌胺）（Syngenta）、Ridomil Gold MZ（＋精甲霜灵）（Syngenta）、Sereno（＋咪唑菌酮）（Bayer CropScience）、Sun Dim（＋烯酰吗啉）Sundat）、Tairel（＋苯霜灵）（SipcamS.p.A）、Trecatol M（苯霜灵）（FMC）、Valbon（＋苯噻菌胺）（Kumiai）、De-cabane（＋唑嘧菌胺）（BASF）、大生、Dithane、manzeb。

化学名称　亚乙基双（二硫代氨基甲酸）锰（聚合）与锌盐络合物。

IUPAC名称　manganese ethylenebis(dithiocarbamate) (polymeric)complex with zinc salt。

CAS 登记号　8018-01-7；曾用 8065-67-6。

EC 号　616-995-5。

分子式　$(C_4H_6MnN_2S_4)_xZn_y$。

相对分子质量　271.23。

结构式

$x{:}y{=}1{:}0.091$

开发单位　1961 年由罗姆 - 哈斯公司和杜邦公司推广，获有专利 BP996264；CUSP2504404。

理化性质　ISO 将其定义为锌和代森锰的混合物，它含有 20% 锰和 2.55% 锌，以盐存在（如代森锰锌氯化物）。厂家提供的产品含有 20% 锰和 2.2% 锌。灰黄色自由流动的粉末，具有轻微的硫化氢气味。172℃以上分解。蒸气压＜$1.33×10^{-2}$ mPa（20℃）（根据相似的离子固体估计）。K_{ow}lgP 0.26。Henry 常数＜$5.9×10^{-4}$Pa·m³/mol（计算量）。相对密度 1.99（20℃）。水中溶解度 6.2mg/L（pH7.5，250℃）；在绝大多数有机溶剂中不溶，在强螯合剂溶液中解聚但不会析出。在正常、干燥的储存条件下稳定，遇热、遇湿慢慢分解。25℃平均水解 DT_{50} 20 小时（pH5），21 小时（pH7），27 小时（pH9）。代森锰锌有效成分不稳定，且原药不能分离，制剂是在连续工艺中生产出来的。pK_a10.3。按照 EEC A10 的方法不燃烧。

毒性　大鼠急性经口 LD_{50}＞5000mg/kg。急性经皮 LD_{50}：大鼠＞10 000，兔＞5000mg/kg。对兔皮肤无刺激，对眼睛刺激为类别Ⅲ（EPA 分级）。比埃勒测试表明无皮肤致敏性；豚鼠最大化试验表明具有致敏性。大鼠吸入 LC_{50}（4 小时）＞5.14mg/L。NOEL：大鼠慢性 NOAEL（2 年）4.8mg/（kg·d），亚乙基硫脲 0.004mg/kg［1993］,（EC）0.005mg/kg［2005］,（EPA）aRfD 1.3, cAfD 0.05mg/kg［2005］；亚乙基硫脲 aRfD 0.00, cRfD 0.0002mg/kg［2005］,（EPA）aRfD 1.3, cRfD 0.05mg/kg［2005］；亚乙基硫脲 aRfD 0.005, cRfD 0.005, cRfD 0.0002mg/kg［1992］。在很高剂量，母系毒性水平，代森锰锌可导致试验动物的出生缺陷；亚乙基硫脲作为微量污染物和代森锰锌的分解物可引起试验动物的甲状腺异常、肿瘤和出生缺陷。毒性等级：U（a.i.，WHO）；Ⅳ（制剂，EPA）。EC分级：R63|R43|N；R50取决于浓度。

剂型　粉剂，干拌种剂，油分散制剂，悬浮剂，水分

散粒剂，可湿性粉剂。

质量标准　代森锰锌质量标准见表1。

表1　代森锰锌质量标准

指标名称	原粉		70% 可湿性粉剂	80% 可湿性粉剂
	一级品	合格品		
执行标准	HG 2314-92		HG 2315-92	DB 21-746-94
含量 ≥（%）	85.0	80.0	70.0	80.0
锰含量 ≥（%）	20.0	20.0	20.0	20.0
锌含量 ≥（%）	2.0	2.0	2.0	2.0
水分 ≤（%）	1.0	2.0	3.0	3.0
悬浮率 ≥（%）			50	50
细度（通过 45μm 孔径筛）≥（%）			96	96
润湿时间 <（s）			60	60
pH			6~9	6~9
热稳定性（54℃±2℃，14天）			合格	合格

作用方式及机理　二硫代氨基甲酸盐类的杀菌机制是多方面的，但其主要为抑制菌体内丙酮酸的氧化，和参与丙酮酸氧化过程的二硫辛酸脱氢酶中的硫氢基结合，代森类化合物先转化为异硫氢酯，其后再与硫氢基结合，主要的是异硫氢甲酯和二硫代乙撑双胺硫代甲酰基，这些产物的最重要毒性反应也是蛋白质体（主要是酶）上的—SH基，反应最快最明显的辅酶A分子上的—SH基与复合物中的金属键结合。代森锰锌是杀菌谱较广的保护性杀菌剂，其作用机制主要是抑制菌体内丙酮酸的氧化，对果树、蔬菜上的炭疽病、早疫病等多种病害有效，同时它常与内吸性杀菌剂混配，用于延缓抗性的产生。

防治对象　用于多种作物、果树、坚果、蔬菜、观赏植物。防治真菌和卵菌病害，经常用于防治马铃薯、番茄的早疫病和晚疫病，葡萄霜霉病、黑腐病，瓜类霜霉病，苹果疮黑星病，香蕉叶斑病，柑橘炭疽病。

使用方法

防治番茄早疫病　发病前或发病初期开始施药。每亩用70%可湿性粉剂175~225g（有效成分122.5~157.5g）加水喷雾，间隔7~10天喷1次，连续喷施2~3次。安全间隔期为15天，每季最多使用3次。

防治柑橘疮痂病、炭疽病　发病前或发病初期开始施药，用70%可湿性粉剂350~525倍液（有效成分1333~2000mg/L）整株喷雾。安全间隔期为21天，每季最多使用2次。

防治花生叶斑病　发病前或发病初期施药。每亩用70%可湿性粉剂68~86g（有效成分147.6~60.2g）加水喷雾，每隔7天左右施药1次，可连续用药2~3次。安全间隔期为7天，每季作物最多使用3次。

防治黄瓜霜霉病　发病前或发病初期施药。每亩用70%可湿性粉剂194~286g（有效成分136~200g）加水喷雾，每隔7天左右施药1次。安全间隔期为5天，每季作物最多使用3次。

防治辣椒炭疽病、疫病　发病前或发病初期施药。每亩用70%可湿性粉剂171~240g（有效成分120~168g）加水喷雾，视病害发生情况，每隔7天左右施药1次，可连续用药2~3次。安全间隔期为15天，每季作物最多使用3次。

防治梨黑星病　发病前或发病初期施药。每亩用70%可湿性粉剂400~800倍液（有效成分875~1750mg/L）整株喷雾，每隔7~10天施药1次，连续用药2~3次。安全间隔期为10天，每季作物最多使用3次。

防治荔枝霜霉病　发病前或发病初期施药。每亩用70%可湿性粉剂350~500倍液（有效成分1400~2000mg/L）整株喷雾，每隔7~10天施药1次，连续用药2~3次。安全间隔期为10天，每季作物最多使用3次。

防治马铃薯晚疫病　发病前或发病初期施药。每亩用70%可湿性粉剂137~206g（有效成分96~144g）加水喷雾，安全间隔期为3天，每季作物最多使用3次。

防治葡萄白腐病、黑痘病、霜霉病　每次用70%可湿性粉剂400~700倍液（有效成分1000~1750mg/L）整株喷雾，每隔7~10天施药1次，连续用药3~4次。安全间隔期为10天，每季作物最多使用4次。

防治辣椒疫病　发病初期第一次施药，每亩用70%可湿性粉剂171~240g（有效成分120~168g）加水喷雾，每隔7~14天施药1次，可连续用药3次。安全间隔期为15天，每季作物最多使用3次。

防治西瓜炭疽病　发病初期施药。每亩用70%可湿性粉剂148.6~240g（有效成分104~168g）加水喷雾，安全间隔期为21天，每季作物最多使用3次。

防治烟草赤星病　发病初期第一次施药，每亩用70%可湿性粉剂137~183g（有效成分96~128g）加水喷雾，安全间隔期为21天，每季作物最多使用3次。

防治烟草黑胫病　发病初期第一次施药，每亩用70%可湿性粉剂250~323g（有效成分175~226g）加水喷雾，安全间隔期为21天，每季作物最多使用3次。

注意事项　不能与铜制剂及强碱性农药混用。另外，在喷过铜、汞、碱性药剂后要间隔1周后才能喷此药。该药虽然毒性低，但不能误食。在瓜、果、蔬菜上喷药时，收获后食用前应注意洗净。在茶树上使用时，在采摘2周前停止使用。在密封、干燥、阴凉处保存，防止分解失效。使用时需戴口罩及手套，不要使药液溅洒在眼睛和皮肤上，施药后用肥皂洗手、洗脸。对鱼有毒，不可污染水源。

与其他药剂的混用　为提高防治效果，可与多种农药、化肥混合使用。与霜脲氰混用，用于防治黄瓜霜霉病。与硫黄混用，用于防治豇豆锈病。与甲霜灵混用，用于防治黄瓜霜霉病等。

允许残留量　① GB 2763—2021《食品中农药最大残留限量标准》规定代森锰锌最大残留限量见表2。ADI为0.03mg/kg。谷物、油料、蔬菜、水果、食用菌参照SN 0139、SN 0157、SN/T 1541规定的方法测定。②日本规定允许残留量（mg/kg）：果实1.0（含黄瓜、番茄），蔬菜0.4，薯类0.2，豆类0.1，甜菜0.1。

表 2　部分食品中代森锰锌最大残留限量（GB 2763—2021）

食品类别	名称	最大残留限量（mg/kg）
油料和油脂	花生仁	0.1
蔬菜	大白菜	50.0
	番茄	5.0
	茄子	1.0
	辣椒	10.0
	甜椒、黄秋葵	2.0
	黄瓜	5.0
	菜豆、扁豆、豇豆、食荚豌豆	3.0
	马铃薯、甘薯、木薯、山药	0.5
水果	柑、橘、苹果、梨	5.0
	西瓜、香蕉	1.0
	菠萝、猕猴桃	2.0
	杜果、荔枝、葡萄、草莓、黑莓	5.0
	枣（鲜）	2.0
食用菌	蘑菇类（鲜）	5.0

参考文献

马克比恩 C, 2015. 农药手册[M]. 胡笑形, 等译. 北京: 化学工业出版社: 626-627.

朱永和, 王振荣, 李布青, 2006. 农药大典[M]. 北京: 中国三峡出版社: 574.

（撰稿：毕扬、范洁茹；审稿：刘西莉、刘鹏飞）

代森钠　nabam

即亚乙基双二硫代氨基甲酸二钠，是杀菌剂代森锌、代森锰锌等的重要中间体。

其他名称　代森双钠、Dithane D-14[罗姆-哈斯]、Parzate[杜邦]、X-Spor、nabame[(m)F-ISO]。

化学名称　1,2-亚乙基双二硫代氨基甲酸二钠。

IUPAC 名称　disodiummethylenebis(dithiocarbamate)。

CAS 登记号　142-59-6。

EC 号　205-547-0。

分子式　$C_4H_6N_2Na_2S_4$。

相对分子质量　256.34。

结构式

开发单位　A. E. Dimond 等首先报道其杀菌活性（Phytopathology, 1943, 33, 1095）。罗伯兹化学公司生产 4% 二

铵盐溶液，与漂白粉桶混可产生乙撑秋兰姆单硫化物（代森硫, etem）。1961 年罗姆-哈斯公司生产 93% 固体产品。中国只生产代森锰锌等的中间体。

理化性质　无色晶体（六水合物）。加热分解而不熔化。蒸气压非常低。水中溶解度约 200g/L（室温）；不溶于普通有机溶剂。遇光、潮气和热分解。其水溶液稳定。曝气时，水溶液沉淀出淡黄色混合物，主要的杀菌成分是硫和代森硫。

毒性　急性经口 LD_{50}（mg/kg）：大鼠 395，小鼠 580。刺激皮肤和黏膜。NOEL：大鼠连续 10 天接受 1000~2500mg/kg（饲料），显示有甲状腺肿大现象（R. B. Smith et al, J. Pharmacol. Exp. Ther., 1953, 109: 159）。ADI|RfD（JMPR）：临时 ADI 撤销［1977］。大鼠急性腹腔 LD_{50} 500mg/kg。毒性等级：Ⅱ（a.i., WHO）；Ⅱ（制剂, EPA）。EC 分级：Xn；R22 | Xi；R37 | R43 | N；R50, R53。

作用方式及机理　非特定的硫醇反应剂，抑制呼吸。具有保护性的杀菌剂。

防治对象　用于水稻田防除藻类。用于棉花、辣椒和洋葱，土壤处理防治一些真菌和卵菌病害。也用于非农业领域防治真菌和藻类。

使用方法　作为保护性杀菌剂已被代森锌代替。在田间使用时与硫酸锌混合配成代森锌喷雾。单独使用时药害严重。在土壤施用时，对疫霉菌具有内吸作用。

注意事项　吞咽有害，刺激呼吸道，皮肤接触会产生过敏反应，对眼睛、呼吸道和皮肤有刺激作用。对水生生物极毒，可能导致对水生环境的长期不良影响。

与其他药剂的混用　常与硫酸锌（形成代森锌）或硫酸锰（形成代森锰）混用。

允许残留量　WHO 推荐 ADI 为 0.005mg/kg。

参考文献

马克比恩 C, 2015. 农药手册[M]. 胡笑形, 等译. 北京: 化学工业出版社: 715-716.

（撰稿：毕扬、范洁茹；审稿：刘西莉、刘鹏飞）

代森锌　zineb

以乙撑双二硫代氨基甲酸锌盐为基本结构特征的代森系保护性有机硫杀菌剂。

其他名称　Parzate、Tiezene、Triezene、Flonex Z、Zinesol、Aspor、Bercema、Cineb、Zimate、Parate、ZEB 等。

化学名称　乙撑双二硫代氨基甲酸锌; methyl [[2-[(dithiocarboxy)amino] ethyl]carbamodithioato(2-)-$\kappa S,\kappa S'$]zinc。

IUPAC 名称　zinc ethylenebis(dithiocarbamate)(polymeric)。

CAS 登记号　12122-67-7。

EC 号　235-180-1。

分子式　$C_4H_6N_2S_4Zn$。

相对分子质量　275.77。

D

结构式

单体　　　　　　　　　聚合物

开发单位　1943 年由美国罗姆 - 哈斯公司和杜邦公司推广。中国沈阳化工研究院于 1963 年进行合成研究，1965年 3 月通过鉴定后投产。

理化性质　纯品为白色粉末，原药为灰白色或淡黄色粉末，有臭鸡蛋味，挥发性小。闪点 138～143℃。难溶于水，不溶于大多数有机溶剂，能溶于吡啶，在潮湿空气中能吸收水分而分解失效，遇光、热和碱性物质也易分解。

毒性　低毒。原粉大鼠急性经口 $LD_{50} > 5200mg/kg$。对人急性经口发现的最低致死剂量为 5000mg/kg。大鼠急性经皮 $LD_{50} > 2500mg/kg$。狗喂养 1 年 NOEL 为 2000mg/kg。对皮肤黏膜有刺激性。分解或代谢产物中含有毒性的乙撑硫脲，施药时应注意污染问题。对植物较安全，一般无药害，但烟草及葫芦科植物对代森锌较敏感，施药时应注意，避免发生药害。

剂型　80%、65% 可湿性粉剂，4% 粉剂。

质量标准　80% 代森锌可湿性粉剂由有效成分（80%±1%）、助剂和载体等组成，外观为灰白色或浅黄色粉末，细度合格通过 320 目筛≥96%，水分≤2%，pH6～8。储存期间因吸潮和遇光、热而分解。代森锌原粉外观灰白色或浅黄色粉状物，代森锌含量一级≥90%、二级≥85%，水分含量≤2%。

作用方式及机理　有较强触杀作用。有效成分化学性质较活泼，在水中易被氧化成异硫氰化合物，对病原菌体内含有巯基的酶有强烈的抑制作用，并能直接杀死病菌和孢子，抑制孢子的发芽，防止病菌侵入植物体内。

防治对象　可以防治粮、果、菜等植物由真菌引起的大多数病害。对桃褐腐病、苹果叶斑病、番茄早疫病、晚疫病、马铃薯晚疫病、蔬菜疫霉病、霜霉病、炭疽病等病害防治效果尤为显著。

使用方法　叶面喷洒。80% 代森锌可湿性粉剂可兑水 500～700 倍、65% 代森锌可湿性粉剂可兑水 400～500 倍，均匀喷雾，间隔 7～10 天。4% 粉剂只限于拌种和土壤施用。

注意事项　该药为保护性杀菌剂，故应在病害发生初期使用。不能与铜制剂或碱性药物混用，以免降低药效。按农药安全使用操作规程使用，工作完毕用肥皂洗净手和脸，皮肤着药部分随时洗净，万一误食应催吐、洗胃、导泻，并送医院对症治疗。置通风干燥冷凉处储存，切勿受潮或雨淋，以免分解失效。

与其他药剂的混用　与甲霜灵混用，用于防治黄瓜霜霉病；与福美双混用，用于防治黄瓜霜霉病；与王铜混用，用于防治柑橘树溃疡病。

允许残留量　GB 2763—2021《食品中农药最大残留限量标准》规定代森锌最大残留限量见表。ADI 为 0.03mg/kg。

部分食品中代森锌最大残留限量（GB 2763—2021）

食品类别	名称	最大残留限量（mg/kg）
油料和油脂	油菜籽	10.0
	花生仁	0.1
蔬菜	大蒜、洋葱、葱、韭葱	0.5
	百合（鲜）	0.5
	结球甘蓝	5.0
	大白菜	50.0
	番茄	5.0
	茄子	1.0
	辣椒	10.0
	甜椒	2.0
	黄瓜	5.0
	西葫芦	3.0
	南瓜	0.2
	笋瓜	0.1
	芦笋	2.0
	茎用莴苣	30.0
	萝卜	1.0
	胡萝卜	5.0
	马铃薯	0.5
	玉米笋	0.1
水果	柑、橘、橙、苹果	5.0
	樱桃	0.2
	杧果	5.0
	西瓜	1.0
	甜瓜	3.0
坚果	杏仁、山核桃	0.1
糖料	甜菜	0.5
调味料	叶类调味料	5.0
	干辣椒	10.0
	胡椒、豆蔻	0.1
	孜然	10.0
	小茴香籽、芫荽籽	0.1
药用植物	百合（干）	2.0
	人参（鲜）	0.3

参考文献

中国农业百科全书总编辑委员会农药卷编辑委员会, 中国农业百科全书编辑部, 1993. 中国农业百科全书: 农药卷[M]. 北京: 农业出版社.

（撰稿：徐文平；审稿：陶黎明）

单残留分析　single-residue analysis

在农药分析中，一次测定只能测定 1 种农药组分的分析方法。该分析方法往往局限于分析对象农药具有特殊的性质，如不稳定、溶解性差、无紫外吸收等特点，相对而言，其残留分析往往难度更大，是人们不得不针对性开发的单一组分分析方法，该分析方法相对于多残留分析方法，分析效率较低。

目前国内外单残留分析方法标准很多，如国际分析化学家协会杂志发布的辛酰溴苯腈等农药，以及中国的植物性产品中草甘膦残留量的测定气相色谱—质谱法（GB/T 23750）。

随着仪器和前处理技术的发展，单残留分析方法将逐渐被淘汰，被合并到相应的多残留分析方法中。

参考文献

GB/T 23750—2009 植物性产品中草甘膦残留量的测定气相色谱—质谱法.

LIU X G, DONG F S, ZHENG Y Q, et al, 2009. Determination of bromoxynil octanoate in soil and corn by GC with electron capture and mass spectrometry detection under field conditions[J]. Journal of AOAC international, 92(3): 919-926.

（撰稿：董丰收；审稿：郑永权）

单甲脒　semiamitraz

一种非内吸性杀螨剂，以盐酸盐形式商品化。

其他名称　螨净、杀螨脒、螨虱克、单甲脒盐酸盐、卵螨双净、天环螨清、BTS 27271。

化学名称　N-(2,4-二甲基苯基)-N′-甲基甲脒；N-(2,4-dimethylphenyl)-N′-methylmethanimidamide。

IUPAC 名称　(EZ)-N-methylaminomethylene-2,4-xylidine。

CAS 登记号　33089-74-6。

分子式　$C_{10}H_{14}N_2$。

相对分子质量　162.23。

结构式

理化性质　纯品为白色针状结晶。熔点 163～165℃。易溶于水，微溶于低分子量的醇，难溶于苯和石油醚等有机溶剂。对金属有腐蚀性。

毒性　中等毒性杀螨剂。大鼠急性经口 LD_{50} 215mg/kg，急性经皮 LD_{50} > 2000mg/kg。

剂型　25% 水剂。

作用方式及机理　抑制单胺氧化酶，对昆虫中枢神经系统的非胆碱能突触会诱发直接兴奋作用。该药具触杀作用，对螨卵、幼螨、若螨均有杀伤力。为感温型杀螨剂，气温 22℃ 以上防效好。

防治对象　柑橘红蜘蛛、柑橘锈壁虱、四斑黄蜘蛛、苹果红蜘蛛、棉红蜘蛛、茄子和豆类上的红蜘蛛、茶橙瘿螨、矢尖蚧、红蜡蚧和吹绵蚧等的一、二龄若虫，蚜虫和木虱等。

使用方法　25% 水剂喷雾。具体用量：小麦红蜘蛛，100～120ml；小麦圆蜘蛛，80～110ml；小麦长腿蜘蛛，70～90ml；花生朱砂叶螨，90～130ml；花生螨虫，100～120ml；花生红蜘蛛，100～120ml；谷子圆蜘蛛，80～110ml；谷子长腿红蜘蛛，100～120ml；黄麻红叶螨，100～120ml；黄麻棉叶螨，90～130ml；黄麻茶半跗线螨，90～130ml；苹果全爪螨，80～110ml；苹果山楂叶螨，70～90ml；苹果果苔螨，70～90ml；苹果二斑叶螨，80～110ml；苹果枣尺螨，90～130ml；苹果红蜘蛛，100～120ml；柑橘全爪螨，90～130ml；柑橘始叶螨，80～110ml；柑橘红蜘蛛，100～120ml；橙子红蜘蛛，100～120ml；橙子锈螨，90～130ml；棉花朱砂叶螨，80～110ml；棉花红蜘蛛，100～120ml；柚子红蜘蛛，100～120ml；柚子锈蜘蛛，90～130ml；柚子黄蜘蛛，70～90ml；草莓叶螨，80～110ml；草莓红蜘蛛，100～120ml；草莓二斑叶螨，80～110ml；草莓朱砂叶螨，70～90ml；草莓截形叶螨，80～110ml；草莓茶黄螨，90～130ml；西瓜红蜘蛛，100～120ml；西瓜红叶螨，80～110ml；甜瓜茶黄螨，90～130ml；甜瓜红蜘蛛，100～120ml；甜瓜叶螨，70～90ml；哈密瓜茶黄螨，70～90ml；哈密瓜红蜘蛛，100～120ml；哈密瓜叶螨，90～130ml；番茄瘿螨，90～130ml；番茄红蜘蛛，100～120ml；番茄茶黄螨，70～90ml；番茄二斑叶螨，90～130ml；黄瓜朱砂叶螨，90～130ml；黄瓜红蜘蛛，100～120ml；黄瓜茶黄螨，70～90ml；黄瓜跗线螨，70～90ml；黄瓜红叶螨，90～130ml；黄瓜杀黄螨，80～110ml。

注意事项　对鱼有毒，勿使药剂污染河流和池塘等。该药剂渗透性强，喷药后 2 小时降雨不影响药效，防治效果与气温相关，20℃ 以上效果才好。对蜜蜂有毒害，蜜源作物花期禁用。与有机磷和菊酯类农药混用有增效作用，不能与碱性农药混用，配药时不能用硬质碱性大的井水，否则药效下降。安全间隔期 30 天。每季最多使用 1 次。施药时要安全操作，注意防护，要穿防护衣和胶鞋，戴防毒口罩、防护手套和防护镜，在操作期间禁止吸烟、喝水和吃东西。施药后要用肥皂洗手，中毒时立即送医院治疗。

与其他药剂的混用　可与哒螨灵混配。产品为哒螨·单甲脒 20% 悬浮剂（哒螨灵 5%，单甲脒盐酸盐 15%）。

允许残留量　GB 2763—2021《食品中农药最大残留限量标准》规定单甲脒（单甲脒盐酸盐）最大残留量见表。ADI 为 0.004mg/kg。水果中单甲脒/单甲脒盐酸盐残留量参照 GB/T 5009.160 规定的方法测定。

部分食品中单甲脒（单甲脒盐酸盐）最大残留限量（GB 2763—2021）

食品类别	名称	最大残留限量（mg/kg）
水果	柑、橘	0.5
	苹果、梨	5.0

参考文献

康卓, 2017. 农药商品信息手册[M]. 北京: 化学工业出版社: 57.

（撰稿：杨吉春；审稿：李森）

单晶结构与分析　single crystal structure and analysis

单晶（single crystal），即结晶体内部的微粒在三维空间呈有规律地、周期性地排列，整个晶体在空间的排列有序。它为固体物理学、材料科学、结构化学、分子生物学、矿物学、医药学、农学等许多学科的基础研究和应用研究提供必不可少的实验资料，使人们有可能从分子、原子以及电子分布的水平上去理解有关物质的行为规律。

晶体结构分析的方法主要有两大类——以 X 射线衍射为代表的衍射分析方法和以电子显微术为代表的显微成像方法。单晶结构分析最成熟的分析方法是单晶 X 射线衍射，单晶 X 射线衍射是一种非破坏性的分析技术，其提供了关于晶体物质的内部晶格的详细信息，包括晶胞尺寸、键长度、键角以及现场排序的细节，分析处理从 X 射线分析产生的数据以获得晶体结构。

X 射线衍射现在是研究晶体结构和原子间距的常用技术。具体的原理是将一个滤光产生单色辐射的阴极射线管对向样品，可将晶体看作是三维的衍射光栅，当 X 射线波长与晶体晶格距离接近时，即当条件满足布拉格定律（$n\lambda = 2d\sin\theta$）时，入射光线与样品的相互作用会产生相当大的干涉和衍射，然后检测、统计和处理这些衍射 X 射线。再通过改变入射光线的几何形状（中心晶体和检测器的方向），得到晶格的所有可能的衍射，以此推测晶体的结构。

电子显微镜的成像过程，可以看作是两个相继发生的衍射过程。当光或电子束打到被观察到的物体上时，首先产生一幅衍射图（相当于对物体作一个傅里叶变换），然后光或电子束继续作用于那幅衍射图并产生出一幅"衍射图的衍射图"（即对物体的傅里叶变换后再作一次傅里叶变换），这就是物体的像。电子显微像所反映的是被观察物体沿电子入射方向的投影。如果能够从有限的若干个投影重构出物体立体图像，这将使电子显微镜的视野从二维空间扩展到三维空间。

参考文献

LINDLEY P F, LEONNARD G, NURIZZO D, et al, 2008. Crystallographic research developments[M]. New York: Nova science publishers: 11-69.

RONDA L, BRUNO S, BETTATI S, et al, 2015. From protein structure to function via single crystal optical spectroscopy[J]. Frontiers in molecular biosciences, 2: 12.

ZHANG J P, LIAO P Q, ZHOU H L, et al, 2014. Single-crystal X-ray diffraction studies on structural transformations of porous coordination polymers[J]. Chemical society reviews, 43(16): 5789.

（撰稿：徐晓勇；审稿：李忠）

单嘧磺隆　monosulfuron

南开大学李正名院士团队于 1992 年发现并创制开发的超高效新型磺酰脲类除草剂品种，2012 年获中国农业部（现农业农村部）新农药正式登记证，是中国第一个具有自主知识产权并取得新农药正式登记的创制除草剂品种。

其他名称　NK#92825、麦谷宁。

化学名称　N-[2'-(4'-甲基)嘧啶基]-2-硝基苯磺酰脲；N-[[(4-methy-2-pyrimidinyl)amino]carbonyl]-2-nitrobenzenesulfonamide。

IUPAC 名称　N-[(4-methylpyrimidin-2-yl)carbamoyl]-2-nitrobenzenesulfonamide。

CAS 登记号　155860-63-2。

分子式　$C_{12}H_{11}N_5O_5S$。

相对分子质量　337.31。

结构式

开发单位　曾由天津市绿保农用化学科技开发有限公司和山东先达农化股份有限公司开发，现由河北兴柏农业科技有限公司生产。

理化性质　白色粉末，熔点 191~191.5℃。易溶于强极性的非质子溶剂，可溶于 N,N- 二甲基甲酰胺，微溶于丙酮，在甲醇中的溶解度小，碱性条件下可溶于水。在中性和弱碱性条件下稳定，在强酸和强碱条件下易发生水解反应，在四氢呋喃和丙酮中较稳定，在甲醇中稳定性较差，在 N,N- 二甲基甲酰胺中极不稳定，温度对单嘧磺隆稳定性的影响较光照的影响大。

毒性　大鼠（雌、雄）急性经口 $LD_{50} > 4640mg/kg$，大鼠（雌、雄）急性经皮 $LD_{50} > 4640mg/kg$，对兔眼、兔皮肤有轻度刺激性。对豚鼠为无致敏性。Ames、微核、染色体试验结果均为阴性。鹌鹑 $LD_{50} > 2000mg/kg$，斑马鱼 LC_{50}（96 小时）$> 58.68mg/L$，蜜蜂 LD_{50} 200μl/ 只，桑蚕 $LC_{50} > 5000mg/kg$ 桑叶。10% 可湿性粉剂对鹌鹑、蜜蜂、藻类、爪蟾、蚯蚓和土壤微生物均为低毒，对赤眼蜂、蛙类等为低风险。

剂型　可湿性粉剂。

作用方式及机理　支链氨基酸合成抑制剂，通过抑制乙酰乳酸合成酶（ALS）（又名乙酰羟酸合成酶，AHAS）抑制支链氨基酸亮氨酸、异亮氨酸和缬氨酸的生物合成，从而使细胞分裂停止，阻碍杂草的生长，导致杂草死亡。

防治对象　单嘧磺隆主要用于防除小麦、谷子、玉米田杂草，如播娘蒿、荠菜、马齿苋、茅草和马唐等。

使用方法　每亩使用 1~3g，在冬小麦田对我国长期难防杂草碱茅的防效可达 90% 以上。44% 单嘧磺隆·扑灭津混剂有效成分 44~66g/hm² 用于夏谷子田播后苗前土壤处理。单嘧磺隆使用的后茬敏感作物为十字花科的油菜、白菜及旱稻。

参考文献

范志金，2000. 磺酰脲类除草剂单嘧磺隆创制的基础研究[D]. 北京: 中国农业大学.

李正名, 贾国锋, 王玲秀, 等, 1994. 新型磺酰脲类化合物除草剂[P]. CN1106393A.

刘长令, 李慧超, 卢志成, 2022. 世界农药大全: 除草剂卷[M]. 北京: 化学工业出版社: 71-73.

（撰稿：童军、郑占英、袁昊林；审稿：范志金）

单嘧磺酯　monosulfuron-ester

南开大学李正名院士团队继单嘧磺隆之后创制的又一超高效磺酰脲类除草剂。

其他名称　NK#94827、麦庆。

化学名称　N-[(4'-甲基)嘧啶-2'-基]-2-甲氧羰基苯磺酰脲；N-[(4'-methyl)pyrimidin-2'-yl]-2-methoxycarbonyl phenylsulfonylurea。

IUPAC名称　methyl 2-[[(4-methylpyrimidin-2-yl)carbamoyl]sulfamoyl]benzoate。

CAS登记号　175076-90-1。

分子式　$C_{14}H_{14}N_4O_5S$。

相对分子质量　350.35。

结构式

开发单位　曾由天津市绿保农用化学科技开发有限公司和山东先达农化股份有限公司开发，现由河北兴柏农业科技有限公司生产。

理化性质　白色粉末，熔点179～180℃。溶解度（20～25℃，g/L）：甲醇0.58、乙酸乙酯0.69、二氯甲烷7.54、甲苯0.096、水0.013、正己烷0.149、乙腈1.44、丙酮2.34、四氢呋喃5.84、N,N-二甲基甲酰胺24.68。在酸性条件下容易水解：半衰期为2.04天（pH3）、13.57天（pH5）、230.4天（pH7）、76.38天（pH9）。不同溶剂中的光解半衰期（分钟）：丙酮63.63、水3.3、甲醇3.45、正己烷1.94。

毒性　大鼠（雌、雄）急性经口$LD_{50}>10\,000mg/kg$，大鼠（雌、雄）急性经皮$LD_{50}>10\,000mg/kg$，对兔皮肤无刺激，对眼有轻微刺激，24小时恢复。对豚鼠致敏性试验为弱致敏，Ames、微核、染色体试验结果均为阴性，显性致死或者生殖细胞染色体畸变试验结果为阴性，大鼠90天饲喂最大无作用剂量（mg/kg）：雌性231.9，雄性161.92。鹌鹑$LD_{50}>2000mg/kg$，斑马鱼LC_{50}（96小时）$>64.68mg/L$，蜜蜂LD_{50}（48小时）200μl/只，桑蚕$LC_{50}>5000mg/kg$。对鱼、鸟、蜜蜂均为低毒，对家蚕低风险。

剂型　可湿性粉剂。

作用方式及机理　支链氨基酸合成抑制剂和乙酰乳酸合成酶（ALS）（又名乙酰羟酸合成酶，AHAS）抑制剂，可通过

杂草的根、茎、叶吸收，但以根吸收为主，有内吸传导作用，其选择性来源于吸收及代谢和生产实践中的位差效选择性。

防治对象　主要用于防治马唐、稗草、碱茅、硬草和播娘蒿、荠菜、米瓦罐、藜、马齿苋、萹蓄、卷茎蓼、看麦娘等农田杂草。

使用方法　30～60g/hm²下的单嘧磺酯对一年生禾本科杂草，如马唐、稗草、碱茅、硬草等有很高的防效，但对多年生禾本科杂草防效较低。18～45g/hm²下的单嘧磺酯对阔叶杂草如播娘蒿、荠菜、米瓦罐、藜、马齿苋等具有很好的防效。10%单嘧磺酯可湿性粉剂18～30g/hm²用于冬小麦返青后或春小麦浇苗前，茎叶处理，也可采用土壤处理。

参考文献

贾国锋, 1995. 新型磺酰脲(胺)类化合物的研究[D]. 天津: 南开大学.

范志金, 陈俊鹏, 艾应伟, 等, 2004. 单嘧磺酯的除草活性及其对玉米的安全性初探[J]. 安全与环境学报, 4(1): 22-25.

刘长令, 李慧超, 卢志成, 2022. 世界农药大全: 除草剂卷[M]. 北京: 化学工业出版社: 73-74.

（撰稿：童军、郑占英、袁昊林；审稿：范志金）

单氰胺　cyanamide

一种氰胺类植物生长调节剂，与自然萌芽比较，可有效地打破葡萄、樱桃休眠，提高葡萄、樱桃发芽的整齐度、发芽数量和提早发芽。

其他名称　氨腈、九九叶绿。

化学名称　氨基氰。

IUPAC名称　cyanamide。

CAS登记号　420-04-2。

分子式　CH_2N_2。

相对分子质量　42.04。

结构式

$$N\equiv\!\!\!-NH_2$$

开发单位　浙江龙游东方阿纳萨克作物科技有限公司、宁夏大荣化工冶金有限公司、阿尔兹化学托斯伯格有限公司等生产。

理化性质　原药外观为白色吸湿性晶体。相对密度1.2271。沸点132℃。熔点45℃。蒸气压（20℃）500mPa，纯有效成分在水中溶解度$>850g/L$（20℃，pH7）；溶于醇类、苯酚类、醚类，微溶于苯、卤化烃类，几乎不溶于环己烷。对光稳定，遇碱分解生成双氰胺和聚合物，遇酸分解生成尿素；加热至180℃分解。

毒性　单氰胺原药大鼠急性经口LD_{50}：雄性147mg/kg、雌性271mg/kg；大鼠急性经皮LD_{50} 84mg/kg。小鼠急性腹腔注射LD_{50} 200mg/kg，大鼠腹腔注射急性毒性最低致死剂量200mg/kg。兔子急性经口LD_{50} 150mg/kg，急性经皮LD_{50} 590mg/kg。对豚鼠皮肤变态反应试验属弱致敏类农药；对鱼和鸟均为低毒；对蜜蜂具有较高的风险性，在蜜源作物花

期应禁止使用；对家蚕为低风险。极易刺激腐蚀人的皮肤、呼吸道、黏膜；吸入或食入使面部瞬时强烈变红、头痛、头晕、呼吸加快、心动过速、血压过低。

剂型　水剂，母药。

作用方式及机理　可通过刺激植物体内过氧化氢酶的活性，加速植物体内氧化磷酸戊糖循环，从而加速对促进代谢最为基本的脱氧核糖核酸的生成，导致植物休眠终止，刺激植物发芽，调节植物生长。

使用对象　在葡萄、樱桃、油桃、毛桃、蟠桃、猕猴桃、杏等作物上可使用，使用时稀释一定浓度后兑水喷雾。一般可使作物提前 7～15 天发芽，提前 5～12 天成熟；并使作物萌动初期芽齐、芽壮；还可增加作物产量，提高单果重和亩产量；还可作为果树的落叶剂。

使用方法

樱桃　樱桃发芽前 30～35 天，按制剂用药量 60～80 倍液，每季最多使用 1 次。

葡萄　在葡萄休眠蔓枝自然发芽 4 周前施药，直接喷施葡萄藤蔓，注意全面、均匀覆盖所有的芽苞。在有晚霜的地区，使用时注意避免晚霜。在葡萄上每季最多使用 1 次。

烟草　在移栽后 20～35 天和团棵期，用 0.003% 水剂 2000～4000 倍液各喷 1 次，可使叶片增大、增厚，增加烤烟产量。

注意事项　过量的单氰胺，如浓度＞6% 时会伤害花芽。过早应用该药能使果实提前成熟 2～6 周，但产量可能会由于花期低温造成的落花和授粉不良而降低。单氰胺对蜜蜂具有较高的风险性，在蜜源作物花期应禁止使用。使用该品应采取相应的安全防护措施，穿长袖上衣、长裤、靴子、戴防护手套、口罩等，避免皮肤接触及口鼻吸入。该品现配现用，兑好的药液切忌久放，不用金属容器盛装药液。用过的容器应妥善处理，不可作他用，也不可随意丢弃。

允许残留量　GB 2763—2021《食品中农药最大残留限量标准》规定葡萄中单氰胺最大残留限量为 0.05mg/kg。ADI 为 0.002mg/kg

参考文献

董华芳, 任海, 许延波, 等, 2018. 破眠剂单氰胺对葡萄农艺性状的影响[J]. 湖北农业科学, 57(17): 59-61, 69.

李玲, 肖浪涛, 谭伟明, 2018. 现代植物生长调节剂技术手册[M]. 北京: 化学工业出版社:21.

刘鑫铭, 许鲁杰, 陈婷, 等, 2017. 单氰胺处理对设施葡萄物候期及果实品质的影响[J]. 西北农业学报, 26(12): 1838-1844.

孙家隆, 2015. 新编农药品种手册[M]. 北京: 化学工业出版社: 909 .

（撰稿：黄官民；审稿：谭伟明）

胆钙化醇　cholecalciferol

一种经口维生素类干扰代谢的有害物质，可作杀鼠剂。

其他名称　维生素 D₃。

化学名称　(3β,5Z,7E)-9,10- 开环胆甾 -5,7,10(19)- 三烯 -3- 醇。

IUPAC 名称　(5Z,7E)-(3S)-9,10-secocholesta-5,7,10(19)-trien-3-ol。

CAS 登记号　67-97-0。

分子式　$C_{27}H_{44}O$。

相对分子质量　384.64。

结构式

开发单位　美国贝尔公司。

理化性质　晶体状。密度 0.96g/cm³。熔点 83～86℃。沸点 496.4℃。闪点 214.2℃。折射率 1.507（15℃）。稳定性：常温常压下稳定；储存条件：2～8℃。

毒性　胆钙化醇对褐家鼠和小家鼠急性经口 LD_{50} 相近，为 40mg/kg，在其他物种之间有差异，负鼠为最敏感。胆钙化醇最显著的特点是二次中毒风险较低（家犬），对鸟类毒性低。

作用方式及机理　刺激小肠大量吸收钙和磷，同时使得大量的钙和磷从骨组织中释放进入血浆，形成高钙血症，使心脏及血管钙化。

剂型　97% 母粉。

使用情况　20 世纪 80 年代胆钙化醇以商品名 -Quintox- 被引进，并一直在市场上使用。在新西兰，胆钙化醇 20 世纪 90 年代首次以 0.4% 和 0.8% 的毒饵注册，而在美国则为 0.1%。2006 年，由于地方制造商拒绝提交监管档案供欧盟的生物杀灭剂产品指令审查，欧盟撤销了市场上基于胆钙化醇的产品，但最近有企业已向欧洲委员会（EC）提交了胆钙化醇的注册申请，基于这种活性物质的产品可能会在未来几年回到欧洲市场。其在新西兰的注册已扩大到包括负鼠和老鼠。美国、澳大利亚、新西兰已经开始普及。2012 年浙江花园生物高科股份有限公司在中国登记了胆钙化醇杀鼠剂，是中国有机食品和有机产品国家标准唯一允许有机食品加工企业使用的杀鼠剂。

使用方法　堆投，毒饵站投放 0.075% 毒饵。

注意事项　大量口服者催吐、洗胃。使用特殊解毒药降钙素，严重者进行血液透析。

参考文献

BROWN L, MARSHALL E, 1988. Field evaluation of 'Quintox' (cholecalciferol) for controlling com-mensal rodents[C]// Crabb, A C, Marsh, R E, Salmon, T P and Beadle, D E (eds). Proceedings of the 13th vertebrate pest conference: 70-74.

IIIX S, AYLETT P, SHAPIRO L, et al, 2012. Lowdose cholecalciferol bait for possum and rodent control[J]. New Zealand journal of agricultural research, 55(3): 207-215.

MARSHALL E F, 1992. The effectiveness of difethialone (LM2219) for controlling Norway rats and house mice under feld conditions[C]//Borrecco J E, Marsh R E(eds). Proceedings of the 15th ver-tebrate pest conference: 171-174.

TOBIN M E, MATSCHKE G H, SUSIHARA R T, et al, 1993.

Laboratory efficacy of cholecalciferol against field rodents[J]. United States Department of Agriculture. animal and plant health inspection service. Denver wildlife research report, (11-55-002): 13.

（撰稿：王登；审稿：施大钊）

蛋白质生物合成   protein biosynthesis

蛋白质是生命的物质基础，是构成细胞的基本有机大分子，生物体中的每一个细胞和所有重要组成部分都有蛋白质参与。蛋白质合成是指生物按照从脱氧核糖核酸（DNA）转录得到的信使核糖核酸（mRNA）上的遗传信息合成蛋白质的过程。蛋白质生物合成亦称为翻译（translation），即将 mRNA 分子中碱基排列顺序转变为蛋白质或多肽链中的氨基酸排列顺序的过程，可分为 5 个阶段：氨基酸的活化、多肽链合成的起始、肽链的延长、肽链的终止和释放、蛋白质合成后的加工修饰。参与蛋白质生物合成的成分至少有 200 种，主要由 mRNA、tRNA、rRNA 以及有关的酶和蛋白质因子共同组成。参与蛋白质合成的酶有很多，如氨基酰 -tRNA 合成酶、肽酰转移酶等。目前已有的直接抑制蛋白质生物合成的杀菌剂主要为抗生素。如春雷霉素等通过与菌体细胞内质网上 RNA 大亚基或小亚基结合，干扰 rRNA 装配和 tRNA 的酰化反应来抑制蛋白质合成的起始阶段；链霉素、放线菌酮、灭瘟素、氯霉素、土霉素等通过使氨基酰 - tRNA 与 mRNA 错配、干扰肽键的形成、肽链的移位等抑制核糖体上肽链的伸长。对蛋白质生物合成具有抑制作用的药剂通常会使病原菌细胞内的蛋白质含量减少，游离氨基酸增多，细胞分裂受到影响，菌丝生长明显减缓。

（撰稿：刘西莉；审稿：苗建强）

稻丰宁   rabkon

一种含有机氯的取代苯类非内吸性杀菌剂。主要用于防治稻瘟病。

其他名称   Rabocon、KF-1501。

化学名称   乙酸五氯苯酯（五氯苯乙酸酯）；pentachlorophenol acetate。

IUPAC 名称   (2,3,4,5,6-pentachlorophenyl)acetate。

CAS 登记号   1441-02-7。

分子式 $C_8H_3Cl_5O_2$。

相对分子质量   308.37。

结构式

开发单位   吴羽化学公司。

理化性质   原药为针状结晶（从乙醇中结晶）或单斜晶系柱状结晶。熔点 151～152℃，易升华。在水中仅溶解 0.7mg/L，易溶于热乙醇。在 100℃ 以下稳定，与醇、氢氧化钾在 120℃ 长时间加热时则水解。

毒性   鼹鼠急性经口 LD_{50} 5g/kg。鲤鱼 TLm（48 小时）8.6mg/L。不刺激皮肤。

剂型   50% 可湿性粉剂。

作用方式及机理   保护性杀菌剂。

防治对象   防治稻瘟病。

使用方法   防治叶稻瘟病在发病初期施药，防治穗瘟在孕穗期和齐穗期各施药 1 次。3% 粉剂用 30～37.5kg/hm²，50% 可湿性粉剂用 1000 倍液喷雾。

注意事项   高浓度时或附着大量药剂时稻叶发黄，但不影响水稻产量。残效期短，防治效果不稳定，可与春雷霉素混用，以保证其药效。

参考文献

石得中, 2008. 中国农药大辞典[M]. 北京: 化学工业出版社.

（撰稿：张传清；审稿：刘西莉）

稻丰散   phenthoate

一种低毒二硫代磷酰酯类有机磷杀虫剂。

其他名称   Cidil、Elsan、Papthion、爱乐散、稻芬妥胺酚拉明。

化学名称   O,O-二甲基-S-(苯基乙酸乙酯)二硫代磷酸酯；2-[(二甲氧基硫代膦酰)硫基]苯乙酸乙酯；ethyl 2-(dimethoxyphosphinothioylthio)-2-phenylacetate ethyl [(dimethoxyphosphorothioyl)sulfanyl](phenyl)acetate。

IUPAC 名称   ethyl (2RS)-[(dimethoxyphosphinothioyl)thio]phenylacetate。

CAS 登记号   2597-03-7。

EC 号   219-997-0。

分子式 $C_{12}H_{17}O_4PS_2$。

相对分子质量   320.36。

结构式

开发单位   1961 年由蒙太卡蒂尼公司开发生产。

理化性质   白色结晶，具芳香味。熔点 17～18℃。不易溶于丙酮、苯等多种有机溶剂，在水中溶解度 10mg/L（25℃）。在酸性与中性介质中稳定，碱性条件下易水解。蒸气压 5.33Pa（40℃）。原药为黄褐色油状芳香液体。相对密度 1.226（20℃）。沸点 186～187℃（667Pa）。可与丙酮、甲醇、环己烷等任意比例混溶。在室内储存 1 年可减少 1%～2%。对酸稳定。在碱性条件下 20 天降解 25%（pH9.7）。闪点 165～170℃，180℃分解。

毒性　中等毒性。原药急性经口 LD_{50}：大鼠 410mg/kg，小鼠 249～270mg/kg，狗＞500mg/kg，豚鼠 377mg/kg，兔 73mg/kg。急性经皮 LD_{50}：小鼠 2620mg/kg，大鼠 5g/kg，大鼠急性吸入 LC_{50}（4 小时）3.17g/L 空气。对眼睛和皮肤无刺激作用。在试验剂量下对动物无"三致"作用。2 年喂养试验 NOEL：大鼠 1.72mg/（kg·d），狗 0.31mg/（kg·d）。金鱼 LC_{50}（48 小时）2.4mg/L。鹌鹑、鸡、野鸭的急性经口 LD_{50} 分别为 300mg/kg、296mg/kg、218mg/kg。对蜜蜂有毒，LD_{50} 为 0.306μg/只。对天敌的毒性比一般有机磷杀虫剂的毒性低，但有时可以引起蜘蛛等捕食性天敌的密度下降。爱乐散 50% 乳油大鼠经口毒性 LD_{50}：雄性 348mg/kg，雌性 325mg/kg。经皮 LD_{50}：雄性 1715mg/kg，雌性 1900mg/kg。

剂型　50%、60% 乳油，5% 油剂，40% 可湿性粉剂，3% 粉剂，2% 颗粒剂，85% 水溶性粉剂。

质量标准　50% 的乳油由有效成分和二甲苯、乳化剂组成。外观为浅黄色、澄清、可乳化的油状液体。具有芳香气味，在通常条件下可保存 3 个月不减效力。对酸稳定，在碱性条件下易于分解。

作用方式及机理　抑制昆虫体内的乙酰胆碱酯酶，作用于害虫的神经系统，具有触杀和胃毒作用，渗透力强，对虫卵也有一定的杀伤力。

防治对象　高效、广谱性有机磷杀虫、杀卵、杀螨剂。还具有持效期长、速效性强、对作物安全的特点。可用于防治水稻、棉花、蔬菜、柑橘等果树、茶叶、油料等作物的大螟、二化螟、三化螟、叶蝉、飞虱等多种害虫。

使用方法　防治二化螟、三化螟，在卵孵化高峰期，用 50% 乳油 1500～3000ml/hm² 加水 7.5～10.5kg 喷雾。同样浓度和剂量也可用于防治稻飞虱、叶蝉、棉铃虫、菜青虫、小菜蛾、蚜虫、棉叶蝉、斜纹夜蛾、蓟马等。

注意事项　该品在水稻作物上使用的安全间隔期为 28 天，每个作物周期的最多使用次数为 2 次。对蜜蜂、家蚕、鸟、鱼类、水生生物有毒，蜜源作物花期，应密切关注对周围蜂群的影响，蚕室和桑园附近禁用，鸟类保护区严禁使用，养鱼稻田禁用，赤眼蜂等天敌放飞区禁用。远离水产养殖区施药，禁止在河塘等水体中清洗药具，施药后稻田水不得直接排入河塘等水体中。不能与碱性物质混用，以免分解失效。使用该品时应穿戴防护服和手套，戴好口罩，避免与皮肤接触。施药期间不可吃东西和饮水。施药后应及时洗手和洗脸。建议与其他作用机制不同的杀虫剂轮换使用，以延缓抗性产生。孕期和哺乳期妇女避免接触该品。用过的容器应妥善处理，不可做他用，也不可随意丢弃。

与其他药剂的混用　30% 稻丰散 +1% 甲氨基阿维菌素苯甲酸盐水乳剂在有效成分用药量 139.5～186g/hm² 茎叶喷雾，可防治水稻稻纵卷叶螟。18% 稻丰散 +22% 仲丁威乳油，有效成分用药量 450～900g/hm² 时喷雾防治节瓜蓟马。38.5% 稻丰散 +1.5% 高效氯氟氰菊酯乳油有效成分用药量 800～1000mg/kg 喷雾，可防治柑橘树矢尖蚧。25% 三唑磷 +15% 稻丰散乳油，在有效成分用药量 600～750g/hm² 时喷雾，可防治水稻稻纵卷叶螟、二化螟、三化螟。20% 稻丰散 +25% 氯吡硫磷乳油有效成分用药量 540～810g/hm² 喷雾，防治稻纵卷叶螟。

允许残留量　GB 2763—2021《食品中农药最大残留限量标准》规定稻丰散最大残留限量见表。

中国规定稻丰散在部分食品中的最大残留限量（GB 2763—2021）

食品类别	名称	最大残留限量（mg/kg）
谷物	糙米	0.20
	大米	0.05
蔬菜	节瓜	0.10
水果	柑、橘	1.00

参考文献

中国农业百科全书总编辑委员会农药卷编辑委员会, 中国农业百科全书编辑部, 1993. 中国农业百科全书: 农药卷[M]. 北京: 农业出版社: 57.

朱永和, 王振荣, 李布青, 2006. 农药大典[M]. 北京: 中国三峡出版社: 24-25.

（撰稿: 吴剑; 审稿: 薛伟）

稻瘟醇　blastin

一种保护性杀菌剂。防治稻瘟病。

其他名称　PCBA、五氯苯甲醇。

化学名称　(2,3,4,5,6- 五氯苯基) 甲醇；(2,3,4,5,6-pentachlorophenyl)methanol。

IUPAC 名称　pentachlorobenzyl alcohol。

CAS 登记号　16022-69-8。

分子式　$C_7H_3Cl_5O$。

相对分子质量　280.36。

结构式

开发单位　1965 年由日本三共公司开发。

理化性质　原药为灰色或灰褐色粉末，含量 80%～85%。熔点 193℃。溶解性（25℃）：不溶于水，溶于二甲苯 3350mg/L，煤油 32.6mg/L，丙酮 6418mg/L。

毒性　鼷鼠急性经口 LD_{50} 3600mg/kg。溶液浓度在 10mg/L 时对鲫鱼无害。

剂型　50% 可湿性粉剂，4% 粉剂。

作用方式及机理　保护性杀菌剂，具有渗透疏导作用。

防治对象　防治稻瘟病，对穗瘟防效尤为明显，能防止病菌感染，但无直接杀菌作用，对已侵入稻株体内的稻瘟病菌无效。

使用方法　50% 可湿性粉剂 1500~2000 倍液喷雾，持效期长。

注意事项　残留会产生药害，对植物产生二次药害，现已停产。

参考文献

石得中, 2008. 中国农药大辞典[M]. 北京: 化学工业出版社.

（撰稿：张传清；审稿：刘西莉）

稻瘟净　EBP

一种有机磷杀菌剂。具有内吸作用，对水稻各生育期的病害有较好的保护和治疗作用。

其他名称　Kitazin。

化学名称　*O,O*-二乙基-*S*-苄基硫代磷酸酯；*O,O*-diethyl-*S*-(phenylmethyl)phosphorothioate。

IUPAC 名称　*S*-benzyl *O,O*-diethyl phosphorothioate。

CAS 登记号　13286-32-3。

分子式　$C_{11}H_{17}O_3PS$。

相对分子质量　260.29。

结构式

开发单位　日本组合化学工业公司。

理化性质　纯品为无色透明液体，原药为淡黄色液体，略带有特殊臭味。沸点 120~130℃（13.33~20Pa）。蒸气压 1.32Pa（20℃）。相对密度 1.5258。难溶于水，易溶于乙醇、乙醚、二甲苯、环己酮等有机溶剂。对光照稳定，温度过高或在高温情况下时间过长引起分解，对酸稳定，对碱不稳定。

毒性　大鼠急性经口 LD_{50}（mg/kg）：237.7（原药），791（乳油），> 12 000（粉剂）。大鼠急性经皮 LD_{50} 570mg/kg。对温血动物毒性较低，对人畜的急性胃毒毒性中等。对鱼、贝类毒性较低，对兔眼及皮肤无刺激性。大鼠喂养 90 天 NOEL 5mg/kg。

剂型　1.5%、2.3% 粉剂，40%、48% 乳油。

作用方式及机理　通过内吸渗透传导作用，抑制稻瘟病菌乙酰氨基葡萄糖的聚合，使组成细胞壁的壳层无法形成，达到阻止菌丝生长和形成孢子的目的，对水稻各生育期的病害均具有保护和治疗作用。

防治对象　水稻稻瘟病、小粒菌核病、纹枯病、枯穗病等。能兼治稻叶蝉、稻飞虱、黑色叶蝉等。

使用方法　用 40% 稻瘟净乳油 0.3~0.4kg/hm² 有效成分加水喷雾，在始穗期、齐穗期各喷 1 次，可防治稻苗瘟和叶瘟。用 10% 稻瘟净 750g 与 40% 乐果乳油 750g 或马拉硫磷乳油 750g 混合，加水喷雾，可防治水稻叶蝉。用 40% 稻瘟净乳油 600 倍液喷雾，于圆秆拔节至抽穗期施药，可防治水稻小粒菌核病、纹枯病。

注意事项　禁止与碱性农药、五氯酚钠、磷胺和亚胺硫磷等混用。大于使用浓度对水稻（尤其是籼稻）易产生药害。施药时按安全使用农药的有关规定加强防护，如穿防护服、戴口罩、手套，不吸烟、喝水、进食，工作结束后要用肥皂水或清水洗净手、脸。应储存于阴凉干燥处，避免与种子、饲料混放。该品易燃，运输、储存时应注意防火并远离火源。稻瘟净中毒症状有头痛、头晕、恶心、呕吐、腹泻、流涎、多汗、瞳孔缩小、肌束震颤等，严重患者会迅速出现肺水肿和脑水肿。中毒者应从速就医。

与其他药剂的混用　可与马拉硫磷、甲萘威等复配。

参考文献

MACBEAN C, 2012. The pesticide manual: a world compendium [M].16th ed. UK: BCPC: 1228.

（撰稿：刘长令、杨吉春；审稿：刘西莉、张灿）

稻瘟清　oryzon

一种非内吸性杀菌剂。主要用于稻瘟病防治。

其他名称　稻瘟腈、PCMN。

化学名称　2,3,4,5,6-五氯-α-羟基苯乙腈；2,3,4,5,6-pentachloro-α-hydroxybenzeneacetonitrile。

IUPAC 名称　pentachloromandelonitrile。

CAS 登记号　21727-09-3。

分子式　$C_8H_2Cl_5NO$。

相对分子质量　305.37。

结构式

开发单位　1966 年由日本农药公司开发。

理化性质　纯品为白色结晶粉末。熔点 189℃。溶解性：不溶于水，难溶于苯、二甲苯，可溶于丙酮、乙醇和乙酸乙酯。在自然环境条件下稳定。

毒性　鼷鼠急性经口 LD_{50} 3000mg/kg。鲤鱼 TLm（48 小时）7.57mg/L。

剂型　50% 可湿性粉剂，4% 粉剂。

作用方式及机理　对稻瘟病有预防效果，对稻瘟病菌孢子 1g/L 能完全抑制发芽，300mg/L 约能抑制 50% 的孢子发芽，100mg/L 无抑制作用。在 25℃ 500mg/L 浸病斑 4 小时，可抑制大部分孢子形成，叶面喷雾可渗透到上位叶，但对根部无内吸作用。

防治对象　防治稻瘟病，对禾本科、茄科、葫芦科、蔷薇科、百合科、桑科、山茶科、菊科、唇形科、旋花科、十字花科、伞形科植物及松、柿、柑橘和葡萄有药害。

使用方法　50% 可湿性粉剂 1000 倍喷雾。4% 粉剂

$30 \sim 37.5 \text{kg/hm}^2$。

注意事项　因残留物对作物有药害已经停用。

参考文献

石得中, 2008. 中国农药大辞典[M]. 北京: 化学工业出版社.

（撰稿：张传清；审稿：刘西莉）

稻瘟酯　pefurazoate

一种咪唑类杀菌剂，用于水稻种子处理，对稻瘟病和水稻胡麻叶斑病具有较好防效。

其他名称　Healthied、净种灵。

化学名称　N-(呋喃-2-基)甲基-N-咪唑-1-基羰基-DL-高丙氨酸(戊-4-烯)酯；4-penten-1-yl-2-[(2-furanylmethyl)(1H-imidazol-1-ylcarbonyl)amino]butanoate。

IUPAC 名称　pent-4-enyl(2RS)-2-[furfury(imidazol-1-yl-carbonyl)amino]butyrate；pent-4-enyl-N-furfuryl-N-imidazol-1-ylcarbonyl-DL-homoalaninate。

CAS 登记号　101903-30-4。

分子式　$C_{18}H_{23}N_3O_4$。

相对分子质量　345.39。

结构式

开发单位　日本北兴化学工业公司和日本宇部兴产工业公司共同开发。M. Takenaka & I. Yamane 报道了稻瘟酯的杀菌活性。

理化性质　淡棕色液体。沸点 235℃（分解）。蒸气压 0.648mPa（23℃），$K_{ow}\lg P\,3$。Henry 常数 $5 \times 10^{-4}\text{Pa} \cdot \text{m}^3/\text{mol}$。相对密度 1.152（20～25℃）。溶解度（20～25℃）：水 443mg/L，二甲基亚砜、乙醇、丙酮、乙腈、氯仿、乙酸乙酯、甲苯＞1000g/L。稳定性：40℃放置 90 天后分解 1%，在酸性介质中稳定，在碱性和阳光下稍不稳定。

毒性　大鼠急性经口 LD_{50}（mg/kg）：雄 981，雌 1051；小鼠急性经口 LD_{50}（mg/kg）：雄 1299，雌 946。大鼠急性经皮 $LD_{50} > 2000\text{mg/kg}$。对兔皮肤无刺激作用，对豚鼠皮肤无过敏性，对兔眼睛有轻微刺激。大鼠急性吸入 $LC_{50} > 3.45\text{mg/L}$。日本鹌鹑急性经口 LD_{50} 2380mg/kg。鸡急性经口 LD_{50} 4220mg/kg。鱼类 LC_{50}（48 小时，mg/L）：鲤鱼 16.9，青鳉鱼 12，鲫鱼 20，泥鳅 15。水蚤 LC_{50}（6 小时，mg/L）＞100。蜜蜂（局部施药）$LD_{50} > 100\mu\text{g}/$只。

剂型　20% 可湿性粉剂。

作用方式及机理　破坏和阻止病菌的细胞膜重要组织成分麦角甾醇的生物合成，影响病菌的繁殖和赤霉素的合成。在 100μg/ml 的浓度下，尽管该化合物几乎不能抑制这些致病菌孢子的萌发，但用浓度 10μg/ml 处理后，孢子即出现萌发管逐渐膨胀、异常分枝和矮化现象。

防治对象　对子囊菌纲、担子菌纲和半知菌纲真菌中的众多病原菌具有较高的活性，但对藻状菌纲稍差。

使用方法

浸种　20% 可湿性粉剂稀释 20 倍，浸 10 分钟；稀释 200 倍，浸 24 小时。

种子包衣　剂量为种子干重的 0.5%。

种子喷洒　以 7.5 倍的稀释药液喷雾，用量 30ml/kg 干种。

参考文献

刘长令, 2006. 世界农药大全：杀菌剂卷[M]. 北京: 化学工业出版社: 209-210.

TURNER J A, 2015.The pesticide manual: a world compendium [M]. 17th ed. U.K.: BCPC: 844-845.

（撰稿：祁之秋；审稿：刘西莉）

等效剂量比较法　equvalent dose

选用相对应的试验方法，测定单剂和混剂对供试靶标的毒力，根据适用的统计方法对试验结果进行统计分析。通常用致死中量或致死中浓度作为等效剂量，再进行毒力比较。因为增效剂、杀菌剂一般对靶标昆虫无明显杀虫活性，因此可用相对毒力（RT）来表示。

适用范围　适用于其中一个组分对靶标无明显活性的混用作用评价。

主要内容　首先根据靶标种类、药剂作用特性、作用方式及试验方案的具体要求选用相对应的试验方法，测定单剂和混剂对供试靶标的毒力。

计算相对毒力（RT）：

$RT =$ 单剂的 LC_{50} 或 LD_{50} / 二者混用后的 LC_{50} 或 LD_{50}

评判标准：$RT > 1$，表示具增效作用；$RT \leqslant 1$，表示不具增效作用。

参考文献

陈年春, 1991. 农药生物测定技术[M]. 北京: 北京农业大学出版社.

沈晋良, 2013. 农药生物测定[M]. 北京: 中国农业出版社.

（撰稿：袁静；审稿：陈杰）

等效线法　isobole methodology for herbicide synergy evaluation

一种评价杀草谱相近型二元混剂配方筛选和联合作用类型的除草剂混配评价方法。以两个单剂的剂量为 X 轴和 Y 轴绘制坐标图，连接单剂和混剂处理在坐标图上的 ED_{90} 点得出理论和实测等效线，并通过比较两条线的位置来判断配方的联合作用类型。

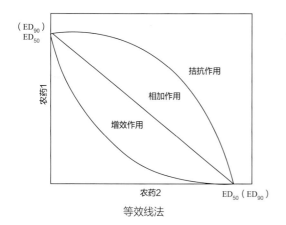

等效线法

适用范围 适用于评价两个单剂对同一靶标杂草均有较好活性的二元除草剂混剂配方筛选和联合作用测定试验，不适用于评价杀草谱互补型的药剂混配。

主要内容

ED_{90} 值测定试验　选择对两个供试除草剂均敏感的杂草为供试靶标。设置两个单剂 10～12 个剂量梯度进行活性测定预备试验，根据试验结果，选择两个单剂 7 个活性呈梯度分布的剂量开展正式试验，获得 2 个单剂及单剂 7 个剂量分别混配处理共 9 条线的除草活性数据，计算 2 个单剂及 7 个混剂对同一供试靶标的 ED_{90} 值。

以两个单剂剂量为 X 轴和 Y 轴绘制坐标图　将各处理 ED_{90} 值在坐标图上的点标定，连接 2 个单剂 ED_{90} 点得到的直线即为其理论等效线 L_1，连接各混剂配比的 ED_{90} 点为实测等效线 L_2。如 L_2 在 L_1 的上方，则 A、B 混用的联合作用为拮抗作用，重合则为相加作用，L_2 在 L_1 的下方则为增效作用。如绘出增效作用等效线，向等效线引斜率等于 -1 的切线，其切点就是两个单剂最经济、有效的混配配比。

等效线法比较准确，不仅能评价二元除草剂混剂的联合作用类型，还能确定最适宜的配比。但该法试验规模较大，且只能对二元除草剂混用进行测定，同时要求被测定的两个单剂对同一靶标杂草均有较好的活性，否则会产生单边效应，不适于评价杀草谱互补型的除草剂混配。

参考文献

高爽, 赵平, 2007. 除草剂混用及其药效评价方法[J]. 农药, 46(9): 633-634.

台文俊, 徐小燕, 刘燕君, 等, 2008. 等效线法评价氟唑磺隆与苯磺隆相互作用关系[J]. 农药, 47(2): 136-137.

徐小燕, 陈杰, 台文俊, 等, 2007. 两种除草剂复配评价方法的研究[J]. 杂草科学 (2): 27-30.

张凌, 张马忠, 杭燕南, 等, 2007. 等效线图解法在药效学相互作用研究中的应用[J]. 国际麻醉学与复苏杂志, 28(5): 472-476.

NY/T 1155.7—2007 农药室内生物测定试验准则 除草剂 第7部分: 混配的联合作用测定.

（撰稿：徐小燕；审稿：陈杰）

低聚糖素　oligences

2～10 个单糖分子的低聚糖分子，具有诱导抗病性。

剂型　水剂，可溶粉剂。

作用方式及机理　是一种新型植物抗性诱导剂，通过激活植物表面受体及信号分子传导，调控植物病原相关蛋白、植保素等相关抗病物质的产生及次生代谢物质的积累，达到预防病毒侵入、扩展及在植物体内转移的作用。同时低聚糖素兼有活化植物细胞、促进生长的作用，可以增强患病植株的耐病能力。

防治对象　对多种植物病害，如水稻纹枯病、番茄病毒病、胡椒病毒病、水稻稻瘟病、小麦赤霉病、玉米粗缩病、西瓜病毒病、西瓜细菌性角斑病等均有良好的防治效果。

使用方法

防治水稻纹枯病　该品为植物诱抗剂，应于水稻纹枯病发病初期施药。对植物病害有预防作用，无治疗作用，每亩兑水 50kg。使用时严格掌握用药时间，以达到较好的防治效果。大风天或预计 1 小时内有雨，请勿施药。

防治胡椒病毒病　按推荐剂量，于作物发病前或发病初期施药，注意喷雾要均匀，视病害发生情况，每 15 天左右施药 1 次，可连续用药 2～3 次。

防治水稻稻瘟病　按推荐剂量，于水稻分蘖期、始穗期、齐穗期或发病前开始施药，视病情和天气发展间隔 7～10 天连续施药 2～3 次，注意喷雾要均匀。

防治玉米粗缩病　按推荐剂量，于玉米 4 叶期或发病前开始施药，注意叶面、叶背及茎秆均匀喷雾，视病情和天气发展间隔 7～10 天连续施药 2～3 次。

防治番茄病毒病　按推荐剂量，于番茄始花期或发病前施药，视病情和天气发展间隔 7～10 天连续施药 2～3 次，注意喷雾要均匀。

防治小麦赤霉病　按推荐剂量，于小麦抽穗扬花期施药，视病情和天气发展间隔 7～10 天连续施药 2～3 次，注意喷雾要均匀。

注意事项　不能与碱性物质混用，以免降低药效。使用该品时应采取相应的安全防护措施，穿防护服，戴防护手套、口罩等，防止污染手、脸和皮肤，以及避免吸入药液。施药期间不可以吃东西和饮水。施药后应及时洗手和洗脸。避免孕妇或哺乳期妇女接触。建议与其他作用机制不同的杀菌剂轮换使用，以延缓抗性产生。

用过的容器应妥善处理，不可做他用，也不可随意丢弃。禁止在河塘等水体清洗施药器具，药液及废液不得污染各类水体。

应储存在干燥、阴凉、通风、防雨处，储运时，严防潮湿和日晒，远离火源或热源。置于儿童、无关人员及动物接触不到之处，并加锁保存。勿与食品、饮料、饲料、粮食、种子等其他商品同储同运。

急救治疗：使用中或使用后如果感觉不适，应立即停止工作，采取急救措施，并携带标签送医院就诊。

①皮肤接触。脱掉被污染的衣物，用软布去除沾染为农药，用大量清水和肥皂清洗。

②眼睛溅入。立即将眼睑翻开，用清水冲洗 15～20 分钟，再请医生诊治。

③吸入。立即离开施药现场，转移到空气清新处。

④误服。立即停止服用，用清水充分漱口后，立即携带农药标签到医院就诊。

（撰稿：刘西莉；审稿：彭钦）

低容量喷雾　low volume spraying

施药液量每公顷为 5～50L 的喷雾方法。

理论依据

低容量喷雾雾滴小，重量轻，多为飘移性沉降　试验证明，当风速在 2m/s 时，直径 50μm 雾滴可飘移 14.3m 远，而直径 200μm 雾滴则只能飘移 1.4m 远。飘移的距离愈远，所需时间就愈长，与生物靶标接触的机会显著增多。有时随着气流的上下波动，小雾滴还具有自由扩散的能量，不仅沉降到叶片的正面，反面亦有附着的情况。大雾滴则与此完全相反，垂直沉降快，不少雾滴通过作物的株行空档或株冠群的间隙直接沉降到地面或田水里，导致药液浪费和环境污染。

小雾滴吸附能力强　日常生活中的现象是最好的实验：大雨打到窗子的玻璃上马上顺流而下；大雾滴沉降到窗子玻璃上，吸附稳定，看不清室外景色。这充分说明大雾滴在重力作用下，吸附能力极差，而小雾滴则吸附能力极强。所以，在比较垂直的水稻叶片上，小雾滴可以吸附，大雾滴则几乎不可能。

小雾滴不发生弹跳溅落　由于作用力与反作用力关系，大雾滴经喷射撞击到作物表面时常常发生弹跳溅落现象。撞击到比较水平的棉叶上，这种现象尤为突出，直径大于 250μm 的雾粒，即使是在比较垂直的水稻叶片上也发生弹跳溅落。小雾滴是飘移性沉降，撞击力小，这种现象便不会发生。

低容量喷雾可以避免药液的滚落　雾滴开始从叶片滚落的直径为临界雾滴直径。常规喷雾药液用量大，喷杆来回摆动，雾滴重叠覆盖，密度高，加上昆虫和植物体表都有一层拒水的蜡质层，叶片都有一定的倾斜角度，以及风吹叶动和昆虫的蠕动诸因素，雾滴往往聚集增大，达到临界雾滴直径后滚落下来，尽管药液喷得多，在生物靶标上实际留存则少。低容量喷雾，单位面积上药液用量少，施药人员一走而过，属于一次性喷雾，雾滴重叠覆盖少，同时雾滴本身直径小、吸附力强，故难以聚集成临界雾滴，避免了药液的滚落，使有限的药液充分发挥作用。

低容量喷雾可以避免药液的流失　在单位面积上所能负载的最大药液量称为堆积度，超过这一阈值，药液便不能稳定停留，即为"流失点"。在未达到"流失点"之前，药液在叶面上的堆积量是随喷药量的增加而增加，一旦达到"流失点"，继续喷药亦不会增加堆积量，即会流失。常规喷雾的目标是在作物表面形成连续的液膜，故每每突破堆积度，达到"流失点"。低容量喷雾的目标是在单位叶面积上沉降到一定数量的有效雾滴数。

据瑞士汽巴-嘉基公司测定，每平方厘米叶面有效雾滴数杀虫剂为 20～30 滴，杀菌剂为 50～70 滴，除草剂为 20～40 滴。这样的雾滴密度叶面积不会超载，药液不会流失。

低容量喷雾药液分散度高　雾滴分散度等于雾滴表面积和体积之比。药液体积一定，经雾化分散成许多细小雾滴之后，各细小雾滴表面积之和增大，总体积仍然不变，二者比值大，分散度高。分散出的细小雾滴越多，对作物的撞击频率越高，覆盖越好。这就是低容量喷雾在大大减少单位面积药液用量的情况下，取得成功的关键。

生物最佳粒径理论（BODS）　这一理论确定生物体对不同细度的雾滴都有一种选择捕获能力，都有一个最易于它们捕获的雾滴粒径范围。实验证实，防治森林害虫的最佳粒径为 20～60μm，防治农作物害虫的最佳粒径为 80～100μm，防治爬行害虫为 70～120μm，防治飞翔害虫为 20～50μm。

主要内容　低容量喷雾是相对高容量喷雾而言的，主要区别在于喷雾时所采用的喷孔直径大小不同。一般所谓的高容量喷雾，系指喷雾器的喷孔直径为 1.3mm，低容量喷雾则是单位喷液量低于常量的喷雾方法，即将喷雾器上喷片的孔径由 0.9～1.6mm 改为 0.6～0.7mm，在压力恒定时，喷孔改小，雾滴变细，覆盖面积增加，单位面积喷液用量降低。

这种低容量喷雾方法的主要优点：一是效率高。使用手动喷雾器采用低容量喷雾，每人每天可喷 15～30 亩，比常规高容量喷雾提高工效 8～10 倍；如使用弥雾喷粉机进行低容量喷雾，可提高工效 50 倍以上。二是用药少。一般常规高容量喷雾亩用药液量 10～60kg，而低容量喷雾每亩仅用药液 1～10kg，因此成本低。三是防治效果好。低容量喷雾可使雾滴直径缩小一半，雾滴个数增加 8 倍，从而有效增加了覆盖面积。

参考文献

曹涤环，谭刚，2010. 低容量及超低容量喷雾技术[J]. 农药市场信息 (17): 52.

何雄奎，2012. 药效与施药技术[M]. 北京: 中国农业大学出版社.

孙炳林，李世华，1997. 低容量喷雾技术的理论依据及其在植保上的应用[J]. 安徽农学通报, 3(3): 34-36.

（撰稿：何雄奎；审稿：李红军）

低温稳定性　stability at low temperature

为保证在低温储存期间，制剂的物理性质及相关的分散性和微粒都无不良的变化而设定的指标。又名冷储稳定性、0℃稳定性。适用于所有液体制剂。一般要求储存在 0℃±2℃、7 天后，制剂仍能满足初始分散性、乳液稳定性或悬浮液的稳定性和湿筛实验，FAO/WHO 标准要求在测定试样中分离出的固体或液体应不大于 0.3ml。中国在产品标准中有限定指标要求。

在低温储存时，有时会发生沉淀或液相分层，恢复至室温和搅拌后，其初始性质还需能再现，否则不适宜在田间使用。如果需要，可以在更低的温度进行实验。某些情况下（如微囊悬浮剂，因为胶囊吸附有效成分的能力经过低温后可能受到不良影响），经过冷冻 - 融化循环，并使之均匀后的稳定性也是很重要的。

测试方法如下。

乳剂及均相液体制剂　移取 100ml 的样品置于离心管中，在制冷器中冷却至 0℃ ±2℃，让离心管及内容物在 0℃ ±2℃保持 1 小时，并每间隔 15 分钟搅拌一次，每次 15 秒，检查并记录有无固体物或油状物析出。将离心管放回制冷器，在 0℃ ±2℃继续放置 7 天。7 天后，将离心管取出，在室温（不超过 20℃）下静置 3 小时，离心分离 15 分钟（管子顶部相对离心力为 500～600g，g 为重力加速度）。记录管子底部离析物的体积（精确至 0.05ml）。

悬浮制剂　将 80ml 的试样置于 100ml 烧杯中，在制冷器中冷却至 0℃ ±2℃，保持 1 小时，每间隔 15 分钟搅拌一次，每次 15 秒，观察外观有无变化。将烧杯放回制冷器，在 0℃ ±2℃继续放置 7 天。7 天后，将烧杯取出，恢复至室温，测试筛析、悬浮率或其他必要的物化指标。

参考文献

GB/T 19137—2003 农药低温稳定性测定方法.

刘丰茂, 2011. 农药质量与残留实用检测技术[M]. 北京: 化学工业出版社.

（撰稿：尤祥伟；审稿：张红艳）

滴滴滴　DDD

一种有机氯杀虫剂。

其他名称　Rhothane、涕滴伊、ENT-4225、Dilene、NE-1700。

化学名称　2,2-双（对氯苯基)-1,1-二氯乙烷；1,1-dichloro-2,2-bis(4-chlorofenyl)-ethane。

IUPAC 名称　1-chloro-4-[2,2-dichloro-1-(4-chlorophenyl)ethyl]benzene。

CAS 登记号　72-54-8。

分子式　$C_{14}H_{10}Cl_4$。

相对分子质量　320.04。

结构式

开发单位　罗姆 - 哈斯公司开发，已经停产。

理化性质　无色结晶固体。熔点 112℃。沸点 185～193℃。相对密度 1.385。工业品的凝固点不低于 86℃。不溶于水，在油类中的溶解度较低，溶于多数脂肪和芳香烃溶剂。在碱性水中缓慢降解。

毒性　大鼠急性经口 LD_{50} 3400mg/kg，大鼠慢性经口毒性为滴滴涕的 1/3；口服最低致死剂量 6000mg/kg。兔急性经皮 LD_{50} 1200mg/kg，经皮毒性约为滴滴涕的 1/4。试验动物口服 100mg/kg 两年，无中毒迹象。

剂型　50% 可湿性粉剂，25% 乳油，5%、10% 粉剂。

作用方式及机理　具有触杀和胃毒作用，无内吸性。

防治对象　对一般害虫的防治效果不如滴滴涕，但对卷叶虫、天蛾幼虫的防效高于滴滴涕。对番茄和烟草上的金龟甲防治效果优于滴滴涕。可防治黏虫、棉铃虫、跳甲、玉米穗虫、日本金龟子、叶蝉、蓟马、毒蛾、桑叶甲、跳蚤、地老虎、蚊虫等。

使用方法　50% 可湿性粉剂 200～300 倍液喷雾。

注意事项　①对蜜蜂毒性大，开花作物花期不可使用。粮食作物在收获前 20～30 天停用。对鱼类毒性大，不能防治水生作物害虫，不要在池塘中清洗施药器具。长期使用或产生抗性，不可长期使用。②隔离泄漏污染区，周围设警告标志，建议应急处理人员戴好防毒面具，穿化学防护服。不要直接接触泄漏物，避免扬尘，收集于干燥洁净有盖的容器中，转移到安全场所。也可以用大量水冲洗，经稀释的洗水放入废水系统。如大量泄漏，收集回收或无害处理后废弃。③防护措施。生产操作或农业使用时，必须佩戴防毒口罩。紧急事态抢救或逃生时，应该佩戴自给式呼吸器。戴化学安全防护眼镜。穿相应的防护服。戴防护手套。工作现场禁止吸烟、进食、饮水。工作后，淋浴更衣。工作服不要带到非作业场所，单独存放被毒物污染的衣服，洗后再用。注意个人清洁卫生。④急救措施。皮肤接触：用肥皂水及清水彻底冲洗，就医。眼睛接触：拉开眼睑，用流动清水冲洗 15 分钟，就医。吸入：脱离现场至空气新鲜处，就医。误服者，饮适量温水，催吐，就医。⑤灭火方法。抗溶性泡沫、二氧化碳、干粉。

参考文献

朱永和、王振荣、李布青, 2006. 农药大典[M]. 北京: 中国三峡出版社.

（撰稿：汪清民；审稿：吴剑）

滴滴混剂　dichloropropene-dichoropropane mixture

由二氯丙烯和二氯丙烷混合成的氯化烃类杀线虫剂。也称 D-D 混剂。

英文名称　D-D mixture、dichloropropene-dichloropropane mixture。

其他名称　fumigant 93、Nemafene、Nematox、Nemex、Vorlex。

化学名称　1,2-二氯丙烷(1,2-Dichloropropane)1,3-二氯丙烯(1,3-dichloro-propylene)。

CAS 登记号　8003-19-8（混合物）；78-87-5（1,2-二氯丙烷）；542-75-6（1,3-二氯丙烯）。

EC 号　201-152-2（1,2- 二氯丙烷）；208-826-5（1,3-二氯丙烯）。

分子式　C₃H₆Cl₂（二氯丙烷）；C₃H₄Cl₂（二氯丙烯）。

$$C_3H_6Cl_2 \text{（二氯丙烷）}; \quad C_3H_4Cl_2 \text{（二氯丙烯）}$$

相对分子质量　112.99（二氯丙烷）；110.97（二氯丙烯）。

结构式

1,3-二氯丙烯　　+　　1,2-二氯丙烷

开发单位　1942 年壳牌公司推广。

理化性质　原药为黄绿色至棕褐色液体，具大蒜味。原药含二氯丙烯 50%，二氯丙烷 25%，两者的三氯化物和四氯化物约占 25%。蒸气压 4173Pa。难溶于水，易溶于有机溶剂。在稀酸、稀碱中较稳定，但可与无机酸和浓酸反应。

毒性　对人畜中等毒性。大鼠急性经口 LD₅₀ 140mg/kg。

防治对象　主要用于防治土壤中的线虫，在种植前使用，对多种线虫有效。尤其对茶、桑根结线虫（*Meloidogyne* spp.）、花生线虫效果很好，但对马铃薯线虫无效。还可兼治金针虫、蛴螬等土壤害虫。

注意事项　防治土壤线虫主要靠 1,3- 二氯丙烯蒸气在土壤中进行扩散的作用，因此土壤温度对药效发挥影响较大。土温（地下 15～18cm）低于 10℃就不能充分发挥滴滴混剂的效能，最适温度为 21～27℃；土壤不能过湿和过干，土壤湿度为 5%～25% 较理想。其蒸气对作物有较强的接触毒害，对种子、幼苗的药害尤其明显，因此应在播前 20～30 天使用。另外，滴滴混剂对人、畜有接触中毒作用，对金属有腐蚀性，易燃，所以使用时应注意安全。

参考文献

中国农业百科全书总编辑委员会农药卷编辑委员会, 中国农业百科全书编辑部, 1993. 中国农业百科全书: 农药卷[M]. 北京: 农业出版社: 58.

（撰稿：丁中；审稿：彭德良）

滴滴涕　DDT

一种具有胃毒和触杀作用的有机氯杀虫剂。

其他名称　Hildit、Anifex、滴滴涕粉剂、二二三、Gesapon、OMS16、ENT1506。

化学名称　2,2- 双（对氯苯基)1,1,1- 三氯乙烷；1,1,1-trichloro-2,2-bis(4-chlorofenyl)-ethaan。

IUPAC 名称　1,1′-(2,2,2-trichloroethane-1,1-diyl)bis (4-chlorobenzene)。

CAS 登记号　50-29-3。

EC 号　200-024-3。

分子式　C₁₄H₉Cl₅。

相对分子质量　354.49。

结构式

开发单位　1944 年 P. Müller 发现了该杀虫剂的活性，后由汽巴 - 嘉基公司开发。已禁止使用。

理化性质　无色针状结晶。熔点 108.5～109℃。沸点 260℃。易溶于吡啶及二氧六环。在 100ml 溶剂中溶解度：丙酮 58g，四氯化碳 45g，氯苯 74g，乙醇 2g，乙醚 28g。不溶于水、稀酸和碱液。

毒性　急性经口 LD₅₀：大鼠（雌、雄）113～118mg/kg，小鼠 150～300mg/kg，兔 300mg/kg，狗 500～750mg/kg，绵羊和山羊＞ 1g/kg。大鼠雌性经皮 LD₅₀ 2510mg/kg。大鼠（160 天）饲喂 NOEL 为 1mg/kg 饲料。兔经口 NOEL 为 5～25mg/（kg·d），经皮 NOEL 为 60～330mg/（kg·d）。狗吸入 25～100mg/L，可破坏肝脏生理功能。有致突变作用。工作场所允许最高浓度 1mg/cm³。能够累积在动物脂肪中，对人的 ADI 为 0.02mg/kg。对鱼和水生生物有毒。

剂型　5%、10% 粉剂，50% 可湿性粉剂等。

作用方式及机理　具有胃毒和触杀作用，无熏蒸和内吸活性。为非胆碱酯酶抑制剂，作用于中枢神经系统经膜表面，使离子通透性改变，从而影响轴突传导，引起兴奋、痉挛、麻痹而致死。还可以抑制呼吸酶。DDT 对中枢神经系统的作用可以导致神经毒素的产生，也是昆虫致死的原因之一。

防治对象　DDT 曾是广泛使用的杀虫剂之一，具有胃毒和触杀作用，可加工成粉剂、乳剂或油剂使用。中国以前主要用于防治棉蕾铃期害虫，果树食心虫，农田作物黏虫，蔬菜菜青虫等。也用于环境卫生，防治蚊、蝇、臭虫等。

使用方法　50% 的可湿性粉剂 200～300 倍液喷雾，可防治森林害虫。目前已经禁止在蔬菜、果树等作物上使用。

注意事项　① DDT 不易被降解成无毒物质，使用中易造成积累从而污染环境。残留于植物中的 DDT，可通过"食物链"或其他途径进入人和动物体内，沉积中毒，影响人体健康，目前已禁止使用。但 DDT 有一些工业用途。对蜜蜂毒性大，开花作物花期不可使用。粮食作物在收获前 20～30 天停用。对鱼类毒性大，不能防治水生作物害虫，不要在池塘中清洗施药器具。长期使用或产生抗性，不可长期使用。②隔离泄漏污染区，周围设警告标志，建议应急处理人员戴好防毒面具，穿化学防护服。不要直接接触泄漏物，避免扬尘，收集于干燥洁净有盖的容器中，转移到安全场所。也可以用大量水冲洗，经稀释的洗水放入废水系统。如大量泄漏，收集回收或无害处理后废弃。③防护措施。生产操作或农业使用时，必须佩戴防毒口罩。紧急事态抢救或逃生时，应该佩戴自给式呼吸器。戴化学安全防护眼镜。穿相应的防护服。戴防护手套。工作现场禁止吸烟、进食、饮

水。工作后，淋浴更衣。工作服不要带到非作业场所，单独存放被毒物污染的衣服，洗后再用。注意个人清洁卫生。④急救措施。皮肤接触用肥皂水及清水彻底冲洗，就医。眼睛接触：拉开眼睑，用流动清水冲洗 15 分钟。就医。吸入：脱离现场至空气新鲜处，就医。误服者，饮适量温水，催吐，就医。⑤灭火方法。抗溶性泡沫、二氧化碳、干粉。

参考文献

朱永和, 王振荣, 李布青, 2006.农药大典[M]. 北京: 中国三峡出版社.

（撰稿：汪清民；审稿：吴剑）

狄氏剂　dieldrin

一种非内吸性的、有持效的杀虫剂，对大多数昆虫具有高的触杀和胃毒活性，而无药害。

其他名称　Octalox（Hyman）、氧桥氯甲桥萘、Compound 497(Hyman)。

化学名称　(1R,4S,4aS,5R,6R,7S,8S,8aR)-1,2,3,4,10,10-六氯-1,4,4a,5,6,7,8,8a-八氢-6,7-环氧-1,4:5,8-二甲桥萘;(1R,4S,4aS,5R,6R,7S,8S,8aR)-1,2,3,4,10,10-hexachloro-1,4,4a,5,6,7,8,8a-octahydro-6,7-epoxy-1,4:5,8-dimethanonaphthalene。

IUPAC 名称　(1α,2β,2aα,3β,6β,6aα,7β,7aα)-3,4,5,6,9,9-hexachloro-1a,2,2a,3,6,6a,7,7a-octahydro-2,7:3,6-dimethanonaphth[2,3-b]oxirene。

CAS 登记号　60-57-1。

EC 号　200-484-5。

分子式　$C_{12}H_8Cl_6O$。

相对分子质量　380.91。

结构式

开发单位　由 C. W. Kearns 等报道，由 J. Hyman & Co. 和壳牌国际化学公司开发。

理化性质　纯品为白色无气味晶体。熔点 175～176℃。在 20℃时，蒸气压为 4.1×10^{-4}Pa；在 25℃时，蒸气压为 7.2×10^{-4}Pa。在 25～29℃，水中的溶解度为 0.186mg/L，易溶于芳香烃溶剂，中度溶于丙酮。工业品为浅黄色至浅棕色的鳞状晶体，凝固点不低于 95℃。对热、弱酸和光稳定，与格氏试剂不起反应。

毒性　大鼠急性经口 LD_{50} 46mg/kg，急性经皮 LD_{50} 10～102mg/kg。在大鼠和狗体内的无作用量为 1mg/L。对鱼有毒，对金鱼的 TLm（96 小时）为 0.037mg/L，对青鳃鱼为 0.008mg/L。工作场所最高容许浓度为 0.25mg/m³。

剂型　18%～20% 乳剂，50%～70% 可湿性粉剂，2% 颗粒剂，对于某些载体必须加入尿素，15%～20% 液剂。

质量标准　18%～20% 乳剂，50%～70% 可湿性粉剂，储存稳定性良好。

作用方式及机理　作用于昆虫神经系统的轴突部位，影响钠离子通道或使突触前释放过多的乙酰胆碱，从而干扰或破坏昆虫正常的神经传导系统。

防治对象　用于防治地下害虫和稻黄潜蝇、稻黑蟓、稻飞虱、蝗虫、食心虫等。

使用方法　3.4% 狄氏剂粉剂以 25kg/hm² 以上的剂量用于防治三化螟、稻负泥虫、飞虱类、稻苞虫、黏虫、玉米螟、稻黄潜蝇，7kg/1000m² 用于防治稻黑蟓成虫，25kg/hm² 以上的剂量防治甘薯蛙叶虫、大豆根潜蝇。15.7% 狄氏剂乳剂 800 倍液防治菜心螟，400～600 倍液防治小麦潜叶蝇、麦红吸浆虫，300 倍液防治葡萄虎天牛，400～600 倍液防治葡萄金绿叶甲，500 倍液防治柑橘潜叶蛾，250 倍液防治梨花网蟓。土壤用粉剂以 30～50kg/hm²，乳剂 500 倍液在蔬菜地杀金针虫、稻大蚊，粉剂 60kg/hm²，乳剂 500 倍液在蔬菜地杀种蝇、黄守瓜幼虫。

注意事项　①吸入可引起呼吸道刺激症状；误服中毒可出现头昏恶心、呕吐、全身无力、共济失调、肌肉抽动、震颤、四肢无力、食欲不振、情绪激动等。部分患者可有肝、肾损伤及周围神经炎。生产操作或农业使用时，应该佩戴防毒口罩。紧急事态抢救或逃生时，建议佩戴自给式呼吸器。②受热放出有毒氯化物气体。储存于阴凉、通风的库房中，与食品原料分开储运。

与其他药剂的混用　可与大多数其他农药、化肥混用。

允许残留量　GB 2763—2021《食品中农药最大残留限量标准》规定狄氏剂最大残留限量见表。ADI 为 0.0001mg/kg。植物源性食品（蔬菜、水果除外）按照 GB 23200.113、GB/T 5009.19 规定的方法测定；蔬菜、水果按照 GB 23200.113、GB/T 5009.19、NY/T 761 规定的方法测定；动物源性食品按照 GB/T 5009.19、GB/T 5009.162 规定的方法测定。

部分食品中狄氏剂最大残留限量（GB 2763—2021）

食品类别	名称	最大残留限量（mg/kg）
谷物	稻谷、麦类、旱粮类、杂粮类、成品粮	0.020
油料和油脂	大豆	0.050
蔬菜	豆类蔬菜、茎类蔬菜、其他类蔬菜	0.050
水果	柑橘类水果、瓜果类水果、核果类水果	0.020
动物源性食品	哺乳动物肉类（海洋哺乳动物除外）	0.200（以脂肪计）
	禽肉类	0.200（以脂肪计）
	蛋类	0.100
	生乳	0.006

参考文献

崔清晨, 孙秉一, 1993.海洋化学辞典[M]. 北京: 海洋出版社.

农业大词典编辑委员会, 1998. 农业大词典[M]. 北京: 中国农业出版社.

中国农业百科全书总编辑委员会农药卷编辑委员会, 中国农业百科全书编辑部, 1993.中国农业百科全书: 农药卷[M]. 北京: 农业出版社.

（撰稿：张建军；审稿：吴剑）

敌百虫 trichlorfon

属于有机磷农药磷酸酯类型的高效低毒杀虫剂。

其他名称 Dipterex、Neguvon、Tugon、Bayer 15922、BayerL 13/59。

化学名称 O,O-二甲基-(2,2,2-三氯-1-羟基乙基)磷酸酯；O,O-二甲基-(2,2,2-三氯-1-羟基乙基)膦酸酯；1-hydroxy-2,2,2-trichloroethyl)-phosphonicacidimethylester。

IUPAC名称 dimethyl [(1RS)-2,2,2-trichloro-1-hydroxyethyl]phosphonate。

CAS登记号 52-68-6。

EC号 200-149-3。

分子式 $C_4H_8Cl_3O_4P$。

相对分子质量 257.44。

结构式

开发单位 1952年由拜耳公司开发。

理化性质 无色结晶粉末固体。纯品熔点83～84℃。能溶于水和有机溶剂，性质较稳定，但遇碱则水解成敌敌畏。相对密度1.73。20℃的蒸气压1.0mPa。水中溶解度154g/L。溶于苯、乙醇和大多数氯代烃溶剂，微溶于乙醚和四氯化碳，不溶于石油醚。

毒性 急性经口LD_{50}：雄大鼠560mg/kg，雌大鼠630mg/kg。大鼠急性经皮LD_{50}＞2000mg/kg。以500mg/kg饲料喂大鼠2年，未见不良影响。鱼类LC_{50}（48小时）：鲤鱼6.2mg/L，金鱼＞10mg/L。

剂型 30%、40%乳油，80%、90%可溶粉剂。

质量标准 原粉为白色结晶固体，工业品为白色或浅黄色固体（BG 334-81）。80%的可溶粉剂，白色或灰白色粉末，有效成分含量≥80%；水分含量≤2%。30%乳油，棕红色透明液体，有效成分含量≥30%；水分含量≤1%，酸度（以H_2SO_4计）≤1.5%。乳液稳定性合格。

作用方式及机理 具有强烈的胃毒和触杀作用，并有

项目	精制品	一级品	二级品
有效成分含量（%）	≥97.0	90.0	87.0
酸度（以H_2SO_4计）（%）	≤0.3	1.5	2.0
水分含量（%）	≤0.4	—	—

熏蒸的性能。

防治对象 对双翅目、鳞翅目、鞘翅目害虫最为有效。主要用于防治蔬菜、果树、茶、桑、棉花和粮食作物上的咀嚼式口器害虫，也用来防治卫生害虫。对多种作物一般不产生药害，但对高粱、大豆易发生药害。精制敌百虫用作畜用驱虫药。工业纯敌百虫用甲醇-水重结晶，得到精制敌百虫，可作为畜用驱虫药及抗丝虫病药。

使用方法

防治水稻害虫 防治二化螟、稻叶螟、稻苞虫、稻叶蝉、稻蓟马等，在水稻分蘖期用药可防治枯梢，在孕穗期用药可防治伤株。用80%可溶粉剂2250～3000g/hm²（有效成分1.8～2.4kg/hm²），兑水1000～1500kg喷雾。

防治棉花害虫 防治棉铃虫、棉金刚钻和叶蝉等用80%的可溶粉剂2250～4500g/hm²（有效成分1.8～2.4kg/hm²），兑水1000kg喷雾。

防治蔬菜害虫 防治叶粉蝶、小菜蛾、甘蓝夜蛾等用80%的可溶粉剂1.2～1.5kg/hm²（有效成分960～1200g/hm²），兑水750kg喷雾。

防治茶叶害虫 对茶尺蠖、茶毛虫、刺蛾类、卷叶蛾类等鳞翅目食叶害虫的幼虫有较好效果，对黑刺粉虱、小绿叶蝉也有一定效果。使用剂量一般为90%晶体每亩用量100～125g（配成1000倍液）。安全间隔期为5～7天。

防治林业害虫 防治松毛虫可用25%的乳剂2250～3000g/hm²（有效成分550～750g/hm²），用超低容量喷雾。

注意事项 ①产品在十字花科蔬菜甘蓝、萝卜上使用的安全间隔期14天，小油菜为7天，每季最多使用2次。②施药和配药时，应穿防护服，戴口罩或防毒面具以及胶皮手套，以免污染皮肤和眼睛，施药完毕后应及时换洗衣物，洗净手、脸和被污染的皮肤。③施药前后要彻底清洗喷药器械，洗涤后的废水不应污染河流等水源，未用完的药液应密封后妥善放置。④开启封口应小心药液喷出，废弃包装物应冲洗后深埋或由生产企业回收处理。⑤不可与呈碱性的农药等物质混合使用。⑥该品对蜜蜂、鱼类等水生生物、家蚕有毒，施药期间应避免对周围蜂群的影响，开花植物花期、蚕室和桑园附近禁用。远离水产养殖区施药，禁止在河塘等水体中清洗施药器具。⑦高粱、豆类特别敏感，容易产生药害，玉米、苹果（曙光、元帅在早期）对敌百虫较敏感，施药时应注意避免飘移产生药害。⑧药剂稀释液不宜放置过久，应现配现用。⑨建议与其他作用机制不同的杀虫剂轮换使用，以延缓抗性产生。⑩避免孕妇及哺乳期妇女接触。中毒急救。

与其他药剂的混用 3%敌百虫+1.5%氯吡硫磷颗粒剂，以有效成分用药量1687.5～2362.5g/hm²毒土撒施，用以防治花生蛴螬；20%敌百虫+20%氯吡硫磷乳油，450～600g/hm²用量下喷雾，防治稻纵卷叶螟。7.5%敌百虫+12.5%三唑磷乳油，在有效成分用药量600～750g/hm²时喷雾，防治二化螟。4%氯氰菊酯+41%敌百虫乳油，在有效成分用药量270～405g/hm²时喷雾，防治十字花科蔬菜的菜青虫。40%敌百虫+20%马拉硫磷乳油，在有效成分用药量450～675g/hm²时喷雾，防治棉花蚜虫，在有效成分用药量900～1350g/hm²时超低量喷雾，防治松毛虫，在有效成分用药量450～570g/hm²时喷雾，防治菜青虫。

允许残留量　① GB 2763—2021《食品中农药最大残留限量标准》规定敌百虫最大残留限量应符合表 1 的规定。ADI 为 0.002mg/kg。谷物按照 GB/T 20770 规定的方法测定；油料和油脂参照 GB/T 20770 规定的方法测定；蔬菜、水果按照 GB/T 20769、NY/T 761 规定的方法测定；糖料参照 GB/T 20769、NY/T 761 规定的方法测定；茶叶参照 NY/T 761 规定的方法测定。②美国规定牛肥肉、牛肉以及肉类副产品上的最大残留限量分别为 0.5、0.2、0.1mg/kg。③日本规定了敌百虫在 165 项食品上的最大残留限量。部分见表 2。

表 1　中国规定敌百虫在部分食品中的最大残留限量（GB 2763—2021）

食品类别	名称	最大残留限量（mg/kg）
谷物	稻谷、糙米、小麦	0.1
油料和油脂	棉籽、花生仁、大豆	0.1
蔬菜	鳞茎类蔬菜、芸薹属类蔬菜（结球甘蓝除外）、叶菜类蔬菜（普通白菜除外）、茄果类蔬菜、瓜类蔬菜、豆类蔬菜（菜用大豆除外）、茎类蔬菜、根茎类和薯芋类蔬菜（萝卜除外）、水生类蔬菜、芽菜类蔬菜、其他类蔬菜	0.2
	萝卜	0.5
	菜用大豆、普通白菜、结球甘蓝	0.1
水果	柑橘类水果、仁果类水果、核果类水果、浆果和其他小型水果，热带和亚热带水果（荔枝除外）、瓜果类水果	0.2
糖料	甘蔗	0.1
饮料类	茶叶	2.0

表 2　日本规定敌百虫在部分食品中的最大残留限量

食品	最大残留限量（mg/kg）	食品	最大残留限量（mg/kg）
杏仁	0.50	芹菜	0.200
苹果	2.00	樱桃	0.100
杏	0.50	栗子	0.500
洋百合	0.10	鸡食用内脏	0.010
芦笋	0.50	鸡蛋	0.004
鳄梨	0.50	鸡肥肉	0.050
竹笋	0.50	鸡肾	0.010
香蕉	1.00	鸡肝	0.010
大麦	0.10	鸡瘦肉	0.010
豆，干	0.100	菊苣	0.500
黑莓	0.500	大白菜	0.500
蓝莓	0.500	柑、橘，全株	0.100
青花菜	0.500	玉米	0.100
球芽甘蓝	0.500	棉花籽	0.100
荞麦	0.100	酸果蔓果	0.500

续表

食品	最大残留限量（mg/kg）	食品	最大残留限量（mg/kg）
牛蒡属	0.500	甲壳纲动物	0.004
未成熟的小蘑菇	0.500	酸枣	0.500
卷心菜	0.500	菊苣	0.500
胡萝卜	0.500	大蒜	0.500
牛食用内脏	0.100	姜	0.500
牛肥肉	0.100	银杏果	0.500
牛肾	0.100	葡萄	0.500
牛肝	0.100	葡萄柚	0.100
牛瘦肉	0.100	绿豆	0.500
花椰菜	0.500		

参考文献

张堂恒, 1995. 中国茶学辞典[M]. 上海: 上海科学技术出版社: 159.
朱永和, 王振荣, 李布青, 2006. 农药大典[M]. 北京: 中国三峡出版社: 82-83.

（撰稿：吴剑；审稿：薛伟）

敌稗　propanil

一种选择性触杀型酰胺类除草剂。

其他名称　Stam F34、Ftam surlopur、Rogne、Surpur、Supernox、Propanex、Propanide、Bay 30130、DP-35、FW734、S10145、3,4-DCPA。

化学名称　3′,4′-二氯丙酰替苯胺；N-(3,4-dichlorophe-nyl)propanamide。

IUPAC 名称　3′,4′-dichloropropionanilide。

CAS 登记号　709-98-8。

EC 号　211-914-6。

分子式　$C_9H_9Cl_2NO$。

相对分子质量　218.08。

结构式

开发单位　罗姆 - 哈斯公司（现在的道农科公司）开发，随后由拜耳（1965）和孟山都引入市场。

理化性质　纯品为白色晶体，熔点 92～93℃，60℃时蒸气压 12mPa。相对密度 1.41（22℃），$K_{ow}lgP$ 3.3（20℃，pH7）。室温下水中溶解度为 225mg/L。原药为浅黄色固体（含有效成分 90% 以上），熔点 85～89℃。难溶于水，有机溶剂中溶解度（mg/L，25℃）：乙醇 1.1×10^6、丙酮 1.7×10^6、苯 7×10^4；异丙醇与二氯甲烷＞200、甲苯

50～100、己烷＜1（20℃）。在强酸强碱中易水解成 3,4- 二氯苯胺和丙酸，在土壤中易分解失效。在正常的 pH 值范围内稳定，DT_{50}（22℃）＞1 年（pH4、7、9）；阳光照射下，在水中迅速降解，半衰期 12～13 小时。

毒性　低毒。急性经口 LD_{50}：大鼠＞2500mg/kg，小鼠约为 1800mg/kg。兔急性经皮 LD_{50} 7080mg/kg，大鼠急性经皮 LD_{50}（24 小时）＞5000mg/kg。对兔皮肤和眼睛无刺激，对豚鼠皮肤无致敏性。大鼠急性吸入 LC_{50}（4 小时）＞1.25mg/L 空气（粉尘）。NOEL［mg/（kg·d）］：狗（2 年）600，大鼠（2 年）400。野鸭急性经口 LD_{50} 375mg/kg，山齿鹑 LD_{50} 196mg/kg。野鸭饲喂 5 天 LC_{50} 5627mg/kg 饲料，山齿鹑 5 天 LC_{50} 2861mg/kg 饲料。鲤鱼 LC_{50}（48 小时）8～11mg/L。水蚤 LC_{50}（48 小时）4.8mg/L。

剂型　480g/L 乳油，20%、34% 乳油，80% 水分散粒剂。

质量标准　480g/L 乳油、20% 乳油、34% 乳油都是均相透明的油状液体，放入水中自动乳化分散，储存稳定性良好。80% 水分散粒剂水中崩解及分散性好，储存稳定性良好。

作用方式及机理　选择性触杀型酰胺类除草剂。抑制光系统 Ⅱ（PSⅡ）的电子传递。敌稗遇土壤分解失效，仅宜作茎叶处理，只在接触药剂部位起作用，破坏植物的光合作用，抑制呼吸作用与氧化磷酸化作用，干扰核酸与蛋白质的合成等，受害植物失水干枯死亡。水稻体内芳基酰基酰胺酶能将敌稗水解成 3,4- 二氯苯胺和丙酸，从而不受毒害。

防治对象　水稻插秧田和直播田防除阔叶杂草和禾本科杂草，包括稗草、雨久花、鸭舌草、泽泻、水芹、水马齿、狗尾草、水蓼、野慈姑、牛毛毡等杂草。对四叶萍、野荸荠、眼子菜等基本无效。

使用方法

秧田　稻苗立针、稗草 1 叶 1 心时，排干田水，用 20% 敌稗乳油 11.25～15L/hm²，均匀喷雾，处理后 1～2 天不灌水，晒田后深水淹没稗草心叶部，可提高防效。覆膜秧田可在揭膜后 2～3 天施药。

插秧本田　当稗草 1 叶 1 心时，排干田水，每公顷用 20% 敌稗乳油 15L，兑水均匀喷雾。药后 1～2 天不上水，晒田后再灌深水，将稗草心叶淹没，不可淹没稻苗心叶。

水稻直播田　在稗草 2 叶期前，按秧田剂量和方法进行处理。可与丁草胺、禾草丹、噁草灵等混用。但是，由于氨基甲酸酯类、有机磷类杀虫剂能抑制水稻水解酶的活性，因此在施敌稗前后 10 天内不能使用这些农药，更不能与之混用，以免发生药害。

注意事项　①施药时最好为晴天，但不要超过 30℃，水层不要淹没秧苗。②在土壤中易分解，不能作土壤处理剂使用。③不能与有机磷和氨基甲酸酯类农药混用，也不能在施用敌稗前两周或施用后两周内使用有机磷和氨基甲酸酯类农药，以免产生药害。④粳稻对敌稗的抗药性较强，糯稻次之，籼稻较差，施药时应注意水稻安全性。受寒、有毒物质伤害、生长较弱的稻田不宜使用该药剂。⑤喷雾器具使用后要清洗彻底，不能有残留药液。⑥避免药液接触皮肤、眼睛和衣服，如不慎溅到皮肤上或眼睛内，应立即用大量清水冲洗，严重的请医生治疗。⑦不能与肥料、杀虫剂、杀菌剂、

种子混放，应远离食品、饲料，储存在儿童接触不到的地方，剩余药剂和使用过的容器要妥善处理，避免污染水源。

与其他药剂的混用　可与丁草胺、2 甲 4 氯、禾草丹、噁草灵等混用，扩大除草谱，提高除草活性。但是，由于氨基甲酸酯类、有机磷类杀虫剂能抑制水稻水解酶的活性，因此在施敌稗前后两周内不能使用这些农药，更不能与之混用，以免发生药害。

允许残留量　GB 2763—2021《食品中农药最大残留限量标准》规定敌稗在大米中的最大残留限量为 2mg/kg。ADI 为 0.2mg/kg。谷物按照 GB 23200.113、GB/T 5009.177 规定的方法测定。

参考文献

马克比恩 C, 2015. 农药手册[M]. 胡笑形，等译. 北京: 化学工业出版社.

中国农业百科全书总编辑委员会农药卷编辑委员会, 中国农业百科全书编辑部, 1993. 中国农业百科全书: 农药卷[M]. 北京: 农业出版社.

（撰稿：李建洪；审稿：马洪菊）

敌草胺　napropamide

一种选择性酰胺类除草剂。

其他名称　大惠利（Devrinol）、草萘胺、萘丙酰草胺、Napropamide、Propronamide、Waylay、萘丙胺、萘丙安、萘氧丙草胺、R7465。

化学名称　N,N- 二乙基-2-(1- 萘氧基) 丙酰胺；N,N-diethyl-2-(1-naphthalenyloxy)propanamide。

IUPAC 名称　(RS)-N,N-diethyl-2-(1-naphthalenyloxy)propionamide。

CAS 登记号　15299-99-7（未说明立体化学）；41643-35-0[（R）-（-）-异构体]；41643-36-1[（S）-（+）-异构体]。

EC 号　239-333-3。

分子式　$C_{17}H_{21}NO_2$。

相对分子质量　271.35。

结构式

开发单位　1971 年由斯道夫化学公司推广，获有专利 USP 3489671。其除草活性曾由 Vanden Brink, B.J. 等在 Proc. EWRC symp. New Herbicides, 1969, p.35 上作过报道。

理化性质　纯品为无色晶体。熔点 74.8～75.5℃。蒸气压 0.023mPa（25℃）。$K_{ow}lgP$ 3.3（25℃）。水中溶解度 73mg/L（20℃）；有机溶剂中溶解度（g/L，25℃）：煤油 62、二甲苯 505、丙酮和乙醇＞1000、己烷 15。在 pH4～10 条件下，储存 9 周未见分解现象。对热稳定，90℃半衰期为 71 天，110℃为 14 天。工业品原药含量 92%～94%，为

棕色固体，熔点 68～70℃。pH6.2，密度 1.16g/cm³，闪点 190.5℃（开口式）。

毒性 急性经口 LD$_{50}$（mg/kg）：雄大鼠＞5000，雌大鼠 4680。急性经皮 LD$_{50}$：兔＞4640mg/kg，豚鼠＞2g/kg，对兔皮肤无刺激，对兔眼睛有适度刺激，对豚鼠皮肤无致敏作用。大鼠急性吸入 LC$_{50}$（4 小时）＞5mg/L。2 年饲养试验表明，大鼠 NOEL 为 30mg/（kg·d），狗 90 天饲喂试验 NOEL 为 40mg/（kg·d）。在大鼠 30mg/（kg·d）多代繁殖试验中，未见异常。对人的 ADI 为 0.1mg/kg。在试验剂量内，未发现对动物有致畸、致突变、致癌作用。鹌鹑饲养 7 天，NOEL＞600mg/kg。鱼类 LC$_{50}$（96 小时）：蓝鳃鱼 30mg/L，虹鳟 16.6mg/L，金鱼＞10mg/L。蜜蜂 LD$_{50}$ 0.121mg/ 只。水蚤 LC$_{50}$（48 小时）24mg/L。

剂型 乳油，颗粒剂，悬浮剂，可湿性粉剂。

质量标准 大惠利 50% 可湿性粉剂外观为棕褐色粉末，密度为 16.2kg/m³，pH7～9。

作用方式及机理 酰胺类除草剂。通过杂草的根部或芽鞘吸入种子。在湿润土地中，半衰期长达 12 周。除草作用机理目前还未完全了解，一般认为，药剂经根和芽鞘进入草种子后，可抑制某些酶的形成而导致根芽不再生长，最后死亡。因而它能杀除由种子萌芽发生的很多单子叶杂草。

防治对象 适用于茄科、十字花科、葫芦科、豆科、石蒜科作物田以及果园、桑园、茶园杀除一年生杂草。如稗草、马唐、看麦娘、黍草、野燕麦、狗尾草等；也能杀死许多双子叶杂草，如猪殃殃、马齿苋、苋菜、苣荬菜、藜、锦葵等。该品有两种光学异构体（R）-(-) 和（S）-(+)，前者的除草效果是后者的 8 倍，工业品为两者的等量混合物（外消旋体）。

使用方法

防治辣椒、番茄、茄子等作物田杂草 可在苗前或移植后，在灌水或雨后用 50% 可湿性粉剂 1.5～1.8kg/hm²（有效成分 750～900g），兑水 600～900kg，均匀喷雾。在盖膜田，可适当降低用药量，因为温度、湿度均高于裸地栽培田，除草效果更好。

防治油菜、白菜、荠菜、菜花、萝卜等十字花科作物田杂草 直播或移栽田，可在播后苗前或移苗后，在土地湿润情况下，用 50% 可湿性粉剂 1.5～1.8kg/hm²，兑水 600～900kg，均匀喷雾，也可拌以潮湿细土均匀撒施。

防治大豆、花生及其他豆科作物田杂草 于播后苗前，用 50% 可湿性粉剂 1.8～2.25kg/hm²，兑水 750～1000kg，均匀喷于地表。

防治石蒜科和葫芦科作物田杂草 只限于移苗后施药，用 50% 可湿性粉剂 1.5～2.25kg/hm²，兑水均匀喷洒。

防治烟草田杂草 烟草苗床于播前喷雾，50% 可湿性粉剂 1.5～1.8kg/hm²；烟草移栽时以移植后施药 1.5～2.25kg/hm²，兑水 600～900kg。

防治果园、茶园、桑园杂草 于春季或秋季杂草萌发前，用 50% 可湿性粉剂 3～3.75kg/hm²，低压喷头，定向喷雾，天气干燥时，应适当提高用药量。如与三氮苯类或取代脲类除草剂混用，各自单独用量减半，可以扩大杀草谱。

防治草坪杂草 对已长成的多年生禾本科草坪，可单

独使用该品 50% 可湿性粉剂 1.5～2.25kg/hm²，或与 2 甲 4 氯混用，可防除一年生单、双子叶杂草。

注意事项 ①对芹菜、茴香等有药害，不宜使用。②在西北地区油菜田，在推荐剂量下，对后茬小麦出苗及幼苗生长无不良影响，但对后茬青稞出苗及幼苗生长有一定的抑制作用。因此如用量过高，会对下茬水稻、大麦、小麦、高粱、玉米等禾本科作物产生药害。每亩用量150g 以下，当季作物生长期超过 90 天以上，一般不会对后茬作物产生影响。③该品对已出土的杂草效果较差，故应在杂草出芽前较早施药，土地湿度大，除草效果好。④在日照长、气温高的春夏，由于光解作用强，用药量应略高于秋冬季，对干旱的土地，最好喷雾后进行混土以提高药效。⑤药剂应存于阴凉、干燥处，并与食物和种子等隔离存放。⑥使用该品时，应避免吸入和接触皮肤和眼睛。若遇吸入中毒者，应将其移至新鲜空气处，严重者应送医院。药液不慎溅入眼中和皮肤上，用大量清水冲洗 15 分钟以上。若误食引起中毒，应立即灌服清水或牛奶，并催吐，但对已昏迷者，不应灌服任何东西。

与其他药剂的混用 可与异噁草松、二甲草胺等混用。

允许残留量 GB 2763—2021《食品中农药最大残留限量标准》规定敌草胺的最大残留限量（mg/kg）：棉籽、西瓜 0.05，薄荷 0.1。ADI 为 0.3mg/kg。

参考文献

马克比恩 C, 2015. 农药手册[M]. 胡笑形, 等译. 北京: 化学工业出版社: 720-721.

朱永和, 王振荣, 李布青, 2006. 农药大典[M]. 北京: 中国三峡出版社: 679-681.

（撰稿：李华斌；审稿：耿贺利）

敌草净 desmetryn

一种三氮苯类广谱性除草剂。

其他名称 杀蔓灵、地蔓尽、G 34360、desmetryne、norametryne、semeron、samuron、topusyn。

化学名称 2-异丙氨基-4-甲氨基-6-甲硫基-1,3,5-三嗪；N-methyl-N′-(1-methylethyl)-6-(methylthio)-1,3,5-triazine-2,4-diamine。

IUPAC名称 N^2-isopropyl-N^4-methyl-6-(methylthio)-1,3,5-triazine-2,4-diamine。

CAS 登记号 1014-69-3。

EC 号 213-800-1。

分子式 C$_8$H$_{15}$N$_5$S。

相对分子质量 213.30。

结构式

开发单位　1964 年嘉基公司推广，获有专利 Swiss P 337 019；BP 814 948；其除草活性报道见 Baker C et al.，Weed Res.，1963，3，109；Elliot JG，Cox，T. I. Proc 6th Brit.Weed Control Conf，1962。

理化性质　白色结晶固体。熔点 84～86℃。蒸气压 0.133mPa（20℃）。相对密度 1.17。20～25℃在水中的溶解度 580mg/L，甲醇 300g/kg、丙酮 230g/kg、甲苯 200g/kg、己烷 2.6g/kg。在中性、微酸或微碱性介质中稳定。无腐蚀性。

毒性　大鼠急性经口 LD_{50} 1390mg/kg，小鼠急性经口 LD_{50} 1750mg/kg。大鼠急性经皮 LD_{50} 2g/kg。对兔皮肤和眼睛无刺激。大鼠急性吸入 LC_{50}（1 小时）> 1563mg/m³。90 天饲喂试验 NOEL：大鼠为 20mg/kg 饲料［1.5mg/（kg·d）］，狗为 200mg/kg 饲料［6.6mg/（kg·d）］。对人的 ADI 为 0.0075mg/kg。日本鹌鹑 LC_{50}（8 天）> 10g/kg，鱼类 LC_{50}（96 小时）：虹鳟 2.2mg/L，普通鲤鱼 37mg/L。对蜜蜂低毒，LD_{50}（经口）> 197pg/ 只，LD_{50}（局部）> 101μg/ 只。蚯蚓 LC_{50}（14 天）160mg/kg 土壤。水蚤 LC_{50}（48 小时）45mg/L。

剂型　25%、50%、80% 可湿性粉剂。

质量标准　原药含量不低于标示量，水分含量要求≤ 1.5%，稀释液的悬浮率要求在 50%～70%，润湿性≤ 5 分钟。

作用方式及机理　内吸传导。该药系选择性芽后除草剂，被植物的根和叶吸收输导，通过木质部传输，富集于顶端分生组织。通过抑制光合作用电子传递链光合系统 II 中的蛋白受体发挥作用，在土壤内持效期短。

防治对象　适用于油菜等十字花科作物（西兰花和花椰菜除外）、棉花、大豆、麦类、花生、向日葵、马铃薯、果树、蔬菜、茶树及水稻田防除稗草、马唐、千金子、野苋菜、蓼、藜、马齿苋、看麦娘、繁缕、车前草等一年生禾本科及阔叶杂草等。对一年生杂草、阔叶杂草，特别是藜属、滨藜属的防效优于禾本科杂草。

使用方法

防治棉花杂草　播种前或播种后出苗前，每亩用 50% 可湿性粉剂 100～150g 或每亩用 48% 氟乐灵乳油 100ml 与 50% 敌草净可湿性粉剂 100g 混用，兑水 30kg 均匀喷雾于地表，或混细土 20kg 均匀撒施，然后混土 3cm 深，可有效防除一年生单、双子叶杂草。

防治花生、大豆杂草　播种前或播种后出苗前，每亩用 50% 可湿性粉剂 100～150g，兑水 30kg，均匀喷雾土表。

防治谷子杂草　播后出苗前，每亩用 50% 可湿性粉剂 50g，兑水 30kg，土表喷雾。

防治麦田杂草　于麦苗 2～3 叶期，杂草 1～2 叶期，每亩用 50% 可湿性粉剂 75～100g，兑水 30～50kg，作茎叶喷雾处理，可防除繁缕、看麦娘等杂草。

防治胡萝卜、芹菜、大蒜、洋葱、韭菜、茴香等杂草　在播种时或播种后出苗前，每亩用 50% 可湿性粉剂 100g，加水 50kg 土表均匀喷雾，或每亩用 50% 敌草净可湿性粉剂 50g 与 25% 除草醚乳油 200ml 混用，效果更好。在一年生杂草大量萌发初期，土壤湿润条件下，每亩用 50% 可湿性粉剂 250～300g，单用或减半量与甲草胺、丁草胺等混用，兑水均匀喷布土表层。

防治稻田杂草　水稻移栽后 5～7 天，每亩用 50% 可湿性粉剂 20～40g，或 50% 敌草净可湿性粉剂加 25% 除草醚可湿性粉剂 400g，拌湿润细沙土 20kg 左右，充分拌匀，在稻叶露水干后，均匀撒施全田。施药时田间保持 3～5cm 浅水层，施药后保水 7～10 天。水稻移栽后 20～25 天，眼子菜叶片由红变绿时，北方每亩用 50% 可湿性粉剂 65～100g，南方用 25～50g，拌湿润细土 20～30kg 撒施。水层保持同前。

注意事项　严格掌握施药量和施药时间，否则易产生药害。有机质含量低的砂质土壤，容易产生药害，不宜使用。施药后半月不要任意松土或耘稠，以免破坏药层影响药效。喷雾器具使用后要清洗干净。

与其他药剂的混用　可与 48% 氟乐灵乳油、25% 除草醚乳油、甲草胺或丁草胺合用，效果更好。

允许残留量　欧盟农药数据库对所有食品中的最大残留量水平（MRLs）限制为 0.01mg/kg（Regulation No.396/2005）。

参考文献

苏少泉，1979. 均三氮苯类除草剂的新进展[J]. 农药工业译丛，2: 8-19.

朱永和、王振荣、李布青，2006. 农药大典[M]. 北京: 中国三峡出版社: 825-826.

MACBEAN C, 2012. The pesticide manual: a world compendium [M]. 16th ed. UK.: BCPC: 162-164.

（撰稿：杨光富；审稿：吴琼友）

敌草快　diquat

一种联吡啶类除草剂。

其他名称　利农。

化学名称　1,1′- 亚乙基 -2,2′- 联吡啶二溴盐。

IUPAC 名称　1,1′-ethylene-2,2′-bipyridylium dibromide。

CAS 登记号　6385-62-2。

EC 号　220-433-0。

分子式　$C_{12}H_{14}Br_2N_2$。

相对分子质量　344.05。

结构式

开发单位　英国捷利康公司。

理化性质　敌草快二溴盐以单水合物形式存在，为白色或浅黄色结晶。相对密度 1.61（25℃）。熔点 324℃。蒸气压 1.3×10^{-5}Pa。水中溶解度为 700g/L（20℃），微溶于乙醇，不溶于非极性有机溶剂。在酸性和中性介质中稳定，在碱性介质中分解。

毒性　中等毒性。急性经口 LD_{50}（mg/kg）：大鼠 408、小鼠 234。急性经皮 LD_{50}（mg/kg）：大鼠 793、兔 > 400。对皮肤和眼睛有中等刺激性。狗 2 年饲喂试验 NOEL 1.7mg/（kg·d）。试验剂量内无致畸、致突变、致癌作用。对鱼、蜜蜂、鸟低毒。鱼类 LC_{50}（mg/L）：鲤鱼 40（48 小时），虹鳟 45（24 小时）。水蚤 LC_{50}（48 小时）2.2μg/L。蜜蜂急性经口 LD_{50} 950μg/ 只。鹌鹑急性经口 LD_{50} 270mg/kg，野鸭饲喂 LC_{50} 155mg/kg 饲料。

剂型　10%、20%、25% 水剂，200g/L 水剂。

质量标准　敌草快母药（HG/T 5245—2017）。

作用方式及机理　非选择性触杀型除草剂。可被植物绿色组织迅速吸收。在植物绿色组织中，联吡啶化合物是光合作用电子传递抑制剂，还原状态的联吡啶化合物在光诱导下，有氧存在时很快被氧化，形成活泼过氧化氢，其积累破坏植物细胞膜，使着药部位很快枯黄。

该药在土壤中迅速丧失活力，适用于作物种子萌发前杀死已经出土的杂草，不能破坏植物根部和土壤内潜藏的种子，因而施药后杂草有再生现象。该药不易淋溶，因此不易污染地下水。

防治对象　一年生禾本科杂草及一年生阔叶杂草，对多年生杂草地上部有杀除作用。

使用方法　茎叶喷雾。用于非耕地除草和行间除草。

非耕地除草　每亩使用 20% 敌草快水剂 150~200g（有效成分 30~40g），兑水 30~40L 对靶喷雾。

免耕作物播种前　如免耕小麦播种前，每亩使用 20% 敌草快水剂 150~200g（有效成分 30~40g），兑水 30~40L 对靶标喷雾。

注意事项　①对深根性杂草及多年生杂草根部防效差，可与传导性除草剂混用。②施药时天气干旱可加喷雾助剂提高药效。③喷雾时防止药液飘移到周围作物。④勿与碱性磺酸盐湿润剂、激素型除草剂的碱金属盐类混合使用，以免降低药效。

与其他药剂的混用　可与土壤处理剂混用，起到触杀及封闭作用。

允许残留量　GB 2763—2021《食品中农药最大残留量标准》规定敌草快最大残留量见表。ADI 为 0.006mg/kg。谷物、水果按照 GB/T 5009.221、SN/T 0293 规定的方法测定；油料和油脂、蔬菜、糖料参照 SN/T 0293 规定的方法测定。

部分食品中敌草快的最大残留限量（GB 2763—2021）

食品类别	名称	最大残留限量（mg/kg）
谷物	小麦	2.00
	小麦粉	0.50
油料和油脂	油菜籽	1.00
	食用油	0.05
蔬菜	马铃薯、山药	0.05
	木薯、甘薯	0.05
水果	苹果	0.10

参考文献

刘长令, 2002. 世界农药大全: 除草剂卷[M]. 北京: 化学工业出版社.

马克比恩 C, 2015. 农药手册[M]. 胡笑形, 等译. 北京: 化学工业出版社.

中国农业百科全书总编辑委员会农药卷编辑委员会, 中国农业百科全书编辑部, 1993. 中国农业百科全书: 农药卷[M]. 北京: 农业出版社.

SHANER D L, 2014. Herbicide handbook[M]. 10th ed. Lawrence, KS: Weed Science Society of America.

（撰稿：李香菊；审稿：耿贺利）

敌草隆　diuron

一种内吸传导型苯脲类除草剂。

其他名称　Direx、Diurex（Makhteshim-Agan）、Karmex（DuPont）、Sanuron（Dow AgroSciences）、Vidiu（Vipesco）、DPX14740、DCMU、Dichlorfenidim Karmex、地草净、敌芜伦。

化学名称　3-(3,4- 二氯苯基)-1,1- 二甲基脲。

IUPAC 名称　3-（3,4-dichlorophenyl）-1,1-dimethylurea。

CAS 登记号　330-54-1。

EC 号　206-354-4。

分子式　$C_9H_{10}Cl_2N_2O$。

相对分子质量　233.09。

结构式

开发单位　由 H. C. Bucha 和 C. W. Todd 报道其除草活性（Science，1951，114：493）。由杜邦公司于 1967 年上市。

理化性质　无色晶体。熔点 158~159℃。含量≥95%，蒸气压 $4.13 \times 10^{4}Pa$（50℃）。$K_{ow}\lg P$ 2.85±0.03（25℃）。相对密度 1.48。溶解度：水 37.4mg/L（25℃）；丙酮 53、硬脂酸丁酯 1.4，苯 1.2（g/kg，27℃）；微溶于烃类。常温中性介质中稳定，但升温后分解。酸性和碱性环境中均水解。180~190℃热分解。

毒性　大鼠急性经口 LD_{50}＞2000mg/kg。兔急性经皮 LD_{50}＞2000mg/kg（使用 80% 水分散粒剂）。轻度刺激兔眼睛（可湿性粉剂）；不刺激完整的豚鼠皮肤（50% 水浆）。对豚鼠皮肤不致敏。大鼠吸入 LC_{50}（4 小时）＞7mg/L。NOEL：狗（2 年）25mg/kg［雄 1.0、雌 1.7mg/（kg·d）］。毒性取决于浓度。山齿鹑经口 LD_{50}（14 天）1104mg/kg。饲喂 LC_{50}（8 天，mg/kg 饲料）：日本鹑＞5000，绿头野鸭 5000，雄鸡＞5000。虹鳟 LC_{50}（96 小时）14.7mg/L，羊头原鲷 6.7mg/L，黑头呆鱼 14mg/L。水蚤 EC_{50}（48 小时）1.4mg/L。羊角月牙藻 EC_{50}（120 小时）0.022mg/L。浮萍 EC_{50}（7 天）0.0183mg/L。褐虾 EC_{50}（48 小时）1，美洲钩虾 0.16mg/L。实际上对蜜蜂无毒；LD_{50}（接触）145mg/kg。蚯蚓 LC_{50}（14 天）＞400mg/kg 土壤（基于敌草隆代谢物的研究）。梨盲走螨和烟

蚜茧蜂 $LR_{50} > 4kg/hm^2$。

剂型　可分散性粉剂，水分散粒剂。

质量标准　可分散性粉剂，易流动性细粉末，无可见外来物和硬块，悬浮率≥40%。水分散性粒剂干燥，易流动，无可见外来物和硬块，适于水中崩解，悬浮率≥60%。

作用方式及机理　内吸性除草剂，主要被根部吸收，通过木质部向顶传导。光合系统Ⅱ受体位点的光合作用电子传递抑制剂。

防治对象　在非耕地同时防除杂草和苔藓，剂量10～30kg/hm²。用于芦笋、果树（包括柑橘）、灌木浆果、藤蔓、橄榄树、凤梨、香蕉、甘蔗、棉花、薄荷、苜蓿、饲料豆类、谷物、玉米、高粱和多年生禾本科种子作物，选择性防除发芽阶段的禾本科杂草和阔叶杂草，剂量0.6～4.8kg/hm²。低剂量时土壤中有药害的残留在3个月内消失。

使用方法　用25%敌草隆可湿性粉剂3～4.5kg/hm²，加水7.5kg，均匀喷雾土表，防效90%以上；用于水稻田防除眼子菜用0.75～1.5kg/hm²，防效90%以上；果树、茶园在杂草萌芽高峰期，用25%可湿性粉剂3～3.75kg/hm²，加水5.3kg喷雾土表，亦可在中耕除草后进行土壤喷雾处理。

与其他药剂的混用　Amigo（＋杀草强）（Nufarm España、Nufarm SAS）；Gramocil（＋百草枯二盐酸盐）（Syngenta）；Rapir Neu（＋杀草强）（Bayer CropScience）。

参考文献

马克比恩 C, 2015. 农药手册[M]. 胡笑形, 等译. 北京: 化学工业出版社.

农业部农药鉴定所, 2015. 农药产品标准手册[M]. 北京: 化学工业出版社.

（撰稿：李正名；审稿：耿贺利）

敌草索　chlorthal-dimethyl

一种苯二甲酸类除草剂。

其他名称　Dacthal、氯酞酸二甲酯、Cepos、Chlorthal dimethyl ester、Chlorthal-methyl、DAC 893、DCPA、Dac 4、NSC 155745、TCTP。

化学名称　2,3,5,6-四氯对苯二甲酸二甲酯; dimethyl 2,3,5,6-tetrachloro terephthalate。

IUPAC 名称　1,4-dimethyl 2,3,5,6-tetrachlorobenzene-1,4-dicarboxylate。

CAS 登记号　1861-32-1。

分子式　$C_{10}H_6Cl_4O_4$。

相对分子质量　331.96。

结构式

开发单位　美国大洋化学公司（原大洋制碱公司）。

理化性质　纯品为白色结晶，熔点155～156℃。相对密度1.558±0.06（20℃，101.32kPa），蒸气压67Pa（40℃）。25℃时在水中溶解度为0.5mg/L，溶于丙酮、二噁烷、甲苯、二甲苯。性质稳定，无腐蚀性。

毒性　大鼠急性经口 LD_{50} 3000mg/kg，大鼠吸入 LC_{50} 5700mg/L，小鼠吸入 LC_{50} 320mg/L，兔急性经皮 LD_{50} 10 000mg/kg。一次用药3mg对白兔眼睛产生轻微刺激，在24小时内消失；大鼠和狗用含1%的饲料喂养未见不良影响。

剂型　75%可湿性粉剂，2.5%、5%颗粒剂。

作用方式及机理　具有内吸传导特性。既能用于芽前处理，也可进行茎叶喷雾。

防治对象　适用于多种作物，如玉米、菜豆、黄瓜、洋葱、辣椒、草莓、莴苣、茄子、芜菁等作物田的杂草防除，还适用于草坪和观赏植物。可防除一年生禾本科杂草及某些阔叶杂草，如狗尾草、马唐、地锦、马齿苋、繁缕、菟丝子等。用量为4～6kg/hm²。

允许残留量　GB 2763—2021《食品中农药最大残留限量标准》规定敌草索在谷物、蔬菜、水果等中的最大残留限量为0.01mg/kg。ADI 为0.01mg/kg。

参考文献

陈子明，樊能廷, 2001. 除草剂敌草索的合成[J]. 河北化工(2):39-41.

（撰稿：胡方中；审稿：耿贺利）

敌敌钙　calvinphos

一种高效、广谱、低毒的有机磷类杀虫剂。

其他名称　CAVP、Dankil、Pabalik、Cheval、Krecalvin、K701、Dm-15。

化学名称　O-2,2-二氯乙烯基-O-甲基磷酸钙和O-2,2-二氯乙烯基-O-甲基磷酸酯的络合物。

IUPAC 名称　2,2-dichlorovinyl dimethyl phosphate compound with calcium bis(2,2-dichlorovinyl methyl phosphate) (1:1)。

CAS 登记号　6465-92-5。

分子式　$C_{10}H_{15}CaCl_6O_{12}P_3$。

相对分子质量　672.94。

结构式

开发单位　最先由日本吴羽化学工业公司合成。

D

理化性质　白色结晶，熔点 64～67℃。无臭白色结晶固体，不刺激皮肤，溶于甲醇、乙醇、丙醇、乙醚、四氢化氧杂茂、二噁烷、丙酮、甲基乙基酮、环己酮、甲基和乙基乙酸盐、氯仿、四氯化碳、三氯乙烯、全氯乙烯、苯、甲苯、二甲苯、氯苯等有机溶剂，不溶于正戊烷、正己烷、正庚烷和煤油。在 25℃水中溶解度为 4%，在碱性溶液中不如在酸性溶液中稳定。室温下每年分解 1.5%～2%。

剂型　10%、65% 水溶性粉剂，2% 粉剂，各种浓度乳剂，兽用胶囊剂。

防治对象　桑树的桑螟、菱纹叶蝉，菊花蚜虫，苹果金纹细蛾，白菜、甘蓝的菜青虫。家畜体外体内寄生虫。

使用方法　防治家蝇，以 0.5% 的水溶剂加糖或牛奶，用脱脂棉吸附作毒饵进行防治，有效期为 25 天。以 0.1% 的敌敌钙水溶性粉剂喷 70～100ml，14 天后药效近 100%。以 0.1% 水溶性粉剂喷鸡棚，每平方米 30～50ml，2～3 小时内杀死大部分鸡虱，持效期 9 天。对家畜马蝇，喷 0.2% 的敌敌钙水溶性粉剂即可防治。对鹅羽虱，以 0.1% 敌敌钙水溶液进行药浴 5 分钟，药浴后 10～15 分钟，虱子开始从羽毛上脱落，在 45 分钟内脱落的羽虱死亡 50%。灭鸡体上的林禽刺螨，每只喷 0.1% 敌敌钙水溶液 70～10ml，14 天后药效接近 10%。对寄居于鸡等禽类窝巢内的鸡刺皮螨，用 0.1% 敌敌钙水溶液喷洒，每平方米 30～50ml，能立即杀死螨，存效期 3～4 天。以 8mg/kg 剂量的敌敌钙给鸡投药驱蛔虫，驱虫率达 100%。防治玉米螟，500g 10% 的水溶性粉剂加 10kg 细沙，制备成 0.5% 的颗粒剂，每株玉米 0.3g，杀虫率达到 98%，也有防治蚜虫效果。

注意事项　在果树和蔬菜上使用时，对苹果的安全间隔期为 30 天，对白菜、甘蓝的为 7 天，对苹果最多施药 3 次，对白菜、甘蓝最多施药 4 次。

参考文献

陈汉忠，1992. 杀虫、驱虫新药——敌敌钙[J]. 广西畜牧兽医 (2): 54.

朱永和，王振荣，李布青，2006. 农药大典[M]. 北京: 中国三峡出版社: 88-89.

（撰稿: 吴剑；审稿: 薛伟）

敌敌磷　phosphoricacid

一种有机磷类杀虫剂。

其他名称　Compound1836、Shell OS-1836、OC-1836、P-2、棉宁、棉花宁。

化学名称　O,O-二乙基-O-(2-氯乙烯基)磷酸酯；O,O-diethyl 2-chlorovinyl phosphate。

IUPAC 名称　[(E)-2-chloroethenyl] diethyl phosphate。

CAS 登记号　311-47-7。

分子式　$C_6H_{12}ClO_4P$。

相对分子质量　214.58。

结构式

理化性质　无色透明流动性液体。沸点 110～114℃（1.33kPa）。相对密度 d_4^{25} 1.2081。折射率 n_D^{25} 1.4345。稍溶于水，能溶于有机溶剂。

毒性　鼠急性经口 LD_{50} 10mg/kg。

剂型　乳剂。

作用方式及机理　具有内吸、触杀和熏蒸作用，挥发性强，作用迅速，持效期短。

防治对象　对棉铃虫有特效，对豆类作物的螨类、食心虫、豆长管蚜、欧洲家蝇及红粉介壳虫亦有效，也能防治东亚飞蝗、玉米螟、三化螟、蓖麻蚕幼虫等。因持效期太短，推广使用受到影响。

注意事项　①储于阴凉、通风的库房中。防潮、防高温暴晒、防雨淋。寒冷季节要注意保持库温在结晶点以上，防止冻裂容器及变质。严禁接触火种。储运现场不得吸烟、喝水、进食。不能与粮食、种子、饲料、各种日用品混装混运。操作人员须穿工作服，戴橡胶防护手套。须贴"剧毒品"标识，乳油增加"易燃液体"副标识。②泄漏时，粉剂可扫起装入袋中；乳剂可用沙土吸收倒至指定的空旷地深埋。污染区应撒上石灰，再用大量水冲洗，废水排入废水系统。火灾时，可用干粉、泡沫和沙土灭火。消防人员须戴防毒面具，穿防护服。③急救措施。皮肤被污染时可用清水冲洗，再用肥皂彻底洗涤；误服时迅速催吐、洗胃，并送医院治疗。常用解毒药为阿托品。

参考文献

张维杰，1996. 剧毒物品实用技术手册[M]. 北京: 人民交通出版社: 426-427.

朱永和，王振荣，李布青，2006. 农药大典[M]. 北京: 中国三峡出版社: 13.

（撰稿: 吴剑；审稿: 薛伟）

敌敌畏　dichlorvos

一种有机磷类杀虫剂。

其他名称　DDVP、熏虫灵、速罢蚜、律九九、烟熏虫灭、灵兴、杀虫优、家虫净、棚虫克、死得快、棚虫畏、熏蚜一号、歼蚜特、百扑灭、全乐走、卷虫平、昌盛灵、DDV、Bayer19149、OMS14、ENT20738、C177。

化学名称　O,O-二甲基-O-(2,2-二氯乙烯基)磷酸酯；2,2-dichlorovinyl dimethyl phosphate。

IUPAC 名称　2,2-dichlorovinyl dimethyl phosphate。

CAS 登记号　62-73-7。

EC 号　200-547-7。

分子式　$C_4H_7Cl_2O_4P$。

相对分子质量　220.98。

结构式

开发单位　1955 年由壳牌化学公司开发。

理化性质　纯品为无色至琥珀色液体，有芳香味。相对密度 1.42（25℃）。沸点 74℃（133.32Pa）。折射率 14523。在室温下水中溶解度 10g/L。在煤油中溶解度 2～3g/kg。能与大多数有机溶剂和气溶胶剂混溶，对热稳定，但能水解。在碱性溶液中水解更快。对铁和软钢有腐蚀性。对不锈钢、铝、镍没有腐蚀性。

毒性　大鼠急性经口 LD_{50} 约 50mg/kg。大鼠急性经皮 LD_{50} 约 90mg/kg。对兔皮肤和眼睛有刺激。大鼠急性吸入 LC_{50} 340mg/m³（4 小时），455mg/m³（1 小时）。大鼠 2 年饲喂试验 NOEL 为 100mg/kg 饲料。鹌鹑急性经口 LD_{50} 24mg/kg。日本鹌鹑经口 LD_{50}（8 天）300mg/kg。鱼类 LC_{50}（96 小时）：虹鳟 200mg/L，金色圆腹雅罗鱼 450μg/L。蜜蜂急性经口 LD_{50} 0.29μg/ 只。水蚤 LC_{50}（48 小时）0.19μg/L。对瓢虫、食蚜蝇等天敌及蜜蜂具有杀伤力。

剂型　50%、75%、80% 乳油，10%、30%、33.5%、37%、40% 高渗乳油，2%、15%、17%、22%、30%、50% 烟剂，22.5%、50% 油剂，20%、28% 缓释剂。

质量标准　浅黄色至棕色透明液体，敌敌畏含量≥80%（化学法）≥77.5%（气相色谱法）、酸度（以 H_2SO_4 计）≤0.2%，水分含量≤0.1%。80% 敌敌畏乳油为浅黄色到黄棕色透明液体。50% 敌敌畏油剂：外观为淡黄色油状体，闪点 75℃（加柴油），黏度为 $1.86×10^{-3}$Pa·s。敌敌畏含量≥50%，酸度（以 H_2SO_4 计）≤0.5%，水分含量≤0.1%。20% 敌敌畏塑料块缓释剂：外观为薄型塑料的平面块状，敌敌畏含量≥20%，薄块重为 29～33g/ 块。

作用方式及机理　高效、速效、广谱的有机磷杀虫剂，具有熏蒸、胃毒和触杀作用，抑制昆虫胆碱酯酶。

防治对象　对咀嚼式与刺吸式口器害虫均有良好的防治效果。敌敌畏的蒸气压较高，对害虫有极强的击倒力。施后易分解，持效期短；适用于防治棉花、果木和经济林、蔬菜、甘蔗、烟草、茶、用材林上的多种害虫。对蚊、蝇等家庭卫生害虫以及仓库害虫米象、谷盗等也有良好的防治效果。

使用方法　①80% 乳油在害虫低龄幼虫或若虫期或发生初期视害虫发生情况，每 7 天左右施药一次，按照表 1 所示的剂量进行喷雾。②对卫生害虫的防治，采用 80% 的乳油 300～400 倍液泼洒或 0.08g/m³ 的用量下挂条熏蒸，可防治多种卫生害虫。③对粮仓害虫的防治，采用 80% 的乳油 400～500 倍液泼洒或 0.4～0.5g/m³ 的用量下挂条熏蒸，可防治多种储藏害虫。④在茶叶上施用，因其水解速度快，残留问题较小。敌敌畏对昆虫有强的触杀和熏蒸作用，并兼具胃毒作用，故有速效特点。对卷叶蛾类、茶尺蠖、茶毛虫等鳞翅目食叶类害虫的幼虫有特效，并可兼治小绿叶蝉、茶蚜、茶叶蓟马、黑刺粉虱。因持效期短，对小绿叶蝉、蓟马等

表 1　敌敌畏在作物上的用法和用量

作物	防治对象	有效成分用药量	施用方法
茶树	食叶害虫	600g/hm²	喷雾
棉花	蚜虫 造桥虫	600～1200g/hm² 600～1200g/hm²	喷雾
苹果树	小卷叶蛾 蚜虫	400～500mg/kg 400～500mg/kg	喷雾
青菜	菜青虫	600g/hm²	喷雾
桑树	尺蠖	600g/hm²	喷雾
小麦	蚜虫 黏虫	600g/hm² 600g/hm²	喷雾

世代重叠的害虫，需多次重复喷药。每亩每次用 80% 乳油 75～100g（配成 1500 倍液）。中国 1977 年颁布的茶叶中允许残留标准为 0.1mg/kg。安全间隔期为 6 天。

注意事项　①该品在温室栽培作物上使用的安全间隔期为 3 天，其他栽培方式的安全间隔期为 7 天。该产品用于粮仓喷雾和熏蒸时，仅用作空仓器材杀虫剂，不可用作他用。对高粱、月季花易产生药害，对玉米、豆类、瓜类幼苗及柳树也较敏感。使用时应注意避免药液飘移到上述作物上。②不可与呈碱性的农药等物质混合使用。③使用该品时应穿戴防护服和手套，避免吸入药液。施药期间不可吃东西和饮水。施药后应及时洗手和洗脸。④对蜜蜂、鱼类等水生生物、家蚕有毒，施药期间应避免对周围蜂群的影响，开花植物花期、蚕室和桑园附近禁用。远离水产养殖区施药，禁止在河塘等水体中清洗施药器具。⑤建议与其他作用机制不同的杀虫剂轮换使用，以延缓抗性产生。⑥用过的容器应妥善处理，不可做他用，也不随意丢弃。⑦孕妇或哺乳期妇女禁止接触该品。⑧中毒症状。急性中毒多因误食引起，约半小时到数小时可发病。轻度中毒：全身不适，头痛、头昏、无力、视力模糊、呕吐、出汗、流涎、嗜睡等，有时有肌肉震颤，偶有腹泻。中度中毒：除上述症状外剧烈呕吐、腹痛、烦躁不安、抽搐、呼吸困难等。重度中毒：癫痫样抽搐。急性中毒多在 12 小时内发病，误服者立即发病。⑨急救治疗。不慎吸入，应将病人移至空气流通处。不慎接触皮肤或溅入眼睛，应用大量清水冲洗至少 15 分钟。误食则应立即携此标签将病人送医院诊治，用阿托品 1～5mg 皮下或静脉注射（按中毒轻重而定）；用解磷定 0.4～1.2g 静脉注射（按中毒轻重而定）；禁用吗啡、茶碱、吩噻嗪、利血平。

与其他药剂的混用　与氯吡硫磷、乙酸甲胺磷等混用，用于防治棉花、水稻和蔬菜害虫；与菊酯类农药混用，用于防治蔬菜害虫；与阿维菌素混用，用于防治斑潜蝇；与乐果混用，用于防治蚜虫等。20% 高氯·敌敌畏（0.5% 高效氯氰菊酯 +19.5% 敌敌畏）乳油，甘蓝菜青虫幼虫盛发期施药，均匀喷布于蔬菜叶片正反面，视虫害发生情况，在用量为 150～225g/hm² 时，每 7 天左右喷雾施药一次，可连续用药 2～3 次，可防治菜青虫；36% 敌敌畏·氯（4% 氯氰菊酯 +32% 敌敌畏）乳油，在用量为 162～270g/hm² 时喷雾，可防治十字花科蔬菜的蚜虫。

允许残留量　GB 2763—2021《食品中农药最大残留限量

标准》规定敌敌畏最大残留限量见表2。ADI 为 0.004mg/kg。谷物按照 GB 23200.113、GB/T 5009.20、SN/T 2324 规定的方法测定；油料和油脂按照 GB 23200.113、GB/T 5009.20 规定的方法测定；蔬菜、水果按照 GB 23200.8、GB 23200.113、GB/T 5009.20、NY/T 761 规定的方法测定。

表 2 部分食品中敌敌畏最大残留限量（GB 2763—2021）

食品类别	名称	最大残留限量（mg/kg）
谷物	稻谷、麦类、旱粮类、杂粮类	0.1
	糙米、玉米	0.2
油料和油脂	棉籽、大豆	0.1
蔬菜	鳞茎类蔬菜、芸薹属类蔬菜（结球甘蓝除外）、茄果类蔬菜、瓜类蔬菜、豆类蔬菜、茎类蔬菜、根茎类和薯芋类蔬菜（萝卜除外）、水生类蔬菜、芽菜类蔬菜、其他类蔬菜、叶菜类蔬菜（大白菜除外）	0.2
	结球甘蓝、大白菜、萝卜	0.5
水果	柑橘类水果、仁果类水果（苹果除外）、核果类水果（桃除外）、浆果和其他小型水果、热带和亚热带水果、瓜果类水果	0.2
	苹果、桃	0.1

参考文献

刘珍才, 2009. 实用中毒急救数字手册[M]. 天津: 天津科学技术出版社: 435-436.

张堂恒, 1995. 中国茶学辞典[M]. 上海: 上海科学技术出版社: 159-160.

朱永和, 王振荣, 李布青, 2006. 农药大典[M]. 北京: 中国三峡出版社: 11-13.

（撰稿：吴剑；审稿：薛伟）

敌噁磷　dioxathion

一种有机磷杀虫剂、杀螨剂。

其他名称　Bercotox、Delnav、Kavadel、Navadel、Polythion、Ruphos、二噁硫磷、敌杀磷、环氧硫磷、虫满敌、Delnatex、Dioxation、Deltic、Dioxothion、Dioxane phosphate、Delanov。

化学名称　2,3-*p*-dioxanedithiol *S,S*-bis(*O,O*-diethyl phosphorodithioate)。

IUPAC 名称　*S,S* '-(1,4-dioxane-2,3-diyl)*O,O,O* ',*O* '-tetraethyl bis(phosphorodithioate)。

CAS 登记号　78-34-2。

EC 号　201-107-7。

分子式　$C_{12}H_{26}O_6P_2S_4$。

相对分子质量　456.53。

结构式

开发单位　1954 年由赫古来公司开发推广。

理化性质　工业品为棕色液体。相对密度 d_4^{25} 1.257。折射率 n_D^{20} 1.54g。在 25℃时，黏度为 117mPa·s。工业品中含 68%～75% 敌噁磷混合物，其中（*Z*）- 异构体约 24%，（*E*）- 异构体约 48%，相关化合物约 30%。不溶于水，在己烷和煤油中溶解不到 1%。

毒性　急性经口 LD_{50}：雄大鼠 43mg/kg，雌大鼠 23mg/kg，雌大鼠急性经皮 LD_{50} 63mg/kg。每天以 10mg/kg 含量的饲料喂大鼠，引起胆碱酯酶抑制作用。以 0.8mg/kg 剂量，在 14 天以上喂狗 10 次，狗血浆胆碱酯酶活性降低，其他无明显影响。

剂型　480g/L 乳剂。也可与其他杀虫剂混合，用于防治家畜体上的害虫。

作用方式及机理　非内吸性杀虫剂和杀螨剂。

防治对象　柑橘螨类。无药害，对天敌安全。

使用方法　480g/L 乳剂 1000～2000 倍液用于果树和观赏植物防治植食性螨类。

参考文献

朱永和, 王振荣, 李布青, 2006. 农药大典[M]. 北京: 中国三峡出版社: 97.

（撰稿：吴剑；审稿：薛伟）

敌磺钠　fenaminosulf

一种优良的种子和土壤处理剂，可作杀菌剂。

其他名称　Dexon（Bayer）、Lesan（Bayer）、敌克松、地克松。

化学名称　[4-(二甲基氨基)苯基]二氮烯磺酸钠；Sodium[4-(dimethylamino)phenyl] diazenesulfonate。

IUPAC 名称　sodium 4-dimethylaminobenzenediazosulphonate。

CAS 登记号　140-56-7。

EC 号　205-419-4。

分子式　$C_8H_{10}N_3NaO_3S$。

相对分子质量　251.24。

结构式

开发单位　1958 年由德国拜耳公司开发推广，获有专利 DAS1,028,828。中国沈阳化工研究院于 1965 年研究合成。拜耳公司 1989 年已停产。

理化性质　纯品为淡黄色结晶。工业品为黄棕色无味粉末，约 200℃分解，可溶于水（20℃时溶解度为 40g/kg）。溶于二甲基甲酰胺、乙醇等，但不溶于苯、乙醚、石油。水溶液遇光易分解，加亚硫酸钠可使之稳定。在碱性介质中稳定。

毒性　中等毒性。纯品急性经口 LD_{50}：大鼠 75mg/kg，豚鼠 150mg/kg，大鼠急性经皮 LD_{50} > 150mg/kg。鲤鱼 LC_{50} 1.2mg/L，鲫鱼 LC_{50} 2mg/L。对人皮肤有刺激作用。

剂型　50%、70%、95% 可溶性粉剂。

质量标准　95% 可溶性粉剂外观为黄色或黄棕色有光泽结晶。

作用方式及机理　一种优良的种子和土壤处理剂，具有一定的内吸渗透作用。其作用机制是通过作用于病原菌呼吸链上复合体Ⅰ，阻断了辅酶Ⅰ（NDA）和黄酶Ⅰ（FMN）之间的电子传递。对腐霉菌和丝囊菌引起的病害有特效，对一些真菌病害亦有效，属保护性药剂，对作物兼有生长刺激作用。

防治对象　稻瘟病、稻恶苗病、锈病、猝倒病、白粉病、疫病、黑斑病、炭疽病、霜霉病、立枯病、根腐病和茎腐病，以及粮食作物的小麦网腥黑穗病、腥黑穗病。

使用方法

防治烟草黑胫病　每亩用 95% 可溶性粉剂 350g（有效成分 332.5g）与 15～20kg 细土混匀，在移栽时和起垄前，将药土撒在烟苗基部周围，立即覆土。也可用 95% 可溶性粉剂的 500 倍稀释液喷洒在烟苗茎基部及周围上面，每亩用药液 100kg（有效成分 190g），每隔 15 天喷药 1 次，共 3 次。

防治棉花苗期病害　100kg 棉花种子用 95% 可溶性粉剂 500g（有效成分 475g）拌种。

防治蔬菜病害　每亩用 95% 可溶性粉剂 184～368.4g（有效成分 175～350g），兑水喷雾或泼浇，可防治大白菜软腐病、番茄绵疫病、炭疽病，黄瓜、冬瓜、西瓜等的枯萎病、猝倒病、炭疽病等。

防治甜菜立枯病、根腐病　100kg 甜菜种子用 95% 可溶性粉剂 500～800g（有效成分 475～760g）拌种。

防治水稻苗期立枯病、黑根病、烂秧病　每亩秧用 95% 可溶性粉剂 921g（有效成分 875g），加水泼浇或喷雾。

防治松杉苗木立枯病、根腐病　100kg 种子用 95% 可溶性粉剂 147.4～368.4g（有效成分 140～350g）拌种。

注意事项　使用时敌磺钠溶解较慢，可先加少量搅拌均匀后，再加水稀释溶解。不能与碱性农药和农用抗生素混合使用。长期单一使用易产生抗性，与苯并咪唑类杀菌剂有交互抗性，应注意与其他药剂轮用。应储存在避光、通风、干燥、阴凉处。水溶液在日光照射下不稳定，最好是现用现配，并宜于在阴天或傍晚施药。禁止用敌磺钠可湿性粉剂不经拌土直接覆盖种子。可通过口腔、皮肤、呼吸道中毒，出现昏迷、抽搐、萎靡等症状，中毒后立即用碱性药液洗胃或清洗皮肤，并对症治疗。

允许残留量　GB 2763—2021《食品中农药最大残留限量标准》规定敌磺钠最大残留限量见表。ADI 为 0.02mg/kg。

部分食品中敌磺钠最大残留限量（GB 2763—2021）

食品类别	名称	最大残留限量（mg/kg）
谷物	稻谷	0.5*
	糙米	0.5*
蔬菜	黄瓜	0.5*

* 临时残留限量。

参考文献

马克比恩 C, 2015. 农药手册[M]. 胡笑形, 等译. 北京: 化学工业出版社: 1086.

（撰稿：张传清；审稿：刘西莉）

敌菌丹　captafol

一种具有保护和治疗作用的非内吸性酰亚胺类杀菌剂。

其他名称　Difolatan。

化学名称　N-(1,1,2,2-四氯乙硫基)环己-4-烯-1,2-二甲酰亚胺；3a,4,7,7a-四氢-N-(1,1,2,2-四氯乙基硫基)苯邻二甲酰亚胺；3a,4,7,7a-tetrahydro-2-[(1,1,2,2-tetrachloroethyl)thio]-1H-isoindole-1,3(2H)-dione。

IUPAC 名称　N-(1,1,2,2-tetrachloroethylthio)cyclohex-4-ene-1,2-dicarboximide；3a,4,7,7a-tetrahydro-N-(1,1,2,2-tetrachloroethanesulfenyl)phthalimide。

CAS 登记号　2425-06-1；2939-80-2（3aR,7aS）- 异构体。

EC 号　219-363-3。

分子式　$C_{10}H_9Cl_4NO_2S$。

相对分子质量　349.06。

结构式

开发单位　1962 年 W. D. Tomas 等报道其杀菌活性，并由美国雪佛龙化学公司开发上市。

理化性质　纯品为无色至浅黄色晶体，原药纯度≥95%、浅棕色粉末，带有特殊气味。熔点 160～161℃。相对密度 1.75（25℃）。蒸气压可忽略（25℃）。$K_{ow}\lg P$ 3.8。水中溶解度（mg/L，20℃）：1.4；有机溶剂中溶解度（g/L，20℃）：异丙醇 13、苯 25、甲苯 17、二甲苯 100、丙酮 43、丁酮 44、二甲基甲酰胺 170。稳定性：水乳液或悬浮液中缓慢水解。酸介质中快速水解。在熔点缓慢分解。

毒性　按照中国农药毒性分级标准，属低毒。大鼠急性经口 LD_{50} 5000～6200mg/kg。兔急性经皮 LD_{50} > 15 400mg/kg。对兔眼睛有腐蚀作用，温和刺激兔。可能导致某些人的皮肤过敏。大鼠急性吸入 LC_{50} > 0.72mg/L（雄）、0.87mg/L（雌）。粉尘可能刺激呼吸系统。NOEL［mg/（kg·d）]：大鼠（2 年）500，狗（1 年）10。对大鼠、小鼠有致癌性。雄鸡饲喂 LC_{50}（10 天）> 23 070mg/kg 饲料，绿头鸭饲喂 LC_{50}（10 天）> 101 700mg/kg 饲料。鱼类 LC_{50}（96 小时）：虹鳟 0.5mg/L，金鱼 3.0mg/L，蓝鳃鱼 0.15mg/L。大型溞 EC_{50}（48 小时）> 3.34mg/L。对水生非脊椎动物有中度至高度毒性。对蜜蜂急性 LD_{50} > 96.7μg/ 只。

剂型　粉剂，悬浮剂，可湿性粉剂，种子处理干粉剂和涂膜剂。

作用方式及机理　具有保护和治疗作用的非内吸性杀菌剂，是非特异性硫醇反应剂，抑制病原菌呼吸作用，进而抑制孢子的萌发。

防治对象　防治梨疮痂病、桃树缩叶病、葡萄黑腐病和霜霉病、胡萝卜霉病和黑斑病、马铃薯晚疫病和早疫病、芹菜叶斑病等多种病害。作为种子处理剂，能够防治茎点霉属和腐霉属病害。也可用于树木伤口处理和木材防腐。

使用方法　可茎叶处理、种子处理和土壤处理。

注意事项　在某些特定条件下可能对苹果、柑橘、葡萄和玫瑰产生药害，要慎重使用。

参考文献

刘长令, 2008. 世界农药大全: 杀菌剂卷[M]. 北京: 化学工业出版社: 286-287.

马克比恩 C, 2015. 农药手册[M]. 胡笑形, 等译. 北京: 化学工业出版社: 134-135.

（撰稿：刘圣明；审稿：刘西莉）

敌菌威　methasulfocarb

一种硫代氨基甲酸酯类杀菌剂和植物生长调节剂。

其他名称　Kayabest（Nippon）、磺菌威。

化学名称　S-(4-甲基磺酰胺氧苯基)-N-甲基硫代氨基甲酸酯；S-[4-[(methylsulfonyl)oxy]phenyl]N-methylcarbamothioate。

IUPAC 名称　S-4-(mesyloxy)phenyl methyl(thiocarbamate)。

CAS 登记号　66952-49-6。

EC 号　614-003-5。

分子式　$C_9H_{11}NO_4S_2$。

相对分子质量　261.32。

结构式

开发单位　1984 年日本化药公司。

理化性质　无色晶体。熔点 137.5～138.5℃。体积密度 1.42g/ml。水中溶解度 480mg/L（20℃），溶于苯和丙酮。对光稳定。

毒性　中等毒性。大鼠急性经口 LD_{50}（mg/kg）：119（雄）、112（雌）。大鼠急性经皮 LD_{50} > 5000mg/kg。大鼠急性吸入 LC_{50} > 0.44mg/L。小鼠急性经口 LD_{50}（mg/kg）：342（雄）、262（雌）。鲤鱼急性毒性 LC_{50}（96 小时）1.95mg/L。水蚤 LC_{50}（3 小时）24mg/L。Ames 试验、染色体畸变和微核试验均为阴性，对小鼠无诱变性，对大鼠无致畸作用。水稻中残留量 < 4μg/ml。

剂型　10% 粉剂。

质量标准　以苯酚为原料，与二氯二硫反应后，经还原，制得对疏基苯酚，后在含三乙胺的甲苯中，与甲基异氰酸酯反应，最后在含三乙胺的乙腈中，与甲基磺酰氯在 0～5℃反应 1 小时，即得产品。总收率 86%。

4- 甲磺酸基苯磺酰氯溶于甲醇中，在 60～70℃下用锌粉还原，得到 78% 的 4- 甲磺酸基苯硫酚，后者与异氰酸甲酯、三乙胺在苯中，于室温下反应，制得 90% 的磺菌威。

作用方式及机理　硫代氨基甲酸酯类杀菌剂和植物生长调节剂。能促进稻苗根系生长和控制植株徒长，因而可以提供高质量的壮苗。

防治对象　多用于土壤，尤其用于水稻的育苗箱，防治由根腐属、镰刀菌属、腐霉属、木霉属、伏革菌属、毛霉属、丝核菌属和极毛杆菌属等病原菌引起的水稻枯萎病。

使用方法　将 10% 粉剂混入土内，剂量为每 5L 育苗土 6～10g，在播种前 7 天之内或临近播种时使用，不仅可杀菌，而且还可以提高水稻根系的生理恬性。

（撰稿：蔡萌；审稿：刘西莉、刘鹏飞）

敌乐胺　dinitramine

一种苯胺类除草剂。

其他名称　氨氟灵、氨基乙氟灵。

化学名称　N^1,N^1- 二乙基 -2,6- 二硝基 -4- 三氟甲基间苯二胺；N^3,N^3-diethyl-2,4-dinitro-6-(trifluoromethyl)-1,3-benzene-diamine。

IUPAC 名称　N^1,N^1-diethyl-2,6-dinitro-4-trifluoromethyl-m-phenylenediamine。

CAS 登记号　29091-05-2。

EC 号　249-419-2。

分子式　$C_{11}H_{13}F_3N_4O_4$。

相对分子质量　322.24。

结构式

开发单位　由美国 Borax & Chemical Corp.（已不再产销该品种）于 1973 年在美国上市，1982 年该品种业务被售予沃克化学公司。

理化性质　原药纯度 > 83%（质量分数）。黄色结晶。熔点 98～99℃，蒸气压 0.479mPa（25℃）。$K_{ow}lgP$ 约 4.3。溶解度：水 1mg/L（20℃），丙酮 1040、氯仿 670、苯 473、

二甲苯 227、乙醇 107、正己烷 6.7（g/L，20℃）。常温下经 2 年储存有效成分和原药均无明显分解。高于 200℃时分解；暴露于日光下也分解。

毒性　纯品大鼠急性经口 LD$_{50}$ 3000mg/kg。兔急性经皮 LD$_{50}$ > 6800mg/kg。轻度刺激兔皮肤和眼睛。大鼠急性吸入 LC$_{50}$（4 小时）> 0.16mg/L（空气）。NOEL：90 天饲喂试验中，2000mg/kg 饲料剂量下未观察到对大鼠和比格犬的致病作用。在 2 年试验中，100mg/kg 或 300mg/kg（饲料）剂量下未观察到大鼠有致癌性反应。毒性等级：U（a.i.，WHO）。生态毒性：急性经口 LD$_{50}$：白喉鹌 > 1.2g/kg，野鸭 > 10g/kg。饲喂 LC$_{50}$（8 天）：白喉鹌 > 5g/kg 饲料（25% 乳油制剂），野鸭 > 10g/kg 饲料（25% 乳油制剂）。鱼类 LC$_{50}$（96 小时）：虹鳟 6.6mg/L，蓝鳃翻车鱼 11mg/L，鲇鱼 3.7mg/L。

剂型　乳油。

作用方式及机理　抑制微管集合。选择性土壤除草剂，被根和芽吸收，很少量被传导至茎叶，稍多一点传导至根。阻止种子发芽和根的生长。

防治对象　种植前土壤施用，选择性防除多种一年生禾本科杂草和阔叶杂草，适用作物有棉花、大豆、花生、豌豆、菜豆类、红花、向日葵、胡萝卜、郁金香、茴香、菊苣等；也用于移栽番茄、柿子椒、茄子和芸薹，剂量 0.4～0.8kg/hm^2。

使用方法　种植前土壤施用。

注意事项　①可能引起中枢神经系统机能降低，腹痛、恶心、呕吐，此物质化学、物理和毒性性质尚未经完整的研究。②对水生生物毒性极大，应足够重视。③与氯酞酸二甲酯（chlorthal-dimethyl）不相容。

允许残留量　在棉籽、花生、大豆、菜豆、向日葵及饲料上的允许残留限量为 0.05mg/kg。

参考文献

马克比恩 C, 2015. 农药手册[M]. 胡笑形，等译. 北京: 化学工业出版社: 341-342.

（撰稿：赵毓；审稿：耿贺利）

敌螨普　dinocap

一种非内吸性杀螨剂。最初认为二硝巴豆酚酯结构是 2-（1-甲基庚基）-4,6-二硝基苯基巴豆酸酯（n = 0），现在确定商品化产品是 6-辛基异构体与 4-辛基异构体的比例为 2～2.5∶1。

其他名称　Arcotan、Dular、Korthane、Sialite、二硝巴豆酚酯、消螨普、硝苯菌酯、DPC、CR-1693、ENT 24727。

化学名称　2,6-二硝基-4-辛基苯基巴豆酸酯和 2,4-二硝基-6-辛基苯基巴豆酸酯，其中辛基是 1-甲基庚基、1-乙基己基和 1-丙基戊基的混合物；2,6-dinitro-4-octylphenyl crotonates 和 2,4-dinitro-6-octylphenyl crotonates。

IUPAC 名称　2,6-dinitro-4-octylphenyl crotonates and 2,4-dinitro-6-octylphenyl crotonates in which 'octyl' is a mixture of 1-methylheptyl,1-ethylhexyl and 1-propylpentyl groups。

CAS 登记号　39300-45-3。

EC 号　254-408-0。

分子式　C$_{18}$H$_{24}$N$_2$O$_6$。

相对分子质量　364.39。

结构式

dinocap, $n=0,1,2$

开发单位　由美国罗姆-哈斯公司（现陶氏益农公司）开发。

理化性质　有刺激性气味的暗红色黏稠液体。熔点 -22.5℃。沸点 138～140℃（6.67Pa）。常压下超过 200℃时会分解。蒸气压 3.33×10^{-3}mPa（25℃）。K_{ow}lg$P$ 4.54（20℃）。Henry 常数 1.36×10^{-3}Pa·m^3/mol（计算值）。相对密度 1.1（20℃）。水中溶解度 0.151mg/L；其他溶剂中溶解度：2,4-异构体在丙酮、二氯乙烷、乙酸乙酯、正庚烷、甲醇和二甲苯中 > 250g/L；2,6-异构体在丙酮、二氯乙烷、乙酸乙酯和二甲苯中 > 250g/L，正庚烷 8.5～10.2g/L，甲醇 20.4～25.3g/L。见光迅速分解，32℃以上就分解，对酸稳定，在碱性环境中酯基水解。闪点 67℃。

毒性　属低毒杀螨剂。急性经口 LD$_{50}$（mg/kg）：雄大鼠 990，雌大鼠 1212。兔急性经皮 LD$_{50}$ ≥ 2000mg/kg。对兔皮肤有刺激性，对豚鼠皮肤致敏。大鼠吸入 LC$_{50}$（4 小时）≥ 3mg/L 空气。NOEL［mg/（kg·d）］:（18 个月）雌小鼠 2.7，雄小鼠 14.6;（2 年）大鼠 6～8，狗 0.4。在啮齿类动物中无致癌作用。小鼠第三代出现致畸作用，相应的 NOAEL 值为 0.4mg/（kg·d）。ADI:（JMPR）0.008mg/kg［2000］;（EC）0.004mg/kg［2006］;（EPA）aRfD 0.04，cRfD 0.0038mg/kg［2003］。山齿鹑急性经口 LD$_{50}$ > 2150mg/kg，饲喂 LC$_{50}$（8 天，mg/L 饲料）：野鸭 2204，山齿鹑 2298。鱼类 LC$_{50}$（μg/L）：虹鳟 13，大翻车鱼 5.3，鲤鱼 14，黑头呆鱼 20。水蚤 LC$_{50}$（48 小时）4.2μg/L。藻类 EC$_{50}$（72 小时）> 105mg/L。对摇蚊属昆虫 LC$_{50}$ 390μg/L。对蜜蜂低毒，LD$_{50}$（μg/只）：29（接触），6.5（经口）。蚯蚓 LC$_{50}$（14 天）120mg/kg 土壤。在实验室条件下敌螨普对蚜茧蜂和梨盲走螨有害，然而，在大田中由于快速分解而使得影响减小。敌螨普对捕食螨没有不利影响。

剂型　19.5% 可湿性粉剂，36% 乳油。

作用方式及机理　线粒体氧化磷酸化去偶联作用。触杀型杀菌剂，具有保护治疗作用，次级作用是非内吸性杀螨剂。

防治对象　苹果、柑橘、梨、葡萄、黄瓜、甜瓜、西瓜、南瓜、茄子、草莓、蔷薇和观赏植物等上的红蜘蛛。

使用方法　防治柑橘红蜘蛛，使用 19.5% 可湿性粉剂

1000 倍液喷雾。防治葡萄、黄瓜、甜瓜、西瓜、南瓜、草莓等作物的红蜘蛛，使用 19.5% 可湿性粉剂 2000 倍液喷雾。防治苹果、梨的红蜘蛛，使用 37% 乳油 1500~2000 倍液喷雾。防治花卉和桑树的红蜘蛛，使用 37% 乳油 3000~4000 倍液喷雾。

允许残留量　GB 2763—2021《食品中农药最大残留限量标准》规定敌螨普最大残留限量见表。ADI 为 0.008mg/kg。残留物：敌螨普的异构体和敌螨普酚的总量，以敌螨普表示。WHO 推荐敌螨普 ADI 为 0.04mg/kg。

部分食品中敌螨普最大残留限量（GB 2763—2021）

食品类别	名称	最大残留限量（mg/kg）
蔬菜	番茄	0.30*
	辣椒	0.20*
	瓜类蔬菜（西葫芦、黄瓜除外）	0.05*
	西葫芦	0.07*
	黄瓜	0.07*
水果	苹果	0.20*
	桃	0.10*
	葡萄	0.50*
	草莓	0.50*
	瓜果类水果（甜瓜类水果除外）	0.05*
	甜瓜类水果	0.50*
调味料	干辣椒	2.00*

* 临时残留限量。

参考文献

刘长令, 2012. 世界农药大全: 杀虫剂卷[M]. 北京: 化学工业出版社: 721-724.

马克比恩 C, 2015. 农药手册[M]. 胡笑形, 等译. 北京: 化学工业出版社: 343-346.

（撰稿：杨吉春；审稿：李森）

敌螨死　disulfide

一种对呼吸代谢产生抑制作用的含氯有机硫类杀螨剂。

其他名称　DDDS。
化学名称　双(4-氯苯基)二硫化物；1,1'-disulfandiylbis(4-chlorbenzol)。
IUPAC 名称　bis(pchlorophenyl)disulfide。
CAS 登记号　1142-19-4。
分子式　$C_{12}H_8Cl_2S_2$。
相对分子质量　287.23。

结构式

开发单位　1961 年美国特拉贝实验室发现。
理化性质　原药为黄色固体结晶。熔点 69.5~70.5℃。不溶于水，溶于醚、醇、丙酮及苯，对酸及碱稳定。
毒性　原药对鼹鼠的急性经口 $LD_{50} > 3g/kg$。
剂型　10% 可湿性粉剂。
质量标准　10% 可湿性粉剂为浅棕色粉状物，相对密度 1.41，悬浮率 ≥ 80%，储存稳定性良好。
作用方式及机理　为氧化磷酸化的解偶联剂。使呼吸链和氧化磷酸化不能偶联起来，电子不能传递，不能生产 ATP。
防治对象　适用于防治果树、蔬菜和观赏植物上的成螨。
使用方法　以喷雾法使用为主。
注意事项　对水稍微有危害，不要让未稀释或大量的产品接触地下水、水道或者污水系统。若无政府许可，勿将材料排入周围环境。如果遵照规定使用和储存则不会分解，未有已知危险反应，避免氧化物，保持储藏器密封，储存在阴凉、干燥的地方，确保工作间有良好的通风或排气装置。

参考文献

孙家隆, 2015. 新编农药品种手册[M]. 北京: 化学工业出版社.

（撰稿：刘瑾林；审稿：丁伟）

敌螨特　chlorfensulfide

一种偶氮苯类杀螨剂。可用于防治对有机磷有抗性的螨类。

其他名称　Milbex、敌螨丹、CPAS、chlorofensulphide。
化学名称　4-氯苯基 2,4,5-三氯苯重氮基硫化物；[(4-chlorophenyl)thio](2,4,5-trichlorophenyl)diazene。
IUPAC 名称　4-chlorophenyl 2,4,5-trichlorobenzenediazosulfide。
CAS 登记号　2274-74-0。
分子式　$C_{12}H_6Cl_4N_2S$。
相对分子质量　352.07。
结构式

开发单位　由日本曹达公司开发。
理化性质　亮黄色结晶。熔点 123.5~124℃。不溶于水，溶于醇、苯、石油醚，易溶于丙酮。对酸碱稳定。
毒性　大鼠急性经口 LD_{50} 4000mg/kg。对蜜蜂无毒。
作用方式及机理　对天敌，如捕食生物昆虫和寄生昆虫无害。该药可以渗透到植物叶组织里，并保持较长的时间。混剂在通常情况下对植物不产生药害，但能伤害梨和桃。

防治对象　用于防治绝大多数植食性螨类，从卵到成虫均可防治。

使用方法　以喷雾法使用为主。

注意事项　不能同有机磷农药混用，特别是对苹果树。易对梨和桃产生药害，应谨慎使用。

与其他药剂的混用　可与杀螨醇混用，为各 25%（重量比）的可湿性粉剂。

参考文献

康卓，2017. 农药商品信息手册[M]. 北京：化学工业出版社: 62.

王振荣，李布青，1996. 农药商品大全[M]. 北京：中国商业出版社: 285.

（撰稿：杨吉春；审稿：李森）

敌灭生　dimexano

一种硫代碳酸酯类除草剂。

其他名称　Dimexon、Disulfide、草灭散、甲草黄、dimexan（BSI 曾用）、New tri-P.E.、Tri-P.E。

化学名称　二[甲氧硫代羰基]二硫化物；二甲基黄原酰化二硫。

IUPAC 名称　*O,O*-dimethyl dithiobis(thioformate)。

CAS 登记号　1468-37-7。

EC 号　215-993-8。

分子式　$C_4H_6O_2S_4$。

相对分子质量　214.35。

结构式

开发单位　1959 年由温得令公司（Atochem Agri BV）推广（作为 'Tri-P.E' 的活性组分），现已停产。

理化性质　纯品熔点 22.5～23℃。工业品纯度约 96%，黄色油状物，有一种难闻的气味。蒸气压 400Pa（21℃）。相对密度（20℃）1.394。可与丙酮、苯、乙醇和己烷混溶。

毒性　工业品对大鼠急性经口 LD_{50} 240mg/kg。鱼类 LC_{50}（96 小时，mg/L）：高体波鱼 0.34。

剂型　67% 浓乳剂。中国现无登记品种。

质量标准　原药含量 96%。

作用方式及机理　触杀性除草剂。通过根系和种子内吸并转移到生长点。

防治对象　防除双子叶杂草。

使用方法　推荐在芽前用于条播作物，施用剂量为 9kg/hm²，防除双子叶杂草。也可用作洋葱、豌豆及其他作物收获前用，使之干化，最高用量 28kg/hm²，也可用来控制胡萝卜的生长和破裂。在土壤中无残留。

与其他药剂的混用　与稗蓼灵或环莠隆的混剂用于甜菜。

参考文献

王振荣，李布青，1996. 农药商品大全[M]. 北京：中国商业出版社.

TURNER J A, 2015. The pesticide manual: a world compendium [M]. 17th ed. UK: BCPC: 1197.

（撰稿：赵卫光；审稿：耿贺利）

敌鼠　diphacinone

一种经口茚满二酮类抗凝血杀鼠剂。

其他名称　敌鼠钠（盐）、野鼠净、双苯东鼠酮、二苯茚酮、得伐鼠、鼠敌。

化学名称　2-(二苯基乙酰基)-2,3-二氢 -1,3- 茚二酮。

IUPAC 名称　2-(diphenylacetyl)indane-1,3-dione。

CAS 登记号　82-66-6。

分子式　$C_{23}H_{16}O_3$。

相对分子质量　340.37。

结构式

开发单位　Crabtr 公司。

理化性质　黄色结晶粉末，无臭无味。熔点 145～147℃。相对密度 1.281（25℃）。蒸气压 13.7×10^{-9}Pa（25℃）。易溶于甲苯，溶于丙酮、乙醇，不溶于水，无腐蚀性，化学性质稳定。可由偏二苯基丙酮在甲醇钠催化剂存在下与苯二甲酸甲酯作用而制成。工业品稍有一点气味。没有明显熔点，加热至 207～208℃，由黄色变红，325℃分解。该品稳定性良好，可长期储存。

毒性　急性经口 LD_{50}：大鼠约 3mg/kg，狗 3～7.5mg/kg，猫 14.7mg/kg，猪 150mg/kg。鱼类 LC_{50} 10mg/L，鸟类 $LD_{50} >$ 270mg/kg。

作用方式及机理　经口毒物。竞争性抑制维生素 K 环氧化物还原酶，导致活性维生素 K 缺乏，进而破坏凝血机制，产生抗凝血效果。

剂型　80% 母粉。

使用情况　是 1952 年被发现的一种抗凝血高效杀鼠剂。在中国实践中最常使用的是其与碱液生成的水溶性敌鼠钠盐。除了在美国注册用于大鼠和果园中田鼠的控制外，在新西兰被用于防治白鼬，在中国也曾广泛用于害鼠的灭杀。

使用方法　堆投，毒饵站投放 0.05% 或 0.1% 毒饵。

注意事项 毒饵应远离儿童可接触到的地方，避免误食。误食中毒后，可肌肉注射维生素 K 解毒，同时输入新鲜血液或肾上腺皮质激素降低毛细血管通透性。

参考文献

BYERS R E, 1978. Performance of rodenticides for the control of pine voles in orchards[J]. Journal of the American Society of Horticultural Science, 103(1): 65-69.

RATTNER B A, HORAK K E, LAZARUS R S, et al, 2013. Toxicokinetics and coagulopathy threshold of the rodenticide diphacinone in eastern screech-owls (*Megascops asio*)[J]. Environmental toxicology and chemistry, 33(1): 74-81.

（撰稿：王登；审稿：施大钊）

敌瘟磷　edifenphos

一种有机磷酸酯类杀菌剂。

其他名称　Hinosan、Hinorabcide、Hinosuncide、稻瘟光、克瘟散。

化学名称　*O-*乙基 *S,S-*二苯基二硫代磷酸酯；*O*-ethyl-*S,S*-diphenyl phosphorodithioate。

IUPAC名称　*O*-ethyl *S,S*-diphenyl phosphorodithioate。

CAS 登记号　17109-49-8。

EC 号　241-178-1。

分子式　$C_{14}H_{15}O_2PS_2$。

相对分子质量　310.37。

结构式

开发单位　德国拜耳公司。

理化性质　纯品为黄色接近浅褐色液体，带有特殊的臭味。熔点 –25℃。沸点 154℃（1Pa）。蒸气压 3.2×10^{-2}mPa（20℃）。K_{ow}lg$P$ 3.83（20℃）。Henry 常数 2×10^{-4}Pa·m³/mol（20℃），相对密度 1.251（20℃）。水中溶解度 56mg/L（20℃）；有机溶剂中溶解度（g/L，20℃）：正己烷 20～50，二氯甲烷、异丙醇和甲苯 200，易溶于甲醇、丙酮、苯、二甲苯、四氯化碳和二烷，在庚烷中溶解度较小。在中性介质中稳定存在，强酸强碱中易水解。25℃时 DT_{50}：19 天（pH7），2 天（pH9）。易光解。凝固点 115℃。

毒性　中等毒性。急性经口 LD_{50}（mg/kg）：大鼠 100～260，小鼠 220～670，豚鼠和兔 350～1000。大鼠急性经皮 LD_{50} 700～800mg/kg。对兔皮肤和眼睛无刺激作用。大鼠急性吸入 LC_{50}（4 小时）0.32～0.36mg/L 空气。NOEL（2 年，mg/kg 饲料）：雄性大鼠 5，雌性大鼠 15，狗 20，小鼠 2（18个月）。ADI 0.003mg/kg。鸟急性经口 LD_{50}（mg/kg）：山齿鹑 290，野鸭 2700。鱼 LC_{50}（96 小时，mg/L）：虹鳟 0.43，大翻车鱼 0.49，鲤鱼 2.5。水蚤 LC_{50}（48 小时）0.032μg/L。

推荐剂量下对蜜蜂无毒。

剂型　30% 乳油。

作用方式及机理　抑制病菌的几丁质合成和脂质代谢。一是间接破坏细胞的结构，二是间接影响细胞壁的形成。

防治对象　主要用于防治水稻稻瘟病。对水稻纹枯病、胡麻斑病、小球菌核病、粟瘟病、玉米大斑病、小斑病及麦类赤霉病等也有很好的防治效果。

使用方法　防治水稻苗瘟用 30% 敌瘟磷乳油 1000 倍液（即每 100L 水加 30% 敌瘟磷 100ml）浸种 1 小时后播种，可有效地防治苗床苗瘟的发生。对苗叶瘟重点是加强中、晚稻秧苗期的防治。在叶瘟发病初期喷药，每亩用 30% 敌瘟磷乳油 100～133ml（30～40g 有效成分），加水喷雾。如果病情较重，可 1 周后再喷药 1 次。防治水稻穗瘟适期在破口期和齐穗期，每亩用 30% 敌瘟磷乳油 100～133ml（30～40g 有效成分），加水喷雾。发病严重时，可 1 周后再喷药 1 次。防治小麦赤霉病在小麦始花期（扬花率 10%～20%）施药效果最好。每亩用 30% 敌瘟磷乳油 67～100ml（20～30g 有效成分），加水喷雾。

注意事项　不可与碱性药剂混用。最好不与沙蚕毒素类杀虫剂混用。

与其他药剂的混用　可与苯酞、残杀威、环丙酰菌胺等复配。

允许残留量　GB 2763—2021《食品中农药最大残留限量标准》规定敌瘟磷最大残留限量：大米 0.1mg/kg，糙米 0.2mg/kg。ADI 为 0.003mg/kg。

参考文献

TOMLIN C D S, 2009. The pesticide manual: a world compendium [M]. 15th ed. UK: BCPC: 417-418.

（撰稿：刘长令、杨吉春；审稿：刘西莉、张灿）

敌锈钠　sabs

兼有预防和内吸治疗作用的取代苯类杀菌剂。主要防治小麦锈病。

其他名称　对氨基苯磺酸钠。

化学名称　4-氨基苯磺酸钠；4-aminobenzenesulfonic acid sodium salt。

IUPAC名称　sodium *p*-aminobenzen sulfonare。

CAS 登记号　515-74-2。

分子式　$C_6H_6NNaO_3S$。

相对分子质量　195.17。

结构式

理化性质　纯品为白色有光泽的片状结晶，工业品为粉红色或浅玫瑰色晶体。易溶于水，其水溶液偏碱性，遇

Ca^{2+} 生成敌锈酸钙沉淀。

毒性　小鼠急性经口 LD$_{50}$ 3g/kg。对皮肤无刺激性。鲤鱼 TLm 7.57mg/L（20.5～22℃，48 小时）。对人畜毒性低，对植物安全。

剂型　97% 原粉。

质量标准　97% 原药，外观为粉红色或浅玫瑰色晶体。

作用方式及机理　属于取代苯类杀菌剂，兼有预防和内吸治疗作用。

防治对象　防治小麦锈病。

使用方法

防治小麦条锈病　在小麦拔节后，田间发病率达到 2% 左右时，喷药 1 次，以后每隔 7～10 天喷 1 次药，共喷 2～3 次。500g 97% 原粉加水 125kg（有效成分 3800mg/L），再加 50～100g 洗衣粉，搅匀喷施，用 1125kg/hm^2 药液。

防治小麦秆锈病　在小麦扬花到灌浆期，田间病秆发病率达到 1%～5% 时，喷第 1 次药，根据发病程度可喷药数次。每次用药量等同于小麦条锈病。

防治小麦叶锈病　在小麦抽穗前后，病叶发病率达到 5%～10% 时开始喷药，视发病程度决定喷药次数，每次用药量同小麦条锈病。

注意事项　不能与石灰、硫酸铜、硫酸亚铁等混用，以防止产生不溶性盐沉淀，影响药效。配制药液时，可先用少量温水将敌锈钠溶化，然后再加足量冷水。

参考文献

丁锦华，徐雍皋，李希平，1995. 植物保护辞典[M]. 南京: 江苏科学技术出版社.

石得中，2008. 中国农药大辞典[M]. 北京: 化学工业出版社.

（撰稿：张传清；审稿：刘西莉）

敌锈酸　ABSA

一种内吸性杀菌剂，防治麦类锈病。

其他名称　磺胺酸。

化学名称　4-氨基苯磺酸；4-aminobenzene sulfonic acid。

IUPAC 名称　*p*-aminobenzene sulfonic acid。

CAS 登记号　121-57-3。

EC 号　204-482-5。

分子式　C$_6$H$_7$NO$_3$S。

相对分子质量　173.19。

结构式

理化性质　白色或灰白色结晶（工业品为灰白色）。水合物在 100℃时失去水分，无水物在 280℃开始分解碳化。相对密度 1.485（25℃）。微溶于冷水，不溶于乙醇、乙醚和苯，有显著的酸性，能溶于苛性钠溶液和碳酸钠溶液。

毒性　大鼠急性经口 LD$_{50}$ 12 300mg/kg。对兔皮肤和眼睛有刺激性。

剂型　原药。

质量标准　原药外观为灰白色。

作用方式及机理　内吸性杀菌剂。

防治对象　防治麦类锈病（秆锈、叶锈和条锈）。

使用方法　小麦锈病发病初期（田间发病率＜5%），敌锈酸稀释成 200～300 倍液，加 0.1%～0.2% 的洗衣粉喷雾。

注意事项　不能与硫酸铜、硫酸亚铁及石灰等混用，以防止产生不溶性盐沉淀影响药效。

参考文献

石得中，2008. 中国农药大辞典[M]. 北京: 化学工业出版社.

（撰稿：张传清；审稿：刘西莉）

敌蝇威　dimetilan

一种含有吡唑杂环的氨基甲酸酯类杀虫剂。

其他名称　Snip、双甲胺替兰、G 22870、GS 13332、Dimetilane。

化学名称　2-二甲基氨基甲酰基-3-甲基-5-吡唑基-*N*,*N*-二甲基氨基甲酸酯；carbamic acid,*N*,*N*-dimethyl-,1-[(dimethylamino)carbonyl]-5-methyl-1*H*-pyrazol-3-ylester。

IUPAC 名称　1-(dimethylcarbamoyl)-5-methyl-1*H*-pyrazol-3-yl dimethylcarbamate。

CAS 登记号　644-64-4。

EC 号　211-420-0。

分子式　C$_{10}$H$_{16}$N$_4$O$_3$。

相对分子质量　240.26。

结构式

开发单位　该杀虫剂由 H. Gysin 报道，由嘉基公司（现为汽巴 - 嘉基公司）开发。

理化性质　纯品为无色固体。熔点 68～71℃。沸点 200～210℃（1.73kPa）。蒸气压 0.013Pa（20℃）。易溶于水、氯仿、二甲基甲酰胺；溶于乙醇、丙酮、二甲苯和其他有机溶剂中。工业品为淡黄色至红棕色结晶（纯度不低于 96%），熔点 55～65℃，遇酸和碱水解，紫外线照射能使之分解。

毒性　急性经口 LD$_{50}$：大鼠 47～64mg/kg，小鼠 60～65mg/kg。大鼠急性经皮 LD$_{50}$ ＞ 4g/kg。在亚慢性喂养试验中，对狗的 NOEL 为 200mg/kg。对家畜较敏感，牛急性口服 LD$_{50}$ 约 5mg/kg。对蜜蜂无毒。

剂型　25% 乳剂，可湿性粉剂，颗粒剂，饵剂，除蝇带，除蝇盘。

作用方式及机理　胃毒，在进入动物体后和其他一些氨基甲酸酯一样，产生抑制胆碱酯酶活性的作用。和其他氨基甲酸酯类杀虫剂一样，首先在 5 位上的二甲基氨基甲酸基团发生水解断裂，释出二氧化碳和二甲胺；在哺乳动物体内能迅速吸收，其主要部分在 24 小时内从尿排出。在各种昆虫体内主要的降解机制是 N- 羟甲基化作用。

防治对象　防治家蝇、厩蝇，亦能用于防治果蝇和橄榄实蝇。

使用方法　配制毒饵，也可以作为喷射剂。

注意事项　密闭操作，提供充分的局部排风。防止粉尘释放到车间空气中。操作人员必须经过专门培训，严格遵守操作规程。建议操作人员佩戴防尘面具（全面罩），穿胶布防毒衣，戴橡胶手套。远离火种、热源，工作场所严禁吸烟。使用防爆型的通风系统和设备。避免产生粉尘。避免与氧化剂、酸类、碱类接触。配备相应品种和数量的消防器材及泄漏应急处理设备。倒空的容器可能残留有害物。储存于阴凉、通风的库房。远离火种、热源。防止阳光直射。包装密封。应与氧化剂、酸类、碱类、食用化学品分开存放，切忌混储。配备相应品种和数量的消防器材。储区应备有合适的材料收容泄漏物。

与其他药剂的混用　12.5% 敌蝇威加上 25% 二嗪磷乳剂混剂（Ileton 3154）。

（撰稿：张建军；审稿：吴剑）

地胺磷　mephosfolan

一种内吸性有机磷杀虫剂。

其他名称　Cytrolane、二噻磷、地安磷、稻棉磷、AC47470、ENT-25991、EI4747。

化学名称　二乙基-4-甲基-3,3-二硫戊环-2-叉氨基磷酸酯；O,O-diethyl(4-methyl-1,3-dithiolan-2-ylidene)phosphoramidate。

IUPAC 名称　diethyl [(2EZ,4RS)-4-methyl-1,3-dithiolan-2-ylidene]phosphoramidate。

CAS 登记号　950-10-7。

分子式　$C_8H_{16}NO_3PS_2$。

相对分子质量　269.32。

结构式

开发单位　1963 年由美国氰胺公司推广，获有专利 BP974138；FP1327386。

理化性质　黄色至琥珀色液体；沸点 120℃（0.144Pa）。折射率 n_D^{26} 1.539。溶于丙酮、环己酮、乙醇、甲醇、异丙醇、二甲苯、苯中，25℃时，在水中溶解度约为 5.7%。在弱酸性或弱碱性的水中稳定，但在 pH < 2 的酸性或 pH >

9 的碱性下则水解。

毒性　工业原油急性经口 LD_{50}：雄大鼠 8.9mg/kg，雌大鼠 3mg/kg；雄小鼠 11.3mg/kg。雄白兔急性经皮 LD_{50} 9.7mg/kg。雄大鼠急性经皮 LD_{50} 31mg/kg。25% 乳油对雄大鼠急性经口 LD_{50} 25mg/kg。对大鼠以 15mg/kg 剂量饲养 13 周，对体重的增加无明显影响。在试验的第 11 周后，血红蛋白和总白细胞数没有明显影响。

剂型　25%、50% 乳油，2%、5%、10% 颗粒剂。

作用方式及机理　触杀、胃毒，兼有内吸性，可被根、叶吸收。

防治对象　刺吸口器与咀嚼口器害虫。

使用方法　施于田间作物后，可迅速被植物的根吸收运送到生长点，从而发挥良好的保护作用。持效期在 21 天以上。防治棉花红铃虫及棉斑实蛾用 25% 乳油以 900kg/hm² 有效成分剂量进行防治，效果分别为 84.4% 及 90.3%。防治二点红蜘蛛用 25% 乳油以 376g/hm² 有效成分剂量喷雾，7 天后的防效为 94%。防治水稻三化螟，用 1kg/hm² 有效成分，在水稻移栽后第 15、35、55 天进行防治，枯心率为 0.31%。如用 500g/hm² 有效成分，则枯心率为 0.72%。此外，还可以防治棉花棉铃虫、蚜虫及玉米、果树、蔬菜等作物上的各种害虫。

注意事项　储存于阴凉、通风的库房中，由专人保管。操作现场不得吸烟、喝水、进食。不得与粮食、食品、种子、饲料、各种日用品混装混运。轻装轻卸，防止容器破损。远离火种。

泄漏处理可用沙土吸收后运至指定的空旷处深埋或焚烧处理。用雾状水、干粉、泡沫、二氧化碳、沙土等灭火。消防人员必须穿戴防毒面具和防护服。

参考文献

马世昌, 1990. 化工产品辞典[M]. 西安: 陕西科学技术出版社: 25.

张维杰, 1996. 剧毒物品实用技术手册[M]. 北京: 人民交通出版社: 414-415.

朱永和, 王振荣, 李布青, 2006. 农药大典[M]. 北京: 中国三峡出版社: 81-82.

（撰稿：谢丹丹；审稿：薛伟）

地虫磷　chlorethoxyfos

一种有机磷酸酯类土壤杀虫剂。

其他名称　SD 208304、DPX43898、氯氧磷。

化学名称　O,O-二乙基 O-1,2,2,2-四氯乙基硫逐磷酸酯；O,O-diethyl O-(1,2,2,2-tetrachloroethyl)thionophosphate。

IUPAC 名称　O,O-diethyl O-(1,2,2,2-tetrachloroethyl)phosphorothioate。

CAS 登记号　54593-83-8。

分子式　$C_6H_{11}Cl_4O_3PS$。

相对分子质量　336.00。

结构式

开发单位　杜邦公司。

理化性质　外观呈白色结晶粉末状。蒸气压约 0.107Pa（20℃）。闪点 105℃。20℃水中溶解度 3mg/L，可溶于己烷、乙醇、二甲苯、乙腈、氯仿。原药和制剂在常温下稳定。

毒性　大鼠急性经口 LD_{50} 1.8～4.8mg/kg。急性吸入 LC_{50} 0.4～0.7mg/L。小鼠急性经口 LD_{50} 20～50mg/kg，兔经皮 LD_{50} 12.5～18.5mg/kg。5% 颗粒剂大鼠急性经口 LD_{50} 44～224mg/kg。大鼠经皮 LD_{50}＞2g/kg。20～200mg/kg 对皮肤刺激很小，对眼睛有中等程度的刺激作用。对鱼、鸟类高毒。

剂型　有多种含量的颗粒剂（7.5%～20%），其中以 15% 颗粒剂为佳。15% 颗粒剂以黏土为载体加工制成，具有无粉尘、流动性好、适于各种类型的施药器械等优点。

防治对象　可防治玉米上的所有害虫，对叶甲、夜蛾、叩甲特别有效。在疏苗时，以低剂量施用能有效防治南瓜十二星叶甲幼虫和小地老虎及金针虫。在蔬菜作物上的研究表明，SD208304 对蝇科各种害虫有极好的活性。

使用方法　① 南瓜十二星叶甲用 15% 颗粒剂，0.56kg/hm²；施药方法有沟施和带施两种。② 0.56～0.67kg/hm²（有效成分）剂量，对危害胡萝卜和十字花科作物的几种根蛆（食根蝇）有良好的杀虫活性。此外，在田间已观察到防治玉米田的黄瓜十一星叶甲效果很好，玉米产量提高。

参考文献

朱永和, 王振荣, 李布青, 2006. 农药大典[M]. 北京: 中国三峡出版社.

（撰稿：汪清民；审稿：吴剑）

地虫硫磷　fonofos

一种触杀型有机磷杀虫剂。

其他名称　大风雷（Dyfonate）、Captos、Cudgel、Tycap、地虫磷、N-2790、ENT-25796、OMS410。

化学名称　O-乙基-S-苯基二硫代膦酸乙酯；O-ethyl-S-phenyl ethylphosphonodithioate。

IUPAC 名称　(RS)-(O-ethyl S-phenyl ethylphosphonodithioate)。

CAS 登记号　944-22-9、66767-39-3、62705-71-9（R）-isomer；62680-03-9（S）-isomer。

EC 号　213-408-0。

分子式　$C_{10}H_{15}OPS_2$。

相对分子质量　246.30。

结构式

开发单位　1967 年由斯道夫化学公司推广。获有专利 USP2988474。杀虫活性首先由 J. J. Menn 和 K. Szabo 在 Journal of Economic Entomology，1965，58，734 上报道。

理化性质　该品（纯度 99.5%）为无色透明液体，具有芳香味。沸点约 130℃（13.33Pa）。相对密度 1.16（25℃）。25℃蒸气压 28mPa。溶解性：水中 13mg/L（22℃），可与丙酮、乙醇、煤油、二甲苯等混溶。＜100℃稳定，在酸性和碱性介质中水解。DT_{50} 101 天（pH4）、1.8 天（pH10）（40℃）。在光下 DT_{50} 12 天（pH5，25℃）。闪点 179℃。

毒性　高毒。急性经口 LD_{50}：雄大鼠 11.5mg/kg，雌大鼠 5.5mg/kg，野鸭 128mg/kg。急性经皮 LD_{50}：大鼠 147mg/kg，兔 32～261mg/kg，豚鼠 278mg/kg。急性吸入 LC_{50}（4 小时）：雄大鼠 51μg/L，雌大鼠 17μg/L。对皮肤和眼睛无刺激作用。试验剂量内对动物无致畸、致突变、致癌作用，3 代繁殖试验中未见异常，2 年喂养试验 NOEL：大鼠为 10mg/（kg·d），狗 为 0.2mg/（kg·d）。鱼类 LC_{50}（96 小时）：虹鳟 0.05mg/L，蓝鳃鱼 0.028mg/L。对蜜蜂有毒，LD_{50} 0.0087mg/ 只。水蚤 LC_{50}（48 小时）1μg/L。

剂型　48% 乳油，3%、5%、10%、15%、20% 颗粒剂。

质量标准　5% 颗粒剂由有效成分地虫硫磷纯化剂、云母（或粉土、透热性土）及溶剂组成，外观为固体颗粒，常温储存稳定性 2 年以上。5% 大风雷颗粒剂雄大鼠急性经口 LD_{50} 465mg/kg，兔急性经皮 LD_{50} 1g/kg。对皮肤无刺激性。

作用方式及机理　触杀性二硫逐磷酸酯类杀虫剂，胆碱酯酶抑制剂。由于硫逐磷酸酯类比磷酸酯类结构容易穿透昆虫的角质层，因此防虫效果较佳。在土壤的持效期较长。

防治对象　适宜防治生长期长的作物，如小麦、花生、玉米、大豆、甘蔗等的地下害虫。

使用方法

防治花生蛴螬　在播种期，5% 颗粒剂 30～40kg/hm²（有效成分 1.5～2.25kg），加细沙土 15～30kg 混拌均匀，撒施在种子沟内，然后在沟内用二齿钩挡土，使肥料、土充分混合后再播花生种子，使种子不直接与农药接触，播后覆土，治虫保苗效果很好。

防治旱粮作物害虫　① 小麦沟金针虫、云斑蛴螬、暗黑蛴螬、华北蝼蛄。在播种期用 5% 颗粒剂 22.5～37.5kg/hm²（有效成分 1.125～1.875kg），混拌细沙土 15～30kg，再撒施于播种沟内，播后覆土。② 玉米、大豆、田蛴螬。在播种期用 5% 颗粒剂 15～20kg/hm²，施药方法同上。

防治甘蔗害虫　① 甘蔗突背、光背蔗龟。新植甘蔗在成虫出土危害始期，用 5% 颗粒剂 60～90kg/hm²（有效成分 3～4.5kg），将颗粒剂撒施于蔗苗部位根际，覆薄土或淋上泥浆。宿根甘蔗在埋时用 5% 颗粒剂 60～75kg/hm²（有效成分 3～3.75kg），沟施后即埋垄。② 齿缘鳃金龟（蛴螬）。新植甘蔗在播种时用 5% 颗粒剂 45～60kg/hm²（有效成分 2.25～3kg），在甘蔗播种后即施药并覆土。

注意事项　①在种子附近使用时，会引起某些药害。②中毒症状为头疼胸闷、呕吐、瞳孔收缩失控。一旦出现这种情况，应使患者远离现场静卧于通风处，并多喝水，以便增加新陈代谢，将分解物排出体外。可服用阿托品并立即请医生治疗。应将此药存放于干燥阴暗处，并远离火源、种子、饲料及粮食。在玉米、花生、甘蔗等作物中施用时，应严格掌握剂量。

与其他药剂的混用　可与乙拌磷、福美双等混用。

允许残留量　GB 2763—2021《食品中农药最大残留限量标准》规定地虫硫磷最大残留限量（mg/kg）：谷物 0.05，蔬菜和水果 0.01，甘蔗 0.1。ADI 为 0.002mg/kg。

参考文献

农业大词典编辑委员会, 1998. 农业大词典[M]. 北京: 中国农业出版社: 312-313.

王振荣, 李布青, 1996. 农药商品大全[M]. 北京: 中国商业出版社: 105-106.

向子钧, 2006. 常用新农药实用手册[M]. 武汉: 武汉大学出版社: 68-69.

朱永和, 王振荣, 李布青, 2006. 农药大典[M]. 北京: 中国三峡出版社: 103-104.

（撰稿：吴剑、刘登曰；审稿：薛伟）

地乐酚　dinoseb

一种酚类触杀型除草剂。

其他名称　碧玄岩、阻聚剂 DNBP。

化学名称　4,6- 二硝基邻仲丁基酚；4,6-dinitro-2-*sec*-butylphenol。

IUPAC 名称　2-butan-2-yl-4,6-dinitrophenol。

CAS 登记号　88-85-7。

EC 号　201-861-7。

分子式　$C_{10}H_{12}N_2O_5$。

相对分子质量　240.21。

结构式

开发单位　1892 年在德国首次发现其杀虫活性，之后也被用作除草剂。

理化性质　外观为橙棕色液体。相对密度 8.3（30℃）。蒸气压 7×10^{-3}Pa（20℃）。熔点 38～42℃。溶解性：20℃时，水中溶解度 <0.001g/ml。不稳定，易燃。

毒性　中等毒性。大鼠急性经口 LD_{50} 58mg/kg。兔急性经皮 LD_{50} 80～200mg/kg。

剂型　20% 胺盐甲醇溶液地乐酚和 20% 甲苯乳油地乐酚。

质量标准　橙棕色油状液体或固体。

作用方式及机理　是一种氧化磷酸化的解偶联剂。通过降低质子梯度，消除细胞产生 ATP 的能力，导致细胞死亡。在植物中，通过抑制光复合物 II 向质体醌的电子流动，从而抑制光合作用。使 ATP 合酶不产生 ATP，NADP 不能被还原形成 NADPH，使二氧化碳产生葡萄糖的能力几乎丧失，导致细胞死亡。

防治对象　水稻插秧田和直播田防除阔叶杂草及莎草科杂草，如鸭舌草、眼子菜、节节菜、陌上菜、矮慈姑、牛毛草、异型莎草、水莎草、碎米莎草、萤蔺等。对禾本科杂草防效差，但高剂量下对稗草有一定抑制作用。有效成分进入水稻体内迅速代谢为无害的惰性化合物，对水稻安全。

使用方法　施用简便，人工或机械喷洒均可。施用时间在拔节后至雌穗小花分化始期，效果最为显著。施用剂量：每千株玉米用 20% 的地乐酚制剂 4～6g（纯药 0.8～1.2g），兑水 35～60kg 喷洒。据衡水地区农科所试验，地乐酚对双穗型玉米较单穗型品种的增产效果更好。

注意事项　施药时期以拔节期至雌穗小花分化始期叶面喷洒最合适。提前或推迟，效果很差，甚至会造成减产。施药剂量每亩施纯药 2～3g，稀释为 200mg/kg 左右，玉米密度大的施药量适当高些。个别玉米品种或心叶内喷药液过多时，叶片褪绿出现黄斑，对玉米生长和产量影响不大。喷洒时要力求均匀并防止人畜中毒。选择适宜的玉米品种试验表明，有一定双穗性或双穗型品种（如'郑单 2 号''衡单 6 号''京早 7 号'等），在合理密植情况下，有增产效果。单穗型品种增产效果不显著。如用地乐酚应首先对不同玉米品种进行对比试验，然后再在生产上示范推广。

允许残留量　世界许多国家均对其在农产品的残留规定了严格的限量，其最高残留限量不得超过 0.02mg/kg。

参考文献

环境保护部, 2011. 国家污染物环境健康风险名录: 化学第二分册[M]. 北京: 中国环境科学出版社.

庄无忌, 1996. 各国食品和饲料中农药、兽药残留限量大全[M]. 北京: 中国对外经济贸易出版社.

MATSUNAKA S, HUTSON D H , MURPHY S D, 2013. Mode of action, metabolism and toxicology: pesticide chemistry: human welfare and the environment[M]. Amsterdam: Elsevier.

WALKER, C H, 2001. Organic pollutants: an ecotoxicological perspective[M]. Florida: CRC Press.

（撰稿：祝冠彬；审稿：徐凤波）

地乐施　medinoterb acetat

一种选择性内吸传导型磺酰脲类除草剂。

其他名称　甲基特乐酯、甲基二硝基苯酚乙酸酯、medinoterb acetate。

化学名称　6-*tert*-butyl-3-methyl-2,4-dinitrophenyl acetate。

IUPAC 名称 (6-*tert*-butyl-3-methyl-2,4-dinitrophenyl) acetate。

CAS 登记号 2487-01-6。

EC 号 219-634-6。

分子式 $C_{13}H_{16}N_2O_6$。

相对分子质量 296.28。

结构式

开发单位 1984 年由美国杜邦公司最先开发成功。

理化性质 原药为浅黄色固体。熔点 86～87℃。40℃时的蒸气压为 53.2mPa。室温时在水中的溶解度低于 10mg/L，易溶于丙酮、二甲苯等有机溶剂中，遇碱水解。

毒性 大鼠急性经口 LD_{50} 42mg/kg，急性经皮 LD_{50} 1300mg/kg，Toxic（T）危害级别 6.1。

剂型 25% 可湿性粉剂。

作用方式及机理 通过破坏质子梯度的形成，解除氧化和磷酸化的偶联过程。

防治对象 可防除甜菜、棉花和豆科作物田中杂草。

使用方法 用量为 1～2kg/hm²。

（撰稿：祝冠彬；审稿：徐凤波）

地麦威　dimetan

第一个真正的氨基甲酸酯类杀虫剂。具有广谱、低毒、廉价、合成简单等特点。

其他名称 G 19258。

化学名称 5,5-二甲基-3-氧代-1-环己烯基氨基甲酸二甲酯；carbamic acid,*N*,*N*-dimethyl-,5,5-dimethyl-3-oxo-1-cyclohexen-1-ylester。

IUPAC 名称 (5,5-dimethyl-3-oxocyclohexen-1-yl) *N*,*N*-dimethylcarbamate。

CAS 登记号 122-15-6。

EC 号 204-525-8。

分子式 $C_{11}H_{17}NO_3$。

相对分子质量 211.26。

结构式

开发单位 1951 年由瑞士嘉基公司合成开发。

理化性质 原药为淡黄色结晶，熔点 43～45℃，经过重结晶熔点 45～46℃。在 20℃时水中溶解 3.15%，溶于丙酮、乙醇、二氯乙烷、氯仿。沸点 122～124℃（46.7Pa）。遇酸、碱水解。

毒性 急性经口 LD_{50}：大鼠 120mg/kg，小鼠 90mg/kg，鼷鼠约 120mg/kg。

剂型 粉剂，颗粒剂，可湿性粉剂，油剂。

作用方式及机理 略具内吸作用的杀虫剂。

防治对象 用 0.01% 浓度杀蚜和爪螨。

使用方法 喷洒使用。

注意事项 储存的库房应通风、低温、干燥，与食品原料分开储运。

参考文献

王振荣, 李布青, 1996. 农药商品大全[M]. 北京: 中国商业出版社.

（撰稿：张建军；审稿：吴剑）

地茂散　chloroneb

一种具内吸性的氯代苯类杀菌剂。

其他名称 Demosan、Soil Fungicide 1823、氯甲氧苯、氯苯甲醚。

化学名称 1,4-二氯-2,5-二甲氧基苯；1,4-dichloro-2,5-dimethoxybenzene。

IUPAC 名称 1,4-dichloro-2,5-dimethoxybenzene。

CAS 登记号 2675-77-6。

分子式 $C_8H_8Cl_2O_2$。

相对分子质量 207.05。

结构式

开发单位 杜邦公司。

理化性质 白色结晶固体。熔点 133～135℃。沸点 268℃（101.32kPa）。蒸气压 400mPa（25℃）。溶解性（25℃）：水 8mg/L，丙酮 115g/kg，二甲基甲酰胺 118g/kg，二氯甲烷 133g/kg，二甲苯 89g/kg。沸点前、水、常见有机溶剂、稀碱、稀酸条件下稳定，在潮湿土壤中易被微生物分解。

毒性 大鼠急性经口 LD_{50} > 11 000mg/kg。兔急性经皮 LD_{50} > 5000mg/kg。可湿性粉剂的 50% 水悬液对豚鼠皮肤无刺激；不发生皮肤过敏反应。大鼠 2 年饲喂试验 NOEL 为 2500mg/kg 饲料。野鸭和鹌鹑急性经口 LD_{50} > 5000mg/kg。

剂型 65% 可湿性粉剂，22.5% 种子处理剂。

作用方式及机理 内吸性杀菌剂，能经根部吸收，在根和近根的茎中有较高浓度。

防治对象 对丝核菌属活性最高，对腐霉属有中等活性，对镰孢属活性差。可用作种子处理剂，对蚕豆和大豆剂量为 1.63g/kg，对棉花为 2.44g/kg；用于垄施，大豆和蚕豆剂量为

68g/hm²，棉花为 90～135g/hm²，以上均为有效成分剂量。还可用于草坪防除雪霉（1.3～2kg/hm²）或腐霉属（880g/hm²）引起的凋萎病。

参考文献

马克比恩 C, 2015. 农药手册[M]. 胡笑形, 等译. 北京: 化学工业出版社: 170-171.

孙家隆, 2015. 新编农药品种手册[M]. 北京: 化学工业出版社.

（撰稿：毕朝位；审稿：谭万忠）

地散磷　bensulide

一种选择性二硫代磷酸酯类除草剂。

其他名称　Bensume、Betasan、Prefar、矾草磷。

化学名称　O,O-二异丙基-S-(2-N-苯磺酰氨基乙基)二硫代磷酸酯。

IUPAC 名称　O,O-diisopropyl S-2-phenylsulfonylaminoethyl phosphorodithioate。

CAS 名称　O,O-bis(1-methylethyl)S-[2-[(phenylsulfonyl)amino]ethyl] phosphorodithioate。

CAS 登记号　741-58-2。

EC 号　212-010-4。

分子式　$C_{14}H_{24}NO_4PS_3$。

相对分子质量　397.51。

结构式

开发单位　1962 年，D. D. Hemphill 报道除草活性。由美国斯道夫化学公司引进。

理化性质　纯品为琥珀色液体，熔点 34.4℃。原药为琥珀色固体或过冷液体，带有类似樟脑的气味，原药含量 92%。闪点＞104℃，蒸气压（mPa）＜0.133（20℃），K_{ow}lg$P$ 4.2，Henry 常数＜$2.11×10^{-3}$Pa·m³/mol，在水中溶解度（mg/L，20～25℃）：25，在有机溶剂中溶解度（g/L，20～25℃）：可溶于丙酮、乙醇、甲基异丁酮、二甲苯、煤油（0.3）。稳定性：在酸碱中较为稳定；DT$_{50}$＞200 天（pH5～9，25℃），光照下缓慢分解。原药产品在 155℃下分解，加热至 100℃ 18～40 小时，会造成自催化分解。

毒性　急性经口 LD$_{50}$：雄大鼠 360mg/kg，雌大鼠 270mg/kg，山齿鹑 1386mg/kg；大鼠急性经皮 LD$_{50}$＞2000mg/kg；对兔皮肤轻度刺激；对豚鼠皮肤非致敏；对兔眼睛轻度刺激；大鼠吸入 LC$_{50}$＞1.75mg/L（4 小时）；蜜蜂 LD$_{50}$ 1.6μg/ 只，鹌鹑 LD$_{50}$＞1000mg/kg，蓝鳃翻车鱼 LC$_{50}$ 1.4mg/L。无致癌性或致畸性。

剂型　乳油，颗粒剂。

质量标准　常温常压下稳定，2～8℃密封储存。

作用方式及机理　用于发芽前的内吸性除草剂，由根部吸收，代谢产物会传导至叶片。虽能抑制脂质合成，但不属于乙酰辅酶 A 羧化酶抑制剂。

防治对象　牛筋草、马唐等。

使用方法　芽前除草剂，适用于芸薹、葫芦、生菜等作物。适合在种植前以 5.6～6.7kg/hm² 的剂量使用，或以 8.4～28kg/hm² 的剂量用于草坪。

注意事项　①避免接触皮肤。②穿戴合适的防护服装。③该物质残余物和容器必须作为危险废物处理。④避免排放到环境中。⑤参考专门的说明及安全数据表。⑥吞咽有害。⑦对水生生物极毒，可能导致对水生环境的长期不良影响。

与其他药剂的混用　与噁草灵分别以 5.25%、1.31% 的浓度同时施用，防治牛筋草、马唐。

允许残留量　日本规定地散磷在绿咖啡豆中的最大残留量为 0.02μg/ml。

参考文献

马丁 H, 1979. 农药品种手册[M]. 北京市农药二厂, 译. 北京: 化学工业出版社.

TURNER J A, 2015. The pesticide manual：a world compendium [M]. 17th ed. UK: BCPC.

（撰稿：贺红武；审稿：耿贺利）

地衣芽孢杆菌　*Bacillus licheniformis*

地衣芽孢杆菌利用培养基发酵而成的细菌性防病制剂。

其他名称　EcoGuard、Novozymes、Biofungicide、Green Releaf。

开发单位　Novozymes Biologicals, Inc., 河南省安阳市国丰农药有限责任公司，广西金燕子农药有限公司。

理化性质　生长温度为 18～50℃。沸点 100℃。100% 溶解于水，相对密度为 1.09（15.56℃）。蒸气压与水相同。外观为淡黄色液体，气味淡。

毒性　被美国环境保护局（EPA）归类为低风险杀菌剂。对昆虫、鸟类、植物及海洋生物无毒。急性经口每只大鼠给药 $1×10^8$CFU，对大鼠无毒性、传染性及致病性。急性经口 LD$_{50}$＞5000mg/kg。兔急性经皮 LD$_{50}$＞5050mg/kg。

剂型　80 亿 CFU/ml 水剂（浓孢子悬浮液）。

作用方式及机理　地衣芽孢杆菌是一种普通的土壤微生物，有助于营养循环，并表现出抗真菌活性。地衣芽孢杆菌通过产生抗生素或抗真菌酶抑制真菌生长而发挥抗菌作用；有利于受病草坪的恢复，对于改善叶色及提高密度都有显著效果。

防治对象　用于防治高尔夫草坪、草皮、观赏植物、针叶树、树苗等由真菌引起的叶斑和叶枯性病害，尤以控制圆斑病和炭疽病为主，具有防病和提高草坪质量的双重作用。还可防治保护地黄瓜霜霉病、西瓜枯萎病和小麦全蚀病。

使用方法　推荐量为 6g/m²，喷雾法施用，可与化肥、农药（包括任何杀菌剂）等混合施用。

用于灌根或喷雾，用量为 1.6～8ml/m²，发病后开始施药，视病害程度每隔 7～14 天施药 1 次。

防治黄瓜霜霉病，在发病初期叶面喷雾，80 亿 CFU/ml 水剂的用量为 130～260ml/ 亩。

注意事项　活菌制剂需注意存放条件，避免潮湿和阳光暴晒。

与其他药剂的混用　可与防治真菌或卵菌病害的杀菌剂混用。

参考文献

纪明山，2011. 生物农药手册[M]. 北京: 化学工业出版社.

（撰稿：卢晓红、李世东；审稿：刘西莉、苗建强）

点滴法　topical application

将定量药液点滴于供试昆虫体表的特定部位，使杀虫剂穿透体壁进入体内引起昆虫中毒，以测定药剂触杀毒力的生物测定方法。也称微量点滴法。1922 年，J. W. 特万里（J. W. Trevan）发明了用千分尺（螺旋测微器）改造的微量点滴器，通过转动千分尺的螺旋手柄推动固定在测砧上的微量注射器的内柱，从针尖排出定量的药液。目前用得较多的是英国 Burkard 公司生产的微量点滴器（见图），原理与 J. W. 特万里发明的微量点滴器相同，但操作更方便，定量更准确，点滴量最小可达 0.004μl。

适用范围　测定杀虫剂触杀毒力最常用的方法。联合国粮食及农业组织（FAO）推荐的鳞翅目幼虫抗药性测定的标准方法。

主要内容　用丙酮等有机溶剂溶解杀虫剂原药（或原液）配成母液，再等比稀释配制成系列浓度，用微量点滴器将一定体积的药液点滴于昆虫体壁的适当部位（一般是前胸背板），以点滴相同体积有机溶剂的试虫为对照。将点滴完的试虫于正常条件下饲养一定时间（如 24 小时或 48 小时）后观察并记录死亡情况，计算致死中量。

该方法的优点是精确度高，每头试虫受药量一致；可避免胃毒作用干扰。操作时要求所选试虫的性别、龄期、生理

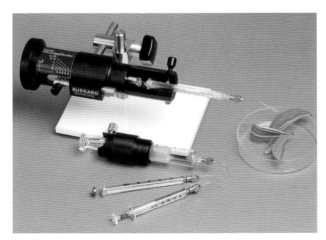

英国 Burkard 公司手动微量点滴器

状态一致，点滴部位一致，试虫麻醉处理的方式和时间一致。

参考文献

中国农业百科全书总编辑委员会农药卷编辑委员会，中国农业百科全书编辑部，1993. 中国农业百科全书: 农药卷[M]. 北京: 农业出版社.

（撰稿：梁沛；审稿：陈杰）

碘甲磺隆钠盐　iodosulfuron-methyl-sodium

一种磺酰脲类除草剂。

其他名称　Husar。

化学名称　4- 碘 -2-[[[[(4- 甲氧基 -6- 甲基 -1,3,5- 三嗪 -2- 基) 氨基] 羰基] 氨基] 砜基] 苯甲酸甲酯钠盐；4-iodo-2-[[[[(4-methoxy-6-methyl-1,3,5-triazin-2-yl)amino]carbonyl]amino]sulfonyl]benzoic acid methyl ester,monosodium salt。

IUPAC 名称　sodium[(5-iodo-2-(methoxycarbonyl)phenyl)sulfonyl)((4-methoxy-6-methyl-1,3,5-triazin-2-yl)carbamoyl)amide。

CAS 登记号　144550-36-7。

分子式　$C_{14}H_{13}IN_5NaO_6S$。

相对分子质量　529.24。

结构式

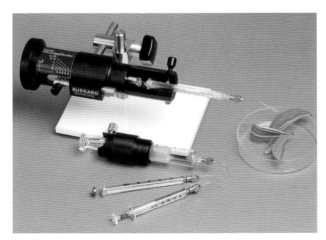

开发单位　德国拜耳作物科学公司。

理化性质　纯品为白色固体。熔点 148～155℃。蒸气压 2.6×10^{-9}Pa（20℃）。溶解度（g/L，20℃）：水 60（pH7.6），丙酮 > 380，二氯甲烷 > 500，正己烷 1.2×10^{-3}，甲醇 12。在碱性介质中比酸性介质中稳定。

毒性　大鼠急性经口 LD_{50} 2678mg/kg，急性经皮 LD_{50} 2000mg/kg，急性吸入 LC_{50}（4 小时）> 2.81mg/L。对眼睛中度刺激，对皮肤无刺激性，无致敏性。大鼠（13 周）亚慢性喂饲试验 NOEL 为 71mg/（kg·d）；致突变试验 Ames 试验、小鼠微核试验均为阴性，未见致畸作用，未见致癌作用。环境生物安全性评价：碘甲磺隆钠盐对翻车鱼、虹鳟 LC_{50}（96 小时）> 100mg/L，日本鹌鹑 LD_{50} > 2000mg/kg。蚯蚓 LC_{50}（14 天）> 1000mg/kg 土壤。在土壤中易降解，对鱼类、鸟、蜜蜂、蚯蚓均为低毒。

作用方式及机理　抑制乙酰乳酸合成酶而起作用。通过杂草根、叶吸收后，在植株体内传导，使杂草叶色褪绿，停止生长而后枯死，而在农作物中能迅速代谢为无害物。

剂型　20% 水分散粒剂。

防治对象　主要用于小麦田苗后早期防除黑麦草、野燕麦、梯牧草和多种一年生阔叶杂草。对后茬作物无影响，

对环境、生态的相容性、安全性极高。

使用方法　以有效成分 2.5~10g/hm² 的剂量，碘甲磺隆钠盐可以控制 50 多种不同的阔叶杂草，包括一些会导致谷物产量大幅下降的极具竞争力的杂草，例如猪殃殃、洋甘菊、繁缕、旱萝卜、刺儿菜和野芝麻。当使用剂量为有效成分 7.5~10g/hm² 时，碘甲磺隆钠可以控制的杂草主要有大蓬草和多花黑麦草等。

参考文献

孙家隆, 2015. 新编农药品种手册[M]. 北京: 化学工业出版社: 675-676.

（撰稿：王大伟；审稿：席真）

碘硫磷　iodofenphos

一种具触杀和胃毒作用的有机氯杀虫剂。

其他名称　Alfacron、Nuvanol、C9491、CGA33456、Elocril 50、Neporex、Nivanol N、Nuvanol N、OMS1211。

化学名称　*O*-2,5-二氯-4-碘苯基 *O,O*-二甲基硫逐磷酸酯；*O*-2,5-dichlor-4-iodophenyl *O,O* dimethylphos-phoro-thioate。

IUPAC 名称　*O*-(2,5-dichloro-4-iodophenyl) *O,O*-dimethyl phosphorothioate。

CAS 登记号　18181-70-9。

分子式　$C_8H_8Cl_2IO_3PS$。

相对分子质量　413.00。

结构式

开发单位　1966 年由汽巴 - 嘉基公司开发。

理化性质　无色结晶，微带气味。熔点 76℃。20℃时蒸气压 0.107mPa。20℃时于水中的溶解度 < 2mg/L，丙酮 480g/L，苯 610g/L，己烷 33g/L，丙醇 23g/L，二氯甲烷 860g/L。在中性、弱酸性或弱碱性介质中相对稳定，但对浓酸和浓碱是不稳定的。

毒性　急性经口 LD_{50}：大鼠 2.1g/kg，狗 > 3g/kg。大鼠急性经皮 LD_{50} > 2g/kg。每天以 300mg/kg 涂抹皮肤，共 21 天，既未发生临床症状，也不刺激皮肤。以 2g/kg 剂量对母鸡间隔 3 周处理两次，未引起神经中毒症状。3 个月饲喂试验 NOEL：大鼠 5mg/kg，狗 15mg/kg。对鸟类为低毒，但对蜜蜂有毒。铜吻鳞鳃太阳鱼的 TLm（96 小时）0.42~0.75mg/L；鲶科鱼 0.13~0.25mg/L；鲫鱼 1~1.33mg/L；鳟鱼 0.06~1mg/L。

剂型　50% 可湿性粉剂，200g/L 乳剂，200g/L 浸液，5% 粉剂。

作用方式及机理　为非内吸性的触杀和胃毒杀虫剂。能有效防治仓库害虫、卫生害虫。

防治对象　能有效防治鞘翅目、双翅目、鳞翅目昆虫、苍蝇。

使用方法　500~1500g/hm²（有效成分）能有效防治鞘翅目、双翅目和鳞翅目昆虫，持效期 1~2 周。以 1~2g/m³（有效成分）剂量，维持 3 个月，而用剂量 0.3g/m³（有效成分）能防治垃圾上的苍蝇。对羊进行洗浴时，用 0.05% 有效成分。

参考文献

马世昌, 1990. 化工产品辞典[M]. 西安: 陕西科学技术出版社: 385-386.

王振荣, 李布青, 1996. 农药商品大全[M]. 北京: 中国商业出版社: 70.

朱永和, 王振荣, 李布青, 2006. 农药大典[M]. 北京: 中国三峡出版社: 65.

（撰稿：吴剑、刘登日；审稿：薛伟）

电子传递　electron transfer

线粒体呼吸链又名电子传递链，由一系列电子载体构成的，从电子供体（NADH 或 $FADH_2$）向氧传递电子的系统。其中电子供体的氢以质子形式脱下，电子沿呼吸链转移到分子氧，形成离子型氧，再与质子结合生成水，放出能量使 ADP 和磷酸生成 ATP。电子传递和 ATP 形成的偶联机制称为氧化磷酸化作用，整个过程称为氧化呼吸链或呼吸代谢。原核细胞的呼吸链位于质膜上，真核细胞则位于线粒体内膜上。整个呼吸链包含 15 种以上组分，主要由 4 种酶复合体和 2 种可移动电子载体构成。其中包括复合体 I（NADH 脱氢酶复合体）、复合体 II（琥珀酸脱氢酶复合体）、复合体 III（细胞色素还原酶复合体）、复合体 IV（细胞色素氧化酶复合体）以及介于 I/II 与 III 之间的辅酶 Q 和介于 III 与 IV 之间的细胞色素 c。还原型辅酶 NADH 依次经过复合物 I、辅酶 Q、复合体 III、细胞色素 c、复合体 IV 最终将电子传递给氧气，并将质子排到线粒体膜间隙最终经线粒体 ATP 合酶生成 ATP。新型嘧啶类杀菌剂氟嘧菌胺为复合物 I 抑制剂；啶酰菌胺、氟吡菌酰胺、噻呋酰胺和萎锈灵等琥珀酸脱氢酶抑制剂（SDHIs）是通过阻碍电子从复合体 II 上铁硫蛋白（SdhB）的［3Fe-4S］传递到位于泛醌结合区的泛醌以干扰病原真菌的呼吸作用；嘧菌酯、醚菌酯、肟菌酯等 QoI 类杀菌剂通过与细胞色素 bc1 复合物中的 Qo 位点结合以阻碍电子传递；氰霜唑等 Qi 类杀菌剂通过与 Qi 位点结合，来阻止复合物 III 中电子从细胞色素 b 传到细胞色素 c1，从而阻止 ATP 的产生而干扰病原菌的能量循环，抑制病原真菌的生长。

（撰稿：刘西莉；审稿：苗建强）

叠氮净　aziprotryn

一种三氮苯类土壤处理除草剂。

其他名称　Mesanoril、叠氮津、aziprotryne、brasoran、mesoranil、Mezuron。

化学名称　2-叠氮基-4-异丙基氨基-6-甲硫基-1,3,5-三嗪；4-azido-N-(1-methylethyl)-6-(methylthio)-1,3,5-triazin-2-amine。

IUPAC 名称　4-azido-N-isopropyl-6-methylthio-1,3,5-triazin-2-amine。

CAS 登记号　4658-28-0。

EC 号　225-101-9。

分子式　$C_7H_{11}N_7S$。

相对分子质量　225.27。

结构式

开发单位　瑞士汽巴 - 嘉基公司（现瑞士诺华公司）。

理化性质　无色无臭结晶粉末。熔点 95℃。蒸气压 0.267mPa（20℃）。密度 1.49g/cm³。溶解度（20℃，mg/L）：水 55、丙酮 27 000、二氯甲烷 37 000、乙酸乙酯 1200、苯 400。$K_{ow}lgP$ 3（20℃，pH7）。Henry 常数（25℃）1.09×10^{-3} Pa·m³/mol。

毒性　急性经口 LD_{50}：雌大鼠 3600～5833mg/kg，兔 1800mg/kg。对兔皮肤不引起刺激作用。对大鼠和狗 90 天饲喂 NOEL ＞ 50mg/kg。对野鸭和北美鹑的 5 天饲喂试验 LD_{50} ＞ 10g/kg。对鱼有毒。

剂型　50% 可湿性粉剂。

质量标准　原药含量不低于标示量，水分含量要求 ≤ 1.5%，稀释液的悬浮率要求在 50%～70%，润湿性 ≤ 5 分钟。

作用方式及机理　选择性内吸传导，不但对于根部，对叶面也有活性。在土壤中持效期 30～35 天。

防治对象　玉米、大豆、豌豆、向日葵、花生、菜豆、洋葱，尤其是十字花科如油菜、芜菁和花椰菜等农田中种子繁殖的一年生阔叶杂草和禾本科杂草。

使用方法　作物播前苗前或苗后均可使用，甘蓝等可芽前施药，也可在移栽后使用，豌豆地等可在杂草 1～3 叶期施药，用量 1～2kg/hm²（有效成分）。

注意事项　减轻叠氮净的残留危害的措施是进行带状处理与深耕。

允许残留量　欧盟农药数据库对所有食品中的最大残留量水平限制为 0.01mg/kg（Regulation No.396/2005）。

参考文献

苏少泉, 1979. 均三氮苯类除草剂的新进展[J]. 农药工业译丛, 2: 8-19.

ERDMANN F, ROCHHOLZ G, SCHÜTZ H, 1992. Retention-indices on OV-1 of approximately 170 commonly used pesticides[J]. Mikrochimica acta, 106: 219-226.

（撰稿：杨光富；审稿：吴琼友）

丁苯吡氰菊酯

一种拟除虫菊酯杀虫剂。

其他名称　NCI-85193、T-193。

化学名称　(1R,S)- 反式 -2,2- 二甲基 -3-(4- 叔丁基苯基)- 环丙烷羧酸 -(±)-α- 氰基 -(6- 苯氧基 -2- 吡啶基) 甲酯。

IUPAC 名称　(R,S)-α-cyano-(6-phenoxy-2-pyridinl)meth-yl-(1R,S)-trans-2,2-dimethyl-3-(4-tert-butylphenyl)cyclopropan-ecarbo-xylate。

CAS 登记号　75528-07-3。

分子式　$C_{29}H_{30}N_2O_3$。

相对分子质量　454.56。

结构式

开发单位　1986 年由日本日产化学公司研究开发。

理化性质　琥珀色黏稠液体，对热稳定。

毒性　大鼠（雄）急性经口 LD_{50} 108mg/kg。Ames 试验阴性。鲈鱼 TLm（48 小时）＜ 0.5mg/L。

剂型　20% 乳油。

作用方式及机理　对多种螨类和刺吸式口器昆虫，如蚜虫、粉虱、蓟马等有较高活性。在室内试验测定中，对刺吸式口器和咀嚼式口器害虫（如斜纹夜蛾）的活性均高于氯菊酯（表 1）。

防治对象　多种螨类，如柑橘红蜘蛛、棉花红蜘蛛以及桃蚜、温室粉虱、葱蓟马等害虫。

使用方法　可将乳油稀释为 50～100mg/kg 浓度喷施。表 2 给出该品对几种害螨的田间试验结果，可供参考。

表 1　丁苯吡氰菊酯与氯菊酯室内测定药效比较

药剂名称	LC_{50}（mg/L）		
	桃蚜	温室粉虱	斜纹夜蛾
丁苯吡氰菊酯	14.1	9.5	10.0
氯菊酯	32.0	12.0	12.7

表 2　丁苯吡氰菊酯对几种害螨的田间试验结果

作物	防治对象	喷药浓度（mg/L）	试验次数	与标准杀螨剂比较		
				优	相等	差
苹果	棉花红蜘蛛	50	3	1		1
	苹果红蜘蛛	100	6	3		0
		100	1	0		0
茶树	神泽	50	2	1	0	1
	KF 螨	100	5	5	0	0

注意事项 用药量及施药次数不要随意增加，注意与非菊酯类农药交替使用。不要与碱性物质如波尔多液等混用。丁苯吡氰菊酯对人体 ADI 为 0.06mg/kg。10% 丁苯吡氰菊酯乳油合理使用准则见表3。

表3 10% 丁苯吡氰菊酯乳油合理使用准则

作物	常用量浓度	最高浓度	最多施药次数（生长季）	安全间隔期（天）	最大残留限量（mg/kg）
棉花	300ml/hm²	600ml/hm²	5	10	棉籽 0.2
桃	4000 倍	2000 倍	3	15	2
柑橘	4000 倍	2000 倍	5	30	2
茶	6000 倍	3000 倍	1	7	20
叶菜	300ml/hm²	450ml/hm²	3	青菜 2，大白菜 5	1
番茄	300ml/hm²	450ml/hm²	2	1	0.5

储处要远离食品和饲料。勿让孩童接近。处理药剂要戴手套、穿工作服和戴面罩，切勿吸入药雾，防止药液沾染眼部或皮肤。如有沾染，需用大量水冲洗眼部和用肥皂及水洗涤皮肤（最好先用丙酮棉球擦去药液后再用水洗）。如发生误服，使患者安静俯卧，勿催吐或吸液，请医生治疗（要让医生知悉，如采用催吐措施，会由于吸入烃类溶剂而有增加发生肺炎或肺水肿的危险，故催吐只能是在专业医生的监视下进行）。无特效解毒药，要根据出现的症状进行治疗。丁苯吡氰菊酯对水生动物、蜜蜂、蚕极毒，因而在使用中必须注意不可污染水域及饲养蜂、蚕场地。

参考文献

朱永和，王振荣，李布青，2006. 农药大典[M]. 北京: 中国三峡出版社: 144.

（撰稿：吴剑；审稿：王鸣华）

丁苯草酮 butroxydim

一种环己烯酮类除草剂。

其他名称 Falcon、ICIA 0500、三甲苯草酮。

化学名称 5-(3-丁酰基-2,4,6-二甲苯基)-2-[1-(乙氧亚氨基)丙基]-3-羟基环己-2-烯-1-酮;2-[1-(ethoxyimino)propyl]-3-hydroxy-5-[2,4,6-trimethyl-3-(1-oxobutyl)phenyl]-2-cyclohexen-1-one;2-cyclohexen-1-pme-2-[1-(ethoxyimino)propyl]-3-hydroxy-5-[2,4,6-trimethyl-3-(1-oxobutyl)phenyl]。

IUPAC 名称 (5RS)-5-(3-butyryl-2,4,6-trimethylphenyl)-2-[(EZ)-1-(1-ethoxyiminopropyl)-3-hydroxycyclohex-2-en-1-one。

CAS 登记号 138164-12-2。

EC 号 604-064-6。

分子式 $C_{24}H_{33}NO_4$。

相对分子质量 399.52。

结构式

开发单位 捷利康公司。

理化性质 纯品为粉色固体。熔点 80.8℃。蒸气压 1×10^6Pa（20℃）。$K_{ow}lgP$ 1.9（25℃，pH7）。Henry 常数 5.79×10^{-5}Pa·m³/mol。相对密度 1.2（20℃）。在水中溶解度（mg/L，20℃）：6.9，在有机溶剂中溶解度（g/L，20℃）：二氯甲烷 > 500、丙酮 450、乙腈 380、甲醇 90、己烷 30。稳定性：在正常条件下稳定。水中半衰期 DT_{50}（25℃）：10.5 天（pH5）、> 240 天（pH7）、稳定（pH9）。pK_a4.36（23℃）。

毒性 大鼠急性经口 LD_{50}：雌性 1635mg/kg、雄性 3476mg/kg。大鼠急性经皮 LD_{50} > 2000mg/kg。对兔皮肤无刺激性，对兔眼睛有中度刺激性。大鼠急性吸入 LC_{50}（4 小时）> 2.99g/L。NOEL［mg/（kg·d）］：大鼠（2 年）2.5，小鼠（2 年）10，狗（1 年）5。ADI 值 0.025mg/kg。无致突变性、致畸性。急性经口 LD_{50}（mg/kg）：野鸭 > 2000，山齿鹑 1221。亚急性饲喂 LC_{50}（5 天，mg/kg 饲料）：野鸭 5200，山齿鹑 5200。鱼类 LC_{50}（96 小时，mg/L）：虹鳟 > 6.9，大翻车鱼 8.8。蜜蜂（接触，24 小时）200μg/ 只。蚯蚓 LC_{50}（14 天）> 1000mg/kg 土壤。

剂型 水分散粒剂。

作用方式及机理 ACCase 抑制剂。茎叶处理后经叶迅速吸收，传导到分生组织，在敏感植物中抑制支链脂肪酸和黄酮类化合物的生物合成而起作用，使其细胞分裂遭到破坏，抑制植物分生组织的活性，使植物生长延缓。在施药后 1～3 周内植株褪绿坏死，随后叶子干枯而死亡。

防治对象 能有效防除小麦和大麦田茵草、日本看麦娘、看麦娘、硬草、早熟禾、棒头草、野燕麦、多花黑麦草等多种禾本科杂草。

使用方法 推荐在冬前小麦苗期施药，一般在杂草 2～4 叶期每亩用 40% 丁苯草酮水分散粒剂 80～120g，春季草龄大时要适当增加用量至 240g。该药在土壤中的半衰期为 6.5 天，对后茬作物安全；对小麦安全性也很高，即使加倍量施药也不会对小麦造成药害。

参考文献

刘长令，2002. 世界农药大全: 除草剂卷[M]. 北京: 化学工业出版社: 171-172.

（撰稿：寇俊杰；审稿：耿贺利）

丁苯硫磷 fosmethilan

一种二硫代有机磷杀虫剂。

其他名称 Geofos、Nem-a-tak、Acconem、NE-79168。

化学名称　*S*-[*N*-(2-氯苯基)丁酰胺基甲基]丁酰苯胺；*S*-[*N*-(2-chlorophenyl)butyranidomethyl]*O*,*O*-dimethyl phosphorodithilate。

IUPAC名称　*S*-[[(2-chlorophenyl)(butyryl)amino]methyl]*O*,*O*-dimethyl phosphorodithioate。

CAS登记号　83733-82-8。

EC号　242-069-1。

分子式　$C_{13}H_{19}ClNO_3PS_2$。

相对分子质量　367.86。

结构式

开发单位　匈牙利 K. Sagi 等报道该杀虫剂。专利 BR 8106687（1982）。

理化性质　无色晶体。熔点 42℃。蒸气压 12mPa。20℃水中溶解度 2.3mg/L。$K_{ow}lgP$ 3.6。水解（20℃）DT_{50} 12.7天（pH4）、13.1天（pH7）、11.4天（pH8.3）。

毒性　急性经口 LD_{50}：雄大鼠 110mg/kg，雌大鼠 49mg/kg。急性经皮 LD_{50}：雄大鼠＞110mg/kg，雌小鼠 6g/kg。对兔眼睛和皮肤有轻微刺激作用。雄大鼠急性吸入 LC_{50}＞15mg/kg。野鸡急性经口 LD_{50} 92mg/kg，日本鹌鹑急性经口 LD_{50} 68～74mg/kg；野鸡 LC_{50}（8 天）1330mg/kg 饲料，鹌鹑 LC_{50}（8 天）11 250mg/kg 饲料。鱼类 LC_{50}（96 小时）：鲤鱼 6mg/L，金鱼 1212mg/L。

剂型　565g/L（有效成分）乳油。

作用方式及机理　胆碱酯酶抑制剂。

防治对象　仁果、核果、蔬菜和其他田间作物上的鞘翅目、双翅目、半翅目、膜翅目、鳞翅目和缨翅目害虫。该产品的主要优点是将它在傍晚施于正开花的芸薹等作物上，对采蜜的蜜蜂是安全的。

使用方法　①以有效成分为 336g/hm² 时防治菜花露尾甲、甘蓝荚象甲、甘蓝茎象甲和芜菁叶蜂效果优良。②50% 丁苯硫磷乳剂按有效成分 280～560g/hm² 剂量，用不同类型地面机械喷施时药液量为 120～600L/hm²。用于防治苜蓿地某些危害叶和种子的害虫效果优良，这些害虫包括叶甲、根瘤象甲属、车轴草叶象甲、象甲、盲蝽科苜蓿盲蝽、苜蓿广肩叶蜂和夜蛾。③防治苹果园叶部各种害虫用各种类型田间喷药器械施药，施药量为 800～1500L/hm²。根据虫情，施5～9 次药。以有效成分 560～1120g/hm² 剂量对下列害虫防治效果优良：苹果蠹蛾、卷叶蛾（樱桃褐卷叶蛾、苹褐卷叶蛾、网纹卷叶蛾、苹芽小卷叶蛾）、冬尺蠖、赭色蛾类、梨叶潜蛾和苹微蛾。④其他作物。用 50% 丁苯硫磷乳油有效成分计，剂量为 280～1680g/hm²。

参考文献

王振荣，李布青，1996. 农药商品大全[M]. 北京：中国商业出版社：81-82.

朱永和，王振荣，李布青，2006. 农药大典[M]. 北京：中国三峡出版社：77-78.

（撰稿：吴剑、刘登日；审稿：薛伟）

丁苯吗啉　fenpropimorph

一种吗啉类杀菌剂，具有保护、治疗、内吸作用。

其他名称　Corbel、BAS 42100F(BASF)、Ro-14-3169 (Roche)、ACR-3320(Maag)、BAS 421F(BASF)。

化学名称　(*RS*)-顺式-4-[3-(4-叔丁基苯基)-2-甲基丙基]-2,6-二甲基吗啉；(2*R*,6*S*)-rel-4-[3-[4-(1,1-dimethylethyl)phenyl]-2-methylpropyl]-2,6-dimethylmorpholine。

IUPAC名称　*cis*-4-[(*RS*)-3-(4-*tert*-butylphenyl)-2-methylpropyl]-2,6-dimethylmorpholine。

CAS登记号　67564-91-4。

EC号　266-719-9。

分子式　$C_{20}H_{33}NO$。

相对分子质量　303.48。

结构式

开发单位　德国巴斯夫公司、瑞士马戈公司以及法国罗纳-普朗克公司（现拜耳公司）1983 年在德国开发投产。K. Bohen、A. Pfiffner 及 E. H. Pommer 和 W. Himmele 等人报道该杀菌剂。

理化性质　纯品为无色油状液体，原药为淡黄色、具芳香气味的油状液体。沸点＞300℃（101.3kPa）。蒸气压 3.5mPa（20℃）。$K_{ow}lgP$：3.3（pH5，25℃）、4.2（pH7，25℃）。Henry 常数 0.3Pa·m³/mol（计算值）。相对密度 0.933（20℃）。溶解度（20℃）：水 4.3mg/L（pH7）；丙酮、氯仿、乙酸乙酯、环己烷、甲苯、乙醇、乙醚＞1kg/kg。稳定性：室温下，密闭容器中可稳定 3 年以上，对光稳定。50℃时，在 pH3、pH7、pH9 条件下不水解。呈碱性，pK_a6.98（20℃）。

毒性　大鼠急性经口 LD_{50}＞3000mg/kg，大鼠急性经皮 LD_{50}＞4000mg/kg。对兔皮肤有刺激作用，对兔眼睛无刺激性，对豚鼠皮肤无刺激性。大鼠急性吸入 LC_{50}（4 小时）＞3580mg/m³。对兔呼吸器官有中等程度刺激性。饲喂试验的 NOEL：大鼠 0.3mg/（kg·d），小鼠 3.0mg/（kg·d），狗 3.2mg/（kg·d）。对人类无致突变、致畸、致癌作用。急性经口 LD_{50}：野鸭＞17 776mg/kg，野鸡 3900mg/kg。饲养 LC_{50}（5 天）：野鸭 5000mg/kg 饲料，三齿鹑＞5000mg/kg 饲料。鱼类 LC_{50}（96 小时）：虹鳟 9.5mg/L，蓝鳃翻车鱼 3.2～4.6mg/L，鲤鱼 3.2mg/L。水蚤 LC_{50}（48 小时）2.4mg/L。蜜蜂经口 LD_{50}＞100μg/只。蚯蚓 LC_{50}（14 小时）≥562mg/kg 土壤。

剂型　乳油，悬浮剂。

作用方式及机理　甾醇生物合成抑制剂。具有保护和治疗作用，并可向顶传导，对新生叶的保护达3～4周。

防治对象　白粉病、叶锈病、条锈病、黑穗病、立枯病等。

使用方法　可茎叶喷雾，也可作种子处理。以有效成分750g/hm²喷雾，可防治禾谷类作物、豆科和甜菜上白粉病和锈病，每吨种子用有效成分0.5～1.25kg处理，可防治大麦白粉病、小麦白粉病、叶锈病、条锈病和禾谷类黑穗病，对棉花立枯病也有效。

与其他药剂的混用　该品的混剂：丁苯吗啉＋多菌灵＋代森锰锌、丁苯吗啉＋苯锈啶、丁苯吗啉＋百菌清、丁苯吗啉＋多菌灵、丁苯吗啉＋咪鲜胺、丁苯吗啉＋异菌脲等。

允许残留量　GB 2763—2021《食品中农药最大残留限量标准》规定丁苯吗啉最大残留限量见表。ADI为0.004mg/kg。谷物按照GB 23200.37、GB/T 20770规定的方法测定；水果、糖料参照GB 23200.37、GB/T 20769规定的方法测定。

部分食品中丁苯吗啉最大残留限量（GB 2763—2021）

食品类别	名称	最大残留限量（mg/kg）
谷物	小麦	0.50
	大麦	0.50
	燕麦	0.50
	黑麦	0.50
	小黑麦	0.07
	全麦粉	0.10
	麦胚	0.30
水果	香蕉	2.00
糖料	甜菜	0.05
动物源性食品	哺乳动物肉类（海洋哺乳动物除外）	0.02
	牛肝	0.30
	猪肝	0.30
	山羊肝	0.30

参考文献

化工部农药信息总站, 1996. 国外农药品种手册(新版合订本)[M]. 北京: 化学工业出版社: 679-680.

刘长令, 2006. 世界农药大全: 杀菌剂卷[M]. 北京: 化学工业出版社: 222-223.

TURNER J A, 2015. The pesticide manual:a world compendium [M]. 17th ed. UK: BCPC: 466-467.

（撰稿：刘西莉；审稿：彭钦）

丁吡吗啉　pyrimorph

一种新型丙烯酰胺类杀菌剂。

化学名称　(E)-3-(2-氯吡啶-4-基)-3-(4-叔丁基苯基)-丙烯酰吗啉。

IUPAC名称　(2Z)-3-(2-chloro-4-pyridinyl)-3-[4-(2-methyl-2-propanyl)phenyl]-1-(4-morpholinyl)-2-propen-1-one。

CAS登记号　868390-90-3。

分子式　$C_{22}H_{25}ClN_2O_2$。

相对分子质量　384.90。

结构式

开发单位　中国农业大学、中国农业科学院植物保护研究所和江苏耕耘化学有限公司联合开发的一种丙烯酰胺类杀菌剂。

理化性质　纯品为白色粉末。密度为$1.249 \times 10^3 kg/m^3$（20℃）。pH7.5（溶液浓度为50g/L）、pH7.3（溶液浓度为10g/L）。熔点128～130℃。沸点≥420℃。溶解度（20℃，g/L）：苯55.95、甲苯20.4、二甲苯8.2、丙酮16.55、二氯甲烷315.45、三氯甲烷257.95、乙酸乙酯17.9、甲醇1.6、乙醇5.35。稳定性：水中易光解，土壤表面为中等光解，难水解，在土壤中较易降解。

毒性　原药大鼠急性经口$LD_{50} > 5000mg/kg$。大鼠急性经皮$LD_{50} > 2000mg/kg$、吸入$LC_{50} > 5000mg/m^3$。对兔眼睛、皮肤无刺激。对豚鼠皮肤属弱致敏性。亚慢（急）性毒性对大鼠NOEL 30mg/（kg·d）。致突变性Ames试验、微核或骨髓细胞染色体畸变、显性致死或生殖细胞染色体畸变，体外哺乳动物细胞基因突变试验均为阴性。对蜜蜂急性经口$LC_{50} > 1000mg/L$，接触$LD_{50} > 12\mu g/$只。鸟急性经口$LD_{50} > 1000mg/kg$体重，短期饲喂低毒，LC_{50}（168小时）$> 2000mg/kg$饲料。对鱼$LC_{50} > 48.7mg/L$。对大型溞中等毒性，EC_{50} 1.92mg/L。对水藻低毒，EC_{50}为11.86mg/L。家蚕$LC_{50} > 250mg/kg$桑叶，为低毒级。

剂型　悬浮剂。

作用方式及机理　对致病疫霉的菌丝生长、孢子囊产生、休止孢萌发具有较强的抑制作用，其EC_{50}值分别为0.066、0.059和0.550μg/ml，但对游动孢子释放的抑制作用较弱，其EC_{50}值为9.78μg/ml。经丁吡吗啉处理后的菌丝分枝相对较少，分枝间距拉长，但对菌丝直径无影响；从致病疫霉对番茄叶片的侵染过程来看，丁吡吗啉浓度为100μg/ml时，处理24小时后在叶片表面只能看到少量休止孢萌发，96小时后未产生孢子囊。丁吡吗啉在1μg/ml和10μg/ml时对菌丝细胞膜的电导率无影响，但当浓度为50μg/ml时其电导率值明显上升。在100μg/ml浓度下，其对致病疫霉菌丝的蛋白质合成有一定的抑制作用，但对其菌丝体内的DNA合成没有明显的抑制作用。

防治对象　抑菌谱较窄，只对卵菌（如致病疫霉、辣椒疫霉、古巴假霜霉菌等）和立枯丝核菌有较好的抑菌活性，但对无性型类真菌、子囊菌门真菌的抑菌活性较差，在抑菌谱上与烯酰吗啉相似。

使用方法　以有效成分用药量 375～450g/hm² 喷雾可防治番茄晚疫病、辣椒疫病。

注意事项　在番茄、辣椒上使用的安全间隔期为 5 天，每个生长周期最多使用 2 次。多次使用时，应与其他杀菌剂轮换使用。用前如有分层属正常现象，使用时摇匀即可。使用时应穿戴防护服和手套，避免吸入药液。施药期间不可吃东西和饮水。施药后应及时洗手和洗脸。赤眼蜂等天敌放飞区域禁用。禁止在河塘等水域清洗施药器具。用过的容器应妥善处理，不可做他用，也不可随意丢弃。孕妇及哺乳期的妇女禁止接触。

参考文献

陈小霞, 袁会珠, 覃兆海, 等, 2007. 新型杀菌剂丁吡吗啉的生物活性及作用方式初探[J]. 农药学学报, 9 (3): 229-234.

（撰稿：刘西莉；审稿：苗建强）

丁草胺　butachlor

一种选择性芽前酰胺类除草剂。

其他名称　Machete、Macheta、Butanex、灭草特、去草胺、马歇特、丁草锁。

化学名称　N- 丁氧甲基 -2- 氯 -2′,6′- 二乙基乙酰替苯胺；N-(butoxymethyl)-2-chloro-N-(2,6- diethylphenyl) acetamide。

IUPAC名称　N-butoxymethyl-2-chloro-2′,6′- diethylacetanilide。

CAS 登记号　23184-66-9。

EC 号　245-477-8。

分子式　$C_{17}H_{26}ClNO_2$。

相对分子质量　311.85。

结构式

开发单位　1969 年由美国孟山都公司开发。

理化性质　原药纯度 ≥ 93.5%。原药为浅黄色至紫色油状液体，具有微芳香味。纯品为无味油状透明液体。熔点 -2.8～1.7℃，沸点 156℃（66.66Pa），蒸气压 2.54×10^{-1} mPa（25℃）。Henry 常数 3.74×10^{-3} Pa·m³/mol。相对密度 1.07（20℃）。20℃温度下，在水中的溶解度为 16mg/L。在有机溶剂中溶解度（g/L，20℃）：乙醇、二甲苯、乙酸乙酯、丙酮、正庚烷、甲醇、己烷、二氯甲烷、甲苯 > 1000。≥ 150℃时分解。对紫外光稳定。≤ 45℃时长期稳定。闪点 > 135℃（泰格闭杯法）。黏度 37mPa·s（25℃）。

毒性　急性经口 LD_{50}：大鼠 2620mg/kg，小鼠 2620mg/kg。兔急性经皮 LD_{50} 13 000mg/kg。对兔皮肤中度刺激，对眼睛轻度刺激。观察到对豚鼠皮肤接触致敏。大鼠吸入 LC_{50}（4 小时）> 5.3mg/L 空气。野鸭急性经口 LD_{50} > 4640mg/kg。NOEL［mg/（kg·d）］：大鼠 20，小鼠 100，狗 3.65。丁草胺对鱼类和水生生物毒性大，鱼类 LC_{50}（96 小时，mg/L）：虹鳟 0.52，蓝鳃翻车鱼 0.44，鲤鱼 0.574，斑点叉尾鱼 0.10～0.42，黑头呆鱼 0.31。水蚤 LC_{50}（48 小时）2.4mg/L。羊角月牙藻 EC_{50}（72 小时）> 0.97µg/L。淡水螯虾 LC_{50}（96 小时）26mg/L。蜜蜂 LD_{50}（48 小时）：接触 > 100µg/ 只，经口 > 90µg/ 只。对鸟类低毒，绿头野鸭急性经口 LD_{50} > 4640mg/kg，绿头野鸭饲喂 LC_{50}（8 天）> 10 000mg/kg 饲料，山齿鹑 6597mg/kg 饲料。

剂型　50%、60% 乳油，5% 颗粒剂。

质量标准　见表 1 至表 3。

作用方式及机理　内吸传导型选择性芽前除草剂。主要通过杂草幼芽和幼小的次生根吸收，抑制超长链脂肪酸延长酶，阻止细胞分裂，使杂草幼株肿大、畸形、色深绿，最终导致死亡。只有少量丁草胺被稻苗吸收，而且在体内迅速完全分解代谢，因而稻苗有较大的耐药力。丁草胺在土壤中稳定性小，对光稳定；能被土壤微生物分解。丁草胺在土壤中淋溶度不超过 2cm。在土壤或水中经微生物降解，破坏苯胺环状结构，但较缓慢，100 天左右可降解活性成分 90% 以上，因此对后茬作物没有影响。

防治对象　对芽前和 2 叶期前的杂草有较好的防除效果。对 2 叶期以上的杂草防除效果下降。可用于水稻秧田、直播田、移栽田以及油菜、棉花、花生、麻、大麦及小麦等作物使用，能防除一年生禾本科杂草及一些莎草科杂草和某些阔叶杂草，如稗草、千金子、马唐、看麦娘、牛筋草、碎米莎草、异型莎草、水莎草、牛毛毡、水苋等，对节节菜和陌上菜也有一定抑制作用。

使用方法

防治水稻秧田、直播田杂草　粗秧板做好后或直播田

表 1　原油 黄棕色至深棕色均相液体（ZBG 2500—89）

	优级品	一级品	合格品
有效成分含量 (%)	≥ 92.0	85.0	80.0
水分含量 (%)	≤ 0.3	0.3	0.4
酸度（以 H_2SO_4 计)(%)	≤ 0.1	0.1	0.1

表 2　50%、60% 乳油 黄棕色或紫色均相液体（ZBG 25004—89）

	60% 乳油	50% 乳油
有效成分含量 (%)	60	50
水分含量 (%)	≤ 0.4	0.4
pH 值	5～8	合格
乳液稳定性	5～8	合格

表 3　5% 颗粒剂

有效成分含量 (%)	5.0
加热减量 (%)	≤ 2.0
粒度（20～60 目）(%)	≥ 90

平整后，一般在播种前 2~3 天，用丁草胺 675~900g/hm² 有效成分对水 750kg 喷雾于土表。喷雾时田间灌浅水层，药后保水 2~3 天，排水后播种。或在秧苗立针期，稻播后 3~5 天，用丁草胺 675~900g/hm² 有效成分，均匀喷雾，兑水 375~750kg，稻板沟中保持有水，不但除草效果好，秧苗素质也好。

防治移栽稻田杂草　早稻在插秧后 5~7 天，晚稻在插秧后 3~5 天，掌握在稗草萌动高峰时，用丁草胺 675~900g/hm² 有效成分，采用毒土法撒施，撒施时田间灌浅水层，药后保水 5~6 天。对瓜皮草等阔叶杂草较多的稻田，可将丁草胺与 2 甲 4 氯混用或用丁草胺与 10% 苄嘧磺隆混用。用 60% 丁草胺乳油 750ml/hm² 加 20%2 甲 4 氯水剂 1.5L/hm²，或加 10% 苄嘧磺隆可湿性粉剂 90~120g/hm²，采用毒土法或喷雾法，施药时间可比单用丁草胺推迟 2 天。

防治以看麦娘为主的麦田、油菜田杂草　播种后出苗前用 60%、50% 丁草胺乳油 1125~1500ml/hm²，采用喷雾法。

防治棉、麻、蔬菜田杂草　一般在播种后出苗前，用 60%、50% 丁草胺乳油 1125~1500ml/hm²，采用喷雾法。

注意事项　①在秧田与直播稻田使用，60% 丁草胺量不得超过 2.25L/hm²，并切忌田面淹水。一般南方用量采用下限。早稻秧田若气温低于 15℃时施药会有不同程度药害，不宜使用。②丁草胺对 3 叶期以上的稗草效果差，因此必须掌握在杂草 3 叶期以前使用，水不要淹没秧心。③目前麦田除草一般不用丁草胺，丁草胺用于菜地，若土壤水分过低会影响药效的发挥。④丁草胺对鱼毒性较强，养鱼稻田不能使用。用药后的田水也不能排入鱼塘。⑤丁草胺对人的眼睛和皮肤有一定的刺激性，施药时应注意防护。

与其他药剂的混用　属于酰胺类的除草剂，可用于多种作物防治一年生杂草，尤其是对一年生禾本科杂草效果突出，对阔叶杂草防效相对较差。三氮苯类除草剂是典型的光合作用抑制剂，能有效防除多种一年生阔叶杂草和禾本科杂草，但阔叶杂草的防除效果优于禾本科的防除效果。所以这两类除草剂的除杀草谱具有高度的互补性，混用可以扩大杀草谱。同时可以提高一些杂草的防除效果，具有一定的增效作用，可与西草净、苄嘧磺隆、吡嘧磺隆、扑草净、甲磺隆等混用。丁草胺和西草净混用时，移栽后 3~5 天施药，施药时和施药后不要有泥露出水面，保水 5~7 天，可进行药土法撒施。

允许残留量　GB 2763—2021《食品中农药最大残留限量标准》规定丁草胺最大残留限量见表 4。ADI 为 0.1mg/kg。谷物按照 GB/T 5009.164、GB 23200.9、GB/T 20770 规定的方法测定。

表 4　部分食品中丁草胺最大残留限量（GB 2763—2021）

食品类别	名称	最大残留限量（mg/kg）
谷物	大米	0.5
	小麦	0.5

参考文献

李香菊, 梁帝允, 袁会珠, 2014. 除草剂科学使用指南[M]. 北京: 中国农业科学技术出版社.

马克比恩 C, 2015. 农药手册[M]. 胡笑形, 等译. 北京: 化学工业出版社.

孙家隆, 周凤艳, 周振荣, 2014. 现代农药应用技术丛书: 除草剂卷[M]. 北京: 化学工业出版社.

（撰稿：李建洪；审稿：马洪菊）

丁草敌　butylate

一种硫代氨基甲酸酯类除草剂。

其他名称　丁草特、莠丹。

化学名称　S- 乙基 -N,N- 二异丁基硫代氨基甲酸酯；S-ethyl-N,N-diisobutylthiolcarbamate。

IUPAC 名称　S-ethyl diisobutylcarbamothioate。

CAS 登记号　2008-41-5。

EC 号　217-916-3。

分子式　$C_{11}H_{23}NOS$。

相对分子质量　217.37。

结构式

开发单位　由斯道夫化学公司开发。专利已过期。

理化性质　原药为清亮的琥珀色或黄色液体，带有芳香味。熔点 71℃（133.3 Pa）。闪点 115.5℃，相对密度 0.9402（25℃），蒸气压 1.73Pa（25℃）。可与丙酮、乙醇、二甲苯、煤油、甲基异戊 -2- 酮混溶，20℃时在水中溶解度 46mg/L。无腐蚀性。

毒性　急性经口 LD_{50}：雄大鼠 4560mg/kg，雌大鼠 5431mg/kg。兔急性经皮 LD_{50} > 4640mg/kg。大鼠急性吸入 LC_{50} 17.6mg/L。对兔皮肤有轻微刺激作用。大鼠 90 天饲喂试验 NOEL 为每天 > 32mg/kg，狗每天 > 48mg/kg；小鼠 2 年饲喂试验 NOEL 为每天 > 320mg/kg。动物试验未见致畸、致癌、致突变作用。鱼类 LC_{50}（96 小时）：虹鳟 4.2mg/L，翻车鱼 6.9mg/L。鹌鹑 LD_{50} > 5600mg/kg。对蜜蜂低毒。

质量标准　无色液体，暴露在光、空气、水分中会变暗，在常温常压下稳定。

作用方式及机理　通过杂草幼芽（单子叶由胚芽鞘，双子叶由下胚轴）吸收，能在体内传导，抑制和破坏核酸代谢和蛋白质合成，抑制分生组织生长而发挥作用。受药杂草不能出土或生长点破裂；出土杂草地上部分卷曲不展，茎肿大，脆而易折。

防治对象　适用于玉米、甜玉米、青刈饲料用玉米以及菠菜、莴苣等作物防除一年生禾本科杂草，如稗草、马唐、狗尾草、野黍等；对由种子萌发的多年生杂草，如狗牙根、宿根高粱、香附子、油莎草等也有防除效果。

使用方法　玉米播前，对于砂质土用 3.41kg/hm² （有效成分），黏重土用 4.5kg/hm²，加水 4.5～7.5kg 低压均匀喷雾。该药挥发性强，宜采用高容量低压喷雾。

注意事项　①适用于有机质含量在 10% 以内的各种土壤，视其质地选择剂量。对已经生长的杂草，荞丹不能将其杀死。因此，整地时应将已长出的杂草翻犁至土中，使碎土细密，便于混土均匀。②挥发性强，施药后应立即混入土中，以防有效成分挥发逸去降低药效。③该品误服有害。使用时要穿工作服，避免沾染皮肤、眼睛和吸入药液。④施药后要用肥皂水立刻清洗暴露的皮肤。⑤处理废余农药和容器不可污染水源。

与其他药剂的混用　可与荞去津、草净津和 2,4-滴丁酯混用。荞丹乳剂中加入 R-25788 安全剂，可增加玉米对药剂的抗药性。

允许残留量　在土壤中的降解速度取决于土壤质地、湿度、微生物活性。在 21～26℃时，土壤中半衰期 3～5 周。对后茬作物无影响。一般农药 7～14 天后被代谢完，而不在植物体内累积，收获时残留量近于 0。

参考文献

张殿京，程慕如，1987. 化学除草应用指南[M]. 北京：农村读物出版社：291-292.

（撰稿：徐效华；审稿：闫艺飞）

丁氟螨酯　cyflumetofen

一种非内吸性新型酰基乙腈类杀螨剂。

其他名称　Danisaraba（Otsuka）、赛芬螨、OK-5101。

化学名称　2-甲氧乙基(*R,S*)-2-(4-叔-丁基苯基)-2-氰基-3-氧代-3-(α,α,α-三氟-邻甲苯基)丙酸酯；2-methoxyethyl α-cyano-α-[4-(1,1-dimethylethyl)phenyl]-β-oxo-2-(trifluoromethyl)benzenepropanoate

IUPAC 名称　2-methoxyethyl(*RS*)-2-(4-*tert*-butylphenyl)-2-cyano-3-oxo-3-(α,α,α-trifluoro-o-tolyl)propionate。

CAS 登记号　400882-07-7。

分子式　C₂₄H₂₄F₃NO₄。

相对分子质量　447.45。

结构式

开发单位　由 N. Takahashi 等于 2006 年报道，日本大塚化学公司开发。

理化性质　纯品为白色固体。熔点 77.9～81.7℃。沸点 269.2℃（2.2kPa）。蒸气压＜ 5.9×10⁻³mPa（25℃）。K_{ow}lg$P$ 4.3。

相对密度 1.229（20℃）。水中溶解度（pH7，20℃）0.0281mg/L；其他溶剂中溶解度（g/L，20℃）：正己烷 5.23，甲醇 99.9，丙酮、二氯甲烷、乙酸乙酯、甲苯＞ 500。在弱酸性介质中稳定，但在碱性介质中不稳定，水中 DT₅₀（25℃）：9 天（pH4），5 小时（pH7），12 分钟（pH9）。在 293℃以下稳定。

毒性　雌大鼠急性经口 LD₅₀＞ 2000mg/kg。大鼠急性经皮 LD₅₀＞ 5000mg/kg，对兔眼睛和皮肤无刺激，对豚鼠皮肤致敏。大鼠吸入 LC₅₀＞ 2.65mg/L。NOEL：大鼠 500mg/kg 饲料，狗 30mg/（kg·d）。ADI 0.092mg/kg。无致畸（大鼠和兔），无致癌（大鼠），无生殖毒性（大鼠和小鼠），无致突变（Ames 试验，染色体畸变，微核试验）。鹌鹑急性经口 LD₅₀＞ 2000mg/kg，饲喂 LC₅₀（5 天）＞ 5000mg/kg 饲料。鱼类 LC₅₀（96 小时，mg/L）：鲤鱼＞ 0.54，虹鳟＞ 0.63。水蚤 EC₅₀（48 小时）＞ 0.063mg/L，羊角月牙藻 E_bC₅₀（72 小时）＞ 0.037mg/L。蜜蜂 LD₅₀（96 小时，μg/ 只）：＞ 591（经口），＞ 102（接触）。蚯蚓 LC₅₀（14 天）＞ 1020mg/kg 土壤。在 5mg/50g 时对蚕没有影响，对蜱螨目、鞘翅目、膜翅目类的一些昆虫在 200mg/L 剂量时没有观察到影响。

剂型　20% 悬浮剂，36% 乳油。

作用方式及机理　非内吸性杀螨剂，主要作用方式为触杀。成螨在 24 小时内被完全麻痹，同时具有部分杀卵作用，刚孵化的若螨能被全部杀死。

防治对象　主要用于防治果树、蔬菜、茶、观赏植物的害螨如棉红蜘蛛、神泽叶螨等叶螨属，柑橘叶螨、苹果叶螨等全爪螨属等，使用剂量为 0.15～0.8kg/hm²。对叶螨类的捕食天敌植绥螨类则无影响。

使用方法　20% 丁氟螨酯（悬浮剂）在果树、蔬菜、茶和观赏作物上进行了田间试验。结果表明丁氟螨酯在有效成分 100～800g/hm² 剂量范围内对叶螨有效。按照常规使用剂量施用至少两次时未发现药害。

参考文献

刘长令，2012. 世界农药大全：杀虫剂卷[M]. 北京：化学工业出版社：721-724.

马克比恩 C，2015. 农药手册[M]. 胡笑形，等译. 北京：化学工业出版社：231-232.

（撰稿：杨吉春；审稿：李淼）

丁环草磷　buminafos

一种选择性膦酸酯类除草剂。

其他名称　特克草、Pestanal、Trakephon、Aminophon。

化学名称　*O,O*-二丁酯-1-丁基氨基环己基膦酸酯。

CAS 名称　1-*N*-(butylamino)-cyclohexyl phosphonic acid dibutyl ester。

IUPAC 名称　dibutyl[(1-(butylamino)cyclohexyl)]phosphonate。

CAS 登记号　51249-05-9。

EC 号　257-085-4。

分子式　$C_{18}H_{38}NO_3P$。

相对分子质量　347.47。

结构式

开发公司　1971 年由美国韦伯化学公司开发。

理化性质　密度 0.98g/cm³。沸点 434.8℃（101.32kPa）。闪点 216.8℃。折光率 1.464。

毒性　急性经口 LD_{50}：大鼠 6000～9000mg/kg，雄小鼠 3500mg/kg；大鼠急性经皮 LD_{50} 12 000～15 000mg/kg。

剂型　乳油。

质量标准　储存条件 2～8℃。

防治对象　用于黄瓜、洋葱田，防除一年生禾本科杂草和阔叶杂草。

使用方法　用于黄瓜、洋葱田，可芽前土壤处理，也可苗后早期茎叶处理。也可以作为落叶剂使用。

参考文献

石得中，2008. 中国农药大辞典[M]. 北京：化学工业出版社：108.

张殿京，程慕如，1987, 化学除草应用指南[M]. 北京：农村读物出版社：413.

MALOD L, CALATAYUD J M, 2008. Photo-induced chemiluminescence determination of the pesticide buminafos by a multicommutation flow-analysis assembly[J]. Talanta, 77: 561-565.

NEHEZ M, FISCHER G W, SCHEUFLER H, et al, 1992. Investigations of the acute toxic, cytogenetic, and embryotoxic activity of buminafos[J]. Ecotoxicology and environmental safety, 24: 13-16.

（撰稿：贺红武；审稿：耿贺利）

丁基嘧啶磷　tebupirimfos

一种硫代磷酸酯类杀虫剂。

其他名称　MAT 7484、HSDB7136。

化学名称　O-(2-叔丁基嘧啶-5-基)O-乙基 O-异丙基硫逐磷酸酯；O-(2-*tert*-butylpyrimidin-5-yl)O-ethyl O-isopropyl-phosphorothioate。

IUPAC 名称　2-butylpyrimidin-5-yl ethyl isopropyl phosphate。

CAS 登记号　96182-53-5。

EC 号　619-195-4。

分子式　$C_{13}H_{23}N_2O_3PS$。

相对分子质量　318.37。

结构式

开发单位　拜耳公司。

理化性质　其纯品为无色液体。沸点 135℃（200Pa），152℃（1×10⁵Pa）。20℃时蒸气压 5mPa。水中溶解度（20℃，pH7）5.5mg/L。溶于苯、氯仿、己烷和甲醇。但在碱性条件下可快速分解。

毒性　大鼠急性经口 LD_{50}：雄 2.9～3.6mg/kg，雌 1.3～1.8mg/kg。小鼠急性经口 LD_{50}：雄 14.0mg/kg，雌 9.3mg/kg。大鼠急性经皮 LD_{50}：雄 31.0mg/kg，雌 9.4mg/kg。大鼠吸入 LC_{50}（4 小时）：雄 82mg/L，雌 36mg/L。无致畸、致突变、致癌作用。毒性分类：Ia 剧毒。但若与拟除虫菊酯类混配，毒性则大大降低。鹌鹑 LD_{50} 20.3mg/kg；鹌鹑 LC_{50} 191mg/kg 饲料，野鸭 LC_{50} 577mg/kg 饲料。虹鳟、鲤鱼 LC_{50}（96 小时）2250mg/kg。水蚤 LC_{50}（96 小时）0.078μg/L 有效成分。

剂型　颗粒剂。

作用方式及机理　乙酰胆碱酯酶抑制剂。极低浓度对鞘翅目害虫，如黄瓜条叶甲或叩甲属幼虫有触杀活性，对双翅目蛆虫也有良好防效。且有极好的持效性，持效期不受温度影响。

防治对象　鞘翅目和双翅目害虫，特别是地下害虫如叶甲属中所有害虫、地老虎、切根虫等。

使用方法　主要用于防治地下害虫，持效期长达 4 周，且不受温度影响。使用浓度为 0.15mg/L 有效成分，可有效防治叶甲属害虫、金针虫及双翅目害虫。

注意事项　吸入、皮肤接触和不慎吞咽极毒，接触皮肤之后，立即使用大量皂液洗涤。使用过程中出现意外或者感到不适，立刻就医（最好带去产品容器标签）。该物质残余物和容器必须作为危险废物处理。避免排放到环境中。对水生生物极毒，可能导致对水生环境的长期不良影响。穿戴合适的防护服和手套。

与其他药剂的混用　2% 的丁基嘧啶磷与 0.1% 氟氯氰菊酯。不能与碱性农药混用。

允许残留量　韩国规定了鲜人参、大蒜、新鲜辣椒（红，绿）、朝鲜卷心菜、马铃薯、菠菜等作物上的最大残留限量为 0.01mg/kg。

参考文献

朱永和，王振荣，李布青，2006. 农药大典[M]. 北京：中国三峡出版社：111.

（撰稿：吴剑、刘登曰；审稿：薛伟）

丁乐灵　butralin

一种选择性苗前二硝基苯胺类除草剂，亦可用作烟草腋芽抑制剂。

其他名称　止芽素、地乐胺、仲丁灵、硝苯胺灵、比达宁、A-820、Amchem70-25、AmchemA-820、TAMEX。

化学名称　N-仲丁基-4-叔丁基-2,6-二硝基苯胺；4-(1,1-dimethylethyl)-N-(1-methylpropyl)-2,6-dinitrobenzenamine。

IUPAC名称　(RS)-N-sec-butyl-4-tert-butyl-2,6-dinitroaniline。

CAS登记号　33629-47-9。

EC号　251-607-4。

分子式　$C_{14}H_{21}N_3O_4$。

相对分子质量　295.33。

结构式

厖带芳香味橘黄色晶体。

开发单位　美国阿姆化学产品公司。

理化性质　略带芳香味橘黄色晶体。密度 1.185g/cm³。熔点 61℃。沸点 134～136℃（66.5kPa）。蒸气压 1.7mPa（25℃）。溶解度：水 1mg/L（24℃），丁酮 9.55mg/kg，丙酮 4.48mg/kg，二甲苯 3.88mg/kg，苯 2.7mg/kg，四氯化碳 1.46mg/kg（24～26℃）。265℃分解，光稳定性好，储存3年稳定，不宜在低于-5℃下存放。

毒性　对人畜低毒。大鼠急性经口 LD_{50} 2500mg/kg，急性经皮 LD_{50} 4600mg/kg，急性吸入 LC_{50} 50mg/L 空气。鱼类：鲤鱼 TLm 4.2mg/L，虹鳟 TLm 3.4mg/L。对黏膜有轻度刺激作用。

剂型　48%、36% 乳油。

质量标准　48%、36% 乳油，储存稳定性良好。

作用方式及机理　药剂通过植物的幼芽、幼茎和根系进入植物体后，在植物体内强烈抑制细胞的有丝分裂与分化，破坏细胞分裂，从而阻碍杂草幼苗生长而死亡。

防治对象　适用于大豆、棉花、水稻、玉米、向日葵、马铃薯、花生、西瓜、甜菜、甘蔗和蔬菜等作物田中防除稗草、牛筋草、马唐、狗尾草等一年生单子叶杂草及部分双子叶杂草。对大豆田菟丝子也有较好的防除效果。亦可用于控制烟草腋芽生长。

使用方法

播种前或移栽前土壤处理　大豆、茴香、胡萝卜、育苗韭菜、菜豆、蚕豆、豌豆和牧草等在播种前每亩用 48% 乳油 200～300ml 加水均匀喷布地表；番茄、青椒和茄子在移栽前每亩用 48% 乳油 200～250ml 加水均匀喷布地表，混土后移栽。

播后苗前土壤处理　大豆、茴香、胡萝卜、芹菜、菜豆、萝卜、大白菜、黄瓜和育苗韭菜在播后出苗前，每亩用 48% 乳油 200～250ml 加水喷布地表。花生田在播前或播后出苗前每亩用 48% 乳油 150～200ml 加水均匀喷布地表，如喷药后进行地膜覆盖效果更好。

苗后或移栽后进行土壤处理　水稻插秧后3～5天用 48% 乳油 125～200ml 拌土撒施。

茎叶处理　在大豆始花期（或菟丝子转株危害时），用 48% 乳油 100～200 倍液喷雾（每平方米喷液量 75～150ml），对菟丝子及部分杂草有良好防治效果。

烟草抑芽　烟草打顶后 24 小时内用 36% 乳油加水从烟草打顶处倒下，使药液沿茎而下流到各腋芽处，每株用药液 15～20ml。

注意事项　防除菟丝子时，喷雾要均匀周到，使缠绕的菟丝子都能接触到药剂。

作烟草抑芽剂使用时，不宜在植株太湿、气温过高、风速太大时使用，避免药液与烟草叶片直接接触，已经被抑制的腋芽不要人为摘除，避免再生新腋芽。

与其他药剂的混用　可以和多种除草剂混用，扩大杀草谱，提高杀草效果。

允许残留量　GB 2763—2021《食品中农药最大残留限量标准》规定棉籽中的最大残留限量为 0.05mg/kg。ADI 为 0.2mg/kg。油料参照 GB 23200.9、GB/T 20770、SN/T 3859 规定的方法检测。

参考文献

周于知，1988. 地乐胺在黄瓜和土壤中残留量测定[J]. 北京农业科学 (5)：32-33.

（撰稿：杨光富；审稿：吴琼友）

丁硫环磷　fosthietan

一种广谱、内吸、触杀性有机磷类杀虫、杀线虫剂。

其他名称　Nematak、Acconem、Geofos、伐线丹。

化学名称　2-(二乙氧基膦基亚氨基)-1,3-二噻丁烷；O,O-二乙基-N-(1,3-二噻丁环-2-亚基磷酰胺)；diethyl 1,3-dithi-etan-2-ylidenephosphoramidite；1,3-dithietan-2-ylidenephos-phoramiditic acid diethyl ester。

IUPAC名称　diethyl 1,3-dithietan-2-ylidenephosphora-midate。

CAS登记号　21548-32-3。

EC号　244-437-7。

分子式　$C_6H_{12}NO_3PS_2$。

相对分子质量　241.27。

结构式

开发单位　美国氰胺公司。

理化性质　该品为黄色液体，原药具有硫醇味。蒸气压 0.867mPa（25℃）。水中溶解度 50g/L（50℃），溶于丙酮、氯仿、甲醇和甲苯中。稳定性：土壤中 DT_{50} 10～20 天。

毒性　大鼠急性经口 LD_{50} 5.7mg/kg（原药）。兔急性经皮 LD_{50}（24 小时）：54mg/kg（原药），3124mg/kg（5% 颗

粒剂）。对细菌无诱变活性。在土壤中易降解，不污染土壤，10～40 天内分解率为 50%。

剂型 3%～15% 颗粒剂，25% 可溶液剂。

作用方式及机理 乙酰胆碱酯酶抑制剂，是一种广谱、内吸、胃毒、触杀性有机磷杀虫剂、杀线虫剂。

防治对象 用于防治烟草、花生、玉米、甜菜、大豆、甜瓜、草莓、马铃薯和浆果等作物的根结线虫和孢囊线虫以及土壤害虫等。并对烟草和甜菜等作物的生长有一定的刺激作用。

使用方法 将药剂撒施地表，然后翻耕土壤，防治甜瓜根结线虫的使用剂量 3.75kg/hm^2（有效成分），防治马铃薯或甜菜孢囊线虫的用量为 1～1.75kg/hm^2（有效成分）。

注意事项 在高剂量下对双子叶植物有药害。

参考文献

刘长令, 2012. 世界农药大全: 杀虫剂卷[M]. 北京: 化学工业出版社: 821.

王秀臻, 邵立德, 1986. 新杀线虫剂丁硫环磷[J]. 农药 (6) : 37-38.

（撰稿：李焦生、陈书龙；审稿：彭德良）

丁硫克百威 carbosulfan

一种氨基甲酸酯类杀虫剂。

其他名称 Posse、Sheriff、Spi、Aayudh、Bright、Marshal、丁基加保扶、丁呋丹、丁硫威、克百威、好年冬、安棉特等。

化学名称 2,3-dihydro-2,2-dimethyl-7-benzofuranyl [(dibutylamino)thio]methylcarbamate。

IUPAC 名称 2,3-dihydro-2,2-dimethylbenzofuran-7-yl [(dibutylamino)thio]methylcarbamate。

CAS 登记号 55285-14-8。

EC 号 259-565-9。

分子式 $C_{20}H_{32}N_2O_3S$。

相对分子质量 380.55。

结构式

开发单位 E. C. Maitlen 和 N. A. Sladen 报道其杀虫性。1982 年由富美实公司开发。

理化性质 橘色至棕色清亮黏稠液体。熔点未明确。沸点：加热减压蒸馏时不稳定（8.6×10^3Pa）。蒸气压 3.58×10^2mPa（25℃）。K_{ow}lg$P$ 5.4。Henry 常数 4.66×10^3Pa·m^3/mol（计算值）。相对密度 1.056（20℃）。溶解度：水 3mg/L（25℃）；与多数有机溶剂混溶，例如二甲苯、己烷、氯仿、二氯甲烷、甲醇、乙醇、丙酮等。水介质中分解；DT$_{50}$ 0.2 小时（pH5）、11.4 小时（pH7）、173.3 小时（pH9）。闪点 96℃。

毒性 哺乳动物毒性：雄、雌大鼠急性经口 LD$_{50}$ 分别为 250mg/kg 和 185mg/kg。兔急性经皮 LD$_{50}$ > 6370mg/kg。大鼠急性吸入 LC$_{50}$（1 小时）1.53mg/L。2 年喂养大鼠、小鼠 NOEL 为 20mg/kg 饲料。野鸭、雉鸡、鹌鹑的急性经口 LD$_{50}$ 分别为 8.1mg/kg、26mg/kg、82mg/kg。鱼类 LC$_{50}$（96 小时）：鳟鱼 0.042mg/L，蓝鳃鱼 0.015mg/L，鲤鱼（48 小时）0.55mg/L。

剂型 中国有 20% 乳油（质量 / 容量），40% 乳油；国外有 125g/L 乳油，15%、2% 粉剂。

质量标准 40% 乳油外观：褐色透明液体；技术指标：有效成分含量 ≥ 40%；克百威 ≤ 1.5%；溶剂 + 好年冬 ≥ 90%；氯化物 ≤ 0.3%；稳定剂 2%；水分 0.2%；碱度（以 NaOH 计）0.5%；pH7～8；密度 0.88～0.9g/cm^3（25℃）；闪点：34～36℃。

作用方式及机理 是一种具有广谱、内吸作用的氨基甲酸酯类杀虫剂。对害虫以胃毒作用为主。有较高的内吸性，较长的持效期，对成虫、幼虫都有防效，对水稻无药害。是克百威低毒化衍生物，在生物体内代谢为克百威，使生物体内胆碱酯酶受到抑制，致昆虫神经中毒死亡。

防治对象 防治多种土栖和食叶害虫，如蚜虫、金针虫、螨、甜菜隐食甲、马铃薯甲虫、果树卷叶蛾、稻瘿蚊、茶小绿叶蝉、梨小食心虫、介壳虫等。

使用方法

防治水稻褐飞虱 在水稻孕穗末期或圆秆期，在孕穗期或抽穗期，在灌浆乳熟期或蜡熟期，使用 20% 克百威乳油 2.25L/hm^2（有效成分 450g/hm^2），兑水 750kg 喷雾。

防治蔬菜害虫 防治菜粉蝶，对第一代防治适期应选择在产卵高峰后 1 周左右，即菜包心期以前，施用 20% 乳油 3L/hm^2（有效成分 600g/hm^2），用背负式机兑水喷雾。

防治柑橘锈螨 可以有效防治柑橘的多种害虫，其中以防治橘锈螨的效果尤为突出，持效期一般可维持在 40～60 天。因为柑橘锈螨的盛发期是秋梢时候，而柑橘蚜虫及潜叶蛾也同时发生，稀释倍数在 2000～3000 倍的好年冬 20% 乳油即可以控制上述害虫。

注意事项 在稻田施药时，不要施敌稗和灭草灵，以防产生药害。对水稻三化螟和稻纵卷叶螟防治效果不好，不宜使用。在蔬菜上安全间隔期为 25 天，所以在收获前 25 天严禁使用该药。若不慎中毒，应使患者呼吸新鲜空气。若眼睛接触药剂，应立即用清水冲洗。如中毒，在治疗时不要用肟类药物，应先肌肉注射阿托品。

与其他药剂的混用 种子处理剂型可与其他种子处理用杀菌剂混用。

允许残留量 GB 2763—2021《食品中农药最大残留限量标准》规定部分食品中的最大残留限量：稻谷 0.5mg/kg，水果 0.01mg/kg，蔬菜 0.01mg/kg，甘蔗 0.1mg/kg。ADI 为 0.01mg/kg。

参考文献

高希武, 郭艳春, 王恒亮, 等, 2002. 新编实用农药手册[M]. 郑州: 中原农业出版社.

马克比恩 C, 2015. 农药手册[M]. 胡笑形, 等译. 北京: 化学工业出版社.

朱永和, 王振荣, 李布青, 2006. 农药大典[M]. 北京: 中国三峡出版社.

（撰稿：张建军；审稿：吴剑）

丁醚脲　diafenthiuron

一种新型硫脲类杀虫剂。

其他名称　宝路、Ferna、Pegasus、Diapol、Manbie、杀螨隆、CGA 106 630、CG-167。

化学名称　1-叔丁基-3-(2,6-二异丙基-4-苯氧基苯基)硫脲。

IUPAC名称　1-*tert*-butyl-3-(2,6-diisopropyl-4-phenoxyphenyl)thiourea。

CAS登记号　80060-09-9。

分子式　$C_{23}H_{32}N_2OS$。

相对分子质量　384.58。

结构式

开发单位　由 Streibert H. P. 在 1988 年报道, 由汽巴-嘉基（现先正达）公司开发并于 1990 年上市。

理化性质　原药含量≥95%。白色粉末。熔点144.6~147.7℃（OECD 102）。蒸气压<2×10^{-3}mPa（25℃）（OECD 104）。K_{ow}lg$P$ 5.76（OECD 107）。Henry 常数<1.28×10^{-2}Pa·m³/mol（计算）。相对密度 1.09（20℃）（OECD 109）。水中溶解度0.06mg/L（25℃）；其他溶剂中溶解度（g/L，25℃）：甲醇47、丙酮320、甲苯330、正己烷9.6、辛醇26。对空气、水和光都稳定，水解 DT_{50}（20℃）3.6 天（pH7），光解 DT_{50}1.6 小时（pH7, 25℃）。

毒性　大鼠急性经口 LD_{50} 2068mg/kg。大鼠急性经皮LD_{50}>2000mg/kg。对大鼠皮肤和眼睛均无刺激作用, 对豚鼠皮肤无致敏。大鼠吸入 LC_{50}（4 小时）0.558mg/L 空气。NOEL［90 天, mg/（kg·d）］：大鼠 4, 狗 1.5。在 Ames试验、DNA 修复和核异常测试中为阴性, 无致畸性。山齿鹑和野鸭急性经口 LD_{50}>1500mg/kg, 山齿鹑和野鸭饲喂LC_{50}（8 天）>1500mg/kg 饲料。在田间条件下无急性危害。鱼类 LC_{50}（96 小时, mg/L）：鲤鱼 0.0038, 虹鳟 0.0007, 大翻车鱼 0.0024。在田间条件下, 由于迅速降解成无毒代谢物, 无明显危害。水蚤 LC_{50}（48 小时）0.15μg/L。羊角月牙藻 EC_{50}（72 小时）>50mg/L。对蜜蜂有毒, LD_{50}（48 小时, μg/只）：经口 2.1, 接触 1.5。田间条件下没有明显的危害。蚯蚓 LC_{50}（14 天）约 1000mg/kg 土壤。

剂型　25%、43.5%、50%、500g/L 悬浮剂, 50% 可湿性粉剂, 5%、25%、70% 水分散粒剂, 25% 乳油, 10% 微乳剂。

作用方式及机理　在害虫体内转化为线粒体呼吸抑制剂。具有触杀、胃毒、内吸和熏蒸作用, 也显示出一些杀卵作用。低毒, 但对鱼、蜜蜂高毒。

防治对象　棉花等多种田间作物、果树、观赏植物和蔬菜上的植食性螨（叶螨科、跗线螨科）、小菜蛾、菜青虫、粉虱、蚜虫和叶蝉科；也可控制油菜作物（小菜蛾）、大豆（豆夜蛾）和棉花（木棉虫）上的食叶害虫。对花蝽、瓢虫、盲蝽科等益虫的成虫和捕食性螨（安氏钝绥螨、梨盲走螨）、蜘蛛（微蛛科）、普通草蛉的成虫和处于未成熟阶段的幼虫均安全, 对未成熟阶段的半翅目（花蝽, 盲蝽科）昆虫无选择性。可与温室中粉虱、螨生物防治兼容。还可防治对有机磷、拟除虫菊酯产生抗性的害虫。

使用方法　主要以可湿性粉剂配成药液喷雾使用, 使用剂量为 300~500g/hm²。治田间小菜蛾, 在小菜蛾一龄幼虫孵化高峰期, 25% 丁醚脲乳油的使用量为 600~900g/hm², 加水 900kg/hm² 均匀喷雾防治 1 次; 如田间虫量大时, 施药后隔 7 天再用药 1 次, 可取得更好的防治效果。防治假眼茶小绿叶蝉, 用 50% 丁醚脲悬浮剂 1000~1500 倍效果非常理想, 药后 7 天防效仍在 94%。防治对菊酯产生抗性的小菜蛾, 有效剂量 150~300g/hm², 处理后 3 天防效在 80.4%, 处理后 10 天防效在 90.6%, 持效期 10 天以上。防治棉叶螨用量为有效成分 300~400g/hm², 持效期 21 天。防治红蜘蛛, 一般亩用有效成分 20~30g, 持效期 10~15 天。

注意事项　①螨害发生重时, 尤其成螨、幼螨、若螨及螨卵同时存在, 必须保证必要的用药量, 25% 丁醚脲不大于 4000 倍液喷雾, 喷至叶尖滴水为止。②杀螨方式新颖, 不同于其他杀螨剂, 保证连续使用 2 次, 15 天 1 次, 可保长时间无螨害。③不能与碱性农药混合使用, 但可与波尔多液现混现用, 短时间内完成喷雾不影响药效。④对蜜蜂、鱼有毒, 使用时应注意。

与其他药剂的混用　① 35% 丁醚脲和 5% 呋虫胺混配, 以 900~1500ml/hm² 喷雾用于防治茶树茶小绿叶蝉。② 35% 丁醚脲和 7% 茚虫威混配, 以 345~480ml/hm² 喷雾用于防治茶树茶小绿叶蝉; 35.5% 丁醚脲和 7.5% 茚虫威混配, 以315~390ml/hm² 喷雾用于防治甘蓝小菜蛾; 24% 丁醚脲和 6% 茚虫威混配, 以 300~450ml/hm² 喷雾用于防治甘蓝小菜蛾, 稀释 1000~1500 倍液喷雾用于防治茶树茶小绿叶蝉。③ 30% 丁醚脲和 10% 联苯菊酯混配, 以 225~375ml/hm²喷雾用于防治茶树茶小绿叶蝉; 10% 丁醚脲和 3% 联苯菊酯混配, 稀释 3000~4000 倍液喷雾用于防治苹果树红蜘蛛, 以 600~900ml/hm² 喷雾用于防治棉花红蜘蛛; 15% 丁醚脲和 3% 联苯菊酯混配, 以 660~1005ml/hm² 喷雾用于防治茶树茶小绿叶蝉; 35% 丁醚脲和 5% 联苯菊酯混配, 以495~600ml/hm² 喷雾用于防治茶树茶小绿叶蝉。④ 15% 丁醚脲和 2.5% 高效氯氟氰菊酯混配, 以 450~600ml/hm² 喷雾用于防治甘蓝小菜蛾; 15% 丁醚脲和 5% 高效氯氟氰菊酯混配, 以 300~450g/hm² 喷雾用于防治甘蓝小菜蛾。⑤ 25% 丁醚脲和 15% 哒螨灵混配, 稀释 1500~2000 倍液喷雾用于防治柑橘树红蜘蛛; 40% 丁醚脲和 10% 哒螨灵混配, 稀释2500~3000 倍液喷雾用于防治柑橘树红蜘蛛。⑥ 25% 丁醚脲和 3% 甲氨基阿维菌素苯甲酸盐混配，稀释 600～750 倍液喷雾用于防治茶树茶小绿叶蝉；42.3% 丁醚脲和 1.4% 甲氨基阿维菌素苯甲酸盐混配，以 150～195ml/hm² 喷雾用于防治甘蓝小菜蛾；46.5% 丁醚脲和 1.5% 甲氨基阿维菌素苯甲酸盐混配，以 112.5～150ml/hm² 喷雾用于防治甘蓝小菜蛾；20% 丁醚脲和 1% 甲氨基阿维菌素苯甲酸盐混配，以 450～1050ml/hm² 喷雾用于防治小白菜小菜蛾；29% 丁醚脲和 1% 甲氨基阿维菌素混配，以 75～105ml/hm² 喷雾用于防治甘蓝甜菜夜蛾；26% 丁醚脲和 0.7% 甲氨基阿维菌素苯甲酸盐混配，以 180～240ml/hm² 喷雾用于防治甘蓝甜菜夜蛾。⑦ 15% 丁醚脲和 0.6% 阿维菌素混配，稀释 2000～3000 倍液喷雾用于防治苹果树红蜘蛛。⑧ 8% 丁醚脲和 5% 虱螨脲混配，以 600～675ml/hm² 喷雾用于防治甘蓝小菜蛾。⑨ 20% 丁醚脲和 10% 溴虫腈混配，以 525～825ml/hm² 喷雾用于防治甘蓝小菜蛾；40% 丁醚脲和 10% 溴虫腈混配，以 225～525g/hm² 喷雾用于防治甘蓝小菜蛾。⑩ 20% 丁醚脲和 20% 三唑锡混配，稀释 2500～3000 倍液喷雾用于防治柑橘树红蜘蛛。⑪ 300g/L 丁醚脲和 200g/L 四螨嗪混配，稀释 2500～3000 倍液喷雾用于防治柑橘树红蜘蛛。⑫ 35% 丁醚脲和 10% 乙螨唑混配，稀释 5000～6000 倍液喷雾用于防治柑橘树红蜘蛛。⑬ 300g/L 丁醚脲和 200g/L 氰氟虫腙混配，以 330～450ml/hm² 喷雾用于防治甘蓝小菜蛾。⑭ 32% 丁醚脲和 8% 噻虫啉混配，以 900～1200ml/hm² 喷雾用于防治茶树茶小绿叶蝉。

允许残留量　GB 2763—2021《食品中农药最大残留限量标准》规定丁醚脲最大残留限量见表。ADI 为 0.003mg/kg。

部分食品中丁醚脲最大残留限量（GB 2763—2021）

食品类别	名称	最大残留限量（mg/kg）
油料和油脂	棉籽	0.2*
蔬菜	结球甘蓝	2.0
	普通白菜	1.0
水果	柑、橘	0.2
	苹果	0.2
饮料类	茶叶	5.0

* 临时残留限量。

参考文献

刘长令, 2017. 现代农药手册[M]. 北京: 化学工业出版社: 215-216.

（撰稿：杨吉春；审稿：李淼）

丁脒酰胺　isocarbamid

一种氨基酯类除草剂。

其他名称　丁咪酰胺、丁咪胺、1-Imidazolidinecarboxamide、BAY 94871、Imizolamid、Isocarbamide、Isocarbomid、Izolamid。

化学名称　N-(2-methylpropyl)-2-oxoimidazolidine-1-carboxamide。

IUPAC 名称　N-isobutyl-2-oxoimidazolidine-1-carboxamide。

CAS 登记号　30979-48-7。

EC 号　250-410-0。

分子式　$C_8H_{15}N_3O_2$。

相对分子质量　185.23。

结构式

开发单位　拜耳公司。

理化性质　熔点 95～96℃。

毒性　哺乳动物急性经口 $LD_{50} > 2500mg/kg$，经皮 $LD_{50} > 500mg/kg$，吸入 $LC_{50} > 0.41mg/L$。

剂型　通常配制成可湿性粉剂。

参考文献

张殿京, 程慕如, 1987. 化学除草应用指南[M]. 北京: 农村读物出版社: 593.

（撰稿：徐效华；审稿：闫艺飞）

丁噻隆　tebuthiuron

一种脲类选择性除草剂。

其他名称　MET1489、特丁噻草隆。

化学名称　N-(5- 叔丁基 -1,3,4,- 噻二唑 -2- 基)-N,N′- 二甲基脲; N-[5-(1,1-dimethylethyl)-1,3,4-thiadiazol-2-yl]-N,N′-dimethylurea。

IUPAC 名称　1-(5-(tert-butyl)-1,3,4-thiadiazol-2-yl)-1,3-dimethylurea。

CAS 登记号　34014-18-1。

EC 号　251-793-7。

分子式　$C_9H_{16}N_4OS$。

相对分子质量　228.31。

结构式

理化性质　白色粉末。熔点 162.85℃。蒸气压 0.04mPa（25℃）。水中溶解度 2.57g/L（20℃）。溶于很多有机溶剂，25℃溶解度（g/L）：苯 3.7、丙酮 70、己烷 6.1、甲醇 170、三氯甲烷 250。在 pH5 和 pH9 的水中较稳定，对热稳定。

毒性　对水生生物有极高毒性，可能对水体环境产生长期不良影响。对眼、皮肤、黏膜有刺激作用。一般不会引起全身中毒。

剂型　80% 可湿性粉剂。

防治对象　用于甘蔗田中选择性防除杂草。可在大麦、小麦、棉花、甘蔗、胡萝卜田中防除一年生杂草。

使用方法 防除一年生杂草用量为 2～4kg/hm²，防除多年生杂草用量为 4～6kg/hm²。在甘蔗种植后杂草萌发前进行土壤喷雾，用量 3～4.5L/hm²。对甘蔗安全，较常规除草剂持效期长，能够有效防治马唐、红花酢浆草（酸咪咪）、狗牙根（铁线草）、阔叶丰花草（日本草）、牛筋草、罗氏草（茅草）、荠菜、圆叶牵牛、胜红蓟、鱼黄草、鳢肠、香附子和丁香蓼等。

注意事项 丁噻隆残留期长，轮作地、套种地或用药后 2 年内不种甘蔗地块禁用，在沙化地、低洼地和当年水改旱地会影响使用效果。

与其他药剂的混用 其与苯噻隆（benzthiazuron）的合剂、与赛克津（metribuzin）的合剂。

允许残留量 GB 2763—2021《食品中农药最大残留限量标准》规定丁噻隆在甘蔗中的最大残留限量为 0.2mg/kg（临时限量）。ADI 为 0.14mg/kg。

参考文献

孙家隆，2015. 新编农药品种手册[M]. 北京：化学工业出版社：679.

（撰稿：王大伟；审稿：席真）

丁赛特 buthiobate

一种甾醇生物合成抑制剂类杀菌剂。

其他名称 DENMERT、粉病定、UNII-1279ZLY2IL、EINECS 257-128-7。

化学名称 1-[(4-叔丁基苯基)甲基磺酰基]-1-丁基磺酰基-N-吡啶-3-甲亚胺。

IUPAC名称 1-[(4-*tert*-butylphenyl)methylsulfanyl]-1-butylsulfanyl-N-pyridin-3-ylmethanimine。

CAS登记号 51308-54-4。

EC号 257-128-7。

分子式 $C_{21}H_{28}N_2S_2$。

相对分子质量 372.59。

结构式

开发单位 日本住友化学公司 1975 年研发。

理化性质 纯品为黄色结晶粉末。熔点 31℃。蒸气压 0.06mPa（25℃）。相对密度 1.087（25℃，堆积）。水中溶解度 1mg/L（20℃）；有机溶剂中溶解度（g/L，20℃）：甲醇 1000，二甲苯 1000。

作用方式及机理 作用于菌体羊毛甾醇 14-α-脱甲基酶抑制剂，具有保护和治疗作用。

防治对象 用于防治禾谷类如大麦、蔬菜和观赏植物白粉病。

参考文献

AOYAMA Y, YOSHIDA Y, HATA S, et al, 1983. Buthiobate: a potent inhibitor for yeast cytochrome P-450 catalyzing 14 alpha-demethylation of lanosterol[J]. Biochemical and biophysical research communications, 115 (2): 642-647.

（撰稿：陈长军；审稿：张灿、刘西莉）

丁酮砜威 butoxycarboxim

一种肟氨基甲酸酯类内吸性杀虫剂。

其他名称 Plant Pin、Bellasol、丁酮氧威、Butoxycarboxime、Co 859、硫酰卡巴威。

化学名称 3-(methylsulfonyl)-2-butanone O-[(methylamino)carbonyl]oxime。

IUPAC名称 N-methyl-1-[[(EZ)-[(2RS)-1-methyl-2-(methylsulfonyl)propylidene]amino]oxy]formamide。

CAS登记号 34681-23-7。

EC号 252-140-9。

分子式 $C_7H_{14}N_2O_4S$。

相对分子质量 222.26。

结构式

(E)   (Z)

开发单位 德国沃克化学公司开发上市。M. Vulic 和 H. Bräunling 报道其杀虫性。

理化性质 原药包含（E）- 和（Z）- 异构体，比例（85～90）：（15～10）。无色晶体。熔点 85～89℃（原药）；83℃[纯（E）- 异构体]。蒸气压 0.266mPa（20℃）（原药）。Henry 常数 $2.83×10^{-7}$Pa·m³/mol（计算值）。相对密度 1.21（20℃）。溶解度：水 209g/L（20℃）；易溶于极性有机溶剂；微溶于非极性有机溶剂；氯仿 186、丙酮 172、异丙醇 101、甲苯 29、四氯化碳 5.3、环己烷 0.9、庚烷 0.1（g/L，20℃）。水解 DT_{50} 501 天（pH5），18 天（pH7），16 天（pH9）。对紫外光稳定。100℃下稳定。

毒性 急性经口 LD_{50}：大鼠 458mg/kg，兔 275mg/kg。大鼠急性经皮 $LD_{50}>$2000mg/kg。NOEL（90 天）：大鼠 300mg/kg（饲料）；1000mg/kg 饲料时只有轻微的红细胞和血浆胆碱酯酶抑制作用。大鼠经口 LD_{50}（纸棒制剂）$>$5000mg/kg。雌大鼠急性经皮 LD_{50} 288mg/kg。毒性等级：Ib（a.i.，WHO）；II（制剂，EPA）。母鸡急性经口 LD_{50} 367mg/kg。鱼类 LC_{50}（96 小时）：鲤鱼 1750mg/L，虹鳟 170mg/L。水蚤 LC_{50}（96 小时）500μg/L。对蜜蜂无危害。

剂型 胶纸板条。

质量标准 胶纸板条（40mm×8mm），每条含有效成分 50mg（含丁酮砜威有效成分相当于重量的 10%），药剂夹在两纸条的中间。

作用方式及机理　胆碱酯酶抑制剂，具有触杀和胃毒作用的内吸性杀虫剂。根部吸收后向顶部迁移。

防治对象　蚜虫、叶螨等。

使用方法　将胶纸板条插入盆钵的土壤中，每棵植物周围插 1～3 支，有效成分即迅速分散到土壤的水分中，为植物根系吸收，可以防治观赏植物上的刺吸式口器害虫，如蚜虫、蓟马、螨等。在 3～7 天内就可以见效，持效期可达 6～8 周。该品不能用于食用作物。

注意事项　加工品能大大降低在使用时的危害。制品勿与食物、饲料等存放在一处，勿让儿童接近。中毒时使用硫酸阿托品，但勿用 2-PAM。

与其他药剂的混用　不能与碱性物质混用。

参考文献

朱永和，王振荣，李布青，2006. 农药大典[M]. 北京：中国三峡出版社.

（撰稿：张建军；审稿：吴剑）

丁酮威　butocarboxim

一种氨基甲酸酯类内吸性杀虫剂。

其他名称　Afilene、Drawin 755、Systemschutz D、甲硫卡巴威、Co 755。

化学名称　3-(methylthio)-2-butanone O-[(methylamino) carbonyl]oxime。

IUPAC名称　N-methyl-1-[((EZ)-[(2RS)-1-methyl-2-(methylthio)propylidene]amino)oxy]formamide。

CAS 登记号　34681-10-2。

EC 号　252-139-3。

分子式　$C_7H_{14}N_2O_2S$。

相对分子质量　190.27。

结构式

（E）　　　　　　（Z）

开发单位　M. Vulic 等报道该杀虫剂。1973 年德国沃克化学公司开发。

理化性质　工业品为浅棕色黏稠液，在低温下可得白色结晶。熔点 37℃。20℃时相对密度 1.12。蒸气压 10.6mPa（20℃）。蒸馏时分解。易溶于大多数有机溶剂，但略溶于四氯化碳和汽油。20℃时在水中溶解 3.5%，在 pH5～7 时稳定，能被强酸和碱水解。对水分、光照和氧均稳定。工业品是顺式和反式异构体的混合物，顺式:反式 = 15:85，纯反式异构体的熔点为 37℃。该品无腐蚀性。

毒性　大鼠急性经口 LD_{50} 153～215mg/kg。急性经皮

LD_{50} 188mg/kg。吸入（气雾 4 小时）LC_{50} 1mg/L 空气。大鼠 2 年饲喂试验的 NOEL 为 100mg/kg。兔急性经皮 LD_{50} 360mg/kg。90 天饲喂 NOEL：狗 100mg/kg 饲料；大鼠 5mg/（kg·d）。日本鹌鹑 LC_{50} 1180mg/kg 饲料。野鸭 LD_{50} 64mg/kg。对眼睛有刺激。高剂量（300mg/kg 饲料）喂鼠 2 年，无致癌作用，对鼠的生育力和生长速度也无任何影响，对鼠伤寒沙门氏菌的试验，未出现有致突变作用。鱼类 LC_{50}（24 小时）：虹鳟 35mg/L，金鱼 55mg/L，鲌鱼 70mg/L。对蜜蜂有毒。

剂型　50% 乳油，5% 液剂。

质量标准　储存稳定性良好。

作用方式及机理　具有触杀和胃毒作用的内吸性杀虫剂。通过植物的根和叶吸收；和其他氨基甲酸酯类杀虫剂一样，在动物体内是胆碱酯酶抑制剂。

防治对象　蚜虫、牧草虫、粉虱等。

使用方法　通常是以 50% 乳油稀释成 0.1% 浓度，或 5% 液剂稀释成 1% 的浓度作喷雾使用，剂量为有效成分 2.5～4.2kg/hm²，持效期可达 15～20 天。花卉作水溶液培养，每升水培养液中可加入 5% 液剂 1ml，以防治虫害。

注意事项　按照常规办法处理，勿吸入喷射药雾，避免药液和眼睛、皮肤等接触。储存在远离食物和饲料的场所。中毒时可用硫酸阿托品，但勿用 2-PAM（解磷定）。

与其他药剂的混用　不能与碱性物质混用。

参考文献

朱永和，王振荣，李布青，2006. 农药大典[M]. 北京：中国三峡出版社.

（撰稿：张建军；审稿：吴剑）

丁烯草胺　butenachlor

一种酰胺类选择性除草剂。

其他名称　KH-218。

化学名称　(Z)-N-丁-2-烯基氧甲基-2-氯-2′,6′-二乙基乙酰替苯胺；(Z)-N-but-2-enyloxymethyl-2-chloro-2′,6′-diethyl acetnilide。

IUPAC名称　N-[[(2Z)-2-buten-1-yloxy]methyl]-2-chloro-N-(2,6-diethylphenyl)acetamide。

CAS 登记号　87310-56-3。

分子式　$C_{17}H_{24}ClNO_2$。

相对分子质量　309.83。

结构式

开发单位　由农肯公司开发。获有专利 USP4798618（1989）；特开昭 58-10335（1983）。

理化性质　75% 为固体，熔点 12.9 ℃。沸点 167 ℃

（0.4kPa）。蒸气压 0.93mPa（25℃）。密度 1.0998g/cm³。溶解度（27℃）：水 29mg/L，与丙酮、乙醇、乙酸乙酯、己烷互溶。无腐蚀性。

毒性　急性经口 LD_{50}（mg/kg）：雄大鼠 1630，雌大鼠 1875。雄小鼠 6417，雌小鼠 6220。大鼠急性经皮 LD_{50} > 2g/kg，大鼠急性吸入 LC_{50}（4 小时）3.34mg/L 空气。鲤鱼 LC_{50}（96 小时）0.43mg/L。

剂型　2.5% 颗粒剂（KH218）。

作用方式及机理　属 2-氯乙酰苯胺类除草剂，是细胞分裂抑制剂。

防治对象　适用于水稻，可防除稻田杂草。

使用方法　以有效成分 0.75～1.0kg/hm² 用于稻田，防除稻田杂草。

允许残留量　美国：柠檬果 0.1mg/kg；无花果 0.1mg/kg；水果 0.1mg/kg；坚果 0.1mg/kg；蔬菜 0.1mg/kg。

参考文献

朱永和，王振荣，李布青，2006. 农药大典[M]. 北京: 中国三峡出版社: 707-708.

（撰稿：李华斌；审稿：耿贺利）

丁酰草胺　chloranocryl

一种酰胺类除草剂。

其他名称　Dicryl（FMC）、DCMA、Licryl。

化学名称　N-(3,4-二氯苯基)-2-甲基丙烯酰胺；N-(3,4-dichlorophenyl)-2-methyl-2-propenamide。

IUPAC名称　2-methyl-N-(3,4-dichlorophenyl)acrylamide。

CAS 登记号　2164-09-2。

分子式　$C_{10}H_9Cl_2NO$。

相对分子质量　230.09。

结构式

开发单位　富美实公司。

理化性质　白色粉末，熔点 128℃。密度 1.319g/cm³。不溶于水，溶于丙酮（30%）、吡啶（33%）、二甲基甲酰胺（51%）和二甲苯（25%）。

毒性　急性经口 LD_{50}（mg/kg）：大鼠 1800，小鼠 410。

剂型　乳油，可湿性粉剂。

防治对象　作为触杀性除草剂，主要用于棉花、玉米地的芽后除草。

参考文献

马克比恩 C, 2015. 农药手册[M]. 胡笑形，等译. 北京: 化学工业出版社: 1075.

（撰稿：李华斌；审稿：耿贺利）

丁酰肼　daminozide

一种赤霉素生物合成抑制剂，是广谱性的琥珀酸类生长延缓剂。可缩短节间距离，抑制枝条的伸长，广泛应用于多种作物，除了控制生长外，还有多种效果。由于存在可能的安全问题，目前丁酰肼只限于使用在观赏植物、苗木等非食用作物上。

其他名称　比久、B9、二甲基琥珀酰肼、Alar、Aminozide、Dazide、Kylar、Sadh。

化学名称　丁二酸单 (2,2-二甲基酰肼)；butanedioic acid mono(2,2-dimethylhydrazide)；N-二甲氨基琥珀酰胺酸；N-dimethylaminosuccinamic acid。

IUPAC 名称　N-(dimethylamino)succinamic acid。

CAS 登记号　1596-84-5。

EC 号　216-485-9。

分子式　$C_6H_{12}N_2O_3$。

相对分子质量　160.17。

结构式

开发单位　1962 年由瑞德报道它的生物活性，美国橡胶公司首先开发。1973 年原化工部沈阳化工研究院进行合成。现由麦德梅农业解决方案有限公司、四川国光农化有限公司、河北邢台农药厂生产。

理化性质　纯品为带有微臭的白色结晶，不易挥发，熔点 157～164℃，蒸气压 22.7mPa（23℃）。在 25℃时，蒸馏水中溶解度为 100g/kg，丙酮中溶解度为 25g/L，甲醇中溶解度为 50g/L。它在 pH 5～9 范围内较稳定，在酸、碱中加热分解。

毒性　工业品大鼠急性经口 LD_{50} 8400mg/kg（雌），兔急性经皮 LD_{50} > 1.6g/kg。用含工业品 3000mg/L 丁酰肼随饲料连续喂大鼠和狗 2 年，没有发现不良影响。85% 丁酰肼产品对鹌鹑急性经口 LD_{50} > 5.62g/kg，虹鳟 LC_{50}（96 小时）149mg/L。

剂型　85% 水可溶性粉剂。

质量标准　原药为灰白色粉末。

作用方式及机理　可经由根、茎、叶吸收，具有良好的内吸、传导性能，是广谱性的琥珀酸类生长延缓剂。在叶片中，可使叶片栅栏组织伸长，海绵组织疏松，提高叶绿素含量，增强叶片的光合作用。在植株顶部可抑制顶端分生组织的有丝分裂。在茎内可缩短间节距离，抑制枝条的伸长。阻碍赤霉素的生物合成。

使用方法　苹果在盛花后 3 周用 1000～2000mg/L 药液喷洒全株 1 次，可抑制新梢旺长，有益于坐果，促进果实着色，在采前 45～60 天以 2000～4000mg/L 药液喷洒全株 1 次，可防采前落果，延长储存期。葡萄在新梢 6～7 片叶时以 1000～2000mg/L 药液喷洒 1 次，可抑制新梢旺长，促进坐果；采收后以 1000～2000mg/L 药液浸泡 3～5 分钟，可防止落粒，延长储藏期。在桃成熟前以 1000～2000mg/L 药液喷洒 1 次，增加着色，促进早熟。梨盛花后 2 周和采前 3 周各用 1000～2000mg/L 药液喷洒 1 次，可防止幼果及采前落果。马铃薯盛花期后 2 周以 3000mg/L 药液喷洒 1 次，抑制地上部徒长，促进块茎膨大。樱桃盛花 2 周以 2000～4000mg/L 药液喷洒 1 次，促进着色、早熟且果实均匀。花生在扎针期以 1000～1500mg/L 药液喷洒 1 次，矮化植株，增加产量。草莓移植后用 1000mg/L 药液喷 2～3 次，可促进坐果增加产量。菊花移栽后用 3000mg/L 药液喷洒 2～3 次，矮化植株，增加花朵。生长 2～3 年人参在生长期以 2000～3000mg/L 药液喷洒 1 次，促进地下部分生长。菊花、一品红、石竹、茶花、葡萄等插枝基部在 5000～10 000mg/L 药液中浸泡 15～20 秒，可促进插枝生根，在这些花卉高生长初期以 5000～10 000mg/L 喷洒叶面可矮化株高，使节间缩短、株型紧凑、花多、花大。

注意事项　①作物徒长，水肥条件好，使用丁酰肼效果更明显；农作物生长不良，地薄缺肥下使用，能导致减产。②在农业生产中曾将丁酰肼用作矮化剂、坐果剂、生根剂及保鲜剂等，但是最近在动物试验中发现该品能引起肿瘤，故建议勿用于食品作物，而可使用在观赏植物、苗木等非食用作物上。③应采取严格防护措施，避免药液与皮肤和眼睛接触，或吸入药雾等；储存处远离食物和饲料，勿让儿童接近，无专用解毒药，按出现症状对症治疗。

与其他药剂的混用　①丁酰肼作为坐果剂可与乙烯利、甲萘威、6-BA 混用，在生根上与一些生根剂混用。②水肥充足呈旺长趋势的使用效果好，水肥不足、干旱或植株长势衰弱时使用反而减产。③丁酰肼只限于使用在观赏植物、苗木等非食用作物上。

参考文献

李玲，肖浪涛，谭伟明，2018. 现代植物生长调节剂技术手册[M]. 北京: 化学工业出版社: 23.

马克比恩 C, 2015. 农药手册[M]. 胡笑形，等译. 北京: 化学工业出版社:269.

孙家隆，2015. 新编农药品种手册[M]. 北京: 化学工业出版社:916 .

朱永和，王振荣，李布青，2006. 农药大典[M]. 北京: 中国三峡出版社.

（撰稿: 徐佳慧；审稿: 谭伟明）

丁香菌酯　coumoxystrobin

一种广谱、具有内吸性的甲氧基丙烯酸酯类杀菌剂。

其他名称　武灵士。

化学名称　2-[2-[(3-丁基-4-甲基-香豆素-7-基氧基)甲基]苯基]-3-甲氧基丙烯酸甲酯；methyl(aE)-2-[[(3-butyle-4-methyl-2-oxo-2H-1-benzopyran-7-yl)oxy]methyl][J]-a-(methoxymethylene)benzeneacetate。

IUPAC 名称　methyl(2E)-2-[2-[(3-butyl-4-methyl-2-oxo-2H-chromen-7-yl)oxymethyl]phenyl]-3-methoxyacrylate。

CAS 登记号　850881-70-8。

分子式　$C_{26}H_{28}O_6$。

相对分子质量　436.50。

结构式

开发单位　2010 年由沈阳化工研究院研制，吉林省八达农药有限公司开发。

理化性质　原药为乳白色或淡黄色粉末。熔点 109～111℃。pH6.5～8.5。水中溶解度（mg/L，20～25℃）: 0.0347；有机溶剂中溶解度（g/L，20～25℃）: 二氯甲烷＞250、丙酮 50～57、乙酸乙酯 40～50、乙烷＜10、甲醇＜10。稳定性: 常温条件下不易分解。

毒性　低毒。原药大鼠急性经口 LD_{50}＞1260mg/kg（雄性）、＞926mg/kg（雌性）。兔急性经皮 LD_{50}＞2150mg/kg。对兔眼睛和皮肤具有中度刺激性。对皮肤有微弱致敏性。无生殖毒性和致畸变性。对斑马鱼 LC_{50}（96 小时）0.0064mg/L，为剧毒级。蜜蜂 LD_{50}（48 小时）＞100μg/ 只，为低毒。蚯蚓 LC_{50}＞100mg/kg 土壤。鹌鹑 LD_{50}＞5000mg/kg，为低毒。

剂型　20% 悬浮剂。

质量标准　20% 丁香菌酯悬浮剂，有效成分含量≥20%，倾倒后残余≤5%，通过 75μm 试验筛≥98%，持久起泡性（1 分钟后）≤25%，储存稳定性良好。

作用方式及机理　有内吸活性，杀菌谱广，兼具保护和治疗作用。是线粒体呼吸抑制剂，通过抑制菌体内线粒体的呼吸作用，影响病菌的能量代谢，最终导致病菌死亡。

防治对象　对苹果腐烂病、油菜菌核病、黄瓜枯萎病、水稻恶苗病、苹果轮纹病、苹果斑点病、黄瓜黑星病、玉米小斑病、小麦赤霉病、番茄叶霉病、番茄炭疽病、小麦纹枯病、稻瘟病等多种病害有较好的防治作用。

使用方法　可以茎叶喷雾处理，也可以涂抹树干。防治苹果腐烂病，苹果树发芽前和落叶后，将腐烂病疤刮干净，用 20% 悬浮剂 130～200 倍液（有效成分 1000～1538mg/L）进行涂抹，在苹果树上每季最多使用 2 次，安全间隔期为 30 天。

注意事项　工作时禁止吸烟和进食，作业后要用水洗脸、手等裸露部位。该药剂无解毒剂，如误服中毒应就医对症治疗。

允许残留量　GB 2763—2021《食品中农药最大残留限量标准》规定丁香菌酯最大残留限量见表。ADI 为 0.045mg/kg。

部分食品中丁香菌酯最大残留限量（GB 2763—2021）

食品类别	名称	最大残留限量（mg/kg）
谷物	稻谷	0.5*
	糙米	0.2*
蔬菜	黄瓜	0.5*
水果	苹果	0.2*

* 临时残留限量。

参考文献

农业部种植业管理司, 农业部农药检定所, 2015. 新编农药手册[M]. 2版. 北京: 中国农业出版社: 325-326.

TURNER J A, 2015. The pesticide manual: a world compendium [M]. 17th ed. UK: BCPC: 242-243.

（撰稿：王岩；审稿：刘西莉）

丁氧硫氰醚　thiocyanicacid 2-(2-butoxyethoxy) ethylester

一种触杀性杀虫、杀卵剂，无内吸性。

其他名称　Lethane 384、butylcarbitolthiocyanate、Lethane、NSC3534。

化学名称　2-(2-丁氧基乙氧基)-硫氰酸乙酯。

IUPAC名称　2-(2-butoxyethoxy)ethylthiocyanate。

CAS登记号　112-56-1。

EC号　203-985-7。

分子式　$C_9H_{17}NO_2S$。

相对分子质量　203.30。

结构式

开发单位　D. F. Murphy 和 C. H. Peet 最先报道了它的杀虫活性（J. Econ. Ent., 1932, 25, 123）。1932年, 由罗姆-哈斯公司推广, 商品名 Lethane 384, 获有专利 USP 1808893; 2220521。

理化性质　浅棕色油状液体。沸点124℃（33.3Pa）。相对密度0.915～0.930。折射率1.4675。不溶于水, 能溶于矿油和丙酮、乙醇、乙醚、苯、氯仿等大多数有机溶剂。在常温下稳定, 在较高温度下能发生分子重排。

毒性　大鼠急性经口 LD_{50} 90mg/kg。兔急性经皮 LD_{50} 125～500mg/kg。大鼠皮下注射最小致死剂量（MLD）为0.6mg/kg。

剂型　煤油剂（50%和80%）, 粉剂（1.5%）。商品 Lethane 384 Regular 为该品溶于石油馏分的制剂; 商品 Lethane 384 Special 为该品与 Lethane 60 溶于石油馏分的制剂。

作用方式及机理　对多数昆虫有较高的触杀毒力, 能杀卵; 具有快速击倒作用; 无内吸性。

防治对象　防治卫生虫害, 防治蚊子。

使用方法　可以和除虫菊酯（包括除虫菊素）、鱼藤

酮、有机磷类的一些杀虫剂作为增效剂混用。当该品与烯丙菊酯以3:1混用作为熏蒸剂杀虫, 它的杀蚊效力是单用烯丙菊酯的2倍。油剂用于家庭防治卫生害虫, 和喷雾到家畜上（气溶胶能改进它的击倒力）, 防治蚊子等。该品最适用于防治家庭害虫和牲畜害虫。由于它对农作物容易产生药害, 故只能在植物冬眠和发芽初期使用。

参考文献

马丁 H, 1979. 农药品种手册[M]. 北京市农药二厂, 译. 北京: 化学工业出版社.

（撰稿：徐琪、侯晴晴；审稿：邵旭升）

丁酯膦　butonate

一种具有触杀活性的有机磷类杀虫剂。

化学名称　O,O-dimethyl 2,2,2-trichloro-1-(n-butyryloxy) ethylphosphonate。

IUPAC名称　(1RS)-2,2,2-trichloro-1-(dimethoxyphosphi-noyl)ethyl butanoate。

CAS登记号　126-22-7。

分子式　$C_8H_{14}Cl_3O_5P$。

相对分子质量　327.53。

结构式

开发单位　1958年由普林蒂医药和化学公司开发推广。

理化性质　外观为稍带酯味的无色油状液体。稍溶于水, 易溶于二甲苯、乙醇、乙烷等有机溶剂, 在去臭煤油中可溶解2%～3%。4Pa下沸点112～114℃。相对密度1.3998（工业品1.3742）。折射率1.4740。对光稳定, 高于150℃即分解。可被碱水解, 能与非碱性农药混用。

毒性　大鼠急性经口 LD_{50} 1100～1600mg/kg。大鼠急性经皮 LD_{50} 7g/kg。以含0.25%的饲料喂养大鼠, 除胆碱酯酶活性降低、失重1%之外, 无其他影响。

剂型　气雾剂, 混合浓缩剂（与除虫菊粉及胡椒基丁醚混合商品名 Pybuton）, 可湿性粉剂, 粉剂。

作用方式及机理　触杀, 抑制乙酰胆碱酯酶活性。

防治对象　能防治卫生害虫、家畜体外寄生虫、蚜虫、步行虫、蜘蛛等。

使用方法　室内喷洒, 畜体喷雾或涂抹药液杀灭体外寄生虫。

注意事项　室内喷药前应该移去或收藏好食品及餐具, 以免药剂与其接触。

参考文献

朱永和, 王振荣, 李布青, 2006. 农药大典[M]. 北京: 中国三峡出版社.

（撰稿：汪清民；审稿：吴剑）

丁子香酚　eugenol

存在于桃金娘科植物丁香中的一种有香味的挥发性物质。

其他名称　灰霜特、施立克、邻丁香酚。

化学名称　4-烯丙基-2-甲氧基苯酚。

IUPAC 名称　4-allyl-2-methoxyphenol。

CAS 登记号　97-53-0。

EC 号　202-589-1。

分子式　$C_{10}H_{12}O_2$。

相对分子质量　164.20。

结构式

开发单位　20 世纪 90 年代，中国首次将丁子香酚研发作为蔬菜等作物的杀菌剂。

天然产物来源　自然界中存在于丁香油、肉桂叶油、肉桂皮油、樟脑油、肉豆蔻油等中，可由丁香油中分离，也可以化学合成制取。

理化性质　常温下为无色至淡黄色油状液体。可燃，在空气中易变棕色，变稠。有强烈的丁香气味。不溶于水，能与醇、醚、氯仿、挥发性油混溶，溶于冰乙酸和氢氧化钠溶液。沸点 253.2℃。相对密度 1.065（20℃）。

毒性　大量口服丁子香酚有害。对眼睛、皮肤、呼吸系统有刺激作用。大鼠急性经口 LD_{50} 1930mg/kg。

剂型　0.3% 可溶性液剂。

作用特点　丁子香酚兼具保护和治疗作用。由植物的叶、茎、根部吸收并能向顶传导。

作用机理　丁子香酚可溶解病原菌的孢子，使其变形消失，具体机理不明。

防治对象　各种作物霜霉病、疫病、灰霉病。

使用方法　每亩用 0.3% 可溶性液剂 40～50g，兑水40～50kg，于蔬菜、瓜果类作物上的灰霉病、霜霉病、疫病等病害发病初期喷施，3～5 天用药 1 次，连用 2～3 次。

注意事项　采用棕色玻璃瓶避光密闭或采用塑料桶盛装，外用木箱保护。储存于干燥、阴凉、避光处。远离火种和热源。避免与强氧化剂混装混运。

参考文献

《化学化工大辞典》编委会，化学工业出版社辞书编辑部，2003. 化学化工大辞典[M]. 北京: 化学工业出版社.

田恒林, 沈艳芳, 肖春芳, 等, 2013. 防治马铃薯晚疫病新药剂——丁子香酚[J]. 中国马铃薯, 27 (3): 162-165.

杨勇, 王建华, 吉沐祥, 等, 2016. 植物源农药丁子香酚与苦参碱及其混配对葡萄灰霉病的毒力测定及田间防效[J]. 江苏农业科学, 44 (12): 160-163.

张明森, 2008. 精细有机化工中间体全书[M]. 北京: 化学工业出版社.

（撰稿：刘西莉；审稿：苗建强）

定量限　limit of quantitation, LOQ

用某一方法可以确证及准确定量样品基质中某化合物的最小浓度。常用信噪比法确定定量限，用 LOQ 表示。是衡量仪器或方法灵敏度的重要指标。LOQ 指仪器产生 10 倍基线噪声信号的某物质的浓度，用于定量分析的限度，可用 mg/kg、μg/kg 等单位表示。

具体见灵敏度。

参考文献

NY/T 788－2018 农作物中农药残留试验准则.

（撰稿：董丰收；审稿：郑永权）

定向喷雾　directed spraying

喷出的雾流有明确的方向，选择适宜的喷雾机具或调节喷头的喷施角度，使雾流朝预定方向运动，较准确地落在靶标上，较少散到空气中或落到非靶标生物上，因而也叫针对性喷雾。风送式定向喷雾用强大的气流，结合喷头角度调节，把雾流喷送到树冠的特定部位；还可利用控制装置，使喷雾机具的喷雾部件遇到作物自动喷雾，离开作物自动停喷（例如光电目控），间歇性喷雾机就能只对作物喷雾，离开后停喷；笼罩喷雾，在特制的马鞍形塑料膜罩中装上带有喷头的"π"形罩盖，在作物上边走边喷雾，未落到作物上的药液沿壁流到罩的下缘回收。如在喷头部位安装一马蹄形罩喷灭生性除草剂，雾滴只沉积在罩下杂草上，而不伤害周围作物。

形成过程　取得定向喷雾效果主要依据 3 种原理：①喷头角度的调节。改变喷头的喷洒角度使喷出的雾流针对农作物而运动。手动的或机动的喷雾机具均可利用这一方法。利用常规喷雾器械时雾流运动距离均不长，田间作业时可把雾流直接喷到作物上，因此也称为针对性喷雾法。②强制性的定向沉积。利用适当的遮覆材料把作物或杂草覆盖起来而在覆盖物下面喷雾，使雾流直接喷到下面的作物或杂草上。③气流导向。利用鼓风机所产生的气流把雾滴喷在气流运动的方向内。这种方法可把雾滴喷到比较远的目标范围内。

使用方法　实现定向喷雾的技术措施主要有如下 4 种。

①喷头的配置。按对作物的喷雾要求把喷头安装在喷杆架的一定位置和角度，使雾流可喷到作物的特定部位上（图 1）。

②风送式定向喷雾。用强大的气流把雾流喷送到作物（或果树）上，并可结合喷头角度的调节把雾流喷到树冠的特定部位上（图 2）。各种风送液力喷雾机均可用于此目的。但对于果园用的风送式喷雾机，不仅要求把农药喷到树上，而且要求雾流能透入树冠。因此必须根据各种林果树木的树冠结构特点和大小来选择适当的风机，并须根据喷雾机与树木的距离来选择气流的速度和流量，使气流能够把雾流有效地送到树上。超低容量喷雾一般属于飘移喷雾，但是配装风机后，即可变成一种定向喷雾机具，利用风机产生的气流把细雾吹送到作物上。

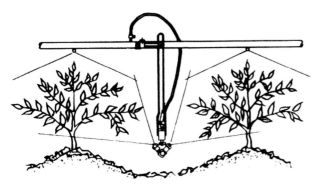

图1　喷头配置的定向喷雾

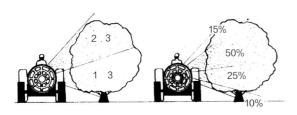

图2　风送式定向喷雾

③间歇喷雾。利用控制装置使喷雾机具的喷洒部件在离开作物时自动停止喷雾，与作物相遇再自动喷雾。

④笼罩喷雾。用塑料膜在特制的支架上做成马鞍形的罩，可以笼罩在作物上行走；在罩内配置若干喷头，针对作物进行喷雾。未喷到作物上的部分药液被喷到塑料罩的内侧并流到罩的下缘，用集液槽收集后，通过抽吸系统，吸回药液槽重复使用。喷洒灭生性除草剂为了防止危及周围的作物，须在喷头部安装一马蹄形罩，使喷出的雾流只能在罩下的杂草上沉积。

参考文献

何雄奎, 2012. 高效施药技术与机具[M]. 北京: 中国农业大学出版社.

何雄奎, 2013. 药械与施药技术[M]. 北京: 中国农业大学出版社.

（撰稿：何雄奎；审稿：李红军）

啶斑肟　pyrifenox

一种具有保护和治疗作用的内吸性杀菌剂，为略带芳香气味的褐色液体。

其他名称　Dorado、Podigrol、Curado、Ro-15-1297/000、CGA179945、NRK-297（试验代号）。

化学名称　2′,4′-氯-2-(3-吡啶基)苯乙酮O-甲基肟；2′,4′-dichloro-2-(3-pyridyl)acetophenone(EZ)-O-methyloxime。

IUPAC名称　(E)-1-(2,4-dichlorophenyl)-N-methoxy-2-pyridin-3-ylethanimine。

CAS登记号　88283-41-4；83227-22-9。

EC号　618-138-0。

分子式　$C_{14}H_{12}Cl_2N_2O$。

相对分子质量　295.16。

结构式

开发单位**　先正达公司。

理化性质　啶斑肟为（E）、（Z）异构体混合物，纯品为略带芳香气味的褐色液体。闪点106℃（1013mPa）。沸点212.1℃。蒸气压1.7mPa（25℃）。$K_{ow}lgP$（25℃）：3.4（pH5）、3.7（pH7）、3.7（pH9）。Henry常数$5.8×10^{-3}Pa·m^3/mol$。相对密度1.28。水中溶解度（25℃，mg/L）：300（pH5）、150（pH6.7）、130（pH9）；有机溶剂中溶解度（25℃）：正己烷210g/L，易溶于乙醇、丙酮、甲苯、正辛醇。稳定性：室温下在密闭容器中稳定3年以上，对光稳定，在pH3，pH7，pH9条件下于50℃水解。pK_a4.61，呈弱碱性。

毒性　急性经口LD_{50}：大鼠2912mg/kg，小鼠＞2000mg/kg。大鼠急性经皮LD_{50}＞5000mg/kg。大鼠急性吸入LC_{50}（4小时）2048mg/m³。对兔皮肤有轻微刺激，对兔眼睛无刺激，对豚鼠皮肤有轻微刺激，但对豚鼠皮肤无过敏性。无致突变、致畸或胚胎毒性作用。NOEL［mg/（kg·d）］：大鼠（2年）15，小鼠（1.5年）45，狗（1年）10。ADI值0.1mg/（kg·d）。野鸭急性经口LD_{50}（14天）＞2000mg/kg，山齿鹑急性经口LD_{50}（14天）＞2000mg/kg。鱼类LC_{50}（96小时，mg/L）：虹鳟7.1，太阳鱼6.6，鲤鱼12.2。水蚤LC_{50}（48小时）3.6mg/L。蜜蜂LD_{50}（48小时）：59μg/只（经口）、70μg/只（接触）。蚯蚓LC_{50}（14天）733mg/kg干土。

剂型　乳油，水分散粒剂，可湿性粉剂。

作用方式及机理　麦角甾醇生物合成抑制剂。可由植物茎、叶或根吸收，并向顶转移；兼具保护和治疗作用。

防治对象　可有效防治香蕉、葡萄、花生、观赏植物、仁果、核果和蔬菜上或果实上的病原菌（尾孢属菌、丛梗孢属菌和黑星菌属菌）。

使用方法　推荐使用剂量通常为有效成分40～150g/hm²。以有效成分50mg/L能有效防治苹果黑星病和白粉病，以有效成分37.5～50g/hm²可防治葡萄白粉病，以有效成分70～140g/hm²，可防治花生早期叶斑病和晚期叶斑病。

注意事项　吞咽有害。对水生生物毒性极大。

参考文献

刘长令. 2006. 世界农药大全: 杀菌剂卷[M]. 北京: 化学工业出版社.

TOMLIN C D S, 2000. The pesticide manual: a world compendium [M]. 12th ed. UK: BCPC: 806.

（撰稿：陈长军；审稿：张灿、刘西莉）

啶虫脒　acetamiprid

一种氯化烟碱类新型杀虫剂。

其他名称 Mospilan(莫比朗)、吡虫清、乙虫脒、快益灵、Masuta、Pride、NI 25。

化学名称 (E)-N^1-[(6-氯-3-吡啶)甲基]-N^2-氰基-N^1-甲基乙脒。

IUPAC 名称 (E)-N^1-[(6-chloro-3-pyridyl)methyl]-N^2-cyano-N^1-methylacetamidine。

CAS 登记号 135410-20-7。

分子式 $C_{10}H_{11}ClN_4$。

相对分子质量 222.67。

结构式

开发单位 日本曹达公司。

理化性质 纯品为白色结晶体。熔点98.9℃。相对密度1.33（20℃）。蒸气压4.4×10^{-4}Pa（25℃）。K_{ow}lg$P$ 0.8（25℃）。溶解度（25℃）：水4.2g/L，易溶于甲醇、乙酸乙酯、丙酮、二氯甲烷、氯仿、乙腈、四氢呋喃等溶剂中。在pH4、5、7的缓冲溶液中稳定，在pH9和45℃时缓慢降解。对光稳定。pK_a 0.7，弱碱性。

毒性 大鼠急性经口LD_{50}：雄217mg/kg，雌146mg/kg；小鼠急性经口LD_{50}：雄198mg/kg，雌184mg/kg。大鼠急性经皮LD_{50}：雄、雌＞2000mg/kg；大鼠吸入LC_{50}（4小时）：雄、雌＞0.29mg/L。对兔眼睛和皮肤无刺激。无致畸、致突变、致癌作用。NOEL：大鼠（2年）7.1mg/kg，小鼠（18个月）20.3mg/kg，狗（1年）20mg/kg。鹌鹑LD_{50}＞180mg/kg；鹌鹑LC_{50}＞5000mg/kg饲料。鲤鱼LC_{50}（24～96小时）＞100mg/L，水蚤LC_{50}（3～6小时）1000mg/L。

剂型 5%乳油，20%可溶液剂，20%可溶性粉剂，5%可湿性粉剂，10%微乳剂。

作用方式及机理 主要作用于昆虫神经，但它与传统的杀虫剂有所不同：拟除虫菊酯类作用于昆虫神经轴突，有机磷、氨基甲酸酯类阻碍乙酰胆碱酯酶，而啶虫脒作用于神经接合部后膜，通过与乙酰胆碱受体结合使昆虫异常兴奋，全身痉挛、麻痹而死。对拟除虫菊酯类、有机磷、氨基甲酸酯类产生抗性的害虫亦有效。

防治对象 半翅目害虫：蚜虫、叶蝉、粉虱、蚧等；鳞翅目害虫：菜蛾、潜蝇、小食心虫等；鞘翅目害虫：天牛等。蓟马等。

使用方法 不仅内吸性强、杀虫谱广、活性高，而且作用速度快、持效期长。既能防治地下害虫，又能防治地上害虫。施用时将20%水剂稀释1000～4000倍喷雾即可有效防治害虫。害虫通常在施药后1～2小时死亡。也可用2%的颗粒剂1～2g点播混土进行土壤处理。防治甘蓝蚜虫，可采用5%微乳剂在蚜虫盛发中前期用药（15～30g/hm²），注意喷雾均匀，用药次数可根据蚜虫发生轻重而定；防治黄瓜蚜虫，可在蚜虫始盛发期喷雾施药，采用5%的乳油兑水喷雾（360～450ml/hm²），注意喷雾均匀，首次用药间隔期20天以上，可连续用药1次。在柑橘树红蜘蛛卵孵化盛期或发生高峰期，用5%可湿性粉剂5000～5800倍液，均匀喷雾。棉花蚜虫的防治上，可采用40%的水分散粒剂（45～67.5g/hm²）在蚜虫始盛期施药，注意均匀喷雾，早晨或傍晚施药有利于提高防治效果。

注意事项 ①对桑蚕有毒性，切勿喷洒到桑叶上。不可与强碱性药液混用。应储存在阴凉干燥的地方，禁止与食品混储。该品虽毒性小，仍须注意不要误饮或误食，万一误饮，立即催吐，并送医院治疗。该品对皮肤有低刺激性，注意不要溅到皮肤上，万一溅上，立即用肥皂水洗净。使用该品时应穿防护服、戴手套；施药后应及时用肥皂水冲洗。②在柑橘树上安全间隔期为30天，每季作物最多使用3次。在异常情况下或推广使用，需请当地植保人员予以指导。在黄瓜作物上使用的安全间隔期为7天，每个作物周期最多使用1次；在甘蓝上使用的安全间隔期5天，每季最多使用2次。在棉花上安全间隔期为21天，每季最多使用3次。③对黄铜有腐蚀作用，喷雾器用后要立即冲洗干净。④对鱼虾有毒，避免药液流入湖泊和鱼塘。施药期间应避免药液飘移。蜜蜂作物花期、蚕室和桑园附近禁用，避免对周围蜂群产生影响，远离水产养殖区，禁止在河塘等水体清洗施药器具。用过的容器应妥善处理，不可做他用，也不可随意丢弃。

与其他药剂的混用 可以与多种农药复配使用，农业部农药检定所目前登记的含啶虫脒的品种有90个。如30%的啶虫·氯吡硫磷（氯吡硫磷29%，啶虫脒1%）水乳剂在200～300mg/kg（有效成分）时喷雾，可以防治柑橘蚜虫；45%的啶虫·哒螨灵可湿性粉剂（哒螨灵25%，啶虫脒20%）在37.5～56.25mg/kg时喷雾可有效防治苹果黄蚜；10%的氯氟·啶虫脒水分散粒剂（高效氯氟氰菊酯2.5%，啶虫脒7.5%）在用量为18～27g/hm²时喷雾可以有效防治甘蓝蚜虫；5%的联菊·啶虫脒乳油（联苯菊酯2%，啶虫脒3%）在45～60g/hm²时喷雾，可以防治茶树小绿叶蝉。

允许残留量 ①GB 2763—2021《食品中农药最大残留限量标准》规定啶虫脒最大残留限量应符合表1的规定。ADI为0.07mg/kg。谷物按照GB/T 20770规定的方法测定；油料和油脂参照GB/T 20770规定的方法测定；蔬菜、水果按照GB/T 20769、GB/T 23584规定的方法测定；茶叶参照GB/T 20769规定的方法测定。②欧盟规定啶虫脒269项食品的最大残留限量，部分见表2。③美国规定啶虫脒53项食品的最大残留限量，部分见表3。④日本规定啶虫脒124项食品的最大残留限量，部分见表4。

表1 中国规定啶虫脒在部分食品中的最大残留限量（GB 2763—2021）

食品类别	名称	最大残留限量（mg/kg）
谷物	糙米、小麦	0.5
油料和油脂	棉籽	0.1
蔬菜	结球甘蓝、萝卜	0.5
	普通白菜、大白菜、番茄、茄子、黄瓜	1.0
	节瓜	0.2

（续表）

食品类别	名称	最大残留限量（mg/kg）
水果	柑橘类水果（柑、橘除外）	2.0
	柑、橘	0.5
	仁果类水果（苹果除外）	2.0
	苹果	0.8
	核果类水果	2.0
	杨梅	0.2
	香蕉	3.0
	西瓜	0.2

表 2　欧盟规定啶虫脒在部分食品中的最大残留限量（mg/kg）

食品名称	最大残留限量	食品名称	最大残留限量
杏	0.01	亚麻籽	0.01
玉米	0.01	芦笋	0.01
燕麦	0.01	鳄梨	0.01
木瓜	0.01	竹笋	0.01
西番莲果	0.01	大麦	0.01
花生	0.01	黑莓	0.01
柿子	0.01	球芽甘蓝	0.05
菠萝	0.01	胡萝卜	0.01
开心果	0.01	根芹菜	0.01
石榴	0.01	香葱	3.00
罂粟籽	0.01	丁香	0.10
马铃薯	0.01	黄瓜	0.30
大黄	0.01	莳萝种	0.10
稻谷	0.01	榴莲果	0.01
根茎类蔬菜	0.01	大蒜	0.01
黑麦	0.01	姜	0.10
红花	0.01	人参	0.10
小葱	0.01	大头菜	0.01
高粱	0.01	韭菜	0.01
大豆	0.01	小扁豆	0.01
星苹果	0.01	罗望子	0.10
甘蔗	0.01	胡桃	0.01
向日葵籽	0.01	西瓜	0.01

表 3　美国规定啶虫脒在部分食品中的最大残留限量（mg/kg）

食品名称	最大残留限量	食品名称	最大残留限量
杏壳	5.00	风筛碎谷粒	5.00
芥花种子	0.01	猪肥肉	0.10
牛肥肉	0.10	猪肉	0.10
牛肉	0.10	猪肉副产品	0.20
牛肉副产品	0.20	马肥肉	0.10

（续表）

食品名称	最大残留限量	食品名称	最大残留限量
橘脯	1.20	马肉副产品	0.20
车轴草草料	0.10	马肉	0.10
车轴草干草	0.01	乳	0.10
轧棉副产品	20.00	芥末籽	0.01
未去纤维棉籽	0.60	坚果树	0.10
蛋	0.01	开心果	0.10
柑橘果	0.50	干李脯	0.40
梨果	1.00	鲜梅李	0.20
水果（李子、梅子除外）	1.20	家禽脂肪	0.01
山羊肥肉	0.10	家禽肝脏	0.05
山羊肉	0.10	家禽肉	0.01
山羊肉副产品	0.20	绵羊肥肉	0.10
大豆种子	0.03	绵羊肉	0.10
干茶叶	50.00	绵羊肉副产品	0.20
番茄酱	0.40	大豆壳	0.04
叶类芸薹植物	1.20	除芸薹类外的叶类植物	3.00

表 4　日本规定啶虫脒在部分食品中的最大残留限量（mg/kg）

食品名称	最大残留限量	食品名称	最大残留限量
杏	3.00	棉花籽	0.60
芦笋	0.50	蔓越莓	0.60
球芽甘蓝	0.30	茄子	2.00
大蒜	0.02	黑果木	1.60
辣根	0.05	猕猴桃	0.20
枇果	1.00	魔芋	0.20
欧芥	3.00	水菜	5.00
西番莲果	0.70	柠檬	2.00
牛肥肉	0.10	油桃	1.00
黄秋葵	1.00	乳	0.10
洋葱	0.20	杏仁	0.10
桃	2.00	苹果	2.00
梨	2.00	黑莓	1.60
马铃薯	0.30	蓝莓	2.00
榅桲	1.00	青花菜	2.00
覆盆子	1.60	卷心菜	3.00
菠菜	3.00	牛食用内脏	0.20
草莓	3.00	牛肾	0.20
芋	0.20	牛肝	0.20
茶叶	30.00	牛瘦肉	0.10
番茄	2.00	花椰菜	1.00
山药	0.05	芹菜	3.00

（续表）

食品名称	最大残留限量	食品名称	最大残留限量
玉米	0.20	樱桃	2.00
莴苣	5.00	枇杷	0.10
瓜	0.50	葡萄	5.00

参考文献

马克比恩 C, 2015. 农药手册[M]. 胡笑形, 等译. 北京: 化学工业出版社: 7-8.

（撰稿：吴剑；审稿：薛伟）

啶磺草胺　pyroxsulam

一种三唑并嘧啶磺酰胺类选择性除草剂。

其他名称　优先。

化学名称　N-5,7-二甲氧基 [1,2,4] 三唑 [1,5-a] 嘧啶 -2-基)-2- 甲氧基 -4-(三氟甲基)-3- 吡啶磺酰胺；N-(5,7-dimethoxy[1,2,4]triazolo[1,5-a]pyrimidin-2-yl)-2-methoxy-4-(trifluoromethyl)-3-pyridinesulfonamide。

IUPAC 名称　N-(5,7-dimethoxy[1,2,4]triazolo[1,5-a]pyrimidin-2-yl)-2-methoxy-4-(trifluoromethyl)pyridine-3-sulfonamide。

CAS 登记号　422556-08-9。

EC 号　610-007-6。

分子式　$C_{14}H_{13}F_3N_6O_5S$。

相对分子质量　434.35。

结构式

开发单位　陶氏益农公司。

理化性质　原药为棕褐色粉末。相对密度 1.618。沸点 213℃。熔点 208.3℃。分解温度 213℃。蒸气压 $< 1 \times 10^7$Pa（20℃）。水中溶解度 0.062g/L；有机溶剂中溶解度（g/L）：pH7 的缓冲液 3.20、甲醇 1.01、丙酮 2.79、正辛醇 0.073、乙酸乙酯 2.17、二氯乙烷 3.94、二甲苯 0.0352、庚烷 < 0.001。

毒性　低毒。原药大鼠急性经口 $LD_{50} > 2000$mg/kg，急性经皮 $LD_{50} > 2000$mg/kg。对兔眼睛和皮肤无刺激性，豚鼠皮肤中度致敏性。大鼠 90 天亚慢性喂养毒性试验最大无作用剂量为 100mg/（kg·d）；未见致突变性。

剂型　7.5% 水分散粒剂，4% 可分散油悬剂。

作用方式及机理　主要由植物的根、茎、叶吸收，经木质部和韧皮部传导至植物分生组织。通过抑制支链氨基酸，如缬氨酸、亮氨酸、异亮氨酸的生物合成，从而抑制细胞分裂，导致敏感杂草死亡。主要中毒症状为植株矮化，叶色变黄、变褐，最终导致死亡。

防治对象　麦田看麦娘、日本看麦娘、硬草、雀麦、野燕麦、婆婆纳、播娘蒿、荠菜、繁缕、麦瓶草、稻槎菜，对早熟禾、猪殃殃、泽漆、野老鹳草等有抑制作用。

使用方法

防治小麦田杂草　冬小麦 3~6 叶期，一年生禾本科杂草 2.5~5 叶期，每亩用 7.5% 啶磺草胺水分散粒剂 9.4~12.5g（有效成分 0.7~0.9g），加水 30L 茎叶喷雾。

注意事项　①冬前、杂草叶龄小施药的除草效果好于冬后、杂草叶龄大时施药效果。②加入喷液量 0.1%~0.5% 的助剂可提高防效。③在冻、涝、盐碱、病害及麦苗较弱等条件下施用，小麦易产生药害。④推荐剂量下施药后，麦苗有时会出现临时性黄化或蹲苗现象，一般不影响产量。⑤冬小麦种植区，推荐剂量下冬前施药 3 个月后，可种植小麦、大麦、燕麦、玉米、大豆、水稻、棉花、花生、西瓜等作物；推荐剂量使用 12 个月后可种植番茄、小白菜、油菜、甜菜、马铃薯、苜蓿、三叶草等作物；如种植其他后茬作物，应进行安全性试验。

与其他药剂的混用　小麦田可与氟氯吡啶酯混用，扩大杀草谱。

允许残留量　GB 2763—2021《食品中农药最大残留限量标准》规定啶磺草胺在小麦中的最大残留限量为 0.02mg/kg（临时限量）。ADI 为 1mg/kg。

（撰稿：李香菊；审稿：耿贺利）

啶菌胺　PEIP

一种新型吡啶酰胺类杀菌剂。

化学名称　N-(6- 乙基 -5- 碘 - 吡啶 -2- 基) 氨基甲酸炔丙酯；propargyl N-(6-ethyl-5-iodo-pyrid-2-yl)carbamate。

分子式　$C_{11}H_{11}IN_2O_2$。

相对分子质量　330.12。

结构式

开发单位　日本住友化学公司。

作用机理　干扰病原菌的细胞分裂。

防治对象　除对灰霉病有特效外，对白粉病、稻瘟病、立枯病等亦有很好的活性。使用浓度为有效成分 8~63mg/L。

参考文献

刘长令, 2006. 世界农药大全: 杀菌剂卷[M]. 北京: 化学工业出版社.

（撰稿：陈长军；审稿：张灿、刘西莉）

啶菌噁唑　pyrisoxazole

一种具有内吸性的新型噁唑类杀菌剂，为甾醇生物合成抑制剂。

其他名称　菌思奇、灰踪、Syp-Z048。

化学名称　5-(4-氯苯基)-3-(吡啶-3-基)-2,3-二甲基-异噁唑啉；3-[[5-(4-氯苯基)-2,3-二甲基]-3-异噁唑啉基]吡啶；5-(4-chlorophenyl)-3-(pyridin-3-yl)-2,3-dimethylisoxazolidine；3-[[5-(4-chlorophenyl)-2,3-dimethyl]-3-isoxazolidinyl]pyridine。

IUPAC名称　3-[(3R)-5-(4-Chlorophenyl)-2,3-dimethyl-1,2-oxazolidin-3-yl]pyridine。

CAS登记号　847749-37-5。

分子式　$C_{16}H_{17}ClN_2O$。

相对分子质量　288.77。

结构式

开发单位　沈阳化工研究院。

理化性质　纯品为浅黄色黏稠油状物。易溶于丙酮、乙酸乙酯、氯仿、乙醚，微溶于石油醚，不溶于水。

毒性　大鼠急性经口LD_{50}：2000mg/kg（雄），1710mg/kg（雌）。雌、雄大鼠急性经皮LD_{50}＞2000mg/kg。对大白兔皮肤无刺激，对大白兔眼睛无刺激。Ames试验结果为阴性，无致癌的潜在危险。

剂型　单剂25%乳油。

作用方式及机理　啶菌噁唑属于甾醇合成抑制剂杀菌剂，具独特作用机制和广谱杀菌活性，且同时具有保护和治疗作用，有良好的内吸性，通过根部和叶、茎吸收能有效控制叶部病害的发生和危害。

防治对象　在蔬菜生产上的应用，防治对象为番茄灰霉病、黄瓜灰霉病、草莓灰霉病等；对番茄叶霉病、黄瓜白粉病、黑星病也有很好的防治效果。

使用方法　在离体情况下，对植物病原菌有优异的抑菌活性。通过叶片接种防治黄瓜灰霉病，有效成分125~500mg/L的防治效果90.67%~100%。乳油对小麦、黄瓜白粉病也有很好的防治作用，有效成分125~500mg/L对黄瓜白粉病防效大于95%；对白粉病的抑菌活性与腈菌唑相当，高于三唑酮。对由灰葡萄孢菌引起的灰霉病也有很好的防治效果，有效成分200~400g/hm²对灰霉病具有很好的防效。

注意事项　灰霉病发病前或发病初期施药，防治效果最好，发病重时需加大用药量。避免在高温条件下储存药剂。一般作物安全间隔期为3天，每季作物最多使用3次。

与其他药剂的混用　40%啶菌·福美双悬浮剂，其中啶菌噁唑8%与福美双32%，400~600g/hm²喷雾，防治番茄灰霉病。

允许残留量　GB 2763—2021《食品中农药最大残留限量标准》规定啶菌噁唑在番茄中的最大残留限量为1mg/kg（临时限量）。ADI为0.1mg/kg。

参考文献

刘长令, 2006. 世界农药大全: 杀菌剂卷[M]. 北京: 化学工业出版社.

刘君丽, 司乃国, 陈亮, 等, 2004. 创制杀菌剂啶菌噁唑的生物活性及应用研究（Ⅲ）——番茄灰霉病[J]. 农药, 43(3): 103-105.

司乃国, 张宗俭, 刘君丽, 等, 2004. 创制杀菌剂啶菌噁唑的生物活性及应用研究（Ⅰ）——番茄灰霉病[J]. 农药, 43(1): 16-18.

司乃国, 张宗俭, 刘君丽, 等, 2004. 创制杀菌剂啶菌噁唑的生物活性及应用研究（Ⅱ）——番茄灰霉病[J]. 农药, 43(2): 61-63.

（撰稿：陈长军；审稿：张灿、刘西莉）

啶嘧磺隆　flazasulfuron

一种磺酰脲类除草剂。

其他名称　暖锄净、暖百秀、草坪清、暖百清、绿坊、金百秀、秀百宫智秀1号、Shibagen、OK-1166。

化学名称　1-(4,6-二甲氧基嘧啶-2-基)-3-[[3-(三氟甲基)-2-吡啶基]磺酰基]脲。

IUPAC名称　1-(4,6-dimethoxypyrimidin-2-yl)-3-[[3-(tri-fluoromethyl)-2-pyridyl]sulfonyl]urea。

CAS登记号　104040-78-0。

分子式　$C_{13}H_{12}F_3N_5O_5S$。

相对分子质量　407.33。

结构式

开发单位　1989年由石原产业公司在日本开发。生产企业为石原产业公司。

理化性质　白色结晶粉末。熔点180℃（纯度99.7%）。蒸气压＜0.013mPa（25℃，30℃，45℃）。$K_{ow}lgP$ 1.3（pH5），-0.06（pH7）。相对密度1.606（20℃）。溶解度（25℃）：水0.027g/L（pH5），2.1g/L（pH7），辛醇0.2、甲醇4.2、丙酮22.7、二氯甲烷22.1、乙酸乙酯6.9、甲苯0.56、乙腈8.7（g/L），正己烷0.5mg/L。稳定性（22℃）：水解DT_{50} 7.4小时（pH4），16.6天（pH7），13.1天（pH4），pK_a 4.37（20℃）。不易燃烧。

毒性　大鼠和小鼠急性经口LD_{50}＞5000mg/kg。大鼠急性经皮LD_{50}＞2000mg/kg。对兔皮肤和眼睛无刺激性，对豚鼠皮肤无致敏性。大鼠吸入LC_{50}（4小时）5.99mg/L。NOEL：大鼠（2年）1.313mg/kg。Ames试验、DNA修复试验、染色体畸变试验均为阴性。生态毒性数据来源于EU Rev. Rep.。日本鹌鹑急性经口LD_{50}＞2000mg/kg。山齿鹑和野鸭饲喂LC_{50}＞5620mg/kg饲料。鲤鱼LC_{50}（48小时）＞20mg/L，虹鳟LC_{50}（96小时）22mg/L。水蚤EC_{50}（48小时）106mg/L。近头状伪蹄形藻EC_{50}（72小时）0.014mg/L（制剂）。膨胀浮萍EC_{50}（72小时）0.00004mg/L。蜜蜂LD_{50}

（接触和经口）＞100μg/只。蚯蚓LC$_{50}$＞15.75mg/kg土壤。对其他益虫无害。

剂型 水分散颗粒，可湿性粉剂。

作用方式及机理 侧链氨基酸合成酶（ALS或AHAS）抑制剂。主要抑制必需氨基酸缬氨酸和异亮氨酸的生物合成，阻止细胞分裂，抑制植株生长。其选择性取决于不同的代谢速率。内吸性除草剂，主要通过叶面快速吸收并转移至植物各部位。

防治对象 苗前苗后防除暖季型草坪的禾本科杂草、阔叶杂草和莎草（尤其是扁秆蔗草和香附子），剂量25～100g/hm^2。也可用于葡萄和甘蔗田除草，用量35～75g/hm^2；还可用于柑橘、橄榄和其他非作物地除草。

使用方法 在任何季节都可苗后施用，土壤或叶面均可，苗期早期施药为好，尤其以杂草叶3～4片为佳。土壤处理对多年生杂草防效低于一年生杂草。使用剂量为25～100g/hm^2（有效成分）时对稗草、狗尾草、具芒碎米莎草、绿苋、早熟禾、荠菜、繁缕防效达95%～100%。用量为50～100g/hm^2（有效成分）对短叶水蜈蚣、香附子防效达95%～100%。

允许残留量 啶嘧磺隆最大残留限量（mg/kg）：日本：杏仁0.02，苹果0.02，杏0.1，洋蓟0.02，芦笋0.02，鳄梨0.02，竹笋0.02，香蕉0.02，大麦0.02，黑梅0.1，蓝莓0.1，蚕豆0.02，青花菜0.02，球芽甘蓝0.02，荞麦0.02，牛蒡0.02，香菇0.02，卷心菜0.02，可可豆0.02，胡萝卜0.02，花椰菜0.02，芹菜0.02，樱桃0.1，板栗0.02，大白菜0.02，柑橘0.1，咖啡豆0.02，玉米0.02，棉花籽0.02，酸果蔓果0.1，黄瓜0.02，酸枣0.1，茄子0.02，大蒜0.02，姜0.02，银杏0.02，葡萄0.1，葡萄柚0.1，绿豆0.02，番石榴0.02，辣根0.02，蛇麻草0.02，黑果木0.1，日本梨0.02，日本柿子0.02，日本李子0.1，萝卜0.02，羽衣甘蓝0.02，菜豆（未成熟）0.02，猕猴桃0.05，日本芥菜菠菜0.05，魔芋0.05，柠檬0.8，青柠0.05，枇杷0.05，甜瓜0.05，杧果0.05，乳0.1，油桃0.02，韭菜0.02，黄秋葵0.02，洋葱0.02，脐橙0.1，东方酸枣瓜0.02，木瓜0.05，香菜0.05，防风草0.05，西番莲果0.05，花生0.05，梨0.05，豌豆0.05，山核桃0.05，猪可食用的内脏1，猪脂肪1，猪肾1，猪肝1，猪肌肉1，多香果（甜椒）0.08，菠萝0.8，马铃薯0.05，南瓜0.05，青梗菜0.05，榅桲0.05，菜籽（油菜籽）0.05，覆盆子0.05，糙米0.05，黑麦0.6，红花种子0.05，婆罗门参0.05，芝麻种子0.05，春菊0.05，干大豆0.05，菠菜0.05，草莓0.05，甜菜0.02，向日葵籽0.05，甘薯0.05，芋0.05，茶叶1，番茄0.05，核桃0.05，西瓜0.05，豆瓣菜0.05，小麦0.02，山药0.05。澳大利亚：芦笋0.02，粮谷0.1，棉籽油0.5，哺乳动物可食用内脏3，水果0.5，哺乳动物肉0.1，奶0.1，油籽0.5，豆类0.05，甘蔗0.2。韩国：芦笋0.02，香蕉0.1，大麦1，葡萄1，木瓜0.05，西番莲果0.05，多香果（甜椒）1，菠萝1，黑麦1，小麦1，柑橘类水果1，玉米1，棉籽1，坚果0.1，燕麦1，豌豆1，高粱1。

参考文献

刘长令，2002. 世界农药大全[M]. 北京：化学工业出版社.

马克比恩 C，2015. 农药手册[M]. 胡笑形，等译. 北京：化学工业出版社.

（撰稿：李正名；审稿：耿贺利）

啶蜱脲 fluazuron

一种苯甲酰脲类非内吸性杀虫杀螨剂。

其他名称 Acatak、吡虫隆。

化学名称 1-[4-氯-3-(3-氯-5-三氟甲基-2-吡啶氧基)苯基]-3-(2,6-二氟苯甲酰)脲；1-[4-chloro-3-(3-chloro-5-trifluoromethyl-2-pyridyloxy)phenyl]-3-(2,6-difluorobenzoyl)urea。

IUPAC名称 1-[4-chloro-3-(3-chloro-5-trifluoromethyl-2-pyridyloxy)phenyl]-3-(2,6-difluor obenzoyl)urea。

CAS登记号 86811-58-7。

分子式 C$_{20}$H$_{10}$Cl$_2$F$_5$N$_3$O$_3$。

相对分子质量 506.21。

结构式

开发单位 先正达公司。

理化性质 灰白色至白色无味、良好的晶型粉末。熔点219℃。沸点1.2×10^{-7}mPa（20℃）。K_{ow}lg$P$ 5.1。Henry常数＜3.04×10^{-6}Pa·m^3/mol（计算）。相对密度1.59（20℃）。水中溶解度（20℃）＜0.02mg/L；其他溶剂中溶解度（20℃，g/L）：甲醇2.4，异丙醇0.9。219℃以下稳定。DT$_{50}$（25℃）：14天（pH3），7天（pH5），20小时（pH7），0.5小时（pH9）。

毒性 大鼠急性经口LD$_{50}$＞5000mg/kg。大鼠急性经皮LD$_{50}$＞2000mg/kg。大鼠吸入LC$_{50}$（4小时）＞5994mg/m^3。NOEL［mg/（kg·d）］：狗（1年）7.5；（life-time）大鼠400，雌雄小鼠4.5；2代大鼠繁殖试验NOEL 100mg/L。ADI（JMPR）0.04mg/kg［1997］。无致癌、致畸、致突变作用。山齿鹑和野鸭急性经口LD$_{50}$＞2000mg/kg，山齿鹑和野鸭LC$_{50}$（8天）＞5200mg/kg饲料。鱼类LC$_{50}$（96小时，mg/L）：虹鳟＞15，鲤鱼＞9.1。水蚤LC$_{50}$ 0.0006mg/L。绿藻NOEC 27.9mg/L。对蜜蜂无毒。蚯蚓LC$_{50}$（14天）＞1000mg/kg土壤。

作用方式及机理 主要是胃毒及触杀作用，抑制昆虫几丁质合成，使幼虫蜕皮时不能形成新表皮，虫体成畸形而死亡。具有高效、低毒及广谱的特点。

防治对象 用于防治玉米、棉花、林木、水果和大豆等上的鞘翅目、双翅目、鳞翅目害虫以及蜱虫。

参考文献

刘长令，2012. 世界农药大全：杀虫剂卷[M]. 北京：化学工业出版社：729-730.

（撰稿：杨吉春；审稿：李淼）

啶酰菌胺　boscalid

一种新型烟酰胺类杀菌剂，抑制线粒体琥珀酸脱氢酶。

其他名称　Cantus、Endure、Lance、凯泽、Nicobifen、BAS 510F（试验代号）。

化学名称　2-氯-*N*-(4′-氯联苯-2-基)烟酰胺；2-chloro-*N*-(4′-chloro[1,1′-biphenyl]-2-yl)-3-pyridinecarboxamide。

IUPAC 名称　2-chloro-*N*-(4′-chlorobiphenyl-2-yl)nicotinamide。

CAS 登记号　188425-85-6。

分子式　$C_{18}H_{12}Cl_2N_2O$。

相对分子质量　343.21。

结构式

开发单位　德国巴斯夫公司。

理化性质　纯品为白色无嗅晶体。熔点 142.8～143.8℃。蒸气压（20℃）$< 7.2 \times 10^{-4}$mPa，$K_{ow}\lg P$ 2.96（pH7，20℃）。水中溶解度 4.6mg/L（20℃）；其他溶剂中溶解度（20℃，g/L）：正庚烷 < 10、甲醇 40～50、丙酮 160～200。在室温下的空气中稳定，54℃可以放置 14 天，在水中不光解。

毒性　大鼠急性经口 LD_{50} 5000mg/kg，大鼠急性经皮 LD_{50} 2000mg/kg，对兔皮肤无刺激性，对豚鼠无致敏性，对兔眼睛无刺激性，大鼠吸入 LC_{50}（4 小时）6.7mg/L。大鼠 NOEL 为 5mg/kg，慢性 NOAEL 为 21.8mg/kg。ADI/RfD（JMPR）为 0.04mg/kg［2006］；（EC）为 0.04mg/kg［2008］；无确定急性终点（EPA）；cRfD 为 0.218mg/kg［2003］；（FSC）为 0.044mg/kg［2006］。无致突变性（污染物致突变性检测，小鼠），无致畸性（大鼠，兔子），无致癌性（狗、大鼠、小鼠），对生殖无影响（大鼠）。美洲鹑 LD_{50} 2000mg/kg。虹鳟 LC_{50}（96 小时）2.7mg/L。水蚤 EC_{50}（48 小时）5.33mg/L。月牙藻 E_rC_{50}（96 小时）3.75mg/L。对摇蚊最大无影响浓度为 2mg/L。蚯蚓 LC_{50} 1000mg/kg 土壤。

剂型　50% 水分散粒剂，30% 悬浮剂。

作用方式及机理　为线粒体呼吸抑制剂，通过抑制呼吸链中琥珀酸辅酶 Q 还原酶的活性，干扰细胞的分裂和生长。

防治对象　具有内吸性，对葡萄、果蔬、草坪以及观赏植物上的灰霉病、菌核病、白粉病、褐腐病及链格孢属、球腔菌属病害具有较好的防治效果。同时，相关的混剂产品也可以应用于大田作物中，包括谷物、油菜、花生和马铃薯等。

使用方法　50% 水分散粒剂茎叶喷雾，间隔 7～10 天，喷施 2～3 次。防治草莓灰霉病的用量为 225～337.5g/hm²，番茄灰霉病的用量为 225～375g/hm²，番茄早疫病的用量为 150～225g/hm²，黄瓜灰霉病的用量为 250～350g/hm²，马铃薯早疫病的用量为 150～225g/hm²，葡萄灰霉病的用量为 333～1000mg/kg，油菜菌核病的用量为 225～375g/hm²。以上均为有效成分剂量。

注意事项　不能与石硫合剂、波尔多液等碱性药剂和有机磷类药剂混用。对蜜蜂、家蚕以及鱼类等水生生物有毒，施药期间应避免对周围蜂群的影响，蜜源作物花期、蚕室和桑园附近禁用，远离水产养殖区施药，禁止在河塘等水体中清洗施药器具。赤眼蜂等天敌放飞区禁用。使用时应穿戴防护服、手套、口罩等，避免皮肤接触及口鼻吸入药液。施药期间不可吸烟、饮水及吃东西，施药后应及时清洗手、脸等暴露部位皮肤并更换衣物。孕妇及哺乳期妇女禁止接触该品。建议与作用机制不同的杀菌剂轮换使用以延缓抗性产生。

与其他药剂的混用　黄瓜霜霉病、白粉病、灰霉病发生较重时，用 68.75% 氟吡菌胺·霜霉威（银法利）悬浮剂 + 10% 苯醚甲环唑（世高）水分散粒剂 + 50% 咯菌腈（卉友）可湿性粉剂或 50% 烟酰胺（啶酰菌胺）（凯泽）水分散粒剂。番茄晚疫病、灰霉病、叶霉病、早疫病发生较重时，用 68% 精甲霜灵·代森锰锌（金雷）水分散粒剂 + 32.5% 嘧菌酯·苯醚甲环唑（阿米妙收）悬浮剂或 10% 苯醚甲环唑（世高）水分散粒剂 + 50% 咯菌腈（卉友）可湿性粉剂或 50% 烟酰胺（凯泽）水分散粒剂。番茄灰霉病、黄瓜灰霉病、草莓灰霉病、辣椒灰霉病发生较重时，用 50% 烟酰胺（啶酰菌胺）（凯泽）水分散粒剂 + 25% 吡唑醚菌酯（凯润）乳油。

与醚菌酯混用，可防治草莓、黄瓜、甜瓜白粉病；与吡唑醚菌酯混用，防治草莓灰霉病；与嘧菌胺混用，可防治葡萄灰霉病；与咯菌腈混用，可防治番茄灰霉病；与嘧霉胺混用，可防治观赏菊花和黄瓜灰霉病；与异菌脲混用，可防治葡萄灰霉病；与乙嘧酚混用，可防治黄瓜白粉病；与嘧菌酯混用，可防治番茄灰霉病；与肟菌酯混用，可防治苹果斑点落叶病；与腐霉利混用，可防治番茄灰霉病等。

允许残留量　GB 2763—2021《食品中农药最大残留限量标准》规定啶酰菌胺的最大残留限量见表。ADI 为 0.04mg/kg。蔬菜、水果按照 GB 23200.68、GB/T 20769 规定的方法测定。

部分食品中啶酰菌胺最大残留限量（GB 2763—2021）

食品类别	名称	最大残留限量（mg/kg）
谷物	稻谷	0.1
	小麦	0.5
	大麦	0.5
	燕麦	0.5
	黑麦	0.5
	玉米	0.1
	高粱	0.1
	粟	0.1
	杂粮类	3.0
油料和油脂	油籽类（油菜籽除外）	1.0
	油菜籽	2.0

（续表）

食品类别	名称	最大残留限量（mg/kg）
蔬菜	鳞茎类蔬菜（大蒜、韭菜、葱、青蒜除外）	5.0
	大蒜	0.1
	韭菜	10.0
	葱	10.0
	青蒜	7.0
	芸薹属类蔬菜（花椰菜除外）	5.0
	花椰菜	3.0
	菠菜	50.0
	叶用莴苣	40.0
	油麦菜	40.0
	茎用莴苣叶	20.0
	茄果类蔬菜（番茄除外）	3.0
	番茄	2.0
	瓜类蔬菜（黄瓜、丝瓜、冬瓜、南瓜除外）	3.0
	黄瓜	5.0
	丝瓜	0.3
	冬瓜	1.0
	南瓜	2.0
	豆类	3.0
	芦笋	5.0
	茎用莴苣	1.0

参考文献

农业部种植业管理司, 农业部农药检定所, 2015. 新编农药手册[M]. 2版. 北京: 中国农业出版社: 309-310.

王文桥, 2011. 蔬菜常用杀菌剂的混用及混剂[J]. 中国蔬菜 (7): 27-29.

TURNER J A, 2015. The pesticide manual: a world compendium [M]. 17th ed. UK: BCPC: 125-126.

（撰稿：刘君丽；审稿：司乃国）

啶氧菌酯　picoxystrobin

一种甲氧基丙烯酸酯类杀菌剂，属广谱性内吸性杀菌剂。

其他名称　Acanto。

化学名称　3-甲氧基-2-[2-[6-(三氟甲基)-2-吡啶氧甲基]苯基]丙烯酸甲酯；methyl-(methoxymethylene)-2-[[[6-(tri-fluoromethyl)-2-pyridinyl]oxy]methyl]benzeneacetate。

IUPAC 名称　methyl-3-methoxy-2-[2-(6-trifluoromethyl-2-pridyloxymethyl)phenyl]acrylate。

CAS 登记号　117428-22-5。

EC 号　601-478-9。

分子式　$C_{18}H_{16}F_3NO_4$。

相对分子质量　367.32。

结构式

开发单位　2000 年 J. R. Godwin 等报道啶氧菌酯。2001 年由先正达公司开发。

理化性质　纯品为白色粉状固体，原药含量 97%。熔点 71.9~74.3℃。相对密度 1.4（20~25℃）。蒸气压 5.5×10^{-3} mPa（20℃）。$K_{ow}lgP$ 3.6（20℃）。Henry 常数 6.5×10^{-4} Pa·m³/mol。在水中溶解度（mg/L，20~25℃）：3.1；有机溶剂中溶解度（g/L，20℃）：二氯甲烷＞250、丙酮＞250、甲醇 96、二甲苯＞250、乙酸乙酯＞250。稳定性：在 pH5、pH7 条件下稳定。DT_{50}（50℃）：14 天（pH9）。在土壤中半衰期依土壤类型不同而异，为 3~35 天。

毒性　低毒。大鼠急性经口 $LD_{50} \geqslant$ 5000mg/kg。兔急性经皮 $LD_{50} >$ 5000mg/kg。对兔眼睛有刺激性，对皮肤无刺激。雌、雄大鼠急性吸入 LC_{50}（4 小时，mg/L 空气）分别为 3.19 和＞2.12。对皮肤无致敏。NOEL［mg/（kg·d）］：狗（1 年 90 天）4.3。无生殖毒性和致畸变性。山齿鹑饲喂 $LC_{50} >$ 5000mg/kg 饲料，野鸭饲喂 LC_{50}（NOEC，21 周）1350mg/kg 饲料。鱼类 LC_{50}（96 小时，μg/L）：大翻车鱼和虹鳟 65~75。水蚤 LC_{50}（48 小时）18μg/L。羊角月牙藻 EC_{50}（72 小时）56μg/L。蜜蜂 LD_{50}（48 小时，μg/只）＞200（经口和接触）。蚯蚓 LC_{50}（14 天）6.7mg/kg 土壤。

剂型　22.5% 酯悬浮剂。

质量标准　22.5% 啶氧菌酯悬浮剂外观为灰白色液体，密度 1.107g/cm³，黏度 103mPa·s（20℃），悬浮率 ≥ 80%，储存稳定性良好。

作用方式及机理　为广谱、内吸性杀菌剂。一旦被叶片吸收，就会在木质部中移动，随水流在运输系统中流动；也在叶片表面的气相中流动并随着气相吸收进入叶片后又在木质部中移动。

防治对象　对灰霉病、霜霉病、炭疽病、黑星病、蔓枯病和麦类作物的叶部病害都有防治作用。与现有的甲氧基丙烯酸酯类杀菌剂相比，对小麦叶枯病、网斑病和云纹病有更好的治疗效果。谷物经啶氧菌酯处理后，产量高、质量好、颗粒大而饱满。

使用方法　主要以茎叶喷雾处理。

防治西瓜炭疽病和蔓枯病　发病前或发病初期开始施药，每次每亩用 22.5% 悬浮剂 40~50ml（有效成分 9~11.25g）兑水喷雾，每隔 7~10 天施用 1 次，连续用药 2~3 次。安全间隔期为 7 天，每季最多使用 3 次。

防治香蕉黑星病和叶斑病　香蕉叶斑病在发病前或发病初期开始施药，香蕉黑星病在香蕉现蕾 4~6 梳时，开始施药，根据天气情况施药 2～3 次，每次用 22.5% 悬浮剂 1800～1500 倍液（有效成分 125～150mg/L）整株喷雾，间隔 10～15 天喷 1 次。安全间隔期 28 天，每季最多使用 3 次。

注意事项　避免与强酸、强碱性农药混用。注意与不同类型的药剂轮换使用。对水生生物有毒，喷施的药液应避免飘移至水生生物栖息地。

与其他药剂的混用　丙环唑 12% 与啶氧菌酯 7% 复配用于防治花生褐斑病和锈病，施用药剂量为有效成分 200～250g/hm^2；防治小麦锈病施用药剂量为有效成分 150～200g/hm^2。

允许残留量　①GB 2763—2021《食品中农药最大残留限量标准》规定啶氧菌酯最大残留限量见表。ADI 为 0.09mg/kg。蔬菜按照 GB 23200.8、GB/T 20769 规定的方法测定；水果按照 GB 23200.8、GB/T 20769 规定的方法测定。②WHO 推荐啶氧菌酯每人每日允许摄入量（ADI）为 0.09mg/kg。

部分食品中啶氧菌酯最大残留限量（GB 2763—2021）

食品类别	名称	最大残留限量（mg/kg）
谷物	稻谷	0.200
	小麦	0.070
	大麦	0.300
	燕麦	0.300
	黑麦	0.040
	小黑麦	0.040
	玉米	0.015
	鲜食玉米	0.010
	杂粮类	0.060
	糙米	0.200
	麦胚	0.150
油料和油脂	花生仁	0.050
	大豆油	0.200
	玉米油	0.150
蔬菜	番茄	1.000
	辣椒	0.500
	黄瓜	0.500
水果	枣（鲜）	5.000
	葡萄	1.000
	杧果	0.500
	香蕉	1.000
	西瓜	0.050
饮料类	茶叶	20.000

参考文献

刘长令, 2006. 世界农药大全: 杀菌剂卷[M]. 北京: 化学工业出版社: 136-139.

农业部种植业管理司, 农业部农药检定所, 2015. 新编农药手册[M]. 2版. 北京: 中国农业出版社: 323-325.

TURNER J A, 2015. The pesticide manual: a world compendium [M]. 17th ed. UK: BCPC: 887-888.

（撰稿：王岩；审稿：刘西莉）

东方果蝇性信息素　sex pheromone of *Bactrocera dorsalis*

适用于多种果树的昆虫性信息素。最初从东方果蝇（*Bactrocera dorsalis*）虫体中提取分离，主要成分为（*Z*）-8- 十二碳烯 -1- 醇。

其他名称　Checkmate OFM-F（喷雾剂）[混剂，（*Z*）-异构体与（*E*）- 异构体混合物 +8- 十二碳烯 -1- 醇乙酸酯]（Suterra）、Disrupt OFM（喷雾剂，美国、澳大利亚）[混剂，（*Z*）- 异构体与（*E*）- 异构体混合物 +8- 十二碳烯 -1- 醇乙酸酯]（Hercon）、Isomate-M 100 [美国，（*Z*）- 异构体 +8- 十二碳烯 -1- 醇乙酸酯]（Pacific Biocontrol，Shin-Etsu）。

化学名称　（*Z*)-8- 十二碳烯 -1- 醇；(Z)-8-dodecen-1-ol。

IUPAC 名称　(*Z*)-dodeca-8-en-1-ol。

CAS 登记号　40642-40-8。

分子式　$C_{12}H_{24}O$。

相对分子质量　184.32。

结构式

HO～～～～～＝～～

生产单位　由 Suterra、Hercon、Shin-Etsu 等公司生产。

理化性质　纯品为浅黄色液体，有特殊气味。沸点 88～90℃（133.32Pa）。相对密度 0.85（20℃，预测值）。难溶于水，溶于乙醇、丙酮、氯仿等有机溶剂。

剂型　喷雾剂，微囊悬浮剂。

作用方式　主要用于干扰东方果蝇的交配。

防治对象　适用于多种果树，如梨、香蕉、柑橘等，防治东方果蝇。

与其他药剂的混用　可以与 8- 十二碳烯 -1 - 醇乙酸酯复配使用。

参考文献

马克比恩 C, 2015. 农药手册[M]. 胡笑形, 等译. 北京: 化学工业出版社.

（撰稿：钟江春；审稿：张钟宁）

动力喷粉机　power duster

由内燃机、电动机、拖拉机等驱动的喷粉机械，亦称机动喷粉机。

发展过程　背负式喷粉机由单人背负行进作业的喷粉机具日本应用最多。早在 20 世纪 60 年代中期，中国有少数植保机械生产企业参考日本样机，开始自行研制生产中国第一代背负机——WFB-18AC 型背负机，到 70 年代末又相继出现三四家背负机生产厂，各自研制背负机产品。全国年产销量一直维持在几万台。1991—1992年出现了背负机需求第一个高峰年，生产厂家由五六家迅速发展到十多家。后发展的企业主要为乡镇集体企业，产品以WBF-18AC型背负机为主。在背负机良好的发展形势下，科研院所积极与生产企业合作，从减轻操作者作业强度出发，对WFB-18AC型背负机的风机结构和材质加以改进，研制生产了新一代18型背负机，以前弯式风机取代后弯式风机，以工程塑料取代部分铁质材料，减小结构尺寸，减轻整机重量，提高耐腐蚀性能。目前已发展出配套动力0.7~2.2kW的系列机型。

基本内容　动力喷粉机按运载方式分为背负、担架、拖拉机悬挂等形式。各种动力喷粉机的构造，除动力外基本都由传动箱、风机、粉箱、喷粉管、喷粉头、搅拌器、输粉器、粉量调节装置等部分组成。

背负式喷粉机　一种高效益、多用途的植保机械，可进行喷粉、撒颗粒、喷烟、喷火、超低容量喷雾等作业。适应农林作物的病虫害防治、除草、卫生防疫、消灭仓储害虫、喷撒颗粒肥料及小粒种子喷撒播种等。其特点是机动灵活、工效较高，配备有直喷粉管与15~35m长多孔薄膜喷粉管，可以向上高射喷粉或水平宽幅喷粉，对林木、高秆作物及水稻等大田作物都具有较强的适应性。为达到一机多用，有的机型还配备有低容量喷雾装置、超低容量喷雾装置、颗粒剂喷撒装置、喷烟装置和喷火焰装置等，进一步提高了机具的技术性能及经济性。喷粉作业时，应在喷粉管上安装一根接地线，以避免人体受到高速粉流引起的静电电击。

担架式喷粉机　即机具的各个部件装在像担架的机架上，作业时由人抬着担架进行转移的机动喷粉机。中国于20世纪60年代开始生产使用，主要用于橡胶树白粉病防治，亦可用于水稻等大田作物、高秆作物病虫害防治。机具结构紧凑、重量轻。配套汽油机3~3.7kW，垂直射程达17m，水平射程30m，粉箱容量30~40L。高射喷粉时常利用上升气流及植物表面露水提高药粉附着效果。

担架式喷粉机结构简单，效率高，性能可靠，是一款经济实惠型产品，它具有重量轻、易搬运、操作简单、喷射压力高、射程远、喷量大等特点，广泛应用于水稻、小麦、玉米、大豆、花生等大田农作物的病虫害防治，园林、绿化等大型植株类林木的清洗、病虫害防治，也可用于温室蔬菜、花卉的病虫害以及公共场所的卫生防疫、消毒、清洗，同时还可以在小田块里进行作业和转移，是中国果园及南方水稻地区使用的机动植保机械的主要机型。

使用注意事项：①将吸水滤网浸没于水中。②将调压阀的高压轮沿逆时针方向调节到较低压力的位置，再把调压手柄按顺时针方向扳到卸压位置。③启动发动机，低速运转10~15分钟，若见有水喷出，且无异常声响，可逐渐调高至额定转速。然后将调压手柄向逆时针方向扳至加压位置并沿顺时针方向逐步旋紧调压轮，调高压力，使压力指示器指示到要求的压力。④调压时应由低向高调整压力指示器的数值显示，可利用调压阀上的调压手柄反复扳动几次，即能指示出准确的压力。⑤用清水试喷。观察各接头处有无渗漏现象，喷雾状况是否良好，混药器有无吸力。⑥混

药器在使用远程喷枪时才配套使用。使用时应先进行调试，液泵的流量正常、吸药滤网处有吸力时，才能把吸药滤网放入事先稀释好的母液桶内开始作业。⑦田间作业时，使用中的液泵不可脱水运转，以免损坏胶碗，在启动和转移机具时尤其要注意。在田间吸水时应经常清除滤网外的水草。⑧喷药时喷枪不可直接对着作物喷射，以免伤作物。喷近处作物时，应按下扩散片，使喷洒均匀。喷洒高大的树木时，操作人员应站在树冠外，向上斜喷，喷洒均匀。当喷枪停止喷射时，必须在降低液压泵后才可关闭截止阀，以免损坏机具。

拖拉机悬挂式　悬挂于拖拉机后部，由动力输出轴驱动风机产生气流，边行驶边喷粉（见图）。中型拖拉机配套的喷粉机用于棉花、水稻、玉米等大田作物喷粉；大型拖拉机配套的喷粉机用于草原灭蝗及林木高射喷粉，载粉量可达1000kg，水平射程50m以上，粉流穿透力强，工效很高。有些机型同时配备有喷粉、喷雾两种工作部件，既可单独喷粉或喷雾，也可进行喷粉喷雾联合作业（即湿润喷粉），扩大了机具功能。

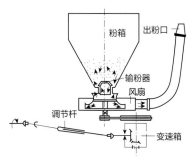

拖拉机悬挂式喷粉机示意图

参考文献

何雄奎, 2012. 高效施药技术与机具[M]. 北京: 中国农业大学出版社.

何雄奎, 2013. 药械与施药技术[M]. 北京: 中国农业大学出版社.

全国农业技术推广服务中心, 2015. 植保机械与施药技术应用指南[M]. 北京: 中国农业出版社.

中国农业百科全书总编辑委员会农药卷编辑委员会, 中国农业百科全书编辑部, 1993. 中国农业百科全书: 农药卷[M]. 北京: 农业出版社.

（撰稿：何雄奎；审稿：李红军）

冻融稳定性　freezethaw stability

用来衡量农药经受冻结和融化交替变化时的稳定性。也称为冷冻-解冻循环稳定性，是农药的产品质量指标之一。对于新型农药剂型微胶囊悬浮剂，发生冻融过程可能导致无法预料的、不可逆的反应，包括无法控制的有效成分结晶所引起的胶囊的失效。因此该制剂是否具有抵御反复的结冻和融化过程的能力，是应该考虑的一项重要的性

质。目前国际、国内农药登记均要求进行微胶囊悬浮剂的冻融试验。

联合国粮农组织规定的冷冻 - 解冻循环试验，除非另有协议，应在室温、20℃ ±2℃和 –10℃ ±2℃之间做 4 个循环，每个循环为结冻 18 小时，融化 6 小时。循环之后，进行均匀化处理，产品的 pH 值范围、倾倒性、淋洗性、自动分散性、悬浮率和湿筛试验项目，仍应符合标准要求。目前，中国在农药登记资料审查技术规范中要求了微胶囊悬浮剂需要进行冻融稳定性的测定，并且冻融稳定性试验要求和 FAO 保持一致。

除了微胶囊悬浮剂，很多制剂都没有强制要求做冻融稳定性试验，但在中国的东北、新疆或者北欧等超低温地域，制剂的冻融稳定性显得非常必要。通常一般制剂的冻融稳定性测试标准均以微胶囊剂作为参照制定。

参考文献

联合国粮食及农业组织和世界卫生组织农药标准联席会议，2012. 联合国粮食及农业组织和世界卫生组织农药标准制定和使用手册: 农药标准[M]. 2版. 北京: 中国农业出版社.

（撰稿：黄培鑫；审稿：张红艳）

豆荚小卷蛾性信息素　sex pheromone of *Cydia nigricana*

适用于豆类作物的昆虫性信息素。最初从未交配豆荚小卷蛾（*Cydia nigricana*）雌虫腹部末节提取分离，主要成分为（8*E*,10*E*）-8,10- 十二碳二烯 -1- 醇乙酸酯。

其他名称　E8E10-12Ac。

化学名称　（8*E*,10*E*）-8,10- 十二碳二烯 -1- 醇乙酸酯；（8*E*,10*E*）-8,10-dodecadien-1-ol acetate。

IUPAC 名称　（8*E*,10*E*）-dodeca-8,10-dien-1-yl acetate。

CAS 登记号　53880-51-6。

分子式　$C_{14}H_{24}O_2$。

相对分子质量　224.34。

结构式

生产单位　由 Bedoukian 公司生产。

理化性质　无色油状液体，有特殊气味。沸点 160～161℃（266.64Pa）。相对密度 0.9（20℃，预测值）。难溶于水，溶于丙酮、氯仿、乙酸乙酯等有机溶剂。

剂型　控制释放的诱饵或诱捕器。

作用方式　主要用于干扰豆荚小卷蛾的交配，诱捕豆荚小卷蛾。

防治对象　适用于豆类作物，防治豆荚小卷蛾。

使用方法　将含有豆荚小卷蛾性信息素的缓释诱芯的诱捕器，均匀放置在豆类作物的田地中。豆荚小卷蛾雄虫追踪信息素被诱捕。

参考文献

马克比恩 C, 2015. 农药手册[M]. 胡笑形, 等译. 北京: 化学工业出版社.

吴文君, 高希武, 张帅, 2017. 生物农药科学使用指南[M]. 北京: 化学工业出版社.

（撰稿：钟江春；审稿：张钟宁）

毒草胺　propachlor

一种 α- 氯代乙酰胺类选择性芽前土壤处理除草剂。

其他名称　Ramrod、农得时（Londax）、超农、威农、毒草安、扑草胺、Bexton、Albrass、CP31393。

化学名称　2-氯 -*N*-异丙基乙酰苯胺；2-chloro-*N*-(1-methylethyl)-*N*-phenylacetamide。

IUPAC 名称　2-chloro-*N*-isopropylacetanilide。

CAS 登记号　1918-16-7。

EC 号　217-638-2。

分子式　$C_{11}H_{14}ClNO$。

相对分子质量　211.69。

结构式

开发单位　1965 年由孟山都公司推广，获有专利 USP 2863752。除草活性首先由 D. D. Baird 等 1964 年在 N. C. Weed Control Conference 上作过报道。

理化性质　原药含量 96.5%。浅黄褐色固体。熔点 77℃（原药67～77℃）。沸点 110℃（3.99Pa）。蒸气压 10mPa（25℃）。$K_{ow}lgP$ 1.4～2.3。Henry 常数 $3.65×10^3$Pa·m³/mol（计算值）。相对密度 1.134（25℃）。水中溶解度 580mg/L（25℃）；有机溶剂中溶解度（g/kg, 25℃）：丙酮 448、苯 737、甲苯 342、乙醇 408、二甲苯 239、氯仿 602、四氯化碳 174、乙醚 219，微溶于脂肪烃。稳定性：无菌水溶液中，pH5、7、9（25℃）时水解稳定。在碱性和强酸性介质中分解。在170℃下分解，对紫外光稳定。闪点 173.8℃（开杯 ASTM）。

毒性　大鼠急性经口 LD_{50} 550～1800mg/kg。兔急性经皮 LD_{50} > 20 000mg/kg。对兔皮肤有轻微刺激作用，对兔眼睛有中度刺激作用，豚鼠接触后对皮肤有致敏性。易感个体的皮肤可能会对抑制剂过敏。大鼠吸入 LC_{50}（4 小时）> 1.2mg/L。大鼠（2 年）NOEL 5.4mg/（kg·d），小鼠（18 个月）NOAEL 14.6mg/（kg·d），狗（1 年）NOAEL 8.62mg/（kg·d）。无致突变、致癌、致畸和生殖影响的证据。山齿鹑急性经口 LD_{50} 91mg/kg。山齿鹑和野鸭饲喂 LC_{50}（8 天）> 5620mg/kg 饲料。鱼类 LC_{50}（96 小时，mg/L）：蓝鳃翻车鱼 > 1.4、虹鳟 0.17、斑点叉尾鮰 0.23、鲤鱼 0.623。水蚤 LC_{50}（48 小时）7.8mg/L。羊角月牙藻 E_bC_{50}（72 小时）

0.015mg/L，E_rC_{50}（72 小时）23mg/L（恢复观察）。蓝绿藻（水华鱼腥藻）E_bC_{50}（72 小时）10mg/L，E_rC_{50}（72 小时）13mg/L。海洋藻类（中肋骨条藻）E_bC_{50}（72 小时）0.048mg/L，E_rC_{50}（72 小时）0.031mg/L。其他水生生物：羽摇蚊 EC_{50}（48 小时）0.79mg/L。浮萍 EC_{50}（7 天）31μg/L，（14 天）6.5μg/L。蜜蜂 LD_{50}（48 小时，经口）> 197μg/ 只，LD_{50}（48 小时，接触）> 200μg/ 只。蚯蚓 LC_{50}（14 天）217.9mg/kg 土壤。

剂型　65% 可湿性粉剂，20% 颗粒剂。

质量标准　原药的含量> 80%。

作用方式及机理　选择性除草剂。主要通过幼苗芽吸收，其次是根，传导至整个植株。通过阻断蛋白质合成抑制细胞分裂。

防治对象　选择性触杀型苗前及苗后早期施用的除草剂。可用于大豆、玉米、水稻、棉花、花生、高粱、甘蔗、十字花科蔬菜、洋葱、菜豆、豌豆、番茄、菠菜、马铃薯等作物田中。有效防除一年生禾本科杂草和某些阔叶杂草，如稗、马唐、狗尾草、早熟禾、看麦娘、藜、苋、龙葵、马齿苋等，对红蓼、苍耳效果差，对多年生杂草无效，对稻田稗草效果显著，有特效，使用安全，不易发生药害。在土壤中残效期约 30 天。

使用方法　水稻秧田可在播后 2～3 天，本田在插秧后 3～5 天（杂草萌动出土前）每公顷用 20% 可湿性粉剂 3.73～7.5kg 拌毒土撒施。旱地作物可在播后苗前进行土壤处理，每公顷用 20% 可湿性粉剂 3～6kg 兑水喷雾。气温高、湿度大时效果好。

注意事项　毒草胺对皮肤刺激性很大，施药和拌药时必须戴上橡胶手套及口罩等防毒用具。

与其他药剂的混用　可与 2,4-滴、除草醚或草枯醚混用，以扩大杀草范围。

允许残留量　GB 2763—2021《食品中农药最大残留限量标准》规定毒草胺最大残留限量（mg/kg）：稻谷 0.05、糙米 0.05。ADI 为 0.54mg/kg。

参考文献

马克比恩 C, 2015. 农药手册[M]. 胡笑形, 等译. 北京: 化学工业出版社: 835-837.

孙家隆, 周凤艳, 周振荣, 2014. 现代农药应用技术丛书: 除草剂卷[M]. 北京: 化学工业出版社: 203-204.

朱永和, 王振荣, 李布青, 2006. 农药大典[M]. 北京: 中国三峡出版社: 683-684.

（撰稿：李华斌；审稿：耿贺利）

毒虫畏　chlorfenvinphos

一种有机磷杀虫剂。

其他名称　Sapecron、杀螟威、顺式毒虫畏、SD7859、C8949。

化学名称　磷酸 O,O-二乙基-O-(1-(2,4-二氯苯基)-2-氯)乙烯基酯; (Z)-2-氯-1-(2,4-二氯苯基)乙烯基二乙基磷酸酯。

IUPAC 名称　(EZ)-2-chloro-1-(2,4-dichlorophenyl)vinyl diethyl phosphate。

CAS 登记号　470-90-6。

EC 号　207-432-0。

分子式　$C_{12}H_{14}Cl_3O_4P$。

相对分子质量　359.57。

结构式

开发单位　壳牌国际化工有限公司汽巴股份公司。

理化性质　原药为琥珀色液体，具有轻微的气味，熔点 19～23℃。沸点 167～170℃（66.66Pa）。纯品蒸气压 0.53mPa（外推至 20℃）。相对密度 1.36（20℃）。溶解性（23℃）：水 145mg/L，与丙酮、己烷、乙醇、二氯甲烷、煤油、丙二醇、二甲苯混溶。

毒性　高毒。大鼠急性经口 LD_{50} 10mg/kg。大鼠急性经皮 LD_{50} 31～108mg/kg。家鸽急性经口 LD_{50} 16mg/kg，罗非鱼 LC_{50} 0.04mg/L，水蚤 EC_{50} 0.3μg/L。

剂型　30% 乳油，粉剂（50g/kg）。

质量标准　10% 可湿性粉剂为浅棕色粉状物，相对密度 1.41，悬浮率 ≥ 80%，储存稳定性良好。

作用方式及机理　可抑制乙酰胆碱酯酶活性。

防治对象　用于水稻、玉米、甘蔗、蔬菜、柑橘、茶树等防治二化螟、黑尾叶蝉、飞虱、稻根蚜、种蝇、萝卜蝇、葱蝇、菜青虫、小菜蛾、菜螟、黄条跳甲、二十八星瓢虫、柑橘卷叶虫、红圆蚧、梨圆盾蚧、粉蚧、矢尖蚧、蚜虫、蓟马、茶卷叶蛾、茶绿叶蝉、马铃薯甲虫、地老虎等以及家畜的蜱螨、疥癣虫、蝇、虱、跳蚤、羊蜱蝇等。

使用方法　为土壤杀虫剂，用于土壤，防治根蝇、根蛆和地老虎剂量为 2～4kg/hm² 有效成分。还可以 0.3～0.7g/L，防治牛体外寄生虫，以 0.5g/L 防治羊体外寄生虫。可用于公共卫生方面，防治蚊幼虫。作为叶面喷施杀虫剂，对果树和蔬菜的用药量为 24% 乳油 500～1000 倍液，水稻害虫为 1000～2000 倍液。

注意事项　①对蜜蜂、鱼类等水生生物、家蚕有毒，施药期间应避免对周围蜂群的影响，蜜源作物花期、蚕室和桑园附近禁用。远离水产养殖区施药，禁止在河塘等水体中清洗施药器具。②对瓜类、烟草及莴苣苗期敏感，请慎用。③使用该品时应穿戴防护服和手套，避免吸入药液。施药后，彻底清洗器械，并将包装袋深埋或焚毁，立即用肥皂洗手和洗脸。使用时应遵守农药安全施用规则，若不慎中毒，可按有机磷农药中毒案例，用阿托品或解磷啶进行救治，并应及时送医院诊治。④建议与不同作用机制的杀虫剂轮换使用。⑤不能与碱性农药混用。⑥各种作物收获前应停止用药。茶树须在采茶前 20 天停止施药，对覆盖栽培的茶树则不能使用。

允许残留量　GB 2763—2021《食品中农药最大残留限量标准》规定毒虫畏在食品中的最大残留限量为 0.01mg/kg。ADI 为 0.0005mg/kg。欧盟规定的毒虫畏在部分食品上最大残留限量见表 1。日本规定的毒虫畏最大残留限量见表 2。

表 1　欧盟规定毒虫畏在部分食品中的最大残留限量（mg/kg）

食品名称	最大残留限量	食品名称	最大残留限量	食品名称	最大残留限量
多香果	0.05	杜果	0.02	稻谷	0.02
杏	0.02	燕麦	0.02	黑麦	0.02
鳄梨	0.02	木瓜	0.02	高粱	0.02
竹笋	0.02	西番莲果	0.02	星苹果	0.02
香蕉	0.02	柿子	0.02	草莓	0.02
大麦	0.02	菠萝	0.02	甘蔗	0.02
黑莓	0.02	石榴	0.02	罗望子	0.05
花椰菜	0.02	马铃薯	0.02	西瓜	0.02
根芹菜	0.02	榅桲	0.02	枇杷	0.02
黄瓜	0.02	大黄	0.02	玉米	0.02
莳萝种	0.05	朝鲜蓟	0.02	姜	0.05
榴莲果	0.02	小扁豆	0.02	人参	0.05

表 2　日本规定毒虫畏在部分食品中的最大残留限量（mg/kg）

食品名称	最大残留限量	食品名称	最大残留限量	食品名称	最大残留限量
杏	0.05	葡萄	0.05	球芽甘蓝	0.20
鳄梨	0.05	柠檬	5.00	卷心菜	0.20
花椰菜	0.10	莴苣	0.10	可可豆	0.05
姜	0.50	瓜	0.10	胡萝卜	0.40
枇杷	0.05	乳	0.20	牛食用内脏	0.10
杜果	0.05	油桃	0.05	牛肥肉	0.20
西番莲果	0.05	洋葱	0.05	牛肾	0.10
温柏	0.05	菠菜	0.10	牛肝	0.10
草莓	0.05	甘蔗	0.05	牛瘦肉	0.20
杏仁	0.05	甘薯	0.50	芹菜	0.40
苹果	0.05	芋	0.50	樱桃	0.05
芦笋	0.10	番茄	0.10	玉米	0.05
香蕉	0.05	豆瓣菜	0.10	棉花籽	0.05
黑莓	0.05	小麦	0.05	酸果蔓果	0.50
蓝莓	0.05	山药	0.50	茄子	0.20
青花菜	0.05	番石榴	0.05	大蒜	0.50

参考文献

马克比恩 C, 2015. 农药手册[M]. 胡笑形, 等译. 北京: 化学工业出版社: 158-160.

马世昌, 1999. 化学物质辞典[M]. 西安: 陕西科学技术出版社: 491.

王振荣, 李布青, 1996. 农药商品大全[M]. 北京: 中国商业出版社: 23.

（撰稿：吴剑；审稿：薛伟）

毒饵法　bait broadcasting

利用能引诱取食的有毒饵料（毒饵）诱杀有害生物的施药方法。此法具有使用方便、效率高、用量少、施药集中、不扩散污染环境等优点。

作用原理　毒饵是在对有害动物具有诱食作用的物料中添加某种有毒药物，再加工成一定的形态。诱食性的物料包括有害动物所喜食的食料、具有增强诱食作用的挥发性辅料，如植物的香精油、植物油、糖、酒或其他物质。使用较普遍的是有害动物最喜爱的天然食料，如谷子或植物的种子、叶片、茎秆以及块茎等。根据有害动物的习性，有时须对食料进行加工处理，如粉碎、蒸煮、焦炒，或把几种食料配合使用，以增强其诱食性能。有些动物对毒饵的形状和色彩也有选择性，特别是鼠类和鸟类。毒饵的作用方式是被害动物取食后引起胃毒作用，因此毒饵的大小以及硬度对于毒饵的毒杀效果有影响，这种影响取决于防治对象。

适用范围　毒饵法适用于诱杀具有迁移活动能力的、咀嚼取食的有害动物，包括脊椎动物如害鼠、害鸟和无脊椎动物如有害昆虫、蜗牛、蛞蝓、红火蚁等。毒饵法在卫生防疫上（尤其是在防治蟑螂、蚂蚁等害虫上）有广泛的应用。

主要内容　根据毒饵的加工形状和使用方法，可以把毒饵法分为固体毒饵法、液体毒饵法和毒饵喷雾法 3 种。

固体毒饵法　加工成固态的毒饵法称为固体毒饵法。固体饵料可加工成粒状、片状、碎屑状、块状等形态。近年来在卫生害虫防治中新开发了凝胶状的胶饵形式，也归为固体饵料。固体饵料施用方法有堆施、条施、撒施 3 种。①堆

农田灭鼠毒饵盒

施法。把毒饵堆放在田间或有害动物出没的其他场所来诱杀的方法。对于有群集性及喜欢隐蔽的害虫如蟋蟀等，堆施法的效果很好。可根据有害动物的习性和分布密度来决定毒饵的堆放点和数量。对于很分散或密度较大的有害动物，可采取棋盘式的毒饵堆放法。②条施法。顺作物行间在植株基部地面上施用毒饵的方法。此法比较适合于防治危害作物幼苗的地下害虫，如地老虎、蝼蛄等。③撒施法。将粒状毒饵撒施在一定的农田或草地范围内进行全面诱杀的方法。比较适用于防治害鼠和害鸟。在实际工作中，毒饵法常与其他农药使用方法结合起来使用，毒饵堆施常与撒施相结合。例如在中国南方采用毒饵法防治外来红火蚁时就采用了全面撒施和堆施相结合的毒饵方法。

液体毒饵法　加工为液态的毒饵可以采用盆施法、喷施法和舔食法施用。由于饵料喷雾法比较特殊，将专门介绍。①盆施法。将液体毒饵分装在敞口盆中，引诱飞翔性害虫飞来取食而中毒的方法。此法有时甚至可以不用毒剂，只要能诱使害虫坠入液体饵料中淹没致死即可。中国多年来所采用的糖醋诱杀法，即属于此类方法。但加入适量的毒剂可以提高诱虫效果和速度。②喷施法。即用喷洒器具把液体毒饵喷成较粗的液滴使之沉落在作物以外的植物体上引诱害虫取食中毒或接触中毒的方法。这种方法有较大的局限性。③舔食法。即把液体毒饵涂布在纸条或其他材料上引诱害虫来舔食而中毒的方法。如灭蝇纸。

饵料喷雾法　把饵料（如蛋白质的酸性水解产物）和杀虫剂混在一起喷洒，利用害虫对饵料的取食习性，诱集杀死害虫，这种喷雾方法称为饵料喷雾法。这种诱集喷雾技术必须在大面积果园使用，或相邻果园同时使用。喷雾过程不必对整株果树全面喷雾，只需对果树局部叶片喷雾，即可取得很好的防治效果。在太平洋的一些岛屿上采用这种方法防治果蝇取得了非常好的效果，其原理就是利用雌性果蝇对蛋白质的取食特性，以蛋白质酸性水解产物为饵料，将其和杀虫剂一起喷洒在果树叶片上，可显著降低杀虫剂的用量。采用饵料喷雾技术时，需要在喷雾药液中加入黏着剂，使喷洒在果树叶片上的含杀虫剂的蛋白质饵料能够耐雨水冲刷，保持持久的杀虫活性。

影响因素　毒饵的防治效果受药剂的物理性质、环境条件等多种因素影响。

温湿度　湿度直接影响饵料的投放效果。环境湿度过大，饵料易发生霉变，有害生物食欲下降，防治效果减弱。温度主要通过影响有害生物的生活习性间接影响其取食，温度过高或过低，不适宜有害生物的生活，毒饵的投放效果大大降低。因此投放毒饵应选择合适的温湿度环境。

毒饵大小和硬度　毒饵的大小和硬度影响有害生物的取食行为。毒饵颗粒过大或过小，或毒饵偏硬，均不适宜有害生物取食，则毒杀效果大大降低。制作毒饵应针对有害生物的不同，制作成其喜爱的大小和硬度，以促进其取食。

注意事项　室外施用毒饵时，由于降雨以及土壤湿度的影响，毒饵很容易发生霉变，影响有害生物的取食，降低防治效果。因此，毒饵的配方研究中不仅要考虑有害生物对新鲜毒饵的取食特性，还要防止毒饵的霉变。

参考文献

梁廷康, 2017. 毒饵法防治北方田鼠的实施步骤与应用前景[J]. 农业工程技术, 37(29): 27.

屠予钦, 李秉礼, 2006. 农药应用工艺学导论[M]. 北京: 化学工业出版社.

袁会珠, 徐映明, 芮昌辉, 2011. 农药应用指南[M]. 北京: 中国科学技术出版社.

（撰稿：孔肖；审稿：袁会珠）

毒菌锡　fentin hydroxide

一种有机锡类非内吸性杀菌剂。

其他名称　Super-Tin（United Phosphurs Inc.）、TPTH。

化学名称　三苯基氢氧化锡；hydroxy triphenyl stannane。

IUPAC 名称　triphenyltin hydroxide。

CAS 登记号　76-87-9。

EC 号　200-900-6。

分子式　$C_{18}H_{16}OSn$。

相对分子质量　367.03。

结构式

开发单位　荷兰菲利浦 - 杜法尔公司（现 Chemtura Corp.）开发。

理化性质　原药含量≥95%。纯品为无色晶体。熔点123℃。蒸气压 3.8×10^{-6}mPa（20℃）。K_{ow}lg$P$ 3.54。Henry 常数 6.28×10^{-7}Pa·m^3/mol（20℃）。相对密度1.54（20℃）。溶解度：水 1mg/L（pH7，20℃）；乙醇 32、异丙醇 48、丙酮46、聚乙二醇 41（g/L，20℃）。稳定性：室温黑暗中稳定。加热到45℃脱水，产生双（三苯基锡）氧化物，250℃稳定。光照条件下缓慢分解，紫外线照射下分解更快，经过二苯基锡和一苯基锡化合物再分解成无机锡。闪点174℃（开杯法）。

毒性　大鼠急性经口 LD_{50} 150～165mg/kg。兔急性经皮 LD_{50} 127mg/kg。重复使用对皮肤和眼睛有刺激性。大鼠吸入 LC_{50}（4 小时）0.06mg/L（空气）。雄大鼠 2 年 NOEL 4mg/kg。ADI/RfD（ECCO）0.0004mg/kg［2001］；（EPA）aRfD 0.003，cRfD0.0003mg/kg［1999］。毒性等级：II（a.i.，WHO）；II（制剂，EPA）。EC 分级：R40 | R63 | T+；R26 | ；R24/25，R48/23 | Xi；R37/38，R41 | N；R50，R53；取决于浓度。山齿鹑 LC_{50}（8 天）38.5mg/kg（饲料）。黑头呆鱼 LC_{50}（48 小时）0.071mg/L。水蚤 LC_{50}（48 小时）10μg/L。藻类 LC_{50}（72 小时）32μg/L。对蜜蜂无毒，蚯蚓 LC_{50}（14 天）128mg/kg 土壤。

剂型　可湿性粉剂，40%悬浮剂。

作用方式及机理　抑制氧化磷酸化（ATP 合酶）。非内吸性杀菌剂，具有保护和治疗作用。

防治对象　防治马铃薯早疫病和晚疫病（200～300g/hm²），甜菜叶斑病（200～300g/hm²），大豆的真菌病害（200g/hm²）。

使用方法　40% 毒菌锡悬浮剂对马铃薯晚疫病有较好的防治效果，生产中建议使用剂量为每亩 33.3～80g（有效剂量 13.3～20g）加水 40kg，在田间马铃薯晚疫病发病初期开始叶面喷雾，间隔 7～10 天喷 1 次，施药次数视田间病情发展情况进行 2～3 次。

注意事项　正确使用对作物安全，对番茄和苹果容易引起药害。不应使用表面活性剂、涂展剂和黏着剂。不能与强酸化合物混用，与乳油和水剂不相溶。

允许残留量　GB 2763—2021《食品中农药最大残留限量标准》规定毒菌锡最大残留限量马铃薯为 0.1mg/kg（临时限量）。ADI 为 0.0005mg/kg。

参考文献

马克比恩 C, 2015. 农药手册[M]. 胡笑形, 等译. 北京: 化学工业出版社: 434-435.

（撰稿：张传清；审稿：刘西莉）

毒壤膦　trichloronate

一种有机磷类触杀性杀虫剂。

其他名称　Agritox、Phytosl、Bayer 37289、S 4400。

化学名称　O-乙基 O-2,4,5-三氯苯基乙基硫代膦酸酯。

IUPAC 名称　(RS)-[O-ethyl O-(2,4,5-trichlorophenyl) ethylphosphonothioate]。

CAS 登记号　327-98-0。

EC 号　220-864-4。

分子式　$C_{10}H_{12}Cl_3O_2PS$。

相对分子质量　333.60。

结构式

开发单位　R. O. Drummond 介绍其杀虫性能，1960 年由拜耳公司开发的杀虫剂。

理化性质　琥珀色液体。在 20℃ 水中溶解度为 50mg/L，溶于丙酮、乙醇、芳烃类溶剂。1.33Pa 下沸点 108℃。20℃ 蒸气压 1.2mPa。可被碱水解。

毒性　急性经口 LD$_{50}$：大鼠 34.5mg/kg，兔 24～50mg/kg，鸡 12mg/kg，鸟 2mg/kg。雄大鼠急性经皮 LD$_{50}$ 341mg/kg，大鼠 2 年饲喂试验 NOEL 为 3mg/（kg·d）；虹鳟 LC$_{50}$（96 小时）0.2mg/L，金鱼 LC$_{50}$（24 小时）10mg/L。

剂型　乳油，颗粒剂，常用作种子处理剂。

作用方式及机理　触杀，抑制胆碱酯酶活性。

防治对象　根蛆、金针虫以及其他土壤害虫。

使用方法　乳油兑水少量稀释后拌种；颗粒剂撒施于播种沟内；乳油兑水稀释后喷在炉渣或沙土上，拌匀后撒施于播种沟内。

注意事项　该药的毒性较大，储存和使用时应注意安全防护。生产操作或农业使用时，建议佩戴自吸过滤式防尘口罩或自吸过滤式防毒面具（半面罩）。紧急事态抢救或撤离时，应该佩戴自给式呼吸器。运输前应先检查包装容器是否完整、密封，运输过程中要确保容器不泄漏、不倒塌、不坠落、不损坏。严禁与酸类、氧化剂、食品及食品添加剂混运。运输途中应防暴晒，防雨淋，防高温。

参考文献

张维杰, 1996. 剧毒物品实用技术手册[M]. 北京: 人民交通出版社: 406.

朱永和, 王振荣, 李布青, 2006. 农药大典[M]. 北京: 中国三峡出版社: 84-85.

（撰稿：吴剑；审稿：薛伟）

毒杀芬　camphechlor

一种有机氯类胃毒和触杀性杀虫剂。

其他名称　氯化莰、氯化莰烯、八氯莰烯、氯代莰烯、3956、多氯莰烯。

化学名称　2,2,5-endo-6-exo,8,8,9,10-O ctachlorobornane。

IUPAC 名称　reaction mixture of chlorinated camphenes containing 67%-69% chlorine。

CAS 登记号　8001-35-2。

EC 号　232-283-3。

分子式　$C_{10}H_{10}Cl_8$。

相对分子质量　413.84。

结构式

理化性质　黄色至琥珀色蜡状固体。熔点 78℃。相对密度 1.65（25℃）。蒸气压 0.67mPa（25℃）。K_{ow}lg$P$ 3.3（20℃，pH7）。Henry 常数 6.8×10^{-2}Pa·m³/mol。在水中溶解度（mg/L, 20℃）：3；溶于四氯化碳、苯、芳烃等有机溶剂。稳定性：温度高于 155℃ 逐渐分解，不易挥发，不可燃。受日光或受热后缓缓放出氯化氢，在碱性或铁化合物存在下分解快，对铝制品有腐蚀性。DT$_{50}$ 365 天（20℃）。

毒性　中等毒性。生物富集指数 76 000，大鼠急性经口 LD$_{50}$ 50mg/kg。具有诱变作用，可诱导雄鼠生殖细胞的染色体发生畸变，导致受孕率降低或形成死胎，蛋类长时间暴露于 0.5μg/L 剂量的毒杀芬中，会使蛋类的发育率为 0。绿头鸭 LD$_{50}$ ＞ 15mg/kg。蓝鳃太阳鱼 LC$_{50}$（96 小时）0.0044mg/L。

大型溞 EC_{50}（48 小时）0.0141mg/L。蜜蜂经口 LD_{50}（μg/ 只，48 小时）＞ 19.1。

作用方式及机理　具胃毒和触杀作用。

防治对象　用于棉花、玉米、谷类和果树上害虫的防治及紧急处理，同时也可用于防治家禽和家畜的寄生虫及去除杂鱼等。

注意事项　为防止沾污扩散，须加强保管工作，不得与食物或饲料一起存放。生产和使用时，须穿工作服，戴口罩及防护眼镜，避免接触皮肤。用毒杀芬处理过的土壤翻松应在处理后再过两周才能进行耕作。大田作物收获前 21 ~ 25 天内禁止施用。施药浓度要适量。马铃薯和甜菜在种植期的施药不允许多于 3 次。中国农业部 2002 年发布的 199 号公告，明令禁止使用毒杀芬。

允许残留量　GB 2763—2021《食品中农药最大残留限量标准》规定毒杀芬最大残留限量见表。ADI 为 0.00025mg/kg。谷物、油料和油脂、蔬菜、水果参照 YC/T 180 规定的方法测定。

部分食品中毒杀芬最大残留限量（GB 2763—2021）

食品类别	名称	最大残留限量（mg/kg）
谷物	稻谷、麦类、旱粮类、杂粮类	0.01*
油脂和油料	大豆	0.01*
蔬菜	鳞茎类蔬菜、芸薹属类蔬菜、叶菜类蔬菜、茄果类蔬菜、瓜类蔬菜、豆类蔬菜、茎类蔬菜、根茎类和薯芋类蔬菜、水生类蔬菜、芽菜类蔬菜、其他类蔬菜	0.05*
水果	柑橘类水果、仁果类水果、核果类水果、浆果和其他小型水果、热带和亚热带水果、瓜果类水果	0.05*

* 临时残留限量。

参考文献

曹群立，陈凤鳞，1985.毒杀芬诱变作用的研究[J]. 中国劳动卫生职业病杂志, 3 (1): 17-19.

彭志源，2006. 中国农药大典[M]. 北京: 中国科技文化出版社.

（撰稿：张建军；审稿：吴剑）

毒鼠碱　strychnine

一种经口植物提取物类作用于中枢神经的杀鼠剂。

其他名称　双甲脒、马钱子碱、士得宁。

化学名称　二甲双脒

IUPAC 名称　strychnidin-10-one。

CAS 登记号　57-24-9。

分子式　$C_{21}H_{22}N_2O_2$。

相对分子质量　334.42。

结构式

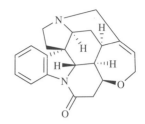

理化性质　白色结晶粉末，熔点为 270 ~ 280℃（分解）。在室温时，水中的溶解度为 143mg/L，苯 5.6g/L，乙醇 6.7g/L，氯仿 200g/L。不溶于乙醚。毒鼠碱盐酸盐是无色的棱柱，含有 1.5 ~ 2mol 的结晶水，此结晶水在 110℃以上消失，其盐酸盐是水溶性的。毒鼠碱硫酸盐为白色结晶，含 5mol 的结晶水（在 110℃以上消失），熔点 199℃以上，15℃时在水中的溶解度是 30g/L，溶于乙醇，但不溶于乙醚。

毒性　对哺乳动物有剧毒，对大鼠的致死剂量为 1 ~ 30mg/kg。大鼠急性经口 LD_{50} 16mg/kg。

作用方式及机理　直接作用于脑细胞和脊索引起抽搐。由于抽搐干扰肺气交换或呼吸中枢活动下降或二者兼有，而引起死亡。

使用情况　是从马钱科的番木鳖树种子中提取的一种生物碱，自 19 世纪中期以来一直在世界范围内用于灭鼠。19 世纪 80 年代首次在澳大利亚使用于控制小家鼠。1986 年，美国环境保护局（EPA）暂停了毒鼠碱的所有地上灭鼠注册，只允许灭杀地下鼠使用。因为没有提交档案给欧盟相关部门进行审查，毒鼠碱产品在欧盟市场上被禁用，由于其作用方式，在新西兰也逐渐被淘汰。

使用方法　堆投，毒饵站投放。

注意事项　过量易产生惊厥。如出现惊厥，应立即静脉注射戊巴比妥 0.3 ~ 0.4g 以对抗，或用较大量的水合氯醛灌肠。

参考文献

EASON C T, WICKSTROM M L, HENDERSON R, et al, 2000. Non-target and secondary poisoning risks associated with cholecalciferol[J]. Proceedings New Zealand plant protection conference, 53: 299-304.

EASON C T, WICKSTROM M L, 2001. Vertebrate pesticide toxicology manual (poisons): information on poisons used in New Zealand as vertebrate pesticides[J]. Department of conservation technical series, 23: 122.

MUTZE G J, 1989. Effectiveness of strychnine bait trials for poisoning mice in cereal crops[J]. Wildlife research, 16: 459-465.

SCHWARTZE E W, 1922. The relative toxicity of strychnine to the rat[J]. Journal of the Franklin Institute, 193(3): 410.

（撰稿：王登；审稿：施大钊）

毒鼠磷　phosacetim

一种经口有机磷类抑制神经中枢的杀鼠剂。

化学名称　O,O- 双(4- 氯代苯基)-N- 亚氨代乙酰基硫代磷酰胺酯。

IUPAC 名称　*O,O*-bis(4-chlorophenyl) (*EZ*)-*N*-acetimidoyl-phosphoramidothioate。

CAS 登记号　4104-14-7。

分子式　$C_{14}H_{13}Cl_2N_2O_2PS$。

相对分子质量　375.21。

结构式

开发单位　美国贝尔公司。

理化性质　纯品为白色粉末或结晶。难溶于水，易溶于二氯甲烷，微溶于乙醇、苯；熔点 105～109℃。在室温下稳定，不吸潮。工业品为浅粉色或浅黄色粉末，纯度 80% 以上。

毒性　一种急性杀鼠剂，误食后一般在 4～6 小时出现中毒症状，24 小时内死亡。大鼠经口 LD_{50} 3.5～7.5mg/kg。

作用方式及机理　抑制神经系统，使呼吸肌麻痹。

使用情况　贝尔公司 20 世纪 60 年代研制出该产品，是一种高效、高毒、广谱性有机磷杀鼠剂。曾用于杀灭黄鼠、大沙鼠、布氏田鼠、高原鼠兔、黑线姬鼠和田鼠，对家鼠灭效不稳定。

使用方法　堆投，毒饵站投放。

注意事项　在中国已禁用。

参考文献

鲍毅新, 邹大芬, 舒霖, 等, 1993. 毒鼠磷毒杀社鼠的浓度选择[J]. 中国媒介生物学及控制杂志(3): 2.

叶定岳, 1982. 有机磷杀鼠剂溴代毒鼠磷[J]. 农药(5): 17-18.

RENNISON B D, 1976. A comparative field trial, conducted without pre-treatment census baiting, of the rodenticides zinc phosphide, thallium sulphate and gophacide against *Rattus norvegicus*[J]. Journal of hygiene, 77(1): 55-62.

（撰稿：王登；审稿：施大钊）

毒鼠强　tetramine

一种经口中枢神经兴奋性剧毒杀鼠剂。

其他名称　没鼠命、四二四、三步倒、闻到死。

化学名称　2,6- 二硫杂 -1,3,5,7- 四氮杂三环 -[3.3.1.1^{3,7}]癸烷 -2,2,6,6- 四氧化物。

IUPAC 名称　2,6-dithia-1,3,5,7-tetraazatricyclo[3.3.1.1^{3,7}]decane 2,2,6,6-tetraoxide。

CAS 登记号　80-12-6。

分子式　$C_4H_8N_4O_4S_2$。

相对分子质量　240.26。

结构式

开发单位　德国拜耳公司。

理化性质　白色粉状物，无味、无臭。是烷基化剂、抗肿瘤药、杀虫剂、化学消毒剂。熔点 250～254℃，微溶于水和丙酮，水溶解度 25mg/100ml，不溶于甲醇和乙醇，易溶于苯、乙酸乙酯。是一种磺胺衍生物，剧毒。

毒性　毒力大于毒鼠碱，可经消化道及呼吸道吸收，不易经完整的皮肤吸收。适口性良好，作用非常快，在大剂量时，中毒动物在 3 分钟内即死亡。哺乳动物口服 LD_{50} 为 0.1mg/kg，大鼠经口致死剂量为 0.1～0.3mg/kg。

作用方式及机理　拮抗氨基丁酸，使中枢神经呈过度兴奋状态致惊厥。也可直接作用于交感神经，导致肾上腺神经兴奋症状及抑制体内某些酶的活性，使其失去灭活肾上腺素和去肾上腺素的作用，导致兴奋增强，使肾上腺作用增强。

使用情况　1949 年被德国拜耳公司合成出来，1953 年被提出可作为杀鼠剂，其后在美国等国家被广泛用于灭鼠。

使用方法　堆投，毒饵站投放。

注意事项　由于毒鼠强对各类动物及人的毒性都极高，经常发生投毒和误食致死等事件，又由于性质稳定，不易分解容易造成二次中毒。1991 年起，中国明令禁止生产、使用。

参考文献

陈晟, 2014. 毒鼠强, 究竟有多毒[J]. 生命与灾害 (4): 26-27.

MAIK T, CHRISTIAN B W S, 2017. Large-scale synthesis of symmetric tetramine ligands by using a modular double reductive amination approach[J]. European journal of organic chemistry (46): 6942-6946.

（撰稿：王登；审稿：施大钊）

堆密度　bulk density

单位容积内颗粒或粉末状物质的质量，一般以 g/ml 为单位。又名表观密度、堆积密度、容重、假密度等（英文名 apparent density 或 bulk density 等）。堆密度的数值与该物质所受到的敲击、振动、挤压、压力等影响有关。根据该物质堆积的紧密程度，堆密度又分为松密度（pour density）和实密度（tap density）两种。

松密度：颗粒或粉末状物质未经任何外界影响（如敲击、振动、挤压等），自然装满容器时的堆积密度。又名倾倒密度。

实密度：颗粒或粉末状物质装入容器后，经过规定的机械振动，使其装填比较紧密时的堆积密度。又名振实

堆密度测定方法比较

测定方法	取样量	实密度的测定方式			适用范围
		振动方式	承接振动的橡胶垫硬度要求	振动次数	
CIPAC MT 33	40g	从 25mm 高自由落下，2 秒 / 次	BS 35～50	50 次	固体制剂；实密度
CIPAC MT 58	40g	从 25mm 高自由落下，2 秒 / 次	BS 35～50	50 次	颗粒制剂；实密度
CIPAC MT 159	量筒容积的 90%	从 25mm 高自由落下，2 秒 / 次	IRHD 35～50	100 次	颗粒制剂；松密度和实密度
CIPAC MT 169	80g±2g	从 25mm 高自由落下，2 秒 / 次	BS 35～50	50 次	水分散粒剂；实密度
CIPAC MT 186	量筒容积的 90%	从 25mm 高自由落下，2 秒 / 次	IRHD 35～50	50 次	固体制剂；松密度和实密度
NY/T 1860.17—2016	量筒容积的 90%	从 25mm 高自由落下，2 秒 / 次	BS 30～40	50 次	固体制剂；松密度和实密度

密度。

对于相同化学组成的农药粉剂产品，堆密度小，表示粉粒较细，粉体含水量低，因此堆密度可用于反映粉剂产品的粉碎程度及含水情况。

颗粒或粉末状农药产品的堆密度，在设计产品包装、仓库容量、运输、储存等方面是重要的考量内容。

颗粒或粉末状农药产品的堆密度测定，主要有如下几种方法：

CIPAC MT 33　Tap Density（实密度）；

CIPAC MT 58　Dust Content and Apparent Density of Granular Pesticide Formulation（颗粒农药制剂的含尘量和表观密度）/58.4 Apparent Density after compaction without pressure（无压力后堆积的表观密度）；

CIPAC MT 159　Pour and Tap Bulk Density of Granular Materials（颗粒物质的松密度和实密度）；

CIPAC MT 169　Tap Density of Water Dispersible Granules（水分散粒剂的实密度）；

CIPAC MT 186　Bulk Density（堆密度）；

NY/T 1860.17—2016 农药理化性质测定试验导则第 17 部分：密度 /3.6 方法五（堆密度法）。

上述几种方法的原理基本相同，均为：取一定量的试样，保持无振动地装入量筒，读取体积；然后将量筒内试样按照规定的方式进行振实，再读取试样体积。分别计算两种

情况下试样质量与体积之比，作为松密度和实密度的测得结果。各方法的比较见表。

各方法对实密度测定装置的要求是一致的：在一立方体木盒底上放一块几毫米厚的橡胶，盒中部有一水平挡板，可限定量筒底部最大提升高度。如图。

参考文献

CIPAC Handbook F, MT 33, 1995, 104-107.

CIPAC Handbook F, MT 58, 1995, 173-176.

CIPAC Handbook F, MT 159, 1995, 390-394.

CIPAC Handbook F, MT 169, 1995, 418-420.

CIPAC Handbook K, MT 186, 1995, 151-152.

NY/T 1860. 17—2016 农药理化性质测定试验导则第17部分：密度.

（撰稿：谢佩瑾、许来威；审稿：李红霞）

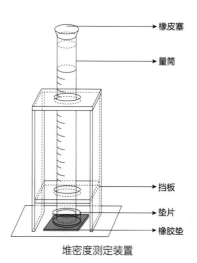

堆密度测定装置

对氨基苯丙酮　*p*-aminopropiophenone

一种经口降低红细胞携氧能力的有害物质，可作杀鼠剂。

其他名称　PAPP。

化学名称　乙基对氨基苯基（甲）酮。

IUPAC 名称　(4-aminophenyl)propan-1-one。

CAS 登记号　70-69-9。

分子式　$C_9H_{11}NO$。

相对分子质量　149.19。

结构式

理化性质　黄色结晶体。熔点 137～143℃。密度 1.067g/cm³。沸点 305.8℃。闪点 138.7℃。蒸气压 25℃时 0.11Pa。溶于水、乙醇。

毒性　中毒症状发作清晰可辨，接受致死剂量的动物通常在 30～45 分钟内无意识，2 小时内死亡。急性毒性 LD_{50}：

大鼠经口 59mg/kg；大鼠经腹腔 39mg/kg；小鼠经口 50mg/kg；小鼠经腹腔 200mg/kg；小鼠经静脉 56mg/kg；兔经皮肤接触 210mg/kg；兔经腹腔 35.1mg/kg；豚鼠经口 50mg/kg；豚鼠经腹腔 55 900μg/kg。

作用方式及机理　形成高铁血红蛋白，降低红细胞的携氧能力。

使用情况　20 世纪 40 年代，PAPP 最初作为氰化物和放射性物质中毒治疗被研究。它对肉食性动物有毒，对鸟类和人类不十分敏感。在野外现场进行过对白鼬和野猫的控制试验后，于 2011 年在新西兰注册，2016 年 PAPP 在澳大利亚注册用于控制狐狸和野猫。目前，PAPP 被认为作为杀鼠剂仍需要改进。

使用方法　堆投，毒饵站投放。

注意事项　毒饵远离人畜可接触地方。误食者，给予吸氧，用 25% 硫代硫酸钠 12.5g 加 10% 葡萄糖 500mg 静脉注射。

参考文献

DILKS P, SHAPIRO L, GREENE T, et al, 2011. Field evaluation of para-aminopropiophenone (PAPP) for controlling stoats (*Mustela erminea*) in New Zealand[J]. New Zealand journal of zoology, 38(2), 143-150.

FLEMING P J S, ALLEN L R, LAPIDGE S J, et al, 2006. A strategic approach to mitigating the impacts of wild canids: proposed activities of the Invasive Animals Cooperative Research Centre[J]. Australian journal of experimental agriculture, 46(6-7): 753-762.

JAY-SMITH M, MURPHY E C, SHAPIRO L, et al, 2016. Stereoselective synthesis of the rat selective toxicant norbormide[J]. Tetrahedron, 72(35): 5331-5342.

ROSE C L, WELLES J S, FINK R D, et al, 1947. The antidotal action of para-aminopropiophenone with or without sodium thiosulfate in cyanide poisoning[J]. Journal of pharmacology and experimental therapeutics, 89(2): 109-114.

（撰稿：王登；审稿：施大钊）

对二氯苯　*p*-dichlorobenzene

一种苯的衍生物。白色结晶，有樟脑气味。用于有机合成，用作杀虫剂、防腐剂、分析试剂。对二氯苯是杀虫剂杀螟威，除草剂麦草畏、喹禾灵的中间体，也是染料和医药中间体，并可作为家庭用杀虫剂和防蛀剂。

其他名称　Paracrystals、PDB、Paracide、Paradow、Para-Nuggets、Parazene、Santochlor。

化学名称　对二氯苯；1,4-dichlorobenzene。

IUPAC 名称　*p*-dichlorobenzene。

CAS 登记号　106-46-7。

EC 号　203-400-5。

分子式　$C_6H_4Cl_2$。

相对分子质量　147.00。

结构式

开发单位　从 1915 年开始用作熏蒸剂。

理化性质　原药为无色结晶，有特殊气味。熔点 53℃，沸点 173.4℃，相对密度 1.4581，蒸气压 133.3Pa（25℃）。25℃水中溶解度 0.008g/100g，稍溶于冷乙醇，易溶于有机溶剂。化学性质稳定，无腐蚀性。

毒性　中等毒性。急性经口 LD_{50}：大鼠 500~5000mg/kg，小鼠 2950mg/kg；在人体引起白内障的怀疑被排除了。当其剂量超过 300mg/kg 时，药剂对人的皮肤有刺激作用，空气中最大允许含量为 75μg/L。

剂型　工业品通常为 100% 晶体。

质量标准　优级 99.5%，一级 99%。

防治对象　可作农药原料，也能用作杀虫剂。能防治甜菜象鼻虫、葡萄根瘤蚜虫等，是目前普遍采用的防蛀防霉剂之一。植保上仅用于防除桃透翅蛾。在纺织物保护方面，防治网衣蛾、负袋衣蛾、毛毡衣蛾等。

参考文献

王振荣，李布青，1996.农药商品大全[M]. 北京：中国商业出版社。

朱永和，王振荣，李布青，2006. 农药大典[M]. 北京：中国三峡出版社。

（撰稿：陶黎明；审稿：徐文平）

对非靶标生物的影响　effects of pesticide on non-target organism

作用于靶标生物而发挥药效的农药只占其施用量的少数，它们当中的绝大部分进入了环境，因此会对环境介质（水、土、气）造成污染，而非靶标生物则有可能通过与被污染的环境介质相接触，或者通过食物链接触农药。

农药可通过多种途径影响非靶标生物。对于敏感种群，农药或可直接杀死其个体；对于抗性较强的种群，农药则有可能通过影响其食物链上下环节或其他关系密切的种群（如捕食者、被捕食者、食料竞争对手等）而发挥作用。以溞为例，作为滤食者，溞通常以浮游藻类、浮游细菌或其他类似大小的浮游微生物作为其食料。溞的滤食能力很强，某些水域会因为溞的存在而使其水体透明度提高。当溞受到农药抑制时，作为被捕食者的藻会发生种群扩张。浮游动物当中的轮虫 Rotifera 通常以有机碎屑、浮游细菌、绿藻、原生动物等作为食料。在食性方面，轮虫与溞之间存在竞争关系。当溞受到农药抑制时，轮虫种群会因为竞争对手的减少而扩张。

农药不仅影响非靶标生物本身，还可能改变非靶标生物赖以生存的环境。例如有机磷杀虫剂氯吡硫磷通过抑制溞而提高淡水生态系统的光合作用强度，进而提高水的 pH，同属有机磷杀虫剂的二嗪农也有类似效果，属于除草剂的莠去津和利谷隆则效果相反。鉴于水质对于淡水非靶标生物的生态学意义，关于农药对水质的影响，今后需给予更多关注。

考虑到农药对非靶标生物及生态系统的潜在影响，按照《农药登记资料要求》的规定，当今凡是申请入市的农药产品，在获得市场准入之前，申请者均需要向管理部门提供一系列资料，其中既包括涉及产品和申请人信息的一般资料，也包括产品登记试验资料。按照《农药登记资料要求》的规定，对于化学农药原药，在非靶标生物影响方面，需要提供鸟类毒性、水生生物毒性、陆生非靶标节肢动物毒性、土壤生物毒性、肉食性动物二次毒性、内分泌干扰作用等资料；对于化学农药制剂，需要提供的资料包括鸟类急性经口毒性、水生生物毒性、陆生非靶标节肢动物毒性、桑叶残留毒性、蚯蚓急性毒性等。结合产品用量和环境行为资料，可依据现有准则规定的程序进行评估，最终形成针对特定产品的农药环境风险评估报告。

参考文献

DAAM M A, CRUM S J, VAN DEN BRINK P J, et al, 2008. Fate and effects of the insecticide chlorpyrifos in outdoor plankton-dominated microcosms in Thailand[J]. Environmental toxicology and chemistry, 27(12): 2530-2538.

DAAM M A, RODRIGUES A M F, VAN DEN BRINK P J, et al, 2009. Ecological effects of the herbicide linuron in tropical freshwater microcosms[J]. Ecotoxicology and environmental safety, 72: 410-423.

DAAM M A, VAN DEN BRINK P J, Nogueira A J A, 2008. Impact of single and repeated applications of the insecticide chlorpyrifos on tropical freshwater plankton communities[J]. Ecotoxicology, 17(8): 756-771.

DAAM M A, VAN DEN BRINK P J, 2007. Effects of chlorpyrifos, carbendazim, and linuron on the ecology of a small indoor aquatic microcosm[J]. Archives of environmental contamination and toxicology, 53(1): 22-35.

DIEGUEZ M C, GILBERT J J, 2011. Daphnia-rotifer interactions in Patagonian communities[J]. Hydrobiologia, 662: 189-195.

HUA J, RELYEA R, 2014. Chemical cocktails in aquatic systems: Pesticide effects on the response and recovery of >20 animal taxa[J]. Environmental pollution, 189: 18-26.

LÓPEZ-MANCISIDOR P, CARBONELL G, MARINA A, et al, 2008. Zooplankton community responses to chlorpyrifos in mesocosms under Mediterranean conditions[J]. Ecotoxicology and environmental safety, 71: 16-25.

VAN DEN BRINK P J, CRUM S J H, GYLSTRA R, et al, 2009. Effects of a herbicide-insecticide mixture in freshwater microcosms: Risk assessment and ecological effect chain[J]. Environmental pollution, 157: 237-249.

VAN WIJNGAARDEN R P, BROCK T C, DOUGLAS M T, 2005. Effects of chlorpyrifos in freshwater model ecosystems: the influence of experimental conditions on ecotoxicological thresholds[J]. Pest management science, 61 (10): 923-935.

WOJTAL-FRANKIEWICZ A, 2012. The effects of global warming on *Daphnia* spp. population dynamics: a review[J]. Aquatic ecology, 46(1): 37-53.

YIN X H, BROCK T C M, BARONE L E, et al, 2018. Exposure and effects of sediment-spiked fludioxonil on macroinvertebrates and zooplankton in outdoor aquatic microcosms[J]. Science of the total environment, 610-611: 1222-1238.

（撰稿：李少南；审稿：蔡磊明）

对氟隆　parafluron

一种稻田用选择性内吸传导型磺酰脲类除草剂。

其他名称　Parafluoron。

化学名称　N-(4-trifluoromethylphenyl)-N′,N′-dimethylurea。

IUPAC 名称　1,1-dimethyl-3-[4-(trifluoromethyl)phenyl]urea。

CAS 登记号　7159-99-1。

分子式　$C_{10}H_{11}F_3N_2O$。

相对分子质量　232.08。

结构式

开发单位　1984 年由美国杜邦公司最先开发成功。Henry Martin 等报道了其除草活性。

理化性质　熔点 183～185℃。白色无臭固体，在水中溶解度 22mg/L（25℃）。

剂型　可湿性粉剂。

防治对象　甜菜、果园中防除一年生或多年生杂草。也可用作灭生性除草剂。

参考文献

《化学化工大辞典》编委会，化学工业出版社辞书编辑部，2003. 化学化工大辞典：上卷[M]. 北京：化学工业出版社：476.

HENRY M, 1964. Method for destroying weeds：U. S. Patent：3134665[A]. 1964-05-26

LUDWIG E, 1974. Method of combating weeds in sugarbeet cultures：U. S. Patent：3488182[A]. 1970-01-06

（撰稿：王忠文；审稿：耿贺利）

对磺胺硫磷　S4115

一种含磺酰胺结构的广谱有机磷类杀虫剂。

其他名称　OMS-868、磺胺磷。

化学名称　O,O-二甲基 O-[4-(N,N-二乙基氨磺酰基)-3-氯苯基]硫逐磷酸酯。

IUPAC 名称　O,O-dimethyl O-(3-chloro-4-diethylsulfamoyl-phenyl-phosphorothioate。

CAS 登记号　21410-51-5。

EC 号　242-624-8。

分子式　$C_{12}H_{19}ClNO_5PS_2$。

相对分子质量　387.84。

结构式

开发单位　日本住友化学公司研制，在 1970 年提出并开发。

理化性质　纯品为白色晶体。熔点 45～48 ℃。密度 1.359g/cm³。折光率 1.5189。可溶于大多数有机溶剂，难溶于烷烃和水。

毒性　急性经口 LD_{50}：鼹鼠 250mg/kg，大鼠 510mg/kg，小鼠 250mg/kg。金鱼 LC_{50}（48 小时）1.15mg/L。

剂型　乳剂。

作用方式及机理　乙酰胆碱酯酶抑制剂。

防治对象　可防治水稻二化螟、黑尾叶蝉、蔬菜害虫。

使用方法　实际使用浓度为 500mg/L，持续约 1 周，500～200mg/L 对水稻安全，但在 1000mg/L 以上浓度对大豆和胡萝卜稍有危害。此外对防治牛锥蝇幼虫等牲畜害虫有很好的效果。

注意事项　该药毒性高，挥发性大，使用时应严格按照《农药安全使用规定》进行，防止中毒。

参考文献

王振荣，李布青，1996. 农药商品大全[M]. 北京：中国商业出版社: 62-63.

朱永和，王振荣，李布青，2006. 农药大典[M]. 北京：中国三峡出版社: 57.

（撰稿：吴剑；审稿：薛伟）

对硫磷　parathion

一种有机磷类杀虫剂。

其他名称　Fosferno、Bladan、Folidol、Niran、一六O五、ACC 3422、E-605、一六零五微胶囊剂(25%)、一扫光、乙基 1605、乙基对硫磷。

化学名称　*O,O-* 二乙基 *-O-*(4- 硝基苯基) 硫代磷酸酯；*O,O-* 二乙基 *-O-*(对硝基苯基) 硫代磷酸酯。

IUPAC 名称　*O,O-*diethyl *O-*(4-nitrophenyl)phosphorothioate。

CAS 登记号　56-38-2。

EC 号　200-271-7。

分子式　$C_{10}H_{14}NO_5PS$。

相对分子质量　291.26。

结构式

开发单位　1944 年由德国 G. Schrader 合成，并由拜耳公司首先开发。

理化性质　无色油状液体。熔点 6 ℃。沸点 375 ℃，157～162 ℃（0.08kPa）。相对密度 1.2656（25/4 ℃）。折光率 1.5370（25 ℃）。蒸气压 0.89mPa（20 ℃）。水中溶解度 24mg/L（25 ℃）。微溶于石油醚及煤油，可与多数有机溶剂混溶。有蒜臭。在碱性介质中迅速水解；在中性或微酸性溶液中较为稳定；对紫外光与空气都不稳定。

毒性　高毒。大鼠急性经口 LD_{50} 6～15mg/kg。兔急性经皮 LD_{50} 5～100mg/kg。大鼠吸入 LC_{50}（4 小时）31.5mg/m³。微生物致突变：鼠伤寒沙门菌 1mg/皿。姐妹染色单体交换：人淋巴细胞 200µg/L。程序外 DNA 合成：人成纤维细胞 10µmol/L。DNA 损伤：大鼠淋巴细胞 10µmol/L（16 小时）。大鼠经口最低中毒剂量（TDLo）：360µg/kg（孕 2～22 天 / 产后 15 天），影响新生鼠生化和代谢。大鼠皮下最低中毒剂量（TDLo）：9800µg/kg（孕 7～13 天），致死胎。

剂型　200g/kg 乳油。

质量标准　标准值 99.6%，不确定度 0.5%。

作用方式及机理　为广谱性杀虫剂，具有触杀、胃毒、熏蒸作用，无内吸传导作用，但能渗透入植物体内。

防治对象　对昆虫作用很快，高温时杀虫作用显著加快。可防治水稻、棉花和果树等作物上的多种害虫，主要防治水稻螟虫、棉铃虫、玉米螟、高粱条螟等。禁止在蔬菜、茶叶、果树、中草药上使用。

使用方法

防治棉花害虫　棉红蜘蛛、棉铃虫、红铃虫用对硫磷乳油 1500～2500 倍液（每亩有效成分 15～25g）喷雾。此剂量可防治棉蚜、棉蓟马、棉盲蝽。

防治水稻害虫　三化螟每亩用 50% 乳油 50～75ml，加水 50～75kg 喷雾。稻纵卷叶螟、稻叶螟、稻飞虱、稻蓟马每亩用 50% 乳油 50～75ml，加水 50～75kg 喷雾。

注意事项　①瓜类对对硫磷敏感，尤其幼苗，易造成药害，不可使用。食用作物收获前 30 天禁用。②代谢和降解。在环境中易受光、空气、水的影响，而分解为无毒物质，但比其他有机磷农药稳定。在自然环境下也易降解。在光照条件下，易进行光氧化反应，生成对氧磷，对氧磷的毒性比原母体对硫磷毒性更大。在喷洒作物上消失很快，在短期内，少量的对硫磷已转变为对氧磷而增加毒性。③残留与蓄积。能通过消化道、呼吸道及完整的皮肤和黏膜进入人体。环境中的对硫磷也可以通过食物链发生生物富集作用，但体内蓄积的量远比有机氯农药要低。土壤中的对硫磷也可以通过植物根部吸收而进入植物体内。因而其从土壤中经植物再进入动物体内的可能性非常大。④迁移转化。在土壤中，可通过水的淋溶作用而稍向土壤深层迁移。一般情况下，年移动速度小于 20cm。它可以由土壤表面向大气蒸发，温度越高，蒸发量越大。⑤危险特性。遇明火、高热可燃。受热分解，放出磷、硫的氧化物等毒性气体。⑥燃烧（分解）产物有一氧化碳、氧化磷、氧化硫、氧化氮。⑦呼吸系统防护。生产操作或农业使用时，佩戴防毒口罩。紧急事态抢救或逃生时，应该佩戴自给式呼吸器。⑧作业防护。可采用安全面罩，穿相应的防护服，戴防护手套。工作现场禁止吸烟、进食和饮水。工作后，彻底清洗。工作服不要带到非作业场所，单独存放被毒物污染的衣服，洗后再用。注意个人清洁卫生。喷药时，如发现恶心、呕吐、头痛、泻肚、全身软弱无力等中毒初步症状，须立即离开现场，用肥皂水或碱水洗净身体，到空气流通处休息，同时服用阿托品或解磷毒（PAM）2~3片（0.5~1mg）。严重者应立即送医院急救。如误服应立即催吐，并口服1%~2%苏打水洗胃，导泻可用硫酸钠。⑨应急处理。迅速撤离泄漏污染区人员到安全区，并且进行隔离，严格限制人员出入。切断火源。建议应急处理人员要戴自给正压式呼吸器，穿防毒服。不要直接接触泄漏物。尽可能切断泄漏源。防止流入下水道、排洪沟等限制性空间。⑩灭火方法。消防人员须佩戴防毒面具，穿全身消防服，在上风向灭火。灭火剂用泡沫、干粉、沙土。禁止使用酸碱灭火剂。

中国农业部于1979年已规定在茶园中禁止使用。

与其他药剂的混用 选用辛硫磷、对硫磷、敌敌畏和氧化乐果4种有机磷类杀虫剂以及灭多威和甲萘威两种氨基甲酸酯类杀虫剂，分别以1:1、1:3和1:1的比例混用，以棉铃虫 Helicoverpa armigera 为试虫，分别测得单剂和混剂对其乙酰胆碱酯酶（AChE）和羧酸酯酶（CarE）的抑制中浓度（I_{50}），以联合抑制系数作为增效作用的参考指标进行比较。两种药剂不同配比的混剂对同种酯酶的联合抑制作用也往往不同，对AChE和CarE同时具有抑制作用的只有其中的对硫磷+甲萘威（1:3）、辛硫磷+对硫磷（1:3）和灭多威+氧化乐果（1:3），而甲萘威+敌敌畏（1:3）、甲萘威+氧化乐果（1:1）、辛硫磷+甲萘威（1:1）、对硫磷+氧化乐果（1:1）、对硫磷+氧化乐果（1:3）、敌敌畏+氧化乐果（1:3）、灭多威+对硫磷（1:1）7种混剂对AChE和CarE都具有拮抗作用。

允许残留量 ①GB 2763—2021《食品中农药最大残留限量标准》规定对硫磷最大残留量见表1。ADI为0.004mg/kg。谷物、蔬菜、水果按照GB 23200.113、GB/T 5009.145规定的方法测定；油料和油脂按照GB 23200.113规定的方法测定。②美国规定对硫磷最大残留限量见表2。

表1 中国规定部分食品中对硫磷最大残留限量（GB 2763—2021）

食品类别	名称	最大残留限量（mg/kg）
谷物	稻谷、麦类、旱粮类、杂粮类	0.10
油料和油脂	大豆、棉籽油	0.10
蔬菜	鳞茎类蔬菜、芸薹属类蔬菜、豆类蔬菜、茎类蔬菜、根茎类和薯芋类蔬菜、水生类蔬菜、芽菜类蔬菜、其他类蔬菜	0.01
水果	柑橘类水果	0.01

表2 美国规定部分食品中对硫磷最大残留限量（mg/kg）

食品名称	最大残留限量	食品名称	最大残留限量	食品名称	最大残留限量
紫花苜蓿草料	1.25	杏	0.05	芜菁甘蓝头	1.00
紫花苜蓿干草	5.00	鳄梨	0.50	大豆干草	1.00
杏仁	0.10	甜玉米草料	1.00	大豆种子	0.10
杏壳	3.00	去皮甜玉米碎玉粒	1.00	菠菜	1.00
苹果	1.00	未去纤维棉籽	0.75	向日葵籽	0.20
朝鲜蓟	1.00	葡萄	1.00	甘薯根	0.10
大麦	1.00	草料	1.00	番茄	1.00
圆甜菜根	1.00	大头菜	1.00	鸡爪三叶草	1.25
圆甜菜头	1.00	莴苣	1.00	三叶干草	5.00
青花菜	1.00	鲜芥菜	1.00	绿萝卜	1.00
球芽甘蓝	1.00	油桃	1.00	芜菁根	1.00
红萝卜根	1.00	燕麦	1.00	叶类芸薹	1.00
花椰菜	1.00	洋葱	1.00	小麦	1.00
芹菜	1.00	田豌豆藤	1.00	油菜籽	0.20
樱桃	1.00	桃	1.00	稻谷	1.00
羽衣甘蓝	1.00	梨	1.00	芜菁甘蓝根	1.00
田生玉米草料	1.00	鲜梅李	1.00	爆米花玉米粒	1.00
田生玉米谷粒	1.00	马铃薯	0.10		

参考文献

马克比恩 C, 2015. 农药手册[M]. 胡笑形, 等译. 北京: 化学工业出版社: 766-767.

张堂恒, 1995. 中国茶学辞典[M]. 上海: 上海科学技术出版社: 156.

中国农业百科全书总编辑委员会农药卷编辑委员会, 中国农业百科全书编辑部, 1993. 中国农业百科全书: 农药卷[M]. 北京: 农业出版社: 68-69.

（撰稿：吴剑；审稿：薛伟）

对氯苯氧乙酸 4-CPA

一种人工合成的具有生长素活性的苯氧羧酸类植物生长调节剂。

其他名称 Tomato Fix Concentrate、Marks 4-CPA、Tomatotone、Fruitone、促生灵、对氯苯氧醋酸、番茄通、防落素、防落壮果剂、番茄灵、防落叶素、丰收灵。

化学名称 acetic acid,2-(4-chlorophenoxy)。

IUPAC名称 2-(4-chlorophenoxy)acetic acid。

CAS登记号 122-88-3。

EC号 204-581-3。

分子式 $C_8H_7ClO_3$。

相对分子质量 186.59。

结构式

开发单位 1944年由美国道化学公司、阿姆瓦克公司、英国曼克公司、日本石原、日产公司开发。

理化性质 纯品为白色针状粉末结晶，基本无臭无味。熔点163~165℃。能溶于热水、乙醇、丙酮，其盐水溶性更好。在酸性介质中稳定，耐储藏。

毒性 大鼠急性经口LD_{50} 850mg/kg；小鼠急性经腹膜腔LD_{50} 680mg/kg。致突变：人体细胞DNA合成测试系统100mmol/L。

剂型 8%可溶性粉剂。

作用方式及机理 具有生长素活性的苯氧羧酸类植物生长调节剂，由植物的根、茎、叶、花和果吸收，生物活性持续时间较长，其生理作用类似于生长素，能刺激细胞分裂和组织分化，刺激子房膨大，诱导单性结实，形成无籽果实，促进坐果及果实膨大。

使用对象 其活性较高，可用于黄瓜、番茄、辣椒等蔬菜防止落花落果，也可用于大白菜储存期脱叶，延长储存时间。用作种子处理，抑制种子周围霉菌病原体的生长。可有效控制梨叶斑病毒、苜蓿花叶病毒；有效防止土壤板结、植株生长不良等。

使用方法 准确称取对氯苯氧乙酸钠盐1g，放入烧杯（或小玻璃杯）中，加入少量热水或95%乙醇，并用玻璃棒不断搅拌直至完全溶解，然后再加水至500ml，即成为2000mg/kg的防落素原液。使用时，可取一定量的原液，再加水稀释到所需浓度，用于喷雾、浸蘸等。

防止落花落果 ①在9:00前后，用30~40mg/kg的药液浸蘸开放的西葫芦雌花。②将30~50mg/kg的药液盛在一个小碗内，在茄子开花当日上午，浸蘸花朵（将花朵在药液中蘸一下，然后把花瓣在碗边碰一下，让多余的药滴流入碗中）。③用1~5mg/kg的药液，喷洒菜豆开花的花序，每隔10天喷1次，连喷2次。④在秋豇豆开花期，用4~5mg/kg的药液，喷花，每隔4~5天喷1次。⑤在番茄的每一个花序上有2/3的花朵开放时，用20~30mg/kg的药液喷花。⑥在葡萄花期，用25~30mg/kg的药液喷洒。⑦在黄瓜雌花开放时，用25~40mg/kg的药液喷花。⑧在甜（辣）椒开花后3天，用30~50mg/kg的药液喷花。⑨在冬瓜雌花开花期，用60~80mg/kg的药液喷花。

增强耐储性 在大白菜收获前3~10天，选晴天下午用40~100mg/kg的药液，从大白菜基部自下向上喷洒，以叶片湿润而药液不下滴为宜，可减少大白菜储存期脱叶。

注意事项 在蔬菜收获前3天停用。使用该药比使用2,4-滴安全。宜采用小型喷雾器喷花（如医用喉头喷雾器），并避免向嫩枝和新芽上喷药。严格掌握用药量、使用浓度及用药期，以防药害。避免在高温烈日天及阴雨天施药，以防药害。在留种蔬菜上不能使用该剂。

与其他药剂的混用 与0.1%磷酸二氢钾混用，效果更佳。

允许残留量 中国无残留规定，欧盟默认最大残留限量为0.01mg/kg。

参考文献

李玲，肖浪涛，谭伟明，等，2018. 现代植物生长调节剂技术手册[M]. 北京：化学工业出版社: 21.

孙家隆，2015. 新编农药品种手册[M]. 北京：化学工业出版社:918.

YALKOWSKY, S H, HE Yan, 2003. Handbook of aqueous solubility data: an extensive compilation of aqueous solubility data for organic compounds extracted from the AQUASOL dATAbASE [M]. CRC Press LLC, Boca Raton, Florida: 461.

（撰稿：谭伟明；审稿：杜明伟）

对硝基苯酚铵 ammonium *p*-nitrophenolate

通过根部吸收，可以促进细胞原生质的流动，加速植物发根、发芽、生长。具有保花、保果、增产作用。

其他名称 多效丰产灵、复硝铵（其中一个有效成分）。

化学名称 对硝基苯酚铵。

分子式 $C_6H_8N_2O_3$。

相对分子质量 156.14。

结构式

毒性 低毒。

作用方式及机理 加速植物生根、发芽。具有保花、保果、增产作用。通过根部吸收，促进细胞原生质的流动。

使用方法 灌根、叶面喷施。

参考文献

孙家隆，2015. 新编农药品种手册[M]. 北京：化学工业出版社:918.

（撰稿：杨志昆；审稿：谭伟明）

对硝基苯酚钾 potassium *p*-nitrophenolate

一类植物生长调节剂，是市场广泛使用的复硝酚钾的一种有效成分。可被植物迅速吸收，对萌芽、发根生长及保花保果均有明显的功效。

其他名称 复硝基苯酚钾盐。

化学名称　4-硝基苯酚钾。

CAS 登记号　1124-31-8。

分子式　$C_6H_4NO_3 \cdot K$。

相对分子质量　177.20。

结构式

$$O_2N \text{—} \bigcirc \text{—} O^- \ K^+$$

开发单位　斯洛伐克 VUP。

理化性质　黄色晶体混合物，易溶于水，可溶于乙醇、甲醇、丙酮等有机溶剂，常温下稳定，有芳香味。

毒性　急性经口 LD_{50}：大鼠 250mg/kg，小鼠 380mg/kg。

剂型　水剂。

作用方式及机理　叶面喷施能迅速地渗透于植物体内，促进根系吸收养分。对作物萌芽、发根生长及保花保果均有明显的功效。

参考文献

毛景英，闫振领，2005. 植物生长调节剂调控原理与实用技术[M]. 北京: 中国农业出版社.

孙家隆，2015. 新编农药品种手册[M]. 北京: 化学工业出版社:918.

（撰稿：杨志昆；审稿：谭伟明）

对溴苯氧乙酸　*p*-bromophenoxyacetic acid

一种低毒植物生长调节剂，可提高坐果率，增大果实体积和增加重量，并使果实色泽鲜艳，促进作物生长，可用于棉花、小麦等粮食作物，也可用于苹果、梨等水果。

其他名称　增产素。

化学名称　4-溴苯氧基乙酸。

英文名称　2-(4-bromophenoxy)acetic acid。

IUPAC 名称　2-(4-bromophenoxy)acetic acid。

CAS 登记号　1878-91-7。

EC 号　217-530-5。

分子式　$C_8H_7BrO_3$。

相对分子质量　231.04。

结构式

$$Br \text{—} \bigcirc \text{—} O \text{—} CH_2 \text{—} COOH$$

理化性质　原药外观为白色结晶粉末状固体，熔点 156～161℃，密度 1.641g/cm³，沸点 337.9℃（101.32 kPa），闪点 158.2℃，折射率 1.579。易溶于乙醇、乙醚等溶剂，难溶于水，微溶于热水，遇碱易生成盐。

毒性　低毒。该原药和水剂对大鼠急性经口 $LD_{50} >$ 850mg/kg，使用增产素时切忌与皮肤、眼睛接触。

剂型　国内未登记。

作用方式及机理　通过茎叶吸收，传导到生长旺盛部位，使植物叶色变深，叶片增厚，新梢枝条生长快，提高坐果率，增大果实体积和增加重量，并使果实色泽鲜艳。调节植物体内的营养物质从营养器官转移向生殖器官，加速细胞分裂，促进作物生长，缩短发育周期，促进开花结果，还有保花保蕾作用，从而增加产量。

使用对象　防止棉花、大豆、花生、芝麻、番茄、苹果、酥梨、大枣、葡萄等落花落果；促进水稻、玉米、小麦、谷子、叶菜类、茶树和甘薯同化物质运输，增加产量。

使用方法

水稻　水稻抽穗期、扬花期或灌浆期喷施 20～30mg/L 增产素溶液，每公顷用药量 30g，可提高成穗率和结实率，使籽粒饱满。

亚心形扁藻　利用增产素处理亚心形扁藻发现，亚心形扁藻的细胞增长率最多可以达到 75.42%，藻体内的蛋白质、碳水化合物、脂肪、叶绿素等物质都有一定的提高。

菜椒　喷施增产素后，由于每穴成果数的增加和坏果率的减少，菜椒的产量有所增加。

小麦　开花期喷施 150mg/kg 增产素，能够增加叶片叶绿素含量，降低花后叶面积下降速度，增加花后有效光合面积，提高光合强度，增加花后干物质积累量，利于籽粒形成，从而增加穗粒数，增大籽粒体积，提高千粒重。

注意事项　按照规定用量施药，严禁随意加大用量。

允许残留量　中国未规定最大允许残留量，WHO 无残留规定。

参考文献

封超年，严六零，郭文善，等，1994. 强力增产素对小麦花后干物质生产和产量的调节效应[J]. 江苏农学院学报，15(1): 27-30.

高建华，2003. 作物增产素增产机理的灰色关联分析[J]. 农业系统科学与综合研究，19(3): 172-175.

孙家隆，2015. 新编农药品种手册[M]. 北京: 化学工业出版社:919.

（撰稿：谭伟明；审稿：杜明伟）

对氧磷　paraoxon

一种具有内吸和触杀活性的有机磷类杀虫剂。

其他名称　Phosphacol、Mintacol、E600、Eticl、Mintaco、HC-2072、Chinorto。

化学名称　*O,O*-二乙基-*O*-对硝基苯基磷酸酯。

IUPAC 名称　diethyl 4-nitrophenyl phosphate。

CAS 登记号　311-45-5。

EC 号　220-864-4。

分子式　$C_{10}H_{14}NO_6P$。

相对分子质量　275.22。

结构式

开发单位　1944 年由德国拜耳公司开发。

理化性质　棕色液体。沸点169~170℃。蒸气压0.012Pa（27.4℃）。相对密度1.2736（25℃）。折射率1.5106。在水中和油中的溶解度低，可溶于大多数有机溶剂。在中性和酸性条件下比较稳定，在碱性介质中易水解。

毒性　急性经口LD_{50}：大鼠3.5mg/kg，小鼠1.9mg/kg，鸡2mg/kg。对人的口服致死最低量为5mg/kg。兔急性经皮LD_{50}5mg/kg。腹腔注射LD_{50}：大鼠0.93mg/kg，小鼠1.5mg/kg。静脉注射LD_{50}：大鼠0.253mg/kg，小鼠0.59mg/kg。小鼠皮下注射LD_{50}0.6mg/kg。

剂型　瞳孔收缩剂（Mintacol），粉剂（50g/kg）。

作用方式及机理　触杀和内吸，为强胆碱酯酶抑制剂。

防治对象　用于防治水稻、棉花、玉米等作物的害虫，也可用于防治果树、林木上多种咀嚼式和刺吸式口器害虫。

注意事项　杀虫范围与对硫磷相同，由于对温血动物的毒性高，而未获得实际应用。

参考文献

张维杰, 1996. 剧毒物品实用技术手册[M]. 北京: 人民交通出版社: 234-235.

朱永和, 王振荣, 李布青, 2006. 农药大典[M]. 北京: 中国三峡出版社: 19.

（撰稿：吴剑；审稿：薛伟）

钝化活性测定法　inactivation activity method

利用药剂浓度与烟草叶片发病抑制程度呈正相关的原理，测定供试样品抗病毒活性的生物测定方法。

适用范围　适用于初筛、复筛及深入研究阶段的活性验证；可以用于测定新化合物的抗病毒活性，测定不同剂型、不同组合物及增效剂对抗病毒活性的影响，比较几种抗病毒剂的生物活性。

主要方法　钝化活性采用全株法，药剂和病毒混合液接种，观察3天后调查病情指数，计算防效。试验中选取长势均匀一致的3~5叶期珊西烟。将药剂与等体积的病毒汁液混合钝化30分钟后摩擦接种。混合液病毒终浓度为10mg/L，接种后即以流水冲洗，重复3次，设0.1%吐温80水溶液对照。3天后调查病斑数，计算结果。

防效 =（对照组病情指数 - 处理组病情指数）/ 对照组病情指数 ×100%

一般设置5~7个浓度测定供试样品的活性，每个浓度3~5个重复。采用DPS统计软件中专业统计分析生物测定功能中的数量反应生测几率值分析方法获得药剂浓度与生长抑制率之间的剂量效应回归模型，计算得到抑制剂量浓度（IC_{50}、IC_{90}）和95%置信区间。

参考文献

陈年春, 1991. 农药生物测定技术[M]. 北京: 北京农业大学出版社.

王力钟, 李永红, 于淑晶, 等, 2013. 2种抗TMV活性筛选方法在农药创制领域的应用[J]. 农药, 52(11): 829-831.

（撰稿：李永红、王力钟；审稿：陈杰）

多残留分析　multi-residue analysis

在农药分析中，一次测定样品中多种农药组分的定性定量的分析方法。测定的多组分农药往往物理化学性质相似，样品前处理和分析可以批量化同时进行。该方法具有分析测定高效的特点，是目前检测分析人员常用的农药测定方法。

目前国内外多残留分析方法标准很多，如国际分析化学家协会杂志发表的QuEChERS方法和中国的水果和蔬菜中500种农药及相关化学品残留量的测定（GB 23200.8—2016）和粮谷中475种农药及相关化学品残留量的测定（GB 23200.9—2016）。

随着仪器和前处理的技术的发展，将来会有更多的多残留分析方法被开发和利用。

参考文献

GB 23200. 8—2016 食品安全国家标准　水果和蔬菜中500种农药及相关化学品残留量的测定气相色谱-质谱法.

GB 23200.9—2016 粮谷中475种农药及相关化学品残留量的测定 气相色谱-质谱法.

ANASTASSIADES M, LEHOTAY S J, STAJNBAHER D, et al, 2003. Fast and easy multiresidue method employing acetonitrile extraction/partitioning and "dispersive solid-phase extraction" for the determination of pesticide residues in produce[J]. Journal of AOAC international, 86(2): 412-431.

（撰稿：董丰收；审稿：郑永权）

多氟脲　noviflumuron

一种苯甲酰脲类杀虫剂。

其他名称　Recruit III、Recruit IV、Sentricon、XDE-007、XR-007、X-550007。

化学名称　(RS)-1-[3,5-二氯-2-氟-4-[1,1,2,3,3,3-六氟丙氧基]苯基]-3-(2,6-二氟苯甲酰)脲。

IUPAC 名称　(RS)-1-[3,5-dichloro-2-fluoro-4-(1,1,2,3,3,3-hexafluoropropoxy)phenyl]-3-(2,6-difluoro-benzoyl)urea。

CAS 登记号　121451-02-3。

分子式　$C_{17}H_7Cl_2F_9N_2O_3$。

相对分子质量　529.14。

结构式

开发单位　美国陶氏益农公司（现科迪华公司）。于2003 年在美国获得登记。

理化性质　浅褐色固体。熔点 156.2℃。250℃时分解。蒸气压 7.19×10^{-8} mPa（25℃）。$K_{ow}\lg P$ 4.49（20℃）。相对密度 1.88。水中溶解度 0.194mg/L（20℃，pH6.65）；其他溶剂中溶解度（g/L，19℃）：丙酮 425、乙腈 44.9、二氯乙烷 20.7、乙酸乙酯 290、庚烷 0.068、甲醇 48.9、正辛醇 8.1、对二甲苯 93.3。分解率＜3%（50℃，16 天），在pH5～9 下稳定。不易燃，无爆炸性，不易被氧化。

毒性　大鼠急性经口 LD_{50}＞5000mg/kg。兔急性经皮 LD_{50}＞5000mg/kg。大鼠吸入 LC_{50}＞5.24mg/L。NOEL［mg/（kg·d）饲料］：雄贝高犬（1 年）0.74（0.003%），雌贝高犬（1 年）8.7（0.03%）；大鼠（2 年）1.0；小鼠（1.5 年）0.5；雄鼠 NOAEL 3，雌鼠 NOAEL 30。北美山齿鹑急性经口 LD_{50}（14 天）＞2000mg/kg。鸟饲喂 LC_{50}（mg/kg 饲料）：北美山齿鹑（10 天）＞4100，野鸭（8 天）＞5300。鱼类 LC_{50}（96 小时，mg/L）：虹鳟＞1.77，大翻车鱼＞1.63。NOEC（mg/L）：虹鳟≥1.77，大翻车鱼≥1.63。水蚤 EC_{50}（48 小时）311ng/L。淡水绿藻 EC_{50}（96 小时）＞0.75mg/L。蜜蜂无毒，LD_{50} 和 LC_{50}（48 小时，经口和经皮）＞100μg/ 只。对蚯蚓无毒，LC_{50}（14 天）＞1000mg/kg 土壤。

剂型　0.5% 饵剂。

作用方式及机理　抑制几丁质的合成。白蚁接触后就会渐渐死亡，因为白蚁不能蜕皮进入下一龄。主要是破坏白蚁和其他节肢动物的独有酶系统。

防治对象　白蚁。

参考文献

刘长令，2017. 现代农药手册[M]. 北京：化学工业出版社：244-245.

（撰稿：杨吉春；审稿：李森）

多果定　dodine

保护性杀菌剂，也是一种用途广泛的表面活性剂。

其他名称　Cyprex、Melprex、Venturol、Dodene、Efuzin、Guanidol。

化学名称　1- 正十二烷基胍乙酸盐。

IUPAC 名称　1-dodecylguanidinium acetate。

CAS 登记号　2439-10-3。

EC 号　219-459-5。

分子式　$C_{15}H_{33}N_3O_2$。

相对分子质量　287.44。

结构式

理化性质　纯品为无色晶体固体。熔点 136℃。蒸气压＜1×10^{-2} mPa（20℃）。水中溶解度 630mg/L（20℃）。在大多数有机溶剂中溶解度＞250g/L（25℃）。

毒性　大鼠急性经口 LD_{50} 1000mg/kg。急性经皮 LD_{50}（mg/kg）：兔＞1500，大鼠＞6000。雄、雌大鼠 2 年饲喂试验 NOEL 为 80mg/（kg·d）。日本鹌鹑急性经口 LD_{50} 788mg/kg，野鸭急性经口 LD_{50} 1142mg/kg。

作用方式及机理　茎叶处理用保护性杀菌剂，也有一定的治疗活性。

防治对象　主要用于防治果树，如苹果、梨、桃、橄榄等，蔬菜、观赏植物等黑星病、叶斑病、软腐病等多种病害。使用剂量为 250～1500g/hm² 有效成分。

允许残留量　GB 2763—2021《食品中农药最大残留限量标准》规定多果定最大残留限量见表。ADI 为 0.1mg/kg。

部分食品中多果定最大残留限量（GB 2763—2021）

食品类别	名称	最大残留限量（mg/kg）
水果	仁果类水果	5*
	桃	5*
	油桃	5*
	樱桃	3*

* 临时残留限量。

参考文献

刘长令，2006. 世界农药大全: 杀菌剂卷[M]. 北京: 化学工业出版社: 325-326.

MACBEAN C, 2012. The pesticide manual: a world compendium [M]. 16th ed. UK: BCPC.

（撰稿：侯毅平；审稿：张灿、刘西莉）

多菌灵　carbendazim

一种苯并咪唑类广谱内吸性杀菌剂。

其他名称　Bavistin、Derosol、Addstem、MBC、BMC、棉菱灵、棉菱丹、保卫单。

化学名称　苯并咪唑 -2- 氨基甲酸甲酯。

IUPAC 名称　methyl benzimidazol-2-ylcarbamate。

CAS 登记号　10605-21-7。

EC 号　234-232-0。

分子式　$C_9H_9N_3O_2$。

相对分子质量　191.19。

结构式

理化性质　纯品为白色结晶固体。熔点 302～307 ℃（分解）。蒸气压 0.09mPa（20 ℃）、0.15mPa（25 ℃）、1.3mPa（50 ℃）。$K_{ow}\lg P$ 1.38（pH5）、1.51（pH7）、1.49（pH9）。Henry 常数 $3.6×10^{-3}$Pa·m³/mol（计算值）。水中溶解度（24 ℃）：29mg/L（pH4）、8mg/L（pH7）、7mg/L（pH8）；有机溶剂中溶解度（g/L，24 ℃）：二甲基甲酰胺 5、丙酮 0.3、乙醇 0.3、氯仿 0.1、乙酸乙酯 0.135、二氯甲烷 0.068、苯 0.036、环己烷＜0.01、正己烷 0.0005。稳定性：熔点以下不分解，50℃储存稳定 2 年。在 20 000lx 光线下稳定 7 年，在碱性溶液中缓慢分解（22 ℃），DT_{50}＞350 天（pH5 和 pH7）、124 天（pH9）；在酸性介质中稳定，可形成水溶性盐。

毒性　急性经口 LD_{50}（mg/kg）：大鼠＞15 000，狗＞25 000。急性经皮 LD_{50}（mg/kg）：兔＞10 000，大鼠＞2000。对兔皮肤和眼睛无刺激性，对豚鼠皮肤无致敏性。NOEL（2 年）：狗 300mg/kg 饲料或 6～7mg/（kg·d）。ADI 0.03mg/kg。鹌鹑急性经口 LD_{50} 5826～15 595mg/kg。鱼类 LC_{50}（96 小时，mg/L）：虹鳟 0.83，鲤鱼 0.61，大翻车鱼＞17.25。水蚤 LC_{50}（48 小时）0.13～0.22mg/L。蜜蜂 LD_{50}（接触）＞50μg/只。蚯蚓 LC_{50}（4 周）6mg/kg 土壤。

剂型　25%、40%、50%、80% 可湿性粉剂，40%、50% 悬浮剂。

质量标准　25% 可湿性粉剂为褐色疏松粉末，pH5～9，水分含量≤3.5%，悬浮率≥40%，常温下储存 2 年稳定。40% 悬浮剂为淡褐色黏稠可流动的悬浮液，相对密度 1.1～1.3，pH5～8，平均粒径 3～5μm，在标准硬水（342mg/L）中测定的悬浮率≥90%，常温下储存 2 年稳定。

作用方式及机理　广谱内吸性杀菌剂。主要干扰细胞的有丝分裂过程，对子囊菌纲的某些病原菌和半知菌类中的大多数病原真菌有效。

防治对象　用于防治由立枯丝核菌引起的棉花苗期立枯病，黑根霉引起的棉花烂铃病，花生黑斑病，小麦网腥黑穗病、散黑穗病，小麦颖枯病，谷类茎腐病，麦类白粉病，苹果、梨、葡萄、桃的白粉病，烟草炭疽病，番茄褐斑病、灰霉病，葡萄灰霉病，甘蔗凤梨病，甜菜褐斑病，水稻稻瘟病、纹枯病和胡麻斑病等。

使用方法

麦类　在始花期，用 40% 可湿性粉剂 1825g/hm²，加水 750kg，均匀喷雾，可有效地防治麦类赤霉病。或以 100g（有效成分），加水 4kg，搅拌均匀后，喷洒在 100kg 麦种上，再堆闷 6 小时后播种。或用 150g（有效成分），加水 156kg，浸麦种 100kg（36～48 小时），然后捞出播种，防治麦类散黑穗病等病害。

水稻　用 40% 可湿性粉剂 1875g/hm²，加水 1050kg 均匀喷雾，在发病中心或出现急性病斑时喷药 1 次，间隔 7 天，再喷药 1 次，可防治叶瘟；在破口期和齐穗期各喷药 1 次，可防治穗瘟。在病害发病初期或幼穗形成期至孕穗期喷药，间隔 7 天再喷药 1 次，可防治纹枯病。

棉花　以 250g（有效成分）加水 250kg，浸 100kg 棉花种子（24 小时），科防治立枯病、炭疽病等。

油菜　用 40% 可湿性粉剂 2812～4250g/hm²，在盛花期和终花期加水喷雾各 1 次，可防治油菜菌核病。

花生　以 250～500g（有效成分），加水浸 100kg 种子，可防治花生立枯病、茎腐病、根腐病等。

甘薯　以 500mg/L（有效成分）的药液浸种薯 10 分钟，或用 300mg/L 药液浸苗基部，可防治甘薯黑斑病。

蔬菜　用 469.5～562.5g/hm²（有效成分），加水均匀喷雾，可防治番茄早疫病和节瓜炭疽病等。

果树　以 500～1000mg/L（有效成分）药液均匀喷雾，可防治梨黑星病，桃疮痂病，苹果褐斑病和葡萄白腐病、黑痘病、炭疽病等。

花卉　用 1000mg/L（有效成分）药液喷雾，可防治大丽花花腐病，月季黑斑病，君子兰叶斑病，海棠灰斑病，兰花炭疽病、叶斑病，花卉白粉病等。

注意事项　可与一般杀菌剂混用，但与杀虫剂杀螨剂混用时要现混现用，不能与铜制剂混用。长期单一使用多菌灵易使病菌产生抗药性，应与其他杀菌剂轮换使用或混合使用。可通过食道等途径引起中毒，治疗时可服用或注射阿托品。应储存在避光的容器中，并置于遮光阴凉的地方。

与其他药剂的混用　10% 氟环唑和 10% 多菌灵混用，有效成分 210～270g/hm² 喷雾，防治小麦锈病。13.5% 多菌灵和 46.2% 咪鲜胺混用，有效成分 720～810g/hm² 喷雾，防治水稻稻瘟病，206.25～225g/hm² 喷雾，防治小麦赤霉病。1% 丙硫唑和 5% 多菌灵混用，有效成分 150～225g/hm² 喷雾，防治水稻稻瘟病。15% 戊唑醇和 45% 多菌灵混用，有效成分 292.5～315g/hm² 喷雾，防治水稻稻曲病。10% 己唑醇和 25% 多菌灵混用，有效成分 87.5～116.7mg/kg 喷雾，防治葡萄炭疽病。

允许残留量　GB 2763—2021《食品中农药最大残留限量标准》规定多菌灵最大残留限量见表。ADI 为 0.03mg/kg。谷物按照 GB/T 20770 规定的方法测定；油料和油脂、糖料参照 GB/T 20770、NY/T 1680 规定的方法测定；蔬菜、水果、干制水果按照 GB/T 20769、NY/T 1453 规定的方法测定；饮料类参照 GB/T 20769、NY/T 1453 规定的方法测定；坚果、调味料参照 GB/T 20769、GB/T 20770 规定的方法测定。

部分食品中多菌灵最大残留限量（GB 2763—2021）

食品类别	名称	最大残留限量（mg/kg）
谷物	大米	2.00
	小麦	0.50
	大麦	0.50
	黑麦	0.05
	玉米	0.50
	杂粮类	0.50

续表

食品类别	名称	最大残留限量（mg/kg）
油料和油脂	花生仁	0.10
	油菜籽	0.10
	大豆	0.20
蔬菜	韭菜	2.00
	抱子甘蓝	0.50
	结球莴苣	5.00
	番茄	3.00
	辣椒	2.00
	黄瓜	2.00
	西葫芦	0.50
	菜豆	0.50
	食荚豌豆	0.02
	芦笋	0.50
	胡萝卜	0.20
水果	柑、橘	5.00
	橙	5.00
	柠檬	0.50
	柚	0.50
	苹果	5.00
	梨	3.00
	桃	2.00
	油桃	2.00
	李	0.50
	杏	2.00
	樱桃	0.50
	枣（鲜）	0.50
	黑莓	0.50
	葡萄	3.00
	草莓	0.50
	西瓜	2.00
	无花果	0.50
	橄榄	0.50
	香蕉	2.00
	菠萝	0.50
	猕猴桃	0.50
	荔枝	0.50
	杧果	0.50
干制水果	李子干	0.50
坚果		0.10
糖料	甜菜	0.10
饮料类	茶叶	5.00
	咖啡豆	0.10
调味料	干辣椒	20.00

参考文献

刘长令, 2006. 世界农药大全: 杀菌剂卷[M]. 北京: 化学工业出版社: 278-279.

农业部种植业管理司, 农业部农药鉴定所, 2013. 新编农药手册[M]. 2版. 北京: 中国农业出版社: 233-235.

MACBEAN C, 2012. The pesticide manual: a world compendium[M]. 16th ed. UK: BCPC.

（撰稿：侯毅平；审稿：张灿、刘西莉）

多抗霉素　polyoxin

由链霉菌产生的内吸性肽嘧啶核苷类抗生素杀菌剂。对多种植物病原真菌具有良好的防治效果。

其他名称　多氧霉素、多效霉素、宝丽安、Polyoxin AL、保利霉素。

化学名称　肽嘧啶核苷类抗菌素，其主要组分为polyoxin B 和polyoxin D。其中polyoxin B 为5-[[2-氨基-5-O-(氨基甲酰基)-2-脱氧-L-木糖基]-氨基]-1,5-二脱氧-1-[1,2,3,4-四氢-5-(羟基甲基)-2,4-二氧代(2H)-嘧啶-1-基]-β-D-别呋喃糖醛酸。

CAS 登记号　19396-06-6（polyoxin B）。

EC 号　243-024-9（polyoxin B）。

分子式　$C_{17}H_{25}N_5O_{13}$（polyoxin B）。

相对分子质量　507.47（polyoxin B）。

结构式　（polyoxin B）

生产厂家　宝丽安10% 可湿性粉剂登记号为PD138-91。该产品已在日本、西班牙、菲律宾等国家得到登记，登记厂家为日本科研制药公司。3%、2%、1.5% 多抗霉素可湿性粉剂已在中国获得老品种补办登记，登记号为PD85163，登记厂家为吉林省延边农药厂。

理化性质　多抗霉素是含有 A 至 N14 种不同同系物的混合物，为肽嘧啶核苷类抗菌素。中国多抗霉素是金色产色链霉菌（Streptomyces aurechromogenes）所产生的代谢产物，主要成分是多抗霉素 A 和多抗霉素 B，含量为84%（相当于 84 万单位 /g），为无色针状结晶，熔点108℃。日本称为多氧霉素，是可可链霉菌素阿苏变种（Streptomyces cacaoi var. asoensis）所产生的代谢物，主要成分为多抗霉素 B，纯品为无定形结晶，分解温度为160℃以上。原药含多抗霉素 B22%～25%（相当于 22 万～25 万单位 /g），为浅褐色粉末，假密度 0.1～0.2，分解温度为149～153℃，pH2.5～4.5，水分含量＜3%，细度＞149μm

的＜25%。多抗霉素易溶于水，不溶于有机溶剂，如甲醇、丙酮等。对紫外线稳定，在酸性和中性溶液中稳定，但在碱性溶液中不稳定，常温条件下储存稳定3年以上。

毒性　低毒。原药小鼠和大鼠急性经口LD_{50}＞20 000mg/kg，大鼠急性经皮LD_{50}＞12 000mg/kg，大鼠急性吸入LC_{50}（6小时）＞10mg/L。对兔皮肤和眼睛无刺激作用，对豚鼠皮肤未引起过敏反应。在试验动物体内无蓄积，能很快排出体外。在试验剂量内对试验动物无突变、致畸和致癌作用。两代繁殖试验及迟发性神经毒性试验未见异常。2年慢性饲喂试验NOEL：大鼠为2943mg/（kg·d）（雄）和3146mg/（kg·d）（雌），小鼠为6372mg/（kg·d）（雄）和6748mg/（kg·d）（雌）。多抗霉素对鱼和水生生物毒性较低，鲤鱼LC_{50}（96小时）＞100mg/L，水蚤LC_{50}（48小时）0.257mg/L。对蜜蜂LD_{50}（经口，48小时）149.543μg/只。

剂型　宝丽安10%可湿性粉剂（polyoxin AL），3%、2%、1.5%多抗霉素可湿性粉剂。

质量标准　宝丽安10%可湿性粉剂由多抗霉素B、表面活性剂和填料组成。外观为浅棕黄色粉末，堆密度0.25～0.4，pH2.5～4.5，干燥失重＜1.5%，细度（＜45μm的粉粒）＞97%。常温储存稳定3年以上。3%、2%、1.5%多抗霉素可湿性粉剂分别含有效成分3%、2%、1.5%（相当于3万单位/g、2万单位/g、1.5万单位/g）以及矿物细粉等组成。外观为灰褐色粉末，水分含量小于5%，粉粒细度90%以上通过100目筛。

作用方式及机理　广谱性抗生类杀菌剂，具有较好的内吸性传导作用。干扰病菌细胞壁几丁质的生物合成。芽管和菌丝接触药剂后，局部膨大、破裂、溢出细胞内含物，而不能正常发育，导致死亡。还有抑制病菌产孢和病斑扩大作用。该药对动物无毒性，对植物没有药害。

防治对象　主要防治小麦白粉病，烟草赤黑星病，黄瓜霜霉病，人参、西洋参三七的黑斑病，瓜类枯萎病，水稻纹枯病，苹果斑点落叶病，茶树茶饼病，梨黑星病及黑斑病，草莓及葡萄灰霉病等多种真菌病害。

使用方法

防治人参、西洋参、三七黑斑病　种子处理，用多抗霉素$2×10^{-4}$液浸泡1小时；种苗消毒，用多抗霉素$1×10^{-4}$液浸泡种苗5分钟；田间防治用多抗霉素$1×10^{-4}$液，喷雾。从出苗展叶到枯萎期，每个生长季节喷药10次左右。

防治苹果斑点落叶病　多抗霉素与波尔多液交替使用。苹果春梢生长期间，当斑点落叶病侵染盛期时，开始用10%可湿性粉剂（5～10）$×10^{-5}$液喷雾。初期和新梢基本停止生长期喷波尔多液3～4次，对苹果褐斑病的防治效果也很好。

防治草莓灰霉病　从草莓的初花期开始喷药，每次每亩用10%可湿性粉剂100～150g（有效成分10～15g）兑水75kg喷雾，每次间隔期7天，共喷3～4次。

注意事项　不能与酸性或碱性药剂混合使用。使用多抗霉素应遵守一般农药安全使用操作规程，施药后及时进行清洗并漱口。密封，储存于干燥阴凉处。

允许残留量　多抗霉素GB 2763—2021《食品中农药最大残留限量标准》规定多抗霉素最大残留限量见表。ADI为10mg/kg。

部分食品中多抗霉素最大残留限量（GB 2763—2021）

食品类别	名称	最大残留限量（mg/kg）
谷物	小麦	0.5*
蔬菜	黄瓜	0.5*
	马铃薯	0.5*
水果	苹果	0.5*
	梨	0.1*
	葡萄	10.0*
	猕猴桃	0.1*
	西瓜	0.5*

＊临时残留限量。

参考文献

纪明山, 2011. 生物农药手册[M]. 北京: 化学工业出版社.

王运兵, 吕印谱, 2004. 无公害农药实用手册[M]. 郑州: 河南科学技术出版社.

中国农业百科全书总编辑委员会农药卷编辑委员会, 中国农业百科全书编辑部, 1993. 中国农业百科全书: 农药卷[M]. 北京: 农业出版社.

（撰稿：徐文平；审稿：陶黎明）

多抗药性　multiple-resistance

在防治某一种害虫时，由于连续对其使用几种不同类型杀虫剂，导致害虫对多种类型的杀虫剂产生的抗性。这种抗药性是不同作用机制杀虫剂选择的结果。每个作用机制一般还会不同程度地对其他杀虫剂起交互抗性作用，除了影响引起抗性的杀虫剂以外，不同的抗药性机制又时常有相互作用，并导致抗药性更强。多抗药性可以导致害虫对某些杀虫剂继续提高抗性，这是由于新化合物与已淘汰的杀虫剂都作用于相同靶标，或都能受到同一代谢酶代谢。多抗药性常因连锁遗传，表现为交互抗药性而不易区别。例如，用杀虫剂A选择使基因A得到优势而增多，它会同时选择与基因A连锁的其他基因B，而这些基因同处在一个染色体上。那么，对于基因A的选择可能也使基因B增加。如果基因B增加了，看上去是交互抗药性，而实际上是多抗药性。例如，有些地区的小菜蛾、马铃薯甲虫、黄曲条跳甲、烟粉虱等几乎对现有杀虫剂都产生了抗性。

（撰稿：王开运；审稿：高希武）

多拉菌素　doramectin

一种具有高效驱杀作用的新型大环内酯类杀虫剂、杀螨剂。

其他名称　通灭、Dectomax、海多灭、拉克汀、朵拉克汀、多拉克汀、Doramectin Injection、HIDOMEC。

化学名称　2,5-环己基-5-O-去甲基-25-去(1-甲基丙基)阿维菌素；2,5-cyclohexyl-5-O-demethyl-25-de(1-methylpropyl) avermectin A$_{1a}$。

IUPAC 名称　(10E,14E,16E)-(1R,4S,5′S,6S,6′R,8R,12S,13S,20R,21R,24S)-6′-cyclohexyl-21,24-dihydroxy-5′,11,13,22-tetramethyl-2-oxo-(3,7,19-trioxatetracyclo[15.6.1.14,8.020,24] pentacosa-10,14,16,22-tetraene)-6-spiro-2′-(5′,6′-dihydro-2′H-pyran)-12-yl 2,6-dideoxy-4-O-(2,6-dideoxy-3-O-methyl-α-L-arabino-hexopyranosyl)-3-O-methyl-α-L-arabino-hexopyranoside。

CAS 登记号　117704-25-3。

分子式　$C_{50}H_{74}O_{14}$。

相对分子质量　899.11。

结构式

理化性质　白色或淡黄色结晶性粉末，无味。脂溶性药物，可溶解于多种有机溶剂，如氯仿、丙酮、丙二醇、乙酸乙酯、二氯甲烷、二甲基亚砜、二甲基甲酰胺等，但在水中的溶解度极低。

毒性　对畜禽的毒性较小，安全性较好，在一般剂量下，不会引起畜禽中毒。

剂型　多拉菌素注射液，0.5% 多拉菌素透皮剂，0.5% 多拉菌素浇泼剂。

作用方式及机理　主要是增加虫体的抑制性递质 γ-氨基丁酸（GABA）的释放，从而阻断神经信号的传递，使肌肉细胞失去收缩能力，导致虫体死亡。哺乳动物的外周神经递质为乙酰胆碱，不会受到多拉菌素的影响，多拉菌素不易透过血脑屏障，对中枢神经系统损害极小，对牲畜比较安全。主要特点是血药浓度及半衰期均比伊维菌素高。

防治对象　用于治疗家畜线虫病和螨病等体外寄生虫病，对胃肠道线虫、肺线虫、眼虫、虱、蜱、螨和伤口蛆均高效。

注意事项　用药后必须彻底清洁环境，同时配合消毒、杀虫。使用该品时操作人员不应进食或吸烟，操作后要洗手。在阳光照射下该品迅速分解灭活，应避光保存。其残存药物对鱼类及水生生物有毒，应注意保护水资源。

允许残留量　采用液相色谱法检测牛奶中残留的多拉菌素，可检测到的最低浓度为 1ng/ml。

参考文献

丁伟, 2010. 螨类控制剂[M]. 北京: 化学工业出版社: 236-237.

（撰稿：罗全香；审稿：丁伟）

多黏类芽孢杆菌　*Paenibacillus polymyxa*

一种对植物根际具有促生和防病作用的细菌，大量存在于土壤和植物的根系中。

开发单位　浙江省桐庐汇丰生物科技有限公司，武汉科诺生物科技股份有限公司，山西省临猗中晋化工有限公司等。

理化性质　原药为 50 亿 CFU/g。浅棕色疏松细粒，pH5.5～9。水分含量≤ 16%。

毒性　低毒。雌、雄大鼠急性经口 LD$_{50}$ > 5000mg/kg。对皮肤和眼睛轻度刺激性，对皮肤无致敏性。

剂型　10 亿及 50 亿 CFU/g 多黏类芽孢杆菌可湿性粉剂，5 亿 CFU/g 多黏类芽孢杆菌悬浮剂，0.1 亿 CFU/g 多黏类芽孢杆菌细粒剂。

作用方式及机理　在根、茎、叶等植物组织体内具有很强的定殖能力，可通过位点竞争阻止病原菌侵染植物；同时在植物根际周围和植物体内的多黏类芽孢杆菌不断分泌出的广谱抗菌物质可抑制或杀灭病原菌；能够诱导植物产生抗病性并产生促生长物质，且具有固氮作用，从而提高植物抗病能力，抑制病菌生长，达到防治病害的目的。

防治对象　防治番茄、辣椒、茄子和烟草青枯病，黄瓜角斑病，杧果细菌性角斑病，桃树流胶病，西瓜枯萎病和炭疽病，人参立枯病。

使用方法　使用 0.1 亿 CFU/g 细粒剂防治番茄、辣椒、茄子和烟草青枯病，以及西瓜枯萎病，在播种前用 300 倍药液浸种 30 分钟，晾干后播种。出苗后，每平方米用 0.3g，兑水混匀后泼浇苗床。移栽后再进行一次灌根，每亩用 1050～1400g 稀释均匀后灌根。喷雾防治黄瓜角斑病、杧果细菌性角斑病和西瓜炭疽病，发病前或发病初期开始用药，每次每亩用 10 亿或 50 亿 CFU/g 可湿性粉剂 100～200g，施药间隔 7～10 天。

注意事项　使用前须先用 10 倍左右清水浸泡 2～6 小时，再稀释至指定倍数，稀释时和使用前须充分搅拌，以使菌体从吸附介质上充分分离（脱附）并均匀分布于水中。施药应选在早晨或傍晚进行，若施药后 24 小时内遇大雨天气，天晴后应补施 1 次。土壤潮湿时施药，可适当提高药液的浓度，以确保药液能全部被植物根部土壤吸收。不宜与杀细菌的化学农药直接混用或同时使用。

与其他药剂的混用　可与防治真菌或卵菌病害的杀菌剂混用。混配制剂井冈·多黏菌可湿性粉剂（浙江省桐庐汇丰生物科技有限公司）；多黏类芽孢杆菌含量 1 亿 CFU/g，井冈霉素 A 含量 10%；用于喷雾防治水稻纹枯病，用量 600～900g/hm²。

参考文献

农业部种植业管理司, 农业部农药检定所, 2015. 新编农药手册

[M]. 2版. 北京: 中国农业出版社: 367-369.

（撰稿：卢晓红、李世东；审稿：刘西莉、苗建强）

多硼酸钠　disodium polyhydrates

硼砂与硼酸的混合物，可作为非选择性除草剂。

其他名称　Polybor。

化学名称　disodium octaborate tetrahydrates。

IUPAC名称　boron sodium oxide (B$_8$Na$_2$O$_{13}$), tetrahydrate。

CAS登记号　12280-03-4。

分子式　硼砂与硼酸的混合物，大约组分为 Na$_2$B$_8$O$_{13}$·4H$_2$O。

相对分子质量　412.52。

理化性质　硼砂与硼酸的混合物，白色无臭无定型粉末。熔点约195℃。在20℃水中溶解度为9.5%。稳定，不燃，无腐蚀性。

毒性　对豚鼠急性经口LD$_{50}$ 5.3g/kg。

作用方式及机理　非选择性灭生性除草剂。

防治对象　非耕地杂草。

使用方法　用量4.8~25kg/hm^2，一般与氯酸钠混合使用，它以10%溶液在针叶林栽植中作残根株处理。

与其他药剂的混用　一般与氯酸钠混合使用。

参考文献

朱永和, 王振荣, 李布青, 2006. 农药大典[M]. 北京: 中国三峡出版社: 906.

（撰稿：宋红健；审稿：刘玉秀）

多噻烷　polythialan

一种沙蚕毒素类杀虫剂，主要是胃毒、触杀和内吸作用。

其他名称　30%多噻烷乳油。

化学名称　7-二甲胺基-1,2,3,4,5-五硫环辛烷；5-二甲胺基-1,2,3-三硫环己烷；4-二甲胺基-1,2-二硫环戊烷。

分子式　C$_5$H$_{11}$NS$_2$；C$_5$H$_{11}$NS$_3$；C$_5$H$_{11}$NS$_5$。

结构式

n=2,3,5

理化性质　原粉为白色结晶，含有效成分约90%，7-二甲胺基-1,2,3,4,5-五硫环辛烷、5-二甲胺基-1,2,3-三硫环己烷和4-二甲胺基-1,2-二硫环戊烷的比例为6:3:1，能溶于水。商品外观为棕红色单相液体，相对密度1.05~1.09。乳液稳定性试验（50℃±1℃，15天）有效成分相对分解率≤3%。

毒性　中等毒性。原粉急性经口LD$_{50}$：雄大鼠303mg/kg，雌大鼠274mg/kg。30%乳油急性经口LD$_{50}$：雌大鼠235.4mg/kg，雄大鼠252.9mg/kg。1%水悬液对兔皮肤和眼结膜有一定刺激作用，分别于6天和2天后恢复正常。鲤鱼48小时TLm为1.42mg/L。

剂型　30%乳油。

质量标准　30%乳油棕红色液体。

作用方式及机理　为沙蚕毒素类农药，对害虫主要有胃毒、触杀和内吸作用，还有杀卵及一定的熏蒸作用，杀虫谱广，持效期7~10天。多噻烷是杀虫环的同系物，其物理化学性质很相似，只是有效成分的结构与杀虫环不同。它的杀虫机理同杀虫环、杀虫双、杀螟丹很相似，是一种神经传导阻断剂，使乙酰胆碱不能同胆碱受体相结合，从而使神经传导过程中断，害虫表现出麻痹瘫痪，停止取食而死亡。

防治对象　水稻、高粱、棉花、蔬菜、甘薯等作物上的稻螟虫、稻苞虫、稻飞虱、稻叶蝉、玉米螟、蚜虫、红蜘蛛、菜青虫、黄条跳甲、棉铃虫、红铃虫、卷叶蛾等害虫、害螨。

使用方法　用30%乳油1.25~2.5L/hm^2（有效成分375~750g），兑水450kg喷雾。防治高粱玉米螟可用30%多噻烷乳油800倍液，每株用10ml，灌注高粱心叶。

注意事项　①稀释倍数不能低于300倍液，否则对棉花、高粱有药害。②可通过食道、皮肤等引起中毒，故施药时应注意安全。中毒严重者，可用小剂量阿托品治疗，且忌用胆碱酯酶复能剂。

参考文献

朱永和, 王振荣, 李布青, 等, 2006. 农药大典[M]. 北京: 中国三峡出版社: 360-361.

（撰稿：李建洪；审稿：游红）

多杀菌素　spinosad

由刺糖多孢菌（Saccharopolyspora spinosa）发酵产生的大环内酯类的具有广谱杀虫活性的一类次级代谢产物混合物，主要是spinosad A和D的混合物，其中spinosad A组分85%~90%，spinosad D组分占10%~15%。

其他名称　艾绿士、完杀、菜喜。

化学名称　50%~95% (2R,3aR,5aR,5bS,9S,13S,14R,16aS,16bR)-2-(6-脱氧-2,3,4-三-O-甲基-α-L-吡喃甘露糖苷氧)-13-(4-二甲胺基-2,3,4,6-四脱氧-β-D-吡喃糖苷氧基)-9-乙基-2,3,3a,5a,5b,6,7,9,10,11,12,13,14,15,16a,16b-十六氢-14-甲基-1H-不对称吲丹烯基[3,2-d]氧杂环十二烷-7,15-二酮和5%~50%(2R3aR,5aS,5bS,9S,13S,14R,16aS,16bS)-2-(6-脱氧-2,3,4-三-甲基-α-L-吡喃甘露糖苷氧)-13-(4-二甲胺基-2,3,4,6-四脱氧-D-吡喃糖苷氧基)-9-乙基-2,3,3a,5a,5b,6,7,9,10,11,12,13,14,15,16a,16b-十六氢-4,14-二甲基-1H-不对称吲丹烯基[3,2-d]氧杂环十二烷-7,15-二酮的混合物；50%~95%(2R,3aR,5aR,5bS,9S,13S,14R,16aS,16bR)-2-(6-deoxidation-2,3,4-three-O-methyl-α-L-mannoside oxygen-glucopyranoside)-13-(4-dimethylamino-2,3,4,6-deoxidation of four-β-D-pyranoside oxygen radicals)-9-ethyl-2,3,3a,5a,5b,6,7,9,10,11,12,13,14,15,16a,16b-16 hydrogen-14-methyl-1H-indole asymmetric Dan butylcyclopentadienyl [3,2-d] oxa,12-7,15-diketone and 5%～50%(2R,3aR,5aS,5bS,9S,13S,14R,16aS,16bS)-2-(6-deoxidation-2,3,4-three-O-methyl-α-L-mannoside oxygen -glucopyranoside)-13-(4-dimethylamino-2,3,4,6-deoxidation of four-β-D-pyranoside oxygen radicals)-9-ethyl-2,3,3a,5a,5b,6,7,9,10,11,12,13,14,15,16a,16b-16 hydrogen-4,14-dimethyl-1H-indole asymmetric dan butylcyclopentadienyl [3,2-d] oxa,12-7,15-diketone。

IUPAC 名称　mixture of 50%～90%(2R,3aR,5aR,5bS,9S, 13S, 14R,16aS,16bR) -2- (6-deoxy-3-O-ethyl-2,4-di-O-methyl-α-L-mannopyranosyl)-13-[(2R,5S,6R)-5-(dimethylamino) tetrahydro-6-methylpyran-2-yloxy)]-9-ethyl-2,3,3a,5a,5b,6,7,9,10,11,12,13,14,15,16a,16b-hexadecahydro-14-methyl-1H-as-indaceno [3,2-d] oxacyclododecine -7,15-dione and 10%～50%(2R,3aR,5aS,5bS,9S,13S,14R,16aS,16bS) -2-(6-deoxy-3-O-ethyl-2,4-di-O-methyl-α-L-mannopyranosyl)-13-[(2R,5S,6R)-5-(dimethylamino)tetrahydro-6-methylpyran-2-yloxy)]-9-ethyl-2,3,3a,5a,5b,6,7,9,10,11,12,13,14,15,16a,16b-tetradecahydro-14-dimethyl-1H-as-indaceno [3,2-d] oxacyclododecine -7,15-dione。

CAS 登记号　187166-40-1（Ⅰ）；187166-15-0（Ⅱ）。

分子式　$C_{42}H_{69}NO_{10}$（Ⅰ）；$C_{43}H_{69}NO_{10}$（Ⅱ）。

相对分子质量　748.00（Ⅰ）；760.00（Ⅱ）。

结构式

（Ⅰ）

（Ⅱ）

开发单位　由 A. Chloridis 等（Proc.XVI Int.Plant Prot. Congr., Glasgow 2007, 1∶68）报道抑菌活性。2007 年由陶氏益农公司在新西兰首次登记。

理化性质　产品为天然产生的多杀菌素 J（Ⅰ，主要成分）和 L（Ⅱ）的混合物。L 可以通过对鼠李糖部分的 3-O-乙基化作用人工修饰合成；主要成分可以通过对四环的环系统的 5,6-氢化进一步人工修饰合成。原药为类白色带霉味固体。

熔点 143.4℃（Ⅰ）、70.8℃（Ⅱ）。蒸气压（mPa，20℃）5.3×10^{-2}（Ⅰ）、2.1×10^{-2}（Ⅱ）。$K_{ow}lgP$ 2.44（pH5）、4.09（pH7）、4.22（pH9）（20℃，Ⅰ）；2.94（pH5）、4.49（pH7）、4.82（pH9）（20℃，Ⅱ）。水中溶解度（mg/L，20℃）423（pH5）、11.3（pH7）、6.27（pH10）（Ⅰ）；1630（pH5）、46.7（pH7）、0.706（pH10）（Ⅱ）。pK_a（25℃）7.86（Ⅰ）、7.59（Ⅱ）。多杀菌素对金属离子在 28 天内相对稳定；在环境中通过多种途径降解，主要是光降解和微生物降解，最终变为碳、氢、氧、氮等自然成分。见光易分解，水解较快，水中半衰期为 1 天，在土壤中半衰期为 9～10 天。

毒性　按照中国农药毒性分级标准，多杀菌素属低毒。原药急性经口 LD_{50}：雌大鼠＞5000mg/kg，雄大鼠 3738mg/kg，小鼠＞5000mg/kg。兔急性经皮 LD_{50}＞5000mg/kg。对皮肤无刺激性，对眼睛有轻微刺激，2 天内可消失。对哺乳动物和水生生物的毒性相当低。对蜜蜂有毒，但施药 3 小时或更长时间，残留物对蜜蜂几乎无毒。爱胜蚯蚓 LC_{50}（96 小时）＞1000mg/kg 土壤。多杀菌素在环境中可降解，无富集作用，不污染环境。

剂型　5%、25g/L、480g/L 悬浮剂，20% 水分散粒剂。

作用方式及机理　多杀菌素是在刺糖多孢菌发酵液中提取的一种大环内酯类无公害高效生物杀虫剂。其作用机理被认为是作为一种烟碱乙酰胆碱受体的作用体，可以持续激活靶标昆虫烟碱型乙酰胆碱受体（nAChR），但其结合位点不同于烟碱和吡虫啉；多杀菌素也可以通过抑制 γ-氨基丁酸受体（GABAR）使神经细胞超极化，但具体作用机制不明。多杀菌素对害虫具有触杀和胃毒作用，可使其迅速麻痹、瘫痪，最后导致死亡；且对叶片有较强的渗透作用，可杀死表皮下的害虫，残效期较长；此外对一些害虫具有杀卵作用，但无内吸作用。

防治对象　能有效防治鳞翅目、双翅目、缨翅目、鞘翅目和直翅目中某些大量取食叶片的害虫种类，对刺吸式害虫和螨类的防治效果较差，对捕食性天敌昆虫比较安全。因杀虫作用机制独特，目前尚未发现其与其他杀虫剂存在交互抗性。杀虫效果受雨水影响较小。

使用方法

防治甘蓝小菜蛾　在低龄幼虫盛发期施药，每次每亩用 25g/L 多杀菌素悬浮剂 30～60ml（有效成分 0.8～1.6g）加水喷雾，或稀释 1000～1500 倍液喷雾。安全间隔期为 1 天，每季最多使用 4 次，每次间隔 5～7 天。

防治茄子蓟马　在发生初期施药，每亩用 25g/L 多杀菌素悬浮剂 60～100ml（有效成分 1.6～2.5g）加水喷雾，重点喷施幼嫩组织，如花、幼果、顶尖及嫩梢等部位。安全间隔期为 3 天，每季最多使用 1 次。

注意事项　该药剂直接喷射对蜜蜂高毒，蜜源作物花期禁用并注意对周围蜂群的影响，蚕室和桑园附近禁用。不要在水体中清洗施药器具，避免污染水塘等水体。

允许残留量　①GB 2763—2021《食品中农药最大残留限量标准》规定多杀菌素最大残留限量见表。ADI 为 0.02mg/kg。油料参照 NY/T 1379 规定的方法测定；蔬菜按照 GB/T 20769 规定的方法测定。②WHO 推荐多杀菌素 ADI 为 0.02mg/kg。

部分食品中多杀菌素最大残留限量（GB 2763—2021）

食品类别	名称	最大残留限量（mg/kg）
油料和油脂	棉籽	0.1*
蔬菜	茄子	1.0*
	辣椒	1.0*
	甜椒	1.0*
	番茄	1.0*
	黄秋葵	1.0*

* 临时残留限量。

参考文献

马克比恩 C, 2015. 农药手册[M]. 胡笑形, 等译. 北京: 化学工业出版社.

中国农业百科全书总编辑委员会农药卷编辑委员会, 中国农业百科全书编辑部, 1993. 中国农业百科全书: 农药卷[M]. 北京: 农业出版社.

（撰稿：陶黎明；审稿：徐文平）

多杀威　phenol

一种氨基甲酸酯类杀虫剂。

其他名称　Toxamate（Nippon Kayaku）、Toxisamate、乙硫威。

化学名称　phenol,4-(ethylthio)-1-(N-methylcarbamate)。

IUPAC 名称　(4-ethylsulfanylphenyl) N-methylcarbamate。

CAS 登记号　18809-57-9。

分子式　$C_{10}H_{13}NO_2S$。

相对分子质量　211.28。

结构式

开发单位　1960 年由日本化学工业公司出品。

理化性质　工业品为无色结晶，略带有特殊气味，含量在 95% 以上。熔点 83～84℃。难溶于水，可溶于丙酮等有机溶剂。对酸稳定，但对强碱不稳定。

毒性　鼹鼠急性经口 LD_{50} 109mg/kg，急性经皮 LD_{50} 2.6g/kg。

剂型　20% 乳油。

质量标准　10% 可湿性粉剂为浅棕色粉状物，相对密度 1.41，悬浮率≥ 80%，储存稳定性良好。

作用方式及机理　抑制胆碱酯酶。

防治对象　对防治苹果的桑粉蚧、蚜虫、橘粉蚧、柿粉蚧、橘蚜、橘黄粉虱等有一定特效。

使用方法　可用 20% 乳油稀释的 1000 倍液喷洒。

注意事项　使用时要注意防护，勿吸入药雾，避免药液溅到眼睛和露出的皮肤表面。多杀威不能与碱性物质混用。药品储存处宜与食品和饲料隔开。勿让儿童接近。中毒时使用硫酸阿托品。

与其他药剂的混用　不能与碱性物质混用。

参考文献

朱永和, 王振荣, 李布青, 2006. 农药大典[M]. 北京: 中国三峡出版社.

（撰稿：张建军；审稿：吴剑）

多效唑　paclobutrazol

一种三唑类植物生长调节剂，是内源赤霉素合成的抑制剂。生理作用表现出延缓植物生长，缩短节间，促进分蘖和花芽分化，增加植物抗逆性能，提高产量等。其广泛应用于水稻、果树、蔬菜控制生长。

其他名称　Cultar、Clipper、Bonzi、PP333、氯丁唑。

化学名称　(2RS,3RS)-1-(4-氯苯基)-4,4-二甲基-2-(1H-1,2,4-三唑-1-基)戊-3-醇。

IUPAC 名称　(2RS,3RS)-1-(4-chlorophenyl)-4,4-dimethyl-2-(1H-1,2,4-triazol-1-yl)-3-pentanol。

CAS 登记号　76738-62-0。

EC 号　266-325-7。

分子式　$C_{15}H_{20}ClN_3O$。

相对分子质量　293.79。

结构式

（2S,3S）　（2R,3R）

开发单位　1982 年由 B. G. Lever 报道其生物活性，英国卜内门化学有限公司开发。

理化性质　原药为白色结晶。相对密度 1.22（20℃）。熔点 165～166℃。20℃时蒸气压为 0.001mPa。溶解度：水中为 35mg/L，丙二醇 5%，甲醇 15%，丙酮 11%，环己酮 18%，二氯乙烷 10%，己烷 10%，二甲苯 6%。纯品在 20℃下存放 2 年以上稳定，50℃下存放 6 个月不分解，稀释液在 pH 4～9 范围内及紫外光下，不水解或降解。

毒性　低毒。原药大鼠急性经口 LD_{50} 2000mg/kg（雄）、1300mg/kg（雌）；大鼠及兔急性经皮 LD_{50} > 1000mg/kg。对大鼠及兔的皮肤、眼睛有轻度刺激。大鼠亚急性经口 NOEL 为 250mg/（kg·d），大鼠慢性经口 NOEL 为 75mg/（kg·d）。无致畸、致癌、致突变作用；虹鳟 LC_{50}（96 小时）27.8mg/L；野鸭急性经口 LD_{50} > 7900mg/kg。蜜蜂 LD_{50} > 2μg/ 只。

剂型 10%、15% 可湿性粉剂，25% 悬浮剂。

作用方式及机理 三唑类植物生长调节剂，经由植物的根、茎、叶吸收，然后经木质部传导到幼嫩的分生组织部位，抑制赤霉素的生物合成，具体作用部位：一是阻抑贝壳杉烯形成贝壳杉烯 -19- 醇；二是阻抑贝壳杉烯 -19- 醇形成贝壳杉烯 -19- 醛；三是阻抑贝壳杉烯 -19- 醛形成贝壳杉烯 -19- 酸。作用机理是抑制这 3 个部位酶促反应中酶的活性。

使用对象 主要生理作用是延缓植物生长，抑制茎秆伸长，缩短节间，促进植物分蘖，促进花芽分化，增加植物抗逆性能，提高产量等。适用于水稻、麦类、花生、果树、烟草、油菜、大豆、花卉、草坪等作（植）物。

使用方法

水稻　晚稻秧苗，300mg/L 药液（15% 药 200g 加 100kg 水）于稻苗一叶一心前，落水后淋洒，施后 12～24 小时后灌水；早稻用 187mg/L 药液（15% 药 130g 加 100kg 水）于稻苗一叶一心前，落水后淋洒，12～24 小时后灌水。达到控苗促蘖、"带蘖壮秧"、矮化防倒、增加产量的功效。

油菜　以 200mg/L 药液于油菜 3 叶期进行叶面喷雾，每亩药液 100kg，抑制油菜根茎伸长，促使根茎增粗，培育壮苗。

大豆　以 100～200mg/L 药液于大豆 4～6 叶期叶面喷雾，植株矮化、茎秆变粗、叶柄短粗，叶柄与主茎夹角变小，绿叶数增加，光合作用增强，防落花落荚，增加产量。用 200mg/L 多效唑拌种（药液：种子按 1：10），阴干种皮不皱缩即可播种，也有好的效果。

苹果、梨大树（旺盛结果龄）　土壤施用（树四周沟施或穴施），15% 多效唑 15g/ 株，使用时间为春季萌芽前至正当萌芽时。叶面喷雾，在植株旺盛生长前，处理浓度 500mg/L，控制营养生长，促进生殖生长，促进坐果，明显增加果实数量。

柑橘　5 月 24 日（夏梢前 1 周）以有效成分 10mg/ 株土壤施用，6 月 15 日（夏梢发生后 2 周）以 30mg/ 株土壤施用，8 月 11 日（秋梢发生前）以 100mg/ 株土壤施用，伸长生长明显得到控制。柑增甜，色泽好。在 5 月 24 日和 6 月 15 日分别叶面喷雾 500mg/L 多效唑，梢的伸长生长也明显得到抑制，同样有增甜着色作用。

桃　在新梢旺盛生长前，以 15% 多效唑 15g/ 株土壤施用，或用 500mg/L 药液叶面喷雾，抑制新梢伸长，促进坐果，促进着色，增加产量。

多效唑还可矮化草皮，减少修剪次数；还可矮化菊花、一品红等许多观赏植物，使之早开花，花朵大。

注意事项 多效唑使一些后茬敏感作物生长受到抑制，苹果等果实变小，形状变扁，其副作用要应用几年之后才暴露出来。应用时要注意如下几个方面：①用作果树矮化，叶面处理时，应注意与细胞激动素、赤霉素、疏果剂等混用或交替应用，既矮化植株，控制新梢旺长，促进坐果，又不使果实结得太多，果型保持原貌；可以发展树干注射，以减少对土壤的污染，也要注意与上述调节剂合理配合使用。②用作水稻、小麦、油菜矮化分蘖、防倒伏之用，应注意与生根剂混用，以减少多效唑的用量，或者制成含有机质的缓慢释放剂作种子处理剂，既对种子安全，又会大大减轻对土壤的污染。③在草坪、盆栽观赏植物及花卉上，多效唑有应用前景。建议制剂为乳油、悬浮剂、膏剂、缓释剂，尽量做叶面处理或涂抹处理，以减轻对周围敏感花卉的不利影响。

参考文献

李玲, 肖浪涛, 谭伟明, 2018. 现代植物生长调节剂技术手册[M]. 北京: 化学工业出版社:51.

马克比恩 C, 2015. 农药手册[M]. 胡笑形, 等译. 北京: 化学工业出版社:752.

孙家隆, 2015. 新编农药品种手册[M]. 北京: 化学工业出版社:920.

中国农业百科全书总编辑委员会农药卷编辑委员会, 中国农业百科全书编辑部,1993. 中国农业百科全书: 农药卷[M]. 北京: 农业出版社:71.

（撰稿：黄官民；审稿：谭伟明）

噁草酮　oxadiazon

一种噁二唑类选择、触杀性除草剂。

其他名称　Ronstar、Forestite、噁草灵、农思它。

化学名称　5-叔丁基-3-(2,4-二氯-5-异丙氧苯基)-l,3,4-噁二唑-2(3H)-酮；3-[2,4-dichloro-5-(1-methylethoxy)phenyl]-5-(1,1-dimethylethyl)-1,3,4-oxadiazol-2(3H)-one。

IUPAC名称　5-tert-butyl-3-(2,4-dichloro-5-isopropoxy-phenyl)-1,3,4-oxadiazol-2(3H)-one。

CAS登记号　19666-30-9。

EC号　243-215-7。

分子式　$C_{15}H_{18}Cl_2N_2O_3$。

相对分子质量　345.22。

结构式

开发单位　安万特公司。

理化性质　纯品为无色无嗅固体。熔点87℃。蒸气压1×10^{-4}Pa（25℃）。K_{ow}lgP 4.91（20℃）。Henry常数3.5×10^{-2}Pa·m³/mol（计算值）。20℃时在水中溶解度约1.0mg/L；其他溶剂中溶解度（20℃，g/L）：甲醇、乙醇约100，环己烷200，丙酮、丁酮、四氯化碳600，甲苯、氯仿、二甲苯1000。一般储存条件下稳定，中性或酸性条件下稳定，碱性条件下不稳定，DT_{50} 38天（pH9，25℃）。

毒性　大鼠急性经口LD_{50}＞5000mg/kg。大鼠和兔急性经皮LD_{50}＞2000mg/kg。大鼠吸入LC_{50}（4小时）＞2.77mg/L。大（小）鼠（2天）饲喂NOEL为10mg/（kg·d）。野鸭急性经口LD_{50}（24天）＞1000mg/kg，鹌鹑急性经口LD_{50}（24天）＞2150mg/kg。鱼类LC_{50}（96小时）：虹鳟和大翻车鱼1.2mg/L。蜜蜂经口LD_{50}＞400μg/只。对蚯蚓无毒。

剂型　乳油，颗粒剂，悬浮剂。

作用方式及机理　原卟啉原氧化酶抑制剂。土壤处理后，药剂通过敏感杂草的幼芽或幼苗接触吸收而起作用。即药剂被表层土壤胶粒吸附形成一个稳定的药膜封闭层，当其后萌发的杂草幼芽经过此药膜层时，以接触、吸收和有限传导，在有光的条件下，使触药部位的细胞组织及叶绿素遭到破坏，并使生长旺盛部位的分生组织停止生长，最终导致受害的杂草幼芽枯萎死亡。茎叶处理，杂草通过地上部分吸收，药剂进入植物体内后，积累在生长旺盛部位，在光照的条件下，抑制生长，最终使杂草组织腐烂死亡。水稻田，在施药前已经出土但尚未露出水面的一部分杂草幼苗（如1.5叶期前的稗草），则在药剂沉降之前即从水中接触吸收到足够的药量，亦会很快坏死腐烂。药剂被表层土壤胶粒吸附后，向下移动有限，因此很少被杂草根部吸收。

防治对象　噁草酮的杀草谱较广，可有效地防除旱作物田和水稻田中的多种一年生杂草及少部分多年生杂草，如稗、雀稗、马唐、千金子、异型莎草、龙葵、苍耳、田旋花、牛筋草、鸭舌草、鸭跖草、狗尾草、看麦娘、牛毛毡、萤蔺、荠、藜、蓼、泽泻、矮慈姑、鳢肠、铁苋菜、水苋菜、马齿苋、节节菜、婆婆纳、雨久花、日照飘拂草、小茨藻等。

使用方法　主要用于水稻田和一些旱田作物的选择性、触杀型苗期除草剂。根据作物的不同，相应采用土壤处理或茎叶处理，使用剂量为200～4000g/hm²（有效成分）。

防治稻田杂草　水稻移栽田施药时期最好是移栽前，用12%噁草酮乳油原瓶直接甩施或用25%噁草酮乳油每亩加水15L配成药液均匀泼浇到田里，施药与插秧至少要间隔2天。北方地区，每亩用12%噁草酮乳油200～250ml或25%噁草酮乳油100～120ml，此外还可每亩用12%噁草酮乳油100ml和60%丁草胺乳油80～100ml加水配成药液泼浇。南方地区，每亩用12%噁草酮乳油130～200ml或25%噁草酮乳油65～100ml，此外还可每亩用12%噁草酮乳油65～100ml加60%丁草胺乳油50～80ml加水配成药液泼浇。水稻旱直播田施药时期最好在播后苗前或水稻长出1叶期、杂草1.5叶期左右，每亩用25%噁草酮乳油100～200ml或25%噁草酮乳油70～150ml加60%丁草胺乳油70～100ml加水45～60L配成药液，均匀喷施。水旱秧田和陆稻田按水稻旱直播田的用量和方法使用即可。

防治棉花田杂草　施药时期在播后2～4天。北方地区每亩用25%噁草酮乳油130～170ml，南方地区每亩用100～150ml，加水45～60L配成药液均匀喷施。地膜覆盖种植：施药时期要在整地做畦后覆膜前，每亩用25%噁草酮乳油100～130ml，加水30～45L配成药液均匀喷施。

防治花生田杂草　施药时期在播后苗前早期，北方地区每亩用25%噁草酮乳油100～150ml。南方地区每亩用25%乳油70～100ml，加水45～60L（砂质土酌减）配成药液均匀喷施。地膜覆盖种植：施药时期要在整地做畦后覆膜前，每亩用 25% 噁草酮乳油 70~100ml，加水 30~45L 配成药液均匀喷施。

防治甘蔗田杂草　施药时期在种植后出苗前。每亩用 25% 噁草酮乳油 150~200ml，加水 45L 左右配成药液均匀喷施。

防治向日葵田杂草　施药时期在播后，最好播后立即施药，每亩用 25% 噁草酮乳油 250~350ml，加水 60~75L 配成药液喷施。

防治马铃薯田杂草　在种植后出苗前，每亩用 25% 噁草酮乳油 120~150ml，加水 60~75L 配成药液均匀喷施。

防治蒜地杂草　播后在种植后出苗前，每亩用 25% 噁草酮乳油 70~80ml，加水 45~60L 配成药液均匀喷施。也可每亩用 25% 噁草酮乳油 40~50ml 加 50% 乙草胺乳油 100~120ml，加水配成药液喷施。

防治草坪杂草　在不敏感草种的定植草坪上施用，每亩用 25% 噁草酮乳油 400~600ml，掺细沙 40~60kg 制成药沙均匀撒施于坪面，对马唐、牛筋草等防效较好。但紫羊茅、剪股颖、结缕草对噁草酮较敏感，因此在种植这几种草的草坪上不宜使用。

防治葡萄园和仁果、核果类果园杂草　施药时期在杂草发芽出土前，每亩用 25% 噁草酮乳油 200~400ml，加水 60~75L 配成药液均匀喷施。

注意事项　①水稻移栽田，若遇到弱苗、施药过量或水层过深淹没稻苗心叶时，容易出现药害。旱作物田，若遇到土壤过干时，不易发挥药效。② 12% 噁草酮乳油在水稻移栽田的常规用量为每亩 200ml，最高用量为每亩 270ml。25% 噁草酮乳油，在水稻移栽田的常规用量为每亩 65~130ml，最高用量为每亩 170ml。在水稻旱直播田的常规用量为每亩 160~230ml。在花生田的常规用量为每亩 100ml，最高用量为每亩 150ml。噁草酮在上述作物田，最多使用 1 次。③噁草酮的持效期较长，在水稻田可达 45 天左右，在旱作物田可达 60 天以上。噁草酮的有效成分在土壤中代谢较慢，半衰期为 3~6 个月。④ 12% 噁草酮乳油可甩施，25% 噁草酮乳油不可甩施。采用甩施法施药时，要先把原装药瓶盖子上的 3 个圆孔穿通，然后用手握住药瓶下部，以左右甩幅宽度确定一条离田埂一侧 3~5m 间距作为施药的基准路线下田，并沿着横向 6~10m 间距往复顺延，一边行走一边甩药，每前进一步或向左或向右交替甩动药瓶一次，直到甩遍全田为止。采用甩施法虽然简便，但对没有实践经验的初次操作人员，却难以做到运用自如，因此事前必须先用同样空瓶装上清水到田间进行模拟练习，认为基本掌握了这项技术，再去正式操作。这样才可以做到行走路线笔直，步幅大小均匀，甩幅宽度一致，甩药数量准确。

与其他药剂的混用　可与苯草醚、丁草胺、长杀草、2,4-滴、敌稗、敌草隆、西玛津、吡氟酰草胺、草甘膦混用。

允许残留量　GB 2763—2021《食品中农药最大残留限量标准》规定噁草酮最大残留限量见表。ADI 为 0.0036mg/kg。谷物按照 GB 23200.113、GB/T 5009.180 规定的方法测定；油料和油脂按照 GB 23200.113 规定的方法测定；蔬菜按照 GB 23200.8、GB 23200.113、NY/T 1379 规定的方法测定。

部分食品中噁草酮最大残留限量（GB 2763—2021）

食品类别	名称	最大残留限量（mg/kg）
谷物	稻谷	0.05
	糙米	0.05
油料和油脂	花生仁	0.10
	棉籽	0.10
蔬菜	大蒜	0.10
	蒜薹	0.05

参考文献

刘长令, 2002. 世界农药大全: 除草剂卷[M]. 北京: 化学工业出版社: 123-126.

马克比恩 C, 2015. 农药手册[M]. 胡笑形, 等译. 北京: 化学工业出版社: 749-750.

（撰稿：赵毓；审稿：耿贺利）

噁虫威　bendiocarb

一种具有触杀、胃毒作用的氨基甲酸酯类杀虫剂。

其他名称　Garvox、Ficam、Tattoo、Seedox、Dycarb、Ficam D、Ficam Plus、NC6879、SN52020、苯噁威、OMS1394。

化学名称　2,3-(异亚丙基二氧)苯基 *N*-甲基氨基甲酸酯。

IUPAC 名称　2,2-dimethyl-1,3-benzodioxol-4-yl methyl-carbamate。

CAS 名称　2,2-dimethylbenzo[*d*][1,3]dioxol-4-yl methyl-carbamate。

CAS 登记号　22781-23-3。

EC 号　245-216-8。

分子式　$C_{11}H_{13}NO_4$。

相对分子质量　223.23。

结构式

开发单位　该杀虫剂由 R.W. Lemon 和 P. J. Brooker 等报道，由菲森斯公司农化分部开发。曾经由先灵公司销售于作物保护和由 Cambridge Animal and Public Health Limited（CAMCO）销售用于公共卫生，现由 AgrEvogmbH 销售，获专利号 GB 1220056。

理化性质　纯品为白色结晶体，有不愉快气味。熔点 124.6~128.7℃。蒸气压 4.6mPa（25℃）；饱和蒸气浓度 66μg/m³。溶于极性溶剂，在非极性溶剂中较难溶解。溶解度（25℃，g/g）：丙酮 20%、二氯甲烷 20%、乙醇 4%、苯 4%、邻二甲苯 1%、乙烷 0.035%、煤油 0.03%、水 0.004%。在碱性溶液中水解较快；在酸性溶液中较慢。对日光相对稳定。在 pH5 时，在 25℃下水解，DT_{50}（在 EPA 指导路线下的试验）为 4 天（pH7），分解产物是 2,3 异丙撑二氧苯酚、甲胺和二氧化碳，土壤 DT_{50} 依土壤类型而定，从几天到几周有变化。

毒性　急性毒性：工业品大鼠经口 LD_{50}（有效成分）40～156mg/kg（因鼠品系而不同）。大鼠经皮 LD_{50} 566～800mg/kg，对大鼠急性吸入 LC_{50}（4 小时）0.55mg/L 空气。大鼠 90 天和 2 年饲喂试验的 NOEL 为 10mg/kg 饲料。对人的 ADI 为 0.004mg/kg。虹鳟 LC_{50}（96 小时）1.55mg/L。对鸟类、蜜蜂有毒。

剂型　500g/L 胶悬液（50SC），20%、50%、76% 和 80% 可湿性粉剂，3% 和 5% 颗粒剂，1% 和 2% 粉剂，20%（w/v）超低容量剂，还有 29% 可湿性粉剂与除虫菊素和增效醚的混合制剂。

作用方式及机理　作用方式为触杀和胃毒。作用机理在哺乳动物体内和其他氨基甲酸酯类杀虫剂一样，可直接、迅速和可逆地抑制胆碱酯酶，其毒性机制是一种典型的抗胆碱酯酶反应。过量吞服可以致死，并可能通过皮肤吸收。在接触低于致死剂量时，常常能很快发挥作用并消失。

防治对象　用于防治蟑螂、蟋蟀、蚂蚁、臭虫等卫生害虫，亦可用作土壤处理防治地下害虫。具体见使用方法。

使用方法　卫生害虫的防治。如蟑螂、蟋蟀、蚂蚁、衣鱼、跳蚤、臭虫、狗蜱等，以及室内和建筑物上的一些害虫，剂量为有效成分 0.4g/m²。以颗粒剂处理土壤，剂量为有效成分 0.30～0.36kg/hm²，可以防治玉米和甜玉米的叩甲、瑞典麦秆蝇、庭园幺蚰、种蝇、蛴螬等；糖用甜菜的叩甲、甜菜隐食甲、具斑马陆、跳虫、甘蓝蓟马等。作为种子处理剂，以有效成分 8g/kg 种子的剂量可以控制甜菜隐食甲、跳虫、具斑马陆、甘蓝蓟马、叶甲、庭园幺蚰等的危害。在澳大利亚，以有效成分 2g/kg 噁虫威 80% 可湿性粉剂，用悬液形式处理草种混合种子，可以控制牧草种子收获蚊的危害。防治玉米的叩甲、蛴螬、种蝇、瑞典麦秆蝇，糖用甜菜的叩甲、跳虫、甘蓝蓟马等，用 3% 颗粒剂，折成有效成分 300～360g/hm²。防治糖用甜菜隐食甲、叩甲、马陆、跳虫等，用 80% 可湿性粉剂 120g/hm² 作种子干粉处理。防治水稻叶蝉、飞虱、二化螟、三化螟、稻纵卷叶虫等，用有效成分 400g/hm² 兑水喷雾。对马铃薯甲虫，用有效成分 120～240g/hm² 剂量进行防治。对油菜黄条跳甲，用有效成分 75～210g/hm² 剂量防治。

注意事项　误食会造成危害，以致死亡，应保持安静，并立即送医院诊治。该品可经皮肤吸收，要严防接触眼、皮肤、衣物等，勿吸入药雾；使用时要戴橡胶手套和面罩，操作后先洗手和裸露的皮肤，洗净后方可饮食或吸烟。药物不应放在饲料和食物附近，勿让牲畜和儿童接近。室内喷药时要将用具移出或盖好，以防沾污。如发生中毒，应进行洗胃，并视情况每隔 15 分钟注射 1 次硫酸阿托品解毒（成人每次 2mg），直至完全出现阿托品化症候为止，其他处理则

应对症下药，但必须严防体力消耗。

允许残留量　日本规定噁虫威最大残留限量见表。

日本规定噁虫威在部分食品中的最大残留限量

食品	最大残留限量（mg/kg）	食品	最大残留限量（mg/kg）
香蕉	0.02	乳	0.05
大麦	0.05	马铃薯	0.05
牛食用内脏	0.05	黑麦	0.05
牛肥肉	0.05	甘蔗	0.05
牛肾	0.20	小麦	0.05
牛肝	0.05	玉米	0.05
牛瘦肉	0.05		

参考文献

朱永和, 王振荣, 李布青, 2006. 农药大典[M]. 北京: 中国三峡出版社.

（撰稿：张建军；审稿：吴剑）

噁喹酸　oxolinic acid

一种喹啉酮类杀菌剂。

其他名称　Starner、喹菌酮、奥索利酸。

化学名称　5-乙基-5,8-二氢-8-氧代[1,3]二氧戊环并[4,5-g]喹啉-7-羧酸；5-ethyl-5,8-dihydro-8-oxo[1,3]dioxolo[4,5-g]quinoline-7-carboxylic acid。

IUPAC名称　5-ethyl-5,8-dihydro-8-oxo[1,3]dioxolo[4,5-g]quinoline-7-carboxylic acid。

CAS 登记号　14698-29-4。

EC 号　238-750-8。

分子式　$C_{13}H_{11}NO_5$。

相对分子质量　261.23。

结构式

开发单位　日本住友化学公司。

理化性质　工业品为浅棕色结晶固体，纯品为无色结晶固体，熔点＞250℃。蒸气压＜$1.47×10^{-4}$Pa（100℃）。相对密度 1.5～1.6（23℃）。溶解度：水 3.2mg/L（25℃），正己烷、二甲苯、甲醇＜10g/kg（20℃）。

毒性　急性经口 LD_{50}（mg/kg）：雄大鼠 630，雌大鼠 570。雄大鼠和雌大鼠急性经皮 LD_{50}＞2000mg/kg。对兔眼

睛和皮肤均无刺激作用。急性吸入 LC$_{50}$（4 小时，mg/L）：雄大鼠 2.45，雌大鼠 1.70。鲤鱼 LC$_{50}$（48 小时）> 10mg/L。

剂型　1% 超微粉剂，20% 可湿性粉剂。

作用方式及机理　抑制细菌分裂时必不可少的 DNA 复制而发挥其抗菌活性，具有保护和治疗作用。

防治对象　对水稻谷枯细菌病（苗腐败病）具有卓效的第一个杀菌剂。用于水稻种子处理，防治极毛杆菌和欧氏植病杆菌，如水稻颖枯细菌、内颖褐变病菌、叶鞘褐条病菌、软腐病菌、苗立枯细菌病菌、马铃薯黑胫病、软腐病、火疫病、苹果和梨的火疫病、软腐病，白菜软腐病。

使用方法　以 1000mg/L 浸种 24 小时，或以 10 000mg/L 浸种 10 分钟，或 20% 可湿性粉剂以种子质量的 0.5% 进行种子包衣，防效均在 97% 以上。与各种杀菌剂桶混时，在稀释后 10 天内均有足够的防效。以 300～600g/hm^2 有效成分进行叶面喷雾，可以有效防治水稻粒腐病，对大白菜软腐病也有很好的保护和治疗作用。

允许残留量　JMPR 数据库中未查询到其 ADI 值，中国、美国和欧盟未规定最大残留限量，日本规定 46 个品类中最大残留量为 0.02～20mg/kg。

参考文献

刘长令, 2012. 世界农药大全[M]. 北京: 化学工业出版社.

（撰稿：陈雨；审稿：张灿）

噁霉灵　hymexazol

一种噁唑类内吸性杀菌剂，同时具有植物生长调节剂的作用。

其他名称　Tachigaren、绿亨一号、土菌消、土菌克、绿佳宝。

化学名称　5-甲基-1,2-噁唑-3-醇; 5-methyl-1,2-oxazol-3-ol。

IUPAC 名称　5-methylisoxazol-3-ol。

CAS 登记号　10004-44-1。

EC 号　233-000-6。

分子式　C$_4$H$_5$NO$_2$。

相对分子质量　99.09。

结构式

开发单位　1970 年由日本三共公司开发作为农药使用。

理化性质　纯品为无色晶体。熔点 86～87℃。沸点 202℃ ±2℃。蒸气压 182mPa（25℃）。K_{ow}lg$P$ 0.48。Henry 常数 2.77×10^{-4}Pa·m^3/mol（20℃）。相对密度 0.551。溶解度（g/L，20℃）：水 65.1（纯水）、58.2（pH3）、67.8（pH9），丙酮 730、二氯甲烷 602、乙酸乙酯 437、正己烷 12.2、甲醇 968、甲苯 176。稳定性：对光、热稳定，在碱性条件下稳定，在酸性条件下相对稳定。呈弱酸性，pK_a5.92。闪点

205℃ ±2℃。

毒性　大鼠急性经口 LD$_{50}$（mg/kg）：雄 4678，雌 3909。小鼠急性经口 LD$_{50}$（mg/kg）：雄 2148，雌 1968。大鼠急性经皮 LD$_{50}$ > 10 000mg/kg，兔急性经皮 LD$_{50}$ > 2000mg/kg。对兔眼及黏膜有刺激，对兔皮肤无刺激。大鼠急性吸入 LC$_{50}$（4 小时）> 2.47mg/L。2 年 NOEL［mg/（kg·d）］：雄大鼠 19，雌大鼠 20，狗 15。无致畸、致癌作用。日本鹌鹑急性经口 LD$_{50}$ 1085mg/kg，野鸭急性经口 LD$_{50}$ > 2000mg/kg。鱼类 LC$_{50}$（96 小时）：虹鳟 460mg/L，鲤鱼 165mg/L。水蚤 EC$_{50}$（48 小时）28mg/L。对蜜蜂无害，LD$_{50}$（48 小时，经口与接触）> 100μg/ 只。蚯蚓 LC$_{50}$（14 天）24.6mg/kg 土壤。

剂型　粉剂，可溶性液剂，30% 水剂，70% 可湿性粉剂。

质量标准　不可与呈碱性的农药等物质混合使用。

作用方式及机理　作用位点可能是 DNA/RNA 合成抑制剂。作为土壤消毒剂，与土壤中的铁、铝离子结合，抑制孢子的萌发。能被植物的根吸收及在根系内移动，在植株内代谢产生两种糖苷，对作物有提高生理活性的效果，从而能促进植株的生长、根的分蘖、根毛的增加和根的活性提高。对水稻生理病害亦有好的药效。

防治对象　内吸性杀菌剂，同时又是一种土壤消毒剂，对腐霉菌、镰刀菌等引起的土传病害如猝倒病、立枯病、枯萎病、菌核病等有较好的预防效果。

使用方法　主要用作拌种、拌土或随水灌溉，拌种用量为有效成分 5～90g/kg 种子，拌土用量为有效成分 30～60g/100L 土。与福美双混配，用于种子消毒和土壤处理效果更佳。具体方法如下。

防治水稻苗期立枯病　苗床或育秧箱的处理方法，每次每平方米用 30% 水剂 3～6ml（有效成分 0.9～1.8g），加水喷于苗床或育秧箱上，然后再播种。移栽前以相同药量再喷 1 次。

防治甜菜立枯病　主要采用拌种处理：干拌法每 100kg 甜菜种子，用 70% 可湿性粉剂 400～700g（有效成分 280～490g）与 50% 福美双可湿性粉剂 400～800g（有效成分 200～400g）混合均匀后再拌种。

注意事项　操作者应穿戴防护面具和手套，以免吸入和触及皮肤。药液及其废液不得污染各类水域、土壤等环境。注意避免误服。万一误服时，应饮大量水，催吐，保持安静，并立即治疗。禁止孕妇及哺乳期妇女接触。施药后用肥皂水清洗裸露的皮肤，并用水漱口。剩余的药剂不要倒进水田、湖泊、河川里。装药的容器不能用来装其他东西，应采取焚烧或掩埋等方法加以妥善处理。不可他用，也不可随意丢弃。

与其他药剂的混用　药剂混用可提高药效。噁霉灵与甲霜灵复配可防治辣椒苗期猝倒病和水稻苗期立枯病，与甲基硫菌灵复配可防治西瓜枯萎病，与福美双复配可防治黄瓜立枯病，与稻瘟灵复配可防治水稻立枯病。

允许残留量　GB 2763—2021《食品中农药最大残留限量标准》规定噁霉灵最大残留限量见表。ADI 为 0.2mg/kg。

部分食品中噁霉灵最大残留限量（GB 2763—2021）

食品类别	名称	最大残留限量（mg/kg）
谷物	豌豆	0.50*
	蚕豆	3.00*
	糙米	0.10*
蔬菜	辣椒	1.00*
	花椰菜	2.00*
	茄子	0.70*
	黄瓜	0.50*
	西葫芦	2.00*
	苦瓜	1.00*
	丝瓜	0.20*
	菜豆	1.00*
	食荚豌豆	1.00*
	蚕豆	10.00*
	黄花菜（鲜）	3.00*
干制蔬菜	黄花菜（干）	0.30*
水果	猕猴桃	0.10*
	西瓜	0.50*
	甜瓜	1.00*
糖料	甜菜	0.10*
药用植物	人参（鲜）	1.00*
	人参（干）	0.10*

* 临时残留限量。

参考文献

蔡可兵, 杨仁斌, 彭晓春, 等, 2011. 噁霉灵在西瓜和土壤中的残留及消解动态研究[J]. 安徽农业科学, 39 (34) : 21069-21071.

刘长令, 2006. 世界农药大全: 杀菌剂卷[M]. 北京: 化学工业出版社: 214.

孙瑞红, 2013. 果园农药安全使用大全[M]. 北京: 中国农业大学出版社: 76-77.

TURNER J A, 2015 The pesticide manual: a world compendium [M]. 17th ed. UK: BCPC: 611.

（撰稿：刘鹏飞；审稿：刘西莉）

噁咪唑　oxpoconazole

一种新型噁唑啉类杀菌剂。

其他名称　All-shine。

化学名称　(RS)-2-[3-(4-氯苯基) 丙基]-2,4,4- 三甲基 -1,3- 噁唑 -3- 基 - 咪唑 -1- 基酮。

IUPAC 名称　[(RS)-2-[3-(4-chlorophenyl)propyl]-2,4,4-trimethyl-1,3-oxazolidin-3-yl](imidazol-1-yl)methanone。

CAS 登记号　134074-64-9。

分子式　$C_{19}H_{24}ClN_3O_2$。

相对分子质量　361.87。
结构式

开发单位　日本宇部兴产化学公司和日本大塚药品工业公司联合开发。

理化性质　溶解度（20～25℃，pH7）：水 37.3mg/L。

毒性　大鼠急性经口 LD_{50}（mg/kg）：雄 1424，雌 1035；小鼠急性经口 LD_{50}（mg/kg）：雄 1073，雌 702。大鼠急性经皮 $LD_{50} > 2000$mg/kg。对兔皮肤无刺激；对豚鼠皮肤无过敏性；对兔眼睛有轻微刺激。大鼠急性吸入 $LC_{50} > 4.398$mg/L。鲍勃白鹌鹑急性经口 LD_{50}（mg/kg）：雄 1125.6，雌 1791.3。鲤鱼 LC_{50}（96 小时）7.2mg/L；虹鳟 LC_{50}（48 小时）15.8mg/L。

剂型　20% 可湿性粉剂。

作用方式及机理　为麦角甾醇生物合成抑制剂，抑制芽管和菌丝的生长。具有较好的治疗活性和中等持效性。对灰霉病菌有突出的杀菌活性，除了抑制孢子萌发外，对灰葡萄孢属（Botrytis）真菌生活史的各个生长阶段均具有抑制作用。同现有杀菌剂不存在交互抗性。

防治对象　对黑星菌属、链格孢属、葡萄孢属、菌核病菌和褐腐病菌引起的病害具有控制作用。

使用方法　20% 可湿性粉剂使用方法如下：

防治苹果病害　稀释 3000～4000 倍防治黑星病、锈病；稀释 2000～3000 倍防治花腐病、斑点落叶病、黑斑病；稀释 3000 倍防治煤点病。用于苹果树的喷液量为 2000～7000kg/hm²，使用 5 次，收获前安全间隔期为 7 天。

防治樱桃褐腐病　稀释 3000 倍，喷液量为 2000～7000kg/hm²，使用 5 次，收获前安全间隔期为 7 天。

防治梨病害　稀释 3000～4000 倍防治黑星病、锈病；稀释 2000 倍防治黑斑病。该药剂用于梨树的喷液量为 2000～7000kg/hm²，使用 5 次，收获前安全间隔期为 7 天。

防治桃病害　稀释 2000～3000 倍防治褐腐病、疮痂病；稀释 1000～2000 倍防治褐纹病。用于桃树的喷液量为 2000～5000kg/hm²，使用 3 次，收获前安全间隔期为 1 天。

防治葡萄病害　稀释 2000～3000 倍防治白粉病、炭疽病；稀释 2000 倍防治灰霉病。用于葡萄的喷液量为 2000～5000kg/hm²，使用 3 次，收获前安全间隔期为 7 天。

防治柑橘病害　稀释 2000 倍防治疮痂病、灰霉病、绿霉病、青霉病，喷液量为 2000～7000kg/hm²，使用 5 次，收获前安全间隔期为 1 天。

参考文献

刘长令, 2006. 世界农药大全: 杀菌剂卷[M]. 北京: 化学工业出版社: 207.

TURNER J A, 2015. The pesticide manual a world compendium: [M]. 17th ed. UK: BCPC:. 831-832.

（撰稿：祁之秋；审稿：刘西莉）

噁咪唑富马酸盐　oxpoconazole fumarate

一种新型唑啉类杀菌剂。

化学名称　[2-[3-(4-氯苯基)丙基]-2,4,4-三甲基-3-唑啉]-1-咪唑-1-基甲酮；[2-[3-(4-chlorophenyl)propyl]-2,4,4-trimethyl-3-oxazolidinyl]-1H-imidazol-1-ylmethanone(2E)-2-butenedioate(2∶1)。

IUPAC 名称　bis[(RS)-1-[2-[3-(4-chlorophenyl)propyl]-2,4,4-trimethyl-1,3-oxazolidin-3-ylcarbonyl] imidazolium] fumarate。

CAS 登记号　174212-12-5。

分子式　$C_{42}H_{52}Cl_2N_6O_8$。

相对分子质量　839.80。

结构式

开发单位　日本宇部兴产化学公司和日本大塚药品工业公司联合开发。

理化性质　无色透明结晶状固体。熔点 123.6～124.5℃。蒸气压 0.00542mPa（25℃）。$K_{ow}lgP$ 3.69（pH7.5，25℃）。pK_a4.08（20～25℃）（弱碱）。相对密度 1.328（20～25℃）。溶解度（20～25℃，pH4）：水 89.5mg/L。稳定性：在碱和中性介质中稳定；在酸性介质中稍不稳定。光解 DT_{50}（阳光，薄层）10.6 小时。

毒性　大鼠急性经口 LD_{50}（mg/kg）：雄 1424，雌 1035；小鼠急性经口 LD_{50}（mg/kg）：雄 1073，雌 702。大鼠急性经皮 LD_{50} > 2000mg/kg。对兔皮肤无刺激；对豚鼠皮肤无过敏性；对兔眼睛有轻微刺激。大鼠急性吸入 LC_{50} > 4.398mg/L。鲍勃白鹑鹑急性经口 LD_{50}（mg/kg）：雄 1125.6，雌 1791.3。鲤鱼 LC_{50}（96 小时）7.2mg/L；虹鳟 LC_{50}（48 小时）15.8mg/L。

剂型　20% 可湿性粉剂。

作用方式及机理　噁咪唑富马酸盐为麦角甾醇生物合成抑制剂，抑制芽管和菌丝的生长。具有较好的治疗活性和中等持效性。对灰霉病菌有突出的杀菌活性，除了抑制孢子萌发外，对灰葡萄孢属真菌生活史的各个生长阶段均具有抑制作用。同现有杀菌剂不存在交互抗性。

防治对象　对植物病原菌，如黑星菌属、链格孢属、葡萄孢属、菌核病菌和褐腐病菌引起的病害具有控制作用。

使用方法　20% 可湿性粉剂使用方法如下：

防治苹果病害　稀释 3000～4000 倍防治黑星病、锈病；稀释 2000～3000 倍防治花腐病、斑点落叶病、黑斑病；稀释 3000 倍防治煤点病。该药剂用于苹果树的喷液量为 2000～7000kg/hm²，使用 5 次，收获前安全间隔期为 7 天。

防治樱桃褐腐病　稀释 3000 倍，喷液量为 2000～

7000kg/hm²，使用 5 次，收获前安全间隔期为 7 天。

防治梨病害　稀释 3000～4000 倍防治黑星病、锈病；稀释 2000 倍防治黑斑病。该药剂用于梨树的喷液量为 2000～7000kg/hm²，使用 5 次，收获前安全间隔期为 7 天。

防治桃病害　稀释 2000～3000 倍防治褐腐病、疮痂病；稀释 1000～2000 倍防治褐纹病。该药剂用于桃树的喷液量为 2000～5000kg/hm²，使用 3 次，收获前安全间隔期为 1 天。

防治葡萄病害　稀释 2000～3000 倍防治白粉病、炭疽病；稀释 2000 倍防治灰霉病。该药剂用于葡萄的喷液量为 2000～5000kg/hm²，使用 3 次，收获前安全间隔期为 7 天。

防治柑橘病害　稀释 2000 倍防治疮痂病、灰霉病、绿霉病、青霉病，喷液量为 2000～7000kg/hm²，使用 5 次，收获前安全间隔期为 1 天。

参考文献

刘长令, 2006. 世界农药大全: 杀菌剂卷[M]. 北京: 化学工业出版社: 207-208.

TURNER J A, 2015. The pesticide manual: a world compendium [M]. 17th ed. UK: BCPC: 831-832.

（撰稿：祁之秋；审稿：刘西莉）

噁嗪草酮　oxaziclomefone

一种内吸传导型水稻田除草剂，主要由杂草的根部和茎叶基部吸收。

其他名称　去稗安、Samourai、Thoroughbred、Tredy、RYH-105、氯噁嗪草。

化学名称　3-[1-(3,5-二氯苯基)-1-甲基乙基]-2,3-二氢-6-甲基-5-苯基-4氢-1,3-噁嗪-4-酮；3-[1-(3,5-dichlorophenyl)-1-methylethyl]-2,3-dihydro-6-methyl-5-phenyl-4H-1,3-oxazin-4-one。

IUPAC 名称　3-[1-(3,5-dichlorophenyl)-1-methylethyl]-3,4-dihydro-6-methyl-5-phenyl-2H-1,3-oxazin-4-one。

CAS 登记号　153197-14-9。

EC 号　604-889-1。

分子式　$C_{20}H_{19}Cl_2NO_2$。

相对分子质量　376.28。

结构式

开发单位　日本三菱油化公司创制，与日本农业协作联合会共同开发，并进行了商品化。

理化性质　纯品为白色结晶体。熔点 149.5～150.5℃。蒸气压 < 1.33×10⁻⁵Pa（50℃）。水中溶解度 0.18mg/L（25℃）。$K_{ow}lgP$ 4.01。50℃水中半衰期为 30～60 天。

毒性　大、小鼠急性经口 LD_{50} > 5000mg/kg。大、小鼠急性经皮 LD_{50} > 2000mg/kg；对兔皮肤无刺激，对兔眼

睛有轻微刺激。无致突变性，无致畸性。

剂型 颗粒剂，施药方便的液剂，喷射剂，水分散颗粒剂等。

作用方式及机理 主要由杂草的根部吸收，使新根和新叶停止生长，随之茎叶部黄化，杂草枯死。

防治对象 水稻田中的杂草。

使用方法 水稻田播后苗前用除草剂，直播田施用量为 $25 \sim 50 g/hm^2$（有效成分）。移栽田施用剂量为 $30 \sim 80 g/hm^2$（有效成分）。在整个生长季节，防除稗草仅用 1 次药即可。

注意事项 每季作物最多使用 1 次。

与其他药剂的混用 同其他除草剂，如吡嘧磺隆、苄嘧磺隆等混用，不仅可以扩大杀草谱，还具有显著的增效作用。

允许残留量 GB 2763—2021《食品中农药最大残留限量标准》规定噁嗪草酮在糙米中的最大残留限量为 0.05mg/kg。ADI 为 0.0091mg/kg。谷物按照 GB 23200.34 规定的方法测定。

参考文献

程志明, 2004. 除草剂噁嗪草酮的开发[J]. 世界农药, 26 (1)：5-10.

（撰稿：杨光富；审稿：吴琼友）

噁霜灵 oxadixyl

一种噁唑烷酮类高效内吸性杀菌剂，具有保护和治疗作用，对霜霉目病原菌具有很高的活性。

其他名称 Anchor、Plisan、Sandofan、Metoxazon、Metidaxyl、Recoil、Ripost、Wakil、噁酰胺、杀毒矾。

化学名称 N-(2,6-二甲基苯基)-N-(2-氧代-1,3-唑烷-3-基)-2-甲氧基乙酰胺。

IUPAC 名称 2-methoxy-N-(2-oxo-1,3-oxazolidin-3-yl)acet-2,6-xylide。

CAS 登记号 77732-09-3。

分子式 $C_{14}H_{18}N_2O_4$。

相对分子质量 278.30。

结构式

开发单位 先正达公司。

理化性质 无色、无嗅晶体。熔点 $104 \sim 105℃$。密度（松密度）0.5kg/L。蒸气压 0.0033mPa（20℃）。$K_{ow}lgP$ 0.65 ～ 0.8（22 ～ 24℃）。Henry 常数 $2.7 \times 10^{-7} Pa \cdot m^3/mol$（计算值）。水中溶解度 3.4g/kg（25℃）；有机溶剂中溶解度（g/kg，25℃）：丙酮 344、二甲基亚砜 390、甲醇 112、乙醇 50、二甲苯 17、乙醚 6。稳定性：正常条件下稳定，70℃储存 2 ～ 4 周稳定，在室温，pH5、7 和 9 的缓冲溶液中，200mg/L 水溶液稳定。

毒性 急性经口 LD_{50}（mg/kg）：雄大鼠 3480，雌大鼠

1860。大鼠和兔急性经皮 $LD_{50} > 2000 mg/kg$。对兔皮肤和眼睛无刺激性，对豚鼠皮肤无致敏性。雄性大鼠和雌性大鼠急性吸入 LC_{50}（6 小时）$> 5.6 mg/L$。对兔 200mg/（kg·d）以下或大鼠 1000mg/（kg·d）以下无致畸性，对大鼠繁殖 1000mg/（kg·d）以下无影响。微核和其他正常试验下无致突变性。野鸭急性经口 $LD_{50} > 2510 mg/kg$，野鸭和日本鹌鹑饲喂 LC_{50}（8 天）$> 5620 mg/kg$ 饲料。鱼类 LC_{50}（96 小时，mg/L）：虹鳟 > 320、鲤鱼 > 300、蓝鳃太阳鱼 360，在鱼体中不积累。水蚤 LC_{50}（48 小时）530mg/L。海藻 LC_{50} 46mg/L。蜜蜂 $LD_{50} > 200 \mu g/$ 只（经口），$100 \mu g/$ 只（接触）。蚯蚓 LC_{50}（14 天）$> 1000 mg/kg$ 干土。

剂型 可湿性粉剂，水分散粒剂。

作用方式及机理 高效内吸性杀菌剂，具有保护和治疗作用，对霜霉目病原菌具有很高的防效，持效期长。作用于 RNA 聚合酶复合体 I，抑制病菌 RNA 的聚合作用。

防治对象 用于防治烟草黑胫病、番茄晚疫病、黄瓜霜霉病、茄子绵疫病、辣椒疫病、马铃薯晚疫病、白菜霜霉病、葡萄霜霉病等。

使用方法 既可茎叶喷雾，也可作种子处理。茎叶喷雾使用剂量为 $200 \sim 300 g/hm^2$（有效成分）。每亩用 64% 可湿性粉剂 120 ～ 170g（有效成分 76.8 ～ 108.8g），加水喷雾；或每 100L 水加 133 ～ 200g（有效成分 853.3 ～ 1280mg/L）。剂量与持效期关系：若以 250mg/L（有效成分）均匀喷雾，则持效期 9 ～ 10 天，对病害的治疗作用达 3 天以上；若以 500mg/L（有效成分）均匀喷雾，可防治葡萄霜霉病，持效期在 16 天以上；若以 8mg/L（有效成分）均匀喷雾，持效期为 2 天；若以 30 ～ 120mg/L（有效成分）均匀喷雾，持效期为 7 ～ 11 天。

注意事项 不能与碱性农药混用。不宜单独施用，常与保护性杀菌剂混用以延缓抗药性产生。

残留允许量 GB 2763—2021《食品中农药最大残留限量标准》规定噁霜灵在黄瓜上的最大残留限量为 5mg/kg。ADI 为 0.01mg/kg。

参考文献

化工部农药信息总站, 1996. 国外农药品种手册 (新版合订本)[M]. 北京：化学工业出版社: 82-84.

TOMLIN C D S, 2003. The pesticide manual: a world compendium [M]. 13th ed. UK: BCPC: 728.

（撰稿：刘西莉；审稿：苗建强）

噁唑禾草灵 fenoxaprop-ethyl

一种苯氧羧酸类除草剂。

其他名称 噁唑灵、骠马。

化学名称 2-[4-(6-氯-2-苯并噁唑氧基) 苯氧基] 丙酸乙酯。

IUPAC 名称 ethyl 2-[4-[(6-chloro-1,3-benzoxazol-2-yl)oxy]phenoxy]propanoate。

CAS 登记号 66441-23-4。

EC 号 266-362-9。

分子式　$C_{18}H_{16}ClNO_5$。

相对分子质量　361.78。

结构式

开发单位　H. Bieringer 等报道，德国赫斯特公司开发。获有专利 GB2042503（1981），BE873844（1979），DE2640730（1978），NL80-02060（1981）。

理化性质　纯品为无色固体。熔点 84~85℃。蒸气压 $1.9×10^{-6}Pa$（20℃），$4.06×10^{-6}Pa$（40℃）。易溶于丙酮、甲苯、乙酸乙酯，可溶于乙醇、环己烷、辛醇，难溶于水（0.9mg/L，20℃）。50℃时储存 6 个月稳定，对光稳定，遇酸、碱分解。

毒性　急性经口 LD_{50}：大鼠 2357~2500mg/kg，小鼠 4670~5490mg/kg。急性经皮 LD_{50}：兔＞1000mg/kg，雄大鼠＞2000mg/kg。对眼睛和皮肤有轻度刺激性。鼠亚急性饲喂试验 NOEL 为 80mg/kg 饲料。试验条件下无致畸性和致突变性，无致癌剂量大鼠＜1.58mg/kg，小鼠为 5.48mg/kg。对鱼有毒、对鸟低毒，对蜜蜂高毒。蓝鳃鱼 LC_{50}（96 小时）0.31mg/L，鹌鹑急性经口 LD_{50}＞2510mg/kg，蜜蜂 LD_{50}＞0.02μg/ 只。

剂型　10% 乳油。

作用方式及机理　2-（4- 芳氧基苯氧基）丙酸类内吸性芽后除草剂，是脂肪酸合成抑制剂。选择性强、活性高、用量低。抗雨水冲刷，对人、畜、作物安全。

防治对象　用于防除大豆、甜菜、棉花、马铃薯、蔬菜等作物地一年生和多年生禾本科杂草。提高用药量可防除多年生杂草。

使用方法　以有效成分 0.42~0.6g/100m² 喷雾春小麦，可防除野燕麦等一年生禾本科杂草；以有效成分 0.42~0.52g/100m² 喷雾冬小麦，可防除看麦娘等一年生禾本科杂草。一般推荐用药量 1.2~1.5g/100m²。

注意事项　①不能用于大麦、燕麦、玉米、高粱田除草。不能防除一年生早熟禾和阔叶杂草。②可与禾草灵、异丙隆等混用。不能与灭草松、麦草畏、甲羧除草醚等混用。③小麦播种出苗后，看麦娘等禾本科杂草 2 叶至分蘖期施用防效最好，达 97% 以上。施药量应视草情增减。④长期干旱后会降低药效。⑤噁唑禾草灵制剂如不含安全剂时不能用于麦田。

（撰稿：邹小毛；审稿：耿贺利）

噁唑菌酮　famoxadone

一种新型高效、广谱、非内吸性的噁唑烷二酮类杀真菌剂。

其他名称　Famoxate、Charisma、Equation contact、Equation Pro、Horizon、Tanos、易保。

化学名称　3- 苯胺基 -5- 甲基 -5-(4- 苯氧基苯基)-1,3- 唑啉 -2,4- 二 酮；3-anilino-5-methyl-5-(4-phenoxyphenyl)-1,3-oxazolidine-2,4-dioneo。

IUPAC 名称　*(RS)*-3-anilino-5-methy-5-(4-phenoxyphenyl)-1,3-oxazolidine-2,4-dione。

CAS 登记号　131807-57-3。

EC 号　200-835-2。

分子式　$C_{22}H_{18}N_2O_4$。

相对分子质量　374.39。

结构式

开发单位　美国杜邦公司。于 1998 年投入市场使用。

理化性质　纯品为白色结晶体。熔点 140.3~141.8℃。相对密度 1.31（22℃）。蒸气压 $6.4×10^{-4}mPa$（20℃）；溶解度（20℃）：丙酮 274g/L、乙腈 125g/L、二氯甲烷 239g/L、乙酸乙酯 125g/L、正己烷 0.0476g/L、甲醇 10.01g/L、甲苯 13.3g/L；水中溶解度较小且随 pH 值的增大而减小，大约为 243μg/L（20℃，pH5）、111μg/L（20℃，pH7）、38μg/L（20℃，pH9）。

毒性　低毒。原药大鼠急性经口 LD_{50}＞5000mg/kg。急性吸入 LC_{50}＞5300mg/m³。兔急性经皮 LD_{50}＞2000mg/kg。对兔眼睛和皮肤中度刺激，对豚鼠皮肤无刺激。试验剂量下无致畸、致突变、致癌作用。亚慢性经口（90 天）NOEL：大鼠 3.3mg/（kg·d）（雄）和 4.2mg/（kg·d）（雌），狗 1.3mg/（kg·d）（雄）。

剂型　主要用混剂，如该品 + 代森锰锌、该品 + 霜脲氰，206.7g/L 噁唑菌酮·氟硅唑乳油。

质量标准　一般与其他药剂混用，68.75% 噁酮·锰锌水分散粒剂为棕黄色细颗粒状。

作用方式及机理　能量抑制剂，即抑制线粒体电子传递。QoI 类抑制剂，对复合体Ⅲ中细胞色素 C 氧化还原酶有抑制作用。多种抑制呼吸的杀菌剂抑制作用比较（IC_{50}，ng/L）：JE 874（4.5），ICIA 5504（170.0），BAS 490F（75.0），SSF-126（3500.0）。有内吸活性，具有保护、治疗作用。可防治由子囊菌、担子菌、卵菌引起的重要病害，如白粉病、霜霉病、网斑病、锈病、颖枯病、晚疫病等。与苯基酰胺类杀菌剂无交互抗性，与甲氧基丙烯酸酯类杀菌剂有交互抗性。

防治对象　主要用于防治子囊菌门、担子菌门、卵菌门病原菌引起的植物病害，如白粉病、锈病、颖枯病、网斑病、霜霉病和晚疫病等。

使用方法　通常推荐使用剂量为有效成分 50~280g/hm²。禾谷类作物最大用量为有效成分 280g/hm²。防治葡萄霜霉病施用剂量为有效成分 50~100g/hm²；防治马铃薯、番茄晚疫病施用剂量为有效成分 100~200g/hm²；防治小麦颖枯病、网斑病、白粉病、锈病施用剂量为有效成分 150~200g/hm²，与氟硅唑混用效果更好。对瓜类霜霉病、辣椒疫病等也有优良的活性。

注意事项　配药和施药时应穿防护服、戴手套、面罩，严格按照农药安全使用规则操作，避免接触皮肤、眼睛和污染衣物，避免吸入药滴，勿在施药现场抽烟和饮食。施药后应立即洗手、洗脸，并更换清洗工作服。孕妇、哺乳期妇女及过敏者避免接触该品，使用中有任何不良反应请及时携带标签送医就诊。

对鱼类等水生生物有毒，远离水产养殖区、河塘等水域施药，禁止在河塘等水域中清洗施药器具。用过的容器应妥善处理，不可做他用，也不可随意丢弃。

建议与其他作用机制不同的杀菌剂轮换使用，以免产生抗性，不宜与碱性农药混用。

与其他药剂的混用　噁唑菌酮与霜脲氰复配，可防治黄瓜霜霉病。噁唑菌酮与代森锰锌复配，可防治白菜黑斑病、番茄早疫病、柑橘疮痂病、苹果斑点落叶病、苹果轮纹病、葡萄霜霉病、西瓜炭疽病。噁唑菌酮与嘧菌酯复配，喷雾使用可防治菊花霜霉病和葡萄霜霉病。

允许残留量　GB 2763—2021《食品中农药最大残留限量标准》规定噁唑菌酮最大残留量见表。ADI 为 0.006mg/kg。

部分食品中噁唑菌酮最大残留限量（GB 2763—2021）

食品类别	名称	最大残留限量（mg/kg）
谷物	小麦	0.10
	大麦	0.20
蔬菜	大白菜	2.00
	番茄	2.00
	辣椒	3.00
	黄瓜	1.00
	西葫芦	0.20
	马铃薯	0.50
水果	柑	1.00
	橘	1.00
	橙	1.00
	柠檬	1.00
	柚	1.00
	苹果	0.20
	梨	0.20
	葡萄	5.00
	香蕉	0.50
	西瓜	0.20
干制水果	葡萄干	5.00
动物源性食品	哺乳动物肉类（海洋哺乳动物除外）	0.50*
	哺乳动物内脏（海洋哺乳动物除外）	0.50*
	禽肉类	0.01*
	禽类内脏	0.01*
	蛋类	0.01*
	生乳	0.03*

* 临时残留限量。

参考文献

刘长令, 2006. 世界农药大全: 杀菌剂卷[M]. 北京: 化学工业出版社: 211-212.

孙瑞红, 2013. 果园农药安全使用大全[M]. 北京: 中国农业大学出版社: 75-76.

吴新平, 朱春雨, 张佳, 等, 2015. 新编农药手册[M]. 2版. 北京: 中国农业出版社: 303-304.

TURNER J A, 2015. The pesticide manual: a world compendium[M]. 17th ed. UK: BCPC: 438-439.

（撰稿: 刘鹏飞; 审稿: 刘西莉）

E

噁唑磷　isoxathion

一种有机磷类杀虫剂。

其他名称　Karphos、噁唑硫磷、佳硫磷、E-48、SI-6711。

化学名称　O,O-二乙基 O-5-苯基异噁唑 -3-基硫代磷酸酯。

IUPAC 名称　O,O-diethyl O-(5-phenylisoxazol-3-yl) phosphorothioate。

CAS 登记号　18854-01-8。

EC 号　242-624-8。

分子式　$C_{13}H_{16}NO_4PS$。

相对分子质量　313.31。

结构式

开发单位　1972 年由日本三共公司开发。

理化性质　纯品为微黄色液体。沸点 160℃（20Pa）。折射率 1.529。易溶于有机溶剂。遇碱不稳定，在高温下分解。

毒性　大鼠急性经口 LD_{50} 112mg/kg；大鼠急性经皮 LD_{50} 4500mg/kg；小鼠急性经口 LD_{50} 40mg/kg；小鼠急性经皮 LD_{50} 193mg/kg；小鼠腹腔 LD_{50} 105mg/kg；小鼠皮下注射 LD_{50} 720mg/kg。以 3.2mg/kg 饲喂大鼠和小鼠 90 天，未见任何异常。鲤鱼 LC_{50}（48 小时）2.13mg/L。

剂型　50% 乳剂，40% 可湿性粉剂，2% 或 3% 粉剂。

作用方式及机理　触杀性乙酰胆碱酯酶抑制剂。

防治对象　为广谱杀虫剂，以 330～500mg/L 浓度防治蚜虫和介壳虫，同时也有效防治二化螟、稻瘿蚊、稻飞虱和鳞翅目幼虫，以及作物上的甲虫及螨虫。

使用方法　以 300～500mg/L 浓度进行喷雾。

注意事项　该药的毒性较大，储存和使用时应注意安全防护。生产操作或农业使用时，建议佩戴自吸过滤式防尘口罩或自吸过滤式防毒面具（半面罩）。紧急事态抢救或撤离时，应佩戴自给式呼吸器。施药期间应避免对周围蜂群的影响，蜜源作物花期、蚕室和桑园附近禁用。远离水产养殖区施药，禁止在河塘等水体中清洗施药器具。不能与碱性农药混用。各种作物收获前应停止用药。

允许残留量　日本规定噁唑磷最大残留限量见表。残留的分析用 FiD 或 FPD 的气相色谱法。

日本规定噁唑磷在部分食品中的最大残留限量（mg/kg）

食品名称	最大残留限量	食品名称	最大残留限量	食品名称	最大残留限量
杏仁	0.20	栗子	0.20	绿豆	0.10
苹果	0.20	菊苣	0.10	番石榴	0.20
杏	0.20	大白菜	0.10	山葵	0.10
洋蓟	0.10	柑橘，全部	0.20	黑果木	0.20
芦笋	0.10	玉米	0.02	日本梨	0.20
鳄梨	0.20	棉花籽	0.20	日本柿	0.20
竹笋	0.10	酸果蔓果	0.20	日本李（包括西梅）	0.20
香蕉	0.20	黄瓜（包括嫩黄瓜）	0.10	日本小萝卜叶	0.10
大麦	0.02	酸枣	0.10	日本小萝卜根	0.10
干豆	0.05	茄子	0.10	羽衣甘蓝	0.10
黑莓	0.20	苦苣	0.10	未成熟腰果（有荚）	0.10
蓝莓	0.20	大蒜	0.10	猕猴桃	0.20
蚕豆	0.05	姜	0.10	小松菜（日本芥菜菠菜）	0.10
青花菜	0.10	银杏果	0.20	魔芋	0.05
球芽甘蓝	0.10	葡萄	0.20	水菜	0.10
荞麦	0.02	葡萄柚	0.20	柠檬	0.10
牛蒡属	0.10	梨	0.20	莴苣	0.10
未成熟小蘑菇	0.10	豌豆	0.05	酸橙	0.20
卷心菜	0.10	未成熟豌豆（有荚）	0.10	枇杷	0.10
胡萝卜	0.10	美洲山核桃	0.20	柠果	0.20
花椰菜	0.10	西班牙甜椒（甜椒）	0.10	桃	0.20
芹菜	0.10	凤梨	0.20	梅李	0.20
樱桃	0.20	马铃薯	0.05	油桃	0.20
甘薯	0.05	南瓜（包括南瓜小果）	0.10	韭菜	0.10
芋	0.05	青梗菜	0.10	黄秋葵	0.10
茶叶	5.00	榅桲	0.10	洋葱	0.10
番茄	0.10	油菜籽	0.20	橙子（包括脐橙）	0.20
萝卜叶（包括芜菁甘蓝）	0.10	覆盆子	0.20	越瓜（蔬菜）	0.10
萝卜根（包括芜菁甘蓝）	0.10	稻糙米	0.20	其他浆果	0.20
夏橙，果肉	0.20	黑麦	0.02	欧洲防风草	0.10
胡桃	0.20	红花籽	0.20	西番莲果	0.20
西瓜	0.20	婆罗门参	0.10	干果	0.05
豆瓣菜	0.10	芝麻	0.20	其他谷类颗粒	0.02
葱（包括韭葱）	0.10	香菇	0.10	其他柑橘属水果	0.20
小麦	0.02	茼蒿	0.10	其他菊科蔬菜	0.10
山药	0.05	干大豆	0.05	其他十字花科蔬菜	0.10
其他蘑菇	0.10	菠菜	0.10	其他葫芦科蔬菜	0.10
其他坚果	0.20	草莓	0.10	其他水果	0.20
其他油籽	0.20	甘蔗	0.05	其他药草	0.10
其他茄属蔬菜	0.10	向日葵籽	0.20	其他豆类	0.05
其他香料	0.20	木瓜	0.20	其他百合科蔬菜	0.10
其他伞形花科蔬菜	0.10	西芹	0.10	其他蔬菜	0.10

（撰稿：吴剑；审稿：薛伟）

噁唑隆   dimefuron

一种苯脲类除草剂。

其他名称   丁噁隆、Legurame TS、Pradone TS、Pradone kombi、Pradone plus、Vt 2809。

化学名称 N'-[3-氯-4-[5-(1,1-二甲基乙基)-2-氧杂-1,3,4-噁二唑啉]苯基]-N,N-二甲基脲;N'-[3-chloro-4-[5-(1,1-dimethylethyl)-2-oxo-1,3,4-oxadiazol-3(2H)-yl]phenyl]-N,N-dimethylurea。

IUPAC 名称   3-[4-(5-$tert$-butyl-2-oxo-1,3,4-oxadiazol-3-yl)-3-chlorophenyl]-1,1-dimethylurea。

CAS 登记号   34205-21-5。

EC 号   251-879-4。

分子式 $C_{15}H_{19}ClN_4O_3$。

相对分子质量   338.79。

结构式

开发单位   Burgaud 等报道其除草活性。

理化性质   纯品为无色晶体。熔点 193℃。相对密度 1.3（20℃）。蒸气压 0.01mPa（25℃）。K_{ow}lg$P$ 2.51（25℃，pH7）。Henry 常数 2.12×10^3Pa·m³/mol。在水中溶解度 16mg/L（20℃）。稳定性:正常环境温度下储存和使用,该品稳定。在土壤中半衰期 100～203 天,在水中半衰期 82～226 天。

毒性   急性经口 LD_{50}:狗 2000mg/kg,大鼠 1000mg/kg,小鼠 10 000mg/kg。

作用方式及机理   是电子传递型除草剂。其主要被杂草根部吸收。通过抑制或阻碍光合作用光系统 Ⅱ 中的电子传递使光合作用的过程中断,是光合作用光系统 Ⅱ 抑制剂。

防治对象   豌豆、大豆、紫花苜蓿以及油菜等,十字花科蔬菜田中防治一年生阔叶杂草。

注意事项   吞咽有害。作业后彻底清洗。使用该产品时不要进食、饮水或吸烟。如误吞咽、感觉不适,呼叫解毒中心（医生）;漱口。

（撰稿:王忠文;审稿:耿贺利）

噁唑酰草胺   metamifop

一种噁唑类除草剂。

其他名称   韩秋好、春好、K-12974、DBH-129。

化学名称   (2R)-2-4-[(6-氯-2-苯噁唑基)]苯氧基]-N-(2-氟苯)-N-甲基丙酰胺;(2R)-2-[4-[(6-chloro-2-benzoxazolyl)oxy]phenoxy]-N-(2-fluorophenyl)-N-methylpropanamide。

IUPAC 名称   (2R)-2-[4-[(6-chloro-1,3-benzoxazol-2-yl)oxy]phenoxy]-N-(2-fluorophenyl)-N-methylpropanamide。

CAS 登记号   256412-89-2。

EC 号   607-768-1。

分子式 $C_{23}H_{18}ClFN_2O_4$。

相对分子质量   440.85。

结构式

开发单位   韩国东部韩农化学公司（DHC）开发。

理化性质   外观为淡棕色粉末,原药含量96%。熔点 77～78.5℃,K_{ow}lg$P$ 5.45（20℃,pH7）,蒸气压 1.51×10^{-4} Pa（25℃）,Henry 常数 6.35×10^{-2} Pa·m³/mol（25℃）,水中溶解度 0.69mg/L（20℃,pH7）。在中性和弱酸性介质中相对稳定,在水中易分解。在土壤中主要通过化学和微生物两种途径降解,25℃时,正常条件下在土壤中的半衰期为 40～60 天。

毒性   原药为低毒,无致突变性、致畸性和致癌性。大鼠急性经口 LD_{50} > 2000mg/kg,急性经皮 LD_{50} > 2000mg/kg,急性吸入 LC_{50} > 2.61mg/L。对皮肤和眼睛无刺激,皮肤接触无致敏反应。Ames 试验、染色体畸变试验、细胞突变试验、微核细胞试验均为阴性。水蚤急性毒性 EC_{50}（48 小时）0.288mg/L,水藻生长抑制 EC_{50}（72 小时）> 2.03mg/L,蜜蜂 LD_{50} > 100μg/ 只（有效成分）。

剂型   10% 乳油。

质量标准   10% 乳油为均相透明的油状液体,放入水中自动乳化分散,储存稳定性良好。

作用方式及机理   选择性内吸传导型除草剂,其作用机理是乙酰辅酶 A 羧化酶（ACCase）抑制剂,能抑制植物脂肪酸的合成。通过茎叶喷雾处理,被杂草茎叶吸收,通过维管束传导至生长点,使杂草生长停滞,从而达到除草效果。

防治对象   水稻旱直播、水直播、移栽田、抛秧田防除一年生禾本科杂草。如稗草、千金子、马唐、牛筋草等。水稻 2 叶 1 心后,稗草、千金子、马唐、牛筋草 2～5 叶期均可使用。推荐剂量下使用,对水稻安全。

使用方法   在水稻 2 叶 1 心后使用能有效防除水稻田千金子、马唐、牛筋草等一年生禾本科杂草。在稗草、千金子 2～6 叶期均可使用,亩用 60～80ml 10% 噁唑酰草胺乳油,兑水 30～45kg 进行茎叶喷雾处理,随着草龄、密度增大,适当增加用水量。施药时,先排干田水,均匀喷雾,药后 1 天复水,保持水层 3～5 天。避免药液飘移到邻近的禾本科作物田。

注意事项   ①在水稻 2 叶 1 心后使用。②正常使用技术条件下对后茬作物安全。③可与阔叶杂草除草剂搭配使用,但在大面积混用前，需进行小面积试验以确认安全性和有效性，严禁加洗衣粉等助剂。④避免药液接触皮肤、眼睛和衣服，如不慎溅到皮肤上或眼睛内，立即用大量清水冲洗15～20分钟，携带此除草剂标签去医院诊治。⑤勿与食品、饮料、粮食、饲料等其他商品同储同运，存放在儿童接触不到的地方，剩余药剂和使用过的容器要妥善处理，避免污染水源或水体。⑥噁唑酰草胺用于水稻上，每季作物最多使用一次，安全间隔期90天。

与其他药剂的混用　噁唑酰草胺的应用范围较宽，有广泛的可配伍性，与氰氟草酯、双草醚等除草剂混配可做水稻田一次性苗后除草剂。但禁止与五氟磺草胺混用，不建议与二氯喹啉酸、精噁唑禾草灵、吡嘧磺隆、苄嘧磺隆等磺酰脲类除草剂等混用。

允许残留量　① GB 2763—2021《食品中农药最大残留限量标准》规定噁唑酰草胺最大残留限量见表。ADI 为 0.017mg/kg。② WHO 推荐噁唑酰草胺 ADI 为 0.017mg/kg。在日本残留试验表明，水稻中的最终残留限量低于最高允许量 0.01mg/kg。

部分食品中噁唑酰草胺最大残留限量（GB 2763—2021）

食品类别	名称	最大残留限量（mg/kg）
谷物	稻谷	0.05*
	糙米	0.05*

* 临时残留限量。

参考文献

曾仲武，姜雅君，2004. 新稻田除草剂 Metamifop[J]. 农药，43(7): 327-332.

（撰稿：马洪菊；审稿：李建洪）

轭合残留　conjugated residue

农药母体或代谢物与生物体内某些内源性物质，如糖苷、氨基酸、葡糖醛酸等在酶的作用下结合形成的极性较强、毒性较低的新化合物残留。

农药在植物体内通过酶的生物化学作用进行代谢降解，由于分子结构中极性基团的存在，常与植物体内的物质形成更为复杂的轭合残留物。这种分子结构形态的改变，将导致对环境生物中的毒性、药效、残留和动态等的变化。因此，农药轭合残留物的研究具有重要的实际意义。

形成　农药轭合残留的发生需要适宜的官能团参与，如—OH、—COOH、—SH、—NH₂、—NHOH 等。含这类基团的农药或代谢产物在一定条件下能与生物体的轭合剂如糖类、氨基酸、硫酸酯等发生反应，形成相应的农药轭合物。农药轭合残留的形成可根据轭合剂的性质分为以下几类：

糖类的轭合反应　农药与糖类反应形成糖苷轭合物，其中葡萄糖是轭合反应中最常见的一种糖。醇类、酚类和羧酸类农药或经氧化、水解等代谢反应产生此类基团的农药，均易与葡萄糖发生轭合反应，其中主要有葡糖醛酸轭合和葡糖苷的形成。前者多发生在脊椎动物体内，需以二磷酸尿苷葡糖醛酸（UDPGA）作辅助因子。在葡糖醛酸基转移酶的催化下，农药或其代谢产物与 UDPGA 轭合形成葡糖苷酸。后者则发生在植物体内，在葡糖苷转移酶的作用下，农药分子与二磷酸尿苷葡糖轭合形成葡糖苷。

氨基酸轭合反应　含自由羧基的农药及代谢产物能与氨基酸发生轭合反应。甘氨酸是动物体内最常见的轭合剂，在某些动物体中还发现以谷氨酰胺、谷氨酸、丝氨酸、丙氨酸、鸟氨酸、精氨酸、牛磺酸或甘氨酰牛磺酸为轭合剂。在植物体中，天门冬氨酸轭合物的数量最多，除此之外还有由谷氨酸、丙氨酸、缬氨酸、亮氨酸、苯丙氨酸和色氨酸等形成的轭合物。农药在动物体内与氨基酸的轭合反应是分两步进行的高能生物合成反应。首先，农药分子在合适的酰基辅酶 A 合成酶催化下，形成高能中间产物，然后在 N- 酰基转移酶的作用下，中间产物与氨基酸结合形轭合产物。

谷胱甘肽轭合反应　这一反应取决于底物的特异性，由不同的谷胱甘肽 S- 转移酶催化形成，也有相当数量的化合物能在无酶条件下与谷胱甘肽反应。动植物体内均能发生谷胱甘肽轭合反应，但在动物体内，谷胱甘肽轭合物能进一步代谢形成巯基尿酸。

硫酸酯轭合反应　该反应主要发生在动物体内，易与硫酸酯轭合的主要是含羧基或氨基的农药化合物。催化这一反应的主要酶类为磺基转移酶。SO₄²⁻ 在 ATP 参与下活化，形成的 3'- 磷酸腺苷 -5' 磷酰硫酸在磺基转移酶催化下与农药分子作用形成硫酸酯轭合物。

除上述的主要反应类型外，还发现农药在动植物体中有甲基化、酰基化、磷酸酯轭合等其他类型的轭合反应。

毒性　轭合残留在生物学系统中表现出的重要性或意义由以下几点决定：①化学防御。一般来说，由于化学防御的作用，外源化合物（如轭合残留）的毒性通常比母体低，但极性增大。②表面张力。当轭合残留的表面张力低于水的表面张力时，则此轭合残留物更趋于在细胞表面富集，因此表现出更高的毒性。③增加酸度。轭合反应会改变弱酸环境，使得基质体系转化为具有强酸环境的体系。

在动物体内的生物学意义　在动物体内，主要形成葡糖醛酸轭合物和硫酸酯轭合物。通常，形成的农药轭合残留物的极性比农药母体大，溶于水，易从动物体内排出，因而急性毒性比农药母体低。如环己胺的葡糖苷酸轭合物对小鼠的急性毒性只有母体的1/6；4- 羟基西维因的葡糖苷则为母体的1/30，因此农药轭合反应在去毒作用上具有重要意义。葡糖苷酸、硫酸酯、氨基酸和巯基尿酸等极性轭合物的形成，有助于动物从尿液或粪便中排出农药。另外，谷胱甘肽的轭合作用则是动物体阻止亲电农药分子诱使组织伤害甚至癌变的最主要机制。因此，轭合反应能够降低农药的生物活性。然而也有例外，如吡啶发生轭合反应后产生的 N- 甲基吡啶对白鼠的急性毒性比吡啶大 4 倍。此外，轭合残留在动物体内更为突出的影响就是致癌性，如某些芳香胺类化合物经由轭合反应而被激活产生致癌或致突性，另一些本无致癌性的化合物可经轭合反应转化成具致癌性的亲电代谢物。

吡啶 　　　　　　　　　　　　 N-甲基吡啶

在植物体内的生物学意义　植物体内的极性轭合残留通常储存于细胞的液泡内，一些落叶性植物可通过落叶去除农药轭合物。尽管植物经轭合途径排出农药的作用不甚显著，但是轭合反应对植物的去毒作用和选择性仍有重要贡献。例如，抗性作物因除草剂莠去津与谷胱甘肽产生轭合作用而迅速解毒，光合速率在6~7小时内恢复到正常水平；而敏感作物体内的莠去津没得到代谢，光合作用无法复原。另外，轭合残留也有可能产生比母体残留更显著的生物学作用。研究发现，2,4-滴与20种氨基酸都能发生轭合作用，这些轭合残留物在对植物生长的刺激作用上超过了母体2,4-滴的作用。

由此可见，根据农药种类及轭合反应类型不同，轭合残留具有不同的毒性效果。部分农药可通过轭合反应产生重要的去毒作用，然而一些轭合残留物则对动植物体具有一定程度的急性毒性或致癌性。

分析与检测　对轭合残留物的检测，一般先采用酶水解、酸解或碱解法，使大分子轭合物发生解离，随后采用薄层层析法，使解离后的各组分分离，再用薄层显色、放射性自显影等方法，对各组分进行鉴定。酶水解常用的酶包括β-葡糖苷酶、β-葡糖醛酸酶、芳基硫酸酯酶、酸性硫酸酶、半纤维素酶、纤维素酶等。酶水解反应对于溶液的pH值、反应温度及反应时间有一定的要求，对于不能被酶水解的轭合残留物，可用酸解或碱解的方法，使轭合物分子发生解离，反应条件因轭合物种类而异。例如，研究农药与氨基酸类物质形成的轭合物组成时，在氮气保护下加入6mol/L的盐酸溶液，于105℃加热反应16小时，使其水解解离出的农药母体、轭合残留物及代谢物等，经薄层分离后，再用色谱法、质谱法、核磁共振法等定性定量分析。郑银铼等测定

脒基硫脲

↓

脒基硫脲-S- β-D-葡萄苷

胺基硫脲在大米中的轭合残留物，具体操作是将甲醇提取液经石油醚液液分配，中性氧化铝柱层析，丙酮∶甲醇（1∶1，v/v）洗脱，再经氧化铝薄层层析，分离得脒基硫脲-S-β-D-葡萄糖苷残留物。

研究方法

轭合残留的形成　农药轭合残留的产生与农药本身结构、农药及基质种类、进入基质体内的路径、营养平衡等有关。轭合残留的主要形成类型包括糖类轭合反应、氨基酸轭合反应、谷胱甘肽轭合反应及硫酸酯轭合反应。除此之外，其他合成反应包括烷基化、酰基化及冷凝反应。某种农药是否会产生轭合残留取决于其是否具有特定的化学基团或反应位点，即使农药本身不含有此类基团，通过氧化还原或其他过程也可以产生轭合残留。

轭合残留分离确证　农药轭合残留的定性及确证同样采用 ^{14}C 标记农产品中的目标农药进行。通过完全燃烧得出总 ^{14}C-农药残留的含量，若总 ^{14}C-残留量 $\leqslant$ 10μg/L，则无须进行轭合残留的研究。若总 ^{14}C-残留量 > 10μg/L，则采用有机或水体系溶剂进行提取，分别获得 ^{14}C-可提取残留及不可提取残留的浓度。对于不可提取的部分，若其浓度达到或高于0.05mg/L或10%的总残留，采用温和的酸或碱在室温下回流提取轭合残留。

轭合残留与结合残留毒性的联系与区别　从农药环境毒理学角度看，农药的轭合和结合是两类很重要的环境行为，其机理、形成条件及生物学意义等已为农药科学和环境科学工作者所重视。一般来说，农药在动植物体内的轭合反应具有更重要的研究意义。在土壤中，对结合态残留的研究则更为普遍。

从轭合残留的毒性研究中可以看出，农药轭合反应在生物学意义上的重要性主要表现为去毒作用，即大多数农药通过产生轭合残留可降低母体对生物及植物体的毒性。值得一提的是，许多未排出生物体的轭合物还能经历各种代谢过程。如水解作用使农药母体分子重新释放；水解产物的再轭合，等等。这些反应在作用时间和强度上也都将影响轭合物的生物活性。与轭合残留不同的是，农药的结合残留在一定条件下，可再度以农药母体化合物或其代谢物的形式释放出来。例如，土壤中的微生物可以使土壤中的结合农药残留释放，再将其降解。这一过程也有可能是增毒过程，即将生物活性低、植物利用率小的土壤结合残留农药释放出来，使之成为活性高、动植物可吸收的游离态农药或代谢物，从而增加环境中有毒物质的浓度。

参考文献

黄欣, 樊德方, 1991. 农药的轭合与结合态残留[J]. 生态学杂志, 10(4): 48-51.

郑银铼, 江民锋, 1985. 大米中脒基硫脲轭合残留物的分离和鉴定[J]. 环境科学学报, 5(4): 487-490.

中国农业百科全书总编辑委员会农药卷编辑委员会, 中国农业百科全书编辑部, 1993. 中国农业百科全书: 农药卷[M]. 北京: 农业出版社.

NY/T 1667—2008 农药登记管理术语第6部分: 农药残留.

BERCZELLER L, 1917. The excretion of substances foreign to the organism in the urine[J]. Biochem. Z, 84: 75.

DOROUGH H W, 1976. Bound and conjugated pesticide residues[M]. ACS symposium series, ACS. Washington, D. C. 29: 11-34.

HASSALL K A, 1982. The chemistry of pesticides[M]// Matsumura F, Murti K C R. Biodegradation of pesticides. New York and London, Plerum Press: 45.

PAULSON G D, 1980. Conjugation of foreign chemicals by animals[J]. Residue review (76): 31-72.

QUICK A J, 1932. The relationship between chemical structure and physiological response II. The conjugation of hydroxy-and methoxybenzoic acids[J]. Journal of biological chemistry (97): 403-421.

SHERWIN C P, 1922. The fate of foreign organic compounds in the animal body[J]. Physiological reviews (2): 264.

WILKISON C F, 1976. Insecticide biochemistry and physiology[M]. New York: Plerum Press, 215.

WILLIAMS R T, 1959. Detoxication mechanisms[M]. 2nd ed. New York: John Wiley & Sons, Inc.

（撰稿：薛佳堂；审稿：花日茂）

耳霉菌　*Conidioblous thromboides*

一种真菌类杀虫剂。

其他名称　块状耳霉菌、杀蚜霉素、杀蚜菌剂。

理化性质　为人工培养的块状耳霉菌活孢子制成。制剂为乳黄色液体，属活体真菌杀虫剂，施用后使蚜虫感病而死亡。具有一虫染病，祸及群体，持续传播，循环往复的杀蚜功能。可以防治各种蚜虫，对抗性蚜虫防效也高，专化性强，是灭蚜专用生物农药。

毒性　低毒。大鼠急性经口 $LD_{50} > 5000mg/kg$，急性经皮 $LD_{50} > 5000mg/kg$。对人、畜、天敌安全，无残留，不污染环境。

剂型　200 万菌体 /ml 悬浮剂。

作用方式及机理　①孢子的萌发与寄主棉蚜体壁的穿透。弹射到棉蚜体壁上的块耳霉孢子，在适宜的条件下 6 小时内就可以萌发生成芽管，芽管的生成可以在孢子的一端，也可以在两端。萌发的孢子明显膨大，是刚弹射时的 2～4 倍，并呈现网格状。8～12 小时，附着在体壁上的孢子形成细长的芽管成功穿透寄主体壁。②菌体在寄主体内的繁殖。侵入寄主体内的菌体，以网格状无壁的原生质体形式生长繁殖。原生质体形态大小各异，有球形、椭球形、变形虫形和不定形，并包被有颗粒 - 纤维状物质。原生质体首先在寄主的血腔中快速生长，在侵染后的 24～36 小时，寄主血腔中充满原生质体。此时，原生质体开始变细长，分割包围一些被角质层包被的寄主体内的固体组织（如消化道、胚胎和气管等组织），采取从外向内逐渐消解的方式，消化这些组织。侵染后的 40～64 小时寄主体内的胚胎开始被原生质体所消解，这个过程发生在寄主死亡以后，这也是原生质体在寄主体内最后消化的一个较大的固体组织。

防治对象　适用于小麦、棉花、花生、蔬菜等多种作物，可防治蚜虫、螨类、白粉虱、潜叶蛾、蓟马、稻飞虱、叶蝉等。

使用方法

防治粮食作物蚜虫　在蚜虫发生初期，使用 1500～2000 倍液，即在 15L 水中加入 7.5～10ml 药剂，稀释后均匀喷雾。特别是对温室、大棚内防治蚜虫，药效持续期长，防效更高。

防治蔬菜蚜、菜青虫　在发生旺盛期，亩用每毫升含 200 万菌体块状耳霉菌悬浮剂 150～200ml 加水 35～50kg，喷雾。

注意事项　该产品无内吸作用，喷药时必须均匀、周到，尽可能喷到蚜虫虫体上。不可与碱性农药和杀菌剂混用。储存在低温避光处，保质期 2 年。

与其他药剂的混用　可与菊酯类、有机磷和氨基甲酸酯类等农药混用，无交互抗性。

参考文献

冯明光, 2000. 生物杀虫剂与新的农业科技革命[C]//植物保护21世纪展望暨第三届全国青年植物保护科技工作者学术研讨会文集, 2000-11-21.

洪华珠, 杨红, 1998. 杀虫微生学纲要[M]. 武汉: 华中师范大学出版社.

李伟, 王秀芳, 李照会, 等, 2002. 几种杀真菌剂和除草剂对块耳霉菌落生长的影响[J]. 农药, 41(4): 35-38.

刘爱芝, 李世功, 刘国定, 1998. 灭蚜菌防治麦蚜效果试验[J]. 河南农业科学(11): 23-24.

刘乾开, 1993. 新编农药使用手册[M]. 上海: 上海科学技术出版社.

（撰稿：宋佳；审稿：向文胜）

饵剂　bait, RB

含有农药有效成分的剂型，其中有效成分以杀虫剂为主。也称为毒饵。关于饵剂的定义，到目前为止还没有一种统一的认识。从广义上说，饵剂就是通过对目标生物习性的研究，得出目标生物活动的特点，针对目标生物特点而设计出来的一种能够通过引诱目标生物前来取食或发生其他行为而使目标生物致死或干扰其行为或抑制其生长发育等，从而达到预防、消灭或控制目标生物目的的农药剂型。饵剂通过加工，可以以多种形式使用，如粉状、粒状、块状、片块、棒状和膏状等。

饵剂由有效成分、载体和添加剂组成。其中有效成分一般指农药原药，有时也可以是加工好的农药制剂或者其他能够使目标生物致死或干扰其行为或抑制其生长发育的物质。载体也被称为基饵，主要是把目标生物对食物的喜欢程度作为选择的依据，从而达到让目标生物来取食的目的。饵料的选择还应该考虑到原材料的来源是否易得，价格能否接受，非靶标动物中毒的可能性等因素。添加剂主要包括引诱剂、黏合剂、防腐剂、防霉剂、警戒色等，根据剂型的不同还可以添加增效剂、脱模剂、缓释剂等。饵剂作为一种特殊的农药剂型，由于其防治对象、使用场所和使用方法复杂多变，导致对其粒径、稳定性、水溶性等指标难以做出统一的要求。所以，更多时候在对饵剂进行质量控制时，需要根据实际情况来掌握质量指标。一般来说，一个优秀的饵料配方，应符合有效成分两年内分解率不高于5%，制剂的状态不发生改变，不产生不愉快的气味。其他指标应符合企业标准控制指标的要求。

饵剂因其状态多种多样，导致其加工方法比较复杂。大体上可以归纳为两类：一类是通过规范的工艺流程，使用加工设备，按照产品的企业标准所规定的控制指标生产出来的商品化饵剂产品；另一类是根据需要现配现用，随意性较强，没有技术指标要求，这样做的缺点是容易在现配现用中出现使用浓度不科学和操作不安全等问题。商品化饵剂的加工工艺大体上可分为浸泡吸附法、滚动包衣法和揉合成型法3类。现配现用的方法可以分为4类：黏附法、浸泡法、湿润法和混合法。每一种加工方法加工出来的剂型，都有其独特的功能。如何合理地选择加工方法，要综合考虑饵剂的原材料性质、防治对象、使用环境及方法，这不仅涉及技术和经济问题，同时也是环保问题。

饵剂主要用于防治害鼠、蟑螂、家蝇、蚂蚁、蚊子、蝗虫、蜗牛、天牛、害鸟等迁移活动能力强的有害生物。因其具有使用方便、效率高、成本低、用量少、对环境污染小和持效时间长等优点而在国际上得到广泛使用。但饵剂也有不可避免的缺点，如何有效防止二次毒害和污染是使用中应注意的问题。

（撰稿：董广新；审稿：遇璐、丑靖宇）

二斑叶螨报警信息素　alarm pheromone of *Tetranychus urticae*

适用于多种作物的昆虫信息素。最初从二斑叶螨（*Tetranychus urticae*）雌性二龄若螨中提取分离，主要成分为（2Z,6E）-3,7,11-三甲基-2,6,10-十二碳三烯-1-醇与（E）-3,7,11-三甲基-1,6,10-十二碳三烯-3-醇。

其他名称　Stirrup M（Troy Biosciences）、金合欢醇、橙花叔醇。

化学名称　(2Z,6E)-3,7,11-三甲基-2,6,10-十二碳三烯-1-醇（金合欢醇）；(2Z,6E)-3,7,11-trimethyl-2,6,10-dodecatrien-1-ol(farnesol)；(E)-3,7,11-三甲基-1,6,10-十二碳三烯-3-醇（橙花叔醇）；(E)-3,7,11-trimethyl-1,6,10-dodecatrien-3-ol(nerolidol)。

IUPAC名称　(2Z,6E)-3,7,11-trimethyl-dodeca-2,6,10-trien-1-ol(farnesol)；(E)-3,7,11-trimethyl- dodeca-1,6,10-trien-3-ol(ner-olidol)。

CAS登记号　3790-71-4（金合欢醇）；7212-44-4（橙花叔醇）。

分子式　$C_{15}H_{26}O$。

相对分子质量　222.37。

结构式

(2Z,6E)-3,7,11-三甲基-2,6,10-十二碳三烯-1-醇（金合欢醇）

(E)-3,7,11-三甲基-1,6,10-十二碳三烯-3-醇（橙花叔醇）

理化性质　无色或浅黄色液体，有特殊气味。沸点142～143℃（799.92Pa，金合欢醇）；276℃（101.32kPa，橙花叔醇）。相对密度0.89（金合欢醇）；0.87（橙花叔醇）。难溶于水，溶于乙醇、丙酮、氯仿等有机溶剂。

剂型　控释浓缩液。

作用方式　主要用于增加二斑叶螨的活性，使其更多地暴露于杀螨剂中。

防治对象　适用于蔬菜、果树、农作物等，防治二斑叶螨。

使用方法　将二斑叶螨报警信息素与杀螨剂在罐中混合，防治各种作物的二斑叶螨。

与其他药剂的混用　与杀螨剂混合使用，防治二斑叶螨。

参考文献

马克比恩C, 2015. 农药手册[M]. 胡笑形，等译. 北京: 化学工业出版社.

（撰稿：边庆花；审稿：张钟宁）

二苯砜　diphenyl sulfone

一种农用杀螨剂中间体，可用于防治花卉上的红叶螨类。

其他名称　1,1'-磺酰基二苯、1,1-磺酰双苯、二苯基砜、苯砜、Diphenylsulfone、Diphenyl sulphone、Phenyl sulphone、DPS。

化学名称　1,1-二苯基砜；1,1'-sulfonylbisbenzene。

IUPAC名称　diphenyl sulfone。

CAS登记号　127-63-9。

EC号　204-853-1。

分子式　$C_{12}H_{10}O_2S$。

相对分子质量　218.27。

结构式

理化性质　白色片状结晶。熔点123～129℃。沸点379℃（常压），232℃（2.4kPa）。闪点184℃。相对密度1.252（24℃）。蒸气压2.8×10^{-9}mPa（25℃）。$K_{ow}lgP$（25℃）：−0.99（pH9）、0.79（pH7）、2.18（pH5）。溶于热乙醇、乙醚及苯，微溶于热水，不溶于冷水。

毒性　中等毒性，误食有毒。急性经口LD_{50}：大鼠＞

2000mg/kg；小鼠＞19mg/kg。

质量标准　97%：外观白色结晶粉末，熔点125～129℃，纯度≥97%（GC）。99%：外观白色结晶粉末，红外光谱鉴别符合，熔点127～131℃；纯度≥99%（GC）；丙酮溶解试验合格。

防治对象　柑橘、苹果、花卉上的红叶螨类。

注意事项　燃烧产生有毒硫氧化物气体。储运库房应通风，低温干燥，与食品原料分开储运。

参考文献

丁伟, 2010. 螨类控制剂[M]. 北京: 化学工业出版社: 136-137.

（撰稿：周红；审稿：丁伟）

二苯基脲磺酸钙　diphenylurea sulfonic calciun

一种新型低毒植物生长调节剂。

其他名称　多收宝。

化学名称　(N,N'-二苯基脲)-4,4'-二磺酸钙。

分子式　$C_{13}H_{10}CaN_2O_7S_2$。

相对分子质量　410.43。

结构式

开发单位　山西省太原山西大学新化工有限公司生产。

理化性质　制剂为6.5%水剂。熔点300℃（常压）。溶解度122.47g/L（20℃）。对酸、碱、热稳定，光照分解。相对密度1.033（20℃）。

毒性　低毒。大鼠急性经口$LD_{50}＞5000mg/kg$，急性经皮$LD_{50}＞4640mg/kg$。

剂型　水剂，粉剂。

作用方式及机理　影响植物细胞内核酸和蛋白质的合成，促进或抑制植物细胞的分裂或伸长，可调控植物体内多种酶的活性，叶绿素含量，根、茎、叶和芽的发育，从而提高农作物的产量。对棉花、小麦、蔬菜等作物有增产效果。

使用方法

棉花　6.5%水剂对棉花用药浓度为50～75mg/kg（每亩用药液量45kg），于棉花苗期、蕾期、初花期喷3次药，对棉花的生长发育有促进作用，增加植株抗旱能力，减少蕾铃脱落，提高单株结铃数，促进棉花纤维发育及干物质积累，使棉花的产量和质量有明显提高和改善，对棉花安全。

小麦　用药浓度为100～150mg/kg（每亩用药液量30kg），于小麦出齐苗后，拔节前、扬花期连续喷3次药，促进小麦有效分蘖，提高成穗率，增加穗粒数和千粒重，明显提高小麦产量，对小麦安全。

黄瓜　用药浓度为10～20mg/kg（每亩用药液量30kg），

于黄瓜苗期7叶期后开始喷药，以后每隔20天喷药1次，共喷药3～4次，可调节黄瓜生长，增加产量，使植株健壮，增强抗病性。对品质无不良影响，对黄瓜安全、未见药害发生。

注意事项　请在阴冷处储存，应通过试验来确定最佳浓度，特别在苗期更是不宜稀释过浓，以免产生药害，喷药后8小时内遇雨需重喷。可与一般农药混合使用。该品低毒，如误服，急救方法为大量饮水并注意休息，一般可用双氢克尿噻等利尿剂解毒。

参考文献

李玲, 肖浪涛, 谭伟明, 2018. 现代植物生长调节剂技术手册[M]. 北京: 化学工业出版社:27.

（撰稿：谭伟明；审稿：杜明伟）

二丙烯草胺　allidochlor

一种酰胺类选择性除草剂。

其他名称　草毒死、Randox、CP6343。

化学名称　N,N-二丙烯基-α-氯代乙酰胺；N,N-diallyl-2-chloroacetamide。

IUPAC名称　2-chloro-N,N-di-2-propen-1-yl-acetamide。

CAS登记号　93-71-0。

EC号　217-638-2。

分子式　$C_8H_{12}ClNO$。

相对分子质量　173.64。

结构式

开发单位　1956年美国孟山都公司推广，获有专利USP2864683。1984年停产。

理化性质　琥珀色液体。沸点92℃（266.7Pa）。25℃时微溶于水（1.97%），在石油烃中溶解度中等，易溶于乙醇和二甲苯。蒸气压1.25Pa（20℃）。相对密度1.088。

毒性　大鼠急性经口LD_{50} 750mg/kg，急性经皮LD_{50} 360mg/kg。对皮肤和眼睛有刺激性。以70mg/（kg·d）剂量饲喂大鼠30天，对大鼠生长无明显影响。

剂型　50%乳油，20%颗粒剂。

作用方式及机理　选择性苗前土壤处理除草剂。通过萌发种子幼芽吸收。抑制萌发种子的呼吸作用和幼芽的细胞分裂与蛋白质合成，特别是抑制α-淀粉酶的形成，阻碍营养物质的运输，使种子萌发时缺乏能量和可溶性糖，杂草生长受到抑制或死亡。但不能杀死休眠种子和生长期的杂草。有效成分为0.025mg/L对黑麦草的生长抑制率达80%。这在N-取代3-碳链的α-氯代乙酰胺类中是比较高的。其氯原子活泼，可代谢为羟基醋酸和二烯丙基胺。用量4～5kg/hm²

（有效成分）在土壤中残效期为 3～6 周。

防治对象　用于玉米、高粱、大豆、番茄、甜菜、甘蓝、甘薯、洋葱、芹菜、果园等。防除一年生禾本科杂草和部分阔叶杂草，如早熟禾、粟米草、马唐、马齿苋、看麦娘、稗草、雀麦、野燕麦、大画眉草等。

使用方法　作物播前、播后苗前，杂草芽前或芽后早期作土壤处理。4～5kg/hm²（有效成分）。

注意事项　对人的眼睛和皮肤有刺激作用，应避免直接接触，若溅到眼睛和皮肤上应及时清洗。只能作土壤处理应用，作茎叶处理则无效。

参考文献

朱永和, 王振荣, 李布青, 2006. 农药大典[M]. 北京: 中国三峡出版社: 688-689.

（撰稿：李华斌；审稿：耿贺利）

二化螟性信息素　sex pheromone of *Chilo suppressalis*

适用于水稻田的昆虫性信息素。最初从未交配的二化螟（*Chilo suppressalis*）雌虫腹部末节提取分离，主要成分为（Z）-11-十六碳烯醛、（Z）-9-十六碳烯醛与（Z）-13-十八碳烯醛，最适宜的比例为 50：5：6。

其他名称　Apm-Rope（Shin-Etsu）、Checkmate APM-F（喷雾剂）（Suterra）、FERSEX ChS［混剂，（Z）-11-十六碳烯醛：（Z）-9-十六碳烯醛：（Z）-13-十八碳烯醛为 81.5：8.5：10.0］（SEDQ）、Isomate RSB、Selibate CS、Disrupt RSB。

化学名称　（Z）-11-十六碳烯醛；(Z)-11-hexadecenal；(Z)-9-十六碳烯醛；(Z)-9-hexadecenal；(Z)-13-十八碳烯醛；(Z)-13-octadecenal。

IUPAC 名称　(Z)-hexadec-11-enal；(Z)-hexadec-9-enal；(Z)-octadec-13-enal。

CAS 登记号　56219-04-6（Z）-9-十六碳烯醛；53939-28-9（Z）-11-十六碳烯醛；58594-45-9（Z）-13-十八碳烯醛。

EC 号　260-064-2（Z）-9-十六碳烯醛；261-349-4（Z）-13-十八碳烯醛。

分子式　$C_{16}H_{30}O$［（Z）-9-十六碳烯醛，（Z）-11-十六碳烯醛］；$C_{18}H_{34}O$［（Z）-13-十八碳烯醛］。

相对分子质量　238.41［（Z）-9-十六碳烯醛，（Z）-11-十六碳烯醛］；266.46［（Z）-13-十八碳烯醛］。

结构式

（Z）-11-十六碳烯醛

（Z）-9-十六碳烯醛

（Z）-13-十六碳烯醛

生产单位　由 SEDQ、Shin-Etsu 等公司生产。

理化性质　无色或浅黄色液体，有特殊气味。沸点130～132℃（133.32Pa）［（Z）-11-十六碳烯醛］。相对密度0.85（20℃）［（Z）-13-十八碳烯醛］，0.85（20℃）（3 种醛的混合物）。难溶于水，溶于正庚烷、乙醇和苯等有机溶剂。

毒性　大鼠急性经口 LD_{50} > 5000mg/kg（3 种醛的混合物）。大鼠急性吸入 LC_{50} > 5mg/L［（Z）-11-十六碳烯醛］。大鼠急性经皮 LD_{50} > 2000mg/kg（3 种醛的混合物）。对皮肤与眼睛无刺激性。

剂型　胶囊（缓释剂）塑料管，压制的塑料薄片，喷洒制剂。

作用方式　主要用于干扰二化螟的交配，诱捕二化螟。

防治对象　适用于水稻田，防治二化螟。

使用方法　在二化螟成虫羽化时，将二化螟性信息素缓释剂均匀分布于水稻田。

参考文献

马克比恩 C, 2015. 农药手册[M]. 胡笑形, 等译. 北京: 化学工业出版社.

吴文君, 高希武, 张帅, 2017. 生物农药科学使用指南[M]. 北京: 化学工业出版社.

（撰稿：钟江春；审稿：张钟宁）

二甲苯草胺　xylachlor

一种谷物的苗前或苗后除草剂。

其他名称　Combat。

化学名称　2-氯-*N*-异丙基乙酰-2′,3′-二甲基苯胺；2-chloro-*N*-(2,4-dimethylphenyl)-*N*-isopropylacetamide。

IUPAC 名称　2-chloro-*N*-isopropylacet-2′,3′-xylidide。

CAS 登记号　63114-77-2。

分子式　$C_{13}H_{18}ClNO$。

相对分子质量　239.74。

结构式

开发单位　1979 年由氰胺公司开发。

参考文献

农业部种植业管理司, 农业部药检所, 海关总署政法司, 等, 2006. 中国农药进出口商品编码实用手册[M]. 北京: 中国农业出版社: 181.

（撰稿：王大伟；审稿：席真）

二甲丙乙净 dimethametryn

一种三嗪类选择性除草剂。

其他名称 戊草净、异戊乙净、异丙净。

化学名称 2-(1,2-二甲基丙氨基)-4-乙氨基-6-甲硫基-1,3,5-三嗪。

IUPAC 名称 (RS)-N^2-(1,2-dimethylpropyl)-N^4-ethyl-6-(methylthio)-1,3,5-triazine-2,4-diamine。

CAS 登记号 22936-75-0。

EC 号 245-337-6。

分子式 $C_{11}H_{21}N_5S$。

相对分子质量 255.38。

结构式

开发单位 汽巴 - 嘉基公司。

理化性质 纯品二甲丙乙净为油状液体。熔点 65℃。沸点 151～153℃（6.67Pa）。20℃时的溶解度：水 50mg/L、二氯甲烷 800g/L、已烷 60g/L、甲醇 700g/L、辛醇 350g/L、甲苯 600g/L。相对密度 1.098（20℃）。蒸气压 0.186mPa（20℃）。pK_a4.1。

毒性 二甲丙乙净原药急性 LD$_{50}$（mg/kg）：大鼠经口 3000，大鼠经皮＞2150。对兔皮肤无刺激，对兔眼睛有轻微刺激。吸入 LC$_{50}$（4 小时）：大鼠＞5400mg/m^3。NOEL：大鼠（2 年）25mg/kg（体重）。日本鹌鹑 LC$_{50}$（8 小时）＞1000mg/kg 饲料。虹鳟 LC$_{50}$（96 小时）5mg/L。欧洲鲫鱼 LC$_{50}$（96 小时）8mg/L。水蚤 LC$_{50}$ 0.92mg/L。蜜蜂接触和吸入 LC$_{50}$（48 小时）＞100μg/ 只。

剂型 常用制剂主要有 50% 派草磷·戊草净（40% + 10%）乳油，80% 可湿性粉剂，50% 胶悬剂。

作用方式及机理 抑制光合作用，通过叶、根部吸收，防治水稻、甘蔗田中一年生阔叶杂草。

防治对象 防治禾本科杂草和阔叶杂草，对于稻田中的单子叶和双子叶杂草也可防除。

使用方法 用 80% 异丙净可湿性粉剂 1.5～2.25kg/hm^2（有效成分 1.2～1.8kg/hm^2），兑水 450kg，于棉花播种时进行土壤处理。对千金子、马唐、异型莎草、繁缕、藜、蓼等都有很好的防除效果。此剂量用于棉花苗床及直播田时，对棉花出苗及棉苗前期生长有一定影响，但对棉花后期生长无影响。

注意事项 在土壤有机质含量大于 4.5% 时，不宜用二甲丙乙净，而用氟草隆或扑草净较为适宜。

允许残留量 ADI 为 0.01mg/kg。该药在棉籽中的最大允许残留量为 0.1mg/kg（美国）。

参考文献

孙家隆, 2015. 新编农药品种手册[M]. 北京: 化学工业出版社: 687.

（撰稿：杨光富；审稿：吴琼友）

二甲草胺 dimethachlor

一种氯乙酰胺类除草剂。

其他名称 Teridox、CGA 17020。

化学名称 N-(2,6- 二甲基苯基)-N-(2- 甲氧基乙基)- 氯乙酰胺。

IUPAC 名称 2-chloro-N-(2-methoxyethyl)acet-2′,6′-xylidide。

CAS 登记号 50563-36-5。

EC 号 256-625-6。

分子式 $C_{13}H_{18}ClNO_2$。

相对分子质量 255.74。

结构式

开发单位 1977 年由瑞士汽巴 - 嘉基公司（现先正达）开发。

理化性质 无色结晶体，熔点 47℃；蒸气压（20℃）2.1mPa。K_{ow}lg$P$ 2.17（25℃）。Henry 常数 $1.7×10^{-4}$Pa·m^3/mol。溶解度（20℃）：水 2.1g/L，苯、二氯甲烷、甲醇＞800g/kg，辛醇 340g/kg。稳定性：水解 DT$_{50}$＞200 天（pH1～9），9.3 天（pH13）（20℃）。

毒性 大鼠急性经口 LD$_{50}$ 1600mg/kg，急性经皮 LD$_{50}$＞3170mg/kg。鱼类 LC$_{50}$（96 小时）：虹鳟 3.9mg/L，蓝鳃鱼 15mg/L；对兔皮肤和眼睛有轻微刺激；对蜜蜂、鸟微毒。

剂型 50% 乳油。

作用方式及机理 选择性芽前土壤处理除草剂，经根吸收进入植物体内。抑制细胞分裂，抑制长链脂肪酸生物合成。

防治对象 用于油菜、大豆和甜菜地防除一年生阔叶杂草和禾本科杂草，尤其对狗尾草、看麦娘、早熟禾等杂草效果好。

使用方法 选择性芽前土壤处理剂。杂草出土前，作物播种后苗前或播前施药。用药量 1.2～2kg/hm^2。播前用药，施药后要进行混土。

注意事项 施药时避免药剂溅入眼睛，禁止污染河流、水源。

与其他药剂的混用 与异噁草松复配；与异噁草松 + 敌草胺复配使用。

参考文献

张殿京, 程慕如, 1987. 化学除草应用指南[M]. 北京：农村读物出版社: 175.

（撰稿：陈来；审稿：范志金）

二甲基二硫代氨基甲酸钠 sodium dimethyldithiocarbamate

一种有机硫杀菌剂。

其他名称 敌百亩、福美钠。

化学名称 二甲基二硫代氨基甲酸钠。

IUPAC名称 sodium; N,N-dimethylcarbamodithioate。

CAS登记号 128-04-1。

分子式 $C_3H_6NNaS_2$

相对分子质量 143.21。

结构式

理化性质 纯品为鳞片状白色结晶。极易溶于水，用析晶法得到的结晶含有 2.5 个分子的结晶水，加热到 115℃ 时失去 2 分子结晶水，130℃ 完全失去结晶水。工业中间体为 15% 水溶液，为微黄或草绿色透明液体。相对密度为 1.06。pH9~11。亦可用作土壤消毒剂。

毒性 急性毒性：大鼠经口 LD_{50} 1g/kg。大鼠经腹膜 LD_{50} 1g/kg。小鼠经口 LD_{50} 1500mg/kg。小鼠经腹膜 LD_{50} 573mg/kg。兔子经口 LD_{50} 300mg/kg。致突变：沙门菌突变测试系统 50μg/ 皿。

应用 杀菌剂福美双、福美铁、福美铵、福美锌、福美镍的中间体。

使用方法 该品为消毒杀菌剂，可制成 1% 药皂使用。

（撰稿：闫晓静；审稿：刘鹏飞、刘西莉）

二甲嘧酚 dimethirimol

一种嘧啶类内吸性杀菌剂。

其他名称 Milcurb、PP675（试验代号）、Dimethyrimol、Melkeb。

化学名称 5-正丁基-2-二甲胺基-6-甲基嘧啶-4-醇；5-butyl-2-dimethylamino-6-methylpy-rimidin-4-ol。

IUPAC名称 5-butyl-2-(dimethylamino)-6-methyl-1H-pyrimidin-4-one。

CAS登记号 5221-53-4。

EC号 226-021-7。

分子式 $C_{11}H_{19}N_3O$。

相对分子质量 209.29。

结构式

开发单位 先正达公司。

理化性质 纯品为无色针状结晶固体。熔点 102℃。相对密度 1.2。蒸气压 1.46mPa（25℃）。K_{ow}lg$P$ 1.9。Henry 常数 $< 2.55 \times 10^{-4} Pa \cdot m^3/mol$（25℃，计算值）。水中溶解度 1.2g/L（20℃）；有机溶剂中溶解度（g/kg，20℃）：氯仿 1200、二甲苯 360、乙醇 65、丙酮 45。土壤降解 DT_{50} 120天。

毒性 急性经口 LD_{50}（mg/kg）：大鼠 2350，小鼠 800~1600。大鼠急性经皮 $LD_{50} > 400$mg/kg。对兔皮肤和眼睛无刺激性。NOEL［2 年，mg/（kg·d）］：大鼠 300，狗 25。母鸡急性经口 LD_{50} 4000mg/kg。虹鳟 LC_{50}（96 小时）28mg/L。

作用方式及机理 腺嘌呤核苷脱氨酶抑制剂。内吸性杀菌剂，具有保护和治疗作用。可被植物根、茎、叶吸收，并在植物体内转运到各个部位。

防治对象 主要用于防治烟草、番茄、观赏植物的白粉病。茎叶处理，使用剂量为 50~100g/hm² 有效成分。土壤处理，使用剂量为 0.5~2kg/hm² 有效成分。

参考文献

刘长令, 2006. 世界农药大全: 杀菌剂卷[M]. 北京: 化学工业出版社.

TOMLIN C D S, 2000. The pesticide manual: a world compendium[M]. 12th ed. UK: BCPC.

（撰稿：陈长军；审稿：张灿、刘西莉）

二甲噻草胺 dimethenamid

一种氯乙酰胺类广谱性除草剂。

其他名称 二甲噻草胺：Frontier、二甲吩草胺、二甲酚草胺；精二甲噻草胺：Frontier X2、Isard、Outlook、Spectrum。

化学名称 二甲噻草胺：(RS)-2-氯-N-(2,4-二甲基-3-噻酚基)-N-(2-甲氧基-1-甲氧乙基)乙酰胺；(RS)-2-chloro-N-(2,4-dimethyl-3-thienyl)-N-(2-methoxy-1-methylethyl)acetamide。

精二甲噻草胺：(S)-2-氯-N-(2,4-二甲基-3-噻酚基)-N-(2-甲氧基-1-甲氧乙基)乙酰胺；(S)-2-chloro-N-(2,4-dimethyl-3-thienyl)-N-((1S)2-methoxy-1-methylethyl)acetamide。

IUPAC名称 2-chloro-N-(2,4-dimethylthiophen-3-yl)-N-(1-methoxypropan-2-yl)acetamide; 2-chloro-N-(2,4-dimethylthiophen-3-yl)-N-[(2S)-1-methoxypropan-2-yl]acetamide。

CAS登记号 87674-68-8；163515-14-8。

分子式 $C_{12}H_{18}ClNO_2S$。

相对分子质量 275.79。

结构式

二甲噻草胺　　　　　精二甲噻草胺

开发单位　巴斯夫公司。

理化性质

二甲噻草胺：浅黄色至棕色黏稠液体。熔点＜-50℃。沸点127℃(26.7Pa)。蒸气压36.7mPa（25℃）。$K_{ow}lgP$ 2.12±0.02（25℃）。Henry常数$8.32×10^{-3}$ Pa·m³/mol。相对密度1.187（25℃）。水中溶解度1.2g/L（pH7，25℃）；庚烷282、异辛烷220（g/kg，25℃）；醚、煤油、乙醇＞50%（25℃）。54℃可稳定储存4周，70℃2周，估计在20℃2年内分解＜5%。在pH5～9时（缓冲，25℃）稳定30天。闪点91℃（Pensky-Martens闭杯）。

精二甲噻草胺：黄褐色透明溶液。熔点＜-50℃（EU Rev. Rep.）。沸点122.6℃(9.31Pa)。蒸气压2.51mPa（25℃）。$K_{ow}lgP$ 1.89（25℃）。Henry常数$4.8×10^{-4}$Pa·m³/mol。相对密度1.195（25℃）。水中溶解度1.449g/L（pH7，25℃）；己烷208g/L；微溶于丙酮、甲苯、乙腈和正辛醇（25℃），pH5、7、9时水解稳定31天（25℃）。闪点79℃。

毒性　二甲噻草胺：急性经口LD_{50}（mg/kg）：大鼠397。大鼠和兔急性经皮LD_{50}＞2000mg/kg。对兔皮肤和眼睛无刺激性。大鼠吸入LC_{50}（4小时）＞4990mg/L（空气）。NOEL：大鼠＜0.5mg/（kg·d），狗2.0mg/（kg·d），小鼠3.8mg/（kg·d）。ADI（JMPR）0.07mg/kg［2005］；（EFSA）0.07mg/kg［2005］；（EPA）0.05mg/kg［1997］。Ames试验和染色体畸变试验表明无致突变、致畸、致癌作用。

精二甲噻草胺：急性经口LD_{50}（mg/kg）：大鼠429。大鼠急性经皮LD_{50}＞2000mg/kg。对兔皮肤和眼睛无刺激性，皮肤致敏剂。大鼠吸入LC_{50}（4小时）＞2200mg/L（空气）。NOEL：大鼠（90天）10mg/kg，小鼠（94周）3.8mg/kg；狗（1年）2.0mg/kg。ADI（JMPR）0.07mg/kg［2005］；（EC）0.02mg/kg［2003］。Ames试验和染色体畸变试验表明无致突变、致畸、致癌作用。

生态毒性　二甲噻草胺：山齿鹑急性经口LD_{50} 1908mg/kg。山齿鹑和野鸭饲喂LC_{50}＞5620mg/kg饲料。鱼类LC_{50}（96小时）：蓝鳃翻车鱼6.4mg/L，虹鳟2.6mg/L，鲈鱼7.2mg/L。水蚤LC_{50} 16mg/L。近头状伪蹄形藻LC_{50} 0.062mg/L。糠虾LC_{50} 4.8mg/L，东方牡蛎5.0mg/L。对其他有益生物土鳖虫和双线隐翅虫无害（IOBC）。蜜蜂接触LD_{50}＞1mg/只。蚯蚓LC_{50} 294.4mg/kg干土。

精二甲噻草胺：山齿鹑急性经口LD_{50} 1068mg/kg。山齿鹑和野鸭饲喂LC_{50}＞5620mg/kg饲料。鱼类LC_{50}（96小时）：蓝鳃翻车鱼10mg/L，虹鳟6.3mg/L；鲈鱼LC_{50}（48小时）12mg/L。EC_{50}（5天）：月牙藻0.017mg/L，鱼腥藻0.38mg/L。浮萍EC_{50}（14天）0.0089mg/L。糠虾LC_{50}（96小时）3.2mg/L，蜜蜂LD_{50}（24小时，经口）134μg/只。对蟥、草蛉和螨无害（IOBC）。

剂型　乳油。

作用方式及机理　主要是土壤处理除草剂，也可以苗后使用。通过根和上胚轴吸收，很少通过叶片吸收，在植株体内不能传导。氯乙酰胺类除草剂抑制长链脂肪酸的合成。玉米对氯乙酰胺类除草剂的耐受性主要由于与谷胱甘肽共轭。

防治对象　二甲噻草胺：防除玉米、大豆、甜菜、马铃薯、干豆类和其他作物田中一年生禾本科杂草和阔叶杂草。精二甲噻草胺：防除玉米、大豆、甜菜、马铃薯、干豆类和其他作物一年生禾本科杂草和阔叶杂草。

使用方法　二甲噻草胺：苗前或苗后早期使用，使用剂量0.85～1.44kg/hm²。精二甲噻草胺：苗前或苗后早期使用，使用剂量0.65～1.0kg/hm²。

环境行为

二甲噻草胺：在动物体内迅速并广泛代谢，主要通过谷胱甘肽共轭后与半胱氨酸、巯基乙酸和代谢物形成复合物。在玉米和甜菜中迅速代谢，与半胱氨酸、硫代乳酸和巯基乙酸共轭。植物中的代谢途径与动物中类似，没有母体化合物积累。土壤中快速降解，可能通过微生物作用，DT_{50} 8～43天，根据土壤类型和气候条件有变化。光解土壤DT_{50}约7.8天，水中23～33天。K_d（4种土壤）0.7～3.5。

精二甲噻草胺：动物体内广泛吸收（＞90%）、代谢，主要通过谷胱甘肽共轭后与半胱氨酸、巯基乙酸和代谢物形成复合物。完全排泄（90%，168小时）。在玉米和甜菜中迅速代谢，与谷胱甘肽共轭，随后水解，半胱氨酸裂解，然后进一步氧化、去氨基和去羧基。植物中的代谢途径与动物中类似，没有母体化合物积累。土壤中广泛降解，主要通过谷胱甘肽或半胱氨酸共轭，导致矿化和结合残留。主要代谢物包括乙二酰胺和磺酸盐，但是这些都是暂时的。土壤中母体化合物DT_{50} 8～43天，取决于土壤类型和条件。K_{oc}（10种土壤）90～474；K_d（10种土壤）1.23～13.49。水溶液表层光解DT_{50}＜1天；土壤14～16天。

允许残留量　被认为在现有指令范畴之外，不被视作是一种植保产品。

参考文献

马克比恩C, 2015.农药手册[M].胡笑形, 等译.北京:化学工业出版社:330-332.

（撰稿：祝冠彬；审稿：徐凤波）

二甲戊灵　pendimethalin

一种二硝基苯胺类除草剂。

其他名称　施田补、胺消草、除草通、除芽通、杀草通。
化学名称　N-1-(乙基丙基)2,6-二硝基-3,4-二甲基苯胺。
IUPAC名称　3,4-dimethyl-2,6-dinitro-N-pentan-3-ylaniline。
CAS登记号　40487-42-1。
EC号　254-938-2。
分子式　$C_{13}H_{19}N_3O_4$。
相对分子质量　281.31。
结构式

开发单位　美国氰胺（巴斯夫）公司。

理化性质　纯品为橙黄色晶体。熔点 $54\sim58℃$，蒸馏时分解。蒸气压 $4\times10^{-3}Pa$（25℃）。水中溶解度 0.33mg/L（20℃）；有机溶剂中溶解度（20℃，g/L）：丙酮 200、异丙醇 77、二甲苯 628、辛烷 138、玉米油 148；易溶于苯、甲苯、氯仿、二氯甲烷，微溶于石油醚。

毒性　低毒。急性经口 LD_{50}（mg/kg）：雄大鼠 1250、雌大鼠 1050、雄小鼠 1620、雌小鼠 1340、狗 >5000。兔急性经皮 LD_{50} >5000mg/kg。大鼠急性吸入 LC_{50}（4 小时）>0.32mg/L。对兔眼睛和皮肤无刺激性。试验剂量内对动物无致畸、致突变、致癌作用。对鱼类及水生生物高毒。鲤鱼 LC_{50}（48 小时）0.95mg/L，对鱼最大无作用浓度（mg/L）：虹鳟 0.075，蓝鳃鱼 0.1，鲶鱼 0.32。水蚤 LC_{50}（3 小时）>40mg/L，泥鳅 LC_{50}（48 小时）35mg/L。对蜜蜂、鸟低毒。蜜蜂经口 LD_{50} 49.8μg/ 只。饲喂 LC_{50}（8 天，mg/kg 饲料）：野鸭 10 388，鹌鹑 4187。

剂型　30%、33%、330g/L 乳油，45% 微囊悬浮剂，20%、30% 悬浮剂。

质量标准　二甲戊灵原药（GB 22177—2008）。

作用方式及机理　杂草种子在发芽穿过土层的过程中吸收药剂，抑制分生组织细胞分裂从而使杂草死亡。阔叶杂草吸收部位为下胚轴，禾本科杂草吸收部位为幼芽。该药不影响杂草种子的萌发，而是在杂草种子萌发过程中幼芽、茎和根吸收药剂后而起作用。其受害症状是幼芽和次生根被抑制。

防治对象　旱田稗、马唐、狗尾草、牛筋草、早熟禾等禾本科杂草及藜、反枝苋等小粒种子阔叶杂草，对野黍、落粒高粱、小麦自生苗、铁苋菜、苘麻及蓼科杂草等防效较差。水稻田用药可防治稗草、马唐、鸭跖草、野慈姑、节节菜、异型莎草、牛毛毡等。

使用方法　用在棉花、大豆、玉米、水稻等粮油作物田，白菜、甘蓝、韭菜、大蒜等蔬菜田除草。

防治棉花田杂草　棉花播前或播后苗前，每亩施用 33% 乳油 $150\sim200g$（有效成分 $49.5\sim66g$），兑水 $40\sim50L$ 做土壤处理。播前施药后浅混土能提高防效。在地膜棉田采用整地 →播种→施药→覆膜的操作程序。

防治大豆田杂草　大豆播前或播后苗前，每亩施用 33% 二甲戊灵乳油 $200\sim300g$（有效成分 66～99g，东北地区），或 $150\sim200g$（49.5～66g，华北地区），兑水 $40\sim50L$ 做土壤处理。

防治玉米田杂草　玉米播种前或播后苗前，每亩施用 33% 二甲戊灵乳油 $200\sim300g$（有效成分 66～99g），兑水 $40\sim50L$ 做土壤处理。

防治水稻旱育秧田杂草　水稻播后苗前，每亩用 33% 二甲戊灵乳油 $150\sim200g$（有效成分 49.5～66g），兑水 30L 土壤喷雾。

防治白菜田杂草　白菜移栽前或播后苗前用 33% 二甲戊灵乳油 $100\sim150g$（有效成分 33～49.5g），兑水 30L 土壤喷雾。

注意事项　①旱田使用，良好的土壤墒情是保证该药发挥药效的关键，施药时土壤干旱可增加兑水量，或用药后混土。②该药防除禾本科杂草效果优于其对阔叶杂草的防效，因而在阔叶杂草较多的田块，可考虑同其他除草剂混

用。③对鱼有毒，用药后清洗药械时应防止药剂污染水源。

与其他药剂的混用　可与乙草胺、扑草净、乙氧氟草醚、苄嘧磺隆等混用，防除不同作物田杂草。

允许残留量　GB 2763—2021《食品中农药最大残留限量标准》规定二甲戊灵最大残留限量见表。ADI 为 0.1mg/kg。谷物按照 GB 23200.9、GB 23200.24、GB 23200.113 规定的方法测定；蔬菜按照 GB 23200.8、GB 23200.113、NY/T 1379 规定的方法测定。

部分食品中二甲戊灵最大残留限量（GB 2763—2021）

食品类别	名称	最大残留限量（mg/kg）
谷物	玉米	0.1
	稻谷	0.2
	糙米	0.1
蔬菜	韭菜	0.2
	大蒜	0.1
	莴苣	0.1

参考文献

刘长令, 2002. 世界农药大全: 除草剂卷[M]. 北京: 化学工业出版社.

马克比恩 C, 2015. 农药手册[M]. 胡笑形, 等译. 北京: 化学工业出版社.

中国农业百科全书总编辑委员会农药卷编辑委员会, 中国农业百科全书编辑部, 1993. 中国农业百科全书: 农药卷[M]. 北京: 农业出版社.

SHANER D L , 2014. Herbicide handbook[M].10th ed. Lawrence, KS: Weed Science Society of America.

（撰稿：李香菊；审稿：耿贺利）

二硫化碳　carbon disulfide

无色液体。纯的二硫化碳有类似三氯甲烷的芳香甜味，不纯的工业品因为混有其他硫化物（如羰基硫等）而变为微黄色，并且有令人不愉快的烂萝卜味。二硫化碳用于制造人造丝、杀虫剂、促进剂等，也用作溶剂。是中国防治仓库害虫常用的一种无机熏蒸剂。

化学名称　二硫化碳；carbon disulphide。

IUPAC 名称　carbon disulfide。

CAS 登记号　75-15-0。

EC 号　200-843-6。

分子式　CS_2。

相对分子质量　76.14。

结构式

$$S=C=S$$

理化性质　密度 1.2927g/ml，沸点 46.25℃，沸点下汽

化潜热 355.9J/g，30℃时比热容 2kJ/（kg·K），折射率 n_D^{15} 1.6315，熔点 -111.6℃，在 22℃水中溶解度为 0.00174ml/ml 水，可同醇、醚和苯等有机溶剂按任意比例互溶。燃烧时发蓝色火焰。

毒性 高浓度时具有麻醉作用。可通过呼吸道及皮肤侵害人体机能，对生物有剧毒。对人体中毒机理，主要使中枢神经中毒引起神经系统疾病。中毒者的处理，应尽快脱离现场，移至通风良好处，呼吸衰弱者需立即进行人工呼吸。

质量标准 无色液体。

作用方式及机理 有良好的穿透性，熏蒸粮食一般与不燃烧成分制成混剂使用。二硫化碳对干燥种子的熏蒸不降低种子的活力。对谷物如小麦、大麦、玉米、稻谷等，$250g/m^3$ 熏蒸 24 小时，发芽不受影响。气态二硫化碳会严重损害或杀死生长着的植物或苗木。但水稀释的二硫化碳乳剂处理常绿树和落叶林木根部周围的土壤，能有效地防治如日本金龟子幼虫等多种地下害虫。

使用方法 二硫化碳可采用不同容积的金属桶或金属缸储存，使用时分装到较小的容器中。二硫化碳的沸点远超过常温，空间熏蒸时，为尽快达到所需浓度，必须采取快速蒸发法。小规模的熏蒸可将液体倒在像麻袋片之类的吸附物质上，然后将其悬挂于空间中。也可以用喷雾装置使液体呈细雾状从仓外喷向仓内。常温熏蒸也可采用蛇形管加热的办法，但蛇形管中的水温不能超过84℃。由于二硫化碳具有燃烧和爆炸的特性，现代熏蒸越来越少使用该药剂。如果必须使用，则需要与不燃成分制成混合剂，如四氯化碳。

注意事项 含水量超过17%的粮食、种子不能用于熏蒸；宜在温度20℃以上时使用；注意其气体极易燃烧和爆炸；在投药、密闭、散毒等整个熏蒸过程中，必须严防发生火灾。在熏蒸过程中，周围 30m 以内禁止火种接近（如吸烟、燃烧物品等）；对人和一切动物都有毒性，当空气中含二硫化碳 1000～3850mg/L 时，呼吸 30～60 分钟可造成人的死亡。

参考文献

朱永和, 王振荣, 李布青, 2006.农药大典[M].北京: 中国三峡出版社.

（撰稿：陶黎明；审稿：徐文平）

二硫氰基甲烷 methylene dithiocyanate

一种高效广谱杀生剂，对细菌、真菌、藻类、原生动物都有较强的杀灭和抑制效果，特别是对硫酸盐还原菌十分有效。最早用于包装纸的防霉，海轮壳体表面海生物的预防和清除。

其他名称 MBT、7012、二硫氰酸甲酯、浸种灵、二硫氰酸亚甲基酯。

化学名称 甲叉二硫氰基酯；(R)-2-[4-(6-氯喹喔啉-2-基氧)苯氧基]丙酸乙酯。

IUPAC 名称 methylene dithiocyanate。

CAS 登记号 6317-18-6。

EC 号 228-652-3。

分子式 $C_3H_2N_2S_2$。

相对分子质量 130.19。

结构式

N≡S—S≡N

理化性质 白色或浅黄色的针状晶体。熔点 100～104℃。可溶于 1,4- 二氧氯环、N,N- 二甲基甲酰胺，微溶于其他有机溶剂，微溶于水，水中溶解度约 0.4%，在酸性条件下稳定。25℃时水中的溶解度为 0.28g/100g；25℃时甲醇中的溶解度为 5.1g /100ml。在高于 110℃时开始分解，205℃时迅速分解。有良好的防腐、杀菌、灭藻效果。

毒性 对高等动物高毒。急性经口 LD_{50}: 大鼠 81mg/kg，小鼠 50.19mg/kg。大鼠急性经皮 LD_{50} 292mg/kg。大鼠吸入 LC_{50}（4 小时）7.7μg/L。兔子急性经口 LD_{50} > 2000mg/kg。对虾的 LC_{50}（96 小时）0.6mg/L。鹌鹑急性经口 LD_{50} 42mg/kg。对眼睛有腐蚀性，刺激上呼吸道，严重的可致命。对皮肤有中等刺激性，可引起皮肤过敏。

剂型 10%、5.5%、4.2% 乳剂，1.5% 可湿性粉剂。

质量标准 白色至微黄色固体，含量98%。

作用方式及机理 非内吸的保护性杀菌剂。作用机理为药剂中的硫氰基先被病原微生物体内的酶氧化成 -S 和 -CN，这两个毒性基团主要干扰和抑制病原微生物呼吸作用的末端氧化电子传递过程，阻止正常的能量产生。导致病原微生物死亡。由于水中的二价铁离子可与硫氰酸根形成十分稳定的络合物，所以水中铁离子较高时会降低药效。该药易光解，不宜在田间喷雾使用。

防治对象 可杀灭多种细菌、真菌及线虫。目前主要应用于处理农作物种子。广泛应用于稻、麦种子处理。防治种传病害如水稻恶苗病和干尖线虫病、大麦条纹病、坚黑穗病和网斑病。

使用方法

防治麦类条纹病、坚黑穗病、网斑病、纹枯病 用 10% 乳油 2～5ml，加水 800ml，拌 10kg 种子，拌匀后闷种 6～8 小时，即可播种。

防治水稻干尖线虫病 用 10% 乳油 2500～10 000 倍液稀释液浸种 48 小时（25℃），沥干后即可播种。

注意事项 毒性高，不可与饲料、种子、食品存放在一起。严防入口，误服立即送医院对症治疗。对皮肤有刺激性，皮肤接触后用肥皂或碱立即清洗干净。该品勿用碱性水稀释使用及与碱性物质混用。使用时应戴防护眼镜、口罩、手套，避免皮肤接触。

参考文献

袁会珠, 李卫国, 2013. 现代农药应用技术图解[M]. 北京: 中国农业科学技术出版社.

张洪昌, 李星林, 赵春山, 2014. 农药质量鉴别[M]. 北京: 金盾出版社.

朱桂梅, 潘以楼, 沈迎春, 2011. 新编农药应用表解手册[M]. 南京: 江苏科学技术出版社.

（撰稿：徐琪、侯晴晴；审稿：邵旭升）

二氯吡啶酸　clopyralid

一种烟酸类激素型内吸性除草剂。

其他名称　二氯皮考啉酸。

化学名称　3,6-二氯吡啶-2-羧酸；3,6-dichloro-2-pyridinecarboxylic acid。

IUPAC 名称　3,6-dichloropyridine-2-carboxylic acid。

CAS 登记号　1702-17-6。

EC 号　216-935-4。

分子式　$C_6H_3Cl_2NO_2$。

相对分子质量　191.99。

结构式

开发单位　美国道化学公司。

理化性质　纯品为无色结晶，熔点 151～152℃。相对密度 1.57（20℃）。水中溶解度（g/L, 25℃）：7.85（蒸馏水）、118（pH5）、143（pH7）、157（pH9）；有机溶剂中溶解度（g/L）：乙腈 121、正己烷 6、甲醇 104。

毒性　低毒。急性经口 LD_{50}（mg/kg）：雄大鼠 3783、雌大鼠 2675。兔急性经皮 $LD_{50}>2000$mg/kg，大鼠急性吸入 LC_{50}（4 小时）>0.38mg/L。对眼睛有强刺激性，对皮肤无刺激性。2 年饲喂试验 NOEL［mg/（kg·d）］：大鼠 15，雄小鼠 500，雌小鼠>2000。无致畸、致突变、致癌作用。

剂型　75% 可溶粒剂。

质量标准　最低有效成分纯度 950g/kg。

作用方式及机理　主要由叶片吸收，传导至全株，使生长停滞，叶片下卷、扭曲畸形、致死亡。

防治对象　能有效防除菊科、豆科、茄科和伞形科杂草。用于防除油菜田阔叶杂草，如稻槎菜、牛繁缕。

使用方法　可于油菜苗后至初蕾期，阔叶杂草 4～8 叶期，亩用制剂 5～8g，加水 30～40kg，茎叶喷雾。药后 1 天，杂草叶片就开始下卷，3～10 天叶片萎缩、扭曲畸形，15 天开始死亡，持效期长达 60 天。春油菜使用剂量为 100～180g/hm²，冬油菜使用剂量为 67.5～112.5g/hm²。玉米田使用剂量为 202.5～236.25g/hm²。

注意事项　二氯吡啶酸在油菜苗期至现蕾期使用对油菜安全，在油菜抽薹后最好不施用，以免发生药害。在土壤中的持效期中等，对多种后茬作物可能造成不良影响，但大多数后茬作物在施用此药后 10 个月种植不会出现药害。

与其他药剂的混用　亩用制剂 5g 与 50% 草除灵悬浮剂 30ml 混用，可提高防效。

允许残留量　GB 2763—2021《食品中农药最大残留限量标准》规定二氯吡啶酸最大残留限量见表。ADI 为 0.15mg/kg。油料和油脂、谷物按照 GB 23200.109 规定的方法测定。

部分食品中二氯吡啶酸最大残留限量（GB 2763—2021）

食品类别	名称	最大残留限量（mg/kg）
油料和油脂	油菜籽	2
谷物	小麦	2
	玉米	1

参考文献

丁骞, 2012. 几种氯代吡啶类除草剂的应用现状[J]. 安徽科技 (10)：29-30.

GB 2763—2021 食品中农药最大残留限量标准.

（撰稿：杨光富；审稿：吴琼友）

二氯丙烷　propylene dichloride

一种用于储粮的有机熏蒸剂，一般与其他熏蒸剂混用。

其他名称　Dowfume EB-5（混剂）、Dichlor、PDC。

化学名称　1,2-二氯丙烷；1,2-dichloropropane。

IUPAC 名称　(2RS)-1,2-dichloropropane。

CAS 登记号　78-87-5。

EC 号　201-152-2。

分子式　$C_3H_6Cl_2$。

相对分子质量　112.99。

结构式

理化性质　无色液体，沸点 95.4℃，熔点 -70℃，在 19.6℃ 时蒸气压 28kPa，相对密度 d_{20}^{20} 1.1595，折射率 n_D^{25} 1.437，在水中的溶解度 0.27g/100g（20℃），可溶于乙醇、乙醚。易燃，闪点 21℃。

毒性　为强麻醉剂，但低浓度的二氯丙烷刺激呼吸道。豚鼠、兔和大鼠暴露在含 1600mg/L 二氯丙烷环境中 7 小时，前面两种动物能容忍。在空气中最大允许浓度为 25mg/L。

剂型　Dowfume EB-5：含 7.2% 二氯乙烷，29.5% 二氯丙烷，63.6% 四氯化碳；D-D 混剂（含二氯丙烷 30%～35%）。

参考文献

朱永和, 王振荣, 李布青, 2006.农药大典[M].北京：中国三峡出版社.

（撰稿：陶黎明；审稿：徐文平）

二氯丙烯胺　dichlormid

一种新型除草剂的安全保护剂，多用于水稻田和小麦田。

其他名称　烯丙酰草胺。

化学名称　N,N-二烯丙基-2,2-二氯乙酰胺；2,2-dichloro-N,N-di-2-propenylacetamid。

IUPAC 名称 *N*,*N*-diallyl-2,2-dichloroacetamide。

CAS 登记号 37764-25-3。

EC 号 253-658-8。

分子式 $C_8H_{11}Cl_2NO$。

相对分子质量 208.09。

结构式

开发单位 F. Y. Chang 等报道二氯丙烯胺可以提高除草剂的选择性（Can. J. Plant Sci., 1972, 52: 707）。G. R. Stephenson（J. Agric. Food Chem., 1978, 26: 137）比较了它的化学结构与类似的生物活性。由斯道夫化学公司（现先正达公司）开发, 2000 年转给道农科公司。

理化性质 原药纯度约 95%。透明黏稠液体（原药为琥珀褐色）。熔点 5~6.5℃（原药）; 沸点 130℃（1330Pa）; 蒸气压 800mPa（25℃）。K_{ow}lg$P$ 1.84 ± 0.03。相对密度 1.202（20℃）（原药 1.192~1.204）。溶解度: 水中约为 5g/L; 煤油 15g/L; 与丙酮、乙醇、4-甲基戊-2-酮、二甲苯混溶; 在 100℃以上不稳定。在铁存在下迅速分解。该药对光稳定, 在 pH7、25℃条件下, 每天光照 12 小时, 32 天后损失小于 1%。在 27~29℃下土壤中 DT_{50} 约 8 天。对碳钢有腐蚀性。

毒性 急性经口 LD_{50}: 雄大鼠 2816mg/kg, 雌大鼠 2146mg/kg。急性经皮 LD_{50}: 兔 > 5000mg/kg, 大鼠 > 2000mg/kg。对兔皮肤中度刺激, 对眼睛轻微刺激。对豚鼠皮肤中度致敏。大鼠吸入 LC_{50}（1 小时）> 5.5mg/L（空气）。大鼠（2 年）NOEL 7mg/kg 饲料。ADI（EPA）0.005mg/kg［1993］。毒性等级: III（a.i., WHO）。EC 分级:（Xi; R38）。野鸭饲喂 LC_{50}（5 天）14 500mg/kg 饲料, 山齿鹑 > 10 000mg/kg 饲料。虹鳟 LC_{50}（96 小时）141mg/L。水蚤 LC_{50}（48 小时）161mg/L。

剂型 微囊悬浮剂, 乳油, 颗粒剂。

作用方式及机理 诱导谷胱甘肽-S-转移酶（GST）同工酶的合成, 除草剂与三肽谷胱甘肽催化共轭。

防治对象 增加玉米对除草剂的耐药性。

使用方法 用作乙草胺保护剂, 它既可用于拌种, 也可与除草剂混合喷雾进行土壤处理, 二氯丙烯胺可提高玉米对硫代氨基甲酸酯类除草剂的耐药性。

注意事项 关于二氯丙烯胺, 它作为新一代除草剂的安全保护剂, 已被许多国家广泛使用, 已经代替了其他安全剂。主要用于酰胺类除草剂, 如乙草胺、甲草胺、丁草胺、异丙甲草胺和异丙草胺等土壤处理剂, 是防除禾本科杂草的特效药。新燕灵、甲氟胺、异丙甲氟胺是茎叶处理剂, 主要是防除一年生禾本科杂草和部分阔叶杂草, 对多年生杂草的防效很差。这类除草剂可以为杂草芽吸收, 在杂草发芽前进行土壤封闭处理, 在同等有效剂量下, 该类除草剂除杂草活性比较结果: 乙草胺>异丙草胺>丁草胺>甲草胺, 其中以乙草胺应用较为普遍, 活性最高, 价格较低。该类除草剂

受墒情影响很大, 墒情差时除草效果显著降低。这类除草剂对作物相对安全, 但如果用药量过大或环境条件不良而产生的药害, 应分不同情况采取相应的补救措施。在作物播种后发芽前, 施药后若遇降雨或大水漫灌, 易发生药害, 一般情况下 15 天后药害症状可自行消失, 不需采取补救措施。二氯丙烯胺既可用于拌种, 也可以与除草剂混合喷雾进行土壤处理。一般每亩用量 10~45g。可使部分植物免受灭草猛、野麦畏、禾草特、甲草胺、异丙甲草胺、乙草胺、丁草胺等除草剂对草坪草的伤害。二氯丙烯胺在中国还未推广使用, 它应该是最安全最有效的除草剂的安全保护剂。

参考文献

马克比恩 C, 2015. 农药手册[M]. 胡笑形, 等译. 北京: 化学工业出版社: 293-294.

（撰稿: 赵毓; 审稿: 耿贺利）

二氯喹啉酸 quinclorac

一种喹啉羧酸类选择性内吸传导型除草剂。

其他名称 Accord、Drive、稗草净、稗草亡、克稗灵、快杀稗、杀稗特、杀稗王、杀稗灵、神锄。

化学名称 3,7-二氯喹啉-8-羧酸; 3,7-dichloro-8-quinolinecarboxylic acid。

IUPAC 名称 3,7-dichloroquinoline-8-carboxylic acid。

CAS 登记号 84087-01-4。

EC 号 402-780-1。

分子式 $C_{10}H_5Cl_2NO_2$。

相对分子质量 242.06。

结构式

开发单位 由 E. Haden 等报道其除草剂。1984 年由德国巴斯夫公司开发。1989 年由巴斯夫公司引入西班牙和韩国。

理化性质 纯品为无色结晶固体, 熔点 274℃。相对密度 1.68。蒸气压 < 0.01mPa（20℃）。K_{ow}lg$P$ - 0.74（pH7）。水中溶解度（mg/L, 20℃, pH7）: 0.065; 有机溶剂中溶解度（g/kg, 20℃）: 丙酮 2, 乙酸乙酯 1, 乙醇 2, 乙醚 1, 难溶于甲苯、乙腈、正辛醇、二氯甲烷、正己烷。pK_a 4.34（20℃）。稳定性: 对光热稳定, pH3~9 稳定, 在 50℃下 2 年不分解, 无腐蚀性。

毒性 低毒。急性经口 LD_{50}: 大鼠 2680mg/kg, 小鼠 > 5000mg/kg。大鼠急性经皮 LD_{50} > 2000mg/kg, 对兔眼睛和皮肤无刺激性。大鼠急性吸入 LC_{50}（4 小时）> 5.2mg/L 空气。大鼠（2 年）NOEL 为 533［mg/（kg·d）］。无致癌性。山齿鹑急性经口 LD_{50} > 2000mg/kg, 野鸭和山齿鹑饲喂 LC_{50}（8 天）> 5000mg/kg 饲料。虹鳟、蓝鳃翻车鱼及鲤鱼 LC_{50}（96

小时，mg/L）＞100。水蚤 LC$_{50}$（48 小时）113mg/L。对藻类中等毒性至无毒。糠虾 LC$_{50}$（96 小时）69.9mg/L，蓝蟹＞100mg/L。圆蛤 LC$_{50}$（48 小时）＞100mg/L。对蜜蜂无毒。

剂型　25%、30%、250g/L 悬浮剂，25%、50%、60%、75% 可湿性粉剂，50%、75%、90% 水分散粒剂，45%、50% 可溶粉剂，25% 泡腾剂等。

质量标准　50% 可湿性粉剂为灰白色，几乎无味，溶于水，不易燃，常温储存稳定期两年，颗粒大小100%＜24μm。

作用方式及机理　内吸传导型选择性苗后除草剂。药剂能够被植物萌发的种子、根、茎、叶迅速吸收，使杂草中毒死亡，杂草显生长素类药剂的受害症状，禾本科杂草叶片出现纵向条纹并弯曲，叶尖失绿变为紫褐色至枯死；阔叶杂草叶片扭曲，根部畸形肿大。水稻根吸收药剂的速度比稗草慢，并能很快分解，3 叶期以后施药安全。

防治对象　水稻插秧田和直播田防除稗草，对雨久花、水芹、鸭舌草、皂角、田菁、苦草、眼子菜、日照飘拂草等有控制效果，对多年生莎草效果差。

使用方法　水稻苗前或苗后均可使用，剂量为 250~750g/hm²（有效成分）。

秧田及水稻直播田　在水稻 3~5 叶期，稗草 1~5 叶期内，用 50% 可湿性粉剂 300~450g/hm²（华南），450~750g/hm²（华北、东北），兑水 600kg，在田间无水层但湿润状态下喷雾，药后 24~48 小时复水，稗草 5 叶期以后，应适当加大药量。

旱直播田　在直播前用 50% 可湿性粉剂 450~750g/hm²，对水 750kg 喷雾，出苗后至 2 叶 1 心期施药效果最好，施药后保持浅水层 1 天以上或保持土壤润湿。

移栽本田　移栽后即可施药，一般在移栽后 5~15 天施药，用 50% 可湿性粉剂 300~450g/hm²（华南），450~750g/hm²（华北、东北），兑水 600kg，排干田水后施药，施药后隔天灌浅水层。机播水稻因稻根露面较多，需稻苗转青以后方能施药。

注意事项　①若田间的其他禾本科、莎草科及阔叶杂草较多的情况下，可与吡嘧磺隆、灭草松及激素类除草剂混用。②浸种或露芽种子对该药剂敏感，此时不宜用药，直播田及秧田应在水稻 2 叶期以后用药为宜。高温下施药易产生药害。③施药时田间应无水层，有利于稗草全株受药，提高药效，施药后隔 1~2 天灌水，保持 3~5cm 水层 5 天以上，5~7 天以后恢复正常田间管理。在有水层的条件下施药防效较差。④对二氯喹啉酸敏感的作物有番茄、茄子、辣椒、马铃薯、莴苣、胡萝卜、芹菜、香菜、菠菜、瓜类、甜菜、烟草、向日葵、棉花、大豆、甘薯、紫花苜蓿等，施药时应防止药滴飘移到上述作物，也不能用喷过二氯喹啉酸的稻田水灌溉。⑤该剂在土壤中残留时期较长，可能对后茬作物产生残留药害。下茬应种植水稻、玉米、高粱等耐药力强的作物。用药后 8 个月内不宜种植棉花、大豆，翌年不能种植甜菜、茄子、烟草，两年后方可种植番茄、胡萝卜。⑥操作时要戴好口罩和手套，不要饮食和抽烟，注意劳动保护。如有误服，应立即引吐并送医院治疗。⑦作业后要彻底清洗喷雾器械。

与其他药剂的混用　用于水稻直播田和移栽田，防除阔叶杂草和莎草科杂草，二氯喹啉酸可与苄嘧磺隆、吡嘧磺隆、乙氧嘧磺隆、环丙嘧磺隆、灭草松等除草剂混用。水稻移栽后或直播田水稻苗后，稗草 3 叶期前每亩用 50% 二氯喹啉酸 26~30g 或 25% 二氯喹啉酸 50~60ml 加 10% 吡嘧磺隆 10g、10% 苄嘧磺隆 15~17g 或 10% 环丙嘧磺隆 13~17g 或 15% 乙氧嘧磺隆 10~15g 混用，可有效防除稗草、泽泻、慈姑、雨久花、鸭舌草、眼子菜、节节菜、萤蔺、异型莎草、碎米莎草、牛毛毡等一年生禾本科、莎草科、阔叶杂草，对难治的多年生莎草科的扁秆藨草、日本藨草、藨草等有较强的抑制作用。施药前一天排水使杂草露出水面，施药后 2 天放水回田，一周内稳定水层 3~5cm。水稻移栽后或直播田水稻苗后，稗草 3~8 叶期，每亩用 50% 二氯喹啉酸 35~53.3g 或 25% 二氯喹啉酸 70~100ml 加 48% 灭草松 167~200ml，可有效防除稗草、泽泻、慈姑、雨久花、鸭舌草、眼子菜、节节菜、萤蔺、异型莎草、碎米莎草、扁秆藨草、日本藨草等一年生杂草和难治的多年生莎草科杂草。防除扁秆藨草、日本藨草、藨草等难治的多年生莎草科杂草，还可在移栽田插前或插后，直播田水稻苗后，多年生莎草科杂草株高 7cm 前单用 10% 吡嘧磺隆每亩 10g 或 30% 苄嘧磺隆 10g，间隔 10~20 天，再用吡嘧磺隆、苄嘧磺隆同样剂量与 50% 二氯喹啉酸 35~53.3g 或 25% 二氯喹啉酸 70~100ml 混用。

允许残留量　GB 2763—2021《食品中农药最大残留限量标准》规定二氯喹啉酸在糙米中的最大残留限量为 1mg/kg。ADI 为 0.4mg/kg。谷物按照 GB 23200.43 规定的方法测定。

参考文献

高希武，郭艳春，王恒亮，等，2002. 新编实用农药手册[M]. 郑州：中原农民出版社.

李香菊，梁帝允，袁会珠，2014. 除草剂科学使用指南[M]. 北京：中国农业科学技术出版社.

刘长令，2002.世界农药大全：除草剂卷[M]. 北京：化学工业出版社.

马克比恩 C，2015. 农药手册[M]. 胡笑形，等译. 北京：化学工业出版社.

GB 2763—2021 食品中农药最大残留限量标准.

（撰稿：马洪菊；审稿：李建洪）

二氯萘醌　dichlone

一种用于防治多种植物病害的醌类杀菌剂。

其他名称　2,3- 二氯 -1,4- 萘二酮。

化学名称　2,3- 二氯 -1,4- 萘醌；2,3-dichloro-1,4-naphthalenedione。

IUPAC 名称　2,3-dichloro-1,4-naphthoquinone。

CAS 登记号　117-80-6。

EC 号　204-210-5。

分子式　$C_{10}H_4Cl_2O_2$。

相对分子质量 227.04。

结构式

理化性质 黄色结晶。熔点 194～195℃。沸点 275℃（0.27kPa），能升华。可溶于邻二甲苯（4%）、邻二氯苯，微溶于丙酮、苯及醚类，难溶于冷乙醇，易溶于热乙醇，25℃水中溶解度为 0.1mg/L。对酸稳定，遇碱会水解。

毒性 高毒。急性经口 LD_{50}：大鼠 160mg/kg，小鼠 440mg/kg。

作用方式及机理 早在 1867 年就已被人合成出来，至 1943 年才发现其具有强大杀菌作用。与辅酶 A（CoA-SH）中 -SH 发生作用，使酶失活，抑制脂肪酸的 β 氧化。

防治对象 防治麦类黑穗病，谷类和大豆猝倒病，苹果褐腐病、疮痂病、白粉病，梨黑星病，番茄疫病、炭疽病。

使用方法 可用于种子消毒，也可以用于叶片喷施。用 0.1% 二氯萘醌拌种可防治谷类作物黑穗病和猝倒病，0.25% 拌种防治蔬菜苗期猝倒病，也可以叶面喷施 0.1%～0.7% 防治番茄炭疽病和疫病，0.1%～0.4% 防治果蔬炭疽病和褐腐病。

注意事项 不能用于豆科植物种子处理。

允许残留量 中国、欧盟和美国未规定最大残留限量，日本 6 个品类中规定的最大残留限量为 3～20mg/kg。

参考文献

程暄生，侯鼎新，1960. 杀菌剂二氯萘醌的制法及其效用[J]. 农药技术导报 (5): 1-5.

（撰稿：陈雨；审稿：张灿）

二氯嗪虫脲　EL 494

一种芳基吡嗪类苯甲酰脲类昆虫几丁质合成抑制剂。

化学名称 *N*-[[[5-(4-溴苯基)-6-甲基-2-吡嗪基] 氨基] 羰基]-2,6-二氯苯甲酰胺；*N*-[[[5-(4-bromophenyl)-6-methyl-2-pyrazinyl]amino]-carbonyl]-2,6-dichlorobenzamide。

CAS 登记号 59489-59-7。

分子式 $C_{19}H_{13}BrCl_2N_4O_2$。

相对分子质量 480.14。

结构式

作用方式及机理 昆虫生长调节剂，对几丁质合成有抑制作用。

防治对象 棉红铃虫、云杉卷叶蛾和舞毒蛾幼虫。

参考文献

康卓，2017. 农药商品信息手册[M]. 北京：化学工业出版社：91.

（撰稿：杨吉春；审稿：李森）

二氯硝基乙烷　dichloronitroethane

一种有效的有杀虫活性的熏蒸剂，对人类无刺激性，熏蒸浓度下相对无毒，但对环境有严重危害，对水体有污染。

其他名称 Ethide。

化学名称 1,1-二氯-1-硝基乙烷；1,1-dichloro-1-nitroethane。

IUPAC 名称 1,1-dichloro-1-nitroethane。

CAS 登记号 594-72-9。

EC 号 209-854-0。

分子式 $C_2H_3Cl_2NO_2$。

相对分子质量 143.96。

结构式

开发单位 Commercial Solvents Corp.1941 年开发。现已停产。

理化性质 无色液体，沸点 124℃，相对密度 d_{20}^{20} 1.405，蒸气压（29℃）2.25kPa，闪点 64.4℃。微溶于水（0.25%）。除在湿气条件下对铁有腐蚀性外，对其他金属无腐蚀。化学性能稳定。

毒性 中等毒性。急性经口 LD_{50}：大鼠 410mg/kg，兔 150～200mg/kg。空气中最大允许浓度 10mg/L。

剂型 原液。

参考文献

朱永和，王振荣，李布青，2006. 农药大典[M]. 北京：中国三峡出版社.

（撰稿：陶黎明；审稿：徐文平）

二氯乙烷　ethylene dichloride

在室温下是无色、有类似氯仿气味的液体，有毒，具潜在致癌性。用作溶剂及制造三氯乙烷的中间体。用作蜡、脂肪、橡胶等的溶剂，农业上为粮食熏蒸杀虫剂的一种。

其他名称 ENT1656。

化学名称 1,2-二氯乙烷；1,2-dichloroethane。

IUPAC 名称 ethylene dichloride；1,2-dichloroethane。

CAS 登记号 107-06-2。

EC 号 203-458-1。

分子式 $C_2H_4Cl_2$。

相对分子质量　98.96。
结构式

Cl～～Cl

开发单位　作为杀虫熏蒸剂的一个组分由 R. T. Cotton 和 R. C. Roark 报道，1927年开始用作熏蒸剂（与 CCl₄ 合用）。

理化性质　气味与氯仿相似，熔点 -35.3℃，沸点 83.5℃，相对密度：气体（空气 = 1）3.42；液体（在 4℃ 时，水 = 1）1.257（20℃）。空气中的燃烧极限 6.2%～15.9%（按体积计）。水中溶解度 0.869g/100ml（20℃）。稳定和无腐蚀性。熏蒸剂挥发方法是液体蒸发，并且总是同不燃烧的熏蒸剂或载体混合使用。不同温度下的自然蒸气压力：0℃ 3.06kPa；10℃ 5.33kPa；20℃ 8.66kPa；30℃ 13.7kPa。1kg 体积 795.5ml，1L 重 1.257kg。

毒性　急性经口 LD₅₀：大鼠 670～890mg/kg，小鼠 870～950mg/kg，兔 860～970mg/kg。人体一次性过量或反复接触二氯乙烷，肝脏和肾脏都会受到伤害。急性毒性比四氯化碳稍高一些。二氯乙烷也是中枢神经系统的抑制剂和肺部刺激剂。慢性毒性又比四氯化碳安全。实践中，大多数人对二氯乙烷的亚致死浓度都无法忍受或出现呕吐。二氯乙烷的毒性对昆虫不如其他常用的熏蒸剂。

防治对象　主要用于粮食熏蒸，用量为 321ml/L。

使用方法　因为二氯乙烷的蒸气和液体都是可燃的，所以必须同某些不燃烧物质混合使用。适用于粮食和种子。二氯乙烷通常与四氯化碳按 3∶1 的体积混合使用。这种混剂对种子的萌发和粮食的磨粉质量均无不良影响。二氯乙烷和四氯化碳的混合物在常温下为液体，如果在熏蒸室使用，可以将液体放入盘中或直接倒在麻袋上。由于该气体重于空气，在熏蒸的第一个小时内必须用风扇或吹风机进行强力通风。一般用二氯乙烷 300g/m³ 或更多一些，就易引起燃烧。因此，可将氯化苦和二氯乙烷混合使用，以防燃烧。混合后不能用于熏蒸谷类种子。氯化苦的用量约为二氯乙烷的 1/10，使用的方法可用喷洒法和挂袋法。如粮堆厚度超过 1m 时，应采用探管法。熏蒸粮食仓库每立方米一般用药 90～135g，熏蒸 32 小时左右。

注意事项　不能熏蒸大豆、玉米、大麦、燕麦。熏蒸前须自仓外截断电源，施药时工作人员不能带任何易燃物品。熏蒸时应做好防火准备。

参考文献

王振荣，李布青，1996.农药商品大全[M]. 北京: 中国商业出版社.

中国农业百科全书总编辑委员会农药卷编辑委员会, 中国农业百科全书编辑部, 1993. 中国农业百科全书: 农药卷[M]. 北京: 农业出版社.

（撰稿：陶黎明；审稿：徐文平）

二氯异丙醚　DCIP

一种熏蒸性杀线虫剂。

其他名称　Nemamort、Dichloro diisopropyl ether。

化学名称　双（2-氯 -1-甲基乙基）醚；bis-(2-chloro-1-methylethyl)ether；2-(1-methyl-2-chloroethoxy)-1-chloropropane；2,2'-dichloroisopropyl ether。

CAS 登记号　108-60-1。
EC 号　203-598-3。
分子式　C₆H₁₂Cl₂O。
相对分子质量　171.06。
结构式

Cl～～O～～Cl

开发单位　斯得斯生物技术公司。

理化性质　原油为淡黄色液体，具有特殊的刺激性臭味。沸点 187℃（101.32kPa）。相对密度 1.035（20℃）。蒸气压 3.28 × 10⁵mPa（25℃）。$K_{ow}lgP$ 2.14（pH6.8，20℃）。水中溶解度（pH4.43，22℃）2.07g/L。溶于有机溶剂。对光、热、水稳定，闪点 87℃。

毒性　属低毒杀线虫剂。急性经口 LD₅₀（mg/kg）：雄大鼠 503，雄小鼠 599，雌小鼠 536。大鼠急性经皮 LD₅₀ > 2000mg/kg。大鼠和小鼠吸入 LC₅₀（4 小时）12.8mg/L。对眼睛有中等刺激作用，对皮肤有轻微的刺激作用。在试验剂量内对动物无致畸、致突变、致癌作用。对雄性大鼠 2 年喂养试验 NOEL 为 3.4mg/（kg·d），3 代繁殖 NOEL > 300mg/（kg·d）。对鱼类低毒，鲤鱼 LC₅₀（96 小时）> 65.1mg/L，大翻车鱼 LC₅₀（48 小时）31.9mg/L，藻类 EC₅₀（72 小时）72.6mg/L。

剂型　80%、85% 乳油。

质量标准　二氯异丙醚 80% 或 85% 乳油由有效成分、乳化剂和有机溶剂等组成，外观为淡褐色透明液体。

作用方式及机理　具有熏蒸作用的杀线虫剂。由于其蒸气压低，气体在土壤中挥发缓慢，因此对作物安全。

防治对象　适宜作物为白菜、烟草、桑、茶、棉花、芹菜、黄瓜、菠菜、胡萝卜、甘薯、茄子、番茄等。对根结线虫、短体线虫、半穿刺线虫、孢囊线虫、剑线虫和毛刺线虫等均有良好的防效。对烟草立枯病和生理性斑点病有预防作用。

使用方法　在播种前 7～20 天进行处理土壤，也可以在播种后或植物生长期使用。使用剂量：60～90kg/hm² 有效成分。可在播种沟或在植株两侧距根部约 15cm 处开沟施药，沟深 10～15cm；或在树干四周穴施，穴深 15～20cm，穴距约 30cm，施药后覆土。

注意事项　①土壤温度低于 10℃时不宜施用。②施药时严禁吸入气雾，严禁儿童、家畜接近。③避免溅入眼睛或沾染皮肤，若不慎接触，应用大量清水冲洗。不能饮食和吸烟。作业完毕后应充分洗手、脚、裸露的皮肤和衣服。④远离火源、饲料、食物及阳光直射场所。⑤若误服，应饮用大量水催吐，保持安静，并及时就医。⑥应与氧化剂、酸类、食用化学品分开存放，切忌混储。配备相应品种和数量的消防器材。储区应备有泄漏应急处理设备和合适的收容材料。

参考文献

刘长令, 2012. 世界农药大全: 杀虫剂卷[M]. 北京: 化学工业出版社: 819-820.

（撰稿：李焦生、陈书龙；审稿：彭德良）

二嗪磷 diazinon

一种具有胃毒、触杀以及熏蒸活性的有机磷酸酯类杀虫剂。

其他名称 Basudin、Diazitol、Neocidel、Nucidol、G24480、二嗪农、地亚农。

化学名称 *O,O*-二乙基-*O*-(2-异丙基-4-甲基嘧啶-6-基)硫代磷酸酯。

IUPAC名称 *O,O*-diethyl *O*-2-isopropyl-6-methylpyrimidin-4-yl phosphorothioate。

CAS登记号 333-41-5。

EC号 206-373-8。

分子式 $C_{12}H_{21}N_2O_3PS$。

相对分子质量 304.35。

结构式

开发单位 该杀虫剂由 R. Gasser 报道其活性。1953年由嘉基公司引入。

理化性质 纯品为无色、无臭液体，有淡酯香味。沸点83~84℃（$2.66×10^{-2}$Pa）。相对密度1.11（20℃）。蒸气压1.2mPa。50℃以上不稳定，120℃以上分解。对光照稳定，易被氧化。常温下水中溶解度为40mg/kg，可与乙醇、丙酮、二甲苯混溶，在水或稀酸中逐渐分解，在稀碱中稳定，在强酸或强碱中很快分解，挥发性强。

毒性 中等毒性。大鼠急性经口 LD_{50} 150~600mg/kg。大鼠急性经皮 LD_{50} 911mg/kg；原药急性经口 LD_{50}：大鼠1250mg/kg，小鼠80~135mg/kg，豚鼠250~355mg/kg；急性经皮 LD_{50}：大鼠2150mg/kg，兔540~650mg/kg。对雌性白兔的皮肤和眼睛有轻微刺激作用。大鼠急性吸入 LC_{50}（4小时）>2330mg/m³。在试验剂量以下对动物无致突变、致畸、致癌作用。饲喂试验NOEL：大鼠（2年）为0.06mg/kg，狗（1年）为0.015mg/kg。两年猴子喂养试验NOEL为0.5mg/（kg·d）。野鸭急性经口 LD_{50} 3.5mg/kg，野鸡急性经口 LD_{50} 4.3mg/kg。鱼类 LC_{50}（96小时）：蓝鳃鱼16mg/L，虹鳟2.6~3.2mg/L，大鳍鳞鳃太阳鱼16mg/L，鲤鱼7.6~23.4mg/L。水蚤 LC_{50}（48小时）0.96μg/L。藻类 LC_{50}（48小时）>1mg/L。对蜜蜂高毒，对蚯蚓微毒。可通过人体皮肤被吸收。在试验动物体内易于被降解与排泄。

剂型 25%、40%、50%、60%乳油，2%粉剂，40%可湿性粉剂，5%、10%颗粒剂。

质量标准 50%乳油由有效成分二嗪磷和乳化剂、溶剂组成，外观为透明状淡褐色液体，具有有机磷特殊气味，溶于水。在50℃以上不稳定，对酸和碱不稳定，对光稳定。常温下密封后储存于阴凉干燥的地方，稳定性两年以上。水分含量<0.2%。

作用方式及机理 为广谱性有机磷杀虫剂，具有触杀、胃毒、熏蒸和一定的内吸作用。其作用机理为抑制乙酰胆碱酯酶。对鳞翅目、半翅目等多种害虫均有较好的防治效果。亦可拌种防治多种作物的地下害虫。并有一定的内吸活性及杀螨活性和杀线虫活性。持效期较长。

防治对象 主要以乳油加水喷雾用于水稻、棉花、果树、蔬菜、甘蔗、玉米、烟草、马铃薯等作物，防治刺吸式口器害虫和食叶害虫，如鳞翅目、双翅目幼虫、蚜虫、叶蝉、飞虱、蓟马、介壳虫、二十八星瓢虫、锯蜂等及叶螨，对虫卵、螨卵也有一定杀伤效果。小麦、玉米、高粱、花生等拌种，可防治蝼蛄、蛴螬等土壤害虫。颗粒剂灌心叶，可防治玉米螟。乳油加煤油喷雾，可防治蟑螂、跳蚤、虱子、苍蝇、蚊子等卫生害虫。绵羊药液浸浴，可防治蝇、虱、蜱、蚤等体外寄生虫。一般使用无药害，但一些苹果和莴苣品种较敏感。

使用方法

防治棉花害虫 ①棉蚜。防治苗蚜的指标为大面积有蚜株率达30%，平均单株蚜数近10头，以及卷叶株率不超过5%，每亩用50%乳油40~60ml（有效成分20~30g），兑水40~60kg喷雾。②棉红蜘蛛。6月底前的害螨发生期特别加强防治，以免棉花减产。每亩用50%乳油60~80ml（有效成分30~40g），兑水50kg喷雾。

防治蔬菜害虫 ①菜青虫。在产卵高峰后1周，幼虫处于二至三龄期防治。亩用50%乳油40~50g（有效成分20~25g），兑水40~50kg喷雾。②菜蚜。在蚜虫发生期防治，用药量及使用方法同菜青虫。③洋葱潜叶蝇、豆类种蝇。亩用50%乳油50~100ml（有效成分25~50g），兑水50~100kg喷雾。

防治水稻害虫 ①三化螟。防治枯心应掌握在卵孵盛期，防治白穗在5%~10%破口露穗期。亩用50%乳油50~75ml（有效成分25~37.5g），兑水50~75kg喷雾。②二化螟。大发生年份蚁螟孵化高峰前三天第一次用药，7~10天后再用药1次。用药量及使用方法同三化螟。③稻瘿蚊。主要防治中、晚稻秧苗田，防止将虫源带入本田。在成虫高峰期至幼虫盛孵高峰期施药。亩用50%乳油50~100ml（有效成分25~50g），兑水50~70kg喷雾。④稻飞虱、稻叶蝉、稻秆蝇。在害虫发生期防治。亩用50%乳油50~75ml（有效成分25~37.5g），兑水50~75kg喷雾。

防治地下害虫 防治华北蝼蛄、华北大黑金龟子，用50%乳油500ml（有效成分250g），加水25kg，拌玉米或高粱种300kg，拌匀闷种7小时后播种。用50%乳油500ml（有效成分250g），加水25kg，拌小麦种250kg，待种子把药液吸收，稍晾干后即可播种。春播花生地防治蛴螬，每亩用2%颗粒剂1.25kg（有效成分25g），穴施。

与其他药剂的混用 不能和含铜的制剂混用。与阿维菌素复配成20%阿维·二嗪乳油防治水稻二化螟；与高效氯氰菊酯复配成30%二嗪·高氯乳油防治玉米螟。不能和铜制剂、除草剂敌稗混用，在施用敌稗前后2周内也不能使用。

注意事项 不能与碱性农药及敌稗混合使用，在施用敌稗前、后两周不能使用二嗪农。不能用铜、铜合金罐、塑料瓶盛装。储存时应放置在阴凉干燥处。如果是喷洒农药而引起中毒时，应立即使病人脱离现场，移至空气新鲜处。药物进入肠胃时，应立即使中毒者呕吐，口服 1%～2% 苏打水或用水洗胃，让病人休息，保持安静，送医院就医。进入眼内时，用大量的清水冲洗 10～15 分钟，滴入磺乙酰钠眼药，严重时可用 10% 磺乙酰软膏涂眼。中毒者呼吸困难时应输氧，严重者需做人工呼吸。解毒药有硫酸阿托品、解磷定等。鸭、鹅等家禽对该药很敏感，要防止家禽吞食施过药的植物。收获前禁用期一般为 10 天。

允许残留量　GB 2763—2021《食品中农药最大残留限量标准》规定二嗪磷最大残留限量见表。ADI 为 0.005mg/kg。谷物按照 GB 23200.113、GB/T 5009.107 规定的方法测定，油料和油脂按照 GB 23200.113 规定的方法测定；蔬菜、水果、干制水果按照 GB 23200.8、GB 23200.113、GB/T 5009.107、GB/T 20769、NY/T 761 规定的方法测定；坚果、糖料、饮料类、调味料参照 GB 23200.8、GB 23200.113、NY/T 761 规定的方法测定。

部分食品中二嗪磷最大残留限量（GB 2763—2021）

食品类别	名称	最大残留限量（mg/kg）
谷物	稻谷、小麦	0.10
	玉米	0.02
油料和油脂	棉籽	0.20
	花生仁	0.50
蔬菜	洋葱、羽衣甘蓝、甜椒、西葫芦、大白菜	0.05
	葱	1.00
	结球甘蓝、青花菜、菠菜、叶用莴苣、结球莴苣、胡萝卜、番茄	0.50
	球茎甘蓝、普通白菜、菜豆、食荚	0.20
	豌豆	0.20
	黄瓜、萝卜	0.10
	马铃薯	0.01
	玉米笋	0.02
水果	仁果类水果	0.30
	樱桃、李子	1.00
	哈密瓜、加仑子（黑、红、白）、醋栗（红、黑）、越橘、桃	0.20
	黑莓、波森莓、草莓、菠萝	0.10
干制水果	李子干	2.00
坚果	核桃	0.01
糖料	甜菜	0.10
饮料类	啤酒花	0.50
调味料	干辣椒、根茎类调味料	0.50
	果类调味料	0.10
	种子类调味料	5.00

参考文献

马克比恩 C, 2015. 农药手册[M]. 胡笑形，等译. 北京: 化学工业出版社: 285-286.

中国农业百科全书总编辑委员会农药卷编辑委员会, 中国农业百科全书编辑部, 1993. 中国农业百科全书: 农药卷[M]. 北京: 农业出版社: 76-77.

朱永和, 王振荣, 李布青, 2006. 农药大典[M]. 北京: 中国三峡出版社: 25-27.

（撰稿: 吴剑; 审稿: 薛伟）

二氰蒽醌　dithianon

一种蒽醌类保护性杀菌剂。

商品名称

其他名称　Delan、Ditianroc、Aktuan、二噻农。

化学名称　5,10-二氢-5,10-二氧萘基[2,3-b]-1,4 二硫杂环-2,3-二腈; 2,3-二氰基-1,4-二硫代蒽醌。

IUPAC 名称　5,10-dihydro-5,10-dioxonaphtho[2,3-b]-1,4-dithiine-2,3-dicarbonitrile。

CAS 登记号　3347-22-6。

EC 号　222-098-6。

分子式　$C_{14}H_4N_2O_2S_2$。

相对分子质量　296.32。

结构式

开发单位　德国巴斯夫公司。

理化性质　纯品为褐色晶体。熔点 225℃。蒸气压 2.7×10^{-6} mPa（25℃）。K_{ow}lg$P$ 3.2（25℃）。Henry 常数 5.71×10^{-6} Pa·m^3/mol。相对密度 1.576（20℃）。水中溶解度（pH7, 25℃）: 0.14mg/L; 有机溶剂中溶解度（g/L, 20℃）: 甲苯 8、二氯甲烷 12、丙酮 10。

毒性　大鼠急性经口 LD_{50} 678mg/kg。大鼠急性经皮 $LD_{50} > 2000$mg/kg。对兔眼睛和皮肤有中度刺激。大鼠急性吸入 LC_{50}（4 小时）> 2.1mg/L。NOEL（2 年）[mg/（kg·d）]: 大鼠 20, 小鼠 2.8, 狗 40。山齿鹑和野鸭急性经口 LD_{50} 分别是 430mg/kg 和 290mg/kg。鲤鱼 LC_{50}（96 小时, mg/L）0.1。蜜蜂 LD_{50}（48 小时）> 100μg/只（接触）。蚯蚓 LC_{50}（mg/kg 土壤）: 588.4（4 天）, 578.4（14 天）。

剂型　悬浮剂, 可湿性粉剂, 水分散粒剂。

作用方式及机理　具有多作用机理。通过与含硫基团反应和干扰细胞呼吸而抑制一系列真菌酶，最终导致病菌死亡。其很好保护性的同时，也有一定的治疗活性。

防治对象　除了对白粉病无效外，几乎可以防治所有果树病害，如黑星病、霉点病、叶斑病、锈病、炭疽病、疮痂病、褐腐病、霜霉病等。

使用方法　主要是茎叶处理。防治苹果、梨黑星病，苹果轮纹病，樱桃叶斑病、锈病、炭疽病和穿孔病，桃、杏缩叶病、褐腐病、锈病，柑橘疮痂病、锈病，草莓叶斑病等，使用剂量 525g/hm²；防治葡萄霜霉病使用剂量为560g/hm² 有效成分。

注意事项 推荐剂量下对大多数果树安全，但对某些苹果果树品种有药害。

与其他药剂的混用 15% 二氰蒽醌和 5% 吡唑醚菌酯复配悬浮液，按 50～60ml 每亩喷雾处理防治辣椒炭疽病；12% 二氰蒽酮和 4% 吡唑醚菌酯复配成水分散粒剂，按 375～750 倍液喷雾处理防治苹果和枣树炭疽病；133.3～166.7g/ 亩喷雾处理防治山药炭疽病；20% 二氰蒽酮和 15% 戊唑醇复配成悬浮剂，按 1500～2000 倍液喷雾处理防治苹果褐斑病；55% 二氰蒽酮和 20% 苯醚甲环唑复配成水分散粒剂，10 000～15 000 倍液喷雾处理梨树黑心病；5% 二氰蒽酮和 60% 代森锰锌复配成可湿性粉剂，按 500～750 倍液喷雾处理防治梨树黑星病。

允许残留量 GB 2763—2021《食品中农药最大残留限量标准》规定二氰蒽醌最大残留限量见表。ADI 为 0.01mg/kg。蔬菜和水果按照 GB/T 20769 规定的方法测定。WHO 推荐二氰蒽醌 ADI 为 0.01mg/kg，欧盟 302 个品类中规定最大残留量为 0.01～3mg/kg，美国 3 个品类中规定最大残留量为 3～100mg/kg，日本 89 个品类中规定最大残留量为 0.1～100mg/kg。

部分食品中二氰蒽醌最大残留限量（GB 2763—2021）

食品类别	名称	最大残留限量（mg/kg）
蔬菜	辣椒	2*
水果	苹果	5*
	梨	2*

* 临时残留限量。

参考文献

刘长令, 2012. 世界农药大全[M]. 北京: 化学工业出版社.

（撰稿：陈雨；审稿：张灿）

二硝酚 DNOC

一种二硝基酚类触杀型杀虫剂、杀菌剂、除草剂。

化学名称 4,6- 二硝基邻甲酚；2-methyl-4,6-dinitrophenol。

IUPAC 名称 2-methyl-4,6-dinitrophenol。

CAS 登记号 534-52-1。

分子式 $C_7H_6N_2O_5$。

相对分子质量 198.13。

结构式

理化性质 稻黄色至黄色晶体。密度 1.5g/cm³±0.1g/cm³。沸点 332.4℃±42℃（101kPa）。熔点 83～85℃（lit.）。闪点 149.2℃±16.3℃；蒸气压 16mPa（25℃）。折射率 1.64。

毒性 急性经口 LD_{50}：大鼠 7mg/kg，猫 50mg/kg，兔 24.6mg/kg，豚鼠 24.6mg/kg。

作用方式及机理 影响 ATP 的产生，从而影响植物生理活动。

剂型 可溶性片状，流动性浓缩物，可湿性粉剂。

防治对象 一种多用途农药，用于控制农业作物中的害虫和杂草。如蚜虫、吸蛆、卷叶蛾、蓟马、蝗虫、红蜘蛛以及一年生阔叶杂草。

生态毒性 该物质对环境可能有危害，对水体应给予特别注意。

允许残留量 皮肤最大接触量 0.2mg/m³。5mg/m³ 会对皮肤造成直接危害。

参考文献

国家环保局有毒化学品管理办公室, 北京化工研究院, 1992. 化学品毒性法规环境数据手册[M]. 北京: 中国环境科学出版社.

周国泰, 1997. 化学危险品安全技术全书[M]. 北京: 化学工业出版社.

（撰稿：祝冠彬；审稿：徐凤波）

二硝散 NBT

一种有机硫杀菌剂。

化学名称 2,4- 二硝基硫氰基苯；2,4-dinitro-1-thiocyanobenzene。

IUPAC 名称 2,4-dinitro-1-thiocyanobenzene。

CAS 登记号 1594-56-5。

分子式 $C_7H_3N_3O_4S$。

相对分子质量 225.18。

结构式

理化性质 黄色无臭结晶。熔点 138～140℃。沸点 368.4℃（101.32 kPa）。密度 1.62g/cm³。不溶于水，溶于有机溶剂。溶解度（g/L，20℃）：乙醇 0.198，甲醚 2.26，三氯甲烷 33.77，氯苯 9.23，苯 9.48，丙酮 15.42。在强碱性下不稳定。

毒性 急性经口 LD_{50}：小鼠 2750mg/kg，豚鼠 1650mg/kg，大鼠 3100mg/kg。

剂型 15%、30%、50% 粉剂，15%、50% 可湿性粉剂，10% 乳油。

防治对象 蔬菜的白斑病、白锈病、菌核病、霜霉病、炭疽病及锈病，瓜类的疫病，小麦的白粉病。

参考文献

孙家隆, 2015. 新编农药品种手册[M]. 北京: 化学工业出版社: 429.

（撰稿：毕朝位；审稿：谭万忠）

二硝酯　dinocton

一种保护性取代苯类杀菌剂。

其他名称　敌菌消、对敌菌消、MC1947。

化学名称　一种混合物，其主要成分是:2,4-二硝基-6-(1-丙基戊基)苯基甲酸甲酯(Ⅰ); 2-(1-乙基己基)-4,6-二硝基苯甲酸甲酯(Ⅱ); 2,6-二硝基-4-(1-丙基苯基)辛基甲酸甲酯(Ⅲ); 4-(1-乙基己基)-2,6-二硝基苯酸己酯(Ⅳ)。英文化学名称:2,4-dintro-6-(1-propylpentyl)phenylmethyl carbonate(Ⅰ); 2-(1-ethyhexyl)-4,6-dinitrophenyl methyl carbonate(Ⅱ); 2,6-dintro-4-(1-propylpentyl)phenyl methyl carbonate(Ⅲ); 4-(1-ethyhexyl)-2,6-dinitrophenyl methyl carbonate(Ⅳ)。

IUPAC名称　reaction mixture of isomeric dinitro(octyl)phenyl methyl carbonates in which "octyl" is a mixture of 1-methylheptyl,1-ethylhexyl and 1-propylpentylgroups。

CAS登记号　104078-12-8。

分子式　$C_{16}H_{22}N_2O_7$。

相对分子质量　354.36。

结构式

开发单位　墨菲化学公司。

理化性质　液体。几乎不溶于水，溶于丙酮和芳烃溶剂。对酸稳定，能被碱水解生成二硝基酚。可与许多非碱性农药混配。

毒性　大鼠急性经口 LD_{50} 460mg/kg。大鼠急性经皮 LD_{50} > 300mg/kg。

剂型　25% 可湿性粉剂，50% 乳油。

作用方式及机理　保护性杀菌剂。

防治对象　白粉病、稻瘟病。

使用方法　以 0.0125% ~ 0.025% 的二硝酯喷雾。

参考文献

孙家隆, 2015. 新编农药品种手册[M]. 北京: 化学工业出版社: 429-430.

（撰稿：毕朝位；审稿：谭万忠）

二溴化乙烯　1,2-dibromoethane

一种土壤害虫专用熏蒸剂、杀线虫剂。

其他名称　EDB、Ethylene Dibromide。

化学名称　1,2-二溴乙烯。

IUPAC名称　1,2-dibromoethane。

CAS登记号　106-93-4。

分子式　$C_2H_4Br_2$。

相对分子质量　187.87。

结构式

理化性质　常温常压下为具有挥发性的无色液体。有特殊甜味。凝固点 9.79℃。沸点 129~131.4℃（1.86 kPa）。熔点 9.9℃。冰点 -8.3℃。相对密度 2.1792（25℃）。折光率 1.5387。黏度（20℃）1.727mPa·s。表面张力（20℃）38.91 mN/m。蒸气压（20℃）1.133kPa。常温下比较稳定，但在光照下能缓缓分解为有毒物质。能与乙醇、乙醚、四氯化碳、苯、汽油等多种有机溶剂互溶，并形成共沸物，溶于约250倍的水。有氯仿气味，能乳化。与液氨混合至室温会发生爆炸。

注意事项　该品遇高热、明火、氧化剂有引起燃烧危险。要储存于阴凉、通风仓间内，远离火种、热源、避光保存。应与氧化剂分开存放。搬运时轻装轻卸，防止包装损坏。不宜久储，以防变质。

（撰稿：徐琪、侯晴晴；审稿：邵旭升）

二溴磷　naled

一种具有熏蒸活性的有机磷酸酯类杀虫剂。

其他名称　Dibron、二溴磷乳油、DIBROM、二溴灵、RE-4355。

化学名称　O,O-二甲基-1,2-二溴 -2,2-二氯代乙基磷酸酯。

IUPAC名称　(RS)-1,2-dibromo-2,2-dichloroethyl dimethyl phosphate。

CAS登记号　300-76-5。

EC号　206-098-3。

分子式　$C_4H_7Br_2Cl_2O_4P$。

相对分子质量　380.78。

结构式

开发单位　谢富隆化学公司。

理化性质　原药纯度约93%，为微带辣味的黄色液体。沸点110℃。相对密度 1.97（20℃）。几乎不溶于水，微溶于脂肪族溶剂，易溶于芳香族溶剂。纯品熔点为 26℃。在无水环境下是稳定的，但在水中或遇碱则迅速水解。在日光下降解，在棕色玻璃瓶中是稳定的，但在碱金属或还原剂存在下迅速脱溴变为敌敌畏。

毒性　大鼠急性经口 LD_{50} 430mg/kg；兔急性经皮 LD_{50} 1100mg/kg，兔经皮 LD_{50}（24 小时）500mg/kg，重度刺激。91%工业品以100mg/kg剂量的饲料喂养大鼠2年，没有毒害。微生物致突变：鼠伤寒沙门菌50μg/皿；枯草菌50μg/皿。

对蜜蜂有毒，金鱼 LC_{50}（24 小时）2～4mg/L；螃蟹 LC_{50} 0.33mg/L。使用剂量为 560g/hm² 时对食蚊鱼无死亡病例。

剂型　（50%）乳油。

作用方式及机理　一种速效、触杀和胃毒性杀虫剂和杀螨剂，具有一些熏蒸作用。其机理可能是在体内脱溴变为敌敌畏而起作用。为乙酰胆碱酯酶抑制剂。

防治对象　主要防治菜青虫、棉蚜、三化螟和地下害虫。主要用于将要采收的蔬菜、果树等作物上的害虫，如蚜虫、红蜘蛛、卷烟虫、叶跳虫、黏虫、造桥虫，对枣黏虫、造桥虫有特效。

使用方法　用 2400 倍液防治家蝇；800 倍液防治臭虫。可用 50% 乳油 1000 倍液喷洒于物体表面，家蝇、蚊接触后 5 分钟即中毒死亡。防治蚜虫、红蜘蛛、叶跳虫、卷叶虫、蜡类、尺蠖、粮食害虫及菜蚜、菜青虫等可用 50% 乳油 1000～1500 倍液喷雾；200 倍液防治金龟子、菜青虫、黄条跳甲及虱、蚤等。用 10 000 倍液防治天牛幼虫（灌洞）及毛织品、地毯的害虫。也有一些熏蒸作用，用于温室和蘑菇房，用量约为 33mg/m²。100mg/kg 浓度能 100% 抑制黄曲霉素产生。每亩用 50% 乳剂 100～125g（配成 1000 倍液），对茶尺蠖、大尺蠖、卷叶蛾类、茶毛虫、刺蛾类等有良好效果，尤其对多种蚧类有特效，并兼治小绿叶蝉、茶叶螨类。安全间隔期为 4 天。

与其他药剂的混用　35% 的二溴磷与 1% 的高效氯氰菊酯混用，有效成分用量为 162～270g/hm² 防治白菜蚜虫。20% 马拉硫磷与 30% 的二溴磷复配使用时，有效成分用量为 333.3～500mg/kg 对苹果树黄蚜具有良好的防效。

注意事项　不能与碱性物质混合加工制剂，不能和金属物质接触。加工制剂时要穿戴好防护用具，避免与药剂直接接触，施药后换洗衣物，用肥皂洗手及裸露部位，并清洗施药器械，废水勿污染河流、湖泊、水源。

开启：在开启农药包装、称量配制和施用中，操作人员应戴用必要的防护器具，要小心谨慎，防止污染。

废弃：建议用控制焚烧法或安全掩埋法处置。塑料容器要彻底冲洗，不能重复使用。把倒空的容器归还厂商或在规定场所掩埋。

灭火方法：消防人员须佩戴防毒面具、穿全身消防服，在上风向灭火。切勿将水流直接射至熔融物，以免引起严重的流淌火灾或引起剧烈的沸溅。灭火剂：雾状水、泡沫、干粉、二氧化碳、沙土。

泄漏应急处理：隔离泄漏污染区，周围设警告标志，建议人员戴自给式呼吸器，穿化学防护服。避免扬尘，小心扫起收集运至废物处理场所。也可以用大量水冲洗，经稀释的洗水放入废水系统。对污染地带进行通风。如大量泄漏，收集回收或无害处理后废弃。

中毒症状表现为瞳孔收缩、肌肉痉挛、呕吐、腹泻等。误吸：立即将病人移至空气流通处；误触：立即用清水或肥皂水清洗；误入眼睛：立即用大量清水冲洗；误服中毒应立即就医，对症治疗。

允许残留量　残留分析可采用气象色谱法进行。水和土壤中的残留用 GC/NPD 进行测定。①美国规定的最大残留限量见表 1。②澳大利亚规定的最大残留限量见表 2。

表 1　美国规定二溴磷最大残留限量（mg/kg）

食品名称	最大残留限量	食品名称	最大残留限量	食品名称	最大残留限量
杏仁	0.5	球芽甘蓝	1.0	黄瓜	0.5
杏壳	0.5	卷心菜	1.0	茄子	0.5
干豆种	0.5	花椰菜	1.0	葡萄	0.5
嫩豆	0.5	胡桃	0.5	桃	0.5
甜菜根	0.5	豆类牧草	10.0	胡椒	0.5
甜菜头	0.5	草莓	1.0	柠檬	3.0
青花菜	1.0	芹菜	3.0	南瓜	0.5
葡萄柚	3.0	羽衣甘蓝	3.0	莴苣	3.0
草料	10.0	未去纤维棉籽	0.5	蛇麻草干球果	0.5
冬瓜	0.5	莴苣	1.0	红花籽	0.5
橘子	3.0	甜瓜	0.5	菠菜	3.0
番茄	0.5	甜橙	3.0	西葫芦	0.5
绿萝卜	3.0	嫩豌豆	0.5		

表 2　澳大利亚规定二溴磷最大残留限量（mg/kg）

食品名称	最大残留限量	食品名称	最大残留限量
棉籽	0.02*	肉（哺乳动物）	0.05*
可食用内脏（哺乳动物）	0.05*	奶	0.05*

* 临时残留限量。

参考文献

《环境科学大辞典》编辑委员会，1991. 环境科学大辞典[M]. 北京: 中国环境科学出版社: 156.

马克比恩 C, 2015. 农药手册[M]. 胡笑形，等译. 北京: 化学工业出版社: 716-717.

农业大词典编辑委员，1998. 农业大词典[M]. 北京: 中国农业出版社: 389.

张堂恒，1995. 中国茶学辞典[M]. 上海: 上海科学技术出版社: 160.

（撰稿：吴剑；审稿：薛伟）

二溴氯丙烷　1,2-dibromo-3-chloropropane

一种液态熏蒸性杀虫、杀线虫剂。

其他名称　DBCP、黑药、黑水。

化学名称　1,2- 二溴 -3- 氯丙烷。

IUPAC 名称　1,2-dibromo-3-chloropropane。

CAS 登记号　96-12-8。

分子式　$C_3H_5Br_2Cl$。

相对分子质量　236.33。

结构式

开发单位　1955 年由美国道化学公司和壳牌公司开发。

理化性质　浅黄色液体，有刺鼻臭味，工业品为琥珀色至暗棕色液体。密度 2.05g/cm³。熔点 6℃。沸点 195℃。微溶于水，可与油类、异丙醇、二氯丙烷等混溶。加热至沸点以上和燃烧时，该物质分解生成含溴化氢、氯化氢的有毒烟雾。

毒性　为高毒农药，刺激眼睛、皮肤和呼吸道，吸收后会引起头痛、恶心、呕吐、运动失调、语言含糊不清，对中枢神经系统、肝、肺、肾和睾丸有影响，导致功能损伤和组织损伤，接触能够造成意识降低，长期接触会引起永久性不育。2017 年 10 月 27 日，世界卫生组织国际癌症研究机构公布的致癌物清单中，二溴氯丙烷在 2B 类致癌物清单中。

防治对象　1955 年开始被用于蔬菜、花卉、烟草、草莓等作物的苗床和温室大棚的熏蒸，防治根结线虫、孢囊线虫、短体线虫、螺旋线虫、纽带线虫、矮化线虫等效果显著。但其毒性较强，对动物有致突变和致癌作用，引起男性不育。中国于 1986 年 9 月，禁止将二溴氯丙烷作为农药登记、生产和使用。

二溴氯丙烷用作土壤熏蒸剂，注入土壤后扩散并吸附在土壤微粒表面，对土壤中的寄生线虫具毒杀作用。曾广泛用于防治花生、黄瓜、茶树、山药、大姜、柑橘等作物的线虫病害。

由于毒性较大，国家已经明令禁止使用此药作为土壤熏蒸剂。

注意事项　储存于阴凉、通风的库房，远离火种和热源。应与氧化剂、食用化学品分开存放，切忌混储。库房应备有泄漏应急处理设备并配备相应品种和数量的消防器材。

参考文献

刘以伟, 杨鸿仁, 1982. 二溴氯丙烷的毒理学研究 (综述)[J]. 农药科学与管理(1): 23-28.

夏永香, 2013. "黑药"的前世今生[J]. 农药市场信息(16): 12.

（撰稿：张鹏；审稿：彭德良）

二氧威　dioxacarb

一种氨基甲酸酯类杀虫剂。

其他名称　Elocron、Famid、C8353。

化学名称　2-(1,3-二氧戊环-2-)苯基氨基甲酸苯酯；2-(1,3-dioxolan-2-yl)phenyl methylcarbamate。

IUPAC 名称　2-(1,3-dioxolan-2-yl)phenyl methylcarbamate。

CAS 登记号　6988-21-2。

EC 号　230-253-4。

分子式　$C_{11}H_{13}NO_4$。

相对分子质量　223.23。

结构式

开发单位　该杀虫剂由 F. Bachmann 和 J. B. Legge 报道，由汽巴公司（现为汽巴 - 嘉基公司）开发。

理化性质　该品为白色结晶，微带臭味。熔点 114～115℃。在 20℃时，蒸气压为 0.04mPa。在 20℃时溶解度：水 6g/L，环己酮 235g/L，丙酮中 80g/L，乙醇 80g/L，二甲替甲酰胺 550g/L，二氯甲烷 345g/L，己烷 180mg/L，二甲苯 9g/L。可与大多数农药混用，无腐蚀性。在 20℃，pH3 时，其半衰期为 40 分钟，pH5 时为 3 天，pH7 时为 60 天，pH9 时为 20 小时，pH10 时为 2 小时。在土壤中迅速分解，不适宜用来防治土壤害虫。

毒性　工业品急性经口 LD_{50}：大鼠 60～80mg/kg，兔 1950mg/kg。大鼠急性经皮 LD_{50} 约 3g/kg。每天以 100mg/kg 剂量用到兔皮上 21 天，既未引起临床症状，也未局部刺激皮肤；以 10mg/kg 剂量喂大鼠或 2mg/kg 剂量喂狗 90 天，未产生有害影响。对鸟类、鱼和野生动物的毒性低，但对蜜蜂有毒。

剂型　2% 残留性气雾剂，50%、80% 可湿性粉剂，3% 粉剂，40% 水溶性剂，20% 高浓度饵剂，尚有超低容量喷雾剂等。

质量标准　10% 可湿性粉剂为浅棕色粉状物，相对密度 1.41，悬浮率≥80%，储存稳定性良好。

作用方式及机理　当被哺乳动物口服后，即迅速吸收，并进行一连串的水解作用生成相应的酚，或生成 N- 羟甲基化合物。两种断裂产物均作为缀合物（葡糖苷）而消失，其中有 85%～90% 的消失发生在 24 小时之内。在土壤中能迅速降解。

防治对象　对很多卫生害虫和储粮害虫有效。以有效成分 0.5～2g/m² 剂量用于墙上可防治蟑螂。二氧威对防治刺吸式口器和咀嚼式口器食叶害虫，包括抗有机磷的马铃薯甲虫、灰褐稻虱、蚜类、叶蝉科等害虫有效。对刺吸式口器害虫的防治，推荐剂量有效成分 250～500g/hm²，咀嚼式口器害虫为 500～750g/hm² 有效成分。具有快的击倒活性。在叶上有 5～7 天的持效期，在墙表面的持效期为 6 个月左右。

使用方法　对昆虫具有触杀、胃毒作用，主要用于防治蚊、蝇、臭虫等卫生害虫，亦可用于防治蚜虫、飞虱、盲蝽等农业害虫。有粉剂、气雾剂、饵剂等制剂。

注意事项　按照常规处理，避免药液与眼和皮肤接触，储存应远离食物和饲料，并勿让儿童接近。中毒时使用硫酸阿托品（勿与 2-PAM 或 toxogonin 合用）。

参考文献

朱永和, 王振荣, 李布青, 2006. 农药大典[M]. 北京: 中国三峡出版社.

（撰稿：张建军；审稿：吴剑）

F

发硫磷　prothoate

一种有机磷类内吸性杀虫剂、杀螨剂。

其他名称　发果、乙基乐果。

化学名称　O,O-二乙基-S-(N-异丙基甲酰甲基) 二硫代磷酸酯；O,O-diethyl S-(N-isopropylcarbamoylmethyl)phosphorodithioate。

IUPAC 名称　2-diethoxyphosphinothioylsulfanyl-N-propan-2-ylacetamide。

CAS 登记号　2275-18-5。

EC 号　218-893-2。

分子式　$C_9H_{20}NO_3PS_2$。

相对分子质量　285.36（酸）。

结构式

开发单位　1948 年美国氰胺公司发表专利，1956 年意大利蒙太卡蒂尼公司开发的品种。

理化性质　纯品为无色结晶固体。熔点 28.5℃。工业品为琥珀色至黄色半固体，带樟脑气味。凝固点 21～24℃。在水中溶解度为 0.2%，与常用有机溶剂可混溶。

毒性　工业品急性经口 LD_{50}：雄大鼠 8mg/kg，雌大鼠 8.9mg/kg。在 90 天试验中，不产生毒作用的最高剂量：大鼠 0.5mg/（kg·d），小鼠 1mg/（kg·d）。鲫鱼的无作用浓度（接触 10 天）6～8mg/L，LC_{100}（接触 4 天）50～70mg/L。兔经皮 LD_{50} 14mg/kg。

剂型　20%、40% 可湿性粉剂，3%、5% 颗粒剂。

作用方式及机理　对胆碱酯酶有抑制作用，能阻碍神经传导而导致昆虫死亡。具有强烈的触杀作用和一定的胃毒活性。

防治对象　用于棉花、果树、蔬菜上防治蚜虫、螨类，亦可防治木虱、蓟马、网蝽等害虫。

使用方法　有效成分 0.2～0.3g/L（300～500g/hm²）剂量应用，可以保护柑橘、蔬菜作物不受叶螨、蚜虫、缨翅目、跳甲等害虫的危害。

注意事项　①该品使用时，分两次稀释，先用 100 倍水搅拌成为乳液，然后按照需要的浓度补加水量；高温时稀释倍数可大些，低温时可小些。对啤酒花、菊科植物、部分高粱品种，以及烟草、枣树、桃、杏、梅、柑橘等植物，稀释倍数在 1500 倍以下乳剂敏感。使用时要先做药害试验，再确定浓度。②对牛、羊、家禽等毒性高，喷过药的牧草 1 个月内不可饲喂，施过药的田地在 7～10 天不可放牧。③不可与碱性农药混用，其遇水易分解，应随配随用。④该品易燃，远离火种。⑤中毒后的解毒剂为阿托品。中毒症状：头疼、头晕、无力、多汗、恶心、呕吐、胸闷，并造成猝死。口服中毒可用生理食盐水反复洗胃。接触中毒请迅速离开现场，换掉被污染的衣物，用温水冲洗手、脸等接触部位，同时加强心脏监护，防止猝死。⑥储存于阴凉、通风仓库内。远离火种、热源。管理应按"五双"管理制度执行。包装密封。防潮、防晒。应与氧化剂、酸类、食用化工原料分开存放。不能与粮食、食物、种子、饲料、各种日用品混装、混运。操作现场不得吸烟、饮水、进食。搬运时要轻装轻卸，防止包装及容器损坏。分装和搬运作业要注意个人防护。

与其他药剂的混用　可以与有机磷农药如敌敌畏、乙酰甲胺磷等混用，也可与菊酯类农药混用。

参考文献

马世昌, 1999. 化学物质辞典[M]. 西安:陕西科学技术出版社: 294.

朱永和, 王振荣, 李布青, 2006. 农药大典[M]. 北京: 中国三峡出版社: 54.

（撰稿：汪清民；审稿：吴剑）

伐草克　chlorfenac

一种非选择性激素型除草剂。

其他名称　Fenac、fenatrol、NSC 41931、TCPA。

化学名称　2,3,6-三氯苯乙酸。

IUPAC 名称　(2,3,6-trichlorophenyl)acetic acid。

CAS 登记号　85-34-7。

分子式　$C_8H_5Cl_3O_2$。

相对分子质量　239.48。

结构式

开发公司 由阿姆化学产品公司（后为罗纳 - 普朗克公司）和虎克化学公司开发。

理化性质 白色固体，熔点 161℃。密度 1.568g/ml。蒸气压 1.1Pa（100℃）。28℃时在水中的溶解度为 200mg/L，溶于大多数有机溶剂。稳定性：被紫外线分解，酸性介质中很稳定，遇碱形成水溶性盐，pK_a 3.7。

毒性 大鼠急性经口 LD_{50} 576～1780mg/kg。兔急性经皮 LD_{50} 1440～3160mg/kg。2 年饲喂试验，大鼠 2000mg/kg 饲料条件未发现不良反应。按推荐方法使用时对鱼无毒。对蜜蜂无毒。

剂型 有钠盐水剂及水溶性液剂。

作用方式及机理 高等植物的乙烯生物合成中，是从 S-腺苷蛋氨酸到 1- 氨基环丙基 -1- 羧酸（ACC）的转变，该转变过程中的生物合成酶（synthase）受到抑制，会使杂草死亡。伐草克可抑制杂草中 ACC 合成酶的反义基因、ACC 氧化酶的反义基因、ACC 脱氨基酶或者共同抑制上述 3 种酶。

防治对象 用于防除一年生禾本科杂草、阔叶杂草、匍匐披碱草、田旋花和其他多年生杂草。适用于甘蔗田。通常以钠盐的形式施用，有内吸性，主要由根部吸收。非耕地防除一年生杂草和多年生杂草。

（撰稿：胡方中；审稿：耿贺利）

伐虫脒 formetanate

一种氨基甲酸酯类非内吸性杀虫剂、杀螨剂，以盐酸盐形式销售。

其他名称 Carzol、Dicarzol（盐酸盐）、敌克螨、敌螨脒、灭虫威、威螨脒、ENT 27566、EP-332、SN 36056、ZK 10970；伐虫脒盐酸盐：杀螨脒、Hoe 132807、SN 36056HCl。

化学名称 伐虫脒:3-[(EZ)-二甲基氨基甲撑亚氨基苯基甲基氨基甲酸酯；N,N-dimethyl-N′-[3-[[(methylamino)carbonyl]oxy]phenyl]methanimidamide。伐虫脒盐酸盐:3-二甲胺基甲撑亚氨基苯甲基氨基甲酸酯盐酸盐；N,N-dimeth-yl-N′-[3-[[(methylamino)carbonyl]oxy]phenyl]methanimidamide hydrochloride。

IUPAC 名称 伐虫脒:3-dimethylaminomethyleneaminophenyl methylcarbamate；伐虫脒盐酸盐:3-dimethylamino-methyleneaminophenyl methylcarbamate hydrochloride。

CAS 登记号 22259-30-9；23422-53-9（盐酸盐）。

分子式 $C_{11}H_{15}N_3O_2$。

相对分子质量 221.26。

结构式

开发单位 拜耳公司。

理化性质

伐虫脒:pK_a 为 8（25℃）。弱碱性。

伐虫脒盐酸盐：相对分子质量为 257.8，分子式 $C_{11}H_{16}ClN_3O_2$。纯品为无色晶体粉末。熔点 200～202℃（分解）。蒸气压 1.6×10^{-3}mPa（25℃）。K_{ow}lg$P \leqslant -2.7$（pH7～9）。Henry 常数 5×10^{-10}Pa·m³/mol（22℃）。密度 0.5g/ml。水中溶解度 822g/L（25℃）；其他溶剂中溶解度（g/L，20℃）：甲醇 283、丙酮 0.074、甲苯 0.01、二氯甲烷 0.303、乙酸乙酯 0.001、正己烷＜0.0005。室温下至少可稳定存在 8 年，在 200℃左右时分解。水解 DT_{50}（22℃）：62.5 天（pH5），23 小时（pH7），2 小时（pH9）。在水溶液中光解，DT_{50}：1333 小时（pH5），17 小时（pH7），2.9 小时（pH9）。不易燃。

毒性 剧毒。伐虫脒盐酸盐：急性经口 LD_{50}（mg/kg）：大鼠 14.8～26.4，小鼠 13～25，狗 19。急性经皮 LD_{50}（mg/kg）：大鼠＞5600，兔＞10 200。对眼睛有刺激，对豚鼠皮肤有致敏性。大鼠吸入 LC_{50}（4 小时）0.15mg/L。NOEL（mg/饲料）：大鼠（2 年）10［0.52mg/（kg·d）］，小鼠（2 年）50［8.2mg/（kg·d）］；狗（1 年）10［0.37mg/（kg·d）］。ADI（EC）0.004mg/kg［2007］；（EPA）aRfD 和 cRfD 0.00065mg/kg［2006］。无致癌、致畸及致突变性。鸟急性经口 LD_{50}（mg/kg）：母鸡 21.5，野鸭 12，山齿鹑 42。鸟饲喂 LC_{50}（mg/kg 饲料）：山齿鹑 3963，野鸭 2086。鱼类 LC_{50}（96 小时，mg/L）：虹鳟 4.42，大翻车鱼 2.76。水蚤 LC_{50}（48 小时）0.093mg/L，羊角月牙藻 E_bC_{50}（96 小时）1.5mg/L，牡蛎 EC_{50}（96 小时）为 2.5mg/L，蜜蜂 LD_{50}（μg/ 只）：接触 14，经口 9.21，蚯蚓 LC_{50}（14 天）1048mg/kg 土壤。

剂型 25%、92%、50%、82% 可溶性粉剂，均为盐酸盐制剂。

作用方式及机理 胆碱酯酶抑制剂，作为一种杀虫和杀螨剂，对害虫有触杀和胃毒作用。

防治对象 观赏植物、梨、核果类水果、柑橘类水果、苜蓿、豌豆、蚕豆、大豆、花生、茄子、黄瓜上的叶螨，以及双翅目、半翅目、鳞翅目、缨翅目害虫，尤其是西花蓟马。

使用方法 苹果叶螨、苹果蚜虫、柑橘红蜘蛛、柑橘飞虱、梨蟑等的用药量约 345g/hm²，防治苹果树红蜘蛛的用量为 420g/hm²，在温室防治玫瑰红蜘蛛以 25g/100L 喷雾，在菊花上以 47.5g/100L 两次喷雾。

参考文献

刘长令, 2012. 世界农药大全: 杀虫剂卷[M]. 北京: 化学工业出版社: 334-336.

马克比恩 C, 2015. 农药手册[M]. 胡笑形, 等译. 北京: 化学工业出版社: 510-512.

（撰稿：杨吉春；审稿：李淼）

伐垅磷 2,4-DEP

一种亚磷酸酯类芽前选择性除草剂。

其他名称 Falone、Flodine、Falodin、Galone、3Y9、EH3Y9、伐草磷。

化学名称 三(2,4- 二氯苯氧乙基) 亚磷酸酯。

CAS 名称 phosphoric acid tris-[2-(2,4-dichloro-phenoxy)]-ethyl ester。

IUPAC 名称 tris(2,4-dichlorophenoxyethyl)phosphite。

CAS 登记号 94-84-8。

分子式 $C_{24}H_{21}Cl_6O_6P$。

相对分子质量 649.11。

结构式

开发单位 1958 年由美国尤尼鲁化学公司开发，美国橡胶公司 Naugatuck 化学分公司推广。

理化性质 纯品为白色蜡状固体，工业品为棕色黏稠油状液体。沸点 677.9℃±55℃（101.32kPa）。闪点 363℃±31.5℃。蒸气压 266.64Pa（25℃）。溶解度：微溶于水，在煤油中 10g/L，溶于芳烃石脑油。

毒性 大鼠急性经口 LD_{50} 850mg/kg，90 天饲喂试验 NOEL 85mg/kg。

剂型 乳油，颗粒剂。

质量标准 有水存在时水解，干燥时可久储。

防治对象 芽前除草剂。防除一年生禾本科杂草或阔叶杂草。用于玉米、花生、草莓、马铃薯等田地除草。

使用方法 作物播种后苗前，杂草出土前施药。用于玉米、花生、草莓田地除草，用量 4～7kg/hm²。该药在土壤中持效期 3～8 周。

注意事项 ①不可用于甘蓝、莴苣、大豆、西瓜、棉花、烟草、葡萄等，因它们对该药敏感。②万一接触眼睛，立即使用大量清水冲洗并送医诊治。③接触原药时可能会导致灼伤，应注意防范。

参考文献

张殿京，程慕如, 1987. 化学除草应用指南[M]. 北京: 农村读物出版社.

（撰稿：贺红武；审稿：耿贺利）

伐灭磷 famphur

一种有机磷酸酯类杀虫剂。

其他名称 氨磺磷、CL38023、伐灭硫磷。

化学名称 O,O-二甲基-O-(对-二甲磺酰氨基苯基)硫逐磷酸酯。

IUPAC 名称 O-4-dimethylsulfamoylphenyl O,O-dimethyl phosphorothioate。

CAS 登记号 52-85-7。

EC 号 200-154-0。

分子式 $C_{10}H_{16}NO_5PS_2$。

相对分子质量 325.34。

结构式

开发单位 德国 Dr. Ehrenstorfer 公司所有产品。

理化性质 无色结晶。熔点 55℃。水中溶解度为 100mg/L；可溶于二甲苯、氯仿、丙酮等溶剂中。微溶于脂肪烃，在环境温度中稳定期为 19 个月。

毒性 急性经口 LD_{50}（mg/kg）：雄大鼠 35，雌大鼠 62，雄小鼠 27。兔急性经皮 LD_{50}：2730mg/kg。PO 剂型（泼浇剂）对皮肤和眼睛有刺激。大鼠暴露在空气中（24mg/L）7.5 小时不会致死。NOEL（90 天）1mg/kg。ADI/RfD（EPA）0.0005mg/kg［1986］。毒性等级：Ib（a.i., WHO）。母鸡急性经口 LD_{50} 30mg/kg。

剂型 20% 可湿性粉剂，泼浇剂。

作用方式及机理 内吸性杀虫剂。

防治对象 用于防治家畜体内外寄生虫，如体虱、狂蝇幼虫、皮下蝇幼虫等。

允许残留量 残留分析可采用气象色谱法进行。残留用 GLC 方法进行测定。①美国规定的最大残留限量见表 1。②澳大利亚规定的最大残留限量见表 2。

表 1 美国规定部分食品中伐灭磷最大残留限量（mg/kg）

食品名称	最大残留限量	食品名称	最大残留限量
鳗类（例如鳗鱼）	0.02	其他水生动物	0.02
牛食用内脏	0.08	其他鱼类	0.02
牛肥肉	0.10	其他家禽食用内脏	0.10
牛肾	0.08	其他家禽蛋	0.02
牛肝	0.08	其他家禽肥肉	0.10
牛瘦肉	0.08	其他家禽肾	0.10
鸡食用内脏	0.10	其他家禽肝	0.10
鸡蛋	0.02	其他家禽瘦肉	0.10
鸡肥肉	0.10	其他陆地哺乳动物食用内脏	0.10
鸡肾	0.10	其他陆地哺乳动物肥肉	0.10
鸡肝	0.10	其他陆地哺乳动物肾	0.10
鸡瘦肉	0.10	其他陆地哺乳动物肝	0.10
甲壳纲动物	0.02	其他陆地哺乳动物瘦肉	0.10
蜂蜜（包括蜂王浆）	0.02	鲈类（例如鲣、竹荚鱼、鲭鱼、黑鲈、海鲷和金枪鱼）	0.02

（续表）

食品名称	最大残留限量	食品名称	最大残留限量
乳	0.02	猪食用内脏	0.10
猪瘦肉	0.10	猪肥肉	0.10
鲑类（例如鲑鱼和鳟鱼）	0.02	猪肾	0.10
壳类软体动物	0.02	猪肝	0.10

表 2 澳大利亚规定伐灭磷最大残留限量（mg/kg）

食品名称	最大残留限量
牛肉	0.05
可食用牛内脏	0.05

参考文献

马克比恩 C, 2015. 农药手册[M]. 胡笑形, 等译. 北京: 化学工业出版社: 406.

张维杰, 1996. 剧毒物品实用技术手册[M]. 北京: 人民交通出版社: 425.

（撰稿：吴剑；审稿：薛伟）

番荔枝内酯　annonacin

从刺果番荔枝种子中分离的单四氢呋喃环型植物源杀虫剂。1986 年，Rupprecht 等从植物中提取并首次报道了杀虫效果，有关番荔枝内酯杀虫活性的研究报道逐渐增多，对多种害虫具有强烈的胃毒、拒食和杀卵活性。Mikolajczak 等将番荔枝内酯归为杀虫药剂，并于 1988 年获得了 asimicin 的美国专利（但目前尚未检索到番荔枝内酯作为农药登记与应用的信息）。

其他名称　番荔（枝）素、番荔枝皂素、番荔枝乙酰甙元。

化学名称　5-甲基-3-[2,8,9,13-四羟基-13-[5-(1-羟基十三烷基)四氢呋喃-2-基] 十三烷基]-5H-呋喃-2-酮；2-methyl-4-[2,8,9,13-tetrahydroxy-13-[5-(1-hydroxytridecyl)oxolan-2-yl]tridecyl]-2H-furan-5-one。

IUPAC 名称　2(5H)-furanone,5-methyl-3-[(2R,8R,13R)-2,8,13-trihydroxy-13-[(2R,5R)-tetrahydro-5-[(1R)-1-hydroxytridecyl]-2-furanyl]tridecyl]-,(5S)-。

CAS 登记号　111035-65-5。

分子式　$C_{35}H_{64}O_7$。

相对分子质量　596.88。

结构式

理化性质　白色蜡状固体或粉末。熔点 62～68℃。易溶于甲醇、乙酸乙酯、氯仿等有机溶剂。

毒性　高毒。番荔枝内酯阿诺宁有效混合成分腹腔注射小鼠 LD_{50} 1.38mg/kg，番荔枝总内酯灌胃小鼠 LD_{50} 176.9mg/kg。

防治对象　黄腥腥果蝇、菜青虫、瓢虫、棉蚜及蚊等害虫。

使用方法　番荔枝内酯（asimicin，泡泡树的皮和种子提取物）对墨西哥瓢虫 0.005% 浓度的死亡率为 100%，对棉蚜 0.05% 浓度的死亡率为 100%，对丽蝇 0.5% 浓度的死亡率为 50%，对埃及伊蚊毒杀效果尤为明显，0.0001% 浓度的死亡率就高达 100%，对瓜条叶甲有很好的拒食活性，0.1%、0.5% 药液的拒食率分别高达 80% 和 100%，对棉蚜和墨西哥瓢虫等有强烈的致死作用。番荔枝内酯（gneoannonin，番荔枝种子提取物）5～140μg/g 混入饲料，对黄腥腥果蝇具有强烈的杀卵活性。

作用方式及机理　对多种害虫具有胃毒、拒食和杀卵作用。现有研究表明，其主要作用机制是通过抑制线粒体 NADH 氧化还原酶，从而阻止呼吸链电子的传递，抑制细胞能量代谢，抑制 ATP 合成，引起害虫死亡。

注意事项　禁止儿童、孕妇及哺乳期妇女接触。

参考文献

何道航, 徐汉虹, 黄继光, 2001. 植物源番荔枝内酯的杀虫作用(综述) [J]. 安徽农业大学学报, 28 (4): 385-389.

王玉, 邱海龙, 陈建伟, 等, 2013. 番荔枝总内酯的急性毒性和蓄积毒性评价[J]. 中国新药与临床杂志, 32(9): 711-715.

张帅, 曾鑫年, 黄田福, 等, 2005. 番荔枝内酯结构类型及作用机制研究进展[J]. 西北农林科技大学学报 (自然科学版), 32(12): 21-26.

（撰稿：龙友华；审稿：李明）

番茄茎麦蛾性信息素　sex pheromone of *Keiferiia lycopersicella*

适用于番茄的昆虫性信息素。最初从番茄茎麦蛾（*Keiferiia lycopersicella*）虫体中提取分离，主要成分为（E）-4- 十三碳烯 -1- 醇乙酸酯，次要成分为（Z）-4- 十三碳烯 -1- 醇乙酸酯（约 6%）。

其他名称　Checkmate TPW-F（喷雾制剂）（Suterra）、Frustrate TPW（Certius）、Isomate TPW（墨西哥）（Shin-Etsu）、NoMate TPW［主要是（E）- 异构体］（Scentry）、E4-13Ac、Lycolure。

化学名称　(E)-4- 十三碳烯 -1- 醇乙酸酯；(E)-4-tridecen-1-ol acetate；(Z)-4- 十三碳烯 -1- 醇乙酸酯；(Z)-4-tridecen-1-ol acetate。

IUPAC名称 (*E*)-trideca-4-en-1-yl acetate；(*Z*)-trideca-4-en-1-yl acetate。

CAS登记号 72269-48-8[（*E*）- 异 构 体]；65954-19-0[（*Z*）- 异构体]。

分子式 $C_{15}H_{28}O_2$。

相对分子质量 240.38。

结构式

（*E*）-4-十三碳烯-1-醇乙酸酯

（*Z*）-4-十三碳烯-1-醇乙酸酯

生产单位 由 Suterra、Shin-Etsu 等公司生产。

理化性质 类白色至浅棕色黏稠液体，具有甜的气味。沸点 283℃（101.32 kPa，预测值）。相对密度 0.86～0.88（25℃）。难溶于水，溶于丙酮、氯仿、乙酸乙酯等有机溶剂。

毒性 大鼠急性经口 LD_{50} > 5000mg/kg。兔急性经皮 LD_{50} > 2000mg/kg。

剂型 微胶囊悬浮剂，手工操作的分配器，微胶囊缓释剂。

作用方式 主要用于干扰番茄茎麦蛾的交配，诱捕番茄茎麦蛾。

防治对象 适用于番茄，防治番茄茎麦蛾。

使用方法 在番茄茎麦蛾成虫即将羽化时，将含有番茄茎麦蛾性信息素的微胶囊喷洒在番茄叶面上。微胶囊中的性信息素释放，可弥漫于全田。

参考文献

马克比恩 C, 2015. 农药手册[M]. 胡笑形, 等译. 北京: 化学工业出版社.

吴文君, 高希武, 张帅, 2017. 生物农药科学使用指南[M]. 北京: 化学工业出版社.

（撰稿：钟江春；审稿：张钟宁）

番茄水栽法 tomato seedlings solution culture test

利用除草剂药液浓度与番茄苗生长抑制程度成正比的原理，测定除草剂活性的生物测定方法。

适用范围 适用于测定取代脲类及三氮苯类等光合作用抑制型除草剂的活性。

主要内容 试验方法：将 10ml 除草剂的培养液稀释液倒入试管中，取 4 株具有 2 片真叶的番茄幼苗，剪去子叶及主根，称重，然后插入试管中，尽量使番茄幼苗重量一致，以不加除草剂的清水培养为空白对照处理。25℃光照培养 2 周左右称取幼苗鲜重，计算抑制率。

$$鲜重抑制率 = \frac{对照处理鲜重 - 待测药液鲜重}{对照处理鲜重} \times 100\%$$

参考文献

陈年春, 1991. 农药生物测定技术[M]. 北京: 北京农业大学出版社.

（撰稿：唐伟；审稿：陈杰）

防冻剂 antifreezer

在低温下防止农药结冰的物质。又名冰点调节剂或抗凝剂。为了使含水的液体农药产品适应北方寒冷条件下的生产、储存和使用，需要加入防冻剂。

作用机理 防冻剂通过降低冰点起到防冻的效果。如尿素水溶液的冰点为 -11.5～0℃，乙二醇和丙二醇水溶液的冰点都小于 0℃，且在一定范围内冰点随浓度升高而降低，最低能降到 -50℃左右。

分类与主要品种 农药中常用的防冻剂有乙二醇、丙二醇、丙三醇、聚乙二醇、甘油 - 乙醚双甘醇、甲基亚丙基双甘醇、尿素及无机盐等。

使用要求 防冻剂要求防冻性能好，且挥发性低，对有效成分溶解越少越好。

应用技术 水性液体制剂，如可溶液剂、微乳剂、悬浮剂、悬乳剂等，为了防止低温储存时结冰，需要加入防冻剂，防冻剂加入量一般 3%～10%。

参考文献

郭武棣, 2003. 农药剂型加工丛书: 液体制剂[M]. 3版. 北京: 化学工业出版社.

（撰稿：张春华；审稿：张宗俭）

防腐剂 antiseptic

通过杀灭或抑制微生物增殖而防止腐烂的物质。农药中加入防腐剂主要是杀灭并抑制微生物的生长和繁殖，防止农药制剂产品在保存期内腐败变质。

作用机理 防腐剂的防腐原理大致有以下 3 种：①干扰微生物的酶系，破坏其正常的新陈代谢，抑制酶活性。②使微生物的蛋白质凝固和变性，干扰其生存和繁殖。③改变细胞浆膜的渗透性，抑制其体内的酶类和代谢产物的排除，导致其失活。

分类与主要品种 按照作用效果分杀菌和抑菌两种；按照化学类别分，主要有苯甲酸及其盐类、异噻唑啉酮类及其衍生物、甲基异噻唑啉酮类、醛类等。目前农药中使用的防腐剂多来源于食品、涂料、水处理、造纸等行业，还没有专门针对农药开发的防腐剂产品。

应用技术 需要加入黄原胶或其他多糖类物质调节黏度的农药产品一般都要加入防腐剂，如农药悬浮剂、悬浮种衣剂、水乳剂、悬乳剂等。防腐剂需要预先与黄原胶等复配制成膏状物，24小时后再使用。农药防腐一般采用一次加入法，使防腐剂一次性达到最高浓度而且始终保持，有利于杀菌抑菌。

参考文献

林科, 2009. 食品防腐剂的种类及其研究进展[J]. 广西轻工业 (10): 9-11.

林宜益, 2006. 涂料用防腐剂和防霉防藻剂及发展[J]. 现代涂料与涂装 (1): 54-60.

吴桂霞, 王志杰, 杨秀芳, 2007. 造纸工业中杀菌防腐剂的应用及展望[J]. 中国造纸, 26(4): 51-54.

（撰稿：张春华；审稿：张宗俭）

防飘喷雾　anti-drift spraying

农药飘移（drift）是指施药过程中或施药后一段时间，在不受外力控制的条件下，农药雾滴或粉尘颗粒在大气中从靶标区域迁移到非靶标区域的一种物理运动。农药飘移包括蒸发飘移和随风飘移，前者是指农药在使用过程中或使用后，气态药物扩散至靶标区域周围的环境中，主要由农药有效成分与分散体系的液体物质的挥发性造成；而后者主要是指喷雾扇面中的细小雾滴随气流胁迫运动脱离靶标区域后再沉降的过程。

影响农药雾滴飘移的因素　影响农药雾滴飘移的因素很多，如施药机具和施药技术、农药的理化特性、气象条件、操作者操作技能等。风速和风向影响雾滴沉积；温度过高导致雾滴蒸发速度加快，温度和相对湿度尤其影响小雾滴的粒径；雾滴粒径与飘移风险密切相关，与此同时雾滴的沉降速度、运动轨迹也会影响雾滴的沉积，降低雾滴沉降速度使飘移增加。

雾滴谱的分布与雾滴粒径对飘移的影响最为显著。从喷头喷出的尺寸大小不同的雾滴，其雾滴直径范围及状态称之为雾滴谱，可用雾滴体积或数量累计分布曲线或雾滴粒径分布图表示。通常飘移量与细小雾滴的比率有关。雾滴越小，其在空中悬浮的时间越长，也就越容易随风飘移。小雾滴由于质量轻，在空气阻力作用下常常向下动量不足以到达靶标而不能沉积，而且小雾滴相较大雾滴更易受温度和相对湿度的影响，蒸发变小后能随风飘移更远。粒径小于100μm的雾滴最易发生飘移，将50μm、150μm、200μm作为易飘移的界定粒径。

基本内容　目前防飘喷雾技术手段主要为气流辅助式喷雾、超低容量喷雾、静电喷雾等。

气流辅助式防飘移喷雾　气流辅助式喷雾技术是指利用辅助式的气流装置，在进行喷雾时利用风机产生的气流将雾滴输送至靶标；携带有细小雾滴的气流使叶片正反面着药，从而提高药液在靶标上的覆盖密度和均匀度，显著降低施药雾滴的飘移，提高其利用率。主要包括风送式喷雾和风幕式喷雾。

超低容量防飘移喷雾　低量喷雾技术是指在单位面积施药液量不变的前提下，通过喷雾药液浓度的提高从而减少农药总喷液量的施药方式，近年来被广泛应用于植保。超低量喷雾施药量平均每公顷0.5～5L就能达到良好的防治效果，其主要是使小雾滴在植物各个部位，包括叶片的正反面沉积分布，进而提高农药利用率。

静电防飘移喷雾　静电喷雾技术是利用高压静电在喷头与靶标作物之间建立一个带电的场，雾滴雾化后通过静电场，在静电场运动过程中通过不同的充电方法充电形成带电雾滴，然后在静电场力和其他外力的联合作用下，带电荷的雾滴作定向运动被靶标作物吸附，沉积在作物的各个部位。静电喷雾技术可以提高药液在作物冠层的中下部的沉积以及叶片背面药液的附着能力，与传统的喷雾设备相比，雾滴粒径小、药液附着量大、穿透性强，能够沉降在靶标作物叶片

图2　辅助气流喷杆喷雾机

图1　防飘喷头

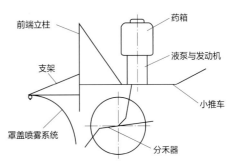

图3　罩盖喷杆喷雾机整机结构示意图

的正反两面，使农药雾滴沉积率提高的同时减少雾滴飘移，改善施药区域周围的生态环境。

变量防飘移喷雾变量喷雾　通过获取田间病虫草害面积、作物行距、株密度等靶标作物的相关信息，以及实时获取施药设备位置、作业速度、喷雾压力等施药参数的相关信息，综合处理作物和喷雾装置的各种信息，从而根据需求实现对靶标作物的精准施药。与传统大容量喷雾技术相比，变量喷施技术可以缓解农药过量使用的问题，在节约农药的同时降低了喷雾过程中雾滴发生飘移的风险，提高农药的防治效率、节省劳动力和作业成本、减轻对环境的污染，使农业保持可持续发展。

参考文献

何雄奎, 2012. 高效施药技术与机具[M]. 北京: 中国农业大学出版社.

（撰稿：何雄奎；审稿：李红军）

防飘喷雾机　anti-drift sprayer

一类相对于传统喷雾机，具有防飘功能的喷雾机具。农药飘移是指在喷雾作业过程中农药因气流作用被带出靶标区的物理运动，是造成农药危害的主要原因之一。农药的飘失，不仅影响防治效果、降低农药的利用率，而且严重影响非靶标区敏感作物的生产，污染生态环境，甚至引发人、畜中毒。因此，防飘技术的应用可以在很大程度上减少农药飘失，提高农药利用率，降低农药害和环境污染。

防飘喷雾技术主要包括防飘喷头、辅助气流喷雾技术、罩盖喷雾技术。

防飘喷头　基本原理是尽量减少喷头细小雾滴（100μm以下）的数量，使雾滴相对较粗，雾滴谱均匀。利用大直径雾滴在对靶标运行时不易飘失的原理，喷头雾化的雾滴较大，雾滴谱较窄，特别是防飘、低飘喷头采用射流原理，在喷头体内雾液两相进行混合，经喷头喷出的是一个个液包气的"小气球"，每一个这样的"小气球"在达到靶标时，经作物表面上的纤毛刺破和叶面的动量作用下，进行第二次雾化，得到更小的雾滴和较大的覆盖密度。防飘喷头的出现被称之为植保行业的"喷头革命"（图1）。

防飘喷头分为导流式喷头、防飘失扇形雾喷头和射流喷头。

导流式喷头（D）　也称激射式或撞击式喷头，其也是一种扇形雾喷头。药液从收缩型的圆锥喷孔喷出，即沿着与喷孔中心近于垂直的扇形平面延展，使形成扇形液面。该喷头的喷雾量较大，雾滴较粗，飘失较少。

防飘失扇形雾喷头（RD，AD 等）　内部在喷嘴喷孔之前，均增加有前置小孔口及混合室，用以减小药液在喷出之前的流速和压力，且喷嘴喷孔较大，从而显著减少小雾滴的产生（一般能比标准型减少100μm以下的雾滴50%~80%）。

射流喷头（ID，IDK）　利用文丘里原理，当高压药液进入喷头，流经空气孔时会产生负压，这样药液就会吸进空气并产生气泡，经喷孔后形成带气泡的雾滴。"液包气"雾

滴的体积变大，不易飘移。当雾滴到达作物表面时，含有气泡的雾滴与作物表面发生撞击并破碎形成细雾滴，再一次雾化。这类喷头的减飘效果可以达到 90% 以上，但价格相对昂贵。

辅助气流喷雾技术　是利用辅助气流克服在喷雾机作业过程中喷头附近引起飘失的气流或涡流。其主要原理是通过在喷杆喷雾机上装配一种风罩，利用风罩产生的下行气流把农药雾滴强制喷入作物冠层中，可大幅度降低农药飘失量，增加喷雾的沉积及分布的均匀性（图 2）。

罩盖喷雾技术　是通过在喷头附近安装导流装置来改变喷头周围气流的速度和方向，使气流的运动更利于雾滴的沉降，增加雾滴在作物冠层的沉积，减少雾滴向非靶标区域飘移，达到减少雾滴飘失的目的（图 3）。

参考文献

何雄奎, 2013. 药械与施药技术[M]. 北京: 中国农业大学出版社.

宋坚利, 何雄奎, 张京, 等, 2012. "Ⅱ"型循环喷雾机设计[J]. 农业机械学报, 43(4): 31-36.

宋坚利, 何雄奎, 曾爱军, 等, 2007. 罩盖喷杆喷雾机的设计与防飘试验[J]. 农业机械学报, 38(8): 74-77.

谢晨, 何雄奎, 宋坚利, 等, 2013. 两类扇形雾喷头雾化过程比较研究[J]. 农业工程学报, 29(5): 25-30.

（撰稿：何雄奎；审稿：李红军）

防飘移剂　driftproof agent

防止和减轻农药施用中或加工过程中因药粒飘移引起危害的助剂总称。飘移是导致农药利用率低、造成邻近作物产生药害的主要原因，在喷雾药液中加入防飘移剂可减少和降低喷雾药液（滴）的飘移。

作用机理　控制雾滴粒径：为最大限度地控制飘移，重力因素考虑必须采用尽可能大的雾滴，而水分和可挥发组分的蒸发是造成大量细雾滴的重要原因。防飘移剂可通过提高喷液黏度，适当增大雾滴尺寸，还可通过抗蒸腾作用抑制挥发，防止雾滴变细。

分类与主要品种　防飘移剂按照使用方式分为喷雾防飘移剂和制剂加工中用防飘移剂。

主要的喷雾防飘移剂：①抗蒸腾剂。抑制蒸发，防止雾滴迅速变细而防止产生飘移，主要成分有表面活性剂、水溶性树脂或聚合物、溶剂等。②黏度调节剂。提高喷雾液黏度，增大雾滴尺寸，常用水溶性表面活性剂、水溶性树脂或聚合物等。③沉积作用助剂。

制剂加工中用防飘移剂，主要是防尘剂，用于减轻各种粉剂、粒剂等固体制剂加工过程中起粉尘，品种主要有二乙二醇、二丙二醇、丙三醇、丙三醇 EO-PO 加成物、烷基磷酸酯、植物油脂、动物油脂等。

使用要求　近几年随着航空植保喷雾技术的发展，喷雾防飘移剂的用量逐渐增加。使用前须测试助剂与农药的配伍性，少量试用，合格后再大量应用。

应用技术　农药雾滴在空中运行主要由重力、静电力、

药械和气象条件 4 个参数决定，其中施药器械和天气条件对飘移的影响较大。使用防飘移剂喷雾时注意以下两点：①合理选择施药器械。一般航空施药的飘移比地面各种施药技术产生飘移要严重，可以选择使用可控液滴大小的喷头。②注意天气影响。选择风速小的天气喷雾，一般低容量喷雾，风速不宜超过 5m/s；超低容量喷雾，风速不宜超过 3m/s。

制剂加工中使用防飘移剂主要是控制粉尘，需要工艺和设备密切配合才能达到减少粉尘的效果。

参考文献

邵维忠, 2003. 农药助剂[M]. 3版. 北京: 化学工业出版社.

（撰稿：张春华；审稿：张宗俭）

放线菌酮　cycloheximide

灰色链霉菌（*Streptomyces griseus*）的一种产物，属真核生物蛋白质合成抑制剂。

其他名称　环己亚胺、亚胺环己酮、放线菌酮液剂、放线酮液剂、农抗 101 液剂、戊二酰亚胺环己酮、线菌素酮、环己米特环己亚胺、Naramycin A、hizarocin、actidione、actispray、kaken、U-4527。

IUPAC 名称　4-[(2*R*)-2-[(1*S*,3*S*,5*S*)-3,5-dimethyl-2-oxo-cyclohexyl]-2-hydroxyethyl]piperidine-2,6-dione。

CAS 登记号　66-81-9。

EC 号　200-636-0。

分子式　$C_{15}H_{23}NO_4$。

相对分子质量　281.35。

结构式

开发单位　厄普约翰公司。1943—1952 年开发。

理化性质　无色片状结晶。25℃时溶解度（g/100ml）：水中 2.1，乙酸戊酯 7；溶于氯仿、乙醇、乙醚、丙酮和甲醇。熔点 119.5～121℃（115～116℃），比旋光度 $[\alpha]_D^{25}$ +6.8°（$c=2$，水中），$[\alpha]_D^{29}$ +3.38°（$c=9.47$，甲醇中）。有刺激性。

毒性　急性毒性：大鼠经口 LD_{50} 5000mg/kg。兔经皮 LD_{50} 12 124mg/kg。小鼠吸入 LC_{50}（8 小时）20 003mg/m³。刺激性：人经眼 300μg/ml，引起刺激。兔经皮 500mg/kg，中度刺激。

剂型　原药。

作用方式及机理　是一种在真核生物中对蛋白质生物合成过程有抑制效应的化合物，通过干扰蛋白质合成过程中的易位步骤而阻碍翻译过程。在生物药学研究中放线菌酮常被用来抑制生物体外真核细胞的蛋白质合成。放线菌酮拥有非常强烈的毒性，包括损害 DNA、导致畸形胎儿和其他对繁殖过程的效应（包括出生障碍和对精子的毒性），一般只被用在体外的研究应用中，它不适宜在人体内作为抗菌素使用。

防治对象　对酵母菌、霉菌、原虫等病原菌等有抑制作用。用于防治樱桃叶斑病、樱花穿孔病、桃树菌核病、橡树立枯病、薄荷及松树的疱锈病、甘薯黑疤病、菊花黑星病和玫瑰的霉病等。此外，也是鼠类、兔子、狗熊、野猪等的忌避剂。

使用方法　常温，避光，通风干燥处，密封保存。过去在农业中被用来作为杀真菌剂，但是由于对其危险性的认识不断提高，这个用法已经很少了。

注意事项　若发生事故或感不适，立即就医（可能的话，出示其标签）。避免接触，使用前须获得特别指示说明。避免释放至环境中。参考特别说明或安全数据说明书。吞食有极高毒性。对水生生物有毒，可能对水体环境产生长期不良影响。可能对胎儿造成伤害。可能有不可逆后果的危险。

参考文献

佚名, 1973. 放线菌酮防治植物病害的作用[J]. 热带作物译丛(1): 25-26.

（撰稿：周俞辛；审稿：胡健）

非草隆　fenuron

一种脲类除草剂。

其他名称　fenuron-TCA（WSSA）、fenidim。

化学名称　1,1-dimethyl-3-phenylurea; 1,1-二甲基-3-苯基脲。

IUPAC 名称　1,1-dimethyl-3-phenylurea。

CAS 登记号　101-42-8。

EC 号　202-941-4。

分子式　$C_9H_{12}N_2O$。

相对分子质量　164.20。

结构式

开发单位　杜邦公司。

理化性质　白色无臭结晶固体。熔点 133～134℃。蒸气压 21mPa（60℃）。25℃时水中溶解度 3.85g/L；其他溶剂中溶解度（g/kg，20～25℃）：乙醇 108.8、乙醚 5.5g、丙酮 80.2、苯 3.1、氯仿 125、己烷 0.2、花生油 1。在自然条件下稳定，在强酸、强碱中水解。对氧化稳定，但可被微生物分解。

毒性　大鼠急性经口 LD_{50} 6400mg/kg。33% 的水浆液对豚鼠的皮肤无刺激作用，大鼠用含 500mg/kg 的饲料喂养 90 天，未见明显症状。鱼类 LC_{50}（48 小时）：虹鳟 610mg/L。其乙酸盐大鼠急性经口 LD$_{50}$ 4000～5700g/kg，急性经皮 LD$_{50}$ 不可测得，对皮肤、眼睛和呼吸道有刺激。

作用方式及机理　通过植物根系被吸收，抑制光合作用。非草隆大剂量使用时，具有很强的灭生性。

剂型　25% 可湿性粉剂。

防治对象　由于有较大的水溶解度，因此，它比相类似的灭草隆和敌草隆更适合于防除木本植物、多年生杂草、深根性多年生杂草。施药量 20g/m^2 以上时，不论单、双子叶植物死亡率均达 90% 以上。因此可用于开辟和维护森林防火道、公路、铁路、路基、运动场、仓库空场、易燃品储存场等地，进行灭生性除草。非草隆小剂量并利用位差选择可谨慎地用于棉花、甘蔗、橡胶园、果园、玉米、小麦、大豆、蚕豆、胡萝卜、甜菜等作物田中防除一年生杂草，如马唐、莎草、野西瓜苗、看麦娘、苋、藜等，对多年生杂草，如三棱草、小蓟等具有很好的抑制作用。

使用方法

非耕地灭生性除草　施药期为芽前，用量为 20g/m^2 以上的 25% 可湿性粉剂，制成毒土撒施或兑水喷洒。

农田选择性除草　如用于棉花，宜作苗前土壤处理，用量为 25% 可湿性粉剂 3.75～6kg/hm^2，拌细土 300kg 撒施或加水 750kg 喷洒。

注意事项　非草隆对棉叶的触杀作用很强，因此不可苗后使用。一般农田使用，必须准确掌握施药期、施药量、施药方法和施药浓度，以防药害发生。非草隆最宜用于干旱少雨地区。

与其他药剂的混用　可与其他除草剂，如氯苯胺灵、苯胺灵等制成混合制剂。

参考文献

周礼花，李方实，朱晓洁，2001. 分光光度法测定灭草隆和非草隆[J]. 当代化工，30(4): 242-245.

（撰稿：王大伟；审稿：席真）

菲醌　phenanthrenequinone

一种醌类杀菌剂、杀虫剂。

其他名称　9,10- 菲二酮。

化学名称　9,10-菲醌；9,10-phenanthrenequione。

IUPAC 名称　9,10-phenanthraquinone。

CAS 登记号　84-11-7。

EC 号　201-515-5。

分子式　C$_{14}$H$_8$O$_2$。

相对分子质量　208.21。

结构式

开发单位　山东省博山农药厂。

理化性质　为橙红色针状结晶。熔点为 207℃。沸点 360℃。相对密度 1.405（20℃）。可溶于乙醇、冰乙酸、苯和硫酸，不溶于水。菲醌能与亚硫酸氢钠生成可溶于水的加成物，可以利用这一性质进行菲醌的提纯。

毒性　大鼠灌胃 LD$_{50}$ 1712mg/kg。

剂型　粉剂，可湿性粉剂。

防治对象　具有抑菌能力，用于拌种可防治谷物黑穗病、棉花苗期病，还可作为杀虫剂使用。经氢氧化钠处理后可制得多效能的植物生长调节剂整形素。

使用方法　按 0.2%～0.3% 拌种使用防治谷类作物黑穗病，也用可湿性粉剂加水 300～500 倍，每亩以 100kg 喷施防治稻瘟和穗颈瘟。

注意事项　不要接触皮肤，不能与碱性药剂（石硫合剂、波尔多液等）以及含油药剂（滴滴涕乳油、1605 乳油等）混用。

参考文献

郭建忠，薛永强，2001. 菲醌的合成及利用[J]. 太原理工大学学报，32 (2)：140-144.

（撰稿：陈雨；审稿：张灿）

分散剂　dispersant

能提高和改善农药原药和其他组分分散性能的助剂，即降低农药制剂中的固体或液体微粒聚集的物质。分散剂对分散体系起到分散稳定作用，避免固体粒子聚集、沉降、析水、稠化和结块等体系不稳定性问题。对于乳状液分散系则需要加入分散剂保持体系本身的分散稳定性，这些分散剂一般为乳化剂，即从广义上讲乳化剂也是分散剂的一类。

作用机理　分散剂起作用首要先吸附在微粒表面，两者之间的吸附作用力越强、吸附层越厚、多点锚固时，分散剂起到的稳定性越好。根据微粒间产生排斥力的原因，可将分散体系的分散机制分为静电稳定机制和空间位阻机制。

静电稳定机制　分散剂对分散体系的稳定作用取决于分散剂吸附于农药粒子上形成的表面电势。表面电势的绝对值越大，稳定性越好。

空间位阻机制

空间稳定理论——吸附于微粒表面的高分子聚合物对粒子的稳定作用。应用静电稳定机制理论不能解释一些高聚物或非离子表面活性剂的稳定性，空间位阻机制认为高分子聚合物吸附层具有空间效应，产生排斥能而使体系稳定。

空缺稳定理论——自由高分子聚合物对微粒的稳定作用。此理论认为由于微粒对高分子聚合物分子产生负吸附，在微粒表面层出现聚合物浓度低于内部溶液的浓度而形成一层"空缺层"。当两个微粒靠拢到空缺层发生重叠，就会产生相互作用自由能，在高浓度聚合物溶液中，产生斥力能，从而使体系稳定。

分类和主要品种　按化学成分把分散剂分为无机分散

剂、有机分散剂和高分子聚合物分散剂。

无机分散剂主要品种有聚磷酸盐，包括焦磷酸钠、六偏磷酸钠、三聚磷酸钠等；硅酸盐，包括偏硅酸钠、二硅酸钠等。这类在农药中不作为主要分散剂使用。

有机分散剂主要为具有表面活性剂的化合物，主要为脂肪醇聚氧乙烯醚等聚醚类、烷基硫酸酯或磺酸酯、烷基琥珀酸盐、烷基聚醚硫酸盐、十二烷基二甲基苄基氯化铵等。有机分散剂效果要好于无机分散剂。

高分子聚合物分散剂主要有聚羧酸盐、萘磺酸甲醛缩合物、具有多个锚固基团的嵌段共聚物即所谓超分散剂等。

从分散剂的离子基团上分为非离子型、阴离子型和阳离子型三大类。

①非离子型分散剂。烷基酚聚氧乙烯醚，例如壬基酚聚氧乙烯醚，其降解产物壬基酚对环境有很大的毒性，一些国家已禁用或限用。脂肪（酰）胺聚氧乙烯醚，例如 Amiet105、308 等。脂肪酸聚氧乙烯酯，例如 SG-100 等。甘油脂肪酸聚氧乙烯醚，例如 Emulphor EL-620 等。蓖麻油环氧乙烷加成物及其衍生物，例如 EL-20、EL-80 等。烷基酚聚氧乙烯醚及其甲醛缩合物，例如农乳 600 号，农乳 700 号等。嵌段共聚物，如超分散剂。

②阴离子型分散剂。磺酸盐类：烷基苯磺酸盐，例如十二烷基苯磺酸钙；烷基（芳基）萘磺酸盐或烷基（芳基）萘磺酸盐甲醛缩合物；甲酚磺酸、萘酚磺酸甲醛缩合物，例如分散剂 S；木质素磺酸盐。硫酸盐类：烷基酚聚氧乙烯醚甲醛缩合物硫酸盐、脂肪醇聚氧乙烯醚硫酸盐。磷酸酯类：烷基磷酸酯、脂肪醇聚氧乙烯醚磷酸酯、烷基（芳基）酚聚氧乙烯醚磷酸酯。聚羧酸盐类：如马丙共聚物。

③阳离子型分散剂。主要有铵盐、季铵盐等。在农药中应用较少。

使用要求　①对原药有很好的通用性。分散剂对不同油水分配系数（$\lg P$）的农药原药具有很好的分散性能，即通用性。通用性好的分散剂方便农药制剂加工。②具有抗硬水性能。农药制剂标准中用的是标准硬水，分散剂最好能抗 3 倍硬水，能适应不同硬度的水质，保证药效的发挥。③绿色环保。分散剂易降解，本身或降解后的产物对环境毒性小。④储存稳定性好。一般农药制剂要求储存期不超过两年，所以要求分散剂本身储存稳定性和化学稳定性好。另外，分散剂本身的吸潮性应小，不易结块，以便在潮湿的环境中加工使用。

应用技术　一般应用于存在分散相和分散介质的制剂中，比如水分散粒剂、悬浮剂、水乳剂、微乳剂、粉剂、颗粒剂、悬乳剂、微胶囊悬浮剂、水分散片剂等。

参考文献

刘广文, 2013. 现代农药剂型加工技术[M]. 北京: 化学工业出版社.

邵维忠, 2003. 农药助剂[M]. 3版. 北京: 化学工业出版社.

中国农业百科全书总编辑委员会农药卷编辑委员会, 中国农业百科全书编辑部, 1993. 中国农业百科全书: 农药卷[M]. 北京: 农业出版社.

（撰稿：卢忠利；审稿：张宗俭）

分散稳定性　dispersion stability

颗粒在水（或溶液）中长期保持分散悬浮状态的特性。它可分为动力学稳定性和聚集稳定性。前者指颗粒由于布朗运动而难以下沉的特性，后者指静电斥力等作用使颗粒之间保持分散状态的特性。

控制分散稳定性指标可保证足够比例的有效成分均匀地分散在悬浮乳液中，在施药时喷雾药液是一个充分而有效的混合液。

作用原理　分散液在不搅动静置时，可能出现相分离，即在顶部呈现乳膏，在底部呈现絮积油相和有效成分的晶体析出。这种分离体系的再分散性，对悬浮乳液产品的实际使用，是一个很重要的技术指标。

制备标准水中规定浓度的分散体，并将等分试样置于两个有刻度的乳化管中，然后一个在恒定温度下保持原状放置，一个倒置。在分散体制备后，规定时间内，再分散后立即观察分散特性。

适用范围　适用于确定悬浮乳液（SE）的分散稳定性。该方法可用作其他水分散性制剂，如可湿性粉剂、水分散性粒剂、悬浮剂、乳油和可分散油悬浮剂的分散性能的筛选方法。

装置　乳化管：ASTM 标准离心管，锥形底部的硼硅酸盐玻璃，15cm（6 英寸），刻度 100ml（ASTM 标准 D91 和 D96）。

橡胶塞：装在乳化管中（与乳化管配套），并配有一个 80mm 玻璃排气管（外径 4.5mm；内径 2.5mm。图 1）。

刻度量筒：250ml。

可调节灯：配有一个 60W 的珠光灯泡（立体角的或同等设备）。

移液管：10ml。

主要内容　主要有如下几种方法：

CIPAC MT 180　Dispersion stability of suspo-emulsions；

HG/T 2467.11—2003 农药悬乳剂产品标准编写规范。

（1）CIPAC MT 180 法：

室温下 23℃ ±2℃，分别向两个 250ml 刻度量筒中加标准硬水至 240ml 刻度线，用移液管向每个量筒滴加试样 5g（或其他规定数量）。滴加时移液管尖端尽量贴近水面，但不要在水面之下。最后加标准硬水至刻度（在固体配方情况下，将 5g 粉末小心地放在水面上）。

用手握住量筒两端，在一端用一只手握住量筒，用一块布绝缘，并将其旋转 180°，通过手之间的假想固定点再次返回，来回颠倒 30 次。确保不发生反冲。每次倒置都需要 2 秒（用秒表观察所用时间）。用其中一个量筒做沉淀和乳膏试验（B），另一个量筒做再分散试验（C）。

A. 最初分散性

观察分散液，记录乳膏或浮油。

B. 放置一定时间后分散性

沉淀体积的测定。在形成分散之后立即将 100ml 等分试样从第一个刻度量筒转移到乳化管中，盖上塞子，在室温下（假如室温超出要求温度范围需要在报告中说明）静置

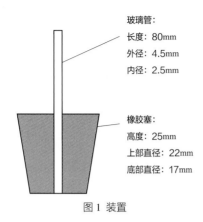

玻璃管：
长度：80mm
外径：4.5mm
内径：2.5mm

橡胶塞：
高度：25mm
上部直径：22mm
底部直径：17mm

图 1 装置

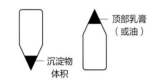

顶部乳膏（或油）

沉淀物体积

图 2 相分离的体积测定（测定极限 0.05ml）

30 分钟。用灯照亮乳化管。调整光的位置和角度，以便观察到边界（如果存在）（通常反射光比透射光更容易观察到沉淀）。记录沉淀体积（精确至 ±0.05ml）。

顶部乳膏（或浮油）体积的测定。在形成分散液后，立即将其倒入乳化管中，至离管顶端 1mm。戴好保护手套，塞上带有排气管的橡胶塞，排出乳化管中所有空气。小心地去掉溢出的分散液，将乳化管倒置，在室温下保持 30 分钟。没有液体从乳化管中溢出就不需要密封玻璃管的开口端。记录已形成的乳膏或浮油的体积，确定乳化管的总体积，并按以下方式校正测出的乳膏或浮油的体积：

$$F = \frac{100}{V_0}$$

式中，F 为用于测量的乳膏或油的校正因子；V_0 为乳化管总体积。

C. 再分散性的测定

最初分散后，将第二个刻度量筒在室温下静置 24 小时。如上所述，颠倒量筒 30 次，记录没有完全重新分散的沉淀。将分散液加到另外的乳化管中，静置 30 分钟后，按前述方法测定沉淀体积和乳膏或浮油的体积（图 2）。

结果：

最初分散性完全分散

一定时间后分散性（静置 30 分钟后）沉淀物体积…ml

乳膏（或浮油）………………………………………ml

再分散性（静置 24 小时后）沉淀物体积……………ml

乳膏（或浮油）………………………………………ml

（2）HG/T 2467.11—2003 方法：

佩戴布手套，以量筒中部为轴心，上下颠倒 30 次，确保量筒中液体温和地流动，不发生反冲，每次颠倒需 2 秒（用秒表观察所用时间），用其中一个量筒做沉淀和乳膏试验，另一个量筒做再分散试验。

影响因素　悬乳剂（SE）是由悬浮液（固体／液体）和乳状液（液体／液体）混合而成的、以水为连续相的分散体系，也可定义为是由一种或一种以上不溶于水的固体原药和一种油状液体原药（或油溶液）在各种助剂的协助下，均匀地分散于水中，形成的高悬浮乳状液体，有人称之为三相混合物，也有人称之为多组分悬浮体系。悬乳剂不能无限地保持稳定。因此，影响悬乳剂分散稳定性的因素有以下几点：

黏度　一些表面活性剂本身就是增稠剂，同样一些增稠剂本身也是表面活性剂，也就是说可以同时起到乳化和增黏作用。农药喷雾后，雾滴沉积在植物叶片的表面上会发生雾滴扩散和水分蒸发的动力学过程，造成有效成分的浓度逐渐升高。适当的黏度可以避免药剂的结晶析出，对内吸性药剂发挥药效非常有利，但触杀性药剂不利。一定的黏度可以提高药液抗雨水冲刷能力。靶标表面药液中的表面活性剂或者增稠剂分子在药液表层又形成一层膜，产生表观黏度，阻止水分和药物的蒸发。延长药液在叶面上的持续时间。药液的黏度要适度，因为黏度大，影响表面张力的降低，影响喷雾的雾滴大小，影响分散度。在储存过程中，有较大的黏度，在摇晃、倾倒和稀释过程黏度应小，易于倾倒和使用，稳定性好。

表面张力　许多植物、害虫、杂草不易被水湿润，是因为在表面存在一层疏水的蜡层，需要在水中加入表面活性剂以增加它们的亲和性。表面活性剂是指那些具有很强表面活性、能使液体的表面张力显著下降的物质。表面活性剂还具有增溶、乳化、润湿、消泡和起泡等作用。在农药应用方面，表面活性剂主要是有降低液体表面张力、提高湿润分散性的能力。

粒径　农药喷散后到达靶标体表是一个复杂过程，影响因素多。防治对象不同，需要喷洒粒径、雾滴大小不同。既要考虑药剂的性质、气象条件、挥发、飘移、风等影响，又要考虑喷洒颗粒、雾滴在植物、杂草叶面、昆虫体表的滞留时间以利渗透、吸收、喷洒。雾滴直径太小，易挥发飘移损失，影响药效。喷洒雾滴太大，难以在植物、杂草叶面和昆虫体表黏着，易滚落到地面，影响防治效果。

注意事项　FAO/WHO 标准要求用 CIPAC 标准水 A 和 D 稀释样品，在 30℃ ±2℃（除非其他特殊温度要求）下测定。中国标准要求用 CIPAC 标准水 D 稀释样品，在室温 23℃ ±2℃下测定。

参考文献

HG/T 2467.11—2003 农药悬乳剂产品标准编写规范.

CIPAC Handbook H, MT180, 1995, 310-313.

（撰稿：刘长生；审稿：路军）

分散性和自发分散性　dispersibility and spontaneity of dispersion

确定制剂在水中的分散能力质量指标。分散性适用于水分散粒剂，将一定量的水分散粒剂加入规定体积的水中，搅拌混合，制成悬浮液，静置一段时间后，去除顶部 9/10 的悬浮液，将底部 1/10 悬浮液和沉淀烘干，用重量法进行测定，通过计算得到分散性。水分散粒剂分散性不小于 60%（以重量分析）。自发分散性适用于悬浮剂和微囊悬浮剂，通过倒置一次量筒制备制剂和水的混合物 250ml，在规定条件下静置后，移除上部的 9/10，对剩余的 1/10 进行化学、重量的或溶剂萃取的分析，通过计算得到自发分散。悬浮剂和微囊悬浮剂的自发分散性不小于 60%。

分散性和自发分散性测定标准方法主要有：

CIPAC MT 160　Spontaneity of dispersion of suspension concentrates（悬浮剂的自发分散性）；

CIPAC MT 174　Dispersibility of water dispersible granules（水分散粒剂的分散性）；

GB/T 32775—2016 农药分散性测定方法。

分散性的测定　在 20℃ ±1℃下，于烧杯中加入 900ml 标准硬水，将搅拌棒固定在烧杯中央，搅拌棒叶片距烧杯底 15mm，搅拌棒叶片间距和旋转方向能保证搅拌棒推进液体向上翻腾，以 300r/min 的速度开启搅拌器，将 9g 水分散粒剂样品（精确至 0.1g）加入搅拌的水中，继续搅拌 1 分钟，关闭搅拌，让悬浮液静置 1 分钟，借助真空泵，抽出 9/10 的悬浮液（810ml），整个操作在 30～60 秒内完成，并保持玻璃细管的尖端始终在液面下，且尽量不搅动悬浮液，用旋转真空蒸发器蒸掉 90ml 剩余悬浮液中的水分，并在 60～70℃干燥至恒重，称量。

试样的分散性 X（%）按下式计算：

$$X = \frac{10(m - m_1)}{9m} \times 100\%$$

式中，m_1 为干燥后残余物的质量（g）；m 为所取试样的质量（g）。

自发分散性的测定　一般情况下整个过程一式两份地进行。

轻轻搅拌使得样品均一化，但需注意避开样品中的结

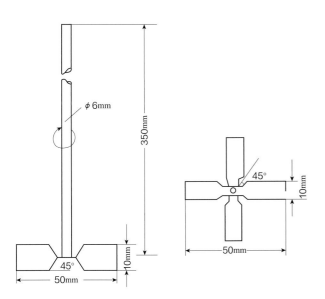

不锈钢搅拌棒

块或硬壳。开始测试前，标准水、量筒和样品都应平衡至测试温度。确定制剂的密度，并计算 12.5ml 制剂的重量（以 g 计）。在具塞量筒中注入 237.5ml 标准水，并置于天平上。利用天平，从一个小烧杯中加入计算好重量的制剂，烧杯边缘比量筒顶部高 1cm，在 15 秒内完成添加。制剂加入后，马上将量筒塞住，两手握住量筒的两端，并用布隔热。使量筒倒立再复位，需时 2 秒。将量筒在无振动、无热源的台子上正立静置 5 分钟 ±10 秒。吸管连接到一个容器和合适的泵。在静置结束后，小心移开塞子用吸管移除上部的 225ml 悬浮液体。操作在 10～15 秒内完成，将吸管尖放置在悬液的液面下方，小心操作以使得悬液尽量不被扰动。确保在这个过程中，吸管顶端在悬液液面下方几毫米处。对量筒中剩余的 25ml ±1ml 稀释的悬液用以下方法之一进行分析，但要使用同一种方法检验制剂，不能将方法混合使用。

①化学法。采用经批准的分析活性成分的方法。这是最好的方法。如果含有 1 种以上不溶性的有效成分，那么这是唯一可以采用的方法。

②重量法。通过过滤或离心分离固体，干燥后称重（如果分离困难，可加入 2.5ml 0.1% 絮凝剂溶液，并静置 5 分钟）。

③溶剂萃取法。按上述方法分离固体，使用适当的溶剂萃取可溶的组分，将获得的溶液蒸干，称重。

3 种分析方法均给出一个质量数据，分别为化学法给出有效成分的质量，重量法给出水不溶的物质的质量，而溶剂萃取法给出可溶于溶剂的残渣的质量。按照下式计算自发分散性：

$$\text{自发分散性} = \frac{111(w \times a - Q)}{w \times a}\%$$

式中，Q 为在底部 25ml 里的质量（g）；a 为制剂中的质量分数；w 为实际加入到量筒中制剂的质量。

④不旋摇法（CIPAC MT 53.3.1）。称取 5g 样品从与烧杯口齐平的位置一次性均匀地倾倒入盛有 100ml 标准硬水（340mg/L，pH 6～7，钙离子：镁离子 4∶1）的 250ml 烧杯中，不要过度搅动液面，用秒表记录从倒入样品直至全部润湿的时间。

⑤旋摇法（CIPAC MT 53.3.2）。倒入样品后以每分钟 120 圈的速度旋摇烧杯，其他操作同不旋摇法。

中国制定的农药可湿性粉剂润湿性测定方法 GB/T 5451—2001 等效采用了国际农药分析协作委员会（CIPAC）方法 MT 53.3.1（不旋摇法），此外还规定了标准硬水的温度为 25℃ ±1℃，重复测定 5 次，取平均值作为测定结果。

参考文献

GB/T 32775—2016 农药分散性测定方法.

GB/T 5451—2001 农药可湿性粉剂润湿性测定方法.

CIPAC Handbook F, MT 53, 1995, 160-166.

CIPAC Handbook F, MT 160, 1995, 391-394.

（撰稿：郑锦彪；审稿：吴学民）

F

分子印迹技术　molecular imprinting technique, MIT

分子印迹技术起源于免疫学，是模拟于抗原 - 抗体特异性结合作用的一种新型技术。1949 年，Dickey 实现了染料在硅胶中的印迹，首次提出了"分子印迹"的概念，但在很长一段时间内并没能引起人们的重视。直到 1972 年由 Wulff 研究小组首次成功制备出对糖类化合物有较高选择性的共价型的分子印迹聚合物（molecularly imprinted polymer, MIP），使这方面的研究有了突破性进展，这项技术才逐渐为人们所认识，并于近 40 年内得到了飞速的发展。迄今，在印迹机理、制备方法以及在各个领域的应用研究都取得了很大的进展，尤其是在分析化学方面的应用更是令人瞩目。

分子印迹技术基本原理是通过选用能与模板分子（印迹分子）产生特定相互作用的功能性单体，在交联剂的作用下，以共价或非共价方式进行聚合反应得到聚合物，采用合适的溶剂除去模板分子后，在聚合物的网络结构中留下了与模板分子在尺寸大小、空间结构、结合位点相匹配的立体孔穴（图 1）。

聚合物的孔穴可对印迹分子或与之结构相似的分子实现高度的特异性识别，通过该类孔穴即可实现模板分子及其类似物的特异选择性吸附和识别。MIP 的制备过程一般分为

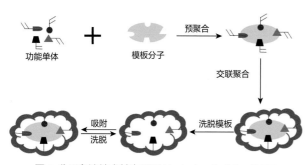

图 1　分子印迹技术基本原理 (the basic principle of MIT)

以下 3 个步骤：一是功能单体和模板分子之间通过氢键、疏水作用力、离子键、范德华力等非共价相互作用形成单体 - 模板分子的复合物；二是功能单体在适当交联剂的作用下，互相交联形成共聚物，从而使其功能基团在空间排列顺序和方向上固定下来；三是通过索氏提取、超声洗涤等方法将模板分子除去，这样便在共聚物中留下了与模板分子在空间结构上完全匹配的、并含有与模板分子专一结合作用位点的立体空穴，这一空腔可以精准地"记住"模板的结构、尺寸以及其他的物化性质，并能有效且有选择性地去键合模板分子。理想的分子印迹聚合物应具备以下性质：①具有适当的刚性，聚合物在脱去印迹分子后，仍能保持空穴原来的形状和大小。②具有一定的柔性，使底物与空穴的结合能快速达到平衡，对快速检测和模拟酶反应很重要。③具有一定的机械稳定性，对制备 HPLC 及 CE 中的固相填充材料具有重要意义。④具有热稳定性，在高温下其结构性质不会被破坏，仍能发挥正常作用。

分子印迹技术在农兽药残留检测中的应用如下。

分子印迹聚合物（MIP）是一种具备人造识别位点的高度交联的三维网状聚合物材料，能够专一识别目标物，具有预定性、识别性和实用性等特点，与其他生物识别材料相比，凸显出许多独特的优点，可克服样品基质复杂、预处理烦琐等不利因素，能从复杂样品中选择性提取目标农药分子和结构类似物，目前已广泛应用于农兽药残留的固相萃取、固相微萃取涂层、分散固相萃取以及传感器检测等许多方面。E. Caro 等以恩诺沙星为模板分子合成了对环丙沙星和恩诺沙星等喹诺酮类兽药具有高度特异性识别和富集功能的分子印迹聚合物，将 MIP 作为 SPE 选择性吸附剂，实现了复杂基质如猪肝和尿液中该类兽药的检测。王静和佘永新等提出类特异性分子印迹设计理念，采用分子模拟和动力学软件以共性结构为模板分子合成了对 4 种磺酰脲类除草剂和 20 种三唑类农药具有类特异性吸附的分子印迹聚合物，研制了 MI-SPE 小柱，实现了农产品中多种磺酰脲类除草剂和三唑类农药的确证检测，其技术流程如图 2 所示。

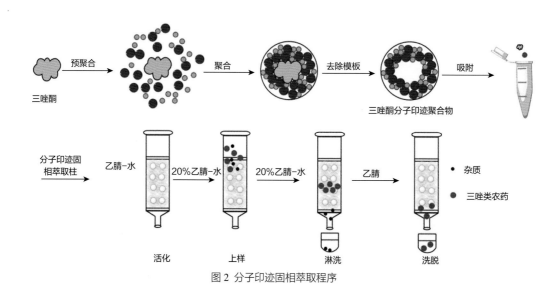

图 2　分子印迹固相萃取程序

MIP 可以作为固相微萃取的涂层，使得固相微萃取装置既具有 SPME 的萃取优势，同时实现针对残留农药的特异性识别，Hu 等以扑草净为模板分子，将扑草净 MIPs 涂布于萃取纤维上，制备了 SPME 萃取装置，可以直接与 HPLC 联用，对三嗪类农药具有很强的亲和能力和特定选择性，对 5 种三嗪类除草剂的最低检测限在 0.012～0.09μg/L 范围内，实现了在实际样品大豆、玉米、生菜和土壤等复杂基质中多种三嗪类农药的检测。目前，关于分子印迹萃取产品已经有一部分商品化的产品如氯霉素、三聚氰胺、瘦肉精、三嗪类农药、展青霉素等，这些分子印迹产品为复杂样品基质中痕量目标物的高效萃取和快速分离提供了一种新的方法。MIP 可被用作色谱分离的固定相，从而通过建立高效液相色谱或毛细管电泳分析法对样品进行预处理和手性物质的拆分；MIP 制备的分离膜为分子印迹技术走向规模化开辟了道路，分离膜不仅具有处理量大、易放大的特点，而且对目标分子的特异吸附具有高选择性、高回收率的优点。随着量子点、石墨烯、纳米金、磁珠等纳米技术快速发展，与分子印迹技术的集成与应用也已在农药残留的生物或化学传感器以及生物催化、人工抗体合成等诸多领域逐步发挥重要的作用，具有广阔的发展前景。

参考文献

CARO E, MARCÉ R M, CORMACK P A G, et al, 2006. Novel enrofloxacin imprinted polymer applied to the solid-phase extraction of fluorinated quinolones from urine and tissue samples[J]. Analytica chimica acta, 562(2): 145-151.

DICKEY F H, 1949. The preparation of specific adsorbents[J]. Proceedings of the National Academy of Sciences of the United States of America, 35(5): 227-229.

ZHAO F, SHE Y, ZHANG C, et al, 2017. Selective solid-phase extraction based on molecularly imprinted technology for the simultaneous determination of 20 triazole pesticides in cucumber samples using high-performance liquid chromatography-tandem mass spectrometry[J]. Journal of chromatography B-analytical technologies in the biomedical and life sciences, 1064: 143-150.

HU X, HU Y, LI G, 2007. Development of novel molecularly imprinted solid-phase microextraction fiber and its application for the determination of triazines in complicated samples coupled with high-performance liquid chromatography[J]. Journal of chromatography A, 1147(1): 1-9.

SHE Y X, CAO W Q, SHI X M, et al, 2010. Class-specific molecularly imprinted polymers for the selective extraction and determination of sulfonylurea herbicides in maize samples by high-performance liquid chromatography-tandem mass spectrometry[J]. Journal of chromatography B, 878(23): 2047-2053.

WULFF G, SARHAN A, ZABROCKI K, et al, 1973. Enzyme-analog built polymers and their use for the resolution of racemates[J]. Tetrahedron Lett, 14(44): 4329–4332.

（撰稿：佘永新；审稿：潘灿平）

芬硫磷　phenkapton

一种具有触杀活性的有机磷类杀虫剂、杀螨剂。

其他名称　CMP、Phosphorodithioic acid、酚开普顿。

化学名称　O,O-二乙基-S-(2,5-二氯苯基硫代甲基)二硫代磷酸酯；O,O-diethyl-S-(2,5-dichlorophenythio-methyl) phorodithioate。

IUPAC 名称　S-[[(2,5-dichlorophenyl)thio]methyl] O,O-diethyl phosphorodithioate。

CAS 登记号　2275-14-1。

EC 号　218-892-7。

分子式　$C_{11}H_{15}Cl_2O_2PS_3$。

相对分子质量　377.31。

结构式

开发单位　1960 年瑞士嘉基公司（现为汽巴 - 嘉基公司）开发。

理化性质　无色油状物。熔点 16.2℃ ± 0.3℃。沸点 120℃（0.133Pa）。相对密度 1.3507。折射率 1.6007。工业品是一种琥珀色油状液体，纯度 90%～95%。几乎不溶于水，可溶于多种有机溶剂。在酸性或碱性介质中都较稳定。芬硫磷分解温度为 130℃，对水十分稳定。不水解，但遇碱水解。

毒性　对人、畜毒性较低。急性经口 LD_{50}：大鼠 200～260mg/kg，小鼠 220mg/kg。对蜜蜂无毒。

剂型　20% 乳油，20% 或 50% 可湿性粉剂，粉剂。

作用方式及机理　触杀性杀螨剂，低毒，持效期长。

防治对象　适用于防治各种螨类、蚜虫、柑橘锈壁虱、稻叶蝉、稻秆蝇、稻螟蛉、麦叶蜂等。

使用方法　具有速效性强和持效期长的特点，药效一般可达 30 天左右。对各种螨类的卵、若螨和成螨均有防治效果。对天敌的杀伤力比其他有机磷制剂小。用 20% 乳油 1000～1500 倍液喷雾，可防治苹果红蜘蛛、棉红蜘蛛、小麦红蜘蛛、大豆红蜘蛛、茄子红蜘蛛、山楂红蜘蛛、苜蓿红蜘蛛等。用 20% 乳油 1000 倍液喷雾，可防治蔬菜、梨、桃、苹果、樱桃、高粱、马铃薯、棉等上的蚜虫、叶螨、稻叶蝉、稻秆蝇、麦叶蜂、锈壁虱等。

注意事项　收获前 14 天停止使用。由于持效期较长，宜提前使用。可以和碱性药剂混合使用。库房通风，低温干燥，与食品原料分开储运。

与其他药剂的混用　可与二嗪磷混用。

允许残留量　最大允许残留限量为 1mg/L。

参考文献

安家驹, 包文滁, 王伯英, 等, 2000.实用精细化工辞典[M]. 北京: 中国轻工业出版社: 541.

王振荣, 李布青, 1996. 农药商品大全[M]. 北京: 中国商业出版社: 52.

（撰稿：吴剑；审稿：薛伟）

芬螨酯 fenson

一种具有磺酸酯类结构的触杀性有机氯杀螨剂。

其他名称 除螨酯、Murvesco。

化学名称 苯磺酸4-氯苯基酯；(4-chloro-fenyl)-ben-zeen-sulfonaat。

IUPAC 名称 (4-chlorophenyl)benzenesulfonate。

CAS 登记号 80-38-6。

EC 号 237-012-2。

分子式 $C_{12}H_9ClO_3S$。

相对分子质量 268.72。

结构式

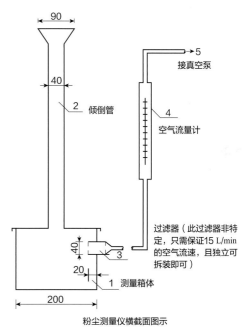

理化性质 熔点 61~62℃。密度 1.33g/cm³。闪点 > 100℃。储存条件 0~6℃。

毒性 大鼠急性经口 LD_{50} 350mg/kg。对皮肤与眼睛有轻度刺激性。

剂型 25% 乳油。

质量标准 外观无可见悬浮物和沉淀，闪点 > 100℃，储存条件 0~6℃。

作用方式及机理 触杀性杀螨剂，无内吸作用。对螨卵和幼虫有很好的防治效果，有较长的残效期、较低的植物药害和较低的温血动物毒性。

防治对象 防治苹果、李等果树上的红蜘蛛。

使用方法 25% 酚螨酯乳油稀释 1000~2000 倍。

注意事项 燃烧产生有毒硫氧化物和氯化物气体。储存时库房通风低温干燥。与食品分开储运。

参考文献

丁伟, 2010. 螨类控制剂[M]. 北京: 化学工业出版社.

（撰稿：张永强；审稿：丁伟）

粉尘 dustiness

控制颗粒状农药制剂对使用者危害的一个质量指标，适用于颗粒剂、水分散粒剂、乳粒剂和可溶粒剂。测定粉尘时，称取一定量的样品在测试空间内按规定条件自由下落，释放的粉尘由空气流承载，收集在过滤器上，称量得出粉尘量或通过光学方法，测量一束光被这些粉尘的遮蔽情况。粉尘量一般最大不超过30mg（质量法），或粉尘系数最大不超过25（光学法）。

测定方法主要有如下两个标准方法：

CIPAC MT 171 Dustiness of granular products（颗粒状制剂的粉尘）；

GB/T 30360—2013 颗粒状农药粉尘测定方法。

质量法 称取滤膜的质量（W_1, g），精确至 0.1mg，将它放在过滤器的滤板上。将过滤器连接流量计和真空泵，将过滤器插入测量盒上的配件中。开启真空泵，将流速确定为 15L/min。在玻璃烧杯中，称 30.0g 试样，精确至 0.1g。并将其一次性转移到倾倒管中。同时启动秒表（图 1）。

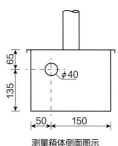

粉尘测量仪横截面图示

测量箱体侧面图示

图 1 粉尘测量仪示意图（图中单位为 mm）

在 60 秒内自由进入空气中的粉尘被吸到过滤器的滤膜上，用镊子取下滤膜片，称量（W_2, g），精确至 0.1mg。质量差（W_2-W_1）就被定义为"收集到的粉尘"。

光学法 在测定前，调节粉尘测量仪读数。每次测试时，在管道中放 30g 试样。启动仪器，在 2 秒内打开孔阱，使试样落入方盒底部，释放粉尘并减弱光束。在试样掉落后，立即进行第一次测定，"最大值"。30 秒后第二次测量。将这次测的数值加到"最大值"上。将两数之和作为"粉尘量"（图 2）。

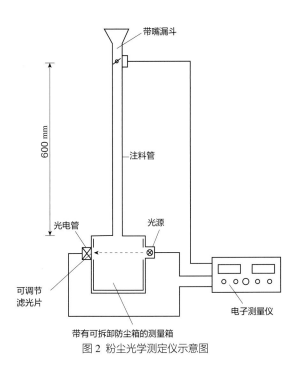

图 2　粉尘光学测定仪示意图

粉尘量评估　根据重量法测定的"收集到的粉尘"和光学法测得的"粉尘因子"，颗粒产品的粉尘量可以进行如下分类：

类别	结果范围		解释
	重量法收集到的粉尘（mg）	光学法粉尘因子	
1	0～12	0～10	几乎无粉尘
2	12～30	12～25	基本无粉尘
3	＞30	＞25	有粉尘

参考文献

CIPAC Handbook F, MT 171, 1995, 425-429.

GB/T 30360—2013 颗粒状农药粉尘测定方法.

（撰稿：郑锦彪；审稿：吴学民）

粉剂　dustable powder, DP

由农药原药、填料及少量助剂经混合（吸附）、粉碎至规定细度而成的粉状固态制剂。按照粉粒细度可分为 DL 型粉剂（飘移飞散少的粉剂，平均粒径 20～25μm）、一般粉剂（通用粉剂，平均粒径 10～12μm）和微粉剂（平均粒径小于 5μm）。中国以通用粉剂为主，可以喷粉、拌种和土壤处理使用。

中国多数粉剂含有 0.5%～10% 的农药有效含量，要求粉粒细度 95% 以上过 200 目筛（筛孔内径 74μm），水分含量小于 1.5%，pH 5～9，并具有较好的流动性和分散性能。粉剂可以直接由农药原药、填料、助剂等一起混合粉碎而成，也可以利用挥发性有机溶剂把农药原药溶解，再与达到

细度的粉状载体混合搅拌而成。另外，由于运输大量填料比较昂贵，粉剂生产厂也可以提供给客户有效含量较高的母粉，使用前与填料混合后再用。母粉由高吸附容量填料吸附农药溶液制成，选择合适的加工机械将填料与农药混合粉碎而成。母粉的使用一般按照田间使用量在田间与同种填料混合使用。为了保证粉剂制剂稳定，尽量避免使用具有高表面酸碱度，或者高吸油率的填料。比较适合的填料是各种矿土，比如凹凸棒土、蒙脱土、高岭土、滑石粉等。

粉剂加工容易，包装与储运简单，一般直接施用，不需用水，成本低、工效高。所以，在相当一段时期内，粉剂一直是中国重要的农药剂型。目前，由于粉剂中大量相当小的颗粒容易顺风飘移，而且也会产生农药有效成分与填料分离的现象，多数粉剂不再喷撒使用，大部分用来进行种子处理。20 世纪 90 年代以后，中国北方保护地面积逐年扩大，在粉剂基础上一种适于保护地使用的"粉尘剂"得到开发，并广泛推广，重新带动了中国粉剂发展。这种粉剂要求细度高，填料相对密度小，在保护地这样相对封闭的环境中施用，操作简便、药剂穿透性好，还有利于降低湿度，因此较受欢迎。

原标准的触杀粉 CP 属于粉剂的一种，虽然国际上列出，但仅用于卫生，且与粉剂特性差异不大，又无登记产品，建议合并到粉剂。

参考文献

屠予钦, 李秉礼, 2006. 农药应用工艺学导论[M]. 北京: 化学工业出版社.

中国农业百科全书总编辑委员会农药卷编辑委员会, 中国农业百科全书编辑部, 1993. 中国农业百科全书:农药卷[M]. 北京: 农业出版社.

（撰稿：黄启良；审稿：张宗俭）

粉粒流散性　flowability and dispersibility of dusts

农药粉剂喷到空中后粉粒的分散能力和流动能力。粉粒流散性决定它在田间作物上的覆盖能力和均匀度，进而影响药效的发挥。

作用原理　粉粒是不规则的固体微粒。在空气中，不规则固体微粒在运动时各部分所受空气阻力不一，因而其运动轨迹也是不规则的。其中，所受的空气托举作用，形成一种飘翔运动。很细的微粒还能产生布朗运动。这两种运动形式都能使粉粒在空气中飘浮一定时间，形成粉尘。在喷粉过程中，喷粉器的风机吹出一股较强的气流，把药粉吹出，同时也把药粉吹散。粉粒在气流的吹送下，一边向前流动，一边向周围扩散。粉粒的流散性较强，则粉尘分布较好。

影响因素　①粉粒细度。粗的粉粒自由下落速度较快，因此水平扩散能力很差，也很难形成粉尘，流动性差。粉粒越细则流散性越强。农药粉粒的细度一般在 10μm 以下。②粉粒黏结性。黏结性与流散性反相关，黏结性很强的粉粒丧失了在空气中悬浮和飘翔的能力，因此沉降很快。③粉粒形状。片状的粉粒流散性较强，而粒状的粉粒则不易流散。前者如滑石粉，后者如高岭土。④气流速度和强度。较强的

气流能减轻粉粒的絮结，提高其流动和扩散能力。一般手摇喷粉器的喷口风速可达 10～12m/s。

粉粒细度　粉剂类农药制剂质量标准之一，以能透过一定筛目的百分率表示。如某粉剂 100% 通过 200 目筛，则其粒径均小于 75μm。小于 38μm（400 目筛）的粉粒称为超筛目粉粒。美国要求粉剂粒径为 30～50μm，即至少 85% 通过 325 号筛（45μm）。

粉剂的药效和细度有密切的关系。在一定范围内，药效与粒径成反比。触杀性杀虫剂的粉粒越小，则每单位质量的药剂与虫体接触面越大，触杀效果也越好。六六六粉粒对黏虫二、三龄幼虫的毒效，以粒径小于 10μm 的毒力最大，其毒效比直径 30～40μm 的药粒约大 1 倍。在胃毒药剂中，粒径越小越容易被害虫吞食，吞食后也比较容易被肠液溶解而发挥毒效。如粒径为 11μm 的巴黎绿对豆瓢虫所表现的毒力比粒径为 22μm 的要高 1 倍。硫黄悬浮剂的杀菌效力远比一般的硫黄粉要高。但粒径过细，有效成分挥发加速，持效期缩短，喷粉时飘移严重，反而会降低药效，并对环境不利。因此，在确定粉剂的细度时，应根据原药特性、加工设备条件和施药机械水平，确定合适的粒径。如日本规定粉剂的细度为 98% 通过 45μm 筛；美国规定粉剂的细度为 98% 通过 45μm 筛；中国目前规定粉剂的细度为 95% 通过 45μm 筛。

参考文献

中国农业百科全书总编辑委员会农药卷编辑委员会, 中国农业百科全书编辑部, 1993. 中国农业百科全书:农药卷[M]. 北京:农业出版社.

（撰稿：王明；审稿：袁会珠）

粉粒黏结　aggregation of particles

若干个单一粉粒互相粘连而成为较大团粒的现象，也称为粉粒絮结现象。发生粉粒黏结现象后，粉状剂型的物理性质会有多方面的变化，如悬浮力降低、在作物上分布不均匀、容易从植物上振落等。黏结的程度和后果因物料以及发生的条件而异。

发生粉粒黏结的原因　①粉粒表面产生水膜。这是比较常见的原因。在加工制造过程中因为要烘干，在粉碎时还有气流吹送，所以粉粒表面没有水膜，或仅有痕量的水分。但在包装以后和储运过程中有可能从空气中吸收水分而重新生成表面水膜。由于水的表面张力使粉粒之间发生凝并，从而产生黏结现象。②农药或助剂的黏结作用。粉状制剂中所含的农药或助剂往往具有一定的黏性，特别是熔点较低的农药和蜡脂固态农药，比较容易发生黏结现象，尤其在产品堆垛码放期间，由于堆垛重压，更容易发生黏结。所以，制备此类农药的粉状剂型时最好采取浸渗法，即让农药成分浸到载体的表面上的裂痕或凹穴中。或者加入分散剂以减轻黏结。③载体本身的粉粒黏结，是由载体的微粒之间的凝聚力所造成的。各种载体粉粒的凝聚力不同，黏结的程度也不同。常用的载体中黏结程度最低的为硅藻土，其次为滑石粉，斑脱土的黏结性较高。有些固体粉粒的黏结性极强，如硫黄的细粉末由于黏结力强，常形成坚硬块状。

解决方法　根据发生黏结现象的原因提出相应的解决方法。防止粉状剂型吸湿而发生黏结，是较常遇到的问题。选用气密性好的包装材料是根本办法。对于有一定黏性的农药须选用吸收力较强的载体，如硅藻土、斑脱土及黏土等；或选用适当的分散剂，如硬脂酸镁，其对粉粒之间的黏结性有良好的缓释效果。硫黄粉的黏结现象可通过混入少量的磷灰石粉而解除。

粉粒细度　粉剂类农药制剂质量标准之一，以能透过一定筛目的百分率表示。如某粉剂 100% 通过 200 目筛，则其粒径均小于 75μm。小于 38μm（400 目筛）的粉粒称为超筛目粉粒。美国要求粉剂粒径为 30～50μm，即至少 85% 通过 325 目筛（45μm）。粉剂的药效和细度有密切的关系。在一定范围内，药效与粒径成反比。触杀性杀虫剂的粉粒越小，则每单位质量的药剂与虫体接触面越大，触杀效果也越好。六六六粉粒对黏虫二、三龄幼虫的毒效，以粒径小于 10μm 的毒力最大，其毒效比直径 30～40μm 的药粒约大 1 倍。在胃毒药剂中，粒径越小越容易被害虫吞食，吞食后也比较容易被肠液溶解而发挥毒效。硫黄悬浮剂的杀菌效力远比一般的硫黄粉要高。但粒径过细，有效成分挥发加速，持效期缩短，喷粉时飘移严重，反而会降低药效，并对环境不利。因此，在确定粉剂的细度时，应根据原药特性、加工设备条件和施药机械水平，确定合适的粒径。如日本规定粉剂的细度为 98% 通过 45μm 筛；美国规定粉剂的细度为 98% 通过 45μm 筛；中国目前规定粉剂的细度为 95% 通过 45μm 筛。

参考文献

中国农业百科全书总编辑委员会农药卷编辑委员会, 中国农业百科全书编辑部, 1993. 中国农业百科全书:农药卷[M]. 北京:农业出版社.

（撰稿：王明；审稿：袁会珠）

粉粒细度　powder seive

农药多种剂型（如粉剂、可湿性粉剂、水分散粒剂、可溶片剂、悬浮剂、可分散油悬浮剂等）的质量指标之一，以能通过一定筛目的百分率表示。

制剂的药效和细度有密切的关系。在一定范围内，药效与粒径成反比，触杀性杀虫剂的粉粒越小，则每单位重量的药剂与虫体接触面越大，触杀效果也就越好。在胃毒性农药中，药粒越小，越易为病虫害吞食，食后亦较易被肠道吸收而发挥毒效。但药粒过细，有效成分挥发加快，药效期缩短，喷药时飘移严重，反而会降低药效，并对环境不利。因此，在确定粉粒细度时，应根据原药特性、加工设备条件和施药机械水平，确定合适的粒径。

测定方法有干筛法和湿筛法。

干筛法　适用于直接使用的粉剂、颗粒剂和种子处理干粉剂，其目的是限制尺寸不合适的颗粒物的量。

方法提要：将烘箱中干燥至恒重的样品，自然冷却至室温，并在样品与大气达到湿度平衡后，称取试样，用适当孔径的试验筛筛分至终点，称量筛中残余物，计算细度（如所干燥的样品易吸潮，须将样品置于干燥器中冷却，并尽量减少样品与大气环境接触，完成筛分）。

目前国家标准 GB/T 16150—1995《农药粉剂、可湿性粉剂细度测定方法》有干筛法测定细度的具体步骤；国际农药分析协作委员会（CIPAC）方法中给出了 MT59.1 粉剂（DP）、MT58 颗粒剂（GR）、MT170 水分散粒剂（WG）的干筛试验方法。在 FAO 和 WHO 农药标准制定和使用手册中没有给出对干筛试验指标的通用要求。

湿筛法　适用于可湿性粉剂、悬浮剂、种子处理悬浮剂、可分散油悬浮剂、水分散粒剂、种子处理可分散粉剂、微囊悬浮剂、可分散液剂、悬乳剂、可溶片剂、可分散片剂、乳粉剂或乳粒剂。其目的是限制不溶颗粒物的量以防止喷雾时堵塞喷嘴或过滤网。

方法提要：将称好的试样置于烧杯中润湿、稀释，倒入润湿的试验筛中，用平缓的自来水流直接冲洗，再将试验筛置于盛水的盆中继续洗涤，将筛中残余物转移至烧杯中，干燥残余物，称重，计算细度。

目前国家标准 GB/T 16150—1995《农药粉剂、可湿性粉剂细度测定方法》有湿筛法测定细度的具体步骤；国际农药分析协作委员会（CIPAC）方法中给出了 MT59.3 湿筛法、MT182 利用再生水进行湿筛试验、MT167 水分散粒剂（WG）分散后的湿筛试验、MT185 湿筛试验，首选方法是 MT59.3、MT167 的修订版。FAO 和 WHO 农药标准制定和使用手册中要求湿筛试验的指标要求：留在 75μm 试验筛上的残留物最大值为 2%。中国大部分农药可湿性粉剂国家标准和行业标准中对湿筛试验指标要求：留在 45μm 试验筛上的残留物最大值为 2%。

参考文献
联合国粮食及农业组织和世界卫生组织农药标准联席会议, 2012. 联合国粮食及农业组织和世界卫生组织农药标准制定和使用手册: 农药标准[M]. 2版. 北京: 中国农业出版社.
GB/T 16150—1995 农药粉剂、可湿性粉剂细度测定方法.

（撰稿：兆奇；审稿：徐妍）

粉碎　crushing

利用机械外力克服物料的内部凝聚力，使物料颗粒尺寸逐渐变小的工艺过程，是破碎和磨碎的总称。粉碎是农药在制剂加工产品开发过程中最常用的工艺之一。

原理　物料由进料装置输送至粉碎机内，物料与高速回转器件（如锤头、叶片、棒体、砂磨介质）或颗粒之间互相冲击、碰撞、摩擦、剪切、挤压而实现粉碎。粉碎后的物料在分级机的作用下，实现粗细物料的分离，合格的粉料被收集，不合格的粉料循环再次粉碎，净化后的气体被排出的过程被称为粉碎工艺。

特点　农药在加工过程中选择湿法粉碎还是干法粉碎主要取决于农药的性质和目标剂型，但是无论何种粉碎方式其目标均是降低物料的细度，增大其比表面积。显然，物料的粒度越小，比表面积越大，即比表面积与粒度呈反比。增

大比表面积的目的有两个：①增加物料的分散度，加大农药制剂使用时的覆盖面积，增效减害。②提高物料的表面能和混合的质量，强化药剂的物理稳定性。

设备　按照粉碎物料的种类可以分为干法粉碎和湿法粉碎。干法粉碎的机械品种繁多，其中常见的主要有双辊粉碎机、碾轮粉碎机、道奇粉碎机、锥形粉碎机、冲击粉碎机、圆盘粉碎机、转动粉碎机、ACM 粉碎机、球磨机、棒磨机、盘磨机、销钉磨机、超微粉碎机和气流粉碎机等。湿法粉碎主要有球磨机和砂磨机等，其中砂磨机可以分为立式砂磨机、卧式砂磨机、篮式砂磨机等。提高粉碎设备能量的利用率，并且能降低产品粒度，实现物料更细的粉碎效果，是粉碎机行业一直的追求。研究和应用新型的超细粉碎机是粉碎机生产企业走向节能降耗的发展趋势。近 10 年推出的自循环气流粉碎机是一种采用压力为主，冲击力为辅，并具有一定剪切力作用的新型粉碎机械。

应用　目前在农药行业干法粉碎的使用主要以超微粉碎和气流粉碎最为普遍，熔点大于 60℃ 的原药利用超微粉碎机和气流粉碎机直接粉碎即可；低熔点的原药可以制备成油相经过吸附处理后再进行粉碎，但易发生着火爆炸危险的特殊原药，如代森锰锌、甲基磺草酮等，在粉碎处理过程中需进行降温等特殊处理。湿法粉碎以卧式砂磨机使用最为普遍，其研磨介质主要是硅酸锆珠或氧化锆珠，原药主要以不溶于或难溶于分散介质的原药为主。

（撰稿：崔勇；审稿：遇璐、丑靖宇）

粉唑醇　flutriafol

一种具有广谱活性的三唑类杀菌剂。

其他名称　肯特。

化学名称　α-(2-氟苯基)-α-(4-氟苯基)-1H-1,2,4-三唑-1-乙醇；(±)-α-(2-fluorophenyl)-α-(4-fluorophenyl)-1H-1,2,4-triazole-1-ethanol。

IUPAC名称　(RS)-2,4'-difluoro-α-(1H-1,2,4-triazol-1-ylmethyl)benzhydryl alcohol。

CAS 登记号　76674-21-0。

EC 号　616-367-0。

分子式　$C_{16}H_{13}F_2N_3O$。

相对分子质量　301.29。

结构式

开发单位　由 A. M. Skidmore 等和 P. J. Northwood 等报道。英国帝国化学工业集团植物保护处（现先正达公司）开发，1983 年上市。2001 年卖给丹麦 Cheminova Agro A/S。

理化性质　纯品为白色晶状固体。熔点130℃。沸点391℃。燃点252℃。相对密度1.17（20℃）。蒸气压7.1×10⁻⁶mPa（20℃）。$K_{ow}\lg P$ 2.3（20℃）。Henry常数 1.65×10^{-8} Pa·m³/mol。水中溶解度130mg/L（pH7，20℃）；有机溶剂中溶解度（g/L，20℃）：丙酮190、二氯甲烷150、甲醇69、二甲苯12、己烷0.3。

毒性　急性经口LD₅₀（g/kg）：雄大鼠1.14，雌大鼠1.48。急性经皮LD₅₀（g/kg）：大鼠＞1，兔＞2。对大鼠和兔无致畸作用。雌野鸭急性经口LD₅₀＞5g/kg。饲喂LC₅₀（5天，g/kg）：野鸭3.94，日本鹌鹑6.35。鱼类LC₅₀（96小时，mg/L）：虹鳟61，锦鲤77。水蚤LC₅₀（48小时）78mg/L。蜜蜂急性经口LD₅₀＞5μg/只。

剂型　12.5%乳油，12.5%、25%悬浮剂。

质量标准　12.5%悬浮剂外观为乳白色黏稠状液体，相对密度1.11（20℃），pH5～8，黏度728.14mPa·s（20℃），闪点69.3℃，非易燃液体。

作用方式及机理　有较好的内吸作用，通过植物的根、茎、叶吸收，再由维管束向上转移。根部的内吸能力大于茎、叶，但不能在韧皮部作横向或向基部输导。通过杂环上的氮原子与病原菌细胞内羊毛甾醇14α脱甲基酶的血红素-铁活性中心结合，抑制14α脱甲基酶的活性，从而阻碍麦角甾醇的合成，最终起到杀菌的作用。

防治对象　可防治谷物叶和穗的大部分病害，如白粉病、叶枯病、壳针孢菌病、叶锈病、网斑病和褐斑病等；也可防治主要谷物的土传、种传病害，如黑穗病。

使用方法　主要为叶面喷雾，使用剂量约为125g/hm²。拌种时，使用剂量小麦为25～37.5g/100kg种子，玉米为40～60g/100kg种子。

注意事项　桑园及蚕室附近禁用。远离水产养殖区用药，禁止在河塘等水体中清洗施药器具。孕妇、哺乳期妇女及过敏者禁用。施药时，应使用安全防护用具，防止药液溅及皮肤和眼睛。大风天或预计1小时内有雨勿施药，不要在气候条件恶劣或正午高温时施药。

与其他药剂的混用　可与嘧菌酯混用防治水稻稻曲病、水稻纹枯病和小麦白粉病。

允许残留量　GB 2763—2021《食品中农药最大残留限量标准》规定粉唑醇最大残留限量见表。ADI为0.01mg/kg。谷物按照GB 23200.9、GB/T 20770规定的方法测定；水果按照GB/T 20769规定的方法测定。WHO推荐粉唑醇ADI为0.01mg/kg。最大残留量（MRL，mg/kg）：香蕉0.3，芹菜3，鸡蛋0.0，1，花生0.15，大豆（干）0.4，甜菜0.02，草莓1.5，小麦0.15。

部分食品中粉唑醇最大残留限量（GB 2763—2021）

食品类别	名称	最大残留限量（mg/kg）
谷物	小麦	0.5
水果	草莓	1.0

参考文献

刘长令, 2006. 世界农药大全: 杀菌剂卷[M]. 北京: 化学工业出版社.

农业部种植业管理司和农业部农药检定所, 2015. 新编农药手册[M]. 2版. 北京: 中国农业出版社.

TURNER J A, 2015. The pesticide manual: a world compendium [M]. 17th ed. UK: BCPC.

（撰稿：陈凤平；审稿：刘鹏飞）

丰丙磷　IPSP

一种内吸性有机磷杀虫剂。

其他名称　Aphidan、异丙丰、P-204。

化学名称　S-乙基亚磺酰甲基O,O-二异丙基二硫代磷酸酯；S-ethylsulphinylmethyl O,O-di-isopropyl phos-phorodithioate。

IUPAC名称　S-(ethylsulfinyl-methyl) O,O-diisopropyl phosphorodithioate。

CAS登记号　5827-05-4。

分子式　$C_9H_{21}O_3PS_3$。

相对分子质量　304.43。

结构式

开发单位　1963年由日本北兴化学公司开发推广。

理化性质　无色液体。在27℃时蒸气压2.0mPa，20℃时蒸气压0.0133Pa。折射率1.526。相对密度1.1696。在15℃，水中的溶解度为1.5g/L，可与大多数有机溶剂混溶，但己烷除外。工业品为无色至淡黄色液体，纯度约为90%；具有中等程度的稳定性，如加热至100℃保持5小时，有30%分解，但在70℃以下没有分解现象。在酸碱性条件下较稳定，所以在酸性土壤中表现稳定。也可与化学肥料混合进行土壤处理。必须避免与还原性物质接触。无腐蚀性。

毒性　急性经口LD₅₀：雄大鼠25mg/kg，雄小鼠320mg/kg。急性经皮LD₅₀：雄大鼠28mg/kg，雌小鼠1300mg/kg。鲤鱼LC₅₀（48小时）＞20mg/L。

剂型　5%颗粒剂，5%粉剂，50%乳油。

作用方式及机理　内吸，具有一定的熏蒸作用。

防治对象　主要用颗粒剂进行沟施或穴施，防治高粱、甜菜、西瓜、菠菜、萝卜、白菜等作物上的蚜虫、叶螨、二十八星瓢虫；大豆、小豆上的蚜虫、螨；葱、洋葱上的洋葱潜蝇、洋葱蝇、葱根瘿螨、豌豆潜叶蝇、葱种蝇等。持效期一般可达2个月之久，是较好的土壤处理用的内吸杀虫剂。

使用方法　通过土壤处理能有效防治马铃薯和蔬菜上的蚜虫；以150～250g/hm²（有效成分）或50～100mg/hm²（有效成分），其防效可保持约40天。用5%颗粒剂

37.5～60kg/hm², 沟施或穴施, 或先撒粒剂后播种, 或播种后撒颗粒剂, 或颗粒剂与种子混播, 可以防治高粱蚜虫, 均有显著效果。也可在高粱第二次或第三次中耕时, 按同样用药量, 撒施在植株附近, 然后借助中耕将药粒翻入土中, 施药后3～5天, 高粱全株都带有毒性, 持效期可达20～40天。或用50%丰丙磷乳油0.5kg与细土15kg搅拌均匀, 撒施毒土112.5～150kg/hm²。要注意这种毒土不能和种子一起混播。用5%颗粒剂33.5kg/hm²。在播种、定苗或移栽时撒施, 可防治甜菜蚜虫; 如撒施30～37.5kg/hm², 可防治黄瓜、番茄、辣椒、马铃薯、茄子上的蚜虫、叶螨、二十八星瓢虫和大豆、小豆、豌豆、豇豆上的蚜虫、叶螨、豌豆潜叶蝇等。

注意事项 不宜拌种, 以免发生药害。叶菜类应在收获前30天停止使用。

参考文献

马世昌, 1999.化学物质辞典[M]. 西安: 陕西科学技术出版社: 137.

农业大词典编辑委员会, 1998. 农业大词典[M]. 北京: 中国农业出版社: 438.

朱永和、王振荣、李布青, 2006. 农药大典[M]. 北京: 中国三峡出版社: 41-43.

（撰稿：吴剑；审稿：薛伟）

有使植株矮化, 茎秆变粗, 叶面积增大及刺激生根等作用。作用机理尚不清楚。

使用方法 主要应用在大豆、花生上, 在小麦、水稻等其他作物上也有效果。

大豆 在播种前, 应用200mg/L药液浸种2小时, 或使用10.4g有效成分兑水0.5kg, 拌种50kg, 也可以在大豆盛花期使用23g有效成分兑水30～40kg进行全株喷雾, 可起到矮化大豆, 增加结荚和粒重。

花生 在播种前, 应用200mg/L药液浸种2小时, 也可在生育期应用400mg/L药液进行全株喷雾, 有一定的增产效果。

向日葵 在播种前, 应用300mg/L药液浸种2小时, 能增加向日葵籽千粒重并增产。

注意事项 ①急性毒性较高。处理时防止药液吸入口腔, 勿让药液沾到皮肤和眼睛上。勿与食品接近。勿让儿童接近。②药品放在低温、干燥处。

参考文献

李玲, 肖浪涛, 谭伟明, 2018. 现代植物生长调节剂技术手册[M]. 北京: 化学工业出版社:54.

孙家隆, 2015. 新编农药品种手册[M]. 北京: 化学工业出版社:922.

（撰稿：谭伟明；审稿：杜明伟）

丰啶醇　pyripropanol

一种吡啶类具有生长调节剂作用的化合物。

其他名称 吡啶醇、增产醇、PGR-1、784-1、78401。

化学名称 3-(2-吡啶基)-1-丙醇。

CAS 登记号 2859-68-9。

分子式 $C_8H_{11}NO$。

相对分子质量 137.18。

结构式

开发单位 1986 年南开大学开发。现由江苏常州市农药厂、上海威敌生化（南昌）有限公司等生产。

理化性质 纯品为无色透明油状液体。沸点在133Pa时为98℃。折射率 n_D^{19}1.5326。难溶于水, 可溶于氯仿、甲苯等有机溶剂。

剂型 80% 乳油。

毒性 急性经口 LD_{50}: 雄大鼠 111.5mg/kg, 雄小鼠 154.9mg/kg。有弱蓄积性, 蓄积系数＞5。大鼠致畸试验表明, 高浓度对怀孕大鼠胚胎有一定胚胎毒性, 但未发现致畸、致突变、致癌作用。亚急性大鼠以含 223mg/kg 有效量的饲料饲喂 2 个月, 肾、肝功能未见异常。对鱼有毒, 白鲢 TLm（96 小时）0.027mg/L。

作用方式及机理 可被根、茎、叶及萌发的种子吸收,

丰果

一种有机磷类杀虫剂、杀螨剂。

其他名称 B/77。

化学名称 O,O-二甲基-S-(乙胺基甲酰甲基)硫赶碳酸酯; phosphorothioic acid,O,O-dimethyl ester,S-ester with N-ethyl-2-mercaptoacetamide(7CI,8CI)。

IUPAC 名称 S-(2-(ethylamino)-2-oxoethyl)O,O-dimethyl phosphorothioate。

CAS 登记号 3565-01-3。

分子式 $C_6H_{14}NO_4PS$。

相对分子质量 227.22。

结构式

开发单位 1957 年由意大利蒙太卡蒂尼公司开发。

毒性 大鼠急性经口 LD_{50} 60mg/kg。

作用方式及机理 内吸性杀虫剂、杀螨剂。

防治对象 橄榄蝇、果蝇、蚜虫、红蜘蛛等。

使用方法 以 0.6g/L（有效成分）防治橄榄蝇、以 0.5g/L（有效成分）防治果蝇特别有效。0.15～0.375kg/hm²（有效成分）剂量用于果树、蔬菜作物上防治蚜虫和红蜘蛛。

注意事项 ①该药的毒性较大, 储存和使用时应注意

安全防护。②生产操作或农业使用时，建议佩戴自吸过滤式防尘口罩或自吸过滤式防毒面具（半面罩）。紧急事态抢救或撤离时，应佩戴自给式呼吸器。③施药期间应避免对周围蜂群的影响，蜜源作物花期、蚕室和桑园附近禁用。远离水产养殖区施药，禁止在河塘等水体中清洗施药器具。④不能与碱性农药混用。各种作物收获前应停止用药。

与其他药剂的混用　可与有机磷类农药混用。

参考文献

朱永和，王振荣，李布青，2006. 农药大典[M]. 北京：中国三峡出版社：36.

（撰稿：吴剑；审稿：薛伟）

丰索磷　fensulfothion

一种有机磷类杀虫、杀线虫剂。

其他名称　Dasanit、Terracur P、Bay 25141、OMS37、ENT-24945、S-767、线虫磷。

化学名称　O,O-二乙基 O-对-甲基亚磺酰基苯基硫逐磷酸酯。

IUPAC名称　O,O-diethyl O-4-methylsulfinyl-phenyl phosphorothioate。

CAS登记号　115-90-2。

EC号　204-114-3。

分子式　$C_{11}H_{17}O_4PS_2$。

相对分子质量　308.35。

结构式

开发单位　1957 年由 G. Schrader 报道了其结构，1967 年由 Bayer Leverkusen Co. 开发推广，并于 1990 年停产。

理化性质　黄色或棕色油性液体，沸点 138～141 ℃（1.33Pa）。折射率 n_D^{25} 1.54。相对密度 d_4^{20} 1.202。微溶于水，25℃时在水中的溶解度 1.54g/L，可溶于大多数有机溶剂。容易被氧化为砜，容易异构化，变成 S-乙基异构体。

毒性　雄性大鼠急性经口 LD_{50} 4.7～10.5mg/kg，其二甲苯溶液对雌性大鼠的急性经皮 LD_{50} 3.5mg/kg，雄性大鼠 30mg/kg。用 1mg/kg 丰索磷饲料喂大鼠 70 周，未出现有害影响。

剂型　60% 浓溶液，25% 可湿性粉剂，10% 粉剂，2.5%、5% 和 10% 颗粒剂。

作用方式及机理　为杀虫和杀线虫剂，具有一定的内吸性。

防治对象　游离线虫、孢囊线虫和根瘤线虫。

注意事项　口服中毒者应迅速催吐、反复彻底洗胃。

洗胃液用碱性溶液或清水，忌用高锰酸钾溶液。皮肤污染者应尽快用肥皂水反复彻底清洗，特别要清洗头发、指甲。阿托品类及肟类胆碱酯酶复能剂均有良好疗效，中、重度中毒者两药应并用。

允许残留量　残留物采用微磷法测定，利用液相色谱进行检测。①日本规定了 14 种食品丰索磷的最大残留限量，见表 1。②韩国规定了 21 种食品丰索磷的最大残留限量，见表 2。

表 1　日本规定部分食品中丰索磷最大残留限量（mg/kg）

食品名称	最大残留限量	食品名称	最大残留限量
香蕉	0.02	马铃薯	0.10
玉米	0.10	干大豆	0.02
棉花籽	0.02	甜菜	0.10
洋葱	0.10	甘蔗	0.02
其他谷类颗粒	0.10	甘薯	0.05
干果	0.05	番茄	0.10
菠萝	0.05	萝卜（根），芜菁（根）	0.10

表 2　韩国规定部分食品中丰索磷最大残留限量（mg/kg）

食品名称	最大残留限量	食品名称	最大残留限量
香蕉	0.02	山羊肉	0.02
洋葱	0.10	马肉	0.02
菠萝	0.05	粟	0.10
马铃薯	0.10	燕麦	0.10
甘薯	0.05	花生仁	0.05
番茄	0.10	猪肉	0.02
荞麦	0.10	黑麦	0.10
牛肉	0.02	绵羊肉	0.02
玉米	0.10	高粱	0.10
棉籽	0.02	大豆	0.02
水萝卜	0.10		

参考文献

刘珍才，2009. 实用中毒急救数字手册[M]. 天津：天津科学技术出版社：439.

马世昌，1999. 化学物质辞典[M]. 西安：陕西科学技术出版社：137.

朱永和，王振荣，李布青，2006. 农药大典[M]. 北京：中国三峡出版社：56.

（撰稿：吴剑；审稿：薛伟）

风送液力喷雾机　air-assisted hydraulic sprayer

利用液压能将药液雾化，借助风机产生的气流辅助输送雾滴的喷雾机具。药液先经液泵输送至喷头，在液力作用下雾化成雾滴，再经风机的高速气流二次雾化成更细小雾滴，并输送至目标物。

特点　风送液力喷雾机操纵的自动化程度较高，射程较远，雾滴直径一般为80～120μm，适用于大面积病虫害防治。

沿革　1937年以前，美国就在果园中开始使用风速较高、风量较小的风送喷雾机。1940年前后，改为使用目前这种中等风速、大风量的风送式液力喷雾机代替高压喷枪喷药。在美国病虫害防治机械发展史上是一场革命。随后在欧洲和日本也得到迅速发展。如日本1956年开始生产，在建立了病虫害防治合作组织后发展很快，到1988年，已有80%的果园使用风送液力喷雾机喷药。

分类　通常分为大田型和果园型两大类，主要有牵引式、悬挂式、自走式等机型。

大田型　既可以进入田间作业，也可以在道路上边行走边喷洒。该机射程远，覆盖面积大，生产效率高。图1是大田型悬挂式风送液力喷雾机典型结构，A、B为悬挂点。拖拉机动力输出轴经万向节轴及变速装置分别驱动液泵与风机，喷头喷出的雾滴随气流从轴向收缩型圆筒喷口喷出。

果园型　在果树林间边行走边喷洒，风机吹出的气流不仅使树叶翻转有利于叶背叶面受药，而且能增加雾滴对果树叶丛的穿透能力。此机生产效率高，适用于大面积果园病虫害防治。图2是果园型牵引式风送液力喷雾机典型结构，A为牵引点。拖拉机的动力输出轴通过万向节轴、变速装置分别驱动液泵及风机运转，喷头喷出的雾滴从径向辐射扁平型喷口随气流喷出。

基本工作部件　①液泵。产生供喷头一次雾化以及药液箱的液力搅拌的液压能，液泵也可兼作药液箱加水泵。常用液泵有自吸离心泵、柱（活）塞泵、隔膜泵、滚子泵等。液泵工作压力为480～980kPa，排量为30～150L/min。②风机。多数采用风量大、风压低的轴流风机，但也有采用离心式风机的，以增强二次雾化及喷洒雾滴的动能。③喷洒部件。除轴向圆筒喷口或径向扁平喷口外，还有按一定规律排列在喷口处的旋水芯喷头或其他类型圆锥雾喷头。④喷雾控制阀。用以控制喷雾量大小。⑤吸液控制阀。用以改变泵的吸液路线。当向药液箱灌水时，可使液泵从水渠中吸水；当喷雾作业时，使液泵从药液箱中吸液。⑥喷洒方向调节装置。有转盘式、挡板式以及多歧管喷管；调节操纵方式有机械式、液压式以及电气自动操纵控制等。⑦液箱。容量一般为500～1000L，最大可达2000L以上。⑧药液搅拌装置。有机械式、液力冲击式、液力射流式等。

发展趋势　大田型风送液力喷雾机正向悬挂式高风速大功率方向发展。在有些国家已出现超高速悬挂喷雾机，液泵采用活塞隔膜泵；风机采用离心式风机，直径达990mm，出口风速高达123m/s，纵向射程30m以上。液泵和风机由拖拉机动力输出轴驱动，配套功率44kW，采用多管喷口，以利于沿射程雾量分布均匀，液压调节喷洒方向，操纵自动化程度较高。果园型风送液力喷雾机正向低地隙自走式方向发展，缩小机具外形尺寸并降低机具重心，减小转弯半径，提高机具在果树行间及坡地的通过性。有些国家已生产有四轮驱动、六轮驱动的自走式风送液力喷雾机，有行走动力与机组工作动力分开的分置型，也有两者合用的结合型，风机采用轴流式，液泵采用三缸柱（活）塞泵，采用径向辐射式扁平喷口，操纵自动化程度较高，一人驾驶操纵。为避免浪费农药和污染环境，果园型正由连续喷雾向间歇喷雾发展，以节省农药。

参考文献

何雄奎, 2012. 高效施药技术与机具[M]. 北京: 中国农业大学出版社.

何雄奎, 2013. 药械与施药技术[M]. 北京: 中国农业大学出版社.

全国农业技术推广服务中心, 2015. 植保机械与施药技术应用指南[M]. 北京: 中国农业出版社.

中国农业百科全书总编辑委员会农药卷编辑委员会, 中国农业百科全书编辑部, 1993. 中国农业百科全书: 农药卷[M]. 北京: 农业出版社.

（撰稿：何雄奎；审稿：李红军）

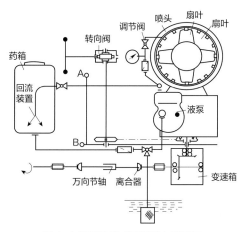

图1　大田型悬挂式风送液力喷雾机

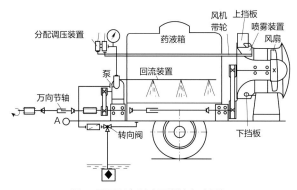

图2　果园型牵引式风送液力喷雾机

砜拌磷　oxydisulfoton

一种内吸性的有机磷杀虫剂、杀螨剂。

其他名称　Disyston-S、S309、Bayer 233323。

化学名称　*O,O*-二乙基-*S*-乙基亚磺酰基乙基二硫代磷酸酯。

IUPAC名称　*O,O*-diethyl *S*-2-ethylsulfinylethyl phosphorodithioate。

CAS 登记号　2497-07-6。

EC 号　219-679-1。

分子式　$C_8H_{19}O_3PS_3$。

相对分子质量　290.40。

结构式

开发单位　1965 年由拜耳公司开发。

理化性质　黄色或棕色油性液体，不能蒸馏。相对密度 d_4^{20} 1.209。折射率 n_D^{20} 1.5402。除了石油醚外易溶于大多数溶剂。20℃的蒸气压为 83.8nPa。室温下在水中的溶解度为 100mg/L。

毒性　急性经口 LD_{50}：大鼠约 3.5mg/kg；小鼠 12mg/kg。大鼠腹腔注射急性 LD_{50} 5mg/kg。大鼠急性经皮 LD_{50} 90mg/kg。吞咽致命。皮肤接触会中毒。

剂型　拌种剂，乳油，颗粒剂。

作用方式及机理　为内吸性杀虫剂、杀螨剂。

防治对象　用作农用杀虫剂、杀螨剂。此外，用于种子处理防治苗期病毒病。

使用方法　拌种。

注意事项　对人、畜剧毒，只限于棉花、甜菜、小麦、油菜等的拌种剂，不能用于蔬菜、茶叶、果树、桑树、中药材等作物，严禁喷雾使用。播种时不能用手直接接触毒物种子，以防中毒。长期使用会产生抗性，应与其他拌种剂交替使用。在水肥过大的条件下，用量过大时会推迟棉花成熟期。中毒症状：头昏、呕吐、盗汗、无力、恶心、腹痛，严重时会出现痉挛、瞳孔缩小、呼吸困难、肺水肿等症状。解毒剂用阿托品或解磷毒，并要注意保护心肌，控制肺水肿。如果吸入，请将患者移到空气新鲜处。皮肤接触脱去被污染的衣着，用肥皂水和清水彻底冲洗皮肤。如有不适感，就医。眼睛接触时分开眼睑，用流动清水或生理盐水冲洗，立即就医。食入漱口，禁止催吐，立即就医。

参考文献

张维杰, 1996. 剧毒物品实用技术手册[M]. 北京: 人民交通出版社: 246-247.

朱永和, 王振荣, 李布青, 2006. 农药大典[M]. 北京: 中国三峡出版社.

（撰稿：吴剑；审稿：薛伟）

砜嘧磺隆　rimsulfuron

一种磺酰脲类选择性除草剂。

其他名称　宝成、玉嘧黄隆、玉嘧磺隆、DPX-E9636。

化学名称　1-(4,6-二甲氧基嘧啶-2-基)-3-(3-乙基磺酰-2-吡啶基)磺酰脲；N-[[(4,6-dimethoxy-2-pyrimidinyl)amino] carbonyl]-3-(ethylsulfonyl)-2-pyridinesulfonamide。

IUPAC 名称　1-(4,6-dimethoxypyrimidin-2-yl)-3-(3-ethylsul-fonyl-2-pyridylsulfonyl)urea。

CAS 登记号　122931-48-0。

EC 号　602-908-8。

分子式　$C_{14}H_{17}N_5O_7S_2$。

相对分子质量　431.44。

结构式

开发单位　杜邦公司。

理化性质　纯品为无色结晶体。熔点 176~178℃。相对密度 0.784（25℃）。蒸气压 1.5×10^{-6}Pa（25℃）。水中溶解度（25℃）＜ 10mg/L，7.3g/L（缓冲溶液，pH7）。

毒性　低毒。大鼠急性经口 LD_{50} ＞ 7500mg/kg。兔急性经皮 LD_{50} ＞ 5500mg/kg。大鼠急性吸入 LC_{50}（4 小时）5.8mg/L。饲喂试验 NOEL［2 年，mg/（kg·d）]：大鼠 300（雄）、3000（雌）。对鱼、蜜蜂、鸟低毒。鱼类 LC_{50}（96 小时）：鲤鱼＞ 900mg/L，虹鳟＞ 390mg/L。蜜蜂接触 LD_{50} ＞ 100μg/ 只。野鸭急性经口 LD_{50} ＞ 2000mg/kg，鹌鹑急性经口 LD_{50} ＞ 2250mg/kg。

剂型　15%、20%、25%、70% 可湿性粉剂，75% 水分散粒剂。

质量标准　砜嘧磺隆原药（NY/T 3580—2020）。

作用方式及机理　内吸性传导型除草剂，作用机理与烟嘧磺隆类似，即通过抑制植物的乙酰乳酸合成酶，阻止支链氨基酸的生物合成，从而抑制细胞分裂。该药处理后，敏感的禾本科杂草和阔叶杂草的分生组织停止生长，然后褪绿、变红、斑枯直至全株死亡。

防治对象　玉米田大部分一年生和多年生阔叶杂草及禾本科杂草，如反枝苋、苘麻、藜、风花菜、鸭跖草、马齿苋、猪毛菜、狼杷草、野西瓜苗、豚草、酸模叶蓼、鼬瓣花、鳢肠、苣荬菜、稗草、马唐、狗尾草、金狗尾草、牛筋草、野高粱、野黍和莎草科杂草。

使用方法　可用于玉米、烟草、马铃薯田除草。

防治玉米田杂草　春玉米出苗后 3~4 叶期、杂草 2~4 叶期，每亩使用 25% 砜嘧磺隆水分散粒剂 5~6g（有效成分 1.25~1.5g），兑水 30L 进行茎叶喷雾处理。

防治烟草田杂草　杂草 2~5 叶期，每亩用 25% 砜嘧磺隆水分散粒剂 5~6g（有效成分 1.25~1.5g），兑水 30L 定向喷雾。

防治马铃薯田杂草　杂草 2~5 叶期，每亩用 25% 砜嘧磺隆水分散粒剂 5~6.7g（有效成分 1.25~1.675g），兑水 30L 定向喷雾。

注意事项　①该药对阔叶杂草和莎草科杂草效果较好，对禾本科杂草防效较烟嘧磺隆差，因此施药应在苗后早期进行。②使用该药前后 7 天内，避免使用有机磷杀虫剂，否则可能会引起玉米药害。③该药应在玉米 4 叶期前施药，如玉米超过 4 叶期，单用或混用对玉米均有药害发生。④严禁将药液直接喷到玉米的喇叭口内，最好采用定向喷雾。⑤甜玉米、爆裂玉米、黏玉米及制种田不宜使用。⑥该药在夏玉米田做茎叶处理用药时气温高、干旱易发生药害，只推荐东北地区使用。在黄淮海及长江流域等夏玉米种植区苗后不宜施用该药。⑦定向喷雾时避免飘移到周围作物及目标作物植株上。

与其他药剂的混用　马铃薯田可与精喹禾灵、烯草酮桶混扩大杀草谱。

允许残留量　GB 2763—2021《食品中农药最大残留限量标准》规定砜嘧磺隆在玉米中的最大残留限量为 0.1mg/kg。ADI 为 0.1mg/kg。谷物按照 SN/T 2325 规定的方法测定。

参考文献

刘长令, 2002. 世界农药大全: 除草剂卷[M]. 北京: 化学工业出版社.

马克比恩 C, 2015. 农药手册[M]. 胡笑形, 等译. 北京: 化学工业出版社.

中国农业百科全书总编辑委员会农药卷编辑委员会, 中国农业百科全书编辑部, 1993. 中国农业百科全书: 农药卷[M]. 北京: 农业出版社.

SHANER D L, 2014. Herbicide handbook[M].10th ed. Lawrence, KS: Weed Science Society of America.

（撰稿: 李香菊；审稿: 耿贺利）

砜吸磷　demeton-s-methylsulphone

一种有机磷类内吸性杀虫剂。

其他名称　Metaisosystoxsulfon、异砜吸硫磷、E158、Bayer 20315、M3/158。

化学名称　S-[2-(乙基磺酰基)乙基]-O,O-二甲基硫代磷酸酯；phosphorothioic acid,S-[2-(ethylsulfonyl)ethyl] O,O-dimethyl ester；1-dimethoxyphosphorylsulfanyl-2-ethylsulfonylethane。

IUPAC 名称　S-[2-(ethylsulfonyl)ethyl] O,O-dimethyl phosphorothioate。

CAS 登记号　17040-19-6。

EC 号　241-109-5。

分子式　$C_6H_{15}O_5PS_2$。

相对分子质量　262.28。

结构式

开发单位　1965 年由拜耳公司开发。

理化性质　纯品为无色至黄色结晶固体。熔点 60℃。沸点 120℃（4Pa）。20℃时的蒸气压为 0.667mPa。易溶于醇类，不溶于芳烃。在 pH > 7 时，易水解。

毒性　大鼠急性经口 LD_{50} 约 37.5mg/kg 有效成分。大鼠急性经皮 LD_{50} 约 500mg/kg。大鼠急性腹腔注射 LD_{50} 约 20.8mg/kg。

剂型　（每千克含75g该品 + 250g保棉磷）可湿性粉剂。

作用方式及机理　内吸性杀虫剂。

防治对象　刺吸性害虫和螨类，应用范围类似于甲基内吸磷，亚砜吸磷是甲基内吸磷的代谢产物。

注意事项　如果吸入，请将患者移到新鲜空气处。皮肤接触：脱去被污染的衣着，用肥皂水和清水彻底冲洗皮肤。如有不适感，就医。眼睛接触：分开眼睑，用流动清水或生理盐水冲洗，立即就医。食入：漱口，禁止催吐，立即就医。操作人员应经过专门培训，严格遵守操作规程。操作处置应在具备局部通风或全面通风换气设施的场所进行。避免眼和皮肤的接触，避免吸入蒸气。倒空的容器可能残留有害物。使用后洗手，禁止在工作场所进饮食。

与其他药剂的混用　7.5% 的砜吸磷与 25% 的保棉磷可湿性粉剂。

参考文献

朱永和, 王振荣, 李布青, 2006. 农药大典[M]. 北京: 中国三峡出版社: 93.

（撰稿: 吴剑；审稿: 薛伟）

呋苯硫脲　fuphenthiourea

一种含有取代呋喃环的酰胺基硫脲植物生长调节剂。

化学名称　N-(5-邻氯苯基-2-呋喃甲酰基)-N′-(邻硝基苯甲酰胺基)硫脲。

IUPAC 名称　5-(2-chlorophenyl)-N-[[N′-(2-nitrobenzoyl)hydrazino]thiocarbonyl]furan-2-carboxamide。

分子式　$C_{19}H_{13}ClN_4O_5S$。

相对分子质量　444.85。

结构式

开发单位　由中国农业大学创制，具有中国自主知识产权。

理化性质　原药（含量 ≥ 90%）外观为浅黄色粉末。熔点 207～209℃。蒸气压（20℃）< $1 × 10^{-5}$Pa。溶解度：不溶于水，微溶于醇芳香烃，在乙腈、二甲基甲酰胺中有一定的溶解；稳定性：一般情况下对酸、碱稳定。

毒性　低毒。大鼠急性经口 LD_{50} > 5000mg/kg，急性经皮 LD_{50} > 2000mg/kg。

剂型　10% 乳油。

作用方式及机理　属含有取代呋喃环的酰胺基硫脲化合物。它能促进水稻秧苗发根，促进分蘖，增强光合作用，促进生长，增加成穗数和穗实粒数，增加产量。

使用方法　使用的有效成分浓度为 100～200mg/kg，浸种 48 小时，催芽 24 小时然后播种，能促进秧苗发根，根系旺盛，提高秧苗素质，活力增强。移栽大田后，能促进水稻分蘖，增加成穗数和每穗实粒数，但对千粒重无明显影响。水稻可增加产量，对稻谷的品质无不良影响。在试验条件下，用此药处理种子，水稻生长正常，未发现药害及其他副作用。

注意事项　在一般条件下，不要与浓碱性液体药混用。

参考文献

李玲, 肖浪涛, 谭伟明, 2018. 现代植物生长调节剂技术手册[M]. 北京: 化学工业出版社:37 .

孙家隆, 2015. 新编农药品种手册[M]. 北京: 化学工业出版社:923 .

（撰稿：谭伟明；审稿：杜明伟）

呋吡菌胺　furametpyr

一种新型酰胺类杀菌剂，具有内吸活性，传导性优良。

其他名称　Limber、S-82658、S-658（试验代号）。

化学名称　(RS)-5-氯-N-(1,3-二氢-1,1,3-三甲基异苯并呋喃-4-基)-1,3-二甲基吡唑-4-甲酰胺；(RS)-5-chloro-N-(1,3-di-hydro-1,1,3-trimethyl-4-isobenzofuranyl)-1,3-dimethyl-1H-pyrazole-4-carboxamide。

IUPAC 名称　(RS)-5-chloro-N-(1,3-dihydro-1,1,3-trime-thylisobenzofuran-4-yl)-1,3-dimethylpyrazole-4-carboxamide。

CAS 登记号　123572-88-3。

分子式　$C_{17}H_{20}ClN_3O_2$。

相对分子质量　333.81。

结构式

开发单位　日本住友化学公司。

理化性质　纯品为无色或浅棕色固体。熔点 150.2℃，蒸气压 1.12×10^{-4} mPa（25℃）。$K_{ow}lgP$ 2.36（25℃）。Henry 常数 1.66×10^{-7} Pa·m³mol。水中溶解度 225mg/L（20～25℃），溶于大多数溶剂。在大多数有机溶剂中稳定，原药在 40℃放置 6 个月仍较稳定，在 60℃放置 1 个月几乎无分解，在太阳光下分解较迅速。原药在 pH 为 3～11 水中（100mg/L 溶液，黑暗环境）较稳定，14 天后分解率低于 2%。在加热条件下，原药于碳酸钠中易分解，在其他填料中均较稳定。

毒性　低毒。大鼠急性经口 LD_{50}（mg/kg）：雄 640，雌 590。大鼠（雌 / 雄）急性经皮 $LD_{50} > 2000$mg/kg。对兔眼睛有轻微刺激性，对兔皮肤无刺激，对豚鼠皮肤有轻微致敏性。急性吸入 LC_{50}（4 小时）> 5.44mg/L。ADI/RfD（日本）0.007mg/(kg·d)。鹌鹑 $LD_{50} > 2000$mg/kg。鲤鱼 LC_{50}（96 小时）1.56mg/L。水蚤 LC_{50}（48 小时）24mg/L。水藻

EC_{50}（72 小时）26mg/L。无致癌、致畸性，对繁殖无影响。在环境中对非靶标生物影响小，较为安全。

剂型　1.5% 颗粒剂，0.5% 漂浮粉剂，15% 可湿性粉剂。

作用方式及机理　通过干扰病原菌线粒体呼吸电子传递链中的复合体Ⅱ上的琥珀酸脱氢酶，影响线粒体功能，阻止其产生能量，抑制病原菌生长。

防治对象　对担子菌纲的大多数病菌具有优良的活性，特别是对丝核菌属和伏革菌属引起的植物病害具有优异的防治效果。对水稻纹枯病、多种水稻菌核病、白绢病等有特效。由于呋吡菌胺具有内吸活性，且传导性能优良，故预防治疗效果显著。对水稻纹枯病持效期较长。

使用方法　通过茎叶处理或者灌水施药方式防治水稻纹枯病，防效优异。大田防治水稻纹枯病的剂量为 120～600g/hm² 有效成分。

允许残留量　日本残留限量规定，苹果、可可豆、其他坚果等中的最大残留限量为 0.1mg/kg。

参考文献

刘长令, 2005. 世界农药大全: 杀菌剂卷[M]. 北京: 化学工业出版社: 103-104.

TURNER J A, 2015. The pesticide manual: a world compendium [M]. 17th ed. UK: BCPC: 568-569.

（撰稿：孙芹；审稿：司乃国）

呋草磺　benfuresate

一种苯并呋喃烷基磺酸酯类除草剂。

其他名称　呋草黄、nc20484、BENFURESATE、CYPERAL。

化学名称　2,3-二氢 -3,3-二甲苯并呋喃 -5-基乙烷磺酸酯；3,3-dimethyl-2,3-dihydrobenzofuran-5-ylethane-sulfonate。

IUPAC 名称　2,3-dihydro-3,3-dimethylbenzofuran-5-yl eth-anesulfonate。

CAS 登记号　68505-69-1。

EC 号　270-925-4。

分子式　$C_{12}H_{16}O_4S$。

相对分子质量　256.32。

结构式

开发单位　先灵公司。

理化性质　熔点 32～35℃，蒸气压 4.5mPa（25℃）。

毒性　急性经口 LD_{50}：大鼠 2031～3536mg/kg，小鼠 1986～2809mg/kg，狗 > 1600mg/kg；大鼠急性经皮 $LD_{50} > 5000$mg/kg，大鼠急性吸入 $LC_{50} > 5.34$mg/L。鱼类 LC_{50}（96 小时，mg/L）：蓝鳃鱼 22.3，虹鳟 13.5。

剂型　乳油，颗粒剂，水分散粒剂。

质量标准　呋草磺质量分数 ≥ 96%；水分质量分数 ≤

0.5%；pH 5～8；丙酮不溶物质量分数≤ 0.3%。

防治对象　作物种植前混土防除棉花田多年生莎草科杂草。在日本和韩国该药开始在移栽水稻田开发，试验代号为 NS112，在菲律宾、泰国等地，主要用来防除多年生芦苇、木贼状荸荠、水莎草和稗草等。对一年生异型莎草和阔叶杂草防效中等。在日本作为防除水田难除的杂草——木贼状荸荠的除草剂进行注册登记。

使用方法　以有效成分 2～2.8kg/hm² 种植前拌土用于棉花，芽后处理以有效成分 450～600g/hm² 用于水稻。

与其他药剂的混用　可与吡唑酮、四唑酰草胺、双环磺草酮、杀草隆、乙氧嘧磺隆等除草剂混用。

参考文献

杨玉廷，林长福，张宗俭，等，1991. 呋草磺防除扁秆藨草生物测定试验[C]//第六次全国杂草科学学术会议. 中国广西.

（撰稿：杨光富；审稿：吴琼友）

呋草酮　flurtamone

一种苯基呋喃酮类除草剂，是类胡萝卜素合成抑制剂。

其他名称　Bacara、Benchmark、Fluortanone、RE 40885。

化学名称　5-甲氨基-2-苯基-4-［3-(三氟甲基)苯基］呋喃-3(2氢)-酮；5-(methylamino)-2-phenyl-4-［3-(trifluoromethyl)phenyl］furan-3(2H)-one。

IUPAC 名称　(RS)-5-methylamino-2-phenyl-4-(α,α,α-trifluoro-m-tolyl)furan-3(2H)-one。

CAS 登记号　96525-23-4。

分子式　$C_{18}H_{14}F_3NO_2$。

相对分子质量　333.31。

结构式

开发单位　谢富隆化学公司（现为拜耳公司）。

理化性质　无色无味晶体，熔点 152.5℃，密度 1.38g/cm³。

毒性　大鼠急性经口 LD_{50} 500mg/kg，兔急性经皮 LD_{50} 500mg/kg。鱼类 LC_{50}（96 小时）：虹鳟 7mg/L，蓝鳃鱼 11mg/L。蜜蜂接触 LD_{50} > 100μg/ 只。鹌鹑 LC_{50}（8 天）> 6g/kg 饲料，野鸭 LC_{50}（8 天）2g/kg 饲料。Ames 试验表明该品无诱变性。

剂型　水分散粒剂，可湿性粉剂。

质量标准　呋草酮质量分数≥ 98%；水分≤ 0.5%；碱度（以 NaOH 计）≤ 0.3%；固体不溶物≤ 0.3%。

作用方式及机理　呋草酮为土壤用除草剂，芽后早期施用。通过抑制八氢番茄红素脱饱和酶，来阻碍类胡萝卜素的生物合成。

防治对象　多种禾本科杂草和阔叶杂草，如苘麻、美国豚草、马松子、马齿苋、大果田菁、刺黄花稔、龙葵以及苋、芸薹、山扁豆、蓼等。

使用方法　推荐使用剂量随土壤结构和有机质含量不同而改变。在较粗结构、低有机质含量的土壤上作植前处理时，施药量为 0.56～0.84kg/hm²（有效成分），而在较细结构、高有机质含量的土壤上，施药量为 0.84～1.12kg/hm²（有效成分）或高于此量。为扩大杀草谱，最好与防除禾本科杂草的除草剂混用。高粱和棉花对芽后施用有耐药性，使用 RE-40885 可作为一种通用的除草剂来防除这些作物中难除的杂草。喷雾液中加入非离子表面活性剂可显著地提高药剂的芽后除草活性。推荐芽后施用的剂量为 0.28～0.84kg/hm²（有效成分），非离子表面活性剂为 0.5%～1%。在上述作物中，棉花无芽后耐药性，但当棉株下部的叶片离地高度达 20cm 后可直接对叶片下的茎秆喷药。某些作物，包括高粱和马铃薯，由于品种不同，对呋草酮的耐药性也不同。

注意事项　在美国进行的试验中，已在同一个季节里，将小麦和其他敏感作物安全地种植到用呋草酮预处理过的田里。在棉花上应用时，观察到美国西部各州有较大药害，所以从地理位置上讲，该药在美国只用于南部和东南部。耐药性的差异被认为与耕作方法（如漫灌和苗床整地）及气候条件有关。

与其他药剂的混用　与吡氟酰草胺、氟噻草胺混用，可拓宽杀草谱，有效防除麦田多种阔叶杂草和禾本科杂草。

允许残留量　GB 2763—2021《食品中农药最大残留限量标准》规定呋草酮在小麦上的最大残留限量为 0.05mg/kg。ADI 为 0.03mg/kg。

参考文献

钱训，陈勇达，郑振山，等，2016. 气相色谱法测定小麦籽粒中吡氟酰草胺、氟噻草胺和呋草酮残留量[J]. 食品安全质量检测学报，7 (9): 3455-3459.

（撰稿：杨光富；审稿：吴琼友）

呋虫胺　dinotefuran

一种新烟碱类杀虫剂。

其他名称　Bestguard、护瑞、Oshin。

化学名称　(RS)-1-甲基-2-硝基-3-[(3-四氢呋喃)甲基]胍。

IUPAC 名称　(RS)-1-methyl-2-nitro-3-[(3-tetrahydrofuryl)methyl]guanidine。

CAS 登记号　165252-70-0。

分子式　$C_7H_{14}N_4O_3$。

相对分子质量　202.20。

结构式

开发单位　日本三井化学公司。

理化性质　熔点 94.5～101.5℃。相对密度 1.33（25℃）。水中溶解度（20℃）：54.3g/L±1.3g/L。

毒性　大鼠急性经口 LD_{50}：雄 2450mg/kg，雌 2275mg/kg；小鼠急性经口 LD_{50}：雄 2804mg/kg，雌 2000mg/kg。大鼠急性经皮 LD_{50}：雄、雌＞2000mg/kg。无致畸、致突变、致癌作用。鹌鹑 LD_{50}＞2000mg/kg，野鸭 LD_{50} 1000mg/kg。鲤鱼 LC_{50}（96 小时）＞1000mg/L。水蚤 LC_{50}（48 小时）10 000mg/L。对蚕高毒。

剂型　50% 可湿性粉剂，60% 水分散粒剂，颗粒剂，可溶性粉剂。

作用方式及机理　主要作用于昆虫神经，与其他的新烟碱类化合物相似。

防治对象　广谱杀虫剂，具有触杀、胃毒和根部内吸活性，主要用于防治小麦、水稻、棉花、蔬菜、果树、烟叶等多种作物上的蚜虫、叶蝉、飞虱、蓟马、粉虱及其抗性品系，同时对鞘翅目、双翅目、鳞翅目、甲虫目和总翅目害虫高效，并对蜚蠊、白蚁、家蝇等卫生害虫高效。

使用方法

防治水稻害虫　可用 50% 可湿性粉剂在稻飞虱低龄若虫初期至高峰期使用，最佳时间为一、二龄若虫高峰期，均匀喷雾稻丛中下部。

防治二化螟　在蛾卵孵化始盛期施药。配药时先将药剂充分溶解于少量水中，再加入适量水混合均匀后喷雾。

作为种子处理剂可采用 8% 悬浮种衣剂进行防治。用量见表 1。

注意事项　①在水稻上的安全间隔期为 21 天，每季最多使用 3 次。建议避免持续使用或与作用位点相似的杀虫剂轮换使用。②该品对蜜蜂和虾等水生生物有毒。施药期间应避免对周围蜂群的影响，开花植物花期及花期前 7 天禁用。远离水产养殖区、河塘等水体附近施药，禁止在河塘等水体中清洗施药器具。该品对家蚕有毒，蚕室和桑园附近禁用，赤眼蜂等天敌放飞区禁用。虾蟹套养稻田禁用，施药后的田水不得直接排入水体。③该品易造成地下水污染。在土壤渗透性好或地下水位较浅的地方慎用。④不可与其他烟碱类杀虫剂混合使用。⑤使用该品时应穿戴防护服和手套，施药时要避免接触皮肤、眼睛和衣服。施药期间不可吃东西和饮水。施药后及时洗手、洗脸。⑥用过的容器应妥善处理，不可做他用，也不可随意丢弃。⑦孕妇、哺乳期妇女及过敏者禁用。⑧眼睛溅药时立即用清水彻底冲洗 15 分钟。皮肤接触，立即用清水洗净再用肥皂水清洗。吸入，立即将吸入者转移到空气新鲜处，如不适请就医。误服，未经医生允许，切勿催吐，如病人可吞咽，可适量饮水，立即携此标签，送医就诊，对症治疗。

与其他药剂的混用　20% 吡蚜酮与 20% 呋虫胺混用，在 120～150g/hm² 的有效成分用量下喷雾，防治稻飞虱；8% 高效氯氟氰菊酯与 16% 呋虫胺混用，14.4～21.6g/hm² 的用量下喷雾，可防治小麦蚜虫；24% 异丙威＋6% 呋虫胺混剂，在 180～270g/hm² 时喷雾防治稻飞虱；20% 呋虫胺＋40% 吡蚜酮水分散粒剂在 90～162g/hm² 的用量下喷雾可防治稻飞虱。30% 氯吡硫磷＋3% 呋虫胺水乳剂在 495～594g/hm² 时喷雾，可防治稻飞虱。

允许残留量　①GB 2763—2021《食品中农药最大残留限量标准》规定呋虫胺最大残留限量应符合表 2 的规定。ADI 为 0.2mg/kg。谷物按照 GB 23200.37、GB/T 20770 规定的方法测定；油料和油脂参照 GB 23200.37、GB/T 20770 规定的方法测定；蔬菜参照 GB 23200.37、GB/T 20769 规定的方法测定。②美国规定呋虫胺的最大残留限量见表 3。③日本规定呋虫胺的最大残留限量见表 4。

表 2　中国规定呋虫胺在部分食品中的最大残留限量（GB 2763—2021）

食品类别	名称	最大残留限量（mg/kg）
谷物	稻谷	10
	糙米	5
油料和油脂	棉籽	1
蔬菜	黄瓜	2

表 3　美国规定呋虫胺在部分食品中的最大残留限量（mg/kg）

食品名称	最大残留限量	食品名称	最大残留限量
马肥肉	0.05	芸薹类亚组，头、茎	1.40
马肉副产品	0.05	多叶芸薹类	15.00
马肉	0.05	牛肥肉	0.05
乳	0.05	牛肉	0.05
马铃薯	0.05	牛肉副产品	0.05
马铃薯片	0.10	轧棉副产品	8.00
马铃薯粒	0.15	未去纤维棉籽	0.40
稻谷	2.80	山羊肥肉	0.05
绵羊肥肉	0.05	山羊肉	0.05
绵羊肉	0.05	山羊肉副产品	0.05
绵羊肉副产品	0.05	葡萄	0.90
番茄酱	1.00	葡萄干	2.50
绿萝卜	15.00	猪肥肉	0.05
葫芦类植物	0.50	猪肉	0.05
蔬菜水果组	0.70	猪肉副产品	0.05
除芸薹类外的叶类植物	5.00		

表 1　8% 悬浮种衣剂用法用量

作物	害虫	有效成分用量	使用方法
花生	蛴螬	114.3～200g/100kg 种子	种子包衣
马铃薯	蛴螬	32～40g/100kg 种子	种薯包衣
水稻	稻飞虱	80～100g/100kg 种子	种子包衣
小麦	蚜虫	266.7～400g/100kg 种子	种子包衣
玉米	蚜虫	114.3～200g/100kg 种子	种子包衣

表 4 日本规定呋虫胺在部分食品中的最大残留限量 (mg/kg)

（续表）

食品名称	最大残留限量	食品名称	最大残留限量
牛肥肉	0.05	其他柑橘属水果	10.00
山羊肥肉	0.05	其他复合蔬菜	5.00
葡萄	15.00	其他十字花科蔬菜	10.00
马肥肉	0.05	其他葫芦科的蔬菜	10.00
乳	0.05	其他水果	0.70
马铃薯	0.20	其他草本植物	25.00
绵羊肥肉	0.05	其他百合科的蔬菜	0.70
苹果	0.50	其他茄属蔬菜	5.00
杏	5.00	其他香料	10.00
朝鲜蓟	5.00	其他伞形花科的蔬菜	5.00
芦笋	0.50	其他蔬菜	25.00
青花菜	2.00	欧芹	5.00
球芽甘蓝	1.00	桃	3.00
卷心菜	2.00	梨	1.00
胡萝卜	1.00	未成熟的豌豆（有豆荚）	5.00
牛食用内脏	0.05	猪食用内脏	0.05
牛肾	0.05	猪肥肉	0.05
牛肝	0.05	猪肾	0.05
牛瘦肉	0.05	猪肝	0.05
花椰菜	2.00	猪肉	0.05
芹菜	5.00	青椒（甜椒）	3.00
樱桃	10.00	南瓜	2.00
菊苣根	5.00	青梗菜	10.00
中国卷心菜	2.00	稻米（糙米）	2.00
柑橘	5.00	绵羊食用内脏	0.05
棉花籽	0.40	绵羊肾	0.05
黄瓜（包括小黄瓜）	2.00	绵羊肝	0.05
茄子	2.00	绵羊肉	0.05
菊苣	5.00	食用菊花	20.00
山羊食用内脏	0.05	干大豆	0.10
山羊肾	0.05	菠菜	15.00
山羊肝	0.05	草莓	2.00
山羊瘦肉	0.05	甜菜	0.20
葡萄柚	10.00	甘薯	0.10
绿色大豆	2.00	茶叶	25.00
马食用内脏	0.05	番茄	2.00
马肾	0.05	芜菁叶（包括大头菜）	5.00
马肝	0.05	芜菁根（包括大头菜）	0.50
马瘦肉	0.05	越瓜（蔬菜）	2.00
日本梨	1.00	西瓜	0.50
日本柿子	2.00	豆瓣菜	5.00
日本李子（包括梅子）	0.70	葱（含韭葱）	15.00
日本小萝卜叶	10.00	枇杷	1.00
日本小萝卜根	0.50	香瓜	0.50

食品名称	最大残留限量	食品名称	最大残留限量
羽衣甘蓝	10.00	杧果	1.00
猕猴桃	0.50	橙子（包括脐橙）	10.00
小松菜（日本芥末菠菜）	10.00	鸭儿芹	5.00
水菜	10.00	梅子、李子	5.00
柠檬	10.00	油桃	2.00
莴苣	25.00	韭菜	10.00
酸橙	10.00	黄秋葵	2.00

参考文献

马克比恩 C, 2015. 农药手册[M]. 胡笑形, 等译. 北京: 化学工业出版社: 346-347.

（撰稿：吴剑；审稿：薛伟）

呋嘧醇　flurprimidol

一种嘧啶醇类植物生长调节剂，能抑制赤霉素的生物合成。

其他名称　调嘧醇。

化学名称　(RS)-2-甲基-1-嘧啶-5-基-1-(4-三氟甲氧基苯基)丙-1-醇。

IUPAC 名称　(RS)-2-methyl-1-pyrimidin-5-yl-1-(4-trifluoromethoxyphenyl)propan-1-ol。

CAS 登记号　56425-91-3。

分子式　$C_{15}H_{15}F_3N_2O_2$。

相对分子质量　312.29。

结构式

开发单位　由礼来公司开发，1989 年美国投产。

理化性质　无色结晶，熔点 93.5～97℃。沸点 264℃。25℃时蒸气压为 4.85×10^{-2} mPa（25℃）。相对密度 1.34（24℃）。水中溶解度（20℃）：蒸馏水中 114mg/L，104mg/L（pH 5），114mg/L（pH 7），102mg/L（pH 9）；有机溶剂中溶解度（g/L）：己烷 1.26、甲苯 144、甲醇 1990、丙酮 1530、乙酸乙酯 1200。室温下至少稳定 14 个月，其水溶液遇光分解，DT_{50} 约 3 小时。

毒性　急性经口 LD_{50}：雄大鼠 914mg/kg，雌大鼠 709mg/kg，雄小鼠 602mg/kg，雌小鼠 702mg/kg，鹌鹑和野

鸡＞2g/kg。兔急性经皮 LD_{50} ＞5g/kg。对兔皮肤和眼睛有轻微至适度刺激。对豚鼠皮肤无致敏作用。大鼠急性吸入 LC_{50}（4小时）＞5mg/L。饲喂试验 NOEL：狗（1年）7mg/（kg·d），大鼠（2年）5mg/（kg·d），小鼠（2年）1.4mg/（kg·d）。鹌鹑 LC_{50}（5天）560mg/kg 饲料，野鸡 LC_{50}（5天）1.8g/kg 饲料。鱼类 LC_{50}（96小时）：蓝鳃鱼17.2mg/L，虹鳟18.3mg/L。蜜蜂 LD_{50}（接触，48小时）＞100μg/只。水蚤 LC_{50}（48小时）11.8mg/kg。

剂型　可湿性粉剂（500mg/kg），原药。

作用方式及机理　属嘧啶醇类植物生长调节剂、赤霉素合成抑制剂。通过根、茎吸收传输到植株顶部，其最大抑制作用在性繁殖阶段。

使用对象　水稻、大豆、草坪草等。

使用方法　以0.5～1.5kg/hm² 施用，可改善草皮的质量，也可注射树干，减缓生长和减少观赏植物的修剪次数。以0.4kg/hm² 喷于土壤，可抑制大豆、禾本科、菊科植物的生长。该品用于2年生火炬松、湿地松的叶面表皮部，能降低高度，而且无毒性。当以水剂作叶面喷洒时，或以油剂涂于树皮上时，均能使1年的生长量降低到对照树的一半左右。对水稻具有生根和抗倒作用，在分蘖期施药，主要通过根吸收，然后转移至水稻植株顶部，使植株高度降低，诱发分蘖，增进根的生长，在抽穗前40天施药，提高水稻的抗倒能力，不会延迟抽穗或影响产量。

注意事项　对眼睛和皮肤有刺激性，应注意防护。储存于干燥阴凉处。无专用解毒药，对症治疗。

与其他药剂的混用　每公顷以0.84kg 该品和0.07kg 伏草胺桶混施药，可减少早熟禾混合草皮的生长，与未处理对照相比，效果达72%。

参考文献

朱永和，王振荣，李布青，2006. 农药大典[M]. 北京：中国三峡出版社.

（撰稿：谭伟明；审稿：杜明伟）

呋霜灵　furalaxyl

一种内吸性酰胺类杀菌剂，抑制核糖体 RNA 合成。

其他名称　Fongarid、呋霜灵、CGA 38150、抑菌丙氨酯、A 5430、CGA 38140、Fongaride。

化学名称　N-(2-呋喃甲酰基)-N-(2,6-二甲苯基)-DL-丙氨酸甲酯；methyl-N-2-furoyl-N-2,6-xylyl-DL-alaninate。

IUPAC 名称　methyl N-(2-furoyl)-N-(2,6-xylyl)-DL-alaninate。

CAS 登记号　57646-30-7。

EC 号　260-875-1。

分子式　$C_{17}H_{19}NO_4$。

相对分子质量　301.34。

结构式

开发单位　先正达公司。

理化性质　纯品为白色无嗅结晶固体。熔点84℃。相对密度1.22（20℃）。蒸气压0.07mPa（20℃），$K_{ow}lgP$ 2.7（25℃）。Henry 常数 9.3×10^{-5}Pa·m³/mol（计算值）。水中溶解度230mg/L（20℃）；有机溶剂中溶解度（g/kg，20℃）：二氯乙烷600、丙酮520、甲醇500、己烷4。土壤降解 DT_{50} 31～65天（20～25℃）。

毒性　急性经口 LD_{50}（mg/kg）：大鼠940，小鼠603。急性经皮 LD_{50}（mg/kg）：大鼠3100，兔5508。对兔皮肤和眼睛有轻微刺激作用，对豚鼠皮肤无致敏作用。NOEL［90天，mg/（kg·d）］：狗1.8。日本鹌鹑急性经口 LD_{50}（8天）＞6000mg/kg。日本鹌鹑饲喂 LC_{50}（8天）＞6000mg/kg 饲料。虹鳟 LC_{50}（96小时）32.5mg/L。水蚤 LC_{50}（48小时）27mg/L。蜜蜂 LD_{50}（24小时）＞200μg/只（经口）。蚯蚓 LC_{50}（14天）510mg/kg 土壤。

剂型　颗粒剂，可湿性粉剂。

作用方式及机理　通过干扰核糖体 RNA 的合成，抑制真菌蛋白质的合成。内吸性杀菌剂，具有保护、治疗作用。可被植物根、茎、叶迅速吸收，并在植物体内运转到各个部位，而耐雨水冲刷。

防治对象　主要用于防治观赏植物、蔬菜、果树等的土传病害如腐霉属、疫霉属等卵菌引起的病害，如瓜果蔬菜的猝倒病、腐烂病、疫病。

使用方法　可用作土壤处理和叶面喷洒。

与其他药剂的混用　氰霜唑与呋霜灵复配具有增效作用，质量比例10∶1～1∶20，对植物卵菌病害具有较好的增效作用。异丙菌胺与呋霜灵复配，质量比例90∶1～1∶90，用于防治卵菌病害。呋霜灵和百菌清和（或）腈菌唑组成二元或三元复合物制成烟剂或烟雾片剂，用于防治大棚作物霜霉病、灰霉病和黑星病。

参考文献

刘长令，2005. 世界农药大全[M]. 北京：化学工业出版社：274-275.
TURNER J A, 2015. The pesticide manual: a world compendium [M]. 17th ed. UK: BCPC: 576-578.

（撰稿：刘西莉；审稿：彭钦）

呋酰胺　ofurace

一种具有内吸作用的呋喃酰胺类杀菌剂。

其他名称　Vamin、Patafol、N-（2,6-二甲基苯基）-N-（四氢-2-氧代-3-呋喃基）-2-氯乙酰胺。

化学名称 (RS)-α-(2-氯-N-2,6-二甲苯基乙酰氨基)-γ-丁内酯；(RS)-α-(2-chloro-N-2,6-xylylacetamido)-γ-butyrolactone。

IUPAC名称 (±)-α-(2-chloro-N-2,6-xylylacetamido)-γ-butyrolactone。

CAS 登记号 58810-48-3；67932-71-2。

分子式 $C_{14}H_{16}ClNO_3$。

相对分子质量 281.73。

结构式

开发单位 杜邦德内穆尔科技公司。

理化性质 原药为灰白色粉状固体，纯度≥97%。纯品为无色结晶状固体。熔点145～146℃。相对密度1.43（20℃）。蒸气压 $2×10^{-2}$mPa（25℃）。$K_{ow}lgP$ 1.39（20℃）。Henry 常数 $3.9×10^{-5}$Pa·m³/mol（计算值）。水中溶解度146mg/L（25℃）；有机溶剂中溶解度（g/L，25℃）：二氯乙烷300～600、丙酮60～70、乙酸乙酯25～30、甲醇25～30、对二甲苯8.6。

毒性 急性经口 LD_{50}（mg/kg）：雄大鼠3500，雌大鼠2600，小鼠＞5000，兔＞5000。大鼠急性经皮 LD_{50}＞5000mg/kg。对兔皮肤和眼睛有中度刺激作用，对豚鼠皮肤无致敏性。大鼠急性吸入 LC_{50}（4小时）2060mg/L。NOEL 大鼠（2年）2.5mg/（kg·d）。ADI 为0.03mg/kg。无致畸、致突变、致癌作用。虹鳟 LC_{50}（96小时）29mg/L。水蚤 LC_{50}（48小时）46mg/L。蜜蜂 LD_{50}（48小时）＞58μg/只（接触和经口）。

剂型 悬浮剂，可湿性粉剂。

作用方式及机理 通过干扰核糖体 RNA 的合成，抑制真菌蛋白质的合成。内吸性杀菌剂，具有保护和治疗作用。可被植物根、茎、叶迅速吸收，并在植物体内运转到各个部位，因而耐雨水冲刷。

防治对象 主要用于防治观赏植物、蔬菜、果树等卵菌病害，如马铃薯晚疫病、葡萄霜霉病、黄瓜霜霉病、番茄疫病等。该品为内吸性杀菌剂，对霜霉目卵菌特别有效。

使用方法 叶面喷雾，用于防治马铃薯晚疫病、大豆霜霉病。种子处理可防治由立枯丝核菌、腐霉菌等引起的苗前猝倒病。

参考文献

化工部农药信息总站, 1996. 国外农药品种手册 (新版合订本) [M]. 北京: 化学工业出版社: 565.

刘长令, 2006. 世界农药大全: 杀菌剂卷[M]. 北京: 化学工业出版社: 276.

（撰稿：刘西莉；审稿：彭钦）

呋线威　furathiocarb

一种氨基甲酸酯类杀线虫剂及杀虫剂。

其他名称 Deltanet、Promet、保苗、CGA73102（汽巴-嘉基公司）。

化学名称 2,3-二氢-2,2-二甲基苯并呋喃-7-基-N,N'二甲基-N,N硫代二氨基甲酸丁酯；butyl 2,3-dihydro-2,2-dimethylbenzofuran-7-yl-N,N'-dimethyl-N,N'-thiodicarbamate。

CAS 登记号 65907-30-4。

EC 号 265-974-3。

分子式 $C_{18}H_{26}N_2O_5S$。

相对分子质量 382.47。

结构式

开发单位 由 F. Bachmann 和 J. Drabek 报道其杀虫活性，1981年由汽巴-嘉基（先正达公司）开发。专利：BE 865290；GB1583713。生产企业：三菱化学公司；Saeryung。

理化性质 纯品为黄色液体。沸点＞250℃。蒸气压 $3.9×10^{-3}$mPa（25℃）。相对密度1.148（20℃）。$K_{ow}lgP$ 4.6（25℃）。Henry 常数 $1.36×10^{-4}$Pa·m³/mol。水中溶解度11mg/L（25℃），易溶解于常见的有机溶剂，如丙酮、甲醇、异丙醇、正己烷、甲苯等。加热至400℃稳定，在水中的 DT_{50}（pH9）4天。

毒性 急性经口 LD_{50}（mg/kg）：大鼠53，小鼠327。大鼠急性经皮 LD_{50}＞2000mg/kg。对兔皮肤和眼睛中度刺激。大鼠吸入 LC_{50}（4小时）0.214mg/L 空气。NOEL：大鼠0.35mg/（kg·d）。ADI（比利时）0.0035mg/kg。野鸭和鹌鹑急性经口 LD_{50}＜25mg/kg。虹鳟、大翻车鱼及鲤鱼 LC_{50}（96小时）0.03～0.12mg/L。水蚤 LC_{50}（48小时）1.8mg/L。对蜜蜂有毒。

剂型 微胶囊缓释剂，干拌种剂，乳油，颗粒剂等。

作用方式及机理 内吸性杀虫剂，具有触杀和胃毒作用。为乙酰胆碱酯酶抑制剂。在植物体内代谢成克百威和它的羟基以及酮衍生物，在土壤中快速分解成克百威并成为最终代谢产物。

防治对象 适用玉米、油菜、高粱、甜菜、向日葵和蔬菜，防治土壤栖息害虫。

使用方法 在播种时施用0.5～2.0kg/hm²（有效成分），可保护玉米、油菜、甜菜和蔬菜的种子和幼苗不受危害，时间可达42天。种子处理和茎叶喷雾均有效。

参考文献

马克比恩 C, 2015. 农药手册[M]. 胡笑形, 等译. 北京: 化学工业出版社: 518-519.

（撰稿：刘峰；审稿：彭德良）

呋氧草醚　furyloxyfen

一种二苯醚类除草剂。

其他名称　氟呋草醚、氟氧草醚、AC-466、Furan、3-[5-[2-chloro-4-（trifluoromethyl）phenoxy]-2-nitrophenoxy]tetrahydro、rac-（3R）-3-[5-[2-chloro-4-（trifluoromethyl）phenoxy]-2-nitrophenoxy] oxolane。

化学名称　3-[5-[2-氯-4-(三氟甲基)苯氧基]-2-硝基苯氧基]四氢呋喃；3-[5-[2-chloro-4-(trifluoromethyl)phenoxy]-2-nitrophenoxy] tetrahydrofuran。

IUPAC名称　(RS)-5-(2-chloro-α,α,α-trifluoro-p-tolyloxy)-2-nitrophenyl tetrahydro-3-furyl ether。

CAS登记号　80020-41-3。

分子式　$C_{17}H_{13}ClF_3NO_5$。

相对分子质量　403.74。

结构式

开发单位　1982年由日本三井东亚化学公司开发。专利已过期。

理化性质　黄色晶体。熔点73～75℃，在水中的溶解度0.4mg/L，$K_{ow}lgP$ 5.75。

防治对象　水稻田防除一年生杂草和某些多年生杂草。也用于花生、大豆田。

使用方法　芽前或芽后早期使用。水稻田：450～750g/hm²；花生、大豆田：600～900g/hm²（有效成分）。

参考文献

朱永和, 王振荣, 李布青, 2006. 农药大典[M]. 北京: 中国三峡出版社: 797.

（撰稿：王大伟；审稿：席真）

伏杀硫磷　phosalone

一种有机磷酸酯类广谱触杀性杀虫剂。

其他名称　Zolone、佐罗纳、伏杀磷。

化学名称　O,O-二乙基-S-(6-氯-2-氧代苯并噁唑啉-3-基甲基)二硫代磷酸酯。

IUPAC名称　S-[(6-chloro-2,3-dihydro-2-oxo-1,3-benzoxazol-3-yl)methyl] O,O-diethyl phosphorodithioate。

CAS登记号　2310-17-0。

EC号　218-996-2。

分子式　$C_{12}H_{15}ClNO_4PS_2$。

相对分子质量　367.69。

结构式

开发单位　由J. D esmoras介绍其杀虫性能，1963年由罗纳-普朗克Phytosanitaire公司开发。

理化性质　无色结晶，带大蒜味。熔点46.9℃。蒸气压7.77×10⁻³mPa（20℃）。相对密度1.338（20℃），$K_{ow}lgP$ 4.01。Henry常数2.04×10⁻³Pa·m³/mol。水中溶解度（mg/L，20～25℃）1.4；有机溶剂中溶解度（g/L，20℃）：丙酮＞1000、二氯甲烷＞1000、乙酸乙酯＞1000、正庚烷26.3、甲苯＞1000、正辛醇266.8、甲醇＞1000。稳定性：强酸、强碱中水解，水解DT_{50} 9天（pH9）。

毒性　急性经口LD_{50}：雄大鼠120～170mg/kg，雌大鼠135～170mg/kg，小鼠180mg/kg，豚鼠380mg/kg，野鸡290mg/kg。急性经皮LD_{50}：大鼠1500mg/kg，兔＞1000mg/kg。雌大鼠急性吸入LC_{50}（4小时）0.7mg/L。以250mg/kg饲料饲喂大鼠2年和以290mg/kg饲料饲喂兔2年，均未发现有害影响。以700g/hm²施药，对蜜蜂无风险。鹌鹑LC_{50}（8天）2033mg/kg饲料，野鸭LC_{50}（8天）1659mg/kg饲料。鱼类LC_{50}（96小时）：虹鳟0.63mg/L，鲤鱼2.1mg/L。对蜜蜂有毒。水蚤EC_{50}（48小时）0.74μg/L。对海藻低毒。

剂型　30%、33%、35%乳油，30%可湿性粉剂，2.5%和4%粉剂。

质量标准　佐罗纳35%乳油（含伏杀硫磷350mg/L）（Zolone 35EC）为无浑浊物、无沉淀的红色透明液体。相对密度约1.02（20℃）。无游离酸，储存1个月无明显变化。大鼠急性经口LD_{50} 275mg/kg，大鼠急性经皮LD_{50} 2000mg/kg。

作用方式及机理　为触杀性杀虫剂、杀螨剂。无内吸作用，杀虫谱广，持效期长，代谢产物依然具有杀虫活性。

防治对象　广谱性有机磷杀虫剂、杀螨剂。药效发挥速度较慢，在植物上的持效期为14天。可代谢成硫代磷酸酯。在常用剂量下对作物安全，可用于苗圃、果树、蔬菜、茶叶、大豆、玉米、小麦等作物上的多种害虫和螨类的防治。

使用方法

防治棉花害虫　①棉蚜。在棉苗卷叶之前，大面积有蚜株率达到30%，平均单株蚜数近20头，用35%乳油1.5～2L/hm²（有效成分500～700g/hm²），兑水750～1000kg喷雾。②棉铃虫。在2～3代发生时，卵孵化盛期用35%乳油3～4L/hm²（有效成分1～1.3kg/hm²）兑水1000～1500kg，均匀喷雾。③棉红铃虫。防治适期为各代棉红铃虫的发蛾及产卵盛期，每隔10～15天用药1次，一般用药3～4次，施药量及使用方法同棉铃虫。④棉盲蝽。6～8月，棉花嫩尖出现小黑斑点或幼蕾出现褐色被害状；被害株率为2%～3%时，兑水1000～1500kg均匀喷雾，施药部位为嫩尖和幼蕾。

⑤棉红蜘蛛。在 6 月底以前，害螨扩散初期防治，用 35% 乳油 3～4L/hm²（有效成分 1～1.3kg/hm²），兑水 750～1000kg，均匀喷雾。

防治小麦害虫　①黏虫。在 2～3 龄幼虫盛发期防治，用 35% 乳油 1.5～2L/hm²（有效成分 500～700g/hm²），兑水 750～1000kg 喷雾。②麦蚜。小麦孕穗期，当虫茎率 30%、百茎虫口在 150 头以上，用 35% 乳油 1.5～2L/hm²（有效成分 500～700g/hm²），兑水 750～1000kg 喷雾。

防治蔬菜害虫　①蚜虫。根据虫害发生情况进行防治，用 35% 乳油 1.5～2L/hm²（有效成分 500～700g/hm²），兑水 900～1200kg，在叶背和叶面均匀喷雾。②菜青虫。成虫产卵高峰期后 1 星期进行防治，用药剂量和方法同菜蚜。③小菜蛾。1～2 龄幼虫高峰期，用 35% 乳油 2～3L/hm²（有效成分 700～1000g/hm²），兑水 750～1000kg，均匀喷雾。防治适期为各代棉红铃虫的发蛾及产卵盛期，每隔 10～15 天用药 1 次，一般用药 3～4 次，施药量及使用方法同棉铃虫。④野豆螟。在豇豆、菜豆开花初盛期，害虫卵孵化盛期，初龄幼虫蛀花柱、豆幼荚之前进行防治，用 35% 乳油 2～3L/hm²（有效成分 700～1000g/hm²），兑水 750～1000kg，均匀喷雾。⑤茄子红蜘蛛。在若螨盛期防治，用 35% 乳油 2～3L/hm²（有效成分 700～1000g/hm²），兑水 750～1000kg，均匀喷雾。

防治茶叶害虫　①茶尺蠖、木橑尺蠖、丽绿刺蛾、茶毛虫二至三龄幼虫盛期防治，用 35% 乳油 1000～1400 倍液（有效成分 350～400mg/kg），均匀喷雾。②小绿叶蝉在若虫盛发期用 35% 乳油 800～1000 倍液（有效成分 350～400mg/kg），主要在叶背面均匀喷雾。③茶叶瘿螨、茶橙瘿螨、茶短须螨在茶非采摘期和螨害发生高峰期，用 35% 乳油 700～800 倍液，均匀喷雾。

防治柑橘害虫　防治柑橘潜叶蛾，在放梢初期，枯树嫩芽长在 2～3mm 或抽出嫩芽达 50% 时，使用 35% 乳油 1000～1400 倍液（有效成分 250～350mg/kg），均匀喷雾。

防治苹果害虫　防治桃小食心虫，在卵果率 0.5%～1%、初孵虫蛀果之前，用 35% 乳油 700～800 倍液（有效成分 400～437mg/kg），均匀喷雾。

注意事项　①要求喷药均匀周到。施药时间较宜比其他有机磷农药提前，对钻蛀性害虫，宜在幼虫蛀入作物前使用。②不可与碱性农药混用。中国农药合理使用准则规定，用 35% 的伏杀硫磷在叶菜上的常用剂量为 2kg/hm²，最高药剂量为 2.8kg/hm²，最多可用药 2 次，最后一次施药距收获前的天数为 7 天。棉花上最多施药次数为 4 次，安全间隔为 14 天。③使用时应戴手套、口罩，穿干净防护服，作业前不能饮酒，作业时不能吸烟，作业后应立即用肥皂和水洗净，更换衣服。④对蜜蜂、鱼类等水生生物、家蚕有毒，施药期间应避免对周围蜂群的影响，蜜源作物花期、蚕室和桑园附近禁用。远离水产养殖区施药，禁止在河塘等水体中清洗施药器具。⑤建议与其他作用机制不同的杀虫剂轮换使用。⑥孕妇及哺乳期妇女禁止接触该品。⑦用过的容器应妥善处理，不可做他用，也不可随意丢弃。⑧中毒急救。急性中毒多在 12 小时内发病，口服立即发病。症状有头痛、恶心、呕吐、无力、胸闷、视力模糊、肌肉震颤、精神恍惚、大汗、流涎、腹疼、腹泻。重者还会出现昏迷、抽搐、呼吸困难、口吐白沫、大小便失禁、惊厥、呼吸麻痹。皮肤接触用大量水冲洗。眼睛接触立即用大量水冲洗至少 15 分钟。吸入将受害者立即转移到清新的空气中。误服立即将病人送医院急救治疗：用阿托品 1～5mg 皮下或静脉注射（按中毒轻重而定）；用解磷定 0.4～1.2g 静脉注射（按中毒轻重而定）；禁用吗啡、茶碱、吩噻嗪、利血平。如误食，应立即引吐并及时就医，解毒剂为阿托品硫酸盐或 Z-PAM（碘吡肟）。

与其他药剂的混用　该品 + 甲基对硫磷。

允许残留量　① GB 2763—2021《食品中农药最大残留限量标准》规定伏杀硫磷最大残留限量见表 1。ADI 为 0.02mg/kg。油料和油脂、坚果、调味料参照 GB 23200.9、GB/T 20770 规定的方法测定；蔬菜、水果按照 GB 23200.8、NY/T 761 规定的方法测定。②《国际食品法典》规定伏杀硫磷最大残留限量见表 2。③欧盟规定伏杀硫磷最大残留限量见表 3。④美国规定伏杀硫磷最大残留限量见表 4。⑤日本规定伏杀硫磷最大残留限量见表 5。⑥韩国规定伏杀硫磷最大残留限量见表 6。

表 1 中国规定部分食品中伏杀硫磷最大残留限量（GB 2763—2021）

食品类别	名称	最大残留限量（mg/kg）
油料和油脂	棉籽油	0.10
蔬菜	菠菜、普通白菜、莴苣、大白菜	1.00
水果	仁果类水果、核果类水果	2.00
坚果	杏仁	0.10
	榛子、核桃	0.05
调味料	果类调味料、种子类调味料	2.00
	根茎类调味料	3.00

表 2《国际食品法典》规定部分食品中伏杀硫磷最大残留限量

（mg/kg）

食品名称	最大残留限量	食品名称	最大残留限量
杏仁	0.10	根、根茎	3.00
水果	2.00	种子	2.00
榛子	0.05	核果类水果	2.00
仁果类水果	2.00	胡桃	0.05

表 3 欧盟规定部分食品中伏杀硫磷最大残留限量（mg/kg）

食品名称	最大残留限量	食品名称	最大残留限量
多香果	2.00	枯茗籽	2.00
茴芹	2.00	莳萝种	2.00
八角胡椒（日本胡椒）	2.00	茴香籽	2.00
杏	2.00	葫芦巴	2.00
黑种籽草	2.00	水果和浆果	2.00
香菜	2.00	姜	3.00
小豆蔻	2.00	山葵	3.00
芹实	2.00	刺柏果	2.00
牛奶和奶油，不浓缩，也不含加糖或甜味剂、黄油和从牛奶、奶酪和凝乳中提取的其他脂肪	0.01	甘草	3.00
肉豆蔻	2.00	白胡椒和黑胡椒（荜菝，红胡椒）	2.00
桃（油桃和相似杂种）	2.00	李子（西洋李、青梅、布拉斯李树、黑刺李）	2.00
姜黄（姜黄属植物）	3.00	根或根茎	3.00
香草豆荚	2.00	核果	2.00
樱桃（甜樱桃、酸樱桃）	2.00	核果子	2.00
香菜籽	2.00		

表 4 美国规定部分食品中伏杀硫磷最大残留限量（mg/kg）

食品名称	最大残留限量	食品名称	最大残留限量
苹果	10	桃子	15
樱桃	15	梨	10
葡萄	10	李子、西梅（新鲜的）	15

表 5 日本规定部分食品中伏杀硫磷最大残留限量（mg/kg）

食品名称	最大残留限量	食品名称	最大残留限量	食品名称	最大残留限量
菠菜	0.50	胡萝卜	0.50	其他浆果	1.00
杏	2.00	花椰菜	0.50	其他柑橘属水果	1.00
姜	0.50	芹菜	0.50	其他复合蔬菜	0.50
山葵	0.50	栗子	1.00	其他十字花科蔬菜	0.50
苹果	2.00	菊苣	0.50	其他葫芦科蔬菜	0.50
樱桃	2.00	大白菜	0.50	其他水果	1.00
葡萄	1.00	柑橘全部	1.00	夏橙果肉	1.00
杏仁	0.10	棉花籽	1.00	胡桃	0.05
菜蓟	0.50	酸果蔓果	1.00	西瓜	0.10
芦笋	0.50	黄瓜（包括嫩黄瓜）	0.50	豆瓣菜	0.50
鳄梨	1.00	酸枣	1.00	葱（包括韭葱）	0.50
竹笋	0.50	茄子	0.50	山药	0.10
香蕉	1.00	菊苣	0.50	番茄	0.50
黑莓	1.00	大蒜	0.50	萝卜叶（包括芜菁甘蓝）	0.50
蓝莓	1.00	银杏果	1.00	萝卜根（包括芜菁甘蓝）	0.50
青花菜	0.50	葡萄柚	1.00	青梗菜	0.50
球芽甘蓝	0.50	绿豆	0.50	榅桲	2.00
牛蒡	0.50	番石榴	1.00	油菜籽	1.00
未熟的小蘑菇	0.50	黑果木	1.00	覆盆子	1.00
卷心菜	0.50	日本梨	2.00	红花籽	1.00

（续表）

食品名称	最大残留限量	食品名称	最大残留限量	食品名称	最大残留限量
其他草本	0.50	日本柿	1.00	婆罗门参	0.50
其他百合科蔬菜	0.50	日本李（包括西梅）	2.00	芝麻	1.00
其他蘑菇	0.50	日本小萝卜叶	0.50	香菇	0.50
其他坚果	0.05	日本小萝卜根	0.50	菊苣	0.50
其他油籽	1.00	羽衣甘蓝	0.50	草莓	1.00
梅李	2.00	未成熟四季豆（有荚）	0.50	糖用甜菜	0.10
其他茄属蔬菜	0.50	猕猴桃	1.00	向日葵籽	1.00
其他香料	1.00	小松菜（日本芥菜菠菜）	0.50	甘薯	0.10
其他香料（干）	2.00	魔芋	0.10	芋	0.10
其他伞形花科蔬菜	0.50	水菜	0.50	茶叶	2.00
油桃	2.00	柠檬	1.00	韭菜	0.50
木瓜	1.00	莴苣	0.50	黄秋葵	0.50
西芹	0.50	酸橙	1.00	洋葱	0.50
欧洲防风草	0.50	枇杷	2.00	橙子（包括脐橙）	1.00
西番莲果	1.00	马加瓜	1.00	越瓜（蔬菜）	0.50
桃	2.00	杧果	1.00	美洲山核桃	1.00
梨	2.00	西瓜	1.00	西班牙甘椒（甜椒）	0.50
豌豆	1.00	三叶	0.50	凤梨	1.00
未成熟的豌豆（有荚）	0.50	南瓜（包括南瓜小果）	0.50	马铃薯	0.10

表 6 韩国规定部分食品中伏杀硫磷最大残留限量（mg/kg）

食品名称	最大残留限量	食品名称	最大残留限量	食品名称	最大残留限量
苹果	5.00	柠檬	1.00	青椒、红椒（新鲜）	1.00
樱桃	10.00	其他柑橘属水果	1.00	高丽人参（头）	2.00
葡萄	5.00	桃	5.00	柑橘	1.00
栗子	0.10	梨	2.00	橙	1.00
葡萄柚	1.00	美洲山核桃	0.10	李子	5.00
木薯、蟹橙	2.00	马铃薯	0.10	绵羊肉	0.05

参考文献

朱永和，王振荣，李布青，2006. 农药大典[M]. 北京：中国三峡出版社：98-99.

（撰稿：吴剑；审稿：薛伟）

氟胺草唑　flupoxam

一种三唑并嘧啶磺酰胺类除草剂。

其他名称　胺草唑。

化学名称　1-[4-氯-3-(2,2,3,3,3-五氟丙氧基甲基)苯基]-5-苯基-1H-1,2,4-三唑-3-甲酰胺；1-[4-chloro-3-(2,2,3,3,3-pentafluoropropoxymethyl)phenyl]-5-phenyl-1H-1,2,4-triazole-3-carboxamide。

IUPAC 名称　1-[4-chloro-3-(2,2,3,3,3-pentafluoroprop-oxymethyl)phenyl]-5-phenyl-1H-1,2,4-triazole-3-carboxamide。

CAS 登记号　119126-15-7。

EC 号　411-750-7。

分子式　$C_{19}H_{14}ClF_5N_4O_2$。

相对分子质量　460.79。

结构式

开发单位　日本吴羽化学公司与孟山都公司联合开发。

理化性质　熔点 137.7～138.3℃，在 25℃下蒸气压 7.85×

10^{-2}mPa，相对密度 1.385（20℃）。水中溶解度 2.42mg/L（20℃）；其他溶剂中溶解度（mg/L）：甲苯 4.94、丙酮 282、甲醇 162、乙酸乙酯 102。

毒性　低毒。大鼠急性经口 LD_{50} > 5000mg/kg。兔急性经皮 LD_{50} > 2000mg/kg。大鼠急性吸入 LC_{50}（4 小时）> 1.2mg/L。对鱼无毒。对兔眼睛有轻微刺激作用，对兔皮肤无刺激作用。

剂型　10% 乳油。

作用方式及机理　典型的乙酰乳酸合成酶抑制剂，可被植物的茎和叶吸收。

防治对象　适于玉米、大豆、小麦、大麦等田中防治一年生及多年生阔叶杂草，如蓼、婆婆纳、苍耳、龙葵、反枝苋、藜、苘麻、猪殃殃、曼陀罗等。对幼龄禾本科杂草也有一定抑制作用。

使用方法　玉米播后苗前或苗后茎叶处理，用量分别为 30～40g/hm² 和 20～30g/hm²。小麦、大麦 3 叶至分蘖末期茎叶喷雾，用量为 18～24kg/hm²。大豆播前土壤处理，用量 48～60g/hm²。苗后茎叶处理，用量 20～25g/hm²。

注意事项　后茬不宜种植油菜、甜菜及其他蔬菜。

与其他药剂的混用　可与异丙隆混用。

参考文献

李涛，范洁群，温广月，等，2017. 50%氟胺草唑WG防除沟叶结缕草草坪杂草技术研究[J]. 草地学报，25（5）：1126-1130.

（撰稿：杨光富；审稿：吴琼友）

氟胺磺隆　triflusulfuron-methyl

一种磺酰脲类除草剂。

其他名称　Upbeet（美国）（杜邦公司）、Caribou（乌克兰）（杜邦公司）、Debut（西欧）（杜邦公司）、Safari（东欧和斯堪的纳维亚）（杜邦公司）。

化学名称　2-[[[4-(二甲氨基)-6-(2,2,2-三氟乙氧基)-1,3,5-三嗪-2-基]氨基甲酰基]氨磺酰基]-3-苯甲酸甲酯。

IUPAC 名称　2-[[[4-(dimethylamino)-6-(2,2,2-trifluoroethoxy)-1,3,5-triazin-2-yl]carbamoyl]sulfamoyl])-3-methylbenzoic acid。

CAS 登记号　126535-15-7。

EC 号　603-146-9。

分子式　$C_{17}H_{19}F_3N_6O_6S$。

相对分子质量　492.43。

结构式

开发单位　杜邦公司。

理化性质　原药含量 > 96%。白色结晶状固体。熔点 159～162℃（原药 155～158℃）。蒸气压 $6×10^{-7}$mPa（努森隙透法，25℃）。K_{ow}lg$P$ 0.96（pH7）。Henry 常数 $7.78×10^{-8}$（pH5）、$1.14×10^{-9}$（pH7）、$2.69×10^{-11}$（pH9）（Pa·m³/mol，25℃，计算值）。相对密度 1.45。水中溶解度（mg/L，25℃）：1（pH3）、3.8（pH5）、260（pH7）、11 000（pH9）；有机溶剂中溶解度（mg/ml，25℃）：二氯甲烷 580、丙酮 120、甲醇 7、甲苯 2、乙腈 80。稳定性：在水中迅速水解，DT_{50}（25℃）3.7 天（pH5）、32 天（pH7）、36 天（pH9）。pK_a4.4。

毒性　大鼠急性经口 LD_{50} > 5000mg/kg。兔急性经皮 LD_{50} > 2000mg/kg。对兔皮肤和眼睛无刺激性。对豚鼠皮肤无致敏性。大鼠吸入 LC_{50}（4 小时）> 6.1mg/L。NOEL：狗（1 年）875mg/kg，小鼠（18 个月）150mg/kg，雄大鼠（2 年）100mg/kg［2.44mg/（kg·d）］，雌大鼠 750mg/kg。ADI/RfD（EC）0.04mg/kg［2008］；（英国）0.05mg/kg；（EPA）0.024mg/kg［1995］。Ames 试验结果无诱变性。毒性等级：U（a.i.，WHO）；III（制剂，EPA）。野鸭和山齿鹑 LD_{50} 2250mg/kg。野鸭和山齿鹑饲喂 LC_{50} > 5620mg/kg 饲料。鱼类 LC_{50}（96 小时，mg/L）：蓝鳃翻车鱼 760，虹鳟 730。水蚤 LC_{50}（48 小时）> 960mg/L。绿藻 EC_{50}（120 小时）46.3μg/L。浮萍 LC_{50}（14 天）3.5μg/L。蜜蜂 LD_{50}（经口和接触，48 小时）> 100μg/ 只。蚯蚓 LC_{50} > 1000mg/kg 土壤。50% 水分散粒剂 NOEC 蚜茧蜂和梨盲走螨 120g/hm²。

剂型　50% 水分散粒剂。

质量标准　50% 水分散粒剂，储存稳定性良好。

作用方式及机理　支链氨基酸（ALS 或 AHAS）合成抑制剂。通过抑制植物必需氨基酸缬氨酸和异亮氨酸的生物合成，从而阻止细胞分裂和植物生长。选择性是基于在甜菜中的迅速代谢。

防治对象　用于甜菜，苗后防除许多一年生和多年生阔叶杂草，用量 10～30g/hm²。与其他甜菜除草剂兼容。

使用方法　是甜菜田用安全性高的苗后除草剂，使用剂量为 10～30g/hm²。药液中加入 0.05%～0.25%（体积）的植物油有助于改善其互溶性，并可提高活性。

参考文献

刘长令，2015. 世界农药大全. 北京：化学工业出版社.

马克比恩 C，2015. 农药手册[M]. 胡笑形，等译. 北京：化学工业出版社.

（撰稿：李正名；审稿：耿贺利）

氟胺氰菊酯　tau-fluvalinate

一种拟除虫菊酯类杀虫剂、杀螨剂。具触杀和胃毒作用。

其他名称　福化利、马扑立克、Mavrik、Mavrik Aqnaflow、Spur、Klartan、Apistan（兽用）、MK-128、2R-3210、Trifluvalate、SAN5271。

化学名称　N-(2-氯-4-三氟甲基苯基)-DL-α-氨基异戊酸-α-氰基(3-苯氧苯基)甲基酯；(RS)-α-氰基-3-苯氧基苄

基 N-(2-氯-α,α-α-三氟-对-甲苯基)-D-缬氨酸酯。

IUPAC 名称　(αRS)-α-cyano-3-phenoxybenzyl N-[2-chloro-4-(trifluoromethyl)phenyl]-D-valinate。

CAS 登记号　102851-06-9。

EC 号　600-363-0。

分子式　$C_{26}H_{22}ClF_3N_2O_3$。

相对分子质量　502.91。

结构式

开发单位　1979 年美国左伊康公司提出。C. A. Henrick et al 及 R. J. Anderson 报道了各种立体异构体的杀虫活性。Tau-fluvalinate 代替原通用名 fluvalinate，均是由左伊康公司提出，山德士公司（现为诺华作物保护公司）定价，获专利 US4243819。

理化性质　原药为黄色黏稠液体。沸点 164℃（9.33Pa）。相对密度 1.262（25℃）。折射率 n_D^{20} 1.541。蒸气压 $9×10^{-8}$mPa（20℃）。闪点 > 120℃。易溶于丙酮、醇类、二氯甲烷、三氯甲烷、乙醚及芳香烃溶剂；难溶于水（0.002mg/kg）。$K_{ow}lgP$ 4.26（25℃）。在光、热及酸性介质中稳定，碱性介质中分解。易被土壤有机质固定。无爆炸性。

毒性　原药对大鼠急性经口 LD_{50} 260～280mg/kg，急性经皮 LD_{50} > 2000mg/kg，急性吸入 LC_{50} > 5.1mg/L。对皮肤和眼睛有轻度刺激作用。亚急性经口 NOEL 为每天 3mg/kg，慢性经口 NOEL 为每天 1mg/kg。动物试验未见致癌、致畸、致突变作用，也未见对繁殖的影响。鱼类 LC_{50}（96 小时）：鲤鱼 0.0048mg/L，虹鳟 0.0029mg/L。水蚤 LC_{50}（48 小时）0.0074mg/L。野鸭 LC_{50} > 5620mg/kg 饲料。对家蚕、天敌影响较大。

剂型　20% 乳油。

质量标准　20% 乳油为黄色液体，有效成分含量 ≥ 20%，闪点 104℃，在 42℃ 18 个月不变质，pH6～7（5% 溶液）。

作用方式及机理　杀虫谱广，具触杀和胃毒作用，还有拒食和驱避活性，除具有一般拟除虫菊酯农药的特点外，还能歼除多数菊酯类农药所不能防治的螨类。即使在田间高温条件下，仍能保持其原杀虫活性，且有较长持效期。对蜜蜂安全。对许多农作物没有药害。

防治对象　主要是棉花、果树、蔬菜等作物上的鳞翅目、半翅目、双翅目等多种害虫及害螨，如可用于防治棉铃虫、茶毛虫、茶尺蠖、桃小食心虫、棉红铃虫、棉蚜、棉红蜘蛛、玉米螟、菜青虫、小菜蛾、柑橘潜叶蛾、绿盲蝽、叶蝉、粉虱、小麦黏虫、大豆食心虫、大豆蚜虫、甜菜夜蛾等。

使用方法　防治苹果、葡萄树上的蚜虫，使用有效成分 25～75mg/kg，防治桃和梨树上的害螨使用有效成分 100～200mg/kg。防治棉花蚜虫和棉铃虫，用 20% 乳油 195～375ml/hm² 兑水喷雾。棉红铃虫和棉红蜘蛛，用 20% 乳油 375～450ml/hm² 兑水喷雾，持效期 10 天左右。防治柑橘潜叶蛾和红蜘蛛，用 20% 乳油 2500～5000 倍液喷雾。防治潜叶蛾 1 周后再喷 1 次为好。对桃小食心虫和山楂叶螨，用 20% 乳油 1600～2500 倍液喷雾，防治效果良好。防治蔬菜上的蚜虫、菜青虫，用 20% 乳油 225～375ml/hm²，小菜蛾用 300～375ml/hm² 喷雾，防治效果达 80% 以上。

另外，对防治牲畜害虫，如血红扁头蜱、羊鼻蝇、角蝇、厩蝇、狗栉头蚤，以及家庭害虫，如家蝇、淡色库蚊、德国小蠊等也有效。

注意事项　药液配好立即使用，不要久放。不宜与碱性农药混用，以免分解。不能在桑园和鱼塘内及周围使用，以免对蚕、鱼等产生毒害。应在远离火源处储存，以免发生

表 1 氟胺氰菊酯对大田作物害虫的防治用量

作物名称	害虫名称	用药量（有效成分 g/hm²）
棉花	蓟马类	30
	烟芽夜蛾、棉铃虫、红铃虫、波纹夜蛾、粉纹夜蛾、棉潜蛾、棉红蜘蛛、蚜虫、盲蝽科、叶蝉属、温室白粉虱	56～112
烟草	烟草天蛾、烟芽夜蛾、蚜虫、烟草跳甲	112～170
蔬菜	粉纹夜蛾、菜粉蝶、小菜蛾、烟草天蛾、蚜虫、番茄麦蛾	56～112
	棉铃虫、甜菜夜蛾、豆荚草盲蝽	80～170
玉米	棉铃虫、玉米缢管蚜、长蝽类、玉米螟	56～112
紫苜蓿	蚜科、苜蓿叶象、埃及苜蓿叶象、豆荚草盲蝽	56～112

表 2 氟胺氰菊酯对果树害虫的防治浓度与施药间隔期

害虫名称	喷药浓度（mg/kg）	施药间隔期（天）
苹绿蚜	15～50	21～35
苹果狂蛾	50～150	14～21
苹粉红圆尾蚜	25～75	14
梨叶肿瘿螨	50～200	14～21
榆全爪螨	20～200	14～21
棉红蜘蛛	20～200	14～21
梨黄木虱	150～300	14
梨圆蚧	50～150	14～21
橘实硬蓟马	30～60	14～21
橘全爪螨	75～200	14～21
橘真叶螨*	75	7～14
油榄黑盔蚧	25～50	—
咖啡潜蛾	50～150	35
葡萄小食心虫	150～250	14
桃蚜	15～50	14～25

* 全名为得克萨斯州橘真叶螨。

危险。在作物上的使用间隔期，棉花上为5~7天，蔬菜上10天左右。

允许残留量 GB 2763—2021《食品中农药最大残留限量标准》规定氟胺氰菊酯最大残留限量应符合表3的规定。ADI为0.005mg/kg。油料和油脂参照NY/T 761规定的方法测定；蔬菜按照NY/T 761规定的方法测定。

表3 部分食品中氟胺氰菊酯的最大残留限量（GB 2763—2021）

食品类别	名称	最大残留限量（mg/kg）
油料和油脂	棉籽油	0.2
蔬菜	韭菜	0.5
	结球甘蓝	0.5
	花椰菜	0.5
	菠菜	0.5
	普通白菜	0.5
	芹菜	0.5
	大白菜	0.5

参考文献

彭志源, 2006.中国农药大典[M]. 北京: 中国科技文化出版社.

严传鸣, 2003.氟胺氰菊酯的合成[J]. 现代农药, 2 (1): 13-15.

朱永和, 王振荣, 李布青, 2006.农药大典[M].北京: 中国三峡出版社.

（撰稿：薛伟；审稿：吴剑）

氟苯嘧啶醇 nuarimol

一种嘧啶类甾醇脱甲基化抑制剂，具有内吸性，对多种植物病原真菌有活性。

其他名称 Guantlet、Trimidal、Triminol、Murox、Trimifruit SC。

化学名称 (±)-2-氯-4′-氟-α-(嘧啶-5-基)苯基苄醇；(±)-2-chloro-4′-fluoro-α-(pyrimidin-5-yl)benzhydryl alcohol。

CAS名称 α-(2-chlorophenyl)-α-(4-fluorophenyl)-5-pyrimidinemethanol。

IUPAC名称 (2-chlorophenyl)-(4-fluorophenyl)-pyrimidin-5-ylmethanol。

CAS登记号 63284-71-9。

EC号 264-071-1。

分子式 $C_{17}H_{12}ClFN_2O$。

相对分子质量 314.74。

结构式

开发单位 道农科公司。

理化性质 纯品为无色结晶状固体。熔点126~127℃。蒸气压＜0.0027mPa（25℃）。$K_{ow}lgP$ 3.18（pH7）。Henry常数＜$3.27×10^{-5}Pa·m^3/mol$。相对密度0.6~0.8。水中溶解度26mg/L（pH7，25℃）；有机溶剂中溶解度（g/L，25℃）：丙酮170、甲醇55、二甲苯20，极易溶解在乙腈、苯和氯仿中，微溶于己烷。紫外光下迅速分解，52℃稳定。

毒性 急性经皮、急性经口LD_{50}（mg/kg）：雄大鼠1250，雌大鼠2500，雄小鼠2500，雌小鼠3000，小猎犬500。兔急性经皮LD_{50}＞2000mg/kg。对兔皮肤无刺激，对眼睛有轻度刺激。对豚鼠皮肤无过敏现象。大鼠吸入0.37mg/L空气1小时无严重影响。大鼠和小鼠2年喂养NOEL为50mg/kg。山齿鹑急性经口LD_{50} 200mg/kg。蓝鳃太阳鱼LC_{50}（96小时）12.1mg/L。水蚤LC_{50}（48小时）＞25mg/L。对蜜蜂无毒性，LC_{50}（接触）＞1g/L。蚯蚓14天喂养最大无作用剂量为100g/kg土壤。

剂型 乳油，悬浮剂，可溶液剂，可湿性粉剂。

作用方式及机理 麦角甾醇生物合成抑制剂，通过抑制担孢子分裂的完成而起作用。具有保护、治疗和内吸性活性。

适宜作物 禾谷类作物、苹果、石榴、核果、葡萄、蛇麻草、葫芦和其他作物。

防治对象 对禾谷类作物由病原真菌所引起的病害，如斑点病、叶枯病、黑穗病、白粉病、黑星病等有良好的防效；对石榴、核果、葡萄、蛇麻草、葫芦和其他作物的白粉病，对苹果的疮痂病等，也有防效。

使用方法 既可用作叶面喷洒，又可作种子处理剂。以有效成分40g/hm²剂量进行茎叶喷雾可防治大麦和小麦白粉病；也可以用有效成分100~200mg/kg种子对大麦和小麦进行拌种防治白粉病；还可用来防治果树上由白粉菌和黑星菌引起的病害。

参考文献

刘长令, 2006. 世界农药大全: 杀菌剂卷[M]. 北京: 化学工业出版社.

TOMLIN C D S, 2000. The pesticide manual: a world compendium [M]. 12th ed. UK: BCPC.

（撰稿：陈长军；审稿：张灿、刘西莉）

氟苯脲 teflubenzuron

一种苯甲酰脲类杀虫剂。

其他名称 Calicide、Dart、Diaract、Gospel、Mago、Nemolt、Nobelroc、Nomolt、Teflurate、农梦特、伏虫隆、伏虫脲、特氟脲、四氟脲、CME-134、CME-13406、MK-139。

化学名称 1-(3,5-二氯-2,4-二氟苯基)-3-(2,6-二氟苯甲基)脲；1-(3,5-dichloro-2,4-difluorophenyl)-3-(2,6-difluorobenzoyl)urea。

IUPAC名称 N-[(3,5-dichloro-2,4-difluorophenyl)carbamoyl]-2,6-difluorobenzamide。

CAS 登记号　83121-18-0。

分子式　$C_{14}H_6Cl_2F_4N_2O_2$。

相对分子质量　381.11。

结构式

开发单位　西拉墨克（现属巴斯夫）公司。

理化性质　白色或淡黄色晶体。熔点218.8℃。蒸气压 1.3×10^{-5}mPa（25℃）。$K_{ow}\lg P$ 4.3（20℃）。相对密度1.662（22.7℃）。水中溶解度（mg/L，20℃）：< 0.01（pH5），< 0.01（pH7），0.11（pH9）；有机溶剂中溶解度（g/L，20℃）：丙酮10、乙醇1.4、二甲基亚砜66、二氯甲烷1.8、环己酮20、环己烷0.05、甲苯0.85。在室温下储存2年不分解。水解 DT_{50}（25℃）：30天（pH5），10天（pH9）。

毒性　大、小鼠急性经口 $LD_{50} > 5000$mg/kg。大鼠急性经皮 $LD_{50} > 2000$mg/kg。对兔皮肤和眼睛无刺激，对皮肤无致敏性。大鼠吸入 LC_{50}（4小时）> 5058mg/m³。NOEL［mg/（kg·d），90天］：大鼠8，狗4.1。ADI/RfD（JMPR）0.01mg/kg，（EPA）0.02mg/kg。无致畸、致癌、致突变性。鹌鹑急性经口 $LD_{50} > 2250$mg/kg，鹌鹑和野鸭饲喂 $LC_{50} > 5000$mg/kg饲料。鱼类 LC_{50}（96小时，mg/L）：虹鳟> 4，鲤鱼> 24。水蚤 LC_{50}（28天）0.001mg/L。在推荐剂量时，对蜜蜂没有毒性，LD_{50}（经皮）> 100μg/只。对捕食性和寄生的节肢动物等天敌低毒。

剂型　5% 乳油，150g/L 胶悬剂。

作用方式及机理　抑制几丁质合成和干扰内表皮的形成，新生表皮不能保持蜕皮、羽化时所必需的肌肉牵动而使昆虫致死。故氟苯脲在害虫的孵化期、蜕变期、羽化期均有活性。在植物上无渗透作用，持效期长，引起害虫致死的速度缓慢。具有胃毒、触杀作用，无内吸作用。对有机磷、拟除虫菊酯等产生抗性的鳞翅目和鞘翅目害虫有特效，宜在卵期和低龄幼虫期应用，对叶蝉、飞虱、蚜虫等刺吸式口器害虫无效。

具有如下特点：①杀虫作用缓慢。因为氟苯脲的杀虫活性表现在抑制昆虫几丁质的生物合成，所以需要较长的作用时间。氟苯脲处理后，昆虫致死所需时间随生长阶段而异。虽然氟苯脲在初龄幼虫直至成虫期用药都有较好的防效，但因老龄幼虫对作物危害比幼龄严重，故宜早期施药。②专效性。氟苯脲防治害虫的效果，因昆虫种类而异。一般对鳞翅目、鞘翅目等全变态昆虫活性较高，对不完全变态昆虫如蚜、叶蝉等刺吸式口器害虫效果较差。③无植物内吸性。氟苯脲不能通过植物的叶或根进入植物体内，所以对取食新生叶的害虫没有活性。④持效期长。药剂持效期长达1个月左右，比常规杀虫剂长，适用于灵活地防治各种害虫。⑤对作物安全。按规定剂量在水稻、蔬菜、水果和其他旱田作物施用，未发现任何药害。⑥对益虫安全。对捕食性螨

类、蜜蜂和其他有益节肢动物都很安全。

防治对象　用于控制鳞翅目、鞘翅目、双翅目、膜翅目、半翅目、木虱科、粉虱科幼虫，也能防治苍蝇、蚊子。该药对鳞翅目害虫的活性强，表现在卵的孵化、幼虫蜕皮和成虫的羽化而发挥杀虫效果，特别是在幼虫阶段所起的作用更大。对蚜虫、飞虱、叶蝉等刺吸式口器害虫几乎没有防效。该品还可用于防治大多数幼龄期的飞蝗。

使用方法　昆虫的发育时期不同，出现药效时间有别，高龄幼虫需3～15天，卵需1～10天，成虫需5～15天，因此要提前施药才能奏效。有效期可长达1个月。对在叶面活动危害的害虫，应在初孵幼虫时喷药；对钻蛀性害虫，应在卵孵化盛期喷药。

防治蔬菜害虫　①小菜蛾。在一、二龄幼虫盛发期，用氟苯脲5% 乳油1000～2000倍液（有效成分25～50mg/kg）喷雾，3天后的防治效果可达70%～80%，15天后效果仍在90% 左右。也可有效地防治那些对有机磷、拟除虫菊酯产生抗性的小菜蛾。②菜青虫。在二、三龄幼虫盛发期，用氟苯脲5% 乳油2000～3000倍液（有效成分17～25mg/kg）喷雾，药后15～20天的防治效果达90% 左右。3000～4000倍液喷雾，药后10～14天的防效亦达80%。也可有效防治对有机磷产生抗性的菜青虫。③马铃薯甲虫。1.5g/亩防治马铃薯甲虫，防效达100%。④豆野螟。在菜豆开花始盛期，卵孵化盛期用此药1000～2000倍液（有效成分20～50mg/kg）喷雾，隔7～10天喷1次，能有效防止豆荚被害。

防治棉红铃虫、棉铃虫　在第二、三代卵孵化盛期，每亩用氟苯脲5% 乳油75～100ml（有效成分3.75～5g）喷雾，每亩喷药2次，有良好的保铃和杀虫效果。

防治斜纹夜蛾　二、三龄幼虫期，用氟苯脲5% 乳油1000～2000倍（有效成分25～50mg/kg）喷雾，效果良好。

防治果树害虫　防治柑橘潜叶蛾，在放梢初期、卵孵盛期，采用此药25～50mg/kg喷雾。一般剂量为450～750ml/hm²（有效成分1.5～2.5g），持效期在15天以上。5g/L对葡萄小食心虫有很好防效，达87%～95%；75g/hm²防治苹果叶上斑毛虫，防效98%；75g/hm²防治梨黄木虱，防效73%～89%。

防治森林害虫　①美国白蛾。在美国白蛾幼虫幼龄期采用此药10mg/kg喷药后，分期摘叶在室内试验，在6～14天即可达到杀虫率100%，持效期可达45天。②松毛虫。在松毛虫二、三龄幼虫期，在林地采用22.5～37.5g/hm²有效成分的低量喷雾，随后在8～20天可出现死亡高峰，产生防治的校正死亡率达84%，持效期可达50～60天。③大袋蛾。在大袋蛾幼虫二龄时，采用有效含量15～90g/hm²低量喷雾，8天后药效均可达到95%。

注意事项　①要求喷药均匀。②由于此药属于缓效药剂，因此对食叶害虫宜在低龄幼虫期施药。③对水栖生物（特别是甲壳类）有毒，因此要避免药剂污染河源和池塘。

允许残留量　GB 2763—2021《食品中农药最大残留限量标准》规定氟苯脲最大残留量见表。ADI为0.005mg/kg。谷物参照 SN/T 4591 规定的方法测定；水果按照 SN/T 4591、NY/T 1453 规定的方法测定；茶叶、食用菌参照 GB/T 5009.147、NY/T 1720 规定的方法测定。

部分食品中氟苯脲最大残留量（GB 2763—2021）

食品类别	名称	最大残留量（mg/kg）
蔬菜	结球甘蓝	0.50
	抱子甘蓝	0.50
	菠菜	0.50
	普通白菜	0.50
	芹菜	0.50
	大白菜	0.50
	马铃薯	0.05
	韭菜	0.50
水果	柑、橘	0.50
	仁果类水果	1.00
	李子	0.10
干制水果	李子干	0.10

参考文献

刘长令, 2017. 现代农药手册[M]. 北京: 化学工业出版社: 324-325.

（撰稿：杨吉春；审稿：李淼）

氟吡草腙　diflufenzopyr

一种脲类内吸性除草剂。

化学名称　2-[(E)-1-[4-(3,5-二氟苯基)亚氨基]乙基]烟酸。

CA 名称　2-[1-[[[(3,5-difluorophenyl)amino]carbonyl]hydrazono]ethyl]-3-pyridinecarboxylc acid。

IUPAC 名称　2-[(E)-1-[4-(3,5-difluorophenyl)semicarbazono]ethyl]nicotinic acid。

CAS 登记号　1957168-02-3；109293-97-2（钠盐）。

分子式　$C_{15}H_{12}F_2N_4O_3$。

相对分子质量　334.28。

结构式

开发单位　由山德士公司（后为诺华作物保护公司）发明，1996 年 12 月 BASF AG（现 BASF SE）取得开发权。与麦草畏的混剂由 S. Bowe 等报道，1999 年在美国和加拿大登记。

理化性质　纯品为灰白色无味固体。熔点 135.5℃。蒸气压 1×10^{-3} Pa（20℃）。$K_{ow}lgP$ 0.037（pH7）。Henry 常数＜7×10^{-5} Pa·m³/mol（20℃）。相对密度 0.24（25℃）。水中溶解度 63（pH5）、5850（pH7）、10 546（pH9）mg/L（25℃）。水解 DT_{50} 13 天（pH5）、24 天（pH7）、26 天（pH9）。水溶液

光解稳定性 DT_{50}（25℃）7 天（pH5）、17 天（pH7）、13 天（pH9）。pK_a3.18。

毒性　雌、雄大鼠急性经口 LD_{50}＞5g/kg。雌、雄兔急性经皮 LD_{50}＞5g/kg。对兔眼睛中等刺激性，对皮肤无刺激性，对豚鼠皮肤有致敏性。大鼠急性吸入 LC_{50}（4 小时）2.93mg/L。NOEL：狗（1 年）750mg/kg。无致突变、致癌作用。山齿鹑 LD_{50}＞2250mg/kg。山齿鹑和野鸭 LC_{50}＞5620mg/kg 饲料。蓝鳃翻车鱼 LC_{50}（96 小时）＞135mg/L，虹鳟 106mg/L。水蚤 EC_{50}（48 小时）15mg/L。月牙藻 EC_{50}（5 天）0.11mg/L。蜜蜂 LD_{50}（接触）＞90μg/ 只。

环境行为　动物经口给药后，氟吡草腙部分吸收，迅速排泄；20%～44% 的剂量通过尿液排出，49%～79% 通过粪便排出。相比之下，大鼠静脉注射后 61%～89% 的剂量随尿液排出。尿液和粪便的 DT_{50} 约为 6 小时。在组织中的总残留小于给药剂量的 3%。大鼠排出的主要是未变化的母体化合物。在鸡和羊体内氟吡草腙也被迅速消解，大部分未发生变化。

剂型　水分散粒剂。

作用方式及机理　内吸性苗后除草剂。敏感的阔叶植物在几小时内表现为偏上发育，敏感杂草生长被阻。通过与质膜上的载体蛋白结合，抑制生长素的转移。在与麦草畏的混剂中，麦草畏直接传导到生长点，增加了对阔叶杂草的防效。

防治对象　防除玉米、牧场和非耕地一年生阔叶杂草和多年生杂草。

使用方法　苗后使用，防除玉米、牧场和非耕地一年生阔叶杂草和多年生杂草。最早与麦草畏的混剂，两者均为钠盐。

与其他药剂的混用　BAS 654 00H；BAS662H（与麦草畏的混合物）（巴斯夫公司）；SAN835H*（酸）；SAN836H*（钠盐）（山德士公司）。

允许残留量　日本规定氟吡草腙最大残留限量见表。

日本规定部分食品中氟吡草腙最大残留量（mg/kg）

食品名称	最大残留限量
杏仁、杏、芦笋、鳄梨、竹笋、香蕉、大麦、黑莓、蓝莓、青花菜、球芽甘蓝、卷心菜、可可豆、胡萝卜、花椰菜、芹菜、樱桃、棉花籽、酸果蔓果、酸枣、茄子、大蒜、姜、葡萄、番石榴、蛇麻草、黑果木、猕猴桃、柠檬、莴苣、枇杷、杧果、瓜、油桃、黄秋葵、洋葱、木瓜、西番莲果、桃、梨、马铃薯、榅桲、覆盆子、黑麦、菠菜、草莓、甘蔗、向日葵籽、甘薯、芋、茶叶、番茄、豆瓣菜、小麦、山药	0.05
苹果	2.00

参考文献

马克比恩 C, 2015. 农药手册[M]. 胡笑形, 等译. 北京: 化学工业出版社.

（撰稿：李正名；审稿：耿贺利）

氟吡磺隆　flucetosulfuron

一种磺酰脲类除草剂。

其他名称　Fluxo（LG）、BroadCare（SDS Biotech K.K.）。

化学名称　（1*R*,2*S*）-1-[3-[[(4,6-二甲氧基嘧啶-2-基）氨基甲酰基]氨磺酰基]吡啶-2-基]-2-氟丙基甲氧基乙酸酯；（1*R*,2*R*）-1-[3-[[(4,6-二甲氧基嘧啶-2-基）氨基甲酰基]氨磺酰基]吡啶-2-基]-2-氟丙基甲氧基乙酸酯。

IUPAC名称　(1*R*,2*S*)-1-[3-[[(4,6-dimethoxypyrimidin-2-yl)carbamoyl]sulfamoyl]pyridin-2-yl]-2-fluoropropyl methoxyacetate; (1*R*,2*R*)-1-[3-[[(4,6-dimethoxypyrimidin-2-yl)carbamoyl]sulfamoyl]pyridin-2-yl]-2-fluoropropyl methoxyacetate。

CA名称　1-[3-[[[[(4,6-dimethoxy-2-pyrimidinyl)amino]carbonyl]amino]sulfonyl]-2-pyridinyl]-2-fluoropropyl methoxy-acetate。

CAS登记号　412928-75-7；412928-69-9[rel-（1*R*，2*S*）-异构体]。

分子式　$C_{18}H_{22}FN_5O_8S$。

相对分子质量　487.46。

结构式

开发单位　D. S. Kim 等报道，2004 年由 LG 生命科学公司在韩国首次上市。

理化性质　白色无味固体。熔点 178～182℃。蒸气压＜1.86×10^{-2}mPa（25℃）。K_{ow}lg$P$ 1.05。Henry 常数＜7.9×10^{-5}Pa·m^3/mol（25℃，计算值）。水中溶解度114mg/L（25℃）。pK_a3.5。

毒性　急性经口 LD_{50}（mg/kg）：大鼠＞5000，雌、雄小鼠＞5000，雌、雄狗＞2000。NOAEL（13周）大鼠200mg/kg。Ames 试验、染色体畸变和微核试验均为阴性。鲤鱼 LC_{50}＞10mg/L。水蚤 LC_{50}＞10mg/L。藻类 EC_{50}＞10mg/L。

剂型　颗粒剂，水分散粒剂，可湿性粉剂。

质量标准　PD20110185：10% 可湿性粉剂；PD20110184：97% 原药。

作用方式及机理　通过根、茎、叶吸收，症状包括停止生长、萎黄和顶端分生组织死亡。支链氨基酸（亮氨酸、异亮氨酸和缬氨酸）合成（ALS 或 AHAS）抑制剂。其选择性可能基于产生不同代谢物的不同代谢。

防治对象　用于水稻和谷物，防除阔叶杂草、某些禾本科杂草和莎草。

使用方法　适用于水稻的土壤处理和叶面处理，防除稗草、莎草和阔叶杂草，使用剂量 15～30g/hm²；还可用于防除谷物田的阔叶杂草，如猪殃殃、母菊属杂草和虞美人等，使用剂量 20～30g/hm²。

允许残留量　中国、日本和韩国规定氟吡磺隆最大残留限量见表。

氟吡磺隆最大残留限量

国家	食品	最大残留限量（mg/kg）
中国	糙米	0.05
日本	稻谷	0.05
韩国	稻谷	0.10

参考文献

马克比恩 C, 2015. 农药手册[M]. 胡笑形, 等译. 北京: 化学工业出版社.

（撰稿：李正名；审稿：耿贺利）

氟吡菌胺　fluopicolide

一种吡啶酰胺类杀菌剂，具有保护和治疗作用。

其他名称　Presidio、Infinito（混剂）、Profiler（混剂）、Trivia（混剂）、Volare（混剂）、银法利（混剂）、氟啶酰菌胺、acylpicolide、picobenzamid、AE C638206（试验代号）。

化学名称　*N*-[(3-氯-5-三氟甲基-2-吡啶基）甲基] 2,6-二氯苯甲酰胺；2,6-dichloro-*N*-[[3-chloro-5-(trifluoromethyl)-2-pyridyl]methyl]benzamide。

IUPAC名称　2,6-dichloro-*N*-[3-chloro-5-(trifluoromethyl)-2-pyridylmethyl]benzamide。

CAS登记号　239110-15-7。

分子式　$C_{14}H_8Cl_3F_3N_2O$。

相对分子质量　383.58。

结构式

开发单位　拜耳作物科学。

理化性质　白色颗粒状固体。熔点 117.5℃。沸点318～321℃。溶解度（20℃）：正己烷0.2g/L、乙醇19.2g/L、甲苯20.5g/L、乙酸乙酯37.7g/L、丙酮74.7g/L、二氯甲烷126g/L、二甲基亚砜183g/L、水 2.8g/L。

毒性　大鼠（雌、雄）急性经口 LD_{50} 5000mg/kg，急性经皮 LD_{50} 2000mg/kg。对兔皮肤无刺激性，对豚鼠无致敏性。对兔眼睛无刺激性，大鼠吸入 LC_{50} 5112.5mg/m³。大鼠90 天亚慢性饲喂试验 NOEL 100mg/kg。三项致突变试验：Ames、小鼠骨髓细胞微核试验、染色体畸变试验结果均为阴性，未见致突变性。在试验剂量内大鼠未见致畸、致癌

F

作用。

剂型　687.5g/L 氟菌·霜霉威悬浮剂，30% 氟菌·氰霜唑悬浮剂，70% 氟菌·霜霉威悬浮剂，60% 氟菌·锰锌可湿性粉剂。

作用方式及机理　主要作用于细胞膜和细胞间的特异性蛋白而表现出杀菌活性，具有很强的内吸传导性和穿透性，对病菌的各种主要形态均有很好的抑制活性。

防治对象　对霜霉病、疫病、腐霉病等病害具有很好的防治效果，如番茄晚疫病、马铃薯晚疫病、葡萄霜霉病、莴苣霜霉病、黄瓜霜霉病、大白菜霜霉病等。

使用方法　687.5g/L 氟菌·霜霉威悬浮剂防治番茄晚疫病和黄瓜霜霉病的用量为 618.8～773.4g/hm²；30% 氟菌·氰霜唑悬浮剂对番茄晚疫病的用量为 90～112.5g/hm²，对马铃薯晚疫病的用量为 72～90g/hm²；70% 氟菌·霜霉威悬浮剂对番茄晚疫病的用量为 630～787.5g/hm²；60% 氟菌·锰锌可湿性粉剂对马铃薯晚疫病的用量为 630～765g/hm²。以上均为有效成分剂量。用 687.5g/L 氟菌·霜霉威悬浮剂防治番茄和黄瓜霜霉病，发病初期开始施药，加水喷雾，间隔 7～10 天喷 1 次，连续喷施 3 次。

注意事项　安全间隔期：黄瓜为 2 天，番茄为 3 天。每季最多施用 3 次。为避免抗性产生，应与不同作用机制的杀菌剂交替使用。用药时应穿戴防护衣物，禁止吸烟、饮食。

与其他药剂的混用　黄瓜霜霉病、白粉病、灰霉病发生较重时：68.75% 氟吡菌胺·霜霉威（银法利）悬浮剂 + 10% 苯醚甲环唑（世高）水分散粒剂 + 50% 咯菌腈（卉友）可湿性粉剂或 50% 烟酰胺（啶酰菌胺）（凯泽）水分散粒剂。还可与氰霜唑混用防治番茄和马铃薯晚疫病，与代森锰锌混用可防治马铃薯晚疫病。

允许残留量　GB 2763—2021《食品中农药最大残留限量标准》规定氟吡菌胺最大残留限量见表。ADI 为 0.08mg/kg。

部分食品中氟吡菌胺最大残留限量（GB 2763—2021）

食品类别	名称	最大残留限量（mg/kg）
蔬菜	洋葱	1.00*
	结球甘蓝	7.00*
	抱子甘蓝	0.20*
	头状花序芸薹属类蔬菜	2.00*
	叶菜类蔬菜（芹菜、大白菜除外）	30.00*
	芹菜	20.00*
	大白菜	0.50*
	茄果类蔬菜（番茄、辣椒除外）	0.50*
	番茄	2.00*
	辣椒	0.10*
	瓜类蔬菜（黄瓜除外）	1.00*
	黄瓜	0.50*
	马铃薯	0.05*

（续表）

食品类别	名称	最大残留限量（mg/kg）
水果	葡萄	2.00*
	西瓜	0.10*
干制水果	葡萄干	10.00*
调味料	干辣椒	7.00*
动物源性食品	哺乳动物肉类（海洋哺乳动物除外），以脂肪中的残留量计	0.01*
	哺乳动物内脏（海洋哺乳动物除外）	0.01*
	禽肉类	0.01*
	禽类内脏	0.01*
	蛋类	0.01*
	生乳	0.02*

* 临时残留限量。

参考文献

农业部种植业管理司, 农业部农药检定所, 2015. 新编农药手册. [M]. 2版. 北京: 中国农业出版社: 307-308.

王文桥, 2011. 蔬菜常用杀菌剂的混用及混剂[J]. 中国蔬菜 (7): 27-29.

TURNER J A, 2015. The pesticide manual: a world compendium [M]. 17th ed. UK: BCPC: 518-519.

（撰稿：孙庚；审稿：司乃国）

氟吡菌酰胺　fluopyram

一种酰胺类杀菌剂，同时具有杀菌活性和杀线虫活性。

其他名称　路富达、Luna Privilege、Verango、AE C656948（试验代号）。

化学名称　N-[2-[3-氯-5-(三氟甲基)-2-吡啶基]乙基]-α,α,α-三氟邻甲苯酰胺；N-[2-[3-chloro-5-(trifluoromethyl)-2-pyridinyl]ethyl]-2-trifluoromethylbenzamide。

IUPAC 名称　N-[2-[3-chloro-5-(trifluoromethyl)-2-pyridyl]ethyl]-α,α,α-trifluoro-o-toluamide。

CAS 登记号　658066-35-4。

分子式　$C_{16}H_{11}ClF_6N_2O$。

相对分子质量　396.71。

结构式

开发单位　拜耳作物科学公司。

理化性质　白色粉末。无明显气味。熔点 118℃。沸点

319℃(101.32 kPa)。蒸气压 1.2×10^{-3} mPa（20℃）。K_{ow}lg$P$ 3.3（pH6.5）。pK_a0.5（20～25℃，弱碱）。Henry 常数 2.98×10^{-5} Pa·m³/mol，（20℃）。相对密度 1.53（20～25℃）。溶解性：水 16（mg/L，20～25℃）；庚烷 0.66，甲苯 62.2，二氯甲烷、甲醇、丙酮、乙酸乙酯、二甲基亚砜均 > 250（g/L，20℃）。稳定性：热稳定；水中稳定，50℃下，pH4、7、9 溶液中均稳定；光解 DT$_{50}$ 为 52～97 天。

毒性 低毒。鼠急性经口 LD$_{50}$ > 5000mg/kg。鼠急性经皮 LD$_{50}$ > 2000mg/kg。急性吸入 LC$_{50}$（4 小时）> 5.112mg/L。ADI/RfD 0.012mg/kg。对兔皮肤无刺激性，对兔眼睛无刺激性。鹌鹑急性经口 LD$_{50}$ 3119mg/kg。鱼 LC$_{50}$ > 1.82mg/L（大于实际溶解限度）。水蚤 EC$_{50}$（48 小时）> 17mg/L（大于实际溶解限度）。水藻 EC$_{50}$（72 小时）8.9mg/L。蜜蜂 LD$_{50}$（48 小时）：接触 > 100μg/ 只，经口 > 102μg/ 只。蚯蚓 LC$_{50}$（14 天）> 1000mg/kg 干土。

剂型 种子处理悬浮剂，41.7% 悬浮剂。

作用方式及机理 具有内吸传导活性，通过抑制线粒体内琥珀酸脱氢酶活性，阻断电子传递。

防治对象 杀菌谱广，能防治果树、蔬菜及大田作物上的多种病害，如灰霉病、白粉病、菌核病、褐腐病等。

使用方法 41.7% 氟吡菌酰胺悬浮剂 37.5～75g/hm²，茎叶喷雾处理可有效地防治黄瓜白粉病。35% 氟菌·戊唑醇悬浮剂茎叶喷雾处理，防治番茄叶霉病 180～240g/hm²，番茄早疫病 150～180g/hm²，黄瓜靶斑病 120～150g/hm²，黄瓜白粉病 30～60g/hm²，黄瓜炭疽病 150～180g/hm²，西瓜蔓枯病 150～180g/hm²，香蕉黑星病和叶斑病 125～200mg/kg。43% 氟菌·肟菌酯悬浮剂茎叶喷雾处理，防治番茄灰霉病 225～337.5g/hm²，番茄叶霉病 150～225g/hm²，番茄早疫病 112.5～187.5g/hm²，黄瓜靶斑病 112.5～187.5g/hm²，黄瓜白粉病 37.5～75g/hm²，黄瓜炭疽病 112.5～187.5g/hm²，辣椒炭疽病 150～225g/hm²，西瓜蔓枯病 112.5～187.5g/hm²。以上均为有效成分剂量。

注意事项 安全间隔期黄瓜为 3 天。每季最多施用 3 次。使用时应戴防护镜、口罩和手套，穿防护服，并禁止饮食、吸烟、饮水等。该药剂无解毒剂，若误服应立即喝下大量牛奶、蛋白或水，催吐，并携带产品标签送医院诊治。

与其他药剂的混用 与戊唑醇混用，用于防治白粉病、叶霉病、早疫病、黑星病、蔓枯病；与嘧霉胺混用，用于防治黄瓜、番茄上的灰霉病；与丙硫菌唑混用，用于防治谷类作物的白粉病、锈病等。可以采用多种用药方法（灌根、滴灌、冲施、土壤混施、沟施等）用于防治多种作物上的线虫；与吡虫啉混用，用于防治棉花和花生作物上的蚜虫。

允许残留量 GB 2763—2021《食品中农药最大残留限量标准》规定氟吡菌酰胺最大残留限量见表。ADI 为 0.01mg/kg。WHO 推荐氟吡菌酰胺 ADI 为 0～0.01mg/kg。最大残留限量（mg/kg）：香蕉 0.8，黄瓜 0.5，葡萄 2，马铃薯 0.03，草莓 0.4，番茄 0.4，梨果 0.5。

部分食品中氟吡菌酰胺最大残留限量（GB 2763—2021）

食品类别	名称	最大残留限量（mg/kg）
谷物	杂粮类	0.07*
油料和油脂	油菜籽	1.00*
	棉籽	0.01*
	大豆	0.05*
	花生仁	0.03*
蔬菜	大蒜	0.07*
	洋葱	0.07*
	韭葱	0.15*
	结球甘蓝	0.15*
	抱子甘蓝	0.30*
	花椰菜	0.09*
	青花菜	0.30*
	叶用莴苣	15.00*
	结球莴苣	15.00*
	番茄	1.00*
	辣椒	2.00*
	黄瓜	0.50*
	荚可食类豆类蔬菜（食荚豌豆除外）	1.00*
	食荚豌豆	0.20*
	豆类蔬菜	0.20*
	芦笋	0.01*
	胡萝卜	0.40*
	马铃薯	0.03*
水果	柑、橘	1.00*
	橙	1.00*
	仁果类水果	0.50*
	桃	1.00*
	油桃	1.00*
	杏	1.00*
	李子	0.50*
	樱桃	0.70*
	黑莓	3.00*
	覆盆子	3.00*
	葡萄	2.00*
	草莓	0.40*
	香蕉	0.30*
	西瓜	0.10*
干制水果	葡萄干	5.00*
坚果		0.04*
糖料	甜菜	0.04*
调味料	干辣椒	30.00*
动物源性食品	哺乳动物肉类（海洋哺乳动物除外）	1.50*
	哺乳动物内脏（海洋哺乳动物除外）	8.00*

（续表）

食品类别	名称	最大残留限量（mg/kg）
动物源性食品	哺乳动物脂肪（海洋哺乳动物除外）	15.00*
	禽肉类	1.50*
	禽类内脏	5.00*
	禽类脂肪	1.00*
	蛋类	2.00*
	生乳	0.80*

*临时残留限量。

参考文献

农业部种植业管理司, 农业部农药检定所, 2013. 新编农药手册[M]. 北京: 中国农业出版社: 308.

TURNER J A, 2015. The pesticide manual : a world compendium [M]. 17th ed. UK: BCPC: 520-521.

（撰稿：刘君丽；审稿：司乃国）

氟吡酰草胺　picolinafen

一种吡啶甲酰胺类选择、触杀性除草剂。

其他名称　Pico（巴斯夫公司）、氟吡草胺。

化学名称　4'-氟-6-(α,α,α-三氟间甲苯氧基）吡啶-2-甲酰苯胺；N-(4-fluorophenyl)-6-[3-(trifluoromethyl)phenoxy]-2-pyridinecarboxamide。

IUPAC 名称　4'-fluoro-6-(α,α,α-trifluoro-m-tolyloxy)pyridine-2-carboxanilide。

CAS 登记号　137641-05-5。

EC 号　604-030-0。

分子式　$C_{19}H_{12}F_4N_2O_2$。

相对分子质量　376.30。

结构式

开发单位　由壳牌国际研发公司发现，美国氰胺公司（现为巴斯夫公司）获得。1999 年由 R. H. White 等报道（Proc. Br. Crop Prot. Conf.-Weeds, 1999, 1：47）。2001 年由 BASF AG 公司（现为 BASF SE）引入市场。

理化性质　原药含量≥97%。白色至白垩色细结晶状固体，带有霉味。熔点 107.2～107.6℃。沸点＞230℃分解。蒸气压 1.7×10^{-4} mPa（20℃）。$K_{ow}lgP$ 5.37。Henry 常数 1.6×10^{3} Pa·m³/mol（计算值）。相对密度 1.42。水中溶解度（g/L, 20℃）：3.9×10^{-5}（蒸馏水）、4.7×10^{-5}（pH7）；有机溶剂中溶解度（g/100ml）：丙酮 55.7、二氯甲烷 76.4、乙酸乙酯 46.4、甲醇 3.04。稳定性：在 pH4、7、9（50℃）的条件

下耐水解 5 天以上。光降解作用 DT_{50} 25 天（pH5）、31 天（pH7）、23 天（pH9）。闪点＞180℃。

毒性　大鼠急性经口 LD_{50}＞5000mg/kg。大鼠急性经皮 LD_{50}＞4000mg/kg。对兔眼睛或皮肤无刺激作用，对豚鼠皮肤无致敏现象。大鼠吸入 LC_{50}（4 小时）＞5.9mg/L。NOEL：狗（1 年）1.4mg/（kg·d）；大鼠（2 年）2.4mg/（kg·d）。野鸭和山齿鹑急性经口 LD_{50}＞2250mg/kg。野鸭和山齿鹑饲喂 LC_{50}＞5314mg/kg 饲料。虹鳟 LC_{50}（96 小时）＞0.68mg/L（饲料中）。水蚤 EC_{50}（48 小时）＞0.45mg/L。羊角月牙藻 EC_{50} 0.18μg/L，叉状毛藻 E_bC_{50} 0.025μg/L。浮萍 EC_{50}（14 天）＞0.057mg/L。蜜蜂急性 LD_{50}（经口，接触）200μg/只。蚯蚓 LC_{50}（14 天）＞1000mg/kg 土壤。其他有益动物：对盲走螨属、步甲属、蚜茧蜂属和豹蛛属无害。

剂型　乳油，悬浮剂，水分散粒剂。

作用方式及机理　八氢番茄红素脱氢酶抑制剂，阻断类胡萝卜素的生物合成。对易受感染的物种，它是叶面迅速吸收的苗后除草剂，造成易感染杂草的叶子白化。根部很少吸收或不吸收。

防治对象　谷物田用除草剂，防除阔叶杂草，如猪殃殃属、堇菜属、野芝麻以及婆婆纳属杂草。

使用方法　以 0.05～0.10kg/hm² 剂量，苗后防除阔叶杂草。

与其他药剂的混用　可与谷物田用除草剂如二甲戊灵、异丙隆或 2 甲 4 氯混配，用于广泛的杂草防除。

参考文献

马克比恩 C, 2015. 农药手册[M]. 胡笑形, 等译. 北京: 化学工业出版社: 807-808.

（撰稿：李华斌；审稿：耿贺利）

氟吡乙禾灵　haloxyfop-etotyl

一种杂环苯氧羧酸类内吸选择性除草剂。

其他名称　吡氟乙草灵、Gallant、Dowco-453。

化学名称　2-(4-((3-氯-5-(三氟甲基)吡啶-2-基)氧代)苯氧)丙酸-2-乙氧基乙酯。

IUPAC 名称　2-ethoxyethyl-2-[4-[chloro-5-(trifluoromethyl)priding-2-yl]oxyphenoxy]propanoate。

CAS 登记号　87237-48-7。

分子式　$C_{19}H_{19}ClF_3NO_5$。

相对分子质量　433.81。

结构式

开发单位　美国陶氏公司。

理化性质　原药（有效成分＞99%）为白色晶体。熔点 55～57℃。25℃时蒸气压为 1.33×10^{-6} Pa。水中溶解度为 9.3mg/L。

毒性　对高等动物低毒。原药大鼠急性经皮 LD_{50} > 518mg/kg，兔急性经皮 LD_{50} > 5000mg/kg。对眼睛有中等刺激作用，对皮肤无刺激作用。对鱼类有毒。虹鳟、蓝鳃翻车鱼的 48 小时 LC_{50} 分别为 5.72mg/L 和 3.07mg/L。对鸟类和蜜蜂低毒。

剂型　12.5%、24% 乳油。

作用方式及机理　具有内吸传导性，茎叶吸收后很快输导到整个植株。通过抑制根茎的分生组织使杂草死亡。落入土壤中的药物易被根吸收而起杀伤作用。在土壤中降解，对作物无不良影响。

防治对象　对苗后至抽穗初期的一年生和多年生禾本科杂草有很好的防治效果。对阔叶杂草和莎草科植物无效。广泛用于大豆、花生、棉花、油菜、亚麻、马铃薯、向日葵、西瓜、甘薯等多种阔叶作物和果园、苗圃地，防治看麦娘、牛筋草、马唐、狗尾草、千金子、狗牙根、白茅等杂草。

使用方法　大豆和花生田在杂草 3～5 叶期时，用 12.5% 氟吡乙禾灵 750～1005mg/hm²，兑水 30L 茎叶喷雾。棉田杂草 3～6 叶期用氟吡乙禾灵商品量 600～960mg/hm² 进行喷雾。长江流域油菜多数地区以看麦娘为主，12.5% 氟吡乙禾灵乳油 450～750mg/hm² 即有较好的防治效果。氟吡乙禾灵适用于针叶和阔叶树苗圃，防除一年生禾本科杂草，商品量为 750～1200mg/hm²。多年生杂草则需 1950～2400mg/hm²。

注意事项　对禾本科作物敏感，喷药时，药液切勿喷到或飘到邻近水稻、玉米、小麦等禾本科作物上，以免产生药害。喷雾器用后反复清洗干净，否则易对敏感作物产生药害。

参考文献

中国农业百科全书总编辑委员会农药卷编辑委员会, 中国农业百科全书编辑部, 1993. 中国农业百科全书: 农药卷[M]. 北京: 农业出版社: 22.

（撰稿：邹小毛；审稿：耿贺利）

氟丙菊酯　acrinathrin

一种多氟取代的手性拟除虫菊酯类杀虫剂、杀螨剂。

其他名称　罗速发、罗速、罗素发、氟酯菊酯、Rufast、杀螨菊酯、RU 38072。

化学名称　(S)-α-氰基-3-苯氧基苄基(Z)-(1R,3S)-2,2-二甲基-3-[2-(2,2,2-三氟-1-三氟甲基乙氧基羰基)乙烯基] 环丙烷羧酸酯；(S)-α-cyano-3-phenoxybenzyl(Z)-(1R,3S)-2,2-dimethyl-3-[2-(2,2,2-trifluoro-l-trifluoromethylethoxycarbonyl)vinyl]cyclopropanecarboxylate；(S)-α-cyano-3-phwnoxybenzyl(Z)-(1R-cis)-2,2-dimethyl-3-[2-(2,2,2-trifluoro-l-trifluo-romethylethoxycarbonyl)vinyl]cyclopropanecarboxylate。

IUPAC名称　[(S)-cyano-(3-phenoxyphenyl)methyl](1R,3S)-3-[(Z)-3-(1,1,1,3,3,3-hexafluoropropan-2-yloxy)-3-oxoprop-1-enyl]-2,2-dimethylcyclopropane-1-carboxylate。

CAS 登记号　101007-06-1。

EC 号　600-147-6。

分子式　$C_{26}H_{21}F_6NO_5$。

相对分子质量　541.44。

结构式

开发单位　由 J. R. Tessier 等报道，罗素 - 尤克福公司开发，1990 年在法国投产。

理化性质　纯品为白色结晶，无味。熔点 81.5℃，蒸气压 3.9×10⁻⁴mPa（25℃）。25℃时溶解度：易溶于丙酮、氯仿、二氯甲烷、乙酸乙酯、二甲基甲酰胺，溶解度 > 500g/L，二异丙醚 170g/L，乙醇 40g/L，己烷 10g/L，水 ≤ 0.02mg/L。在酸性介质中稳定，pH > 7 时，发生水解和差向异构。在 100W 光照下，原药可稳定 1 周。易被土壤吸附和固定。

毒性　大鼠急性经口 LD_{50} > 5000mg/kg，大鼠急性经皮 LD_{50} > 2000mg/kg。大鼠急性吸入 LC_{50}（4 小时）> 2000mg/L。对豚鼠皮肤无过敏性，对兔皮肤无刺激作用，对眼睛有轻微刺激。大鼠亚急性毒性试验 NOEL 为 2.4mg/kg（雄）、3.1mg/kg（雌），动物试验未见致畸和致突变作用。鱼类 LC_{50}：鲤鱼 0.12mg/L（96 小时），虹鳟 5.66mg/kg（96 小时），水蚤 0.57mg/L（48 小时）。鸟类急性经口 LD_{50}：野鸭 > 1000mg/kg，鹌鹑 > 2250mg/kg。蜜蜂 LD_{50}：经口 0.102～0.147μg/ 只，接触 1.28～1.898μg/ 只。对捕食螨、食螨瓢虫等天敌影响较小。

剂型　2%、6%、15% 乳油，3% 可湿性粉剂。

质量标准　2% 氟丙菊酯乳油技术要求：外观浅黄色液体，有芳香味。有效成分含量 ≥ 2%。水分含量 ≤ 0.5%。酸度 < 0.04%。乳液稳定性合格。

作用方式及机理　是合成除虫菊酯类杀螨剂。并可兼治害虫，属于低毒农药。对人、畜十分安全。对鸟类安全，对果园天敌如食螨瓢虫、小花蝽和草蛉等昆虫有良好的选择性，基本上不伤害。对害螨的作用方式主要是触杀及胃毒作用，并能兼治某些害虫。无内吸及传导作用，由于触杀作用迅速，具有极好的击倒作用，氟丙菊酯属拟除虫菊酯类杀螨、杀虫剂，主要作用于昆虫神经上的钠离子通道（Na⁺），干扰电压依赖的 Na⁺ 通道闸门开闭的动力学，使得 Na⁺ 通道延迟关闭，引起重复后放和突触传递的阻断，使昆虫中毒死亡。作用方式主要为胃毒和触杀，无内吸和渗透作用。对成、若螨高效，击倒速度快，持效期达 20 天以上，并对多种蚜虫、蓟马、潜叶蛾、卷叶蛾、小绿叶蝉、木虱等有良好的防治效果。

防治对象　对叶螨科和细须螨属的幼、若和成螨以及蛀果害虫初孵幼虫的药效很好。对害螨的持效期在 3 周以上；对食心虫初孵幼虫持效期 10 天以上。对环境无污染，药液进入土壤后，有 99.8% 的有效成分被固定在土壤胶体颗粒上，不会持留在环境中，然后很快被降解失效。常用剂量对苹果、葡萄、柑橘、桃安全，对其产品也没有不良影响。同时对刺吸式口器害虫及鳞翅目害虫也有杀虫活性。

使用方法　防治桃小食心虫在第一代初孵幼虫蛀果前

施用 2% 罗速发乳油 1000 倍液，药后 10 天内可有效控制幼虫蛀果，其药效优于 20% 灭扫利乳油 3000 倍液。豆类、茄子上的螨类用 2% 乳油 1000～1500 倍液喷雾防治。防治果树上多种螨类用 2% 乳油 500～2000 倍液喷雾防治，可兼治绣线菊蚜、潜叶蛾、柑橘蚜虫、桃小食心虫等果树害虫。防治棉叶螨每公顷用 2% 乳油 100～500ml，兑水 50～75kg 喷雾。可兼治棉蚜。防治茶树害虫用 2% 乳油 1333～4000 倍液喷雾，可防治茶小绿叶蝉、茶短须螨。施药时应注意顾及茶树的中下部叶片背面。

注意事项　不宜与波尔多液混用，避免减效。主要是触杀作用，喷药力求均匀周到，使叶、果全面着药才能奏效。对人有较大的刺激作用，施药时应戴口罩、手套、注意防护，勿喝水和取食食物。避免药液接触皮肤和眼睛，如有接触，速用肥皂和水冲洗。勿与食品和饲料放置在一起，储存库房要上锁，勿让孩童进入。在酸性溶液中稳定，在中性、碱性溶液中易分解，因此，不宜与碱性药剂混用。对蜜蜂和鱼类高毒，使用时应避开上述生物的养殖区。中毒急救治疗：无特殊解毒剂。可对症治疗。大量吞服时应洗胃。不能催吐。

与其他药剂的混用　可与炔螨特混配制成复配制剂：特威 41.5% 乳油。

允许残留量与降解代谢　在进入大鼠体内后能迅速代谢，从尿和粪便中排出，未发现有母体化合物或代谢产物蓄积在动物的各组织中。在植物如苹果和甘蓝上，无代谢产物蓄积，剩余母体化合物作为常规残留量分析，残留限量约 < 0.2mg/kg。从降解试验中看出，使用后到果品收获时，该品残留限量明显减少。在砂质壤土中的半衰期约为 52 天，在缺氧的条件下，该品在土壤中的降解速度没有明显降低，与其他菊酯类农药相似，该品在土壤中不流动。

参考文献

朱永和, 王振荣, 2006. 农药大典[M]. 北京: 中国三峡出版社.

（撰稿：薛伟；审稿：吴剑）

氟草定　fluroxypyr

一种吡啶氧乙酸类内吸传导型除草剂。

其他名称　氯氟吡氧乙酸、使它隆、盾隆。
化学名称　4-氨基-3,5-二氯-6-氟-吡啶-2-氧乙酸。
IUPAC 名称　2-(4-amino-3,5-dichloro-6-fluoropyridin-2-yl)oxyacetic acid。
CAS 登记号　69377-81-7。
分子式　$C_7H_5Cl_2FN_2O_3$。
相对分子质量　255.03。
结构式

开发单位　陶氏益农。

理化性质　纯品为白色结晶体，无臭味。熔点 232～233℃。蒸气压 5×10^{-2} mPa（25℃）。pK_a2.94。易溶于丙酮（1.6g/L）、氯仿、二氯甲烷，不溶于水（91mg/L）。常温下储存 2 年稳定。其甲酯为晶体。熔点 56～57℃，蒸气压 1.4×10^{-2} mPa（25℃）。20℃时溶解度（g/L）：二氯甲烷 896、丙酮 867、乙酸乙酯 792、甲苯 735、二甲苯 642、甲醇 469、己烷 45。$K_{ow}lgP$ 4.53（pH5）。正常储存稳定，大于熔点分解。水解反应半衰期为 9.8 天（pH5）、17.5 天（pH7）和 10.2 天（pH9）。

毒性　原药对大鼠急性经口 LD_{50} 2405mg/kg。酯对小鼠急性经口 LD_{50} > 5000mg/kg。兔急性经皮 LD_{50} 1800mg/kg（> 2000mg/kg）。大鼠 3 个月喂饲试验 NOEL 为每天 20mg/kg。对皮肤无刺激作用，对眼睛有中等刺激作用，对豚鼠皮肤无致敏性。酯对大鼠慢性喂饲试验 NOEL 为每天 80mg/kg。动物试验无致畸、致癌、致突变作用。虹鳟 LC_{50} > 100mg/L（96 小时），金鱼 0.7mg/L（96 小时），水蚤 100mg/L（48 小时），水蚤 > 0.5mg/L（酯）。鹌鹑急性经口 LD_{50} > 2000mg/L（酯）。蜜蜂 LC_{50} > 0.1mg/只（酯）（48 小时）。

剂型　200g/L 乳油。

作用方式及机理　施药后被杂草的根或叶吸收，并很快传导到植株各部位，使植株畸形扭曲，最后死亡。

防治对象　可用于小麦、大麦、玉米、葡萄及果园、牧场、林场等地防除阔叶杂草。

使用方法　茎叶喷雾。

注意事项　果园和葡萄园施药时，应避免将药液直接喷到树叶上，尽量采用低压喷雾，在葡萄园施药可用保护罩进行定向喷雾。使用过的喷雾器，应清洗干净方可用于阔叶作物喷其他的农药。施药时应注意安全防护。对鱼类有害。该药为易燃品，应远离火源。

与其他药剂的混用　可与多种除草剂混用，如 2,4-滴、2 甲 4 氯、异丙隆、绿麦隆、禾草灵、草净津。

允许残留量　GB 2763—2021《食品中农药最大残留限量标准》规定氟草定最大残留限量见表。ADI 为 1mg/kg。

部分食品中氟草定的最大残留限量（GB 2763—2021）

食品类别	名称	最大残留限量（mg/kg）
谷物	稻谷	0.2
	小麦	0.2
	玉米	0.5

参考文献

孙家隆, 2015. 新编农药品种手册[M]. 北京: 化学工业出版社: 700.

（撰稿：杨光富；审稿：吴琼友）

氟草净　fucaojing

一种三氮苯类除草剂。
其他名称　SSH-108。

化学名称　2-二氟甲硫基-4,6-双（异丙基氨基）-1,3,5-三嗪；6-[(difluoromethyl)thio]-*N,N'*-bis(1-methylethyl)-1,3,5-triazine-2,4-diamine。

IUPAC名称　2-difluoromethylthio-4,6-bis (isopropylamino)-1,3,5-triazine。

CAS登记号　103427-73-2。

分子式　$C_{10}H_{17}F_2N_5S$。

相对分子质量　277.34。

结构式

开发单位　日本盐野义公司，江苏江阴农药二厂。

理化性质　纯品为白色结晶固体，原药为淡黄色或棕色固体。密度 $1.23g/cm^3$。熔点 $56 \sim 57\,℃$。$K_{ow}lgP$ 4.25（$25\,℃$）。易溶于有机溶剂，难溶于水。

毒性　急性经口 LD_{50}：雄大鼠681mg/kg，雌大鼠794mg/kg，雄小鼠501mg/kg，雌小鼠926mg/kg。雌大鼠急性经皮 LD_{50} 4646mg/kg。大鼠 90 天饲喂试验 NOEL 为每天158mg/kg。Ames 试验、小鼠微核试验、小鼠睾丸染色体畸变试验均为阴性，小鼠蓄积试验属弱蓄积性。对鱼低毒，对鸟安全。

剂型　20% 乳油。

质量标准　氟草净质量标准见表。

作用方式及机理　内吸传导型除草剂。杂草根、茎、叶吸收后于体内传导，抑制光合作用。施药后在土壤表面形成药层，使杂草萌发出土时接触到药剂。

防治对象　用于大豆、玉米、小麦、棉花等作物防除田中稗、马唐、绿苋、大马蓼等一年生禾本科杂草。用量 $5 \sim 20g/100m^2$（有效成分）。

使用方法　土壤喷雾，用药量为 $500 \sim 2000g/hm^2$（有效成分）。播种后，将药液均匀地喷洒在土壤表面。

注意事项　茎叶喷雾，易产生药害。适宜用量取决于土壤、气候等条件。避免眼睛及皮肤接触药液。储存、使用时，避免污染饮水、粮食和饲料。

与其他药剂的混用　该品与乙草胺混合使用，效果更佳。

允许残留量　欧盟农药数据库对所有食品中的最大残留量水平限制为 0.01mg/kg（Regulation No.396/2005）。

氟草净质量标准

质量指标	达标要求
外观	浅黄色透明液体
有效成分含量（%）	≥ 20
水分含量（%）	≤ 0.5
pH	6 ~ 8
乳液稳定性	合格

参考文献

农业部药检所, 1998. 新编农药手册 (续集)[M]. 北京: 中国农业出版社: 423-425.

吴建荣, 蒋玲秀, 1995. 氟草净的药效及安全性试验初报[J]. 江苏农药(4): 29-30.

KOICHI M, 1987. Synthesis and herbicidal activity of 2-difluoromethylthio-1, 3, 5-triazines[J]. Agricultural and biological chemistry, 51 (5): 1339-1343.

（撰稿：杨光富；审稿：吴琼友）

氟草隆　fluometuron

一种取代脲类除草剂。

其他名称　Cotoran（Makhteshim-Agan）、伏草隆、棉草伏、棉草完。

化学名称　1,1-二甲基-3-(α,α,α-三氟-间甲苯基)脲。

IUPAC名称　1,1-dimethyl-3-(α,α,α-trifluoro-*m*-tolyl)urea。

CAS登记号　2164-17-2。

EC号　218-500-4。

分子式　$C_{10}H_{11}F_3N_2O$。

相对分子质量　232.20。

结构式

开发单位　17 世纪由 C. J. Counselman 等报道，汽巴公司（现先正达公司）开发。

理化性质　纯品为白色晶体。熔点 $163 \sim 164.5\,℃$。蒸气压 0.125mPa（$25\,℃$）；0.33mPa（$30\,℃$），$K_{ow}lgP$ 2.38。相对密度 1.39（$20\,℃$）。水中溶解度 110mg/L（$20\,℃$）；甲醇 110、丙酮 105、二氯甲烷 23、正辛醇 22、正己烷 0.17（g/L，$20\,℃$）。$20\,℃$ 在酸性、中性和碱性条件下稳定，紫外线照射下分解。

毒性　IARC 分级 3。大鼠急性经口 $LD_{50} > 6000$mg/kg。急性经皮 LD_{50}：大鼠 > 2000mg/kg，兔 > 10 000mg/kg。对兔皮肤和眼睛中度刺激，对皮肤无致敏性。NOEL：大鼠（2 年）19mg/（kg·d），小鼠 1.3mg/（kg·d）；狗（1 年）10mg/（kg·d）。ADI/RfD（EPA）aRfD 0.1，cRfD 0.0055mg/kg［2005］。毒性等级：U（a.i.，WHO）；II（制剂，EPA）。野鸭 LD_{50} 2974mg/kg。饲喂 LC_{50}（8 天，mg/kg 饲料）：日本鹌鹑 4620、野鸭 4500、环颈雉鸡 3150。鱼类 LC_{50}（96 小时，mg/L）：虹鳟 30、蓝鳃翻车鱼 48、鲶鱼 55、鲫鱼 170。水蚤 LC_{50}（48 小时）10mg/L。藻类 EC_{50}（3 天）0.16mg/L。蜜蜂 LD_{50}：经口 > 155μg/ 只；局部 > 190μg/ 只。蚯蚓 LC_{50}（14 天）> 1000mg/kg 土壤。大鼠体内，主要形成去甲基化的代谢物和一些葡萄糖醛酸共轭物。主要通过尿液排出，一周内几乎可排出 96%。植物中降解主要有 3 个过程，

一是去甲基化形成单甲基化合物，然后是中间体去甲基化，最后是脱氨脱酸形成苯及其衍生物。

剂型　悬浮剂、可湿性粉剂。

质量标准　80% 可湿性粉剂。

作用方式及机理　选择内吸性除草剂，根比叶更容易吸收，向顶传导。电子传递抑制剂，作用于光系统 II 受体。也抑制类胡萝卜素生物合成，靶标酶还不清楚。

防治对象　防除棉花和甘蔗田一年生阔叶杂草和禾本科杂草。

使用方法　为土壤处理剂，如棉花育苗在移栽前施药，用 80% 可湿性粉剂 1.5~2.3kg/hm^2，兑水喷雾土表；直播棉花在播后 4~5 天，80% 可湿性粉剂用量 1.5~1.88kg/hm^2，兑水喷雾土表。

注意事项　对甜菜、甜菜根、大豆、菜豆、芸薹、番茄、豆类蔬菜、瓜类蔬菜、茄子等有药害。

与其他药剂的混用　Cotolina（＋氟乐灵）（Aragro，Aragro）；Cottonex Pro（＋扑草净）（Aragro，Aragro）。

允许残留量　日本规定氟草隆最大残留限量见表。

日本规定氟草隆在部分食品中的最大残留限量

食品名称	最大残留限量（mg/kg）
杏仁、苹果、杏、芦笋、鳄梨、竹笋、香蕉、黑莓、蓝莓、青花菜、球芽甘蓝、卷心菜、可可豆、胡萝卜、花椰菜、芹菜、樱桃、酸果蔓果、酸枣、茄子、大蒜、姜、葡萄、番石榴、蛇麻草、黑果木、猕猴桃、枇杷、杧果、瓜、油桃、黄秋葵、洋葱、木瓜、西番莲果、桃、梨、马铃薯、覆盆子、菠菜、草莓、甘蔗、向日葵籽、甘薯、芋、茶叶、番茄、豆瓣菜、山药	0.02
大麦、玉米、棉花籽、黑麦、小麦、粮谷、棉籽	0.10
柠檬、柑橘类水果	0.50

参考文献

陈铁春, 2015. 农药产品标准手册[M]. 北京: 化学工业出版社: 361-362.

马克比恩 C, 2015. 农药手册[M]. 胡笑形, 等译. 北京: 化学工业出版社.

（撰稿：李正名；审稿：耿贺利）

氟草醚　fucaomi

一种二苯醚类除草剂。

其他名称　氟草醚酯、AKH-7088。

化学名称　甲基2-[[[1-[5-[2-氯-4-(三氟甲基)苯氧基]-2-硝基苯基]-2-甲氧基乙缩醛]氨基]氧代]甲酸甲酯；methyl 2-[[[1-[5-[2-chloro-4-(trifluoromethyl)phenoxy]-2-nitrophenyl]-2-methoxyethylidene]amino]oxy]acetate。

IUPAC 名称　methyl(EZ)-[1-[5-(2-chloro-α,α,α-trifluoro-p-tolyloxy)-2-nitrophenyl]-2-methoxyethylidene] aminooxyacetate。

CAS 登记号　104459-82-7。

分子式　C$_{19}$H$_{16}$ClF$_3$N$_2$O$_7$。

相对分子质量　462.79。

结构式

开发单位　1984 年由日本朝日化学工业公司开发。专利已过期。

理化性质　无色晶体。密度 1.41g/ml。熔点 57.5~58.1℃。溶解性：在 20℃ 条件下，水中溶解度为 1mg/L，二氯甲烷＞50%，甲苯为 15%。

毒性　大鼠急性经口 LD$_{50}$＞5000mg/kg；大鼠急性经皮 LD$_{50}$＞2000mg/kg。

防治对象　主要用于大豆田防除苘麻、苍耳、曼陀罗等大多数阔叶杂草。

参考文献

石得中, 2007. 中国农药大辞典[M]. 北京: 化学工业出版社: 156.

（撰稿：王大伟；审稿：席真）

氟虫脲　flufenoxuron

一种苯甲酰脲类非内吸性杀虫剂、杀螨剂。

其他名称　Cascade、Floxate、WL 115110、SKI-8503、AC 811678、CL 811678、BAS 307I。

化学名称　1-[4-(2-氯-α,α,α-三氟-对-甲苯氧基)-2-氟苯基]-3-(2,6-二氟苯甲酰)脲；N-[[[4-[2-chloro-4-(trifluoromethyl)phenoxy]-2-fluorophenyl]amino]carbonyl]-2,6-difluoro-benzamide。

IUPAC 名称　1-[4-(2-chloro-α,α,α-trifluoro-p-tolyloxy)-2-fluorophenyl]-3-(2,6-difluorobenzoyl)urea。

CAS 登记号　101463-69-8。

分子式　C$_{21}$H$_{11}$ClF$_6$N$_2$O$_3$。

相对分子质量　488.77。

结构式

开发单位　由 M. Anderson 等报道，壳牌国际研发公司开发后由美国氰胺公司（现巴斯夫公司）上市。

理化性质　原药为白色晶体，含量 ≥ 95.0%。熔点 169～172 ℃（分解）。蒸气压 6.52×10^{-9} mPa（20 ℃）。K_{ow}lg$P$ 4（pH7）。相对密度 0.62。Henry 常数 7.46×10^{-6} Pa·m³/mol。溶解度：水中 0.0186（pH4）、0.00152（pH7）、0.00373（pH9）（mg/L, 25 ℃）；其他溶剂中溶解度（g/L, 25 ℃）：二甲苯 6、正己烷 0.11、环己烷 95、三氯甲烷 18.8、甲醇 3.5、丙酮 73.8。稳定性：≤ 190 ℃（自然光下）稳定，在玻璃上薄膜化于模拟太阳光下稳定 > 100 小时。在水中 DT_{50} 11 天。水解（25 ℃）DT_{50} 112 天（pH5）、104 天（pH7）、36.7 天（pH9）、2.7 天（pH12）。pK_a10.1（计算值）。不自燃，无爆炸性。

毒性　大鼠急性经口 LD_{50} > 3000mg/kg（原药）。大鼠、小鼠急性经皮 LD_{50} > 2000mg/kg。大鼠吸入 LC_{50}（4 小时）> 5.1mg/L。对兔眼睛、皮肤无刺激作用，对豚鼠皮肤无致敏作用。NOEL［mg/（kg·d）］：狗（52 周）3.5、大鼠（104 周）22、小鼠（104 周）56。山齿鹑急性经口 LD_{50} > 2000mg/kg，饲喂 LC_{50}（8 天）> 5243mg/kg 饲料。虹鳟 LC_{50}（96 小时）> 4.9μg/L。水蚤 EC_{50}（48 小时）0.04μg/L。羊角月牙藻 E_bC_{50}（96 小时）24.6mg/L。水生生物摇蚊幼虫最大无作用剂量（28 天）0.05μg/L。蜜蜂急性经口 LD_{50} > 109.1μg/ 只，接触 > 100μg/ 只，蚯蚓 LC_{50} > 1000mg/kg 干土。

剂型　5% 乳油，5%、50g/L 可分散液剂。

作用方式及机理　几丁质合成抑制剂。具有触杀和胃毒作用，使昆虫和螨不能正常蜕皮或变态而死亡。成虫接触药剂后，不能正常产卵，产的卵即使孵化也会很快死亡。

防治对象　对多种植食性螨（针刺瘿螨属、短须属、全爪螨属、皱叶刺瘿螨属、叶螨属）幼螨杀伤效果好。用于梨果、葡萄、柑橘、茶树、棉花、玉米、大豆、蔬菜和观赏植物防治螨虫。

使用方法　使用剂量 25～200g/hm²，依作物和害虫而定。无药害。氟虫脲在早期喷施作预防处理，或在害虫孵化盛期、低龄幼虫盛发期、幼若螨盛期喷施作治疗处理，均可达到最佳效果。氟虫脲不能杀死成虫和成螨，但可以通过雌成虫具有间接的杀卵活性。氟虫脲杀螨和杀虫的速度取决于施药后到下次蜕皮之间时间的长短。在蔬菜上，可用于防治小菜蛾、甜菜夜蛾、菜青虫等抗性害虫。

防治小菜蛾　在叶菜苗期或生长前期，一、二龄幼虫盛发期；或叶菜生长中后期，莲座后期至包心期，二、三龄幼虫盛发期，用 5% 氟虫脲乳油 1000～2000 倍液喷雾，药后 15～20 天防效可达 90% 以上。防治对菊酯类农药产生抗性的小菜蛾有良好效果。

防治菜青虫　在二、三龄幼虫盛发期，用 5% 氟虫脲乳油 2000～2500 倍液喷雾，药后 15～20 天效果可达 90% 左右。

防治豆荚螟　在豇豆、菜豆等开花盛期，幼虫孵化初盛期，每亩用 5% 氟虫脲乳油 50～75ml，喷雾，在早晨和傍晚花瓣展开时用药，隔 10 天再喷 1 次，全期共喷药 2 次，能有效防止豆荚被害。

防治茄子红蜘蛛、豆叶螨　在若螨发生盛期，平均每叶螨数 2～3 头时，用 5% 氟虫脲乳油 1000～2000 倍液喷雾，药后 20～25 天的防治效果达 90%～95%。

防治美洲斑潜蝇成虫、豌豆潜叶蝇成虫、番茄斑潜蝇成虫、菜潜蝇成虫　用 5% 氟虫脲乳油 2000 倍液喷雾。

防治甘蓝夜蛾、斜纹夜蛾幼虫　在一、二龄幼虫期施药，每亩用 5% 氟虫脲乳油 25～35ml，加水 40～50L 喷雾。也可每亩用 5% 氟虫脲乳油 35ml，再加入 5% 氯氰菊酯乳油 20ml，混匀后配成 2000 倍液喷施。

注意事项　氟虫脲主要通过触杀和胃毒作用杀虫、杀螨，无内吸传导作用，要求喷药均匀周到。氟虫脲杀虫杀螨作用较慢，一般 3～5 天达到死亡高峰，但施药后 2～3 天，害虫害螨即停止取食危害，不能用常用农药的观点评价氟虫脲的效果。施药时间应比一般有机磷、拟除虫菊酯药剂等杀虫剂提前 2～3 天，掌握在害虫一至三龄幼虫盛发期施药，对钻蛀性害虫宜在卵孵化盛期施药，对害螨宜在幼若螨盛期施药。一般作物安全间隔期为 10 天，为防止抗药性产生，应与其他农药交替使用，一个生长季节最多只能用药 2 次。不要与碱性农药如波尔多液等混用，但可以间隔开施药，应先喷氟虫脲治螨，10 天后再喷波尔多液治病，比较理想。如需要相反的用药即先喷波尔多液，则间隔期要更长些。对蚕有毒，在养蚕地区使用要避免桑叶和蚕室受污染。一旦误服，不要催吐，应洗胃，避免吸入肺部。

与其他药剂的混用　可与高效氯氰菊酯、阿维菌素、炔螨特等复配。

允许残留量　GB 2763—2021《食品中农药最大残留限量标准》规定氟虫脲最大残留限量（mg/kg）：柑橘、柠檬、柚 0.5，苹果、梨 1。ADI 为 0.04mg/kg。

参考文献

刘长令, 2012. 世界农药大全: 杀虫剂卷[M]. 北京: 化学工业出版社: 168-171.

马克比恩 C, 2015. 农药手册[M]. 胡笑形, 等译. 北京: 化学工业出版社: 465-466.

（撰稿：李新；审稿：李森）

氟除草醚　fluoronitrofen

一种硝基苯二苯醚类除草剂。

其他名称　CFNP、MO-500。

化学名称　1,5- 二氯 -3- 氟 -2-(4- 硝基苯氧基) 苯；1,5-dichloro-3-fluoro-2-(4-nitrophenoxy)benzene。

IUPAC 名称　2,4-dichloro-6-fluorophenyl 4-nitrophenyl ether。

CAS 登记号　13738-63-1。

分子式　$C_{12}H_6Cl_2FNO_3$。

相对分子质量　302.09。

结构式

开发单位　日本三菱化成公司。

理化性质　纯品氟除草醚熔点 67.1～67.9℃。23℃时在水中溶解度为 0.66mg/L。

毒性　小鼠急性经口 LD_{50} 2.5g/kg。鲤鱼 TLm（48 小时）0.5mg/L。

作用方式及机理　可抑制萌发杂草的胚轴和幼芽的生长。其适用作物有水稻、大豆、花生、棉花、向日葵、森林苗木及作为脲类除草剂的增效剂。

防治对象　防除水稻和蔬菜田中大多数一年生杂草、大豆菟丝子及海水浮游生物。

使用方法　用作土壤处理的有效剂量为 0.5～1kg/hm² （有效成分）。该药可防除向日葵中的严重草害大豆菟丝子，这种草害使用 8kg/hm² 氟乐灵不奏效，使用该药 0.5kg/hm² 即可防除，向日葵对该药的耐药量为 16kg/hm²。该药还可作脲类除草剂的增效剂；用于森林苗木中除草；海边电站冷却水中防除海水浮游生物；稻田除草等。

注意事项　该药于 1973 年在日本被撤销登记。

参考文献

朱永和，王振荣，李布青，2006. 农药大典[M]. 北京：中国三峡出版社：805.

BÖGER P, WAKABAYASHI K, 1999. Peroxidizing herbicides[M]. Berlin Heidelberg: Springer .

（撰稿：王大伟；审稿：席真）

氟哒嗪草酯　flufenpyr-ethyl

一种哒嗪酮类除草剂。

其他名称　S-3153、ET-751 2.5%、EC Herbicide、ET-751 Technical。

化学名称　2-氯-5-[1,6-二氢-5-甲基-6-氧-4-(三氟甲基)哒嗪-1-基]-4-氟苯氧乙酸乙酯；ethyl-2-chloro-5-[1,6-dihydro-5-methyl-6-oxo-4-(trifluoromethyl)pyridazin-1-yl]-4-fluorophenoxyacetate。

IUPAC 名称　ethyl 2-chloro-5-[1,6-dihydro-5-methyl-6-oxo-4-(trifluoromethyl)pyridazin-1-yl]-4-fluorophenoxyacetate。

CAS 登记号　188489-07-8。

分子式　$C_{16}H_{13}ClF_4N_2O_4$。

相对分子质量　408.73。

结构式

开发单位　日本住友化学公司。

理化性质　沸点 440.1℃。折射率 1.531。闪点 220℃。密度 1.45g/cm³。

毒性　啮齿类动物经口：鼠（90 天），NOAEL 395mg/（kg·d）、LOAEL 908mg/（kg·d）（雄）；大鼠（28 天）NOAEL 448/629mg/（kg·d）、LOAEL 1009/1213mg/（kg·d）（雄、雌）。非啮齿类动物：狗（90 天），NOAEL 300mg/（kg·d）、LOAEL 1000mg/（kg·d）。

作用方式及机理　原卟啉原氧化酶抑制剂，可被植物的根和叶吸收。

防治对象　适用于大豆、玉米与甘蔗苗后防治阔叶杂草的高活性除草剂。

使用方法　用量 16～40g/hm²。

允许残留量　毛豆、甘蔗、干大豆、玉米最大残留量为 0.01mg/kg（日本）。

参考文献

解银萍，柴洪伟，王滢秀，2014. 2016年—2020年专利到期的农药品种之氟哒嗪草酯[J]. 今日农药 (11)：37-39.

杨子辉，周波，张莉，等，2017. 除草剂氟哒嗪草酯的合成研究[J]. 有机氟工业 (3)：13-15.

（撰稿：杨光富；审稿：吴琼友）

氟丁酰草胺　beflubutamid

一种苯氧酰胺类选择性除草剂。

其他名称　Herbaflex（与异丙隆的混剂）、UBH-820、UR50601。

化学名称　(RS)-N-苄基-2-$(\alpha,\alpha,\alpha,$ 4-四氟间甲苯氧基)丁酰胺；2-[4-fluoro-3-(trifluoromethyl)phenoxy]-N-(phenylmethyl)butanamide。

IUPAC 名称　(RS)-N-benzyl-2-$(\alpha,\alpha,\alpha,$ 4-tetrafluoro-m-tolyloxy)butyramide。

CAS 登记号　113614-08-7。

EC 号　601-267-1。

分子式　$C_{18}H_{17}F_4NO_2$。

相对分子质量　355.33。

结构式

开发单位　由 S. Takamura 等报道（Proc. Br. Crop Prot. Conf.-Weeds, 1999, 1：41），由日本宇部兴产公司和 Stähler Agrochemie GmbH 联合开发。2007 年转让给 Stähler。专利：EP239414。

理化性质　原药含量≥97%。蓬松的白色粉末。熔点 75℃。蒸气压 $1.1×10^{-2}$mPa（25℃）。$K_{ow}lgP$ 4.28。Henry 常数 $1.1×10^4$Pa·m³/mol。相对密度 1.33。水中溶解度 3.2mg/L

（20℃）；其他溶剂中溶解度（g/L，20℃）：丙酮＞600、二氯乙烷＞544、乙酸乙酯＞571、甲醇＞473、正庚烷2.18、二甲苯106。130℃稳定保存5小时，pH5、7、9稳定保存5天（21℃）。水解DT_{50} 48天（pH7，25℃）。

毒性　大鼠急性经口LD_{50}＞5000mg/kg。大鼠急性经皮LD_{50}＞2000mg/kg。对兔眼睛和皮肤无刺激性，对豚鼠皮肤无致敏性。大鼠吸入LC_{50}（4小时）＞5mg/L。NOEL：大鼠（90天）经口400mg/kg［30mg/（kg·d）］；大鼠（2年）经口50mg/kg［2.2mg/（kg·d）］。无致畸作用。山齿鹑急性经口LD_{50}＞2000mg/kg。山齿鹑饲喂LC_{50}＞5200mg/kg饲料。虹鳟LC_{50}（96小时）1.86mg/L。水蚤急性EC_{50}（48小时）1.64mg/L。羊角月牙藻$E_{b}C_{50}$ 4.45μg/L。膨胀浮萍EC_{50} 0.029mg/L。蜜蜂LD_{50}（经口和接触）＞100μg/只。蚯蚓LC_{50}（14天）732mg/kg土壤。对土壤微生物低毒。

剂型　悬浮剂。

作用方式及机理　类胡萝卜素生物合成抑制剂，抑制八氢番茄红素脱氢酶。

防治对象　防除小麦田和大麦田阔叶杂草，如婆婆纳、宝盖草、堇菜等。

使用方法　单独使用，也可和异丙隆混用，苗前或苗后早期使用，使用剂量170～255g/hm²。

与其他药剂的混用　可与异丙隆等混用。

参考文献

马克比恩C，2015. 农药手册[M]. 胡笑形，等译. 北京：化学工业出版社: 64.

（撰稿：李华斌；审稿：耿贺利）

氟啶胺　fluazinam

一种啶胺衍生物，二硝基苯胺类杀菌剂，是广谱高效的保护性杀菌剂。

其他名称　Shirlan、Frowncide、Shirlan Flow、B-1216（试验代号）、IKF-1216、ICIA0912、fluziname。

化学名称　3-氯-N-(3-氯-5-三氟甲基-2-吡啶基)-α,α,α-三氟-2,6-二硝基对甲苯胺。

IUPAC名称　3-chloro-N-[3-chloro-2,6-dinitro-4-(trifluoromethyl)phenyl]-5-(trifluoromethyl)pyridin-2-amine。

CAS登记号　79622-59-6。

分子式　$C_{13}H_4Cl_2F_6N_4O_4$。

相对分子质量　465.09。

结构式

开发单位　日本石原产业研制，ICI Agrochemicals（现为先正达公司）开发。

理化性质　纯品为黄色结晶粉末。熔点115～117℃。蒸气压1.5mPa（25℃）。相对密度0.366（25℃，堆积）。K_{ow}lg$P$ 3.56（25℃）。Henry常数$4.1\times10^{-1}Pa\cdot m^3/mol$。水中溶解度1.7mg/L（pH7，20℃）；有机溶剂中溶解度（g/L，20℃）：丙酮470、甲苯410、二氯甲烷330、乙醚320、乙醇150、正己烷12。对热、酸、碱稳定。水溶液中光解DT_{50} 2.5天。水解DT_{50}：42天（pH7），6天（pH9），pH5时稳定。土壤DT_{50} 26.5天，土壤光解DT_{50} 22天。

毒性　大鼠急性经口LD_{50}＞5000mg/kg。大鼠急性经皮LD_{50}＞2000mg/kg。大鼠急性吸入LC_{50}（4小时）0.463mg/L。对兔眼睛有刺激性，对兔皮肤有轻微刺激性。鸟类急性经口LD_{50}：山齿鹑1782mg/kg，野鸭4190mg/kg。虹鳟LC_{50}（96小时）0.036mg/L。水蚤LC_{50}（48小时）0.22mg/L。蜜蜂LD_{50}：经口＞100μg/只，接触＞200μg/只。蚯蚓LC_{50}（28天）＞1000mg/kg土壤。

剂型　粉剂，50%悬浮剂，0.5%可湿性粉剂。

质量标准　纯品为黄色结晶粉末。

作用方式及机理　线粒体氧化磷酰化解偶联剂。通过抑制孢子萌发、菌丝生长和孢子形成而抑制所有阶段的感染过程。杀菌谱很广，其效果优于常规保护性杀菌剂。对交链孢属、葡萄孢属、疫霉属、单轴霉属、核盘菌属和黑星菌属菌非常有效，对抗苯并咪唑类和二羧酰亚胺类杀菌剂的灰葡萄孢也有良好的抑菌活性。耐雨水冲刷，持效期长，兼有优良的控制植食性螨类的作用，对十字花科植物根肿病有卓越的防效，对由根霉菌引起的水稻猝倒病也有很好防效。

防治对象　对疫霉病、腐菌核病、黑斑病、黑星病和其他的病原体病害有良好的防治效果。还显示出对红蜘蛛等的杀螨活性。具体病害如黄瓜灰霉病、腐烂病、霜霉病、炭疽病、白粉病、茎部腐烂病、番茄晚疫病、苹果黑星病、叶斑病、梨黑斑病、锈病、水稻稻瘟病、纹枯病、燕麦冠锈病、葡萄灰霉病、霜霉病、柑橘疮痂病、灰霉病、马铃薯晚疫病、草坪斑点病。具体螨类如柑橘红蜘蛛、石竹锈螨、神泽叶螨等。

使用方法　以有效成分50～100g/100L剂量可防治由灰葡萄孢引起的病害。防治根肿病的施用剂量为有效成分125～250g/hm²，防治根霉病的施用剂量为有效成分2.5～4mg/L土壤。芜菁对氟啶胺的耐药性很好，耐药量为有效成分500g/hm²。病菌侵害前施药。氟啶胺具体使用方法见表1。

注意事项　对瓜类易产生药害，使用时注意勿将药液飞散到邻近的瓜地。具有过敏体质的人员不要进行施药作业。下雨及树木潮湿时，不进行施药工作。剪枝、施肥、套袋等工作尽量在施药前完成。高温、高湿时避免长时间作业。

与其他药剂的混用

马铃薯晚疫病　30%氟胺·氰霜唑悬浮剂，其中含有25%氟啶胺与5%氰霜唑，45～76.5g/hm²。8%氟啶胺与40%霜霉威盐酸盐复配，432～576g/hm²。40%烯酰·氟啶胺悬浮剂，其中含有15%氟啶胺与25%烯酰，198～240g/hm²喷雾。50%氟啶·嘧菌酯水分散粒剂，其中含有20%霜脲

表 1 氟啶胺 50% 悬浮剂的防治对象与施用方法

作物	防治病害与螨类	稀释倍数	采收前间隔期（天）	使用次数	适用方法
柠檬	疮痂病，灰霉病	2000～2500	30	1	叶面施用
	黑斑病，红蜘蛛，叶螨，侧多食跗线螨	2000			
苹果树	斑点病，疮痂病，黑斑病，白斑病	2000～2500	45		
	环腐病，花枯病	2000			
日本欧楂	白、紫根霉病	500～1000	休眠期		土壤渗透
	白根霉病				
	灰色叶斑病	2000	花前	2（叶面渗透）	叶面施用
梨树	黑斑病，斑点病，环腐病，梨污点病	2000	30		
	白根病		休眠期	1	
葡萄树	熟腐病，炭疽病，茎瘤病，霜霉病，灰霉病		花期		叶面施用
桃树	褐霉病	2000	7	1	叶面施用
日本李子	疮痂病，灰霉病		60		
猕猴桃	灰霉病，软腐病		30		
柿树	叶斑病，炭疽病，灰霉病		45		
茶树	炭疽病，灰纹病，泡纹病，侧多食跗线螨，网状泡纹病，灰霉病		14		

氰与 30% 氟啶胺，300～375g/hm²。

　　黄瓜霜霉病　34% 氟啶·嘧菌酯悬浮剂，其中含有 17% 氟啶胺与 17% 嘧菌酯，150～210g/hm² 也可防治辣椒晚疫病。40% 苯菌·氟啶胺悬浮剂，其中含有 35% 氟啶胺与 5% 苯醚菌酯，120～180g/hm² 喷雾。

　　番茄灰霉病　45% 异菌·氟啶胺悬浮剂，其中含有 30% 氟啶胺与 15% 异菌脲，270～337.5g/hm² 喷雾。

　　油菜菌核病　40% 异菌·氟啶胺悬浮剂，其中含有 20% 异菌脲和 20% 氟啶胺，240～300g/hm² 喷雾。

　　允许残留量　GB 2763—2021《食品中农药最大残留限量标准》规定氟啶胺最大残留限量见表 2。ADI 为 0.01mg/kg。蔬菜参照 GB 23200.34 中规定的方法测定。

表 2 部分食品中氟啶胺最大残留限量（GB 2763—2021）

食品类别	名称	最大残留限量（mg/kg）
油料和油脂	油菜籽	0.05*
蔬菜	大蒜	0.05
	洋葱	0.05
	韭菜	30.00
	葱	10.00
	青蒜	15.00
	蒜薹	5.00
	花椰菜	3.00
	芥蓝	10.00
	菜薹	30.00
	薤菜	10.00
	叶芥菜	20.00
	芜菁叶	20.00

（续表）

食品类别	名称	最大残留限量（mg/kg）
蔬菜	大白菜	0.20
	番茄	2.00
	茄子	0.20
	辣椒	3.00
	黄瓜	0.30
	苦瓜、丝瓜、冬瓜	0.20
	南瓜	0.50
	根芥菜	2.00
	芜菁	1.00
	马铃薯	0.50
水果	柑、橘、橙、苹果	2.00
	番木瓜	0.50
饮料	菊花（鲜）	5.00
	菊花（干）	15.00
药用植物	三七块根（干）	1.00
	三七须根（干）	2.00

参考文献

刘长令, 2006. 世界农药大全: 杀菌剂卷[M]. 北京: 化学工业出版社.
西三隆三, 1987. 新杀菌剂 fluazinam[J]. 农药译丛, 9 (3) : 46.
晓岚, 1996. 新杀菌剂氟啶胺的生物活性[J]. 农药译丛, 18 (1) : 48.
MACBEAN C, 2012. The pesticide manual: a world compendium [M]. 16th ed. UK: BCPC.

（撰稿：陈长军；审稿：张灿、刘西莉）

最大残留包括其代谢物和降解物不得超过 0.1mg/kg。

参考文献

濮文均, 孙均燕, 戴宝江, 2013. 氟啶草酮原药的高效液相色谱分析[J]. 精细化工中间体, 43 (6)：71-73.

濮文均, 孙均燕, 2013. 氟啶草酮合成工艺路线的选择[J]. 南通职业大学学报(4)：99-102.

赵冰梅, 丁丽丽, 张强, 等. 2018. 42%氟啶草酮悬浮剂桶混二甲戊灵对覆膜棉田恶性杂草防除效果及安全性[J]. 中国棉花, 45 (2)：33-36, 43.

（撰稿：杨光富；审稿：吴琼友）

氟啶草酮　fluridone

一种吡啶类除草剂。

其他名称　氟啶酮、杀草吡啶、氟草酮。

化学名称　1-甲基-3-苯基-5-(3-三氟甲基苯基)-4(1H)-吡啶酮；1-methyl-3-phenyl-5-($\alpha\alpha\alpha$-trifluoro-m-tolyl)-4-pyridone。

IUPAC 名称　1-methyl-3-phenyl-5-($\alpha\alpha\alpha$-trifluoro-m-tolyl)-4-pyridone。

CAS 登记号　59756-60-4。

EC 号　261-916-6。

分子式　$C_{19}H_{14}F_3NO$。

相对分子质量　329.32。

结构式

开发单位　礼来（现为道农科）公司。

理化性质　白色晶体固体。熔点 154～155℃。密度 1.274g/cm³。蒸气压 1.3×10^{-2}mPa（25℃）。$K_{ow}\lg P$ 1.87（pH7, 25℃）。溶解度（25℃）：水 12mg/L（pH7），甲醇、氯仿、乙醚＞10g/L，乙酸乙酯＞5g/L，己烷＜0.5g/L，在乙醇、二甲基亚砜中溶解性良好。稳定性：在 pH3～9 介质中稳定。加热分解释放有毒蒸气，如氟化氢、氮氧化物等。氟啶草酮的半衰期为 4～97 天，时间取决于水。

毒性　急性经口 LD_{50}：小鼠＞10mg/kg，狗＞500mg/kg，猫＞250mg/kg，兔＞500mg/kg，大鼠＞10 000mg/kg。

剂型　液体和颗粒缓释制剂。

质量标准　原药含量99%。

作用方式及机理　通过抑制八氢番茄红素去饱和酶的活性，降低类胡萝卜素的生物合成效率，导致叶绿素减少，从而抑制光合作用。该除草剂为选择性除草剂，在水生植物中，被叶子和根吸收。在陆生植物中，主要由根部吸收，并能被转运到叶子（在敏感植物中）。在抗性品种，如棉花中，根吸收的氟啶草酮很少发生转运或不发生转运。同时，可抑制果实组织 ABA 的合成。

防治对象　适用于大多数水中或水面杂草，也可作为芽前选择性除草剂，用于防除棉花田一年生禾本科杂草、阔叶杂草及某些多年生杂草，还适用于某些对草甘膦产生抗性的杂草，如长芒苋等。也可用于小麦、水稻、玉米和牧场地选择性除草。

使用方法　可用于防除禾本科杂草及其他杂草，在池塘、湖泊、水库中可用作水生除草剂，用于防治大多数的水生植物（包括狸藻、金鱼藻、伊乐藻等）。

注意事项　棉花是一类典型的耐受作物。

与其他药剂的混用　42%氟啶草酮悬浮剂桶混二甲戊灵对覆膜棉田恶性杂草防除效果及安全性更好。

允许残留量　氟啶草酮在棉花或在未去纤维棉籽上的

氟啶嘧磺隆　flupyrsulfuron-methyl-sodium

一种磺酰脲类除草剂。

其他名称　Lexus（DuPont）。

化学名称　(4,6-二甲氧基嘧啶-2-基)[[[[3-(甲氧基羰基)-6-(三氟甲基)吡啶-2-基]磺酰基]氨基]羰基]氮杂钠。

IUPAC 名称　sodium (4,6-dimethoxypyrimidin-2-yl)[[[[3-(methoxycarbonyl)-6-(trifluoromethyl)pyridin-2-yl]sulfonyl]amino]carbonyl]azanide。

CA 名称　2-[[[[(4,6-dimethoxy-2-pyrimidinyl)amino]carbonyl]amino]sulfonyl]-6-(trifluoro-methyl)-3-pyridinecarboxylate-monosodium salt。

CAS 登记号　144740-54-5（钠盐）；150315-10-9（酸）。

EC 号　604-441-5。

分子式　$C_{15}H_{13}F_3N_5NaO_7S$（钠盐）；$C_{14}H_{12}F_3N_5O_7S$（酸）。

相对分子质量　487.34。

结构式

开发单位　杜邦公司。

理化性质　原药含量＞90.3%。纯品为浅褐色固体，伴有轻微木材气味。熔点 165～170℃（EU Rev.Rep.）。蒸气压＜1×10^{-6}mPa（20℃）、＜1×10^{-5}mPa（25℃）。$K_{ow}\lg P$ 0.96（pH5）、0.1（pH6）（20℃）。Henry 常数＜1×10^{-8}Pa·m³/mol（pH5, 20℃），＜1×10^{-9}Pa·m³/mol（pH5, 20℃）（计算值）。相对密度 1.55（19.3℃）。水中溶解度 62.7（pH5）、603（pH6）（mg/L, 20℃）；其他溶剂中溶解度（g/L, 20℃）：二氯甲烷 0.6、丙酮 3.1、乙酸乙酯 0.49、乙腈 4.3、己烷＜0.001、甲醇 5。在水中半衰期 DT_{50} 44 天（pH5）、12 天（pH7）、0.42 天（pH9）（20℃）。在大多数有机溶剂中稳定。pK_a4.9。

毒性　大鼠急性经口 LD_{50}＞5000mg/kg。兔急性经皮 LD_{50}＞2000mg/kg。对兔皮肤和眼睛无刺激性，对豚鼠皮肤无致敏性。大鼠急性吸入 LC_{50}（4 小时）＞5.8mg/L。NOEL：

F

雄 小 鼠（18 个 月）25mg/kg［3.51mg/（kg·d）］，雌 小 鼠 250mg/kg［52.4mg/（kg·d）］；大 鼠（90 天）2000mg/kg［雄大鼠124mg/（kg·d），雌大鼠154mg/（kg·d）］；大 鼠（2 年）350mg/kg［雄 大 鼠 14.2mg/（kg·d），雌大鼠 20mg/（kg·d）］；雄狗（1 年）＞ 5000mg/kg［146.3mg/（kg·d）］。ADI/RfD（EC）0.035mg/kg［2001］。Ames 试 验 无致突变作用。毒性等级：U（a.i.，WHO）。EC 分级：N；R50，R53］取决于浓度。野鸭经口 LD$_{50}$ ＞ 2250mg/kg。山齿鹑和野鸭饲喂 LC$_{50}$ ＞ 5620mg/kg 饲料。鱼类 LC$_{50}$（96 小时）：鲤鱼 820mg/L，虹鳟 470mg/L。水蚤 LC$_{50}$（48 小时）721mg/L。羊角月牙藻 EC$_{50}$（120 小时）0.004mg/L。膨胀浮萍 EC$_{50}$（14 天）0.003mg/L。蜜蜂 LD$_{50}$：接触 ＞ 25μg/ 只；经口 ＞ 30μg/ 只。蚯蚓 LC$_{50}$ ＞ 1000mg/kg 土壤。

剂型　水分散粒剂。

作用方式及机理　与其他磺酰脲类除草剂相似，为乙酰乳酸合成酶（ALS）抑制剂。通过杂草根和叶吸收，在植株体内传导，杂草即停止生长，而后枯死。

防治对象　选择性除草剂，防除谷物地禾本科杂草（主要是黑草）和阔叶杂草。

使用方法　芽后使用，剂量 10g/hm^2。

与其他药剂的混用　氟啶嘧磺隆可与噻吩磺隆、甲磺隆、三唑啉酮类除草剂 F8426 混用，以扩大除草谱。

参考文献

刘长令，2015. 世界农药大全[M]. 北京：化学工业出版社.

马克比恩 C，2015. 农药手册[M]. 胡笑形，等译. 北京：化学工业出版社.

（撰稿：李正名；审稿：耿贺利）

氟啶脲　chlorfluazuron

一种苯甲酰脲类杀虫剂。

其他名称　Aim、Atabron、Fertabron、Jupiter、Sundabon、Ishipron、抑太保、啶虫隆、定虫隆、克福隆、控幼脲、啶虫脲、CGA112913、IKI-7899、PP145、UC64644。

化学名称　1-[3,5-二氯-4-(3-氯-5-三氟甲基-2-吡啶氧基)苯基]-3-(2,6-二氟苯甲酰基)脲；1-[3,5-dichloro-4-(3-chloro-5-trifluoromethyl-2-pyridyloxy)phenyl]-3-(2,6-difluorobenzoyl)urea。

CAS 登记号　71422-67-8。

分子式　C$_{20}$H$_9$Cl$_3$F$_5$N$_3$O$_3$。

相对分子质量　540.65。

结构式

开发单位　日本石原产业公司。

理化性质　白色结晶固体。相对密度 1.542（20℃）。熔点 221.2～223.9℃。沸点 238℃（2.5kPa），蒸气压＜ 1.559×10^{-3}mPa（20℃）。K_{ow}lgP 5.9。Henry 常数＜ 7.2×10^{2}Pa·m^3/mol。水中溶解度＜ 0.012mg/L（20℃）；有机溶剂中溶解度（g/L，20℃）：正己烷 0.00639、正辛醇 1、二甲苯 4.67、甲醇 2.68、甲苯 6.6、异丙醇 7、二氯甲烷 20、丙酮 55.9、环己酮 110。对光和热稳定，pK_a 8.1，弱酸性。

毒性　急性经口 LD$_{50}$（mg/kg）：大鼠＞ 8500，小鼠 8500。急性经皮 LD$_{50}$（mg/kg）：大鼠＞ 2000，兔＞ 2000。大鼠吸入 LC$_{50}$（4 小时）＞ 2.4mg/L。对兔皮肤无刺激，对眼睛中度刺激，对皮肤无致敏性。Ames 试验无致突变性。鹌鹑和野鸭急性经口 LD$_{50}$ ＞ 2510mg/kg，鹌鹑和野鸭饲喂 LC$_{50}$（8 天）＞ 5620mg/kg 饲料。大翻车鱼 LC$_{50}$（96 小时）1071μg/L，水藻 EC$_{50}$（48 小时）0.908μg/L，水蚤 EC$_{50}$ 0.39mg/L，蜜蜂经口 LD$_{50}$ ＞ 100μg/ 只，蚯蚓 LC$_{50}$（14 天）＞ 1000mg/kg 土壤。

剂型　25% 悬浮剂，10% 水分散粒剂，5%、50g/L 乳油，0.1% 浓饵剂。

作用方式及机理　一种苯甲酰脲类新型杀虫剂，以胃毒作用为主，兼有触杀作用，无内吸性。作用机制主要是抑制几丁质合成，阻碍昆虫正常蜕皮，使卵的孵化、幼虫蜕皮以及蛹发育畸形，成虫羽化受阻而发挥杀虫作用。对害虫药效高，但作用速度较慢，幼虫接触药后不会很快死亡，但取食活动明显减弱，一般在施药后 5～7 天才能充分发挥效果。对多种鳞翅目以及直翅目、鞘翅目、膜翅目、双翅目等害虫有很高活性，但对蚜虫、叶蝉、飞虱等类害虫无效，对有机磷、氨基甲酸酯、拟除虫菊酯等其他杀虫剂已产生抗性的害虫有良好防治效果。

防治对象　鳞翅目、直翅目、鞘翅目、膜翅目、双翅目害虫。

使用方法

防治蔬菜害虫　①小菜蛾。对花椰菜、甘蓝、青菜、大白菜等十字花科叶菜，小菜蛾低龄幼虫危害苗期或莲座初期心叶及其生长点，防治适期应掌握在卵孵至一、二龄盛发期；对生长中后期或莲座后期至包心期叶菜，幼虫主要在中外部叶片危害，防治适期可掌握在二、三龄幼虫盛发期。用 5% 氟啶脲 30～60ml/ 亩（有效成分 1.5～3g）喷雾，对拟除虫菊酯产生抗性的小菜蛾有良好的药效。间隔 6 天施药 1 次。②菜青虫。在二、三龄幼虫期，用 5% 氟啶脲 25～50ml/ 亩（有效成分 1.25～2.5g）喷雾。③豆野螟。防治豇豆、菜豆的豆野螟，在开花期或孵卵盛期每亩用 5% 氟啶脲 25～50ml（有效成分 1.25～2.5g）喷雾，隔 10 天再喷 1 次。④斜纹夜蛾、甜菜夜蛾、银纹夜蛾、地老虎、二十八星瓢虫等于幼虫初孵期施药，用 5% 氟啶脲 30～60ml/ 亩（有效成分 1.5～3g），加水均匀喷雾。

防治棉花害虫　①棉铃虫。在卵孵盛期，用 5% 氟啶脲 30～50ml/ 亩（有效成分 1.5～2.5g）喷雾，药后 7～10 天的杀虫效果在 80%～90%，保铃（蕾）效果在 70%～80%。②棉红铃虫。在第二、三代卵孵盛期，用 5% 氟啶脲 30～50ml/ 亩（有效成分 1.5～2.5g）喷雾，各代喷药 2 次。

应用氟啶脲防治对菊酯类农药产生抗性的棉铃虫、红铃虫，田间常规施药量用 5% 氟啶脲 120ml/ 亩（有效成分 6g）。

防治果树害虫　①柑橘潜叶蛾。在成虫盛发期内放梢时，新梢长 1～3cm，新叶片被害率约 5% 时施药。以后仍处于危险期时，每隔 5～8 天施 1 次，一般一个梢期施 2～3 次。用 5% 氟啶脲 1000～2000 倍液或每 100L 水加 5% 氟啶脲 50～100ml（有效成分 25～50mg/L）喷雾。②苹果桃小食心虫。于产卵初期、初孵幼虫未入侵果实前开始施药，以后每隔 5～7 天施 1 次，共施药 3～6 次，用 5% 氟啶脲 1000～2000 倍液或每 100L 水加 5% 氟啶脲 50～100ml 喷雾。

防治茶树害虫　防治茶尺蠖、茶毛虫，于卵始盛孵期施药，每亩用 5% 氟啶脲 75～120ml（有效成分 3.75～6g），加水 75～150L 均匀喷雾。

注意事项　①该剂是一种抑制幼虫蜕皮致使其死亡的药剂，通常幼虫死亡需要 3～5 天，所以施药适期应较一般有机磷、拟除虫菊酯类杀虫剂提早 3 天左右，在低龄幼虫期喷药。②与有机磷类杀虫剂混用可同时发挥速效性作用。③喷药时，要使药液湿润全部枝叶，才能充分发挥药效。④对钻蛀性害虫宜在产卵高峰至卵孵盛期施药效果才好。该剂有效期较长，间隔 6 天施下一次药为宜。

与其他药剂的混用　① 4.4% 氟啶脲和 17.6% 氟啶虫酰胺混配，以 23～30ml/ 亩喷雾用于防治茶树茶尺蠖和茶小绿叶蝉。② 2% 氟啶脲与 1% 阿维菌素混配以 100～134ml/ 亩喷雾用于防治大白菜甜菜夜蛾。③ 3.5% 氟啶脲和 1.5% 阿维菌素混配，以 60～80ml/ 亩喷雾用于防治棉花棉铃虫。④ 20% 氟啶脲与 4% 甲氨基阿维菌素苯甲酸盐混配以 3～5g/ 亩喷雾用于防治甘蓝甜菜夜蛾。⑤ 1.5% 氟啶脲和 6 亿 PIB/ml 斜纹夜蛾核型多角体病毒混配以 40～70ml/ 亩喷雾用于防治十字花科蔬菜斜纹夜蛾。⑥ 10% 氟啶脲与 5% 甲氨基阿维菌素苯甲酸盐混配以 25～30g/ 亩喷雾用于防治甘蓝小菜蛾、甜菜夜蛾。⑦ 1% 氟啶脲与 4% 高效氯氰菊酯混配以 50～70g/ 亩或 50～70ml/ 亩喷雾用于防治十字花科蔬菜甜菜夜蛾，以 60～80g/ 亩喷雾用于防治十字花科蔬菜小菜蛾，以 30～60ml/ 亩喷雾用于防治十字花科蔬菜菜青虫。⑧ 3% 氟啶脲与 5% 高效氯氰菊酯混配以 30～50ml/ 亩喷雾用于防治甘蓝甜菜夜蛾。⑨ 1% 氟啶脲与 29% 丙溴磷混配以 50～70ml/ 亩喷雾用于防治棉花棉铃虫。

允许残留量　GB 2763—2021《食品中农药最大残留限量标准》规定氟啶脲最大残留限量见表。ADI 为 0.005mg/kg。油料和油脂按照 GB 23200.8 规定的方法测定；蔬菜、水果按照 GB 23200.8、GB/T 20769、SN/T 2095 规定的方法测定；糖料按照 GB 23200.8、GB/T 20769、SN/T 2095 规定的方法测定。

部分食品中氟啶脲最大残留限量（GB 2763—2021）

食品类别	名称	最大残留限量（mg/kg）
油料和油脂	棉籽	0.1
蔬菜	结球甘蓝	2.0
	球茎茴香	0.1
	大白菜	2.0

（续表）

食品类别	名称	最大残留限量（mg/kg）
蔬菜	萝卜	0.1
	胡萝卜	0.1
	芜菁	0.1
	根芹菜	0.1
	芋	0.1
水果	柑、橘	0.5
糖料	甜菜	0.1

参考文献

刘长令, 2017.现代农药手册[M].北京: 化学工业出版社: 358-359.

（撰稿：杨吉春；审稿：李淼）

氟硅菊酯　silafluofen

一种拟除虫菊酯类杀虫剂、杀螨剂。

其他名称　硅白灵。

化学名称　(4-乙氧基苯基)-[3-(4-氟-3-苯氧基-苯基)丙基]二甲基硅烷。

IUPAC名称　(4-ethoxyphenyl)-[3-(4-fluoro-3-phenoxyphenyl)propyl]dimethylsilane。

CAS 登记号　105024-66-6。

EC 号　405-020-7。

分子式　$C_{25}H_{29}FO_2Si$。

相对分子质量　408.59。

结构式

开发单位　日本安万特公司开发的一种广谱杀虫剂、杀螨剂。

理化性质　淡黄色液体。沸点 > 400℃（分解）。闪点 > 100℃（闭杯法）。蒸气压（20℃）0.0025mPa。相对密度 1.08（20～25℃）。Henry 常数 1.02 Pa·m³/mol。K_{ow}lg$P$ 8.2。水中溶解度（mg/L，20～25℃）0.001；有机溶剂中溶解度：可溶于大多数有机溶剂。稳定性：20℃密封容器中可稳定储存两年。

毒性　大鼠急性经口、经皮 LD_{50} > 500mg/kg。大鼠吸入 LC_{50}（4 小时）> 6610mg/L。对鸟类、鱼类低毒，对大型溞中毒，对蜜蜂高毒，对蚯蚓低毒。

作用方式及机理　是神经毒剂。主要用于水稻田中害虫防治，也可用于其他作物上害虫和螨类的防治；对白蚁具有良好的驱避作用；对哺乳动物和鱼类低毒。

参考文献

马克比恩 C, 2015. 农药手册[M]. 胡笑形, 等译. 北京: 化学工业出版社: 921-922.

TURNER J A, 2015. The pesticide manual: a world compendium[M]. 17th ed. UK: BCPC: 1015-1016.

（撰稿：陈洋；审稿：吴剑）

氟硅酸钡 barium hexafluorosilicate

一种无机盐类杀虫剂。

其他名称 Barium polysulphide。

化学名称 六氟硅酸钡；氟硅酸钡。

CAS 登记号 17125-80-3。

EC 号 241-189-1。

分子式 BaF_6Si。

相对分子质量 279.40。

理化性质 白色粉末。相对密度 4.28。无臭。几乎不溶于水，17℃时，每 100ml 水中仅能溶解 25mg。对植物安全，为氟制剂中对植物最安全的一种。

防治对象 果树、蔬菜、棉花上的咀嚼式口器害虫，其杀虫毒力低于氟硅酸钠和氟铝酸钠。不能与石硫合剂、松脂合剂等强碱性药剂混合使用。

目前已经禁用。

参考文献

四川省农业科学院农药研究所, 1972. 农药手册[M]. 北京: 农业出版社: 184-185.

（撰稿：王建国；审稿：高希武）

氟硅酸钠 sodium hexafluorosilicate

一种无机盐类杀虫剂。

其他名称 sodium fluorosilicate（JMAF, 采纳的替代英文通用名）、fluorosilicate de sodium、sodium fluosilicate、sodium silicofluoride。

化学名称 六氟硅酸二钠；氟硅酸钠。

CAS 登记号 16893-85-9。

EC 号 240-934-8。

分子式 F_6Na_2Si。

相对分子质量 188.06。

开发单位 由帕诺拉马化学公司推出，氟硅酸钠（sodium fluosilicate）1940 年开始用作杀虫剂。

理化性质 为白色细小结晶，相对密度 2.68，无臭，微溶于水。20℃时水中溶解度 0.68%，35℃时水中溶解度 0.94%。在酸性溶液中溶解度增大，在碱性溶液中，生成氢氟酸的盐和白色絮状的硅酸沉淀。

毒性 大鼠急性经口 LD_{50} 125mg/kg。目前已经禁用。

作用方式及机理 具有胃毒作用的杀虫剂。

防治对象 苗前或苗后早期用于防治地面害虫，如地老虎属、细纹夜蛾属、切根虫属和其他夜蛾科及蝼蛄、直翅目害虫。也可用于防治土壤害虫。对于甜菜或草地上的害虫以及小麦锈病防治效果很好。用于棉花、玉米、马铃薯、紫花苜蓿、花生、甜菜、蔬菜、落叶植物、果树和观赏植物，用量 1.5～2.5kg/hm^2。

参考文献

马克比恩 C, 2015. 农药手册[M]. 胡笑形, 等译. 北京: 化学工业出版社: 928.

四川省农业科学院农药研究所, 1972. 农药手册[M]. 北京: 农业出版社: 181-183.

唐除痴, 李煜昶, 陈彬, 1998. 农药化学[M]. 天津: 南开大学出版社: 217.

（撰稿：王建国；审稿：高希武）

氟硅唑 flusilazole

一种三唑类杀菌剂，对黑星病和白粉病等真菌病害有效。

其他名称 福星、护矽得、克菌星、新星。

化学名称 双(4-氟苯基)-(1H-1,2,4-三唑-1-基甲基)硅烷；1-[[bis(4-fluorophenyl)methylsilyl]methyl]-1H-1,2,4-triazole。

IUPAC 名称 1-((bis(4-fluorophenyl)methylsilyl)methyl)-1H-1,2,4-triazole。

CAS 登记号 85509-19-9。

EC 号 617-717-5。

分子式 $C_{16}H_{15}F_2N_3Si$。

相对分子质量 315.39。

结构式

开发单位 由 T. M. Fort 和 W. K. Moberg 报道，1985 年由杜邦公司引入法国。

理化性质 原药含量 92.5%，白色无味晶体。熔点 53～55℃。沸点 360℃。燃点 191℃。相对密度 1.3（20℃）。蒸气压 3.9×10^{-2}mPa（25℃）。K_{ow}lg$P$ 3.74（pH7, 25℃）。Henry 常数 2.7×10^{-4} Pa·m^3/mol（pH8, 25℃）。水中溶解度（mg/L, 20℃）：45（pH7.8）、54（pH7.2）、900（pH1.1）；溶于多种有机溶剂（> 2kg/L）。稳定性：在一般储存条件下稳定性超过 2 年，对光和高温（温度达 310℃）稳定。

毒性 急性经口 LD_{50}：雄大鼠 1.1g/kg，雌大鼠 674mg/kg。兔急性经皮 LD_{50} > 2g/kg。对皮肤和眼睛中度刺激，对豚鼠皮肤无致敏性。NOEL［mg/（kg·d）］：狗（1年）5，大鼠（2年）10，小鼠（1.5年）25。雄大鼠（4小时）急性吸入 $LC_{50}>27mg/L$。野鸭急性经口 $LD_{50}>1.59kg/kg$。鱼类 LC_{50}（96小时，mg/L）：蓝鳃翻车鱼1.7，虹鳟1.2。水蚤 LC_{50}（48小时）3.4mg/L。对蜜蜂无毒，$LD_{50}>150\mu g/$ 只。

剂型　40% 乳油，10% 水乳剂。

质量标准　40% 乳油外观为棕色液体，蒸气压 0.015mPa（25℃），水分含量 < 0.1%，pH6，冷、热储存稳定性良好，常温储存稳定性4年以上。10% 水乳剂外观为白色液体，无刺激性气味，蒸气压 0.039mPa（25℃），pH5～8，相对密度 1.01（20℃），黏度 2.31mPa·s（20℃），闪点 33.5℃。

作用方式及机理　具有保护、治疗和铲除作用的内吸性杀菌剂，经植物根和叶吸收，可在新生组织中迅速传导。该杀菌剂通过杂环上的氮原子与病原菌细胞内羊毛甾醇 14α 脱甲基酶的血红素-铁活性中心结合，抑制 14α 脱甲基酶的活性，从而阻碍麦角甾醇的合成，最终起到杀菌的作用。

防治对象　可有效防治多种作物病害，如苹果黑星病、白粉病、桃白粉病、褐腐病、谷物所有主要病害、葡萄白粉病、黑腐病、甜菜褐腐病、白粉病、玉米大斑病、向日葵茎溃疡病、油菜白斑病、叶斑病和香蕉叶斑病。对卵菌无效，对梨黑星病有特效。

使用方法　防治梨黑星病，在病发初期喷药，每隔 7～10 天喷 1 次，连续 4～6 次，每次有效剂量 40～50mg/L，并兼有治梨赤星病的作用。当病害发生高峰期，喷药间隔可适当缩短。

注意事项　酥梨类品种在幼果期对该药剂敏感，应该谨慎用药。不可与强酸或碱性农药等物质混用。对鱼类、水蚤、家蚕有毒。施药时应避免对周围蜂群的不利影响，蚕室和桑园附近禁用。禁止在河塘等水体中清洗施药器具，施药后的田水不得直接排入水体。使用该品时应穿戴防护服和手套，避免吸入药液。施药期间不可吃东西和饮水。施药后应及时冲洗手、脸及裸露部位。用过的容器妥善处理，不可做他用或随意丢弃，可用控制焚烧法或安全掩埋法处置包装物或废弃物。避免孕妇及哺乳期妇女接触该品。

与其他药剂的混用　可与噁唑菌酮混用防治苹果轮斑病、香蕉叶斑病和枣树锈病；与多菌灵或甲基硫菌灵混用防治苹果轮纹病；与嘧菌酯混用防治黄瓜白粉病；与咪鲜胺混用防治葡萄炭疽病；与代森锰锌或唑菌胺酯混用防治梨黑星病。

允许残留量　GB 2763—2021《食品中农药最大残留限量标准》规定氟硅唑最大残留限量见表。ADI 为 0.007mg/kg。谷物按照 GB 23200.9、GB/T 20770 规定的方法测定；油料和油脂参照 GB 23200.9、GB/T 20770 规定的方法测定；蔬菜、水果按照 GB 23200.8、GB 23200.53、GB/T 20769 规定的方法测定；糖料参照 GB 23200.8、GB 23200.53、GB 23200.113、GB/T 20769 规定的方法测定。WHO 推荐氟硅唑 ADI 为 0.007mg/kg。最大残留量（mg/kg）：香蕉 0.03，谷物 0.2，葡萄 0.2，鸡蛋 0.1，桃 0.2，大豆 0.05。

部分食品中氟硅唑最大残留限量（GB 2763—2021）

食品类别	名称	最大残留限量（mg/kg）
谷物	稻谷	0.20
	麦类	0.20
	旱粮类	0.20
油料和油脂	油菜籽	0.10
	大豆	0.05
	葵花籽	0.10
	大豆油	0.10
蔬菜	番茄	0.20
	黄瓜	1.00
	刀豆	0.20
	玉米笋	0.01
水果	仁果类水果（苹果、梨除外）	0.30
	苹果	0.20
	梨	0.20
	桃	0.20
	油桃	0.20
	杏	0.20
	葡萄	0.50
	香蕉	1.00
	草莓	1.00
	番木瓜	1.00
干制水果	葡萄干	0.30
糖料	甜菜	0.05
药用植物	人参（鲜）	0.20
	人参（干）	0.30
动物源性食品	哺乳动物肉类（海洋哺乳动物除外），以脂肪内的残留量计	1.00
	哺乳动物内脏（海洋哺乳动物除外）	2.00
	禽肉类	0.20
	禽类内脏	0.20
	蛋类	0.10
	生乳	0.05

参考文献

刘长令, 2006. 世界农药大全: 杀菌剂卷[M]. 北京: 化学工业出版社.

农业部种植业管理司和农业部农药检定所, 2015. 新编农药手册[M]. 2版. 北京: 中国农业出版社.

MACBEAN C, 2015. The pesticide manual: a world compendium [M]. 17th ed. UK: BCPC.

（撰稿：陈凤平；审稿：刘西莉）

氟化铝钠　trisodium hexafluoroaluminate

一种无机盐类杀虫剂。

其他名称　冰晶石。

化学名称　氟化铝钠；氟铝酸钠。

CAS 登记号　13775-53-6。

EC 号　239-14-8。

分子式　AlF_6Na_3。

相对分子质量　209.94。

开发单位　不详，1929 年开始用作杀虫剂。

理化性质　天然产品为单斜晶系结晶，含量达 98%，合成产品为无定型粉末，两者都几乎不溶于水。化学性质稳定。

毒性　对哺乳动物低毒，狗急性经口 LD_{50} 13.5g/kg。

作用方式及机理　当一般的胃毒剂使用。

剂型　不能与含钙的石灰、波尔多液、石硫合剂、砷酸钙等混合使用，否则杀虫效率降低，但可与油乳剂、肥皂、硫黄等混用。

防治对象　果树、蔬菜、棉花上的咀嚼式口器害虫。分为粉用和液用两种方法。粉用时主要防治棉大卷叶虫，液用时还可防治象鼻虫、黏虫、二十八星瓢虫、菜青虫、烟青虫等害虫。

参考文献

四川省农业科学院农药研究所, 1972. 农药手册[M]. 北京: 农业出版社: 184-185.

唐除痴, 李煜昶, 陈彬, 1998. 农药化学[M]. 天津: 南开大学出版社: 217.

（撰稿：王建国；审稿：高希武）

氟化钠　sodium fluoride

一种无机盐类杀虫剂。

化学名称　氟化钠。

其他名称　fluorure de sodium、Florocid。

CAS 登记号　7681-49-4。

EC 号　231-667-8。

分子式　FNa。

相对分子质量　41.99。

开发单位　不详，古老的杀蟑螂剂。可通过氢氟酸中和制得，氢氟酸可由氟石与酸作用得到，也可由碳酸钠与氟硅酸盐作用制得。

理化性质　纯品为白色细小结晶或无定型粉末，相对密度 2.76，无臭，具吸潮性，在储存时容易结成大块，不易捣碎。在水中容易形成难溶性的酸性氟化钠（$NaHF_2$），因而溶解度不大，在空气中很稳定，工业品因含杂质，多为白色或灰白色粉末。微溶于乙醇。

毒性　强胃毒性杀虫剂，兼有触杀活性，对脊椎动物高毒，对人的致死量为 75～150mg/kg，但可作为猪的杀蛔虫剂。目前已经禁用。

剂型　85% 和 98% 的原粉。

作用方式及机理　容易灼伤嫩叶，适用于防治蜡质较厚、组织结实的粗壮叶片上的害虫。在多雨、潮湿、高温的情况下，容易发生药害。

防治对象　用于防治夜蛾、黏虫、地老虎、草地螟和蝗虫，也可用来防除禽虱、兽虱和衣鱼等。但效力不如砷制剂、DDT 和六六六。还可作为木材防腐剂使用。

参考文献

马丁 H, 1979. 农药品种手册[M]. 北京市农药二厂, 译. 北京: 化学工业出版社: 199.

马克比恩 C, 2015. 农药手册[M]. 胡笑形, 等译. 北京: 化学工业出版社: 1101.

四川省农业科学院农药研究所, 1972. 农药手册[M]. 北京: 农业出版社: 179-181.

作者不详, 1968. 无机杀虫剂[M]. 北京: 化学工业出版社: 8-9.

（撰稿：王建国；审稿：高希武）

氟环唑　epoxiconazole

一种三唑类杀菌剂，对多种作物的真菌病害有效。

其他名称　欧博。

化学名称　(2*RS*,3*SR*)-1-[3-(2-氯苯基)-2,3-环氧-2-(4-氟苯基)丙基]-1*H*-1,2,4-三唑；*cis*-1-[[3-(2-chlorophenyl)-2-(4-fluorophenyl)oxiranyl]methyl]-1*H*-1,2,4-triazole。

IUPAC 名称　(2*RS*,3*SR*)-1-[3-(2-chlorophenyl)-2,3-epoxy-2-(4-fluorophenyl)propyl]-1*H*-1,2,4-triazole。

CAS 登记号　133855-98-8；曾用 106325-08-0 和 205862-63-1、135319-73-2（未标明立体化学）。

EC 号　603-768-0（406-850-2）。

分子式　$C_{17}H_{13}ClFN_3O$。

相对分子质量　329.76。

结构式

开发单位　由德国巴斯夫公司研发并推广，1993 年首次登记。

理化性质　纯品为无色晶体，原药是（2*R*，3*S*-2*S*，3*R*）-对映体。熔点 136.2～137℃。沸点 380℃。燃点 234℃。相对密度 1.384（25℃）。蒸气压 < 0.01mPa（20℃）。$K_{ow}lgP$ 3.33（pH7）。Henry 常数 < 4.71×10^{-4}Pa·m³/mol（20℃）。水中溶解度 6.63mg/L（20℃）；有机溶剂中溶解度（g/L）：丙酮 144、二氯甲烷 291、庚烷 0.4。稳定性：在 pH5 和 pH7 条件下 12 天内不水解。

毒性　大鼠急性经口 $LD_{50} > 5g/kg$。大鼠急性经皮 $LD_{50} > 2g/kg$。对兔眼睛和皮肤无刺激。大鼠急性吸入 LC_{50}（4 小时）$> 5.3mg/L$ 空气。NOEL［mg/（kg·d）］：小鼠 0.81mg/kg。鹌鹑急性经口 $LD_{50} > 2g/kg$；鹌鹑 LC_{50} 5g/kg 饲料。鱼类 LC_{50}（96 小时，mg/L）：蓝鳃翻车鱼 $4.6 \sim 6.8$，虹鳟 $2.2 \sim 4.6$。水蚤 LC_{50}（48 小时）8.7mg/L。绿藻 EC_{50}（72 小时）2.3mg/L。蜜蜂 $LD_{50} > 100\mu g/$ 只。蚯蚓 EC_{50}（14 天）$> 1g/kg$ 土壤。

剂型　12.5%、30% 悬浮剂，7.5% 乳油。

质量标准　7.5% 乳油外观为浅褐色黏稠液体，密度 0.96g/cm³（20℃），黏度 5.2mPa·s（20℃）。

作用方式及机理　具有保护、治疗和铲除作用的内吸性杀菌剂，经植物根和叶吸收，可在新生组织中迅速传导。通过杂环上的氮原子与病原菌细胞内羊毛甾醇 14α 脱甲基酶的血红素-铁活性中心结合，抑制 14α 脱甲基酶的活性，从而阻碍麦角甾醇的合成，最终起到杀菌的作用。

防治对象　氟环唑对禾谷类作物病害，如立枯病、白粉病、眼纹病等十多种病害有很好的防治作用，对子囊菌、担子菌和无性态菌物引起的多种病害有效。

使用方法　喷雾为主，剂量约为 125g/hm²。

注意事项　香蕉叶斑病喷药请勿直接喷洒在指蕉上，喷药前应将幼蕉套袋。不可与强酸或碱性农药等物质混用。对藻类、水蚤等水生生物有毒，远离水产养殖区用药，禁止在河塘等水体中清洗施药器具，避免药液污染水源地。使用时应穿戴防护服和手套，避免吸入药液。施药期间不可吃东西和饮水。施药后应及时冲洗手、脸及裸露部位。用过的容器妥善处理，不可做他用或随意丢弃，可用控制焚烧法或安全掩埋法处置包装物或废弃物。避免孕妇及哺乳期妇女接触。

与其他药剂的混用　可与多菌灵混用防治小麦锈病、香蕉叶斑病；与咪鲜胺铜盐混用防治水稻稻曲病、稻瘟病和纹枯病；与嘧菌酯或噻呋酰胺混用防治水稻纹枯病；与三环唑混用防治水稻稻瘟病；与唑菌胺酯混用防治香蕉叶斑病和苹果斑点落叶病；与烯肟菌酯混用防治苹果斑点落叶病；与甲基硫菌灵混用防治小麦白粉病、赤霉病和锈病。

允许残留量　GB 2763—2021《食品中农药最大残留限量标准》规定氟环唑最大残留限量见表。ADI 为 0.02mg/kg。谷物按照 GB 23200.113、GB/T 20770 规定的方法测定；水果按照 GB 23200.8、GB 23200.113、GB/T 20769 规定的方法测定。

部分食品中氟环唑最大残留限量（GB 2763—2021）

食品类别	名称	最大残留限量（mg/kg）
谷物	糙米	0.50
	小麦	0.05
水果	苹果	0.50
	葡萄	0.50
	香蕉	3.00

参考文献

刘长令, 2006. 世界农药大全: 杀菌剂卷[M]. 北京: 化学工业出版社.

农业部种植业管理司和农业部农药检定所, 2015. 新编农药手册[M]. 2版. 北京: 中国农业出版社.

TURNER J A, 2015. The pesticide manual: a world compendium [M]. 17th ed. UK: BCPC.

（撰稿：陈凤平；审稿：刘鹏飞）

氟磺胺草醚　fomesafen

一种二苯醚类选择性除草剂。

其他名称　虎威、豆草畏、磺氟草醚、Flex。

化学名称　2-氯-4-三氟甲基苯基-3′-甲磺酰基氨基甲酰基-4′-硝基苯基醚；5-[2-chloro-4-(trifluoromethyl)phenoxy]-N-(methylsulfonyl)-2-nitrobenzamide。

IUPAC名称　5-(2-chloro-α,α,α-trifluoro-p-tolyloxy)-N-methylsulfonyl-2-nitrobenzamide。

CAS 登记号　72178-02-0。

EC 号　276-439-9。

分子式　$C_{15}H_{10}ClF_3N_2O_6S$；$C_{15}H_9ClF_3N_2NaO_6S$（钠盐）。

相对分子质量　438.76；460.75（钠盐）。

结构式

开发单位　英国捷利康公司。

理化性质　白色结晶体。相对密度 1.61（20℃）。熔点 219℃。蒸气压 $< 4 \times 10^{-6}Pa$（20℃）。溶解度（20℃，g/L）：水 0.05（纯水）、水 < 0.01（pH1~2）、水 10（pH9）；丙酮 300、己烷 0.5、二甲苯 1.9。能生成水溶性盐。

毒性　低毒。大鼠急性经口 LD_{50}（mg/kg）：$1250 \sim 2000$（雄）、1600（雌）。兔急性经皮 $LD_{50} > 1000mg/kg$。大鼠急性吸入 LC_{50}（4 小时）4.97mg/L。对兔眼睛和皮肤有轻度刺激。饲喂试验 NOEL［mg/（kg·d）］：大鼠（2 年）5，小鼠（1.5 年）1，狗（6 个月）1。在试验剂量内无致畸、致突变、致癌作用。鱼类 LC_{50}（96 小时，mg/L）：虹鳟 170，翻车鱼 1507。蜜蜂经口 LD_{50} 50μg/ 只，接触 LD_{50} 100μg/ 只。野鸭急性经口 $LD_{50} > 5000mg/kg$，野鸭和鹌鹑 LC_{50}（5 天）$> 20\,000mg/kg$ 饲料。蚯蚓 LC_{50}（14 天）$> 1000mg/kg$ 土壤。

氟磺胺草醚钠盐：大鼠急性经口 LD_{50}（mg/kg）：1860（雄）、1500（雌）。兔急性经皮 $LD_{50} > 780mg/kg$。

剂型　10%、12.8%、20% 乳油，12.8%、20% 微乳剂，18%、25%、250g/L 水剂，16.8% 高渗水剂，73% 可溶粉剂。

质量标准　氟磺胺草醚原药（GB/T 22167—2008）。

F

作用方式及机理　选择性触杀型除草剂，具一定传导性。可被杂草的茎、叶及根吸收，进入杂草体内的药剂，破坏叶绿体，影响光合作用，使叶片产生褐斑，并迅速枯萎死亡。喷洒时落入土壤的药剂和从叶片上被雨水冲淋入土壤的药剂会被杂草根部吸收，经木质部向上输导，起到杀草作用。

防治对象　阔叶杂草，如马齿苋、反枝苋、凹头苋、刺苋、苘麻、狼杷草、鬼针草、辣子草、鳢肠、龙葵、曼陀罗、苍耳、刺黄花稔、蒿蓄、田菁、香薷、豚草、鸭跖草、刺儿菜、田旋花等。对马齿苋、反枝苋、凹头苋、刺苋、酸浆、龙葵等效果理想，对藜、苍耳、苘麻、鸭跖草、苣荬菜、刺儿菜等防效中等。

使用方法　苗后茎叶喷雾，用于大豆、花生、果园等除草。

防治大豆田杂草　大豆 1～3 片三出复叶期、杂草 2～5 叶期，春大豆田每亩用 25% 氟磺胺草醚水剂 80～120g（有效成分 20～30g）、夏大豆田每亩用 25% 氟磺胺草醚水剂 50～80g（有效成分 12.5～20g），兑水 30L 茎叶喷雾。

防治花生田杂草　阔叶杂草 2～4 叶期茎叶处理。每亩施用 25% 氟磺胺草醚水剂 40～50g（有效成分 10～12.5g），兑水 30L 茎叶喷雾。

防治非耕地杂草　在杂草 2～5 叶期，春大豆田每亩用 25% 氟磺胺草醚水剂 80～120g（有效成分 20～30g），兑水 30L 茎叶喷雾。

注意事项　①使用该品后，大豆茎叶可能出现枯斑或黄化现象，但不影响新叶生长，1～2 周后恢复正常，不影响产量。大豆生长不良，低洼积水，高温高湿、低温高湿，病虫危害时，易造成大豆药害。②与防禾本科杂草除草剂混用时请在当地植保部门指导下使用。

与其他药剂的混用　可与高效氟吡甲禾灵、精喹禾灵、烯禾啶、烯草酮、灭草松、异噁草松等桶混使用。

允许残留量　GB 2763—2021《食品中农药最大残留限量标准》规定氟磺胺草醚最大残留限量见表。ADI 为 0.0025mg/kg。油料和油脂按照 GB/T 5009.130 规定的方法测定。

部分食品中氟磺胺草醚最大残留限量（GB 2763—2021）

食品类别	名称	最大残留限量（mg/kg）
油料和油脂	大豆	0.10
	花生仁	0.20
谷物	绿豆	0.05

参考文献

刘长令，2002. 世界农药大全: 除草剂卷[M]. 北京: 化学工业出版社.

马克比恩 C，2015. 农药手册[M]. 胡笑形，等译. 北京: 化学工业出版社.

中国农业百科全书总编辑委员会农药卷编辑委员会, 中国农业百科全书编辑部, 1993. 中国农业百科全书: 农药卷[M]. 北京: 中国农业出版社.

SHANER D L, 2014. Herbicide handbook[M].10th ed. Lawrence, KS: Weed Science Society of America.

（撰稿：李香菊；审稿：耿贺利）

氟磺隆　prosulfuron

一种磺酰脲类选择、内吸性除草剂。

其他名称　Peak、Exceed、Casper（＋麦草畏钠盐）、Spirit（＋氟嘧磺隆）、顶峰、必克、三氟丙磺隆、CGA 152005。

化学名称　1-(4- 甲氧基 -6- 甲基 -1,3,5- 三嗪 -2- 基)-3-[2-(3,3,3- 三氟丙基)苯基磺酰基] 脲；N-[[(4-methoxy-6-methyl-1,3,5-triazin-2-yl)amino]carbonyl]-2-(3,3,3-trifluoropropyl)benzene sulfonamide。

IUPAC 名称　1-(4-methoxy-6-methyl-1,3,5-triazin-2-yl)3-[2-(3,3,3-trifluoropropyl)phenylsulfonyl]urea。

CAS 登记号　94125-34-5。

分子式　$C_{15}H_{16}F_3N_5O_4S$。

相对分子质量　419.38。

结构式

开发单位　汽巴 - 嘉基公司（现先正达公司）开发，1994 年上市。M. Schulte 等报道该除草剂。

理化性质　原药纯度≥95%。纯品为无色无味晶体。熔点 155℃（分解）。蒸气压＜ 3.5×10^{-3}mPa（25℃）。$K_{ow}\lg P$（25℃）：1.5（pH5.0）、-0.21（pH6.9）、-0.76（pH9.0）。Henry 常数＜ 3×10^{-4}Pa·m³/mol（计算值）。相对密度 1.45（20℃）。溶解度（25℃，mg/L）：蒸馏水 29（pH4.5）、缓冲液 87（pH5.0）、4000（pH6.8）、43 000（pH7.7）；在有机溶剂中溶解度（25℃，g/L）：乙醇 8.4、丙酮 160、甲苯 6.1、正己烷 0.0064、正辛醇 1.4、乙酸乙酯 56、二氯甲烷 180。稳定性：在水溶液中 DT_{50}（20℃）：5～10 天（pH5）、＞ 1 年（pH7 和 pH9），不光解。pK_a3.76。

毒性　急性经口 LD_{50}：大鼠 986mg/kg，小鼠 1247mg/kg。兔急性经皮 LD_{50}＞ 2000mg/kg。对兔眼睛和皮肤无刺激作用，对豚鼠皮肤无致敏性。大鼠吸入 LC_{50}（4 小时）＞ 5400mg/m³。NOAEL：小鼠（18 个月）1.9mg/（kg·d），NOEL：大鼠（2 年）200mg/kg（饲料 [8.6mg/（kg·d）]，狗（1 年）60mg/kg [1.9mg/（kg·d）。对大鼠和兔无致畸和致突变作用。野鸭急性经口 LD_{50} 1300mg/kg，饲喂 LC_{50}（8 天）＞ 5000mg/kg 饲料。山齿鹑急性经口 LD_{50}＞ 2150mg/kg，饲喂 LC_{50}（8 天）＞ 5000mg/kg 饲料。鲶鱼、虹鳟和鲤鱼 LC_{50}（96 小时）＞ 100mg/kg，蓝鳃翻车鱼和羊头原鲷＞ 155mg/L。水蚤 LC_{50}（48 小时）＞ 120mg/L。羊角月牙藻 EC_{50} 0.011mg/L，水

华鱼腥藻 0.58mg/L，舟形藻＞ 0.084mg/L，中肋骨条藻＞ 0.029mg/L。其他水生生物：糠虾 EC_{50}＞ 150mg/L，东方牡蛎 EC_{50}＞ 125mg/L，浮萍 EC_{50}（14 天）0.00126mg/L。蜜蜂 LD_{50}（48 小时，经口和接触）＞ 100μg/ 只。蚯蚓 LC_{50}（14 天）＞ 1000mg/kg 土壤。其他有益生物：使用剂量为 30g/hm^2 时对隐翅虫、地面甲虫、蚜虫天敌或瓢虫无影响。对呼吸和消化系统无影响。

剂型　水分散粒剂。

作用方式及机理　乙酰乳酸合成酶（ALS 或 AHAS）抑制剂，通过抑制缬氨酸和异亮氨酸的生物合成来阻止细胞分裂和植物生长。其选择性源于作物对它的代谢较快。通过茎叶和根部吸收，在木质部和韧皮部向顶、向基传导到作用位点，在使用后 1～3 周内植株死亡。

防治对象　用于玉米田、高粱田、禾谷类作物田、牧草地和草坪，苗后处理，防除苋属、白麻属、藜属、蓼属、繁缕属杂草和其他一年生阔叶杂草。

使用方法　对玉米和高粱具有高度的安全性，主要用于苗后除草，使用剂量为有效成分 10～40g/hm^2。若与其他除草剂混合使用，还可进一步扩大除草谱。

注意事项　对甜菜、向日葵有时会产生药害。不能与有机磷杀虫剂混用。

制造方法　由氨基苯磺酸经重氮化，与 3,3,3- 三氟丙烯 -1- 酰胺化后制取异氰酸酯，再与三嗪胺缩合制得。

允许残留量　日本规定最大残留量（mg/kg）：玉米 0.01，肉类（哺乳动物、家禽）0.05，可食用内脏（哺乳动物、家禽）0.05，家禽蛋 0.05，牛奶 0.05。

参考文献

刘长令, 2002. 世界农药大全: 除草剂卷[M]. 北京: 化学工业出版社: 55-56.

马克比恩 C, 2015. 农药手册[M]. 胡笑形, 等译. 北京: 化学工业出版社: 857-859.

石得中, 2008. 中国农药大辞典[M]. 北京: 化学工业出版社: 161-162.

（撰稿：王宝雷；审稿：耿贺利）

氟磺酰草胺　mefluidide

一种酰胺类植物生长调节剂和除草剂。

其他名称　氟磺酰草胺二乙醇胺盐、Embark（PBI/Gordon）、呋草胺、MBR-12325。

化学名称　5′-(1,1,1- 三氟甲磺酰氨基) 乙酰基 -2′,4′- 二甲基苯胺。

IUPAC 名称　5′-(1,1,1-trifluoromethanesulfonamido)aceto- 2′,4′-xylidide。

CAS 名称　N-[2,4-dimethyl-5-[[(trifluoromethyl)sulfonyl]amino]phenyl]acetamide。

CAS 登记号　53780-34-0。

分子式　$C_{11}H_{13}F_3N_2O_3S$。

相对分子质量　310.29。

结构式

开发单位　1974 年报道，由 3M 公司引进，PBI/Gordon Crop. 于 1989 年购买了所有权。

理化性质　无色无味结晶状固体。熔点 183～185℃。蒸气压＜ 10mPa（25℃）。$K_{ow}\lg P$ 2.02（25℃，非离子化）。Henry 常数＜ $1.72×10^{-2}Pa·m^3/mol$（计算值）。水中溶解度（mg/L，23℃）：180；有机溶剂中溶解度（g/L，23℃）：丙酮 350、甲醇 310、乙腈 64、乙酸乙酯 50、正辛醇 17、二乙醚 3.9、二氯甲烷 2.1、苯 0.31、二甲苯 0.12。pK_a4.6。稳定性：高温稳定，但在酸性或碱性溶液中高温水解，在暴露于紫外线的水溶液中降解。

剂型　可溶液剂，主要有 0.48kg/L、0.24kg/L 二乙胺盐水剂。

毒性　低毒。急性经口 LD_{50}：大鼠＞ 4000mg/kg，小鼠 1920mg/kg。兔急性经皮 LD_{50}＞ 4000mg/kg。对兔眼睛有中等刺激作用，对皮肤无刺激作用。NOEL［mg/（kg·d）］：狗 1.5。无诱变性，无致畸性。野鸭和山齿鹑急性经口 LD_{50}＞ 4620mg/kg。野鸭和山齿鹑饲喂 LC_{50}（5 天）＞ 10 000mg/kg 饲料（第 8 天观察）。虹鳟、蓝鳃翻车鱼 LC_{50}（96 小时）＞ 100mg/L。野鸭急性经口 LD_{50}＞ 2510mg/kg，野鸭和山齿鹑饲喂 LC_{50}（8 天）＞ 5620mg/kg 饲料。水蚤 LC_{50}（48 小时）＞ 130mg/L。羊角月牙藻 EC_{50}（72 小时）0.02mg/L。浮萍 EC_{50}（14 天）0.0008mg/L。蜜蜂 LD_{50}（μg/ 只）：接触＞ 100、经口＞ 51.41。蚯蚓 LC_{50}＞ 1000mg/kg 土壤。

作用方式及机理　植物生长调节剂和除草剂，可抑制分生组织的增长和发展。

防治对象　作为大豆田除草剂能选择性地抑制和灭杀众多禾本科杂草和阔叶杂草（尤其是假高粱和自生谷类植物），并可作为甘蔗催熟剂，提高甘蔗的蔗糖含量。抑制草坪、草地、工业区、城市绿地及割草很难的区域（如路边缘和路堤）的多年生牧草种子的产生。作为生长调节剂可以抑制观赏植物和灌木的顶端生长和侧芽生长，起矮化作用，也可作为烟草腋芽抑制剂。

使用方法　使用剂量范围 0.3～1.1kg/hm^2，与生长调节剂型除草剂相容，与自然界中酸性的液体肥料不相容。

参考文献

马克比恩 C, 2015. 农药手册[M]. 胡笑形, 等译. 北京: 化学工业出版社: 646.

石得中, 2007. 中国农药大辞典[M]. 北京: 化学工业出版社: 162.

孙家隆, 2015. 新编农药品种手册[M]. 北京: 化学工业出版社: 705, 924.

（撰稿：许寒；审稿：耿贺利）

氟节胺　flumetralin

一种接触兼局部内吸性植物生长延缓剂，能影响植物体内酶系统功能，增加叶绿素与蛋白质含量，生产上能显著抑制烟草侧芽生长，是烟草专一的抑芽剂。

其他名称　Prime、抑芽敏、CGA41065。

化学名称　N-乙基-N(2-chloro-6-fluorobenzyl)-2′,6′-二硝基-4-三氟甲基苯胺。

IUPAC 名称　N-[(2-chloro-6-fluorophenyl)methyl]-N-ethyl-2,6-dinitro-4-(trifluoromethyl)niline。

CAS 登记号　62924-70-3。

EC 号　613-108-3。

分子式　$C_{16}H_{12}ClF_4N_3O_4$。

相对分子质量　421.74。

结构式

开发单位　首先由瑞士汽巴 - 嘉基公司开发。

理化性质　二硝基苯胺类化合物，纯品为黄色或橙色结晶。熔点 101～103℃。溶解度（g/L，25℃）：水 $7×10^{-5}$、丙酮 560、甲苯 400、乙醇 18、正己烷 14、正辛烷 6.8。稳定性：在沸点以下热稳定；一般条件下光照和水解稳定（pH6～7，25℃），碱性条件下不稳定。

毒性　低毒。对眼睛和皮肤有刺激作用。大鼠急性经口 LD_{50} 5000mg/kg，急性经皮 LD_{50} 2000mg/kg。对皮肤刺激中等，对眼睛刺激强烈。

剂型　125g/L、25% 乳油，25%、30%、40% 悬浮剂，12% 水乳剂，40% 水分散粒剂，25% 可分散油悬浮剂。

质量标准　Q/320982 DNH 70—2016 氟节胺原药江苏辉丰农化股份有限公司企业标准（有效成分≥95%，水分含量≤0.5%，pH4～7，丙酮不溶物≤0.1%）。

作用方式及机理　为接触兼局部内吸性植物生长延缓剂。被植物吸收快，作用迅速，主要影响植物体内酶系统功能，增加叶绿素与蛋白质含量。抑制烟草侧芽生长，施药后 2 小时，无雨即可见效，对预防花叶病有一定效果。

使用对象　烟草。

使用方法　是烟草专一的抑芽剂。当烟草生长发育到花蕾伸长期至始花期时，氟节胺可以代替人工摘除侧芽，在打顶后 24 小时，以 25% 药剂用 1200～1500ml/hm² 稀释 300～400 倍，可采用整株喷雾法、杯淋法或涂抹法进行处理，都会有良好的控侧芽效果。从简便、省工角度来看，顺主茎往下淋为好；从省药和控侧芽效果来看，宜用毛笔蘸药液涂抹于侧芽上。

注意事项　该品对 2.5cm 以上的侧芽效果不好，施药时应事先打去。对鱼有毒，应避免药剂污染水塘、河流。不能与其他农药混用。

允许残留量　中国无残留规定，欧盟规定 ADI 为 13.6mg/kg，默认最大残留限量为 0.01mg/kg。

参考文献

李玲, 肖浪涛, 谭伟明, 等, 2018. 现代植物生长调节技术手册[M]. 北京: 化学工业出版社: 34-35.

马克比恩 C, 2015. 农药手册[M]. 胡笑形, 等译. 北京: 化学工业出版社:467.

孙家隆, 2015. 新编农药品种手册[M]. 北京: 化学工业出版社:924.

中国农业百科全书总编辑委员会农药卷编辑委员会, 中国农业百科全书编辑部,1993. 中国农业百科全书: 农药卷[M]. 北京: 农业出版社:88.

（撰稿：王召；审稿：谭伟明）

氟菌唑　triflumizole

一种咪唑类杀菌剂。

其他名称　Trifmine、Procure、特富灵、三氟咪唑。

化学名称　[N(E)]-4-氯-N-[1-(1H-咪唑-1-基]-2-正丙氧基亚乙基]-2-(三氟甲基)苯胺；[N(E)]-4-chloro-N-[1-(1H-imidazol-1-yl)-2-propoxyethylidene]-2-(trifluoromethyl)benzenamine。

IUPAC 名称　(E)-4-chloro-a,a,a-trifluoro-N-(1-imidazol-1-yl-2-propoxyethylidene)-o-toluidine。

CAS 登记号　68694-11-1。

分子式　$C_{15}H_{15}ClF_3N_3O$。

相对分子质量　345.75。

结构式

开发单位　1986 年由日本曹达公司开发。A. Nakata 报道其杀菌活性。

理化性质　纯品为无色结晶。熔点 62.4℃。蒸气压 0.191mPa（25℃）。$K_{ow}lgP$ 5.06（pH6.5）、5.1（pH7）、5.12（pH8）。Henry 常数 $6.29×10^{-3}Pa·m^3/mol$。溶解度（20℃）：水 12.5mg/L、氯仿 2220g/L、己烷 17.6g/L、二甲苯 639g/L、丙酮 1440g/L、甲醛 496g/L、乙腈 1030g/L。稳定性：在强碱性和酸性介质中不稳定，水溶液遇日光降解，DT_{50} 29 天。土壤（黏土）中 DT_{50} 14 天。呈碱性，pK_a3.7（20～25℃）。

毒性　大鼠急性经口 LD_{50}（mg/kg）：雄 715，雌 695。大鼠急性经皮 LD_{50} > 5000mg/kg。大鼠急性吸入 LC_{50}（4 小时）> 3.2mg/L 空气。大鼠 2 年饲喂试验的

NOEL 为 3.7mg/kg 饲料。对兔眼睛有中等程度刺激性，对皮肤无刺激作用。日本鹌鹑急性经口 LD$_{50}$（mg/kg）：雄 2467，雌 4308。鲤鱼 LC$_{50}$（96 小时）0.869mg/L。水蚤 LC$_{50}$（48 小时）1.71mg/L。藻类 E$_r$C$_{50}$（72 小时）1.91mg/L。蜜蜂 LD$_{50}$（μg/只）：接触 20（48 小时）；经口 14（48 小时）。

剂型　30% 可湿性粉剂（特富灵），15% 乳油，10% 烟剂。

质量标准　30% 可湿性粉剂由有效成分、表面活性剂和载体组成。外观为无味灰白色粉末，细度为 98% 通过 300 目筛。在阴暗、干燥条件下，于原包装中储存 2 年以上稳定。

作用方式及机理　氟菌唑为甾醇脱甲基化抑制剂，具有保护、治疗和铲除作用的内吸杀菌剂。

防治对象　防治麦类、蔬菜、果树及其他作物的白粉病和锈病，茶树炭疽病、茶饼病和桃褐腐病等多种病害。

使用方法　通常用于茎叶喷雾。

防治黄瓜白粉病　在黄瓜白粉病发病初期喷 1 次药，间隔 7～10 天喷第二次，30% 可湿性粉剂每次用药量为 225～300g/hm^2，共喷 2 次，安全间隔期为 2 天。

防治梨黑星病　发病初期开始施药，发芽 10 天后到果实膨大期均可使用，其中开花前到落花 20 天期间是重点防治期，每次用 30% 可湿性粉剂 3000～4000 倍液整株喷雾，每季最多喷施两次，安全间隔期为 7 天。

注意事项　严格按规定用药量和方法使用。对水蚤、藻类、鱼类、家蚕有毒，切勿将制剂及废液弃于池塘、沟渠、河溪和湖泊等，以免污染水源。桑园、蚕室附近禁用，远离水产养殖区，禁止在河塘等水体中清洗施药器具。赤眼蜂等天敌放飞区禁用。开花植物花期禁止使用。使用时应穿戴防护服和手套，避免吸入药液。施药期间不可吃东西和饮水。施药后应及时洗手和洗脸。孕妇及哺乳期妇女应避免接触。用过的容器应妥善处理，不可做他用，也不可随意丢弃。

与其他药剂的混用　建议与其他作用机制不同的杀菌剂轮换使用，以延缓抗性的产生。不可与波尔多液等碱性和酸性农药等物质混用。

允许残留量　GB 2763—2021《食品中农药最大残留限量标准》规定氟菌唑最大残留限量见表。ADI 为 0.04mg/kg。蔬菜按照 NY/T 1379 规定的方法测定；水果按照 NY/T 1453 规定的方法测定。

部分食品中氟菌唑最大残留限量（GB 2763—2021）

食品类别	名称	最大残留限量（mg/kg）
蔬菜	黄瓜	0.2*
调味料	芫荽	30.0*
水果	梨	0.5*
	葡萄	1.0*
	樱桃	4.0*
	草莓	2.0*
	番木瓜	2.0*
	西瓜	0.2*
饮料类	啤酒花	30.0*

* 临时残留限量。

参考文献

刘长令, 2006. 世界农药大全: 杀菌剂卷[M]. 北京: 化学工业出版社: 202.

农业部种植业管理司, 农业部农药检定所, 2015. 新编农药手册[M]. 2版. 北京: 中国农业出版社: 248.

TURNER J A, 2015. The pesticide manual: a world compendium [M]. 17th ed. UK: BCPC:1154-1155.

（撰稿：祁之秋；审稿：刘西莉）

氟喹唑　fluquinconazole

一种三唑类杀菌剂，对多种作物的真菌病害有效。

其他名称　喹唑菌酮。

化学名称　3-(2,4-二氯苯基)-6-氟-2-(1H-1,2,4-三唑-1-基)喹唑啉-4-(3H)-酮；3-(2,4-dichlorophenyl)-6-fluoro-2-((1H-1,2,4-triazol-1-yl)-4(3H)-quinazolinone。

IUPAC 名称　3-(2,4-dichlorophenyl)-6-fluoro-2-(1H-1,2,4-triazol-1-yl)quinazolin-4(3H)-one。

CAS 登记号　136426-54-5。

EC 号　603-960-4；411-960-9。

分子式　C$_{16}$H$_8$Cl$_2$FN$_5$O。

相对分子质量　376.17。

结构式

开发单位　由 P. E. Russel 等报道，由德国先灵制药和霍奇斯特先灵阿格雷沃公司开发。2003 年将欧洲市场出售给巴斯夫公司。

理化性质　纯品为灰白色结晶固体，原药含量≥95.5%，伴有轻微气味。熔点 189℃。沸点 443℃。燃点 311℃。相对密度 1.58（20℃）。蒸气压 1.12×10^{-4}mPa（25℃）。K_{ow}lgP 2.88（25℃）。Henry 常数 3.03×10^{-8}Pa·m^3/mol（25℃）。水中溶解度 1.15mg/L（pH6.6，20℃）；有机溶剂中溶解度（g/L，20℃）：二甲基亚砜 200、二氯甲烷 150、丙酮 50、二甲苯 9.88、乙醇 3.48。稳定性：在水中 DT$_{50}$（25℃，pH7）为 21.8 天，水溶液中对光稳定。

毒性　大鼠急性经口 LD$_{50}$ 约 112mg/kg。大鼠急性经皮 LD$_{50}$＞2.679g/kg。对兔眼睛和皮肤无刺激。大鼠（4 小时）急性吸入 LC$_{50}$＞0.754mg/L。NOEL［mg/（kg·d）］：狗 0.5，大鼠（1 年）0.31，小鼠 1.1。山齿鹑和野鸭急性经口 LD$_{50}$＞2g/kg。野鸭饲喂 LC$_{50}$（5 天）＞10g/kg 饲料。鱼类 LC$_{50}$（96 小时，mg/L）：蓝鳃翻车鱼 1.34，虹鳟 1.9。水蚤 LC$_{50}$（48 小时）＞5mg/L。蚯蚓 LC$_{50}$（14 天）＞1g/kg 土壤。对蚜茧蜂、梨盲走螨、七星瓢虫和普通草蛉无毒。

防治对象　对苹果黑星病和苹果白粉病有优异防效。同时还可防治由子囊菌、担子菌和无性态菌物引起的多种病害，如小麦颖枯病、白粉病、锈病、散黑穗病、腥黑穗病、小麦全蚀病等。

使用方法　喷雾为主，使用剂量 125～150g/hm²，大豆田可提高到 125～500g/hm²。

参考文献

刘长令, 2006. 世界农药大全: 杀菌剂卷[M]. 北京: 化学工业出版社.

农业部种植业管理司和农业部农药检定所, 2015. 新编农药手册[M]. 2版. 北京: 中国农业出版社.

TURNER J A, 2015. The pesticide manual: a world compendium [M]. 17th ed. UK: BCPC.

（撰稿：陈凤平；审稿：刘鹏飞）

氟乐灵　trifluralin

一种二硝基苯胺类苯类除草剂。

其他名称　茄科宁、特福力、氟特力。

化学名称　α,α,α- 三氟 -2,6- 二硝基 -N,N- 二丙基对甲苯胺。

IUPAC 名称　ααα-trifluoro-2,6-dinitro-N,N-dipropyl-p-toluidine。

CAS 登记号　1582-09-8。

EC 号　216-428-8。

分子式　$C_{13}H_{16}F_3N_3O_4$。

相对分子质量　335.28。

结构式

开发单位　陶氏益农公司。

理化性质　原药为橙黄色结晶体，具芳香族化合物气味。相对密度 1.23（20℃）、1.36（25℃）。熔点 48.5～49℃。沸点 96～97℃（24Pa）。蒸气压 6.1×10^{-3}Pa（25℃）。水中溶解度（25℃，mg/L）：0.184（pH5）、0.221（pH7）、0.189（pH9）；有机溶剂中溶解度（25℃，g/L）：丙酮、氯仿、甲苯、乙腈、乙酸乙酯＞1000，甲醇 33～40，己烷 50～67，二甲苯 580。易挥发，易光解，对热稳定。

毒性　低毒。大鼠急性经口 LD_{50} ＞5000mg/kg，兔急性经皮 LD_{50} ＞5000mg/kg，大鼠急性吸入 LC_{50}（4 小时）＞4.8mg/L。对兔眼睛和皮肤有刺激性。试验条件下未见致畸、致突变、致癌作用。对鱼类高毒。鱼类 LC_{50}（96 小时，mg/L）：虹鳟 0.088，大翻车鱼 0.089，蓝鳃鱼 0.058，金鱼 0.59。水蚤 LC_{50} 0.2～0.6mg/L。蜜蜂经口 LD_{50} ＞100μg/ 只。鸟类经口 LD_{50} ＞2000mg/kg。

剂型　48%、480g/L 乳油。

质量标准　氟乐灵原药（HG 3701—2002）。

作用方式及机理　杂草萌发穿过药土层时，由禾本科植物的幼芽、幼根和阔叶植物的下胚轴、子叶吸收药剂，使细胞停止分裂，根尖分生组织细胞变小，皮层薄壁组织的细胞增大，细胞壁变厚，由于细胞中的液泡增大，使细胞丧失极性产生畸形，禾本科杂草呈"鹅头"状根茎，阔叶杂草下胚轴变粗变短、脆而易折。氟乐灵施入土壤后，由于挥发、光解、微生物和化学作用而逐渐分解消失，其中挥发和光分解是降解的主要因素，潮湿和高温会加快其分解速度。

防治对象　稗草、狗尾草、马唐、牛筋草、千金子、碱茅及部分小粒种子的阔叶杂草如反枝苋、藜等。对铁苋菜、苘麻、苍耳、鸭跖草及多年生杂草防效差。

使用方法　用在棉花、大豆、蔬菜等田地除草。

防治棉花田杂草　棉花播前或播后苗前，每亩用 48% 氟乐灵乳油 120～150g（有效成分 57.6～72g），兑水 40～50L 进行土壤均匀喷雾，喷雾后立即混土。

防治大豆田杂草　大豆播前或播后苗前，每亩用 48% 氟乐灵乳油 125～175g（有效成分 60～84g），加水 40～50L 进行土壤均匀喷雾。

注意事项　①氟乐灵易光解，施药后需立即混土，混土深度为 1～5cm。尤其是播种后天气较干旱时，应在施药后立即混土镇压保墒。②高粱、谷子对氟乐灵敏感，轮作倒茬或间作时应注意安全用药。③储存时避免阳光直射，不要靠近火和热气，在 4℃以上阴凉处保存。

与其他药剂的混用　常与扑草净混用。

允许残留量　GB 2763—2021《食品中农药最大残留限量标准》规定氟乐灵最大残留限量见表。ADI 为 0.025mg/kg。谷物按照 GB 23200.9 规定的方法测定；油料和油脂按照 GB/T 5009.172 规定的方法测定。

部分食品中氟乐灵最大残留限量（GB 2763—2021）

食品类别	名称	最大残留限量（mg/kg）
谷物	玉米	0.05
油料和油脂	棉籽	0.05
	大豆	0.05
	花生仁	0.05

参考文献

刘长令, 2002. 世界农药大全: 除草剂卷[M]. 北京: 化学工业出版社.

马克比恩 C, 2015. 农药手册[M]. 胡笑形, 等译. 北京: 化学工业出版社.

中国农业百科全书总编辑委员会农药卷编辑委员会, 中国农业百科全书编辑部, 1993. 中国农业百科全书: 农药卷[M]. 北京: 农业出版社.

SHANER D L, 2014. Herbicide handbook[M].10th ed. Lawrence, KS: Weed Science Society of America.

（撰稿：李香菊；审稿：耿贺利）

氟雷拉纳　fluralaner

一种具有神经毒剂作用的内吸性杀虫剂、杀螨剂。

化学名称　4-[5-(3,5-二氯苯基)-4,5-二氢-5-三氟甲基-3-异唑基]-2-甲基-氮-[2-氧代-2-[(2,2,2-三氟乙基)氨基]乙基]-苯甲酰胺；benzamide,4-[5-(3,5-dichlorophenyl)-4,5-dihydro-5-(trifluoromethyl)-3-isoxazolyl]-2-methyl-N-[2-oxo-2-[(2,2,2-trifluoroethyl)amino]ethyl]。

IUPAC名称　4-[5-(3,5-dichlorophenyl)-5-(trifluoromethyl)-4,5-dihydro-1,2-oxazol-3-yl]-2-methyl-N-[2-oxo-2-[(2,2,2-trifluoroethyl)amino]ethyl]benzamide

CAS 登记号　864731-61-3。

分子式　$C_{22}H_{17}Cl_2F_6N_3O_3$。

相对分子质量　556.29。

结构式

开发单位　2004 年，日本日产化学工业公司 Mita 等成功研发。

理化性质　密度 1.51g/cm³。折射率 1.558。摩尔折射性 118.9cm³。摩尔体积 374.1cm³。

毒性　哺乳动物低毒或无毒。

作用方式及机理　通过干扰 γ- 氨基丁酸（GABA）门控氯离子通道和氯化 L-glutamate-gated 通道（GluCls）发挥作用。

防治对象　对抗氟虫腈的二斑叶螨防效较好。

允许残留量　氟雷拉纳在部分禽类产品中的最大残留限量见表。

氟雷拉纳在部分禽类产品中的最大残留限量

家禽组织	最大残留限量（μg/kg）	治疗类别
肌肉	65	
天然皮和脂肪	650	
肝脏	650	抗寄生虫类药物
肾脏	420	
蛋	1300	

参考文献

朱永和，王振荣，李布青，2006. 农药大典[M]. 北京：中国三峡出版社.

（撰稿：张永强；审稿：丁伟）

氟铃脲　hexaflumuron

一种苯甲酰脲杀虫剂。

其他名称　Consult、Recruit Ⅱ、SentriTech、Shatter、盖虫散、XRD-473、DE-473。

化学名称　1-[3,5-二氯-4-(1,1,2,2-四氟乙氧基)-苯基]-3-(2,6-二氟苯甲酰基)脲；1-[3,5-dichloro-4-(1,1,2,2-tetrafluoroethoxy)phenyl]-3-(2,6-difluo-robenzoyl)urea。

IUPAC名称　N-[[3,5-dichloro-4-(1,1,2,2-tetrafluoroethoxy)phenyl]carbamoyl]-2,6-difluorobenzamide。

CAS 登记号　86479-06-3。

EC 号　401-400-1。

分子式　$C_{16}H_8Cl_2F_6N_2O_3$。

相对分子质量　461.14。

结构式

开发单位　由 R. J. Sbragia 1983 年报道，陶氏益农公司（现属科迪华公司）1987 年开发。

理化性质　白色晶体粉末。熔点 202～205℃。沸点＞300℃。蒸气压 5.9×10^{-6}mPa（25℃）。相对密度 1.68（20℃）。$K_{ow}lgP$ 5.64。Henry 常数 1.01×10^{-4}Pa·m³/mol。水中溶解度 0.027mg/L（18℃，pH9.7）；其他溶剂中溶解度（g/L，20℃）：丙酮 162、乙酸乙酯 100、甲醇 9.9、二甲苯 9.1、庚烷 0.005、乙腈 15、辛醇 2、二氯甲烷 14.6、甲苯 6.4、异丙醇 3。33 天内，pH5 时稳定，pH7 水解量＜6%，pH9 时水解 60%，光解 DT_{50} 6.3 天（pH5，25℃）。不易爆，不易氧化，与存储材料不会发生反应。

毒性　大鼠急性经口 LD_{50} ＞5000mg/kg。兔急性经皮 LD_{50}（24 小时）＞2000mg/kg。对兔眼睛和皮肤轻微刺激。对豚鼠皮肤无致敏。大鼠吸入 LC_{50}（4 小时）＞7mg/L。NOEL［mg/（kg·d）］：大鼠（2 年）75，狗（1 年）0.5，小鼠（1.5 年）25。ADI/RfD 值 0.02mg/kg。山齿鹑、野鸭急性经口 LD_{50} ＞2000mg/kg，鸟饲喂 LC_{50}（mg/L 饲料）：山齿鹑 4786，野鸭＞5200。鱼类 LC_{50}（96 小时，mg/L）：虹鳟＞0.5，大翻车鱼＞500。水蚤 LC_{50}（48 小时）0.0001mg/L，在野外条件下只对水蚤有毒性。羊角月牙藻 EC_{50}（96 小时）＞3.2mg/L。褐虾 LC_{50}（96 小时）＞3.2mg/L。蜜蜂 LD_{50}（48 小时，经口和接触）＞0.1mg/ 只。蚯蚓 LC_{50}（14 天）＞880mg/kg 土壤。土壤中代谢缓慢，DT_{50} 100～280 天（4 种土壤，25℃）。被多种土壤强烈吸附，K_d 147～1326，K_{oc} 5338～70 977。

剂型　4.5%、10%、20% 悬浮剂，5% 乳油，5% 微乳剂，20% 水分散粒剂。

作用方式及机理　几丁质合成抑制剂。具有内吸活性的昆虫生长调节剂，通过接触影响昆虫蜕皮和化蛹。对树叶用药，表现出很强的传导性；用于土壤时，能被根吸收并向顶部传输。氟铃脲对幼虫活性很高，并且有较高的杀卵活性，被处理的卵可以进行胚胎发育，而后期有可能表皮和大颚片不能正常几丁质化，以致幼虫不能咬破卵壳，死于卵内。另外，氟铃脲对幼虫具有一定的抑制取食作用。

防治对象 可防治多种鞘翅目、双翅目、半翅目和鳞翅目昆虫。如防治甘蓝小菜蛾、菜青虫、黏虫，柑橘潜叶蛾，枣树、苹果、梨等果树的金纹细蛾、桃潜蛾、卷叶蛾、刺蛾、桃蛀螟、棉铃虫、食心虫等害虫。

使用方法 以 50～75g/hm² 施于棉花和马铃薯以及 10～30g/100L 施于果树、蔬菜可防治多种鞘翅目、双翅目、半翅目和鳞翅目昆虫。目前主要用途是做诱饵，用 5% 的纤维诱饵矩阵控制地下白蚁。以 25～50g/hm²（棉花）和 10～15g/100L（果树）可防治棉花和果树上的鞘翅目、双翅目、半翅目和鳞翅目昆虫。该杀虫剂在通过抑制蜕皮而杀死害虫的同时，还能抑制害虫吃食速度，故有较快的击倒力。如防治甘蓝小菜蛾、菜青虫等以 15～30g/hm² 喷雾，防治柑橘潜叶蛾以 37.5～50mg/L 喷雾。在 60～120g/hm² 剂量下，可有效防治棉铃虫。在 30～60g/hm² 剂量下，可有效防治多种蔬菜的小菜蛾和菜青虫。以 25～50mg/L 使用，可有效防治柑橘潜叶蛾、黏虫和甜菜夜蛾等。

防治枣树、苹果、梨等果树的金纹细蛾、桃潜蛾、卷叶蛾、刺蛾、桃蛀螟等多种害虫，可在卵孵化盛期或低龄幼虫期用 1000～2000 倍 5% 乳油液喷洒，药效可维持 20 天以上。防治柑橘潜叶蛾，可在卵孵化盛期用 1000 倍 5% 乳油液喷雾。防治枣树、苹果等果树的棉铃虫、食心虫等害虫，可在卵孵化盛期或初孵化幼虫入果之前用 1000 倍 5% 乳油喷雾。

注意事项 ①对食叶害虫应在低龄幼虫期施药。钻蛀性害虫应在产卵盛期、卵孵化盛期施药。该药剂无内吸性和渗透性，喷药要均匀、周密。②不能与碱性农药混用。但可与其他杀虫剂混合使用，其防治效果更好。③对鱼类、家蚕毒性大，要特别小心。

与其他药剂的混用 ① 5% 氟铃脲和 25% 噻虫胺混配，以 1500～1875ml/hm² 灌根用于防治韭菜韭蛆。② 3% 氟铃脲与 2% 阿维菌素混配以 450～600ml/hm² 喷雾用于防治甘蓝甜菜夜蛾；稀释 4000～5000 倍液喷雾用于防治森林中的金松毛虫。2% 氟铃脲与 1% 阿维菌素混配以 900～1350ml/hm² 喷雾用于防治棉花棉铃虫；3% 氟铃脲与 5% 阿维菌素混配以 225～390ml/hm² 喷雾用于防治甘蓝小菜蛾。③ 2% 氟铃脲和 0.2% 甲氨基阿维菌素甲酸盐混配，以 250～900ml/hm² 喷雾用于防治甘蓝甜菜夜蛾；2% 氟铃脲和 1% 甲氨基阿维菌素甲酸盐混配，以 450～600ml/hm² 喷雾用于防治棉花棉铃虫；2.8% 氟铃脲和 0.2% 甲氨基阿维菌素甲酸盐混配，以 450～600ml/hm² 喷雾用于防治甘蓝甜菜夜蛾；3.4% 氟铃脲和 0.6% 甲氨基阿维菌素甲酸盐混配，以 225～375ml/hm² 喷雾用于防治甘蓝甜菜夜蛾；4% 氟铃脲和 2% 甲氨基阿维菌素甲酸盐混配，以 135～255ml/hm² 喷雾用于防治甘蓝甜菜夜蛾；5% 氟铃脲和 1% 甲氨基阿维菌素甲酸盐混配，以 480～540ml/hm² 喷雾用于防治棉花棉铃虫，稀释 2000～2500 倍液喷雾用于防治杨树上的美国白蛾；10% 氟铃脲和 0.5% 甲氨基阿维

菌素甲酸盐混配，以 15～30g/hm² 喷雾用于防治甘蓝小菜蛾。④ 2% 氟铃脲与 18% 辛硫磷混配以 750～900ml/hm² 喷雾用于防治甘蓝小菜蛾；2% 氟铃脲与 13% 辛硫磷混配以 1125～1500ml/hm² 喷雾用于防治棉花棉铃虫。⑤ 2% 氟铃脲与 20% 氯吡硫磷混配以 1350～1500ml/hm² 喷雾用于防治棉花棉铃虫。⑥ 10% 氟铃脲与 28% 氰氟虫腙混配以 135～225ml/hm² 喷雾用于防治棉花棉铃虫。⑦ 10% 氟铃脲和 20% 茚虫威混配，以 120～180ml/hm² 喷雾用于防治甘蓝甜菜夜蛾。⑧ 1.2% 氟铃脲和 3.8% 高效氯氰菊酯混配，以 750～900ml/hm² 喷雾用于防治甘蓝甜菜夜蛾。⑨ 2% 氟铃脲与 30% 丙溴磷混配以 750～1050ml/hm² 喷雾用于防治棉花棉铃虫。⑩ 1.5% 氟铃脲和 50 亿孢子/g 苏云金杆菌混配，以 1200～1800ml/hm² 喷雾用于防治甘蓝甜菜夜蛾。

允许残留量 GB 2763—2021《食品中农药最大残留限量标准》规定氟铃脲最大残留限量见表。ADI 为 0.02mg/kg。油料和油脂参照 GB 23200.8、NY/T 1720 规定的方法测定；蔬菜按照 GB/T 20769、NY/T 1720、SN/T 2152 规定的方法测定。

部分食品中氟铃脲最大残留限量（GB 2763—2021）

食品类别	名称	最大残留限量（mg/kg）
油料和油脂	棉籽	0.1
蔬菜	结球甘蓝	0.5

参考文献

刘长令, 2017.现代农药手册[M].北京: 化学工业出版社: 382-383.

（撰稿：杨吉春；审稿：李淼）

氟硫隆 fluothiuron

一种脲类除草剂。

其他名称 氟苯隆、KUE-2079A。

化学名称 3-[3-氯-4-(氯二氟甲硫基)苯基]-1,1-二甲基脲；N'-[3-chloro-4-[(chlorodifluoromethyl)thio]phenyl]-N,N-dimethylurea。

IUPAC 名称 3-(3-chloro-4-chlorodifluoromethylthiophenyl)-1,1-dimethylurea。

CAS 登记号 33439-45-1。

分子式 $C_{10}H_{10}Cl_2F_2N_2OS$。

相对分子质量 315.16。

结构式

开发单位 德国拜耳公司开发推广。

理化性质　纯品为无色结晶固体。熔点 113～114℃。蒸气压＜ 0.017Pa（20℃）。20℃时溶解度：水 7.3%，环己酮 37.7%，二氯甲烷 31.6%。

毒性　原药急性经口 LD_{50}：大鼠 770mg/kg，小鼠 600mg/kg。大鼠急性经皮 LD_{50} 3000mg/kg。亚急性 3 个月试验未发现问题。NOEL：大鼠（3 个月）40mg/kg，小鼠（3 个月）20mg/kg。圆腹雅罗鱼 TLm 2～4mg/L，鲤鱼 TLm 1～2mg/L。

剂型　目前中国未见制剂产品登记。

作用方式及机理　通过抑制光合作用致效。

防治对象　可用于水田防除稗草、一年生杂草和牛毛草。

使用方法　水田施用。

制造方法　由 3- 氯 -4- 二氟一氯甲硫基苯胺制取异氰酸酯，再与二甲胺缩合制得。

参考文献

石得中, 2008. 中国农药大辞典[M]. 北京: 化学工业出版社: 164.

孙家隆, 2015. 新编农药品种手册[M]. 北京: 化学工业出版社: 708.

（撰稿：王宝雷；审稿：耿贺利）

氟氯苯菊酯　flumethrin

一种拟除虫菊酯类非内吸性杀虫剂、杀螨剂。

其他名称　Bayticol、Bayvarol、氟氯苯氰菊酯、氯苯百治菊酯。

化学名称　氰基(4- 氟 -3- 苯氧基苄基)甲基 3-[2- 氯 -2-(4- 氯苯基) 乙烯基]-2,2- 二甲基环丙烷羧酸酯；cyano(4-fluoro-3-phenoxyphenyl)methyl 3-[2-chloro-2-(4-chlorophenyl) ethenyl]-2,2-dimethylcyclopropanecarboxylate。

IUPAC 名称　(*RS*)-α-cyano-4-fluoro-3-phenoxybenzyl(1*RS*,3*RS*；1*RS*,3*SR*)-(*EZ*)-3-(β,4-dichlorostyryl)-2,2-dimethylcyclopropanecarboxylate 或 (*RS*)-α-cyano-4-fluoro-3-phenoxybenzyl(1*RS*)-*cis*-*trans*-(*EZ*)-3-(β,4-dichlorostyryl)-2,2-dimethylcyclopropanecarboxylate。

CAS 登记号　69770-45-2。

分子式　$C_{28}H_{22}Cl_2FNO_3$。

相对分子质量　510.38。

结构式

开发单位　1979 年德国拜耳公司开发。

理化性质　原药外观为淡黄色黏稠液体。沸点＞ 250℃。在水中及其他含羟基溶剂中的溶解度很小，能溶于甲苯、丙酮、环己烷等大多数有机溶剂。对光、热稳定，在中性及微酸性介质中稳定，碱性条件下易分解。工业品为澄清的棕色液体，有轻微的特殊气味。相对密度 1.013，蒸气压 1.33×10^{-8}Pa（20℃）。常温储存 2 年无变化。

毒性　低毒。大鼠急性经口 LD_{50} 584mg/kg，雌大鼠急性经皮 LD_{50} 2000mg/kg。ADI（JMPR）0.004mg/kg。对动物皮肤和黏膜无刺激作用。

剂型　外寄生动物喷雾剂（5%），乳剂（7.5%），气雾剂（0.0167%），1% 喷射剂。

作用方式及机理　作用于害虫的神经系统，通过钠离子通道的作用扰乱神经系统的功能。属拟除虫菊酯类农药。主要用于禽畜体外寄生虫的防治，并抑制成虫产卵和抑制卵孵化的活性，但无击倒作用。高效安全，适用于禽畜体外寄生虫的防治，并有抑制成虫产卵和抑制卵孵化的活性，曾发现该品的一个异构体（反式 -Z Ⅱ）对微小牛蜱的 Malchi 品系具有异乎寻常的毒力，比顺式的氯氰菊酯和溴氰菊酯的毒力高50 倍，这可能是该品能用泼浇法成功防治蜱类的一个原因。

防治对象　适用于防治牲畜体外寄生动物，如微小牛蜱、扁虱、刺吸式虱子、痒螨病、皮螨病、疥虫等。

使用方法　以 30mg/L 药液喷射或泼浇，能 100% 防治单寄生的微小牛蜱、具环牛蜱和褪色牛蜱；小于 10mg/L 能抑制其产卵。用 40mg/L 亦能有效防治多寄主的希伯来花蜱、彩斑花蜱、附肢扇头蜱和无顶玻眼蜱等，施药后的保护期均在 7 天以上。剂量高于建议量的 30～50 倍，对动物无害。当喷药浓度≤ 200mg/L 时，牛乳中未检测出药剂的残留量。该品还能用于防治羊虱、猪虱和鸡羽螨。

注意事项　采用一般的注意和防护，可参考其他拟除虫菊酯。喷药时应将药剂喷洒均匀。不能与碱性药剂混用。不能在桑园、养蜂场或河流、湖泊附近使用。菊酯类药剂是负温度系数药剂，即温度低时效果好，因此，应在温度较低时用药。药剂应储藏在儿童接触不到的通风、凉爽的地方，并加锁保管。喷药时应穿防护服，向高处喷药时应戴风镜。喷药后应尽快脱去防护服，并用肥皂和清水洗净手、脸。

参考文献

刘长令, 2012. 世界农药大全: 杀虫剂卷[M]. 北京: 化学工业出版社: 741-743.

马克比恩 C, 2015. 农药手册[M]. 胡笑形, 等译. 北京: 化学工业出版社: 466-467.

（撰稿：杨吉春；审稿：李淼）

氟氯草胺　nipyraclofen

一种酰胺类除草剂。

其他名称　吡氯草胺、ISO-E draft、SLA 3992。

化学名称　1-(2,6- 二氯 -α,α,α- 三氟对甲苯基)-4- 硝基吡唑 -5- 基胺。

IUPAC 名称　1-[2,6-dichloro-4-(trifluoromethyl)phenyl]-4-nitro-1*H*-pyrazol-5-amine。

CAS 登记号　99662-11-0。

分子式　$C_{10}H_5Cl_2F_3N_4O_2$。

相对分子质量　341.07。

结构式

开发单位　1985 年由拜耳公司开发。

剂型　目前中国未见相关制剂产品登记。

参考文献

石得中, 2007. 中国农药大辞典[M]. 北京: 化学工业出版社: 164-165.

孙家隆, 2015. 新编农药品种手册[M]. 北京: 化学工业出版社: 636-637.

（撰稿：许寒；审稿：耿贺利）

氟氯菌核利　fluoroimide

具有保护作用的酰亚胺类杀菌剂，是病原体巯基蛋白抑制剂，可以抑制孢子的萌发。

其他名称　Stride、fluoromide、唑呋草。

化学名称　2,3-二氯-N-氟苯基丁烯二酰亚胺；3,4-dichloro-1-(4-fluorophenyl)-1H-pyrrole-2,5-dione。

IUPAC 名称　2,3-dichloro-N-4-fluorophenylmaleimide。

CAS 登记号　41205-21-4。

分子式　$C_{10}H_4Cl_2FNO_2$。

相对分子质量　260.05。

结构式

开发单位　1978 年被作为杀菌剂报道，由三菱化学工业有限公司（现三菱化学公司，2002 年农化业务被出售给日本农药公司）和日本组合化学工业有限公司于 1978 年开发。

理化性质　纯品为淡黄色结晶，原药纯度＞95%。熔点 240.5～241.8℃。相对密度 1.59。蒸气压：3.4mPa（25℃），8.1mPa（40℃）。$K_{ow}\lg P$ 3.04（25℃）。水中溶解度（mg/L，20℃）5.9；有机溶剂中溶解度（g/L，20℃）：丙酮 17.7、正己烷 0.073。稳定性：温度达到 120℃能稳定存在，对太阳光和紫外线稳定；水解 DT_{50}：52.9 分钟（pH3）、7.5 分钟（pH7）、1.4 分钟（pH8）。

毒性　按照中国农药毒性分级标准，属低毒。大鼠、小鼠急性经口 LD_{50} ＞15 000mg/kg。小鼠急性经皮 LD_{50} ＞5000mg/kg。雄大鼠吸入 LC_{50}（4 小时）＞0.57mg/L 空气，雌大鼠吸入 LC_{50}（4 小时）＞0.72mg/L 空气。大鼠 NOEL［喂养，2 年，mg/（kg·d）］：雄 9.28，雌 45.9。山齿鹑急

性经口 LD_{50} ＞2000mg/kg。鲤鱼：LC_{50}（48 小时）5.6mg/L，LC_{50}（96 小时）2.29mg/L。大型溞 EC_{50}（48 小时）13.5mg/L。羊角月牙藻 EC_{50}（72 小时）＞100mg/L。蜜蜂经口 LD_{50}（48 小时）＞35.5μg/ 只，接触 LD_{50}（48 小时）＞66.8μg/ 只。

剂型　水分散粒剂，可湿性粉剂。中国无登记产品。

作用方式及机理　具有保护作用，可以抑制孢子萌发，是病原体巯基蛋白酶抑制剂。

防治对象　防治洋葱灰霉病和霜霉病，马铃薯晚疫病，苹果花腐病和黑星病，柑橘疮痂病和黑星病，茶树炭疽病和茶饼病，以及柿尾孢和柿叶球腔菌引起的柿树病害。

使用方法　茎叶喷雾，使用剂量 2～5kg/hm²（有效成分）。

参考文献

刘长令, 2008. 世界农药大全: 杀菌剂卷[M]. 北京: 化学工业出版社: 290-291.

马克比恩 C, 2015. 农药手册[M]. 胡笑形, 等译. 北京: 化学工业出版社: 477-478.

（撰稿：刘圣明；审稿：刘西莉）

氟氯氰菊酯　cyfluthrin

一种拟除虫菊酯类杀虫剂。

其他名称　百树得、百树菊酯、Baythroid、Responsar、三氟氯氰菊酯、功夫菊酯。

化学名称　α-氯基-3-苯氧基-4-氟苄基(1R,3R)-3-(2,2-二氯乙烯基)-2,2,-二甲基环丙烷羧酸酯。

IUPAC 名称　(RS)-α-cyano-4-fluoro-3-phenoxybenzyl (1RS,3RS;1RS,3SR)-3-(2,2-dichlorovinyl)-2,2-dimethylcyclopropanecarboxylate。

CAS 登记号　68359-37-5。

EC 号　269-855-7。

分子式　$C_{22}H_{18}Cl_2FNO_3$。

相对分子质量　434.30。

结构式

开发单位　由 I. Hammann 等报道其杀虫性，德国拜耳公司发现，拜耳股份公司 1983 年上市。获专利 DE2709264。

理化性质　含有 4 个对映异构体，即 I（R）-α-，1R）cis-+（S）-α，（1S）-cis-；II（S）-α，（1R）-cis- +（R）-α，（1S）-cis-；III（R）-α，（1R）-trans- +（S）-α,（1S）-trans-；IV（S）-α，（1R）-trans- +（R）-α，（1S）-trans-；无色晶体，熔点（℃）64（I）、81（II）、65（III）、106（IV），沸点（℃）＞200 分解，蒸气压（mPa，20℃）$9.6×10^{-4}$（I）、$1.4×10^{-5}$（II）、$2.1×10^{-5}$（III）、$8.5×10^{-5}$（IV），相对密度 1.28（20～25℃），Henry 常数（Pa·m³/mol）0.19（I）、

0.0042（Ⅱ）、0.0032（Ⅲ）、0.0013（Ⅳ），$K_{ow}\lg P$ 6（Ⅰ）、5.9（Ⅱ）、6（Ⅲ）、5.9（Ⅳ）。水中溶解度（g/L，pH7，20～25℃）2.2×10^{-6}（Ⅰ）、1.9×10^{-6}（Ⅱ）、2.2×10^{-6}（Ⅲ）、3.9×10^{-6}（Ⅳ）；有机溶剂中溶解度（g/L，20～25℃）（Ⅰ）二氯甲烷>200、正己烷10～20、异丙醇20～50、甲苯>200；（Ⅱ）二氯甲烷>200、正己烷10～20、异丙醇10～20、甲苯>200；（Ⅲ）二氯甲烷>200、正己烷10～20、异丙醇5～10、甲苯>200；（Ⅳ）二氯甲烷>200、正己烷1～2、异丙醇2～5、甲苯100～200。稳定性：常温下稳定，在水中 DT_{50}（天，pH4、7、9，22℃）（Ⅰ）36，17，7；（Ⅱ）177，20，6；（Ⅲ）30，11，3；（Ⅳ）25，11，5。

毒性　低毒至中等毒性，无皮肤刺激性，无眼睛刺激性，无皮肤致敏性。

剂型　2.5%乳油，2.5%可湿性粉剂，5%水乳剂，5%微乳剂等。

作用方式及机理　属于神经毒性农药，具备触杀和胃毒作用。主要作用于中枢神经的锥体外系统、小脑、脊髓和周围神经。其作用机制目前多认为是选择性地减慢神经膜钠离子通道闸门的关闭，使钠离子通道保持开放，去极化延长，周围神经出现重复的动作电位，使肌肉收缩，最终由兴奋转为抑制。因此，其临床表现以神经系统为主。

防治对象　杀虫谱广，对螨类兼有抑制作用，对鳞翅目幼虫及半翅目、直翅目、半翅目等害虫均有很好的防效。适用于防治花卉、草坪、观赏植物上大多数害虫。可防治棉铃象甲、棉铃虫、玉米螟、棉叶螨、蔬菜黄条跳甲、小菜蛾、菜青虫、斜纹夜蛾、马铃薯长管蚜、马铃薯甲虫等，对蚊、蝇、蟑螂等卫生害虫也有效。此药对螨仅为抑制作用，不能作为杀螨剂专用于防治害螨。

使用方法　每亩用制剂量15～27ml。在低龄幼虫高峰期施药，每亩用药量加水30～50kg进行均匀喷雾。两次用药间隔5～7天。大风天或预计1小时内降雨，请勿施药。

注意事项　①不能与碱性物质混用。②每季蔬菜最多施药3次，在十字花科叶类蔬菜上的安全间隔期为7天。③对蜜蜂、鱼类和家蚕有剧毒，勿用于靠近蜂箱的田地，蜜源植物花期禁用。远离河塘等水域施药，严禁在养虾、蟹、鱼的稻田使用，并严禁将使用过该品的田水直接排入养殖虾、蟹、鱼的场所，禁止在河塘等水体中清洗施药器具。桑园禁用。④喷雾细致、均匀周到，可提高药效。⑤建议与其他作用机制不同的杀虫剂轮换使用。

与其他药剂的混用　可与多种杀虫剂混用，以增效或扩大杀虫谱。

允许残留量　GB 2763—2021《食品中农药最大残留限量标准》规定氟氯氰菊酯最大残留限量见表。ADI为0.04mg/kg。谷物按照GB 23200.9、GB 23200.113规定的方法测定；油料和油脂、坚果、糖料、调味料参照GB 23200.8、GB 23200.9、GB 23200.113、GB/T 5009.146、NY/T 761规定的方法测定；蔬菜、水果、干制水果、食用菌按照GB 23200.8、GB 23200.113、GB/T 5009.146、NY/T 761规定的方法测定；茶叶按照SN/T 1117规定的方法测定。

部分食品中氟氯氰菊酯最大残留限量（GB 2763—2021）

食品类别	名称	最大残留限量（mg/kg）
谷物	小麦	0.50
	玉米	0.05
	鲜食玉米	0.05
	高粱	0.20
油料和油脂	油种籽	0.07
	棉籽	0.05
	大豆	0.03
	花生仁	0.05
	棉籽毛油	1.00
蔬菜	韭菜	0.50
	结球甘蓝	0.50
	花椰菜	0.10
	青花菜	2.00
	芥蓝	3.00
	菠菜	0.50
	普通白菜	0.50
	油麦菜	10.00
	茎用莴苣叶	5.00
	芹菜	0.50
	大白菜	0.50
	番茄	0.20
	茄子	0.20
	辣椒	0.20
	节瓜	0.50
	茎用莴苣	1.00
	马铃薯	0.01
水果	柑橘类水果	0.30
	苹果	0.50
	梨	0.10
	桃	0.50
	枣（鲜）	0.30
	猕猴桃	0.50
	西瓜	0.10
干制水果	柑橘脯	2.00
糖料	甘蔗	0.05
饮料类	茶叶	1.00
食用菌	蘑菇类（鲜）	0.30
调味料	干辣椒	1.00
	果类调味料	0.03*
	根茎类调味料	0.05
动物源性食品	哺乳动物肉类（海洋哺乳动物除外）	0.20*
	哺乳动物内脏（海洋哺乳动物除外）	0.02*
	禽肉类	0.01*
	禽类内脏	0.01*
	蛋类	0.01*
	生乳	0.01*

* 临时残留限量。

参考文献

马克比恩 C, 2015. 农药手册[M]. 胡笑形, 等译. 北京: 化学工业

F

出版社: 238-239.

朱永和, 王振荣, 李布青, 2006. 农药大典[M]. 北京: 中国三峡出版社: 140-141.

TURNER J A, 2015.The pesticide manual: a world compendium[M]. 17th ed. UK: BCPC: 269-270.

（撰稿：薛伟；审稿：吴剑）

氟咯草酮　fluorochloridone

一种吡咯烷酮类除草剂。

化学名称　3-氯-4-氯甲基-1-(3-三氟甲基苯基)-2-吡咯烷酮；3-chloro-4-(chloromethyl)-1-[3-(trifluoromethyl)phen-yl]pyrrolidin-2-one。

IUPAC 名称　3-chloro-4-(chloromethyl)-1-(α,α,α-trifluoro-m-tolyl)-2-pyrrolidone。

CAS 登记号　61213-25-0。

EC 号　262-661-3。

分子式　$C_{12}H_{10}Cl_2F_3NO$。

相对分子质量　312.12。

结构式

开发单位　道农科公司。

理化性质　棕色固体。熔点 42~73℃。蒸气压 8×10^2Pa（25℃）。易溶于丙酮、氯苯、乙醇、二甲苯等有机溶剂，溶解度 100~150g/L，在煤油中溶解度 < 5g/L；在水中溶解度 28mg/L。K_{ow}lg$P$ 3.36。60℃、pH4 时半衰期为 7 天，60℃、pH7 时为 18 天，土壤中半衰期 11~100 天。

毒性　急性经口 LD_{50}：雄大鼠 4000mg/kg，鹌鹑 > 2150mg/kg。兔急性经皮 LD_{50} > 5000mg/kg。对兔皮肤和眼睛有轻微刺激。Ames 试验和小鼠淋巴组织结果表明，该品无致突变性。鱼类 LC_{50}（96 小时，mg/L）：蓝鳃鱼 5，虹鳟 4。蜜蜂 LD_{50} < 0.1mg/ 只（接触或经口）。

剂型　乳油，可湿性粉剂。

质量标准　氟咯草酮质量分数 ≥ 95%；反式 / 顺式比值 ≥ 3；pH 4~7；水分 ≤ 0.5%；干燥减量 ≤ 2%；丙酮不溶物质量分数 ≤ 0.1%。

作用方式及机理　吡咯烷酮类除草剂。胡萝卜素合成抑制剂。

防治对象　冬麦田、棉田的繁缕、田堇菜、常春藤叶婆婆纳、反枝苋、马齿苋、龙葵、猪殃殃、波斯水苦荬等，并可防除马铃薯和胡萝卜田的各种阔叶杂草，包括难防除的黄木樨和蓝蓟。对作物安全。

使用方法　以 500~750g/hm² （有效成分）芽前施用。在轻质土中生长的胡萝卜，以 500g/hm²（有效成分）施用

可获得相同的防效，并增加产量。

注意事项　氟咯草酮在单剂的使用情况下对棉苗产生一定的药害。

与其他药剂的混用　氟咯草酮与二甲戊灵、乙草胺混用扩大了杀草谱，对棉田常见禾本科杂草和铁苋菜、马齿苋等恶性阔叶杂草均具有很好的防效。

参考文献

王恒智, 郭文磊, 王兆振, 等, 2016. 氟咯草酮及其混剂对棉田杂草防除效果及安全性[J]. 中国农学通报, 32(32)：66-70.

（撰稿：杨光富；审稿：吴琼友）

氟吗啉　flumorph

一种吗啉类农用杀菌剂，对霜霉属、疫霉属病原卵菌有效。

其他名称　灭克。

化学名称　(E,Z)4-[3-(3-(4- 氟苯基)-3-(3′,4′一二甲氧基苯基) 丙烯酰] 吗啉。

IUPAC 名称　(EZ)-4-[3-(3,4-dimethoxyphenyl)-3-(4-fluorophenyl)acryoyl]morpholine)-2-propen-1-one。

CAS 登记号　211867-47-9。

分子式　$C_{21}H_{22}FNO_4$。

相对分子质量　371.40。

结构式

开发单位　1999 年由沈阳化工研究院研发成功，是中国第一个真正实现工业化、具有自主知识产权的含氟杀菌剂，同时也是第一项获得中国发明专利的农用杀菌剂，以及第一个获得美国、欧洲发明专利的新农药品种，实现了中国具有自主知识产权的农药品种产业化零的突破。

理化性质　外观为浅黄色固体。熔点 110~135℃。易溶于丙酮、乙酸乙酯等。在常态（20~40℃）下对光、热稳定；水解很缓慢。氟吗啉由 Z、E 两个异构体组成，比例 Z：E = 55：45，两种成分均具有抑菌活性。

毒性　低毒。原药对雌、雄大鼠急性经口 LD_{50} 分别为 > 2710mg/kg 和 3160mg/kg，急性经皮 LD_{50} > 2150mg/kg。对兔皮肤和眼睛无刺激作用。Ames 试验、微核诱发试验等表明氟吗啉无致突变、致畸、致癌作用。

剂型　20% 可湿性粉剂。

作用特点　具有高效、低毒、低残留、持效期长、保护及治疗作用兼备、对作物安全等特点。与甲霜灵无交互抗药性，可在对甲霜灵产生抗性的区域使用，以替代甲

霜灵。

作用机理　抑制病原菌细胞壁的生物合成，不仅对孢子囊萌发的抑制作用显著，而且治疗活性突出，具有内吸作用。

防治对象　卵菌门病原菌引起的病害，如霜霉病、晚疫病、霜疫病等。具体如黄瓜霜霉病、葡萄霜霉病、马铃薯晚疫病、辣椒疫病、大豆根腐病等。

使用方法　防治黄瓜霜霉病时，发病初期开始施药，每次每亩用20%可湿性粉剂25～50g（有效成分5～10g）兑水喷雾，间隔10～13天施药1次，连续施用3次，安全间隔期为3天，每季最多使用3次。

注意事项　为延缓抗性发生，每季作物在使用次数上不应超过4次，使用时最好和其他类型的杀菌剂轮换使用，氟吗啉与甲霜灵没有交互抗药性，可以在甲霜灵发生抗性的地区使用。该药剂虽属低毒杀菌剂，但仍须按照农药安全规定使用。该药剂无解毒剂，若误服，立刻将病人送医院诊治。

允许残留量　GB 2763—2021《食品中农药最大残留限量标准》规定氟吗啉的最大残留限量见表。ADI 为 0.16mg/kg。

部分食品中氟吗啉最大残留限量（GB 2763—2021）

食品类别	名称	最大残留限量（mg/kg）
蔬菜	番茄	10.00*
	黄瓜	2.00*
	马铃薯	0.50*
水果	葡萄	5.00*
	荔枝	0.10*
药用植物	人参（鲜）	0.05*
	人参（干）	0.10*

* 临时残留限量。

参考文献

化工部农药信息总站, 1996. 国外农药品种手册 (新版合订本) [M]. 北京: 化学工业出版社: 82-84.

农业部种植业管理司, 农业部农药检定所, 2015. 新编农药手册 [M]. 2版. 北京: 中国农业出版社: 295-297.

TURNER J A , 2015. The pesticide manual: a world compendium [M]. 17th ed. UK: BCPC: 365-367.

（撰稿：刘西莉；审稿：刘鹏飞）

氟螨胺　N-[(4-bromophenyl)methyl]-2-fluoroacetamide

一种具有触杀作用的苯甲酰苯脲类杀虫剂、杀螨剂。

其他名称　FABB、Yano-ace、溴苄氟乙酰胺。

化学名称　N-(对溴苄基)-2-氟乙酰胺；N-[(4-bromophe-nyl)methyl]-2-fluoro-acetamide。

IUPAC 名称　1-(α-(4-chloro-α-cyclopropylbenzylidenea-minooxy)-p-tolyl)-3-(2,6-difluorobenzoyl)urea。

CAS 登记号　24312-44-5。

分子式　C_9H_9BrFNO。

相对分子质量　246.08。

结构式

开发单位　日本三共公司。已淘汰。

理化性质　白色结晶或蓝色粉末。熔点 115～116℃。难溶于水，可溶于丙酮、甲醇等有机溶剂。

毒性　小鼠急性经口 $LD_{50} > 410mg/kg$。急性经皮 $LD_{50} > 470mg/kg$。小鼠皮下注射 $LD_{50} > 130mg/kg$。鲤鱼 LC_{50}（48小时）$> 68.7mg/L$。

剂型　40% 可湿性粉剂。

质量标准　原药为灰白色至黄色晶体，溶解性（20℃，mg/L）：水 < 0.001、环己烷 3900、二甲苯 200。稳定性：在 50℃储存 24 小时后分解率 < 2%。

作用方式及机理　对螨生长发育具有抑制作用。其作用机制为抑制复合物 I 上线粒体的电子传递，对各种螨类和螨的发育全期均有速效和高效，持效期长、毒性低、无内吸性，但具有优异的越层渗透活性，对目标作物有极佳的选择性。

防治对象　苹果、梨红蜘蛛和棉叶螨，以及橘全爪螨、锈螨。

使用方法　以 0.001～0.002g/L 喷雾。

参考文献

孙家隆, 2015. 新编农药品种手册[M]. 北京: 化学工业出版社.

（撰稿：刘瑾林；审稿：丁伟）

氟螨脲　flucycloxuron

一种具有触杀作用的苯甲酰脲类杀虫剂、杀螨剂。

其他名称　Andalin、氟环脲。

化学名称　1-[(4-氯-环丙基苯亚甲基胺-氧)-对-甲苯基]-3-(2,6-二氟苯甲酰基)脲]；1-[(4-chloro-cyclopropylbenzylideneami-no-oxy)-p-tolyl]-3-(2,6-difluorobenzoyl)urea。

IUPAC 名称　1-[α-(4-chloro-α-cyclopropylbenzylideneam-ino-oxy)-p-tolyl]-3-(2,6-difluorobenzoyl)urea(ratio 50%-80%(E)- and 50%-20%(Z)-isomers)。

CAS 登记号　113036-88-7；94050-52-9(E)；94050-53-0(Z)。

分子式　$C_{25}H_{20}ClF_2N_3O_3$。

相对分子质量　483.89。

结构式

开发单位 由 A. C. Grosscurt 等报道，1988 年由杜法尔公司（现属科聚亚公司）投产。

理化性质 白色或淡黄色晶体，熔点 143.6℃ [（E）-，（Z）- 混合物]。蒸气压 5.4×10^{-5} mPa（25℃）[（E）-，（Z）- 混合物]。$K_{ow}lgP$ 6.97 [（E）- 异构体]，6.9 [（Z）- 异构体]。Henry 常数 2.6×10^{-2} Pa·m³/mol（25℃）[（E）-，（Z）- 异构体混合物的溶解度：水 < 1μg/L（20℃）；有机溶剂中溶解度（20℃，g/L）：环己烷 0.2、二甲苯 3.3、乙醇 3.8、N- 甲基吡咯烷酮 940。在 50℃时 24 小时后分解 < 2%；在 pH5、7 或 9 时不分解；光解 DT_{50} 为 18 天。

毒性 属微毒杀虫杀螨剂。大鼠急性经口 LD_{50} > 5000mg/kg，大鼠急性经皮 LD_{50} > 2000mg/kg。对兔皮肤没有刺激，对眼睛中度刺激。大鼠吸入 LC_{50}（4 小时）> 3.3mg/L 空气。大鼠 NOAEL（mg/kg 饲料）：（2 年）120，（2 代饲喂）200。无致畸、致癌、致突变性。野鸭急性经口 LD_{50} > 2000mg/kg，对野鸭和山齿鹑饲喂 LC_{50}（8 天）> 6000mg/kg 饲料。大翻车鱼和虹鳟 LC_{50}（96 小时）> 100mg/L。水蚤 LC_{50}（48 小时）0.27μg/L。羊角月牙藻 NOEC > 2.2μg/L。对蜜蜂低毒，LD_{50} > 100μg/ 只（接触）。蚯蚓 EC_{50}（14 天）> 1000mg/kg 土壤。

剂型 25% 水分散性乳剂。

作用方式及机理 主要为触杀作用。为几丁质合成抑制剂，能阻止昆虫体内的氨基葡萄糖形成几丁质，干扰幼虫或若虫蜕皮，使卵不能孵化或孵出的幼虫在一龄期死亡。非内吸性的杀螨杀虫剂，能阻止螨类、昆虫的蜕皮过程。它只对卵和幼虫有活性，对成螨、成虫无活性。

防治对象 属苯甲酰脲类杀螨、杀虫剂，可有效防治各种水果、蔬菜和观赏性植物上的苹刺瘿螨、榆全爪螨和麦氏红叶螨的卵和幼虫（对成虫无效），以及普通红叶螨若虫，也可以防治某些害虫的幼虫，其中有大豆夜蛾、菜粉蝶和甘蓝小菜蛾。还能很好防治梨果作物上的苹果小卷叶蛾、潜叶蛾和某些卷叶虫以及观赏植物上的害虫。

使用方法 杀螨使用剂量 0.01%～0.015% 有效成分；杀虫使用剂量 125～150g/hm²。由于氟螨脲有相对好的选择性，可以集中防治一类害虫。对于水果作物上螨类的控制推荐剂量为 0.01%～0.015% 有效成分。在相同剂量下，还能很好防治梨果作物上的苹果小卷叶蛾、潜叶蛾和某些卷叶虫。对观赏性植物上害虫的防治，选择剂量要相对低一点。在葡萄上使用推荐剂量为 125～150g/hm²。

允许残留量 棉织品 15mg/L，棉花种子 2mg/L，牛奶 0.1mg/L，苹果 1mg/L，苹果汁 3mg/L，其他水果、蔬菜 0.2～0.5mg/L。

参考文献

刘长令，2012. 世界农药大全: 杀虫剂卷[M]. 北京: 化学工业出版社: 741-743.

（撰稿：杨吉春；审稿：李淼）

氟螨嗪 diflovidazin

一种四嗪类触杀性杀螨剂。

其他名称 Flumite、Flufenzine。

化学名称 3-(2- 氯苯基)-6-(2,6- 二氟苯基)-1,2,4,5- 四嗪；3-(2-chlorophenyl)-6-(2,6-difluorophenyl)-1,2,4,5-tetrazine。

IUPAC 名称 3-(2-chlorophenyl)-6-(2,6-difluorophenyl)-1,2,4,5-tetrazine。

CAS 登记号 162320-67-4。

分子式 $C_{14}H_7ClF_2N_4$。

相对分子质量 304.68。

结构式

开发单位 1997 年由匈牙利的喜农公司开发。喜农制药和化学公司（现农化农药生产贸易与分销公司）发现，L. Pap 等报道。

理化性质 纯品为洋红色结晶。熔点 185.4℃ ±0.1℃。沸点 211.2℃ ±0.05℃。蒸气压 < 1×10^{-2} mPa（25℃）。$K_{ow}lgP$ 3.7 ± 0.07（20℃）。相对密度 1.574 ± 0.01。水中溶解度 0.2mg/L ± 0.03mg/L；其他溶剂中溶解度（g/L，20℃）：丙酮 24、甲醇 1.3、正己烷 168。在光或空气中稳定，高于熔点时会分解。在酸性条件下稳定，但是 pH > 7 时会水解。DT_{50} 60 小时（pH9，25℃，40% 乙腈）。在甲醇、丙酮、正己烷中稳定。闪点为 425℃（封闭）。

毒性 低毒杀螨剂。大鼠急性经口 LD_{50}（mg/kg）：雄鼠 979，雌鼠 594。雌、雄大鼠急性经皮 LD_{50} > 2000mg/kg。大鼠吸入 LC_{50} > 5000mg/m³。对兔皮肤无刺激，对兔眼睛轻微刺激。NOEL [mg/（kg·d）]：大鼠（2 年，致癌性，喂食）9.18，狗（3 月，致癌性，喂食）10，狗（28 天皮肤注射）500。ADI 0.098mg/kg。在 Ames、CHO 以及微核试验中无突变。日本鹌鹑急性经口 LD_{50} > 2000mg/kg，饲喂 LC_{50}（8 天，mg/kg 饲料）：日本鹌鹑 > 5118，野鸭 > 5093。虹鳟 LC_{50}（96 小时）> 400mg/L。水蚤 LC_{50}（48 小时）0.14mg/L，对羊角月牙藻无毒。蚯蚓 LC_{50} > 1000mg/kg 土壤。蜜蜂 LD_{50} > 25μg/ 只（经口或接触）。对丽蚜小蜂和捕食性螨虫无伤害。土壤 / 环境：DT_{50} 44 天（酸性砂质土壤）、30 天（棕褐色森林土壤）、38 天（表层为黑色石灰土）。

剂型 15%、30% 乳油，36% 悬浮剂。

作用方式及机理 是一种具有转移活性的接触性杀卵剂，不仅对卵及成螨有优异的活性，而且使害螨在蛹期不能正常发育。使雌螨生产不健全的卵，导致螨的灭迹，对其天敌及环境安全。

防治对象 氟螨嗪对柑橘全爪螨、锈壁虱、茶黄螨、朱砂叶螨和二斑叶螨等害螨均有很好防效，可用于柑橘、葡萄等果树和茄子、辣椒、番茄等茄科作物的螨害治理。此外，氟螨嗪对梨木虱、榆蛎盾蚧以及叶蝉类等害虫有很好的兼治效果。

使用方法　虽然氟螨嗪具有很好的触杀性，但是内吸性比较弱，只有中度的内吸性，所以喷雾要均匀，不能与碱性药剂混用。使用剂量为 60～100g/hm²（有效成分）。

低浓度下（原药含量低于 25mg/kg）有抑制害螨蜕皮、抑制害螨产卵的作用，稍高浓度（原药含量高于 37mg/kg）就具有很好的触杀性，同时具有好的内吸性。在喷施后 20 分钟红蜘蛛停止危害，对红蜘蛛有好的抑制脂肪形成的作用，对幼螨的触杀性最好，在 24 小时就可达到 80.67% 的死亡率，雌雄成螨死亡比较慢，在 5 天时才会出现死亡高峰，5 天死亡率只能达到 83.12%，7 天的死亡率可以达到 96.88%。速效性明显强于季酮酸类杀螨剂，持效期略长于季酮酸类杀螨剂，是一种好的柑橘杀螨剂。

由于化合物中的特殊官能团可以增强同化作用，使得作物结出的果实糖度加大，最大可以增加到 15 个糖度，同时具有协同固氮作用，强壮植株。

氟螨嗪的持效期长，生产上用 6000 倍稀释液能控制柑橘全爪螨危害达 40～50 天。氟螨嗪施到作物叶片上后耐雨水冲刷，喷药 2 小时后遇中雨不影响药效的正常发挥。从委托国家试验部门的试验中看出，高暴发期在广西的持效期是 42 天，浙江持效期是 39 天，四川持效期是 32 天。非高暴发期防治红蜘蛛的持效期最长可达 55 天，最短在 49 天。

注意事项　如果在柑橘全爪螨危害的中后期使用，危害成螨数量已经相当大，由于氟螨嗪杀卵及幼螨的特性，建议与速效性好、持效期短的杀螨剂，如阿维菌素等混合使用，既能快速杀死成螨，又能长时间控制害螨虫口数量。考虑到抗性治理，建议在一个生长季（春季、秋季），氟螨嗪的使用次数最多不超过 4 次。氟螨嗪的主要作用方式为触杀和胃毒，中等内吸性，因此喷药要全株均匀喷雾，特别是叶背。建议避开果树开花时用药，以减少对蜜蜂的危害。

与其他药剂的混用　不能与碱性药剂混用，可与大部分农药（强碱性农药与铜制剂除外）现混现用。与现有杀螨剂混用，既可提高氟螨嗪的速效性，又有利于害螨的抗性治理。混剂产品有 20% 阿维·氟螨嗪。

参考文献

刘长令, 2012. 世界农药大全: 杀虫剂卷[M]. 北京: 化学工业出版社: 727-729.

马克比恩 C, 2015. 农药手册[M]. 胡笑形, 等译. 北京: 化学工业出版社: 317-318.

（撰稿: 杨吉春; 审稿: 李森）

氟螨噻　flubenzimine

一种触杀性杀螨剂，同时具有一定的植物生长调节作用。

其他名称　Cropotex、BAY SLJ0312。

化学名称　N-[3-苯基-4,5-双[(三氟甲基)亚氨基]-2-噻唑烷撑] 苯胺; N-[3-phenyl-4,5-bis[(trifluoromethyl)imino]-2-thiazolidinylidene]benzenamine。

IUPAC 名称　(2Z,4E,5Z)-N^2,3-diphenyl-N^4,N^5-bis(trifluoromethyl)-1,3-thiazolidine-2,4,5-triylidenetriamine。

CAS 登记号　37893-02-0。

EC 号　253-703-1。

分子式　$C_{17}H_{10}F_6N_4S$。

相对分子质量　416.34。

结构式

开发单位　G. Zoebelein 等报道，拜耳公司开发。

理化性质　纯品为橙黄色粉末。熔点 118.7℃。蒸气压< 1mPa（20℃）。Henry 常数< 2.6×10^{-1}Pa·m³/mol（计算值）。水中溶解度（mg/L，20℃）1.6；有机溶剂中溶解度（g/L，20℃）：二氯甲烷、甲苯> 200，正己烷、异丙醇 5～10。稳定性：DT_{50}（22℃）：29.9 小时（pH4），30 分钟（pH7），10 分钟（pH9）。

毒性　微毒杀螨剂。急性经口 LD_{50}：雄大鼠> 5000mg/kg（丙酮＋油），2840mg/kg（水＋聚氧乙烯蓖麻油），雌大鼠 3700～5000mg/kg（丙酮＋油），2685mg/kg（水＋聚氧乙烯蓖麻油），雄小鼠> 2500mg/kg，雌兔 360mg/kg，雌狗> 500mg/kg。急性经皮 LD_{50}（24 小时）：大鼠> 5000mg/kg，对兔皮肤无明显刺激，导致兔结膜中度至严重刺激。大鼠（4 小时）急性吸入 LC_{50}> 0.357mg/L 空气有效成分（50% 可湿性粉剂）。NOEL［mg/（kg·d）］（90 天）：雄性狗 100，雄性大鼠 500。急性经口 LD_{50}（mg/kg）：母鸡> 5000，日本鹌鹑 4500～5000，金丝雀> 1000。

剂型　50% 可湿性粉剂。

作用方式及机理　触杀型杀螨剂；生长调节剂。处理后的成年螨寿命短，产卵量少。

防治对象　螨类。

使用方法　用 500mg/L 可防治梨果、李子和西洋李子树上的全爪螨和二斑叶螨，也可防治柑橘锈瘿螨、全爪螨和皱叶刺瘿螨。

注意事项　万一接触眼睛，立即使用大量清水冲洗并送医诊治。该物质残余物和容器必须作为危险废物处理。避免排放到环境中。对水生生物极毒，可能导致对水生环境的长期不良影响。

参考文献

王振荣, 李布青, 1996. 农药商品大全[M]. 北京: 中国商业出版社: 284.

（撰稿: 杨吉春; 审稿: 李森）

氟嘧磺隆　primisulfuron-methyl

一种磺酰脲类除草剂。

其他名称　Spirit、Beacon、Tell、Bifle。

化学名称　3-[4,6-双(二氟甲氧基)嘧啶-2-基]-1-(2-甲氧基甲酰基苯基)磺酰脲；2-[4,6-双(二氟甲氧基)嘧啶-2-基-氨基甲酰氨基磺酰基]苯甲酸乙酯。

IUPAC名称　methyl 2-[4,6-bis(difluoromethoxy)pyrimidin-2-ylcarbamoylsulfamoyl] benzoate。

CA名称　methyl 2-[[[[[4,6-bis(difluoromethoxy)-2-pyrimidinyl]amino]carbonyl]amino] fonyl] benzoate。

CAS登记号　86209-51-0。

分子式　$C_{15}H_{12}F_4N_4O_7S$。

相对分子质量　468.33。

结构式

开发单位　由W. Mauree 先正达公司等报道其除草活性，1990年由汽巴-嘉基（现先正达公司）开发并引入市场。生产企业有先正达公司，江苏省激素研究所股份有限公司。

理化性质　纯品为白色细粉。熔点194.8～197.4℃（分解，也有报道203.1℃）。25℃时蒸气压＜5×10^{-3}mPa。25℃时K_{ow}lg$P$: 2.1（pH5）、0.2（pH7）、-0.53（pH9）。水解反应半衰期：pH3～5时约10小时，pH7～9时＞300小时。土壤中半衰期10～60小时。相对密度1.64（20℃）。25℃水中溶解度（mg/L）：3.7（pH5）、390（pH7）、11 000（pH8.5）。25℃有机溶剂溶解度（mg/L）：丙酮45 000、甲苯590、正辛醇130。pK_a3.47。

毒性　急性经口LD_{50}：大鼠＞5050mg/kg，小鼠＞2000mg/kg。急性经皮LD_{50}：兔＞2010mg/kg，大鼠＞2000mg/kg。对豚鼠皮肤无致敏性，对兔皮肤和眼睛无刺激作用。大鼠吸入LC_{50}（4小时）＞4.8mg/L（空气）。NOEL［mg/（kg·d）］：（2年）大鼠13，（19个月）大鼠13，（1年）狗25。ADI/RfD 0.13mg/kg，（EPA）cRfD 0.25mg/kg。山齿鹑和野鸭急性经口LD_{50}＞2150mg/kg，野鸭和山齿鹑饲喂LC_{50}（8天）＞2150mg/kg饲料。鱼类LC_{50}（96小时）：虹鳟29mg/L，蓝鳃翻车鱼＞80mg/L，羊头原鲷＞160mg/L。对蜜蜂无毒，LD_{50}（48小时）：经口＞18μg/只，接触＞100μg/只。

剂型　主要有75%可湿性粉剂，5%水分散粒剂。

作用方式及机理　是支链氨基酸生物合成抑制剂，具体靶标为乙酰乳酸合成酶（AHAS或ALS），通过抑制必需的缬氨酸、亮氨酸和异亮氨酸的生物合成来阻止细胞分裂和植物生长。由于在作物体内快速代谢而具有选择性，属于选择性内吸性除草剂，通过叶片和根部吸收，在植物体内向顶向基传导。

防治对象　能有效防除禾本科杂草和阔叶杂草，包括苋属、豚草属、曼陀罗属、蜀黍属、苍耳属，且可以防除对三嗪类除草剂有抗性的杂草。用于玉米田苗后除草。使用剂量20～40g/hm^2。

环境行为　大鼠等动物的主要代谢途径，包括嘧啶环的羟基化、磺酰脲类桥部分裂解为独立的苯基和嘧啶环。在玉米中，氟嘧磺隆主要通过环氧化降解，随后与糖共轭。收获时，在谷物和饲料中没有检测到残留物。土壤吸附能力较弱。

分析　残留用HPLC/UV分析，土壤中残留用HPLC/UV分析，水中残留用LC/MS/MS分析（ibid），在水中和土壤中磺酰脲类农药的残留可用免疫测定法测定。

参考文献

马克比恩C, 2015. 农药手册[M]. 胡笑形, 等译. 北京: 化学工业出版社: 822-823.

孙家隆, 2015. 新编农药品种手册[M]. 北京: 化学工业出版社: 709-710.

（撰稿：王建国；审稿：耿贺利）

氟嘧菌胺　diflumetorim

一种新型嘧啶胺类杀菌剂，对白粉病和锈病有优异的防效。

其他名称　Pyricut、UBF-002（试验代号）。

化学名称　(RS)-5-氯-N-[1-(4-二氟甲氧基苯基)丙基]-6-甲基嘧啶-4-胺；(RS)-5-chloro-N-[1-(4-difluoromethoxyphenyl)propyl]-6-methylpyrimidin-4-amine。

IUPAC名称　5-chloro-N-[1-[4-(difluoromethoxy)phenyl]propyl]-6-methylpyrimidin-4-amine。

CAS登记号　130339-07-0。

EC号　603-407-7。

分子式　$C_{15}H_{16}ClF_2N_3O$。

相对分子质量　327.78。

结构式

开发单位　由日本宇部兴产公司发现，并和日本日产化学公司共同开发，于1997年4月在日本获准登记。

理化性质　纯品为淡黄色结晶状固体。熔点46.9～48.7℃。蒸气压3.21×10^{-1}mPa（25℃）。K_{ow}lg$P$ 4.17（pH6.86）。Henry常数3.19×10^{-3}Pa·m^3/mol（计算值）。相对密度0.49（25℃）。水中溶解度33mg/L（25℃），易溶于大部分

有机溶剂。稳定性：在 pH4～9 范围内稳定，pK_a4.5，闪点 201.3℃。

毒性　大鼠急性经口 LD_{50}（mg/kg）：雄 448，雌 534。小鼠急性经口 LD_{50}（mg/kg）：雄 468，雌 387。大鼠急性经皮 LD_{50}（mg/kg）：雄＞2000，雌 2000。大鼠急性吸入 LC_{50}（4 小时，mg/L）：雄 0.61，雌 0.61。对兔眼睛和皮肤有轻微刺激，对豚鼠皮肤有轻微刺激。日本鹌鹑急性经口 LD_{50} 881mg/kg，野鸭急性经口 LD_{50} 1979mg/kg。鱼类 LC_{50}：虹鳟 0.25mg/L，鲤鱼 0.098mg/L。水蚤 LC_{50}（3 小时）0.96mg/L。蜜蜂 LD_{50}：经口＞10μg/只，接触 29μg/只。Ames 试验呈阴性，微核及细胞体外试验呈阴性。

剂型　10% 乳油。

作用机理与特点　能够抑制从分生孢子萌发到分生孢子梗阶段的菌体生长。10mg/L 处理 5 种不同生长期麦类白粉病，都能抑制其生长。分生孢子萌发前用药抑制率 100%；播种 10 小时，分生孢子萌发后用药抑制率 76%；接种 24 小时，附着胞形成后用药抑制率 55.6%；接种 48 小时，菌丝体茂盛生长后用药抑制率 35.2%；接种 96 小时，分生孢子梗形成后用药抑制率 11.2%。其化学结构有别于现有的杀菌剂，同三唑类、二硫代氨基甲酸酯类、苯并咪唑类及其他类包括抗生素等无交互抗性，对其敏感或抗性病原菌均有优异的活性。

适宜作物　禾谷类作物，观赏植物如玫瑰、菊花等。

对作物安全性　对 51 种玫瑰和 17 种菊花安全、无药害。

防治对象　白粉病和锈病等。

使用方法　防治白粉病以染病前或染病开始施药（喷雾处理）为好。对小麦白粉病、小麦锈病、玫瑰白粉病、菊花锈病等具有有益的保护活性，使用浓度为 50～100mg/L 有效成分，防治玫瑰白粉病推荐浓度 50mg/L 有效成分，防治菊花锈病推荐浓度为 100mg/L 有效成分。

参考文献

刘长令，2006. 世界农药大全：杀菌剂卷[M]. 北京：化学工业出版社.

TOMLIN C D S, 2000. The pesticide manual: a world compendium [M]. 12th ed. UK: BCPC.

（撰稿：陈长军；审稿：张灿、刘西莉）

氟嘧菌酯　fluoxastrobin

一种广谱、具有优异内吸性的二氢二噁嗪类杀菌剂。

其他名称　Fandango

化学名称　[2-[6-(2-氯苯氧基)-5-氟嘧啶 -4- 基氧基] 苯基](5,6- 二氢 -1,4,2- 二噁嗪 -3- 基) 甲酮 O- 甲基肟；2-[[6-(2-chlorophenoxy)-5-fluoro-4-pyrimidimyl]oxy]phenyl](5,6-dihydro-1,4,2-dioxazin-3-yl)methanone O-methyloxime。

IUPAC 名称　[2-[6-(2-chlorophenoxy)-5-fluorpyrimidin-4-yloxy]phenyl](5,6-dihydro-1,4,2-dioxazin-3-yl)methanone O-methyloxime。

CAS 登记号　193740-76-0。

EC 号　609-207-6。

分子式　$C_{21}H_{16}ClFN_4O_5$。

相对分子质量　458.83。

结构式

开发单位　1994 年由德国拜耳作物科学公司开发。1999 年 Collins 首次报道。

理化性质　纯品为白色结晶固体。熔点 75℃。蒸气压 $6×10^{-10}$Pa（20℃）。$K_{ow}lgP$ 2.86（20℃）。在水中溶解度（mg/L，20℃）：2.29（pH7）。在土壤中半衰期依土壤类型不同而异，为 16～119 天。

毒性　低毒。大鼠急性经口 LD_{50}＞2500mg/kg。大鼠急性经皮 LD_{50}＞2000mg/kg。对兔眼睛有刺激性，对兔皮肤无刺激，对豚鼠皮肤无过敏现象。对大鼠或兔未发现胚胎毒性、繁殖毒性和致畸作用，无致癌作用和神经毒性。鹌鹑急性经口 LD_{50}＞2000mg/kg。鱼类 LC_{50}（96 小时，mg/L）：大虹鳟＞0.44。水藻 EC_{50}（48 小时）0.48mg/L。蜜蜂 LD_{50}（μg/只）：接触＞200，经口＞843。蚯蚓 LC_{50}（14 天）＞1000mg/kg 土壤。

剂型　10% 乳油。

作用方式及机理　线粒体呼吸抑制剂，抑制细胞色素 b 和 c1 间电子传递，从而抑制线粒体呼吸。应用适期广，无论是在真菌侵染早期，如孢子萌发、芽管生长以及侵入叶片，还是在菌丝生长期，都能提供非常好的保护和治疗作用；对孢子萌发和初期侵染最有效。因具有优异的内吸活性，能被快速吸收，并能在叶部均匀地向顶部传递，故具有很好的耐雨水冲刷能力。

防治对象　具有广谱的杀菌活性，对几乎所有真菌（子囊菌、担子菌和半知菌）和卵菌引起的病害，如锈病、颖枯病、网斑病、白粉病、霜霉病等数十种病害均有很好的活性。

使用方法　主要用于茎叶处理，使用剂量通常为有效成分 50～300g/hm²。也可做种子处理剂，对幼苗和种传病害具有很好的杀灭和持效作用。

防治咖啡锈病　在发病初期，使用 10% 乳油有效成分 75～100g/hm² 剂量下茎叶喷雾，防治咖啡锈病效果优异。

防治小麦病害　使用 10% 乳油有效成分 200g/hm² 剂量下茎叶喷雾，对小麦叶斑病、颖枯病、褐锈病、条锈病、云纹病、褐斑病、网斑病具有优异防效，对白粉病有很好的药效，并能兼治全蚀病。

防治种传和土传病害　对禾谷类作物进行种子处理时，处理浓度为有效成分 5～10g/100kg 种子，对雪霉病、腥黑穗病和坚腥黑穗病等种传和土传病害有优异防效，并能兼治黑穗病和叶条纹病。

防治多种蔬菜病害　在 10% 乳油有效成分 100～200g/hm²

剂量下茎叶喷雾，对马铃薯早疫病、蔬菜叶斑病等有优异防效，对晚疫病、霜霉病有很好的防效。

与其他药剂的混用 百菌清 46.4% 与氟嘧菌酯 4.6% 复配，防治番茄晚疫病和黄瓜霜霉病，施药量为有效成分 990～1320g/hm²。

参考文献

刘长令, 2006. 世界农药大全: 杀菌剂卷[M]. 北京: 化学工业出版社: 128-130.

（撰稿：王岩；审稿：刘鹏飞）

氟萘禾草灵 funaihecaoling

一种二苯醚类选择性除草剂。

其他名称 SN 106279。

化学名称 甲基(2R)-2-[[7-[2-氯-4-(三氟甲基)苯氧基]-2-萘酚基]氧代]丙酸甲酯; methyl(2R)-2-[[7-[2-chloro-4-(trifluoromethyl)phenoxy]-2-naphthalenyl]oxy]propanoate。

IUPAC 名称 methyl(2R)-2-[7-(2-chloro-α,α,α-trifluoro-p-tolyloxy)-2-naphthyloxy]propionate。

CAS 登记号 103055-25-0。

分子式 $C_{21}H_{16}ClF_3O_4$。

相对分子质量 424.07。

结构式

开发单位 德国先灵公司。

理化性质 原药为黄色液体。蒸气压 2.39μPa（25℃）。溶解度（20℃）：水 0.7mg/L、乙醇 870g/L、甲醇 850g/L、丙酮 870g/L。

毒性 大鼠急性经口 LD_{50}＞400mg/kg。

作用方式及机理 该药在施用于土壤后具有较低的除草活性，主要被植物叶片吸收。施用后若干小时出现最初的可见症状。其表现出二苯醚型除草剂的症状，在敏感种杂草芽后处理，引起幼草和根分生组织坏死、茎叶迅速干化。其具体作用靶标尚未证实。

防治对象 用于小麦田、大麦田、玉米田和水稻田。防除直立婆婆纳、波斯水苦荬、母菊、田堇菜、宝盖草、小野芝麻、荞麦蔓、大马蓼、白芥、苘麻、马齿苋和蓼属杂草。高剂量对猪殃殃效果亦好。

使用方法 芽后茎叶喷雾处理，用药量为 100～500g/hm² 有效成分。

参考文献

朱永和, 王振荣, 李布青, 2006. 农药大典[M]. 北京: 中国三峡出版社: 800.

（撰稿：王大伟；审稿：席真）

氟氰戊菊酯 flucythrinate

一种拟除虫菊酯类杀虫剂。

其他名称 Cybolt、Cythrin、Fuching Jujr、Cuardin、Payoff、氟氰菊酯、保好鸿、AC222705、OMS2007、AI3-29391、CL222705。

化学名称 (R,S)-α-氰基-间苯氧基苄基(S)-2-(对二氟甲氧基苯基)-3-甲基丁酸酯; (+-)-cyano(3-phenoxyphenyl)methyl(+)-4-(difluoromethoxy)-alpha-(1-methylethy; (+-)-cyano-(3-phenoxyphenyl)methyl(+)-4-(difluoromethoxy)-alpha-(methylethyl)。

IUPAC 名称 [cyano-(3-phenoxyphenyl)methyl]2-[4-(difluoromethoxy)phenyl]-3-methylbutanoate。

CAS 登记号 70124-77-5。

EC 号 274-322-7。

分子式 $C_{26}H_{23}F_2NO_4$。

相对分子质量 451.46。

开发单位 1979 年美国氰胺公司开发，1982 年注册；W. K. Whitney 和 K.Wettstein 报道该杀虫剂。

理化性质 纯品为琥珀色黏稠液体。沸点 108℃（46.66Pa）。相对密度 1.189（22℃）。蒸气压 3.2×10^{-5}Pa（45℃）。溶解度：丙酮＞82%，丙醇＞78%，己烷9%，二甲苯181%，玉米油＞560g/L，棉籽油＞300g/L，大豆油＞300g/L；几乎不溶于水（65mg/L）。$K_{ow}lgP$ 120。在 pH3 时，水解半衰期约 40 天；pH6 时为 52 天；pH9 时为 6.3 天（均27℃）。在 37℃时稳定 1 年以上，在 25℃时稳定 2 年以上，在土壤中因日光促进降解，DT_{50} 约 21 天，其水液的 DT_{50} 约 4 天；在 27℃时水解 DT_{50} 约 4 天（pH3），52 天（pH5），6.3 天（pH9）。原药为黏稠的暗琥珀色液体，具有轻微的类似酯的气味，土壤 DT_{50} 约 60 天，移动性小。

毒性 对人畜毒性较大。工业品原油急性经口 LD_{50}：雄大鼠 81mg/kg，雌小鼠 76mg/kg。兔经皮 LD_{50}（24 小时）＞1000mg/kg。大鼠急性吸入 LC_{50}（4 小时）4.85mg/L 空气（气雾剂）。大鼠 2 年饲喂试验 NOEL 为 60mg/kg 饲料。在 3 代繁殖试验中，以原药 30mg/kg 饲料对大鼠繁殖没有影响，亚急性和慢性毒性试验也未发现问题，无致突变、致畸作用。加工制剂对皮肤和眼睛有中等或较强刺激作用。鹌鹑急性经口 LD_{50} 2708mg/kg，野鸭急性经口 LD_{50}＞2510mg/kg。野鸭 LC_{50}（8 天）4885mg/kg 饲料，鹌鹑 LC_{50}（8 天）3443mg/kg 饲料。鱼类 LC_{50}（96 小时）：蓝鳃鱼 0.71μg/L，虹鳟 0.32μg/L，鲶鱼 0.51μg/L，羊头鲷 1.6μg/L。因用药量低和在土壤中移动性小，故对鱼的危险很小。局部施粉剂时，对蜜蜂的 LD_{50} 0.078μg/ 只，水蚤 LC_{50}（48 小时）0.0083μg/L。

剂型　10% 乳油。

作用方式及机理　主要是触杀作用，也有胃毒和杀卵作用，在致死浓度下有忌避作用，但无熏蒸和内吸作用。对害虫的毒力为 DDT 的 10～20 倍，属负温度系数农药，即气温低要比气温高时的药效好，因此在傍晚施药为宜。其杀虫机理主要是改变昆虫神经膜的渗透性，影响离子的通道，因而抑制神经传导，使害虫运动失调、痉挛、麻痹以致死亡。

防治对象　该品是含氟除虫菊酯类新品种，化学结构与氰戊菊酯相似。因该品含氟，具有高效、对光和热更稳定的特点。杀虫谱广，对鳞翅目、双翅目、半翅目等多种害虫有效。常用于防治甘蓝、棉花、豇豆、玉米、仁果、核果、马铃薯、大豆、甜菜、烟草和蔬菜等上的蚜虫、棉铃虫、棉红铃虫、烟草夜蛾、造桥虫、卷叶虫、金刚钻、潜叶蛾、食心虫、菜青虫、小菜蛾、毛虫类、尺蠖类、蓟马、叶蝉等害虫，对螨、蝉也有较好的防治效果，使植食性螨类得到抑制或延缓，但不提倡单独用作杀螨剂使用。

使用方法　通常使用剂量为有效成分 22.5～52.5g/hm²，即 10% 乳油 225～525ml/hm² 喷雾使用。防治螨类时每亩用 10% 乳油 525～600ml。当虫口密度大时，要用 50ml 才能控制危害。

注意事项　对眼睛、皮肤刺激性较大，施药人员要做好劳动防护。不能在桑园、鱼塘、养蜂场所使用。因无内吸和熏蒸作用，故喷药要周到细致、均匀。用于防治钻蛀性害虫时，应在卵孵期或孵化前 1～2 天施药。不能与碱性农药混用，不能做土壤处理使用。连续使用，害虫易产生抗药性。

与其他药剂的混用　与杀螨剂混用，可将害虫和害螨同时杀死。

允许残留量　GB 2763—2021《食品中农药最大残留限量标准》规定氟氰戊菊酯最大残留限量见表。ADI 为 0.02mg/kg。谷物、油料和油脂、糖料按照 GB 23200.9、GB 23200.113 规定的方法测定；蔬菜、水果、食用菌按照 GB 23200.113、NY/T 761 规定的方法测定；茶叶按照 GB 23200.113、GB/T 23204 规定的方法测定。

部分食品中氟氰戊菊酯最大残留限量（GB 2763—2021）

食品类别	名称	最大残留限量（mg/kg）
谷物	鲜食玉米	0.20
	绿豆	0.05
	赤豆	0.05
油料和油脂	大豆	0.05
	棉籽油	0.20
蔬菜	结球甘蓝	0.50
	花椰菜	0.50
	番茄	0.20
	茄子	0.20
	辣椒	0.20

（续表）

食品类别	名称	最大残留限量（mg/kg）
蔬菜	萝卜	0.05
	胡萝卜	0.05
	山药	0.05
	马铃薯	0.05
水果	苹果	0.50
	梨	0.50
糖料	甜菜	0.05
食用菌	蘑菇类（鲜）	0.20
饮料类	茶叶	20.00

参考文献

中国农业百科全书总编辑委员会农药卷编辑委员会, 中国农业百科全书编辑部, 1993.中国农业百科全书: 农药卷[M]. 北京: 农业出版社.

朱永和, 王振荣, 2006. 农药大典[M]. 北京: 中国三峡出版社.

（撰稿：薛伟；审稿：吴剑）

氟噻草胺　flufenacet

一种芳氧乙酰胺类选择性除草剂。

其他名称　Fluamid、Foe 5043。

化学名称　4′-氟 -N- 异丙基-2-[5-（三氟甲基）-1,3,4-噻二唑 -2- 基氧]乙酰替苯胺。

IUPAC 名称　4′-fluoro-N-isopropyl-2-[5-(triuoromethyl)-1,3,4-thiadiazol-2-yloxy]acetanilide。

CAS 登记号　142459-58-3。

EC 号　604-290-5。

分子式　$C_{14}H_{13}F_4N_3O_2S$。

相对分子质量　363.33。

结构式

开发单位　拜耳公司。

理化性质　白色至棕色固体。相对密度 1.312（25℃）。熔点 75～77℃。蒸气压 9×10^{-5}Pa（25℃）。水中溶解度（mg/L，25℃）：56（pH4～7）、54（pH9），其他溶剂中溶解度（g/L，25℃）：丙酮、二甲基甲酰胺、二氯甲烷、甲苯、二甲基亚砜＞200，异丙醇 170，正己烷 8.7。正常条件下不易分解。

毒性　低毒。大鼠急性经口 LD_{50}：雄 1617mg/kg，雌

589mg/kg。大鼠急性经皮 LD$_{50}$ 2000mg/kg。对兔眼睛和皮肤无刺激性。饲喂试验 NOEL［mg/（kg·d）］：大鼠（2年）25、狗（1年）40。无致畸、致突变、致癌作用。鱼类 LC$_{50}$（96小时）：虹鳟 5.84mg/L，翻车鱼 2.13mg/L。对鸟类低毒。山齿鹑饲喂 LC$_{50}$ 5317mg/kg 饲料，野鸭饲喂 LC$_{50}$（6天）＞4970mg/kg 饲料。蜜蜂 LD$_{50}$＞25μg/只（接触）。

剂型　33% 悬浮剂。

作用方式及机理　细胞分裂抑制剂。主要靶标位点为脂肪酸代谢。

防治对象　多花黑麦草和某些阔叶杂草的苗前苗后早期除草。

使用方法　可用于玉米、小麦、大麦、大豆等作物田中防除一年生禾本科杂草和某些阔叶杂草。33% 悬浮剂，可有效防治看麦娘、播娘蒿、荠菜、婆婆纳、猪殃殃等，对雀麦、节节麦和野燕麦无效。

小麦播种后杂草出苗前，每亩使用 33% 氟噻草胺、呋草酮、吡氟酰草胺悬浮剂 60～80g（有效成分 19.8～26.4g），加水 40～50L 土壤喷雾。

注意事项　①杂草出苗后施药防效下降，应早施药。土壤湿润有利于药效发挥。②有时药后麦苗茎叶局部出现触杀性黄化或白化斑，但一般不影响小麦后期生长。③土壤干旱、秸秆还田、疏松多隙、土块很多的撒播稻茬冬小麦田，杂草出苗和受药不一，除草效果差。④对鱼和部分水藻等水生生物有毒，药品及废液严禁污染各类水域、土壤等环境；严禁在河塘清洗施药器械。⑤避免孕妇及哺乳期的妇女接触。

与其他药剂的混用　氟噻草胺与呋草酮及吡氟酰草胺混用登记；可与氟唑磺隆、双氟磺草胺、二甲戊灵等桶混。

允许残留量　GB 2763—2021《食品中农药最大残留限量标准》规定氟噻草胺在糙米中的最大残量限量为 0.05mg/kg。ADI 为 0.005mg/kg。

（撰稿：李香菊；审稿：耿贺利）

氟噻虫砜　fluensulfone

一种噻唑类非熏蒸性杀线虫剂。

其他名称　MCW-2、Nimitz、联氟砜、氟砜灵。

化学名称　5-氯-1,3-噻唑-2-基 3,4,4-三氟丁-3-烯-1-基砜。

IUPAC 名称　5-chloro-2-[(3,4,4-trifluoro-3-buten-1-yl)sulfonyl]-1,3-thiazole。

CAS 登记号　318290-98-1。

分子式　C$_7$H$_5$ClF$_3$NO$_2$S$_2$。

相对分子质量　291.70。

结构式

开发单位　马克西姆公司在 1993—1994 年发现，2014 年在美国取得登记。

理化性质　外观为淡黄色液体或晶体。熔点 34.8℃，沸腾前分解。蒸气压 3×10^{-2}Pa（25℃）、0.13Pa（35℃）、0.34Pa（45℃）。Henry 常数 1.68×10^{-2}Pa·m³/mol。K_{ow}lg$P$ 1.96。水中溶解度 545.3mg/L（20℃）；其他溶剂中溶解度（g/L）：二氯甲烷 306.1、乙酸乙酯 351、正庚烷 19、丙酮 350。水解：50℃，pH4、pH5、pH7 条件下储存 5 天稳定（纯度为 97.2% 的样品含量依旧 ≥ 96.8%）。在土壤中的降解半衰期为 7.1～16.5 天。

毒性　原药具有中等经口毒性，低等经皮和吸入毒性。对兔皮肤有轻微的刺激性，对兔眼睛没有刺激作用，但对豚鼠皮肤有致敏性。NOAEL［mg/（kg·d），90 天饲喂］：小鼠（雌、雄）11；雄大鼠 8，雌大鼠 12；狗 1.7。Ames 试验、小鼠骨髓细胞微核试验、生殖细胞染色体畸变试验均为阴性，未见致突变作用，没有免疫毒性和神经毒性。原药对鲤鱼 LC$_{50}$（96 小时）41.0mg/L，大型溞 LC$_{50}$（48 小时）9.1mg/L，水藻 EC$_{50}$（72 小时）0.022mg/L。对非靶标和有益生物无害，对蜜蜂、鸟和蚯蚓无毒。

剂型　480g/L 乳油。

作用方式及机理　通过触杀作用于线虫，线虫接触到此物质后活动减少，进而麻痹，暴露 1 小时后停止取食，侵染能力下降，产卵能力下降，卵孵化率下降，孵化的幼虫不能成活，其不可逆的杀线虫作用可使线虫死亡。氟噻虫砜对线虫的多个生理过程有作用，这表明此物质具有新的作用机理，被认为与当前的杀线虫剂和杀虫剂不同。其具体的作用机理尚不清楚，需要进一步的研究。

防治对象　能防治爪哇根结线虫、南方根结线虫、北方根结线虫、刺线虫、马铃薯白线虫、哥伦比亚根结线虫、玉米短体线虫、花生根结线虫对植物根的侵害。可以用于茄子、辣椒、番茄等茄科作物，黄瓜、西葫芦、南瓜、西瓜、哈密瓜等瓜类作物及菊科、十字花科叶菜，马铃薯、甘薯等薯芋类作物线虫病的综合治理。

使用方法　使用 480g/L 乳油，用量 2～4kg/hm²，可在种植前滴灌或撒播使用，施用简单，易被土壤吸收。种植时使用对线虫的防效不能维持整个生长季，但能保护作物直至建立良好的根系。

参考文献

辉胜, 2017. 氟噻虫砜或将成为未来杀线虫剂市场的领导者[J]. 农药市场信息25: 35. DOI: 10. 13378/j. cnki. pmn. 2017. 25. 023.

钱虹, 2015. 新颖杀线虫剂氟噻虫砜[J]. 世界农药, 37 (3): 60-61.

（撰稿：黄文坤；审稿：陈书龙）

氟杀螨　fluorbenside

一种含硫的有机氯杀螨剂。

其他名称　p-氯苄基氟苯硫醚。

化学名称　对氯苯基 4-氟苯基硫醚；1-chloro-4-[(4-fluorophenyl)sulfanylmethyl]benzene。

IUPAC 名称 1-chloro-4-[(4-fluorophenyl)sulfanylmethyl]benzene。

CAS 登记号 405-30-1。

分子式 $C_{13}H_{10}ClFS$。

相对分子质量 252.74。

结构式

理化性质 密度 1.28g/cm³。熔点 36℃。沸点 345.5℃。蒸气压在 25℃时为 16.27mPa。折光指数 1.619。

毒性 大鼠急性经口 LD_{50} > 3000mg/kg。

剂型 气雾剂。

防治对象 杀螨剂，对卵、若螨有效。

注意事项 库房通风低温干燥。与食品原料分开储运。燃烧产生有毒硫氧化物、氯化物和氟化物气体。

参考文献

丁伟, 2010. 螨类控制剂[M]. 北京: 化学工业出版社: 137.

（撰稿：刘瑾林；审稿：丁伟）

氟酮磺草胺　triafamone

一种磺酰胺类选择性除草剂。

其他名称 垦收、AE1887196、BCS-BX60309。

化学名称 2'-[(4,6-二甲氧基-1,3,5-三嗪-2-基)羰基]-6-氟苯基-1,1,6'-三氟-N-甲基甲磺酰替苯胺。

IUPAC 名称 2'-[(4,6-dimethoxy-1,3,5-triazin-2-yl)carbonyl]-6-fluorophenyl]-1,1,6'-trifluoro-N-methylmethanesulfonanilide。

CAS 名称 N-[2-[(4,6-dimethoxy-1,3,5-triazin-2-yl)carbonyl]-6-fluorophenyl]-1,1-difluoro-N-methyl methanesulfonamide。

CAS 登记号 874195-61-6。

分子式 $C_{14}H_{13}F_3N_4O_5S$。

相对分子质量 406.34。

结构式

开发单位 2010 年由拜耳公司开发。

剂型 悬浮剂。

作用方式及机理 为乙酰乳酸合成酶（ALS）抑制剂，通过阻止缬氨酸、亮氨酸、异亮氨酸的生物合成，抑制细胞分裂和植物生长。以根系和幼芽吸收为主，兼具茎叶吸收除草活性。

防治对象 用于防除水稻田禾本科杂草、莎草和阔叶杂草。可有效防除稗草、双穗雀稗、扁秆藨草、一年生莎草

等；对丁香蓼、慈姑、醴肠、眼子菜、狼杷草、水莎草等阔叶杂草和多年生莎草也有较好的抑制作用。

使用方法 用药量为 25~50g/hm²，芽前或芽后早期使用。可结合秋之宝®（350g/L 丙炔噁草酮·丁草胺水乳剂）等来扩大对阔叶杂草的防治谱。

参考文献

马克比恩 C, 2015. 农药手册[M]. 胡笑形, 等译. 北京: 化学工业出版社: 1023.

（撰稿：许寒；审稿：耿贺利）

氟酮磺隆　flucarbazone-sodium

一种磺酰脲类选择性除草剂。

其他名称 彪虎（Everest）、MKH6562、SJO0498。

化学名称 4,5-二氢-3-甲氧基-4-甲基-5-氧 -N-(2-三氟甲氧基苯基磺酰基)-1H-1,2,4- 三唑 -1- 甲酰胺钠盐。

IUPAC 名称 4,5-dihydro-3-methoxy-4-methyl-5-oxo-N-(2-trifluoromethoxyphenyl sulfonyl)-1H-1,2,4-triazole-1-carboxamide sodium salt。

CAS 名称 4,5-dihydro-3-methoxy-4-methyl-5-oxo-N-[[2-(trifluoromethoxy)phenyl]sulfonyl]-1H-1,2,4-triazole-1-carboxamide,sodium salt。

CAS 登记号 181274-17-9；145026-88-6（酸）。

分子式 $C_{12}H_{10}F_3N_4NaO_6S$。

相对分子质量 418.28。

结构式

开发单位 2000 年由拜耳公司开发。2002 年 Arvesta（现 Arysta Life Science Corporation）获得产品所有权。H. J. Santel 等报道。

理化性质 无色无味结晶状固体。熔点 200℃（分解）。蒸气压 < 1×10⁻⁶mPa（20℃）。$K_{ow}lgP$（20℃）：−0.89（pH4）、−1.84（pH7）、−1.88（pH9）、−2.85（非缓冲液）。Henry 常数 < 1×10⁻¹¹Pa·m³/mol（20℃，计算值）。相对密度 1.59（20℃）。20℃在水中溶解度 44g/L（pH4~9）。pK_a1.9（游离酸）。

剂型 水分散粒剂。

毒性 低毒。大鼠急性经口 LD_{50} > 5000mg/kg。大鼠急性经皮 LD_{50} > 5000mg/kg。对兔皮肤无刺激，对眼睛有轻微至中等刺激，对豚鼠皮肤无致敏性。大鼠急性吸入 LC_{50} > 5.13mg/L。NOEL［mg/（kg·d）］：大鼠（2 年）125mg/kg 饲料，小鼠（2 年）1000mg/kg 饲料，雌狗（1 年）200mg/kg 饲料，雄狗（1 年）1000mg/kg 饲料。没有数据显示有神经

毒性、遗传毒性、致畸性和致癌可能性。山齿鹑急性经口 $LD_{50} > 2000mg/kg$。山齿鹑亚急性饲喂 $LC_{50} > 5000mg/kg$ 饲料。鱼类 LC_{50}（96 小时，mg/L）：蓝鳃翻车鱼 > 99.3，虹鳟 > 96.7。水蚤 EC_{50}（48 小时）$> 109mg/L$。羊角月牙藻 EC_{50} 6.4mg/L。浮萍 EC_{50} 0.0126mg/L。对蜜蜂无毒害（$LD_{50} > 200\mu g$／只）。蚯蚓 $LC_{50} > 1000mg/kg$ 土壤。

作用方式及机理　支链氨基酸合成（ALS 或 AHAS）抑制剂。通过抑制必需氨基酸缬氨酸和异亮氨酸的生物合成，从而抑制细胞分裂、使杂草生长停止。通过叶和根吸收，分别向顶、向基传导。对 ACC 酶抑制剂（芳氧苯氧丙酸类、环己酮烯类）、氨基甲酸酯类（如野麦畏）、二硝基苯胺类等产生抗性的野燕麦和狗尾草等杂草有很好的防效。

防治对象　用于小麦田苗后防除禾本科杂草，尤其是野燕麦、狗尾草和一些阔叶杂草，对下茬作物安全，与 2,4-滴丁酯具有良好的配伍性能，混合后增效明显，灭草后增产 20% 以上。还可作为土壤处理剂，能有效抑制看麦娘、野燕麦、雀麦，对节节草也有一定的抑制作用。

使用方法　小麦田使用剂量 $21g/hm^2$。

允许残留量　GB 2763—2021《食品中农药最大残留限量标准》规定氟酮磺隆在小麦中的最大残留限量为 0.01mg/kg（临时限量）。ADI 为 0.36mg/kg。

参考文献

马克比恩 C, 2015. 农药手册[M]. 胡笑形, 等译. 北京: 化学工业出版社: 456.

石得中, 2007. 中国农药大辞典[M]. 北京: 化学工业出版社: 170.

（撰稿：许寒；审稿：耿贺利）

氟烯草酸　flumiclorac-pentyl

一种酰酰亚胺类触杀性芽后选择性除草剂。

其他名称　氟胺草酯、利收、氟亚胺草酯、阔氟胺。

化学名称　[2-氯-5-(环己-1-烯-1,2-二羧酰亚氨基)-4-氟苯氧基] 乙酸戊酯；pentyl-[2-chloro-5-(cyclohex-1-ene-1,2-dicarboxamido)-4-fluorophenoxy]acetate。

IUPAC 名称　pentyl-[2-chloro-5-(cyclohex-1-ene-1,2-dicarboxamido)-4-fluorophenoxy]acetate。

CAS 登记号　87546-18-7。

分子式　$C_{21}H_{23}ClFNO_5$。

相对分子质量　423.86。

结构式

开发单位　日本住友化学公司。

理化性质　纯品为白色粉状固体。蒸气压 $1 \times 10^{-5}Pa$。密度 1.33g/ml，熔点 88.9～90.1℃。

毒性　大鼠急性经口 $LD_{50} > 3600mg/kg$，急性经皮 $LD_{50} > 2000mg/kg$。兔急性经皮 $LD_{50} > 2000mg/kg$。大鼠急性吸入 $LC_{50} > 5.51mg/L$。对兔眼睛和皮肤有中度刺激作用。无致突变性，无致畸作用。鹌鹑急性经口 $LD_{50} > 2250mg/kg$，鹌鹑和野鸭饲喂 $LC_{50} > 5620mg/L$ 饲料。鱼类 LC_{50}（96 小时）：大翻车鱼 13～21mg/L，虹鳟 1.1mg/L。对人畜低毒。对皮肤和眼睛有中等刺激。

剂型　10% 乳油。

作用方式及机理　原卟啉原氧化酶抑制剂。药剂被敏感杂草叶面吸收后，迅速作用于植株组织。

防治对象　对大豆田一年生阔叶杂草有较好的防除效果。

使用方法　防除大豆田一年生阔叶杂草，用 45～67.5g/hm²（有效成分），加水稀释后充分喷洒在杂草上。于杂草 2～4 叶期茎叶喷洒。

注意事项　药剂稀释后要立即使用，不要长时间搁置。要遵守规定的剂量，避免过量使用。在干燥的情况下防效低，不宜使用。如 8 小时内有雨，亦不要施用。喷药时要避免药液飘移到周围作物上，因此要在无风时施药。喷药时要注意安全防护。

与其他药剂的混用　能与防除禾本科杂草的除草剂混配用。

允许残留量　GB 2763—2021《食品中农药最大残留限量标准》规定氟烯草酸在棉籽中的最大残留限量为 0.05mg/kg。ADI 为 1mg/kg。日本规定家禽肉、棉籽、大豆、玉米最大残留量为 0.1mg/kg。

参考文献

陆阳, 陶京朝, 周志莲, 2009. 除草剂氟烯草酸(戊酯)的合成研究[J]. 农业科学与管理, 30(6): 33-35.

（撰稿：杨光富；审稿：吴琼友）

氟酰胺　flutolanil

一种具有保护和治疗作用的琥珀酸脱氢酶类杀菌剂。对水稻纹枯病有特效。

其他名称　Moncut、望佳多、氟纹胺、NNF-136。

化学名称　α,α,α-三氟-$3'$-异丙氧基-邻-苯甲酰苯胺（α,α,α-trifruoro-$3'$-isopropoxy-o-toluanilide）；$3'$-异丙氧基-2-(三氟甲基)N-苯甲酰苯胺（$3'$-isopropoxy-2-(trifluoromethyl)ben-zanilide）。

IUPAC 名称　α,α,α-trifruoro-$3'$-isopropoxy-o-toluanilide。

CAS 登记号　66332-96-5。

分子式　$C_{17}H_{16}F_3NO_2$。

相对分子质量　323.31。

结构式

开发单位　由日本农药公司开发。F. Araki 和 K. Yabu-tani 于 1981 年报道该杀菌剂。

理化性质　纯品为无色无嗅结晶状固体。熔点 104.7～106.8℃。20℃蒸气压 1.77mPa，25℃蒸气压 6.5mPa。K_{ow}lg$P$ 3.17。相对密度 1.32（20℃）。在酸碱溶液中稳定（pH3～11），对阳光和热稳定。溶解度（20～25℃）：水 8.01mg/L，甲醇 322.2g/L，乙腈 333.8g/L，二氯甲烷 377.6g/L，乙酸乙酯 364.7g/L，正己烷 0.395g/L，正辛醇 42.3g/L，氯仿 238g/L，甲苯 35.4g/L，丙酮 656g/L。

毒性　对皮肤和眼睛没有刺激性，对哺乳动物和水生动物毒性均很低。原药大鼠急性经口 LD$_{50}$ 1190mg/kg，急性经皮 LD$_{50}$＞10 000mg/kg，急性吸入 LC$_{50}$＞5.98mg/L。野鸭和鹌鹑急性经口 LD$_{50}$＞2000mg/kg。鱼类 LC$_{50}$（96 小时，mg/L）：蓝鳃鱼 5.4，虹鳟 5.4，鲤鱼 2.3。对兔皮肤无刺激作用，对眼睛黏膜有轻度刺激。在试验剂量内未见致癌、致畸、致突变作用。3 代繁殖试验中未现异常。2 年饲喂试验 NOEL：大鼠为 10mg/（kg·d）（雌）和 8.7mg/（kg·d）（雄），狗为 50mg/（kg·d）。对蜜蜂无影响，甚至可以直接对虫体喷洒。

剂型　20%、25%、50% 可湿性粉剂，20% 水分散粒剂，粉剂，颗粒剂等。

质量标准　20% 氟酰胺可湿性粉剂由有效成分、表面活性剂和载体组成。外观为灰白色粉末，密度 0.34g/cm³，悬浮性极好。常温条件下储存稳定性 3 年以上。

作用方式及机理　具有保护和治疗作用，作用位点为线粒体呼吸电子传递链中的琥珀酸脱氢酶（SDHI），抑制天门冬氨酸盐和谷氨酸盐的合成，阻碍病菌的生长和穿透。

防治对象　主要用于防治水稻、谷类、马铃薯、甜菜、蔬菜、花生、水果和观赏植物等的各种立枯病、纹枯病、雪腐病等，对水稻纹枯病有特效，50mg/L 的防效为 100%。推荐剂量下无药害。

使用方法　可用于茎叶处理，使用剂量为有效成分 300～1000g/hm²；也可用于种子处理，使用剂量为有效成分 1.5～3g/kg。在防治水稻纹枯病时，要在水稻分蘖盛期和水稻破口期各喷药 1 次，每亩用 20% 氟酰胺可湿性粉剂 100～125g，兑水 75kg，常量喷雾，重点喷在水稻基部。

注意事项　可以与其他农药混合使用。该药剂对鱼类有一定毒性，应防止污染池塘。

与其他药剂的混用　10% 氟酰胺 +10% 嘧菌酯或 30% 氟酰胺 +30% 嘧菌酯水分散粒剂用于防治水稻纹枯病，用药量 210～300g/hm² 有效成分。

允许残留量　GB 2763—2021《食品中农药最大残留限量标准》规定氟酰胺最大残留限量见表。ADI 为 0.09mg/kg。谷物中氟酰胺残留量按照 GB 23200.9、GB 23200.113 规定的方法测定。

部分食品中氟酰胺最大残留限量（GB 2763—2021）

食品类别	名称	最大残留限量（mg/kg）
谷物	大米	1.00
	糙米	2.00
油料和油脂	花生仁	0.50
蔬菜	叶芥菜	0.07
	马铃薯	0.05

参考文献

刘长令, 2006. 世界农药大全: 杀菌剂卷[M]. 北京: 化学工业出版社: 557-558.

潘志孝, 宋亚华, 王梅芳, 2013. 20%氟酰胺可湿性粉剂对草坪褐斑病菌的室内毒力和田间防效[J]. 安徽农学通报, 19(19): 84, 113.

王书勤, 谢吉先, 韩桂琴, 2016. 20%嘧菌酯+氟酰胺防治花生白绢病效果研究[J]. 农业科技通讯 (6): 151-153.

吴新平, 朱春雨, 张佳, 等, 2015. 新编农药手册[M]. 2版. 北京: 中国农业出版社: 310-311.

TURNER J A, 2015. The pesticide manual: a world compendium [M]. 17th ed. UK: BCPC.

（撰稿：刘西莉；审稿：刘鹏飞）

氟消草　fluchloralin

一种硝基苯胺类除草剂。

其他名称　氟硝草、氯乙氟灵、Basalin、BAS 3921、BAS 392H、BAS 3921H、BAS 3924H。

化学名称　N-(2-氯乙基)-2,6-二硝基-N-丙基-4-(三氟甲基)-苯胺；N-propyl-N-(2-chloroethyl)-2,6-dinitro-4-trifluoro-methylaniline。

IUPAC 名称　N-(2-chloroethyl)-2,6-dinitro-N-propyl-4-(tri-fluoromethyl)aniline。

CAS 登记号　33245-39-5。

EC 号　251-426-0。

分子式　$C_{12}H_{13}ClF_3N_3O_4$。

相对分子质量　355.70。

结构式

开发单位　巴斯夫公司。

理化性质　橙黄色固体。熔点 42～43℃。蒸气压 4mPa（20℃）。密度 1.45g/cm³。20℃水中溶解度＜1mg/L，易溶于丙酮、三氯甲烷、乙酸乙酯、乙醚、苯等有机溶剂。

毒性　急性经口 LD$_{50}$：大鼠 1550mg/kg，兔 8000mg/kg，

小鼠 730mg/kg，狗 6.4g/kg，野鸭 13g/kg，白鹤鹑 7g/kg。兔急性经皮 $LD_{50} > 10g/kg$。对皮肤和眼睛有中等刺激。大鼠急性吸入 LC_{50}（4 小时）8.4mg/L。大鼠、狗 90 天饲喂试验的 NOEL 分别为 250mg/kg 和 < 750mg/kg。鱼类 LC_{50}（24 小时）：蓝鳃鱼 0.031mg/L，虹鳟 0.027mg/L；LC_{50}（96 小时）：蓝鳃鱼 0.016mg/L，虹鳟 0.012mg/L。对蜜蜂无毒。

剂型 Basalin 120g/L 乳油（有效成分），氟消草 480g/L 乳油（有效成分）。

质量标准 均匀稳定的液体，无可见悬浮物和沉淀物，经水稀释后呈乳浊液。有效成分含量不低于标示量。含水量不高于 0.5%。

作用方式及机理 主要通过单子叶植物的幼芽和双子叶植物的下胚轴或下胚轴钩状突起吸收，传导至根部。其破坏正常细胞分裂，根尖分生组织内细胞变小或伸长区细胞未明显伸长，特别是皮层薄壁组织中细胞异常增大，胞壁变厚，由于细胞极性丧失，细胞内液泡形成逐渐增强，因而在最大伸长区开始放射性膨大，从而造成通常所看到的根尖呈鳞片。

防治对象 主要防除稗、狗尾草、看麦娘等一年生禾本科杂草，对藜、苋、繁缕、地肤等小粒种子阔叶杂草也有一定抑制作用，对多年生杂草及菊科、十字花科、伞形花科、鸭跖草科、茄科、莎草科杂草无效。

使用方法 植前、芽前除草剂。根据作物与土壤类型，以每公顷 475 ~ 1000g（有效成分）施用，可有效防除禾本科和阔叶杂草。该除草剂通过根与胚轴渗入发芽的杂草幼苗，阻断胚根的发育过程。将除草剂翻入 5cm 的表土中，5 小时内栽种或灌溉，有良好防效。可用于防除棉花、花生、黄麻、马铃薯、水稻、大豆和向日葵地中的杂草，药效可持续 10 ~ 12 周。

注意事项 紫外光下不稳定。对水生生物极毒，可能导致对水生环境的长期不良影响。

允许残留量 欧盟农药数据库对所有食品中的最大残留量水平限制为 0.01mg/kg（Regulation No.396/2005）。

参考文献

叶承道，唐洪元，1979. 国外二硝基苯胺类除草剂研究进展[J]. 农药工业译丛 (4)：23-29.

WORTHING C R, 1991.The pesticide manual: a world compendium [M]. 9th ed. UK: BCPC: 403.

（撰稿：杨光富；审稿：吴琼友）

结构式

理化性质 有机氟化合物。白色粉末。无气味。有吸湿性。不挥发。溶于水，不溶于多数有机溶剂。熔点 200℃（分解）。

毒性 剧毒，对大多数哺乳动物和鸟类的致死剂量通常都在 10mg/kg 以下。急性经口 LD_{50}：大鼠 0.22mg/kg；小家鼠 8.0mg/kg；小鸡约 5mg/kg；蜘蛛 15mg/kg。

作用方式及机理 通过阻断三羧酸循环起作用，导致柠檬酸积聚进而导致惊厥、呼吸或循环衰竭死亡。

使用情况 于 1896 年在比利时首次合成，但直到 20 世纪 40 年代，第二次世界大战期间毒鼠碱和海葱素的短缺刺激其他有害物质的发展时，作为农药被大量合成。在美国主要用于保护绵羊免受土狼的捕食，在新西兰和澳大利亚由专业的人员使用防控负鼠等鼠类，新西兰是世界上使用量最大的国家。

使用方法 堆投，毒饵站投放。

注意事项 皮肤污染者，要及时清理。误服者可用 1∶5000 高锰酸钾溶液洗胃。特效解毒剂为乙酰胺（又名解氟灵）。在中国已禁止使用。

参考文献

EASON C T, MILLER A, OGILVIE S, et al, 2011. An updated review of the toxicology and ecotoxicology of sodium fuoroacetate (1080) in relation to its use as a pest control tool in New Zealand[J]. New Zealand journal of ecology, 35(1): 1-20.

EGEHEZE J O, OEHME F W, 1979. Sodium monofluoroacetate (SMFA, Compound 1080): a literature review[J]. Veterinary and human toxicology, 21(6): 411-416.

INNES J, BARKER G, 1999. Ecological consequences of toxin use for mammalian pest control in New Zealand—an overview[J]. New Zealand journal of ecology, 23(2): 111-127.

MORAES-MOREAU R L, HARGUICH M, HARASUCHI M, et al, 1995. Chemical and biological demonstration of the presence of monofluoroacetate in the leaves of *Palicourea marcgravii*[J]. Brazilian journal of medical and biological research, 28(6): 685-692.

TWIGG L E, KING D R, BOWEN L H, et al, 1996. Fluoroacetate found in *Nemcia spathulata*[J]. Australian journal of botany, 44(4): 411-412.

（撰稿：王登；审稿：施大钊）

氟乙酸钠 sodium fluoroacetate

一种经口有机氟类抑制三羧酸循环的有害物质。

其他名称 1080。

化学名称 氟乙酸钠。

CAS 登记号 62-74-8。

分子式 $C_2H_2FNaO_2$。

相对分子质量 100.02。

氟乙酰胺 fluoroacetamide

一种经口有机氟类抑制三羧酸循环的有害物质。

其他名称 灭蚜胺、1081。

化学名称 氟乙酰胺。

CAS 登记号 640-19-7。

分子式 C_2H_4FNO。

相对分子质量 77.06。

结构式

开发单位　德国拜耳公司。

理化性质　熔点 106～109℃。101.32kPa 压力下沸点 259℃。密度 1.136g/cm³。白色针状结晶。无臭味。易溶于丙酮。

毒性　急性经口 LD_{50}：大鼠 16mg/kg；小鼠 33.12mg/kg；豚鼠 1.033mg/kg。对动物的毒性高于氟乙酸钠，氟乙酰胺对消化道黏膜有一定刺激作用。人类口服半致死量为 2～10mg/kg。

作用方式及机理　口服中毒除出现消化道症状外，主要表现为中枢神经系统的过度兴奋，烦躁不安，肌肉震颤，反复发作的全身阵发性和强直性抽搐，部分患者出现精神障碍，该药易损害心肌。进入人体后脱胺形成氟乙酸，干扰正常的三羧酸循环，导致三磷酸腺苷合成障碍及氟柠檬酸直接刺激中枢神经系统，引起神经及精神症状，轻者有 15～30 分钟的潜伏期，严重者立即发病，一般情况下是会引起神经和精神症状。

使用情况　用于防治棉花、大豆、高粱、小麦、苹果蚜虫，柑橘介壳虫及森林螨类等效果很好，尤其对棉花抗性蚜虫特别有效。1955 年由查普曼和菲利普斯提出用作杀鼠剂。后因对哺乳动物剧毒被禁用。中国早在 1976 年就已明令停止生产，1982 年，农牧渔业部、卫生部颁发的《农药安全使用规定》中明文规定：不许把氟乙酰胺作为灭鼠药销售和使用。从 1982 年 6 月 5 日起禁止使用含氟乙酰胺的农药和杀鼠剂，并停止其登记。

使用方法　堆投，毒饵站投放。

注意事项　皮肤污染者，要及时清理。误服者可用 1∶5000 高锰酸钾溶液洗胃。特效解毒剂为乙酰胺（又名解氟灵）。在中国已禁止使用。

参考文献

金留钦, 2016. 氟乙酰胺、氢氰酸混合杀鼠剂中毒检验的研究 [J]. 石化技术, 23(12): 33.

CHAPMAN C, PHILLIPS M A, 1955. Fluoroacetamide as a rodenticide [J]. Journal of food agriculture and environment, 6: 231-232.

（撰稿：王登；审稿：施大钊）

氟乙酰溴苯胺　yanomite

一种内吸性杀虫剂、杀螨剂。

其他名称　氟蚧胺。

化学名称　氟乙酰对溴苯胺；N-(4-bromophenyl)-2-fluoroacetamide。

IUPAC 名称　N-(4-bromophenyl)-2-fluoroacetamide。

CAS 登记号　351-05-3。

分子式　C_8H_7BrFNO。

相对分子质量　232.05。

结构式

理化性质　白色针状结晶。熔点 151℃。溶解度（23～25℃）：水 0.04%，丙酮 33g/100ml，甲醇 9.2g/100ml，乙醇 5g/100ml，苯 3.57g/100ml。

毒性　小鼠急性经口 $LD_{50} > 87$mg/kg，急性经皮 $LD_{50} > 169$mg/kg。鲤鱼 LC_{50}（48 小时）> 10mg/L。

剂型　40% 可湿性粉剂，0.5%、1.5% 粉剂。

作用方式及机理　内吸性杀虫剂、杀螨剂。

防治对象　对苹果、柑橘、梨的螨类有效，对植食性害螨的卵具有优异的触杀作用。

参考文献

朱永和, 王振荣, 李布青, 2006. 农药大典[M]. 北京: 中国三峡出版社.

（撰稿：周红；审稿：丁伟）

氟酯肟草醚　PPG1013

一种二苯醚类除草剂、脱叶剂。

化学名称　甲基 [[(1-[5-[2-氯-4-(三氟甲基) 苯氧基]-2-硝基苯基] 亚乙基) 氨基] 氧代] 乙酸甲酯；methyl [[(1-{5-[2-chloro-4-(trifluoromethyl)phenoxy]-2-nitrophenyl]ethylidene)amino]oxy]acetate。

IUPAC 名称　2-[1-[5-[2-chloro-4-(trifluoromethyl)phenoxy]-2-nitrophenyl]ethylideneamino]oxyacetate。

CAS 登记号　87714-68-9。

分子式　$C_{18}H_{14}ClF_3N_2O_6$。

相对分子质量　446.76。

结构式

开发单位　美国 PPG 工业公司。

防治对象　阔叶杂草、苋属、茄属、大果天菁、田芥菜、美洲豚草、曼陀罗、马齿苋、轮生粟米草等。

使用方法　芽前 10～40g/hm²（有效成分）。玉米、高粱地适于芽前施用，而大豆、花生、水稻、小麦、大麦等作物地芽前和芽后均可施用。

参考文献

朱永和, 王振荣, 李布青, 2006. 农药大典[M]. 北京: 中国三峡出版社: 807.

（撰稿：王大伟；审稿：席真）

氟唑草胺　profluazol

一种磺酰胺类除草剂。

其他名称　profluazole、TY 029。

化学名称　1,2′-二氯-4′-氟-5′-[(6S,7aR)-6-氟-2,3,5,6,7,7a-六氢-1,3-二氧代-1H-吡咯并[1,2-C]咪唑-2-基]甲基磺酰苯胺。

IUPAC 名称　N-[5-[(6S,7aR)-6-fluoro-1,3-dioxo-5,6,7,7a-tetrahydropyrrolo[1,2-c]imidazol-2-yl]-2-chloro-4-fluoro-phenyl]-1-chloromethanesulfonamide。

CAS 名称　1-chloro-N-[2-chloro-4-fluoro-5-[(6S,7aR)-6-fluorotetrahydro-1,3-dioxo-1H-pyrrolo[1,2-c]imidazol-2(3H)-yl]phenyl]-methanesulfonamide。

CAS 登记号　190314-43-3。

分子式　$C_{13}H_{11}Cl_2F_2N_3O_4S$。

相对分子质量　414.21。

结构式

开发单位　1995 年由杜邦公司开发。

参考文献

马克比恩 C, 2015. 农药手册[M]. 胡笑形, 等译. 北京: 化学工业出版社: 1098.

石得中, 2007. 中国农药大辞典[M]. 北京: 化学工业出版社: 173.

（撰稿：许寒；审稿：耿贺利）

氟唑环菌胺　sedaxane

一种吡唑酰胺类杀菌剂，抑制线粒体呼吸链复合物Ⅱ上的琥珀酸脱氢酶。

其他名称　Vibrance、根穗宝、环苯吡菌胺、SYN524464（混合物，试验代号）、SYN508210（反式异构体，试验代号）、SYN508211（顺式异构体，试验代号）。

化学名称　2顺式异构体 2′-[(1RS,2RS)-1,1′-联环丙基-2-基]-3-(二氟甲基)-1-甲基吡唑-4-羧酰苯胺和2反式异构体　2′-[(1RS,2SR)-1,1′-联环丙基-2-基]-3-(二氟甲基)-1-甲基吡唑-4-羧酰苯胺 混合物；mixture of 2 cis-isomers 2′-[(1RS,2RS)-1,1′-bicycloprop-2-yl]-3-(difluoromethyl)-1-methylpyrazole-4-carboxanilide and 2 trans-isomers 2′-[(1RS,2SR)-1,1′-bicycloprop-2-yl]-3-(difluoromethyl)-1-methylpyraz。

IUPAC 名称　2′-[(1RS,2RS)-1,1′-bicycloprop-2-yl]-3-(difluoromethyl)-1-methylpyrazole-4-carboxanilide；2′-[(1RS,2SR)-1,1′-bicycloprop-2-yl]-3-(difluoromethyl)-1-methylpyr-azole-4-carboxanilide。

CAS 登记号　874967-67-6（混合物）；599197-38-3（反式异构体）；599194-51-1（顺式异构体）。

分子式　$C_{18}H_{19}F_2N_3O$。

相对分子质量　331.36。

结构式

trans -isomer(racemate)

cis -isomer(racemate)

开发单位　先正达公司。

理化性质　纯品为灰褐色粉末，原药含量97.5%。由2个 cis-（1RS，2RS）-异构体 SYN508211（含量10%～15%）与2个 -trans-（1RS，2SR）-异构体 SYN508210（82%～89%）混合组成。熔点121.4℃。相对密度1.23（20～25℃）。蒸气压 1.7×10^{-7}mPa（25℃）。$K_{ow}lgP$ 3.3。Henry 常数 4×10^{-6}Pa·m³/mol。水中溶解度（mg/L，20～25℃）：14；有机溶剂中溶解度（g/L，20～25℃）：丙酮＞410、二氯甲烷500、乙酸乙酯200、正己烷41、甲醇110、辛醇20、甲苯70。稳定性：在pH5～9水中稳定，普通存储条件稳定，超过270℃分解。土壤 DT_{50}：42～71 天（pH7）。

毒性　雌大鼠急性经口 LD_{50} 5000mg/kg。大鼠急性经皮 LD_{50}＞5000mg/kg。对兔皮肤无刺激。对小鼠皮肤无致敏。对兔眼睛轻度刺激。大鼠急性吸入 LC_{50}（4 小时）＞5.24mg/L。ADI/RfD 0.11mg/（kg·d）。北美鹑急性经口 LD_{50}＞2000mg/kg。鱼类 LC_{50}（96 小时，mg/L）：虹鳟1.1，鲤鱼0.62，黑头呆鱼0.98。水蚤 EC_{50}（48 小时）6.1mg/L。羊角月牙藻 E_rC_{50}（96 小时）3mg/L。浮萍 E_rC_{50}（7 天）6.5mg/L。蜜蜂 LD_{50}（μg/只）：经口（48 小时）＞4、接触＞100。蚯蚓 LC_{50}（14 天）＞1000mg/kg 土壤。

剂型　44%悬浮种衣剂，9%氟环·咯·苯甲种子处理悬浮剂，8%氟环·咯菌腈种子处理悬浮剂，11%氟环·咯·精甲种子处理悬浮剂。

作用方式及机理　琥珀酸脱氢酶抑制剂，具有内吸性。可以从种子渗透到周围的土壤，从而对种子、根系和茎基部形成一个保护，在土壤中移动性较好，可以均匀分布于作物整个根系。

防治对象　适用于谷物、大豆、玉米、棉花、水稻等作物，经叶面或种子处理，可以防治水稻恶苗病、水稻立枯病、水稻烂秧病、玉米黑粉病、玉米丝黑穗病、小麦散黑穗病等、大豆锈病、大豆菌核病。

使用方法

8% 氟环·咯菌腈种子处理悬浮剂，种薯拌种防治马铃薯黑痣病 2.7～6.3g/100kg 种薯。

9% 氟环·咯·苯甲种子处理悬浮剂，拌种防治小麦散黑穗病 10～20g/100kg 种子。

11% 氟环·咯·精甲种子处理悬浮剂，拌种防治水稻恶苗病 33.75～45g/100kg 种子、水稻烂秧病 11.25～33.75g/100kg 种子、水稻立枯病 22.5～33.75g/100kg 种子。

44% 氟唑环菌胺悬浮种衣剂，种子包衣防治玉米丝黑穗病 15～45g/100kg 种子。

注意事项　在种子处理过程中，避免药液接触皮肤、眼睛和污染衣物，避免吸入药液。配药和种子处理应在通风处进行，操作人员应戴防渗手套、口罩、穿长袖上衣、长裤、靴子等。处理过的种子勿与食物、饲料放在一起，不得饲喂禽畜。播种后必须覆土，严禁畜禽进入。

与其他药剂的混用　种子处理，可以与咯菌腈混用防治马铃薯黑痣病；与咯菌腈、苯醚甲环唑混用防治小麦散黑穗病；与咯菌腈、精甲霜灵混用防治水稻恶苗病、水稻烂秧病、水稻立枯病。

允许残留量　GB 2763—2021《食品中农药最大残留限量标准》规定氟唑环菌胺的最大残留限量见表。ADI 为 0.1mg/kg。WHO 推荐氟唑环菌胺 ADI 为 0～0.1mg/kg。美国规定残留限量：甜菜根 0.01mg/kg，未除纤维的棉籽 0.01mg/kg，轧棉副产品 0.01mg/kg。

部分食品中氟唑环菌胺最大残留限量（GB 2763—2021）

食品类别	名称	最大残留限量（mg/kg）
谷物	稻谷	0.01*
	小麦	0.01*
	大麦	0.01*
	燕麦	0.01*
	黑麦	0.01*
	小黑麦	0.01*
	旱粮类	0.01*
油料和油脂	大豆	0.01*
	油菜籽	0.01*
蔬菜	马铃薯	0.02*
	玉米笋	0.01*

* 临时残留限量。

参考文献

TURNER J A, 2015. The pesticide manual: a world compendium [M]. 17th ed. UK: BCPC: 1012-1013.

（撰稿：王斌；审稿：司乃国）

氟唑菌胺　penflufen

一种吡唑酰胺类杀菌剂，兼具内吸、预防和治疗作用，持效期长。

其他名称　阿马士、EVERGOL Prime、EMESTO Quantum、EVERGOL Xtend、Prosper EverGol、氟唑菌苯胺、戊苯吡菌胺。

化学名称　2′-[(RS)-1,3-二甲基丁基]-5-氟-1,3-二甲基吡唑-4-甲酰苯胺（国标委）；N-[2-(1,3-dimethylbutyl)phenyl]-5-fluoro-1,3-dimethyl-1H-pyrazole-4-carboxamide。

IUPAC 名称　2′-[(RS)-1,3-dimethylbutyl]-5-fluoro-1,3-dimethylpyrazole-4-carboxanilide。

CAS 登记号　494793-67-8。

分子式　$C_{18}H_{24}FN_3O$。

相对分子质量　317.40。

结构式

开发单位　拜耳公司。

理化性质　纯品为白色透明粉末。熔点 111.1℃。相对密度 1.21（20～25℃）。$K_{ow}lgP$ 3.3（pH7）。Henry 常数 $1.05 \times 10^{-5}Pa \cdot m^3/mol$。在水中溶解度（mg/L，20～25℃）：10.9（pH7）。稳定性：在酸、中性、碱条件下均不水解。土壤 DT_{50}：土壤中降解缓慢，117～458 天（20℃，有氧）。

毒性　大鼠急性经口 $LD_{50} > 2000mg/kg$。兔急性经皮 $LD_{50} > 2000mg/kg$。对皮肤无刺激。大鼠急性吸入 $LC_{50} > 2.022mg/L$。ADI/RfD 0.04mg/kg。鸟类 LD_{50}（mg/kg）：北美鹑＞4000、金丝雀＞2000。鸟类饲喂 LC_{50}（mg/kg 饲料）：北美鹑＞8962、野鸭＞9923。鱼类 LC_{50}（96 小时，mg/L）：鲤鱼＞0.103、蓝鳃太阳鱼＞0.45、虹鳟＞0.31、羊头鲷鱼＞1.15、黑头呆鱼＞0.116。水蚤 EC_{50}（48 小时）＞4.7mg/L。淡水绿藻 EC_{50}（96 小时）＞5.1mg/L。Americamysis bahia EC_{50}（96 小时）2.5mg/L。蜜蜂 LD_{50}（μg/只）：经口（48 小时）＞100、接触（48 小时）＞100。

剂型　种子处理悬浮剂，颗粒剂，干拌种剂。

作用方式及机理　是 SDHI（琥珀酸脱氢酶抑制剂）类杀菌剂，作用于线粒体呼吸电子传递链上的复合体Ⅱ（琥珀酸脱氢酶）。具有内吸、预防和治疗作用，持效期长。用作种子杀菌处理剂，药剂经渗透进入发芽的种子，通过幼株的木质部传导至整个植株，从而高水准地保护生长的幼苗。

防治对象　杀菌谱宽，在低剂量下对担子菌、子囊菌都有活性。作为种子处理剂（种薯处理）和土壤处理剂，可以防治立枯丝核菌引起的玉米、大豆、油菜、马铃薯、棉花、花生、洋葱的种传和土传病害，如马铃薯黑痣病。也可以防治由腥黑粉菌属、黑粉菌属、丝核菌、旋孢腔菌引起的谷物病害，如小麦腥黑粉病、小麦黑穗病、纹枯病等。

使用方法　根据作物和地区的不同，使用剂量为

$1.4\sim10g/hm^2$。在马铃薯上使用时，推荐使用更高的剂量，如22%氟唑菌胺种子处理悬浮剂种薯包衣防治马铃薯黑痣病，$1.76\sim2.64g/100kg$ 种薯。

注意事项　使用22%氟唑菌胺种子处理悬浮剂防治马铃薯黑痣病，马铃薯种薯要符合相关良种标准，马铃薯种薯用该产品处理，阴干后播种。拌种和播种时应穿防护服，戴口罩、手套等。处理后的种子应安全存储，严禁人畜食用，特别要注意远离儿童以防止误食中毒。该品对部分水生生物有毒，严禁在水产养殖区、河塘、沟渠、湖泊等水体中清洗施药器具。

与其他药剂的混用　与丙硫菌唑混用防治马铃薯上由丝核菌、镰刀菌等引起的病害；与肟菌酯混用防治牧草上由丝核菌、镰刀菌等引起的病害；与肟菌酯、甲霜灵混用防治油菜、芥菜上由腐霉菌、丝核菌、镰刀菌、链格孢菌引起的根腐病。

允许残留量　美国规定最大残留限量：甜菜根部顶部 0.01mg/kg，鳞茎类蔬菜 0.01mg/kg。

参考文献

TURNER J A, 2015. The pesticide manual: a world compendium [M]. 17th ed. UK: BCPC: 850-851.

（撰稿：王斌；审稿：司乃国）

氟唑菌酰胺　fluxapyroxad

一种羧酰胺类杀菌剂，对线粒体呼吸链的复合物 II 中的琥珀酸脱氢酶起抑制作用。

其他名称　Fydex、Imbrex、Intrex、MBREX、Sercadis、Systiva、Xemium、Xzemplar、Adexar、BAS 700（试验代号）、5094351（试验代号）。

化学名称　3-(二氟甲基)-1-甲基-N-(3′,4′,5′-三氟[1,1′-双苯]-2-基))-1H-吡唑-4-甲酰胺；3-(difluoromethyl)-1-methyl-N-(3′,4′,5′-trifluoro[1,1′-biphenyl]-2-yl)-1H-pyrazole-4-carboxamide。

IUPAC 名称　3-(difluoromethyl)-1-methyl-N-(3′,4′,5′-trifluorobiphenyl-2-yl)pyrazole-4-carboxamide。

CAS 登记号　907204-31-3。

实验代号　BAS 700 F；5094351。

分子式　$C_{18}H_{12}F_5N_3O$。

相对分子质量　381.30。

结构式

开发单位　巴斯夫公司。

理化性质　纯品为晶体。熔点157℃。蒸气压 $2.7\times10^{-6}mPa$（20℃），$8.1\times10^{-6}mPa$（25℃）。$K_{ow}lgP$ 3.08（25℃）。pK_a12.58（20～25℃）。Henry 常数 $3.03\times10^{-7}Pa\cdot m^3/mol$。相对密度 1.42（20～25℃）。水中溶解度 3.88mg/L（20～25℃，pH5.8）；有机溶剂中溶解度（g/L，20～25℃）：丙酮＞250、乙腈168、二氯甲烷146、乙酸乙酯123、正庚烷 0.106、甲醇53.4、甲苯20.0。稳定性：在pH4～9的水中稳定，光照下稳定，土壤 DT_{50} 39～370 天；DT_{90}＞1年。

毒性　属低毒杀菌剂。大鼠急性经口 LD_{50}＞2000mg/kg。大鼠急性经皮 LD_{50}＞2000mg/kg。对兔眼睛、兔皮肤无刺激。大鼠急性吸入 LC_{50}＞5.5mg/L。NOAEL 大鼠（90天）6.1mg/（kg·d），ADI/RfD 0.02mg/（kg·d）。通过足够剂量诱导肝或者甲状腺瘤，发现对人体不具致癌性，无致畸性。鸟：鹌鹑 LD_{50}＞2000mg/kg，鹌鹑饲喂 LC_{50}（5天）＞5000mg/kg 饲料。鱼类 LC_{50}（96小时）：虹鳟0.546mg/L、鲤鱼0.29mg/L。水蚤 EC_{50}（48小时）6.78mg/L，羊角月牙藻 E_rC_{50}（96小时）0.7mg/L，E_yC_{50}（96小时）0.36mg/L。其他水生动物：浮萍 E_rC_{50}（7天）4.32mg/L，E_yC_{50}（7天）2.41mg/L。蜜蜂：急性经口（48小时）＞111μg/只，急性接触（48小时）＞100μg/只。赤子爱胜蚓 LC_{50}＞1000mg/kg 土壤。

剂型　乳油，悬浮剂，悬浮种衣剂。

作用方式及机理　通过干扰呼吸电子传递链上复合体 II 来抑制线粒体的功能，阻止其产生能量，抑制病原菌生长。氟唑菌酰胺高效、广谱、持效期长，具有优异的内吸传导性和耐雨水冲刷性，具有预防和治疗作用。能抑制孢子发芽、芽孢管伸长、菌丝体生长和孢子形成。

防治对象　通过叶面和种子处理能防治谷物、大豆、玉米、油菜等多种作物的主要病害，如谷物、大豆、果树和蔬菜上由壳针孢菌、灰葡萄孢菌、白粉菌、尾孢菌、柄锈菌、丝核菌、核腔菌等引起的病害，尤其是由链格孢菌引起的真菌病害。

使用方法　12% 苯甲·氟酰胺悬浮剂，茎叶喷雾处理防治菜豆锈病、番茄叶斑病、番茄叶霉病、辣椒白粉病、西瓜叶枯病，使用剂量75～125g/hm² 有效成分；防治番茄早疫病、黄瓜白粉病，使用剂量100.8～126g/hm² 有效成分；防治黄瓜靶斑病，使用剂量100～125g/hm² 有效成分；防治梨黑星病，使用浓度57～94mg/kg；防治苹果斑点落叶病，使用浓度63.15～75mg/kg。

42.4% 唑醚·氟酰胺悬浮剂，茎叶喷雾处理防治草莓、黄瓜、西瓜白粉病，马铃薯早疫病，用75～150g/hm² 有效成分；防治草莓、黄瓜、番茄灰霉病，用150～225g/hm² 有效成分；茎叶喷雾处理防治辣椒炭疽病，用150～200g/hm² 有效成分；茎叶喷雾处理防治杧果炭疽病，用143～200mg/kg 有效成分，茎叶喷雾处理防治葡萄白粉病、灰霉病，用100～200mg/kg 有效成分；茎叶喷雾处理防治香蕉黑星病，用166.7～250mg/kg 有效成分；沟施喷洒种薯防治马铃薯黑痣病，用225～300g/hm² 有效成分。

12% 氟菌·氟环唑乳油，茎叶喷雾处理，防治水稻纹枯病用72～108g/hm² 有效成分，香蕉叶斑病用125～250mg/kg 有效成分。

注意事项　水产养殖区、河塘等水体附近禁用，禁止在河塘等水域清洗施药器具。用过的容器应妥善处理，不可作他用，也不可随意丢弃，按照当地的有关规定处置所有的废弃物和空包装。桑园及蚕室附近禁用。

与其他药剂的混用　与氟环唑混用，用于防治水稻纹枯病和香蕉叶斑病；与唑菌胺酯混用，用于防治大豆锈病、苹果叶斑病、炭疽病、黑星病、甜瓜、杧果和黄瓜白粉病、杧果炭疽病、马铃薯、番茄早疫病、黄瓜、葡萄、番茄、草莓灰霉病、番茄叶霉病；与苯醚甲环唑混用，防治苹果斑点落叶病、黄瓜白粉病和番茄早疫病；与甲霜灵混用，作种子处理剂防治谷类作物叶枯病、腐霉枯萎病等苗期病害。

允许残留量　GB 2763—2021《食品中农药最大残留限量标准》规定氟唑菌酰胺的最大残留限量见表。ADI 为 0.02mg/kg。WHO 推荐氟唑菌酰胺 ADI 为 0~0.02mg/kg。最大残留限量（mg/kg）：香蕉 3，其他蔬果（不包含葫芦科）0.6，葫芦科作物 0.2，葡萄 3，马铃薯 0.03，水稻 5。

部分食品中氟唑菌酰胺最大残留限量（GB 2763—2021）

食品类别	名称	最大残留限量（mg/kg）
谷物	稻谷	5.00*
	小麦	0.30*
	大麦	2.00*
	燕麦	2.00*
	黑麦	0.30*
	小黑麦	0.30*
	玉米	0.05*
	鲜食玉米	0.05*
	高粱	0.70*
	杂粮类（豌豆、小扁豆、鹰嘴豆除外）	0.30*
	豌豆	0.40*
	小扁豆	0.40*
	鹰嘴豆	0.40*
	大米	0.40*
	糙米	1.00*
油料和油脂	油籽类（棉籽、大豆、花生仁除外）	0.80*
	棉籽	0.01*
	大豆	0.15*
	花生仁	0.01*
蔬菜	大蒜	0.60*
	洋葱	0.60*
	芸薹属类蔬菜	2.00*
	普通白菜	4.00*
	结球莴苣叶	4.00*
	芥菜	4.00*
	萝卜叶	8.00*
	芜菁叶	4.00*
	芹菜	10.00*
	茄果类蔬菜（辣椒、番茄除外）	0.60*
	番茄	0.50*

（续表）

食品类别	名称	最大残留限量（mg/kg）
蔬菜	瓜类蔬菜（黄瓜除外）	0.20*
	黄瓜	0.30*
	荚可食类豆类蔬菜（菜豆除外）	2.00*
	菜豆	3.00*
	荚不可食类豆类蔬菜（菜用大豆除外）	0.09*
	菜用大豆	0.50*
	萝卜	0.20*
	胡萝卜	1.00*
	玉米笋	0.15*
水果	橙	0.30*
	仁果类水果	0.90*
	核果类水果（桃、油桃、杏、李子、樱桃除外）	2.00*
	桃	1.50*
	油桃	1.50*
	杏	1.50*
	李子	1.50*
	樱桃	3.00*
	浆果和其他小型类水果（草莓除外）	7.00*
	草莓	2.00*
	杧果	0.70*
	香蕉	0.50*
	瓜果类水果	0.20*
干制水果	葡萄干	15.00*
	李子干	5.00*
坚果	坚果	0.04*
糖料	甜菜	0.15*
调味料	干辣椒	6.00*

* 临时残留限量。

参考文献

TURNER J A, 2015. The pesticide manual: a world compendium[M]. 17th ed. UK: BCPC: 550-551.

（撰稿：司乃国；审稿：刘西莉）

浮萍法　duckweed culture test

利用浮萍在含有除草剂的营养液中生长量与除草剂一定浓度范围内剂量呈相关性的特点进行除草剂活性生物测定的方法，有较高的灵敏度。

适用范围　用于非光合作用抑制剂室内生物活性测定。

主要内容　试验操作方法：预先配制 Hoagland's 培

养液，配方：硝酸钙 945mg/L、硝酸钾 607mg/L、磷酸铵 115mg/L、硫酸镁 493mg/L、铁盐溶液 2.5ml/L、微量元素 5ml/L、pH 6.0。以 10% 的 Hoagland's 培养液配制待测试的除草剂，在每杯 100ml 药液表面上放置 10 株大小一致、不带芽体的紫萍，1～2 周后调查紫萍的反应级数（根据药害症状，即叶片黄化或失绿等），或用 80% 的丙酮于冰箱中萃取叶绿素，以分光光度计在 652nm 下测试光密度，根据药害级数或光密度值降低的 EC_{50} 值来表示除草剂的活性。

参考文献

陈年春, 1991. 农药生物测定技术[M]. 北京: 北京农业大学出版社.

（撰稿：唐伟；审稿：陈杰）

福美甲胂 urbacide

以砷取代的二烷氨基二硫代甲酸盐类的福美系有机硫杀菌剂。

其他名称 退菌特（Tuzet）、Urbacid、Monzet、Urbacide。

化学名称 双(二甲基硫代氨基甲酰硫)甲基胂；甲基胂-双(二甲基二硫代氨基甲酸酯); N,N,3,6-tetramethyl-1,5-dithioxo-2,4-dithia-6-aza-3-arsaheptan-1-amine; N,N-dimethylcarbamodi-thioic acid bis(anhydrosulfide)with methylarsonodithious acid。

IUPAC 名称 bis(dimethyl thiocarbamoylthio)methylarsine; 1-[[(dimethyl thiocarbamoyl sulfanyl)methyl arsanyl] sulfanyl]-N,N-dimethyl methanethioamide; methyl arsinediyl bis(dimethyl dithiocarbamate)。

CAS 登记号 2445-07-0。

分子式 $C_7H_{15}AsN_2S_4$。

相对分子质量 330.39。

结构式

开发单位 德国拜耳公司推广。

理化性质 原药为无色无味的结晶固体。熔点 144℃。挥发性较低。不溶于水，溶于大多数有机溶剂。

毒性 大鼠急性经口 LD_{50} 175mg/kg。

剂型 退菌特：含 40% 福美双、20% 福美锌、20% 福美甲胂的可湿性粉剂。Monzet：含 1.2% 福美双、0.6% 福美甲胂和 0.6% 福美锌的可湿性粉剂。

作用方式及机理 砷原子与菌体内含巯基的酶发生作用，使菌体内的丙酮酸累积，从而破坏其正常代谢和致病能力。

防治对象及使用方法 推荐用 80% 可湿性粉剂兑水稀释 1000～1500 倍，作咖啡树上的保护性杀菌剂，还可用于防治稻纹枯病、苹果黑星病、梨黑星病、葡萄晚腐病及做种子处理剂。

注意事项 不能与碱性药剂、含铜、含汞药剂混用。

储运特性 库房通风低温干燥，与食品原料分开储运。可燃性危险特性：受热分解有毒氧化氮、砷化物气体。

与其他药剂的混用 应用市售的退菌特复配可湿性粉剂有两种。50% 可湿性粉剂有效成分组成比例为福美甲胂 12.5%、福美锌 12.5%、福美双 25%；80% 可湿性粉剂比例为福美甲胂 20%、福美锌 20%、福美双 40%。对水稻纹枯病效果好，使用时可在分蘖末期、孕穗期，用 80% 可湿性粉剂兑水 1000～1500 倍喷布在稻基部，或施 1∶50 的毒土。稀释 500～800 倍对小麦白粉病，松、杉苗立枯病和果树炭疽病都有良好防治效果，还可抑制锈壁虱的发生。

参考文献

孙家隆, 2015. 新编农药品种手册[M]. 北京: 化学工业出版社.

中国农业百科全书总编辑委员会农药卷编辑委员会, 中国农业百科全书编辑部, 1993. 中国农业百科全书: 农药卷[M]. 北京: 农业出版社.

（撰稿：徐文平；审稿：陶黎明）

福美镍 sankel

含有金属镍的二烷氨基二硫代甲酸盐类的福美系有机硫杀菌剂。

其他名称 Mikasa sankel。

化学名称 双(二甲基硫代氨基甲酰硫)镍；镍-双(二甲基二硫代氨基甲酸酯); nickel N,N-dimethyldithiocarbamate。

IUPAC 名称 nickel,bis(N,N-dimethylcarbamodithioato-κS,κS')-,(SP-4-1)-coordination compound。

CAS 登记号 15521-65-0。

EC 号 239-560-8。

分子式 $C_6H_{12}N_2NiS_4$。

相对分子质量 299.14。

结构式

开发单位 1941 年日本三笠化学工业公司推广。

理化性质 原药为淡绿色粉末，含量 98% 以上。在水中和有机溶剂中几乎不溶。分解温度 200℃，对光照、酸、碱稳定。

毒性 鼷鼠急性经口 LD_{50} 值极大，投药 5200mg/kg 在两周内无影响。对鱼类安全。

剂型 65% 可湿性粉剂。

质量标准 65% 可湿性粉剂：镍含量 6.9%±6.3%，二硫化碳 ≥ 20%，悬浮率 ≥ 45%，水分含量 ≤ 3.5%，湿润性 ≤ 60 秒，pH5～7。

作用方式及机理 主要作用是抑制菌体内丙酮酸的氧化，作用于蛋白（主要是酶）上的 -SH 基，作用与 Cu 制剂相似。

防治对象 主要用于防治水稻白叶枯病和稻瘟病。

使用方法 在白叶枯病发病初期用 400～600 倍液喷洒，

防治效果与氯霉素相近；用 1200 倍液防治叶稻瘟病，可抑制病情发展。

注意事项　应储藏在干燥阴凉处。不能与含铜、含汞药剂混用。

参考文献

王振荣，李布青，1996. 农药商品大全[M]. 北京: 中国商业出版社.

中国农业百科全书总编辑委员会农药卷编辑委员会，中国农业百科全书编辑部，1993. 中国农业百科全书: 农药卷[M]. 北京: 农业出版社.

（撰稿：徐文平；审稿：陶黎明）

福美胂　asomate

以砷取代的二烷氨基二硫代甲酸盐类的福美系有机硫杀菌剂。

其他名称　Asomnte、TTCA、福美砷、阿苏妙、三福胂。

化学名称　二甲基二硫代氨基甲酸胂；3-[[(dimethylami-no)thioxom-ethyl] thio]-N,N,6-trimethyl-1,5-dithioxo-2,4-dithia-6-aza-3-arsaheptan-1-amine formerly:N,N-dimethylcarbamod-ithioic acid tris(anhydrosulfide)with arsenotrithious acid。

IUPAC名称　carbamodithioic acid,N,N-dimethyl-,anhydrosulfide with arsenotrithious acid(3:1); arsinetriyl tris(dimethyldithiocarbamate)。

CAS 登记号　3586-60-5。

分子式　$C_9H_{18}AsN_3S_6$。

相对分子质量　435.58。

结构式

开发单位　日本庵原化学公司开发。

理化性质　原药为黄绿色棱柱状结晶。熔点 224～226℃。不溶于水，微溶于丙酮、甲醇，在沸腾的苯中可溶解 60%。在空气中较稳定，遇浓酸或热酸则分解。

毒性　小鼠急性经口 LD_{50} 335～370mg/kg。

剂型　40% 胶悬剂，40% 可湿性粉剂。

质量标准　40% 可湿性粉剂：砷含量 6.9%±6.3%，二硫化碳≥20%，悬浮率≥45%，水分含量≤3.5%，湿润性≤60秒，pH5～7。

作用方式及机理　具有保护和治疗作用，持效期较长。有机胂杀菌剂杀菌活力主要是三价砷离子在起作用，它可以与含 -SH 基的化合物结合，影响丙酮酸的氧化，对生物体内的氧化磷酸化偶联反应有解偶联作用。

防治对象　对苹果腐烂病有特效，还可防治各种白粉病、葡萄白腐病、梨黑星病、水稻稻瘟病、玉米大斑病、大豆灰斑病等。对山楂红蜘蛛也有一定效果。

使用方法　防治黄瓜、豆类白粉病，苹果、辣椒炭疽病，豆类锈病，黄瓜、白菜霜霉病，玉米大斑病，用600～800 倍液。防治小麦白粉病、苹果干腐病、葡萄白腐病，用 500～700 倍液。防治苹果白粉病、茄子霜霉病用 400～600 倍液。防治苹果腐烂病，在病部用打眼器在病部打上密密的小孔，或用刮刀在病部垂直割条，条宽小于 0.5cm，病部周围再用刀割一圈，用 40% 可湿性粉剂 20～60 倍液涂抹在经过处理的病部。防治山楂枯梢病，在树发芽前，用 40% 可湿性粉剂 100 倍液喷雾，可铲除越冬菌原，控制病梢发展。

注意事项　与有机磷农药混用时，要现配现用。不能与碱性药剂、含铜、含汞药剂混用。葡萄结果采摘期不要使用，防止产生药害和引起中毒。储运特性：库房通风低温干燥，与食品原料分开储运。可燃性危险特性：受热分解有毒氧化氮、砷化物气体。

参考文献

孙家隆，2015. 新编农药品种手册[M]. 北京: 化学工业出版社.

中国农业百科全书总编辑委员会农药卷编辑委员会，中国农业百科全书编辑部，1993. 中国农业百科全书: 农药卷[M]. 北京: 农业出版社.

（撰稿：徐文平；审稿：陶黎明）

福美双　thiram

以二分子二甲基二硫代氨基甲酸氧化物（秋蓝姆）为结构特征的广谱保护性福美系杀菌剂。

其他名称　多宝、诺克、美康、希克、轮炭消、赛霜得、银硕、正霜、欣美、世福美双、Arasan、Tersan、Pomarsol、NomersanTuads、Thylate、Delsan、Spotrete、DNT987、秋兰姆、赛欧散、阿锐生。

化学名称　四甲基二硫代双甲硫羰酰胺；双(二甲基硫代氨基甲酰)化二硫；tetramethylthioperoxydicarbonicdiamide。

IUPAC名称　tetramethylthiuram disulfide or bis(dimethylthiocarbamoyl)disulfide。

CAS 登记号　137-26-8。

EC 号　205-286-2。

分子式　$C_6H_{12}N_2S_4$。

相对分子质量　240.43。

结构式

开发单位　1931 年由美国杜邦公司推广。

理化性质　白色或灰白色结晶粉末，有特殊臭味和刺激作用。纯品的相对密度 1.290，熔点 146~148℃；商品的相对密度 1.290~1.460，熔点 135~148℃。不溶于水和汽油，微溶于四氯化碳和乙醇，溶于丙酮、氯仿、苯和二硫化碳。在空气中稳定。遇碱易分解。

毒性 中等毒性。原粉急性经口 LD_{50}：大鼠 2.6g/kg，小鼠 1.5~2g/kg，兔 210mg/kg。兔急性经皮 LD_{50} > 2g/kg，对眼睛有适度刺激，对皮肤有轻微刺激。将干粉与人皮肤接触后，在 9% 的情况下会产生极轻度的红斑。对豚鼠皮肤有致敏作用。大鼠急性吸入 LC_{50}（4 小时）4.42mg/L 空气。饲喂试验 NOEL：大鼠（2 年）1.5mg/（kg·d），狗（1 年）0.75mg/（kg·d）。鸟类急性经口 LD_{50}（mg/kg）：雄雉鸡 673，野鸭 > 2800，椋鸟 > 100，红翅黑鹂 > 100。鸟类饲喂 LC_{50}（8 天，mg/kg 饲料）：雉鸡 > 5000，野鸭 > 5000，山齿鹑 > 3950，日本鹌鹑 > 5000。鱼类 LC_{50}（96 小时）：蓝鳃鱼 0.0445mg/L，虹鳟 0.128mg/L。蜜蜂 LD_{50}（接触）73.7μg/ 只（75% 制剂）。水蚤 LC_{50}（48 小时）0.21mg/L。

剂型 50%、70% 可湿性粉剂，10% 膏剂。

质量标准 50% 福美双可湿性粉剂由有效成分、助剂和载体等组成。外观为灰白色粉末，pH6~7，水分含量 ≤ 3.5%，湿润性 ≤ 60 秒，悬浮率 ≥ 60%。常温下储存 2 年有效成分变化不大。

作用方式及机理 具保护作用的杀菌剂。通过抑制一些酶的活性和干扰三羧酸循环代谢循环而导致死亡。

防治对象 对葡萄孢菌、黑星病菌、葡萄座腔菌、疫霉菌、小丛壳菌、根霉菌、丝核菌、腥黑粉菌、黑粉菌等都有活性。高剂量对田间老鼠有一定驱避作用。

使用方法

拌种 防治稻瘟病，稻胡麻叶斑病，稻秧苗立枯病，大、小麦黑穗病，玉米黑穗病：每 100kg 种子用 50% 可湿性粉剂 0.5kg（含有效成分 250g）拌种。防治豌豆褐斑病、立枯病：每 100kg 种子用 50% 可湿性粉剂 0.8kg（有效成分 400g）拌种。防治花椰菜、甘蓝、莴苣等立枯病：每 100kg 种子用 50% 可湿性粉剂 0.25kg（有效成分 125g）拌种。防治黄瓜和葱立枯病：每 100kg 种子用 50% 可湿性粉剂 0.3~0.8kg（有效成分 150~400g）拌种。防治松黄立枯病：每 100kg 种子用 50% 可湿性粉剂 0.5kg（有效成分 250g）拌种。

土壤处理 防治番茄、瓜类幼苗猝倒病、立枯病及烟草和甜菜根腐病：每平方米苗床用 50% 可湿性粉剂 4~5g（有效成分 2~2.5g）加 70% 五氯硝基苯可湿性粉剂 4g（有效成分 2.8g），再加细土 15kg 混匀，播种时用该药土下垫上覆。

喷雾 防治油菜、黄瓜霜霉病：用 50% 可湿性粉剂 500~800 倍液喷雾，每亩喷 50~100kg。防治葡萄白腐病、炭疽病：用 50% 可湿性粉剂 500~750 倍液喷雾，一般喷 2~3 次，间隔 5~7 天。

注意事项 不能与铜、汞剂及碱性药剂混用或前后紧接使用。对黏膜和皮肤有刺激作用，施药时穿好防护衣服和戴好口罩，工作完毕应及时清洗裸露部位。误服可引起强烈的消化道症状，如恶心、呕吐、腹痛、腹泻等，严重时可导致循环、呼吸衰竭，皮肤沾染则常发生接触性皮炎，裸露部位皮肤发生瘙痒，出现斑丘疹，甚至有水泡、糜烂等现象。误服者应迅速催吐、洗胃，并对症治疗。

施药后各种工具要注意清洗，清洗后的污水和废药液应妥善处理。包装物也需及时回收并妥善处理。运输和储存时应有专门的车皮和仓库，不得与食物及日用品一起运输和储存。

与其他药剂的混用 与其他杀菌剂混配制成混剂，如退菌特（福美锌、福美双与福美甲胂）、拌种双（拌种灵、福美双）。咪鲜胺与福美双混配对赤霉病菌丝生长具有明显的抑制作用，其中咪鲜胺与福美双比例为 1∶1 和 1∶1.5 具有显著的增效作用。

允许残留量 GB 2763—2021《食品中农药最大残留限量标准》规定福美双最大残留限量见表。ADI 为 0.01mg/kg。谷物按照 SN 0139 规定的方法测定；油料和油脂参照 SN 0139 规定的方法测定；蔬菜参照 SN 0157 规定的方法测定；水果按照 SN 0157 规定的方法测定。

部分食品中福美双最大残留限量（GB 2763—2021）

食品类别	名称	最大残留限量（mg/kg）
谷物	稻谷	2.0
	小麦	1.0
	大麦	1.0
	燕麦	1.0
	黑麦	1.0
	小黑麦	1.0
	玉米	1.0
	绿豆	2.0
	糙米	1.0
油料和油脂	棉籽	0.1
	大豆	0.3
	葵花籽	0.2
蔬菜	大蒜	0.5
	洋葱	0.5
	葱	0.5
	韭葱	0.5
	番茄	5.0
	甜椒	2.0
	黄瓜	5.0
	西葫芦	3.0
	南瓜	0.2
	笋瓜	0.1
	芦笋	2.0
	胡萝卜	5.0
	马铃薯	0.5
	玉米笋	0.1
水果	柑	5.0
	橘	5.0
	橙	5.0
	苹果	5.0
	梨	5.0

（续表）

食品类别	名称	最大残留限量（mg/kg）
水果	山楂	5.0
	枇杷	5.0
	榅桲	5.0
	樱桃	0.2
	越橘	5.0
	葡萄	5.0
	草莓	5.0
	荔枝	5.0
	杧果	5.0
	香蕉	1.0
	番木瓜	5.0
坚果	杏仁	0.1
	山核桃	0.1
食用菌	蘑菇类（鲜）	5.0
调味料	叶类调味料	5.0
	干辣椒	10.0
	胡椒	0.1
	豆蔻	0.1
	孜然	10.0
	小茴香籽	0.1
	芫荽籽	0.1
药用植物	人参（鲜）	0.3

参考文献

束兆林, 杨红福, 缪康, 2015. 咪鲜胺与福美双及其混剂对小麦赤霉病菌的抑制效果与增效研究[J]. 农学学报, 5 (4)：40-43.

中国农业百科全书总编辑委员会农药卷编辑委员会, 中国农业百科全书编辑部, 1993. 中国农业百科全书: 农药卷[M]. 北京: 农业出版社.

（撰稿：徐文平；审稿：陶黎明）

福美铁　ferbam

含有金属铁的二烷氨基二硫代甲酸盐类的福美系有机硫保护性杀菌剂。

其他名称　促进剂 TTFe、二甲氨基荒酸铁、福美特、氟树脂 40、二硫代二甲氨基甲酸铁。

化学名称　二甲基二硫代氨基甲酸铁；(OC-6-11)-tris(dimethylcarba-modithioato-κS,κS')iron。

IUPAC名称　iron(III)dimethyldithiocarbamate or iron(3+) dimethyldithiocarb-amate or ferric dimethyldithiocarbamate。

CAS 登记号　14484-64-1。

EC 号　238-484-2。

分子式　$C_9H_{18}FeN_3S_6$。

相对分子质量　416.49。

结构式

开发单位　1931 年美国杜邦公司发现其杀菌作用，并进行生产。

理化性质　纯品为黑色粉末，在 180℃以上分解，室温时几乎不挥发。20℃蒸气压可忽略不计。密度约 0.6kg/L（Bulk）。室温时在水中的溶解度为 130mg/L，溶于乙腈、氯仿和吡啶。遇热、潮湿则分解。能与其他农药混配，但不能与铜、汞、石硫合剂混配。

毒性　大鼠急性经口 LD_{50} 4g/kg，致死量高于 17g/kg。兔急性经皮 LD_{50} > 4g/kg。对兔眼睛有轻微刺激，对皮肤有刺激，对豚鼠皮肤无刺激。大鼠急性吸入 LC_{50}（4 小时）0.4mg/L。以 250mg/kg 饲喂大鼠 2 年无不良影响；对狗 2 年喂养的 NOEL 为 5mg/（kg·d）。在人体中不蓄积。对人的 ADI 为 0.02mg/kg。对鱼有中等毒性。对蜜蜂无毒。水蚤 LC_{50}（48 小时）0.09mg/L。

剂型　65%、76% 可湿性粉剂。

作用方式及机理　主要用于叶面的保护性杀菌剂，对作物无药害。对多种真菌引起的病害有抑制和预防作用，兼有刺激生长、促进早熟的作用。主要作用是抑制菌体内丙酮酸的氧化，作用于蛋白（主要是酶）上的 -SH 基，作用与铜制剂相似。

防治对象　防治果树锈病、黑点病、落叶病、赤星病、黑斑病、炭疽病、褐斑病、麦类锈病、纹枯病；蔬菜霜霉病、炭疽病、早疫病、黑斑病、锈病、白涩病等。但对稻白粉病无效。

使用方法　主要用作喷洒，防治作物、水果、蔬菜等多种病害。

防治苹果炭疽病、梨黑星病、葡萄炭疽病、桃缩叶病等在病害发生初期用 300～500 倍液喷洒，隔 7 天左右再施药 1 次。

防治黄瓜霜霉病、番茄炭疽病等　在发病初期用 300～500 倍液喷洒，隔 7 天左右喷 1 次，共喷 2～3 次。

防治麦类锈病和甘薯黑斑病　用 300～500 倍液，在发病初期喷洒，每亩喷药液 100kg 左右，隔 7 天左右喷 1 次，共喷 2～3 次。

注意事项　福美铁属于可燃品，且燃烧产生有毒氮氧化物和硫氧化物气体。所以储运过程中注意防火。不能与铜、汞制剂及碱性药剂混用或前后紧接使用。果树近收果期不宜使用，以免影响外观。

参考文献

王振荣, 李布青, 1996. 农药商品大全[M]. 北京: 中国商业出版社.

中国农业百科全书总编辑委员会农药卷编辑委员会, 中国农业百科全书编辑部, 1993. 中国农业百科全书: 农药卷[M]. 北京: 农业出版社.

（撰稿: 徐文平; 审稿: 陶黎明）

福美锌　ziram

含有金属锌的二烷氨基二硫代甲酸盐类的福美系有机硫广谱保护性杀菌剂。

其他名称　Zerlate、Cuman、Corozate、Tricar-bamix Z、Vancide MZ-96、什来特、锌来特、促进剂 P-2、Ziram、Methasan、Kerbam white、Fuklasin、Milbam。

化学名称　(T-4)- 双（二甲基二硫代氨基甲酸 -S,S'）锌；(T-4)-bis(dimethylcarbamodi-thioato-$\kappa S,\kappa S'$)zinc。

IUPAC 名称　zinc bis(dimethyldithiocarbamate)。

CAS 登记号　137-30-4。

EC 号　205-288-3。

分子式　$C_6H_{12}N_2S_4Zn$。

相对分子质量　305.84。

结构式

开发单位　德国拜耳公司起初用作橡胶硫化促进剂，1930 年美国杜邦公司提出作为杀菌剂。

理化性质　纯品为白色无味粉末。熔点 240～246℃，在 25℃时蒸气压很小。25℃时，水中溶解度 65mg/L，微溶于乙醇和乙醚，可溶于丙酮，溶于二硫化碳、氯仿、稀碱。遇酸分解，暴露在空气中很快分解失效。

毒性　大鼠急性经口 LD_{50} 1400mg/kg，对皮肤、鼻黏膜及喉头有刺激作用。断奶的鼠以含 100mg/kg 的饲料饲喂 30 天和以每天 5mg/kg 剂量喂狗 1 年，均无不良反应。大鼠急性经皮 LD_{50} ＞6000mg/kg。对鱼中等毒性。对蜜蜂无毒。鲤鱼 LC_{50}（48 小时）0.075mg/L。

剂型　72%、65% 可湿性粉剂，75% 水分散粒剂。

作用方式及机理　保护性杀菌剂。对多种真菌引起的病害有抑制和预防作用，兼有刺激生长、促进早熟的作用。主要作用是抑制菌体内丙酮酸的氧化，作用于蛋白（主要是酶）上的 -SH 基，作用与铜制剂相似。

防治对象　水稻稻瘟病、恶苗病、麦类锈病、白粉病、马铃薯晚疫病、黑斑病、黄瓜、白菜、甘蓝霜霉病、番茄炭疽病、早疫病、瓜类炭疽病、烟草立枯病、苹果花腐病、炭疽病、黑点病、赤星病、葡萄白粉病、炭疽病、梨黑星病、柑橘溃疡病、疮痂病等。

使用方法

防治果树病害　防治苹果花腐病、炭疽病、葡萄炭疽病，梨黑星病等，在病害初期用 300～500 倍液喷洒，隔 7 天左右喷 1 次。该药为白色，故不污染果实。

防治蔬菜病害　防治黄瓜、白菜霜霉病，番茄炭疽病等，在发病初期用 300～500 倍液喷雾，隔 7 天左右喷 1 次；如在发病前喷洒则有保护作用。

防治麦类锈病、白粉病、甘薯黑斑病、马铃薯晚疫病等　在发病前或发病初期喷洒 400 倍液，每亩喷药液 100kg，隔 7～10 天再喷 1 次，可达到预防目的。

防治烟草炭疽病、黑胫病、茶炭疽病、桑干枯病等　在发病初期喷洒 400 倍液，隔 10 天再喷 1 次。

注意事项　不能与石灰、硫黄、铜制剂、汞化合物和砷酸铅混用，主要以防病为主，宜早期使用。药剂应储存于阴凉、干燥的地方。

允许残留量　GB 2763—2021《食品中农药最大残留限量标准》规定福美锌最大残留限量见表。ADI 为 0.003mg/kg。水果参照 SN 0157、SN/T 1541 规定的方法测定。

部分食品中福美锌最大残留限量（GB 2763—2021）

食品类别	名称	最大残留限量（mg/kg）
油料和油脂	棉籽	0.1
蔬菜	番茄	5.0
	辣椒	10.0
	黄瓜	5.0
水果	橙	5.0
	苹果	5.0
	梨	5.0
	山楂	5.0
	枇杷	5.0
	榅桲	5.0
	樱桃	0.2
	越橘	5.0
	葡萄	5.0
	草莓	5.0
	杧果	5.0
	香蕉	1.0
	番木瓜	5.0
	西瓜	1.0
调味料	叶类调味料	5.0
	干辣椒	10.0
	胡椒	0.1
	豆蔻	0.1
	孜然	10.0
	小茴香籽	0.1
	芫荽籽	0.1
药用植物	人参（鲜）	0.3

参考文献

王振荣, 李布青, 1996. 农药商品大全[M]. 北京: 中国商业出版社.

中国农业百科全书总编辑委员会农药卷编辑委员会, 中国农业百科全书编辑部, 1993. 中国农业百科全书: 农药卷[M]. 北京: 农业出版社.

（撰稿: 徐文平; 审稿: 陶黎明）

福太农　forstenon

一种具有触杀和内吸活性的有机磷杀虫剂。

其他名称　Fosfinon。

化学名称　2,2-dichloro-1-(2-chloroethoxy)ethenyl diethyl phosphate

IUPAC 名称　diethyl(1,1,5-trichloropent-1-en-2-yl)phosphate。

CAS 登记号　16484-75-6。

分子式　$C_8H_{14}Cl_3O_5P$。

相对分子质量　327.59。

结构式

开发单位　1952 年由瑞士汽巴 - 嘉基公司开发。

理化性质　为流动的透明液体。沸点 124℃（0.53kPa）。难溶于水，易溶于有机溶剂和矿物油中。

毒性　大鼠急性经口 LD_{50} 6.8～9.7mg/kg。

剂型　5% 矿物油溶液。

作用方式及机理　杀虫剂，具有触杀及呼吸中毒作用，兼具内吸性，为有机磷剂中毒机理。

防治对象　可用于害虫休眠期喷雾用。

参考文献

张维杰, 1996. 剧毒物品实用技术手册[M]. 北京: 人民交通出版社: 423.

朱永和, 王振荣, 李布青, 2006. 农药大典[M]. 北京: 中国三峡出版社: 16.

（撰稿：吴剑；审稿：薛伟）

腐霉利　procymidone

一种具有保护和治疗作用的内吸性酰亚胺类杀菌剂。

其他名称　Cymodim、Prolex、Proroc、Sideral、Sumilex、Sumisclex、Suncymidone、速克灵、速克利、杀霉利、二甲菌核利。

化学名称　*N*-(3,5-二氯苯基)-1,2-二甲基环丙烷-1,2-二甲酰基亚胺；3-(3,5-dichlorophenyl)-1,5-dimethyl-3-azabicyclo[3.1.0]hexane-2,4-dione。

IUPAC 名称　*N*-(3,5-dichlorophenyl)-1,2-dimethylcyclopropane-1,2-dicarboximide。

CAS 登记号　32809-16-8。

EC 号　251-233-1。

分子式　$C_{13}H_{11}Cl_2NO_2$。

相对分子质量　284.14。

结构式

开发单位　1976 年 Y. Hisada 等报道。1977 年由日本住友化学工业公司引入市场。

理化性质　纯品为无色晶体，原药为浅棕色固体。熔点 166～166.5℃（原药 164～166℃）。相对密度 1.452（25℃）。蒸气压 0.023mPa（20℃）。$K_{ow}lgP$ 3.14（26℃）。水中溶解度（mg/L，20℃）：4.5；有机溶剂中溶解度（g/L，20℃）：丙酮 180、氯仿 210、二甲苯 43、二甲基甲酰胺 230、甲醇 16。稳定性：酸性条件下稳定，遇碱易分解；对光、热、潮湿稳定。动物通过粪便和尿液迅速完全排出体外，在不同的土壤中残留 4～12 周。

毒性　按照中国农药毒性分级标准，属低毒。急性经口 LD_{50}（mg/kg）：雄大鼠 6800，雌大鼠 7700。雄小鼠 7800，雌小鼠 9100。大鼠急性经皮 LD_{50} > 5000mg/kg。对兔眼睛和皮肤无刺激。大鼠吸入 LC_{50}（4 小时）> 1500mg/m³ 空气。NOEL［mg/（kg·d）］：雄大鼠（2 年）1000，雌大鼠（2 年）300，狗（90 天）3000。无致畸、致突变和致癌作用。虹鳟 LC_{50}（96 小时）7.2mg/L，蓝鳃鱼 LC_{50}（96 小时）10.3mg/L。蜜蜂急性经口 LD_{50} > 100μg/ 只。对蚯蚓低毒，LC_{50}（14 天）> 1000mg/kg 土壤。

剂型　50%、80% 可湿性粉剂，10%、15% 烟剂。

质量标准　可湿性粉剂为浅棕色粉末，悬浮率＞50%，湿润时间＜2 分钟，储存稳定性良好。烟剂为淡灰色粉末状固体，水分≤4%，pH6～8，成烟率≥85%，燃烧温度 350℃ ±60℃，自燃温度 160℃。

作用方式及机理　在渗透信号传导过程中，影响有丝分裂原激活的蛋白组氨酸激酶，具有保护和治疗作用的内吸性杀菌剂。能够通过根部吸收，并向上传导。

防治对象　防治番茄、茄子、黄瓜、萝卜、白菜、西瓜、草莓、葡萄、桃、樱桃、谷物、向日葵、油菜、大豆、烟草及观赏性花卉等作物的灰霉病、菌核病、链核盘菌属和交链孢属引起的病害。

使用方法

防治番茄和黄瓜灰霉病　在病害发生初期开始用药，每亩用 50% 可湿性粉剂 50～100g（有效成分 25～50g），加水喷雾，每隔 7～14 天喷药 1 次，共喷雾 1～2 次。在作物全生育期内最多使用 3 次。番茄安全间隔期 5 天，黄瓜安全间隔期 3 天。温室、大棚等保护地灰霉病，可在病害发生初期，每亩用 10% 烟剂 200～300g（有效成分 20～30g）点燃放烟，密闭，每隔 7～10 天用 1 次。安全间隔期 5 天，每季最多使用 2 次。

防治葡萄灰霉病　发病初期开始用药，用 50% 可湿性粉剂 1000～2000 倍液（有效成分 250～500mg/L）喷雾，每隔 7～10 天喷药 1 次，每季最多施用 2 次，安全间隔期 14 天。

防治油菜菌核病　在油菜始花期，花蕾率达 20%～30%（或茎病株率小于 0.1%）施第一次药，在盛花期进行第二次施药，每亩用 50% 可湿性粉剂 40～80g（有效成分 20～40g），加水喷雾。在作物全生育期内最多使用 2 次，安全间隔期 25 天。

防治苹果斑点落叶病　发病初期开始用药，用 50% 可湿性粉剂 1000～2000 倍液（有效成分 250～500mg/L）兑水喷雾，每隔 7～10 天施用 1 次。每季最多施用 3 次，安全间隔期 7 天。

注意事项　不宜与异菌脲、乙烯菌核净等作用方式相同的杀菌剂混用或轮用。不能与强碱性的药剂混用。烟剂易吸潮，开袋后尽快使用，不宜久放。且仅可在密闭温室或大棚内使用，点燃后需密闭闷棚 4 小时以上，次日早晨充分放风后，人方可进棚。中棚、小棚应选择有效成分含量低的药剂，低于 1.2m 的小棚不宜使用烟剂，否则易对作物产生药害。

与其他药剂的混用　可与多种杀菌剂混合或先后使用。50% 腐霉·多菌灵（腐霉利含量 19%，多菌灵含量 31%）1200～1500g/hm² （有效成分 600～750g/hm²），于油菜菌核病发生初期施药，视病害发生情况，间隔 7～10 天施药 1 次，可连续用药 2 次，可有效防治油菜菌核病。还可与百菌清、福美双混用。

允许残留量　GB 2763—2021《食品中农药最大残留限量标准》规定腐霉利最大残留限量见表。ADI 为 0.1mg/kg。谷物、油料和油脂按照 GB 23200.9、GB 23200.113 规定的方法测定；蔬菜、水果和食用菌按照 GB 23200.8、GB 23200.113、NY/T 761 规定的方法测定。

部分食品中腐霉利最大残留限量（GB 2763—2021）

食品类别	名称	最大残留限量（mg/kg）
谷物	玉米（鲜食）	5.0
油料和油脂	油菜籽	2.0
	食用植物油	0.5
蔬菜	韭菜	0.2
	番茄	2.0
	黄瓜	2.0
	茄子	5.0
	辣椒	5.0
水果	葡萄	5.0
	草莓	10.0
食用菌	蘑菇类（鲜）	5.0

参考文献

刘长令，2008. 世界农药大全：杀菌剂卷[M]. 北京：化学工业出版社：116-117.

马克比恩 C, 2015. 农药手册[M]. 胡笑形，等译. 北京：化学工业出版社：826-827.

农业部种植业管理司，农业部农药检定所，2015. 新编农药手册[M]. 2版. 北京：中国农业出版社：327-328.

（撰稿：刘圣明；审稿：刘西莉）

腐植酸铜　nitrohumic acid+copper sulfate

动植物经过长期的物理、化学、生物作用而形成的复杂大分子有机物与铜离子形成的聚合物。化学结构复杂。

其他名称　菌必克、HA-Cu。

分子式　$NO_2R(COO)_4Cu_2$。

生产厂家　齐齐哈尔市华丰化工厂。

毒性　低毒。大鼠急性经口 $LD_{50} > 8250$mg/kg，大鼠经皮 $LD_{50} > 10\,000$mg/kg

作用特点　保护性杀菌剂，对作物真菌性病害和细菌性病害均有很好的防治效果。

剂型　30% 可湿性粉剂。

使用方法　防治黄瓜细菌性角斑病：用 30% 可湿性粉剂 300～400 倍液喷雾。防治苹果树腐烂病：先用刀将腐烂病斑刮净，用毛刷将药液均匀涂于病部，用药量为 30% 可湿性粉剂 200g/m²。防治柑橘树脚腐病：先用刀将并病组织全部剔除干净，使病泡周围圆滑无毛刺，然后将药液均匀涂于病部，用药量为 30% 可湿性粉剂 300～500g/m²。

使用注意事项　不能与酸性或碱性药剂混用；对人的鼻黏膜、皮肤等有一定的刺激作用，要注意安全防护。

作用机理　主要依靠重金属铜离子起杀菌作用。

参考文献

王运兵，吕印谱，王丽，2004. 无公害农药实用手册[M]. 郑州：河南科学技术出版社.

（撰稿：刘西莉；审稿：刘鹏飞）

负交互抗药性　negative cross-resistance

昆虫的一个品系由于受相同或相似抗性机理、类似的化学结构的药剂选择，产生了抗性，对另一种杀虫剂反而更敏感的现象。它取决于昆虫的生理生化过程，使昆虫对一种杀虫药剂解毒，而对另一种杀虫剂或者分子靶标突变后导致对非选择药剂的结合能力的增加。这样的杀虫药剂之间为"负相关杀虫药剂"（negatively correlated insecticide）。这种现象虽罕见，但是十分有用。著名例子是，黑尾叶蝉对 N- 甲基氨基甲酸酯有抗药性而对 N- 丙基氨基甲酸酯更敏感。利用负交互抗药性就是反选择作用，即一种杀虫药剂选择了某些对它有抗药性的个体，而另一种杀虫药剂却正好淘汰了这些个体。理论上，利用负交互抗药性原理可有效控制害虫抗药性的发展。

（撰稿：王开运；审稿：高希武）

附着法　adsorption technique methods

将供试真菌孢子、菌丝片段或者细菌等病原菌菌体附着在供试材料上（如无菌种子和水果表皮等），然后使其接触药剂，在适宜条件下培养一定时间后观察所接种病原菌的生长状况，根据病原菌生长情况评价药剂抑菌作用的方法。常用的方法主要有滤纸片附着法和作物种子附着法两种。

适用范围　该方法适用性广，保护性和治疗性药剂均可用该方法评价其抑菌效果。

主要内容

滤纸片附着法　用适当的方法将真菌孢子悬浮液、细菌或菌丝片段附着在灭菌的滤纸片上，并使其接触系列浓度的药剂，在适宜温度、水分和养分条件下培养一定时间后，观察菌体生长情况。此方法可用于水溶性药剂的测定。

测定方法：将定性滤纸片打成小圆片（直径6mm）放入培养皿内进行干热灭菌（130℃，1小时），再放入70%~80%的酒精中浸泡20~30分钟，待酒精充分挥发后备用；尽可能在无菌条件下于小圆片上用毛细管滴加1~2滴孢子悬浮液，再将其在药液中浸泡数分钟，用消毒镊子夹取并振落多余药液，放培养基平面上；在适温下培养2~3天，观察有无菌丝生长，比较各处理间的毒力大小。

种子附着法　将病原菌孢子附着在灭菌的种子表面，再把带菌种子在系列浓度药液中浸泡一定时间后取出，放在凝固后的培养基平面上，培养一定时间后观察病原菌生长情况。

测定方法：选出饱满的种子，除去种皮，放入干燥三角瓶内（占容量的一半以下），在120℃下进行5~10分钟蒸气灭菌；将20ml病原菌孢子悬浮液加入灭菌种子中，充分振摇混合，除去多余的水分，在恒温（27℃）下培养1~4天，然后在无菌条件下进行干燥（15℃以下）；在恒温条件下（15~20℃）将带菌种子放入一定浓度的药液中搅拌后捞出，放在清洁的滤纸上以除去水分；再用灭菌镊子夹取处理后的种子置于培养皿内水洋菜培养基平面上，并将种子的一半埋在培养基中，每皿放5粒。在恒温（25~27℃）下培养7天，观察记载产生菌丝的种子数和菌丝发育情况，可用升汞作标准药剂以比较供试药剂的抑菌活性。

参考文献

沈晋良, 2013. 农药生物测定[M]. 北京: 中国农业出版社.

（撰稿：刘西莉；审稿：陈杰）

附着性　adhesion to seeds

控制附着性指标是确保足够量的农药保留在种子表面且不容易脱落，以减少使用时由于农药脱落带来的风险、确保药效，它适用于所有的种子处理剂。处理过的种子通过漏斗倒入一个移动滑板上，当滑板打开时，种子从滑板掉落到筛子上，在这个过程中松的物质就分离掉了。经过5次流转，再测定种子上的载药量，最后比较流转和未流转的样品在种子上的保留差别。该指标没有通用的限值，具体产品具体设定。

只有一种测定方法：CIPAC MT 194 Adhesion to treated seed（对被处理种子的附着能力）。

测定步骤如下：竖直地夹住圆筒，使得圆筒漏斗末端距筛子表面100mm。用移动滑板关住漏斗末端，用限制环固定。在圆筒顶部放置一个宽的漏斗。使用合适的、干净、已分级过的种子进行试验，或用2mm筛子去除无关物质（见图）。

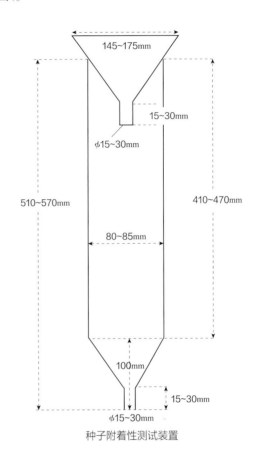

种子附着性测试装置

种子处理　按预定比例用制剂处理最少330g种子。等待种子晾干。在吸附试验前，在一定条件下（在人工气候室或干燥器内）保存已处理过的种子至少24小时。相对湿度40%~60%，温度23℃±1℃。

①未流转样品。取3份20g样品（A_{01}、A_{02}、A_{03}），测定种子上的药品含量。

②流转样品。将剩余的270g样品均分为3份，每份90g。将这90g样品稳定地从漏斗中灌入圆筒。当所有种子都进入圆筒后，打开滑门使种子掉在筛子上。关闭滑门，对这些种子重复操作，不必清理器械。重复5次后，从这些种子中再取20g（A_{s1}）准备进行载量测定。

将样品从圆筒和筛子上去除，彻底清洁容器后再处理另一个90g样品，得到样品 A_{s2}、A_{s3}。

种子载药量的测定　用比色法测定染料。如果用比色法不合适，则用色谱法测定有效成分。

①比色法。空白溶液：取20g未处理过的种子，放入250ml锥形瓶，加入80ml溶剂，搅拌振摇或超声处理15分钟，离心或过滤溶液。测试溶液：取处理过的样品20g，也放入250ml锥形瓶，加80ml溶剂，搅拌、振摇或超声合适的时间，过滤或离心。

在 1cm 比色皿中灌注样品溶液，另一个 1cm 比色皿中灌注空白溶液。选择染料的最大吸收波长，以空白溶液为对照测试样品的吸收。按照 A_{01}、A_{02}、A_{03}、A_{s1}、A_{s2}、A_{s3} 的次序进行测试。计算未流转样品的平均吸收 A_0 与流转样品的平均吸收 A_s。

②色谱法确定有效成分。测试溶液制备用合适的溶剂处理 20g 处理过的样品种子，超声 15～30 分钟。检验是否提取完全。若不完全，则将种子磨碎后再加溶剂提取。测定：用合适的色谱方法测定活性成分。检查没有其他的活性成分或制剂成分的干扰。

计算 对种子的附着性 F 按下式计算：

$$F = \frac{A_s}{A_0}$$

式中，A_s 为处理过的种子经流转后的平均吸收值（或峰面积平均值）；A_0 为处理过的种子未经流转的平均吸收值（或峰面积平均值）。

参考文献

CIPAC Handbook N, MT 194, 145-146.

（撰稿：郑锦彪；审稿：刘峰）

复硝酚钠　sodium nitrophenolate

一种广谱高效的植物生长促进剂。

其他名称　增效钠、爱多收、多多收、快丰收、汤姆优果、万果宝、花蕾宝。

化学名称　5-硝基愈创酚钠；邻硝基苯酚钠；对硝基苯钠。

IUPAC 名称　5-nitroguaiacol sodium salt; sodium 2-nitrophenoxide; sodium 4-nitrophenolate dihydrate。

CAS 登记号　67233-85-6；824-39-5；66924-59-2。

分子式　$C_7H_6NNaO_4$；$C_6H_4NNaO_3$；$C_6H_8NNaO_5$。

相对分子质量　191.12；161.09；197.12。

结构式

开发单位　20 世纪 60 年代日本最先发现。

理化性质

邻硝基苯酚钠　红色针状晶体，具有清淡的醇香味。熔点 44.9℃（游离酸）。易溶于水、可溶于乙醇、丙酮等有机溶剂。常规条件下储存稳定。

对硝基苯酚钠　黄色片状晶体。熔点 113～114℃（游离酸）。易溶于水，可溶于乙醇、丙酮等有机溶剂。常规条件下储存稳定。

5-硝基愈创木酚钠　橘红色或者枣红色片状结晶。熔点 105～106℃（游离酸）。易溶于水，可溶于乙醇、甲醇、丙酮等有机溶剂。常规条件下储存稳定。

毒性　急性经口 LD_{50}：雄大鼠 1210mg/kg，雌大鼠 1000mg/kg，对雄性和雌性大鼠急性经皮 LD_{50} 均＞2050mg/kg。对大耳白兔眼刺激试验呈无刺激；对豚鼠急性皮肤刺激试验呈无刺激；对豚鼠皮肤致敏率强度分级为 I 级，属弱致敏物。

剂型　粉剂（常添加到叶面肥和根部肥料中），水剂。

质量标准　1.8% 水剂。

作用方式及机理　5-硝基愈创酚钠、邻硝基苯酚钠、对硝基苯钠按照 1∶2∶3 混合，能促进植物生长。复硝酚钠能加快植物生长速度，打破休眠，促进生长发育，防止落花落果、裂果、缩果，改善产品品质，提高产量，提高作物的抗病、抗虫、抗旱、抗涝、抗寒、抗盐碱、抗倒伏等抗逆能力。

使用对象　广泛适用于粮食作物、经济作物、瓜果、蔬菜、果树、油料作物及花卉等。可在植物播种到收获期间的任何时期使用，可用于种子浸渍、苗床灌注、叶面喷洒和花蕾撒布等。

使用方法　叶面喷施和混合到基质中，按亩计算：叶面喷施 0.2g；冲施 8～15g；复合肥（基肥、追施肥）6～10g。

注意事项　不要在温度低于 15℃时喷施复硝酚钠，否则很难发挥出应有的效果。在较高温度下，复硝酚钠能很好地保持其活性。温度在 25℃以上，48 小时见效；在 30℃以上，24 小时可以见效。所以，在气温较高时喷施复硝酚钠，有利于药效的发挥。

参考文献

李君, 2006. 复硝酚钠——新型植物生长调节剂[J]. 中国农业信息(10): 36.

李玲, 肖浪涛, 谭伟明, 2018. 现代植物生长调节剂技术手册[M]. 北京: 化学工业出版社: 56.

马克比恩 C, 2015. 农药手册[M]. 胡笑形, 等译. 北京: 化学工业出版社: 729.

孙家隆, 2015. 新编农药品种手册[M]. 北京: 化学工业出版社: 925.

（撰稿：杨志昆；审稿：谭伟明）

富右烯丙菊酯　D-allethrin

一种拟除虫菊酯类杀虫剂。

其他名称　Allethrin Forte、Paynamin-Forte、强力毕那命、*d-cis, trans* Allerthrin、MGK Allethrin Concentrate、右旋烯丙菊酯。

化学名称　右旋-反式-2,2-二甲基-3-(2-甲基-1-丙烯基)环丙烷羧酸-(R,S)-2-甲基-3-烯丙基-4-氧代-环戊-2-烯基酯；(+/-)-2,2-dimethyl-3-(2-methylpropenyl)cyclopropanecarboxylic acid 2-allyl-4-hydroxy-3-methyl-2-cyclopenten-1-one ester。

IUPAC 名称　(2-methyl-4-oxo-3-prop-2-enylcyclopent-2-en-1-yl)2,2-dimethyl-3-(2-methylprop-1-enyl)cyclopropane-1-carboxylate。

CAS 登记号　584-79-2。

EC 号　209-542-4。

分子式　$C_{19}H_{26}O_3$。

相对分子质量　302.41。

结构式

右旋反式R体

右旋顺式R体

右旋反式S体

右旋反式S体

开发单位　20 世纪 70 年代由日本住友化学工业公司开发。

理化性质　黄褐色黏稠油状液体，工业品含量 92% 以上。沸点 153℃（53.3Pa），135～138℃（33.3Pa）。相对密度 1.005～1.015（20℃）。折射率 1.5054。30℃时蒸气压 16mPa。黏度 63.6mPa·s（20℃）。闪点 190℃。燃点 175℃。溶于乙醇、四氯化碳及煤油，微溶于水。遇碱、光照易分解。

毒性　低毒。大鼠急性经口 LD_{50} 440～1320mg/kg，急性经皮 $LD_{50} > 2.5$g/kg，急性吸入 LC_{50}（3 小时）> 1.65g/m³。对试验动物的眼睛有轻微刺激，对皮肤无刺激。大鼠 2 年慢性试验 NOEL 为 4g/kg。在试验剂量下未见致畸、致突变以及致癌作用。原药野鸭和鹌鹑急性经口 $LD_{50} > 5.6$g/kg。40% 液剂的大鼠急性吸入 $LC_{50} > 5.6$g/m³。

剂型　40% 液剂（Paynamin-Forte 40 含右旋烯丙菊酯 40% 电热蚊香专用），浓缩乳油（81%）（Paynamin-Forte Super EC 含右旋烯丙菊酯 81% 蚊香专用），油喷射剂，油基或者水基型气雾剂，液体蚊香液。

质量标准　40% 液剂由有效成分右旋烯丙菊酯、稳定剂、染料和溶剂组成。外观为深蓝色液体，相对密度 0.94，闪点 > 80℃，正常条件下储存可稳定两年。浓缩液是住友化学工业公司专门为蚊香生产而配制的新剂型。92% 的浓缩液可直接喷于制蚊香的木粉中，制成蚊香专用的浓缩蚊香原料。浓缩乳油由有效成分右旋烯丙菊酯、乳化剂和溶剂成

分组成。外观为棕黄色液体，相对密度 1.01，闪点 > 80℃，乳化稳定性良好。除强碱性杀虫剂外，能与大多数杀虫剂相混，在正常条件下储存两年不变质。

作用方式及机理　该品是烯丙菊酯的一种异构体，作用方式与烯丙菊酯相同，具有强烈触杀和胃毒作用，击倒快，是制造蚊香和电热蚊香片的原料，对蚊成虫有驱除和杀伤作用。

防治对象　主要用于室内防除蚊蝇。

使用方法　强力毕那命 40^R 是住友化学工业公司专门为电蚊香片配制的新剂型。将 20g 煤油加入 100g 强力毕那命 40^R 中，然后将稀释后的溶液 120mg 滴到空白药片上，使药片含有强力毕那命 40mg。此药片在用玻璃箱法进行 KT_{50} 效力比较时，可持续 8 小时以上。根据中国一些蚊香厂经验，可用 92% 强力毕那命配制乳油，即用 92% 强力毕那命 90 份加入钟山乳化剂（8203）10 份，配得乳油含量为 82.9%；也可用 92% 强力毕那命 87 份，加入钟山乳化剂（8203）6 份和二甲苯 7 份，配得乳油含量为 80%。可用上述某一种乳油加入水与制蚊香木粉等物混合，成为蚊香用料。

注意事项　误服该药有害，应避免吸入气体或者接触皮肤，使用后应洗手。避免在靠近热源或火焰的场所使用或储存。用过的废容器不要再使用，应把它掩埋在安全场所。该产品对鱼类有毒，不要在池塘、湖泊或小溪中清洗器具或处理剩余物。假如接触到皮肤，立即脱下被污染的衣服，并且用大量的肥皂和清水冲洗至少 15 分钟并到医院检查治疗。该品无特殊解毒药，假如误服，应进行洗胃以防止窒息，然后对症治疗。应储存在阴凉干燥处。谨防儿童接触。

与其他药剂的混用　和其他农药混配，亦可用于防治其他飞行和爬行害虫以及牲畜的体外寄生虫。

允许残留量　在哺乳动物的肝内和昆虫的体内，菊酯部分末端的两个甲基之一，可被氧化成羟基，并进一步变成羧基，仅发现有少量酯键裂解。该品的降解途径基本和除虫菊酯相同。在原粮中烯丙菊酯残留限量规定为 2mg/kg。

参考文献

朱永和，王振荣，李布青，2006. 农药大典[M]. 北京：中国三峡出版社：209.

（撰稿：薛伟；审稿：吴剑）

覆膜施药法　film coating method

把含有农药的薄膜或者用薄膜覆盖处理对象的施药方法。主要分为两类：一是用含有农药的薄膜覆盖处理对象，例如用含有除草剂的地膜覆盖土壤；二是用薄膜覆盖处理对象，采用特殊方法把农药施用于膜下，例如土壤覆膜熏蒸法。

含除草剂地膜　含除草剂地膜是普通地膜在生产过程中加入黑色母粒或选择性化学除草剂制成的具有除草功能的一种农业覆盖薄膜。主要有如下几类。

双面含药的单层除草地膜　这种地膜是把除草剂、助

剂和树脂预混合好，或做成母粒，再在普通地膜挤出机上经吹塑成膜。这种地膜生产工艺简单，设备投资少，生产普通地膜的设备均可生产。这种地膜分为 0.14mm ± 0.003mm 的普通地膜和 0.006mm ± 0.002mm 的微膜两种规格，中国主要生产该种除草地膜。

单面含药的双层除草地膜　这种地膜由含有除草剂的 A 树脂层和防止除草剂扩散的 B 树脂保护层的双层复合除草地膜组成。这种除草地膜单面有药。应用时药面贴地，国外这种地膜较多。该地膜每层厚为 0.1mm，双层总厚为 0.2mm，膜厚便于回收，药效能充分发挥，但成本高。

单面涂刷除草剂的除草地膜　这种膜是在普通地膜的一面，用涂刷、干燥工艺，将除草剂涂于膜上，膜单面有药，但部分也能扩散到外层。中国有少量生产，工艺较为复杂。

果树覆膜施药法　在果树坐果时，对果实施一层覆膜药剂，使果实包裹一层薄的药膜，起防止病虫危害的作用。此法可代替套袋。覆膜剂在国外早已商品化，中国也有由山西省果树研究所研制、山西北方农药有限公司生产的果康宝果树保护剂，用于代替果实套袋，可在幼果期、果实膨大期对果实各喷 1 次 200～300 倍液，能使果实表面光洁无病，提高商品质量。

土壤覆膜施药法　用气态农药或在常温下容易气化的农药处理土壤，杀灭病原菌、害虫或者萌动的杂草种子以及害鼠。土壤覆膜熏蒸与植株叶面喷雾技术、喷粉技术、空间熏蒸消毒等农药技术不同，土壤熏蒸处理过程中，药剂需要克服土壤中固态团粒的阻障作用才能与有害生物接触，因此，为保证药剂在耕层土壤内有比较均匀的分布，需要使用较大的药量，处理前需要翻整土壤。为了保证熏蒸药剂在土壤中的渗透深度和扩散效果，在土壤覆膜熏蒸前，对于土壤的前处理要求比较严格，必须进行整地松土、深耕 40cm 左右并清除土壤中的植物残体，在熏蒸前至少 2 周进行土壤灌溉，在熏蒸前 1～2 天检查土壤湿度，土壤应呈潮湿但不黏结的状态，可以利用下列简便方法检测：抓一把土，用手攥能成块状，松手使土块自由落在土壤表面能破损，即为合适。土壤保墒的目的是让病原菌和杂草种子处于萌动状态，以便熏蒸药剂更好地发挥效果。

作用原理　覆膜熏蒸技术中使用的熏蒸剂在所要求的温度和压力下能产生对有害生物致死的气体浓度，这种分子状态的气体能穿透到被熏蒸的物体中去，以防治病原真菌、线虫、害虫、杂草等。

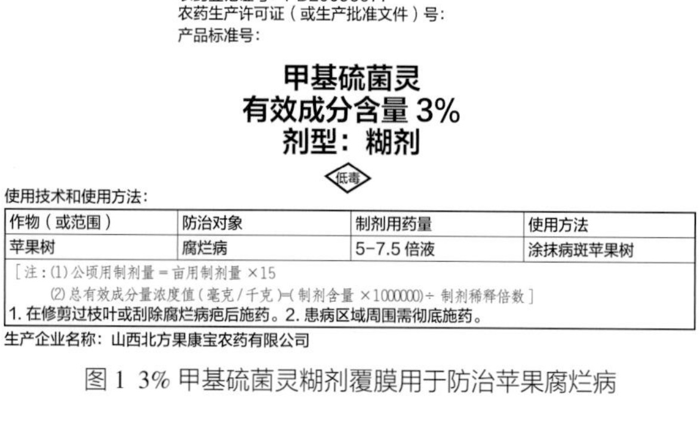

农药登记证号：PD20096077
农药生产许可证（或生产批准文件）号：
产品标准号：

甲基硫菌灵
有效成分含量3%
剂型：糊剂

⬦ 低毒

使用技术和使用方法：

作物（或范围）	防治对象	制剂用药量	使用方法
苹果树	腐烂病	5～7.5 倍液	涂抹病斑苹果树

[注：(1)公顷用剂量＝亩用制剂量×15
(2)总有效成分量浓度值（毫克/千克）＝制剂含量×1000000÷制剂稀释倍数]
1. 在修剪过枝叶或刮除腐烂病疤后施药。2. 患病区域周围需彻底施药。
生产企业名称：山西北方果康宝农药有限公司

图 1　3% 甲基硫菌灵糊剂覆膜用于防治苹果腐烂病

图 2　土壤覆膜熏蒸消毒（袁会珠摄）

适用范围与主要内容

溴甲烷土壤覆膜熏蒸　对土壤中的病原菌、线虫、害虫、杂草等均能有效地杀死，并且能够加快土壤颗粒结合的氮素迅速分解为速效氮，促进植物生长，因而溴甲烷土壤覆膜熏蒸法成为世界上应用最广、效果最好的一种土壤熏蒸技术。其中热法熏蒸一般适用于温室大棚，特别是早春季节处理温室大棚土壤；溴甲烷土壤覆膜冷法熏蒸适用于苗床、小块温室大棚土壤熏蒸。但溴甲烷可破坏大气臭氧层物质，已经被列为受控物质，已经或正在使用溴甲烷的地区，应采取各种措施降低溴甲烷单位面积的用量。采用其他化学药剂土壤熏蒸消毒技术是最方便有效的替代技术。

硫酰氟土壤覆膜熏蒸　硫酰氟是一种中等毒性的广谱性熏蒸剂，沸点极低，易于扩散和渗透，可以迅速渗透多孔的物质并迅速从物体扩散到空中，在物体上的吸附极低。处理过程与溴甲烷土壤熏蒸处理过程相似。硫酰氟土壤覆膜熏蒸主要用于仓库熏蒸，可以杀灭多种仓库（谷物、面粉、干果等）的害虫及老鼠，对害虫和老鼠的所有生活阶段均有效。还可以用于木材防腐及纺织品、工艺品、文物档案、图书、建筑物等的消毒。

棉隆土壤覆膜熏蒸　棉隆是一种广谱性土壤熏蒸剂，在土壤中分解成二硫代氨基甲酸，接着生成异硫氰酸甲酯，异硫氰酸甲酯气体迅速扩散至土壤团粒间，使土壤中各种病原菌、线虫、害虫以及杂草无法生存而达到杀灭效果，在国际上广泛应用。棉隆土壤覆膜熏蒸可以防治包括狗牙根、繁缕、藜、狐尾草、马齿苋、独脚金等多种杂草；能有效防治根结线虫，但对胞囊线虫的效果较差；能有效防治土传病原菌如镰刀菌、腐霉菌、立枯丝核菌、轮枝菌等引起的枯萎病、猝倒病、黄萎病等；高剂量下对地下害虫如蛴螬、金针虫等有很好的防治效果。

威百亩土壤覆膜熏蒸　威百亩的作用方式同棉隆类似，都是混入湿润的土壤后，迅速分解生成异硫氰酸甲酯，依靠异硫氰酸甲酯的熏蒸活性进行土壤消毒。威百亩土壤覆膜熏蒸对黄瓜根结线虫、花生根结线虫、烟草线虫、棉花黄枯萎病、十字花科蔬菜根肿病等均有效，对马唐、看麦娘、马齿苋、豚草、狗牙根、莎草等杂草也有很好的防治效果。

帐幕熏蒸　帐幕熏蒸技术扩大了熏蒸法的用途。货物

（堆）的帐幕熏蒸，在户外大批堆放的食品及货物，无需搬离存放地就可以采用熏蒸法处理，消灭害虫和病原菌，非常方便；并且在熏蒸和通风之后仍然盖着货物，从而可以防止再生害虫，防止鸟粪、渗水、尘土和污物的污染。①货物（堆）的帐幕熏蒸，用气密性的材料，如帆布、塑料布或塑胶布等把堆放的粮食等货物加以覆罩并密封，形成不透气的帐幕，在帐幕内进行熏蒸作业。②建筑物的帐幕熏蒸。对于建筑物的熏蒸处理，在防治木材建筑物的白蚁时，起到了很好的效果。③生长中的树木和作物的帐幕熏蒸。1886—1950年，使用氢氰酸的帐幕熏蒸控制柑橘树上的介壳虫是普遍采用的方法。

影响因素　①使用的药剂必须是在常温下为气态的农药或在常温下容易气化的药剂。②根据不同病虫害的防治要求，选择合适的农药品种、合适的农药剂型及使用剂量。③土壤特性、土壤质地、湿度和温度等因素会影响药效。④温度影响熏蒸剂在土壤中扩散和渗透，如溴甲烷熏蒸时土壤温度应保持在8℃以上，棉隆熏蒸时土壤温度应保持在6℃以上；温度影响熏蒸剂施用后土壤密封时间、土壤通气时间及安全试验时间，如在棉隆施用时，在5～25℃范围内，温度越高土壤密封时间越短，土壤通气时间越短。⑤土壤覆膜熏蒸时密闭程度直接影响效果，使用的塑料膜不能有破损，且在覆膜过程中要避免对膜造成损害。

注意事项　①土壤覆膜熏蒸时塑料膜不能有破损。②土壤覆膜熏蒸只能在空闲地块使用，必须在土壤播种或定植作物前施用。③大型建筑物帐幕熏蒸时，所用的帐幕要能禁得住大风的考验。

参考文献

中华人民共和国农业部科技教育司，联合国工业发展组织, 2000. 中国甲基溴土壤消毒替代技术[M]. 北京: 中国农业大学出版社.

徐映明, 2009. 农药施用技术问答[M]. 北京: 化学工业出版社.

袁会珠, 2004. 农药使用技术指南[M]. 北京: 化学工业出版社.

（撰稿：何玲；审稿：袁会珠）

G

干扰代谢毒剂　interfering with metabolic agent

能够影响害虫代谢系统的杀虫剂。

与其他生物体一样，新陈代谢是害虫的基本生命特征之一，害虫通过体内多种代谢维持生命活动。害虫体内的新陈代谢包括物质代谢和能量代谢，物质代谢主要是糖类、脂类和蛋白质等的代谢，而害虫的能量代谢主要是通过呼吸作用来完成的。由于害虫体内新陈代谢途径和通路的多样性，人们开发出了多种影响害虫代谢系统的杀虫剂。此类杀虫剂主要包括呼吸作用抑制剂、几丁质合成抑制剂、保幼激素和抗保幼激素等。

影响能量代谢的杀虫剂主要是通过破坏害虫的呼吸作用而发挥杀虫作用的。20 世纪 90 年代以前，此类杀虫剂仅限于二硝基苯酚、有机锡和少量天然产物，如鱼藤酮、粉蝶霉素 A 等。近年来，又开发出了多种作用于害虫呼吸系统的新型杀虫剂，主要包括复合体 I 抑制剂、复合体 III 抑制剂、氧化磷酸化抑制剂和解偶联剂。

害虫的呼吸作用主要是在线粒体内完成的，呼吸链即线粒体电子传递链，是由一系列相互联系的电子载体结合在线粒体内膜上组成的，害虫依赖电子传递链而完成呼吸作用的电子传递过程。在昆虫的呼吸作用中，其作为杀虫剂的靶标可分为三类：线粒体电子传递链抑制剂、氧化磷酸化抑制剂和解偶联剂。线粒体电子传递链抑制剂主要有鱼藤酮、唑虫酰胺、嘧虫胺、氟蚁腙等；氧化磷酸化抑制剂主要有丁醚脲、有机锡类等；解偶联剂主要有溴虫腈等。

鱼藤酮　是一种植物源选择性非内吸性杀虫剂，主要提取和分离自鱼藤属、尖荚豆属和灰叶属植物的根皮部。具有触杀、胃毒、拒食和熏蒸作用，杀虫谱广，对多种农林害虫有良好的防治效果，尤其对小菜蛾、菜粉蝶幼虫以及蚜虫具有强烈的触杀和胃毒作用。对高等动物低毒，对害虫天敌和农作物安全。研究表明，鱼藤酮主要是影响昆虫的呼吸作用，与 NADH 脱氢酶和辅酶 Q 之间的某一成分发生作用，从而使害虫细胞内的线粒体电子传递链受到抑制，进而降低害虫体内的 ATP 水平，最终阻断虫体内的能量供应，然后使害虫行为迟滞、麻痹而缓慢死亡。

硫氰酸酯类　20 世纪 30 年代，Rohm & Haas 公司开发出第一个硫氰酸酯类杀虫剂丁氧硫氰醚。此后，各个公司又相继开发出多个品种。硫氰酸酯类杀虫剂具有良好的触杀活性，可用于防治蔬菜、果树害虫及卫生害虫等。可以抑制昆虫的呼吸作用，而使害虫窒息死亡。

参考文献

HAYES W J, 1990. 农药毒理学各论[M]. 北京: 化学工业出版社.

唐除痴, 李煜昶, 陈彬, 1998. 农药化学[M]. 天津: 南开大学出版社.

魏琪, 苏建亚, 2016. 昆虫糖脂代谢研究进展[J]. 昆虫学报, 59(8): 906-916.

杨华铮, 邹小毛, 朱有全, 等, 2013. 现代农药化学[M]. 北京: 化学工业出版社.

（撰稿：徐晖、黄晓博；审稿：杨青）

干扰几丁质合成　interfering with chitin synthesis

几丁质（chitin）是昆虫表皮和围食膜等几丁 - 蛋白复合体的主要结构性成分，同时还是真菌（除卵菌外）和一些藻类细胞壁的整合成分，但不存在于植物和脊椎动物中。几丁质属于天然生物多糖，化学结构由 β-1,4 连接的 N- 乙酰胺基葡萄糖组成。在昆虫表皮和真菌细胞壁内含有丰富的几丁质，如果一种物质通过干扰几丁质生物合成及沉积，使昆虫表皮变薄、体液渗出或因不能蜕皮而死亡，这种化学物质被称为几丁质合成抑制剂（chitin synthetase inhibitors）。由于脊椎动物和植物中不含有几丁质，所以该类物质具有较理想的选择性，对环境友好。

几丁质抑制剂也是一种昆虫生长调节剂。1972 年菲利浦 - 杜法尔公司在研究取代脲类除草剂时，意外发现其合成化合物 Du19111 没有除草活性，却能阻止某些昆虫蜕皮，从而导致虫体变黑死亡。这类具有新颖作用方式的化合物很快引起关注。

灭幼脲类（chlorbenzuron）杀虫剂又名几丁质合成抑制剂。是一类以抑制靶标害虫表皮的几丁质合成，影响蜕皮变态而导致害虫死亡或者不育的苯甲酰脲类化合物（benzoylphenylureas，BUPs）。现已研究表明 BPUs 类化合物具有抗蜕皮激素的生物活性，一方面该类杀虫剂通过提高几丁质酶（chitinase）的催化活性，从而加速了几丁质的酶解过程；另一方面还能抑制几丁质合成酶（chitin synthase）的活性。几丁质合成酶是一种糖苷转化酶，在它的作用下，几丁质前体物尿苷二磷酸酯 -N- 乙酰氨基葡萄糖（UDPAG）生物合成几丁质（见图），同时放出尿苷二磷酸（UDP）。BPUs 类化合物能够严重干扰蛋白质和几丁质的结合，破坏昆虫蜕皮，阻止围食膜的形成，影响正常发育，进而使得表皮过度松软没有硬度而导致昆虫脱水或畸形蛹死亡。此外当

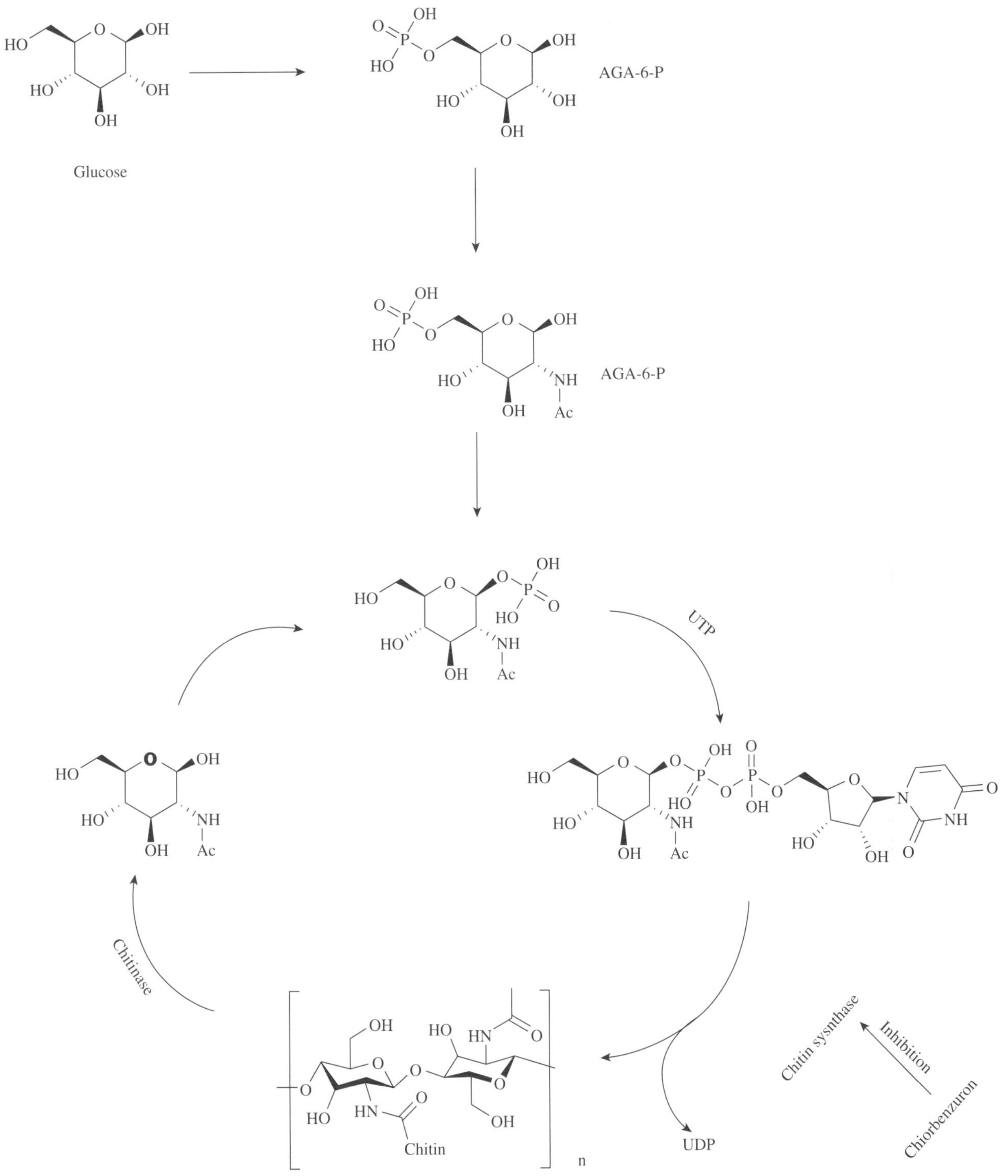

Glucose

AGA-6-P

AGA-6-P

UTP

Chitin sysnthase

Inhibition

Chiorbenzuron

UDP

Chitin

Chitinase

几丁质的合成与抑制过程

G

BPUs 类化合物抑制了卵的几丁质合成酶的活性时，则影响卵的呼吸代谢及胚胎发育过程中 DNA 和蛋白质代谢，使卵内胚胎缺乏几丁质而不能孵化或孵化后随即死亡，所以它也是一种不育剂。

参考文献

COHEN E, 1987. Chitin biochemistry: Synthesis and inhibition[J]. Annual review of entomology, 32(1): 71-93.

HAJJAR N P, CASIDA J E, HAJJAR N P, et al, 1979. Structure activity relationship of benzoylphenyl ureas as toxicants and chitin synthesis inhibitors in *Oncopeltus fasciatus*[J]. Pesticide biochemistry and physiology, 11(1): 33-45.

WELLINGA K, MULDER R, VAN DAALEN J J, 1973. Synthesis and laboratory evaluation of 1- (2, 6-disubstituted benzoyl) -3-phenylureas, a new class of insecticides. I. 1- (2, 6-Dichlorobenzoyl) -3-phenylureas[J].

424　干 gan

Journal of agricultural & food chemistry, 21(3): 348-354.

（撰稿：徐晖、章冰川；审稿：杨青）

干筛试验　dry sieve test

为了限制不需要的农药产品颗粒物的量而设定的指标。以通过规定标准筛目的试样质量与试样质量的百分率表示。

干筛试验适用于直接使用的粉剂和颗粒剂。

农药制剂干筛试验指标，一般要求在 75μm 筛网上的残留量 ≤5%。

农药产品中干筛法的测定有如下几种方法：

CIPAC MT 59 Sieve analysis（筛分分析）/59.1 Dry sieving-dusts（干筛法 - 粉剂）；

CIPAC MT 58 Dust content and apparent density of granular pesticide formulations（颗粒状农药制剂的含尘量和表观密度）；

CIPAC MT 170 Dry sieve analysis of water dispersible granules（水分散粒剂的干法筛分）；

GB/T 16150—1995 农药粉剂、可湿性粉剂细度测定方法 /2.1 干筛法（适用于粉剂）。

农药粉剂产品干筛试验的测定（CIPAC MT 59 中的 59.1 和 GB/T 16150—1995 中的 2.1）将烘箱中干燥至恒重的试样，自然冷却至室温，并在样品与大气达到湿度平衡后，准确称取一定量的试样，用适当孔径的试验筛筛分至终点，称量筛中残余物，计算细度。筛分方式有振筛机法和手筛法两种。

颗粒状农药制剂产品干筛试验的测定（CIPAC MT 58）将试验筛从底盘到顶部按筛孔尺寸增大的顺序组装好，再准确称量一定量的试样，均匀撒布到最上层最大筛孔径的筛网上，盖上顶盖。将组装好的试验筛组固定在振动筛机上，启动振筛机，在规定的频率下振荡规定的时间，然后关闭振筛机，保持静置约 2 分钟以使颗粒沉降，然后打开顶盖，称量每个试验筛及底盘中被筛物的质量。

所用试验筛的规格一般要求如下：筛圆形，直径20cm；常规筛孔的尺寸：150μm、250μm、355μm、420μm、500μm、710μm、850μm。

不同农药产品所需试样的质量与表观密度之间的关系：

表观密度 1.0g/ml，所需试样的质量 300g；

表观密度 0.7～1.0g/ml，所需试样的质量 210～300g；

表观密度 0.4～0.7g/ml，所需试样的质量 120～210g。

农药水分散粒剂干筛试验的测定（CIPAC MT 170）将试验筛上下叠装，大孔径试验筛置于小孔径试验筛上面，筛下装接收盘，将准确称量的一定量被试物均匀地置于最顶层筛上，加顶盖。将组装好的试验筛固定在振动筛机上，启动振筛机，振荡 5 分钟，让颗粒沉降约 2 分钟，打开顶盖，称量每个试验筛及接收盘中被筛物的质量。

所用试验筛的规格一般要求如下：筛圆形，直径 20cm；常规筛孔的尺寸：3350μm、2000μm、1000μm、500μm、250μm、125μm、75μm。

参考文献

GB/T 16150—1995 农药粉剂、可湿性粉剂细度测定方法.
CIPAC Handbook H, MT 59, 1995, 177-179.
CIPAC Handbook K, MT 58, 1995, 173-176.
CIPAC Handbook K, MT 170, 1995, 420-425.

（撰稿：孙剑英、许来威；审稿：吴学民）

干燥　drying

使物料中水分（或溶剂）气化，汽化后所生成的蒸汽由惰性气体或真空带走，从而获得干燥固体产品的操作。泛指从湿物料中除去水分或其他溶剂所产生的湿分的各种操作。物料中的湿分多数为水，带走湿分的气流一般为空气。

原理　在一定温度下，任何含水的湿物料都有一定的蒸气压，当周围气体中的水气分压小于此蒸气压时，水分将汽化。汽化所需热量由其他热源通过辐射、热传导提供。在干燥过程中，湿物料与热空气接触时，热能通过热空气传递至物料中，这是一个传热过程；热量传递至湿物料后，物料中的水分不断被汽化，并向空气中移动，这是一个传质的过程。因此物料的干燥是由热量和质量的传递同时进行的过程。当热空气不断地把热能传递给湿物料时，湿物料中的水分不断被汽化，并扩散至热空气中，进而被热空气带走，而物料内部的湿分又不断扩散到物料表面，这样就使湿物料中的水分不断减少而干燥。湿物料表面所产生的水蒸气分压大于干燥介质中的水蒸气分压，是干燥过程可以进行的条件。当湿物料表面与干燥介质中的水蒸气分压相等时，表示干燥介质与物料中水蒸气达到平衡，干燥过程停止。而当湿物料表面水蒸气分压小于干燥介质中水蒸气分压时，物料不但不能干燥，反而吸潮。

特点　干燥可以是连续过程，也可以是间歇过程。在干燥器内，湿物料与加热至适当温度后的热空气直接接触，湿物料含湿量逐渐降低，热空气的含湿量逐渐增加，水分或溶剂变为废气排出。如果采用连续过程干燥，则需要将干燥的湿物料连续加入与排出。如果采用间歇过程干燥，需要将干燥的湿物料全部放入干燥器内，干燥到一定含湿量时一次取出。在干燥过程中，加热空气所需要的热能只有一部分用于汽化湿物料中的水分，大部分热能都随废气所流失，所以干燥工艺的能耗较大。此外，设备的热损失等因素也不可避免地增加了能耗。

设备　目前，在世界范围内干燥设备的主要发展方向是有效利用能源、提高产品质量与产量、减少环境污染、安全操作、易于控制等。常用的干燥设备有流化床干燥机和带式干燥机。

流化床干燥机　一定量的空气经过滤、除湿、加热后进入干燥机，进风温度可精确控制。湿物料通过加料器均匀加入流化床干燥室中，与热空气充分接触，最终达到产品的干燥要求。

带式干燥机　干燥湿物料由加料器均匀地铺在网带上，

由传动装置拖动在干燥机内移动。干燥机由一个干燥单元组成，采用热风循环，部分尾气由排湿风机排出。网带缓慢移动，运行速度可根据物料温度自由调节，干燥后的成品连续落入收料器中。

应用 干燥工艺在化工、轻工、食品、医药等工业中的应用非常广泛，在农药化工中也有广泛应用，如在农药水分散粒剂生产中，物料需经粉碎后再加水捏合造粒，所以刚挤出的水分散粒剂含湿量较大，经过干燥处理后，含湿量显著降低，提高了水分散粒剂的流动性，满足了水分散粒剂标准的要求。

参考文献

刘广文, 2009. 农药水分散粒剂[M]. 北京: 化学工业出版社: 3-4.

（撰稿：高亮；审稿：遇璐、丑靖宇）

甘氨硫磷　phosglycin

一种有机磷杀螨剂。

其他名称 Alkatox、RA-17。

化学名称 N^2-二乙氧基二硫代磷酰基-N^2-乙基-N^1,N^1-二丙基甘氨酰胺；O,O-diethyl(2-(dipropyl amino)-2-oxoethyl)(ethyl)phosphoramidothioate。

IUPAC名称 N-[2-(dipropyl amino)-2-oxoethyl]-N-ethyl-,O,O-diethylester。

CAS登记号 105084-66-0。

分子式 $C_{14}H_{31}N_2O_3PS$。

相对分子质量 338.45。

结构式

开发单位 由 K. Balogh & G. Tarpai 报道，意维公司1987年在匈牙利投产。在中国获有专利 CN85108113（1987）。

理化性质 常温下为固体。熔点34℃。蒸气压1.8mPa（25℃）。溶解度（20℃）：水 140mg/L；（室温下）苯、丙酮、氯仿、乙醇、二氯甲烷、己烷＞200g/L。180℃以下稳定，在硅胶板上光降解 DT_{50}18 小时。

毒性 急性经口 LD_{50}：大鼠＞2g/kg，雌小鼠 LD_{50}＞1.55g/kg，雄小鼠＞1.8g/kg。大鼠急性经皮 LD_{50}＞5g/kg，在0.59mg/L空气（可达到的最高浓度）浓度下，对大鼠无急性吸入毒性。鱼类 LC_{50}：鲤鱼9.47mg/L，须鲶12mg/L，草鱼12.5mg/L。

剂型 500g/L 乳油，400g/kg 可湿性粉剂。

作用方式及机理 有机磷杀螨剂，是胆碱酯酶抑制剂。

防治对象 防治植食性螨的成虫和幼虫。对柑橘、苹果和葡萄上植食性螨的成虫和幼虫有效。

参考文献

康卓, 2017. 农药商品信息手册[M]. 北京: 化学工业出版社.

朱永和, 王振荣, 李布青, 2006. 农药大典[M]. 北京: 中国三峡出版社: 276.

（撰稿：周红；审稿：丁伟）

甘扑津　proglinazine

一种三氮苯类选择性除草剂。

化学名称 N-[4-chloro-6-[(1-methylethyl)amino]-1,3,5-triazin-2-yl]glycine。

IUPAC名称 N-(4-chloro-6-isopropylamino-1,3,5-triazin-2-yl)glycine。

CAS登记号 68228-20-6。

分子式 $C_8H_{12}ClN_5O_2$。

相对分子质量 245.67。

结构式

理化性质 酯为无色晶体，酯的熔点为110～112℃，酯的蒸气压0.27mPa（20℃），酯在水中的溶解度为750mg/L（25℃），在有机溶剂中的溶解度（25℃）：丙酮500g/L、正己烷35g/L、二甲苯100g/L。在160℃分解，对光稳定。在室温（pH5～8）下稳定，但在加热时被酸或碱水解。

毒性 急性经口 LD_{50}：大鼠和小鼠＞8000mg/kg，兔＞3000mg/kg，豚鼠857～923mg/kg。急性经皮肤和眼睛 LD_{50}：兔＞4000mg/kg，大鼠＞1500mg/kg。对皮肤和眼睛无刺激性（兔）。中度皮肤过敏（豚鼠）。

（撰稿：杨光富；审稿：吴琼友）

橄榄巢蛾性信息素　sex pheromone of *Prays oleae*

适用于橄榄林的昆虫性信息素。最初从橄榄巢蛾（*Prays oleae*）雌虫中提取分离，主要成分为（Z)-7-十四碳烯醛。

其他名称 FFERSEX PO(SEDQ)、Z7-14Al。

化学名称 （Z)-7-十四碳烯醛；(Z)-7-tetradecenal。

IUPAC名称 (Z)-tetradec-7-enal。

CAS登记号 65128-96-3。

EC号 265-493-9。

分子式 $C_{14}H_{26}O$。

相对分子质量 210.36。

结构式

生产单位 由 SEDQ 公司生产。

理化性质 无色或浅黄色液体，有特殊气味。沸点 128~130℃（40Pa）。相对密度 0.86（25℃）。难溶于水，溶于正庚烷、乙醇、苯等有机溶剂。

毒性 大鼠急性经口 $LD_{50} > 5000mg/kg$。

剂型 缓释剂。

作用方式 主要用于干扰橄榄巢蛾的交配，引诱橄榄巢蛾雄虫。

防治对象 适用于橄榄树，防治橄榄巢蛾。

使用方法 将含有橄榄巢蛾性信息素的缓释装置间隔安放在橄榄林中，使性信息素扩散到空气中。

参考文献

马克比恩 C, 2015. 农药手册[M]. 胡笑形, 等译. 北京: 化学工业出版社.

吴文君, 高希武, 张帅, 2017. 生物农药科学使用指南[M]. 北京: 化学工业出版社.

（撰稿：钟江春；审稿：张钟宁）

橄榄实蝇性信息素 sex pheromone of *Bactrocera oleae*

适用于橄榄果树的昆虫性信息素。最初从未交配橄榄实蝇（*Bactrocera oleae*）雌虫腹部提取分离，主要成分为 1,7- 二氧螺［5.5］十一烷。

其他名称 Eco-Trap（混剂，+溴氰菊酯）（VIORYL）、Maghot OL（混剂，+高效氯氟氰菊酯）（美国）（Suterra）。

化学名称 1,7-二氧螺［5.5］十一烷；1,7-dioxaspiro［5.5］undecane。

IUPAC 名称 1,7-dioxaspiro［5.5］undecane。

CAS 登记号 180-84-7。

EC 号 205-870-7。

分子式 $C_9H_{16}O_2$。

相对分子质量 156.22。

结构式

生产单位 1985 年开发，由 VIORYL、Suterra 等公司生产。

理化性质 无色透明液体。沸点 193℃（99.9kPa）。相对密度 1.02（20℃）。在水中溶解度 < 1%（pH7, 20℃）。溶于乙醇、氯仿、丙酮等有机溶剂。

毒性 对鸟无毒，对水生无脊椎动物有毒。

剂型 可喷雾的聚合物诱捕小珠。

作用方式 主要用于监控与诱捕橄榄实蝇。

防治对象 适用于橄榄果树，防治橄榄实蝇。

使用方法 将含橄榄实蝇性信息素和杀虫剂的诱捕剂与含有铵盐的食物源诱饵，以 1∶2~1∶4（性激素∶食物）的比例使用，扩散至整个橄榄树林。

与其他药剂的混用 可以与溴氰菊酯或高效氯氟氰菊酯一起使用。

参考文献

马克比恩 C, 2015. 农药手册[M]. 胡笑形, 等译. 北京: 化学工业出版社.

吴文君, 高希武, 张帅, 2017. 生物农药科学使用指南[M]. 北京: 化学工业出版社.

（撰稿：钟江春；审稿：张钟宁）

高2,4-滴丙酸盐 dichlorprop-P

一种苯氧羧酸类激素型内吸性除草剂。

化学名称 (*R*)-2-(2,4-dichlorophenoxy)propionic acid；(*R*)-2-(2,4- 二氯苯氧基)丙酸。

IUPAC 名称 (2*R*)-2-(2,4-dichlorophenoxy)propanoic acid。

CAS 登记号 15165-67-0。

分子式 $C_9H_8Cl_2O_3$。

相对分子质量 235.06。

结构式

理化性质 纯品为结晶固体。熔点122℃，蒸气压$6.2 \times 10^{-5}Pa$（20℃），20℃时的溶解度：丙酮 > 1000g/kg、乙酸乙酯 560g/kg、乙醇 > 1000g/kg、甲苯 46g/kg、水 0.59g/L（pH7）。$K_{ow}lgP$ 89（pH4.6），pK_a3。对光稳定，pH3~9 条件下稳定。

毒性 大鼠急性经口 $LD_{50} > 825mg/kg$，急性经皮 LD_{50} 4000mg/kg。鱼类 LC_{50}（96 小时）> 100mg/L（虹鳟）。对蜜蜂无毒。

防治对象 2,4-滴丙酸属芳氧基烷基酸类除草剂，是激素型内吸性除草剂，对春蓼、大马蓼特别有效，也可防除猪殃殃和繁缕，对萹蓄有一定的防除效果.

使用方法 在禾谷类作物上单用时，用量为 1.2~1.5kg/hm²（有效成分），或者与其他除草剂混用。也可在更低剂量下使用，以防止苹果落果。

注意事项 避免接触皮肤，万一接触眼睛，立即使用大量清水冲洗并送医诊治。使用合适的手套和防护眼镜或者面罩。

参考文献

《化学化工大辞典》编委会, 化学工业出版社辞书编辑部, 2003. 化学化工大辞典[M]. 北京:化学工业出版社.

（撰稿：邹小毛；审稿：耿贺利）

高剪切混合　high shear mixing

利用高速剪切混合机械将两种以上不同物料（至少包含一种液体）相互混合，使所有成分至少达到暂时具有一定流动性的均匀液体，这样的操作在农药加工领域被称之为高剪切混合工艺。

原理　定子和转子与配套电机固定在操作空间内，转子在电机的高速驱动下旋转吸入待加工的物料，由于转子高速旋转所产生的高线速度和高频机械效应带来的强劲动能，使物料在定子和转子的微小间隙中承受每分钟几十万次强烈的机械剪切、离心挤压、液层摩擦、高速撞击和对流等综合机械作用，发生分裂、破碎、分散等物理变化，从而使不相溶的物料均匀精细地充分分散、乳化、均质、溶解。而物料从转定子组合中高速旋出之后，在容器中物料形成上下左右立体紊流，物料经过高频的循环往复，最终得到产品。

特点　高剪切混合的功能主要用于液—液、气—液及固—液的乳化均质和细化分散，适用于真空以及常压下进行操作。可以根据物料的初始形态选择不同类型的定子。网孔定子：适于低黏度液体混合，其剪切速率最大，最适宜于乳液的制备及小颗粒在液体中的粉碎、溶解过程。长孔定子：适于中等固体颗粒的迅速粉碎及中等黏度液体的混合，长孔为表面剪切提供了最大面积和良好的循环。圆孔定子：适于一般的混合或大颗粒的粉碎，在这种定子头上的圆形开孔提供了所有定子中最好的循环，适用于处理较高黏度的物料。运行的过程比较稳定，设备在清洗的过程中也比较方便，可以进行连续性工作且操作灵活方便。高剪切混合比较适合于物料的前段处理，处理的量比较大且能耗小，非常适合在工业化连续生产中使用，处理过的物料具有颗粒分布范围较窄且均匀度好的特点，粒径可以达到微米级别。

设备　在 20 世纪 30 年代，美国与德国首先发明和使用了高剪切混合设备，在世界高剪切混合机行业中有着里程碑式的影响。进入 21 世纪以来，欧洲一些国家在高剪切混合机行业发展迅速，并在很多领域发挥着重大作用，如化妆品、制药、食品、涂料、黏合剂等。目前在全球公知的高剪切混合机械制造商代表基本上分为三大派系，即美国 ROSS 公司、日本 TK 公司及德国 IKA 公司。通用的高剪切混合设备主要有高剪切乳化机、高剪切分散机、高剪切对磨泵、高剪切均质机、管线式高剪切混合机和真空高剪切混合机等。

应用　高剪切混合机的应用领域非常广泛，诸如黏合剂、油漆涂料、化妆品、食品、印染、油墨、沥青、农药、化肥等行业都有广泛的应用。在农药研发和生产中主要应用在悬浮剂和可分散油悬浮剂的前处理物料粗磨打浆阶段、水乳剂和悬乳剂的后处理油相与水相的混合阶段等，随着高剪切混合技术的发展，将会更多地应用于流体、半流体的科研和生产工作中。

（撰稿：崔勇；审稿：遇璐、丑靖宇）

高粱根茎法　sorghum rhizome growth test

利用高粱种子萌发后根与茎的生长量或伸长度在一定范围内与除草剂剂量呈相关性的特点，进行除草剂活性的生物测定，有较高的灵敏度。

适用范围　用于非光合作用抑制剂室内生物活性测定。

主要内容　试验操作方法：直径 9cm 培养皿，装满干净的河沙，刮平，每皿缓慢加入 20ml 不同浓度的待测药液，使全皿沙子湿润。用细玻璃棒扎孔，选取均匀一致的萌发的高粱种子（根尖尚未长出根鞘，可提前一天在 25℃温箱内催芽，芽长 1~2mm）置于小孔中，胚芽朝上，以添加等量清水的培养皿处理为空白对照。于 26~28℃培养箱中黑暗培养 36~42 小时，测量高粱的根长和芽长。

计算出高粱根长或芽长的抑制率（％），来表示除草剂的活性和效果。计算方法如下：

$$根(芽)长抑制率 = \frac{对照处理根(芽)长度 - 待测药液根(芽)长度}{对照处理根(芽)长度} \times 100\%$$

高粱根茎法操作简便，培养期间不用特殊管理，具有测试周期短、测定范围广等优点。该方法中也可将高粱种子以燕麦、黄瓜等替换来扩大测试范围。

参考文献

陈年春, 1991. 农药生物测定技术[M]. 北京: 北京农业大学出版社.

（撰稿：唐伟；审稿：陈杰）

高效二甲噻草胺　dimethenamid-P

一种氯乙酰胺类选择性除草剂。

其他名称　二甲吩草胺 -P、Outlook、Frontier X2、精二甲吩草胺、(S)-Dimethenamid、DMTA-P。

化学名称　2-氯-N-(2,4- 二甲基 -3- 噻吩基)-N-[(1S)-2- 甲氧基 -1- 甲基乙基]- 乙酰胺；acetamide,2-chloro-N-(2,4-dimethyl-3-thienyl)-N-[(1S)-2-methoxy-1-methylethyl]。

IUPAC 名称　(S-)-2-chloro-N-(2,4-dimethyl-3-thienyl)-N-[(1S) -2-methoxy-1-methylethyl]acetamide。

CAS 登记号　163515-14-8。

EC 号　605-329-9。

分子式　$C_{12}H_{18}ClNO_2S$。

相对分子质量　275.79。

结构式

开发单位 瑞士山德士公司研制，德国巴斯夫公司开发。2000 年商品化。

理化性质 浅棕色油状物，熔点 < −50℃，沸点 49～52℃(1.33Pa)，有芳香气味。蒸气压 2.51mPa(25℃)。K_{ow}lg$P$ 1.89(25℃)。Henry 常数 $4.8×10^{-4}$Pa·m³/mol。相对密度 1.195(25℃)。在水中溶解度 1449mg/L(25℃)；己烷 20.8g/100ml；微溶于丙酮、甲苯乙腈和正辛醇(25℃)。pH5、7、9 时水解稳定 31 天(25℃)。闪点 79℃。

毒性 大鼠急性经口 LD_{50} 429mg/kg，大鼠急性经皮 LD_{50} > 2000mg/kg。对兔皮肤和眼睛无刺激性，皮肤致敏剂。大鼠急性吸入 LC_{50}(4 小时) > 2.2g/m³ 空气。NOEL：大鼠(90 天)10mg/kg，小鼠(94 周)3.8mg/kg；狗(1 年)2mg/kg。ADI(JMPR)0.07mg/kg[2005]；(EC)0.02mg/kg[2003]。Ames 试验和染色体畸变试验表明无致突变作用，无致畸、致癌作用。山齿鹑急性经口 LD_{50} 1068mg/kg。野鸭和山齿鹑饲喂 LC_{50} > 5620mg/kg 饲料。蓝鳃翻车鱼 LC_{50}(96 小时)10mg/L，虹鳟 6.3mg/L。水蚤 LC_{50}(48 小时)12mg/L。羊角月牙藻 EC_{50}(5 天)0.017mg/L，鱼腥藻 0.38mg/L。浮萍 EC_{50}(14 天)0.0089mg/L。糠虾 LC_{50}(96 小时)3.2mg/L。蜜蜂 LD_{50}(24 小时，经口)134μg/只。对蝽、草蛉和螨无害(IOBC)。

剂型 乳油。

作用方式及机理 长链脂肪酸合成抑制剂。主要是土壤处理，也可苗后使用。通过根和上胚轴吸收，很少通过叶片吸收，在植株体内不能传导。

防治对象 为玉米、大豆、花生及甜菜田除草剂，主要用于防除众多一年生禾本科杂草，如稗草、马唐、牛筋草、稷属杂草、狗尾草等和多数阔叶杂草，如反枝苋、鬼针草、荠菜、鸭跖草、香甘菊、粟米草及油莎草等。

使用方法 用于播前土壤处理和播后苗前除草，主要用于玉米、向日葵、大豆、高粱、花生、蔬菜防除禾本科杂草和阔叶杂草，用量为 700～1000g/hm²。

注意事项 施用于潮湿的土壤，灌溉或雨后施用效果较好。在潮湿或干旱的条件下均具有长持效期。

与其他药剂的混用 可与苯嘧磺草胺混配。

允许残留量 GB 2763—2021《食品中农药最大残留量标准》规定最大残留限量：谷物、蔬菜、糖类、油料和油脂 0.01mg/kg。ADI 为 0.07mg/kg。《国际食品法典》允许残留量：豆类、谷物、蔬菜、肉类等的限量为 0.01mg/kg。

参考文献

刘长令, 2000. 世界农药大全: 除草剂卷[M]. 北京: 化学工业出版社: 239-240.

马克比恩 C, 2015. 农药手册[M]. 胡笑形, 等译. 北京: 化学工业出版社: 330-332.

(撰稿：王红学；审稿：耿贺利)

高效反式氯氰菊酯 theta-cypermethrin

一种光学纯拟除虫菊酯类杀虫剂。

其他名称 安绿保、灭百克。

化学名称 3-(2,2-二氯乙烯基)-2,2-二甲基环丙烷羧酸 alpha-氰基-3-苯氧基苄酯。

IUPAC 名称 (R)-α-cyano-3-phenoxybenzyl(1S,3R)-3-(2,2-dichlorovinyl)-2,2-dimethylcyclopropanecarboxylate 和 (S)-α-cyano-3-phenoxybenzyl (1R,3S)-3-(2,2-dichlorovinyl)-2,2-dimethylcyclopropanecarboxylate(1:1 混合物)。

CAS 登记号 71697-59-1。

分子式 $C_{22}H_{19}Cl_2NO_3$。

相对分子质量 416.30。

结构式

(R)(1S)-trans-

(S)(1R)-trans-

理化性质 外观为白色或淡黄色结晶粉末，无可见外来杂质。密度 25℃时 1.219g/cm³。熔点 78～81℃。蒸气压 $2.3×10^{-7}$Pa(20℃)。常温下在水中溶解度极低，可溶于酮类、醇类及芳香烃类溶剂。

毒性 大鼠急性经口 LD_{50} 1470mg/kg，急性经皮 LD_{50} > 5000mg/kg。

剂型 加工成乳油或其他剂型。

防治对象 用于防治棉花、水稻、玉米、大豆等农作物及果树、蔬菜的害虫。

使用方法 属第三代拟除虫菊酯类杀虫剂，主要用于大田作物、经济作物、蔬菜、果树等上的农林害虫和蔬菜、蚊类、臭虫等家庭卫生害虫的防治。具有杀毒高效、广谱、对人畜低毒、作用迅速、持效期长等特点。有触杀和胃毒、杀卵，对害虫有拒食活性等作用。对光、热稳定。耐雨水冲刷，特别对有机磷农药已产生抗性的害虫有特效。

参考文献

马克比恩 C, 2015. 农药手册[M]. 胡笑形, 等译. 北京: 化学工业出版社: 251-252.

朱永和, 王振荣, 李布青, 2006. 农药大典[M]. 北京: 中国三峡出版社: 182-183.

(撰稿：陈洋；审稿：吴剑)

高效氟吡甲禾灵 haloxyfop-P-methyl

一种芳氧苯氧基丙酸酯类选择性内吸传导型除草剂。

其他名称 高效盖草能、精盖草能、盖草能、高盖。

化学名称 2-[4-(5-三氟甲基-3-氯-吡啶-2-氧基)苯氧基]丙酸甲酯；methyl(2R)-2-[4-(3-chloro-5-trifluoromethyl-2-pyridyloxy]phenoxy)propionate。

IUPAC名称 methyl(R)-2-[4-(3-chloro-5-trifluoromethyl-2-pyridyloxy)phenoxy]propionate。

CAS登记号 72619-32-0。

EC号 406-250-0。

分子式 $C_{16}H_{13}ClF_3NO_4$。

相对分子质量 375.73。

结构式

开发单位 陶氏益农公司研发。

理化性质 纯品为亮棕色液体。相对密度1.372（20℃）。沸点＞280℃。25℃水中溶解度9.08mg/L，20℃在二甲苯、甲苯、甲醇、丙酮、环己酮、二氯甲烷中溶解度均＞1kg/L。

毒性 低毒。大鼠急性经口LD_{50}：300mg/kg（雄）、623mg/kg（雌）。大鼠急性经皮LD_{50}＞2000mg/kg。对兔眼睛有轻微刺激性，对兔皮肤无刺激性。大鼠2年饲喂NOEL为0.065mg/（kg·d）。对繁殖无不良影响。

剂型 108g/L乳油，17%微乳剂。

质量标准 高效氟吡甲禾灵原药（GB/T 34157—2017）。

作用方式及机理 选择性内吸传导型芽后茎叶处理剂。施药后可被杂草茎叶迅速吸收，传导到生长点及节间分生组织，抑制乙酰辅酶A羧化酶，使脂肪酸合成停止，细胞生长分裂不能正常进行，膜系统等含脂结构被破坏，杂草逐渐死亡。

防治对象 大豆、花生、油菜等阔叶作物田防除禾本科杂草，如稗、马唐、牛筋草、狗尾草、画眉草、千金子、野高粱、野黍、芦苇等。

使用方法 常为苗后茎叶喷雾。

防治大豆田杂草 禾本科杂草3～5叶期，每亩用108g/L高效氟吡甲禾灵乳油25～45g（有效成分2.7～4.86g），加水30L茎叶喷雾。防除多年生禾本科杂草时，每亩用108g/L高效氟吡甲禾灵乳油60～90g（有效成分6.48～9.72g），加水30L茎叶喷雾。

防治花生田杂草 禾本科杂草3～5叶期，每亩用108g/L高效氟吡甲禾灵乳油20～30g（有效成分2.16～3.24g），加水30L茎叶喷雾。

防治棉花、油菜田杂草 禾本科杂草3～5叶期，每亩用108g/L高效氟吡甲禾灵乳油25～30g（有效成分2.7～3.24g），加水30L茎叶喷雾。

注意事项 ①玉米、水稻和小麦等禾本科作物对该品敏感，施药时应避免药雾飘移到上述作物上。与禾本科作物间、混、套种的田块不能使用。②干旱影响药效发挥，可浇水后施药或添加助剂施药。③对水生生物有毒。施药时避免药雾飘移至水产养殖区，禁止在河塘等水体中清洗施药器具。

与其他药剂的混用 可与乙羧氟草醚、氟磺胺草醚、草除灵、烯草酮、草铵膦等桶混使用。

允许残留量 GB 2763—2021《食品中农药最大残留限量标准》规定高效氟吡甲禾灵最大残留限量见表。ADI为0.0007mg/kg。油料和油脂参照GB/T 20770规定的方法测定；蔬菜按照GB/T 20769规定的方法测定。

部分食品中高效氟吡甲禾灵最大残留限量（GB 2763—2021）

食品类别	名称	最大残留限量（mg/kg）
油料和油脂	大豆	0.1*
	花生仁	0.1*
	棉籽仁	0.2*
蔬菜	结球甘蓝	0.2*

* 临时残留限量。

参考文献

刘长令, 2002. 世界农药大全: 除草剂卷[M]. 北京: 化学工业出版社.

马克比恩 C, 2015. 农药手册[M]. 胡笑形, 等译. 北京: 化学工业出版社.

中国农业百科全书总编辑委员会农药卷编辑委员会, 中国农业百科全书编辑部, 1993. 中国农业百科全书: 农药卷[M]. 北京: 农业出版社.

SHANER D L, 2014. Herbicide handbook[M]. 10th ed. Lawrence, KS: Weed Science Society of America.

（撰稿：李香菊；审稿：耿贺利）

高效氟氯氰菊酯 β-cyfluthrin

一种含氟、高效低毒的拟除虫菊酯类杀虫剂，为氟氯氰菊酯4个异构体混合物。

其他名称 功夫、神功、康夫、功力、天功、功得乐、绿青丹、大康。

化学名称 (S)-α-氰基-4-氟-3-苯氧苄基(1R, 3R)-cis-3-(2,2-二氯乙烯基)-2,2-二甲基环丙烷羧酸酯和(R)-α-氰基-4-氟-3-苯氧苄基(1S, 3S)-cis-3-(2,2-二氯乙烯基)-2,2-二甲基环丙烷羧酸酯(II)以及(S)-α-氰基-4-氟-3-苯氧苄基(1R, 3S)-3-(2,2-二氯乙烯基)-2,2-二甲基环丙烷羧酸酯(III)和(R)-α-氰基-4-氟-3-苯氧苄基(1S, 3R)-3-(2,2-二氯乙烯基)-2,2-二甲基环丙烷羧酸酯(IV)。

IUPAC名称 包含两对对映异构体对的混合物：[(S)-α-cyano-4-fluoro-3-phenoxybenzyl(1R, 3R)-3-(2,2-dichlorovinyl)-2,

2-dimethylcyc loropancarboxylate（Ⅰ），(R)-α-cyano-4--fluo-ro-3-phenoxybenzy (1S, 3S)-3-(2,2-dichlorovinyl) -2,2-dimethylcyclo propanecarboxylate (II)] 与 [(S)-α-cyano-4-fuoro-3-phenoxybenzyl (1R, 3S)-3-(2,2 -dichlorovinyl)-2,2-dimethyl-cyclo propanecarboxylate（Ⅲ），(R)-α-cyano-fluor-phenoxybenzyl(1S, 3R)-3-(2,2-dichorovinyl)-2,2-dimethyleye lopropanecarboylate(IV)] 比率为 1∶2。

CAS登记号 1820573-27-0（未说明立体化学）；86560-92-1（Ⅰ）；86560-92-2(II)；86560-92-3(III)；86560-92-4(IV)。

EC 号 269-855-7。

分子式 $C_{22}H_{18}Cl_2FNO_3$。

相对分子质量 434.29。

结构式

Ⅰ   II

Ⅲ   IV

开发单位 由 M. C. Botte 等报道（3rd ANPP Conf, 1993, 1∶185）。由拜耳引入。2002 年在欧洲的喷洒使用权转让给马克西姆 - 阿甘公司。

理化性质 高效氟氯氰菊酯是含有 4 个对映体的对映异构体对的混合物：Ⅰ (R)-α-氰基-4- 氟 -3- 苯氧苄基(1R)-cis-3-(2, 2- 二氯乙烯基)-2, 2- 二甲基环丙烷羧酸酯 +(S)-α, (1S)-cis-; II(S)-α, (1R)cis-+(R)α, (1S)-cis-; III(R)α-, (1R)-trans-+(S)α, (1S)-trans-; IV(S)-α, (1R)-trans-+(R)-α, (5S)-trans-。原药标准含量：非对映异构体Ⅰ ＜ 2%，非对映异构体 II 30%～40%。非对映异构体Ⅲ ＜ 3%，非对映异构体 IV 53%～67%。高效氟氯氰菊酯的成分由 ISO 定义（参考 IUPAC 名）。组成约 33%(II) 和约 67%(IV)。纯品为无色无臭晶体，原药为有轻微气味的白色粉末。熔点(II)81℃，(IV)106℃。沸点：＞210℃分解。蒸气压(II)1.4×10^{-5}mPa, (IV)8.5×10^{-5}mPa(均在 20℃)。K_{ow}lg$P$ 5.9(20℃)。Henry 常数(Pa·m³/mol,20℃)：3.2×10^{-3} (II), 1.3×10^{-2} (IV)。相对密度为 1.34(22℃)。在水中溶解度(II)1.9(pH7), (IV)29(pH7) (μg/L, 20℃)；(II) 在正己烷中为 10～20，异丙醇中为 5～10(均为 g/L, 20℃)。在 pH4、7 时稳定，pH9 时，迅速分解。

毒性 急性经口 LD_{50}：大鼠 380mg/kg（在聚乙二醇中），211mg/kg（在二甲苯中），11mg/kg（蓖麻油 / 水）；雄小鼠 91mg/kg，雌小鼠 165mg/kg。大鼠急性经皮 LD_{50}（24 小时）＞5000mg/kg。对皮肤无刺激，对兔眼睛有轻微刺激，对豚鼠皮肤无致敏作用。大鼠吸入 LC_{50}（4 小时）约 0.1mg/L（气雾），0.53mg/L（粉尘）。90 天 NOEL：大鼠 125mg/kg，狗 60mg/kg。ADI（JMPR）0.04mg/kg（氟氯氰菊酯与高效氟氯氰菊酯组 ADI）[2006, 2007]；（EC）0.3mg/kg[2003]；（Bayer）0.02mg/kg[1994]。毒性等级：II（a.i.,WHO）；II（制剂，EPA）。EC 分级：T+；R26/28lN: R50, R53。日本鹌鹑急性经口 LD_{50} ＞ 2000mg/kg。虹鳟 LC_{50}（96 小时）89mg/L，蓝鳃翻车鱼 LC_{50} 280ng/L。水蚤 EC_{50}（48 小时）0.3μg/L。近具刺链带藻 E_rC_{50} ＞ 0.01mg/L。蜜蜂 LD_{50} ＜ 0.1μg/ 只。蚯蚓 LC_{50} ＞ 100ng/kg 土壤。

剂型 饵剂，烟剂，热雾剂，微囊悬浮剂，微乳剂，悬浮剂，水乳剂，乳油，油剂。

作用方式及机理 作用于昆虫的神经系统，通过与钠离子通道相互作用，干扰神经元的功能。非内吸性杀虫剂，具有触杀和胃毒作用。作用于神经元，击倒迅速，具有长持效期。

防治对象 蚜虫、棉铃虫、红铃虫、苹果蠹蛾、桃小食心虫、梨木虱、潜叶蛾、红蜡蚧、介壳虫、菜青虫、小菜蛾、美洲斑潜蝇、蛴螬、豆荚螟、迟眼蕈蚊、烟青虫、茶尺蠖、茶小绿叶蝉、蚊、蝇、蜚蠊、跳蚤、蚂蚁、米象、麦蛾、蝗虫、天牛等。

使用方法

喷雾 十字花科蔬菜：蚜虫 13.5～27g/hm²，菜青虫 13.5～27g/hm²；小菜蛾 9～25.5g/hm²；小麦：蚜虫 13.5～27g/hm²；棉花：棉铃虫、红铃虫、蚜虫 15～30g/hm²；苹果树：桃小食心虫 20～33mg/kg，苹果蠹蛾 25～30mg/kg；梨树：梨木虱 12.5～31.25mg/kg；柑橘树：潜叶蛾 15～20mg/kg，红蜡蚧 50mg/kg；荔枝树：蒂蛀虫 45～56.25g/hm²；番茄：美洲斑潜蝇 18.75～22.5g/hm²；豇豆：豆荚螟 20.25～27g/hm²；韭菜：迟眼蕈蚊 6.75～13.5g/hm²；辣椒：茶树：茶尺蠖 15～22.5g/hm²，茶小绿叶蝉 20.25～40.5g/hm²；烟草：蚜虫 13.5～27g/hm²，烟青虫 15～25.5g/hm²；枸杞：蚜虫 18～22.5g/hm²；草原：蝗虫 20.25～27g/hm²。

滞留喷洒 卫生害虫：蚊、蝇、蜚蠊 50mg/m²。

允许残留量 GB 2763—2021《食品中农药最大残留限量标准》规定高效氟氯氰菊酯在食品中的最大残留限量见表。ADI 为 0.04mg/kg。

部分食品中高效氟氯氰菊酯最大残留限量（GB 2763—2021）

食品类别	名称	最大残留限量（mg/kg）
谷物	小麦	0.50
	玉米、鲜食玉米	0.50
	高粱	0.20
油料和油脂	油菜籽	0.07
	棉籽、花生仁	0.05
	大豆	0.03
蔬菜	韭菜、结球甘蓝	0.50
	花椰菜	0.10
	青花菜	2.00
	介菜	3.00
	菠菜、普通白菜	0.50
	茎用莴苣叶	5.00
	芹菜、大白菜	0.50
	番茄、茄子、辣椒	0.20
	马铃薯	0.01
水果	柑橘类水果	0.30
	苹果、桃、猕猴桃	0.50
	梨	0.10
	枣（鲜）	0.30
	西瓜	0.10
干制水果	柑橘脯	2.00
糖料	甘蔗	0.05
饮料类	茶叶	1.00
食用菌	蘑菇类（鲜）	0.30
调味料	干辣椒	1.00

参考文献

马克比恩 C, 2015. 农药手册[M]. 胡笑形, 等译. 北京: 化学工业出版社.234-236.

（撰稿：陈洋；审稿：吴剑）

高效氯氟氰菊酯　lambda-cyhalothrin

一种拟除虫菊酯类杀虫剂。

其他名称　天菊、功夫、空手道、功夫菊酯、功夫乳油、氨氟氰菊酯、三氟氯氰菊酯。

化学名称　3-(2-氯-3,3,3-三氟丙烯基)-2,2-二甲基环丙烷羧酸α-氰基-3-苯氧苄基酯。

IUPAC名称　等量的 (R)-α-cyano-3-phenoxybenzyl (1S,3S)-3-[(Z)-2-chloro-3,3,3-trifluoroprop-1-enyl]-2,2-dimethylcyclopropanecarboxylate 与 (S)-α-cyano-3-phenoxybenzyl (1R,3R)-3-[(Z)-2-chloro- 3,3,3-trifluoroprop- 1-enyl]-2,2-dimethylcyclopropanecarboxylate混合物。

CAS 登记号　91465-08-6。

EC 号　415-130-7。

分子式　$C_{23}H_{19}ClF_3NO_3$。

相对分子质量　449.85。

结构式

开发单位　1984 年 A. R. Jutsum 等报道该杀虫剂，ICI Agrochemicals 在中美洲和远东 1985 年投产，获专利 EP107296，EP106469。

理化性质　纯品为白色固体，黄色至棕色黏稠油状液体（工业品）。沸点 187～190℃（26.66Pa）。蒸气压约 0.001mPa（20℃）。相对密度 1.25（25℃）。在丙酮、二氯甲烷、甲醇、乙醚、乙酸乙酯、己烷、甲苯中溶解度均 > 500g/L（20℃）。50℃黑暗处存放 2 年不分解，光下稳定，275℃分解，光下 pH7～9 缓慢分解，pH > 9 加快分解。不溶于水。常温下可稳定储藏半年以上；日光下在水中半衰期 20 天；土壤中半衰期 22～82 天。

毒性　大鼠急性经口 LD_{50} 632～696mg/kg，急性吸入 LC_{50}（4 小时）0.06mg/L 空气。兔急性经皮 LD_{50} > 2000mg/kg。豚鼠皮肤致敏试验为阴性。狗 1 年喂养试验 NOEL 为每天 0.5mg/kg，大鼠 2 年喂养 NOEL 为每天 1.7～1.9mg/kg。动物试验未发现致癌、致畸、致突变作用，3 代繁殖试验未发现异常现象。虹鳟 LC_{50} 为 0.25～0.54μg/L（96 小时）。蜜蜂急性经口 LD_{50} 0.038μg/ 只。野鸭急性经口 LD_{50} > 3950mg/kg。

剂型　2.5% 乳油，2.5% 水乳剂，2.5% 微胶囊剂，0.6% 增效乳油，10% 可湿性粉剂及与其他杀虫剂的复配制剂。

质量标准　外观为淡黄色透明液体，沸点 159～160℃，闪点 38℃，乳化性符合 WHO 标准，乳剂放置 1 小时后上下层均为乳状，常温储存稳定两年以上。

作用方式及机理　抑制昆虫神经轴突部位的传导，对昆虫具有趋避、击倒及毒杀的作用，杀虫谱广，活性较高，药效迅速。喷洒后耐雨水冲刷，但长期使用易对其产生抗性。对刺吸式口器的害虫及害螨有一定防效。作用机理与氰戊菊酯、氟氰戊菊酯相同。不同的是它对螨虫有较好的抑制作用，在螨类发生初期使用，可抑制螨类数量上升，当螨类已大量发生时就控制不住其数量，因此只能用于虫螨兼治，不能用于专用杀螨剂。

防治对象　用于小麦、玉米、果树、棉花、十字花科蔬菜等防治麦蚜、吸浆虫、黏虫、玉米螟、甜菜夜蛾、食心虫、卷叶蛾、潜叶蛾、凤蝶、吸果夜蛾、棉铃虫、红铃虫、菜青虫等，用于草原、草地、旱田作物防治草地螟等。

使用方法　果树 2000～3000 倍喷雾。小麦蚜虫：20ml/15kg 水喷雾，水量充分。玉米螟：15ml/15kg 水喷雾，重点玉米心部。地下害虫：20ml/15kg 水喷雾，水量充分；土壤干旱不宜使用。水稻螟虫：30～40ml/15kg 水，于害虫危害初期或低龄期施药。蓟马、粉虱等害虫需要和瑞德丰标冠或者格猛混配使用。

防治水稻害虫　东北水稻主要地下害虫是潜叶蝇、负泥虫、象甲，根据气候不同负泥虫和象甲在不同区域发生有一定差异，但潜叶蝇基本成为常规害虫，农户每年都要进行防治。

苗床期：此期间发生蝼蛄危害苗床，致使苗根受害，床土被拱起，稻苗被松死；部分区域已经出现潜叶蝇危害，使用 2.5% 百劫微乳剂，5% 瑞功或 5% 锐豹，每公顷的苗床用 200ml，甩施，可有效控制以上害虫。

移栽后：移栽 7 天缓苗后，使用 5% 高效氯氟氰菊酯 200～350ml/hm² 地拌肥撒施，第二天可见田水清澈；也可以先在喷雾器内稀释，然后拧下喷雾器喷头，直接喷施到田间；这种方法可有效防治潜叶蝇、负泥虫、象甲等害虫；由于象甲发生时，靠近山边的地块较重，防治时应注意到此种情况；防治得当，可持效 30～60 天。以上 3 种害虫全年基本得到控制。

6 月底至 7 月中旬，大部分区域出现二化螟危害。二化螟的防治必须在三龄前施药，三龄后钻心危害，基本没有防治价值（因为已经形成危害，且基本难以防治）。此时可以使用瑞功或锐豹 + 杀虫单或瑞功、反攻 + 氯吡硫磷类药剂进行防治，以快速消灭二化螟危害。

防治玉米害虫　东北玉米主要是金针虫危害，造成死苗甚至钻心而出。苗前瑞功或锐豹和选择性除草剂现混使用，可以有效预防金针虫危害。苗后百劫、瑞功或锐豹和选择性除草剂现混使用，不但可以防治金针虫，而且对玉米螟和地老虎效果优秀。生长期遇到玉米螟发生，可单独使用百劫、瑞功或锐豹全田喷雾，持效期可达 2 个月以上。

注意事项　此药为杀虫剂兼有抑制害螨作用，因此不要作为杀螨剂专用于防治害螨。由于在碱性介质及土壤中易分解，所以不要与碱性物质混用以及做土壤处理使用。对鱼虾、蜜蜂、家蚕高毒，因此使用时不要污染鱼塘、河流、蜂场、桑园。如药液溅入眼中，用清水冲洗 10～15 分钟后，请医生治疗，如溅到皮肤上，立即用大量水冲洗；如有误服，立即引吐，并迅速就医。医务人员可以给患者洗胃，但要注意防止胃存物进入呼吸道。

允许残留量　ADI 为 0.02mg/kg（GB 2763—2021）。比利时规定在作物中的最高残留限量：棉籽、马铃薯 0.01mg/kg，蔬菜 1.0mg/kg。

参考文献

朱永和，王振荣，李布青，2006. 农药大典[M]. 北京：中国三峡出版社：182-183.

（撰稿：薛伟；审稿：吴剑）

高效氯氰菊酯　beta cypermethrin

一种拟除虫菊酯类杀虫剂。

其他名称　高效顺，反氯氰菊酯、α-顺，反氰菊酯、High effect cypermethrin、High active cyanothrin、高灭灵、三敌粉、无敌粉、卫害净、戊酸氰醚酯。

化学名称　2,2-二甲基-3-(2,2-二氯乙烯基)环丙烷羧酸-α-氰基-(3-苯氧基)-苄酯。

IUPAC 名称　[(R)-cyano-(3-phenoxyphenyl)methyl](1S,3S)-3-[(Z)-2-chloro-3,3,3-trifluoroprop-1-enyl]-2,2-dimethylcyclopropane-1-carboxylate。

CAS 登记号　1224510-29-5。

EC 号　265-898-0。

分子式　$C_{22}H_{19}Cl_2NO_3$。

相对分子质量　416.30。

结构式

开发单位　1986 年匈牙利 G. Hidasi 等首次报道，从氯氰菊酯的 8 个异构体中分离出 1R-cis-S/1S-cis-R 和 1R-trans-R 两对外消旋体混合物（简称高效体，或 α- 体），并报道了它的高生物活性。中国黄润秋等于 1988 年将其实现了工业化生产。

理化性质　该品为两对外消旋体混合物，其顺反比约为 2:3。原药外观为白色至奶油色结晶体，易溶于芳烃、酮类和醇类。常用制剂有 4.5% 乳油。熔点 64～71℃（峰值 67℃）。蒸气压 180mPa（20℃）。密度 1.32g/ml（理论值），0.66g/ml（结晶体，20℃）。溶解度在 pH7 的水中：51.5（5℃）、93.4（25℃）、276（35℃）μg/L（理论值）；异丙醇 11.5，二甲苯 749.8，二氯甲烷 3878，丙酮 2102，乙酸乙酯 1427，石油醚 13.1（均为 mg/ml，20℃）。稳定性 150℃，空气及阳光下及在中性、微酸性介质中稳定。碱存在下差向异构，强碱中水解。

毒性　原药大鼠急性经口 LD_{50} 649mg/kg，急性经皮 LD_{50} > 5000mg/kg。对兔皮肤和眼睛有轻微刺激。对豚鼠不致敏。大鼠急性吸入 LC_{50} > 1.97mg/L。4.5% 乳油：大鼠急性经口 LD_{50} 853mg/kg，急性经皮 LD_{50} 1830mg/kg。5% 可湿性粉剂：小鼠急性经口 LD_{50} 2549mg/kg，急性经皮 LD_{50} > 3000mg/kg。该品对蜜蜂、鱼、蚕、鸟均为高毒。

剂型　4.5% 乳油，5.0% 可湿性粉剂，胶悬剂以及气雾剂等。

质量标准　5% 乳油；总酯含量 ≥ 5%；pH4～5；高效体含量 ≥ 4.5%；乳液稳定性，合格；水分含量 ≤ 0.5%。

作用方式及机理　触杀、胃毒，杀虫速效。具杀卵活性。在植物上具有良好的稳定性，能耐雨水冲刷。由于该品对哺乳动物的毒性较顺式氯氰菊酯低，对卫生害虫的毒力大于或等于顺式氯氰菊酯，因而在卫生害虫的防治上更具某些优点。神经轴突毒剂，可引起昆虫极度兴奋、痉挛、麻痹，并产生神经毒素，最终可导致神经传导完全阻断，也可引起神经系统以外的其他细胞组织产生病变而死亡。

防治对象　是一种广谱性杀虫剂，具有触杀和胃毒作用，对许多种害虫均具有很高的杀虫活性。可应用于多种果树、蔬菜、粮棉油茶等作物及多种林木、中药材植物上的害虫，对烟青虫、棉铃虫、小菜蛾、甜菜夜蛾、斜纹夜蛾、茶尺蠖、红铃虫、蚜虫类、斑潜蝇类、甲虫类、蝽类、木虱类、蓟马类、食心虫类、卷叶蛾类、毛虫类、刺蛾类及柑橘潜叶蛾、红蜡蚧等，均具有很好的杀灭效果。对蚊蝇、蟑螂、跳蚤、臭虫、虱子和蚂蚁等卫生害虫都有极高的杀灭效果。

使用方法　主要通过喷雾防治各种害虫，一般使用4.5%的剂型或5%的剂型1500~2000倍液，或10%的剂型或100g/L乳油3000~4000倍液，均匀喷雾，在害虫发生初期喷药效果最好。

注意事项　没有内吸作用，喷雾时必须均匀、周到。安全采收间隔期一般为10天。对鱼、蜜蜂和家蚕有毒，不能在蜂场和桑园内及其周围使用，并避免药液污染鱼塘、河流等水域。

与其他药剂的混用　95%原药、4.5%乳油、5%可湿粉及与其他杀虫剂的复配制剂，如40%甲·辛·高氯乳油，29%敌畏·高氯乳油，30%高氯·辛乳油。

允许残留量　GB 2763—2021《食品中农药最大残留限量标准》高效氯氰菊酯的最大残留限量见表。ADI为0.02mg/kg。

高效氯氰菊酯在部分食品中的最大残留限量（GB 2763—2021）

食品类别	名称	最大残留限量（mg/kg）
谷物	谷物（单列的除外）	0.30
	稻谷	2.00
	小麦	0.20
	大麦	2.00
	黑麦	2.00
	燕麦	2.00
	玉米	0.05
	鲜食玉米	0.50
	杂粮类（赤豆除外）	0.05
油料和油脂	小型油籽类	0.10
	棉籽	0.20
	大型油籽类（大豆除外）	0.10
	大豆	0.05
	初榨橄榄油	0.50
	精炼橄榄油	0.50
蔬菜	洋葱	0.01
	韭菜	1.00
	韭葱	0.05
	芸薹类蔬菜（结球甘蓝除外）	1.00
	结球甘蓝	5.00
	菠菜	2.00
	普通白菜	2.00
	莴苣	2.00
	芹菜	1.00
	大白菜	2.00
	番茄	0.50
	茄子	0.50
	辣椒	0.50
	秋葵	0.50
	瓜类蔬菜（黄瓜除外）	0.07

（续表）

食品类别	名称	最大残留限量（mg/kg）
蔬菜	黄瓜	0.20
	豇豆	0.50
	菜豆	0.50
	食荚豌豆	0.50
	扁豆	0.50
	蚕豆	0.50
	豌豆	0.50
	芦笋	0.40
	朝鲜蓟	0.10
	根茎类和薯芋类蔬菜	0.01
	玉米笋	0.05
水果	柑、橘	1.00
	橙	2.00
	柠檬	2.00
	柚	2.00
	苹果	2.00
	梨	2.00
	核果类（桃除外）	2.00
	桃	1.00
	葡萄	0.20
	草莓	0.07
	橄榄	0.05
	杨桃	0.20
	荔枝	0.05
	龙眼	0.50
	杧果	0.70
	番木瓜	0.50
	榴莲	1.00
	瓜果类水果	0.07
干制水果	葡萄干	0.50
饮料类	咖啡豆	0.05
食用菌	蘑菇类（鲜）	0.50
调味料	干辣椒	10.00
	果类调味料	0.10
	根茎类调味料	0.20
药用植物	枸杞（干）	2.00

参考文献

朱永和, 王振荣, 李布青, 2006. 农药大典[M]. 北京: 中国三峡出版社.

（撰稿：薛伟；审稿：吴剑）

高效麦草伏丙酯　flamprop-M-ispropyl

一种酰胺类除草剂。

其他名称　Barnon Plus、Cartouche、Commando、Suffix BW、L-flamprop-isopropyl、麦草氟异丙酯、异丙草氟安、麦草伏-异丙酯。

化学名称　N-苯甲酰基-N-(3-氯-4-氟苯基)-D-丙氨酸异丙酯。

IUPAC名称　isopropyl N-benzoyl-N-(3-chloro-4-fluorophenyl)-D-alaninate。

CAS登记号　63782-90-1（D）；57973-67-8（L）；52756-22-6（消旋）；58667-63-3（酸）。

分子式　$C_{19}H_{19}ClFNO_3$。

相对分子质量　363.81。

结构式

开发单位　在1975年由Jeffcoat和Harries报道，巴斯夫公司开发。

理化性质　原药纯度＞96%，熔点70~71℃。其纯品为白色至灰色结晶体，熔点72.5~74.5℃。蒸气压8.5×10^{-2}mPa（25℃）。$K_{ow}lgP$ 3.69。水中溶解度12mg/L（20℃）；其他溶剂中溶解度（g/L，25℃）：丙酮1560、环己酮677、乙醇147、己烷16、二甲苯500。对光、热和pH2~8稳定。在碱性溶剂（pH＞8）水解为麦草伏酸和异丙醇。不易燃。

毒性　大、小鼠急性经口LD_{50}＞4000mg/kg，大鼠急性经皮LD_{50}＞2000mg/kg。对兔眼睛和皮肤无刺激性，对大鼠无吸入毒性。NOEL（90天，mg/kg饲料）：大鼠50，狗30。大鼠急性腹腔注射LD_{50}＞1200mg/kg。山齿鹑急性经口LD_{50}＞4640mg/kg。鱼类LC_{50}（96小时，mg/L）：虹鳟3.19，鲤鱼2.5。水蚤EC_{50}（48小时）3mg/L。藻类EC_{50}（96小时）6.8mg/L。对淡水和海洋甲壳纲动物有中等毒性。蜜蜂LD_{50}（接触和经口）＞100μg/只。蚯蚓LC_{50}＞1000mg/kg土壤。对土壤节肢动物无毒。

剂型　乳油。

作用方式及机理　抵制微管组织有丝分裂。

防治对象　防除麦田里的野燕麦、看麦娘等杂草。

使用方法　主要用于麦田苗后防除野燕麦、看麦娘等杂草，使用剂量400~600g/hm²（有效成分）。

允许残留量　（英国）稻、米、荞麦、玉米、小麦、大麦及高粱属植物中的残留限量规定0.02mg/kg；英国商品马铃薯中的残留限量规定0.01mg/kg。

（撰稿：陈来；审稿：范志金）

高效麦草伏甲酯　flamprop-M-methyl

一种酰胺类除草剂。

其他名称　Mataven L、D-Mataven、Mataven、AC901444、CL 901444、WL 43423。

化学名称　N-苯甲酰基-N-(3-氯-4-氟苯基)-D-丙氨酸甲酯；methyl N-benzoyl-N-(3-chloro-4-fluorophenyl)-D-alaninate。

IUPAC名称　methyl N-benzoyl-N-(3-chloro-4-fluorophenyl)-D-alaninate。

CAS登记号　63729-98-6；90134-59-1（D-酸）；57353-42-1（L-酸）。

EC号　258-155-7。

分子式　$C_{17}H_{15}ClFNO_3$。

相对分子质量　335.76。

结构式

开发单位　巴斯夫公司。

理化性质　原药纯度≥96%，熔点81~82℃。其纯品为白色至灰色结晶体，熔点84~86℃。蒸气压1mPa（20℃）。$K_{ow}lgP$ 3。相对密度1.311（22℃）。水中溶解度0.016g/L（25℃）；其他溶剂中溶解度（g/L，25℃）：丙酮406、正己烷2.3。对光、热和pH2~7稳定。在碱性（pH＞7）溶剂中水解成酸和甲醇。

毒性　急性经口LD_{50}（mg/kg）：大鼠1210，小鼠720。大鼠急性经皮LD_{50}＞1800mg/kg。对兔眼睛和皮肤无刺激性，对兔皮肤无致敏性，无吸入毒性。NOEL［90天，mg/（kg·d）］：大鼠2.5，狗0.5。大鼠急性腹腔注射LD_{50} 350~500mg/kg。鸟急性经口LD_{50}（mg/kg）：山齿鹑4640，野鸡、野鸭、家禽、鹧鸪、鸽子均＞1000。虹鳟LC_{50}（96小时）4mg/L。对水蚤有轻微到中等毒性。藻类EC_{50}（96小时）5.1mg/L，对淡水和海洋甲壳纲动物有中等毒性。对蜜蜂、蚯蚓无害。对土壤节肢动物无毒。

剂型　乳油。

作用方式及机理　抑制微管组织有丝分裂。

防治对象　防除麦田里的野燕麦、看麦娘等杂草。

使用方法　主要用于麦田苗后防除野燕麦、看麦娘等杂草，使用剂量为400~600g/hm²（有效成分）。

允许残留量　（英国）稻、米、荞麦、玉米、小麦、大麦及高粱属植物中的残留限量规定0.02mg/kg；英国商品马铃薯中的残留限量规定0.01mg/kg。

参考文献

LEWIS K A, TZILIVAKIS J, WARNER D. et al, (2016) An international database for pesticide risk assessments and management. Human and ecological risk assessment: an international journal, 22(4), 1050-1064. DOI: 10.1080/10807039.2015.1133242

（撰稿：陈来；审稿：范志金）

高效氰戊菊酯　esfenvalerate

一种拟除虫菊酯类杀虫剂。

其他名称　速灭、来福灵、顺式氰戊菊酯、S-氰戊菊酯、强力农、强福灵、高氰戊菊酯、Belmark、Pydrin、Asana、Sumi-alpha、S-1844、S-5602Aα、OMS-3023、Fenvalerate、DPX-YB656。

化学名称　S-α-氰基-3-苯氧基苄基(S)-2-(4-氯苯基)-3-甲基丁酸酯；[(S)-cyano-(3-phenoxyphenyl)methyl](2S)-2-(4-chlorophenyl)-3-methylbutanoate。

IUPAC名称　(S)-α-cyano-3-phenoxybenzyl-(S)-2-(4-chlorophenyl)-3-methylbutyrate。

CAS登记号　66230-04-4。

EC号　613-911-9。

分子式　$C_{25}H_{22}ClNO_3$。

相对分子质量　419.90。

结构式

开发单位　1985年日本住友化学工业公司开发。

理化性质　纯品为无色结晶晶体。熔点38～54℃。相对密度d_{25}^{25}1.163。蒸气压（20℃）1.17×10^{-6}mPa，$K_{ow}\lg P$ 6.547+0.471（25℃）。工业品为棕色黏稠状液体或固体，熔点43.3～54℃（纯品98.2%），相对密度1.26。沸点>200℃（1.33×10^2Pa）。燃点420℃。闪点>200℃。25℃时的溶解度（%）：二甲苯、丙酮、甲基异丁酮、乙酸乙酯、氯仿、乙腈、二甲基甲酰胺、二甲基亚砜等均大于60，α-甲基萘50～60，乙基溶纤剂40～50，甲醇7～10，正己烷1～5，煤油<1；25℃时在水中溶解度0.002mg/L。

毒性　大鼠急性经口LD_{50} 75～88mg/kg，大鼠急性经皮LD_{50}>5g/kg，对皮肤有轻微刺激，对眼睛有中等刺激。亚慢性试验研究NOEL≥2mg/（kg·d）。对人的ADI 0.02mg/kg。野鸭急性经口LD_{50} 5247mg/kg。鱼类LC_{50}（96小时）：蓝鳃鱼0.26μg/L，虹鳟0.26μg/L。对水生动物极毒。蜜蜂LD_{50}（接触）0.017μg/只。水蚤LC_{50}（48小时）0.24μg/L。

剂型　2.5%、5%乳油。

质量标准　5%来福灵乳油为黄褐色油状液体，相对密度0.903，闪点27℃（闭式），乳化性能良好。

作用方式及机理　该品的防治对象、药效、特点、作用机理等和氰戊菊酯基本相同，但它是氰戊菊酯所含4个异构体中最高效的1个，杀虫活性比氰戊菊酯高约4倍，同时在阳光下比较稳定，且耐雨水冲洗。

防治对象　棉铃虫、红铃虫、桃小食心虫、菜青虫、梨小食心虫、豆荚螟、大豆蚜、茶毛虫、小绿叶蝉、玉米螟、甘蓝夜蛾、菜粉蝶、苹果蛀蛾、苹果蚜、桃和螨类等多种害虫。

使用方法　属拟除虫菊酯类杀虫剂，具广谱触杀和胃毒特性，无内吸和熏蒸作用，对光稳定，耐雨水冲刷。以喷雾的方式使用，如防治棉铃虫和红铃虫，应在卵孵化盛期施药，用5%乳油375～525ml/hm²，根据虫情可每隔7～10天喷药1次。如防治桃小食心虫，可在卵孵化盛期或根据测报，在成虫高峰后2～3天施药，用5%乳油1500～2500倍液喷雾，间隔10～15天连喷2～3次。防治潜叶蛾用5%乳油4000～6000倍液，隔7～10天连喷两次。防治菜青虫和小菜蛾，在幼虫三龄期前喷药，用5%乳油22.5～45ml/hm²。防治豆荚螟在卵孵化盛期施药，用5%乳油300～600ml/hm²兑水喷雾。防治茶毛虫和小绿叶蝉等，在幼虫和若虫发生期施用5%乳油5000～8000倍液喷雾，持效期10～15天。该药对有机氯、有机磷和氨基甲酸酯类杀虫剂产生抗性的害虫也有效。

注意事项　不宜与碱性物质混用。喷药应均匀周到，尽量减少用药次数及用药量，而且应与其他杀虫剂交替使用或混用，以延缓抗药性的产生。用药时不要污染河流、池塘、桑园和养蜂场等。

与其他药剂的混用　与氧乐果以不同的比例混配对菜蚜的毒力测定表明，都有不同程度的增效作用，综合评价以1∶3配比最佳，共毒系数为426.73。田间药效试验证明对多种蚜虫均表现出显著的增效作用，最佳使用浓度为75～150mg/L，且表现出低浓度比高浓度增效明显的趋势。

允许残留量　GB 2763—2021《食品中农药最大残留限量标准》规定高效氰戊菊酯的最大残留限量见表。ADI为0.02mg/kg。

部分食品中高效氰戊菊酯的最大残留限量（GB 2763—2021）

食品类别	名称	最大残留限量（mg/kg）
谷物	小麦	2.00
	玉米	0.02
	鲜食玉米	0.20
	小麦粉	0.20
	全麦粉	2.00
油料和油脂	棉籽	0.20
	大豆	0.10
	花生仁	0.10
	棉籽油	0.10
蔬菜	结球甘蓝	0.50
	花椰菜	0.50
	菠菜	1.00
	普通白菜	1.00
	莴苣	1.00
	大白菜	3.00
	番茄	0.20
	茄子	0.20
	辣椒	0.20
	黄瓜	0.20
	西葫芦	0.20
	丝瓜	0.20
	萝卜	0.05
	南瓜	0.20
	胡萝卜	0.05
	马铃薯	0.05
	山药	0.05

（续表）

食品类别	名称	最大残留限量（mg/kg）
水果	柑橘类水果（柑、橘除外）	0.20
	柑、橘	1.00
	仁果类水果（苹果、梨除外）	0.20
	苹果	1.00
	梨	1.00
	核果类水果（桃除外）	0.20
	桃	1.00
	浆果和其他小型水果	0.20
	热带和亚热带水果（杧果除外）	0.20
	瓜果类水果	0.20
糖料	甜菜	0.05
饮料类	茶叶	0.10
食用菌	蘑菇类（鲜）	0.20

参考文献

娄国强, 吕文彦, 高扬帆, 等, 1997. 高氰戊菊酯与氧化乐果混配对蚜虫增效作用的研究[J]. 河南职技师院学报, 25(13): 13-15.

朱永和, 王振荣, 李布青, 2006. 农药大典[M]. 北京: 中国三峡出版社.

（撰稿：吴剑；审稿：王鸣华）

高效液相色谱法 high performance liquid chromatography

以液体作为流动相, 采用高压输液泵、载有固定相的色谱柱和高灵敏度检测器实现高效分离分析的色谱技术。它是 20 世纪 60 年代末期在经典液相色谱法的基础上引入气相色谱理论并加以改进发展而来的新型分离分析技术, 由于其在分析速度、分离能力、检测灵敏度和操作自动化等方面的出色表现, 目前已成为生物工程、制药工业、食品安全监测、环境监测和石油化工等领域应用极为广泛的化学分离分析技术。

特点 高效液相色谱法与其他色谱分离分析技术方法相比具有如下特点:

①分离效能好。高效液相色谱填充柱使用新型高效微粒固定相填料, 其柱效可达 $5 \times 10^3 \sim 3 \times 10^4$ 块 /m 理论塔板数, 远高于气相色谱填充柱 10^3 块 /m 理论塔板数的柱效。

②选择性强。可通过选择不同的固定相和流动相控制和改善分离过程的选择性, 不仅可以分析不同类型的有机化合物及同分异构体, 还可以分析在性质上极为相似的旋光异构体。

③检测灵敏度高。使用的检测器大多具有较高的灵敏度, 如紫外吸收检测器和荧光检测器, 其最小检出量可达 ng 和 pg 水平。

④分析速度快。通过使用高压输液泵, 可加快流动相流速, 从而将分析时间缩短到几分钟至几十分钟。

⑤适用范围宽。对于难以应用气相色谱法分析的高沸点、热稳定性差的有机物原则上都可以应用高效液相色谱法分析。

⑥样品可回收。由于使用非破坏性检测器, 样品被分析后可除去流动相, 实现对样品的回收。

分类 高效液相色谱法可根据溶质（样品）在固定相和流动相分离过程中的物理化学原理分为如下 5 类:

吸附色谱（adsorption chromatography） 用固体吸附剂作固定相, 以不同极性溶剂作流动相, 依据样品中各组分在吸附剂上吸附性能的差异来实现分离。

分配色谱（partition chromatography） 用载带在固相基体上的固定液作固定相, 以不同极性溶剂作流动相, 依据样品中各组分在固定液上分配性能的差别来实现分离。根据固定相和液体流动相相对极性的差别, 又可分为正相分配色谱和反相分配色谱。当固定相的极性大于流动相的极性时, 可称为正相分配色谱（Normal phase chromatography）; 若固定相的极性小于流动相的极性, 可称为反相分配色谱或简称反相色谱（reversed phase chromatography）。

离子色谱（ion chromatography） 用高效微粒离子交换剂作固定相, 以具有一定 pH 值的缓冲溶液作流动相, 依据离子型化合物中各离子组分与离子交换剂上表面带电荷基团进行可逆性离子交换能力的差别而实现分离。

体积排阻色谱（size exclusion chromatography） 用化学惰性的多孔性凝胶作固定相, 按固定相对样品中各组分分子体积阻滞作用的差别来实现分离。以水溶液作流动相的体积排阻色谱法, 称为凝胶过滤色谱（gel filtration chromatography）; 以有机溶剂作流动相的体积排阻色谱法, 称为凝胶渗透色谱法（gel permeation chromatography）。

亲和色谱（affinity chromatography） 以在不同基体上键合多种不同特性的配位体作固定相, 以具有不同 pH 值的缓冲溶液作流动相, 依据生物分子（氨基酸、肽、蛋白质、核碱、核苷、核苷酸、核酸、酶等）与基体上键联的配位体之间存在的特异性亲和作用能力的差别, 而实现对具有生物活性的生物分子的分离。

高效液相色谱仪 高效液相色谱仪一般由储液瓶、高压输液泵、进样器、液相色谱柱、检测器及数据记录处理系统构成（见图）。其工作过程如下: 高压输液泵将储液瓶中的流动相溶剂经进样器带入色谱柱, 然后从检测器的出口流出, 通过进样系统六通阀的切换, 将要分析的样品带入色谱柱进行分离, 样品组分依先后顺序进入检测器, 数据记录系统将检测器输出的信号记录下来从而得到液相色谱图。

高压输液泵 向液相色谱柱提供流量稳定、重现性好的流动相。应符合密封性好、输出流量恒定、压力平稳、可调范围宽、便于迅速更换溶剂及耐腐蚀等要求。按输液性质可分为恒压泵和恒流泵。恒压泵流量受柱阻影响, 流量不稳定。恒流泵流量保持恒定, 按结构可分为螺旋注射泵、柱塞往复泵和隔膜往复泵。目前应用较多的是柱塞往复式恒流泵。

进样器 将待分析的样品引入色谱柱。要求进样重复性好, 进样时对分离系统的压力、流量影响小。目前主要通过六通进样阀将样品引入色谱柱。进样阀内装有定量管, 样品

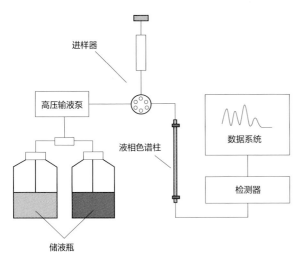

高效液相色谱仪系统构成

溶液在常压下靠进样器注入定量管，再转动阀门，在保持高压不停的状态下，将处于常压状态下的样品送入高压流路系统。

液相色谱柱　对样品组分进行分离，要求柱效高、选择性好、分析速度快。主要由不锈钢柱管、压帽、卡套、筛板、接头和螺丝等组成，内装固定相填料，填料粒径一般在 $3\sim5\mu m$。常用的分析型色谱柱内径为 4.6mm，柱长在 $10\sim30cm$ 之间。色谱柱在使用前应对其性能进行考察。性能指标一般包括在一定实验条件下（样品、流动相、流速、柱温）的柱压、理论塔板高度和塔板数、对称因子、容量因子和选择性因子的重复性或分离度。

检测器　检测经色谱柱分离后样品不同组分浓度的变化，并由记录仪绘出色谱图进行定性、定量分析。要求灵敏度高、噪声低（即对温度、流量等外界变化不敏感）、线性范围宽、重复性好和适用范围广。目前使用最广泛的是紫外吸收检测器（UVD），可分为固定波长和可变波长，此外还有光电二极管阵列检测器（DAD）、荧光检测器（FLD）、示差折光检测器（RID）、电化学检测器（ECh）、电导检测器（CD）和蒸发光散射检测器（ELSD）等。

应用　高效液相色谱法作为一种传统的检测方法，用于分离检测极性强、相对分子量大的离子型农药，尤其适用于难以使用气相色谱法分析的不易气化或受热易分解农药的检测，现已成为农药原药、制剂和残留分析检测中不可缺少的重要方法。在实际应用中，可根据分析目的、待测农药的理化性质等对色谱条件进行选择和优化。一般包括色谱柱的选择（柱长、孔径、填料种类、键合基团、粒径等），流动相的选择及优化（流动相类型、pH 值、离子强度、流速、梯度洗脱等），色谱柱柱温，检测器的选择及衍生化技术等。

超高效液相色谱　超高效液相色谱（ultra performance liquid chromatography，UPLC）是高效液相色谱法的突破性发展。与高效液相色谱法相比，超高效液相色谱使用粒径仅为 $1.7\mu m$ 的新型固定相和可提供超过 15000psi 压力的超高压输液泵，可使在常规高效液相色谱需要 30 分钟的样品分析时间缩短至 5 分钟，并呈现出高达 20 万块 /m 理论

塔板数的超高柱效。自 2004 年问世以来，超高效液相色谱技术已在农药分析尤其是农药残留分析领域获得非常广泛的应用。

参考文献

钱传范, 2011. 农药残留分析原理与方法[M]. 北京: 化学工业出版社.

叶宪曾, 张新祥, 等, 2007. 仪器分析教程[M]. 北京: 北京大学出版社.

于世林, 2000. 高效液相色谱法及应用[M]. 北京: 化学工业出版社.

岳永德, 2014. 农药残留分析[M]. 2版. 北京: 中国农业出版社.

（撰稿: 秦曙；审稿: 马永强）

G

膏剂　paste, PA

将农药活性成分与适宜基质均匀混合制成的具有一定稠度的半固体剂型。具有热敏性和触变性。膏剂按照分散系统分为三类：溶剂型、混悬型和乳剂型。

膏剂不是农药制剂的常规剂型，或者说应用范围较小，只是由于特殊用途或目的条件下开发的剂型。其除原药有效成分外的典型组分为表面活性剂、溶剂和皂化助剂等。

膏剂的制备一般采用研合法、熔合法和乳化法。具体制备方法的选择需根据药物的性质、用量及设备条件而定。

研合法　由半固体和液体组分组成的软膏基质可以采用该方法。可先取活性成分与部分基质或适宜液体研磨成细腻糊状，再添加其余基质研磨均匀至取少许涂布于手背上无颗粒感觉为止，大批量生产时可以用电动研钵进行。

熔合法　由熔点较高的组分组成的基质，在常温下不能均匀混合，可以采用该方法，如果活性成分可溶于基质，也可用此法混入。操作时通常先将基质加热熔化，过滤，加入药物，搅拌均匀后冷却至凝固，大量制备可用电动搅拌机混合。含不溶性活性成分的软膏，可通过研磨机进一步研磨使其更细腻均匀。

乳化法　将油性物质，例如凡士林、羊毛脂、硬脂酸、高级脂肪醇、单硬脂酸甘油酯等加热至 80℃ 左右，待物料充分熔化后，用细布过滤，另将水溶性成分，例如硼砂、氢氧化钠、三乙醇胺和月桂醇硫酸钠等，加上其他功能成分，例如保湿剂和防腐剂等，溶于水，加热到比油相的温度略高时（防止两相混合时油相中的组分过早析出或凝结），将水溶液慢慢加入油相中，同时搅拌，制成乳剂基质，最后加入药物并搅拌至冷凝。乳化过程中水油两相的混合有 3 种方法：①两相同时掺和，适用于连续的或大批量的操作，需要一定设备。②分散相加到连续相中，适合于含小体积分散相的乳剂系统。③连续相加到分散相中，适用于多数乳剂系统，在混合过程中引起乳剂的转型，从而产生更为细小的分散相粒子。例如制备 O/W 型乳剂基质时，水相在搅拌下极缓加到油相内，开始时水相的浓度低于油相，形成 W/O 型乳剂，当更多水加入时，乳剂黏度继续增加，直至 W/O 型乳剂水相的体积扩大到最大限度，超过该限度，乳化体系的

黏度降低，发生转型而成 O/W 型乳剂，使油相得以更均匀地分散。

农药膏剂具有以下特点：可以施用于植物表皮，通过表皮达到表皮下组织。施用在作物上时，局部的药效作用时间长。产品使用操作简单，携带方便，无须水源。不会产生农药的飘移，对周围环境污染小，可用于人群聚居的城镇园林等。

膏剂制备过程中须注意如下方面：活性成分的稳定性；附加剂的稳定性；流变性、稠度、黏度和挤出性能；水分及其他挥发性成分的损失；物理外观变化、均匀性及分散相的颗粒大小及粒度分布，还有涂展性、油腻性、成膜性、气味及残留物清除的难易等；体系的 pH 值；体系中的微生物等。

（撰稿：李洋；审稿：遇璐、丑靖宇）

格螨酯　genit

一种以胃毒作用为主的杀螨剂。

其他名称　Genite、Genitol、EM-923、GC-923。

化学名称　2,4-二氯苯基磺酸酯；2,4-dichlorophenyl benzenesulfonate。

IUPAC 名称　2,4-dichlorophenyl benzenesulfonate。

CAS 登记号　97-16-5。

分子式　$C_{12}H_8Cl_2O_3S$。

相对分子质量　303.16。

结构式

开发单位　1947 年联合化学股份有限公司（现为霍普金斯农药公司）开发推广。现已停产。

理化性质　原药为黄褐色蜡状固体，稍带苯酚气味。几乎不溶于水，溶于大多数有机溶剂。蒸气压为 36mPa（30℃）。对热稳定，在酸性和中性介质中稳定，遇碱水解成 2,4-二氯酚盐和苯磺酸盐。

毒性　原药急性经口 LD_{50}：雄大鼠 1400mg/kg ± 420mg/kg，雌大鼠 1900mg/kg ± 240mg/kg。对兔急性经皮 LD_{50} > 940mg/kg。

剂型　50% 乳油。

作用方式及机理　胃毒作用为主，有一定触杀作用，无内吸性。

防治对象　适用于防治棉花、果树等作物上的螨类，对若螨及成螨均有效。

使用方法　用 50% 乳油 500～600 倍液喷雾。

参考文献

王振荣，李布青，1996. 农药商品大全[M]. 北京：中国商业出版社：284.

（撰稿：杨吉春；审稿：李森）

庚烯磷　heptenophos

一种具有强内吸活性、胃毒活性以及触杀活性的有机磷杀虫剂。

其他名称　Hostaquick、Ragadan、HOE2982、蚜螨磷、OMS1845、AE F002982。

化学名称　7-氯双环-[3,2,0]庚-2,6-二烯-6-基二甲基磷酸酯；7-chlorobicyclo-[3,2,0]hepta-2,6-dien-6-yldimethyl phosphate。

IUPAC 名称　7-chlorobicyclo-[3,2,0]hepta-2,6-dien-6-yldimethyl phosphate。

CAS 登记号　23560-59-0。

EC 号　245-737-0。

分子式　$C_9H_{12}ClO_4P$。

相对分子质量　250.62。

结构式

开发单位　杜邦公司开发。T. Yayama 等报道 bensulfuron-methyl 除草活性。

理化性质　浅琥珀色液体。沸点 64℃（10Pa）。15℃时蒸气压 65mPa，25℃时蒸气压 170mPa。相对密度 1.28（20℃）。20℃在水中的溶解度 2.2g/L（工业品）。大多数有机溶剂迅速溶解，在丙酮、甲醇、二甲苯 > 1kg/L，己烷 0.13kg/L（25℃），在酸性和碱性介质中水解。闪点 165℃（克利夫兰开口杯法），152℃（宾斯基-马丁闭口杯法）。

毒性　急性经口 LD_{50}：大鼠 96～121mg/kg，狗 500～1000mg/kg。大鼠急性经皮 LD_{50} 约为 2g/kg。对眼睛有中等刺激。大鼠急性吸入 LC_{50}（4 小时）0.95mg/L 空气。2 年饲喂试验的 NOEL：狗 12mg/kg 饲料，大鼠 15mg/kg 饲料。对人的 ADI 为 0.003mg/kg。日本鹌鹑急性经口 LD_{50} 17～55mg/kg 有效成分（与载体和性别有关）。鱼类 LC_{50}（96 小时）：虹鳟 0.056mg/L，鲤鱼 24mg/L。对蜜蜂有毒。水蚤 LC_{50}（48 小时）2.2μg/L。海藻 EC_{50}（72 小时）20mg/L。

剂型　25%、50% 乳油，40% 可湿性粉剂。

作用方式及机理　胃毒、触杀，并有很强的内吸活性。具起始活性高和持效短的特点，它能渗透到植物组织中，且迅速转移到植物的所有部位。

防治对象　主要防治双翅目某些刺吸式口器害虫。对猫、狗、羊、猪的体外寄生虫（如虱、蝇、螨和蜱）也有效。

使用方法　可以喷洒方式使用（一般为 5 天），并能从植物表面熏蒸扩散。它具有速效、持效短、残留限量低等特点。48mg/L 药液可杀灭豆蚜 98%。庚烯磷适用于果树和蔬菜蚜虫的防治，其最突出的特点是适用于临近收获期防治害虫，无须很长的安全间隔期，喷药后 5 天即可采食。也是猪、狗、牛、羊和兔等体外寄生虫的有效防治剂。该药能在这些动物体内很快排泄而无残留。

参考文献

吴世敏, 印德麟, 1999. 简明精细化工大辞典[M]. 沈阳: 辽宁科学技术出版社: 475.

朱永和, 王振荣, 李布青, 2006. 农药大典[M]. 北京: 中国三峡出版社: 86-87.

（撰稿: 吴剑; 审稿: 薛伟）

庚酰草胺　monalide

一种酰胺类选择性除草剂。

其他名称　庚草利、庚草胺、杀草利、草庚胺、Potablan、Schering 35830、D90A。

化学名称　4′-氯-α,α-二甲基戊酰苯胺或 N-(4-氯苯基)-2,2-二甲基戊酰胺。

CAS 名称　N-(4-chlorophenyl)-2,2-dimethylpentanamide。

IUPAC 名称　4′-chloro-2,2-dimethylvaleranilide。

CAS 登记号　7287-36-7。

分子式　$C_{13}H_{18}ClNO$。

相对分子质量　239.74。

结构式

开发单位　1963 年由先灵公司开发。

理化性质　无色无味结晶固体。熔点 87~88℃。蒸气压 0.24mPa（25℃）。水中溶解度（mg/L, 23℃）: 22.8; 有机溶剂中溶解度（g/L, 23℃）: 环己酮 500、石油醚 < 10、二甲苯 100。稳定性: 50℃以下稳定, 室温 pH7 时稳定。水解半衰期: 154 天（pH5）、116 天（pH8.95）。在土壤中的降解半衰期: 30 天（pH4.85）、48 天（pH5.2）、59 天（pH10.8）。

剂型　20% 浓乳剂。

毒性　大鼠急性经口 LD_{50} > 4000mg/kg。大鼠和兔急性经皮 LD_{50}（20% 浓乳剂）> 4000mg/kg。大鼠以 150mg/kg 剂量每周饲喂 5 次, 共 4 周没有明显中毒症状; 以 900mg/kg 剂量饲喂则出现少量脱毛, 同时雌性大鼠表现出肾上腺和肝的肿胀, 而雄鼠无此症状。鱼类 LC_{50}（96 小时, mg/L）: 虹鳟 > 100。

作用方式及机理　由根和叶吸收的苗后除草剂, 用于伞形花科作物的除草。

防治对象　玉米、大豆、马铃薯以及伞形花科蔬菜田中防除一年生杂草。

使用方法　每公顷用量 4kg 有效成分, 兑水 350~750kg 于作物播后苗前或苗后喷雾。

参考文献

石得中, 2007. 中国农药大辞典[M]. 北京: 化学工业出版社: 183.

朱永和, 王振荣, 李布青, 2006. 农药大典[M]. 北京: 中国三峡出版社: 692-693.

（撰稿: 许寒; 审稿: 耿贺利）

工业试验　industrial test

验证在小试研究和中试放大数据的基础上设计建成的工业化生产装置能否满足工艺条件要求, 达到各项经济技术指标和环保、安全要求。又名"试车"。农药项目试车需获得环保、安全、消防等相关政府部门批准, 并参照《化学工业建设项目试车规范 HG 20231—2014》等标准和地方法规进行组织。根据现行《农药生产许可管理办法》, 工业试验是取得农药生产许可证的必要条件之一。

（撰稿: 杜晓华; 审稿: 吴琼友）

公主岭霉素　gongzhulingmycin

一种碱性水溶性抗生素。产生菌为不吸水链霉菌公主岭新变种（*Streptomyces ahygroscopicus gongzhulingensis* n. var.）。

其他名称　农抗 109。

开发单位　吉林省农科院植物保护研究所开发。

理化性质　由脱水放线酮、异放线酮、制菌霉素、荧光霉素、奈良霉素及苯酸等多种组分组成的混合物。精制品呈白色无定形粉末, 是一种碱性水溶性抗生素。在酸性条件下对热、光稳定, 日光照射 7 天或 100℃煮沸 30 分钟活性基本不变, 而在碱性条件下煮沸 10 分钟, 活性即被破坏。

毒性　对小鼠腹腔注射 LD_{50} 及 95% 可信限为 132.3mg/kg ± 13.7mg/kg, 属于中等毒性。在常量下累积毒性不明显, 没有致突变作用。是种子消毒剂, 使用量很少, 植物不内吸, 籽实无残留, 在土壤中的半衰期 6~10 天, 对人、畜不会产生毒害, 不污染环境。

剂型　0.215% 可湿性粉剂。

作用方式及机理　处理作物种子时, 可渗入种子的种皮、种仁和种胚内, 能抑制禾谷类黑穗病菌的厚垣孢子萌发, 抑制已萌发的厚垣孢子的先菌丝伸长, 甚至杀死厚垣孢子。

防治对象　主要用于防治种子传播的禾谷类黑穗病。对种子表面带菌的小麦光腥黑穗病和网腥黑穗病、高粱散黑穗病和坚黑穗病、谷子和糜子黑穗病等的防治效果一般在 95% 以上。同时对土壤传染的高粱和玉米丝黑穗病也有一定的防治效果。

使用方法　具有保护作用, 主要作为种子消毒用。

与其他药剂的混用　公主岭霉素与三唑酮 0.3% 的量混用, 处理高粱种子, 防治高粱坚黑穗病、散黑穗病和丝黑穗病表现出良好的增效作用。与拌种双 0.1% 量混用处理小麦种子, 对小麦散黑穗病和腥黑穗病的兼治效果十分显著。与瑞毒霉 0.4% 量混用处理谷种, 对谷子白发病和粒黑穗病显示出良好的兼治效果。

参考文献

农药编辑部, 1984. 公主岭霉素[J]. 农药 (3): 33-8.

王德茂, 高玉斌, 张海余, 等, 1986. 公主岭霉素复合剂的研究[J]. 生物防治通报 (2): 89-91.

（撰稿: 周俞辛; 审稿: 胡健）

G

供试杂草培养　culture of weed seedling

通过温室盆栽法获得均匀一致的杂草幼苗，为除草剂的生物活性测定提供植物材料。根据试验目的选择适宜的杂草靶标，对靶标杂草按照其自身生物学特性或种子库保存样本的特性进行前处理、种植、苗期管理等过程，进而获得萌发一致、长势均匀的杂草幼苗，保障除草剂活性测定顺利开展。

适用范围　适用于测定茎叶处理除草剂活性筛选、除草剂复配或选择性系数测定时的杂草材料培养，为药剂合理使用提供科学的理论依据。

主要内容　根据测试药剂的活性特点，选择药剂应用目标作物和敏感、易培养的杂草为试验靶标。靶标杂草种子应在荒地、路旁、荒山和专业杂草种子圃等无农药污染地采收。杂草种子采收后，平铺于种子盘表面，晾晒、揉打、过筛、风扬、去秕，保证种子净化率90%以上，含水量10%～15%。采收后的杂草种子经过自然休眠萌发或埋土处理后，在28℃植物培养箱内测定种子发芽率，发芽率达到80%以上，于4℃条件下保存。

杂草种植时，试验用土为未用药地块收集的竹园土，与市场上购买的育苗基质，同体积比混合搅拌均匀，取口径10cm左右塑料花盆，将土装至3/4高度。加水待土壤完全湿润后，将杂草种子播入花盆内，每种杂草保证15～20粒种子，底部加水方式使土壤吸水饱和后，用手轻压土表，避免种子浮于土表，种子颗粒较大的杂草需要覆0.5cm左右厚混沙细土。一般水田杂草应与旱田杂草分开培养，且水田杂草萌发阶段可保持一定水层；旱生杂草以土壤湿润而不积水为准。温室温度应根据具体杂草生长所需的适宜温度进行调节。

定期从底部加水，保持土壤湿润。定时观察植株出苗情况，植株出苗长至1叶期时，进行间苗定株，剔除长势偏大或偏小植株，保留长势均匀一致的植株10株，并确保植株分布密度一致，间苗后对植株进行培土处理。待杂草长至适龄期即可用作茎叶处理。土壤处理在试材种植后24小时进行土壤处理。处理后置温室中生长，定期以底部灌溉方式补水，保持土壤湿润。

对于不易萌发或发芽率低的试材，可先对其育苗，待植株长出后再移栽至花盆；以无性繁殖为主的试材靶标，可取其根段、茎段等繁殖体或直接整株移栽。

对于种子细小、不易撒施的试材，可将其种子放入加有少许水的烧杯，待种子沉入水中后，以滴管或移液枪吸取种子，再缓缓滴入花盆土表。

温室培养的杂草幼苗应注意病虫害管理，遵循"早发现、早治理"的方针。试验人员和管理人员日常应注意观察，发现有病虫害发生要及时上报，并采取相应的应对措施。少量病、虫害发生时可采取隔离、人工去除的方法，危害严重时应当喷施药剂进行防除。

参考文献

马艳, 班婷, 郭兆峰, 等, 2020. 基于超细粉碎机的棉花秸秆基质对黄瓜穴盘育苗试验研究[J]. 中国农机学报, 41(2): 196-205.

唐玉新, 殷晓丹, 吴海明, 等, 2016. 无锡地区适合机械化移栽花椰菜穴盘育苗技术规范[J]. 江苏农业科学, 44(12): 222-224.

（撰稿：唐伟；审稿：陈杰）

构象分析　conformational analysis

通过对化合物的不同构象的能量、稳定性和其中各基团的相对位置等方面的研究，认识化合物的物理和化学行为的方法。许多分子呈现有张力，就是由于非理想几何形状造成的。分子将尽可能利用键角或键长的改变使能量达到最低值，就是说一个分子总是要采取使其能量为最低的几何形状。在某一特定情况下，一个分子中出现概率最多的构象称为优势构象，分子的优势构象对分子的物理和化学性质有极明显的制约能力。研究化学反应时分子所呈现的构象，能够深入认识反应物的构象与化学行为的关系。构象分析方法始于20世纪50年代初，近年来得到很大发展，已成为近代立体化学的一个重要组成部分。例如，由普雷洛格提出的 α - 羰基酯类化合物用格氏试剂加成的立体效应规则和由克拉姆等提出的非对称醛酮羰基加成反应的立体效应规则，已将构象分析成功地运用于不对称合成。

（撰稿：王益锋；审稿：吴琼友）

谷氨酸受体　glutamate receptors, IGluR

一种属于半胱氨酸环配体门控离子通道超家族（cys-loop receptor family）的阴离子通道受体。

生理功能　谷氨酸在昆虫中作为抑制性的神经递质，可与突触后膜特异性受体结合开启氯离子通道，通过增加氯离子的通量，使突触后膜超极化，阻止可能出现的兴奋。谷氨酸受体主要分布在无脊椎动物的神经和肌肉组织中，对控制吞咽、运动、感知和保幼激素的生物合成等可能起关键作用。

作用药剂　阿维菌素 / 伊维菌素类、苯基吡唑类杀虫剂氟虫腈以及吲哚二萜类化合物 nodulisporicacid 等。

杀虫剂作用机制　作用药剂能够与谷氨酸受体上特定的位点结合，引起谷氨酸受体构象发生改变，从而激活谷氨酸门控氯离子通道，造成神经膜电位超极化，致使神经膜处于抑制状态，阻断正常的神经传导，导致昆虫麻痹死亡。如：伊维菌素可引起谷氨酸受体疏水跨膜区 M1 和 M3 螺旋的分离以及 M2 顶部从孔道对称轴向受体外源移动，从而打开离子通道。

靶标抗性机制　研究表明 IGluR 的基因突变导致昆虫对相关药剂产生抗性。在多种抗阿维菌素和氟虫腈等药剂的昆虫和螨体内，已经检测到了 IGluR 基因存在突变，这些突变导致 IGluR 和相关化合物无法正常结合，进而导致其靶标敏感性下降，使得这些化合物的杀虫活性降低，突变种群产生抗性。

相关研究 2002 年，Ludmerer 等利用 35S 标记的伊维菌素处理果蝇后发现其体内存在多种药剂结合受体，继而用 IGluR 免疫蛋白抗体进行检测后发现与药剂结合的蛋白包括 IGluR，说明了伊维菌素的作用位点含有 IGluR。随后越来越多的研究已经证明，IGluR 是阿维菌素最重要的作用靶标。随着阿维菌素等药剂的大量使用，IGluR 基因突变导致的靶标对药剂不敏感造成了严重的害虫抗药性问题。相关报道主要存在于小菜蛾和二斑叶螨中，Kwon 等发现阿维菌素抗性品系二斑叶螨的 IGluR 发生了 G323D 突变，继而利用回交实验进一步证明了 IGluR 的 G323D 突变与阿维菌素的抗性密切相关；另外，Dermauw 等研究发现二斑叶螨 IGluR 发生 G326E 突变也介导了阿维菌素的抗性。Wang 等发现对阿维菌素产生 11 000 倍抗性的小菜蛾的 IGluR 产生了 A309V 突变，并证明 A309V 是造成小菜蛾对阿维菌素产生抗药性的重要原因；另外也有报道称小菜蛾阿维菌素抗性品系的 IGluR 基因存在一段 36bp 的缺失，而这可能也是小菜蛾产生抗性的一个重要原因。此外，IGluR 的 P278S 氨基酸突变可能与灰飞虱对氟虫腈产生抗药性有关，但尚未作出明确的验证。

参考文献

COLE L M, NICHOLSON R A, CASIDA J E, 1993. Action of phenylpyrazole insecticides at the GABA-gated chloride channel[J]. Pesticide biochemistry and physiology, 46: 47-54.

LIU F, SHI X, LIANG Y, et al, 2014. A 36-bp deletion in the alpha subunit of glutamate-gated chloride channel contributes to abamectin resistance in *Plutella xylostella*[J]. Entomologia experimentalis et applicata, 153: 85-92.

LUDMERER S W, WARREN V A, WILLIAMS B S, et al, 2002. Ivermectin and nodulisporic acid receptors in *Drosophila melanogaster* contain both γ-aminobutyric acid-gated Rdl and glutamate-gated GluClα chloride channel subunits[J]. Biochemistry, 41: 6548-6560.

KANE N S, HIRSCHBERG B, QIAN S, et al, 2000. Drug-resistant Drosophila indicate glutamate-gated chloride channels are targets for the antiparasitics nodulisporic acid and ivermectin[J]. Proceedings of the National Academy of Sciences of the United States of America, 97: 13949-13954.

KWON D H, YOON K S, CLARK J M, et al, 2010. A point mutation in a glutamate-gated chloride channel confers abamectin resistance in the two-spotted spider mite, *Tetranychus urticae* Koch[J]. Insect molecular biology, 19: 583-591.

RAYMOND V, SATTELLE D B, 2002. Novel animal-health drug targets from ligand-gated chloride channels[J]. Nature reviews drug discovery, 1: 427.

WANG X, WANG R, YANG Y, et al, 2015. A point mutation in the glutamate - gated chloride channel of *Plutella xylostella* is associated with resistance to abamectin[J]. Insect molecular biology, 25: 116-125.

WOLSTENHOLME A J, ROGERS A T, 2005. Glutamate-gated chloride channels and the mode of action of the avermectin/milbemycin anthelmintics[J]. Parasitology, 131: S85-S95.

（撰稿：张一超、何林；审稿：杨青）

瓜叶菊素　cinerins

一种能够有效杀死蚊蝇的农药，是运用瓜叶菊芳香头状花序研磨成粉末，可构成杀虫剂的活性成分。

其他名称　瓜菊酯、新纳灵、瓜叶除虫菊酯。

化学名称　(R)-3-(丁烯-2-基)-2-甲基-4-羰基环戊-2-烯基(R)反式-菊酸酯。

IUPAC 名称　[(1S)-3-[(Z)-but-2-enyl]-2-methyl-4-oxocyclo-pent-2-en-1-yl](1R,3R)-2,2-dimethyl-3-(2-methylprop-1-enyl)cyclopropane-1-carboxylate。

CAS 登记号　25402-06-6；1212-0-0。

EC 号　246-948-0。

分子式　$C_{21}H_{30}O_3$；$C_{22}H_{30}O_5$。

相对分子质量　330.47；374.48。

结构式

R = CH_3（I）、COOCH_3（II）

开发单位　瓜叶菊素是瓜叶菊素 I 和瓜叶菊素 II 的总称，是 1945 年美国 F. B. Laforge 等人所发现。它的出现，导致了烯丙菊酯、环菊酯、熏菊酯等一系列除虫菊酯 I 类似物的合成和生产。

理化性质　棕黄色黏稠油状物，不溶于水，能溶于多种有机溶剂中。对光照、空气或遇碱性物质均不稳定，但较除虫菊素要好。其他常见参数见表 1、表 2。

表 1　瓜叶菊素 I 和瓜叶菊素 II 的理化常数

名称	折射率 D（25℃）	比旋光度 [α]_D（27℃）	沸点（℃/Pa）	蒸气压（Pa/℃）	水中溶解度（计算值，mg/L）
瓜叶菊素 I	1.5119	14.26	132/6.67×10⁻¹	5.33×10⁻³/20	0.6
瓜叶菊素 II	1.5181	14.26	182.4/1.33×10⁻²	5.33×10⁻³/20	0.6

表 2　瓜叶菊素 I 异构体的折射率和比旋光度

瓜叶菊素 I 的异构体	n_D^{25}	$[\alpha]_D^{25}$
d-醇与d-反酸	1.5052	−15.5°（c = 16，煤油）
d-醇与l-反酸	1.5048	−16.3°（c = 16，煤油）
l-醇与d-反酸	1.5047	+16.4°（c = 16，煤油）
l-醇与l-反酸		+12.2°（c = 16，煤油）

另有报道 n_D^{20} 1.5049。

剂型　气雾剂。

作用方式及机理　这类药剂的常用品种对害虫只有触

杀和胃毒作用，且触杀作用强于胃毒作用。因此，施药时要把药液直接喷洒到虫体上，或是均匀地喷洒到作物体表面，使害虫在作物体上爬行沾着药剂或是吃了带药的作物体才会中毒死亡。

防治对象和使用方法　可防治蚊、蝇、蟑螂等卫生及仓储害虫，但药效低于除虫菊酯。据报道，当以含瓜叶菊素10.5%、氯菊酸 2.0%、胺菊酯 4.5%、增效醚 25%、丁基羟基甲苯 1.2%、苯甲醇 5.0%、二甲苯 16.1%、乳化剂 Atlox 4851B 16.4% 和 Atlox 3430B11.3%（均以重量计）配制的浓乳油，用水稀释至菊酯含量为 0.5% 时，喷于墙壁表面，剂量达 $2ml/71m^2$，德国小蠊在处理后接触墙面，24 小时出现了 100% 死亡。对照中不加瓜叶菊素 I 和苯甲醇的，在相同条件下，蟑螂死亡率仅 50%。

注意事项　不能与碱性物质混用，否则易分解。储运时防止潮湿、日晒，有的制剂易燃，不能近火源。对鱼、虾、蜜蜂、家蚕等毒性高，使用时勿接近鱼塘、蜂场、桑园，以免污染上述场所。使用时不要污染食品、饲料，并阅读农药安全使用说明。在使用过程中，如有药液溅到皮肤上，立即用大量水冲洗 15 分钟。如误服应尽快送医院，进行对症治疗。无专用解毒药。

参考文献

朱永和，王振荣，李布青，2006. 农药大典[M]. 北京：中国三峡出版社: 160-161.

（撰稿：薛伟；审稿：吴剑）

寡糖·链蛋白　oligosaccharins·plant activator protein

一种由植物免疫诱抗蛋白和氨基寡糖素科学配比获得的新型蛋白质生物农药。

其他名称　阿泰灵。

开发单位　中国农业科学院植物保护研究所 2013 年开发。

毒性　低毒。

剂型　6% 可湿性粉剂。

作用方式及机理　寡糖·链蛋白是基于极细链格孢菌（*Alternaria tenuissima*）中的蛋白激发子 PeaT1 和 Hrip1 而研制的新型蛋白质生物农药。PeaT1 的表达产物能够提高植物体内相关防卫基因的表达，从而产生诱导抗病性，进而提高作物的抗病、抗虫、抗旱、抗寒能力与品质。

防治对象　园林花卉、瓜果、蔬菜、烟草、果树、药材、小麦、玉米、水稻等植物病毒、真菌、细菌、综合性病害，对病毒病有特效。

使用方法

喷雾　稀释 1000 倍液，叶面喷雾。未发病 15～30 天施药 1 次，已发病 5～7 天施药 1 次，连续 2～3 次。

灌根　稀释 1000～1500 倍液灌根，7～10 天灌根 1 次，连续 2～3 次。

拌种　药种比 1 :（300～500）倍液。

浸种　稀释 800～1000 倍液，浸种 6 小时，阴干后播种。

注意事项　不能与强酸、强碱性农药混用。

允许残留量　根据中国食品安全国家标准，豁免制定氨基寡糖素食品中最大残留限量标准。

参考文献

邱德文，2010. 蛋白质生物农药[M]. 北京：科学出版社.

刘文平，曾洪梅，刘延锋，等，2007. 细极链格孢菌 peaT2 基因在毕赤酵母中的表达及蛋白功能确定[J]. 微生物学报，47(4): 593-597.

ZHANG W, YANG X, QIU D, et al, 2011. PeaT1-induced systemic acquired resistance in tobacco follows salicylic acid-dependent pathway[J]. Molecular biology reports, 38: 2549-2556.

LI G, YANG X, ZENG H. et al. 2010. Stable isotope labelled mass spectrometry for quantification of the relative abundances for expressed proteins induced by PeaT1[J]. Science China-life science, 53: 1410-1417.

（撰稿：范志金、赵斌；审稿：刘西莉）

寡雄腐霉菌　*Pythium oligandrum*

一种能够防治多种植物真菌病害、促进作物生长并提高作物抗性的生物防治卵菌。

开发单位　捷克生物制剂股份有限公司。

理化性质　外观为白色粉末。

毒性　按照中国农药毒性分级标准，寡雄腐霉菌属低毒。大鼠急性经口、经皮 LD_{50} ＞ 5000mg/kg。对兔眼睛有轻度刺激性，对皮肤无刺激性。

剂型　100 万 CFU/g 可湿性粉剂。

质量标准　水分≤ 6.5%，悬浮率≥ 70%，分散性≥ 80%，pH6.5～7.4。细度（通过 45μm 标准筛）≥ 98%，润湿时间＜ 2 分钟。40℃温度下存放 8 周稳定，常温存储 2 年稳定。

作用方式及机理　微生物杀菌剂，具有较强的寄生和拮抗真菌的能力，能够在多种重要农作物根围定殖，同时还能分泌蛋白促进植物生长及诱导植物产生抗性。

防治对象　能有效抑制链格孢属、葡萄孢属、镰孢属、茎点霉属、腐霉属和核盘菌属等多种病原菌。

使用方法

拌种　作物播种前，药剂 1g 兑水 1kg，可拌 20kg 种子，药种充分搅拌混匀，晾干后即可播种。

浸种　播种前根据种子实际用量将药剂稀释为 10 000 倍液，以浸没种子为宜。根据种皮厚薄、吸胀能力强弱和气温而调整浸种时间。蔬菜、小麦等种子浸泡 5～10 小时，水稻、棉花等硬质种子需浸 24 小时以上。

苗床及土壤喷施　将药剂稀释 10 000 倍液进行苗床及土壤喷施。

灌根　作物大田定植后使用药剂 10 000 倍液灌根 2～3 次，每次间隔 7 天左右。

喷施　将药剂稀释 7500～10 000 倍液从作物花期开始叶片喷施。

注意事项　使用前应先配制母液，取原药倒入容器中，加适量水充分搅拌后静置 15～30 分钟。该药剂为活性真菌孢子，不可与化学杀菌剂类产品混合使用。喷施化学杀菌剂后，在药效期内禁止使用该药剂，使用过化学杀菌剂的容器要充分清洗干净后方可使用。喷施该药剂要选择在晴天无露水、无风条件下，9：00前、17：00后进行。喷施时应使液体淋湿整棵植株，包括叶片的正、反两面及茎、花、果实，并下渗到根。储存过程中注意防潮和阳光暴晒。

参考文献

纪明山，2011. 生物农药手册[M]. 北京: 化学工业出版社: 55-56.

农业部种植业管理司，农业部农药检定所，2015. 新编农药手册[M]. 2版. 北京: 中国农业出版社: 370-371.

（撰稿：卢晓红、李世东；审稿：刘西莉、苗建强）

挂网施药法　net-hanging method

经过特殊缓释工艺，把农药加工成丝网，或者通过浸渍法把药剂浸渍到丝网上，在使用时，把网布挂在处理空间的施药方法。

作用原理　当含有高浓度的似蜘蛛网的纤维网张挂在房舍窗户或果树上时，通过杀虫剂的触杀作用、胃毒作用、趋避作用、拒食作用等，将果树上的害虫杀灭，以起到防治作用。

适用范围　适用于果树害虫的防治。挂网施药法用在果树害虫防治上，用纤维的线绳编织成网状物，浸渍在较高浓度的药液中，然后张挂在防治的果树上，以达到防治目的。这种方法用药量少，药效期长，可减少施药次数。

挂网施药也应用于室内卫生害虫防治，长效药物蚊帐英文名为 long lasting insecticidal mosquito nets（LLINs），是世界卫生组织推荐使用旨在用来抗击非洲疟疾的一种产品。其特性是将普通的蚊帐经过特定工艺处理，使普通蚊帐含有拟除虫菊酯杀虫剂，达到驱杀蚊虫的目的。世界卫生组织推荐的长效药物蚊帐的材质为聚乙烯（polyethylene）或涤纶（polyester），俗称网布。这些布料与普通蚊帐无异。例如日本住友化学公司研发登记的2%氯菊酯长效蚊帐，用于防治蚊子，施用方法为悬挂。

主要内容　虫体接触到含有高浓度杀虫剂的纤维网后，杀虫剂通过昆虫的表皮进入虫体，从而起到杀虫作用。

昆虫取食纤维网上的药剂后经肠道吸收进入体内，达到靶标起到毒杀作用。

使用含有高浓度药剂的纤维网后，依靠杀虫剂的物理、化学作用，使害虫忌避或发生转移、潜逃现象，从而达到保护果树的目的。

害虫接触杀虫剂后，可影响昆虫的味觉器官，使其厌食、拒食，最后因饥饿、失水而逐渐死亡，或因摄取营养不足而不能正常发育。

影响因素　①选择适宜的药剂。②选择合适的防治时期。③防治效果与害虫的抗药性密切相关。④选择适宜的纤维网，掌握好合适浸泡时间。⑤网格的大小和密度。

注意事项　①注意农药混用，不仅可以延缓抗药性的产生，而且可以降低用药量及成本，提高药效，扩大防治对象，降低毒性。②不同作用的杀虫剂相隔一定时间交替使用。③掌握好害虫防治的最佳时期，不仅可以达到很好的防

治效果，还可以减少农药用量。

参考文献

徐汉虹，2007. 植物化学保护[M]. 北京: 中国农业出版社.

徐映明，2009. 农药施用技术问答[M]. 北京: 化学工业出版社.

（撰稿：何玲；审稿：袁会珠）

冠菌素　coronatine

一种茉莉酸结构类似物，能参与植物生长发育多个生理调控过程，在低温种子萌发、作物抗逆抗病增产、促进转色增糖以及脱叶、生物除草等方面有广阔的应用前景。

其他名称　甜冠。

化学名称　2-乙基-1-[(6-乙基-1-氧-2, 3, 3a, 6, 7, 7a–六羟茚-4-基)羰基氨基]环丙烷-1-羧酸。

IUPAC名称　(1S,2S)-1-[[(3aS,6R,7aS)-6-ethyl-1-oxo-2,3,3a, 6,7,7a-hexahydroindene-4-carbonyl]amino]-2-ethylcyclopropane-1-carboxylic acid。

CAS登记号　62251-96-1。

分子式　$C_{18}H_{25}NO_4$。

相对分子质量　319.39。

结构式

开发单位　1992年Young等发现其具有与脱落酸、茉莉酸类似的生物功能，2017年由中国农业大学和成都新朝阳作物科学股份有限公司联合开发。

理化性质　溶解度: 水0.23g/L、甲醇20g/L、乙醇5g/L。在酸性、中性条件下稳定，在碱性条件下分解。

毒性　0.006%冠菌素可溶液剂大鼠急性经口$LD_{50} >$ 5000mg/kg，大鼠急性经皮$LD_{50} > $2000mg/kg，对日本大耳白兔眼睛有中度刺激性，对日本大耳白兔皮肤无刺激性，对豚鼠皮肤变态反应为弱致敏物。

剂型　可溶液剂。

作用方式及机理　通过茉莉酸信号转导途径起作用，极低浓度下具有调节生长、提升作物抗逆性作用，可以调节植物花色苷合成和可溶性糖积累，促进果实转色增甜；在较高浓度下还可诱导植物抗虫抗病，也能起到控旺、脱叶、除草的作用。

使用对象　广泛应用于番茄、棉花调节生长，葡萄、柑橘转色增糖，小麦、水稻提质增产。

使用方法　在番茄开花至幼果期2000～3000倍液均匀喷施全株2～3次；棉花现蕾期、初花期、盛花期、盛铃

期 2000～3000 倍液均匀喷施全株 3～4 次；柑橘、葡萄上稀释 1500～3000 倍，在采收前喷施；水稻破口期和灌浆期，小麦拔节期和灌浆期稀释 3000～5000 倍各喷施 1 次。注意喷雾均匀，以确保效果。

参考文献

ICHIHARA A, SHIRAISHI K , SATO H, et al,1977. The structure of coronatine[J]. Journal of the American Chemical Society, 99(2): 636-637.

张国栋, 2003.冠菌素的发酵研究[D]. 北京：中国农业大学.

（撰稿：任丹；审稿：谭伟明）

光学纯度　optical purity

用于对映体组成的术语之一。它指的是对映体样品测定的旋光与最大（或绝对）旋光之比。也称旋光纯度。通常用 %o.p. 表示。光学纯度是衡量旋光性样品中一个对映体超过另一个对映体的量的量度。若一个纯的光学活性物质是 100% 的一种对映异构体，那么一个外消旋体的光学纯度则为 0。如某旋光性样品是由一个对映体 *R* 和 *S*- 异构体组成，*R*- 异构体含量为 20%，*S*- 异构体的含量为 80%，其光学纯度则为 60%。样品中有多余 60% 的 *S*- 异构体，而样品中有 40% 是外消旋体。

（撰稿：王益锋；审稿：吴琼友）

规范残留试验　supervised residue trial

中国最早的农药残留试验规定制定于 1984 年，即《农药残留试验准则（试行）》，经过多年的实践经验和适应不断发展的时代要求，《农药残留试验准则》（NY 788—2004）正式颁布，2018 年修订为《农作物中农药残留试验准则》。

该准则中规定了规范残留试验的定义，指在良好农业规范（Good Agricultural Practice，GAP）和良好实验室规范（Good Laboratory Practice，GLP）或相似条件下，为获取推荐使用可食用（或饲用）初级农产品中的可能的最高残留量，以及这些农药在农产品的消解动态而进行的试验。

其中农药使用的良好农业规范（GAP）是指在有效防治有害生物的前提下，农药登记批准的农药安全使用方法、适用范围、使用剂量、使用次数和安全间隔期等。良好实验室规范（GLP）是有关试验项目的设计、实施、审核、记录、归档和报告等的组织程序和试验条件的质量体系。

规范农药残留试验是根据某种农药在防治农作物病虫草害时的实际使用情况，再按残留试验要求设计的试验，而防治对象的变化（甚至没有防治对象）并不影响试验方案的实施。它主要是为农药登记和制定农产品中农药 MRL 标准或制定农药合理使用准则，提供残留资料。

为了更好地进行田间试验，2007 年农业部农药检定所组织整理了《农药登记残留田间试验标准操作规程》，以标准操作规程的形式对残留试验实施进行了规范，随着 GLP 在中国的推广，2007 年《农药残留试验良好实验室规范》（NY/T 1493—2007）发布。2017 年《农药登记试验质量管理规范》（农业部 2570 号公告）颁布。农药残留试验是农药登记资料中重要的组成部分，在 2001 年，农业部就发布了《农药登记资料要求》，对具体实施农药残留试验提出了要求，2008 年和 2017 年分别对《农药登记资料规定》进行修订，使得中国农药残留试验更加规范。

规范农药残留试验研究包括两个部分，田间试验部分和实验室内样品测定部分。农药残留田间试验从研究内容上考虑包括两部分：一是供试农药在试验作物、土壤、水中的消解动态试验，以评价其残留消解速率；二是不同施药量、不同施药次数、不同采收间隔期、不同施药方法等因子与农药残留量关系试验。

参考文献

钱传范, 2011. 农药残留分析原理与方法[M]. 北京: 化学工业出版社.

NY/T 788—2004 农药残留试验准则.

NY/T 1493—2007 农药残留试验良好实验室规范.

NY/T 788—2018 农作物中农药残留试验准则.

（撰稿：徐军；审稿：郑永权）

硅丰环　chloromethylsilatrane

一种植物生长调节剂，其配位键能诱导作物种子的细胞分裂，促进种子萌发生根，也能加强叶绿素合成能力，增强光合作用。生产上应用于冬小麦调节生长和增产。

其他名称　妙福。

化学名称　1-氯甲基-2,8,9-三氧杂-5-氮杂-1-硅三环[3.3.3]十一碳烷。

IUPAC 名称　1-(chloromethyl)-2,8,9-trioxa-5-aza-1-silabicyclo[3.3.3]undecane。

CAS 登记号　42003-39-4。

分子式　$C_7H_{14}ClNO_3Si$。

相对分子质量　223.73。

结构式

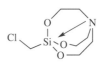

开发单位　由吉林省吉林市绿邦科技发展有限公司开发。

理化性质　原药质量分数 > 98%，外观为均匀的白色粉末。熔点 211～213℃。溶解度 1g（20℃，100g 水），2.4g（25℃，100g 丙酮），微溶于乙醇，易溶于 *N,N*- 二甲基甲酰胺。堆积密度 0.544g/ml。稳定性：在干燥环境下稳定，在酸性溶液中稳定，遇碱易分解。

毒性　原药大鼠急性经口 LD_{50}：雄性 926mg/kg，雌性 1260mg/kg。大鼠急性经皮 LD_{50} > 2150mg/kg。对兔皮肤、眼睛无刺激性，豚鼠皮肤变态反应（致敏）试验结果致敏率为 0，无皮肤致敏作用。大鼠 12 周亚慢性喂养试验

NOEL：雄性为 28.4mg/（kg·d），雌性为 6.1mg/（kg·d）；致突变试验结果：Ames 试验、小鼠骨髓细胞微核试验、小鼠睾丸细胞染色体畸变试验、小鼠精子畸形试验均为阴性，无致突变作用。50% 硅丰环湿拌种剂大鼠急性经口 LD_{50} > 5000mg/kg，大鼠急性经皮 LD_{50} > 2150mg/kg；对兔皮肤、眼睛均无刺激性；豚鼠皮肤变态反应（致敏）试验的致敏率为 0，无致敏作用。

剂型　98% 原药和 50% 湿拌种剂。

作用方式及机理　一种具有特殊分子结构及显著生物活性的有机硅化合物，分子中配位健具有电子诱导功能，可以诱导作物种子的细胞分裂，在种子萌发过程中增加生根点。当作物吸收后，其分子进入植物的叶片，加强叶绿素合成能力，增强光合作用。

作用对象　对冬小麦具有调节生长和增产作用。

使用方法　施药方法为拌种或浸种。用 1000～2000mg/kg 药液，拌种 4 小时（种子∶药液 = 10∶1）；或用 200mg/kg 药液浸种 3 小时（种子∶药液 = 1∶1）（50% 硅丰环湿拌种剂 2g 加水 0.5～1L，拌 10kg 种子，或加水 5L 浸 5kg 种子，浸 3 小时），然后播种。可以增加小麦的分蘖数、穗粒数及千粒重，有明显的增产作用。

参考文献

李玲, 肖浪涛, 谭伟明, 等, 2018. 现代植物生长调节剂技术手册[M]. 北京: 化学工业出版社: 19.

毛景英, 闫振领, 2005. 植物生长调节剂调控原理与实用技术[M]. 北京: 中国农业出版社.

孙家隆, 2015. 新编农药品种手册[M]. 北京: 化学工业出版社:926.

（撰稿：谭伟明；审稿：杜明伟）

硅噻菌胺　silthiofam

一种酰胺类杀菌剂、能量抑制剂，具有良好的保护活性。

其他名称　Latitude、全蚀净、silthiopham、Mon 65500（试验代号）。

化学名称　*N*-烯丙基-4,5-二甲基-2-三甲基硅烷-噻酚-3-羧酸酰胺；4,5-dimethyl-*N*-2-propen-1-yl-2-(trimethylsilyl)-3-thiophenecarboxamide。

IUPAC 名称　*N*-allyl-4,5-dimethyl-2-(trimethy lsilyl)thiophene-3-carboxamide。

CAS 登记号　175217-20-6。

分子式　$C_{13}H_{21}NOSSi$。

相对分子质量　267.46。

结构式

开发单位　孟山都公司。

理化性质　白色颗粒状固体，熔点 86.1～88.3℃。水中溶解度（20℃）35.3mg/L。

毒性　大鼠急性经口 LD_{50} 5000mg/kg，大鼠急性经皮 LD_{50} 5000mg/kg。对兔皮肤无刺激性，对豚鼠无致敏性，对兔眼睛无刺激性。大鼠吸入 LC_{50} 2.8mg/L。NOEL：狗（90 天）10mg/kg，小鼠（18 个月）141mg/kg，大鼠（2 年）6.42mg/kg。ADI/RfD（EC）为 0.064mg/kg［2003］。Ames 试验为阴性，在离体试验和鼠微核试验中 CHO/HGPRT 基因突变。美洲鹑急性经口 LD_{50} 2250mg/kg。饲喂 5 天，美洲鹑 LC_{50} 5670mg/kg 饲料，野鸭 LC_{50} 5400mg/kg 饲料。虹鳟 LC_{50}（96 小时）14mg/L，蓝鳃太阳鱼 LC_{50} 11mg/L。水蚤 EC_{50}（48 小时）14mg/L。羊角月牙藻 E_bC_{50}（120 小时）6.7mg/L，E_rC_{50}（120 小时）16mg/L。蜜蜂经口 LD_{50} 104μg/只，接触 LD_{50} 100μg/只。蚯蚓 LC_{50}（14 天）66.5mg/kg 干土（校正值）。

剂型　125g/L 悬浮剂，12% 种子处理悬浮剂。

作用方式及机理　ATP 能量抑制剂。

防治对象　主要做种子处理剂，防治谷物（大麦、黑小麦和小麦等）上的全蚀病，如小麦全蚀病。

使用方法　拌种防治小麦全蚀病，125g/L 硅噻菌胺悬浮剂和 12% 硅噻菌胺种子处理悬浮剂的使用剂量均为有效成分 20～40g/100kg 种子。拌种前，先加入适量水将药剂稀释后拌种，拌匀后可闷种 6～12 小时，晾干后再播种。

注意事项　拌种一定要拌均匀。拌种后的种子不能当作食品和饲料使用。药剂应密封储存于阴凉干燥处，不能与食物和日用品一起存放。

与其他药剂的混用　在全蚀病发生区，可采取苯醚甲环唑悬浮种衣剂和硅噻菌胺（全蚀净）悬浮剂拌种或包衣；也可以与其他杀菌剂和杀虫剂混用使用，以达到更高的防效。但需要注意的是，无论与什么药剂混用，全蚀净的用药量不能减少，并且要在阴凉处晾干。

允许残留量　GB 2763—2021《食品中农药最大残留限量标准》硅噻菌胺在小麦中的最大残留限量为 0.01mg/kg（临时限量）。ADI 为 0.064mg/kg。

参考文献

刘长令, 2005. 世界农药大全[M]. 北京: 化学工业出版社.

农业部种植业管理司, 农业部农药检定所, 2015. 新编农药手册. [M]. 2版. 北京: 中国农业出版社: 339-340.

TURNER J A, 2015. The pesticide manual: a world compendium [M]. 17th ed. UK: BCPC: 1016-1017.

（撰稿：杨辉斌；审稿：司乃国）

国际纯粹与应用化学联合会　International Union of Pure and Applied Chemistry, IUPAC

国际科学理事会的会员之一，致力于促进化学相关的非政府组织，也是各国化学会的联合组织，以公认的化学命名权威著称。命名及符号分支委员会每年都会修改 IUPAC

命名法，以力求提供化合物命名的准确规则。

该联合会于1919年在法国巴黎正式成立，其前身为1911年在英国伦敦成立的国际化学会联盟（International Association of Chemistry Societies），是世界上最大、最具权威性的化学组织。其会员单位由协会和附属化学学会、国家科学院、化工企业、研发机构、高校、实验室和个人代表组成，现有附属会员国55个、相关专业协会组织29个，以及各国化学相关领域的公司会员32家、近4500名个人志愿者、近1000名附属会员和2160名研究员。其工作主要包括对全球化学和化学工作者制定必要的规则和标准，如化学元素的确认与命名，物质量的定义、测定方法和认定，化合物的命名法则，乃至化学工作者应遵守的科学道德准则和化学教育标准等；促进各国化学工作者间的合作与交流；培养年轻的化学工作者；普及化学知识；开展化学安全教育；促进化学科研成果为人类福祉服务等。

法定永久地址和总部设在瑞士苏黎世，依照瑞士法律登记注册。

2015年8月7～14日，国际纯粹与应用化学联合会（IUPAC）第45届学术大会暨第48届全体代表大会在韩国釜山举行。北京大学周其凤院士经IUPAC理事会选举当选副主席，于2016年1月1日起就任，并于2018—2019年1月担任主席职务。这是自1919年IUPAC在法国成立近百年以来中国化学家首次担任该组织的领导职务。

宗旨　非政府、非营利、代表各国化学工作者组织的联合会。其宗旨是促进会员国化学家之间的持续合作；研究和推荐对纯粹和应用化学的国际重要课题所需的规范、标准或法规汇编；与其他涉及化学本性有关课题的国际组织合作；对促进纯粹和应用化学全部有关方面的发展做出贡献。在实现上述宗旨中尊重非政治歧视原则，维护各国化学工作者参加国际学术活动的权力，不得因种族、宗教或政治信仰而遭受歧视。

组织机构　联合会由理事长领导，下设会员代表大会、理事会、常务理事会，并有秘书长和司库组织秘书处。理事会领导8个专业委员会：物理化学专业委员会、无机化学专业委员会、有机化学专业委员会、高分子化学专业委员会、分析化学专业委员会、环境化学专业委员会、化学与人类健康专业委员会、化学命名与结构表征专业委员会。

主要活动　国际纯粹与应用化学联合会的权力机构为它的代表大会，每2年召开一次会员代表大会（GC）和国际学术大会（Congress），规模1000人；每年还组织召开30多个国际会议。

期刊　Pure and Applied Chemistry（PAC）、Chemistry International（CI）、Chemistry Teacher International（CTI）、Macromolecular Symposia、Solubility Data Series

（撰稿：王灿；审稿：李钟华）

国际食品法典农药残留委员会　Codex Committee on Pesticide Residues, CCPR

国际食品法典农药残留委员会是国际食品法典委员会

（CAC）下属的10个综合主题委员会之一，也是CAC重点关注的委员会之一，1963年与CAC同步成立。其主要职责：①制定具体单项食品或一组食品中农药残留的最高限量。②出于保护人类健康理由对国际贸易中流动的某些动物饲料中的农药残留制定最高限量。③制定优先考虑的农药名单，以便联合国粮食及农业组织、世界卫生组织农药残留联席会议（JMPR）进行评价。④对确定食品和饲料中农药残留的采样和分析方法进行审议。⑤审议关于含有农药残留的食品和饲料安全的其他事项。⑥制定具体单项食品或一组食品中含有在化学或其他方面类似于农药的环境和工业污染物的最高限量。

CCPR以科学为基础，采用风险分析的原理制定农药残留限量法典标准，标准涉及种植、养殖农产品及其加工制品。CCPR在农药残留限量法典标准的制定过程中与CAC及JMPR保持密切关系，其制定过程：首先，JMPR根据农药优先名单，评估成员国或公司提供的农药残留试验数据，提出残留限量建议值；然后，CCPR按照法典标准制定程序，审议JMPR建议的残留限量值；最后，提交CAC大会审议，审议通过后成为法典标准。作为世界贸易组织（WTO）的正式文件，WTO SPS协定（实施卫生与植物卫生措施协定）和TBT协定（技术性贸易壁垒协定）赋予了法典标准准绳地位，使其成为最重要的国际参考标准和国际农产品及食品贸易涉及农药残留问题的仲裁依据，对全球农产品及食品贸易产生着重大的影响。

CCPR前主席国为荷兰，自1966年第一届CCPR会议以来，荷兰组织召开了38届会议。2006年7月，第29届CAC大会确定中国成为CCPR和国际食品添加剂法典委员会（CCFA）新任主席国，这是自1963年CAC成立以来，发展中国家及亚洲国家首次担任专业属委员会的主席国，这对于参与国际标准制定，促进中国标准制定和食品安全工作，促进国际贸易等方面具有重要的意义。2019年第51届CCPR年会在中国召开，截至2019年中国作为CCPR主席国已经组织召开了13届会议。

参考文献

何艺兵, 宋稳成, 段丽芳, 等, 2008. 国际食品法典农药残留委员会工作动态[J]. 中国食品卫生杂志, 20(1): 92-97.

（撰稿：徐军；审稿：郑永权）

国际食品法典农药残留限量标准数据库　Database on Codex Maximum Residue Limits (Codex-MRLs) and Codex Extraneous Maximum Residue Limits (EMRLs) for Pesticide

是国际食品法典委员会制定的食品/饲料中农药最大残留限量和再残留限量的合集。在数据库中，用户可以通过农药和商品进行查询，获得该农药或该商品上所有已制定并现行有效的法典最大残留限量和再残留限量的信息，包括农药残留限量具体数值、特别说明、JMPR评估和CCPR制定年份，以及每种农药的每日允许摄入量（ADI）、急性参考剂量（ARfD）和动植物农产品与加工产品中的监测/评估的

残留物定义。限量对应的法典食品和动物饲料分类信息和商品法典编码也可以在数据库中获得。

该数据库在每年的国际食品法典委员会年度大会召开后，由法典委员会秘书处对其进行更新。截至 2019 年，食品法典委员会已通过不同的农药／商品组合 5344 项 MRL（CXLs）。

网址：http://www.fao.org/fao-who-codexalimentarius/codex-texts/dbs/pestres/en/。

（撰稿：段丽芳、潘灿平；审稿：杨新玲）

果虫磷 cyanthoate

一种具有内吸、触杀和胃毒活性的有机磷类杀虫剂。

其他名称 Tartan、M1568。

化学名称 S-[N-(2-氰基-1-异丙基)氨基甲酰甲基]O,O-二乙基硫赶磷酸酯；S-[N-(1-cyano-1-methylethyl)carbamoyl-methyl]O,O-diethyl phosphorothioate。

IUPAC 名称 S-[[(1-cyano-1-methylethyl)carbamoyl]meth-yl] O,O-diethyl phosphorothioate。

CAS 登记号 3734-95-0。

EC 号 401-340-6（酸）。

分子式 $C_{10}H_{19}N_2O_4PS$。

相对分子质量 294.31。

结构式

开发单位 1963 年由意大利蒙太蒂森公司开发，现已停产。

理化性质 纯品为淡黄色液体，略带有不愉快的气味。相对密度 d_4^{19}1.191。折射率 n_D^{25}1.4845。工业品纯度为 90%，为橙色液体，具有苦杏仁味，相对密度 d_4^{20}1.2。折射率 n_D^{25}

1.485。在 20℃于水中的溶解度为 70g/L，在大多数有机溶剂中微溶。

毒性 急性经口 LD_{50}：大鼠 3.2mg/kg，小鼠和豚鼠 13mg/kg。大鼠急性经皮 LD_{50}（接触 4 小时）105mg/kg。以 0.035mg/kg 有效成分喂大鼠 3 个月后，没有发现明显的中毒现象。

剂型 20% 液剂，25% 可湿性粉剂，5% 颗粒剂。

作用方式及机理 是杀螨剂和杀虫剂，具有触杀、胃毒和内吸活性。

防治对象 以 20～30g/100L 有效成分剂量使用，能防治红蜘蛛、蚜类、木虱和其他刺吸式口器害虫，尤其对苹果、梨和桃树上的害虫更为有效。

参考文献

马世昌，1990.化工产品辞典[M]. 西安:陕西科学技术出版社: 235.

王振荣，李布青，1996. 农药商品大全[M]. 北京: 中国商业出版社: 41.

张维杰，1996. 剧毒物品实用技术手册[M]. 北京: 人民交通出版社: 241.

朱永和，王振荣，李布青，2006. 农药大典[M]. 北京: 中国三峡出版社: 36-37.

（撰稿：吴剑；审稿：薛伟）

果满磷 amidothionate

一种硫代磷酰胺类有机磷类杀螨剂。

其他名称 果螨磷、Mitemate、Mitemate 50 emulsion、Mitomate。

化学名称 N-乙基-O-甲基-O-(2-氯-4-甲硫基苯基) 硫逐磷酰胺酯。

IUPAC 名称 O-(2-chloro-4-(methylthio)phenyl)O-methyl ethylphosphoramidothioate。

CAS 登记号 54381-26-9。

分子式 $C_{10}H_{15}ClNO_2PS_2$。

相对分子质量 311.78。

结构式

开发单位 由日本农药公司合成。

理化性质 浅黄色油状物，具有特异臭味。难溶于水，易溶于多数有机溶剂。对碱有水解，但遇强碱不稳定。对酸性物质稳定。

毒性 小鼠急性经口 LD_{50} 33mg/kg。急性经皮 LD_{50} 174mg/kg。TLm（48 小时）：鲤鱼 1.2mg/L，泥鳅 1.2mg/L。

剂型 50% 乳油。

作用方式及机理 具有杀卵、杀成螨、若螨的作用，在植物上有 40 天左右的药效。

防治对象　可防治各种作物及果树上发生的叶螨。

使用方法　防治柑橘、苹果和梨树上发生的螨类，在每叶有螨 2～3 头时，用 50% 果螨磷 1000～1500 倍液均匀喷雾。可与波尔多液混用。

参考文献

朱永和，王振荣，李布青，2006. 农药大典[M]. 北京：中国三峡出版社：106-107.

（撰稿：吴剑；审稿：薛伟）

果乃胺　MNFA

一种有机氟类非内吸性杀螨剂。

其他名称　Nissol、氟蚜螨、果乃安、NA-26。

化学名称　2-氟-*N*-甲基-*N*-萘-1-基乙酰胺；2-fluoro-*N*-methyl-*N*-(1-naphthalenyl)acetamide。

IUPAC 名称　2-fluoro-*N*-methyl-*N*-1-naphthylacetamide。

CAS 登记号　5903-13-9。

分子式　$C_{13}H_{12}FNO$。

相对分子质量　217.24。

结构式

开发单位　日本曹达化学公司。

防治对象及使用方法　对果树、棉田红蜘蛛等螨类有较高的活性且对柑橘、苹果等具有着色美观之作用。对柑橘红蜘蛛、柑橘锈壁虱用 25% 乳油稀释 1500～2000 倍使用时最高防效均在 99% 以上，速效性好，一天防效可达 94% 以上，且持效期长，施药 30 天后依然可以保持防效在 94% 以上。不仅对若螨、成螨有毒杀作用，而且对螨卵亦有很好的活性。

参考文献

马克比恩 C，2015. 农药手册[M]. 胡笑形，等译. 北京：化学工业出版社：1095.

（撰稿：吴峤；审稿：杨吉春）

果实防腐剂生物测定法　fruit preservative bioassay

测定用于果实保鲜处理相关杀菌剂生物活性的方法。

适用范围　用于果品保鲜处理的相关杀菌剂。

主要内容　生产上用于防治储藏期病害的化学药剂主要

包括咪鲜胺、抑霉唑、百可得（双胍辛烷苯基磺酸盐）以及苯并咪唑类的多菌灵、甲基硫菌灵、苯菌灵、噻菌灵等。施用方法一般采用药剂喷洒、浸渍和密闭熏蒸几种方式。因此，对果实防腐剂的效力测定也通过这几种方式进行，具体选用的方法由杀菌剂的特性和防治对象的特点决定。

药剂喷洒（或浸渍）的方法简单，易操作，适用于大多数杀菌剂的施用。对于硫黄等易挥发的杀菌剂和臭氧等气态杀菌剂，应该选择密闭熏蒸的方式来进行，需要注意时间和剂量的控制。

以杀菌剂防治柑橘青霉病、绿霉病的温室效力试验为例介绍这类试验的方法要点。

首先挑选无伤口、大小相近、成熟度一致的柑橘果实作为供试材料，用砂纸或其他细小的硬物小心将果实表皮轻微擦伤，注意各个果实的伤口数量保持相近。然后将果实放在药液中浸渍约 2 分钟或在其表面均匀地喷上药液，每处理用果 30 个，3～4 次重复。晾干后，将提前在 PDA 培养基上培养的或从发病果实上新鲜采集的柑橘青霉病菌、绿霉病菌的孢子附于脱脂棉球上，轻轻接触果皮进行接种，也可以采用喷布孢子悬浮液的方式进行接种。然后将接种的果实放入相对密闭的器皿中，保持湿度在 90% 以上，在 25℃下保持 5 天后调查结果。根据发病的果实数、发病程度来判定药效。如果测定具有熏蒸作用药剂的效果，则可取适量药剂使其吸附在滤纸上，在密闭的器皿中将滤纸放到果实的上面及下面即可。

参考文献

沈晋良，2013. 农药生物测定[M]. 北京：中国农业出版社.

（撰稿：刘西莉；审稿：陈杰）

果园风送式喷雾机　orchard wind sprayer

一种利用风机强大气流对较大面积果园施药的大型机具。它不仅靠液泵的压力使药液雾化，而且依靠风机产生的强大气流将雾滴吹送至果树的各个部位。风机的高速气流有助于雾滴穿透茂密的果树枝叶，并促使叶片翻动，提高了药液附着率且不会损伤果树的枝条或损坏果实。它具有喷雾质量好、用药省、用水少、生产效率高等优点。但需要果树栽培技术与之匹配，如株行距及田间作业道路的规划、树高的控制、树形的修剪与改造等。

发展简史　在气力式喷雾机具的发展史上，用于卫生防疫的手持式气力喷雾器问世最早，出现于 20 世纪 40 年代。德国和日本于 40 年代末 50 年代初研制成功小型汽油机配套的背负式气力喷雾机（又名弥雾机），主要用于大田农作物和果树的病虫害防治。20 世纪 70 年代中后期，日本研制成功风送式气力喷雾机，主要用于蔬菜塑料大棚和温室作物的病虫害防治。中国于 20 世纪 80 年代初研制成功背负式手动气力喷雾机（又名吹雾机），除用于农田作物的病虫害防治外，也可用于卫生防疫。并于 80 年代中后期又先后研制成功手提式和手推式气力喷雾机，主要用于棚栽作物的病虫害防治和粮库、鸡舍、猪舍的杀虫灭菌。

基本内容　果园风送式喷雾机有悬挂式、牵引式和自走式等。牵引式又包括动力输出轴驱动型和自带发动机型两种。中国主要机型为中小型牵引式动力输出轴驱动型，今后应发展小型悬挂式自走式机型。前者成本低，而后者机动性好、爬坡能力强，适用于密植或坡地果园。

果园风送式喷雾机的工作原理：当拖拉机驱动液泵运转时，药箱中的水经吸水头、开关、过滤器进入液泵。然后经调压分配阀总开关的回水管及搅拌管进入药液箱，在向药箱加水的同时，将农药按所需的比例加入药箱，这样就做到边加水边混合农药。喷雾时，药箱中的药液经出水管、过滤器与液泵的进水管进入液泵，在泵的作用下，药液由泵的出水管路进入调压分配阀的总开关，在总开关开启时，一部分药液经 2 个分置开关，通过输药管进入喷洒装置的喷管中。进入喷管的具有压力的药液在喷头的作用下以雾状喷出，并通过风机产生的强大气流，将雾滴再次进行雾化。同时将雾化后的细雾滴吹送到果树枝叶上（图 1）。

果园风送式喷雾机是一种适用于较大面积果园施药的大型机具，它具有喷雾质量好、用药省、用水少、生产效率高等优点。但需要果树栽培技术与之匹配，如株行距及田间作业道路的规划、树高的控制、树形的修剪与改造等。

果园风送式喷雾机分为动力（图 2）和喷雾（图 3）两部分。喷雾部分由药液箱、轴流风机、四缸活塞式隔膜泵或三缸柱塞泵、调压分配器、过滤器、吸水阀、传动轴和喷洒装置等组成。

药液箱　药液箱由玻璃钢制成。箱中底部装有射流液力

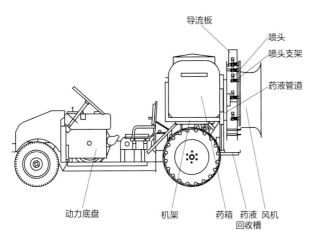

图 1　果园风送式喷雾机结构

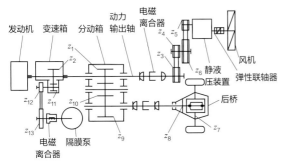

图 2　自走式果园风送定向喷雾机机械传动原理图

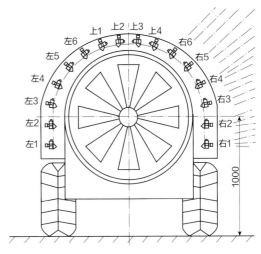

图 3　果园风送式喷雾机环形喷雾装置

搅拌装置，通过 3 个安装方向不同的射流喷嘴，依靠液泵的高压水进行药液搅拌，使药液混合均匀，从而提高喷雾质量。

轴流风机　轴流风机为喷雾机的主要工作部件，其性能好坏直接影响整机的喷洒质量和防治效果。它由叶轮、叶片、导风板、风机壳和安全罩等组成。为了引导气流进入风机壳内，风机壳的入口处特制成有较大圆弧的集流口。在风机壳的后半部设有固定的出口导风板，以消除气流圆周分速带来的损失，保证气流轴向进入、径向流出，以提高风机的效率。

四缸活塞式隔膜泵　由泵体、泵盖、偏心轴、活塞、滑块部件、胶质隔膜、气室、进出水阀、进出水管等组成。在液泵偏心轴的端部装有三角皮带轮，由拖拉机动力输出轴驱动，通过皮带传动，带动液泵吸入和排出药液。

调压分配阀　由调压阀、总开关、分配开关、压力表等组成。调压阀可根据工作需要调节工作压力（调节范围为 0～20kgf/cm²，1kgf/cm² = 98.0665kPa）。总开关控制喷雾机作业的启闭，分置开关可按作业要求分别控制左右侧喷管的启闭，以保证经济用药。

过滤器　是为了减少喷头堵塞而设置的。过滤器滤网的拆洗应方便。同时要有足够的过滤面积和适当的过滤空隙。为此该机所装的滤网式过滤器和药液箱加药滤网均采用了 40 目尼龙滤网。

喷洒装置　由径吹式喷嘴和左右两侧分置的弧形喷管部件组成。喷管上每侧装置喷头 10 只，呈扇形排列，在径吹式喷嘴的顶部和底部装有挡风板，以调节喷雾的范围。

施药质量影响因素

喷头配置　根据果树生长情况和施药液量要求，选择喷头类型和型号。如将树高方向均分成上、中、下三部分，喷量分布大体应是 1/5、3/5、1/5。如果树较高，喷雾机可安装窄喷雾角喷头以提高射程。

喷量调整　根据喷量要求选择不同孔径、不同数量喷头。

泵压调整　泵压一般控制在 1.0～1.5MPa。

喷幅调整　根据果树不同株高，利用系在风机上的绸布条观察风机的气流吹向，调整风机出风口处上、下挡风板

的角度，使喷出雾流正好包容整棵果树。

风量风速调整　当用于矮化果树和葡萄园喷雾时，仅需小风量低风速作业，此时降低发动机转速即可。

影响

施药气象条件　气温高于32℃时，在酷暑天中午烈日下应避免施药。喷洒作业时风速应低于3.5m/s（三级风），以避免飘移污染。应避免在降雨时进行喷洒作业，以保证良好防效。

果树种植要求　适合用在生长高度5m以下的乔砧果园和经改造的乔砧密植果园。被喷施的果树树形高矮应整齐一致，整枝修剪后，枝叶不过密，枝条排列开放，使药雾易于穿透整个冠层，均匀沉积于各个部位。结果实枝条不要距地面太近，疏果最好不留丛果或双果。果树行距在修剪整枝后，应大于机具最宽处的1.5～2.5倍（矮化果树取小值，乔化高大果树取大值）。行间不能种植其他作物（绿肥等不怕压的作物除外）。地头空地的宽度应大于或等于机组转弯半径。行间最好没有明沟灌溉系统，因隔行喷施时，将影响防治效果。

参考文献

何雄奎, 2013. 药械与施药技术[M]. 北京: 中国农业大学出版社.

刘洪杰, 冯晓静, 刘俊峰, 等, 2011. 果园风送式喷雾机设计[J]. 安徽农业科学(33): 20911-20913.

邱威, 丁为民, 汪小旵, 等, 2012. 3WZ-700型自走式果园风送定向喷雾机[J]. 农业机械学报, 43(4): 26-30, 44.

袁会珠, 2011. 农药使用技术指南[M]. 2版. 北京: 化学工业出版社.

（撰稿：何雄奎；审稿：李红军）

过氧化钙　calcium peroxide

一种碱性无机化合物，可用作杀菌剂、消毒除臭剂、防腐剂、漂白剂、制氧剂等。

其他名称　增氧灵、二氧化钙。

CAS 登记号　1305-79-9。

EC 号　215-139-4。

分子式　CaO_2。

相对分子质量　72.08。

结构式

理化性质　白色至微黄色无臭、几乎无味的粉状结晶或颗粒。约于275℃分解。有效氧22.2%。不溶于乙醇、乙醚；几乎不溶于水。溶于酸，生成过氧化氢。10%含水浆液的pH值约为12。常温下不稳定，遇潮湿空气或水即缓慢分解，与有机物接触可能着火。浓缩物有刺激性。

质量标准　有效成分75%，有效氧含量11%。

作用方式及机理　一种碱性化合物，与水反应可以生成氧气和碱性无机物，并释放热量，缓慢释放的氧气可以氧化土壤中还原态离子，减少还原物质累积，提高土壤氧化还原电位，释放的热量还可以提高土壤的温度，有效消除水稻生育期水稻土还原物质总量多、毒害强及土温低的影响，对促进水稻根系的生长有明显的作用。

主要用途　遇水具有放氧的特性，且本身无毒，不污染环境，是一种用途广泛的优良供氧剂，这种供氧剂可用于鱼类养殖，用于植物根系供氧、生化改良土壤土质、水稻种子包衣及生物复合肥等。

使用方法　用量为30kg/hm²，做基肥一次施入。

参考文献

王厚胜, 王吉春, 李才库, 等, 2007. 硅钙肥对水稻生育性状及产量的影响[J]. 吉林农业科学, 32(3): 35-36.

余喜初, 李大明, 黄庆海, 等, 2015. 过氧化钙及硅钙肥改良潜育化稻田土壤的效果研究[J]. 植物营养与肥料学报, 21(1): 138-146.

翟永青, 丁士文, 姚子华, 等, 2002. 过氧化钙在水稻直播中的应用试验研究[J]. 河北大学学报(自然科学版), 22(4): 360-362.

（撰稿：白雨蒙；审稿：谭伟明）

哈茨木霉菌　*Trichiderma harzianum*

以哈茨木霉菌的分生孢子为有效成分的新型微生物农药，具有保护和治疗双重功效。

其他名称　RootShield、Topshiel、Trichodex、三枪。

开发单位　北京科威拜沃生物技术有限公司，山东拜沃生物技术有限公司，成都特普生物科技股份有限公司，昆明农药有限公司，美国 Bio Works 公司，以色列 Makhteshim 公司。

理化性质　哈茨木霉的孢子可通过发酵进行生产。可在干燥的环境中密封保存。适宜生长条件为 pH4～8，土壤温度 8.9～36.1℃。

毒性　小鼠经口急性 LD_{50} ＞ 500mg/kg。对眼睛有刺激性，对皮肤无刺激。吸入 LC_{50} ＞ 0.89mg/L 时，对高等动物无致病性。野鸭及鹌鹑急性经口 LD_{50} ＞ 2000mg/kg。斑马鱼 96 小时的 LC_{50} 为 1.23×10^5 CFU/ml。对水蚤 10 天的 LC_{50} 为 1.6×10^4 CFU/ml。1000mg/L 时对蜜蜂无毒。

剂型　3 亿 CFU/g 可湿性粉剂和 1 亿 CFU/g 水分散粒剂。

作用方式及机理

竞争作用　在植物的根围、叶围可以迅速生长，抢占植物体表面的位点，形成一个保护罩，阻止病原真菌接触到植物根系及叶片表面，以此来保护植物根部、叶部免受病原菌的侵染，并保证植株能够健康生长。

重寄生作用　能够识别寄主菌丝的分泌物，向寄主真菌生长，建立寄生关系，沿寄主菌丝呈平行生长和螺旋状缠绕生长，并产生附着胞状分枝吸附于寄主菌丝上，通过分泌胞外酶溶解细胞壁，穿透寄主菌丝，吸取营养，进而将病原菌杀死。

抗生作用　可分泌一部分抗生素，抑制病原菌的生长定殖，减轻病原菌的危害。

植物生长调节作用　在植物根系定殖并且产生刺激植物生长和诱导植物产生防御反应的化合物，改善根系的微环境，增强植物的长势和抗病能力，提高作物的产量和收益。

诱导植物抗性、启动植物的防御反应　产生一些酶类物质，导致植物产生和积累与抗病性有关的酚类化合物和木质素等防卫物质，这些防卫物质直接抑制病原菌萌发，使病原菌的酶钝化，阻止病原菌侵入植物细胞。

防治对象　防治立枯病、猝倒病、根腐病、菌核病等真菌性根部病害，及灰霉病等叶部病害。

使用方法　使用方法灵活，可用药肥、药土、药砂、喷雾、浇灌等方法。苗床淋喷，用量 2～4g/m²。蘸根，配制成 100～150g/L 的药液，然后蘸根即可。盆栽及苗床混土，用量 110～220g/m²，根据用水量先配制成母液，然后混匀。灌根，配制成 30g/100L 的药液，每株浇灌 200ml，根据植株的大小可以适当调节用量。喷雾处理，防治灰霉病可以用 7.5～10g/L 的药液茎叶喷雾，用药间隔 7～14 天，叶片正反面均匀喷雾。种子处理，每 50kg 种子用药 60～125g，加适量水，先将半量的种子和药剂混匀，然后再加入剩余的种子及药剂搅拌混匀即可。

与其他药剂的混用　可与肥料、杀虫剂、杀螨剂、除草剂、消毒剂、生长调节剂及部分杀菌剂兼容。

注意事项　禁止与苯菌灵、抑霉唑、丙环唑、戊唑醇和氟菌唑混用。

参考文献

纪明山, 2011. 生物农药手册[M]. 北京: 化学工业出版社: 57-59.

（撰稿：卢晓红、李世东；审稿：刘西莉、苗建强）

海葱素　scilliroside

一种经口能致心脏病变的植物提取物毒物。

其他名称　红海葱、red squill。

化学名称　(3β,6β)-6-(乙酰氧代)-3-(β-D- 吡喃葡萄糖基氧代)-8,14- 二羟基 - 蟾 -4,20,22- 三烯内酯。

IUPAC 名 称　(3β,6β)-6-acetoxy-3-(β-D-glucopyrano-syloxy)-8,14-dihydroxybufa-4,20,22-trienolide。

CAS 登记号　507-60-8。

分子式　$C_{32}H_{44}O_{12}$。

相对分子质量　620.69。

结构式

理化性质　亮黄色结晶，易溶于乙醇、甘醇、冰乙酸，略溶于丙酮，几乎不溶于水、氯仿；168～170℃时易分解。

毒性　急性杀鼠剂，误服可按照治疗心脏病患者的方法，服用过量糖苷进行治疗。雄性大鼠的急性经口 LD_{50} 为 0.7mg/kg，雌性大鼠为 0.43mg/kg；猪和猫的存活剂量为 16mg/kg，对鸡为 400mg/kg；对鸟类基本无毒。其中毒症状包括胃肠炎和痉挛，对心脏可产生毛地黄样作用。海葱素是一种较好的专用杀鼠剂，毒饵中有效成分含量一般为 0.015%。在规定剂量下，只杀鼠，对其他温血动物无害。

作用方式及机理　含多种强心甙，抑制心脏跳动。

使用情况　从海葱的球根可萃取出红海葱和白海葱，两者都含有强心甙，但只有红海葱可用作杀鼠剂。新鲜的白海葱虽然对鼠类也有毒，但干燥后就失去毒性。由于海葱素是一种强有力的催吐剂，当人和家畜误食后会立即呕吐，故不会发生中毒；但被鼠吞食后不会致呕吐而致死亡，故是一种较为安全的杀鼠剂。在英国，海葱素被禁用。该化合物对褐家鼠有效，但其对屋顶鼠和小家鼠的毒杀效果还有待于进一步的研究。

使用方法　堆投，毒饵站投放。

注意事项　误服后可按照心脏病患者服用了过量糖苷的治疗方法进行治疗。

参考文献

巢志茂, 1994. 红海葱的蟾蜍二烯内酯络合物[J]. 国外医学(中医中药分册) (5): 42.

MARSHALL E F, 1984. Cholecalciferol: a unique toxicant for rodent control. proceedings of the 11th vertebrate pest conference[M]. Davis: University of California: 95-98.

（撰稿：王登；审稿：施大钊）

海灰翅夜蛾性信息素　sex pheromone of *Spodoptera littoralis*

适用于多种作物的昆虫性信息素。最初从海灰翅夜蛾（*Spodoptera littoralis*）虫体中提取分离，主要成分为（9Z, 11E）-9,11-十四碳二烯 -1- 醇乙酸酯。

其他名称　Z9E11-14Ac、prodlure。

化学名称　(9Z,11E)-9,11-十四碳二烯 -1- 醇乙酸酯；(9Z,11E)-9,11-tetradecadien-1-ol acetate。

IUPAC 名称　(9Z,11E)- tetradeca-9,11-dien-1-yl acetate。

CAS 登记号　50767-79-8。

分子式　$C_{16}H_{28}O_2$。

相对分子质量　252.39。

结构式

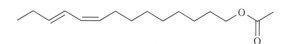

生产单位　由 Bedoukian、Shin-Etsu 等公司生产。

理化性质　无色或浅黄色液体，有特殊气味。沸点

147～148℃（26.66Pa）。相对密度 0.89（25℃）。难溶于水，溶于氯仿、乙醇、乙酸乙酯等有机溶剂。

毒性　急性经口 LD_{50}：大鼠 > 5000mg/kg，小鼠 > 5000mg/kg。

剂型　管剂。

作用方式　主要用于干扰海灰翅夜蛾（埃及斜纹夜蛾）的交配。

防治对象　适用于棉花、花生、番茄、马铃薯等作物，防治海灰翅夜蛾（埃及斜纹夜蛾）。

参考文献

马克比恩 C, 2015. 农药手册[M]. 胡笑形, 等译. 北京: 化学工业出版社.

（撰稿：钟江春；审稿：张钟宁）

海洋芽孢杆菌　*Bacillus marinus*

一种广谱微生物杀菌剂，通过有效成分海洋芽孢杆菌产生的抗菌物质杀灭和抑制病原菌。

开发单位　浙江省桐庐汇丰生物科技有限公司。

理化性质　海洋芽孢杆菌来自海洋，具有天然的耐盐性，适合于盐渍化土壤中的植物土传病害的防治。

毒性　按照中国农药毒性分级标准，海洋芽孢杆菌属低毒。若误食催吐即可；若吸入则转至通风处吸收新鲜空气即可；若溅入眼睛、皮肤沾附用清水冲洗即可。

剂型　10 亿 CFU/g 可湿性粉剂。

作用方式及机理　广谱的微生物杀菌剂，通过海洋芽孢杆菌产生的抗菌物质和位点竞争的作用方式，杀灭和抑制病原菌，从而达到防治病害的目的。同时在土传病害和叶部病害的发病初期具有一定的治疗作用。

防治对象　防治灰霉病和青枯病。

使用方法　对番茄青枯病重在预防，在育苗、移栽、初发病前（始花期）至少各用药 1 次，用量分别为育苗床 60g/ 亩、移栽定植 240～300g/ 亩、初发病前（始花期）260～320g/ 亩，移栽当天用药最佳。

喷雾防治灰霉病，发病初期开始用药，用量 100～200g/ 亩，用药间隔 7～10 天用药，连续施用 3 次。

若病害较重，可在登记范围内加大用药量，效果更佳且无药害。

注意事项　应储存在干燥、阴凉、通风、防雨处，远离火源或热源，切勿日晒和冰冻，储存温度范围 0～40℃，最适储存温度 10～25℃。

苗期用药防治番茄青枯病和黄瓜灰霉病，兼具防病和壮苗作用。

施药应选在傍晚或早晨，不宜在太阳暴晒下或雨前进行；若施药后 24 小时内遇大雨天气，天晴后应补用 1 次。土壤潮湿时，则减少稀释倍数，确保药液被植物根部土壤吸收；土壤干燥、种植密度大或冲施时，则加大稀释倍数，确保植物根部土壤浇透。

不能与杀细菌的化学农药直接混用或同时使用，使用

过杀菌剂的容器和喷雾器需要用清水彻底清洗后使用。使用时应穿戴防护服、手套等，施药后应及时洗手、洗脸等。洗器具的废水，施入田间即可；废弃物要妥善处理，不可他用。勿与食品、饮料、粮食、饲料等同储同运。

参考文献

高伟, 田黎, 周俊英, 等, 2009. 海洋芽孢杆菌 (*Bacillus marinus*) B-9987菌株抑制病原真菌机理[J]. 微生物学报, 49 (11) : 1494-1501.

（撰稿：卢晓红、李世东；审稿：刘西莉、苗建强）

海藻素　cytex

为多种激动素混合物，大多数与玉米素类似，是从海藻中提取的植物生长调节物质，能促进蔬菜作物细胞分裂，延缓衰老和增进根、茎生长。

英文名称　cytolinin。

CAS 登记号　69235-69-4。

理化性质　产品为棕色液体，pH4.9，相对密度1.045。极易溶于水，水溶浓缩液含有相当于100mg/kg激动素的生物活性。储藏稳定期约48个月。海藻素产品呈弱碱性，溶于水，具有海藻味。内含多种植物所必需的营养成分、微量元素和海洋生物活性物质、海藻多糖、天然植物生长素。

毒性　大鼠急性经口 LD_{50} 15 380mg/kg。

作用方式及机理　一种激动素类型的植物生长调节物质，能促进细胞分裂，延缓衰老期，并增进根和茎的生长。海藻素能改善土壤结构、水溶液乳化性、减低液体表面张力，可与多种药、肥混用，能提高展布性、黏着性、内吸性，而增强药效、肥效。在植保方面可直接单用，也有抑制有害生物、缓解病虫危害的作用，如与其他制剂复配，还有增效作用。含有多种植物生长调节素和矿质元素、螯合金属离子以及海洋生物活性物质，如细胞激动素、海藻多糖等可促使植物细胞快速分裂、植物快长、增强新陈代谢、提高抗逆性（如抗干旱）、促进孕蕾开花，尤为重要的是藻红素和藻蓝素，其辅基是吡咯环所组成的链，分子中不含金属，与蛋白质结合在一起，藻红素主要吸收绿光，藻蓝素主要吸收橙黄光，它们能将所吸收的光能传递给叶绿素而用于光合作用，这点对治理或改善园林绿化植物的黄化也有重要意义。

使用对象　适用于番茄、黄瓜、柑橘、芹菜、甘蓝等，试验证明，能使马铃薯、苹果和桃树增产。甜菜上使用可以提高含糖量。

使用情况

茄子　坐果多，果皮光滑，果肉紧实，硬度大，无畸形果，着色好，长茄果直而色重，圆茄果圆滑而色艳。

黄瓜　瓜密、瓜条直，粗细均匀，色度亮，香味浓。

大姜　叶片挺立增厚、叶色浓绿、不早衰，收获期植株比对照增高5～10cm，分枝多

5～16个、姜芽粗壮、表皮光滑、姜味辣甜。

辣椒　易坐果，长椒果直而鲜艳，圆椒果圆光滑色亮，均表现为皮增厚、无畸形果。

胡萝卜　根膨大快、充实，个大、脆甜、光滑，无毛根、无裂口、不弯曲、无叉子。

芹菜　叶片鲜嫩、无黄叶、烂叶，叶柄宽厚、纤维少，口感极佳，一般比对照高 10～15cm。

西瓜　瓜膨大快、肉质紧实，瓜大皮色重，含糖一般提高 2～13个百分点，耐储运。

番茄　果大肉密、色艳味甜，无畸形果，无脐腐病。

注意事项　该品低毒，使用时采取一般防护。无专用解毒药，出现中毒，采用对症疗法；应储存在阴凉场所，防止过冷或过热。

参考文献

陈迪文, 敖俊华, 周文灵, 等, 2019. 海藻素对甘蔗不同栽培品种生长和产量影响的初探[J]. 甘蔗糖业 (2): 27-31.

孙企农, 2003. 海藻素可利用的空间[J]. 园林 (8): 61-62.

（撰稿：谭伟明；审稿：杜明伟）

海藻酸　alginic acid

广泛存在于巨藻、昆布、海带、墨角藻和马尾藻等上百种褐藻的细胞壁中，是一种天然存在的线型共聚物多糖。易被植物吸收，能促进作物的光合作用，使植物从土壤中吸收更多的营养元素，提高作物抗逆性。

其他名称　藻朊酸、藻酸、藻蛋白酸、澡朊酸。

化学名称　海藻酸。

IUPAC名称　alginic acid。

CAS 登记号　9005-32-7。

EC 号　232-680-1。

分子式　$(C_6H_8O_6)_n$。

相对分子质量　1万到60万不等。

结构式

理化性质　为淡黄色粉末，无臭，几乎无味。在水、甲醇、乙醇、丙酮、氯仿中不溶，在氢氧化钠碱溶液中溶解。有助悬、增稠、乳化、黏合等作用。可用作微囊囊材，或作为包衣及成膜的材料。相对密度 1.67。制品呈白色至淡黄棕色粉末。平均相对分子质量约为 24 万。熔点＞ 300℃。微溶于热水，其水溶液的黏性较淀粉高 4 倍，缓慢地溶于碱性溶液。不溶于冷水，易溶于碱性溶液，不溶于有机溶剂。3% 水悬浮液的 pH 为 2.0～3.4。遇钙盐沉淀，其钠、钾、铵或镁盐溶于水。海藻酸钠的主要组成是海藻酸的钠盐，是聚糖醛酸的混合物。海藻酸钠广泛用于药物制剂、食品和化妆品中，是一种几乎无毒、无刺激性的物质。

毒性　急性经口 LD_{50}：大鼠＞ 1600mg/kg，小鼠＞ 1000mg/kg。

剂型　颗粒剂。

质量标准　纯度＞ 90%，含水率＜ 75%。

作用方式及机理　一种天然的高分子聚糖化合物，可以促进土壤团粒结构的形成，提高土壤保水、保肥能力。海藻酸盐被植物吸收，能促进作物的光合作用，使植物从土壤中吸收更多的营养元素，提高作物抗逆性。

使用方法　①保花保果，能促进植株生长健壮、根系发达，提高坐果率，减少畸形果率，促进果实膨大，使果实人小均匀，增产效果显著。②抗干旱，解冻害，能够促进作物根部吸收功能。具有缩小气孔开张度，减少水分蒸腾的作用，使植株和土壤保持较高水分和养分，减少流失，起抗旱作用。

注意事项　不可与强氧化剂配伍，海藻酸在除钙离子外的碱土金属离子和Ⅲ族金属离子存在下能生成不溶性盐。

参考文献

李玲，肖浪涛，谭伟明，2018. 现代植物生长调节剂技术手册[M]. 北京：化学工业出版社:63.

西鹏，张宇峰，安树林，2015. 高技术纤维概论[M]. 2版. 北京：中国纺织出版社.

DAVIS T A, VOLESKY B, MUCCI A, 2003. A review of the biochemistry of heavy metal biosorption by brown algae[J]. Water research (Elsevier), 37 (18): 4311-4330.

UWE R, BERND H A R, 2009. Microbial production of alginate: biosynthesis and applications[C]//Microbial production of biopolymers and polymer precursors. Caister Academic Press.

（撰稿：尹佳茗；审稿：谭伟明）

殊的保护膜，对生物大分子有很好的保护作用。海藻糖水解酶（简称海藻糖酶）可以专一性地将生物体内的海藻糖水解为 2 分子葡萄糖。在昆虫飞行过程中，水溶性的海藻糖通过昆虫血淋巴运输到飞行肌细胞，被可溶性的和颗粒状的肌肉海藻糖酶水解成葡萄糖，为昆虫的飞行提供能量。

作用药剂　海藻糖酶抑制剂，如 Trehazolin、井冈霉素亚胺等。

杀虫剂作用机制　在发挥作用的过程中多以其糖苷配基基团对海藻糖酶的抑制作用为基础，通过与海藻糖酶活性位点上的氨基酸（Glu、Ala 等）相互作用形成复合物，抑制海藻糖的水解，降低害虫所需的能源来源，从而达到杀虫的目的。

靶标抗性机制　尚未有明确的报道。

相关研究　1972 年，Garet M K 等报道了第一个天然的海藻糖酶抑制剂，现已从微生物及植物细胞中分离得到了多种海藻糖酶抑制剂，它们均显示出了良好的抑制海藻糖水解的效果。对海藻糖酶抑制剂的深入研究则主要集中在近 10 年内，目前发现具有明显海藻糖酶抑制活性的化合物有井冈霉亚基胺 A、validalnycin A、trelazolin、salbostain、MDL25637 等。研究表明海藻糖酶抑制剂进入昆虫体内后可以阻断海藻糖的水解，抑制昆虫体内葡萄糖的转运，导致昆虫失去飞行能力。然而由丁像井冈霉亚基胺和 Trehazolin 等海藻糖酶抑制剂难以穿透昆虫的表皮进入生物体内达到"酶靶标"，因此通过常规施药方法使用该类抑制剂难以达到理想的防治效果。

参考文献

ELBEIN, A D, 1974. The metabolism of α, α-trehalose[J]. Advances in carbohydrate chemistry and biochemistry, 30: 227-256,

GARRETT M K, SUSSMAN A S, YU S A, 1972. Properties of an inhibitor of trehalase in trehalaseless mutants of *Neurospora*[J]. Nature, 235: 119-121.

QIAN X, LI Z, LIU Z, et al, 2001. Syntheses and activities as trehalase inhibitors of N-arylglycosylamines derived from fluorinated anilines[J]. Carbohydrate research, 336: 79-82.

RHINEHART B L, ROBINSON K M, LIU P S, et al, 1987. Inhibition of intestinal disaccharidases and suppression of blood glucose by a new alpha-glucohydrolase inhibitor--MDL 25, 637[J]. Journal of pharmacology and experimental therapeutics, 241: 915-920.

（撰稿：张一超、何林；审稿：杨青）

海藻糖酶　trehalase

葡萄糖苷酶的一种，对海藻糖有特异作用，可将海藻糖水解成为 2 个分子的葡萄糖，广泛存在于细菌、霉菌、植物和动物中。

生理功能　海藻糖是由 2 个葡萄糖基通过 α-α［1,1］糖苷键连接而成的一种非还原性二糖。在细菌、真菌以及许多无脊椎动物体内，它不仅可以作为供能物质和结构成分存在，而且能够在干旱、冷冻等不良条件下在细胞表面形成特

害虫抗药性　insect pests resistance

害虫具有忍耐杀死正常种群大部分个体的药量的能力，并在其种群中逐渐发展起来的现象。害虫对某种农药产生抗性后，再用这种农药开展防治工作，所需的浓度或剂量均会显著增加。这是害虫在外界药剂胁迫等不利的环境条件下求得生存的一种生物进化现象。

害虫抗药性提出的背景　人类对于害虫抗药性的关注，首推 Melander 在 1908 年发现，1914 年报道的有关梨圆蚧

（*Quadraspidiotus pernicious*）对石硫合剂产生的抗性。现如今，已经发现数百种农业害虫对各种杀虫剂产生了不同程度的抗性。而且，随着杀虫剂种类的增加和不恰当使用，具有抗药性的昆虫种类不断增加，已引起人们越来越多的关注和重视。

害虫抗药性产生的主要原因及相关学说　害虫产生抗药性的原因包括两个方面：一是害虫自身先天存在的抗药性，即一些种类的昆虫对一些药剂存在天然的不敏感性；二是害虫后天获得的抗药性，是经过长期使用单一的药剂将抗性个体筛选出来，并能够稳定遗传下来的现象。所以关于昆虫抗药性就形成了选择（selectivity）和诱变（mutation）两种学说。

选择学说　认为是昆虫种群中某些个体早就存在着抗性基因，在通常的自然选择中，这些个体的抗性未能得以表现。但是在杀虫剂胁迫下，抗性得到表现而得以生存，并不断地繁殖下去，将这种抗性能力遗传给下一代。由于这种抗性基因是早已存在的，所以认为抗药性是一种前适应现象，杀虫剂只是选择因子之一。

诱变学说　认为是昆虫种群中这些个体根本不存在抗性基因，而是由于使用了杀虫剂以后，使得种群中的某些个体发生了基因突变，因而产生了抗性基因。所以认为这是昆虫抗药性的一种后适应现象，杀虫剂起到了诱变剂的作用。

现在大多数学者普遍承认和接受选择学说。

害虫抗药性的机制

改变作用部位　在某一昆虫体内存在隐性的抗击倒基因，它改变了药剂到达作用部位的途径或改变了药剂的作用部位。

酶的改变　由于害虫作用位点的酶对杀虫剂耐受性的增强，如乙酰胆碱酯酶的量和质的改变，均可导致对有机磷和氨基甲酸酯类农药产生抗性。

神经钝性　表现为害虫神经组织对毒物敏感性降低或不敏感。

生理性抗性　由于昆虫建立了解毒或其他生理机制而能忍受杀虫剂。如表皮通透性的降低、代谢能力的增强或将药剂储存在脂肪中的能力增强。

行为抗性　行为抗性是指昆虫受药剂刺激后，习性发生了改变，从一个地方迁到了另一个地方的现象。即是指昆虫在杀虫剂的作用下，那些具有有利于生存的行为习性的个体得以保存下来，从而使整个昆虫群体改变了原有的行为习性。

参考文献
唐振华, 2000. 我国昆虫抗药性研究的现状及展望[J]. 昆虫知识, 37(2): 97-103.

吴文君, 2000. 农药学原理[M]. 北京: 中国农业出版社.

（撰稿：张永强；审稿：丁伟）

害虫抗药性治理　management of pest insect resistance to insecticide

害虫抗药性是一种微进化（micro-evolution）现象，它

的发展不是像种群增长那样立即表现出来的，只有在防治失败时才察觉。杀虫剂的使用虽然暂时降低了害虫的种群数量，但与此同时却增加了抗药性基因的频率，使用杀虫剂的代价是消耗了一部分"自然资源"，即害虫的敏感性，这种敏感性在一次又一次地使用杀虫剂的过程中逐步丧失，而一旦消耗殆尽时，再想恢复是一个十分缓慢的过程，甚至是不太可能的。影响抗药性形成的因子众多，其中有遗传学因子，如等位基因数目、起始基因频率、基因显隐性程度、基因的适合度（fitness）、基因间的相互作用等。生物学和生态学因子，如每年的世代数、生殖方式、活动性和隔离性、食性和"庇护所"（refugia）等；药剂和用药方面的因子，如药剂的理化性质、以前用药的历史、药剂的残效期、剂型、施药方式、施药阈限（application threshold）、选择阈限（selection threshold）、防治虫期和防治区域等。

抗药性治理的基本出发点：①降低抗药性等位基因频率。②减少抗药性显性。③降低抗药性遗传型适合度。害虫综合治理（IPM）为抗药性治理提供了有利条件。通过科学用药、保护利用天敌、选育抗虫作物和其他非化学防治等措施降低杀虫剂选择压，达到减少环境污染和控制抗药性发展的目的。

从化学防治出发，以下策略对延缓和阻止抗药性的发展是有效的：①限制使用药剂，降低药剂的选择压。②换用无交互抗药性的杀虫剂。③合理混用（包括应用增效剂）和轮用。④选择敏感靶标虫期。⑤镶嵌式防治。

（撰稿：慕卫；审稿：王开运）

害扑威　CPMC

一种氨基甲酸酯类杀虫剂。

其他名称　Etrofol、Hopcide。

化学名称　2-氯苯基-*N*-甲基氨基甲酸酯；2-chlorophenyl methylcarbamate（此处的化学名是指CAS名）。

IUPAC名称　2-chlorophenyl methylcarbamate。

CAS登记号　3942-54-9。

EC号　223-524-3。

分子式　$C_8H_8ClNO_2$。

相对分子质量　185.61。

结构式

开发单位　1965年由日本东亚农药公司开发。

理化性质　纯品为白色结晶，性质比较稳定，但在碱性介质中分解。熔点90～91℃，具有微弱苯酚气味。溶于丙酮、甲醇、二甲基、乙醇、甲酰胺等，在水中的溶解度为0.1%。

毒性　对鲤鱼的TLm（48小时）7.1mg/L。急性经口

LD_{50}（mg/kg）：小鼠 118～190，大鼠 648。对大鼠的急性经皮 LD_{50} > 500mg/kg。

剂型　20% 乳油，50% 可湿性粉剂，1.5% 粉剂。

作用方式及机理　抑制昆虫体内的胆碱酯酶。速效，持效期短。温度的变化对杀虫效果无影响。

防治对象　可用于防治水稻、棉花等作物的害虫，尤其对飞虱、水稻叶蝉、枣树龟蜡蚧效果较好。

使用方法

防治水稻害虫　①稻褐飞虱（俗称蠓虫）。在水稻分蘖期到圆秆拔节期，平均每丛稻有虫（大发生前 1 代）1 头以上；在孕穗期、抽穗期，每丛有虫（大发生当代）5 头以上；在灌浆乳熟期，每丛有虫（大发生当代）10 头以上；在蜡熟期，每丛有虫（大发生当代）15 头以上，应该防治。可掌握在二、三龄若虫盛发期施药。用药量和使用方法同黑尾叶蝉。②黑尾叶蝉（俗称蠓子、青蠓子等）。秧田防治，早稻秧田在害虫迁飞高峰期防治 1～2 次；晚稻秧田在秧苗返青后每隔 5～7 天用药 1 次。本田防治，早稻在第一次若虫高峰期施药；晚稻在插秧后 3 天内，对离田边 3m 范围内的稻苗喷药，消灭初次迁入的黑尾叶蝉。用 20% 害扑威乳油 1.5L/hm²（含有效成分 300g/hm²），兑水 750kg 喷雾。

防治果树害虫　①介壳虫。用 20% 害扑威乳油 500～300 倍药液（有效成分 400～666mg/kg），喷雾。②山楂红蜘蛛（又名山楂叶螨、樱桃红蜘蛛）。用 2%～3% 粉剂 22.5～33.75kg/hm² 喷粉，或者以 0.05%～0.1% 浓度乳剂喷雾，或用 4% 颗粒剂 30～33.75kg/hm² 进行防治。此外，防治水稻螟虫，用 20% 乳油稀释 400 倍喷雾防治。防治茶树上介壳虫，用 0.05% 有效浓度。对柑橘锈壁虱用 0.1% 浓度防治。对家蝇、蚊子、蟑螂等卫生害虫，每平方米用 1g 有效成分剂量防治，对蚂蚁、马陆等也有效。③枣树龟蜡蚧（又名日本蜡蚧）。若虫防治应在 7 月前进行，在发生量大的情况下，可在幼虫出壳盛期和末期用较低的浓度喷施 1 次。用 20% 害扑威乳油 400 倍药液（有效成分 500mg/kg）喷雾。

注意事项　可遵照一般农药应注意的事项。使用该品后，必须用肥皂和水清洗手脸。如发生中毒，必须就医诊治，解毒药为硫酸阿托品。

参考文献

朱永和，王振荣，李布青，2006. 农药大典[M]. 北京：中国三峡出版社.

（撰稿：张建军；审稿：吴剑）

害鼠抗药性　rodents resistance to rodenticides

害鼠对化学杀鼠剂的抗性。

鼠害是一种世界性的生物灾害，目前，有效控制鼠害的主要手段依然是依靠化学杀鼠剂，特别是抗凝血剂类杀鼠剂。应用抗凝血杀鼠剂控制鼠害，已有 70 年的历史。随着其普遍应用，害鼠对抗凝血剂的抗性问题也日渐突出。自 1958 年在苏格兰首次发现了褐家鼠（Rattus norvegicus）对第一代抗凝血灭鼠剂杀鼠灵（warfarin）产生抗药性以来，几乎所有使用这类鼠药的国家和地区都确认了抗药性鼠群的存在。从 20 世纪 80 年代开始，随着溴敌隆（bromadiolone）等第二代抗凝血杀鼠剂的广泛使用，害鼠对第二代抗凝血类灭鼠剂也产生了抗药性。中国很多地区的害鼠均对第一代和第二代抗凝血类灭鼠剂产生了不同程度的抗药性和交互抗性。

害鼠抗药性常用的检测方法主要有：致死食毒期法（lethal feeding period，LPF）；血凝反应测试法（blood clotting response test，BCR）；肝内维生素 K 氧化还原酶评估法（hepatic vitamin K epoxide reductase assessment，VKOR）；抗性基因检测法（genotypic testing）。

害鼠的抗性机制主要包括行为抗性和生理抗性。行为抗性主要表现为鼠类拒食现象；生理抗性主要是指鼠类的抗药靶基因或代谢基因的表达量或蛋白结构的改变，导致鼠类对抗凝血类灭鼠剂不敏感。

抗凝血类灭鼠剂可以与维生素 K 循环中的 VKOR 相结合，阻止还原型维生素 K 的生成，从而阻止凝血因子的活化导致凝血功能障碍。因此，抗药性鼠类体内维生素 K 环氧化物还原酶 VKOR 活性抑制是鼠类对抗凝血灭鼠剂不敏感的主要原因。①通过种群内 Vkorc1 基因的单核苷酸变异获得抗药性。至今已在褐家鼠、小家鼠（Mus musculus）和屋顶鼠（Rattus rattus）的 Vkorc1 基因中分别发现了 15，11 和 12 种不同的氨基酸变异，其中至少 10，5 和 6 种氨基酸变异被体内或体外实验证明可以导致这 3 种鼠类对抗凝血类灭鼠剂的抗性。②通过遗传渗入其他物种的 Vkorc1 基因获得抗药性。西欧家鼠（Mus musculus domesticus）Vkorc1 基因的 4 个氨基酸变异（Arg12Trp，Ala26Thr，Ala48Thr 和 Arg61Leu）不是来自欧洲小家鼠种群内部的变异，而是通过遗传渗入从地中海小家鼠（Mus spretus）中获得的，并且携带这 4 个氨基酸变异的欧洲小家鼠对抗凝血类灭鼠剂具有抗药性。

细胞色素氧化酶 P450 基因参与介导的抗性机制。细胞色素氧化酶 P450 基因参与抗凝血类灭鼠剂在鼠类体内的代谢，该基因的多态性或表达量变化与鼠类对抗凝血类灭鼠剂的抗性相关。在鼠类中杀鼠剂的代谢被认为与 P450 基因家族中的 CYP2C，CYP2B，CYP1A 和 CYP3A 亚家族中的某些基因相关。

其他基因参与介导的抗性机制。NAD（P）H：醌氧化还原酶 1：quinone oxidoreductase 1（NQO1）和 calumenin（Calu）基因的表达与褐家鼠对抗凝血类灭鼠剂的抗性相关。CALU 是一种拮抗信号肽，它可以与 VKOR 相结合从而阻止杀鼠灵与 VKOR 的结合。Wajih 等发现，美国褐家鼠对杀鼠灵的抗性可能与 Calu 基因的高表达相关。Markussen 等人发现，NQO1 基因的表达可能与褐家鼠对溴敌隆的抗性相关。

（撰稿：姜莉莉；审稿：王开运）

害鼠抗药性机制　resistance mechanism of rats

害鼠生理生化的改变是导致害鼠具有忍受杀死正常种群大多数个体的药量的能力在其种群中发展起来的直接原

因，而害鼠抗性基因控制着这些机理的改变，是抗性产生的根本原因。这些原因是研究延缓抗性产生的关键，又被称为害鼠抗药性机制。

害鼠抗药性具体机制　杀鼠剂的作用方式主要是影响中枢神经系统和抗凝血作用，故其抗性机制亦有如下几种。

抗药靶基因 Vkorc1 介导的抗性机制　抗凝血类灭鼠剂的杀鼠作用主要是阻止鼠类的维生素 K 的循环，导致凝血功能障碍。很多凝血因子（凝血因子 II、VII、IX 等）和抗凝血因子蛋白 C、蛋白 S、蛋白 Z 等将谷氨酸残基通过 γ-羧化过程变为 γ-羧基谷氨酸的活化过程中，将还原型维生素 K 变为氧化型的维生素 K。抗凝血类灭鼠剂与维生素 K 的基本化学结构类似，可以与维生素 K 循环中的 VKOR（维生素 K 环氧化还原酶）相结合，阻止还原型维生素 K 的生成，从而阻止凝血因子的活化导致凝血功能障碍，产生抗性。杀鼠灵钠盐、杀鼠醚、敌鼠等 9 种抗凝血类灭鼠剂都可以抑制 VKOR 的活性，这些抗凝血类灭鼠剂相似的作用机制决定了鼠类对第一代和第二代不同的抗凝血类灭鼠剂可以产生交互抗性。

细胞色素氧化酶 P450 基因参与介导的抗性机制　细胞色素氧化酶 P450 基因参与抗凝血类灭鼠剂在鼠类体内的代谢，该基因的多态性或表达量变化与鼠类对抗凝血类灭鼠剂的抗性相关。在鼠类中杀鼠灵的代谢被认为与 P450 基因家族中的 CYP2C、CYP2B、CYP1A 和 CYP3A 亚家族中的某些基因相关。CYP2C9 基因上的多态性主要是由遗传漂变（genetic drift）决定的，在鼠类中与抗性相关基因的频率可能更多取决于抗凝血类灭鼠剂的选择压力。

其他基因参与介导的抗性机制　NAD（P）H：醌氧化还原酶 1［NAD（P）H: quinoneoxi-doreductase，NQO1］，Calumenin（Calu）基因的表达与鼠类对抗凝血类灭鼠剂的抗性相关。CALU 是一种拮抗信号肽，它可以与 VKOR 相结合从而阻止杀鼠灵与 VKOR 的结合。Calu 基因的高表达可能与褐家鼠对溴敌隆的抗性相关，同时发现 NQO1 基因在抗性褐家鼠中表达量降低，说明 NQO1 基因的表达可能与褐家鼠对溴敌隆的抗性相关。

监测害鼠抗药性的意义　抗药性的产生极大地降低了抗凝血类灭鼠剂的使用效率，因此监测鼠类的抗性水平对于科学合理使用灭鼠剂尤为重要。通过抗性监测可以了解种群抗药性的程度及发展趋势，对于未产生抗性种群的地方，可以继续科学合理地使用抗凝血类灭鼠剂，而在抗性水平比较高的种群中，要采用改变药物种类、诱捕措施等综合治理措施，减轻抗凝血类灭鼠剂的选择强度，来降低种群的抗药性，确保抗凝血类灭鼠剂的使用效率和生命力。

参考文献

董天义，2001. 抗凝血杀鼠剂应用研究[M]. 北京：中国科学技术出版社.

宋英，李宁，王大伟，等，2016. 鼠类对抗凝血类灭鼠剂抗性的遗传机制[J]. 中国科学杂志，46(5): 619-626.

ROST S, FREGIN A, IVASKEVICIUS V, et al, 2004. Mutations in VKORC1 cause warfarin resistance and multiple coagulation factor deficiency type 2[J]. Nature, 427: 537-541.

（撰稿：陈娟妮；审稿：丁伟）

航空喷雾　aerial spraying

见航空施药法。

（撰稿：何雄奎；审稿：李红军）

航空施药法　aerial application

用飞机或其他飞行器将农药液剂、粉剂、颗粒剂等从空中均匀地撒施在目标区域内的施药方法。

发展简史　1922 年美国首先正式采用了双翼飞机喷撒砷素杀虫剂粉剂防治苜蓿害虫，同年苏联也开始撒布湿的亚砷酸钠毒饵防治蝗虫，1931 年美国撒布砷剂—麦麸—糖浆制成的毒饵防治蝗虫。1922 年美国首次进行飞机喷雾试验，至 1949 年美国用飞机防治面积中已有半数是采用喷雾，喷液量为 $9\sim28L/hm^2$，并开始向高浓度低喷量方向发展。1949 年美国首先在加利福尼亚大学住宅附近潮湿地带进行超低容量喷雾防治蚊虫。20 世纪 60 年代施药液量已低至 $300\sim900ml/hm^2$，从而建立了飞机超低容量喷雾防治技术。为防治作物生长后期的病虫害或杂草，飞机撒施农药颗粒剂、微粒剂也开始发展。由于飞机喷粉会造成严重的环境污染和药剂飘失，美国于 1979 年停止飞机喷粉，随后其他一些国家也相继停止或限制飞机喷粉。用直升机施药，要比用固定翼飞机晚得多。1931 年美国用直升机在马萨诸塞州第一次进行喷药试验。1946 年美国联邦航空局批准贝尔 47 型直升机供农业使用。为适应世界农业航空（包括飞机施药）事业的发展，1960 年在荷兰海牙成立了国际农业航空中心（International Agricultural Aviation Center，IAAC），并创办了《农业航空》杂志。此中心 1976 年迁入英国克兰菲尔德技术学院（CIT），开展学术研究，培训专业技术人员，交流各国农业航空应用技术经验等。自 20 世纪 80 年代以来，随着科学技术的发展，在一些国家的农业飞机上已采用彩色气象数字雷达，并可进行夜间飞行作业。

中国航空施药作业是从 1951 年在广州用 C-46 型飞机喷洒滴滴涕乳剂灭蚊蝇和在河北等地喷药灭蝗开始的。1956 年中国民用航空局设立专业航空机构，开展包括飞机施药在内的多种农业航空业务。20 世纪 70 年代后期研制了可进行超低容量喷雾的蜜蜂型超轻型飞机。1985 年首次用国产的运-11 型飞机组建了中国的农业航空服务队。

主要内容

航空施药飞机的类型与性能　从国际发展趋势看，农用航空施药在农林牧渔生产中的作业已经发展到了 10 多类 100 余种。当前，航空施药采用的机型主要有两种类型：固定翼式飞机和旋翼式直升机。

固定翼式飞机　一般发动机功率为 $110\sim440kW$，载药量 $300\sim5000kg$，飞行速度 $100\sim180km/h$，飞行仪表齐全、速度快、航程远、低空性能好，除能喷施农药外还可用于客货运输、防火护林等。固定翼式飞机施药使用成本低，消耗的动力也低于直升机，但要有地面设施（如跑道、机库等）

且与喷洒点要有一定距离，而效率与直升机相差不多。其不足之处为固定翼飞机高速飞行时，机翼下会产生涡流，影响雾滴顺利向下喷向目标。又为考虑安全，飞机距地面高度应比直升机大，因而农药飘移问题可能性大。解决两翼涡流的方法之一是缩短喷杆长度，即让喷杆长度小于机翼的长度。

中国目前使用的农用固定翼式飞机，主要有国产运五B（Y-5B）、运十一（Y-11）和农林五（N-5A）等机型；从国外引进的有 M-18 型、GA-200 型、空中农夫（PL-12 型）、AT-402B 型、Thrush510G 型等。

旋翼式直升机　旋翼式直升机机动灵活，适合于地形复杂、地块小、作物交叉种植的地区使用。但直升机造价昂贵，运行成本高，因此，只有少数国家用于农药喷洒。中国目前使用的农用直升机主要有贝尔 407 型和罗宾逊 R66 型。直升机飞行时螺旋桨产生向下的气流，可协助雾滴向植物冠层内穿透。并且由于直升机可距地面很低飞行，强气流打到地面后又返回上空，迫使雾滴打在作物叶子的反面，所以可作小直径雾滴低量喷雾。例如，在用直升机进行作物和葡萄园喷雾时，可采用 50～200μm 的雾滴直径，施药液量为 15～100L/hm²。

导航设备　导航是引导飞机按规定航线飞行以保证飞行安全与施药质量的重要措施。最通常的导航方式是采用地面信号旗进行导航。地面信号旗可以是固定的或是移动的。移动信号旗一般是用人工打旗，可根据风向、风力的变化随时修正航线，以提高施药准确性。当信号人员移动困难时，采用预设固定信号旗导航。地面信号导航花费人力多、工效低。

目前，全球卫星定位系统（GPS）已经开始用于导航航空施药，导航系统有专用计算机，可以通过卫星提供的定位数据精确给出飞行员的位置，并记录下每条航线的方位。如果应用地面辅助系统，定位精度还能进一步提高。该系统能大幅减少地勤人员并改善航线定位精度和提高安全性。

地面支持系统　地面所需的各种各样的设备有时候安装在一辆车上，这样可方便地进行地面转移。有必要准备一个大的农药混合罐，这样能够在飞机到达之前准备好一个飞机药箱容量的药液。还需要一个较大的液泵把液体从预备箱泵入飞机药箱，这项工作一般要求在 1 分钟或更短的时间内完成。在管路中需要安装一个流量表来记录输入飞机药箱的药量。把农药加入混合箱的装置应该是一个封闭系统，以减少对操作人员的污染。装过农药的容器必须用水或其他液体稀释清洗干净。如果条件允许，给飞机添加农药，或冲洗飞机都应在水泥地上进行，这样可以把冲洗过的水或其他液体集中起来处理。

适用范围　由于航空施药法作业效率高、作业效果好、应急能力强，适用于大面积单一作物、果园、草原、森林的施药作业，以及滋生蝗虫的荒滩和沙滩等地的施药；因为其不受作物长势和地面条件的限制，适用于高秆作物如玉米和甘蔗、水稻以及丘陵山地作物等地面大型机械难以进入作业的地块。

影响航空施药的因素

飞机翼尖的涡流　固定翼飞机翼尖涡流是飞机喷洒作业过程中，机翼下表面的压力比上表面的压力大，空气从机翼下表面绕过翼尖部分向上表面流动而形成的。机翼两股翼尖涡流中心之间的距离是翼展的 80%～85%，涡流直径大小占机翼半翼的 10%。平飞时两股涡流不是水平的，而是缓缓向下倾斜，在两股翼尖涡流中心的范围以内，气流向下流动，在两股翼尖涡流中心的范围以外，气流向上流动。因此，飞机翼尖和螺旋桨引起的涡流使雾滴变成不规则分布，尤其涡流使小雾滴不能到达喷洒目标。为避免翼尖涡流影响，一般用低容量和超低容量喷雾时，喷杆长度设置为翼展的 70%～80%，喷头安装至少离飞机翼尖 1～1.5m。目前运五 B 型飞机为加宽喷幅，多装喷头紧靠翼尖，作业时翼尖涡流大，应认真调整。

气象因素　航空施药时的气象状况影响到雾滴或粉粒的扩散、飘移和沉积，影响的主要因素是风向和风速、上升气流、气温和相对湿度等。

①风速和风向。风速影响雾滴飘移距离，风向决定雾滴飘移方向，雾滴的飘移距离与风速成正比。无风条件下，小雾滴降落非常缓慢，并飘移很远甚至几千米以外，可能造成严重的飘移危害。易变化的微风也是不可靠的，有时可能会突然静止下来，有时会变成阵风，从而造成喷洒间距很大的漏喷条带。因此，在这种风中作业要十分谨慎，否则会使喷洒不均匀，出现飘移药害和漏喷条带。在稳定风条件下，空中喷洒（撒）作业是最理想的，实际这种风很少见。只要偏风或偏侧风，而不是逆风或者顺风飞行，就不会造成飘移危害。阵风对喷洒小雾滴影响并不大，这是因为真正的喷幅只是相重叠的多少，它会自动地进行补偿。飞机的喷幅是固定的，而得到的实际喷幅要比飞行喷幅宽，这就克服了两喷幅相接的差异和不均匀。在阵风中喷幅的不均匀大部分会被下一个喷幅所补充。在强风中施药作业很少出现喷幅相接不均匀现象，因为这种风向不易变化，适宜的风速为 3m/s。

②温湿度与降雨。温湿度和降雨对航空喷洒除草剂影响很大，特别是对于低容量喷雾，相对湿度和温度是主要影响因素。由于蒸发飘失，许多雾滴特别是小雾滴飘散到空中，不能全部到达防治靶标，尤其是以水为载体的药液更容易蒸发飘失。在空气相对湿度 60% 时，使用低容量喷雾会使回收率更少，在此条件下必须采用大雾滴喷洒或停止施药。降雨可将药液从杂草叶面冲刷掉。因此，作业前要熟读各种苗后除草剂说明书，了解各种除草剂喷施后与降雨间隔时间，并要了解天气预报，以便决策是否作业。

为了减少除草剂蒸发和飘移损失，空气湿度低于 60%、大气温度超过 35℃、9：00～15：00 上升气流大，应停止喷洒作业。

作业参数　为保证作业质量，飞行时须按照必要的技术参数，遵守规程操作。

①作业时间。飞机作业需要空中能见度在 2km 以上，因而一般是在日出后 0.5 小时和日落前 0.5 小时内才能进行，但如条件具备，也可夜间作业。正确的喷雾时间是最为重要的因素，这不仅与病虫害的生长期有关，气象因素也很重要，特别是在不同的地形条件下，除了由于气

流与作物摩擦产生的涡流、温度和风速等的影响外，飞机本身产生的涡流也会影响雾滴在作物上的分布。温度也很重要，因为飞机喷洒的雾滴在空中飞行的时间要长于地面喷雾，在干热的条件下，雾滴的体积将会因蒸发而很快变小。应避免在一天中最热的时间施药，在田间作业时应随时监测温度和湿度的变化，如果太干和太热就应及时停止作业。对于水溶液，施药液量为 20~50L/hm²，用 200μm 的雾滴，当温度超过 36℃或湿球低温超过 8℃时，应当停止施药。

②飞行高度。当飞行高度太高，雾滴飘移的现象会很严重，并有可能在雾滴到达目标之前就被完全蒸发掉。一般建议低量喷洒水基药液时的飞行高度在作物上面 2~3m，而超低量喷洒时应为 3~4m，但是在一些有障碍物的地方，为了安全考虑，飞行高度不能太低。例如，Y-5B 和 Y-11 飞机喷粉或喷雾时，大田作物为 5~7m（指距作物顶端的高度），复杂地形或林区为 10~15m；撒颗粒剂时为 25m。飞行过高，会使药剂飘移、蒸发和散失；飞行过低会因雾滴或粉粒分散不开而产生"带状"沉积。

③喷幅宽度与航线。喷幅宽度因飞机型号而异。欧美等国家的机型小，喷幅较窄。中国 Y-5B 飞机和 Y-11 飞机较大，喷幅较宽，一般喷粉的喷幅宽度为 60~80m，喷雾为 50~60m，撒颗粒剂达到 25m。

如果喷头太靠近机翼末端，喷出去的雾滴会被涡流卷走。喷头也不能离机身太近，喷头间隔不能太大，不然飞机在低空飞行时喷杆下面的雾流在作物上就会形成带状。大多数情况下，喷头的间隔是相等的，但是由于螺旋桨的涡流作用，雾流会偏向飞机的一侧，造成雾滴分布不均匀。在喷雾时飞机的飞行线路要尽可能与风向保持正确的角度，并且飞机在作物上面有一定高度，以使雾流在进入作物之前能够较好地分散。

两个航线之间的距离要在地面作出标记，在确定航线间隔时要考虑不同飞机的特点、所用的喷头、飞行高度、气象条件和作物种类等因素。最小的行距一般是让飞机穿过侧风，然后根据两次航行之间喷幅的衔接状况确定。校验幅宽时，根据喷洒液体的性质，可在目标上摆放水敏或油敏试纸。在正确的航线上直线飞行是保证喷雾质量的基本要素，精确的航线引导系统是应用合适剂量的农药、均匀分布、避免出现药害和漏喷的关键因素，同时这也是保证地勤人员安全和飞行员安全的重要因素。

④雾滴大小和覆盖密度。雾滴大小的选择取决于所要喷雾的目标。一般喷洒苗前除草剂每平方厘米沉积的雾滴不少于 20 个，喷洒苗后除草剂每平方厘米雾滴数不少于 40 个，才能收到好的除草效果。对于不同的施药液量都需要沉积密度 20~40 滴/cm²。因此，施药液量越大雾滴越大，施药液量越小雾滴越小。如果喷施的是水基药液，雾滴中的水分会蒸发，使雾滴变小，雾滴会在空气中相对于地面喷雾方式飘移更久才能到达目标，一些很小的雾滴很可能完全蒸发成纯农药粒子，这些粒子会在上升空气的作用下飘移到离目标更远的地方。喷洒除草剂，一般选用的雾滴都大于 200μm，但这也不能完全避免飘失，因为在产生大雾滴的同时也会产生一些小雾滴。

⑤施药液量。根据民用航空作业标准规定：施药液量大于或等于 30L/hm² 为常量喷洒，5~30L/hm² 为低容量喷洒，小于或等于 5L/hm² 为超低容量喷洒。减少施药液量可以使一次装载的农药药液喷洒更大面积，这样不但可以减少装药时间，还可以降低作业成本，提高作业效率。施药液量的大小部分取决于所选雾滴的大小，一般地，在作物上（如棉花）20 滴/cm² 被认为是足够的雾滴密度，但是这并不适用于所有情况，在作物生长后期喷洒除草剂以及喷洒杀菌剂就需要更多的单位面积雾滴数。

目前，大多数水基溶液采用低容量喷洒技术，施药液量一般在 20~30L/hm²。根据作业项目的不同，施药液量也各不相同，苗前土壤处理除草剂为 25L/hm²，其他农业作业为 20L/hm²。超低容量喷洒作业目前主要用于森林灭虫（3L/hm²）和草原灭蝗（1.5L/hm²）。

喷头的喷量与航线间隔、总喷量、飞机的飞行速率等因素有关。喷量一般要根据飞机飞行速率、喷幅和施药液量加以调整，其计算公式如下：

$$喷头总喷量（L/min）= \frac{飞行速率（km/h）× 喷幅（m）× 施药液量（L/hm²）}{600}$$

参考文献

何雄奎, 2012. 高效施药技术与机具[M]. 北京: 中国农业大学出版社.

何雄奎, 2013. 药械与施药技术[M]. 北京: 中国农业大学出版社.

（撰稿：何雄奎；审稿：李红军）

航空施药系统 aerial application system

实施从空中向地面目标喷施农药的系统。由飞机、喷洒（撒）设备、导航设施等组成。飞机系统和导航系统内容见航空施药法，该条目主要介绍喷药系统。

施药设备 航空施药系统有常量喷雾、超低容量喷雾、撒颗粒、喷粉等多种施药设备，也可以喷施烟雾，根据需要选用。目前主要使用喷雾、喷粉系统。

喷雾设备 分为常量喷雾与超低容量喷雾两种设备（图 1、图 2），主要由供液系统、雾化部件及控制阀等组成。供液系统由药箱、液泵、控制阀、输液管道等组成，液剂、粉剂使用同一药箱装载，液泵由风车或电动机驱动。雾化部件由喷雾管与喷头组成，根据不同喷雾要求，可更换不同型号的喷头。飞行员在座舱内操纵喷雾控制阀即可实施喷雾。超低容量喷雾是一种工效很高的喷雾方式，与常量喷雾相比，其喷雾量很小、雾滴极细，可以直接喷洒未经稀释的农药原油。非常适合地域辽阔的大面积农场、牧场、林场喷洒农药。喷雾设备的雾化部件采用高速旋转的盘式或笼式雾化器，其他部件与常量喷雾设备大同小异。

喷粉设备 喷粉设备主要由药箱、输粉器、风洞式扩散器、风车和定量粉门等组成。药箱是和喷雾装置共用的。输粉器安装在药箱内，由风车带动旋转。风洞式扩散器安

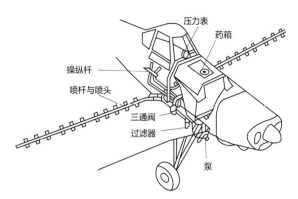

图 1 飞机常量喷雾装置

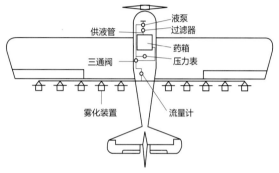

图 2 飞机超低容量喷雾装置

装在机腹下方，上面与药箱相连，两者结合部位装有粉门开关。作业时，飞行员操纵粉门开关，药箱内的药粉在输粉器旋转下输向粉门开口处，此时，飞机中的高速气流从风洞式扩散器内腔高速穿过，在粉门开口处产生很大的吸力，将药粉吸入扩散器，随气流一起从扩散器后部喷出，并呈扇形扩散开，飘向地面。由于环保原因，飞机喷粉已很少使用，此套装置现主要用作喷撒农药颗粒剂、毒丸及飞播等。

主要工作部件

药箱　药箱可用不锈钢或玻璃钢制成，药箱上有通气阀，以免因药箱中药液的压力变化而影响流量。为便于飞行员检查药液在药箱中的容量，要安装液位指示器，容量表安装在驾驶室仪表盘。药箱一般被安放在靠近飞机重心处，以减少飞行过程中因药量的减少而导致的飞机失衡的可能性。药箱下方需设置一个排放阀，当飞机遇到紧急情况时，打开此阀，要求药箱中药液必须在 5 秒内放完，以保证飞行安全。

液泵　离心泵因其能够在较低压力下产生较大流量而被广泛应用于航空喷雾，要获得高压就必须要采用其他类型的液泵，如齿轮泵和转子泵等。飞机上的液泵可以由液力驱动，也可以由电力驱动，但大多数液泵是由风力驱动的。在液力驱动系统中，液泵连接在飞机的动力输出轴上，液泵把药液从药箱中泵出，使其通过一个压力表，然后再通过一个可调压力的减压阀。为使部分药液能回流药箱进行液力搅拌，要求液泵具有足够的流量。

过滤器　在航空喷雾系统中安装过滤器非常重要，过滤器可以保护液泵，也可以阻止系统中任何地方的沉积物堵塞喷头。不同用途的过滤器的粗细程度区别很大，从药箱到喷头，过滤器的网孔逐级变细。液力喷雾系统一般用 50 目过滤网，旋转式雾化器用 100 目过滤网。

喷杆　液力式喷雾装置的喷杆由一些管件组成，上面装有喷头座、喷头和控制阀等，组合起来通常安装在飞机的机翼下方，靠近机翼后缘。大多数情况下，喷杆只到机翼末端 75% 处，这样可以避免翼尖区涡流把雾滴向上带。采用加长的喷杆是为了增加喷幅，喷杆采用耐腐蚀材料，可制成圆管，为了减少阻力亦可制成流线形管。对黏度大的药液，输液管直径可以大一些。安装液力喷头的喷杆，喷头一般都是可以单独开关，这样在喷雾过程中可以随时控制流量，并可调整空间雾形。

雾化部件飞机喷雾可选的雾化部件主要有液力式喷头、转笼式或转盘式雾化装置。

液力式喷头有圆锥雾喷头、扇形雾喷头和导流式喷头等。大多数飞机施药都采用液力式喷头，其中选用扇形雾喷头比较好，空心圆锥雾喷头和雨滴式喷头也可以使用。扇形雾喷头要选择 65°～90° 安装在喷杆上，一般是可调的，通过喷头底座或转动整个喷杆进行调整。特别是当飞机飞行的方向（与风力的关系）影响雾滴大小的时候，调整喷头的位置非常重要；如果安装的喷头指向机尾，则喷出的雾体的速度与飞机滑流的进度相近，在这种情况下所产生的雾滴要比喷头指向机头所产生的雾滴大。因此，控制雾滴大小一般采用两种办法：一是选用不同型号的喷头；二是改变喷头在喷杆上的角度。

超低容量雾化装置目前国内外飞机上最通用的是旋转式雾化器，主要有转笼式和转盘式两种，超轻型飞机使用转盘式雾化器。转笼式雾化器通常采用英国 Micron 公司生产的 AU 3000 和 AU 5000 型以及中国自行研制的 CYD-1 型转笼式雾化器。转笼式雾化器的优点是雾滴大小比较容易控制，每架飞机只安装几个雾化器，调节也省时间。雾化器喷头可喷洒苗后除草剂，在整地条件好、土壤水分适宜的地块，也可以用来喷洒苗前土壤处理除草剂。

适用农药飞机可喷施杀虫剂、杀菌剂、除草剂、植物生长调节剂和杀鼠剂等。喷施杀虫液剂，可用低容量和超低容量喷雾；低容量喷雾的施药液量为 10～50L/hm²；超低容量喷雾须喷洒专用油剂或农药原油，施药液量为 1～5L/hm²，一般要求雾滴覆盖密度为 20 个 /cm² 以上。飞机喷洒触杀型杀菌剂，一般采用高容量喷雾，施药液量为 50L/hm² 以上；喷洒内吸型杀菌剂可采用低容量喷雾，施药液量应为 20～50L/hm²。飞机喷洒除草剂，通常采用低容量喷雾，施药液量为 10～50L/hm²；若使用可湿性粉剂则施药液量为 40～50L/hm²。飞机喷施杀鼠剂，一般是在林区和草原撒施杀鼠剂的毒饵或毒丸。

适用于飞机喷撒的农药剂型有粉剂、可湿性粉剂、水分散性粒剂、乳油、水剂和可溶性粉剂、油剂、颗粒剂、微粒剂等。粉剂喷撒时细小粉粒易于飘移散失，一般情况下仅有 10%～20% 或更少的粉粒降落到目标物上，所以喷粉要求在早晨平稳气象条件下作业。飞机用粉剂的粉粒比地面喷粉用的略粗些。可湿性粉剂和水分散性粒剂是加水配成悬浮液用于高容量喷雾。当与其他剂型混喷时，须防止粉粒絮结。乳油是加水配成乳剂后用于高容量和低容量喷雾的，因其中的溶剂易挥发，不可直接用于超低容量喷雾，以防飞行中着火。油剂直接用于超低容量喷雾时，其闪点不得低于70℃。

参考文献

何雄奎, 2012. 高效施药技术与机具[M]. 北京: 中国农业大学出版社.

何雄奎, 2013. 药械与施药技术[M]. 北京: 中国农业大学出版社.

（撰稿：何雄奎；审稿：李红军）

禾草丹　thiobencarb

一种硫代氨基甲酸类内吸传导型除草剂。

其他名称　杀草丹、灭草丹、稻草完、稻草丹、除田莠、Saturn、Bolera、Satarno、B3015、IMC-3950。

化学名称　N,N-二乙基硫赶氨基甲酸对氯苄酯；S-4-chlorobenzyl diethylthiocarbamate。

IUPAC 名称　S-4-chlorobenzyl diethylthiocarbamate。

CAS 登记号　28249-77-6。

EC 号　248-924-5。

分子式　$C_{12}H_{16}ClNOS$。

相对分子质量　257.78。

结构式

开发单位　1970 年该除草剂被报道，1969 年由组合化学公司在日本开发，美国谢富隆化学公司在美国开发。

理化性质　原药有效成分含量为 93%。纯品为淡黄色液体，相对密度 1.145～1.18（20℃）。沸点 126～129℃（1.07Pa），熔点 3.3℃。闪点 172℃。蒸气压 2.39mPa（23℃）。20℃时在水中溶解度 30mg/L（pH6.7），易溶于二甲苯、醇类、丙酮等有机溶剂。对酸、碱稳定，对热稳定，对光较稳定。该品在 pH5～9 的水溶液中，21℃下 30 天内稳定。制剂为淡黄色或黄褐色液体，相对密度 1.12～1.14，闪点 365℃。

毒性　对人、畜低毒。急性经口 LD_{50}：雄大鼠 1033mg/kg，雌大鼠 1130mg/kg，雄小鼠 1102mg/kg，雌小鼠 1402mg/kg。大鼠和兔急性经皮 $LD_{50}>2g/kg$。对皮肤和眼睛有刺激。大鼠急性吸入 LC_{50}（1 小时）43mg/L。2 年饲养试验 NOEL：雄大鼠为 0.9mg/（kg·d），雌大鼠为 1.0mg/（kg·d），狗（1 年）为 1.0mg/（kg·d），对人的 ADI 为 0.009mg/kg。无致畸、诱变和致癌作用。

剂型　50%、90% 乳油，10% 颗粒剂，25% 速溶乳粉。

质量标准　原药淡黄色至棕黄色油状液体（有时有结块晶体），其质量标准见表 1。

表 1　禾草丹原药质量标准（HG 2213-91）

	优级品	一级品	合格品
有效成分含量（%）≥	93.00	90.00	85.00
水分含量（%）≤	0.20	0.20	0.40
酸度（以 H_2SO_4 计）（%）≤	0.20	0.40	0.50
丙酮不溶物（%）≤	0.05	0.05	0.10

50% 乳油淡黄色或棕黄色均相液体，其质量标准见表 2。

表 2　50% 禾草丹乳油质量标准（HG 2214-91）

项目	标准
有效成分含量（%）（m/m）	$50.0^{+2.0}_{-1.0}$
水分含量（%）（m/m）	≤ 0.5
pH	3.0～6.0
乳液稳定性	合格

10% 颗粒剂为盐绿色或灰色柱状松散颗粒，其质量标准见表 3。

表 3　10% 禾草丹颗粒剂质量标准（HG 2215-91）

项目	标准
有效成分含量（%）（m/m）	$10.0^{+0.8}_{-0.4}$
水分含量（%）（m/m）	≤ 3.0
pH	6～9
筛分（通过 2.0mm 留在 450μm 标准筛的试样品所占称样量的比）（%，m/m）	≥ 90
强度（%）（m/m）	≥ 90
水中崩解性（分钟）	≤ 10

作用方式　内吸传导型的选择性除草剂。主要通过杂草幼芽的叶、叶鞘基部和根吸收，但叶片的吸收能力低于根。被叶和叶鞘吸收的禾草丹主要向上输导，根吸收的禾草丹则输送到植株各部分。对杂草种子萌发没有作用，只有当杂草萌发后吸收药剂才起作用。

作用机理　抑制 α-淀粉酶的生物合成过程，使萌发种子中的淀粉水解或弱或停止，使幼芽死亡。稗草 2 叶期前使用效果显著，3 叶期效果明显下降，持效期 25～35 天，并随温度和土质而变化。在土壤中能随水移动，一般淋溶深度 122cm。

防治对象　稗草、异型莎草、牛毛毡、野慈姑、瓜皮草、萍类等，还能防除看麦娘、马唐、狗尾草、稗草、碎米莎草。

使用方法

秧田期使用　应在播种前或秧苗 1 叶 1 心至 2 叶期施药。早稻秧田用 50% 杀草丹乳油 2.25～3L/hm²。晚稻秧田用 50% 杀草丹乳油 1.88～2.25L/hm²，加水 750kg 喷雾。播种前使用保持浅水层、排水后播种。苗期使用浅水层保持3～4天。

移栽稻田使用　一般在水稻移栽后3～7天，田间稗草处于萌动高峰至2叶期前，用50%杀草丹乳油3～3.75L/hm²，加水750kg喷雾或用10%杀草丹颗粒剂1～1.5kg，混细潮土15kg或与化肥充分拌和，均匀撒施全田。

麦田、油菜田使用　一般在播后苗前，用50%杀草丹乳油3～3.75L/hm²作土壤喷雾处理。

注意事项　在秧田使用，边播种、边用药或在秧苗立针期灌水条件下用药，对秧苗都会发生药害，不宜使用。稻草还田的移栽稻田，不宜使用禾草丹。禾草丹对3叶期稗草药效下降，应掌握在稗草2叶1心前使用。晚稻秧田播前使用，可与克百威混用，能控制秧田期虫草危害。禾草丹与2甲4氯、苄嘧磺隆、西草净混用，在移栽田可兼除瓜皮草等阔叶杂草。禾草丹不可与2,4-滴混用，否则会降低禾草丹除草效果。

参考文献

朱永和, 王振荣, 李布青, 2006. 农药大典[M]. 北京: 中国三峡出版社: 784.

（撰稿：汪清民；审稿：刘玉秀、王兹稳）

禾草特　molinate

一种氨基甲酸酯类除草剂。

其他名称　禾大壮（Ordram）、禾草敌、草达灭、环草丹、杀克尔（Sakkimol）、Molinate Herbex、Molinex、Malerbane Giavonil、R-4572、Molinate Estrella、Hydram、OMS 1373。

化学名称　*S*-乙基氮杂草-1-硫代氨基甲酸酯；*S*-乙基全氢化氮杂草-1-硫化氨基甲酸酯。

IUPAC名称　*S*-ethyl azepine-1-carbothioate。

CAS登记号　2212-67-1。

EC号　218-661-0。

分子式　$C_9H_{17}NOS$。

相对分子质量　187.30。

结构式

开发单位　1954年由美国斯道夫化学公司推广。

理化性质　有效成分含量99.5%时为透明有芳香气味的液体。相对密度1.063（20℃）。沸点202℃（1.22kPa）。蒸气压500mPa（25℃）。20℃时水中溶解度1100mg/L，可溶于丙酮、苯、异丙醇、甲醇、二甲苯等有机溶剂，对水解

稳定，无腐蚀性，但可溶解低密度的塑料，故不可用聚氯乙烯作容器。稳定性：120℃至少稳定1个月，室温下至少稳定2年，对光不稳定，40℃时在酸、碱（pH5～9）介质中相对稳定。闪点＞100℃。原药纯度95%，为黄褐色油状液体，有异臭，不光解。

毒性　大鼠急性经口LD_{50}：369mg/kg（雄）、450mg/kg（雌）。小鼠急性经口LD_{50} 795mg/kg。兔急性经皮LD_{50}＞4640mg/kg。对兔眼睛有适度刺激，对皮肤有轻微刺激。对豚鼠皮肤无过敏反应。鱼类LC_{50}（96小时，mg/L）：虹鳟1.3，鲶鱼29，金鱼30。

剂型　禾大壮96%乳油（Ordram 96EC），杀克尔70%乳油，5%、10%颗粒剂。

作用方式及机理　内吸传导型的稻田专用除稗剂。土壤处理、茎叶处理均可。能被杂草的根和芽鞘吸收传导到生长点，阻止蛋白质转化，分生组织分裂的新细胞缺乏蛋白质形成的原生质填充而成空胞，从而使杂草死亡。杂草受害后幼芽肿胀，停止生长，叶片变厚、叶色变浓，植株矮化畸形，心叶抽不出来，逐渐死亡。水稻根吸收后迅速代谢为CO_2，具高选择性。

防治对象　对稗草有特效，不但能防除低龄稗，而且对3叶以上的夹株稗也有抑制防除效果。另外对莎草科杂草也有一定的抑制作用，对阔叶杂草无效。

使用方法

秧田和直播田使用　可在播种前实施。先整好田，做好秧板，然后每亩用96%乳油100～150ml，加细润土10kg，均匀撒施土表并立即混土耙平。保持浅水层，2～3天后即可播种已催芽露白的稻种。以后进行正常管理。亦可在稻苗长到3叶期以上，稗草在2～3叶期，每亩用96%乳油100～150ml，混细潮土10kg撒施。保持水层4～5cm，持续6～7天。如稗草为4～5叶期，应加大药量到150～200ml。

插秧田使用　水稻插秧后4～5天，每亩用96%乳油125～150ml。混细潮土10kg，喷雾或撒施。保持水层4～6cm，持续6～7天。自然落干。以后正常管理。

注意事项　挥发性强，施药时和施药后保持水层7天，否则药效不能保证。籼稻对禾草特敏感，剂量过高或用药不均匀，易产生药害。禾草特对稗草特效，对其他阔叶杂草及多年生宿根杂草无效，如要兼除可与其他除草剂混用。

参考文献

朱永和, 王振荣, 李布青, 2006. 农药大典[M]. 北京: 中国三峡出版社: 786.

（撰稿：汪清民；审稿：刘玉秀、王兹稳）

合杀威　bufencarb

一种氨基甲酸酯类杀虫剂。

其他名称　Bux、Ortho 5353。

化学名称　3-(1-甲基丁基)苯基氨基甲酸甲酯和3-(1-乙基丙基)苯基氨基甲酸甲酯的混合物；phenol,3-(1-ethylpropyl)-,1-(*N*-methylcarbamate),mixt.with 3-(1-methylbutyl)phenyl

N-methylcarbamate mixture(此处的化学名是指CAS名)。

　　IUPAC 名称　phenol,3-(1-ethylpropyl)-,1-(*N*-methylcar-bamate),mixt.with 3-(1-methylbutyl)phenyl *N*-methylcarbamate mixture。

　　CAS 登记号　8065-36-9。

　　EC 号　620-359-2。

　　分子式　$C_{13}H_{19}NO_2 + C_{13}H_{19}NO_2$。

　　相对分子质量　442.60。

　　结构式

　　理化性质　工业品大约含有 65% 3∶1 的混合物，35% 的 4- 和 2- 异构体。工业品为熔融固体，黄色至琥珀色。熔点 26～39℃。在 30℃时的蒸气压为 4×10^{-3}Pa。沸点约为 125℃（5.3Pa）。相对密度 1.024。

　　毒性　工业品对大鼠急性经口 LD_{50} 87mg/kg；对兔急性经皮 LD_{50} 680mg/kg。通过摄食或皮肤吸收引起的毒性，能抑制红细胞的胆碱酯酶活性。对兔眼睛的刺激很轻微。在 90 天喂养试验中，在猎狗或大鼠的饲料中加 500mg/L 合杀威，无影响。

　　剂型　10% 颗粒剂，240g/L、360g/L 乳剂，2% 和 4% 粉剂。

　　防治对象　是一个较活泼的杀虫剂。能防治一定范围内的土壤和叶面害虫，尤其是南瓜十二星叶甲幼虫、二化螟、黑尾叶蝉、稻象甲、灰褐稻虱、菠萝根粉蚧。

　　使用方法　有效成分 0.5～2kg/hm^2 剂量，喷雾。

　　允许残留量　在美国曾被广泛用于玉米和饲料作物。美国制定的玉米、鲜玉米、玉米秆叶、稻米、稻草、饲料中该品的最大允许残留限量为 0.05mg/kg。

参考文献

朱永和、王振荣、李布青, 2006. 农药大典[M]. 北京: 中国三峡出版社.

（撰稿：张建军；审稿：吴剑）

核磁共振法　nuclear magnetic resonance spectroscopy

　　将核磁共振现象应用于分子结构测定的现代仪器分析方法。它不仅可以鉴定小分子有机化合物的结构，还用来解析蛋白质、核酸等大分子的结构；具有非侵入、无破坏性、提供高分辨率的空间结构和动态信息等特点。

　　核磁共振现象是磁性的原子核，在外磁场作用下，吸收射频辐射，引起核自旋能级跃迁的物理过程。核磁共振谱仪根据被测原子核的共振频率与强度，绘制以共振峰频率位置（化学位移）为横坐标，以峰的相对强度为纵坐标的核磁共振谱图。

　　核磁共振谱图通过化学位移、共振峰强度、耦合常数等核磁参数，反映了分子结构中原子的种类、数量、与其他原子的相互关系等。现在已经研究清楚、并大量使用的一维核磁共振谱有：氢谱（^{1}H NMR）、碳谱（^{13}C NMR）、氟谱（^{9}F NMR）、磷谱（^{31}P NMR）、氮 -15 谱（^{15}N NMR）、氮 -14 谱（^{14}N NMR）等。发展得最成熟、应用最普遍的是核磁共振氢谱，这是由于 ^{1}H 原子在自然界丰度极高，由其产生的核磁共振信号很强，容易检测。随着傅里叶变换、去耦等技术的发展，天然丰度很低的 ^{13}C 的核磁共振信号被收集到；而碳提供的是分子骨架信息，且碳谱的频域范围较宽，故核磁共振碳谱受到人们的青睐。氟、磷、氮是有机化合物中的杂原子，它们的核磁共振谱图中共振峰较少、相对简单。

　　为了解决相似共振峰的信号重叠问题，1971 年比利时科学家 Jeener 提出二维核磁共振的思想，1976 年瑞士科学家 Ernst 真正实现了二维谱后，出现了多种二维和多维核磁共振技术，使人们能够获得更多关于分子结构及动力学的信息。常见的二维核磁共振谱图包括：①同核相关谱。如 COSY、TOCSY 等，提供相同性质原子核之间的连接信息。②异核相关谱。如 HSQC、HMQC、HMBC 等，提供不同性质原子核之间的连接信息。③ NOE 相关谱和交换谱。如 NOESY、EXSY 等，提供原子核之间的空间信息。多维核磁共振谱图，如 HSQC-TOCSY、HN（CA）CO、HNCOCACB 等，可以进一步提高核磁共振谱图的分辨率，但是随着维度的增加，采样时间指数增长，因而限制了其使用。

参考文献

毛希安, 2000. 现代核磁共振实用技术及应用[M]. 北京: 科学技术文献出版社.

宁永成, 2000. 有机化合物结构鉴定与有机波谱学[M]. 2版. 北京: 科学出版社.

（撰稿：李芳；审稿：吴琼友）

核多角体病毒　*Nuclear polyhedrosis viruses*, NPV

　　在寄主细胞核内复制形成多角状大型包涵体的一类昆虫病原病毒。其加工制剂是病毒杀虫剂。1966 年 Allen 等田间试验证明其防治棉铃虫的有效性。

　　理化性质　核型多角体的主要成分是蛋白质。蛋白质由天门冬氨酸、谷氨酸、组氨酸、赖氨酸、精氨酸、甘氨酸、丙氨酸、亮氨酸及（或）异亮氨酸、脯氨酸、苯丙氨酸、酪氨酸、丝氨酸、苏氨酸、胱氨酸及（或）半胱氨酸、蛋氨酸、色氨酸所组成。不同种的多角体所含氨基酸组分基本一致。核型多角体对于不同的化学药剂具有相当高的抵抗力，不溶于水及多种有机溶剂，如乙醇、乙醚、三氯甲烷、苯、丙酮等，不能为细菌或细胞蛋白酶所分解，但在 pH2～2.9 时可为胰蛋白酶或木瓜蛋白酶消化其蛋白质，并破坏病毒粒子。如以强酸或者强碱溶液处理，能使多角体蛋白质溶解。活体外可用 Na_2CO_3 的稀溶液（0.008～0.05mol/L）溶解多角体而获得游离的侵染性病毒粒子，但因粒子在稀碱中时间过长将导致失活。多角体如被食入易感虫体内，能在中肠内碱性肠液中溶解并释放出粒子，但如将多角体注入血腔，并不引起感染，因多角体一般并不溶于血淋巴中。病毒粒子除含去氧核糖核酸外，也含有氨基酸和铁、镁等微量元素。核型多角体的密度大于水，如家蚕的多角体密度为1.286。核型多角体病毒粒子由于外有包涵体的保护，可在自然条件下存活多年仍不失效。病毒对低温有较高的忍受力，但对高温的抵抗力较差，如粉纹夜蛾NPV的失活温度为82~88℃10分钟，棉铃虫NPV的失活温度为75~80℃10分钟，黏虫的NPV为100℃10分钟失活。

毒性 对专一性害虫具有高效持久的杀伤力。对人、畜和天敌安全。不污染环境。

剂型 通常为干粉，用水调湿使用。

作用方式及机理 病毒被昆虫幼虫取食后，多角体在昆虫肠道的碱性环境下溶解，有感染力的病毒粒子被释放出来。游离的病毒粒子通过围食膜的网眼吸附在中肠微绒毛上，脱掉套膜以核衣壳进入中肠细胞，病毒核酸在中肠细胞核中复制，但一般不形成多角体，只形成核衣壳。这些核衣壳获得囊膜后，从第一次受侵染的细胞中释放出来。释放出来的病毒粒子进入血腔，随昆虫血淋巴循环到达其他组织，开始第二次侵染。在病毒粒子第二次侵染的细胞核中，包含病毒粒子的多角体蛋白也在形成，开始时在病毒粒子表面附着无数多角体蛋白晶粒，以后蛋白晶粒不断积累，形成不定形的结晶小块，即"前多角体"。这些结晶小块不断增大，病毒粒子单个或成束地被包埋进去，形成具有一定形状的成熟多角体。多角体充满被侵染的细胞核，核异常膨大，最后破裂，细胞随之解体而释放出多角体（其内包含病毒粒子）。大量新复制的病毒粒子进入细胞之间的缝隙并向血腔（体腔）中扩散，感染组织细胞。然后病毒的多角体又进行下一次侵染，如此循环往复。昆虫感染病毒后2~3天，血淋巴浑浊，在血球、气管基质和脂肪体等细胞中充满了多角体，导致细胞破裂，昆虫死亡。

防治对象 核型多角体病毒寄主范围较广，主要寄生鳞翅目昆虫。

使用方法 在使用核多角体病毒制剂时，应加少量水将药剂调成糊状，然后兑足水量混匀后喷洒。加水量视喷雾方式及作物种类而异，一般以能均匀润湿作物为原则。如用一般喷雾法每公顷加水1500~2250kg，若用超低用量喷雾法每公顷加水150kg。由于有些病毒制剂病毒含量高，每亩用量少，为保证施药均匀，配药时应采取2次稀释的方式，先制成母液，再加足水量配制成要求的浓度。

注意事项 确保均匀施药。由于NPV是通过被害虫取食进入体内而产生作用，且此类产品无内吸性。因此，在施药过程中，要注意均匀施药，使植株大部分都沾上药剂，对作物的新生叶片或叶片背面等害虫喜欢咬食和聚集的部位应重点喷洒，便于害虫大量摄食，加快其病死速率。在使用NPV杀虫剂时要严格把握防治时期。由于大多数害虫幼虫具有孵化后咬食卵壳的习性，而初孵幼虫对病毒的敏感性最强，其取食卵壳上少量的病毒就可能导致死亡。因此，在靶标害虫卵盛孵期或一、二龄时施药，能更好地发挥病毒的作用，达到事半功倍的防治效果。由于高温、长时间的阳光照射会影响病毒的活性，因此，在使用核多角体病毒杀虫剂时，最好选择阴天或者下午太阳落山后施药。这样可避免阳光直射，减轻紫外线和持续高温对多角体病毒的杀伤力，从而提高防治效果。对某些在夜间危害的害虫，应于傍晚施药，以缩短当天施药后至害虫取食的时间，提高防治效果。

与其他药剂的混用 由于碱性环境会溶解NPV的多角体蛋白，导致其失活，因此在配制药液时，不得与碱性农药混用。

参考文献

黄冠辉，丁翠，1975. 斜纹夜蛾核多角体病毒病的研究[J]. 昆虫学报，18(1): 17-24.

祖爱民，戴美学，1997. 灰斑古毒蛾核型多角体病毒毒力的生物测定及田间防治[J]. 中国生物防治，13 (2): 57-60.

（撰稿：宋佳；审稿：向文胜）

核酸聚合酶 nucleic acid polymerase

核酸是由许多核苷酸单体聚合成的生物大分子化合物，是脱氧核糖核酸（DNA）和核糖核酸（RNA）的总称，为生命的最基本物质之一，广泛存在于所有动植物细胞、微生物体内。其中DNA是储存、复制和传递遗传信息的主要物质基础。RNA在蛋白质合成过程中起着重要作用。此外，目前还已知许多其他种类的功能RNA，如microRNA等。

参与DNA和RNA合成的核酸聚合酶包括DNA聚合酶和RNA聚合酶。RNA聚合酶是以一条DNA或RNA链为模板，催化核苷-5′-三磷酸合成RNA的酶。催化转录RNA的RNA聚合酶是一种由多个蛋白亚基组成的复合酶，其中真核生物的RNA聚合酶分为RNA聚合酶Ⅰ、RNA聚合酶Ⅱ和RNA聚合酶Ⅲ。甲霜灵、苯霜灵等苯酰胺类杀菌剂能够特异性抑制RNA聚合酶I的活性，从而影响与DNA模板结合的RNA聚合酶复合体的活性。

DNA聚合酶介导的DNA合成起始于引物（primer）和DNA配对。配对的引物5′端带有一个自由羟基，随后在DNA聚合酶的催化下，这个自由羟基氧原子上的配对电子攻击三磷酸碱基上的磷原子，发生亲核取代反应，继而在戊糖和磷酸之间形成脂键从而完成一个碱基的延伸。原核生物的DNA主要是在拟核中合成，少部分在细胞质中合成（如细菌的质粒），真核生物的DNA主要在细胞核中合成，线粒体中有少量合成。已有研究表明噁霉灵主要通过抑制病原菌DNA的生物合成而发挥抑菌作用。

（撰稿：刘西莉；审稿：苗建强）

黑材小蠹聚集信息素 aggregation pheromone of *Trypodendron linetum*

适用于杉树与松树的昆虫信息素。最初从黑材小蠹（*Trypodendron lineatum*）蛀屑（幼虫粪便）中提取分离，主要成分为（1*R*,2*S*,5*R*,7*R*）-1,3,3-三甲基-4,6-二氧三环

$\left[3.3.1.0^{2,7}\right]$壬烷。

其他名称　lineatin、inoprax。

化学名称　(1R,2S,5R,7R)-1,3,3-三甲基-4,6-二氧三环$\left[3.3.1.0^{2,7}\right]$壬烷；(1R,2S,5R,7R)-1,3,3-trimethyl-4,6-dioxatricyclo$\left[3.3.1.0^{2,7}\right]$nonane。

IUPAC名称　(1R,2S,5R,7R)-1,3,3-trimethyl-4,6-dioxatricyclo$\left[3.3.1.0^{2,7}\right]$nonane。

CAS登记号　65035-34-9。

分子式　$C_{10}H_{16}O_2$。

相对分子质量　168.23。

结构式

开发单位　由 ChemTica、Contech 等公司生产。

理化性质　无色或淡黄色液体，有特殊气味。沸点202℃（101.32kPa，预测值）。相对密度 1.01（20℃，预测值）。比旋光度 $[\alpha]_D^{21}$+87.3°（c = 1.06，正戊烷）。难溶于水，溶于乙醚、氯仿、丙酮等有机溶剂。

剂型　缓释制剂。

作用方式　作为聚集信息素发挥作用，引诱黑材小蠹成虫寻找寄主植物。

防治对象　适用于杉树与松树，防治黑材小蠹。

使用方法　在杉树林与松林中，将含有黑材小蠹聚集信息素的信息素散布器固定在桶装诱捕器中，然后将诱捕器挂在齐胸高的栅栏上，可有效控制黑材小蠹。

参考文献

马克比恩 C, 2015. 农药手册[M]. 胡笑形, 等译. 北京: 化学工业出版社.

吴文君, 高希武, 张帅, 2017. 生物农药科学使用指南[M]. 北京: 化学工业出版社.

（撰稿：边庆花；审稿：张钟宁）

红外光谱法　infrared spectrometry, IR

一种分子吸收光谱，可以进行定性和定量分析。又名分子振动转动光谱。当样品受到频率连续变化的红外光照射时，分子吸收了某些频率的辐射，并由其振动或转动运动引起偶极矩的净变化，产生分子振动和转动能级从基态到激发态的跃迁，使相应于这些吸收区域的透射光强度减弱。记录红外光的百分透射比与波数或波长关系的曲线就是红外光谱。红外光谱波长范围为 0.75～1000μm，根据实验技术和应用的不同，通常分为近红外（泛频区：波长 0.75～2.5μm，波数 13158～4000cm^{-1}）、中红外（基本振动区，波长 2.5～25μm，波数 4000～400cm^{-1}）和远红外（转动区：波长 25～1000μm，波数 400～10cm^{-1}）光区。近年来，红外光谱分析技术，尤其是近红外光谱分析技术得到发展，成为一种快速的常量检测方法，在农药领域的有效成分、助剂、理化性质测定等多方面发挥作用。

近红外光谱是一种新型的分析技术，主要是有机物含氢基团的倍频和合频吸收，兼备了可见区光谱分析信号容易获取与红外区光分析信息量丰富两方面的优点。研究结果表明，近红外光谱分析技术与主成分分析（PCR）、偏最小二乘法（PLS）、反向传播－人工神经网络法（BP-ANN）和支持向量回归法（SVR）等化学计量学方法相结合，提取信息后建立农药的定量模型，可以分析制剂中草甘膦、烯草酮、嘧菌酯和对硫磷等有效成分含量利用近红外光谱可以提高产品质量分析的效率，满足快速检测的需要，为农药产品质量管理提供技术基础。近年来，近红外分析技术与偏最小二乘法（PLS）等结合也用于农作物上的农药残留测定。

中红外光谱区是研究无机物和有机物的重要区域，该区域包含了大多数化合物的基频吸收带，波数在 4000～400cm^{-1}，其中指纹区在 1300～400cm^{-1}，主要由一些含氢基团的弯曲振动、卤素原子等的伸缩振动和单键 C—O、C—N、C—C 骨架振动产生，吸收峰多且复杂。由于基频振动是红外活性振动中吸收最强的振动，所以中红外区适宜进行红外光谱的定性和定量分析。根据各基团的振动频率及其位移规律，可以来鉴定化合物中存在的基团及其在分子中的相对位置进行定性，根据农药的特征吸收峰的峰面积或峰高可以进行定量。农药分析中，有研究使用近红外、中红外光谱分析技术分别建立了氰戊菊酯、马拉硫磷、敌百虫和乙酰甲胺磷的定量分析模型，均能满足农药质量检测的需要。

红外吸收光谱一般用透射比 T 与波长或波数曲线来表示。

红外光谱分析对于气体、液体和固体样品都可测定，具有无污染、无损伤取样、实时性、对产品多成分的含量同时进行分析和使用方便等优点，其应用范围由物理学扩展到生物学和化学等各个学科和各个领域中，在农药杂质的定性分析、农药有效成分的鉴别实验、新农药创制中中间体结构辅助确认等方面具有重要的作用。

参考文献

北京大学化学系仪器分析教学组, 1999. 仪器分析教程[M]. 北京: 北京大学出版社.

邓海燕, 宋相中, 熊艳梅, 2016. 基于近红外、中红外光谱数据融合的低浓度阿特拉津农药快速测定研究[J]. 光谱学与光谱分析, 36(10): 183-184.

刘丽丽, 2009. 基于超高压预处理的蔬菜农药残留近红外检测技术的初步研究[D]. 长春: 吉林大学.

吴厚斌, 2011. 近红外光谱技术在农药质量管理中的应用研究[D]. 北京: 中国农业大学.

熊艳梅, 唐果, 段佳, 等, 2012. 中红外、近红外和拉曼光谱法测定商品农药制剂中氰戊菊酯和马拉硫磷的含量[J]. 分析化学, 40(9): 1434-1438.

赵琳, 2009. 红外光谱法测定敌百·乙酰甲农药有效成分含量的研究[D]. 北京: 中国农业大学.

ZHANG X, ZHANG N N, 2018. Study on detection of pesticide residues on winter jujube surface by near-infrared spectroscopy

H

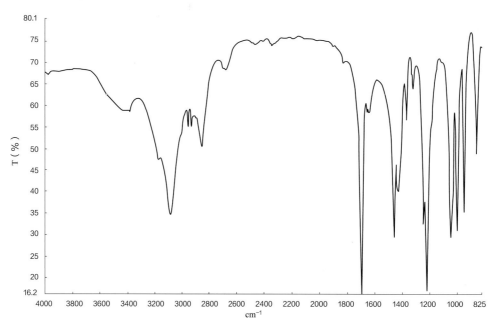

乙酰甲胺磷的中红外光谱图

（3086cm⁻¹ 为 N—H 伸缩振动峰，1699cm⁻¹ 为 O＝C—伸缩振动，1466cm⁻¹ 为 CH₃—O 中 CH₃ 的对称变形振动吸收峰，1247cm⁻¹ 为 P＝O 的伸缩振动吸收峰，1323cm⁻¹ 为 CH₃—S 中 CH₃ 的对称变形振动吸收峰）

combined with PLS and SPA[J]. Agricultural biotechnology, 7(5): 222-226.

（撰稿：李莉；审稿：马永强）

厚孢轮枝菌　*Verticillium chlamydoporium*

微生物杀线虫剂。

其他名称　线虫必克。

开发单位　云南微态源生物科技有限公司 2007 年分获 25 亿孢子 /g 的母药和 2.5 亿孢子 /g 的微粒剂的登记。

理化性质　为活体微生物，无化学式、结构式、经验式、相对分子质量。母粉为淡黄色粉末。菌体、代谢产物和无机混合物占母粉干重的 50%。该菌菌落白色到乳白色或苍白色，气生菌丝通常比较稀疏，光学显微镜下观察，分生孢子无色，单胞，球形、卵圆形至椭圆形。菌丝无色，分枝，具隔膜。产孢细胞长钻形，单生或生在菌丝上，基部稍膨大，向顶变细窄。

毒性　母粉，雌、雄大鼠急性经口 LD₅₀ ＞ 5000mg/kg，急性经皮 LD₅₀ ＞ 2000mg/kg。对皮肤、眼睛无刺激性，弱致敏性，无致病性，对人、畜和环境安全。属低毒微生物杀线虫剂。

剂型　2.5 亿孢子 /g 微粒剂，25 亿孢子 /g 母药。

质量标准　有效活菌数≥ 2.5 亿 /g。

作用方式及机理　兼性寄生菌，其菌丝、分生孢子和厚垣孢子均能在土壤中存活，可通过侵染丝寄生根结线虫的卵和雌虫。

防治对象　柑橘、烟草等作物根结线虫病。

使用方法　使用方法灵活，可进行沟施、拌种和苗床处理等。

沟施或穴施　2.5 亿个孢子 /g 微粒剂，每亩用药量 1.5～2.0kg，与有机肥或玉米粉混匀后，穴施或沟施于作物根际周围。在烟草移栽时穴施，或在旺盛期再穴施 1 次。

灌根　25 亿个孢子 /g 微粒剂，每亩用药量 400～600g，母菌用水稀释后滴灌或人工灌根。

注意事项　①不可与化学杀菌剂混用。②必须现拌现用，必须施于作物根部，不可兑水浇灌或喷施。③使用时应穿防护服和戴手套，避免吸入药液。施药期间不可吃东西、饮水和吸烟。施药后应及时洗手和洗脸。④用过的容器应妥善处理，不可做他用，不可随意丢弃。禁止在河塘等水域清洗施药器具。防止药液污染水源地。⑤孕妇及哺乳期妇女应避免接触。

参考文献

刘晓艳, 闵勇, 饶犇, 等, 2020. 杀线虫剂产品研究进展[J]. 中国生物防治学报. DOI: 10.16409/j.cnki.2095-039x.2021.01.004.

（撰稿：迟元凯；审稿：陈书龙）

呼吸毒剂作用机制　mechanism of respiratory agents

呼吸毒剂是指阻断或抑制呼吸作用的杀虫药剂。呼吸毒剂可以分为两大类。第一类是外呼吸抑制剂，其作用机制主要是通过堵塞或者覆盖昆虫气门使其不能呼吸，阻断了昆虫气管内的气体与外界空气的交换，引起昆虫窒息；第二类是内呼吸抑制剂，通过阻断呼吸电子传递链，抑制细胞内糖、脂肪、蛋白质的代谢过程。

呼吸毒剂按照作用位点可分为以下几类。

作用于三羧酸循环的呼吸毒剂　作用于三羧酸循环的呼吸毒剂主要包括氟乙酸类和亚砷酸盐类。

氟乙酰胺、氯乙酰苯胺等化合物水解转变成氟乙酸后，与乙酰辅酶 A 结合形成一个复合物，然后与草酰乙酸结合，形成氟柠檬酸而抑制了乌头酸酶（acointase）活性，使柠檬酸不能转变为异柠檬酸，因而阻断了三羧酸循环。而亚砷酸盐类化合物主要是与酮酸脱氢酶（pyruvate dehydrogenase）中的二硫辛酸的两个 SH 基结合从而抑制 α- 酮戊二酸脱氢酶（oxoglutarate dehydrogenase complex，OGDC），使得酮戊二酸积累而影响三羧酸循环，更重要的是由于影响氨基酸的相互转化从而造成其他代谢的紊乱。

作用于呼吸链的呼吸毒剂　对呼吸链起作用的呼吸毒剂可以分为四大类。

第一种是在 NAD^+ 与辅酶 Q 之间起作用的抑制剂，主要有鱼藤酮及杀粉蝶素 A 及 B。鱼藤酮对呼吸链的影响主要是其作为与吡啶核苷酸（NAD）相联系的氧化酶的特异性抑制剂，切断呼吸链上 NAD^+ 与辅酶 Q 之间的联系，此外，鱼藤酮通过抑制 L- 谷氨酸的氧化阻断呼吸链。杀粉蝶素 A 与 B 对昆虫及螨类的毒杀作用与鱼藤酮有些类似，也是抑制 L- 谷氨酸的氧化，但是不同的是，在高浓度时，它也抑制琥珀酸的氧化。

第二种是琥珀酸氧化作用抑制剂。主要是通过抑制琥珀酸及 α- 甘油磷酸酯的氧化从而阻断呼吸链。

第三种是在 Cytb 及 $CytC_1$ 之间起作用的抑制剂。许多化合物能在呼吸链的这一段上予以阻断，一般认为是这一部位具有特殊性，或具有特殊成分，因此抑制剂可直接与这特殊成分结合，或是这一部位在功能上特别敏感，易受抑制剂的作用。

第四种是细胞色素 C 氧化酶的抑制剂。多数抑制剂是与细胞色素 C 氧化酶的血红素部分发生化学结合而产生抑制作用。HCN 等熏蒸毒气和有机氰氰酸酯类化合物的作用实际上是释放出 CN^-，CN^- 与血红素侧链上的甲酰基起反应，而抑制了分子氧与血红素的结合，导致死亡。

氧化磷酸化作用的抑制剂（解偶联剂）　氧化磷酸化是与呼吸链相偶联的，任何作用于呼吸链的毒剂均会影响到氧化磷酸化作用。解偶联剂的作用是使呼吸链上的氧化与磷酸化作用不能偶联起来。氧化磷酸化的抑制与两种物理参数有关：①作为抑制药剂必须具有一定的亲脂性，以穿透线粒体的表层。②药剂分子必须有效地既可以作为质子酸，又可作为质子碱，以破坏质子梯度。

能量转移系统（磷酸化作用）抑制剂　抑制能量转移系统的化合物主要有 4 种作用机制：①抑制 ATP 的合成。②抑制受解偶联剂刺激的潜在的 ATP 酶的活性。③抑制 ATP-Pi 的交换反应。④抑制 ATP-ADP 的交换反应。

参考文献

威尔金森（Wilkinson, C. F.），1985. 杀虫药剂的生物化学和生理学[M]. 张宗炳，译. 北京：科学出版社.

张宗炳，1987. 杀虫药剂的分子毒理学[M]. 北京：农业出版社.

（撰稿：周红；审稿：丁伟）

胡椒碱　piperine

属于桂皮酰胺生物碱，在自然界中广泛存在，尤其在胡椒科植物中大量存在，其药理作用较为广泛，目前发现具有抗氧化、免疫调节、抗肿瘤、促进药物代谢等作用。

其他名称　胡椒酰胺。

化学名称　(*E,E*)-1-[5-(1,3- 苯并二氧戊环-5- 基)-1- 氧代-2,4- 戊二烯基]- 哌啶。

IUPAC名称　1-piperoyl piperidine。

CAS 登记号　94-62-2。

EC 号　202-348-0。

分子式　$C_{17}H_{19}NO_3$。

相对分子质量　285.34。

结构式

开发单位　1943 年 E. K. Baevil 等发现胡椒碱对家蝇有较高的触杀力，并对除虫菊素有增效作用。

理化性质　胡椒碱存在于黑胡椒种子中，含量为 7%～9%。将黑胡椒种子粉碎后与石灰乳拌和，加热，并蒸发至干，再用乙醚萃取残留物，蒸除乙醚后即得胡椒碱。淡黄色或白色晶体粉末。熔点 128～129℃。相对密度 1.193。溶于乙酸、苯、乙醇和氯仿，微溶于乙醚，不溶于水。该品具弱碱性，通过水解能生成胡椒酸和哌啶。

毒性　低毒。急性经口 LD_{50}：大鼠 514mg/kg，小鼠 330mg/kg。急性腹腔注射 LD_{50}：大鼠 34mg/kg，小鼠 43mg/kg。小鼠急性皮下注射 LD_{50} 34mg/kg。

剂型　95%～98% 胡椒碱原药。

作用方式及机理　对昆虫具有触杀作用。该品对家蝇的最初作用类似于除虫菊素，是对昆虫的脑纤维素的损害，但除虫菊素的特征作用是针对脑核染质的广泛组合。根据初步组织学研究发现，胡椒碱的特征作用是对家蝇的中枢神经系统和肌肉组织，其最初作用即显示了脑纤维素的损伤，还诱导溶胞作用和液胞化作用，这和除虫菊素是不同的。

防治对象　家蝇。

使用方法　对昆虫具有触杀作用，对家蝇的毒力比除虫菊素还强，当与除虫菊素合用后，具有较好的增效作用。在进行家蝇防治试验中，如在每 100ml 煤油中含除虫菊素 0.025g、0.05g、0.1g，家蝇的死亡率分别为 19%、32%、50%；当与胡椒碱合用时，每 100ml 煤油中含除虫菊素 0.025g 和胡椒碱 0.25g，家蝇的死亡率达到 91%。胡椒碱作为增效剂的使用量，按杀虫剂产品设计技术要求添加。

注意事项　对人畜安全，使用时不需特殊防护措施。药剂应当储存于阴凉、干燥处。

张洪昌，李翼，2011. 生物农药使用手册[M]. 北京：中国农业出版社.

（撰稿：徐琪、侯晴晴；审稿：邵旭升）

琥珀酸脱氢酶　succinatedehydrogenase, SDH

一种细胞色素氧化酶，是 TCA 循环中唯一一个整合于膜上的多亚基酶，在真核生物中，结合于线粒体内膜，在原核生物中整合于细胞膜上，是连接氧化磷酸化与电子传递的枢纽之一，可为真核细胞线粒体和多种原核细胞需氧和产能的呼吸链提供电子，为线粒体的一种标志酶。又名琥珀酸泛醌氧化还原酶（Succinate-ubiquinone oxidoreductase，SQR）或线粒体复合物 Ⅱ（mitochondrial complex Ⅱ）。

生理功能　琥珀酸脱氢酶由 4 个亚基组成，即黄素蛋白（FP）、铁硫蛋白（IP）、大细胞色素结合蛋白（CybL）和小细胞色素结合蛋白（CybS）。在三羧酸循环中，该酶的主要作用是将琥珀酸氧化成延胡索酸，并将电子从琥珀酸转移至辅酶 Q。

作用药剂　琥珀酸脱氢酶抑制剂（SDHI）类杀螨剂，如丁氟螨酯、腈吡螨酯、乙唑螨腈等。

靶标抗性机制　由 SDH 突变介导的靶标抗性已在二斑叶螨中被发现，且不同亚基的突变导致二斑叶螨对多种 SDHI 类药剂产生高水平抗性，如 SDHB 亚基 I260T 的点突变和 SDHC 亚基 S56L 的点突变分别介导了二斑叶螨对丁氟螨酯和腈吡螨酯的高抗性。

相关研究　SDHI 作为新型杀螨剂，除具有杀螨活性高、对环境风险低等优点外，其在害螨和天敌捕食螨间存在优异的生物选择性，因此在害螨的防控中，SDHI 类药剂应用前景广阔。目前，害螨对 SDHI 的抗药性主要存在两种机制，在较低水平抗性时主要是以解毒代谢的增强为主，例如二斑叶螨过表达的 GST（TcGSTd05）具有分解丁氟螨酯及其活化产物"AB-1"的功能，而在高抗种群中，二斑叶螨对丁氟螨酯和腈吡螨酯的抗性主要与 SDH 的点突变有关。

参考文献

李斌，于海波，罗艳梅，等，2016. 乙唑螨腈的合成及其杀螨活性[J]. 现代农药，15(6): 15-16.

ITO Y, MURAGUCHI H, SESHIME Y, et al, 2004. Flutolanil and carboxin resistance in *Coprinus cinereus* conferred by a mutation in the cytochrome b560 subunit of succinate dehydrogenase complex (Complex II) [J]. Molecular genetics and genomics, 272: 328-335.

PAVLIDI N, KHALIGHI M, MYRIDAKIS A, et al, 2017. A glutathione-S-transferase (TuGSTd05) associated with acaricide resistance in *Tetranychus urticae*, directly metabolizes the complex II inhibitor cyflumetofen[J]. Insect biochemistry molecular biology, 80: 101-115.

RIGA M, MYRIDAKIS A, TSAKIRELI D, et al, 2015. Functional characterization of the *Tetranychus urticae* CYP392A11, a cytochrome P450 that hydroxylates the METI acaricides cyenopyrafen and fenpyroximate[J]. Insect biochemistry molecular biology, 65: 91-99.

SUN F, HUO X, ZHAI Y, et al, 2005. Crystal structure of mitochondrial respiratory membrane protein complex II[J]. Cell, 121: 1043-1057.

SIEROTZKI H, SCALLIET G, 2013. A review of current knowledge of resistance aspects for the next-generation succinate dehydrogenase inhibitor fungicides[J]. Phytopathology, 103: 880-887.

SUGIMOTO N, TAKAHASHI A, IHARA R, et al, 2020. QTL mapping using microsatellite linkage reveals target-site mutations associated with high levels of resistance against three mitochondrial complex II inhibitors in *Tetranychus urticae* [J]. Insect biochemistry and molecular biology, 123: 103410.

（撰稿：冯楷阳、何林；审稿：杨青）

化学分析法　chemical method of analysis

以物质的化学反应为基础的分析方法，也称经典分析法。化学分析法曾是农药分析的主要方法之一，但随着分析仪器的发展，化学分析法已经被色谱法和光谱法逐渐替代，只有少量农药产品的有效成分含量测定和部分理化指标的测定依然使用化学分析法。化学分析法并不适用于痕量农药的测定，一般用于常量分析。

分类　主要包括重量分析法和滴定分析（容量分析）法等。

重量分析法　一般是先采用适当的方法将被测组分与试样中其他组分分离后，转化为可称量形式的物质，进行称重，由称重结果计算被测物含量的分析方法。根据被测组分与其他组分分离的方法不同，重量分析法又分为沉淀法、气化法（挥发法）和电解法。

滴定分析法　又名容量分析法。是指使用已知准确浓度的试剂溶液（标准溶液），滴加到被测物溶液中（或将被测物溶液加至标准溶液中），两者按照化学计量关系定量反应，可根据已知溶液的浓度和用量，计算被测物质的含量。滴定分析法分为酸碱滴定法、络合滴定法、氧化还原滴定法、沉淀滴定法等。

应用　当前农药产品中使用重量分析法主要用于农药产品中少数理化指标的测定，如水不溶物、干燥减量、固体不溶物以及水分含量测定等。

滴定分析（容量分析法）法曾经广泛地使用在农药产品有效成分的测定中，目前也还有少数农药沿用这种传统的分析方法，除络合滴定法在农药分析中很难见到外，其他几种滴定法仍有使用。①酸碱滴定法在农药分析中的应用。如甲哌鎓质量分数的测定、杀虫双质量分数的测定以及杀虫双产品中氯化物盐酸盐质量分数的测定等。由于有些农药在水中溶解度较小，酸碱滴定常用有机溶液或不含水的无机溶液为介质。②沉淀滴定法在农药分析中的应用。如矮壮素质量分数的测定、杀虫双产品中氯化钠质量分数的测定等。③氧化还原滴定法。以下几种农药和杂质的质量分数测定采用该法：磷化锌（氧化还原滴定 - 高锰酸钾法）、硫黄（氧化还原滴

定 - 碘量法）、代森锰锌（氧化还原滴定 - 碘量法）、硫酸铜（氧化还原滴定 - 碘量法）、代森锌（氧化还原滴定 - 碘量法）、杀虫双产品中硫代硫酸钠（氧化还原滴定 - 碘量法）等。

参考文献

彭崇慧, 冯建章, 张锡瑜, 等, 2002. 定量化学分析简明教程[M]. 2版. 北京: 北京大学出版社.

武汉大学, 2002. 分析化学[M]. 4版. 北京: 高等教育出版社.

（撰稿：吴迪；审稿：刘丰茂）

化学合成农药　synthetic pesticides

由人工研制合成，并由化学工业生产的一类农药，其中包括全合成和半合成农药以及仿生合成农药。化学合成农药区别于生物农药与狭义的天然源农药。化学合成农药用极少量就能杀死危害作物的病菌、害虫、杂草，或对昆虫、植物的生理活动产生重大的影响。在 2017 年国务院颁布实施的《农药管理条例》中明确规定，农药是指用于预防、消灭或者控制危害农业、林业的病、虫、草和其他有害生物以及有目的地调节植物、昆虫生长的化学合成或者来源于生物、其他天然物质的一种物质或者几种物质的混合物及其制剂。而化学合成农药占据农药的 90% 以上。化学合成农药一般为小分子，具有独特的优势。

化学合成农药的重要性　化学农药自从诞生以来对人类社会的发展起到了非常重要的作用，预计到 2050 年，全球人口将突破 90 亿，随着人口的增长，耕地面积没有显著性的增长，提高单位面积的粮食产量成了解决粮食需求问题最直接的方法。化学合成农药作为农药中最重要的组成部分，在杀灭以及调节害虫、杂草、病菌中起到了至关重要的作用，确保了粮食安全。

据统计，2007 年农药全球使用量为 240 万吨，化学合成农药在整个农药中占比大于 90%，中国平均每公顷耕地使用 10.3kg 农药，日本为 13.1kg。根据美国统计，因使用了农药，农作物的产量明显增加，玉米增产 100%，马铃薯增产 100%，洋葱增产 200%，棉花增产 100%，紫花苜蓿种子增产 160%。化学合成农药与每个人密切相关，除了保证粮食安全的同时，并且增加其他经济作物的产量，例如增加棉花的产量与质量，减少花卉的病虫草害。

化学合成农药另外一个非常重要的作用就是作为卫生药剂使用，杀灭老鼠、蚊蝇、蟑螂、虱子等疾病传播媒介，切断疾病的传播途径，让人们免受疟疾等疾病的危害，最典型的例子是因为残留问题禁用的滴滴涕（DDT），由于使用滴滴涕杀灭蚊子，仅在第二次世界大战期间，DDT 至少曾帮助 5 亿人从疟疾中逃生，发现 DDT 杀虫作用的缪勒博士也因此荣获 1945 年诺贝尔医学奖，虽然滴滴涕的残留富集毒性很大，但就当时的历史环境而言，滴滴涕保护了数亿人的生命。合成农药杀灭传播斑疹伤寒的虱子、传播鼠疫的跳蚤以及传播登革热和脑炎的蚊子，阻断了疾病的传播。

化学合成农药还有其他很多重要的用途，例如趋避杀灭白蚁，保护木质建筑；防止贝类附着船舶；草坪维护等

等。人们的衣食住行已经离不开化学合成农药，化学合成农药已经成为了人类与环境和谐相处过程中一个特别的调节因素。化学合成农药已深入到了生活的各个方面，无论在农田中、森林内、果树园、蔬菜地、家居的花草都需要杀虫剂帮助防病治虫，衣箱里叠放的毛衣也离不开樟脑丸等驱避杀虫剂的帮助，楼道里摆放的灭鼠药和夏季夜间的蚊香等，化学农药已经成为生活必备品。

化学合成农药的发展历史　DDT、六六六的发现使农药进入化学合成农药时期。DDT 在发明后的 30 多年里一直是常用的一种杀虫剂，因为消除了病虫害，农业大幅度增收，20 世纪 50 年代以来，全世界大约有 500 万人因此免于饿死。随后开发的有机磷和氨基甲酸酯类杀虫剂，应用范围广、见效快、使用方便，对农业的高产、稳产、优质起到了重要的作用，使化学农药进入一个新的发展阶段。

这一时期化学合成农药的特点：①广谱。有机磷和氨基甲酸酯类杀虫剂中，有的对害虫同时具有触杀作用和胃毒作用，有的兼有熏蒸或内吸作用，且杀虫谱广，持效期长；杀菌剂对作物不仅有保护作用，而且对某些病菌兼有铲除作用或内吸治疗作用；除草剂中一些品种对农作物有较好的选择性，可以杀死某些杂草而对庄稼无害。②药效高。除草剂中，如 2,4-滴的用量为 0.75～2.25kg/hm^2；其用量约为无机除草剂的 1/10。③高毒与低选择性。有机磷与氨基甲酸酯类农药对非靶标生物，例如人、牲畜、水生鱼类、有益昆虫蜜蜂等都有很强的毒性，所以从 20 世纪 70 年代起，一些农药，如氨基甲酸酯类，有机磷类等高毒农药已在大多数国家停用或限制使用。2015 年 10 月 1 日起实施的《食品安全法》明确要求，在充分论证基础上，科学有序、分期分批加快淘汰剧毒、高毒、高残留农药。

20 世纪 60 年代开始，诞生了拟除虫菊酯类农药，这类化合物比有机磷类和氨基甲酸酯类等高效杀虫剂的药效又高出 5～10 倍。与此同时，在杀菌剂中的三唑酮、甲霜灵等，这些药剂每公顷只需 0.13～0.25kg，约为代森锌、克菌丹等用量的 1/6～1/12；除草剂中的禾草灵，每公顷用量仅为 0.9～1.07kg，比 70 年代前后那些高效除草剂的药效高出 5～10 倍，化学合成农药步入"高效"时代，这一时代的农药主要特点是单位面积用量小，部分农药对非靶标生物低毒，实现了较好的选择性。

20 世纪 80 年代发现的新烟碱类杀虫剂具有广谱、高效、低毒、低残留，对人、畜、植物和天敌安全等特点，并有良好的根部内吸性，在活性方面有了更好的提升，每公顷 10～20g 使用量，使化学合成农药步入"超高效"时代。作用于鱼尼丁受体的双酰胺类药物也是超高效农药的一个代表，并且作用机制独特，该类农药对害虫防治有效，对哺乳动物、鸟、鱼毒性极低。这类农药在大田的用量很少，其毒性、残留、污染等问题大大地减轻了，这个"超高效"农药阶段，必然会持续一个较长的时期，但是抗性问题、蜜蜂毒性问题仍是发展的瓶颈。

化学合成农药的分类　化学合成农药有不同的分类方法，根据用途，化学农药可以分为除草剂、杀菌剂、杀虫剂、植物生长调节剂、杀鼠剂等。杀虫剂根据作用方式不同可以分为胃毒型、内吸型、熏蒸型、触杀型、拒食型、趋避

型；杀菌剂根据作用方式分为保护型、治疗型、铲除型；除草剂根据作用方式分为触杀型、内吸型。

根据化学结构特点分类可以分为：

除草剂：有机磷类、磺酰脲类、咪唑啉酮类、嘧啶并三唑类、三嗪类、酰胺类、脲类、氨基甲酸酯类、吡啶类、苯氧乙酸类、二硝基苯胺类、芳氧苯氧丙酸酯类、二苯醚类、环己二酮类、羟基苯腈类、哒嗪类、其他结构类。

杀虫剂：有机磷类、拟除虫菊酯类、氨基甲酸酯类、新烟碱类、苯甲酰脲类、有机氯类、双酰胺类、其他结构类。

杀菌剂：三唑类、吗啉类、二硫代氨基甲酸酯类、酞酰亚胺及苯腈类、甲氧基丙烯酸酯类、苯并咪唑类、苯酰胺类、二甲酰脲类、酰胺类、嘧啶胺类、其他结构类。

化学合成农药的抗性　抗性指生物忍耐杀死正常种群大部分个体的药量的能力，并在其种群中发展起来的能力（WHO，1957年定义）。由于化学合成农药多为小分子，靶标比较单一，相对其他农药更容易产生抗性（WHO，1957年定义）。目前已知的抗性机制包括靶标抗性、代谢抗性、吸收传导抗性3种类型。有机合成农药自诞生以来，抗性成为了防治有害生物的主要影响因素。其中，靶标抗性是最重要的一种类型，尤其是因靶标突变而导致的抗性危害最为严重。因为一旦发生靶标突变，往往容易导致交互抗性的发生。2005年中国灰飞虱（若虫）对吡虫啉的抗性倍数为15～20倍，褐飞虱成虫对吡虫啉抗性倍数为250倍，棉蚜种群对吡虫啉、氧乐果、高效氯氰菊酯均处于高抗性水平，有些地区抗性倍数达到数千倍以上。

抗性使得以前有效农药的效果降低，增加农药的使用频率和使用量，增加了防治成本；药物的大量频繁使用导致有益生物的种群数量减少，打破生态平衡，抗性害虫大暴发；对非靶标生物和环境造成压力。抗性的形成因素有很多，种群内本来存在抗性基因，药物将不含有该抗性基因的个体杀死，含有抗性基因的个体得以大量繁殖，持续用药对基因进行了选择；由于作用靶点相同或相近的药物产生交互抗性，生物体每年的繁殖世代数、种群个体数的大小、种群的迁移率都会影响抗性产生。

生物对农药的抗性主要有以下几个方面：通过生物的行为避免暴露在农药中；减少药物透过量，增加角质层的厚度；通过酶对进入生物体内的农药进行隔离；通过各种酶增加对农药的代谢；降低靶标位点对于农药的敏感度。应对生物对农药的抗性措施有很多：在施药方面，避免连续单一用药，应交替、轮换使用不同作用机制、无交互抗性的农药；在药物研发方面，可以通过改善制剂，延缓抗性，最直接有效的办法是开发具有新作用机制的农药。

化学合成农药的安全性　化学合成农药的安全性一直备受关注，第二次世界大战以前，农药主要是含砷或含硫、铅、铜等的无机物，例如石硫合剂，以及除虫菊酯、尼古丁等来自植物的有机物。第二次世界大战期间，人工合成有机农药开始应用于农业生产。1932年德国兰格首次合成有机磷化合物，其间受熏染工人出现中毒表现，这是世界上首次发现的有机磷中毒。"二战"爆发后美国及其他国家制成内吸磷，敌敌畏（DDV）成为美军主要战剂，有机磷成为战争中主要的化学武器。

美国海洋生物学家蕾切尔·卡逊于1962年出版的《寂静的春天》，引起全球对环保，对化学合成农药安全性的重视，人们的观念由"向大自然宣战""征服大自然"，转变为保护大自然并与之和谐相处。

DDT具有中等的急性毒性，从半数致死量的角度来看DDT对温血动物的毒性是相当低的。但DDT以及其主要代谢产物1,1-双（对氯苯基）-2,2-二氯乙烯（DDE，滴滴伊）由于具有较高的亲脂性，因此容易在动物脂肪中积累，造成长期毒性。此外，DDT还具有潜在的基因毒性、内分泌干扰作用和致癌性，也可能造成包括糖尿病在内的多种疾病。因DDT不溶于水，喷洒到植物叶片上后会被雨水冲刷到地面，然后与地面的DDT一起随水的表面径流汇入江河，或渗入地下水中，之后随着地球水循环而进入海洋。而喷洒时飘浮在空气中的DDT则随大气环流向四周扩散，最终弥漫到世界各地，人们不仅在荒凉的北极格陵兰岛动物体内测出了DDT，而且也在远离任何施药地区的南极动物企鹅体内发现了DDT。DDT已经广泛进入了世界各地的食物链和食物网，并存在着严重的食物链富集作用，到了20世纪60年代末期，几乎地球上的生物体内，都可以找到相当数量的DDT的残留物。几十年来，整个人类为这种高残留杀虫剂付出了巨大的代价，化学合成农药DDT因为其生物富集作用，以及难以降解被禁用。

化学合成农药使用以来，农药中毒事件频频发生。据联合国环境规划署1990年统计，全世界每年约有100万人农药中毒，20万人死亡。并且由于农药的不合理使用造成的"毒韭菜""毒豇豆"农药残留事件使得人们更加对化学合成农药造成误解。事物的发展历程都是曲折的，在时代的背景下，农药的发展经历了由高毒到低毒，由低选择性到高选择性，由高残留到低残留的过程，农药安全事件主要因素是农药的不合理使用，多数为有机磷类、氨基甲酸酯类高毒农药的不合理使用，而不是农药本身的问题，高毒高残留的农药（例如有机磷、氨基甲酸酯类农药，以及高毒灭鼠剂）基本已经被禁用，现在98%以上是中低毒农药，除非误服，发生中毒生病的可能性非常小。现代农药登记注册经历了严格的安全评价，农药安全事件相比20世纪已经减少很多，面对化学合成农药的功与过，应该辩证地去看待，不能因为不合理使用或者不正当使用造成的安全事件而抹黑、妖魔化农药，要以科学的精神和审慎的态度评价农药的功过是非。

中国从1978年就已经开始实施对农药使用的监管。1982年，中国实施农药登记制度，颁布"农药登记规定"，成立"农药登记评审委员会"。1986年实行了对农药产品质量的控制，1997年国务院颁布实施《农药管理条例》，并多次进行修订。最新修订是2017年。目前中国已经成为了化学农药的最大生产国和出口国，使用量也非常大。中国通过立法确认了农药最大残留限量的国家标准，并对相关的技术标准做了严格的制定。中国颁布的"农药安全使用标准"，规定了28种农药在16种作物上的安全间隔期。此外还颁布了一系列的法律法规，规范化学合成农药的生产销售以及使用。农药从研发到销售使用，都有一系列的监管：农药标签管理，农药广告管理，对流通农药进行监测等。随着科学技术的发展，农药监管法律法规也在不断地完善升级。部分相关法律规定如下：

①《农药管理条例》，2017 年修订；

②《农药管理条例实施办法》；

③《农药标签和说明书管理办法》；

④《农药登记管理办法》，《农药登记资料要求》；

⑤《农药名称登记核准管理规定》；

⑥《农药名称管理规定》；

⑦《农药产品有效成分含量管理规定》。

化学合成农药的登记　化学农药的登记有详细并且严格的规定，通过毒理学数据对急性毒性、亚急性毒性、慢性毒性、繁殖和致畸毒性、致癌毒性有着详细的评价，并且对最大残留限量以及残留时间有着严格的要求，保证了农药的安全性与绿色化。每个农药产品在市场上流通都应该具备"三证"，农药"三证"指农药生产许可证或者农药生产批准文件、农药标准和农药登记证。"三证"以产品为单位发放，即每种农药产品，不同厂家生产，都有各自的"三证"。

化学合成农药的研发　农药创制是一个典型的交叉学科和系统工程，投资大，周期长，风险高。花费 2 亿美元，耗时 10~12 年，筛选 14 万化合物，涉及农药化学、农药生产工艺学、农药毒理学、农药制剂学、农药使用技术、农药环境毒理学、植物保护学等多种学科，农药的研发是一个高投入、低成功率的事业。

随着化学合成农药的发展，其研发方式也在逐渐的丰富，有高通量筛选、基于化学合成、基于靶标的方法，基于天然产物的方法等多种方法，计算机技术的引入让化学合成农药的研发更加快速便捷，通过各种方法的结合使用，诞生了越来越多的低毒、低残留、高活性、高选择性的化学合成农药。随着中国制造向中国创造的理念转变，以及中国对研发创新的重视，对人才的重视，中国在农药研发领域也逐渐步入世界前列。

化学合成农药的合成　化学合成农药为农药化学的主要内容，随着有机化学的发展，越来越多的新技术用于化学农药合成，异构体的拆分、差向异构、立体选择性合成等难度较大的技术引入农药的化学合成，并且逐步进入了工业化。农药先导化合物的合成以及先导化合物的优化是基于农药的合理设计，其中考虑到化合物的路线合理设计、分离纯化、结构鉴定、物理化学性质表征等，并且结合生物测试结果反馈，对化合物进行合理的改进，进行一个循环往复的过程，直到得到满意的结果，整个合成过程涉及有机化学、无机化学、物理化学、分析化学，是一个多学科相结合的研究工作。

化学合成农药的活性测试　筛选发现化学合成农药先导化合物，必须依赖生物测试提供生物活性信息，评价化合物的价值，并且根据生物测试中的生物表观反馈提供部分药理学推测，提供毒理学数据。生物测试过程首先建立生物测试模型，进行初筛、复筛、田间试验等，并且对测试结果进行评价，给出合理的数据，例如半数致死量 LD_{50} 等，涉及昆虫学、植物学、病理学、环境化学等内容。

化学合成农药的制剂　化学合成农药多为小分子，可以开发的制剂的种类多，适应多种作物，适应复杂的施药环境，施药方式灵活多变，能够更好地通过制剂优化农药的效果，减少防治成本，延缓抗性等。制剂种类分液体和固体两种，液体制剂又分为悬浮剂、乳油、乳剂、气雾剂、烟雾剂等，固体制剂包括毒饵、凝胶、颗粒剂、种衣剂、可湿性粉剂、水分散颗粒剂等。近来制剂领域开发的缓释剂可以满足一次施药，持效期长的目的，减少用药次数，新剂型的不断开发，让化学合成农药的应用如虎添翼。

化学合成农药的工艺研究　化学合成农药作为大宗的精细化工产品，其工艺的研究直接影响到经济效益。工艺的研发主要分为小试和中试研究，小试主要包括设计选择合成路线、合成条件的优化、相关数据的监控、制定相关分析方法、评价经济效益、药效试验和安全性评价，通过小试试验后进入中试放大，主要包含验证小试结果、可操作性制定、设备选择、生成连续性确认、三废治理方案、产品以及中间体分析方法、产品应用研究、中试技术评价。通过化学合成农药的工艺研究，让农药由实验室走向了商品化，得以大量生产，创造经济价值。

化学合成农药的使用　农药施用过程中，应该尽量减少其向施药对象以外的领域扩散，但是农药施药过程中不可避免地会随着大气的运动而扩散，很大一部分都降落到土壤中并被土壤所吸附，大气残留的农药和附着在作物上的农药经雨水淋洗也将落入土中，农药从土壤表面的流失一般认为是进入水环境的主要途径，进入环境，农药自身或其代谢产物也会影响有益生物，影响水中的水生生物，所以应该在施药过程中尽量避免扩散，可以选择合适的环保制剂。

减轻化学农药对生态环境破坏的有效措施，农作物防治应遵循"预防为主，综合防治"的植保方针，尽可能减少化学农药的使用次数和用量，以减轻对环境、农产品质量安全的影响。使用农药时应注意以下几点：①把握最佳用药时机。绝大多数病虫害在发病初期，症状很轻，防治效果好，错过最佳用药时期，防治效果不好。②把握好农药使用浓度。在农药有效浓度内，避免高浓度药害和农药的浪费。③注意轮换用药。长期单一使用某种农药易产生抗性，降低防治效果，因此应轮换使用不同种类的农药。④严格遵守安全间隔期规定。最后一次喷药到作物收获的时间应比标签上规定的安全间隔期长。⑤正确选购农药。选购高品质的农药。⑥合理选择农药。针对不同的防治对象选用合适的农药品种，对症下药，才能药到病除。正确使用农药才能让农药发挥最好的效果，减少对环境的污染，做到安全、环保、高效。

化学合成农药的工业生产　化学合成农药的工业生产包括工艺的研究，工业化生产，农药的制剂包装等环节，中国作为农药的生产使用大国，2019 年中国农药原药产量为 225 万吨，2019 年 1~8 月出口农药达 104.9 万吨，出口额 56.22 亿美元。2019 年农药进出口贸易总额出现先升高后降低的趋势，2017 年为拐点。农药的工业生产是中国工业不可或缺的组成部分，保证粮食供应，提供就业机会，创造经济收入。

化学合成农药作为大宗的精细化工产品，其生产必定会存在三废问题、安全问题等，中国对化工企业的生产也有非常完备的法律约束体系，农药生产企业也是化工企业，所有的化学农药的生产都应严格按照以下法律法规进行：

《中华人民共和国安全生产法》；

《安全生产许可证条例》；

《危险化学品生产企业安全生产许可证实施办法》;

《生产安全事故报告和调查处理条例》;

《危险化学品经营许可证管理办法》;

《危险化学品安全管理条例》;

《危险化学品登记管理办法》;

《危险化学品建设项目安全评价细则》;

《危险化学品建设项目安全许可实施办法》;

《中华人民共和国环境保护法》;

《新化学物质环境管理办法》;

《新化学物质监督管理检查规范》;

《中华人民共和国职业病防治法》等。

1982 年 4 月成立了中国农药工业协会,助力农药事业的有序发展。

参考文献

蕾切尔·卡逊, 2014. 寂静的春天[M]. 上海: 上海译文出版社.

唐除痴, 李煜昶, 陈彬, 等, 1998. 农药化学[M]. 天津: 南开大学出版社.

魏峰, 董元华, 2011. DDT引发的争论及启示[J]. 土壤, 43(5): 698-702.

张一宾, 张怿, 伍贤英, 2013. 世界农药进展[M]. 北京: 化学工业出版社.

（撰稿：陈修雷；审稿：徐晓勇）

化学结构鉴定与分析 the characterization and analysis of chemical structure

运用经典分析和仪器分析等方法,对待测样品的化学结构进行分析、测定和确证的过程。经典分析方法也称湿化学方法或化学分析方法,指利用化学反应和它的计量关系来确定被测物质组成和含量的一类分析方法,已有长久历史。19 世纪末、20 世纪初,由于物理化学及溶液中"四大平衡"理论的确立,建立了分析化学理论体系,使分析化学从一门技术发展成为一门学科,经历了第一次变革。20 世纪 40 年代以后,随着物理学和电子学的发展,促进了分析化学中物理方法和仪器分析方法的大发展,以光谱分析和质谱分析为代表的仪器分析方法的出现改变了以经典的化学分析法为主的局面,使分析化学经历了第二次变革。20 世纪 70 年代以来,生物学、信息技术和计算机技术的引入,使分析化学进入了第三次大变革时期,从而使得化学结构鉴定与分析的手段更为丰富全面。

农药研发过程中经常涉及化学结构鉴定和分析,如先导化合物的结构确证和表征,杂质分析和农药品种的降解途径分析等。对较复杂的化合物进行结构鉴定和分析通常需要综合运用多种分析手段,包括紫外光谱法、红外光谱法、核磁共振法、质谱法、气相色谱法、高效液相色谱法、气相色谱-质谱联用法、液相色谱-质谱联用法、旋光度测定法、X 射线衍射法和圆二色谱法等方法。

在鉴定与分析样品之前,要确保样品的纯度能满足分析的要求,否则会增加鉴定与分析的难度,甚至导致错误的结果。采集试样谱图一般要求其纯度大于 98%,若纯度达不到要求,可用重结晶和其他色谱分离等方法纯化样品。

对未知化合物进行结构鉴定通常需要综合利用多种仪器、多种图谱及多种途径进行分析,避免单一仪器分析结果的局限性。实际结构解析过程中应灵活运用各谱图提供的信息,结构解析的一般步骤如下:

①相对分子质量和分子式的确定。在质谱中确定分子离子峰,其质荷比就是相对分子质量,若分子离子峰不出现,则应选择合适的软电离技术。条件允许的情况下,可以利用高分辨质谱测定分子离子的精密质量来推导分子式。亦可利用低分辨质谱分子离子的同位素丰度计算或查阅贝农（Beynon）表获得分子式。此外,还可以综合运用多种图谱来确定分子式:从 ^1H NMR 的积分曲线面积比得到氢原子数目（分子结构对称时,氢原子数目可能是计算值的整数倍）。利用红外光谱、质谱和核磁共振谱确定 O、N、Cl、Br、S 等杂原子类型和数目,如利用红外光谱确定是否含有某些官能团来判断是否含有某些杂原子,从质谱分子离子峰中确定是否含有 Cl 和 Br 以及它们的原子数,利用 ^{19}F NMR、^{31}P NMR、^{15}N NMR、^{14}N NMR 等来判断所含 F、P 和 N 等杂原子的类型和数目,利用 ^{13}C NMR 峰数及峰强度估算出碳原子数,结合相对分子质量判断分子有无对称性;通过公式:C 原子数目 =（相对分子质量 –H 原子质量 – 其他原子质量）/12 来确定碳原子数。

②找出结构单元。先由分子式计算不饱和度,结合各谱图的特征峰信息,判断是脂肪族还是芳香族。再判断分子内有哪些官能团,找出其相邻基团,确定分子的结构单元。具体地,氢谱的耦合裂分及化学位移是找出相邻基团的重要线索,质谱主要碎片离子间的质量差额和重排离子也可以提供基团相互连接的信息。从紫外光谱中可以判断分子中是否含有不饱和基团形成的大共轭体系,可以鉴定农药分子中的共轭生色团和推测共轭体系中取代基的种类、位置和数目,从而推断农药分子的骨架结构。根据红外光谱吸收峰的位置、强度及形状,可以判断化合物所含官能团的种类和取代类型等结构特征,特别是羰基、羧基和羟基等特征基团。通常推断出来的结构单元必须在全部图谱中得到确证,否则推断的结果可能有误。

③计算剩余基团。在基团特征性不强和分子中有一个以上相同基团的情况下,容易漏掉某些基团。因此,还需将分子式和已确定的所有结构单元的元素组成做一比较,计算出剩余分子式,推断出剩余基团。

④提出可能结构,选出最可能的结构。如果已确定的结构单元和分子的不饱和度相等,则直接考虑它们之间可能的连接顺序,否则应考虑分子成环的情况。再用谱图数据进行核对,排除不合理的结构。若推测的结构为已知化合物,可与标准谱图或文献谱图进行比对来确证化合物的结构。

随着气相色谱和高效液相色谱的发展和日益普及,各种色谱-质谱联用技术（如气相色谱-质谱联用和液相色谱-质谱联用）的使用,使色谱分析法广泛运用于复杂混合物的快速分离分析。

大部分农药的沸点在 500℃ 以下,相对分子质量小于

400，可以用气相色谱进行分析，部分在气相色谱仪的工作温度下不能气化或易分解的农药分子不适合用气相色谱分析。

液相色谱可以弥补气相色谱无法分离分析高沸点、强极性、热不稳定、大分子复杂混合物的缺陷，同时高效微粒固定相、高压输液泵和高灵敏度检测器等新技术的运用使得液相色谱发展成为高效液相色谱（high performance liquid chromatography，HPLC）。和气相色谱法相比，该法具有可分离分析高沸点的、热稳定性差的以及离子型的化合物，可通过改变流动相组成来改善分离效果，可用于制备样品和柱效高等优点。

气相色谱和液相色谱的色谱峰的位置是定性的依据，但通常可信度较差，可与农药标准品对照。色谱峰的高度或面积是定量的依据，定量分析必须由农药标准品进行标定。

气相色谱－质谱联用法（gas chromatography-mass spectrometry，GC-MS）是先通过气相色谱仪对挥发性混合物进行分离，再运用质谱仪对各成分进行分析检测，获得各成分的定性和定量信息，是最成熟和运用最广泛的联用方法之一。由于气相色谱和 EI 电离对样品的沸点、极性和热稳定性的要求，该方法不能用来分析高沸点、具有一定极性或热不稳定的成分。GC-MS 将 GC 对混合物成分的高分离能力与 MS 的高灵敏度和结构鉴定能力有机结合，可以较好地实现对复杂混合物成分的定性和定量分析。

极性、热不稳定性、分子量较大或不易气化的农药分子不宜用 GC-MS 检测分析，需要用液相色谱－质谱（liquid chromatography-mass spectrometry，LC-MS）联用技术。大气压离子化技术（atmospheric pressure ionization，API）的出现成功解决了液相色谱和质谱联用的接口问题，包括电喷雾离子化（electrospray ionization，ESI）、大气压化学离子化（atmospheric pressure chemical ionization，APCI）和大气压光离子化（atmospheric pressure photoionization，APPI）3 种，其中 ESI 运用最为广泛。ESI 是很温和的离子化技术，适用于中等极性到强极性、难挥发、分子量较大、热不稳定的化合物，亦适用于分析生物大分子，而 APCI 更适合于弱极性小分子化合物的分析。

某些有机化合物因具有手性，能使偏振光的偏正面旋转一定角度，具有旋光性。将化合物的比旋光度的大小和旋光方向与该化合物的标准比旋光度的大小和旋光方向进行比较，可以判断简单光活性化合物的光学纯度和手性中心的绝对构型。通过查阅已知旋光性物质的比旋光度，可以找出与测试化合物比旋光度相同的化合物，再通过其他方法进一步确证测试化合物是否与之相同。

X 射线衍射法分为单晶 X 射线衍射法和粉末 X 射线衍射法。单晶 X 射线衍射法不仅可以获得化合物的完整结构和各种晶体结构参数，而且可以获得准确的原子坐标和成键原子间的准确键长和键角值，是化合物结构确定最为直接的证据。粉末 X 射线衍射法主要用于物相（成分）鉴别和晶型鉴别，对于农药活性晶型的鉴定具有重要作用。

当分子中具有生色团时，具有手性的化合物对组成平面偏振光的左旋和右旋圆偏振光的吸收系数不相等时，可以根据类似结构化合物在圆二色谱和旋光光谱中产生的 Cotton 效应相同与否来确定它们是否具有相同的构型。

参考文献

梁冰，2009. 分析化学[M]. 北京: 科学出版社.

宁永成，2016. 有机化合物结构鉴定与有机波谱学[M]. 3版. 北京: 科学出版社.

孙毓庆，胡育筑，2006. 分析化学[M]. 北京: 科学出版社.

王惠，吴文君，2007. 农药分析与残留分析[M]. 北京: 化学工业出版社.

曾百肇，赵发琼，2016. 分析化学[M]. 北京: 高等教育出版社.

KUS N, SAGDINC S, FAUSTO R, 2015. Infrared spectrum and UV-induced photochemistry of matrix-isolated 5-hydroxyquinoline[J]. The journal of physical chemistry A, 119(24): 6296-6308.

OGUADINMA P, BILODEAU F, LAPLANTE S R, 2017. NMR strategies to support medicinal chemistry workflows for primary structure determination[J]. Bioorganic & medicinal chemistry letters, 27(2): 242-247.

PONKA M, WALORCZYK S, MISZCZYK M, et al, 2016. Simultaneous gas chromatographic determination of chlorpyrifos and its impurity sulfotep in liquid pesticide formulations[J]. Journal of environmental science & health, part B-pesticides, food contaminants, & agricultural wastes, 51(11): 736-741.

（撰稿：曾凡勋；审稿：徐晓勇）

H

还原型烟酰胺腺嘌呤二核苷酸脱氢酶　NADH dehydrogenase

一种细胞能量代谢所必需的辅酶，对动物的有氧呼吸起重要作用。又名辅酶Ⅰ脱氢酶（Coenzyme Ⅰ-dependent dehydrogenases）或复合物Ⅰ（Complex Ⅰ）。

生理功能　该酶的作用是先与 NADH 结合将其上的两个高势能电子转移到其黄素单核苷酸（FMN）辅基上，使 NADH 氧化，并使 FMN 还原；接着辅基 $FMNH_2$ 上的电子又转移到铁硫聚簇 Fe-S 上，Fe-S 聚簇是该还原酶的第二个辅基，起着传递电子的作用（传电子，不传氢）。最后，电子被传递给辅酶 Q，由辅酶 Q 将电子转移到细胞色素还原酶（复合物Ⅲ）。

作用药剂　鱼藤酮和杀粉蝶菌素 A 等线粒体复合物Ⅰ抑制剂。

杀虫剂作用机制　线粒体复合物Ⅰ抑制剂阻碍线粒体代谢系统中的电子传递，使昆虫不能获得和储存能量。有研究报道称存在三种类型的线粒体复合物Ⅰ抑制剂，并且复合物Ⅰ存在两个醌反应位点可以供不同抑制剂结合；还有报道称所有抑制剂的结合位点存在共同的区域，但具体的抑制剂结合位点目前尚未研究清楚。

靶标抗性机制　研究表明 NADH 脱氢酶的基因突变导致昆虫对相关药剂产生抗性。目前仅在对 METI 杀螨剂产生抗性的二斑叶螨种群中检测到了 NADH 脱氢酶基因存在突变，并且这些突变改变了 NADH 脱氢酶和相关化合物结合位点的构象，进而导致其靶标敏感性下降，使得这些化合物的杀虫活性降低，突变种群产生抗性。

相关研究 迄今为止，复合物 I 的抑制剂被广泛应用在杀虫剂、药物等方面。有报道根据其作用位点不同将其分成 3 个类型：醌拮抗剂；半醌拮抗剂；对苯二酚拮抗剂。在杀虫杀螨剂应用中，METI 杀螨剂是以复合物 I 作为靶标的代表杀螨剂，除此之外还有以鱼藤酮为代表的天然产物，有报道称鱼藤酮能与细胞内线粒体的线粒体复合物 I 结合并抑制其活性，阻断细胞呼吸链的递氢功能和氧化磷酸化过程，进而抑制细胞呼吸链对氧的利用，造成内呼吸抑制性缺氧，导致细胞窒息、死亡。随着此类杀虫剂的大量使用，大多数螨类对其产生了抗性，但大都把此类抗性的产生归根于解毒酶的作用。迄今，仅有 Sabina 等发现线粒体复合物 I 的 PSST 同位体的 H92R 突变是二斑叶螨对 METI-I 类杀螨剂产生抗药性的重要原因。

参考文献

BAJDA S, DERMAUW W, PANTELERI R, et al, 2017. A mutation in the PSST homologue of complex I (NADH: ubiquinone oxidoreductase) from *Tetranychus urticae* is associated with resistance to METI acaricides[J]. Insect biochemistry and molecular biology, 80: 79-90.

DEGLI ESPOSTI M, 1998. Inhibitors of NADH-ubiquinone reductase: an overview[J]. Biochimica et biophysica acta -Bioenergetics, 1364: 222-235.

FRIEDRICH T, VAN HEEK P, LEIF H, et al, 1994. Two binding sites of inhibitors in NADH: ubiquinone oxidoreductase (complex I) [J]. European journal of biochemistry, 219: 691-698.

GUTMAN M, KLIATCHKO S, 1976. Mechanism of inhibition by ubicidin: Inhibitor with piericidin ring structure and ubiquinone side chain[J]. FEBS letters, 67: 348-353.

HORGAN D J, OHNO H, SINGER T P, et al, 1968. Studies on the respiratory chain-linked NADH dehydrogenase. XV. Interactions of piericidin with the mitochondrial respiratory chain[J]. Journal of biological chemistry, 243: 5967-5976.

LÜMMEN P, 1998. Complex I inhibitors as insecticides and acaricides[J]. Biochimica et biophysica acta -Bioenergetics, 1364: 287-296.

（撰稿：张一超、何林；审稿：杨青）

环丙津 cyprazine

一种三氮苯类除草剂。

其他名称 环草津、Cyprozine、Outfox、K6295、S6115。

化学名称 2-氯-4-环丙氨基-6-异丙氨基-1,3,5-三嗪；6-chloro-*N*-cyclopropyl-*N'*-(1-methylethyl)-1,3,5-triazine-2,4-diamine。

IUPAC 名称 6-chloro-N^2-cyclopropyl-N^4-isopropyl-1,3,5-triazine-2,4-diamine。

CAS 登记号 22936-86-3。

EC 号 245-338-1。

分子式 $C_9H_{14}ClN_5$。

相对分子质量 227.69。

结构式

开发单位 海湾石油化学公司。

理化性质 白色无臭结晶。熔点 167～169℃。蒸气压 13μPa（20℃）。20～25℃水中溶解度 6.9mg/L，不溶于乙烷，溶于乙酸、丙酮和二甲基甲酰胺，稍溶于氯仿、乙醇、甲醇、乙酸乙酯。

毒性 急性经口 LD_{50}：大鼠 1.2g/kg，雄小鼠 1.3g/kg，雌小鼠 1g/kg，兔 1.2g/kg。急性经皮 LD_{50}：大鼠＞3g/kg，小鼠＞3g/kg，兔 7.5g/kg。鲤鱼 TLm（48 小时）10～20mg/L，虹鳟 TLm（96 小时）6.2mg/L。

剂型 浓乳剂，可湿性粉剂。

质量标准 乳化性符合 WHO 标准，乳剂放置 1 小时后下层均为乳状，常温储存稳定 2 年以上。

作用方式及机理 主要抑制光合作用，致代谢紊乱，使杂草枯萎而死亡。

防治对象 禾本科杂草和阔叶杂草。防治玉米田藜、苘麻、紫花牵牛、野燕麦、稗草、宾州蓼等一年生杂草。

使用方法 0.84kg/hm²（有效成分）于杂草高度低于 5cm 时喷雾作茎叶处理。玉米长到 25cm 后不要喷药。

注意事项 药剂处理后 30 天内玉米不能作为饲料用。

与其他药剂的混用 与异丙甲草胺混用，用于玉米田一年生禾本科杂草和阔叶杂草的防除。

允许残留量 欧盟农药数据库对所有食品中的最大残留量水平限制为 0.01mg/kg（Regulation No.396/2005）。

参考文献

苏少泉，1979. 均三氮苯类除草剂的新进展[J]. 农药工业译丛, 2: 8-19.

LEWIS R J, 1996. Sax's dangerous properties of industrial materials [M]. 9th ed. New York: Wiley-Interscience: 977.

（撰稿：杨光富；审稿：吴琼友）

环丙嘧啶醇 ancymidol

一种嘧啶类植物细胞内分泌干扰物，属植物生长调节剂，干扰赤霉素和纤维素的生物合成。

其他名称 A-Rest（SePRO）、嘧啶醇、Reducymol、Ancymidole。

化学名称 α-环丙基-4-甲氧基-α-(嘧啶-5-基)苯甲醇。

IUPAC 名称 α-cyclopropyl-4-methoxy-α-(pyrimidin-5-yl) benzyl- alcohol。

CAS 登记号 12771-68-5。

EC 号 235-814-7。

分子式 $C_{15}H_{16}N_2O_2$。

相对分子质量 256.30。

结构式

开发单位　1973 年由美国礼来公司开发。

理化性质　白色晶状固体。熔点 111～112℃。蒸气压＜ 0.13mPa（50℃）。K_{ow}lg$P$ 1.9（pH6.5，25℃）。溶解度：水中约 650mg/L（20℃）；丙酮、甲醇＞250，乙烷 37（g/L），易溶于乙醇、乙酸乙酯、氯仿、乙腈；在芳烃中中等溶解；微溶于饱和烃。水溶液稳定；DT_{50}＞30 天（pH5～9，25℃）。在强酸性（pH＜4）和强碱性条件下分解。至少在 52℃下对紫外线稳定。

毒性　大鼠急性经口 LD_{50} 1721mg/kg。兔急性经皮 LD_{50}＞5000mg/kg。对兔眼睛轻度刺激，不刺激其皮肤。大鼠吸入 LC_{50}（4 小时）0.59mg/L 空气。NOEL：90 天 8000mg/kg 饲料的饲喂试验中，对大鼠和狗均为阴性。无致突变、致癌或致畸性。毒性等级：U（a.i.，WHO）；Ⅲ（制剂，EPA）。家鸡经口 LD_{50}＞500mg/kg。山齿鹑饲喂 LC_{50}＞5192mg/kg 饲料。鱼类 LC_{50}（mg/L）：幼虹鳟 55，蓝鳃翻车鱼 146，金鱼＞100。水蚤 LC_{50}＞100mg/L。对蜜蜂无毒。在土壤中可被微生物分解。EU status（11078/2009）未批准；Commision Regulation 2076/2002。

剂型　可溶液剂。

作用方式及机理　赤霉素生物合成抑制剂，通过叶面和根系吸收，传导至韧皮部；减少节间部延长，形成更紧凑植株。

使用对象　花坛植物、花卉、球茎和观叶植物。

使用方法　作用范围广，可以叶面喷洒也可以土壤处理。花坛植物的叶面喷洒剂量为 6～66mg/kg，小盆 3～35mg/kg，花卉和观叶植物 20～50mg/kg，球茎植物 25～50mg/kg。

参考文献

马克比恩 C, 2015. 农药手册[M]. 胡笑形, 等译. 北京：化学工业出版社：39-40.

DESJARDINS A E, PLATTNER R D, BEREMAND M N. 1987. Ancymidol blocks trichothecene biosynthesis and leads to accumulation of trichodiene in fusarium sporotrichioides and gibberella pulicaris[J]. Applied & environmental microbiology, 53 (8)：1860-1865

（撰稿：陈长军；审稿：张灿、刘西莉）

环丙嘧磺隆　cyclosulfamuron

一种磺酰脲类除草剂。

其他名称　金秋、Jinqiu、Invest、Orysa、Saviour、AC322140、环胺磺隆、BAS 710 H。

化学名称　1-[[2-(环丙基羰基)苯基]氨基磺酰基]-3-(4,6-二甲氧基嘧啶 -2-基)脲。

IUPAC 名称　1-[[2-(cyclopropanecarbonyl)phenyl]sulfamoyl]-3-(4,6-dimethoxypyrimidin-2-yl)urea。

CAS 登记号　136849-15-5。

EC 号　603-980-3。

分子式　$C_{17}H_{19}N_5O_6S$。

相对分子质量　421.43。

结构式

开发单位　1992 年由美国氰胺公司（现巴斯夫公司）开发成功。

理化性质　原药为淡白色无味固体，原药含量 97%。熔点 149.6～153.2℃。相对密度 0.64（20℃）。蒸气压 2.2×10^{-5}Pa（20℃）。K_{ow}lg$P$（20℃）：3.36（pH3）、2.045（pH5）、1.69（pH6）、1.41（pH7）、0.7（pH8）。水中溶解度（mg/L，25℃）：0.17（pH5）、6.52（pH7）、549（pH9）；有机溶剂中溶解度（g/L，20℃）：丙酮 21.5、甲醇 1.5、乙醇 8.2、甲苯 1.0、正己烷 0.0001、二甲基 50.1、乙酸乙酯 5.0。pK_a5.04。稳定性：在室温下存放 18 个月稳定，36℃存放 12 个月稳定，45℃存放 3 个月稳定，DT_{50}（25℃）：1.66 天（pH9）、1.68 天（pH7）、0.33 天（pH4）。在 pH≤5 时水解迅速；土壤吸附常数为 4.6。

毒性　低毒。急性经口 LD_{50}：大鼠＞5000mg/kg，小鼠＞5000mg/kg。对兔眼睛有刺激，对兔皮肤无刺激。大鼠急性吸入 LC_{50}（4 小时）＞5.2mg/L 空气。NOEL［mg/（kg·d）］：大鼠（2 年）50，狗（1 年）3。Ames 试验呈阴性，无致突变性。鹌鹑急性经口 LD_{50}＞1880mg/kg，鹌鹑饲喂 LC_{50}（5 天）＞5620mg/kg 饲料。虹鳟 LC_{50}（96 小时）＞7.7mg/L，鲤鱼 LC_{50}（48 小时）＞50mg/L。水蚤 LC_{50}＞10mg/L。蜜蜂 LD_{50}（24 小时）＞106μg/ 只（接触），＞99μg/ 只（经口）。在 892mg/kg 土壤剂量下对蚯蚓无任何作用。

剂型　10% 可湿性粉剂。

质量标准　10% 可湿性粉剂为淡白色至浅黄色细粒，无味，密度 0.25～0.35g/ml，悬浮性、储存稳定性良好。

作用方式及机理　乙酰乳酸合成酶（ALS）抑制剂，对 ALS 抑制活性（IC_{50} mmol/L）为 0.9，远高于苄嘧磺隆（18.9）、氯嘧磺隆（6.9）。能被杂草根和叶吸收，在植株体内迅速传导，阻碍缬氨酸、异亮氨酸、亮氨酸合成，抑制细胞分裂和生长，敏感杂草吸收药剂后，幼芽和根迅速停止生长，幼嫩组织发黄，随后枯死。杂草吸收药剂到死亡有个过程，一般一年生杂草 5～15 天。多年生杂草要长一些；有时施药后杂草仍呈绿色，多年生杂草不死，但已停止生长，失去与作物竞争能力。

防治对象　主要用于防除一年生和多年生阔叶杂草和莎草科杂草，对禾本科杂草虽有活性，但不能彻底防除。水田：多年生杂草，如水三棱、卵穗荸荠、野荸荠、矮慈姑、萤蔺；一年生杂草，如异型莎草、莎草、牛毛毡、碎米莎草、繁缕、陌上草、鸭舌草、节节草以及母草属杂草等。小麦和大麦田苗前处理：蓝玻璃繁缕、荠菜、药用球果紫堇、刚毛毛莲菜、阿拉伯婆婆纳等；秋季苗后处理：野欧白芥、虞美人、荠菜、药用球果紫堇、常春藤叶婆婆纳等；春季苗后处理：蓝玻璃繁缕、野欧白芥、荠菜、药用球果紫堇、猪殃殃、卷茎蓼等。

使用方法　主要用于水稻、小麦和大麦等苗前及苗后防除阔叶杂草。

麦田　苗后处理，亩用量为 1.6~3.2g（有效成分）。在春季应用效果优于秋季，在春季后期应用效果优于早春，在春季苗后处理时，需要一些植物油做辅助剂，亩用量 1.6g（有效成分）。在秋季苗后施用，亩用量为 5~6.7g（有效成分）。

水田　水稻移栽后 2~15 天施用，亩用量 3~4g（有效成分）。直播稻田播种后 12 天内施用，亩用量为 0.6~2.7g（有效成分）。草害严重的地区使用高剂量。当稻田中稗草及多年生杂草或莎草为主要杂草时使用高剂量。直播稻田用药时，稻田必须保持潮湿或混浆状态。无论是移栽稻还是直播稻，保持水层有利于药效发挥，一般施药后保持水层 3~5cm，保水 5~7 天。

东北、西北地区水稻移栽田　插秧后 7~10 天施药，直播田播种后 10~15 天施药，每亩用药量 1.5~2g（有效成分）。沿海、华南、西南及长江流域，水稻移栽田插秧后 3~6 天施药，直播田播种后 2~7 天施药，每亩用药量 1~2g（有效成分）。防除 2 叶以内稗草，每亩用药量 3~4g（有效成分），采用毒土法施药。

环丙嘧磺隆施用后能迅速吸附于土壤表层，形成非常稳定的药层，稻田漏水、漫灌、串灌、降大雨均能获得良好的防效。

注意事项　草害严重的地区使用高剂量；当稻田中稗草及多年生杂草或莎草为主要杂草时使用高剂量。直播稻使用，稻田必须保持潮湿或混浆状态。无论是移栽稻还是直播稻，保持水层有利于药效发挥，一般施药后保持水层 3~5cm，保水 5~7 天。在高剂量下，如 60g/hm²，水稻会发生矮化或白化现象，但能很快恢复，对后期生长和产量无影响。

与其他药剂的混用　为防治稗草，环丙嘧磺隆可与禾草特、丁草胺、环庚草醚、莎稗磷、丙炔噁草酮、二氯喹啉酸等混用，一般采用一次性施药，每亩用 10% 环丙嘧磺隆 10~20g（有效成分 1~2g）加 60% 丁草胺 80~100ml（有效成分 48~60g），或 96% 禾草特 100ml（有效成分 96g），或 10% 环庚草醚 20ml（有效成分 2g），或 30% 莎稗磷 40~60ml（有效成分 12~18g），或 80% 丙炔噁草酮 6g（有效成分 4.8g），或 50% 二氯喹啉酸 25~30g（有效成分 12.5~15g）。

允许残留量　① GB 2763—2021《食品中农药最大残留限量标准》规定环丙嘧磺隆糙米中的最大残留限量为 0.1mg/kg。ADI 为 0.015mg/kg。谷物按照 SN/T 2325 规定的方法测定。② WHO 将环丙嘧磺隆毒性归类为 Class U，在正常使用下不会造成急性危害。日本厚生省规定环丙嘧磺隆 ADI 为 0.03mg/kg，最大残留量为 0.1mg/kg（2008 年）。

参考文献

刘长令, 2002. 世界农药大全: 除草剂卷[M]. 北京: 化学工业出版社: 28-30.

TURNER J A, 2015. The pesticide manual: a world compendium [M].17th ed. UK: BCPC: 258-259.

（撰稿：赵卫光；审稿：耿贺利）

环丙青津　procyazine

一种三氮苯类除草剂。

其他名称　环丙腈津、propanenitrile、cycle。

化学名称　2-((4-氯 -6-(环丙氨基)-1,3,5- 三嗪 -2- 基) 氨基)-2- 异丁腈；2-((4-chloro-6-(cyclopropylamino)-1,3,5-triazin-2-yl)amino)-2-methylpropanenitrile。

IUPAC 名称　2-((4-chloro-6-(cyclopropylamino)-1,3,5-triazin-2-yl)amino)-2-methylpropanenitrile。

CAS 登记号　32889-48-8。

分子式　$C_{10}H_{13}ClN_6$。

相对分子质量　252.71。

结构式

开发单位　汽巴 - 嘉基公司。

理化性质　纯品为白色无味固体。熔点 170℃。蒸气压 0.12mPa（25℃）。$K_{ow}lgP$ 1.99（25℃）。Henry 常数 1.11×10^{-5} Pa·m³/mol。在水中溶解度（25℃）248mg/L。

毒性　大鼠急性经口 LD_{50} 290mg/kg。

剂型　浓乳剂。

质量标准　乳化性符合 WHO 标准，乳剂放置 1 小时后下层均为乳状，常温储存稳定 2 年以上。

作用方式及机理　主要抑制光合作用，致代谢紊乱，使杂草枯萎而死亡。

防治对象　禾本科杂草和阔叶杂草。防治玉米田藜、苘麻、紫花牵牛、野燕麦、稗草、宾州蓼等一年生杂草。

使用方法　用于玉米田作物出苗前后使用。喷施于土壤表面，施药后 10 天内保持土壤湿润，药效较好。水分不足，药效降低。

注意事项　降雨后，在砂土或砂壤土地上的三氮苯类除草剂易淋溶至土壤深处，所以在这类地区的农作物、果园、橡胶园和幼树苗圃最好不要用此类除草剂。土壤水分太大，温度低于植物生长要求，玉米新陈代谢缓慢，不能迅速水解药物，可能会产生药害。

与其他药剂的混用　与异丙甲草胺混用，用于防除玉米田中一年生禾本科与阔叶杂草也有很好效果。

允许残留量　欧盟农药数据库对所有食品中的最大残留量水平限制为 0.01mg/kg（Regulation No.396/2005）。

参考文献

苏少泉, 1979. 均三氮苯类除草剂的新进展[J]. 农药工业译丛, 2: 8-19.

BREWER P E, ARNTZEN C J, SLIFE F W , 1979. Effects of atrazine, cyanazine, and procyazine on the photochemical reactions of isolated chloroplasts[J]. Weed science. 27 (3) : 300-308.

THOMSON W T, 1977. Agricultural chemicals, book-Ⅱ: herbicides. 1976-1977 revision. [M]. Fresno CA: Thomson Publications: 136.

（撰稿：杨光富；审稿：吴琼友）

环丙酸酰胺　cyclanilide

一种酰胺类植物生长调节剂。

其他名称　环丙酰草胺。

化学名称　1-(2, 4-二氯苯胺羰基)环丙甲羧酸。

IUPAC 名称　1-(2, 4-dichloroanilinocarbonyl)cyclopropanecarboxylic acid。

CA 名称　1-[[(2, 4-dichlorophenyl)amino]carbonyl]cyclopropanecarboxylic acid。

CAS 登记号　113136-77-9。

分子式　$C_{11}H_9Cl_2NO_3$。

相对分子质量　274.10。

结构式

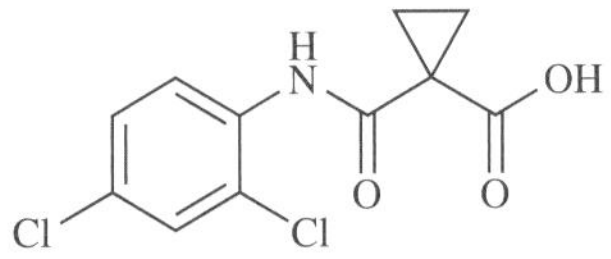

（此处为环丙酸酰胺结构式）

开发单位　由 Fritz 于 1994 年报道，拜耳作物科学于 1995 年首次在阿根廷上市。

理化性质　纯品为白色结晶，含量在 85% 以上原药为白色结晶粉末。熔点 233～235℃。溶于乙醇、丙酮、甲醇、乙酸乙酯及 pH6 的磷酸盐缓冲液，难溶于煤油、氯仿、醚、苯、水，其钾、钠盐易溶于水，遇碱易分解，加热至 50℃ 以上则加速分解。

原药含量 96% 以上，杂质 2,4 二氯苯胺 ≤ 0.1%。原药为白色粉末状固体，熔点 195.5℃。蒸气压 < 0.01mPa（25℃）；0.008mPa（50℃）。$K_{ow}lgP$ 3.25（21℃）。Henry 常数 ≤ 7.4×10^{-5}Pa·m³/mol（计算值）。相对密度 1.47（20℃）。水中溶解度（g/L，20℃）：0.037（pH5.2）、0.048（pH7）、0.048（pH9）；有机溶剂中溶解度（g/L，20℃）：丙酮 52.9、乙腈 5、二氯甲烷 1.7、乙酸乙酯 31.8、己烷 < 0.001、甲醇 59.1、正辛醇 67.2、异丙醇 68.2。光解相对稳定，25℃、pH 5～7 条件下不水解。

毒性　急性经口 LD_{50}：雌大鼠 208mg/kg，雄大鼠 315mg/kg。兔急性经皮 LD_{50} > 2000mg/kg。对兔皮肤有轻微刺激性，无致敏现象。大鼠吸入 LC_{50}（4 小时）> 5.15mg/L。ADI/RfD（EC）0.0075mg/kg［2005］；（EPA）RfD 0.007mg/kg［1997］。鸟类急性经口 LD_{50}：山齿鹑 216mg/kg，野鸭 > 215mg/kg。饲喂 LC_{50}（8 天）：山齿鹑 2849mg/kg 饲料，野鸭 1240mg/kg 饲料。鱼类 LC_{50}（96 小时，mg/L）：蓝鳃翻车鱼 > 16，虹鳟 > 11。水蚤 EC_{50}（48 小时）> 13mg/L。羊

角月牙藻 EC_{50} 1.7mg/L。东方牡蛎 EC_{50}（96 小时）19mg/L。糠虾 LC_{50}（96 小时）5mg/L。浮萍 EC_{50}（14 天）0.22mg/L。水华鱼腥藻 EC_{50}（120 小时）0.08mg/L。蜜蜂 LD_{50}：接触 > 100μg/ 只；经口 89.5μg/ 只，蚯蚓 LC_{50} 469mg/kg 干土。

剂型　悬浮剂。

作用方式及机理　生长素极性运输抑制剂。

使用方法　可作为棉花辅助机械收获的生长调节剂，在每季末与乙烯利混用，可以促进棉铃吐絮，落叶并抑制顶端叶片生长。

参考文献

马克比恩 C, 2015. 农药手册[M]. 胡笑形, 等译. 北京: 化学工业出版社: 223-224.

（撰稿：谭伟明；审稿：杜明伟）

环丙酰胺　cyclopropanecarboxamide

一种乙烯释放促进剂，可用于苹果、梨、桃等果树，以及蔬菜、农作物等催熟脱叶。

其他名称　环丙基甲酰胺、环丙甲酰胺。

英文名称　cyclopropanecarboxylic acidamide、carbamoylcyclopropane、cyclopropanamide。

CAS 登记号　6228-73-5。

分子式　C_4H_7NO。

相对分子质量　85.11。

结构式

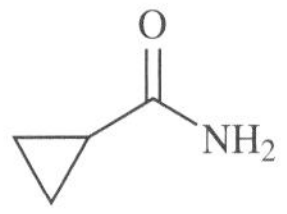

（此处为环丙酰胺结构式）

开发单位　现由武汉易泰科技有限公司生产。

理化性质　熔点 120～122℃。沸点 248.5℃（101.32 kPa）。密度 1.187g/cm³。闪点 104.1℃。蒸气压（25℃）3.23Pa。

毒性　吞咽有害。造成严重眼刺激。

剂型　98% 原药。

使用对象　可用于苹果、梨、桃等果树，以及蔬菜、农作物等。乙烯释放促进剂，可用于棉花催熟脱叶。

参考文献

刘李玲, 肖浪涛, 谭伟明, 2018. 现代植物生长调节剂技术手册[M]. 北京: 化学工业出版社:64.

（撰稿：谭伟明；审稿：杜明伟）

环丙酰菌胺　carpropamid

一种酰胺类杀菌剂。

其他名称　Arcado、Cleaness、Protega、Win、Seed one、Carrena、Win Admire、KTU3616（试验代号）。

化学名称　二氯-N-[1-(4-氯苯基)乙基]-1-乙基-3-甲基环

丙酰胺；2,2-dichloro-N-[1-(4-chlorophenyl)ethyl]-1-ethyl-3-methylcyclopropanecarboxamide；(1R,3S)-2,2- 二 氯 -N-[(R)-1-(4- 氯苯基) 乙基]-1- 乙基-3- 甲基环丙酰胺；(1R,3S)-2,2-dichloro-N-[(1R)-1-(4-chlorophenyl)ethyl]-1-ethyl-3-methylcyclopropanecarboxamide；(1S,3R)-2,2- 二 氯 -N-[(R)-1-(4- 氯 苯 基) 乙 基]-1- 乙基-3- 甲基环丙酰胺；(1S,3R)-2,2-dichloro-N-[(1R)-1-(4-chlorophenyl)ethyl]-1-ethyl-3-methylcyclopropanecarboxamide。

IUPAC名称 (1R,3S)-2,2-dichloro-N-[(R)-1-(4-chlorophenyl)ethyl]-1-ethyl-3-methylcyclopropanecarboxamide,(1S,3R)-2,2-dichloro-N-[(R)-1-(4-chlorophenyl)ethyl]-1-ethyl-3-methylcyclopropanecarboxamide。

CAS登记号 104030-54-8（混合物）；127641-62-7（AR 异构体）；127640-90-8（BR 异构体）。

分子式 $C_{15}H_{18}Cl_3NO$。

相对分子质量 334.67。

结构式

(1R,3S)1R -enantiomer   (1S,3R)1R -enantiomer

开发单位 拜耳公司。

理化性质 非对映异构体混合物（A:B 大约为1:1，R:S 大约为95:5）为无色结晶状固体（原药为淡黄色粉末）。相对密度1.17（20～25℃）。AR 对映异构体（1R，3S）1R-：熔点161.7℃；蒸气压0.002mPa（20℃）。$K_{ow}\lg P$ 4.23；Henry 常数 4×10^{-4} Pa·m^3/mol（计算值）；水中溶解度（mg/L，20～25℃）1.7。AR 对映异构体（1S，3R）1R-：熔点157.6℃；蒸气压0.003mPa（20℃）；$K_{ow}\lg P$ 4.28；Henry 常数 5×10^{-4}Pa·m^3/mol（计算值）；水中溶解度（mg/L，20～25℃）1.9。

毒性 雄、雌大鼠急性经口 LD$_{50}$ > 5000mg/kg。雄、雌大鼠急性经皮 LD$_{50}$ > 5000mg/kg。对兔皮肤和眼睛无刺激，对豚鼠皮肤无过敏现象。雄、雌大鼠急性吸入 LC$_{50}$ > 5mg/L（灰尘）。NOEL：大鼠（2代）400mg/kg，小鼠（2代）400mg/kg 饲料，狗（1年）200mg/kg。ADI/RfD（Bayer proposed，哥伦比亚，韩国）0.03mg/kg；（FSC）0.014mg/kg。体内和体外试验均无致突变性。日本鹌鹑饲喂 LC$_{50}$（5天）> 2000mg/kg 饲料，鲤鱼 LC$_{50}$（48、72小时）5.6mg/L，虹鳟 LC$_{50}$（96小时）10mg/L。水蚤 LC$_{50}$（3小时）410mg/L。藻类 E$_r$C$_{50}$（72小时）> 2mg/L。多刺裸腹溞 LC$_{50}$（3小时）> 20mg/L。蚯蚓 LC$_{50}$ > 1000mg/kg 干土。

剂型 乳油，湿拌剂，颗粒剂，悬浮剂，种子处理剂，水分散粒剂，粉粒剂，育苗箱处理剂。

作用方式及机理 内吸、保护性杀菌剂。无杀菌活性，不抑制病原菌菌丝的生长。有两种作用方式：抑制黑色素生物合成和在感染病菌后可加速植物抗菌素如 momilactone

A 和 sakuranetin 的生产，这种作用机理预示环丙酰菌胺可能对其他病害亦有活性。也即在稻瘟病中，通过抑制从 scytalone 到 1,3,8- 三羟基萘和从 vermelone 到 1,8- 二羟基萘的脱氢反应，从而抑制黑色素的形成，也通过增加伴随水稻疫病感染产生的植物抗毒素而提高作物抵抗力。

防治对象 稻瘟病。

使用方法 主要用于稻田防治稻瘟病。以预防为主，几乎没有治疗活性，具有内吸活性。在接种后6小时内用环丙酰菌胺处理，则可完全控制稻瘟病的侵害，但超过6～8小时后处理，几乎无活性。在育苗箱中应用剂量为有效成分400g/hm^2，茎叶处理剂量为有效成分75～150g/hm^2，种子处理剂量为有效成分300～400g/100kg 种子。

允许残留量 日本规定环丙酰菌胺在水果和坚果中的最大残留限量为0.1mg/kg。

参考文献

刘长令, 2006. 世界农药大全: 杀菌剂卷[M]. 北京: 化学工业出版社: 96-98.

TURNER J A, 2015. The pesticide manual: a world compendium [M]. 17th ed. UK: BCPC: 167-170.

（撰稿：张静；审稿：司乃国）

环丙唑醇 cyproconazole

一种三唑类杀菌剂，对多种作物的真菌病害有效。

其他名称 环丙唑、环菌唑、环唑醇。

化学名称 2-(4- 氯苯基)-3- 环丙基-1-(1H-1,2,4- 三唑 -1-基) 丁 -2- 醇；α-(4-chlorophenyl)-α-(1-cyclopropyl-ethyl)-1H-1,2,4-triazole-1-ethanol。

IUPAC名称 (2RS,3RS；2SR,3SR)-2-(4-chlorophenyl)-3-cyclopropyl-1-(1H-1,2,4-triazol-1-yl)butan-2-ol。

CAS登记号 94361-06-5。

EC号 619-020-1。

分子式 $C_{15}H_{18}ClN_3O$。

相对分子质量 291.78。

结构式

理化性质 原药为弱芳香味米黄色粉末。纯品为无味白色粉末。熔点106℃。沸点378℃。燃点244℃。相对密度1.33。蒸气压 5.76×10^{-2}mPa（25℃）。$K_{ow}\lg P$ 2.84（25℃）。Henry 常数 1.6×10^{-4}Pa·m^3/mol（25℃）。水中溶解度93mg/L（pH7.1，22℃）；有机溶剂中溶解度（g/L，25℃）：二氯甲烷430、甲醇410、丙酮360、乙酸乙酯240、甲苯100。在 pH4～9、50℃水中放置5天稳定。

毒性　急性经口 LD_{50}（mg/kg）：雄大鼠 1020，雌大鼠 1333，雄小鼠 200，雌小鼠 218。大鼠急性经皮 LD_{50} > 2g/kg。大鼠急性吸入 LC_{50}（4 小时）> 5.65mg/L。不刺激兔的皮肤和眼睛，无致突变作用，对豚鼠无皮肤过敏现象。喂养 NOEL［mg/（kg·d）］：大鼠（2 年）1，狗（1 年）1。对鸟类低毒，日本鹌鹑急性经口 LD_{50} 150mg/kg。野鸭饲喂 8 天试验的 LC_{50} 为 1.19g/kg 饲料，而日本鹌鹑为 816mg/kg 饲料。鱼类 LC_{50}（96 小时，mg/L）：鲤鱼 18.9，虹鳟 19，蓝鳃太阳鱼 21。水蚤 LC_{50}（48 小时）26mg/L。蜜蜂 LD_{50}：经口 > 0.1mg/ 只，接触 1mg/ 只。在禾谷类中的残留量为 0.03mg/kg，在土壤中较稳定。

剂型　40% 悬浮剂。

作用方式及机理　具有保护、治疗和铲除作用的内吸性杀菌剂，经植物根和叶吸收，可在新生组织中迅速传导。通过杂环上的氮原子与病原菌细胞内羊毛甾醇 14α 脱甲基酶的血红素 - 铁活性中心结合，抑制 14α 脱甲基酶的活性，从而阻碍麦角甾醇的合成，最终起到杀菌的作用。

防治对象　用于防治小麦、高粱、甜菜、苹果、草坪等黑穗病、白粉病、锈病、全蚀病、云纹病、纹枯病、菌核病、苹果斑点落叶病、梨黑星病等。

使用方法　主要为叶面喷雾，使用剂量通常为 60 ～ 100g/hm²。

注意事项　对家蚕有毒，使用时注意风向，避免污染桑园。对水生生物有毒，水产养殖区附近禁止使用，禁止在河塘等水体中清洗施药器具。使用时应穿戴防护服和手套，避免吸入药液，施药期间不可吃东西和饮水，施药后应及时冲洗手、脸及裸露部位。用过的容器妥善处理，不可做他用或随意丢弃，可用控制焚烧法或安全掩埋法处置包装物或废弃物。避免孕妇及哺乳期妇女接触。

允许残留量　① GB 2763—2021《食品中农药最大残留限量标准》规定环丙唑醇最大残留限量见表。ADI 为 0.02mg/kg。谷物按照 GB 23200.9、GB 23200.113、GB/T 20770 规定的方法测定。② WHO 推荐环丙唑醇 ADI 为 0 ～ 0.02mg/kg。最大残留限量（mg/kg）：谷物 0.08，鸡蛋 0.01，玉米 0.01，大豆（干）0.07，甜菜 0.05。

部分食品中环丙唑醇最大残留限量（GB 2763—2021）

食品类别	名称	最大残留限量（mg/kg）
谷物	小麦	0.20
	稻谷	0.08
	玉米	0.01
	高粱	0.08
	粟	0.08
	杂粮类	0.02
油料和油脂	油菜籽	0.40
	大豆	0.07
	大豆油	0.10
蔬菜	食荚豌豆	0.01
糖料	甜菜	0.05
饮料类	咖啡豆	0.07

参考文献

刘长令, 2006. 世界农药大全: 杀菌剂卷[M]. 北京: 化学工业出版社.

农业部种植业管理司和农业部农药检定所, 2015. 新编农药手册[M]. 2版. 北京: 中国农业出版社.

TURNER J A, 2015. The pesticide manual: a world compendium [M]. 17th ed. UK: BCPC.

（撰稿：陈凤平；审稿：刘鹏飞）

环草隆　siduron

一种脲类选择性除草剂。

其他名称　Tupersan、DuPont 1318。

化学名称　1-(2- 甲基环己基)-3- 苯基脲；N-(2-methylcyclohexyl)-N'-phenylurea。

IUPAC 名称　1-(2-methylcyclohexyl)-3-phenylurea。

CAS 登记号　1982-49-6。

分子式　$C_{14}H_{20}N_2O$。

相对分子质量　232.33。

结构式

开发单位　1964 年 R. W. Varner 等报道该除草剂。由杜邦公司开发，1994 年由高万公司推广到市场。

理化性质　原药含量 > 98%。无色晶体。熔点 133 ～ 138℃。蒸气压 5.3×10^{-4} mPa（25℃）。$K_{ow}\lg P$ 3.8。Henry 常数 6.8×10^{-6} Pa·m³/mol（计算值）。相对密度 1.08（25℃）。水中溶解度 18mg/L（25℃）；有机溶剂中溶解度（g/kg，25℃）：二甲基甲酰胺 260，二甲基乙酰胺 36，乙醇 160，异氟尔酮、二氯甲烷 118。稳定性：温度到熔点前或在中性水溶液中稳定。在酸性和碱性介质中缓慢分解，DT_{50} > 30 天（pH5、7、9，25℃）。

毒性　大鼠急性经口 LD_{50} > 7500mg/kg。兔急性经皮 LD_{50} > 5500mg/kg（最大限量法）。大鼠吸入 LC_{50}（4 小时）> 5.8mg/L。NOEL：大鼠（2 年）500mg/kg 饲料，狗 2500mg/kg 饲料。野鸭和山齿鹑饲喂 LC_{50}（8 天）> 10 000mg/kg 饲料。鱼类 LC_{50}（96 小时）：虹鳟 14mg/L，蓝鳃翻车鱼 16mg/L。水蚤 EC_{50}（48 小时）18mg/L。羊角月牙藻 EC_{50}（120 小时）250μg/L。

剂型　可湿性粉剂。

作用方式及机理　光系统 II 受体部位光合作用电子传递抑制剂。选择性除草剂，由根部吸收后在木质部传导。

防治对象　用于芽前防除马唐属杂草，以及草坪农场、牧草种子繁殖和已建立草坪中的一年生禾本科杂草。

使用方法　新的牧草种子草场用量为 2.24 ～ 10kg/hm²、已建立的草坪用量为 9 ～ 13.45kg/hm²。

注意事项　芽前施用可能会对百慕大草和一些常绿草

产生药害。

参考文献

马克比恩 C, 2015. 农药手册[M]. 胡笑形, 等译. 北京: 化学工业出版社: 920-921.

石得中, 2008. 中国农药大辞典[M]. 北京: 化学工业出版社: 204.

（撰稿：王宝雷；审稿：耿贺利）

注意事项 该品易挥发，施用土表后要及时混土。在黏土及有机质土壤中抗淋溶，能通过土壤微生物降解，在土壤中半衰期为 4～8 周。

参考文献

朱永和, 王振荣, 李布青, 2006. 农药大典[M]. 北京: 中国三峡出版社: 783.

（撰稿：汪清民；审稿：刘玉秀、王兹稳）

H

环草特 cycloate

一种硫代氨基甲酸酯类除草剂。

其他名称 Hexylthiocarborn、环草敌、草灭特、灭草特、环己丹、环草灭、乐利、R-2063。

化学名称 *S*-乙基环己基乙基硫代氨基甲酸酯。

IUPAC 名称 *S*-ethyl cyclohexylethylcarbamothioate。

CAS 登记号 1134-23-2。

分子式 $C_{11}H_{21}NOS$。

相对分子质量 215.36。

结构式

开发单位 1963 年美国斯道夫化学公司推广。获专利号 US3175897。

理化性质 具芳香气味的清亮液体。熔点 11.5℃。沸点 145～146℃（1.33kPa）。在 25℃下蒸气压 2.13mPa。相对密度 1.024（20℃）。折光率 1.504（20℃）。20℃时在水中的溶解度 75mg/L；可与大多数有机溶剂，包括丙酮、苯、异丙醇、煤油、甲醇和二甲苯混溶。本身性质稳定，无腐蚀性。

毒性 急性经口 LD_{50}：雄大鼠 2～3.2g/kg，雌大鼠 3.16～4.1g/kg，兔急性经皮 LD_{50} > 5g/kg。对兔皮肤和眼睛无刺激。大鼠急性吸入 LC_{50}（4 小时）4.7mg/L，对大鼠以 55mg/（kg·d），狗以 240mg/（kg·d）的剂量饲喂 90 天未发现中毒症状。日本鹌鹑 LD_{50} > 2g/kg，虹鳟 LC_{50}（96 小时）4.5mg/L；北美鹑 LC_{50}（7 天）> 55kg/kg 饲料。以 11μg/只剂量对蜜蜂无毒。水蚤 LC_{50}（48 小时）5.6mg/L。

剂型 74% 乳油，10% 颗粒剂。

作用方式及机理 选择性芽前土壤处理剂，通过胚芽鞘或下胚轴吸收，抑制蛋白质合成，干扰核酸代谢和抑制α-淀粉酶的合成使杂草死亡。

防治对象 用于甜菜、菠菜等作物田防治稗草、马唐、早熟禾、狗尾草、燕麦草、多花黑麦草、龙葵、藜、苋、马齿苋、荠菜、欧荨麻、油莎草、田旋花、鸭跖草、香附子等。

使用方法 用量 2～4kg/hm²。作物植前施药，施药后 20 分钟内须混土完成，混土深度 5～8cm。可与环草定、杀草敏混施。持效期 2～3 个月。

环虫腈 dicyclanil

一种新颖的氰基嘧啶类杀虫剂。

其他名称 CLIK、CGA 183893、丙虫啶。

化学名称 4,6-二氨基-2-环丙胺嘧啶基-5-甲腈；4,6-diamino-2-cyclopropylaminopyrimidine-5-carbonitrile。

CAS 登记号 112636-83-6。

分子式 $C_8H_{10}N_6$。

相对分子质量 190.21。

结构式

开发单位 由 H. Kristinsson 报道并由瑞士汽巴 - 嘉基公司（后变成诺华作物保护公司）开发，后转给诺华动物保健有限公司。

理化性质 白色或淡黄色晶体。熔点 86～88℃。蒸气压 < 2×10⁻⁸mPa（20℃）。$K_{ow}lgP$ 2.9。相对密度 1.57（21℃）。溶解度（25℃，g/L）：水 50（pH7.2），甲醇 4.9。水解 DT_{50} 331 天（pH3.8, 25℃），DT_{50} > 1 年（pH6.9, 25℃）。

毒性 大鼠急性经口 LD_{50} > 2000mg/kg。大鼠急性经皮 LD_{50} > 2000mg/kg。对大鼠眼睛无刺激性。大鼠吸入 LC_{50}（4 小时）> 5020mg/m³。ADI/RfD 0.007mg/kg。对鸟类安全，对鱼、水藻有害，对甲壳纲动物有害，对蚯蚓无害。

剂型 5% 悬浮液。

作用方式及机理 环虫腈进入虫体内后，可减少害虫产卵量或降低孵化率，阻止幼虫化蛹及变成成虫，是一种干扰昆虫表皮形成的昆虫生长调节剂。该药剂具有很强的附着力，并对体外寄生虫具有良好的持效性。

防治对象 对双翅目、蚤目类害虫有良好的专一性。能有效防治棉花、水稻、玉米、蔬菜等作物的绿盲蝽、烟芽夜蛾、棉铃象、稻褐飞虱、黄瓜条叶甲、黑尾叶蝉等害虫，并可有效防治家蝇和埃及伊蚊。用于防治寄生在羊身上的绿头苍蝇（如丝光绿蝇、巴浦绿蝇、黑须污蝇等）。

使用方法 根据羊的体重和被蝇叮咬的程度，该药的推荐使用剂量为 30～100mg/kg（有效成分）。应用该药的有效保护时间为 16～24 周。

注意事项 药品不要接触眼睛和皮肤，一旦与皮肤接触，立即用大量的肥皂水冲洗。如果药品不小心进入眼睛，立即用大量的清水冲洗，并去医院治疗。

参考文献

刘长令, 2017. 现代农药手册[M]. 北京: 化学工业出版社: 471-472.

（撰稿：杨吉春；审稿：李森）

环虫菊酯 cyclethrin

一种菊酯类杀虫剂。

其他名称 环菊酯、环虫菊、环戊烯菊酯。

化学名称 (1R,S)-顺,反式-2,2-二甲基-3-(2-甲基-丙-1-烯基)-环丙烷羧酸-(R,S)-2-甲基-3-(环戊-2-烯-1-基)-4-氧代-环戊-2-烯-1-基酯。

IUPAC名称 (3-cyclopent-2-en-1-yl-2-methyl-4-oxocyclopent-2-en-1-yl)2,2-dimethyl-3-(2-methylprop-1-enyl)cyclopropane-1-carboxylate。

CAS登记号 97-11-0。

分子式 $C_{21}H_{28}O_3$。

相对分子质量 328.45。

结构式

开发单位 1954年由美国氰胺公司开发，现已停产。

理化性质 工业品为草黄色黏稠油状液体，纯度95%，相对密度1.02（20℃），折射率1.517。不溶于水，可溶于煤油和二氯二氟甲烷等有机溶剂，高温时能分解。

毒性 雄大鼠急性经口 LD_{50} 1420～2800mg/kg，对人口服致死最低剂量为500mg/kg。

剂型 气雾剂。

作用方式及机理 有较好的挥发性，可以熏蒸杀虫。

防治对象 环菊酯作为触杀性杀虫剂，对家蝇和蟑螂比烯丙菊酯更有效。

使用方法 加工成保护剂用于小麦防治米象，与烯丙菊酯效力相当。在环菊酯制剂中加增效剂，如增效醚、增效酯或增效砜后，其药效可高于烯丙菊酯。

注意事项 储存在密闭容器中，放置于低温凉爽的库房内，勿受热，勿日光照射。

参考文献

朱永和, 王振荣, 李布青, 2006. 农药大典[M]. 北京: 中国三峡出版社: 118-119.

（撰稿：薛伟；审稿：吴剑）

环虫酰肼 chromafenozide

一种双酰肼类杀虫剂。

其他名称 Kanpai、Killat、Matric、Phares、Podex、Virtu、ANS-118、CM-001。

化学名称 2′-叔-丁基-5-甲基-2′-(3,5-二甲基苯甲酰基)色满-6-甲酰肼；2′-*tert*-butyl-5-methyl-2′-(3,5-xyloyl)chromane-6-carbohydrazide。

IUPAC名称 *N*′-(3,5-dimethylbenzoyl)-5-methyl-*N*′-(2-methyl-2-propanyl)-6-chromanecarbohydrazide。

CAS登记号 143807-66-3。

分子式 $C_{24}H_{30}N_2O_3$。

相对分子质量 394.51。

结构式

开发单位 日本化药公司和日本三井化学公司联合开发。于1999年在日本首次获得登记。

理化性质 原药含量≥91%，纯品为白色结晶粉末。熔点186.4℃。沸点205～207℃（66.7Pa）。蒸气压≤4×10⁻⁶mPa（25℃）。相对密度1.173（20℃）。K_{ow}lg$P$ 2.7。Henry常数（Pa·m³/mol）：（pH4）1.61×10⁻⁶，（pH7）1.97×10⁻⁶，（pH9）1.77×10⁻⁶。水中溶解度（20℃，mg/L）：（pH4）0.98，（pH7）0.8，（pH9）0.89；易溶于极性溶剂。在150℃以下稳定，在缓冲溶液中稳定期为5天（pH4、7、9，50℃），水溶液光解 DT_{50} 5.6～26.1天。

毒性 大鼠、小鼠急性经口 LD_{50} > 5000mg/kg。大鼠急性经皮 LD_{50} > 2000mg/kg（雌、雄）。对兔眼睛轻度刺激，对皮肤无刺激。对豚鼠皮肤有中度致敏性。大鼠吸入 LC_{50}（4小时）> 4.68mg/L空气。NOEL［mg/（kg·d）］：大鼠（2年）44，小鼠（87周）484.8，狗（1年）27.2。无致畸、致癌、致突变性。对大鼠、兔的生殖能力无影响。山齿鹑急性经口 LD_{50} > 2000mg/kg，山齿鹑和野鸭急性饲喂 LC_{50} 5620mg/kg饲料。繁殖 NOEC 1000mg/L。鱼类 LC_{50}（96小时，mg/L）：虹鳟> 20，斑马鱼> 100。水蚤 LC_{50}（48小时）516.71mg/L。水蚤 EC_{50}（72小时）1.6mg/L。其他水生生物 LC_{50}（mg/L）：多刺裸腹溞（3小时）> 100，多齿新米虾（96小时）> 200。蜜蜂 LD_{50}（48小时，μg/只）：接触> 100，饲喂> 133.2。蚯蚓 LC_{50}（14天）> 1000mg/kg土壤。对捕食性螨、黄蜂等有益物种安全。

剂型 5%水悬浮剂，5%乳油，0.3%低漂散粉剂。

作用方式及机理 蜕皮激素激动剂，能阻止昆虫蜕皮激素蛋白的结合位点，使其不能蜕皮而死亡。由于抑制蜕皮作用，施药后，导致幼虫立即停止进食。当害虫摄入该品后，几小时内即对幼虫具有抑食作用，继而引起早熟性的致命蜕变。这些作用与二苯肼类杀虫剂的症状相仿。尝试了用荧光素酶作为"转述基因"（reportergene），以调节与蜕皮相关的元素，此法被开发用于对激素活性评价。在此活体试验体系中，发现该品与蜕皮激素、20- 羟基蜕皮激素和百日青甾酮有着相仿的转化活性作用。可以认为由该幼虫所显示的症状及此种转化活性作用，该品可能作为一种蜕皮激素激励剂及诱发调节蜕皮基因的转录，从而破坏激素平衡而致效。

防治对象　主要用于防治水稻、水果、蔬菜、茶叶、棉花、大豆和森林中的鳞翅目幼虫，如莎草黏虫、小菜蛾、稻纵卷叶螟、东方玉米螟、茶小卷叶蛾、烟蚜夜蛾等。

使用方法　环虫酰肼对于斜纹夜蛾幼虫及其他鳞翅目害虫幼虫的任何生长阶段，均呈现了很高的杀虫活性。用量为 5～200g/hm²，并对田间害虫具有显著的防治作用。

允许残留量　GB 2763—2021《食品中农药最大残留限量标准》规定环虫酰肼最大残留限量（mg/kg）：稻谷 2，糙米 1。ADI 为 0.27mg/kg。

参考文献

刘长令, 2017. 现代农药手册[M]. 北京: 化学工业出版社: 472-473.

（撰稿：杨吉春；审稿：李淼）

环啶菌胺　ICIA 0858

一种具有广谱内吸性的酰胺类杀菌剂。

其他名称　SC-0858。

化学名称　N-(2- 甲氧基吡啶 -5- 基) 环丙酰胺；N-(2-methoxypyridin-5-yl)cyclopro-panecarboxamide。

CAS 登记号　112860-04-5。

分子式　$C_{10}H_{12}N_2O_2$。

相对分子质量　192.21。

结构式

开发单位　捷利康公司。

作用机理　环啶菌胺具有很高的内吸活性，可迅速通过作物木质部到达叶片及新芽顶端。主要是抑制蛋氨酸的合成。

防治对象　对锈病、白粉病、稻瘟病、灰霉病、霜霉病等有很好的活性。适宜的作物如禾谷类作物、蔬菜、水稻、果树等。在温室中有效成分 20mg/L 环啶菌胺对灰霉病防效 90%。

参考文献

刘长令, 1996. 新型吡啶类杀菌剂的开发[J]. 农药译丛, 18 (3): 50.

刘长令, 2006. 世界农药大全: 杀菌剂卷[M]. 北京: 化学工业出版社.

TOMLIN C D S, 1997. The pesticide manual: a world compendium [M]. 11th ed. UK: BCPC.

（撰稿：陈长军；审稿：张灿、刘西莉）

环氟菌胺　cyflufenamid

一种酰胺类杀菌剂。

其他名称　Cyflamid、Pancho、Torino；Pancho TF（混剂）、NF149（试验代号）。

化学名称　(Z)-N-[α-(环丙基甲氧亚氨基)-2,3-二氟-6-(三氟甲基)苯甲基]-2-苯乙酰胺（国标委）；[N(Z)]-N-[[(cyclopropylmethoxy)amino][2,3-difluoro-6-(trifluoromethyl)phenyl]methylene]benzeneacetamide。

IUPAC 名称　(Z)-N-[α-(cyclopropylmethoxyi-mino)-2,3-difluoro-6-(trifluoromethyl)benzyl]-2-phenylacetamide。

CAS 登记号　180409-60-3。

分子式　$C_{20}H_{17}F_5N_2O_2$。

相对分子质量　412.35。

结构式

开发单位　日本曹达公司。

理化性质　具轻微芳香气味的白色固体。熔点 61.5～62.5℃。沸点 256.8℃（101.32kPa）。蒸气压 3.54×10^{-5} Pa（20℃）。$K_{ow}lgP$ 4.7（pH6.75）。pK_a12.08（20～25℃）。Henry 常数 0.0281Pa·m³/mol。相对密度 1.347（20～25℃）。水中溶解度（mg/L, 20～25℃）：0.52（pH6.5）；有机溶剂中溶解度（g/L，20～25℃）：丙酮 920、乙腈 943、二氯甲烷 902、乙醇 500、乙酸乙酯 808、正庚烷 15.7、正己烷 18.6、甲醇 653、二甲苯 658。稳定性：在 pH4，pH7 的水溶液中稳定，在 pH9 的水溶液半衰期 DT_{50} 为 288 天，水溶液光解半衰期 DT_{50} 为 594 天。

毒性　雄、雌大鼠急性经口 LD_{50} ＞ 5000mg/kg。雄、雌大鼠急性经皮 LD_{50} ＞ 2000mg/kg。对兔皮肤无刺激性，对兔眼睛有轻微刺激性，对豚鼠皮肤无致敏性。雄、雌大鼠急性吸入 LC_{50}（4 小时）＞ 4.76mg/L。NOEL［mg/kg］：雄性狗（1 年）4.14。ADI/RfD（BFR）：0.04mg/kg［2006］，（EC）0.017mg/kg［2008］，（FSC）0.041mg/kg 体重。污染物致突变性检测无负面作用。山齿鹑急性经口 LD_{50} ＞ 2000mg/kg。山齿鹑饲喂 LC_{50} ＞ 5000mg/kg 饲料。鱼类 LC_{50}（96 小时）：鲤鱼 1.14mg/L。水蚤 LC_{50}（48 小时）＞ 1.73mg/L。羊角月牙藻 E_rC_{50}（72 小时）＞ 1.28mg/L。蜜蜂 LD_{50} ＞ 100μg/ 只（经口与接触）。蚯蚓 LC_{50} ＞ 1000mg/kg 干土。50mg/L 下对花蜡无效。

剂型　水乳剂，水分散粒剂，悬浮剂。

作用方式及机理　抑制白粉病菌生活史（也即发病过程）中菌丝上分生的吸器的形成和生长，次生菌丝的生长和附着器的形成，但对孢子萌发、芽管的延长和附着器形成均无作用。环氟菌胺与吗啉类、三唑类、苯并咪唑类、嘧啶胺类杀菌剂、线粒体呼吸抑制剂、苯氧喹啉等无交互抗性。

防治对象　对小麦、黄瓜、草莓、苹果、葡萄白粉病不仅具有优异的保护和治疗活性，而且具有很好的持效活性和耐雨水冲刷活性。

使用方法　推荐使用剂量为有效成分 25g/hm²；在此剂量下，环氟菌胺对小麦白粉病的保护和治疗防效大于 90%，优于苯氧喹啉 150g/hm²、丁苯吗啉 750g/hm²，且增产效果明显。与目前使用的众多杀菌剂无交互抗性。18.5%WDG（环氟菌胺＋氟菌唑）的活性明显优于单剂。在日本，环氟菌胺的登记剂量是 25g/100L，在该剂量下可有效控制小麦和蔬菜上的白粉病。在英国的登记剂量为 25g/hm² 有效成分。

与其他药剂的混用　与戊唑醇混用，用于防治小麦锈病。

允许残留量　GB 2763—2021《食品中农药最大残留限量标准》规定环氟菌胺小麦中的最大残留限量为 0.05mg/kg。ADI 为 0.044mg/kg。

参考文献

刘长令, 2006. 世界农药大全: 杀菌剂卷[M]. 北京: 化学工业出版社: 98-99.

TURNER J A, 2015. The pesticide manual: a world compendium [M]. 17th ed. UK: BCPC: 261-262.

（撰稿：杨辉斌；审稿：司乃国）

环庚草醚　cinmethylin

一种桉树脑类选择性内吸传导型除草剂。

其他名称　Argold（BASF）、艾割、SD95 481（Shell）、WL95 481（Shell）。

化学名称　(1*RS*,2*SR*,4*SR*)-1,4-环氧对薄荷-2-基-2-甲基苄基醚；*exo*-(±)-1-methyl-4-(1-methylethyl)-2-[(2-methylphenyl)methoxy]-7-oxabicyclo[2.2.1]heptane。

IUPAC 名称　(1*RS*,2*SR*,4*SR*)-1,4-epoxy-*p*-menth-2-yl-2-methylbenzyl ether。

CAS 登记号　87818-31-3[外(exo)-(±)-异构体]；87818-61-9[外-(+)-异构体]；[87819-60-1][外-(-)-异构体]。

EC 号　402-410-9。

分子式　C₁₈H₂₆O₂。

分子式　$C_{18}H_{26}O_2$。

相对分子质量　274.40。

结构式

开发单位　J. W. Way 等报道其除草剂（Proc.1985 Br. Crop Prot.Conf.-Weeds，1，265）。由壳牌国际化学公司（现 BASF SE）1989 年在中国上市，同时也由杜邦公司上市，后者已不再产销该品种。

理化性质　暗琥珀色液体。沸点 313℃（101.08kPa）。蒸气压 10.1mPa（20℃）。K_{ow}lg$P$ 3.84。相对密度 1.014（20℃）。溶解度：水 63mg/L（20℃），与多种有机溶剂混溶。热稳定性至 145℃。pH3～11（25℃）下对水解稳定。空气存在下发生光催化降解。闪点 147℃（ASTM D93）。

毒性　大鼠急性经口 LD₅₀ 4553mg/kg。大鼠、兔急性经皮 LD₅₀＞2000mg/kg。中度刺激兔皮肤，轻度刺激兔眼睛。大鼠吸入 LC₅₀（4 小时）＞3.5mg/L。NOEL：大鼠 30mg/（kg·d）（发育研究）；山齿鹑急性经口 LD₅₀ 1600mg/kg。山齿鹑、绿头野鸭饲喂 LC₅₀（5 天）＞5620mg/kg 饲料。鱼类 LC₅₀（96 小时）：鳟鱼 6.6mg/L，蓝鳃翻车鱼 6.4mg/L，羊头原鲷 1.6mg/L。水蚤 LC₅₀（48 小时）7.2mg/L。招潮蟹 LC₅₀＞1000mg/L。

剂型　乳油，颗粒剂。

作用方式及机理　可能通过代谢作用激活，切断苄基醚键后形成天然存在的 1,4- 桉叶素，后者抑制天冬酰胺合成酶的活性。被水田中萌发和成苗的杂草根部和芽吸收，向上传导，抑制根和芽生长点的分生组织发育。

防治对象及使用方法　在水稻移栽后防除重要杂草，包括稗、鸭舌草、异型莎草。视水稻栽培方式不同，剂量范围 25～100g/hm²。只能用于水深 3cm 以上的水田。

与其他药剂的混用　能与阔叶除草剂桶混使用。

参考文献

马克比恩 C, 2015. 农药手册[M]. 胡笑形, 等译. 北京: 化学工业出版社: 187-188.

中国农业百科全书总编辑委员会农药卷编辑委员会, 中国农业百科全书编辑部, 1993. 中国农业百科全书: 农药卷[M]. 北京: 农业出版社.

（撰稿：寇俊杰；审稿：耿贺利）

环磺酮　tembotrione

一种选择性内吸传导型 HPPD 抑制剂类除草剂。

其他名称　Laudis（＋双苯噁唑酸）（拜耳作物科学）、Soberan（＋双苯噁唑酸）（拜耳作物科学）、苯酰酮。

化学名称　2-[2-氯-4-甲磺酰基-3-[(2,2,2-三氟乙氧基)甲基]苯甲酰基]-1,3-环己二酮；2-[2-chloro-4-(methylsulfonyl)-3-[(2,2,2-trifluoroethoxy)methyl]benzoyl]1,3-cyclohexane-dione。

IUPAC 名称　2-[2-chloro-4-mesyl-3-[(2,2,2-trifluoroethoxy)methyl]benzoyl]cyclohexane-1,3-dione。

CAS 登记号　335104-84-2。

EC 号　608-879-8。

分子式　C₁₇H₁₆ClF₃O₆S。

相对分子质量　440.82。

结构式

开发单位　该除草剂 2007 年由拜耳作物科学在奥地利首次引入。

理化性质　纯品为米黄色粉末，原药纯度≥94%。熔点 123℃（98.9% 的纯度）。蒸气压 1.1×10^{-5}mPa（20℃）。K_{ow}lg$P$：−1.37（pH9，23℃）、−1.09（pH7，24℃）、2.16（pH2，23℃）。Henry 常数 1.71×10^{-10}Pa·m³/mol（计算值）。相对密度 1.56（20℃）。水中溶解度（g/L，20℃）：0.22（pH4）、28.3（pH7）；有机溶剂中溶解度（mg/L，20℃）：二甲基亚砜与二氯甲烷＞600、丙酮 300～600、乙酸乙酯 180.2、甲苯 75.7、己烷 47.6、乙醇 8.2。pK_a3.2。

毒性　大鼠急性经口 LD_{50}＞2000mg/kg，急性经皮 LD_{50}＞2000mg/kg。制剂对兔眼睛有中等刺激作用，对兔皮肤无刺激作用。大鼠急性吸入 LC_{50}＞5.03mg/L。雄大鼠 NOAEL 0.04mg/kg。急性经口 LD_{50}：野鸭＞292mg/kg，山齿鹑＞1788mg/kg（EC DAR）。虹鳟 LC_{50}（96 小时）＞100mg/L（EC DAR）。近头状伪蹄形藻 E_bC_{50}（96 小时）0.38mg/L，E_rC_{50}（96 小时）0.75mg/L（EC DAR）。其他水生生物：浮萍 E_bC_{50}（7 天）0.006mg/L，E_rC_{50}（7 天）0.008mg/L（EC DAR）。蜜蜂推荐急性 LD_{50}（72 小时）；经口＞92.8μg/ 只，接触＞100μg/ 只（EC DAR）。蚯蚓推荐 LC_{50}（14 天）＞1000mg/kg 土壤。

剂型　可分散油悬浮剂。

作用方式及机理　环磺酮为对羟基苯基丙酮酸双氧化酶（HPPD）抑制剂，可阻断杂草体内异戊二烯基醌的生物合成。症状包括失绿、变色，最终在 2 周内坏死和死亡。

防治对象及使用方法　主要用于玉米田苗后施用，防除各种双子叶杂草和单子叶杂草。整个玉米生长季的最大使用剂量 100g/hm²，可以一次施用，也可以分两次施用。

允许残留量　加拿大卫生部发布环磺酮在甜玉米棒中的最大残留限量为 0.04mg/kg，在非甜质玉米、爆米花中最大残留限量为 0.02mg/kg。

参考文献

马克比恩 C, 2015. 农药手册[M]. 胡笑形, 等译. 北京: 化学工业出版社: 967-968.

中国农业百科全书总编辑委员会农药卷编辑委员会, 中国农业百科全书编辑部, 1993. 中国农业百科全书: 农药卷[M]. 北京: 农业出版社.

（撰稿：寇俊杰；审稿：耿贺利）

环境温度对除草剂活性影响　affect of temperature on herbicide activity

测定供试药剂在不同温度环境条件下的除草活性，根据活性差异评价环境温度对活性的影响，为除草剂正确合理使用提供依据。温度是影响除草剂药效的重要因素，温度除了影响杂草生长和植株蒸腾作用，对除草剂在植物体内的吸收、传导也有重要影响。

适用范围　适用于测定环境温度对除草剂生物活性的影响，评价除草剂作用特性，为药剂合理使用提供科学的理论依据。

主要内容　根据测试药剂的活性特点，选择敏感、易萌发培养的植物为试材。供试土壤在实验室自然风干后过孔径 2mm 筛，在干燥箱内 60℃烘 72 小时至恒重。称取等量土壤于一次性塑料杯内，播入已催芽露白的植物种子，覆土，待土壤水分达到平衡后备用。提前一天将人工气候培养箱温度分别调为 15℃、25℃、35℃（±2℃），或按试验要求设置更多温度条件，统一设置光照强度 3000lx、光照周期 10h：14h（昼：夜）、相对湿度 70%～80%。试材药剂处理后放入人工气候室培养，定时补充水分，保持土壤含水量恒定。于药效完全发挥时，测量各处理地上部分鲜重，计算鲜重抑制率。用 DPS 统计软件对试验数据进行回归分析，建立回归模型，并计算致死剂量（ED_{90} 值）及其 95% 置信区间。分析 ED_{90} 值与温度变化的相关性，评价环境温度对供试药剂除草活性的影响。

温度条件设置是该试验的关键因素，试验期间各处理的实际温度条件可用温湿度记录仪进行实时记录，以验证温度设置值与实际值的差距，减少试验误差。另外，也要考虑供试靶标在不同温度条件下的可生长性，试材生长良好是保证试验成功的必备条件。

参考文献

徐小燕, 陈杰, 台文俊, 等, 2009. 新型水稻田除草剂 SIOC0172 的作用特性[J]. 植物保护学报, 36(3): 268-272.

徐小燕, 唐伟, 姚燕飞, 等, 2015. 土壤环境因子对氯胺嘧草醚除草活性的影响[J]. 农药学学报, 17(3): 357-361.

（撰稿：徐小燕；审稿：陈杰）

环嗪酮　hexazinone

一种三嗪酮类触杀性广谱除草剂。

其他名称　林草净、威尔柏、菲草净、森泰、Velpar、DPX 3674、Brushkiller、Gridball、Caswell、No.271AA。

化学名称　3-环己基-6-(二甲基氨基)-1-甲基-1,3,5-三嗪-2,4-(1H,3H)- 二酮；3-cyclohexyl-6-(dimethylamino)-1-methyl-1,3,5-triazine-2,4(1H,3H)-dione。

IUPAC名称　3-cyclohexyl-6-(dimethylamino)-1-methyl-1,3,5-triazine-2,4(1H,3H)-dione。

CAS 登记号　51235-04-2。

EC 号　257-074-4。

分子式　$C_{12}H_{20}N_4O_2$。

相对分子质量　252.32。

结构式

开发单位　杜邦公司。

理化性质　纯品为白色结晶固体。熔点 115~117℃。相对密度 1.25。蒸气压 0.03mPa（25℃）。溶解度（25℃，g/L）：氯仿 3880、甲醇 2650、二甲基甲酰胺 836、丙酮 790、苯 940、甲苯 386、己烷 3、水 33。在 pH5~9 的水溶液中，常温下稳定。

毒性　对人畜低毒。雄大鼠急性经口 LD_{50} 1.69g/kg。雄豚鼠急性经口 LD_{50} 860mg/kg。小猎犬急性经口 LD_{50} > 3.4g/kg。雄兔急性经皮 LD_{50} > 5.28g/kg。雄兔急性吸入 LC_{50} > 7.48mg/L。对眼睛有严重刺激作用，对皮肤无致敏作用，在慢性毒性试验中未见异常。对鱼类及鸟类低毒。

剂型　50%、80% 可湿性粉剂，10% 颗粒剂，25% 可溶液剂。

质量标准　外观为白色粉末，无可见的外来杂质和硬团块。原药含量不低于标示量，水分质量分数≤0.5%，pH6~9，丙酮不溶物质量分数≤0.2%。

作用方式及机理　内吸选择性除草剂，植物根、叶都能吸收，主要通过木质部传导。主要抑制植物的光合作用，使其代谢紊乱致死。对松树根部没有伤害，是优良的林用除草剂。药效进程较慢，杂草 1 个月，灌木 2 个月，乔木 3~10 个月。

防治对象　适用于常绿针叶林，如红松、樟子松、云杉、马尾松等幼林抚育。造林前除草灭灌、维护森林防火线及林分改造等，可防除大部分单子叶和双子叶杂草及木本植物黄花忍冬、珍珠梅、榛子、柳叶绣线菊、刺五加、山杨、桦、椴、水曲柳、黄波罗、核桃楸等。

使用方法

造林前整地（除草灭灌）使用　东北林区在 6 月中旬至 7 月中旬用药，用喷枪喷射各植树坑。灌木密集林地用 3ml/坑，可用水稀释 1~2 倍，也可用制剂直接点射。20~45 天后形成无草穴。

幼林抚育使用　6 月中下旬或 7 月上旬用药，平均每株树用药 0.25~0.5ml，用水稀释 4~6 倍喷雾。

消灭非目的树种　在树根周围点射，每株 10cm 胸径树木，点射 8~10ml 25% 水溶剂。

维护森林防火道　每公顷用 25% 可溶液剂 6L，加水 150~300kg 喷雾。个别残存灌木和杂草，可再点射补足药量。

林分改造　可用飞机撒施 10% 颗粒剂，除去非目的树种。

注意事项　最好在雨季前用药。加水稀释药液时，温度不可过低，否则药剂溶解不好，影响药效。使用时注意树种，落叶松敏感，不能使用。

与其他药剂的混用　与异丙隆混用（0.6kg/hm² 或 0.75kg/hm² 异丙隆）也有很好效果。

允许残留量　GB 2763—2021《食品中农药最大残留限量标准》规定环嗪酮在甘蔗中的最大残留限量为 0.5mg/kg。ADI 为 0.05mg/kg。糖料按照 GB/T 20769 规定的方法测定。

欧盟农药数据库对所有食品中的最大残留量水平限制为 0.01mg/kg（Regulation No.396/2005）。

参考文献

彭志源, 2005. 中国农药大全[M]. 北京: 中国科技文化出版社: 787.

（撰稿：杨光富；审稿：吴琼友）

环羧螨　cycloprate

一种具有较好触杀效果的杀螨剂。

其他名称　环螨酯、螨卵特、ZR 856、cycloprate、Zardex。

化学名称　十六烷基环丙烷羧酸酯；hexadecyl cyclopropanecarboxylate。

IUPAC 名称　hexadecyl cyclopropanecarboxylate。

CAS 登记号　54460-46-7。

分子式　$C_{20}H_{38}O_2$。

相对分子质量　310.52。

结构式

开发单位　左伊康公司（现属山德士公司）。已停产。

理化性质　稠状液体。熔点 19.8~20℃。沸点 136~137℃（6.67Pa）。密度 0.917g/cm³。蒸气压 32.8mPa（20℃）。可溶于普通有机溶剂。在碱性介质中不稳定。

毒性　大鼠急性经口 LD_{50} > 12.2g/kg，大鼠急性经皮 LD_{50} > 6.27g/kg。奶牛 1 次口服 0.3mg/kg，使用剂量的 89%、5%、6% 分别从尿、便和奶汁中排泄，7 天后使用剂量的 65% 和 7% 以尿的 N-（环丙基羧基）甘氨酸和游离的环丙烷羧酸而排除。鼠 1 次口服 21mg/kg。使用剂量的 2/3 在 1 天之内排泄，4 天后分别以 67% 和 15% 从尿和便中排泄，但 18% 仍留在组织内。

剂型　40% 可湿性粉剂，27% 乳油。

作用方式及机理　是选择性杀螨剂，有触杀作用，杀卵效果显著。

防治对象　应用于柑橘、梨、苹果等果树和棉花防治红蜘蛛。对螨的各种活动时期都有效。

使用方法　在 2000~2680g/hm² 剂量下，能很好地防治苹果上的榆爪螨（苹果红蜘蛛）、苹果刺锈螨、棉叶螨（棉红蜘蛛）以及柑橘全爪螨，杀卵活性也很高。

参考文献

朱永和, 王振荣, 李布青, 2006. 农药大典[M]. 北京: 中国三峡出版社.

（撰稿：郭涛；审稿：丁伟）

环烷酸钠　sodium naphthenate

一种植物生长刺激素，是不同分子的混合物，可用作植物生长调节剂、乳化剂、洗涤剂等。

其他名称　环烷钠、环烷酸钠盐、Naphthenic acids、sodium salts、Naphthath。

化学名称　环烷酸钠。

IUPAC 名称　sodium 3-(3-ethylcyclopentyl)propanoate。

CAS 登记号　61790-13-4。

EC 号　263-108-9。

分子式　$C_{10}H_{17}NaO_2$。

相对分子质量　192.23。

结构式

理化性质　工业品为黄褐色透明液体，带柴油气味，溶于水，呈乳白色，性质稳定，不宜用硬水稀释，有良好的表面活性。其闪点＞93.3℃，密度1.059g/cm³。

毒性　对人畜无害，低毒。急性经口 LD_{50}：大鼠6810～9260mg/kg，小鼠7253～9260mg/kg。

作用方式及机理　可通过茎叶吸收传导，加强植株的生理功能和生化过程，促进植物细胞的新陈代谢，使根系和输导组织发达，提高种子的发芽率，减少落花落果，以使植株茎秆粗壮，结实率高，籽粒饱满。具有生长素促进生根的效应，可提高根系吸收氮、磷肥与水分的能力，促进光合作用，增加同化产物的积累，提高植物对不良环境（干旱或寒冷）的忍受能力。

使用对象　主要用于水稻，也可用于棉花、甘薯、黄豆、烟草等，可增强作物的生命力及抗病能力，促进根系发育，提高结实率，增加千粒重。

使用方法

喷雾　环烷酸钠用量450g/hm²，在小麦扬花盛、末期或灌浆期喷洒，有增产效果；玉米在苗期、扬花期或授粉后喷洒全株，可使果穗秃顶小，籽粒饱满，千粒重增加；棉花叶面喷洒，可减少落铃，纤维增长；大豆在始花期喷洒，可提高结实率；甘薯和马铃薯在幼薯期喷洒茎叶，增产效果显著；在油菜春发或初花期喷洒可促使增产。

浸种　2g 环烷酸钠兑水5kg，浸稻种5kg。早稻浸48小时，晚稻浸24小时，可使稻芽粗壮，增强稻苗的抗寒能力。

拌种　2g 环烷酸钠兑水0.25kg，拌花生种2.5kg，于播种前一天晚上拌，可使苗齐、苗壮，结果饱满。

涂抹　2g 环烷酸钠兑水5kg，涂抹玉米穗部，可使果穗秃顶小，籽粒饱满，千粒重增加；兑水10kg，涂抹或点滴西瓜幼果，可增加坐果率，早熟、增产、味甜。

注意事项　该剂有时会出现少量沉淀，可先振荡均匀后，再兑水使用。该药作用迟缓，施药15天方可见效，应提前施药。要在晴天露水干后喷洒，切忌在中午前后使用。喷后8小时内下雨要重喷。使用浓度要适当，配制剂量要准确，防止浓度过高杀伤作物。喷洒茎叶要均匀，以叶面湿润为度。呈弱碱性，切勿与酸性农药混用，如用喷过酸性农药的器械，应用清水洗净后再用。

参考文献

黄玉媛，1999. 精细化工配方常用原料手册[M]. 广州: 广东科技出版社.

毛景英，闫振领，2005. 植物生长调节剂调控原理与实用技术[M]. 北京: 中国农业出版社.

沈阳化工研究院情报组，1971. 农药使用技术[M]. 北京: 农业出版社.

（撰稿：谭伟明；审稿：杜明伟）

环戊噁草酮　pentoxazone

一种噁唑烷二酮类除草剂。

其他名称　Wechser、Starbo、The One、Utopia、Shokinel、噁嗪酮。

化学名称　3-(4-氯-5-环戊氧基-2-氟苯基)-5-(1-甲基亚乙基)-2,4-噁唑烷二酮；3-[4-chloro-5-(cyclopentyloxy)-2-fluorophenyl]-5-(1-methylethylidene)-2,4-oxazolidinedione。

IUPAC 名称　3-(4-chloro-5-cyclopentyloxy-2-fluorophenyl)-5-isopropylidene-1,3-oxazolidine-2,4-dione。

CAS 登记号　110956-75-7。

EC 号　601-016-6。

分子式　$C_{17}H_{17}ClFNO_4$。

相对分子质量　353.77。

结构式

开发单位　日本相模中央化学研究所最早发现，其后由日本科研制药公司开发。

理化性质　纯品为无色无嗅粉状固体，熔点104℃。相对密度1.418（25℃）。蒸气压＜1.11×10^{-5}Pa（25℃）。$K_{ow}lgP$ 0.67。溶解度（25℃）：水0.216mg/L，甲醇24.8g/L，己烷5.10g/L。对光、热、酸稳定，对碱不稳定。

毒性　急性经口 LD_{50}：大鼠＞5000mg/kg，小鼠＞5000mg/kg。大鼠急性经皮 LD_{50}＞2000mg/kg。大鼠急性吸入 LC_{50}（4小时）＞5100mg/L。NOEL［mg/（kg·d）］：大鼠6.92（雄性），43.8mg（雌性）；小鼠250.9（雄性），190.6（雌性）；狗23.1（雄性），25.2（雌性）。山齿鹑急性经口 LD_{50}＞2250mg/kg。鲤鱼 LC_{50}（96小时）21.4mg/L。蜜蜂 LD_{50} 458.5mg/kg（经口）、98.7mg/kg（接触）。蚯蚓 LC_{50}（14天）851mg/kg 土壤。

剂型　水乳剂，颗粒剂，悬浮剂，片剂，水分散粒剂。

作用方式及机理　原卟啉原氧化酶抑制剂。

防治对象　主要用于防除稗草以及其他部分一年生禾本科杂草、阔叶杂草和莎草等。该药剂于杂草出芽前到稗草等出现第一片叶子期有效，在杂草发生前施药最有效，因其持效期可达 50 天。对磺酰脲类除草剂产生抗性的杂草有效。

使用方法　通常苗前施药，用量为 $150\sim450g/hm^2$（有效成分）。

注意事项　在常规条件下应用于稻田时，环戊噁草酮很少转移至稻禾顶部。甚至在成熟期使用，它在稻子植株中也很快代谢掉，且在根、茎、叶的任何部位的残留量小于 0.25mg/kg，特别在可食部分为 0.046mg/kg。在有水时，环戊噁草酮在土壤中的半衰期最高是 40 天，但它的活性成分和代谢物向下流动性很低，已查明对地下水系统没影响。

与其他药剂的混用　Kusabue 悬浮剂为混剂：环戊噁草酮 8.2% + 苄草隆 27.4%，环戊噁草酮 4.5% + 苄草隆 15% 两种。主要用于播种前后土壤处理。Shokinel 悬浮剂为混剂：环戊噁草酮 4.2% + 溴丁酰草胺 18%。主要用于播种后土壤处理。Kusa Punch 颗粒剂为混剂：环戊噁草酮 2% + 溴丁酰草胺 15%。主要用于播种后土壤处理。以下均为混剂：一次性除草剂 The One 悬浮剂（环戊噁草酮 7.3% + 杀草隆 28% + 唑吡嘧磺隆 1.7%）、The One 颗粒剂（环戊噁草酮 3.9% + 杀草隆 15% + 唑吡嘧磺隆 0.9%）、Starbo 可湿性粉剂（环戊噁草酮 50% + 吡嘧磺隆 3.2%）、Starbo 颗粒剂（环戊噁草酮 3.9% + 吡嘧磺隆 0.3%）、Utopia 颗粒剂（环戊噁草酮 1.5% + 环丙嘧磺隆 0.2%）、Utopia 颗粒剂（环戊噁草酮 1.3% + 环丙嘧磺隆 0.2%）等。

参考文献

刘长令, 2002. 世界农药大全: 除草剂卷[M]. 北京: 化学工业出版社: 129-130.

马克比恩 C, 2015. 农药手册[M]. 胡笑形, 等译. 北京: 化学工业出版社: 779-780.

（撰稿：赵毓；审稿：耿贺利）

环戊烯丙菊酯　terallethrin

一种具有熏蒸作用的拟除虫菊酯类杀虫剂。

化学名称　3- 烯丙基 -2- 甲基 -4- 氧代 - 环戊 -2- 烯基 -2,2,3,3- 四甲基环丙烷羧酸酯。

IUPAC 名称　(1RS)-3-allyl-2-methyl-4-oxocyclopent-2-enyl 2,2,3,3-tetramethylcyclopropanecarboxylate。

CAS 登记号　15589-31-8。

EC 号　239-651-2。

分子式　$C_{17}H_{24}O_3$。

相对分子质量　276.36。

结构式

开发单位　1972 年由日本住友化学公司合成。

理化性质　工业品为淡黄色油状液体。蒸气压 $2.7\times10^{-2}Pa$（20℃）。不溶于水，能溶于多种有机溶剂。在日光照射下不稳定，在碱性物质中易分解。

毒性　大鼠急性经口 LD_{50} 174～224mg/kg。

剂型　蚊香，电热蚊香片，气雾剂。该品制剂中加入抗氧剂 4,4- 丁叉 - 双 -（6- 叔丁基 -3- 甲基苯酚）和稳定剂 2,2- 甲撑 - 双 -（6- 叔丁基 -3- 乙基苯酚）后，在 145℃ 加热 8 小时，可使有效成分缓慢释放而分解。在加与不加抗氧剂和稳定剂的分解率分别是 4.9% 和 50%；在开始加热后 8 小时所需击倒蚊虫的时间，分别是 16.6 分钟和大于 60 分钟。

作用方式及机理　比烯丙菊酯容易挥发，用作热熏蒸防治蚊虫时特别有效。对家蝇和淡色库蚊的击倒率高于烯丙菊酯和天然除虫菊素。对德国小蠊的击倒活性亦优于烯丙菊酯，但较除虫菊酯差。

防治对象　卫生用杀虫剂，灭蝇效果好。昆虫 LD_{50}（μg/ 虫）：家蝇 0.53，淡色库蚊 0.064，埃及伊蚊 0.018，德国小蠊 5.7。

使用方法　该品加工为蚊香使用，对蚊成虫高效。当该制剂中加入 d- 苯醚菊酯后，具有相互增效作用，对蚊蝇的击倒活性和杀死力均有较大提高。

参考文献

朱永和, 王振荣, 李布青, 2006. 农药大典[M]. 北京: 中国三峡出版社.

（撰稿：薛伟；审稿：吴剑）

环酰菌胺　fenhexamid

一种具有内吸性的新型酰胺类杀菌剂。

其他名称　Cabo、Decree、Elevate、Password、Teldor、Teldor Plus、KBR 2738（试验代号）、TM 402（试验代号）。

化学名称　N-(2,3- 二氯 -4- 羟基苯基)-1- 甲基环己基甲酰胺；N-(2,3-dichloro-4-hydroxyphenyl)-1-methylcyclohexane-carboxamide。

IUPAC 名称　2′,3′-dichloro-4′-hydroxy-1-methylcyclo-hexanecarboxanilide。

CAS 登记号　126833-17-8。

EC 号　422-530-5。

分子式　$C_{14}H_{17}Cl_2NO_2$。

相对分子质量　302.20。

结构式

开发单位 1989年由拜耳公司开发。

理化性质 纯品为无特异性气味的白色粉状固体。熔点153℃。沸点320℃（101.32kPa，推算值）。蒸气压1.1×10^{-4}mPa（20℃，推算值）。K_{ow}lg$P$ 3.51（pH7）。pK_a（20~25℃）：7.3。Henry常数5×10^{-6}Pa·m³/mol（pH7）。相对密度1.34（20~25℃）。水中溶解度20mg/L（pH5~7，20~25℃）；有机溶剂中溶解度（g/L，20~25℃）：乙腈（15）、二氯甲烷31、正己烷＜0.1、异丙醇91、甲苯5.7。在25℃、pH为5、7、9水溶液中放置30天稳定。

毒性 急性经口LD$_{50}$：大鼠＞5000mg/kg，小鼠＞5000mg/kg。大鼠急性经皮LD$_{50}$＞5000mg/kg。对兔眼睛和皮肤无刺激性。对豚鼠无皮肤过敏。大鼠急性吸入LC$_{50}$（4小时）＞5.057mg/L（灰尘）。NOEL：大鼠（2年）500mg/kg，小鼠（2年）800mg/kg，狗（1年）500mg/kg。ADI/RFD（JMPR）0.2mg/kg体重［2005］，（EC）0.2mg/kg体重［2001］,（company assignment）0.183mg/kg体重,（EPA）cRfD 0.17mg/kg［1999］。无致畸、致癌、致突变作用。山齿鹑急性经口LD$_{50}$＞2000mg/kg。山齿鹑和绿头鸭饲喂LC$_{50}$＞5000mg/kg饲料。鱼类LC$_{50}$（96小时，mg/L）：虹鳟1.34，大翻车鱼3.42。水蚤EC$_{50}$（48小时）＞18.8mg/L。羊角月牙藻E$_r$C$_{50}$（120小时）8.81mg/L。淡水藻E$_r$C$_{50}$（72小时）＞26.1mg/L。NOEC（28天）：摇蚊幼虫100mg/L。浮萍EC$_{50}$（14天）2.3mg/L。蜜蜂LD$_{50}$（48小时）＞200μg/只（经口和接触）。蚯蚓LC$_{50}$（2周）＞1000mg/kg干土。在2mg/hm²下对捕食性螨、隐翅虫、瓢虫、寄生蜂安全。对微生物矿化无不利效果。

剂型 50%水分散粒剂，50%悬浮剂，50%可湿性粉剂。

作用方式及机理 可在C4-脱甲基化时作用于3-氧化-脱氢酶，从而可抑制甾醇的生物合成，可有效抑制芽管的伸长和菌丝的生长。与已有杀菌剂苯并咪唑类、二羧酰亚胺类、三唑类、苯胺嘧啶类、N-苯基氨基甲酸酯类等无交互抗性。

防治对象 各种灰霉病以及相关的菌核病、黑斑病等。

使用方法 主要作为叶面杀菌剂使用，只具有保护作用，无内吸作用。在500~1000/hm²有效成分的剂量下可有效控制葡萄、草莓、核果、柑橘、蔬菜和观赏植物上的灰霉菌、念珠菌等致病菌。

允许残留量 GB 2763—2021《食品中农药最大残留限量标准》规定环酰菌胺最大残留限量见表。ADI为0.2mg/kg。WHO规定环酰菌胺在黄瓜、茄子、葡萄、桃和番茄中的最大残留限量值分别为1mg/kg、2mg/kg、15mg/kg、10mg/kg、2mg/kg。

部分食品中环酰菌胺最大残留限量（GB 2763—2021）

食品类别	名称	最大残留限量（mg/kg）
蔬菜	叶用莴苣	30.00*
	结球莴苣	30.00*
	番茄	2.00*
	茄子	2.00*
	辣椒	2.00*
	黄瓜	1.00*
	腌制用小黄瓜	1.00*
	西葫芦	1.00*
水果	桃	10.00*
	油桃	10.00*
	杏	10.00*
	李子	1.00*
	樱桃	7.00*
	黑莓	15.00*
	蓝莓	5.00*
	越橘	5.00*
	加仑子	5.00*
	悬钩子	5.00*
	醋栗	15.00*
	桑葚	5.00*
	唐棣	5.00*
	露莓（包括波森莓和罗甘莓）	15.00*
	葡萄	15.00*
	猕猴桃	15.00*
	草莓	10.00*
干制水果	葡萄干	25.00*
	李子干	1.00*
坚果	杏仁	0.02*

* 临时残留限量。

参考文献

刘长令, 2006. 世界农药大全: 杀菌剂卷[M]. 北京: 化学工业出版社: 99-100.

TURNER J A, 2015. The pesticide manual: a world compendium [M]. 17th ed. UK: BCPC: 452-453.

（撰稿：赵杰；审稿：司乃国）

环秀隆 cycluron

一种脲类除草剂。

其他名称 OMU、环辛隆、环莠隆。

化学名称 3-环辛基-1,1-二甲基脲；N'-cyclooctyl-N,N-dimethylurea。

IUPAC 名称　3-cyclooctyl-1,1-dimethylurea。

CAS 登记号　2163-69-1。

分子式　C₁₁H₂₂N₂O。

相对分子质量　198.31。

结构式

开发单位　1960 年报道，由德国巴斯夫公司开发。

理化性质　纯品为白色无臭结晶固体。熔点 138℃（工业品 134～138℃）。溶解度（20℃）：水 0.11%，丙酮 6.7%，苯 5.5%，甲醇 50%。性质稳定，无腐蚀性。

毒性　大鼠急性经口 LD₅₀ 2600mg/kg，对皮肤无刺激性。

剂型　浓乳油。制剂主要有 15% 环秀隆和 10% 氯草净复配的乳油。

作用方式及机理　通常与稗蓼灵（3：2）混用作芽前除草剂。

防治对象　防除甜菜及多种蔬菜地中的一年生杂草。

使用方法　甜菜及蔬菜芽前施用。

与其他药剂的混用　性质稳定，可与其他农药混配，常与稗蓼灵（3：2）混用。

制造方法　由环辛胺与二甲氨基甲酰氯反应制取。

参考文献

石得中, 2008. 中国农药大辞典[M]. 北京: 化学工业出版社: 210.

孙家隆, 2015. 新编农药品种手册[M]. 北京: 化学工业出版社: 735.

（撰稿：王宝雷；审稿：耿贺利）

环氧嘧磺隆　oxasulfuron

一种磺酰脲类除草剂。

其他名称　Dynam、Expert、大能、CGA-277476。

化学名称　2-[(4,6-二甲基嘧啶-2-基）氨基羰基氨基磺酰基] 苯甲酸-3-氧杂环丁酯；氧代环丁-3-基-2-[(4,6-二甲基嘧啶-2-基)-氨基甲酰基氨基磺酰基] 苯甲酸酯；3-oxetanyl 2-[[[[(4,6-dimethyl-2-pyrimidinyl)amino]carbonyl]amino]sulfonyl] benzoate。

IUPAC 名称　oxetan-3-yl 2-[(4,6-dimethylpyrimidin-2-yl)-carbamoylsulfamoyl] benzoate。

CAS 登记号　144651-06-9。

分子式　C₁₇H₁₈N₄O₆S。

相对分子质量　406.41。

结构式

开发单位　1995 年由 R. L. Brooks 等报道。1996 年由诺华作物保护公司（现先正达公司）引进，先正达公司已停产。

理化性质　白色无味粉末。熔点 158℃（分解）。蒸气压 < 2 × 10⁻³mPa（25℃）。K_{ow}lg$P$ 0.75（pH5）、−0.81（pH7）、−2.2（pH8.9）。Henry 常数 2.5 × 10⁻⁵Pa·m³/mol（计算值）。相对密度 1.41。水中溶解度 52mg/L（pH5.1，25℃），在缓冲溶液中为 63（pH5.0）、1700（pH6.8）、19 000（pH7.8）mg/L；有机溶剂中溶解度（mg/L，25℃）：甲醇 1500、丙酮 9300、甲苯 320、正辛醇 99、正己烷 202、乙酸乙酯 2300、二氯甲烷 6900。稳定性：DT₅₀（天，20℃）：17.2（pH5）、22.7（pH7）、20.0（pH9）。pK_a5.1。

毒性　大鼠急性经口 LD₅₀ > 5000mg/kg。兔急性经皮 LD₅₀ > 2000mg/kg。对兔眼睛、皮肤无刺激性。对豚鼠皮肤无致敏性。大鼠吸入 LC₅₀ > 5.08mg/L 空气。NOEL：大鼠（2 年）8.3mg/（kg·d），小鼠（18 个月）1.5mg/（kg·d）；狗（1 年）1.3mg/（kg·d）。无诱变性和基因毒性。鹌鹑和野鸭急性经口 LD₅₀ > 2250mg/kg。鹌鹑和野鸭饲喂 LC₅₀ > 5620mg/kg 饲料。鱼类 LC₅₀（96 小时）：蓝鳃翻车鱼 > 111mg/L，鲑鱼 > 116mg/L。水蚤 EC₅₀（48 小时）> 136mg/L。羊角月牙藻 EC₅₀（120 小时）0.145mg/L，舟形藻 > 20mg/L。膨胀浮萍 EC₅₀（7 天）0.01mg/L。蜜蜂 LD₅₀ > 25μg/ 只。蚯蚓 LC₅₀ > 1000mg/kg 土壤。0.075kg/hm² 对步甲无影响。

剂型　水分散粒剂，75% 悬浮剂。

作用方式及机理　乙酰乳酸合成酶（ALS 或 AHAS）抑制剂，通过抑制必需氨基缬氨酸和异亮氨酸的生物合成而阻止细胞分裂和植物生长。作物的选择性归因于快速代谢。通过杂草芽和根快速吸收，传导到分生组织。叶转黄或红，1～3 周后死亡。

防治对象　用于大豆田防除阔叶杂草与草坪禾本科杂草。

使用方法　环氧嘧磺隆用于大豆田苗后除草，亩用量为有效成分 4～6g。

制造方法　以邻氨基苯甲酸，经五步反应制取邻磺酰胺基甲酸苯酯苯甲酸环氧杂丁酯，再与 4,6- 二甲基-2- 氨基嘧啶反应制得。

参考文献

刘长令, 2002. 世界农药大全: 除草剂卷[M]. 北京: 化学工业出版社: 50-52.

马克比恩 C, 2015. 农药手册[M]. 胡笑形, 等译. 北京: 化学工业出版社: 753-754.

石得中, 2008. 中国农药大辞典[M]. 北京: 化学工业出版社: 210.

（撰稿：王宝雷；审稿：耿贺利）

环氧乙烷 ethylene oxide

一种有机化合物，是一种有毒的致癌物质，以前被用来制造杀菌剂。被广泛地应用于洗涤、制药、印染等行业。在化工相关产业可作为清洁剂的起始剂。环氧乙烷是一种用来防治原粮中植物病原真菌的杀菌剂。

其他名称 虫菌畏、ETO、ETOC oxirane、carboxide、etox。

化学名称 1,2环氧乙烷；1,2-epoxyethane。

IUPAC名称 oxirane。

CAS登记号 75-21-8。

EC号 200-849-9。

分子式 C_2H_4O。

相对分子质量 44.05。

结构式

开发单位 从1928年起用作熏蒸剂。环氧乙烷在工业上有广泛的用途，全国有许多化工企业生产，现已知的生产厂家有江苏常州化工厂，哈尔滨石化工业公司；作为熏蒸剂（EO：CO_2 = 1：9）的生产厂家有江苏省宜兴丰义化工厂，山东省龙口市振华化工厂。混合气体的生产工艺比较简单，即将成品环氧乙烷和CO_2按1：9的质量比，压缩到混合气钢瓶中。

理化性质 为无色透明的液体，具有乙醚和蜂蜜的混合气味。气体相对密度（空气 = 1）1.521，液体相对密度（水 = 1，4℃）0.887（7℃）；汽化潜热139cal/g；在空气中燃烧极限：3%～80%（体积比）。无限溶于水（0℃）。熔点 -111℃，沸点10.7℃。在10℃下蒸气压98.4 kPa，20℃下146kPa。无腐蚀性。因为纯环氧乙烷易燃烧和爆炸，用于熏蒸杀虫杀菌的环氧乙烷为1：9或2：8（环氧乙烷：CO_2）（质量比）的混剂，实际使用较安全；用环氧乙烷熏蒸食品不会影响品质，但过量会影响种子的发芽率。

毒性 大鼠急性经口LD_{50} 330mg/kg，其毒性比磷化氢、溴甲烷、氯化苦、氢氰酸要低得多；空气中含有250mg/kg时对人尚无严重毒害，3g/L时人在其中呼吸30～60分钟就会有致命危险，但其在人体内不致引起积累性中毒，且无后遗症；空气中允许最高安全浓度为50mg/L。环氧乙烷的杀虫效果也低于溴甲烷，但对虫卵有较强的毒杀力。

剂型 环氧乙烷和CO_2混剂在常温下为气态，因此商品以压缩包装在高压钢瓶内（标准CO_2钢瓶）。包装的规格有25kg和12kg；作为商品的虫菌畏至今还没有正式国家标准。

作用方式及机理 药剂进入昆虫体后，转变为甲醛，并与组织内蛋白质的胺基结合，抑制氧化酶、去氢酶的作用，使昆虫中毒死亡。环氧乙烷的重要特点是杀菌力强，能杀灭各种细菌及其繁殖体及芽孢、真菌、病毒等。

防治对象 环氧乙烷虽然在杀虫方面曾被广泛运用，但因其对昆虫的毒力低于其他药剂和易燃易爆性，作为杀虫剂的环氧乙烷常被溴甲烷和磷化氢代替。但在杀菌方面，环氧乙烷一直起着不可替代的作用。在国内外被广泛用于调味料塑料容器、卫生材料、化妆品原料、动物饲料、医疗器材、病房材料、原粮中植物病原真菌及羊毛、皮张等消毒灭菌。

使用方法 在使用环氧乙烷熏蒸杀菌时，常用减压熏蒸的方法，即在要熏蒸空间用抽气泵抽出一部分空气，使空间内呈负压状态，然后导入环氧乙烷药剂，减压熏蒸的方法，能使药剂扩散均匀、迅速，杀菌效果好。南京动植物检疫局在检疫处理带有印腥（Tilletia mdica Mitra）的进口原粮时，采用150g/m³剂量；上海动植物检疫局用120g/m³的剂量熏蒸带有沙门细菌的鱼粉都取得了良好的效果。在使用环氧乙烷仓外施药时，由于CO_2的沸点低，出药时需要吸收大量热量，容易产生管道结冰堵塞现象，堵塞后应关闭阀门，等待一段时间再开启。在大容积熏蒸时，采用仓内或帐膜内施药比较方便。在计算好药量的前提下，根据仓内空间情况，均匀分布好钢瓶，并调整好喷药方向，佩戴好防毒面具，依次由内到外打开阀门，最后封闭仓库出口，一般投完25kg包装的混合气，需30分钟左右的时间。投药完毕，在检漏时切不可使用卤素检测灯；目前使用较广泛的是环氧乙烷检测管，使用方法和PH_3检测管基本相同；用热导分析仪也可进行检测，检测管可以定量定性检测，简学易行，可靠；用热导仪检测时需要附加设施，来排除混合气中CO_2的干扰。

注意事项 使用环氧乙烷要做好防火防爆的防范措施，首先是切断仓库内电源，其次是在整个过程中避免使用可能产生静电火花的设备。使用有机蒸气滤毒罐，可以有效地防止环氧乙烷的吸入，但应注意，这种滤器不能阻止CO_2的吸入，因此要注意过量CO_2吸入而引起的中毒（晕眩和窒息）。环氧乙烷蒸气对眼和上呼吸道黏膜有刺激作用，可造成角膜损伤，皮肤接触可产生红肿；急性中毒时可出现头痛、晕眩、恶心、腹痛、呕吐、腹泻、呼吸困难、步态不稳等症状；治疗时采用一般措施和对症治疗，昏迷者可酌用中枢兴奋剂。平均温度在18℃以上使用，其杀菌效果更好。

参考文献

王振荣，李布青，1996. 农药商品大全[M].北京：中国商业出版社。

中国农业百科全书总编辑委员会农药卷编辑委员会，中国农业百科全书编辑部，1993. 中国农业百科全书：农药卷[M]. 北京：农业出版社。

（撰稿：陶黎明；审稿：徐文平）

环酯草醚 pyriftalid

一种嘧啶水杨酸类除草剂，结构与嘧啶羟苯甲酸相近。

其他名称 Apiro Ace。

化学名称 (RS)-7-(4,6-二甲氧基嘧啶-2-基硫基)-3-甲基-2-苯并呋喃-1(3H)-酮；7-[(4,6-dimethoxypyrimidin-2-yl)thio]-3-methylisobenzofuran-1(3H)-one。

IUPAC名称 7-(4,6-dimethoxypyrimidin-2-yl)sulfanyl-3-

methyl-3*H*-2-benzofuran-1-one。

CAS 登记号　135186-78-6。

EC 号　603-904-9。

分子式　$C_{15}H_{14}N_2O_4S$。

相对分子质量　318.35。

结构式

开发单位　先正达公司。

理化性质　纯品外观为白色无味晶体粉末。熔点 163℃。在 300℃时开始分解。蒸气压（25℃）2.2×10^{-8}Pa。水中溶解度（25℃）1.8mg/L。$K_{ow}lgP$ 2.6（25℃）。

毒性　原药大鼠急性经口 $LD_{50} > 5000$mg/kg，急性经皮 $LD_{50} > 2000$mg/kg，急性吸入 $LC_{50} > 5540$mg/m³。对兔皮肤、眼睛无刺激性。豚鼠皮肤变态反应（致敏性）试验结果为无致敏性。大鼠 90 天亚慢性喂养毒性试验 NOEL：雄性大鼠 23.8mg/（kg·d），雌性大鼠 25.5mg/（kg·d）。4 项致突变试验：Ames 试验、小鼠骨髓细胞微核试验、体内 UDS 试验、体外哺乳动物细胞染色体畸变试验均为阴性，未见致突变作用。环酯草醚 250g/L 悬浮剂大鼠急性经口 $LD_{50} > 3000$mg/kg，急性经皮 $LD_{50} > 4000$mg/kg，急性吸入 $LC_{50} > 1657$mg/m³；对兔皮肤、眼睛均有刺激性；豚鼠皮肤变态反应（致敏性）试验结果为有中度致敏性。环酯草醚原药和 250g/L 悬浮剂均属低毒除草剂。

剂型　LS 20082665 环酯草醚原药（96%），LS 20082664 环酯草醚 250g/L 悬浮剂。

作用方式及机理　嘧啶水杨酸类除草剂，乙酰乳酸合成酶（ALS）抑制剂，离体条件下用酶测定其活性较低，但通过茎叶吸收，在植株体内代谢后，产生药效佳的代谢物，并经内吸传导，使杂草停止生长，继而枯死。

防治对象　主要用于稻田防除稗草等禾本科杂草，对水稻后茬作物安全，使用剂量为有效成分 100～300g/hm²。对移栽水稻田的一年生禾本科杂草、莎草科及部分阔叶杂草有较好的防治效果。对移栽水稻田的稗草、千金子防治效果较好，对丁香蓼、碎米莎草、牛毛毡、节节菜、鸭舌草等阔叶杂草和莎草有一定的防效。推荐用药量对水稻安全。

使用方法　用药剂量为有效成分 187.5～300g/hm²（折成 250g/L 悬浮剂商品量为 50～80ml/ 亩，一般加水 30L 稀释），使用次数为 1 次。使用后要注意抗性发展，建议与其他作用机理不同的药剂混用或轮换使用。

允许残留量　GB 2763—2021《食品中农药最大残留限量标准》规定环酯草醚最大残留限量见表。ADI 为 0.0056mg/kg。谷物中残留量参照 GB 23200.9、GB/T 20770 规定的方法测定。

部分食品中环酯草醚最大残留限量（GB 2763—2021）

食品类别	名称	最大残留量（mg/kg）
谷物	稻谷	0.1
	糙米	0.1

参考文献

刘安昌，李高峰，夏强，等，2010. 新型除草剂环酯草醚的合成研究[J]. 世界农药, 32 (5)：19-21.

刘长令，李继德，董英刚，2001. 新型稻田除草剂环酯草醚[J]. 农药, 40(8)：46.

农业部农药检验所，2009. 环酯草醚[J]. 农药科学与管理, 30 (4)：58.

余露，2009. 水稻苗后早期广谱除草剂环酯草醚[J]. 农药市场信息 (12)：35.

（撰稿：杨光富；审稿：吴琼友）

缓释剂　slow release formulation, BR

通过缓释技术，运用物理或化学手段利用高分子材料或载体将原药吸附或包裹，并添加适量助剂加工成的有效成分可缓慢释放的农药剂型。主要包括微胶囊缓释剂、均一体缓释剂、包结型缓释剂和吸附型缓释剂等。按照农药原药分子与高分子化合物间的作用分为物理缓释剂和化学缓释剂。物理缓释剂通过原药与高分子化合物之间的物理作用结合，化学缓释剂则是利用原药与高分子化合物之间的化学反应结合。物理缓释剂的发展速度明显快于化学缓释剂。

根据缓释剂的最终形态，配方组分存在一定差别。液态缓释剂一般由农药原药、高分子材料或载体及乳化剂、分散剂等助剂组成。固态缓释剂需要加入黏结剂、助崩解剂等辅助助剂加工而成。缓释剂无统一检测标准，根据缓释剂制备的不同形态，可参考已有剂型标准。固体缓释剂根据其最终形态可按照粉剂、颗粒剂和水分散粒剂指标进行检测。液态缓释剂按照 FAO 标准对微囊悬浮剂的相关规定进行检测。

根据配方组分特性，虽然不同的缓释剂采用加工工艺存在一定差别，但基本遵循以下 4 个步骤：①将有效成分在介质中分散成细粒。②将高分子材料或载体加入该分散体系中。③通过某种方法将高分子材料或载体聚集、沉积或包覆在已分散的有效成分周围。④通过物理或化学的方法将已形成的微小颗粒固化，其中微囊缓释剂主要通过升温进行固化。固态缓释剂可通过农药原药均匀分散在高分子聚合物中，可吸附在载体上，还可通过分子间相互作用与其他化合物形成新的化合物，再进行脱水造粒，最终形成粉剂或粒剂的形式，进行缓释。

缓释剂应用范围很广，可以制备成各种形态的制剂产品，用于叶面喷雾、喷粉、种子处理和土壤处理等。缓释剂优点突出：①使高毒农药低毒化，减轻了环境污染和对人、畜、蜜蜂、鱼等生物的不利影响，降低了对作物的药害。②使药剂释放量和时间得到控制，有利于精准施药，原药的功效得到提高。③改善了药剂的物理性能，液体农药固型化，方便储存、运输和使用。④有效降低了环境中光、空气、水和微生物对原药分解的影响，减少了原药挥发、流失的可能性，从而延长了持效期，降低施药频率，节约人力物力。

农药缓释剂虽然近几年发展较快，优点突出，但由于其较高的技术难度和生产成本，能够成功推向市场的产品寥寥无几。同时对制剂方法、释放机理和质量检测等还处于早期研究阶段，技术不够成熟。

参考文献

郭艳珍，杨倩，彭邈，等，2013. 农药微胶囊缓释剂的研究进展[C]//中国植物保护学会. "创新驱动与现代植保"——中国植物保护学会第十一次全国会员代表大会暨2013年学术年会论文集. 中国植物保护学会.

（撰稿：王莹；审稿：遇璐、丑靖宇）

蛄、金针虫、地老虎、蔬菜根结线虫、甘薯茎线虫，姜、牛蒡、山药茎线虫，韭菜、大葱地蛆等。施药后，因土壤中的水分、微生物或 pH 值等因素的作用，有效成分通过毛细管作用或高分子材料降解等途径缓慢地释放到作物根系周围，逐渐形成一道保护屏障，并形成一个"药圈"，以避免地下害虫、病菌等对根部的侵害。另外，可用于因生长和危害期长而较难防治的苹果绵蚜、梨树梨木虱、柑橘介壳虫、树木天牛；也可作为果树干枝期和套袋前用的杀虫、杀螨、杀菌剂；芽前除草、环境卫生害虫和粮食储存害虫防治。总体来说，其高效、安全、环保、持效期较长，应用范围广。但缓释粒剂仍然存在一些实际问题，各种缓释剂的选材、制作方法、技术指标、质量检验方法、释放速度与环境条件的关系等研究正在进行。

参考文献

周凤丽，2013. 缓释型农药引领行业发展新方向[J]. 农药市场信息(24): 28.

（撰稿：王莹；审稿：遇璐、丑靖宇）

缓释粒剂 slow release granule, BRG

将农药活性成分包裹在高分子缓释材料载体膜中，加入交联剂、扩散剂、润湿剂、分散剂等辅助助剂，通过控制膜进行多层包裹，经过造粒制成的一种农药制剂。缓释粒剂可以直接撒施或用水稀释后喷雾使用，该剂型一次施药便可传导到作物根系周围，其中的活性成分能缓慢释放到周围环境中去，得以实现对整个生长季（或一定时期）的有害生物控制。缓释粒剂能减少农药在环境中的扩散、消解和流失，同时延长农药持效期，具有对环境友好、作物利用率高、使用方便等优点。

缓释粒剂主要组分为农药原药和载体，加入辅助助剂（直接应用的缓释粒剂，加入提高黏着性和流动性的助剂，稀释后喷雾的制剂，需加入润湿剂、分散剂或助崩解剂提高制剂悬浮能力），通过吸附、挤压、喷雾、流化等造粒工艺进行造粒而成。缓释粒剂需控制粒度、水分、脱落率、润湿性、分散性、热储稳定性和缓释性等指标。其中分散性要求 1~2 小时分散体稳定，24 小时后能良好地再分散。另外，部分缓释粒剂要求崩解性不大于 3 分钟。

缓释粒剂的制造方法较多，活性物的物理化学性质、作用机理及适用范围等要素决定其配制方法不同，进而工艺路线也不同。总的来说，可分为两类：一类是"湿法"，一类是"干法"。所谓湿法，就是将农药、载体、助剂、辅助剂等，以水为介质，然后进行造粒，其方法有喷雾干燥造粒、流化床干燥造粒、冷冻干燥造粒等。微囊粒剂一般采用湿法造粒，先制备微囊悬浮剂，再进一步加工成微囊粒剂。所谓干法，就是将农药、载体、助剂、辅助剂等一起用气流粉碎或超细粉碎，制成粉剂，然后进行造粒，其方法有转盘造粒、挤压造粒、高速混合造粒、流化床造粒和压缩造粒等。

缓释粒剂应用范围广，需要延长持效期和降低药害的特殊对象，缓释粒剂均可发挥独特效果，包括各种地下害虫，如花生、小麦、玉米、大豆、棉花等作物的蛴螬、蝼

黄草消 oryzalin

一种硝基苯胺类选择性除草剂。

其他名称 Dirimal、Ryzelan、Surflan、安磺灵、氨磺乐灵。

化学名称 3,5-二硝基-N^4,N^4-二丙基氨基苯磺酰胺；4-(dipropylamino)-3,5-dinitrobenzenesulfonamide。

IUPAC 名称 3,5-dinitro-N^4,N^4-dipropylsulfanilamide。

CAS 登记号 19044-88-3。

EC 号 242-777-0。

分子式 $C_{12}H_{18}N_4O_6S$。

相对分子质量 346.36。

结构式

开发单位 道农科公司。

理化性质 原药纯度为98.3%。熔点 138~143℃。纯品为淡黄色至橘黄色晶体。熔点 141~142℃。沸点 265℃（分解）。蒸气压＜0.0013mPa（20℃）。$K_{ow}\lg P$ 3.73（pH7）。Henry 常数＜1.73×10^{-4}Pa·m³/mol。水中溶解度 2.6mg/L（25℃）；有机溶剂中溶解度（g/L，25℃）：丙酮＞500、乙腈＞150、甲醇50、二氯甲烷＞30、二甲苯2。稳定性：在普通储存环境下稳定。在 pH5、7 或 9 的水溶液中不水解。紫外线下分解，自然阳光下光解 DT_{50}1.4 小时。

毒性 大鼠和小鼠急性经口 LD_{50} 10 000mg/kg。狗急性经口 LD_{50}＞1000mg/kg。兔急性经皮 LD_{50}＞200mg/kg。对兔眼睛和皮肤无刺激性。大鼠 2 年饲喂试验的 NOEL 为

300mg/kg。山齿鹑急性经口 LD$_{50}$ > 500mg/kg。金鱼 LC$_{50}$（96 小时）> 1.4mg/L。

剂型 颗粒剂，悬浮剂，水分散颗粒剂，可湿性粉剂。

作用方式及机理 抑制微管系统。芽前选择性除草剂。影响种子萌发的生理生长过程。

防治对象 用于棉花、果树、藤本植物、观赏植物、大豆、水稻、草坪和无作物区域，芽前防除多种一年生禾本科杂草和阔叶杂草。

使用方法 水稻施用量 0.24～0.48kg/hm^2，棉花 0.72～0.96kg/hm^2，大豆 0.96～2.16kg/hm^2，葡萄、乔木、无作物区域 1.92～4.5kg/hm^2。

注意事项 与碱性物质不相容。

与其他药剂的混用 芽前除草剂，可单用或与其他除草剂混用，用于防除棉花、花生、冬油菜、大豆和向日葵田中杂草。

参考文献

刘长令, 2002. 世界农药大全: 除草剂卷[M]. 北京: 化学工业出版社: 287-288.

马克比恩 C, 2015. 农药手册[M]. 胡笑形, 等译. 北京: 化学工业出版社: 746-747.

（撰稿: 赵毓；审稿: 耿贺利）

黄腐酸 fulvic acid

腐植酸中既溶于稀碱，又溶于稀酸的黄棕色部分，富含小分子有机酸，具有抗旱和植物生长调节功能，能促进植物生长，提高植物抗逆能力。广泛用于多种作物、蔬菜和果树等。

其他名称 黄腐植酸、富里酸、抗旱剂一号。

中文名称 黄腐酸、富啡酸。

IUPAC 名称 3,7,8-trihydroxy-3-methyl-10-oxo-4,10-dihydro-1*H*,3*H*-pyrano[4,3-b]chromene-9-carboxylic acid。

CAS 登记号 479-66-3。

分子式 C$_{14}$H$_{12}$O$_8$。

相对分子质量 308.24。

结构式

理化性质 溶于水的灰黑色粉末状物质。固体为深棕色，味酸，无臭，易溶于水、乙醇、稀酸、稀碱和含水丙酮，其中黄腐酸含量 ≥ 95%。它可溶于 10% 水溶液（pH 2.5～3）。

毒性 无毒。

剂型 水剂。

作用方式及机理 可促进植物生长，尤其能适当控制作物叶面气孔的开放度，减少蒸腾，对抗旱有重要作用，能提高抗逆能力，具有增产和改善品质的作用，可与一些非碱性农药混用，并常有协同增效作用。

使用对象 广谱的植物生长调节剂，主要应用对象为小麦、玉米、甘薯、谷子、水稻、棉花、花生、油菜、烟草、蚕桑、瓜果、蔬菜等。

使用方法 可在作物的不同生育期进行叶面喷雾处理，也可以进行种子浸种处理。遵照标签说明书进行处理。

（撰稿: 徐佳慧；审稿: 谭伟明）

黄瓜幼苗法 cucumber germination and seedling growth test

利用黄瓜萌发及幼苗生长在一定范围内与除草剂剂量呈相关性的特点，进行除草剂活性的生物测定的方法。

适用范围 用于测定激素类除草剂及其他植物生长调节剂的活性。

主要内容

试验操作方法：将 15ml 不同浓度的除草剂溶液移入垫有滤纸片的 15cm 培养皿中，加入 10～20 粒黄瓜种子，在 28℃ 恒温箱中培养 96 小时后，测量初生根和地上部分长度或描绘整个幼苗图形。

黄瓜幼苗法的测定范围较大（0.1～1000μl/ml），在测定 2,4-滴（2,4-D）类除草剂含量时，常制作 "标准黄瓜幼苗形态图"，简单描述如下：当 2,4-D 浓度为 0.1mg/L，主根开始受到抑制，根轴变粗，根毛变少，但较粗根长；当 2,4-D 浓度为 1mg/L，主根显著抑制，主根轴破裂，侧根呈整齐的 4 行排列；当 2,4-D 浓度为 10mg/L，主根严重抑制，并肿大，下胚轴也显著抑制；当 2,4-D 浓度为 100mg/L，主根极短且肿大，下胚轴严重抑制几乎未生长，子叶下端两角有增殖现象；当 2,4-D 浓度为 1000mg/L，子叶刚露出，胚轴严重被抑制。将上述处理现象整理拍照作为标准。以此图片和形态特征的描述作为标准，未知浓度的 2,4-D 及其他待测样品的生物活性只需要与其比较便可得出。

参考文献

陈年春, 1991. 农药生物测定技术[M]. 北京: 北京农业大学出版社.

关颖谦, 冯己立, 1963. 植物生长调节物质的生物测定法一（Ⅰ）黄瓜幼苗形态法[J]. 植物生理学通讯 (1): 50-52.

（撰稿: 唐伟；审稿: 陈杰）

蝗虫微孢子虫 *Nosema locustae*

单细胞原生动物。是直翅目昆虫中蝗虫的专性寄生物，在蝗虫防治实践中可诱发虫病流行，起到持续性压低种群密度的效果。作为一种昆虫病原微生物，具不污染环境，对人、畜无毒等优点。

其他名称　蝗虫瘟药。

理化性质　蝗虫微孢子虫成熟孢子呈椭圆形，大小不一，产生的新鲜孢子大小为 2.4μm×5.2μm。膜内能明显观察到两分开的单核。内质网膜是高密度且透明的。商品化的蝗虫微孢子杀虫剂是微孢子虫的浓缩液，生产过程是用东亚飞蝗进行活体接种后，室内饲养 35～40 天，集中死虫粉碎、过滤、浓缩制成。

毒性　低毒。对人、畜安全，不杀伤天敌，无残留，不污染环境。

剂型　微孢子虫高浓缩水剂。

作用方式及机理　蝗虫取食了被微孢子虫污染的食物后，孢子即在蝗虫消化道中萌发，暴发性地突出极丝尖端，穿进寄主细胞和中肠肠壁细胞，到达血腔，进入感受性组织细胞，如在脂肪体中开始无性裂殖生殖，将孢子的孢原质释放出来，开始在寄主的细胞内大量繁殖，消耗蝗虫体内的能源物质。蝗虫微孢子虫主要侵染蝗虫的脂肪体，导致虫体总脂含量和血淋巴甘油酯含量大幅度下降及血淋巴脂肪酶活力大幅度上升，使蝗虫出现畸形、发育期延长、寿命缩短、丧失生殖能力。另外，蝗虫微孢子虫还可侵染唾腺、围心细胞及神经组织，在其病虫体内的卵细胞、侧输卵管、中输卵管中均发现有蝗虫微孢子虫的孢子，产卵量下降约 50%，孵化率极低，取食量下降。随着蝗虫微孢子虫在寄主体内不断增殖，使寄主的生理机能等遭到破坏而死亡。

防治对象　可感染 58 种蝗虫，防治危害比较严重的主要种类有飞蝗、中华稻蝗、白边痂蝗、毛虫棒角蝗、宽翅曲背蝗、宽须蚁蝗、意大利蝗、红胫戟纹蝗、西伯利亚蝗、黑条小车蝗、黄胫小车蝗、亚洲小车蝗等。

使用方法　防治水稻蝗虫、水稻田稻蝗等，在蝗蝻二至三龄期施药。可采用麦麸作为微孢子虫液载体，加工制成麦麸饵料，使含孢量达到每克 $1.5×10^8～3×10^8$ 个，按每亩面积施用微孢子虫液 100～150g。施药机械可采用飞机或地面机动喷施器械，隔离带形式施药，带距间隔 20～30m，一般撒药后 2 小时，饵料可被蝗虫全部吃光，以后如遇大雨对防效也不会有影响。

注意事项　该剂为活体制剂，购买时应冷储快运，购得后保存在 -10℃条件下。现用现配，制成的毒饵要放在阴凉处，防止日晒，并尽快施入田间。对高龄蝗蝻防效差，应确保在蝗蝻二至三龄期施用。应连年施药，即在第一年施后第二、三年连续施药，使微孢子虫在田间有一定的数量和密度，造成蝗虫全面感染，发挥持续作用，有利于降低蝗虫密度、减轻危害。在蝗虫种群密度较高的田间，可选择适宜的化学杀虫剂混用，快速杀灭害虫，降低其种群密度，有利于蝗虫微孢子虫发挥效用。

参考文献

陈广文，董自梅，宇文延清，2005. 蝗虫微孢子虫的生产及田间应用现状[J]. 生物学通报，40 (5): 44-46.

陈建新，沈杰，宋敦伦，等，2002. 蝗虫微孢子虫对东亚飞蝗卵黄原蛋白含量的影响[J]. 昆虫学报，45 (2): 170-174.

张坤，2015. 蝗虫微孢子虫侵染宿主的分子机制[D]. 哈尔滨：黑龙江大学.

（撰稿：宋佳；审稿：向文胜）

磺胺螨酯　amidoflumet

一种苯甲酸酯类杀螨、灭鼠剂。

其他名称　Panduck。

化学名称　5-氯-2-[[(三氟甲基)磺酰]氨基]苯甲酸甲酯；methyl 5-chloro-2-[[(trifluoromethyl)sulfonyl]amino]benzoate。

IUPAC 名称　methyl 5-chloro-2-[[(trifluoromethyl)sulfonyl]amino]benzoate。

CAS 登记号　84466-05-7。

分子式　$C_9H_7ClF_3NO_4S$。

相对分子质量　317.67。

结构式

开发单位　日本住友化学公司开发。

理化性质　纯品为浅黄色或无色固体。熔点 81～85℃；可溶于乙腈、N,N-二甲基甲酰胺、丙酮、甲醇和乙醇。解离常数 pK_a3.8（计算值）。在 25℃（36 个月），45℃（6 个月）稳定。$K_{ow}lgP$ 2.13（pH5，24℃）、4.13（pH1，24℃）、−0.28（pH9，24℃）。

毒性　属中等毒性杀螨剂。大鼠急性经口 LD_{50}（mg/kg）：200（雄性），140（雌性）。大鼠急性经皮 LD_{50} > 2000mg/kg。大鼠吸入 LC_{50} > 5.44mg/L。

防治对象　用于工业或公共卫生中防除害螨、肉食螨和普通灰色家鼠。还可用于防治毛毯、床垫、沙发、床单、壁橱等场所的南爪螨。

参考文献

刘长令，2012. 世界农药大全: 杀虫剂卷[M]. 北京: 化学工业出版社: 754.

马克比恩 C, 2015. 农药手册[M]. 胡笑形, 等译. 北京: 化学工业出版社: 29.

（撰稿：杨吉春；审稿：李森）

磺草膦　huangcaoling

一种膦酸类除草剂。

其他名称　LS 830556、phosametine。

化学名称　甲磺酰基(甲基)氨基甲酰甲基氨基甲基膦酸。

IUPAC名称　[[mesyl(methyl)carbamoyl]methyl]aminomethyl-phosphonic acid。

CAS名称　N-methyl-N-(methylsulfonyl)-N^2-(phosphonomethyl)glycinamid。

CAS登记号　98565-18-5。

分子式　$C_5H_{13}N_2O_6PS$。

相对分子质量　260.21。

结构式

开发单位　1985年由法国罗纳-普朗克公司最先开发。

理化性质　晶体，熔点213~215℃，蒸气压＜0.267mPa。溶解度（20℃）：水45g/L，乙酸20g/L。pH＜4稳定。

毒性　急性经口LD$_{50}$：大鼠＞5g/kg，鹌鹑＞2g/kg。兔急性经皮LD$_{50}$＞4g/kg。虹鳟LC$_{50}$（96小时）320mg/L。

剂型　200g/kg水分散颗粒剂。

防治对象　可有效防除禾谷类作物田的禾本科杂草和阔叶杂草。

使用方法　收获前以1kg/hm²，收获后以5.2kg/hm²使用，可有效防除禾谷类作物田禾本科杂草和阔叶杂草；葡萄园和果园以5.2kg/hm²使用，可有效防除多年生杂草，以1kg/hm²使用，可有效防除一年生杂草。药效期30~40天。

参考文献

冯坚, 顾群, 2009. 英汉农药名称对照手册[M]. 北京: 化学工业出版社.

沙家骏, 1992. 国外新农药品种手册[M]. 北京: 化学工业出版社.

石得中, 2008. 中国农药大辞典[M] . 北京: 化学工业出版社.

石纪茂, 吴正东, 卢学可, 1990. 杉木苗圃使用五种化学除草剂对比试验[J]. 浙江林业科技, 10 (5): 46-47.

（撰稿：贺红武；审稿：耿贺利）

磺草灵　asulam

一种氨磺酰类内吸传导型除草剂。

化学名称　4-氨基苯磺基氨基甲酸甲酯；4-aminophenyl-sulphonylcarbamate。

IUPAC名称　methyl ((4-aminophenyl)sulfonyl)carbamate。

CAS登记号　3337-71-1。

EC号　222-077-1。

分子式　$C_8H_{10}N_2O_4S$。

相对分子质量　230.24。

结构式

理化性质　纯品为无色结晶。熔点143~144℃。在有机溶剂中的溶解度：丙酮30%、甲醇28%、烃类＜2%，在水中溶解度0.5%。不易挥发和分解，易溶于酸、碱溶液。一般制剂为钠盐，其钠盐在水中溶解度＞40%。土壤中半衰期6~14天。工业品为白色或淡黄色粉末，熔点135~138℃。

毒性　中等毒性。大鼠急性经口LD$_{50}$＞8000mg/kg，急性经皮LD$_{50}$＞1200mg/kg。小鼠急性经口LD$_{50}$ 17 540mg/kg（雄），急性经皮LD$_{50}$ 15 000mg/kg。钾盐小鼠经口LD$_{50}$＞2000mg/kg，经皮LD$_{50}$＞500mg/kg。对皮肤有轻微刺激作用。以400mg/kg剂量的钠盐饲喂大鼠90天，无明显作用。虹鳟LC$_{50}$（96小时）＞5000mg/L。对鸟低毒。鹌鹑急性经口LD$_{50}$＞2000mg/kg。对蜜蜂无毒。

剂型　制剂有80%可湿性粉剂，及20%、35%、40%钠盐水剂。

质量标准　常温常压下稳定，为无色晶体。

作用方式及机理　内吸传导型氨磺酰类除草剂。药剂易被植物茎、叶、根吸收，然后能迅速传导至地下根茎生长点，并使地下根茎呼吸受抑制，丧失繁殖能力，阻碍细胞分裂而使植株枯死。因阻碍叶酸合成，而使核酸合成减少，这是该药剂的作用机制。低温和空气干燥时，不利于药剂的渗透和传导。温度25~30℃和相对湿度较高时，有利于药剂向植物体内渗透和传导。

防治对象　一般用于甘蔗、牧草、亚麻、马铃薯、棉花及茶园、落叶果园，防除一年生和多年生杂草，如看麦娘、野燕麦、早熟禾、酸模、马唐、石茅、牛筋草、千金子、双穗雀稗、蓇蓄、苦苣菜、鸭跖草、鸡眼草等，对剪股颖、狗牙根、田蓟、蒲公英、问荆等也有一定防除效果，对独行菜、反枝苋、香附子、马齿苋等无效。

使用方法　甘蔗田除草，应掌握在甘蔗株高20~40cm，杂草正处在生长旺盛期施药。防除一年生杂草，使用20%磺草灵水剂9~12L/hm²，防除多年生杂草，使用20%磺草灵水剂12~15L/hm²，均加水600kg稀释喷雾于杂草茎叶及土表。在进行茎叶处理时加入中性洗衣粉等湿润剂300~450g，可提高防除效果。可在甘蔗播后芽前进行土壤处理。地膜甘蔗田除草，要求当日播种甘蔗、覆土、施药及盖膜同时完成。用20%磺草灵水剂6~9L/hm²，加水375~750kg，喷洒于土表有一定的防除效果，对甘蔗增产比较显著。茶园除草一般掌握在幼草、嫩草2~3叶期时进行茎叶喷雾处理，使用20%磺草灵水剂12~15L/hm²，加水375~750kg喷雾。

注意事项　①气温低不利于磺草灵的渗透和传导，因此以选择晴朗、气温较高（20℃以上）的天气施药为宜。②避免药液接触皮肤、眼睛和衣服，如不慎溅到皮肤上或眼睛内，应立即用大量清水冲洗，严重的请医生治疗。

与其他药剂的混用　在阔叶杂草发生密度较大的甘蔗田块，可将磺草灵与莠去津或赛克津混用。

参考文献

张殿京, 程慕如, 1987. 化学除草应用指南[M]. 北京: 农村读物出版社: 284-285.

（撰稿：徐效华；审稿：闫艺飞）

H

磺草唑胺　metosulam

一种新颖、高效的三唑并嘧啶磺酰胺类除草剂。

其他名称　Eclipse、Pronto、Sansac、Sinal、Uptake。

化学名称　N-(2′,6′-二氯-3′-甲基苯基)-5,7-二甲氧基-1,2,4-三唑[1,5-a]嘧啶-2-磺酰胺；N-(2,6-dichloro-3-methyl-phenyl)-5,7-dimethoxy[1,2,4]triazolo[1,5-a]pyrimidine-2-sulfon-amide。

IUPAC 名称　2′,6′-dichloro-5,7-dimethoxy-3′-methyl[1,2,4]triazolo[1,5-a]pyrimidine-2-sulfonanilide。

CAS 登记号　139528-85-1。

EC 号　604-145-6。

分子式　$C_{14}H_{13}Cl_2N_5O_4S$。

相对分子质量　418.26。

结构式

开发单位　美国道农科公司。

理化性质　纯品为灰白或棕色固体。熔点 210~211.5℃。工业品熔点 219~220℃。相对密度 1.49（20℃）。蒸气压 4×10^{-13}Pa（20℃）。K_{ow}lg$P$ 0.9778。水中溶解度（20℃）：100mg/L（pH5），700mg/L（pH7），5600mg/L（pH9），pK_a4.8。

毒性　大鼠、小鼠急性经口 LD_{50} > 5000mg/kg。兔急性经皮 LD_{50} > 2000mg/kg。大鼠急性吸入 LC_{50}（4 小时）> 1.9mg/L。鹌鹑和野鸭急性经口 LD_{50} > 5000mg/kg。

剂型　100g/L 的悬浮剂或水中分散颗粒剂。

质量标准　成分组成 960g/kg。

作用方式及机理　乙酰乳酸合成酶（ALS）的抑制剂。对小麦安全是基于其快速代谢，生成无活性化合物。磺草唑胺可被杂草通过根部和茎叶快速吸收而发挥作用。

防治对象　主要用于防除大多数阔叶杂草，如猪殃殃、繁缕、藜、反枝苋、龙葵、蓼等。

使用方法　可用于防除禾谷类和玉米地中多种阔叶杂草，每公顷用量为 5~15g（有效成分）。以 3.5~20g/hm² 的剂量，用于芽后防除小麦、大麦和黑麦田中许多阔叶杂草，如猪殃殃、繁缕以及所有的十字花科杂草等；以 30g/hm² 的剂量，用于芽前或芽后防除玉米田中许多阔叶杂草，包括藜、反枝苋、龙葵和蓼等。

注意事项　储存于阴凉、通风的库房。库温不宜超过 37℃。应与氧化剂、食用化学品分开存放，切忌混储；保持容器密封。远离火种、热源。库房必须安装避雷设备。排风系统应设有导除静电的接地装置；采用防爆型照明、通风设置；禁止使用易产生火花的设备和工具；储区应备有泄漏应急处理设备和合适的收容材料。

与其他药剂的混用　对于谷类作物，在 500ml/100L 或者 D-C- 三肽在 1L/100L 使用，可以理解为非离子表面活性剂等作为辅助剂，可以使除草效果达到最佳；对于豆类，不使用任何辅助剂即可。

允许残留量　日本规定磺草唑胺最大残留限量见表。

部分食品中磺草唑胺最大残留限量（日本）

食品名称	最大残留限量（mg/kg）
芹菜、香菜	0.02
生姜	0.05

参考文献

马克比恩 C, 2015. 农药手册[M]. 胡笑形, 等译. 北京: 化学工业出版社: 697.

（撰稿：杨光富；审稿：吴琼友）

磺菌胺　flusulfamide

一种主要用于土壤处理的酰胺类杀菌剂。

其他名称　Nebijin、磺菌安、氟硫灭。

化学名称　2′,4-二氯-α,α,α-三氟-4′-硝基间甲苯磺酰苯胺；4-chloro-N-(2-chloro-4-nitrophenyl)-3-(trifluoromethyl)benzenesulfonamide。

IUPAC 名称　2′,4-dichloro-α,α,α-trifluoro-4′-nitro-m-toluenesulfonanilide。

CAS 登记号　106917-52-6。

分子式　$C_{13}H_7Cl_2F_3N_2O_4S$。

相对分子质量　415.17。

结构式

开发单位　日本三井化学公司。

理化性质　纯品为淡黄色粉末。熔点 148.5~150℃。相对密度 1.7（20℃）。蒸气压 9.9×10^{-4}mPa（40℃）。沸点 250℃分解。K_{ow}lg$P$ 2.8 ± 0.5（pH6.5，7.5），3.9 ± 0.5（pH2）。水中溶解度（mg/L，20℃）：501（pH9）、1.25（pH6.3）、0.12（pH4）；有机溶剂中溶解度（g/L，20℃）：己烷和庚烷 0.06、二甲苯 5.7、甲苯 6、二氯甲烷 40.4、丙酮 189.9、甲醇 16.3、乙醇 12、乙酸乙酯 105。150℃（DSC）稳定。在酸、碱介质中稳定存在，水解 DT_{50}（25℃，pH4，7，9）> 1 年，在黑暗环境中于 35~80℃之间能稳定存在 90 天。光解 DT_{50}（25℃）：3.2 天（蒸馏水），3.6 天（天然水）。解离常数 pK_a4.89 ± 0.01。

毒性　急性经口 LD$_{50}$（mg/kg）：雄大鼠 180，雌大鼠 132。雌大鼠急性经皮 LD$_{50}$ > 2000mg/kg。雌、雄大鼠吸入 LC$_{50}$（4 小时）0.47mg/L。对兔眼睛有轻微刺激，对皮肤无刺激性。NOEL（1 年，mg/kg）：雄狗 0.246，雌狗 0.26。NOEL（2 年，mg/kg）：雄大鼠 0.1037，雌大鼠 0.1323，雄小鼠 1.999，雌小鼠 1.985。ADI/RfD（FSC）0.001mg/kg。无致突变、致癌作用。山齿鹑急性经口 LD$_{50}$66mg/kg。鲤鱼 LC$_{50}$（96 小时）0.302mg/L。水蚤 EC$_{50}$（48 小时）0.29mg/L。藻类 E$_b$C$_{50}$（72 小时）2.1mg/L。蜜蜂 LD$_{50}$ > 200μg/ 只。

剂型　粉剂，悬浮剂，水分散粒剂。

作用方式及机理　通过阻断孢子细胞壁重要结构的形成，以抑制休眠孢子和次生游动孢子的萌发。

防治对象　防治土传病害，包括对白菜的根肿病、马铃薯的疮痂病和粉疮痂病、甜菜的丛根病（甜菜坏死黄脉病毒，传毒媒介为多黏菌）等都有很好的防治效果，也可防治腐霉属、丝核菌属、疫霉属和镰刀菌属引起的病害。

使用方法　主要作为土壤处理剂使用，在种植前以 600～900g/hm^2 的剂量与土壤混合或与移栽土混合，不同类型的土壤中（如砂壤土、壤土、黏壤土和黏土）磺菌胺均能对根肿病呈现出卓著的效果。种植前也可以 1g/L 的剂量浸种处理马铃薯块茎。

允许残留量　新西兰规定磺菌胺最大残留限量见表 1；日本规定磺菌胺最大残留限量见表 2。

表 1　部分食品中磺菌胺最大残留限量（新西兰）

食品类别	名称	最大残留限量（mg/kg）
蔬菜	莴苣	0.02
	马铃薯	0.02

表 2　部分食品中磺菌胺最大残留限量（日本）

食品名称	最大残留限量（mg/kg）
马铃薯	0.05
芋头	0.05
甘薯	0.05
山药	0.05
蒟蒻	0.05
日本萝卜、芜菁、山葵	0.10
豆瓣菜	0.10
大白菜、洋白菜、球芽甘蓝、羽衣甘蓝	0.10
菠菜	0.10
青梗菜	0.10
花椰菜、西兰花	0.10
牛蒡	0.10
婆罗门参	0.10
菊科蔬菜（菊芋、莴苣、茼蒿、生菜）	0.10
韭葱	0.10
芦笋	0.10

（续表）

食品名称	最大残留限量（mg/kg）
洋葱	0.10
百合科蔬菜	0.10
胡萝卜	0.10
鸭儿芹	0.10
竹笋	0.10
生姜	0.10

参考文献

马克比恩 C, 2015. 农药手册[M]. 胡笑形, 等译. 北京: 化学工业出版社: 495-496.

TANAKA S, KOCHI S I, KUNITA H, et al, 1999. Biological mode of action of the fungicide, flusulfamide, against. *Plasmodiophora brassicae* (clubroot)[J]. European journal of plant pathology, 105: 577-584.

（撰稿：蔡萌；审稿：刘西莉、刘鹏飞）

H

磺噻隆　ethidimuron

一种脲类除草剂。

其他名称　阔草隆、赛唑隆、噻二唑隆、Surfodiazol、Ustilan。

化学名称　N-[5-(乙基磺酰基)-1,3,4-噻二唑 -2- 基]-N,N'-二甲脲；N-[5-(ethylsulfonyl)-1,3,4-thiadiazol-2-yl]-N,N'-dimethylurea。

IUPAC 名称　1-(5-ethylsulfonyl-1,3,4-thiadiazol-2-yl)-1,3-dimethylurea。

CAS 登记号　30043-49-3。

EC 号　250-010-6。

分子式　C$_7$H$_{12}$N$_4$O$_3$S$_2$。

相对分子质量　264.33。

结构式

开发单位　拜耳公司。

理化性质　密度 1.435g/cm^3。熔点 156℃。折射率 1.58。储存条件 0～6℃。

毒性　急性经口 LD$_{50}$：大鼠 > 5000mg/kg，小鼠 > 2500mg/kg，日本鹌鹑 300～400mg/kg。大鼠急性经皮 LD$_{50}$ > 1000mg/kg。

防治对象　对一年生和多年生阔叶杂草有效。可应用于无作物地、柑橘和甘蔗地除草。

参考文献

马克比恩 C, 2015. 农药手册[M]. 胡笑形, 等译. 北京: 化学工业出版社: 77-79.

中国农业百科全书总编辑委员会农药卷编辑委员会, 中国农业百科全书编辑部, 1993. 中国农业百科全书: 农药卷[M]. 北京: 农业出版社: 24.

（撰稿：王忠文；审稿：耿贺利）

磺酰胺类杀菌剂　sulfonamides

一类以对氨基苯磺酰胺为基本结构的杀菌剂, 具有广泛的生物活性。

其基本结构为对氨基苯磺酰胺:

$$
\begin{array}{c}
O \\
\| \\
-S-NH_2 \\
\| \\
O
\end{array}
$$

磺胺类化合物在医药和农药上具有广泛的生物活性, 如杀菌、除草、杀虫、抗癌、抗糖尿病等。近年来对磺酰胺类化合物的研究比较多, 先后开发出了磺菌胺、甲磺菌胺、吲唑磺菌胺等高效低毒的杀菌剂。

（撰稿：蔡萌；审稿：刘西莉、刘鹏飞）

磺酰草吡唑　pyrasulfotole

一种新型苯甲酰吡唑类除草剂。

其他名称　吡唑氟磺草胺。

化学名称　(5-羟基-1,3-二甲基吡唑-4-基)α,α,α-三氟-2-甲磺酰基-对-甲苯基)甲酮; (5-hydroxy-1,3-dimethylpyrazol-4-yl)(α,α,α-trifluoro-2-mesyl-p-tolyl)methanone。

IUPAC 名称　(5-hydroxy-1,3-dimethyl-1H-pyrazol-4-yl)[2-(methylsulfonyl)-4-(trifluormethyl)phenyl]methanon。

CAS 登记号　365400-11-9。

EC 号　609-256-3。

分子式　$C_{14}H_{13}F_3N_2O_4S$。

相对分子质量　362.33。

结构式

开发单位　拜耳公司。

理化性质　纯品为淡棕色粉状, 无明显气味。熔点 201℃, 245℃时开始分解。蒸气压: $2.7 \times 10^{-7} Pa$（20℃）、$6.8 \times 10^{-7} Pa$（25℃）。溶解度（g/L, 20℃）: 水（pH7）69.1、乙醇 21.6、二氯甲烷 120～150、丙酮 89.2、正己烷 0.038、甲苯 6.86、乙酸乙酯 37.2、二甲基亚砜 > 600。$K_{ow}lgP$（pH7, 23℃）-1.362。pH3.63（22.5℃）。

毒性　雌性大鼠急性经口毒性较低（LD_{50} > 2000mg/kg 体重）。皮肤毒性低（LD_{50} > 2000mg/kg 体重）。雄性和雌性大鼠吸入毒性低。对兔皮肤没有刺激性, 对豚鼠皮肤无致敏性。对兔眼睛有中等刺激性。

作用方式及机理　属于苯甲酰吡唑类化合物, 是 HPPD 抑制剂, 抑制八氢番茄红素脱氢酶阶段中类胡萝卜素的合成。该除草剂具有广谱杀草活性, 苗前、苗后均可使用, 杂草中毒后白化枯死。主要通过叶片吸收, 施于叶片与叶鞘后 2 天, 小麦吸收分别为 70% 与 66%, 卷茎蓼吸收分别为 58% 与 18%；反之, 根处理后 6 天, 两种植物通过土壤仅吸收 1% 以下。

防治对象　该除草剂登记用于小麦和大麦作物, 防除大多数的阔叶杂草。主要防除对象包括繁缕、藜、龙葵、苋、苘麻、自生油菜、苦荞麦等。与溴苯腈混用可扩大双子叶杀草谱, 与噁唑禾草灵混用, 兼除禾本科杂草。

使用方法　其作为苗后除草剂在 25～50g/hm²（有效成分）的剂量下, 能够有效防治常见阔叶杂草, 如繁缕、藜属、茄属、苋属和苘麻属植物, 但对于部分一年生禾本科杂草（狗尾草）的防治效果并不理想。截至目前, 未见有交互抗性报道。是首个用于谷物田的 HPPD 类除草剂, 与安全剂吡唑解草酯制成混剂能够显著提高作物抗药性, 使其几乎对所有品种的小麦、大麦和黑小麦表现出优异的作物安全性。

与其他药剂的混用　一种含磺酰草吡唑与唑啉草酯的混合除草剂, 其特征在于该除草剂以磺酰草吡唑与唑啉草酯为主要有效成分, 磺酰草吡唑与唑啉草酯的质量比为 1～68：1～68。

拜耳作物科学在加拿大推出了它的广谱谷类除草剂 Tundra15.5g/L 磺酰草吡唑 + 46g/L 精噁唑禾草灵 + 87.5g/L 溴苯腈, 此产品在作物的苗期使用。

允许残留量　英国磺酰草吡唑规定稻谷中最大残留限量为 0.1mg/kg。

参考文献

山东省农药研究所, 2010. 拜耳在加拿大首推除草剂产品 Tundra[J]. 山东农药信息 (4): 5.

苏少泉, 2010. HPPD抑制性除草剂的作用机制与品种 Pyrasulfotole 的开发[J]. 农药研究与应用, 14 (6): 1-4.

赵全刚, 英君伍, 刘鹏飞, 等, 2017. 除草剂pyrasulfotole的合成[J]. 农药, 56 (5): 324-325, 338.

朱秦, 2007. 新颖除草有效成分pyrasulfotole被准予第一个法规批准——2008年拜耳将在美国上市新型谷类作物除草剂Huskie[J]. 农药市场信息 (19): 28.

（撰稿：杨光富；审稿：吴琼友）

磺酰磺隆　sulfosulfuron

一种选择性内吸传导型磺酰脲类除草剂。

其他名称　Image、Maverick、Monitor、Munto、Outrider、MON 37500、TKM 19、MON 37588。

化学名称　1-(4,6-二甲氧基嘧啶-2-基)-3-(2-乙基磺酰基咪唑并[1,2-*α*]吡啶-3-基)磺酰脲；*N*-[[(4,6-dimethoxy-2-pyrimidinyl)amino]carbonyl]-2-(ethylsulfonyl)imidazo[1,2-*α*]pyridine-3-sulfonamide。

IUPAC名称　1-(4,6-dimethoxypyrimidin-2-yl)-3-(2-ethylsulfonylimidazo[1,2-*α*]pyridin-3-yl)sulfonylurea。

CAS登记号　141776-32-1。

分子式　$C_{16}H_{18}N_6O_7S_2$。

相对分子质量　470.48。

结构式

开发单位　S. K. Parrish 等 1995 年报道。由孟山都公司和武田公司联合开发，1997 年引入。

理化性质　原药含量≥98%。白色无味固体。熔点201.1～201.7℃。蒸气压 $3×10^{-5}$mPa（20℃）、$8.8×10^{-5}$mPa（25℃）。K_{ow}lg$P$ 0.73（pH5）、-0.77（pH7）、-1.44（pH9）。相对密度1.5185（20℃）。水中溶解度（mg/L，20℃）：17.6（pH5）、1627（pH7）、482（pH9）；有机溶剂中溶解度（g/L，20℃）：丙酮0.71、甲醇0.33、乙酸乙酯1.01、二氯甲烷4.35、二甲苯0.16、庚烷＜0.01。稳定性：温度低于54℃时稳定期为14天。水解 DT_{50}（25℃）：7天（pH4）、48天（pH5）、168天（pH7）、156天（pH9）。pK_a3.51（20℃）。

毒性　大鼠急性经口 LD_{50}＞5000mg/kg。大鼠急性经皮 LD_{50}＞5000mg/kg。对兔皮肤无刺激性，对兔眼睛有中度刺激性。对豚鼠皮肤无致敏性。吸入几乎无毒。NOEL：大鼠（2年）24.4～30.4mg/（kg·d），狗（90天）100mg/（kg·d），小鼠（18个月）93.4～1388.2mg/（kg·d）。山齿鹑和野鸭急性经口 LD_{50}＞2250mg/kg。山齿鹑和野鸭饲喂 LC_{50}（5天）＞5620mg/kg饲料。鱼类 LC_{50}（96小时，mg/L）：虹鳟＞95、鲤鱼＞91、蓝鳃翻车鱼＞96、羊头原鲷＞101。水蚤 EC_{50}（48小时）＞96mg/L。羊角月牙藻 E_bC_{50}（3天）0.221mg/L，E_rC_{50}（3天）0.669mg/L；水华鱼腥藻 EC_{50}（5天）0.77mg/L，硅藻（舟形藻）EC_{50}（5天）＞87mg/L、海洋藻类（中肋骨条藻）＞103mg/L。浮萍 LC_{50}（14天）＞1.0μg/L，糠虾 EC_{50}（96小时）＞106mg/L。蜜蜂 LD_{50}：经口＞30μg/只；接触＞25μg/只。蚯蚓 LC_{50}：14天＞848mg/kg土壤。制剂被归为对节肢动物、豹蛛、捕食性螨、蚜茧蜂无害（IOBC）。

剂型　水分散粒剂。

作用方式及机理　为内吸性除草剂，通过根系和（或）叶面吸收，并传导至共质体和质外体。为乙酰乳酸合成酶（ALS 或 AHAS）合成抑制剂。通过抑制必需氨基酸缬氨酸和异亮氨酸的生物合成，从而阻止细胞分裂、植物生长。除草选择性取决于在作物中的快速代谢。

防治对象　主要用于小麦田。苗后除草，防除一年生和多年生禾本科杂草和部分阔叶杂草，如野燕麦、早熟禾、蓼、剪股颖、雀麦等。

使用方法　防除小麦田的一年生阔叶杂草和禾本科杂草，用量 10～35g/hm²。也可用于非耕地场所除草。

注意事项　大麦和燕麦敏感，有药害。硬质小麦有特异耐受力。与 pH≤5 的肥料溶液不兼容，与非离子表面活性剂或其他会使施用喷雾液的 pH 值变成小于 5 的添加剂也不兼容。与马拉硫磷不兼容。在作物芽后 60 天，已使用有机磷杀虫剂做垄沟处理时，如果使用该品，易产生药害。

制造方法　2-氨基吡啶经环化、氯化、醚化、氧化、氯磺化、氨化后制得 2-乙基磺酰基咪唑并吡啶-3-基磺酰胺后，再与 4,6-二甲氧基嘧啶-2-氨基甲酸苯酯反应制取。

允许残留量　最大残留量（mg/kg），日本：小麦 0.02，其他谷物类 0.01，肉类（哺乳动物、家禽）0.005，可食用内脏（哺乳动物）0.03，可食用内脏（家禽）0.005，鱼类 0.005，甲壳类 0.005，家禽蛋 0.005，牛奶 0.006，蜂蜜 0.005。澳大利亚：小麦、黑小麦 0.01，肉类（哺乳动物、家禽）0.005，可食用内脏（哺乳动物、家禽）0.005，鸡蛋 0.005，牛奶 0.005。

参考文献

马克比恩 C, 2015. 农药手册[M]. 胡笑形, 等译. 北京: 化学工业出版社: 947-949.

石得中, 2008. 中国农药大辞典[M]. 北京: 化学工业出版社: 214.

（撰稿：王宝雷；审稿：耿贺利）

灰黄霉素　griseofulvin

由 Oxford 等从灰黄青霉（*Penicillium griseofulvin*）培养液中得到的一种含氯代谢产物。

其他名称　Gris-peg、Grifulvin V。

IUPAC名称　(1′*S-trans*)-7-chloro-2′,4,6-trimethoxy-6′-methylspiro[benzofuran-2(3*H*),1′-cyclohex-2′-ene]-3,4′-dione。

CAS登记号　126-07-8。

分子式　$C_{17}H_{17}ClO_6$。

相对分子质量　352.77。

结构式

理化性质　为白色或类白色结晶性粉末，无臭，味微苦。可溶于丙酮、无水乙醇和二甲基甲酰胺，在水中极微溶解。熔点为 218～224℃。水溶液在 pH3～8 很稳定，对热也比较稳定，但在强酸强碱中则很不稳定，会发生水解。

剂型　片剂，软膏，微粉片剂和胶囊剂。

作用方式及机理　结构与鸟嘌呤相似，能竞争性抑制鸟嘌呤进入 DNA 分子中，干扰真菌 DNA 合成而抑制真菌的生长。与微管蛋白结合，阻止真菌细胞分裂。

防治对象　临床上，广泛用于治疗皮肤及角质层的真菌感染，对红色发癣菌、断发癣菌和琉毛发癣菌等具有强烈的抑制作用。同时，还应用于畜牧业、水产，用于防治动物真菌性病害。在防治植物真菌性病害方面，对叶斑病、霜霉病、炭疽病、白粉病等有良好的防效，对甜瓜枯萎病和豇豆枯萎病的病原尖孢镰刀菌的生长有明显的抑制作用，对水稻叶瘟病和穗瘟病具有一定的防治效果。

使用方法　用 5%～10% 灰黄霉素膏剂涂茎部病处可以防治瓜类枯萎病。

注意事项　灰黄霉素以液体发酵罐来进行生产，由于液体发酵成本较高，灰黄霉素生产菌株的发酵效价还有待提高，在农业上还无法广泛应用。

与其他药剂的混用　灰黄霉素与印楝素以 5∶3 复配，对黄瓜霜霉菌有明显增效作用。

参考文献

苏明星，朱育菁，刘波，等，2004. 生物杀菌剂"松刚霉素"对枯萎病病原菌抑制作用的研究[J]. 武夷科学，20：8-12.

徐汉虹，田永清，印楝素与灰黄霉素混配水分散性粒剂[P]. 中国专利：CN1631148. 2005-06-29.

张传能，黄铭杰，毛宁，2015. 灰黄霉素对水稻稻瘟病菌的防治效果研究[J]. 中国农学通报，31 (4)：190-194.

张剑清，王春梅，毛宁，2011. 灰黄霉素研究进展概述[J]. 安徽农学通报 (上半月刊)，17 (7)：52-53.

朱育菁，于晓杰，潘志针，等，2010. 灰黄霉素的研究进展[J]. 厦门大学学报 (自然科学版)，49 (3)：435-439.

（撰稿：周俞辛；审稿：胡健）

配、运输过程中，挥散芯应不出现破损与毁坏；挥散性方面，在单位时间内应保证有效成分稳定挥散，长时间通电使用时（至少 360 小时），挥散性能仍保持稳定；化学性能方面，在药剂和溶剂中长时间浸泡，应不引起挥散芯发生变化与分解，在 100℃高温加热的条件下，挥散芯不发生化学变化。

挥散芯的加工技术较成熟，可将能固化并亲水的环氧树脂配合纤维素作为黏合剂，与可吸水、吸油的木粉配合在一起，经过高温干燥、固化、打磨表面光洁度后制得成品。具体操作如下：称取去离子水并恒沸 30 分钟冷却至室温，加入羧甲基纤维素钠溶胀充分，加入环氧树脂搅拌均匀后加入木粉，经 30 分钟搅拌，使用成型设备成型，继而进行高温干燥，固化 3 小时，取出冷至室温进行打磨，最后按规定尺寸下料，集中包装得挥散芯本体，并于挥散芯上部安装蚊香加热器 ptc 元件。对于不同构造的挥散芯，药液可达到挥散芯顶部的高度不同，药液到达的高度越高，药液瓶中药液的利用率越高。可通过挥散芯构造的改进，提高药液可到达的高度，提高药液的利用率。同时，可对挥散芯的用料量进行精减，比如将挥散芯的下部改进为中空结构，既能够确保药液瓶中的药液全部到达挥散芯的加热顶端，又可以节约制造成本。

在液体电蚊香中，挥散芯在使用过程中不会出现明火，不产生灰烬，具有安全卫生的优点。但传统的挥散芯常常由于其顶端驱蚊药液在 ptc 元件的加热下仍无法及时挥散而使得驱蚊效果不理想，因此仍然存在改进空间，成为未来开展研究的方向。

参考文献

梁晓斌，2013. 一种用于液体电蚊香的新型挥散芯棒. CN203015701U[P].

张洪金，2011. 一种油、水体系通用的电热蚊香液挥散芯棒. CN102077827A[P].

（撰稿：米双；审稿：遇璐、丑靖宇）

挥散芯　dispensor, DR

活性成分通过释放载体释放到指定空间中，发挥药效作用的制剂称为挥散芯。挥散芯的活性成分一般为昆虫信息素，挥散芯的释放载体可因不同材质、不同直径、不同受热程度实现对活性成分挥发速度及挥发量的控制。挥散芯可应用于昆虫嗅觉性化学信息物质产品，也可应用于环境卫生方面控制有害生物产品，产品类型包括引诱剂、迷向剂、驱避剂等。

主要应用于液体电蚊香领域，由两部分组成，即用于蚊香加热器 ptc 元件加热的挥散芯上半部和插入药液瓶中的挥散芯下半部。在电蚊香工作情况下，药液瓶中的药液经由挥散芯下半部，通过毛细作用可到达挥散芯顶端，继而通过 ptc 元件加热挥发至空气中，达到驱蚊的作用。

挥散芯本体由能吸油、吸水的材料与黏合剂混合后，经过高温干燥、固化及打磨表面光洁度后制得。挥散芯上半部应含有蚊香加热器 ptc 元件，而下半部用于插入药液瓶中。合格的挥散芯应满足如下质量指标：强度方面，在装

茴蒿素　santonin

从植物茴蒿中提取的植物源杀虫剂，对昆虫具有触杀和胃毒作用。1987 年，河北省沧州市宏宇农药化工厂开发 0.65% 茴蒿素水剂并登记；2007 年，河北禾润生物科技有限公司开发 0.65% 茴蒿素水剂并曾登记（但目前未检索出茴蒿素作为农药产品的登记信息）。

其他名称　茴蒿素杀虫剂、驱蛔素、蛔蒿素、驱蛔蒿、山道年。

化学名称　3-氧代-5a-甲基环己二烯(16,4)并8-甲基-9-氧代-八氢苯并呋喃；naphtho[1,2-b]furan-2,8(3*H*,4*H*)-dione,3a,5,5a,9b-tetrahydro-3,5a,9-trimethyl-,(3*S*,3a*S*,5a*S*,9b*S*)。

IUPAC 名称　naphtho[1,2-b]furan-2,8(3*H*,4*H*)-dione,3a,5,5a,9b-tetrahydro-3,5a,9-trimethyl-,(3*S*,3a*S*,5a*S*,9b*S*)-。

CAS 登记号　481-06-1。

分子式　$C_{15}H_{18}O_3$。

相对分子质量　246.30。

结构式

开发单位　河北省沧州市宏宇农药化工厂、河北省泊头市红光农药厂、河北禾润生物科技有限公司。

理化性质　纯品为无色扁平的斜方系柱晶或白色结晶性粉末，无臭，有极微的苦味。不溶于水，微溶于乙醚，略溶于乙醇，易溶于沸乙醇和氯仿。在日光下易变成黄色，遇酸碱分解。

毒性　低毒。0.65% 茴蒿素水剂对小鼠急性经口 LD_{50} 15.7～22.7g/kg，无慢性毒性，致突变试验为阴性。

剂型　0.65% 水剂，3% 乳油。

作用方式及机理　对害虫以触杀为主，兼有胃毒作用，有速效性和持效性，害虫接触或取食药剂后使神经麻痹，堵塞气门窒息死亡。

防治对象　菜青虫、菜蚜、桃小食心虫、棉铃虫、棉蚜等。

使用方法　防治叶菜类蔬菜蚜虫，可在蚜虫发生初期，用药量为有效成分 19.5～22.5g/hm² （折成 0.65% 茴蒿素水剂 200～230.8ml/ 亩)。

注意事项　不得与酸性或碱性农药混用，药液加水后当天使用完，以免影响药效，使用前需将药液摇匀后方可加水稀释。

参考文献

刘福齐，曲万林，杨青山，1989. 茴蒿素杀虫剂防治菜青虫、蚜虫药效试验[J]. 农药，28(4): 50.

HOFFMANN R W, 2018. Santonin[M]//Classical methods in structure elucidation of natural products. Wiley - VCH Verlag GmbH & Co.KGaA.

（撰稿：李荣玉；审稿：李明）

混合　mixing

将两种或两种以上物料通过混合设备使其均匀分散形成相对稳定的形态的一种工艺。

原理　原药或原油与表面活性剂在混合容器内利用机械外力产生的旋转、对流等作用形式均匀分散到载体或分散介质中，形成一种相对均匀稳定的混合体的工艺。混合是农药研发和生产必需的工艺。

特点　农药在加工过程中的混合主要有 3 种典型情况：液—液混合；固—固混合；液—固混合。在实际的操作过程中更多的是这 3 种情况的交叉混合，可以根据待混合物料的实际情况选择不同的混合器进行混合。例如搅拌罐、高剪切混合器和双螺旋锥形混合器、无重力混合器等。相溶的液体或固体液体之间可以选择搅拌罐，搅拌过程是通过搅拌器的

旋转向混合罐内流体输入机械能，从而使流体获得流动场，并在流动场内进行动量、热量和质量的传递或者进行化学反应。固体和固体之间可以选择双螺旋混合器和无重力混合器，利用固体物料和混合器间的对流和剪切作用进行匀速混合，使物料间相互扩散呈相对均匀的混合体。不相容的液体固体之间可以选择高剪切混合器，利用转子和定子之间的挤压、剪切和流层间的摩擦使固体物料细化后分散于液体物料中达到一定程度的稳定状态的悬浮液。

设备　混合工艺主要使用的设备根据物料的状态或性质的具体情况而选择。主要以搅拌罐、高剪切混合器和双螺旋混合器以及无重力混合器为主。搅拌罐针对不同黏度的流体选择不同的搅拌器，对于低黏度流体可以使用桨式、涡轮式、三叶后弯式、布鲁马金式搅拌，对于高黏度流体可以使用锚式、门式、螺带式搅拌等。高剪切混合器主要以高剪切乳化机、高剪切分散机、高剪切对磨泵、高剪切均质机、管线式高剪切混合机和真空高剪切混合机等为主，可以根据实际生产和物料的情况以及所需产品的目标状态选择合适的设备。双螺旋锥形混合器可分为对称和非对称两种形式，对称双螺旋锥形混合器的两根螺旋杆均沿器壁运动，而非对称双螺旋锥形混合器的两根螺旋杆中一根沿器壁运动、另一根沿锥体中心转动。上述混合设备基本可以满足大多数农药品种和剂型的混合要求。

应用　在农药制剂加工中乳油、微乳剂、水乳剂、水剂和可溶液剂等均可以采用搅拌罐进行混合，使溶液或者乳液均分散成稳定状态，不同产品可以根据状态选择不同的搅拌形式。悬浮剂、悬乳剂和可分散油悬浮剂的前处理，以及水乳剂的后处理可以选择高剪切乳化机或高剪切分散机完成。粉剂、可湿性粉剂、可溶粉剂和水分散粒剂、可溶粒剂的前混合可采用双螺旋锥形混合器或无重力混合机进行混合。

（撰稿：崔勇；审稿：遇璐、丑靖宇）

混合使用法　application of mixed pesticide

将两种或两种以上的农药混合在一起使用的施药方法。一般是指现场作业时临时把药剂混加在一起喷洒；在生产厂内预先混合加工为商品制剂，则称为混配制剂。合理的混合使用可以同时兼治几种病虫草害，提高对病虫杂草的防治效率，减少施药次数，发挥药剂之间的协调作用。农药混合使用法在农药使用技术当中非常普遍，比如在蔬菜上如需同时防治小菜蛾、蚜虫、霜霉病时，则可选择氟虫腈、吡虫啉及氟吗·锰锌等药剂进行混用。

作用原理　农药混用后的制剂又名复配剂和桶混制剂。农药复配后共毒系数明显大于 100（一般以 120 以上为标准）的为增效作用；共毒系数明显小于 100（一般以低于 80 为标准）的为拮抗作用，共毒系数接近 100（一般以 80～100 为标准）的为相加作用。共毒系数的计算公式：

$$共毒系数 = \frac{实际毒力指数}{理论毒力指数} \times 100$$

就是说两种或两种以上的药剂混合后能够产生增效和兼治作用的,可以混用。如双甲脒、杀虫脒与氰戊菊酯的复配对棉蚜有极显著的增效作用。如果混合后不产生增效或兼治作用,甚至减效的,就不能混用,有机磷和沙蚕毒素类就存在拮抗作用而减效。

适用范围　农药混合使用法是现在最为普遍的化学农药使用方法。农药合理混合使用可以提高防治效果,扩大防治范围,减少用药量,降低生产成本等。具体如下:①可以防治农作物上同时发生的几种虫害、病害、草害或者病、虫、草都能兼治。②对已经产生抗药性的害虫可以获得很好的防治效果,对还没有产生抗性的害虫,又可起到防止或延缓的作用。③有些杀虫剂和杀菌剂的混合可以改进药剂的性能,提高药剂的防治效果。有些药剂经过相互混合后,由于化学作用而改变了药剂的性质,或改善了药剂的理化性能,提高了杀虫、防病的效果。④可以延长药剂的持效期。当乳油和其他剂型混用时,只要乳油不被破坏,一般都能延长药剂的持效期。⑤可以取长补短,发挥药剂特长,如将内吸性杀菌剂与保护性杀菌剂混用,可以提高农药的防治效果。⑥可以节省药剂用量,降低防治成本,一般可降低用药量20%～30%。此外,还能简化防治程序。也是合理节约用药最现实可行的措施,比如小麦后期的"一喷三防"中合理混用杀虫剂和杀菌剂。

主要内容　农药混用的方式很多,有杀虫剂与杀菌剂、杀虫剂与除草剂、杀菌剂与除草剂以及杀虫、杀菌、除草剂等各类农药与化肥之间的二元、三元、四元等的复配。农药混合使用时,各农药的取用量分别计算,而水的用量合在一起计算。

国内外的复配剂已有工业化生产,但大部分是用户使用时现配现用。目前新农药种类很多,复配方法还有待于在群众性的科学试验活动中不断创造,不断总结。

混用原则　①要明确农药混合使用的目的,不能为混用而混用。农药混合使用主要应达到增效、兼治和扩大防治范围的目的,如不能达到上述目的,就不应混用。否则就会造成浪费,收不到应有的效果,甚至还会造成药害。②农药混合后不应发生不良的化学和物理变化。混合后不被分解,乳油不被破坏,悬浮液不产生絮聚或大量沉淀的现象,即可混合使用。③混合后的混合药液(药粉),对作物不应出现药害现象,如出现药害,就不能相互混合使用。各种农药相互混合后而发生了化学或物理变化对作物引起药害,这在无机农药的混用中是比较常见的,尤应注意。④药剂混合后,其混合液的急性毒性一般不能高于各自原来的毒性,不能增毒。

注意事项　①针对田间病虫草害的具体情况,提前咨询专业机构或专家,慎重选择药剂的混配方案。②先用少量药剂配制成药液,观察其物理性状是否稳定。或先进行小面积应用试验,观察其药效、药害等。③最好选用比较成熟的配方或制剂。④先行混配时注意药剂间的配制顺序,先配制难溶的或容易和其他成分产生不良反应的药剂,再配制容易化开或性质稳定的药剂。比如含铜制剂容易和其他成分发生不良反应增加药害风险,配制药液的时候先化开铜制剂并搅匀后再加其他成分。⑤最好现配现用。⑥最好选用质量好的知名品牌产品。⑦最多3种药或肥混配,药剂种类越多,产生不良反应的可能性越大。⑧混配药剂的剂量换算以各自独立计算为依据,适当降低用量。

参考文献

王肖娟, 谢慧琴, 2007. 杀虫剂增效作用及其作用机理研究进展[J]. 安徽农业科学, 35(13): 3902-3904.

邹小红, 李湘民, 2005. 浅谈农药的混合使用[J]. 生物灾害科学, 28(4): 168-168.

（撰稿:王明;审稿:袁会珠）

农药复配制剂及在田间混合使用

混合脂肪酸铜　copper salts of mixed aliphatic acid

一种植物源提取混合脂肪酸和硫酸铜等铜盐的杀菌剂。

通用名称　混脂酸-铜。

其他名称　毒消、混脂-硫酸铜、混脂-络氨铜、copper salts of mixed fatty acid。

化学名称　直链或支链饱和及不饱和脂肪酸的铜盐。

理化性质　难溶于水,易溶于有机溶剂。在日光及100℃以下稳定。不能与强酸、强碱混用。

剂型　水乳剂,如8%或24%混脂-硫酸铜水乳剂,30%混脂-络氨铜水乳剂。

作用机理　在体外钝化病毒,在体内对植物抗病基因的表达进行诱导和调节，通过诱导植物生理代谢的变化而抑制病毒侵染，降低田间发病率和侵染指数。

防治对象 烟草、辣椒、番茄和西瓜的病毒病。

使用方法 混脂-硫酸铜是混合脂肪酸与硫酸铜复配的混剂，产品为8%、24%水乳剂。用于防治烟草花叶病毒病，亩用24%水乳剂84~125ml或8%水乳剂200~250ml。防治番茄病毒病，亩用24%水乳剂84~125ml或8%水乳剂250~375ml。防治辣椒、西瓜的病毒病，亩用24%水乳剂80~120ml，兑水喷雾。

注意事项 为延缓病原菌产生抗药性，应与其他作用机制不同的杀菌剂交替使用。禁止在池塘、河流等水体中清洗施药器具，用过的容器应妥善处理，不做他用，也不可随意丢弃。不能与酸性农药、强碱性农药等物质混用，以免降低防效。施药时应戴口罩和手套，穿防护服，禁止饮食。施药后应及时洗手和洗脸。过敏者禁用。使用中有任何不良反应请及时就医。

参考文献

陈绵才, 肖敏, 吉训聪, 2002. 毒消防治西瓜病毒病药效试验[J]. 植保技术与推广 (7) : 35.

刘长令, 2006. 世界农药大全: 杀菌剂卷[M]. 北京: 化学工业出版社: 485.

杨崇良, 2001. 混脂酸-铜对番茄病毒病的防治效果[J]. 植保技术与推广 (7) : 32.

（撰稿：刘西莉；审稿：刘鹏飞）

混灭威 dimethacarb

由灭除威与灭杀威混合而成的氨基甲酸酯类杀虫剂。

化学名称 混二甲苯基-*N*-甲基氨基甲酸酯。

IUPAC名称 (3,5) or (3,4)-dimethylphenyl methylcarbamate。

CAS登记号 2655-14-3 (灭除威); 2425-10-7 (灭杀威)。

分子式 $C_{10}H_{13}NO_2$。

相对分子质量 179.24。

结构式

灭除威

2655-14-3

灭杀威

2425-10-7

理化性质 纯品为淡黄色油状液体，工业品混灭威原油为淡黄色至棕黑色黏稠的油状液体，密度约 $1.088g/cm^3$，微臭，当温度低于 $10℃$ 时有结晶析出。不溶于水，微溶于石油醚，易溶于甲醇、乙醇、丙酮、苯和甲苯等有机溶剂，遇碱易分解。

毒性 原药急性经口 LD_{50}：雌大鼠 $295~626mg/kg$，雄大鼠 $441~1050mg/kg$。原药小鼠急性经皮 $LD_{50} > 400mg/kg$，小鼠急性经口 LD_{50} $214mg/kg$。红鲤鱼 TLm（48小时）为 $30.2mg/L$。对天敌、蜜蜂有高毒。

剂型 3%粉剂，50%乳油，25%速溶粉剂。

质量标准 50%乳油由有效成分、乳化剂和溶剂等组成，外观为淡黄色至棕色单相透明液体，相对密度约 1.0003，pH6~7，乳液稳定性（$25~30℃$，1小时）：标准硬水（$342mg/kg$）中测定无浮油和沉油，水分含量 $≤0.1\%$，常温下储存2年，有效成分含量比较稳定。50%乳油雄性大鼠急性经口 LD_{50} $344~730mg/kg$，雌性大鼠急性经口 LD_{50} $227~599mg/kg$。25%速溶乳粉由有效成分、载体和助剂等组成，外观为浅蓝色疏松粉末，悬浮率 $≥70\%$，pH5~9，水分含量 $≤3\%$，常温下储存比较稳定，遇热易分解。3%混灭威粉剂由有效成分和填料等组成，外观为棕灰色疏松粉末，细度（通过200目筛）$≥95\%$，水分含量 $≤1\%$，pH5~9，常温下储存2年，相对分解率 $≤5\%$。

作用方式及机理 对飞虱、叶蝉有强烈触杀作用。有胃毒作用。击倒速度快，一般施药后1小时左右，大部分害虫即跌落水中，但持效期只有2~3天。其药效不受温度的影响，在低温下仍有很好的防效。抑制昆虫体内的胆碱酯酶。

防治对象 混灭威对稻叶蝉、棉叶蝉、稻飞虱有高效，也可以防治稻蓟马、大豆蚜虫、大豆毒蛾、大豆食心虫、棉造桥虫、黑条跳甲等。但对水稻二化螟、纵卷叶螟及棉红蜘蛛的防效很低。

使用方法

防治水稻害虫 ①稻叶蝉（俗称螓子、青螓子、蜎虫）。秧田防治，早稻秧田在害虫迁飞高峰期防治1次，晚稻秧田在秧苗现青每隔5~7天用药1次；本田防治，早稻在第一次若虫高峰期施药，晚稻在插秧后3天内，对离田边3m范围内的稻苗喷药，消灭初次迁入的黑尾叶蝉。用50%乳油 $1.5L/hm^2$（含有效成分 $750g/hm^2$），加水 $750~900kg$ 喷雾；或用3%粉剂 $22.5~30kg/hm^2$（含有效成分 $675~900g/hm^2$）喷粉。②稻蓟马。一般掌握在若虫盛孵期防治，防治指标：秧苗4叶期后每百株有虫200头以上；每百株有卵 $300~500$ 粒或叶尖初卷率达 $5\%~10\%$。本田分蘖期每百株有虫300头以上或有卵 $500~700$ 粒，或叶尖初卷率达 10% 左右。用50%乳油 $750~900ml/hm^2$（含有效成分 $375~450g/hm^2$）加水 $750~900kg$ 喷雾；或用3%粉剂 $22.5~30kg/hm^2$（含有效成分 $675~900g/hm^2$）喷粉，或加放225kg过筛细土，拌匀撒施。在大田如采用机动喷粉器防治时，用药量要再增加 $2.25~3.75kg/hm^2$，喷粉时最好叶面有露水，以利粉剂附着，发挥药效。③稻褐飞虱。通常在水稻分蘖期到圆秆拔节期，平均每丛稻有虫（大发生前一代）1头以上；在孕穗期、抽穗期，每丛有虫（大发生当代）5头以上；在灌浆乳熟期，每丛有虫（大发生当代）10头以上；在蜡熟期，每丛有虫（大发生当代）15头以上，应该防治。用药量及施药方法参考对黑尾叶蝉的防治。

防治棉花害虫 ①棉蚜（又名瓜蚜）。防治苗蚜的指标：大面积有蚜株率达到30%，平均单株蚜数近10头，以及卷叶株率达到5%。用50%乳油570～750ml/hm²（含有效成分285～375g/hm²），加水560～750kg喷雾。防治伏蚜用50%乳油1.5L/hm²（含有效成分750g/hm²），加水1500kg喷雾。②棉铃虫（俗称青虫、钻桃虫）。在黄河流域棉区，当二、三代棉铃虫发生时，如百株卵量骤然上升，超过15粒，或者百株幼虫达到5头即开始防治。用50%乳油1.5～3L/hm²（含有效成分750～1500g/hm²），加水1500kg喷雾；或用3%粉剂22.5～30kg/hm²（含有效成分675～900g/hm²）喷粉。③棉花红蜘蛛。用药量及施药方法同棉铃虫。

防治甘蔗害虫 防治甘蔗蓟马用50%乳油900ml/hm²（有效成分450g/hm²），加水900kg喷雾。

防治茶树害虫 防治茶长白蚧于第一、二代卵孵化盛期到一、二龄若虫前，用50%乳油3.75～4.5L/hm²（有效成分1875～2250g/hm²），加水1125～1500kg喷雾。

防治大豆害虫 防治大豆食心虫在成虫盛发期到幼虫入荚前，用3%粉剂22.5～30kg/hm²（含有效成分675～900g/hm²）喷粉。

注意事项 不可与碱性农药混用。不能在烟草上使用，以免引起药害。作物收获前7天要停止用药。有疏果作用，宜在花期后2～3周使用。毒性虽较低，但在运输、储存和使用过程中仍要注意安全，加强防护。如发生中毒，可服用或注射硫酸阿托品治疗，忌用2-PAM。

参考文献

农业大词典编辑委员会, 1998. 农业大词典[M]. 北京: 中国农业出版社.

朱永和, 王振荣, 李布青, 2006. 农药大典[M]. 北京: 中国三峡出版社.

（撰稿：张建军；审稿：吴剑）

混杀威 trimethacarb

一种氨基甲酸酯类杀虫剂。

其他名称 Landrin（壳牌公司）、Broot（联合碳化合物公司）、UC27867；研发代码：UC 27867（联合碳化合物公司）；SD 8530（壳牌公司）；其他代码：OMS 597。

化学名称 2,3,5/或3,4,5-三甲基苯基甲氨基甲酸酯。

IUPAC名称 质量比例在3.5:1到5.0:1之间的3,4,5-三甲基苯基甲氨基甲酸酯(I)和2,3,5-三甲基苯基甲氨基甲酸酯(II)。

CAS登记号 12407-86-2（混杀威）；2686-99-9（I）；2655-15-4（II）。

EC号 602-974-8。

分子式 $C_{11}H_{15}NO_2$。

相对分子质量 193.24。

结构式

2686-99-9   2655-15-4

开发单位 是两种异构体的混合物，1968年为壳牌公司所发现，产品以商品名Landrin上市，但未继续。后经美国联合碳化合物公司开发，1984年产品以商品名Broot上市，用于玉米害虫的防治。

理化性质 白色结晶。熔点122～123℃。工业品25℃时为淡黄至棕色结晶，熔点105～114℃。蒸气压6.67mPa（23℃）。23℃时在水中溶解度为58mg/L，不甚溶于有机溶剂。

毒性 急性经口LD_{50}：大鼠130mg/kg，566mg/kg（15%颗粒剂）。急性经皮LD_{50}：兔＞2g/kg。对禽鸟的急性经口LD_{50}：野鸭17mg/kg，野鸡35mg/kg，鸽子170mg/kg，家雀55mg/kg。对鱼和蜜蜂有毒。

剂型 15%颗粒剂，50%可湿性粉剂。

作用方式及机理 乙酰胆碱酯酶抑制剂。对害虫有触杀作用。

防治对象 蜗牛、蛞蝓、根长角叶甲。

使用方法 该品常在土壤中施用，一般用量为0.91～1.14kg/hm²有效成分，对玉米根长角叶甲的幼虫很有效，持效期可达3个月。作为喷射剂使用，可防治某些叶部害虫。对蜗牛、蛞蝓亦有效。还用于卫生害虫的防治。

注意事项 药品宜储放在凉爽、干燥和通风良好的房间内，远离食物和饲料，勿让儿童接近。使用时注意避免药液和眼、口以及皮肤接触。硫酸阿托品是很好的解毒药，勿用2-PAM和其他能抑制胆碱酯酶的药物。如发生误服，须使患者饮1～2杯凉水促使呕吐，并立即就医。

参考文献

王振荣, 李布青, 1996. 农药商品大全[M]. 北京: 中国商业出版社.

朱永和, 王振荣, 李布青, 2006. 农药大典[M]. 北京: 中国三峡出版社.

（撰稿：张建军；审稿：吴剑）

活化酯 acibenzolar-S-methyl

一种苯并噻二唑羧酸酯类植物激活剂。

其他名称 Bion、Unix Bion。

化学名称 苯并[1,2,3]噻二唑-7-硫代羧酸甲酯；1,2,3-benzothiadiazole-7-carbothioic acid, S-methyl ester。

IUPAC名称 S-methyl ester benzo[1,2,3]thiadiazole-7-carbothioate。

CAS登记号 135158-54-2。

分子式 $C_8H_6N_2OS_2$。

相对分子质量　210.28。

结构式

开发单位　诺华公司（现先正达公司）1989 年研发。

理化性质　纯品为白色至米色粉状固体，具有似烧焦的气味。熔点 132.9℃。沸点大约 267℃。蒸气压 4.4×10^{-1} Pa（25℃）。$K_{ow}\lg P$ 3.1（25℃）。Henry 常数 1.3×10^{-2} Pa·m³/mol（20℃）。相对密度 1.54（20℃）。溶解度（25℃，g/L）：水 7.7×10^{-3}、甲醇 4.2、乙酸乙酯 25、正己烷 1.3，甲苯 36。水中半衰期（20℃）：3.8 年（pH5）、23 周（pH7）、19.4 小时（pH9）。

毒性　大鼠急性经口 $LD_{50}>2000$mg/kg。大鼠急性经皮 $LD_{50}>2000$mg/kg。对兔眼睛和皮肤无刺激性，对豚鼠皮肤有刺激性。大鼠急性吸入 $LC_{50}>5000$mg/L。NOEL：大鼠（2 年）8.5mg/（kg·d）、小鼠（1.5 年）11mg/（kg·d）、狗（1 年）5mg/（kg·d）。无致畸、致突变、致癌作用。野鸭和山齿鹑 LD_{50}（14 天）>2000mg/kg，野鸭和山齿鹑饲喂 LC_{50}（8 天）>5200mg/kg 饲料。鱼类 LC_{50}（96 小时）：虹鳟 0.4mg/L，大翻车鱼 2.8mg/L。水蚤 LC_{50}（48 小时）2.4mg/L。蜜蜂 $LD_{50}>128.3$μg/只（经口），100μg/只（接触）。蚯蚓 LD_{50}（14 天）>1000mg/kg 土壤。

剂型　50%、63% 可湿性粉剂。

作用方式及机理　多种生物因子和非生物因子激活植物自身的防卫反应，即"系统活化抗性"，从而使植物对多种真菌和细菌产生自我保护作用。植物抗病活化剂几乎没有杀菌活性。

防治对象　水稻、小麦、蔬菜、香蕉、烟草等白粉病、锈病、霜霉病等。

使用方法　作为保护剂使用。如在禾谷类作物上，用有效成分 30g/hm² 进行茎叶喷雾 1 次，可有效预防白粉病，持效期达 10 周之久，且能兼防叶枯病和锈病。用有效成分 12g/hm² 每隔 14 天使用 1 次，可有效防治烟草霜霉病。

允许残留量　GB 2763—2021《食品中农药最大残留限量标准》规定活化酯最大残留限量（mg/kg）：大蒜、洋葱 0.15，柑橘类水果 0.015，草莓 0.15，香蕉 0.06，猕猴桃 0.03。ADI 为 0.08mg/kg。

参考文献

刘长令, 2006. 世界农药大全: 杀菌剂卷[M]. 北京: 化学工业出版社: 311-313.

（撰稿：范志金；审稿：张灿、刘鹏飞）

活性基团拼接　active group splicing

将两个或多个化合物的活性基团或活性片段拼合到一个化合物中，使形成的新化合物或兼具二者的理化性质，强化药理作用，减小各自对非靶标的毒副作用；或作用于同一对象的不同靶标以提高药效，对治理病虫草等发挥协同作用。常见的活性基团拼接是将两个药物拼接成一个分子，因此有时称之为"孪药（twin drug）"。

拼接方式　将两个活性片段拼接在一起的方式可分为 3 种：①以适当的链接链来链接两个活性片段，其中链接链可以是亚甲基等柔性链，也可是芳环或者非芳香环等刚性基团，并以此来调整两个活性片段的空间距离。②两个活性片段直接键合成一个化合物，中间没有任何基团连接。③两个化合物中的活性片段一定程度重合而形成新的活性片段，从而形成新的化合物。

拼接类型　根据被拼接的两个活性分子或基团是否相同，将拼接而成的分子分为同生型孪药（或分子重复）和共生型双重作用药物。同生型孪药为两个以及相同的活性分子或片段结合而成。共生型双重作用药物包括两种设计方针：一种是将两个不同结构的活性分子片段以共价键的形式结合在一起；另一种是将两种作用方式不同的活性分子或片段结合在一起，形成药物往往具有双重靶标或者双重作用机制，这是一种从本质上创制双重作用农药的方法。

作用方式　根据拼合药物在靶标生物体内的作用方式可分为两种：一种相当于前药，在体内分解为原来的两个活性分子，分别作用于不同的靶标而发挥药效，以这样的方式发挥作用的化合物相当于前药；另外一种是拼合药物在靶标生物体内不分解，作用于不同的靶点，例如作用于不同的受体、作用于同一受体的不同靶点等。

参考文献

陈进宜, 2006. 药物化学[M]. 北京: 化学工业出版社.
陈万义, 1996. 新农药研究与开发[M]. 北京: 化学工业出版社.
郭宗儒, 2012. 药物设计策略[M]. 北京: 科学出版社.
仇缀百, 2008. 药物设计学[M]. 2版. 北京: 高等教育出版社.
叶德泳, 2015. 药物设计学[M]. 北京: 高等教育出版社.
尤启东, 2011. 药物化学[M]. 7版. 北京: 人民卫生出版社.
仇文升, 李安良, 2005. 药物化学[M]. 2版. 北京: 高等教育出版社.

（撰稿：邵旭升、栗广龙；审稿：李忠）

活性炭隔离法吸收传导性测定　activated carbon partition method for absorption and translocation testing

以活性炭隔离法测定除草剂在植物中的吸收、作用部位和传导趋势的试验方法，评价药剂吸收、传导作用特性。

活性炭隔离吸收传导性测定法是用活性炭作为植物根和芽的物理隔离层，通过测定根层和芽层单独用药后植物的不同药害反应程度，来评价药剂在植物胚根、胚芽的吸收情况和传导趋势（图 1、图 2）。

适用范围　适用于测定新除草剂或除草活性化合物的吸收、作用部位和传导趋势，明确药剂在植物胚根、胚芽的吸收和传导作用特性，为除草剂的开发应用提供科学依据。

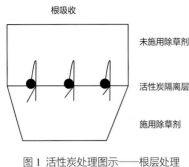

根吸收

未施用除草剂

活性炭隔离层

施用除草剂

图 1 活性炭处理图示——根层处理

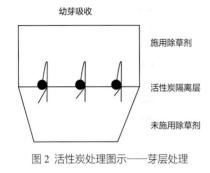

幼芽吸收

施用除草剂

活性炭隔离层

未施用除草剂

图 2 活性炭处理图示——芽层处理

主要内容

试材准备　根据测试药剂的活性特点，选择敏感易培养的植物为试验靶标。取籽粒饱满、大小一致的试材种子，经 0.1% HgCl₂ 消毒后，放植物生长培养箱内浸种、催芽至种子露白后备用。

药液配制　水溶性药剂直接用水稀释。其他药剂选用合适的溶剂（丙酮、二甲基甲酰胺或二甲基亚砜等）溶解，用 0.1% 的吐温 80 水溶液稀释。根据药剂活性，设 5~7 个系列浓度（mg/L）。药液用营养液配制，营养液配方为 1000ml 蒸馏水中，加硫酸铵 3.2g、硫酸镁 1.2g、磷酸二铵

2.25g、氯化钾 1.2g、微量元素 0.01g（微量元素配方为硫酸亚铁 10 份、硫酸铜 3 份、硫酸锰 9 份、硼酸 7 份、硫酸锌 3 份）。充分溶解搅匀，然后稀释 10 倍备用，所用药品为化学纯级别以上。

石英砂配制　石英砂在 120℃高温烘箱中灭菌 2 小时，冷却后，将用营养液配制的各浓度药液灌入砂中配成不同浓度（农药有效成分与石英砂质量比）药砂，空白对照不加药液直接配成营养砂，药砂和营养砂配制完毕，调节含水量至 20%。搅拌混合均匀达到平衡后备用。

药剂处理　根层处理：称取药砂装于规格一致的玻璃烧杯内，在上面铺一层 0.5cm 厚活性炭，播入已催芽露白的种子，覆盖不含药营养砂，用保鲜膜封口。空白对照处理上下两层均加营养砂。芽层处理：称定量营养砂装于规格一致的玻璃烧杯内，播入已催芽露白的种子，在上面铺一层 0.5cm 厚活性炭，覆盖药砂，保鲜膜封口。空白对照处理上下两层均加营养砂。处理后将烧杯放入人工气候箱内培养，待植物出苗后，揭开保鲜膜，每天补充营养液以补充水分。

结果与分析　培养 7 天后取出植株，测茎、根长度，用下列公式计算出各处理对植物根长、茎长的抑制率，比较抑制率大小，明确药剂的主要吸收部位和传导趋势。

$$生长抑制率 = \frac{对照的平均长度 - 处理的平均长度}{对照的平均长度} \times 100\%$$

参考文献

李明智，陈杰，吴声敢，2000. 新除草活性化合物吸收与传导特性初探[J]. 浙江化工, 31(增刊): 43-45.

沈晓霞，李艳波，杨文英，等，2010. 活性炭法测试生物除草剂 70014 吸收与传导的试验[J]. 现代农药, 9(1): 18-20.

徐小燕，陈杰，台文俊，等，2009. 新型水稻田除草剂 SIOC0172 的作用特性[J]. 植物保护学报, 36(3): 268-272.

（撰稿：徐小燕；审稿：陈杰）